云南省政区图

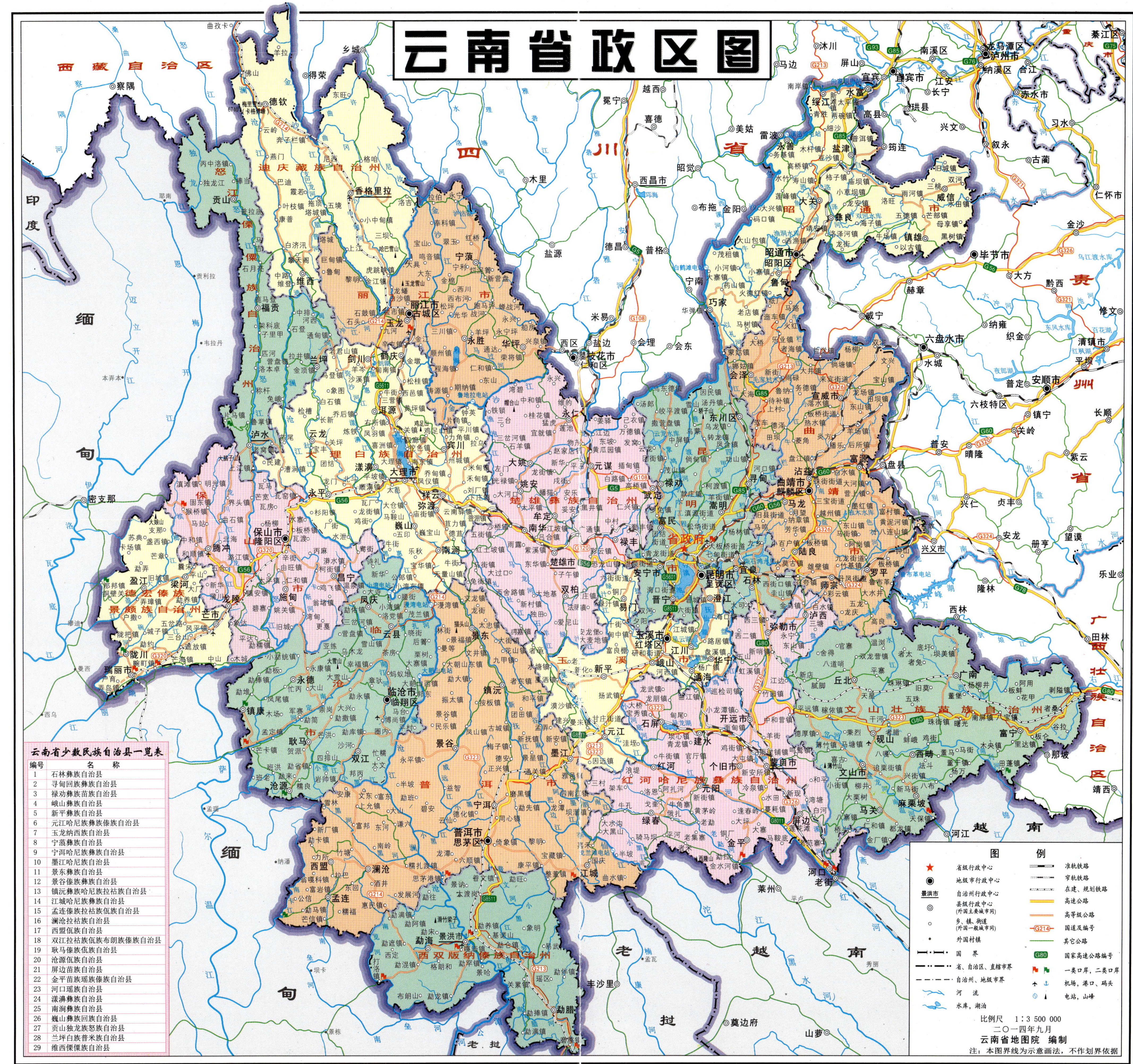

云南省少数民族自治县一览表

编号	名称
1	石林彝族自治县
2	寻甸回族彝族自治县
3	禄劝彝族苗族自治县
4	峨山彝族自治县
5	新平彝族自治县
6	元江哈尼族彝族傣族自治县
7	玉龙纳西族自治县
8	宁蒗彝族自治县
9	宁洱哈尼族彝族自治县
10	墨江哈尼族自治县
11	景东彝族自治县
12	景谷傣族彝族自治县
13	镇沅彝族哈尼族拉祜族自治县
14	江城哈尼族彝族自治县
15	孟连傣族拉祜族佤族自治县
16	澜沧拉祜族自治县
17	西盟佤族自治县
18	双江拉祜族佤族布朗族傣族自治县
19	耿马傣族佤族自治县
20	沧源佤族自治县
21	屏边苗族自治县
22	金平苗族瑶族傣族自治县
23	河口瑶族自治县
24	漾濞彝族自治县
25	南涧彝族自治县
26	巍山彝族回族自治县
27	贡山独龙族怒族自治县
28	兰坪白族普米族自治县
29	维西傈僳族自治县

审图号：云S(2014)025号

云南减灾年鉴

Yunnan Jianzai Nianjian

（2012—2013）

云南减灾年鉴编委会　编
云南出版集团公司
云 南 科 技 出 版 社
·昆 明·

版 权 声 明

ANNOUNCEMENT FOR COPYRIGHT

序

云南省人民政府副省长　张祖林

《云南减灾年鉴》（2012—2013）卷正式出版了，为减灾年鉴系列资料又添一彩，可喜可贺。至此，省灾害防御协会经过二十年不懈的努力工作，已先后组织编撰出版了10卷减灾年鉴，共约1100万字，系统完整地记录了我省1991～2013年间防灾减灾工作的珍贵史料，成为我国第一套省级减灾年鉴，构建了云南防灾减灾信息平台，是灾害预防、研究和管理的重要基础资料，必将对我省防灾减灾事业发展起到十分重要的推动作用。

云南是全国遭受自然灾害最为严重的省份之一，同时也是中国的欠发展地区，防灾减灾能力总体上仍然较弱，灾害造成的损失程度远远超过世界平均水平。据统计，在2009年到2013年五年间，各类自然灾害共造成我省12132.4万人次不同程度受灾，因灾死亡（失踪）1042人，房屋倒塌43.47万间、损坏290.01万间，农作物受灾11097.52千公顷、绝收2217.04千公顷，灾害造成直接经济损失1051.32亿元。近两年我省地震频发，干旱、洪涝、滑坡、泥石流灾害突出，2012年9月昭通彝良5.7、5.6级地震和特大滑坡泥石流灾害、2013年8月香格里拉、德钦5.9级地震和2014年8月昭通鲁甸6.5级地震造成重大人员伤亡和财产损失。在严峻的灾害面前，在党中央的坚强领导下，在全国各省区的大力支持下，省委省政府始终把保护人民群众生命财产安全放在首要位置，加强组织领导，加大资金投入，采取各项防灾减灾措施，带领全省各族人民一次又一次地战胜各种自然灾害，把灾害损失降低到了最低限度，保障了云南经济社会稳定健康发展。

云南自然灾害多发频发，防灾减灾任务艰巨而繁重，加强防灾减灾能力建设的要求十分迫切。省委、省政府高度重视防灾减灾工作，将防灾减灾的重大项目和重点工作纳入全省经济社会发展总体规划，近年来采取了一系列重大措施全面加强地震、地质、气象、生物灾害防治工作，整合多方力量构建防灾减灾体系。着力推进实施预防和处置地震灾害10大能力建设、地质灾害防治10项重大措施和水利基础设施建设“六大工程”、防灾应急“三小工程”等一批重大工程，在短短几年时间里，将原先职能分割的备灾、应急、救灾、救济、灾后重建等各个环节，统筹为一个立体化、全方位的防灾减灾救灾综合体系，使全省预防和处置地震、地质、气象、旱涝等灾害的能力迅速提升。防灾减灾机构和队伍建设不断加强，防灾减灾工程建设加快推进，救灾物资保障能力显著增强，临灾应急处置机制不断完善，灾害监测预报能力稳步提升，群众防灾减灾意识不断强化，防灾减灾工作成效明显。今年是“十二五”规划的第四年，我们要深入贯彻落实党的十八届三中全会提出的“健全防灾减灾救灾体制”这个当前和今后一个时期的防灾减灾救灾工作改革发展的新要求，牢固树立“变被动救灾为主动防灾减灾”的思想，坚持灾前预防与应急处置并重，推进常态减灾与应急救灾相结合，不断深化防灾减灾救灾事业改革创新，努力探索具有中国特色云南特点的防灾减灾工作模式。各级政府要充分认识做好防灾减灾工作的极端重要性，切实把防灾减灾工作责任放在心上、扛在肩上、落实到行动上，坚持“主动防灾、充分备灾、科学救灾、有效减灾”原则，扎扎实实做好防灾减灾各项工作，全面提升防灾减灾综合能力，筑牢保障人民群众生命财产安全的坚强屏障。

灾害不可避免，防灾减灾大有可为。《云南减灾年鉴》系列史料是我省防灾减灾工作的重要基础，十分珍贵。以史为鉴，开创未来，希望从事减灾工作的各级政府领导、广大干部和社会各界充分利用减灾年鉴历史资料，认识灾害，研究自然，不断推动防灾减灾事业科学发展，开创云南防灾减灾工作新局面。

二〇一四年九月十六日

《云南减灾年鉴》（2012—2013）卷编辑机构

顾　问

赵廷光　云南省灾害防御协会第一、二届会长

王　宁　云南省灾害防御协会第一、二届常务副会长

晏凤桐　云南省灾害防御协会第一、二届常务副会长

宋玉麟　云南省灾害防御协会第三届会长

戴学明　云南省灾害防御协会第三届常务副会长

《云南减灾年鉴》编辑委员会

主　任：尹建业　省人民政府副省长

副主任：赵　钰　省灾协会长

杨　斌　省人民政府副秘书长

皇甫岗　省地震局局长、省灾协常务副会长

程建刚　省气象局局长、省灾协副会长

李国材　省民政厅副厅长、省灾协副会长

杨利邦　省财政厅副厅长、省灾协副会长

汤忠明　省安监局副局长、省灾协副会长

王　彬　省地震局副局长、省灾协副会长

文满成　人保财险云南省分公司副总经理、省灾协副会长

杨子汉　省灾协秘书长

委　员：陈　坚　省水利厅厅长

关鼎禄　省科学技术厅副厅长

戴陆园　省科学技术协会副主席

邹　平　省教育厅副厅长

赵志勇　省住房和城乡建设厅副厅长

王平华　省农业厅副厅长

杜　勇　省森林防火指挥部专职副指挥长

李连举　省国土资源厅副厅长

杨志强　省环境保护厅副厅长

杨　延　省交通运输厅副厅长

严尚智　省公安厅副厅长

徐和平　省卫生厅副厅长

陈　勤　省地震局副局长

顾万龙　省气象局副局长

牛道安　昆明铁路局副局长

侯庆平　云南机场集团公司副总经理

刘丹阳　省电信公司副总经理

杨　卓　云南电网公司副总经理

史永芳　省邮政公司副总经理

周万铭　人寿保险云南省分公司副总经理

牛有媛　省红十字会副会长

赵金松　驻滇某集团军副军长

解德高　省军区副参谋长

王　军　95429 部队副参谋长

张　光　96201 部队副政委

陈仕祖　武警云南省总队政治部副主任

任立新　武警云南省森林总队政治部主任

杨文华　省公安消防总队副总队长

阿　堆　省政府扶贫办副主任

陈建华　省政府办公厅应急办主任

何革伟　省政府办公厅四处处长

李建永　省政府办公厅五处副处长

袁国书　省财政厅社会保障处处长

白　涌　省民政厅救灾救济处处长

杨周胜　省防震减灾信息中心主任

张俊伟　省地震局震害防御处处长

张　明　省抗震防震（恢复重建）办公室主任

熊执中　省防汛抗旱指挥部办公室主任

张家胜　省森林防火指挥部办公室副主任

李　喜　昆明市人民政府副市长

成联远　昭通市人民政府副市长

朱兴有　曲靖市人民政府副市长

解仕清　玉溪市人民政府副市长

丁昌吉　保山市人民政府副市长

赵祖莹　楚雄州人民政府副州长

李成武　红河州人民政府副州长

马志山　文山州人民政府副州长

魏艺红　普洱市人民政府副市长

杨　沙　西双版纳州人民政府副州长

邹子卿　大理州人民政府副州长

刀晓瑞　德宏州人民政府副州长

杨静全　丽江市人民政府副市长

李文才　怒江州人民政府副州长

张志军　迪庆州人民政府常务副州长

刘　颖　临沧市人民政府副市长

《云南减灾年鉴》编辑部

主　编：赵　钰　皇甫岗

副主编：杨子汉（常务）　石静芳　姚姜森　李建永　白　涌　袁国书

总　审：杨子汉

审　校：杨子汉　石静芳　姚姜森

分类编审：杨子汉　石静芳　姚姜森　石　安　王景来　樊跃新　鲁高生
冯　颖　许杨阳

部类撰稿（按部类排序）：

董清强　杨子汉　姚姜森　黄　玮　周德丽　周　宏　李　燕　冯　颖　韦　霞
杨　智　胡　芸　王　鹏　李仕群　汪　青　张俊伟　沈夏威　张　明　张　杰
杨迎冬　周翠琼　袁忠玉　刘兴儒　李明燕　闵　磊　李维书　胡关东　罗丽艳
李永平　丁　强　刘云援　吕建平　李亚红　胡慧芬　杨　珺　孙宇杰　周文文
韩忠良　李　燕　宋建宇　刘佃才　罗亚明　朱　伟　靳广斌　滕　飞　李燕轻
卢　南　陈玉松　孙凤智　赵　璐　李明康　赖应博　周宏明　张建民　阕云彩
李显东　丁艳琴　许杨阳　陈湘宏　王永明　杨　萍　聂文亮　刘有茂　杨　渝
杨锡慧　陈　龚　姜　勇　吴成振　张笔武　代寒凝　吴　平　张献红　胡耀辉
刘　颖　欧阳俊宇　任立新　饶世忠　鲁高生　唐　陶　杜　刚　杨　玲
王见昆　张成文　朱红俊　肖义贵　吴　坚　李　俊　魏吉龙　甘　静　刘　艾
彭　臻　吴立群　林俊平　刘占赢　朱银超　石静芳　周桂华　曾　筹　姜仕钦
罗　松　王先波　申长畅　贺莉晶　蔡昌彬　夏　宇　吕文书　刘孝菊　刘仕荣
李晓媛　蒋任发　赵明宽　邹宏吉　翟　勇　白子学　和建武　王光荣　许　婧
李　莉　王成文　彭　军　李伊昆　毛卫栋　杨春勇　刘凌霞　阳　佳　王　飞
沐　凡　杨　伟　陈　卓　刘云坤　贾　红　王志全　左　彬　吕锡培　陈乙荣
赵　博　杨晓佳　李　滔　李　凡　周晓玲　张雄坤　周爱民　杨宏波　孔　暄
林家力　何金林　和　琪　段文新　和余燕　杨东华　范正宽　高维祥　余建春
张　武　和　锐　杨　统　和艳梅　和丽双　李　燕　李　宁　和　淇　彭孟琦

英文要目翻译：王景来

图文编辑：杨子汉　赵曲东　姚姜森　石静芳

编　　务：周桂华　林芳美　王桂兰　邓尚早　王瑞芳

编 辑 说 明

一、《云南减灾年鉴》（2012—2013）卷系《云南减灾年鉴》第十卷。是经云南省人民政府批准，在《云南减灾年鉴》编辑委员会指导下，由《云南减灾年鉴》编辑部组织编撰完成，《云南减灾年鉴》编辑部设在云南省灾害防御协会秘书处。本卷减灾年鉴是在省政府领导的高度重视和关怀下编撰出版的，它对推进云南防灾减灾工作，保障云南经济社会健康稳步发展，促进民族团结和边疆稳定有着重要和深远的意义，也是文化建设的重要组成部分。

二、本卷减灾年鉴编辑机构，是根据省政府批示精神，以省灾协领导为主，由各编写单位推荐编委，最后报经省政府批准成立的，充分体现了省政府对《云南减灾年鉴》编撰工作的高度重视，也充分体现了省直各单位，驻滇部队，各州、市人民政府和社会团体对此项工作的大力支持。

三、本卷减灾年鉴共有51个单位参加编写，其中27个为省直各委办厅局，6个为驻滇部队，2个为社会团体，16个为州市政府和所属部门。其内容充实广泛，涵盖面广，充分反映了2012～2013年间云南防灾减灾工作的总体概况。具有连续性、文献性和权威性，可为各级领导决策和指导工作提供重要材料，也为教学、科研、设计、规划等部门提供准确连续的信息和数据，在云南防灾减灾工作中具有重要参考价值。从（2000—2001）卷起，《云南减灾年鉴》已被国家收录到《中国知识资源总库》年鉴数据库中。

四、本卷减灾年鉴在编写体例上，仍以大事、要事、首事列条目编写，以灾种或行业单位分部类，下设栏目、条目共三级目，以条目为单元，条目用黑体字加【】表示，查寻方便。

五、本卷减灾年鉴各部类稿件均由有关部门专人负责编写，并经各单位领导严格审核签字，加盖公章后提供编辑部。文内数据，均以统计部门公布数据为准，无统计部门数据的，在使用时，可以主管部门提供的为准。

六、本卷减灾年鉴在编写出版过程中，由于时间紧，任务重，涉及部门多，内容范围广，虽经所有分类编撰人员的努力，以及编辑部的精心审编、统编、协调、充实和三校，但仍可能有疏漏之处，敬请谅解和指正。

编辑说明

[illegible]

↑2012年9月8日，国务院总理温家宝在云南省党政军主要领导陪同下抵达云南昭通彝良地震灾区，指导抗震救灾工作。

（据新华社）

↑2012 年 9 月 7 日，云南省委书记秦光荣抵达云南昭通彝良 5.7、5.6 级地震现场，指导抗震救灾工作。

（据新华社）

↑2013 年 8 月 31 日，云南省省长李纪恒，副省长尹建业等领导深入迪庆 5.9 级地震灾区查看地震灾情，看望慰问救灾一线消防官兵。

（云南省公安消防总队　供）

←2013年8月31日，李纪恒省长、尹建业副省长深入迪庆5.9级地震灾区慰问受灾群众，了解灾情和群众生活安排情况。

（云南省民政厅　供）

→2013年1月12日，民政部副部长姜力在云南省民政厅领导陪同下，到昭通市镇雄"1·11"山体滑坡现场指导救援工作。

（云南省民政厅　供）

←2014年8月6日，民政部副部长姜力在丁绍祥副省长陪同下赶赴昭通鲁甸地震灾区查看灾情，指导抗震救灾工作。

（云南省民政厅　供）

←2014年8月6日，民政部副部长姜力在云南省民政厅副厅长李国材陪同下到昭通鲁甸龙头山镇灰街子安置点慰问受灾群众。

（云南省民政厅　供）

→2012年8月15日，中国气象局局长郑国光视察云南气象工作。

（云南省气象局　供）

←2012年9月8日，中国地震局局长陈建民在云南省地震局局长皇甫岗陪同下视察彝良地震灾区。

（云南省地震局　供）

→2014年8月6日，中国地震局副局长修济刚赶赴昭通鲁甸地震重灾区，查看灾情，慰问救灾官兵。

（云南省地震局　供）

→2013年7月22日，中国气象局副局长许小峰视察云南气象防灾减灾工作。

（云南省气象局　供）

→2012年10月25日，云南省副省长刘慧晏参加“119消防日”系列宣传启动仪式暨大型综合灭火救援实战演习活动。

（云南省公安消防总队　供）

← 2013年8月29日，云南省副省长尹建业深入迪庆州5.9级地震灾区慰问灾民。
（云南省民政厅　供）

→ 2012年9月14日，成都军区司令员李世明、副政委王增钵、参谋长周小周到昭通彝良地震灾区慰问第十四集团军抗震救灾官兵。
（77200部队　供）

← 2013年3月20日，云南省省长助理、省公安厅厅长杨嘉武到省消防总队调研指导工作。
（云南省公安消防总队　供）

←2013年7月26日至30日，公安部消防局局长陈伟明率工作组到云南督导检查工作。

（云南省公安消防总队　供）

→2014年8月，云南省民政厅厅长段丽元在昭通鲁甸地震重灾区龙头山镇安排救灾工作。

（云南省民政厅　供）

←2014年4月22日，云南省气象局局长程建刚检查指导基层气象防灾减灾工作。

（云南省气象局　供）

← 2012 年 6 月 30 日，昭通市昭阳区苏家院镇遭受严重洪涝灾害。

（昭通市　供）

→ 2013 年 12 月 15 日，云南省全省范围大雪造成电力线路受损，图为红河州个旧市电力线路受损情况。

（云南电网公司　供）

← 2012 年 9 月 7 日，昭通市彝良 5.7、5.6 级地震房屋倒损。

（昭通市　供）

→ 2012 年 9 月 7 日，昭通市彝良 5.7、5.6 级地震造成岩石垮塌，道路中断。

（昭通市　供）

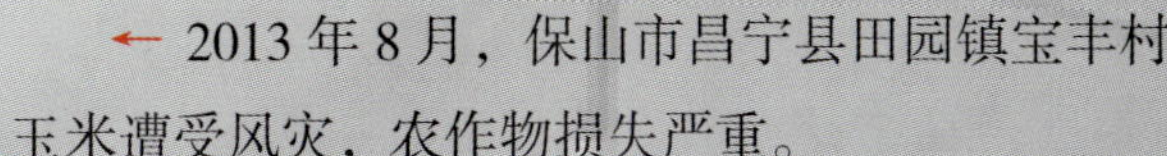

← 2013年8月，保山市昌宁县田园镇宝丰村玉米遭受风灾，农作物损失严重。

（保山市　供）

→ 2013年，保山市昌宁县卡斯镇广邑村遭受旱灾，库塘枯竭。

（保山市　供）

← 2013年底，雨雪冰冻灾害对电力设备造成了极大影响，电力线路出现了较重覆冰，图为昭通镇雄电力线路严重覆冰。

（云南电网公司　供）

→ 2013年12月，临沧市耿马县遭受风雹灾，香蕉林损坏。

（临沧市　供）

← 2012 年 7 月，临沧市镇康县遭受风暴灾。

（临沧市　供）

→ 2013 年 8 月 31 日，迪庆州 5.9 级地震导致山体滑坡，道路中断。

（迪庆州　供）

← 2013 年 11 月，临沧市云县遭受雪灾，农作物受灾严重。

（临沧市　供）

→ 2012 年 3 月 3 日，大理州洱源 5.5 级地震房屋倒塌。

（云南省地震局　供）

←2012年9月7日，昭通市彝良5.7、5.6级地震房屋受损。

（云南省地震局　供）

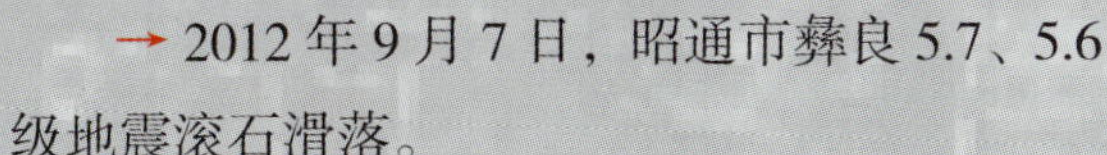

→2012年9月7日，昭通市彝良5.7、5.6级地震滚石滑落。

（云南省地震局　供）

←2013年2月15日，昆明长水国际机场因降雪结冰，导致航班延误，近万名旅客滞留。云南省武警总队迅即出动1000名官兵，全力投入清除冰雪障碍。

（云南省武警总队　供）

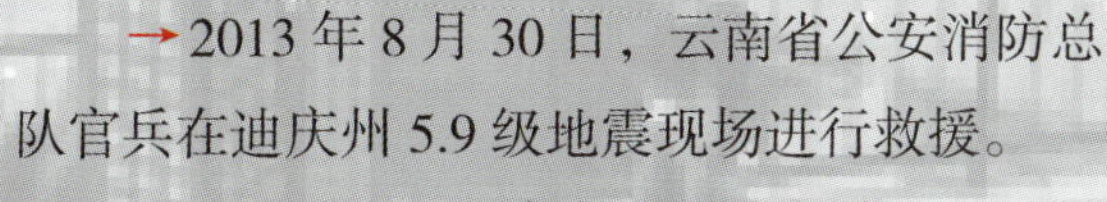

→2013年8月30日，云南省公安消防总队官兵在迪庆州5.9级地震现场进行救援。

（云南省公安消防总队　供）

←2013 年 1 月 11 日，昭通市镇雄县果珠乡高坡村发生山体滑坡，造成 46 人被埋压，云南消防总队官兵在滑坡现场全力搜救被埋压村民。

（云南省公安消防总队　供）

→2013 年 7 月 19 日，昆明地区持续降雨，市区突发洪水，武警部队官兵全力转移受灾群众。

（云南省武警总队　供）

←2013 年 4 月 27 日，77200 部队在楚雄州禄丰县全力扑救火灾。

（77200 部队　供）

→2013 年 2 月 8 日，77200 部队官兵在大理州下关市凤仪镇森林火灾现场灭火。

（77200 部队　供）

← 2014年4月8日，云南省地震局在永善县5.3级地震现场召开会议，部署抗震救灾工作。

（云南省地震局　供）

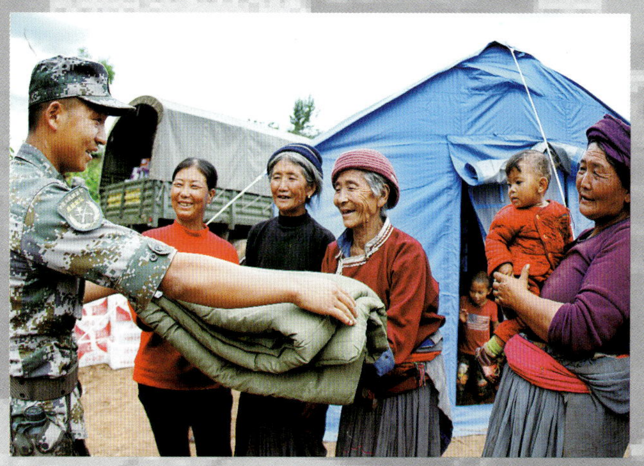

→ 2012年6月27日，77200部队官兵参加宁蒗—盐源5.7级地震救灾，图为部队为灾区群众赠送被褥。

（77200部队　供）

←2012年11月6日，云南省防震减灾宣传活动在昆明世纪广场举行。

（云南省地震局　供）

→ 2014年4月4日，云南省气象部门在昆明—普洱一线开展飞机增雨作业。

（云南省气象局　供）

← 2014 年 8 月 5 日，云南省气象应急分队在昭通鲁甸安装便携式气象站，开展应急气象观测。

（云南省气象局　供）

→ 2014 年 6 月 24 日，云南省气象部门在曲靖市开展人工防雹作业。

（云南省气象局　供）

← 2013 年 4 月 21 日，77200 部队帮助云南省向四川芦山地震灾区运送救灾物资。

（77200 部队　供）

→ 2013 年 8 月 31 日，丽江市支援香格里拉 5.9 级地震救灾物资。

（丽江市　供）

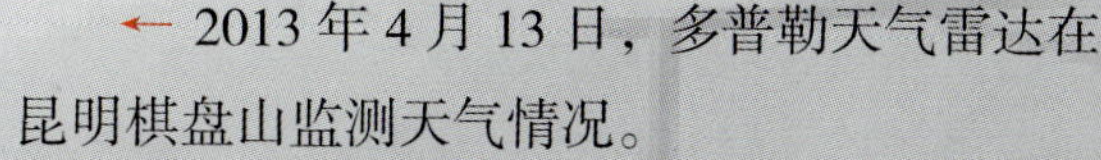

←2013 年 4 月 13 日，多普勒天气雷达在昆明棋盘山监测天气情况。

（云南省气象局　供）

→2012 年 9 月 10 日，昭通机场保障彝良地震救灾航班。

（云南机场集团　供）

←2012 年 9 月，昭通市彝良 5.7、5.6 级地震受灾群众集中安置点。

（昭通市　供）

→ 2012 年 9 月，昭通市彝良 5.7、5.6 级地震受灾群众集中安置点。

（昭通市　供）

←2013年1月9日，2013年度全省重大自然灾害趋势预测及防灾减灾对策会商会在昆明召开。

（云南省灾协 供）

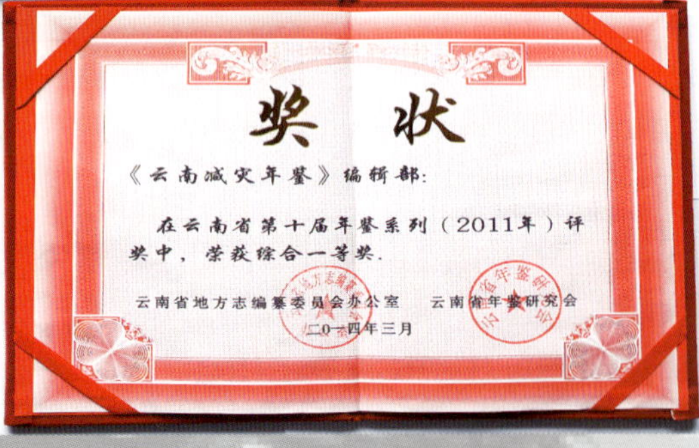

→《云南减灾年鉴》（2010——2011卷）获云南省第十届年鉴系列评比综合一等奖。

（云南省灾协 供）

←2014年7月，《云南减灾年鉴》（2012——2013）卷全体编审人员合影。（左起：姚姜森、鲁高生、王景来、樊跃新、石安、赵钰、杨子汉、许杨阳、冯颖、石静芳）

（云南省灾协 供）

目　录

特　载

法律·法规

文件·文献

大 事 记

气 象 灾 害

防震减灾

抗震与恢复重建

地质灾害

防洪抗旱

农业灾害

森林防火

火灾与消防

灾害应急管理

抗灾救灾赈灾

救灾投入与效益

财 产 保 险

人 寿 保 险

驻滇77200部队抗灾救灾

云南省军区抗灾救灾

96201部队抗灾救灾

95429 部队抗灾救灾

武警云南省总队抗灾救灾

武警云南省森林总队抗灾救灾

公安部门抗灾救灾

安全生产减灾

教育部门抗灾救灾

公共卫生事件防控及救治

红十字会抗灾救灾

紧急救治

扶贫减灾

电信部门抗灾救灾

邮政部门抗灾救灾

电力部门抗灾救灾

交通部门抗灾救灾

铁路部门抗灾救灾

民航部门抗灾救灾

云南省灾害防御协会减灾动态

昆 明 市

昭通市

曲靖市

玉溪市

保山市

楚雄彝族自治州

红河哈尼族彝族自治州

文山壮族苗族自治州

普洱市

西双版纳傣族自治州

大理白族自治州

德宏傣族景颇族自治州

丽江市

怒江傈僳族自治州

临沧市

减灾机构

附　录

BRIEF CONTENTS

Protecting Against and Mitigating Earthquake Disasters

Earthquake – resistance, Rehabilitation and Construction

Geological Disaster

Flood Prevention and Drought Resistance

Agricultural Disaster

Forest Fire Prevention

Pests and Diseases in Forest

Disaster Resistance and Relief in Yunnan Forest General Division of Armed Police

Disaster Resistance and Relief in Public Security Department

Security Production and Disaster Reduction

Disaster Resistance and Relief in Educational Department

Prevention, Control and Rescue for the Public Health Events

Disaster Relief in Provincial Red Cross

Emergency Cure

Disaster Reduction by Poor – helping

Disaster Resistance and Relief in Telecom Department

Disaster Resistance and Relief in Postal Department

Disaster Resistance and Relief in Power Department

Disaster Resistance and Relief in Transportation Department

Disaster Resistance and Relief in Railway Department

Lijiang City

Nujiang Lisu Autonomous Prefecture

Diqing Zang Autonomous Prefecture

Lincang City

Organs for Disaster Reduction

Appendix

特　　载

在云南昭通彝良“9·7”地震现场会上的讲话

国务院总理　温家宝

2012 年 9 月 8 日

同志们：

云南昭通彝良 9 月 7 日中午接连发生 5.7 级、5.6 级两次地震，震源浅，双震叠加，破坏性较强，造成重大人员伤亡和财产损失。地震波及云南八个县，重庆、贵州等地也受到影响。地震发生后，云南省委、省政府紧急部署，解放军、武警部队、公安消防部队、民兵预备役，以及各种专业救援队伍紧急动员，迅即赶赴灾区，目前各项救援工作已全面展开。党中央、国务院对云南省委、省政府的工作给予充分肯定，对解放军、武警部队等有关方面付出的艰苦努力表示感谢。刚才，李纪恒同志全面汇报了抗震救灾情况，下面我强调几点：

第一，要全力以赴救人。救人是当前第一位的工作。由于地震发生在地形复杂的山区，条件十分恶劣，搜救队伍还没有到达全部灾区，搜救工作一定要抓紧。各救援队伍要排除万难，力争 8 日白天所有村落都要搜索到，不留一个盲点，并在此基础上，全面掌握震情、灾情。人员搜救“黄金 72 小时”十分关键，只要有一分希望，就要尽百倍的努力进行搜救。

第二，尽最大努力救治伤员。目前，住院的伤员达 795 人，随着搜救工作进展可能还会增加。彝良县的医院容量有限，在这种情况下，要强化统一部署。根据受伤轻重情况加以分别处理，有的可以转到省内其他地市医院救治，有的可以转到相邻省份救治，比如四川省宜宾等地已表示尽全力支持云南抗震救灾工作，中央、部队以及相邻省份已经派出医疗队来云南。要动员组织各方力量，有序做好抢救伤员工作。我们的目标是尽量减少伤亡，尽最大努力救治伤员。

第三，做好灾区群众的安置工作。目前统计约有 20 万群众转移避险，多数来到彝良县城，也有不少还继续留在家中，对受灾群众的安置也要有统一规划。要做到让每一个人都有饭吃，有洁净的水喝，有病能治疗，尽量把群众安置在安全的地方，争取多运些帐篷。目前，已调运了 6000 顶帐篷，民政部还在协调，争取达到 10000 顶。在群众安置上，一定要注意安全，防止发生次生事故和传染病。转移出来的群众密集聚居在一起，容易爆发疫病，必须做好消毒和卫生防疫工作，安置地区要加强对厕所、垃圾，包括医疗废弃物的管理。

第四，尽快恢复基础设施。地震导致公路、电力和通信等基础设施遭受了严重损害，目前到重灾区道路还不畅通。在抗震救灾过程中，交通是生命线，必须千方百计抢修保畅通。只有路畅通了，救援人员和物资才能到达灾区，所以交通部门和地方政府要采取有力措施，尽快恢复交通。电力直接关系到群众生活和医疗救护，南方电网云南公司要尽快抢修送电。同时，也要做好震损通信、水利等设施抢修，特别要加强水库监测，确保水库安全。

第五，做好地震监测预报和次生灾害、地质灾害的预防。目前，余震已经达到 130 多次。由于震区地形陡峭，滑坡和滚石不断，很容易造成次生灾害。要特别注意防范震区再发生 5 级以上地震，这次地震是两次地震的叠加，如果再发生 5 级以上地震会造成更大的破坏。次生灾害和地质灾害是未来一段时间防范的重点。这次地震破坏最大的是岩石断裂以后的坍塌，堵塞道路、砸坏房屋。受地震影响，现在很多岩石都松动了，如果再发生大的地震或余震，很可能造成新的灾害。要对每一条山沟、道路，每一个村庄附近的岩石进行认真细致地勘察、排查，严密防范，不能因地震灾害和次生灾害造成新的伤亡，尤其是重大伤亡，这一点要特别注意。救援队伍安全也应放在第一位，切实做好自身安全防护，做到救援人员不伤亡。

第六，要做好群众工作，保持社会和谐稳定。救灾和灾后重建要持续一段时间。一开始群众情绪还比较稳定，但帐篷环境比较差，时间久了容易产生烦躁情绪。在这种情况下，社会矛盾容易凸显，一定要耐心细致地做好群众工作。要充分发挥基层组织的作用，党员干部要起模范带头作用，和群众同甘共苦，保护群众合法权益。在抗震救灾中，所有工作都要依靠群众。要及时向社会公布灾情和伤亡人数，对死亡的每个人的姓名、住址、身份证号码等都要登记清楚，这样做既体现政府高度负责的态度，又有利于安定人心。

第七，提前谋划灾后重建工作。灾后重建是一项艰巨繁重的任务。灾区既是少数民族地区，也是贫困地区，还是一个高寒山区，自然条件恶劣，高山峡谷，耕地面积少，人口密度大，灾后重建一定要做好规划。首先是保障安全，同时要合理布局，集约和节约使用土地，方便群众生产生活。灾后重建工作一定要发挥政府和群众两个方面的积极性，中央和地方政府对重建要给予政策支持，受灾群众也要克服困难，出工出劳，自力更生，重建家园。国家和地方政府有能力帮助灾区恢复重建，渡过难关。

第八，加强抗震救灾工作的组织领导。省委、省政府已决定成立抗震救灾总指挥部，指挥部内除了地方相关负责同志外，要吸收解放军和武警部队的领导参加，这样有利于统筹整个救援及灾后恢复重建工作。中央有关部门要对云南抗震救灾和灾后重建工作给予大力支持。云南省要一手抓抗震救灾，一手抓社会稳定和经济发展。

关于云南省在汇报时提出的几个需要中央和有关部委帮助解决的问题。经研究决定，中央财政给予云南10.5亿元资金补助，用于抢险救灾、群众安置和基础设施恢复重建。其他问题，如把灾区作为全国地质灾害防治的重点地区给予支持、在震区继续执行退耕还林政策和作为乌蒙山连片扶贫重点地区给予支持等，请有关部委认真研究，在今后工作中给予支持。

为支持云南做好抗震救灾和恢复重建工作，我们在飞机上，已经对各项工作分工作了安排，比如救治工作由卫生部来负责，明天卫生部长就赶到；群众的安置、生活由民政部来负责；基础设施的修复，由发展改革委来牵头，有关部门负责；有关灾后重建工作，发展改革委会同有关部委研究具体的支持措施。涉及交通、电力方面的工作，由交通运输部和南方电网公司负责。

盈江、大姚、宁洱地震时我都来到云南。这次的地震，我预感比前三次都严重，有些情况我们还没有完全掌握，大家要做好准备，付出更大的辛苦，把抗震救灾工作做好。总之，抗震救灾工作要认真贯彻胡锦涛总书记的指示和党中央、国务院的部署。相信有省委、省政府的坚强领导，有解放军、武警部队等各有关方面的大力支持，我们一定能够夺取抗震救灾的伟大胜利，重建幸福美好家园。

（根据录音整理　未经本人审阅）

法律·法规

放射性废物安全管理条例

中华人民共和国国务院令

第612号

《放射性废物安全管理条例》已经2011年11月30日国务院第183次常务会议通过，现予公布，自2012年3月1日起施行。

总理 温家宝

二〇一一年十二月二十日

第一章 总 则

第一条 为了加强对放射性废物的安全管理，保护环境，保障人体健康，根据《中华人民共和国放射性污染防治法》，制定本条例。

第二条 本条例所称放射性废物，是指含有放射性核素或者被放射性核素污染，其放射性核素浓度或者比活度大于国家确定的清洁解控水平，预期不再使用的废弃物。

第三条 放射性废物的处理、贮存和处置及其监督管理等活动，适用本条例。

本条例所称处理，是指为了能够安全和经济地运输、贮存、处置放射性废物，通过净化、浓缩、固化、压缩和包装等手段，改变放射性废物的属性、形态和体积的活动。

本条例所称贮存，是指将废旧放射源和其他放射性固体废物临时放置于专门建造的设施内进行保管的活动。

本条例所称处置，是指将废旧放射源和其他放射性固体废物最终放置于专门建造的设施内并不再回取的活动。

第四条 放射性废物的安全管理，应当坚持减量化、无害化和妥善处置、永久安全的原则。

第五条 国务院环境保护主管部门统一负责全国放射性废物的安全监督管理工作。

国务院核工业行业主管部门和其他有关部门，依照本条例的规定和各自的职责负责放射性废物的有关管理工作。

县级以上地方人民政府环境保护主管部门和其他有关部门依照本条例的规定和各自的职责负责本行政区域放射性废物的有关管理工作。

第六条 国家对放射性废物实行分类管理。

根据放射性废物的特性及其对人体健康和环境的潜在危害程度，将放射性废物分为高水平放射性废物、中水平放射性废物和低水平放射性废物。

第七条 放射性废物的处理、贮存和处置活动，应当遵守国家有关放射性污染防治标准和国务院环境保护主管部门的规定。

第八条 国务院环境保护主管部门会同国务院核工业行业主管部门和其他有关部门建立全国放射性废物管理信息系统，实现信息共享。

国家鼓励、支持放射性废物安全管理的科学研究和技术开发利用，推广先进的放射性废物安全管理技术。

第九条 任何单位和个人对违反本条例规定的行为，有权向县级以上人民政府环境保护主管部门或者其他有关部门举报。接到举报的部门应当及时调查处理，并为举报人保密；经调查情况属实的，对举报人给予奖励。

第二章 放射性废物的处理和贮存

第十条 核设施营运单位应当将其产生的不能回收利用并不能返回原生产单位或者出口方的废旧放射源（以下简称废旧放射源），送交取得相应许可证的放射性固体废物贮存单位集中贮存，或者直接送交取得相应许可证的放射性固体废物处置单位处置。

核设施营运单位应当对其产生的除废旧放射源以外的放射性固体废物和不能经净化排放的放射性废液进行处理，使其转变为稳定的、标准化的固体废物后自行贮存，并及时送交取得相应许可证的放射性固体废物处置单位处置。

第十一条 核技术利用单位应当对其产生的不能经净化排放的放射性废液进行处理，转变为放射性固体废物。

核技术利用单位应当及时将其产生的废旧放射源和其他放射性固体废物，送交取得相应许可证的放射性固体废物贮存单位集中贮存，或者直接送交取得相应许可证的放射性固体废物处置单位处置。

第十二条 专门从事放射性固体废物贮存活动的单位，应当符合下列条件，并依照本条例的规定申请领取放射性固体废物贮存许可证：

（一）有法人资格；

（二）有能保证贮存设施安全运行的组织机构和3名以上放射性废物管理、辐射防护、环境监测方面的专业技术人员，其中至少有1名注册核安全工程师；

（三）有符合国家有关放射性污染防治标准和国务院环境保护主管部门规定的放射性固体废物接收、贮存设施和场所，以及放射性检测、辐射防护与环境监测设备；

（四）有健全的管理制度以及符合核安全监督管理要求的质量保证体系，包括质量保证大纲、贮存设施运行监测计划、辐射环境监测计划和应急方案等。

核设施营运单位利用与核设施配套建设的贮存设施，贮存本单位产生的放射性固体废物的，不需要申请领取贮存许可证；贮存其他单位产生的放射性固体废物的，应当依照本条例的规定申请领取贮存许可证。

第十三条 申请领取放射性固体废物贮存许可证的单位，应当向国务院环境保护主管部门提出书面申请，并提交其符合本条例第十二条规定条件的证明材料。

国务院环境保护主管部门应当自受理申请之日起20个工作日内完成审查，对符合条件的颁发许可证，予以公告；对不符合条件的，书面通知申请单位并说明理由。

国务院环境保护主管部门在审查过程中，应当组织专家进行技术评审，并征求国务院其他有关部门的意见。技术评审所需时间应当书面告知申请单位。

第十四条 放射性固体废物贮存许可证应当载明下列内容：

（一）单位的名称、地址和法定代表人；

（二）准予从事的活动种类、范围和规模；

（三）有效期限；

（四）发证机关、发证日期和证书编号。

第十五条 放射性固体废物贮存单位变更单位名称、地址、法定代表人的，应当自变更登记之日起20日内，向国务院环境保护主管部门申请办理许可证变更手续。

放射性固体废物贮存单位需要变更许可证规定的活动种类、范围和规模的，应当按照原申请程序向国务院环境保护主管部门重新申请领取许可证。

第十六条 放射性固体废物贮存许可证的有效期为10年。

许可证有效期届满，放射性固体废物贮存单位需要继续从事贮存活动的，应当于许可证有效期届满90日前，向国务院环境保护主管部门提出延续申请。

国务院环境保护主管部门应当在许可证有效期届满前完成审查，对符合条件的准予延续；对不符合条件的，书面通知申请单位并说明理由。

第十七条 放射性固体废物贮存单位应当按照国家有关放射性污染防治标准和国务院环境保护主管部门的规定，对其接收的废旧放射和其他放射性固体废物进行分类存放和清理，及时予以清洁解控或者送交取得相应许可证的放射性固体废物处置单位处置。放射性固体废物贮存单位应当建立放射性固体废物贮存情况记录档案，如实完整地记录贮存的放射性固体废物的来源、数量、特征、贮存位置、清洁解控、送交处置等与贮存活动有关的事项。

放射性固体废物贮存单位应当根据贮存设施的自然环境和放射性固体废物特性采取必要的防护措施，保证在规定的贮存期限内贮存设施、容器的完好和放射性固体废物的安全，并确保放射性固体废物能够安全回取。

第十八条 放射性固体废物贮存单位应当根据贮存设施运行监测计划和辐射环境监测计划，对贮存设施进行安全性检查，并对贮存设施周围的地下水、地表水、土壤和空气进行放射性监测。

放射性固体废物贮存单位应当如实记录监测数据，发现安全隐患或者周围环境中放射性核素超过国家规定的标准的，应当立即查找原因，采取相应的防范措施，并向所在地省、自治区、直辖市人民政府环境保护主管部门报告。构成辐射事故的，应当立即启动本单位的应急方案，并依照《中华人民共和国放射性污染防治法》、《放射性同位素与射线装置安全和防护条例》的规定进行报告，开展有关事故应急工作。

第十九条 将废旧放射源和其他放射性固体废物送交放射性固体废物贮存、处置单位贮存、处置时，送交方应当一并提供放射性固体废物的种类、数量、活度等资料和废旧放射源的原始档案，并按照规定承担贮存、处置的费用。

第三章 放射性废物的处置

第二十条 国务院核工业行业主管部门会同国务院环境保护主管部门根据地质、环境、社会经济条件和放射性固体废物处置的需要，在征求国务院有关部门意见并进行环境影响评价的基础上编制放射性固体废物处置场所选址规划，报国务院批准后实施。

有关地方人民政府应当根据放射性固体废物处置场所选址规划，提供放射性固体废物处置场所的建设用地，并采取有效措施支持放射性固体废物的处置。

第二十一条 建造放射性固体废物处置设施，应当按照放射性固体废物处置场所选址技术导则和标准的要求，与居住区、水源保护区、交通干道、工厂和企业等场所保持严格的安全防护距离，并对场址的地质构造、水文地质等自然条件以及社会经济条件进行充分研究论证。

第二十二条 建造放射性固体废物处置设施，应当符合放射性固体废物处置场所选址规划，并依法办理选址批准手续和建造许可证。不符合选址规划或者选址技术导则、标准

的，不得批准选址或者建造。

高水平放射性固体废物和α放射性固体废物深地质处置设施的工程和安全技术研究、地下实验、选址和建造，由国务院核工业行业主管部门组织实施。

第二十三条 专门从事放射性固体废物处置活动的单位，应当符合下列条件，并依照本条例的规定申请领取放射性固体废物处置许可证：

（一）有国有或者国有控股的企业法人资格。

（二）有能保证处置设施安全运行的组织机构和专业技术人员。低、中水平放射性固体废物处置单位应当具有10名以上放射性废物管理、辐射防护、环境监测方面的专业技术人员，其中至少有3名注册核安全工程师；高水平放射性固体废物和α放射性固体废物处置单位应当具有20名以上放射性废物管理、辐射防护、环境监测方面的专业技术人员，其中至少有5名注册核安全工程师。

（三）有符合国家有关放射性污染防治标准和国务院环境保护主管部门规定的放射性固体废物接收、处置设施和场所，以及放射性检测、辐射防护与环境监测设备。低、中水平放射性固体废物处置设施关闭后应满足300年以上的安全隔离要求；高水平放射性固体废物和α放射性固体废物深地质处置设施关闭后应满足1万年以上的安全隔离要求。

（四）有相应数额的注册资金。低、中水平放射性固体废物处置单位的注册资金应不少于3000万元；高水平放射性固体废物和α放射性固体废物处置单位的注册资金应不少于1亿元。

（五）有能保证其处置活动持续进行直至安全监护期满的财务担保。

（六）有健全的管理制度以及符合核安全监督管理要求的质量保证体系，包括质量保证大纲、处置设施运行监测计划、辐射环境监测计划和应急方案等。

第二十四条 放射性固体废物处置许可证的申请、变更、延续的审批权限和程序，以及许可证的内容、有效期限，依照本条例第十三条至第十六条的规定执行。

第二十五条 放射性固体废物处置单位应当按照国家有关放射性污染防治标准和国务院环境保护主管部门的规定，对其接收的放射性固体废物进行处置。

放射性固体废物处置单位应当建立放射性固体废物处置情况记录档案，如实记录处置的放射性固体废物的来源、数量、特征、存放位置等与处置活动有关的事项。放射性固体废物处置情况记录档案应当永久保存。

第二十六条 放射性固体废物处置单位应当根据处置设施运行监测计划和辐射环境监测计划，对处置设施进行安全性检查，并对处置设施周围的地下水、地表水、土壤和空气进行放射性监测。

放射性固体废物处置单位应当如实记录监测数据，发现安全隐患或者周围环境中放射性核素超过国家规定的标准的，应当立即查找原因，采取相应的防范措施，并向国务院环境保护主管部门和核工业行业主管部门报告。构成辐射事故的，应当立即启动本单位的应急方案，并依照《中华人民共和国放射性污染防治法》、《放射性同位素与射线装置安全和防护条例》的规定进行报告，开展有关事故应急工作。

第二十七条 放射性固体废物处置设施设计服役期届满，或者处置的放射性固体废物已达到该设施的设计容量，或者所在地区的地质构造或者水文地质等条件发生重大变化导致处置设施不适宜继续处置放射性固体废物的，应当依法办理关闭手续，并在划定的区域设置永久性标记。

关闭放射性固体废物处置设施的，处置单位应当编制处置设施安全监护计划，报国务院环境保护主管部门批准。

放射性固体废物处置设施依法关闭后，处置单位应当按照经批准的安全监护计划，对关闭后的处置设施进行安全监护。放射性固体废物处置单位因破产、吊销许可证等原因终止的，处置设施关闭和安全监护所需费用由提供财务担保的单位承担。

第四章 监督管理

第二十八条 县级以上人民政府环境保护主管部门和其他有关部门，依照《中华人民共和国放射性污染防治法》和本条例的规定，对放射性废物处理、贮存和处置等活动的安全性进行监督检查。

第二十九条 县级以上人民政府环境保护主管部门和其他有关部门进行监督检查时，有权采取下列措施：

（一）向被检查单位的法定代表人和其他有关人员调查、了解情况；

（二）进入被检查单位进行现场监测、检查或者核查；

（三）查阅、复制相关文件、记录以及其他有关资料；

（四）要求被检查单位提交有关情况说明或者后续处理报告。

被检查单位应当予以配合，如实反映情况，提供必要的资料，不得拒绝和阻碍。

县级以上人民政府环境保护主管部门和其他有关部门的监督检查人员依法进行监督检查时，应当出示证件，并为被检查单位保守技术秘密和业务秘密。

第三十条 核设施营运单位、核技术利用单位和放射性固体废物贮存、处置单位，应当按照放射性废物危害的大小，建立健全相应级别的安全保卫制度，采取相应的技术防范措施和人员防范措施，并适时开展放射性废物污染事故应急演练。

第三十一条 核设施营运单位、核技术利用单位和放射性固体废物贮存、处置单位，应当对其直接从事放射性废物处理、贮存和处置活动的工作人员进行核与辐射安全知识以及专业操作技术的培训，并进行考核；考核合格的，方可从事该项工作。

第三十二条 核设施营运单位、核技术利用单位和放射性固体废物贮存单位应当按照国务院环境保护主管部门的规定定期如实报告放射性废物产生、排放、处理、贮存、清洁解控和送交处置等情况。

放射性固体废物处置单位应当于每年3月31日前，向国务院环境保护主管部门和核工业行业主管部门如实报告上一年度放射性固体废物接收、处置和设施运行等情况。

第三十三条 禁止将废旧放射源和其他放射性固体废物送交无相应许可证的单位贮存、处置或者擅自处置。

禁止无许可证或者不按照许可证规定的活动种类、范围、规模和期限从事放射性固体废物贮存、处置活动。

第三十四条 禁止将放射性废物和被放射性污染的物品输入中华人民共和国境内或者经中华人民共和国境内转移。具体办法由国务院环境保护主管部门会同国务院商务主管部门、海关总署、国家出入境检验检疫主管部门制定。

第五章 法律责任

第三十五条 负有放射性废物安全监督管理职责的部门及其工作人员违反本条例规定，有下列行为之一的，对直接负责的主管人员和其他直接责任人员，依法给予处分；直接负责的主管人员和其他直接责任人员构成犯罪的，依法追究刑事责任：

（一）违反本条例规定核发放射性固体废物贮存、处置许可证的；

（二）违反本条例规定批准不符合选址规划或者选址技术导则、标准的处置设施选址或者建造的；

（三）对发现的违反本条例的行为不依法查处的；

（四）在办理放射性固体废物贮存、处置许可证以及实施监督检查过程中，索取、收受他人财物或者谋取其他利益的；

（五）其他徇私舞弊、滥用职权、玩忽职守行为。

第三十六条 违反本条例规定，核设施营运单位、核技术利用单位有下列行为之一的，由审批该单位立项环境影响评价文件的环境保护主管部门责令停止违法行为，限期改正；逾期不改正的，指定有相应许可证的单位代为贮存或者处置，所需费用由核设施营运单位、核技术利用单位承担，可以处20万元以下的罚款；构成犯罪的，依法追究刑事责任：

（一）核设施营运单位未按照规定，将其产生的废旧放射源送交贮存、处置，或者将其产生的其他放射性固体废物送交处置的；

（二）核技术利用单位未按照规定，将其产生的废旧放射源或者其他放射性固体废物送交贮存、处置的。

第三十七条 违反本条例规定，有下列行为之一的，由县级以上人民政府环境保护主管部门责令停止违法行为，限期改正，处10万元以上20万元以下的罚款；造成环境污染的，责令限期采取治理措施消除污染，逾期不采取治理措施，经催告仍不治理的，可以指定有治理能力的单位代为治理，所需费用由违法者承担；构成犯罪的，依法追究刑事责任：

（一）核设施营运单位将废旧放射源送交无相应许可证的单位贮存、处置，或者将其他放射性固体废物送交无相应许可证的单位处置，或者擅自处置的；

（二）核技术利用单位将废旧放射源或者其他放射性固体废物送交无相应许可证的单位贮存、处置，或者擅自处置的；

（三）放射性固体废物贮存单位将废旧放射源或者其他放射性固体废物送交无相应许可证的单位处置，或者擅自处置的。

第三十八条 违反本条例规定，有下列行为之一的，由省级以上人民政府环境保护主管部门责令停产停业或者吊销许可证；有违法所得的，没收违法所得；违法所得10万元以上的，并处违法所得1倍以上5倍以下的罚款；没有违法所得或者违法所得不足10万元的，并处5万元以上10万元以下的罚款；造成环境污染的，责令限期采取治理措施消除污染，逾期不采取治理措施，经催告仍不治理的，可以指定有治理能力的单位代为治理，所需费用由违法者承担；构成犯罪的，依法追究刑事责任：

（一）未经许可，擅自从事废旧放射源或者其他放射性固体废物的贮存、处置活动的；

（二）放射性固体废物贮存、处置单位未按照许可证规定的活动种类、范围、规模、期限从事废旧放射源或者其他放射性固体废物的贮存、处置活动的；

（三）放射性固体废物贮存、处置单位未按照国家有关放射性污染防治标准和国务院环境保护主管部门的规定贮存、处置废旧放射源或者其他放射性固体废物的。

第三十九条 放射性固体废物贮存、处置单位未按照规定建立情况记录档案，或者未按照规定进行如实记录的，由省级以上人民政府环境保护主管部门责令限期改正，处1万元以上5万元以下的罚款；逾期不改正的，处5万元以上10万元以下的罚款。

第四十条 核设施营运单位、核技术利用单位或者放射性固体废物贮存、处置单位未按照本条例第三十二条的规定如实报告有关情况的，由县级以上人民政府环境保护主管部门责令限期改正，处1万元以上5万元以下的罚款；逾期不改正的，处5万元以上10万元以下的罚款。

第四十一条 违反本条例规定，拒绝、阻碍环境保护主管部门或者其他有关部门的监督检查，或者在接受监督检查时弄虚作假的，由监督检查部门责令改正，处2万元以下的罚款；构成违反治安管理行为的，由公安机关依法给予治安管理处罚；构成犯罪的，依法追究刑事责任。

第四十二条 核设施营运单位、核技术利用单位或者放射性固体废物贮存、处置单位未按照规定对有关工作人员进行技术培训和考核的，由县级以上人民政府环境保护主管部门责令限期改正，处1万元以上5万元以下的罚款；逾期不改正的，处5万元以上10万元以下的罚款。

第四十三条 违反本条例规定，向中华人民共和国境内输入放射性废物或者被放射性污染的物品，或者经中华人民共和国境内转移放射性废物或者被放射性污染的物品的，由海关责令退运该放射性废物或者被放射性污染的物品，并处50万元以上100万元以下的罚款；构成犯罪的，依法追究刑事责任。

第六章 附 则

第四十四条 军用设施、装备所产生的放射性废物的安全管理，依照《中华人民共和国放射性污染防治法》第六十条的规定执行。

第四十五条 放射性废物运输的安全管理、放射性废物造成污染事故的应急处理，以及劳动者在职业活动中接触放射性废物造成的职业病防治，依照有关法律、行政法规的规定执行。

第四十六条 本条例自2012年3月1日起施行。

国务院关于修改《机动车交通事故责任强制保险条例》的决定

中华人民共和国国务院令

第618号

现公布《国务院关于修改〈机动车交通事故责任强制保险条例〉的决定》，自2012年5月1日起施行。

总理　温家宝

二〇一二年三月三十日

国务院决定对《机动车交通事故责任强制保险条例》作如下修改：

第五条第一款修改为："保险公司经保监会批准，可以从事机动车交通事故责任强制保险业务。"

本决定自2012年5月1日起施行。

《机动车交通事故责任强制保险条例》根据本决定作相应的修改，重新公布。

机动车交通事故责任强制保险条例

（2006年3月21日中华人民共和国国务院令第462号公布根据2012年3月30日《国务院关于修改〈机动车交通事故责任强制保险条例〉的决定》修订）

第一章　总　则

第一条　为了保障机动车道路交通事故受害人依法得到赔偿:，促进道路交通安全，根据《中华人民共和国道路交通安全法》、《中华人民共和国保险法》，制定本条例。

第二条　在中华人民共和国境内道路上行驶的机动车的所有人或者管理人，应当依照《中华人民共和国道路交通安全法》的规定投保机动车交通事故责任强制保险。

机动车交通事故责任强制保险的投保、赔偿和监督管理，适用本条例。

第三条　本条例所称机动车交通事故责任强制保险，是指由保险公司对被保险机动车发生道路交通事故造成本车人员、被保险人以外的受害人的人身伤亡、财产损失，在责任限额内予以赔偿的强制性责任保险。

第四条　国务院保险监督管理机构（以下称保监会）依法对保险公司的机动车交通事故责任强制保险业务实施监督管理。

公安机关交通管理部门、农业（农业机械）主管部门（以下统称机动车管理部门）应当依法对机动车参加机动车交通事故责任强制保险的情况实施监督检查。对未参加机动车交通事故责任强制保险的机动车，机动车管理部门不得予以登记，机动车安全技术检验机构不得予以检验。

公安机关交通管理部门及其交通警察在调查处理道路交通安全违法行为和道路交通事故时，应当依法检查机动车交通事故责任强制保险的保险标志。

第二章　投　保

第五条　保险公司经保监会批准，可以从事机动车交通事故责任强制保险业务。

为了保证机动车交通事故责任强制保险制度的实行，保监会有权要求保险公司从事机动车交通事故责任强制保险业务。

未经保监会批准，任何单位或者个人不得从事机动车交通事故责任强制保险业务。

第六条　机动车交通事故责任强制保险实行统一的保险条款和基础保险费率。保监会按照机动车交通事故责任强制保险业务总体上不盈利不亏损的原则审批保险费率。

保监会在审批保险费率时，可以聘请有关专业机构进行评估，可以举行听证会听取公众意见。

第七条　保险公司的机动车交通事故责任强制保险业务，应当与其他保险业务分开管理，单独核算。

保监会应当每年对保险公司的机动车交通事故责任强制保险业务情况进行核查，并向社会公布；根据保险公司机动车交通事故责任强制保险业务的总体盈利或者亏损情况，可以要求或者允许保险公司相应调整保险费率。

调整保险费率的幅度较大的，保监会应当进行听证。

第八条　被保险机动车没有发生道路交通安全违法行为和道路交通事故的，保险公司应当在下一年度降低其保险费率。在此后的年度内，被保险机动车仍然没有发生道路交通安全违法行为和道路交通事故的，保险公司应当继续降低其保险费率，直至最低标准。被保险机动车发生道路交通安全违法行为或者道路交通事故的，保险公司应当在下一年度提高其保险费率。多次发生道路交通安全违法行为、道路交通事故，或者发生重大道路交通事故的，保险公司应当加大提高其保险费率的幅度。在道路交通事故中被保险人没有过错的，不提高其保险费率。降低或者提高保险费率的标准，由保监会会同国务院公安部门制定。

第九条 保监会、国务院公安部门、国务院农业主管部门以及其他有关部门应当逐步建立有关机动车交通事故责任强制保险、道路交通安全违法行为和道路交通事故的信息共享机制。

第十条 投保人在投保时应当选择具备从事机动车交通事故责任强制保险业务资格的保险公司，被选择的保险公司不得拒绝或者拖延承保。

保监会应当将具备从事机动车交通事故责任强制保险业务资格的保险公司向社会公示。

第十一条 投保人投保时，应当向保险公司如实告知重要事项。

重要事项包括机动车的种类、厂牌型号、识别代码、牌照号码、使用性质和机动车所有人或者管理人的姓名（名称）、性别、年龄、住所、身份证或者驾驶证号码（组织机构代码）、续保前该机动车发生事故的情况以及保监会规定的其他事项。

第十二条 签订机动车交通事故责任强制保险合同时，投保人应当一次支付全部保险费；保险公司应当向投保人签发保险单、保险标志。保险单、保险标志应当注明保险单号码、车牌号码、保险期限、保险公司的名称、地址和理赔电话号码。

被保险人应当在被保险机动车上放置保险标志。

保险标志式样全国统一。保险单、保险标志由保监会监制。任何单位或者个人不得伪造、变造或者使用伪造、变造的保险单、保险标志。

第十三条 签订机动车交通事故责任强制保险合同时，投保人不得在保险条款和保险费率之外，向保险公司提出附加其他条件的要求。

签订机动车交通事故责任强制保险合同时，保险公司不得强制投保人订立商业保险合同以及提出附加其他条件的要求。

第十四条 保险公司不得解除机动车交通事故责任强制保险合同；但是，投保人对重要事项未履行如实告知义务的除外。

投保人对重要事项未履行如实告知义务，保险公司解除合同前，应当书面通知投保人，投保人应当自收到通知之日起5日内履行如实告知义务；投保人在上述期限内履行如实告知义务的，保险公司不得解除合同。

第十五条 保险公司解除机动车交通事故责任强制保险合同的，应当收回保险单和保险标志，并书面通知机动车管理部门。

第十六条 投保人不得解除机动车交通事故责任强制保险合同，但有下列情形之一的除外：

（一）被保险机动车被依法注销登记的；

（二）被保险机动车办理停驶的；

（三）被保险机动车经公安机关证实丢失的。

第十七条 机动车交通事故责任强制保险合同解除前，保险公司应当按照合同承担保险责任。

合同解除时，保险公司可以收取自保险责任开始之日起至合同解除之日止的保险费，剩余部分的保险费退还投保人。

第十八条 被保险机动车所有权转移的，应当办理机动车交通事故责任强制保险合同变更手续。

第十九条 机动车交通事故责任强制保险合同期满，投保人应当及时续保，并提供上一年度的保险单。

第二十条 机动车交通事故责任强制保险的保险期间为1年，但有下列情形之一的，投保人可以投保短期机动车交通事故责任强制保险：

（一）境外机动车临时入境的；

（二）机动车临时上道路行驶的；

（三）机动车距规定的报废期限不足1年的；

（四）保监会规定的其他情形。

第三章 赔 偿

第二十一条 被保险机动车发生道路交通事故造成本车人员、被保险人以外的受害人人身伤亡、财产损失的，由保险公司依法在机动车交通事故责任强制保险责任限额范围内予以赔偿。

道路交通事故的损失是由受害人故意造成的，保险公司不予赔偿。

第二十二条 有下列情形之一的，保险公司在机动车交通事故责任强制保险责任限额范围内垫付抢救费用，并有权向致害人追偿：

（一）驾驶人未取得驾驶资格或者醉酒的；

（二）被保险机动车被盗抢期间肇事的；

（三）被保险人故意制造道路交通事故的。

有前款所列情形之一，发生道路交通事故的，造成受害人的财产损失，保险公司不承担赔偿责任。

第二十三条 机动车交通事故责任强制保险在全国范围内实行统一的责任限额。责任限额分为死亡伤残赔偿限额、医疗费用赔偿限额、财产损失赔偿限额以及被保险人在道路交通事故中无责任的赔偿限额。

机动车交通事故责任强制保险责任限额由保监会会同国务院公安部门、国务院卫生主管部门、国务院农业主管部门规定。

第二十四条 国家设立道路交通事故社会救助基金（以下简称救助基金）。有下列情形之一时，道路交通事故中受害人人身伤亡的丧葬费用、部分或者全部抢救费用，由救助基金先行垫付，救助基金管理机构有权向道路交通事故责任人追偿：

（一）抢救费用超过机动车交通事故责任强制保险责任限额的；

（二）肇事机动车未参加机动车交通事故责任强制保险的；

（三）机动车肇事后逃逸的。

第二十五条 救助基金的来源包括：

（一）按照机动车交通事故责任强制保险的保险费的一定比例提取的资金；

（二）对未按照规定投保机动车交通事故责任强制保险的

机动车的所有人、管理人的罚款；

（三）救助基金管理机构依法向道路交通事故责任人追偿的资金；

（四）救助基金孳息；

（五）其他资金。

第二十六条 救助基金的具体管理办法，由国务院财政部门会同保监会、国务院公安部门、国务院卫生主管部门、国务院农业主管部门制定试行。

第二十七条 被保险机动车发生道路交通事故，被保险人或者受害人通知保险公司的，保险公司应当立即给予答复，告知被保险人或者受害人具体的赔偿程序等有关事项。

第二十八条 被保险机动车发生道路交通事故的，由被保险人向保险公司申请赔偿保险金。保险公司应当自收到赔偿申请之日起1日内，书面告知被保险人需要向保险公司提供的与赔偿有关的证明和资料。

第二十九条 保险公司应当自收到被保险人提供的证明和资料之日起5日内，对是否属于保险责任作出核定，并将结果通知被保险人；对不属于保险责任的，应当书面说明理由；对属于保险责任的，在与被保险人达成赔偿保险金的协议后10日内，赔偿保险金。

第三十条 被保险人与保险公司对赔偿有争议的，可以依法申请仲裁或者向人民法院提起诉讼。

第三十一条 保险公司可以向被保险人赔偿保险金，也可以直接向受害人赔偿保险金。但是，因抢救受伤人员需要保险公司支付或者垫付抢救费用的，保险公司在接到公安机关交通管理部门通知后，经核对应当及时向医疗机构支付或者垫付抢救费用。

因抢救受伤人员需要救助基金管理机构垫付抢救费用的，救助基金管理机构在接到公安机关交通管理部门通知后，经核对应当及时向医疗机构垫付抢救费用。

第三十二条 医疗机构应当参照国务院卫生主管部门组织制定的有关临床诊疗指南，抢救、治疗道路交通事故中的受伤人员。

第三十三条 保险公司赔偿保险金或者垫付抢救费用，救助基金管理机构垫付抢救费用，需要向有关部门、医疗机构核实有关情况的，有关部门、医疗机构应当予以配合。

第三十四条 保险公司、救助基金管理机构的工作人员对当事人的个人隐私应当保密。

第三十五条 道路交通事故损害赔偿项目和标准依照有关法律的规定执行。

第四章 罚 则

第三十六条 未经保监会批准，非法从事机动车交通事故责任强制保险业务的，由保监会予以取缔；构成犯罪的，依法追究刑事责任；尚不构成犯罪的，由保监会没收违法所得，违法所得20万元以上的，并处违法所得1倍以上5倍以下罚款；没有违法所得或者违法所得不足20万元的，处20万元以上100万元以下罚款。

第三十七条 保险公司未经保监会批准从事机动车交通事故责任强制保险业务的，由保监会责令改正，责令退还收取的保险费，没收违法所得，违法所得10万元以上的，并处违法所得1倍以上5倍以下罚款；没有违法所得或者违法所得不足10万元的，处10万元以上50万元以下罚款；逾期不改正或者造成严重后果的，责令停业整顿或者吊销经营保险业务许可证。

第三十八条 保险公司违反本条例规定，有下列行为之一的，由保监会责令改正，处5万元以上30万元以下罚款；情节严重的，可以限制业务范围、责令停止接受新业务或者吊销经营保险业务许可证：

（一）拒绝或者拖延承保机动车交通事故责任强制保险的；

（二）未按照统一的保险条款和基础保险费率从事机动车交通事故责任强制保险业务的；

（三）未将机动车交通事故责任强制保险业务和其他保险业务分开管理，单独核算的；

（四）强制投保人订立商业保险合同的；

（五）违反规定解除机动车交通事故责任强制保险合同的；

（六）拒不履行约定的赔偿保险金义务的；

（七）未按照规定及时支付或者垫付抢救费用的。

第三十九条 机动车所有人、管理人未按照规定投保机动车交通事故责任强制保险的，由公安机关交通管理部门扣留机动车，通知机动车所有人、管理人依照规定投保，处依照规定投保最低责任限额应缴纳的保险费的2倍罚款。

机动车所有人、管理人依照规定补办机动车交通事故责任强制保险的，应当及时退还机动车。

第四十条 上道路行驶的机动车未放置保险标志的，公安机关交通管理部门应当扣留机动车，通知当事人提供保险标志或者补办相应手续，可以处警告或者20元以上200元以下罚款。

当事人提供保险标志或者补办相应手续的，应当及时退还机动车。

第四十一条 伪造、变造或者使用伪造、变造的保险标志，或者使用其他机动车的保险标志，由公安机关交通管理部门予以收缴，扣留该机动车，处200元以上2000元以下罚款；构成犯罪的，依法追究刑事责任。

当事人提供相应的合法证明或者补办相应手续的，应当及时退还机动车。

第五章 附 则

第四十二条 本条例下列用语的含义：

（一）投保人，是指与保险公司订立机动车交通事故责任强制保险合同，并按照合同负有支付保险费义务的机动车的所有人、管理人。

（二）被保险人，是指投保人及其允许的合法驾驶人。

（三）抢救费用，是指机动车发生道路交通事故导致人员受伤时，医疗机构参照国务院卫生主管部门组织制定的有关临床诊疗指南，对生命体征不平稳和虽然生命体征平稳但如果不采取处理措施会产生生命危险，或者导致残疾、器官功能障碍，或者导致病程明显延长的受伤人员，采取必要的处理措施所发生的医疗费用。

第四十三条 机动车在道路以外的地方通行时发生事故，造成人身伤亡、财产损失的赔偿，比照适用本条例。

第四十四条 中国人民解放军和中国人民武装警察部队在编机动车参加机动车交通事故责任强制保险的办法，由中国人民解放军和中国人民武装警察部队另行规定。

第四十五条 机动车所有人、管理人自本条例施行之日起3个月内投保机动车交通事故责任强制保险；本条例施行前已经投保商业性机动车第三者责任保险的，保险期满，应当投保机动车交通事故责任强制保险。

第四十六条 本条例自2006年7月1日起施行。

校车安全管理条例

中华人民共和国国务院令

第617号

《校车安全管理条例》已经2012年3月28日国务院第197次常务会议通过，现予公布，自公布之日起施行。

总理 温家宝

二〇一二年四月五日

第一章 总 则

第一条 为了加强校车安全管理，保障乘坐校车学生的人身安全，制定本条例。

第二条 本条例所称校车，是指依照本条例取得使用许可，用于接送接受义务教育的学生上下学的7座以上的载客汽车。

接送小学生的校车应当是按照专用校车国家标准设计和制造的小学生专用校车。

第三条 县级以上地方人民政府应当根据本行政区域的学生数量和分布状况等因素，依法制定、调整学校设置规划，保障学生就近入学或者在寄宿制学校入学，减少学生上下学的交通风险。实施义务教育的学校及其教学点的设置、调整，应当充分听取学生家长等有关方面的意见。

县级以上地方人民政府应当采取措施，发展城市和农村的公共交通，合理规划、设置公共交通线路和站点，为需要乘车上下学的学生提供方便。

对确实难以保障就近入学，并且公共交通不能满足学生上下学需要的农村地区，县级以上地方人民政府应当采取措施，保障接受义务教育的学生获得校车服务。

国家建立多渠道筹措校车经费的机制，并通过财政资助、税收优惠、鼓励社会捐赠等多种方式，按照规定支持使用校车接送学生的服务。支持校车服务所需的财政资金由中央财政和地方财政分担，具体办法由国务院财政部门制定。支持校车服务的税收优惠办法，依照法律、行政法规规定的税收管理权限制定。

第四条 国务院教育、公安、交通运输以及工业和信息化、质量监督检验检疫、安全生产监督管理等部门依照法律、行政法规和国务院的规定，负责校车安全管理的有关工作。国务院教育、公安部门会同国务院有关部门建立校车安全管理工作协调机制，统筹协调校车安全管理工作中的重大事项，共同做好校车安全管理工作。

第五条 县级以上地方人民政府对本行政区域的校车安全管理工作负总责，组织有关部门制定并实施与当地经济发展水平和校车服务需求相适应的校车服务方案，统一领导、组织、协调有关部门履行校车安全管理职责。

县级以上地方人民政府教育、公安、交通运输、安全生产监督管理等有关部门依照本条例以及本级人民政府的规定，履行校车安全管理的相关职责。有关部门应当建立健全校车安全管理信息共享机制。

第六条 国务院标准化主管部门会同国务院工业和信息化、公安、交通运输等部门，按照保障安全、经济适用的要求，制定并及时修订校车安全国家标准。

生产校车的企业应当建立健全产品质量保证体系，保证所生产（包括改装，下同）的校车符合校车安全国家标准；不符合标准的，不得出厂、销售。

第七条 保障学生上下学交通安全是政府、学校、社会和家庭的共同责任。社会各方面应当为校车通行提供便利，协助保障校车通行安全。

第八条 县级和设区的市级人民政府教育、公安、交通运输、安全生产监督管理部门应当设立并公布举报电话、举报网络平台，方便群众举报违反校车安全管理规定的行为。

接到举报的部门应当及时依法处理；对不属于本部门管理职责的举报，应当及时移送有关部门处理。

第二章 学校和校车服务提供者

第九条 学校可以配备校车。依法设立的道路旅客运输经营企业、城市公共交通企业，以及根据县级以上地方人民政府规定设立的校车运营单位，可以提供校车服务。

县级以上地方人民政府根据本地区实际情况，可以制定管理办法，组织依法取得道路旅客运输经营许可的个体经营者提供校车服务。

第十条 配备校车的学校和校车服务提供者应当建立健全校车安全管理制度，配备安全管理人员，加强校车的安全维护，定期对校车驾驶人进行安全教育，组织校车驾驶人学习道路交通安全法律法规以及安全防范、应急处置和应急救援知识，保障学生乘坐校车安全。

第十一条 由校车服务提供者提供校车服务的，学校应当与校车服务提供者签订校车安全管理责任书，明确各自的安全管理责任，落实校车运行安全管理措施。

学校应当将校车安全管理责任书报县级或者设区的市级人民政府教育行政部门备案。

第十二条 学校应当对教师、学生及其监护人进行交通安全教育，向学生讲解校车安全乘坐知识和校车安全事故应急处理技能，并定期组织校车安全事故应急处理演练。

学生的监护人应当履行监护义务，配合学校或者校车服务提供者的校车安全管理工作。学生的监护人应当拒绝使用不符合安全要求的车辆接送学生上下学。

第十三条 县级以上地方人民政府教育行政部门应当指导、监督学校建立健全校车安全管理制度，落实校车安全管理责任，组织学校开展交通安全教育。公安机关交通管理部门应当配合教育行政部门组织学校开展交通安全教育。

第三章 校车使用许可

第十四条 使用校车应当依照本条例的规定取得许可。

取得校车使用许可应当符合下列条件：

（一）车辆符合校车安全国家标准，取得机动车检验合格证明，并已经在公安机关交通管理部门办理注册登记；

（二）有取得校车驾驶资格的驾驶人；

（三）有包括行驶线路、开行时间和停靠站点的合理可行的校车运行方案；

（四）有健全的安全管理制度；

（五）已经投保机动车承运人责任保险。

第十五条 学校或者校车服务提供者申请取得校车使用许可，应当向县级或者设区的市级人民政府教育行政部门提交书面申请和证明其符合本条例第十四条规定条件的材料。教育行政部门应当自收到申请材料之日起3个工作日内，分别送同级公安机关交通管理部门、交通运输部门征求意见，公安机关交通管理部门和交通运输部门应当在3个工作日内回复意见。教育行政部门应当自收到回复意见之日起5个工作日内提出审查意见，报本级人民政府。本级人民政府决定批准的，由公安机关交通管理部门发给校车标牌，并在机动车行驶证上签注校车类型和核载人数；不予批准的，书面说明理由。

第十六条 校车标牌应当载明本车的号牌号码、车辆的所有人、驾驶人、行驶线路、开行时间、停靠站点以及校车标牌发牌单位、有效期等事项。

第十七条 取得校车标牌的车辆应当配备统一的校车标志灯和停车指示标志。

校车未运载学生上道路行驶的，不得使用校车标牌、校车标志灯和停车指示标志。

第十八条 禁止使用未取得校车标牌的车辆提供校车服务。

第十九条 取得校车标牌的车辆达到报废标准或者不再作为校车使用的，学校或者校车服务提供者应当将校车标牌交回公安机关交通管理部门。

第二十条 校车应当每半年进行一次机动车安全技术检验。

第二十一条 校车应当配备逃生锤、干粉灭火器、急救箱等安全设备。安全设备应当放置在便于取用的位置，并确保性能良好、有效适用。

校车应当按照规定配备具有行驶记录功能的卫星定位装置。

第二十二条 配备校车的学校和校车服务提供者应当按照国家规定做好校车的安全维护，建立安全维护档案，保证校车处于良好技术状态。不符合安全技术条件的校车，应当停运维修，消除安全隐患。

校车应当由依法取得相应资质的维修企业维修。承接校车维修业务的企业应当按照规定的维修技术规范维修校车，并按照国务院交通运输主管部门的规定对所维修的校车实行质量保证期制度，在质量保证期内对校车的维修质量负责。

第四章 校车驾驶人

第二十三条 校车驾驶人应当依照本条例的规定取得校车驾驶资格。

取得校车驾驶资格应当符合下列条件：

（一）取得相应准驾车型驾驶证并具有3年以上驾驶经历，年龄在25周岁以上、不超过60周岁；

（二）最近连续3个记分周期内没有被记满分记录；

（三）无致人死亡或者重伤的交通事故责任记录；

（四）无饮酒后驾驶或者醉酒驾驶机动车记录，最近1年内无驾驶客运车辆超员、超速等严重交通违法行为记录；

（五）无犯罪记录；

（六）身心健康，无传染性疾病，无癫痫、精神病等可能危及行车安全的疾病病史，无酗酒、吸毒行为记录。

第二十四条 机动车驾驶人申请取得校车驾驶资格，应当向县级或者设区的市级人民政府公安机关交通管理部门提交书面申请和证明其符合本条例第二十三条规定条件的材料。公安机关交通管理部门应当自收到申请材料之日起5个工作日内审查完毕，对符合条件的，在机动车驾驶证上签注准许驾驶校车；不符合条件的，书面说明理由。

第二十五条 机动车驾驶人未取得校车驾驶资格，不得驾驶校车。禁止聘用未取得校车驾驶资格的机动车驾驶人驾驶校车。

第二十六条 校车驾驶人应当每年接受公安机关交通管理部门的审验。

第二十七条 校车驾驶人应当遵守道路交通安全法律法规，严格按照机动车道路通行规则和驾驶操作规范安全驾驶、文明驾驶。

第五章 校车通行安全

第二十八条 校车行驶线路应当尽量避开急弯、陡坡、临崖、临水的危险路段；确实无法避开的，道路或者交通设施的管理、养护单位应当按照标准对上述危险路段设置安全防护设施、限速标志、警告标牌。

第二十九条 校车经过的道路出现不符合安全通行条件的状况或者存在交通安全隐患的，当地人民政府应当组织有关部门及时改善道路安全通行条件、消除安全隐患。

第三十条 校车运载学生，应当按照国务院公安部门规定的位置放置校车标牌，开启校车标志灯。

校车运载学生，应当按照经审核确定的线路行驶，遇有交通管制、道路施工以及自然灾害、恶劣气象条件或者重大交通事故等影响道路通行情形的除外。

第三十一条 公安机关交通管理部门应当加强对校车行驶线路的道路交通秩序管理。遇交通拥堵的，交通警察应当指挥疏导运载学生的校车优先通行。

校车运载学生，可以在公共交通专用车道以及其他禁止社会车辆通行但允许公共交通车辆通行的路段行驶。

第三十二条 校车上下学生，应当在校车停靠站点停靠；未设校车停靠站点的路段可以在公共交通站台停靠。

道路或者交通设施的管理、养护单位应当按照标准设置校车停靠站点预告标识和校车停靠站点标牌，施划校车停靠站点标线。

第三十三条 校车在道路上停车上下学生，应当靠道路右侧停靠，开启危险报警闪光灯，打开停车指示标志。校车在同方向只有一条机动车道的道路上停靠时，后方车辆应当停车等待，不得超越。校车在同方向有两条以上机动车道的道路上停靠时，校车停靠车道后方和相邻机动车道上的机动车应当停车等待，其他机动车道上的机动车应当减速通过。校车后方停车等待的机动车不得鸣喇叭或者使用灯光催促校车。

第三十四条 校车载人不得超过核定的人数，不得以任何理由超员。

学校和校车服务提供者不得要求校车驾驶人超员、超速驾驶校车。

第三十五条 载有学生的校车在高速公路上行驶的最高时速不得超过80公里，在其他道路上行驶的最高时速不得超过60公里。

道路交通安全法律法规规定或者道路上限速标志、标线标明的最高时速低于前款规定的，从其规定。

载有学生的校车在急弯、陡坡、窄路、窄桥以及冰雪、泥泞的道路上行驶，或者遇有雾、雨、雪、沙尘、冰雹等低能见度气象条件时，最高时速不得超过20公里。

第三十六条 交通警察对违反道路交通安全法律法规的校车，可以在消除违法行为的前提下先予放行，待校车完成接送学生任务后再对校车驾驶人进行处罚。

第三十七条 公安机关交通管理部门应当加强对校车运行情况的监督检查，依法查处校车道路交通安全违法行为，定期将校车驾驶人的道路交通安全违法行为和交通事故信息抄送其所属单位和教育行政部门。

第六章 校车乘车安全

第三十八条 配备校车的学校、校车服务提供者应当指派照管人员随校车全程照管乘车学生。校车服务提供者为学校提供校车服务的，双方可以约定由学校指派随车照管人员。

学校和校车服务提供者应当定期对随车照管人员进行安全教育，组织随车照管人员学习道路交通安全法律法规、应急处置和应急救援知识。

第三十九条 随车照管人员应当履行下列职责：

（一）学生上下车时，在车下引导、指挥，维护上下车秩序；

（二）发现驾驶人无校车驾驶资格，饮酒、醉酒后驾驶，或者身体严重不适以及校车超员等明显妨碍行车安全情形的，制止校车开行；

（三）清点乘车学生人数，帮助、指导学生安全落座、系好安全带，确认车门关闭后示意驾驶人启动校车；

（四）制止学生在校车行驶过程中离开座位等危险行为；

（五）核实学生下车人数，确认乘车学生已经全部离车后本人方可离车。

第四十条 校车的副驾驶座位不得安排学生乘坐。

校车运载学生过程中，禁止除驾驶人、随车照管人员以外的人员乘坐。

第四十一条 校车驾驶人驾驶校车上道路行驶前，应当对校车的制动、转向、外部照明、轮胎、安全门、座椅、安全带等车况是否符合安全技术要求进行检查，不得驾驶存在安全隐患的校车上道路行驶。

校车驾驶人不得在校车载有学生时给车辆加油，不得在校车发动机引擎熄灭前离开驾驶座位。

第四十二条 校车发生交通事故，驾驶人、随车照管人员应当立即报警，设置警示标志。乘车学生继续留在校车内有危险的，随车照管人员应当将学生撤离到安全区域，并及时与学校、校车服务提供者、学生的监护人联系处理后续事宜。

第七章 法律责任

第四十三条 生产、销售不符合校车安全国家标准的校车的，依照道路交通安全、产品质量管理的法律、行政法规的规定处罚。

第四十四条 使用拼装或者达到报废标准的机动车接送学生的，由公安机关交通管理部门收缴并强制报废机动车；对驾驶人处2000元以上5000元以下的罚款，吊销其机动车驾驶证；对车辆所有人处8万元以上10万元以下的罚款，有违法所得的予以没收。

第四十五条 使用未取得校车标牌的车辆提供校车服务，或者使用未取得校车驾驶资格的人员驾驶校车的，由公安机关交通管理部门扣留该机动车，处1万元以上2万元以下的罚款，有违法所得的予以没收。

取得道路运输经营许可的企业或者个体经营者有前款规定的违法行为，除依照前款规定处罚外，情节严重的，由交通运输主管部门吊销其经营许可证件。

伪造、变造或者使用伪造、变造的校车标牌的，由公安机关交通管理部门收缴伪造、变造的校车标牌，扣留该机动车，处2000元以上5000元以下的罚款。

第四十六条 不按照规定为校车配备安全设备，或者不按照规定对校车进行安全维护的，由公安机关交通管理部门责令改正，处1000元以上3000元以下的罚款。

第四十七条 机动车驾驶人未取得校车驾驶资格驾驶校车的，由公安机关交通管理部门处1000元以上3000元以下的罚款，情节严重的，可以并处吊销机动车驾驶证。

第四十八条 校车驾驶人有下列情形之一的，由公安机关交通管理部门责令改正，可以处200元罚款：

（一）驾驶校车运载学生，不按照规定放置校车标牌、开启校车标志灯，或者不按照经审核确定的线路行驶；

（二）校车上下学生，不按照规定在校车停靠站点停靠；

（三）校车未运载学生上道路行驶，使用校车标牌、校车标志灯和停车指示标志；

（四）驾驶校车上道路行驶前，未对校车车况是否符合安全技术要求进行检查，或者驾驶存在安全隐患的校车上道路行驶；

（五）在校车载有学生时给车辆加油，或者在校车发动机引擎熄灭前离开驾驶座位。

校车驾驶人违反道路交通安全法律法规关于道路通行规定的，由公安机关交通管理部门依法从重处罚。

第四十九条 校车驾驶人违反道路交通安全法律法规被依法处罚或者发生道路交通事故，不再符合本条例规定的校车驾驶人条件的，由公安机关交通管理部门取消校车驾驶资格，并在机动车驾驶证上签注。

第五十条 校车载人超过核定人数的，由公安机关交通管理部门扣留车辆至违法状态消除，并依照道路交通安全法律法规的规定从重处罚。

第五十一条 公安机关交通管理部门查处校车道路交通安全违法行为，依法扣留车辆的，应当通知相关学校或者校车服务提供者转运学生，并在违法状态消除后立即发还被扣留车辆。

第五十二条 机动车驾驶人违反本条例规定，不避让校车的，由公安机关交通管理部门处200元罚款。

第五十三条 未依照本条例规定指派照管人员随校车全程照管乘车学生的，由公安机关责令改正，可以处500元罚款。

随车照管人员未履行本条例规定的职责的，由学校或者校车服务提供者责令改正；拒不改正的，给予处分或者予以解聘。

第五十四条 取得校车使用许可的学校、校车服务提供者违反本条例规定，情节严重的，原作出许可决定的地方人民政府可以吊销其校车使用许可，由公安机关交通管理部门收回校车标牌。

第五十五条 学校违反本条例规定的，除依照本条例有关规定予以处罚外，由教育行政部门给予通报批评；导致发生学生伤亡事故的，对政府举办的学校的负有责任的领导人员和直接责任人员依法给予处分；对民办学校由审批机关责令暂停招生，情节严重的，吊销其办学许可证，并由教育行政部门责令负有责任的领导人员和直接责任人员5年内不得从事学校管理事务。

第五十六条 县级以上地方人民政府不依法履行校车安全管理职责，致使本行政区域发生校车安全重大事故的，对负有责任的领导人员和直接责任人员依法给予处分。

第五十七条 教育、公安、交通运输、工业和信息化、质量监督检验检疫、安全生产监督管理等有关部门及其工作人员不依法履行校车安全管理职责的，对负有责任的领导人员和直接责任人员依法给予处分。

第五十八条 违反本条例的规定，构成违反治安管理行为的，由公安机关依法给予治安管理处罚；构成犯罪的，依法追究刑事责任。

第五十九条 发生校车安全事故，造成人身伤亡或者财产损失的，依法承担赔偿责任。

第八章 附 则

第六十条 县级以上地方人民政府应当合理规划幼儿园布局，方便幼儿就近入园。

入园幼儿应当由监护人或者其委托的成年人接送。对确因特殊情况不能由监护人或者其委托的成年人接送，需要使用车辆集中接送的，应当使用按照专用校车国家标准设计和制造的幼儿专用校车，遵守本条例校车安全管理的规定。

第六十一条 省、自治区、直辖市人民政府应当结合本地区实际情况，制定本条例的实施办法。

第六十二条 本条例自公布之日起施行。

本条例施行前已经配备校车的学校和校车服务提供者及其聘用的校车驾驶人应当自本条例施行之日起90日内，依照本条例的规定申请取得校车使用许可、校车驾驶资格。

本条例施行后，用于接送小学生、幼儿的专用校车不能满足需求的，在省、自治区、直辖市人民政府规定的过渡期限内可以使用取得校车标牌的其他载客汽车。

气象设施和气象探测环境保护条例

中华人民共和国国务院令

第623号

《气象设施和气象探测环境保护条例》已经2012年8月22日国务院第214次常务会议通过，现予公布，自2012年12月1日起施行。

总理　温家宝

2012年8月29日

第一条　为了保护气象设施和气象探测环境，确保气象探测信息的代表性、准确性、连续性和可比较性，根据《中华人民共和国气象法》，制定本条例。

第二条　本条例所称气象设施，是指气象探测设施、气象信息专用传输设施和大型气象专用技术装备等。

本条例所称气象探测环境，是指为避开各种干扰，保证气象探测设施准确获得气象探测信息所必需的最小距离构成的环境空间。

第三条　气象设施和气象探测环境保护实行分类保护、分级管理的原则。

第四条　县级以上地方人民政府应当加强对气象设施和气象探测环境保护工作的组织领导和统筹协调，将气象设施和气象探测环境保护工作所需经费纳入财政预算。

第五条　国务院气象主管机构负责全国气象设施和气象探测环境的保护工作。地方各级气象主管机构在上级气象主管机构和本级人民政府的领导下，负责本行政区域内气象设施和气象探测环境的保护工作。

设有气象台站的国务院其他有关部门和省、自治区、直辖市人民政府其他有关部门应当做好本部门气象设施和气象探测环境的保护工作，并接受同级气象主管机构的指导和监督管理。

发展改革、国土资源、城乡规划、无线电管理、环境保护等有关部门按照职责分工负责气象设施和气象探测环境保护的有关工作。

第六条　任何单位和个人都有义务保护气象设施和气象探测环境，并有权对破坏气象设施和气象探测环境的行为进行举报。

第七条　地方各级气象主管机构应当会同城乡规划、国土资源等部门制定气象设施和气象探测环境保护专项规划，报本级人民政府批准后依法纳入城乡规划。

第八条　气象设施是基础性公共服务设施。县级以上地方人民政府应当按照气象设施建设规划的要求，合理安排气象设施建设用地，保障气象设施建设顺利进行。

第九条　各级气象主管机构应当按照相关质量标准和技术要求配备气象设施，设置必要的保护装置，建立健全安全管理制度。

地方各级气象主管机构应当按照国务院气象主管机构的规定，在气象设施附近显著位置设立保护标志，标明保护要求。

第十条　禁止实施下列危害气象设施的行为：

（一）侵占、损毁、擅自移动气象设施或者侵占气象设施用地；

（二）在气象设施周边进行危及气象设施安全的爆破、钻探、采石、挖砂、取土等活动；

（三）挤占、干扰依法设立的气象无线电台（站）、频率；

（四）设置影响大型气象专用技术装备使用功能的干扰源；

（五）法律、行政法规和国务院气象主管机构规定的其他危害气象设施的行为。

第十一条　大气本底站、国家基准气候站、国家基本气象站、国家一般气象站、高空气象观测站、天气雷达站、气象卫星地面站、区域气象观测站等气象台站和单独设立的气象探测设施的探测环境，应当依法予以保护。

第十二条　禁止实施下列危害大气本底站探测环境的行为：

（一）在观测场周边3万米探测环境保护范围内新建、扩建城镇、工矿区，或者在探测环境保护范围上空设置固定航线；

（二）在观测场周边1万米范围内设置垃圾场、排污口等干扰源；

（三）在观测场周边1000米范围内修建建筑物、构筑物。

第十三条　禁止实施下列危害国家基准气候站、国家基本气象站探测环境的行为：

（一）在国家基准气候站观测场周边2000米探测环境保护范围内或者国家基本气象站观测场周边1000米探测环境保护范围内修建高度超过距观测场距离1/10的建筑物、构筑物；

（二）在观测场周边500米范围内设置垃圾场、排污口等干扰源；

（三）在观测场周边200米范围内修建铁路；

（四）在观测场周边100米范围内挖筑水塘等；

（五）在观测场周边50米范围内修建公路、种植高度超过1米的树木和作物等。

第十四条 禁止实施下列危害国家一般气象站探测环境的行为：

（一）在观测场周边800米探测环境保护范围内修建高度超过距观测场距离1/8的建筑物、构筑物；

（二）在观测场周边200米范围内设置垃圾场、排污口等干扰源；

（三）在观测场周边100米范围内修建铁路；

（四）在观测场周边50米范围内挖筑水塘等；

（五）在观测场周边30米范围内修建公路、种植高度超过1米的树木和作物等。

第十五条 高空气象观测站、天气雷达站、气象卫星地面站、区域气象观测站和单独设立的气象探测设施探测环境的保护，应当严格执行国家规定的保护范围和要求。

前款规定的保护范围和要求由国务院气象主管机构公布，涉及无线电频率管理的，国务院气象主管机构应当征得国务院无线电管理部门的同意。

第十六条 地方各级气象主管机构应当将本行政区域内气象探测环境保护要求报告本级人民政府和上一级气象主管机构，并抄送同级发展改革、国土资源、城乡规划、住房建设、无线电管理、环境保护等部门。

对不符合气象探测环境保护要求的建筑物、构筑物、干扰源等，地方各级气象主管机构应当根据实际情况，商有关部门提出治理方案，报本级人民政府批准并组织实施。

第十七条 在气象台站探测环境保护范围内新建、改建、扩建建设工程，应当避免危害气象探测环境；确实无法避免的，建设单位应当向国务院气象主管机构或者省、自治区、直辖市气象主管机构报告并提出相应的补救措施，经国务院气象主管机构或者省、自治区、直辖市气象主管机构书面同意。未征得气象主管机构书面同意或者未落实补救措施的，有关部门不得批准其开工建设。

在单独设立的气象探测设施探测环境保护范围内新建、改建、扩建建设工程的，建设单位应当事先报告当地气象主管机构，并按照要求采取必要的工程、技术措施。

第十八条 气象台站站址应当保持长期稳定，任何单位或者个人不得擅自迁移气象台站。

因国家重点工程建设或者城市（镇）总体规划变化，确需迁移气象台站的，建设单位或者当地人民政府应当向省、自治区、直辖市气象主管机构提出申请，由省、自治区、直辖市气象主管机构组织专家对拟迁新址的科学性、合理性进行评估，符合气象设施和气象探测环境保护要求的，在纳入城市（镇）控制性详细规划后，按照先建站后迁移的原则进行迁移。

申请迁移大气本底站、国家基准气候站、国家基本气象站的，由受理申请的省、自治区、直辖市气象主管机构签署意见并报送国务院气象主管机构审批；申请迁移其他气象台站的，由省、自治区、直辖市气象主管机构审批，并报送国务院气象主管机构备案。

气象台站迁移、建设费用由建设单位承担。

第十九条 气象台站探测环境遭到严重破坏，失去治理和恢复可能的，国务院气象主管机构或者省、自治区、直辖市气象主管机构可以按照职责权限和先建站后迁移的原则，决定迁移气象台站；该气象台站所在地地方人民政府应当保证气象台站迁移用地，并承担迁移、建设费用。地方人民政府承担迁移、建设费用后，可以向破坏探测环境的责任人追偿。

第二十条 迁移气象台站的，应当按照国务院气象主管机构的规定，在新址与旧址之间进行至少1年的对比观测。

迁移的气象台站经批准、决定迁移的气象主管机构验收合格，正式投入使用后，方可改变旧址用途。

第二十一条 因工程建设或者气象探测环境治理需要迁移单独设立的气象探测设施的，应当经设立该气象探测设施的单位同意，并按照国务院气象主管机构规定的技术要求进行复建。

第二十二条 各级气象主管机构应当加强对气象设施和气象探测环境保护的日常巡查和监督检查。各级气象主管机构可以采取下列措施：

（一）要求被检查单位或者个人提供有关文件、证照、资料；

（二）要求被检查单位或者个人就有关问题作出说明；

（三）进入现场调查、取证。

各级气象主管机构在监督检查中发现应当由其他部门查处的违法行为，应当通报有关部门进行查处。有关部门未及时查处的，各级气象主管机构可以直接通报、报告有关地方人民政府责成有关部门进行查处。

第二十三条 各级气象主管机构以及发展改革、国土资源、城乡规划、无线电管理、环境保护等有关部门及其工作人员违反本条例规定，有下列行为之一的，由本级人民政府或者上级机关责令改正，通报批评；对直接负责的主管人员和其他直接责任人员依法给予处分；构成犯罪的，依法追究刑事责任：

（一）擅自迁移气象台站的；

（二）擅自批准在气象探测环境保护范围内设置垃圾场、排污口、无线电台（站）等干扰源以及新建、改建、扩建建设工程危害气象探测环境的；

（三）有其他滥用职权、玩忽职守、徇私舞弊等不履行气象设施和气象探测环境保护职责行为的。

第二十四条 违反本条例规定，危害气象设施的，由气象主管机构责令停止违法行为，限期恢复原状或者采取其他补救措施；逾期拒不恢复原状或者采取其他补救措施的，由气象主管机构依法申请人民法院强制执行，并对违法单位处1万元以上5万元以下罚款，对违法个人处100元以上1000元以下罚款；造成损害的，依法承担赔偿责任；构成违反治安管理行为的，由公安机关依法给予治安管理处罚；构成犯罪的，依法追究刑事责任。

挤占、干扰依法设立的气象无线电台（站）、频率的，依照无线电管理相关法律法规的规定处罚。

第二十五条 违反本条例规定，危害气象探测环境的，由气象主管机构责令停止违法行为，限期拆除或者恢复原状，情节严重的，对违法单位处2万元以上5万元以下罚款，对违法个人处200元以上5000元以下罚款；逾期拒不拆除或者恢复原状的，由气象主管机构依法申请人民法院强制执行；造成损害的，依法承担赔偿责任。

在气象探测环境保护范围内，违法批准占用土地的，或者非法占用土地新建建筑物或者其他设施的，依照城乡规划、土地管理等相关法律法规的规定处罚。

第二十六条 本条例自2012年12月1日起施行。

铁路安全管理条例

中华人民共和国国务院令

第639号

《铁路安全管理条例》已经2013年7月24日国务院第18次常务会议通过，现予公布，自2014年1月1日起施行。

总理 李克强

2013年8月17日

第一章 总 则

第一条 为了加强铁路安全管理，保障铁路运输安全和畅通，保护人身安全和财产安全，制定本条例。

第二条 铁路安全管理坚持安全第一、预防为主、综合治理的方针。

第三条 国务院铁路行业监督管理部门负责全国铁路安全监督管理工作，国务院铁路行业监督管理部门设立的铁路监督管理机构负责辖区内的铁路安全监督管理工作。国务院铁路行业监督管理部门和铁路监督管理机构统称铁路监管部门。

国务院有关部门依照法律和国务院规定的职责，负责铁路安全管理的有关工作。

第四条 铁路沿线地方各级人民政府和县级以上地方人民政府有关部门应当按照各自职责，加强保障铁路安全的教育，落实护路联防责任制，防范和制止危害铁路安全的行为，协调和处理保障铁路安全的有关事项，做好保障铁路安全的有关工作。

第五条 从事铁路建设、运输、设备制造维修的单位应当加强安全管理，建立健全安全生产管理制度，落实企业安全生产主体责任，设置安全管理机构或者配备安全管理人员，执行保障生产安全和产品质量安全的国家标准、行业标准，加强对从业人员的安全教育培训，保证安全生产所必需的资金投入。

铁路建设、运输、设备制造维修单位的工作人员应当严格执行规章制度，实行标准化作业，保证铁路安全。

第六条 铁路监管部门、铁路运输企业等单位应当按照国家有关规定制定突发事件应急预案，并组织应急演练。

第七条 禁止扰乱铁路建设、运输秩序。禁止损坏或者非法占用铁路设施设备、铁路标志和铁路用地。

任何单位或者个人发现损坏或者非法占用铁路设施设备、铁路标志、铁路用地以及其他影响铁路安全的行为，有权报告铁路运输企业，或者向铁路监管部门、公安机关或者其他有关部门举报。接到报告的铁路运输企业、接到举报的部门应当根据各自职责及时处理。

对维护铁路安全作出突出贡献的单位或者个人，按照国家有关规定给予表彰奖励。

第二章 铁路建设质量安全

第八条 铁路建设工程的勘察、设计、施工、监理以及建设物资、设备的采购，应当依法进行招标。

第九条 从事铁路建设工程勘察、设计、施工、监理活动的单位应当依法取得相应资质，并在其资质等级许可的范围内从事铁路工程建设活动。

第十条 铁路建设单位应当选择具备相应资质等级的勘察、设计、施工、监理单位进行工程建设，并对建设工程的质量安全进行监督检查，制作检查记录留存备查。

第十一条 铁路建设工程的勘察、设计、施工、监理应当遵守法律、行政法规关于建设工程质量和安全管理的规定，执行国家标准、行业标准和技术规范。

铁路建设工程的勘察、设计、施工单位依法对勘察、设计、施工的质量负责，监理单位依法对施工质量承担监理责任。

高速铁路和地质构造复杂的铁路建设工程实行工程地质勘察监理制度。

第十二条 铁路建设工程的安全设施应当与主体工程同时设计、同时施工、同时投入使用。安全设施投资应当纳入建设项目概算。

第十三条 铁路建设工程使用的材料、构件、设备等产

品，应当符合有关产品质量的强制性国家标准、行业标准。

第十四条 铁路建设工程的建设工期，应当根据工程地质条件、技术复杂程度等因素，按照国家标准、行业标准和技术规范合理确定、调整。

任何单位和个人不得违反前款规定要求铁路建设、设计、施工单位压缩建设工期。

第十五条 铁路建设工程竣工，应当按照国家有关规定组织验收，并由铁路运输企业进行运营安全评估。经验收、评估合格，符合运营安全要求的，方可投入运营。

第十六条 在铁路线路及其邻近区域进行铁路建设工程施工，应当执行铁路营业线施工安全管理规定。铁路建设单位应当会同相关铁路运输企业和工程设计、施工单位制定安全施工方案，按照方案进行施工。施工完毕应当及时清理现场，不得影响铁路运营安全。

第十七条 新建、改建设计开行时速120公里以上列车的铁路或者设计运输量达到国务院铁路行业监督管理部门规定的较大运输量标准的铁路，需要与道路交叉的，应当设置立体交叉设施。

新建、改建高速公路、一级公路或者城市道路中的快速路，需要与铁路交叉的，应当设置立体交叉设施，并优先选择下穿铁路的方案。

已建成的属于前两款规定情形的铁路、道路为平面交叉的，应当逐步改造为立体交叉。

新建、改建高速铁路需要与普通铁路、道路、渡槽、管线等设施交叉的，应当优先选择高速铁路上跨方案。

第十八条 设置铁路与道路立体交叉设施及其附属安全设施所需费用的承担，按照下列原则确定：

（一）新建、改建铁路与既有道路交叉的，由铁路方承担建设费用；道路方要求超过既有道路建设标准建设所增加的费用，由道路方承担；

（二）新建、改建道路与既有铁路交叉的，由道路方承担建设费用；铁路方要求超过既有铁路线路建设标准建设所增加的费用，由铁路方承担；

（三）同步建设的铁路和道路需要设置立体交叉设施以及既有铁路道口改造为立体交叉的，由铁路方和道路方按照公平合理的原则分担建设费用。

第十九条 铁路与道路立体交叉设施及其附属安全设施竣工验收合格后，应当按照国家有关规定移交有关单位管理、维护。

第二十条 专用铁路、铁路专用线需要与公用铁路网接轨的，应当符合国家有关铁路建设、运输的安全管理规定。

第三章 铁路专用设备质量安全

第二十一条 设计、制造、维修或者进口新型铁路机车车辆，应当符合国家标准、行业标准，并分别向国务院铁路行业监督管理部门申请领取型号合格证、制造许可证、维修许可证或者进口许可证，具体办法由国务院铁路行业监督管理部门制定。

铁路机车车辆的制造、维修、使用单位应当遵守有关产品质量的法律、行政法规以及国家其他有关规定，确保投入使用的机车车辆符合安全运营要求。

第二十二条 生产铁路道岔及其转辙设备、铁路信号控制软件和控制设备、铁路通信设备、铁路牵引供电设备的企业，应当符合下列条件并经国务院铁路行业监督管理部门依法审查批准：

（一）有按照国家标准、行业标准检测、检验合格的专业生产设备；

（二）有相应的专业技术人员；

（三）有完善的产品质量保证体系和安全管理制度；

（四）法律、行政法规规定的其他条件。

第二十三条 铁路机车车辆以外的直接影响铁路运输安全的铁路专用设备，依法应当进行产品认证的，经认证合格方可出厂、销售、进口、使用。

第二十四条 用于危险化学品和放射性物品运输的铁路罐车、专用车辆以及其他容器的生产和检测、检验，依照有关法律、行政法规的规定执行。

第二十五条 用于铁路运输的安全检测、监控、防护设施设备，集装箱和集装化用具等运输器具，专用装卸机械、索具、篷布、装载加固材料或者装置，以及运输包装、货物装载加固等，应当符合国家标准、行业标准和技术规范。

第二十六条 铁路机车车辆以及其他铁路专用设备存在缺陷，即由于设计、制造、标识等原因导致同一批次、型号或者类别的铁路专用设备普遍存在不符合保障人身、财产安全的国家标准、行业标准的情形或者其他危及人身、财产安全的不合理危险的，应当立即停止生产、销售、进口、使用；设备制造者应当召回缺陷产品，采取措施消除缺陷。具体办法由国务院铁路行业监督管理部门制定。

第四章 铁路线路安全

第二十七条 铁路线路两侧应当设立铁路线路安全保护区。铁路线路安全保护区的范围，从铁路线路路堤坡脚、路堑坡顶或者铁路桥梁（含铁路、道路两用桥，下同）外侧起向外的距离分别为：

（一）城市市区高速铁路为10米，其他铁路为8米；

（二）城市郊区居民居住区高速铁路为12米，其他铁路为10米；

（三）村镇居民居住区高速铁路为15米，其他铁路为12米；

（四）其他地区高速铁路为20米，其他铁路为15米。

前款规定距离不能满足铁路运输安全保护需要的，由铁路建设单位或者铁路运输企业提出方案，铁路监督管理机构或者县级以上地方人民政府依照本条第三款规定程序划定。

在铁路用地范围内划定铁路线路安全保护区的，由铁路监督管理机构组织铁路建设单位或者铁路运输企业划定并公告。在铁路用地范围外划定铁路线路安全保护区的，由县级以上地方人民政府根据保障铁路运输安全和节约用地的原则，组织有关铁路监督管理机构、县级以上地方人民政府国土资源等部门划定并公告。

铁路线路安全保护区与公路建筑控制区、河道管理范围、水利工程管理和保护范围、航道保护范围或者石油、电力以及其他重要设施保护区重叠的，由县级以上地方人民政府组织有关部门依照法律、行政法规的规定协商划定并公告。

新建、改建铁路的铁路线路安全保护区范围，应当自铁路建设工程初步设计批准之日起30日内，由县级以上地方人民政府依照本条例的规定划定并公告。铁路建设单位或者铁路运输企业应当根据工程竣工资料进行勘界，绘制铁路线路安全保护区平面图，并根据平面图设立标桩。

第二十八条 设计开行时速120公里以上列车的铁路应当实行全封闭管理。铁路建设单位或者铁路运输企业应当按照国务院铁路行业监督管理部门的规定在铁路用地范围内设置封闭设施和警示标志。

第二十九条 禁止在铁路线路安全保护区内烧荒、放养牲畜、种植影响铁路线路安全和行车瞭望的树木等植物。

禁止向铁路线路安全保护区排污、倾倒垃圾以及其他危害铁路安全的物质。

第三十条 在铁路线路安全保护区内建造建筑物、构筑物等设施，取土、挖砂、挖沟、采空作业或者堆放、悬挂物品，应当征得铁路运输企业同意并签订安全协议，遵守保证铁路安全的国家标准、行业标准和施工安全规范，采取措施防止影响铁路运输安全。铁路运输企业应当派员对施工现场实行安全监督。

第三十一条 铁路线路安全保护区内既有的建筑物、构筑物危及铁路运输安全的，应当采取必要的安全防护措施；采取安全防护措施后仍不能保证安全的，依照有关法律的规定拆除。

拆除铁路线路安全保护区内的建筑物、构筑物，清理铁路线路安全保护区内的植物，或者对他人在铁路线路安全保护区内已依法取得的采矿权等合法权利予以限制，给他人造成损失的，应当依法给予补偿或者采取必要的补救措施。但是，拆除非法建设的建筑物、构筑物的除外。

第三十二条 在铁路线路安全保护区及其邻近区域建造或者设置的建筑物、构筑物、设备等，不得进入国家规定的铁路建筑限界。

第三十三条 在铁路线路两侧建造、设立生产、加工、储存或者销售易燃、易爆或者放射性物品等危险物品的场所、仓库，应当符合国家标准、行业标准规定的安全防护距离。

第三十四条 在铁路线路两侧从事采矿、采石或者爆破作业，应当遵守有关采矿和民用爆破的法律法规，符合国家标准、行业标准和铁路安全保护要求。

在铁路线路路堤坡脚、路堑坡顶、铁路桥梁外侧起向外各1000米范围内，以及在铁路隧道上方中心线两侧各1000米范围内，确需从事露天采矿、采石或者爆破作业的，应当与铁路运输企业协商一致，依照有关法律法规的规定报县级以上地方人民政府有关部门批准，采取安全防护措施后方可进行。

第三十五条 高速铁路线路路堤坡脚、路堑坡顶或者铁路桥梁外侧起向外各200米范围内禁止抽取地下水。

在前款规定范围外，高速铁路线路经过的区域属于地面沉降区域，抽取地下水危及高速铁路安全的，应当设置地下水禁止开采区或者限制开采区，具体范围由铁路监督管理机构会同县级以上地方人民政府水行政主管部门提出方案，报省、自治区、直辖市人民政府批准并公告。

第三十六条 在电气化铁路附近从事排放粉尘、烟尘及腐蚀性气体的生产活动，超过国家规定的排放标准，危及铁路运输安全的，由县级以上地方人民政府有关部门依法责令整改，消除安全隐患。

第三十七条 任何单位和个人不得擅自在铁路桥梁跨越处河道上下游各1000米范围内围垦造田、拦河筑坝、架设浮桥或者修建其他影响铁路桥梁安全的设施。

因特殊原因确需在前款规定的范围内进行围垦造田、拦河筑坝、架设浮桥等活动的，应当进行安全论证，负责审批的机关在批准前应当征求有关铁路运输企业的意见。

第三十八条 禁止在铁路桥梁跨越处河道上下游的下列范围内采砂、淘金：

（一）跨河桥长500米以上的铁路桥梁，河道上游500米，下游3000米；

（二）跨河桥长100米以上不足500米的铁路桥梁，河道上游500米，下游2000米；

（三）跨河桥长不足100米的铁路桥梁，洞道上游500米，下游1000米。

有关部门依法在铁路桥梁跨越处河道上下游划定的禁采范围大于前款规定的禁采范围的，按照划定的禁采范围执行。

县级以上地方人民政府水行政主管部门、国土资源主管部门应当按照各自职责划定禁采区域、设置禁采标志，制止非法采砂、淘金行为。

第三十九条 在铁路桥梁跨越处河道上下游各500米范围内进行疏浚作业，应当进行安全技术评价，有关河道、航道管理部门应当征求铁路运输企业的意见，确认安全或者采取安全技术措施后，方可批准进行疏浚作业。但是，依法进行河道、航道日常养护、疏浚作业的除外。

第四十条 铁路、道路两用桥由所在地铁路运输企业和道路管理部门或者道路经营企业定期检查、共同维护，保证桥梁处于安全的技术状态。

铁路、道路两用桥的墩、梁等共用部分的检测、维修由铁路运输企业和道路管理部门或者道路经营企业共同负责，所需费用按照公平合理的原则分担。

第四十一条 铁路的重要桥梁和隧道按照国家有关规定由中国人民武装警察部队负责守卫。

第四十二条 船舶通过铁路桥梁应当符合桥梁的通航净空高度并遵守航行规则。

桥区航标中的桥梁航标、桥柱标、桥梁水尺标由铁路运输企业负责设置、维护，水面航标由铁路运输企业负责设置，航道管理部门负责维护。

第四十三条 下穿铁路桥梁、涵洞的道路应当按照国家标准设置车辆通过限高、限宽标志和限高防护架。城市道路的限高、限宽标志由当地人民政府指定的部门设置并维护，公路的限高、限宽标志由公路管理部门设置并维护。限高防护架在铁路桥梁、涵洞、道路建设时设置，由铁路运输企业

负责维护。

机动车通过下穿铁路桥梁、涵洞的道路，应当遵守限高、限宽规定。

下穿铁路涵洞的管理单位负责涵洞的日常管理、维护，防止淤塞、积水。

第四十四条 铁路线路安全保护区内的道路和铁路线路路堑上的道路、跨越铁路线路的道路桥梁，应当按照国家有关规定设置防止车辆以及其他物体进入、坠入铁路线路的安全防护设施和警示标志，并由道路管理部门或者道路经营企业维护、管理。

第四十五条 架设、铺设铁路信号和通信线路、杆塔应当符合国家标准、行业标准和铁路安全防护要求。铁路运输企业、为铁路运输提供服务的电信企业应当加强对铁路信号和通信线路、杆塔的维护和管理。

第四十六条 设置或者拓宽铁路道口、铁路人行过道，应当征得铁路运输企业的同意。

第四十七条 铁路与道路交叉的无人看守道口应当按照国家标准设置警示标志；有人看守道口应当设置移动栏杆、列车接近报警装置、警示灯、警示标志、铁路道口路段标线等安全防护设施。

道口移动栏杆、列车接近报警装置、警示灯等安全防护设施由铁路运输企业设置、维护；警示标志、铁路道口路段标线由铁路道口所在地的道路管理部门设置、维护。

第四十八条 机动车或者非机动车在铁路道口内发生故障或者装载物掉落的，应当立即将故障车辆或者掉落的装载物移至铁路道口停止线以外或者铁路线路最外侧钢轨5米以外的安全地点。无法立即移至安全地点的，应当立即报告铁路道口看守人员；在无人看守道口，应当立即在道口两端采取措施拦停列车，并就近通知铁路车站或者公安机关。

第四十九条 履带车辆等可能损坏铁路设施设备的车辆、物体通过铁路道口，应当提前通知铁路道口管理单位，在其协助、指导下通过，并采取相应的安全防护措施。

第五十条 在下列地点，铁路运输企业应当按照国家标准、行业标准设置易于识别的警示、保护标志：

（一）铁路桥梁、隧道的两端；

（二）铁路信号、通信光（电）缆的埋设、铺设地点；

（三）电气化铁路接触网、自动闭塞供电线路和电力贯通线路等电力设施附近易发生危险的地点。

第五十一条 禁止毁坏铁路线路、站台等设施设备和铁路路基、护坡、排水沟、防护林木、护坡草坪、铁路线路封闭网及其他铁路防护设施。

第五十二条 禁止实施下列危及铁路通信、信号设施安全的行为：

（一）在埋有地下光（电）缆设施的地面上方进行钻探，堆放重物、垃圾，焚烧物品，倾倒腐蚀性物质；

（二）在地下光（电）缆两侧各1米的范围内建造、搭建建筑物、构筑物等设施；

（三）在地下光（电）缆两侧各1米的范围内挖砂、取土；

（四）在过河光（电）缆两侧各100米的范围内挖砂、抛锚或者进行其他危及光（电）缆安全的作业。

第五十三条 禁止实施下列危害电气化铁路设施的行为：

（一）向电气化铁路接触网抛掷物品；

（二）在铁路电力线路导线两侧各500米的范围内升放风筝、气球等低空飘浮物体；

（三）攀登铁路电力线路杆塔或者在杆塔上架设、安装其他设施设备；

（四）在铁路电力线路杆塔、拉线周围20米范围内取土、打桩、钻探或者倾倒有害化学物品；

（五）触碰电气化铁路接触网。

第五十四条 县级以上各级人民政府及其有关部门、铁路运输企业应当依照地质灾害防治法律法规的规定，加强铁路沿线地质灾害的预防、治理和应急处理等工作。

第五十五条 铁路运输企业应当对铁路线路、铁路防护设施和警示标志进行经常性巡查和维护；对巡查中发现的安全问题应当立即处理，不能立即处理的应当及时报告铁路监督管理机构。巡查和处理情况应当记录留存。

第五章 铁路运营安全

第五十六条 铁路运输企业应当依照法律、行政法规和国务院铁路行业监督管理部门的规定，制定铁路运输安全管理制度，完善相关作业程序，保障铁路旅客和货物运输安全。

第五十七条 铁路机车车辆的驾驶人员应当参加国务院铁路行业监督管理部门组织的考试，考试合格方可上岗。具体办法由国务院铁路行业监督管理部门制定。

第五十八条 铁路运输企业应当加强铁路专业技术岗位和主要行车工种岗位从业人员的业务培训和安全培训，提高从业人员的业务技能和安全意识。

第五十九条 铁路运输企业应当加强运输过程中的安全防护，使用的运输工具、装载加固设备以及其他专用设施设备应当符合国家标准、行业标准和安全要求。

第六十条 铁路运输企业应当建立健全铁路设施设备的检查防护制度，加强对铁路设施设备的日常维护检修，确保铁路设施设备性能完好和安全运行。

铁路运输企业的从业人员应当按照操作规程使用、管理铁路设施设备。

第六十一条 在法定假日和传统节日等铁路运输高峰期或者恶劣气象条件下，铁路运输企业应当采取必要的安全应急管理措施，加强铁路运输安全检查，确保运输安全。

第六十二条 铁路运输企业应当在列车、车站等场所公告旅客、列车工作人员以及其他进站人员遵守的安全管理规定。

第六十三条 公安机关应当按照职责分工，维护车站、列车等铁路场所和铁路沿线的治安秩序。

第六十四条 铁路运输企业应当按照国务院铁路行业监督管理部门的规定实施火车票实名购买、查验制度。

实施火车票实名购买、查验制度的，旅客应当凭有效身份证件购票乘车；对车票所记载身份信息与所持身份证件或者真实身份不符的持票人，铁路运输企业有权拒绝其进站乘车。

铁路运输企业应当采取有效措施为旅客实名购票、乘车提供便利，并加强对旅客身份信息的保护。铁路运输企业工作人员不得窃取、泄露旅客身份信息。

第六十五条 铁路运输企业应当依照法律、行政法规和国务院铁路行业监督管理部门的规定，对旅客及其随身携带、托运的行李物品进行安全检查。

从事安全检查的工作人员应当佩戴安全检查标志，依法履行安全检查职责，并有权拒绝不接受安全检查的旅客进站乘车和托运行李物品。

第六十六条 旅客应当接受并配合铁路运输企业在车站、列车实施的安全检查，不得违法携带、夹带管制器具，不得违法携带、托运烟花爆竹、枪支弹药等危险物品或者其他违禁物品。

禁止或者限制携带的物品种类及其数量由国务院铁路行业监督管理部门会同公安机关规定，并在车站、列车等场所公布。

第六十七条 铁路运输托运人托运货物、行李、包裹，不得有下列行为：

（一）匿报、谎报货物品名、性质、重量；

（二）在普通货物中夹带危险货物，或者在危险货物中夹带禁止配装的货物；

（三）装车、装箱超过规定重量。

第六十八条 铁路运输企业应当对承运的货物进行安全检查，并不得有下列行为：

（一）在非危险货物办理站办理危险货物承运手续；

（二）承运未接受安全检查的货物；

（三）承运不符合安全规定、可能危害铁路运输安全的货物。

第六十九条 运输危险货物应当依照法律法规和国家其他有关规定使用专用的设施设备，托运人应当配备必要的押运人员和应急处理器材、设备以及防护用品，并使危险货物始终处于押运人员的监管之下；危险货物发生被盗、丢失、泄漏等情况，应当按照国家有关规定及时报告。

第七十条 办理危险货物运输业务的工作人员和装卸人员、押运人员，应当掌握危险货物的性质、危害特性、包装容器的使用特性和发生意外的应急措施。

第七十一条 铁路运输企业和托运人应当按照操作规程包装、装卸、运输危险货物，防止危险货物泄漏、爆炸。

第七十二条 铁路运输企业和托运人应当依照法律法规和国家其他有关规定包装、装载、押运特殊药品，防止特殊药品在运输过程中被盗、被劫或者发生丢失。

第七十三条 铁路管理信息系统及其设施的建设和使用，应当符合法律法规和国家其他有关规定的安全技术要求。

铁路运输企业应当建立网络与信息安全应急保障体系，并配备相应的专业技术人员负责网络和信息系统的安全管理工作。

第七十四条 禁止使用无线电台（站）以及其他仪器、装置干扰铁路运营指挥调度无线电频率的正常使用。

铁路运营指挥调度无线电频率受到干扰的，铁路运输企业应当立即采取排查措施并报告无线电管理机构、铁路监管部门；无线电管理机构、铁路监管部门应当依法排除干扰。

第七十五条 电力企业应当依法保障铁路运输所需电力的持续供应，并保证供电质量。

铁路运输企业应当加强用电安全管理，合理配置供电电源和应急自备电源。

遇有特殊情况影响铁路电力供应的，电力企业和铁路运输企业应当按照各自职责及时组织抢修，尽快恢复正常供电。

第七十六条 铁路运输企业应当加强铁路运营食品安全管理，遵守有关食品安全管理的法律法规和国家其他有关规定，保证食品安全。

第七十七条 禁止实施下列危害铁路安全的行为：

（一）非法拦截列车、阻断铁路运输；

（二）扰乱铁路运输指挥调度机构以及车站、列车的正常秩序；

（三）在铁路线路上放置、遗弃障碍物；

（四）击打列车；

（五）擅自移动铁路线路上的机车车辆，或者擅自开启列车车门、违规操纵列车紧急制动设备；

（六）拆盗、损毁或者擅自移动铁路设施设备、机车车辆配件、标桩、防护设施和安全标志；

（七）在铁路线路上行走、坐卧或者在未设道口、人行过道的铁路线路上通过；

（八）擅自进入铁路线路封闭区域或者在未设置行人通道的铁路桥梁、隧道通行；

（九）擅自开启、关闭列车的货车阀、盖或者破坏施封状态；

（十）擅自开启列车中的集装箱箱门，破坏箱体、阀、盖或者施封状态；

（十一）擅自松动、拆解、移动列车中的货物装载加固材料、装置和设备；

（十二）钻车、扒车、跳车；

（十三）从列车上抛扔杂物；

（十四）在动车组列车上吸烟或者在其他列车的禁烟区域吸烟；

（十五）强行登乘或者以拒绝下车等方式强占列车；

（十六）冲击、堵塞、占用进出站通道或者候车区、站台。

第六章 监督检查

第七十八条 铁路监管部门应当对从事铁路建设、运输、设备制造维修的企业执行本条例的情况实施监督检查，依法查处违反本条例规定的行为，依法组织或者参与铁路安全事故的调查处理。

铁路监管部门应当建立企业违法行为记录和公告制度，对违反本条例被依法追究法律责任的从事铁路建设、运输、设备制造维修的企业予以公布。

第七十九条 铁路监管部门应当加强对铁路运输高峰期和恶劣气象条件下运输安全的监督管理，加强对铁路运输的

关键环节、重要设施设备的安全状况以及铁路运输突发事件应急预案的建立和落实情况的监督检查。

第八十条 铁路监管部门和县级以上人民政府安全生产监督管理部门应当建立信息通报制度和运输安全生产协调机制。发现重大安全隐患，铁路运输企业难以自行排除的，应当及时向铁路监管部门和有关地方人民政府报告。地方人民政府获悉铁路沿线有危及铁路运输安全的重要情况，应当及时通报有关的铁路运输企业和铁路监管部门。

第八十一条 铁路监管部门发现安全隐患，应当责令有关单位立即排除。重大安全隐患排除前或者排除过程中无法保证安全的，应当责令从危险区域内撤出人员、设备，停止作业；重大安全隐患排除后方可恢复作业。

第八十二条 实施铁路安全监督检查的人员执行监督检查任务时，应当佩戴标志或者出示证件。任何单位和个人不得阻碍、干扰安全监督检查人员依法履行安全检查职责。

第七章 法律责任

第八十三条 铁路建设单位和铁路建设的勘察、设计、施工、监理单位违反本条例关于铁路建设质量安全管理的规定的，由铁路监管部门依照有关工程建设、招标投标管理的法律、行政法规的规定处罚。

第八十四条 铁路建设单位未对高速铁路和地质构造复杂的铁路建设工程实行工程地质勘察监理，或者在铁路线路及其邻近区域进行铁路建设工程施工不执行铁路营业线施工安全管理规定，影响铁路运营安全的，由铁路监管部门责令改正，处10万元以上50万元以下的罚款。

第八十五条 依法应当进行产品认证的铁路专用设备未经认证合格，擅自出厂、销售、进口、使用的，依照《中华人民共和国认证认可条例》的规定处罚。

第八十六条 铁路机车车辆以及其他专用设备制造者未按规定召回缺陷产品，采取措施消除缺陷的，由国务院铁路行业监督管理部门责令改正；拒不改正的，处缺陷产品货值金额1%以上10%以下的罚款；情节严重的，由国务院铁路行业监督管理部门吊销相应的许可证件。

第八十七条 有下列情形之一的，由铁路监督管理机构责令改正，处2万元以上10万元以下的罚款：

（一）用于铁路运输的安全检测、监控、防护设施设备，集装箱和集装化用具等运输器具、专用装卸机械、索具、篷布、装载加固材料或者装置、运输包装、货物装载加固等，不符合国家标准、行业标准和技术规范；

（二）不按照国家有关规定和标准设置、维护铁路封闭设施、安全防护设施；

（三）架设、铺设铁路信号和通信线路、杆塔不符合国家标准、行业标准和铁路安全防护要求，或者未对铁路信号和通信线路、杆塔进行维护和管理；

（四）运输危险货物不依照法律法规和国家其他有关规定使用专用的设施设备。

第八十八条 在铁路线路安全保护区内烧荒、放养牲畜、种植影响铁路线路安全和行车瞭望的树木等植物，或者向铁路线路安全保护区排污、倾倒垃圾以及其他危害铁路安全的物质的，由铁路监督管理机构责令改正，对单位可以处5万元以下的罚款，对个人可以处2000元以下的罚款。

第八十九条 未经铁路运输企业同意或者未签订安全协议，在铁路线路安全保护区内建造建筑物、构筑物等设施，取土、挖砂、挖沟、采空作业或者堆放、悬挂物品，或者违反保证铁路安全的国家标准、行业标准和施工安全规范，影响铁路运输安全的，由铁路监督管理机构责令改正，可以处10万元以下的罚款。

铁路运输企业未派员对铁路线路安全保护区内施工现场进行安全监督的，由铁路监督管理机构责令改正，可以处3万元以下的罚款。

第九十条 在铁路线路安全保护区及其邻近区域建造或者设置的建筑物、构筑物、设备等进入国家规定的铁路建筑限界，或者在铁路线路两侧建造、设立生产、加工、储存或者销售易燃、易爆或者放射性物品等危险物品的场所、仓库不符合国家标准、行业标准规定的安全防护距离的，由铁路监督管理机构责令改正，对单位处5万元以上20万元以下的罚款，对个人处1万元以上5万元以下的罚款。

第九十一条 有下列行为之一的，分别由铁路沿线所在地县级以上地方人民政府水行政主管部门、国土资源主管部门或者无线电管理机构等依照有关水资源管理、矿产资源管理、无线电管理等法律、行政法规的规定处罚：

（一）未经批准在铁路线路两侧各1000米范围内从事露天采矿、采石或者爆破作业；

（二）在地下水禁止开采区或者限制开采区抽取地下水；

（三）在铁路桥梁跨越处河道上下游各1000米范围内围垦造田、拦河筑坝、架设浮桥或者修建其他影响铁路桥梁安全的设施；

（四）在铁路桥梁跨越处河道上下游禁止采砂、淘金的范围内采砂、淘金；

（五）干扰铁路运营指挥调度无线电频率正常使用。

第九十二条 铁路运输企业、道路管理部门或者道路经营企业未履行铁路、道路两用桥检查、维护职责的，由铁路监督管理机构或者上级道路管理部门责令改正；拒不改正的，由铁路监督管理机构或者上级道路管理部门指定其他单位进行养护和维修，养护和维修费用由拒不履行义务的铁路运输企业、道路管理部门或者道路经营企业承担。

第九十三条 机动车通过下穿铁路桥梁、涵洞的道路未遵守限高、限宽规定的，由公安机关依照道路交通安全管理法律、行政法规的规定处罚。

第九十四条 违反本条例第四十八条、第四十九条关于铁路道口安全管理的规定的，由铁路监督管理机构责令改正，处1000元以上5000元以下的罚款。

第九十五条 违反本条例第五十一条、第五十二条、第五十三条、第七十七条规定的，由公安机关责令改正，对单位处1万元以上5万元以下的罚款，对个人处500元以上2000元以下的罚款。

第九十六条 铁路运输托运人托运货物、行李、包裹时匿报、谎报货物品名、性质、重量，或者装车、装箱超过规定重量的，由铁路监督管理机构责令改正，可以处2000元以下的罚款；情节较重的，处2000元以上2万元以下的罚款；将危险化学品谎报或者匿报为普通货物托运的，处10万元以上20万元以下的罚款。

铁路运输托运人在普通货物中夹带危险货物，或者在危险货物中夹带禁止配装的货物的，由铁路监督管理机构责令改正，处3万元以上20万元以下的罚款。

第九十七条 铁路运输托运人运输危险货物未配备必要的应急处理器材、设备、防护用品，或者未按照操作规程包装、装卸、运输危险货物的，由铁路监督管理机构责令改正，处1万元以上5万元以下的罚款。

第九十八条 铁路运输托运人运输危险货物不按照规定配备必要的押运人员，或者发生危险货物被盗、丢失、泄漏等情况不按照规定及时报告的，由公安机关责令改正，处1万元以上5万元以下的罚款。

第九十九条 旅客违法携带、夹带管制器具或者违法携带、托运烟花爆竹、枪支弹药等危险物品或者其他违禁物品的，由公安机关依法给予治安管理处罚。

第一百条 铁路运输企业有下列情形之一的，由铁路监管部门责令改正，处2万元以上10万元以下的罚款：

（一）在非危险货物办理站办理危险货物承运手续；

（二）承运未接受安全检查的货物；

（三）承运不符合安全规定、可能危害铁路运输安全的货物；

（四）未按照操作规程包装、装卸、运输危险货物。

第一百零一条 铁路监管部门及其工作人员应当严格按照本条例规定的处罚种类和幅度，根据违法行为的性质和具体情节行使行政处罚权，具体办法由国务院铁路行业监督管理部门制定。

第一百零二条 铁路运输企业工作人员窃取、泄露旅客身份信息的，由公安机关依法处罚。

第一百零三条 从事铁路建设、运输、设备制造维修的单位违反本条例规定，对直接负责的主管人员和其他直接责任人员依法给予处分。

第一百零四条 铁路监管部门及其工作人员不依照本条例规定履行职责的，对负有责任的领导人员和直接责任人员依法给予处分。

第一百零五条 违反本条例规定，给铁路运输企业或者其他单位、个人财产造成损失的，依法承担民事责任。

违反本条例规定，构成违反治安管理行为的，由公安机关依法给予治安管理处罚；构成犯罪的，依法追究刑事责任。

第八章 附 则

第一百零六条 专用铁路、铁路专用线的安全管理参照本条例的规定执行。

第一百零七条 本条例所称高速铁路，是指设计开行时速250公里以上（含预留），并且初期运营时速200公里以上的客运列车专线铁路。

第一百零八条 本条例自2014年1月1日起施行。2004年12月27日国务院公布的《铁路运输安全保护条例》同时废止。

城镇排水与污水处理条例

中华人民共和国国务院令

第641号

《城镇排水与污水处理条例》已经2013年9月18日国务院第24次常务会议通过，现予公布，自2014年1月1日起施行。

总理 李克强

2013年10月2日

第一章 总 则

第一条 为了加强对城镇排水与污水处理的管理，保障城镇排水与污水处理设施安全运行，防治城镇水污染和内涝灾害，保障公民生命、财产安全和公共安全，保护环境，制定本条例。

第二条 城镇排水与污水处理的规划，城镇排水与污水处理设施的建设、维护与保护，向城镇排水设施排水与污水处理，以及城镇内涝防治，适用本条例。

第三条 县级以上人民政府应当加强对城镇排水与污水处理工作的领导，并将城镇排水与污水处理工作纳入国民经济和社会发展规划。

第四条 城镇排水与污水处理应当遵循尊重自然、统筹规划、配套建设、保障安全、综合利用的原则。

第五条 国务院住房城乡建设主管部门指导监督全国城镇排水与污水处理工作。

县级以上地方人民政府城镇排水与污水处理主管部门

（以下称城镇排水主管部门）负责本行政区域内城镇排水与污水处理的监督管理工作。

县级以上人民政府其他有关部门依照本条例和其他有关法律、法规的规定，在各自的职责范围内负责城镇排水与污水处理监督管理的相关工作。

第六条 国家鼓励采取特许经营、政府购买服务等多种形式，吸引社会资金参与投资、建设和运营城镇排水与污水处理设施。

县级以上人民政府鼓励、支持城镇排水与污水处理科学技术研究，推广应用先进适用的技术、工艺、设备和材料，促进污水的再生利用和污泥、雨水的资源化利用，提高城镇排水与污水处理能力。

第二章 规划与建设

第七条 国务院住房城乡建设主管部门会同国务院有关部门，编制全国的城镇排水与污水处理规划，明确全国城镇排水与污水处理的中长期发展目标、发展战略、布局、任务以及保障措施等。

城镇排水主管部门会同有关部门，根据当地经济社会发展水平以及地理、气候特征，编制本行政区域的城镇排水与污水处理规划，明确排水与污水处理目标与标准，排水量与排水模式，污水处理与再生利用、污泥处理处置要求，排涝措施，城镇排水与污水处理设施的规模、布局、建设时序和建设用地以及保障措施等；易发生内涝的城市、镇，还应当编制城镇内涝防治专项规划，并纳入本行政区域的城镇排水与污水处理规划。

第八条 城镇排水与污水处理规划的编制，应当依据国民经济和社会发展规划、城乡规划、土地利用总体规划、水污染防治规划和防洪规划，并与城镇开发建设、道路、绿地、水系等专项规划相衔接。

城镇内涝防治专项规划的编制，应当根据城镇人口与规模、降雨规律、暴雨内涝风险等因素，合理确定内涝防治目标和要求，充分利用自然生态系统，提高雨水滞渗、调蓄和排放能力。

第九条 城镇排水主管部门应当将编制的城镇排水与污水处理规划报本级人民政府批准后组织实施，并报上一级人民政府城镇排水主管部门备案。

城镇排水与污水处理规划一经批准公布，应当严格执行；因经济社会发展确需修改的，应当按照原审批程序报送审批。

第十条 县级以上地方人民政府应当根据城镇排水与污水处理规划的要求，加大对城镇排水与污水处理设施建设和维护的投入。

第十一条 城乡规划和城镇排水与污水处理规划确定的城镇排水与污水处理设施建设用地，不得擅自改变用途。

第十二条 县级以上地方人民政府应当按照先规划后建设的原则，依据城镇排水与污水处理规划，合理确定城镇排水与污水处理设施建设标准，统筹安排管网、泵站、污水处理厂以及污泥处理处置、再生水利用、雨水调蓄和排放等排水与污水处理设施建设和改造。

城镇新区的开发和建设，应当按照城镇排水与污水处理规划确定的建设时序，优先安排排水与污水处理设施建设；未建或者已建但未达到国家有关标准的，应当按照年度改造计划进行改造，提高城镇排水与污水处理能力。

第十三条 县级以上地方人民政府应当按照城镇排涝要求，结合城镇用地性质和条件，加强雨水管网、泵站以及雨水调蓄、超标雨水径流排放等设施建设和改造。

新建、改建、扩建市政基础设施工程应当配套建设雨水收集利用设施，增加绿地、砂石地面、可渗透路面和自然地面对雨水的滞渗能力，利用建筑物、停车场、广场、道路等建设雨水收集利用设施，削减雨水径流，提高城镇内涝防治能力。

新区建设与旧城区改建，应当按照城镇排水与污水处理规划确定的雨水径流控制要求建设相关设施。

第十四条 城镇排水与污水处理规划范围内的城镇排水与污水处理设施建设项目以及需要与城镇排水与污水处理设施相连接的新建、改建、扩建建设工程，城乡规划主管部门在依法核发建设用地规划许可证时，应当征求城镇排水主管部门的意见。城镇排水主管部门应当就排水设计方案是否符合城镇排水与污水处理规划和相关标准提出意见。

建设单位应当按照排水设计方案建设连接管网等设施；未建设连接管网等设施的，不得投入使用。城镇排水主管部门或者其委托的专门机构应当加强指导和监督。

第十五条 城镇排水与污水处理设施建设工程竣工后，建设单位应当依法组织竣工验收。竣工验收合格的，方可交付使用，并自竣工验收合格之日起15日内，将竣工验收报告及相关资料报城镇排水主管部门备案。

第十六条 城镇排水与污水处理设施竣工验收合格后，由城镇排水主管部门通过招标投标、委托等方式确定符合条件的设施维护运营单位负责管理。特许经营合同、委托运营合同涉及污染物削减和污水处理运营服务费的，城镇排水主管部门应当征求环境保护主管部门、价格主管部门的意见。国家鼓励实施城镇污水处理特许经营制度。具体办法由国务院住房城乡建设主管部门会同国务院有关部门制定。

城镇排水与污水处理设施维护运营单位应当具备下列条件：

（一）有法人资格；

（二）有与从事城镇排水与污水处理设施维护运营活动相适应的资金和设备；

（三）有完善的运行管理和安全管理制度；

（四）技术负责人和关键岗位人员经专业培训并考核合格；

（五）有相应的良好业绩和维护运营经验；

（六）法律、法规规定的其他条件。

第三章 排 水

第十七条 县级以上地方人民政府应当根据当地降雨规律和暴雨内涝风险情况，结合气象、水文资料，建立排水设施地理信息系统，加强雨水排放管理，提高城镇内涝防治水平。

县级以上地方人民政府应当组织有关部门、单位采取相应的预防治理措施，建立城镇内涝防治预警、会商、联动机制，发挥河道行洪能力和水库、洼淀、湖泊调蓄洪水的功能，加强对城镇排水设施的管理和河道防护、整治，因地制宜地采取定期清淤疏浚等措施，确保雨水排放畅通，共同做好城镇内涝防治工作。

第十八条 城镇排水主管部门应当按照城镇内涝防治专项规划的要求，确定雨水收集利用设施建设标准，明确雨水的排水分区和排水出路，合理控制雨水径流。

第十九条 除干旱地区外，新区建设应当实行雨水、污水分流；对实行雨水、污水合流的地区，应当按照城镇排水与污水处理规划要求，进行雨水、污水分流改造。雨水、污水分流改造可以结合旧城区改建和道路建设同时进行。

在雨水、污水分流地区，新区建设和旧城区改建不得将雨水管网、污水管网相互混接。

在有条件的地区，应当逐步推进初期雨水收集与处理，合理确定截流倍数，通过设置初期雨水贮存池、建设截流干管等方式，加强对初期雨水的排放调控和污染防治。

第二十条 城镇排水设施覆盖范围内的排水单位和个人，应当按照国家有关规定将污水排入城镇排水设施。

在雨水、污水分流地区，不得将污水排入雨水管网。

第二十一条 从事工业、建筑、餐饮、医疗等活动的企业事业单位、个体工商户（以下称排水户）向城镇排水设施排放污水的，应当向城镇排水主管部门申请领取污水排入排水管网许可证。城镇排水主管部门应当按照国家有关标准，重点对影响城镇排水与污水处理设施安全运行的事项进行审查。

排水户应当按照污水排入排水管网许可证的要求排放污水。

第二十二条 排水户申请领取污水排入排水管网许可证应当具备下列条件：

（一）排放口的设置符合城镇排水与污水处理规划的要求；

（二）按照国家有关规定建设相应的预处理设施和水质、水量检测设施；

（三）排放的污水符合国家或者地方规定的有关排放标准；

（四）法律、法规规定的其他条件。

符合前款规定条件的，由城镇排水主管部门核发污水排入排水管网许可证；具体办法由国务院住房城乡建设主管部门制定。

第二十三条 城镇排水主管部门应当加强对排放口设置以及预处理设施和水质、水量检测设施建设的指导和监督；对不符合规划要求或者国家有关规定的，应当要求排水户采取措施，限期整改。

第二十四条 城镇排水主管部门委托的排水监测机构，应当对排水户排放污水的水质和水量进行监测，并建立排水监测档案。排水户应当接受监测，如实提供有关资料。

列入重点排污单位名录的排水户安装的水污染物排放自动监测设备，应当与环境保护主管部门的监控设备联网。环境保护主管部门应当将监测数据与城镇排水主管部门共享。

第二十五条 因城镇排水设施维护或者检修可能对排水造成影响的，城镇排水设施维护运营单位应当提前24小时通知相关排水户；可能对排水造成严重影响的，应当事先向城镇排水主管部门报告，采取应急处理措施，并向社会公告。

第二十六条 设置于机动车道路上的窨井，应当按照国家有关规定进行建设，保证其承载力和稳定性等符合相关要求。

排水管网窨井盖应当具备防坠落和防盗窃功能，满足结构强度要求。

第二十七条 城镇排水主管部门应当按照国家有关规定建立城镇排涝风险评估制度和灾害后评估制度，在汛前对城镇排水设施进行全面检查，对发现的问题，责成有关单位限期处理，并加强城镇广场、立交桥下、地下构筑物、棚户区等易涝点的治理，强化排涝措施，增加必要的强制排水设施和装备。

城镇排水设施维护运营单位应当按照防汛要求，对城镇排水设施进行全面检查、维护、清疏，确保设施安全运行。

在汛期，有管辖权的人民政府防汛指挥机构应当加强对易涝点的巡查，发现险情，立即采取措施。有关单位和个人在汛期应当服从有管辖权的人民政府防汛指挥机构的统一调度指挥或者监督。

第四章 污水处理

第二十八条 城镇排水主管部门应当与城镇污水处理设施维护运营单位签订维护运营合同，明确双方权利义务。

城镇污水处理设施维护运营单位应当依照法律、法规和有关规定以及维护运营合同进行维护运营，定期向社会公开有关维护运营信息，并接受相关部门和社会公众的监督。

第二十九条 城镇污水处理设施维护运营单位应当保证出水水质符合国家和地方规定的排放标准，不得排放不达标污水。

城镇污水处理设施维护运营单位应当按照国家有关规定检测进出水水质，向城镇排水主管部门、环境保护主管部门报送污水处理水质和水量、主要污染物削减量等信息，并按照有关规定和维护运营合同，向城镇排水主管部门报送生产运营成本等信息。

城镇污水处理设施维护运营单位应当按照国家有关规定向价格主管部门提交相关成本信息。

城镇排水主管部门核定城镇污水处理运营成本，应当考虑主要污染物削减情况。

第三十条 城镇污水处理设施维护运营单位或者污泥处理处置单位应当安全处理处置污泥，保证处理处置后的污泥符合国家有关标准，对产生的污泥以及处理处置后的污泥去向、用途、用量等进行跟踪、记录，并向城镇排水主管部门、环境保护主管部门报告。任何单位和个人不得擅自倾倒、堆放、丢弃、遗撒污泥。

第三十一条 城镇污水处理设施维护运营单位不得擅自

停运城镇污水处理设施，因检修等原因需要停运或者部分停运城镇污水处理设施的，应当在90个工作日前向城镇排水主管部门、环境保护主管部门报告。

城镇污水处理设施维护运营单位在出现进水水质和水量发生重大变化可能导致出水水质超标，或者发生影响城镇污水处理设施安全运行的突发情况时，应当立即采取应急处理措施，并向城镇排水主管部门、环境保护主管部门报告。

城镇排水主管部门或者环境保护主管部门接到报告后，应当及时核查处理。

第三十二条 排水单位和个人应当按照国家有关规定缴纳污水处理费。

向城镇污水处理设施排放污水、缴纳污水处理费的，不再缴纳排污费。

排水监测机构接受城镇排水主管部门委托从事有关监测活动，不得向城镇污水处理设施维护运营单位和排水户收取任何费用。

第三十三条 污水处理费应当纳入地方财政预算管理，专项用于城镇污水处理设施的建设、运行和污泥处理处置，不得挪作他用。污水处理费的收费标准不应低于城镇污水处理设施正常运营的成本。因特殊原因，收取的污水处理费不足以支付城镇污水处理设施正常运营的成本的，地方人民政府给予补贴。

污水处理费的收取、使用情况应当向社会公开。

第三十四条 县级以上地方人民政府环境保护主管部门应当依法对城镇污水处理设施的出水水质和水量进行监督检查。

城镇排水主管部门应当对城镇污水处理设施运营情况进行监督和考核，并将监督考核情况向社会公布。有关单位和个人应当予以配合。

城镇污水处理设施维护运营单位应当为进出水在线监测系统的安全运行提供保障条件。

第三十五条 城镇排水主管部门应当根据城镇污水处理设施维护运营单位履行维护运营合同的情况以及环境保护主管部门对城镇污水处理设施出水水质和水量的监督检查结果，核定城镇污水处理设施运营服务费。地方人民政府有关部门应当及时、足额拨付城镇污水处理设施运营服务费。

第三十六条 城镇排水主管部门在监督考核中，发现城镇污水处理设施维护运营单位存在未依照法律、法规和有关规定以及维护运营合同进行维护运营，擅自停运或者部分停运城镇污水处理设施，或者其他无法安全运行等情形的，应当要求城镇污水处理设施维护运营单位采取措施，限期整改；逾期不整改的，或者整改后仍无法安全运行的，城镇排水主管部门可以终止维护运营合同。

城镇排水主管部门终止与城镇污水处理设施维护运营单位签订的维护运营合同的，应当采取有效措施保障城镇污水处理设施的安全运行。

第三十七条 国家鼓励城镇污水处理再生利用，工业生产、城市绿化、道路清扫、车辆冲洗、建筑施工以及生态景观等，应当优先使用再生水。

县级以上地方人民政府应当根据当地水资源和水环境状况，合理确定再生水利用的规模，制定促进再生水利用的保障措施。

再生水纳入水资源统一配置，县级以上地方人民政府水行政主管部门应当依法加强指导。

第五章 设施维护与保护

第三十八条 城镇排水与污水处理设施维护运营单位应当建立健全安全生产管理制度，加强对窨井盖等城镇排水与污水处理设施的日常巡查、维修和养护，保障设施安全运行。

从事管网维护、应急排水、井下及有限空间作业的，设施维护运营单位应当安排专门人员进行现场安全管理，设置醒目警示标志，采取有效措施避免人员坠落、车辆陷落，并及时复原窨井盖，确保操作规程的遵守和安全措施的落实。相关特种作业人员，应当按照国家有关规定取得相应的资格证书。

第三十九条 县级以上地方人民政府应当根据实际情况，依法组织编制城镇排水与污水处理应急预案，统筹安排应对突发事件以及城镇排涝所必需的物资。

城镇排水与污水处理设施维护运营单位应当制定本单位的应急预案，配备必要的抢险装备、器材，并定期组织演练。

第四十条 排水户因发生事故或者其他突发事件，排放的污水可能危及城镇排水与污水处理设施安全运行的，应当立即采取措施消除危害，并及时向城镇排水主管部门和环境保护主管部门等有关部门报告。

城镇排水与污水处理安全事故或者突发事件发生后，设施维护运营单位应当立即启动本单位应急预案，采取防护措施、组织抢修，并及时向城镇排水主管部门和有关部门报告。

第四十一条 城镇排水主管部门应当会同有关部门，按照国家有关规定划定城镇排水与污水处理设施保护范围，并向社会公布。

在保护范围内，有关单位从事爆破、钻探、打桩、顶进、挖掘、取土等可能影响城镇排水与污水处理设施安全的活动的，应当与设施维护运营单位等共同制定设施保护方案，并采取相应的安全防护措施。

第四十二条 禁止从事下列危及城镇排水与污水处理设施安全的活动：

（一）损毁、盗窃城镇排水与污水处理设施；

（二）穿凿、堵塞城镇排水与污水处理设施；

（三）向城镇排水与污水处理设施排放、倾倒剧毒、易燃易爆、腐蚀性废液和废渣；

（四）向城镇排水与污水处理设施倾倒垃圾、渣土、施工泥浆等废弃物；

（五）建设占压城镇排水与污水处理设施的建筑物、构筑物或者其他设施；

（六）其他危及城镇排水与污水处理设施安全的活动。

第四十三条 新建、改建、扩建建设工程，不得影响城镇排水与污水处理设施安全。

建设工程开工前，建设单位应当查明工程建设范围内地下城镇排水与污水处理设施的相关情况。城镇排水主管部门及其他相关部门和单位应当及时提供相关资料。

建设工程施工范围内有排水管网等城镇排水与污水处理设施的，建设单位应当与施工单位、设施维护运营单位共同制定设施保护方案，并采取相应的安全保护措施。

因工程建设需要拆除、改动城镇排水与污水处理设施的，建设单位应当制定拆除、改动方案，报城镇排水主管部门审核，并承担重建、改建和采取临时措施的费用。

第四十四条 县级以上人民政府城镇排水主管部门应当会同有关部门，加强对城镇排水与污水处理设施运行维护和保护情况的监督检查，并将检查情况及结果向社会公开。实施监督检查时，有权采取下列措施：

（一）进入现场进行检查、监测；

（二）查阅、复制有关文件和资料；

（三）要求被监督检查的单位和个人就有关问题作出说明。

被监督检查的单位和个人应当予以配合，不得妨碍和阻挠依法进行的监督检查活动。

第四十五条 审计机关应当加强对城镇排水与污水处理设施建设、运营、维护和保护等资金筹集、管理和使用情况的监督，并公布审计结果。

第六章 法律责任

第四十六条 违反本条例规定，县级以上地方人民政府及其城镇排水主管部门和其他有关部门，不依法作出行政许可或者办理批准文件的，发现违法行为或者接到对违法行为的举报不予查处的，或者有其他未依照本条例履行职责的行为的，对直接负责的主管人员和其他直接责任人员依法给予处分；直接负责的主管人员和其他直接责任人员的行为构成犯罪的，依法追究刑事责任。

违反本条例规定，核发污水排入排水管网许可证、排污许可证后不实施监督检查的，对核发许可证的部门及其工作人员依照前款规定处理。

第四十七条 违反本条例规定，城镇排水主管部门对不符合法定条件的排水户核发污水排入排水管网许可证的，或者对符合法定条件的排水户不予核发污水排入排水管网许可证的，对直接负责的主管人员和其他直接责任人员依法给予处分；直接负责的主管人员和其他直接责任人员的行为构成犯罪的，依法追究刑事责任。

第四十八条 违反本条例规定，在雨水、污水分流地区，建设单位、施工单位将雨水管网、污水管网相互混接的，由城镇排水主管部门责令改正，处5万元以上10万元以下的罚款；造成损失的，依法承担赔偿责任。

第四十九条 违反本条例规定，城镇排水与污水处理设施覆盖范围内的排水单位和个人，未按照国家有关规定将污水排入城镇排水设施，或者在雨水、污水分流地区将污水排入雨水管网的，由城镇排水主管部门责令改正，给予警告；逾期不改正或者造成严重后果的，对单位处10万元以上20万元以下罚款，对个人处2万元以上10万元以下罚款；造成损失的，依法承担赔偿责任。

第五十条 违反本条例规定，排水户未取得污水排入排水管网许可证向城镇排水设施排放污水的，由城镇排水主管部门责令停止违法行为，限期采取治理措施，补办污水排入排水管网许可证，可以处50万元以下罚款；造成损失的，依法承担赔偿责任；构成犯罪的，依法追究刑事责任。

违反本条例规定，排水户不按照污水排入排水管网许可证的要求排放污水的，由城镇排水主管部门责令停止违法行为，限期改正，可以处5万元以下罚款；造成严重后果的，吊销污水排入排水管网许可证，并处5万元以上50万元以下罚款，可以向社会予以通报；造成损失的，依法承担赔偿责任；构成犯罪的，依法追究刑事责任。

第五十一条 违反本条例规定，因城镇排水设施维护或者检修可能对排水造成影响或者严重影响，城镇排水设施维护运营单位未提前通知相关排水户的，或者未事先向城镇排水主管部门报告，采取应急处理措施的，或者未按照防汛要求对城镇排水设施进行全面检查、维护、清疏，影响汛期排水畅通的，由城镇排水主管部门责令改正，给予警告；逾期不改正或者造成严重后果的，处10万元以上20万元以下罚款；造成损失的，依法承担赔偿责任。

第五十二条 违反本条例规定，城镇污水处理设施维护运营单位未按照国家有关规定检测进出水水质的，或者未报送污水处理水质和水量、主要污染物削减量等信息和生产运营成本等信息的，由城镇排水主管部门责令改正，可以处5万元以下罚款；造成损失的，依法承担赔偿责任。

违反本条例规定，城镇污水处理设施维护运营单位擅自停运城镇污水处理设施，未按照规定事先报告或者采取应急处理措施的，由城镇排水主管部门责令改正，给予警告；逾期不改正或者造成严重后果的，处10万元以上50万元以下罚款；造成损失的，依法承担赔偿责任。

第五十三条 违反本条例规定，城镇污水处理设施维护运营单位或者污泥处理处置单位对产生的污泥以及处理处置后的污泥的去向、用途、用量等未进行跟踪、记录的，或者处理处置后的污泥不符合国家有关标准的，由城镇排水主管部门责令限期采取治理措施，给予警告；造成严重后果的，处10万元以上20万元以下罚款；逾期不采取治理措施的，城镇排水主管部门可以指定有治理能力的单位代为治理，所需费用由当事人承担；造成损失的，依法承担赔偿责任。

违反本条例规定，擅自倾倒、堆放、丢弃、遗撒污泥的，由城镇排水主管部门责令停止违法行为，限期采取治理措施，给予警告；造成严重后果的，对单位处10万元以上50万元以下罚款，对个人处2万元以上10万元以下罚款；逾期不采取治理措施的，城镇排水主管部门可以指定有治理能力的单位代为治理，所需费用由当事人承担；造成损失的，依法承担赔偿责任。

第五十四条 违反本条例规定，排水单位或者个人不缴纳污水处理费的，由城镇排水主管部门责令限期缴纳，逾期拒不缴纳的，处应缴纳污水处理费数额1倍以上3倍以下罚款。

第五十五条 违反本条例规定，城镇排水与污水处理设施维护运营单位有下列情形之一的，由城镇排水主管部门责

令改正，给予警告；逾期不改正或者造成严重后果的，处10万元以上50万元以下罚款；造成损失的，依法承担赔偿责任；构成犯罪的，依法追究刑事责任：

（一）未按照国家有关规定履行日常巡查、维修和养护责任，保障设施安全运行的；

（二）未及时采取防护措施、组织事故抢修的；

（三）因巡查、维护不到位，导致窨井盖丢失、损毁，造成人员伤亡和财产损失的。

第五十六条 违反本条例规定，从事危及城镇排水与污水处理设施安全的活动的，由城镇排水主管部门责令停止违法行为，限期恢复原状或者采取其他补救措施，给予警告；逾期不采取补救措施或者造成严重后果的，对单位处10万元以上30万元以下罚款，对个人处2万元以上10万元以下罚款；造成损失的，依法承担赔偿责任；构成犯罪的，依法追究刑事责任。

第五十七条 违反本条例规定，有关单位未与施工单位、设施维护运营单位等共同制定设施保护方案，并采取相应的安全防护措施的，由城镇排水主管部门责令改正，处2万元以上5万元以下罚款；造成严重后果的，处5万元以上10万元以下罚款；造成损失的，依法承担赔偿责任；构成犯罪的，依法追究刑事责任。

违反本条例规定，擅自拆除、改动城镇排水与污水处理设施的，由城镇排水主管部门责令改正，恢复原状或者采取其他补救措施，处5万元以上10万元以下罚款；造成严重后果的，处10万元以上30万元以下罚款；造成损失的，依法承担赔偿责任；构成犯罪的，依法追究刑事责任。

第七章　附　则

第五十八条 依照《中华人民共和国水污染防治法》的规定，排水户需要取得排污许可证的，由环境保护主管部门核发；违反《中华人民共和国水污染防治法》的规定排放污水的，由环境保护主管部门处罚。

第五十九条 本条例自2014年1月1日起施行。

云南省森林防火条例

云南省第十一届人民代表大会公告

第56号

《云南省森林防火条例》已由云南省第十一届人民代表大会常务委员会第三十次会议于2012年3月31日审议通过，现予公布，自2012年5月1日起施行。

云南省人民代表大会常务委员会

二〇一二年三月三十一日

第一章　总　则

第一条 为了有效预防和扑救森林火灾，保障人民生命财产安全，保护森林资源和生物多样性，维护生态安全，根据《中华人民共和国森林法》、国务院《森林防火条例》等有关法律、法规，结合本省实际，制定本条例。

第二条 本省行政区域内城市市区以外的森林火灾的预防和扑救适用本条例。

第三条 森林防火工作实行预防为主、积极消灭的方针，坚持以人为本、专业队伍扑救为主、专群结合、分级负责、属地管理的原则。

第四条 各级人民政府应当加强对森林防火工作的领导，建立健全政府负总责的森林防火工作目标管理责任制，实行行政首长负责制。政府主要负责人是森林防火工作第一责任人，分管负责人是主要责任人。

第五条 县级以上人民政府应当设立由本级人民政府分管负责人担任指挥长，政府有关部门、当地驻军、武装警察部队、森林航空消防机构等组成的森林防火指挥机构，负责组织、协调、指导本行政区域内的森林防火工作。

森林防火指挥机构办公室设在同级人民政府林业行政主管部门，其编制核定和人员配备按照国家有关规定执行。

有森林防火任务的乡（镇）人民政府、街道办事处应当设立森林防火指挥机构，由分管负责人担任指挥长，配备专职或者兼职工作人员。

第六条 县级以上人民政府应当将森林防火工作纳入国民经济和社会发展规划，将森林防火经费纳入本级财政预算，加强预防、扑救和基础保障等工作。

县级以上人民政府鼓励和支持森林、林木、林地经营单位和个人参加森林火灾保险，提高抵御森林火灾风险的能力。

第七条 县级以上人民政府林业行政主管部门负责本行政区域内森林防火的监督和管理工作。

县级以上人民政府其他有关部门按照职责分工，负责有关森林防火工作。

第八条 有森林防火任务的村（居）民委员会根据实际需要建立森林防火组织，制定村规民约，组织森林、林木、林地经营单位和个人签订联防协议，建立联防机制，做好责任区内的森林防火工作。

森林、林木、林地经营单位和个人负责其经营范围内的森林防火工作，落实森林防火管护人员和措施。

第九条 相邻行政区域的人民政府应当确定森林防火联防区域，建立联防组织和联防制度，共同做好联防区内的森林防火工作。

第十条 边境地区各级人民政府应当积极防御境外山火入境，保护人民生命财产和国土生态安全。

第十一条 预防森林火灾，保护森林资源，是每个公民应尽的义务。

在森林防火工作中有突出贡献的单位和个人，各级人民政府或者森林防火指挥机构应当给予表彰和奖励。

第二章 森林火灾的预防

第十二条 每年12月1日至次年6月15日为全省森林防火期，3月1日至4月30日为全省森林高火险期。

省人民政府可以根据特殊情况发布命令，调整森林防火期和森林高火险期。

州（市）、县级人民政府可以根据当地自然条件和火灾发生规律，调整森林防火期、森林高火险期，报上一级人民政府森林防火指挥机构备案，并向社会公布。

第十三条 县级以上人民政府可以根据森林火灾发生的特点及危险程度划定森林防火区、森林高火险区，并向社会公布。

森林高火险期内，森林防火区禁止一切野外用火。

第十四条 县级以上人民政府应当建立和完善森林火险预警监测及信息发布系统，加强森林火险气象自动监测站建设，提高森林火险天气预报、警报的准确率和时效性。

县级以上气象部门应当及时提供天气预报和森林火险气象等级预报信息，实施人工影响天气作业，降低森林火险等级；开展森林火险预警、森林火灾监测、林区防雷、人工增雨的科学研究。

广播、电视、报纸、互联网等公共媒体应当根据森林防火指挥机构的要求，无偿向社会播发或者刊登森林火险天气预警预报信息。

第十五条 各级人民政府和森林防火指挥机构应当按照森林火险天气预警预报，做好森林火灾的预防和应急处置的各项准备工作。

县级以上人民政府应当在森林防火区设置火情瞭望台（塔），开设防火隔离带和营造生物防火隔离带。

各级人民政府应当加强自然保护区、风景名胜区、森林公园等重点区域的森林防火工作。

第十六条 各级人民政府和森林防火指挥机构以及林业行政主管部门应当组织开展经常性的森林防火宣传工作，普及森林防火法律、法规和森林防火安全知识，提高全民的森林防火意识和素质，增强自防自救能力。

新闻、广播、电视、文化、教育等单位应当采取各种形式，做好森林防火宣传教育工作。

森林防火期内，森林、林木、林地经营单位和个人应当设置森林防火宣传牌、警示牌，对进入其经营范围的人员进行森林防火宣传。

每年12月为森林防火宣传月。

第十七条 森林、林木、林地的经营单位和个人，应当在当地森林防火指挥机构的指导下，按照森林防火的计划烧除规程，实施计划烧除和清除林内可燃物。

第十八条 森林防火期内，在森林防火区开展旅游服务的单位和个人，应当进行森林防火安全宣传，防止野外违规用火。

森林防火期内，无民事行为能力人和限制民事行为能力人的监护人，应当采取措施，防止被监护人野外用火、玩火。

第十九条 森林防火期内，在森林防火区从事烧灰积肥，烧地（田）埂、甘蔗地、秸秆、牧草地，烧荒烧炭等野外农事用火的单位和个人，应当向所在地村（居）民委员会提出申请，由村（居）民委员会报乡（镇）人民政府、街道办事处批准。

经批准进行野外农事用火的，应当符合下列要求：

（一）森林火险等级在三级以下（含三级）；

（二）有专人监管用火现场；

（三）用火后彻底清灭余火；

（四）有其他必要的防火措施。

第二十条 森林防火期内，在森林防火区进行计划烧除、炼山造林、勘察、开采矿藏和各项建设工程确需野外用火的，应当经县级人民政府林业行政主管部门批准，并符合森林防火的相关规定。

第二十一条 森林防火期内，在森林防火区禁止下列行为：

（一）吸烟、烧纸、烧香；

（二）烧蜂、烧山狩猎；

（三）烤火、野炊、使用火把照明；

（四）燃放烟花爆竹和孔明灯；

（五）焚烧垃圾；

（六）其他非生产性用火。

在前款规定的时间和区域内，因民俗活动需要特殊野外用火的，由县级人民政府另行规定。

第二十二条 森林防火期内，禁止携带火种和易燃易爆物品进入森林防火区。

森林防火期内，县级以上人民政府可以决定在森林防火区设立临时性的森林防火检查站，执行检查任务的人员应当佩戴专用标志，对进出车辆和人员进行森林防火安全检查，对携带的火种和易燃易爆物品，实行集中保管，任何单位和个人不得拒绝、阻碍。

第二十三条 县级以上人民政府质监、工商等部门应当按照各自职责加强对森林防火产品质量的监督检查。

第二十四条 有森林防火任务的乡（镇）人民政府、街道办事处，以及村（居）民委员会和森林、林木、林地经营单位应当配备专职或者兼职护林员，并明确森林防火责任区域。护林员履行以下森林防火工作职责：

（一）宣传森林防火法律、法规和森林防火安全知识；

（二）巡护森林，排查、消除火灾隐患；

（三）及时制止并协助查处违反规定的野外用火；

（四）及时报告森林火情；

（五）协助有关部门调查森林火灾案件。

护林员在执行森林防火任务时，应当佩戴森林防火标志。森林防火标志式样由省森林防火指挥机构办公室统一确定，由县级以上人民政府林业行政主管部门核发。

第二十五条 在森林防火区架设输电线路、电信线路和铺设石油天然气输送管道等，产权单位应当采取防火措施，并定期进行防火安全检查。

第二十六条 在森林防火区依法开办工矿企业、设立旅游区或者新建开发区的，应当将森林防火设施的建设纳入规划方案，在开工前报当地人民政府林业行政主管部门审核，并在项目竣工时通知审核部门共同参与验收。

工程造林或者成片造林的，建设单位应当将森林防火设施和防火林带与该造林项目同步规划、同步设计、同步实施、同步验收。

第二十七条 任何单位和个人不得破坏和侵占森林防火通道、标志、宣传碑（牌）、瞭望台（塔）、隔离带、设施设备，不得干扰依法设置的森林防火专用电台频率的正常使用。

第二十八条 各级森林防火指挥机构办公室应当配备森林防火专用车辆和专用电台。

森林防火专用车辆应当按照国家规定喷涂标志图案，安装警报器和标志灯具。

森林防火专用车辆执行森林火灾扑救任务时，可以使用警报器、标志灯具，在确保安全的前提下不受行驶路线、行驶方向、行驶速度和信号灯的限制，其他车辆及行人应当让行。

在森林防火期，执行预防和扑救森林火灾任务的森林防火专用车辆通过收费公路、桥梁、隧道等时，免收车辆通行费。

第三章 森林火灾的扑救

第二十九条 县级以上人民政府应当根据本行政区域内森林火灾的特点制定处置森林火灾应急预案，乡（镇）人民政府、街道办事处应当制定森林火灾应急处置办法。

各级人民政府应当组织应急演练，建立应急值守、应急响应和应急处置机制，科学扑救森林火灾。

森林防火区内的村（居）民委员会以及森林、林木、林地经营单位和个人应当根据当地实际制定预防和扑救森林火灾的具体方案，做好自防自救工作。

第三十条 县（市、区）、乡（镇）人民政府、街道办事处应当根据森林火险区划等级的要求和森林防火发展规划，组建与森林防火任务相适应的森林火灾专业扑火队，配备专业装备。

自然保护区、风景名胜区、森林公园、国有林场等森林防火重点单位应当组建森林火灾专业扑火队，负责扑救责任区内的森林火灾。

州（市）、县（市、区）、乡（镇）人民政府、街道办事处及森林防火区的村（居）民委员会应当依托本地其他应急救援力量组建森林火灾应急扑火队，配备扑火机具、防护装备，负责初发森林火灾的扑救。

各级森林防火指挥机构应当定期组织扑火指挥员、专业扑火队和应急扑火队伍进行培训和演练。

第三十一条 各级人民政府应当建立森林防火物资储备制度，储备必要的防火扑火物资，保证应对突发森林火灾的需要。

第三十二条 全省森林火警电话为12119。

任何单位和个人发现森林火灾，应当立即拨打森林火警电话。接到报告的森林防火指挥机构应当立即核实情况，并迅速处置。

森林防火期内，各级森林防火指挥机构办公室实行24小时全天值班制度，森林火灾专业扑火队实行24小时全天执勤、备勤制度。

第三十三条 森林火情信息由各级人民政府森林防火指挥机构归口管理，抄报上一级人民政府森林防火指挥机构。

对下列森林火灾，应当立即报告省人民政府森林防火指挥机构办公室：

（一）国界两侧5公里以内的森林火灾；

（二）受害森林面积50公顷以上的森林火灾；

（三）造成1人以上死亡或者3人以上重伤的森林火灾；

（四）威胁居民区（点）或者重要设施的森林火灾；

（五）12小时尚未得到有效控制的森林火灾；

（六）自然保护区、风景名胜区、城市面山的森林火灾；

（七）省、州（市）交界地区的森林火灾；

（八）需要省级支援扑救的森林火灾。

第三十四条 扑救森林火灾时应当优先保护人民生命财产安全，落实扑火人员安全保障措施。

参加火灾扑救的单位和个人，应当服从统一指挥。

第三十五条 县级以上人民政府森林防火指挥机构在发生森林火灾需要启动应急预案时，应当按照有关规定启动森林火灾应急预案，及时调集应急人员、物资、装备参加救援，统一指挥火灾扑救和应急救援工作。

在森林火灾现场可以根据需要设立扑火前线指挥部。

第三十六条 发生森林火灾，乡（镇）人民政府、街道办事处和森林防火指挥机构负责人应当立即赶赴现场组织指挥扑救。

第三十七条 发生下列森林火灾，火灾发生地县级人民政府和森林防火指挥机构负责人应当立即赶赴现场组织指挥扑救。

（一）国界两侧5公里以内的森林火灾；

（二）较大的森林火灾；

（三）威胁居民区（点）或者重要设施的森林火灾；

（四）6小时尚未得到有效控制的森林火灾；

（五）省级以上自然保护区、风景名胜区、森林公园和国有林场发生的森林火灾；

（六）城镇面山的森林火灾；

（七）乡、镇以上行政交界地区发生的森林火灾；

（八）需要上级支援扑救的森林火灾。

第三十八条 发生下列森林火灾，火灾发生地州（市）人民政府和森林防火指挥机构负责人应当立即赶赴现场，督促、指导或者指挥扑救。

（一）国界两侧5公里以内的森林火灾；

（二）造成人员伤亡的森林火灾；

（三）12小时尚未得到有效控制的森林火灾；

（四）国家级自然保护区、风景名胜区、森林公园发生的森林火灾；

（五）城市面山的森林火灾；

（六）县级以上行政交界地区发生的森林火灾。

第三十九条 开展森林航空消防的地区，县级以上人民政府应当建立森林航空消防协作机制，负责协调解决地空配合的有关事项。

第四十条 扑救森林火灾应当以专业扑救队伍为主要力量，不得组织残疾人、孕妇和未成年人以及其他不适宜人员参加森林火灾扑救。

第四章 灾后处置

第四十一条 森林火灾等级分为一般森林火灾、较大森林火灾、重大森林火灾和特别重大森林火灾，具体划分标准按照国务院《森林防火条例》第四十条的规定执行。

第四十二条 森林火灾扑灭后，县级以上人民政府林业行政主管部门应当及时会同有关部门，对起火的时间、地点、原因、肇事者、受害森林面积和蓄积量、扑救情况、物资消耗、人员伤亡、其他经济损失等进行调查和评估，形成调查报告，报送本级人民政府和上级林业行政主管部门。当地人民政府应当根据调查报告，确定森林火灾责任单位和责任人，并依法处理。

第四十三条 国家机关、企业、事业单位组织参加扑火的，扑火期间人员工资、差旅费等由其所在单位支付。

农民、无固定收入的城镇居民参加扑火期间的误工补贴和生活补助费，由肇事单位或者肇事个人支付。起火原因不清的，由起火单位支付；火灾肇事单位、肇事个人或者起火单位确实无力支付的部分，由当地人民政府支付。误工补贴和生活补助以及扑救森林火灾所发生的其他费用，可以由当地人民政府先行支付。

第四十四条 森林火灾信息由县级以上人民政府森林防火指挥机构或者林业行政主管部门向社会发布，行政交界地区森林火灾信息由共同的县级以上人民政府森林防火指挥机构或者林业行政主管部门向社会发布。重大森林火灾信息由省森林防火指挥机构发布。

第四十五条 对因扑救森林火灾受伤、致残或者死亡的人员，县级以上人民政府应当按照有关规定给予医疗保障、抚恤；符合烈士条件的，由有关部门按照规定办理。

第五章 法律责任

第四十六条 各级人民政府及其森林防火指挥机构、林业行政主管部门和其他有关部门及其工作人员有滥用职权、玩忽职守、徇私舞弊行为的，由其上级行政机关或者监察机关责令改正；情节严重的，对直接负责的主管人员和其他责任人员依法给予处分；构成犯罪的，依法追究刑事责任。

第四十七条 违反本条例规定，森林防火期，在森林防火区内有下列行为之一，未引起森林火灾的，由县级以上人民政府林业行政主管部门责令停止违法行为，给予警告，对个人并处200元以上1000元以下罚款，对单位并处1万元以上2万元以下罚款；引起森林火灾的，责令限期更新造林，对个人并处1000元以上3000元以下罚款，对单位并处2万元以上5万元以下罚款，并应当依法承担民事赔偿责任；构成犯罪的，依法追究刑事责任：

（一）架设输电线路、电信线路和铺设石油天然气输送管道等，产权单位未采取防火措施的；

（二）未经批准进行烧灰积肥，烧地（田）埂、甘蔗地、牧草地、秸秆，烧荒烧炭等野外农事用火的；

（三）经批准野外农事用火，但不符合相关要求的；

（四）未经批准实施计划烧除、炼山造林、勘察、开采矿藏和各项建设工程等野外用火的；

（五）吸烟、烧纸、烧香的；

（六）烧蜂、烧山狩猎的；

（七）烤火、野炊、使用火把照明的；

（八）燃放烟花爆竹和孔明灯的；

（九）焚烧垃圾的；

（十）携带火种和易燃易爆物品进入森林防火区的；

（十一）其他野外违规用火的。

第四十八条 违反本条例规定，破坏和侵占森林防火通道、标志、宣传碑（牌）、瞭望台（塔）、隔离带、设施设备的，由县级以上人民政府林业行政主管部门责令停止违法行为，赔偿损失，对个人可以处500元以上2000元以下罚款，对单位并处1万元以上2万元以下罚款；构成犯罪的，依法追究刑事责任。

第四十九条 违反本条例规定，因无民事行为能力人和限制民事行为能力人用火、玩火引起森林火灾造成损失的，由其监护人依法承担民事赔偿责任。

第五十条 违反本条例规定的其他行为，按照有关法律、法规的规定处罚。

第六章 附 则

第五十一条 本条例自2012年5月1日起施行。1997年12月3日云南省第八届人民代表大会常务委员会第三十一次会议通过的《云南省森林消防条例》同时废止。

云南省公共机构节能管理办法

云南省人民政府令

第174号

《云南省公共机构节能管理办法》已经2012年4月25日云南省人民政府第76次常务会议通过，现予公布，自2012年7月1日起施行。

省长　李纪恒

二〇一二年六月一日

第一章　总　则

第一条　为了推动公共机构节能，提高能源利用效率，发挥公共机构在全社会节能中的表率作用，根据《中华人民共和国节约能源法》和《公共机构节能条例》等法律、法规，结合本省实际，制定本办法。

第二条　本省行政区域内公共机构的节能工作，适用本办法。

本办法所称公共机构，是指全部或者部分使用财政性资金的国家机关、事业单位和团体组织。

第三条　县级以上人民政府应当加强对公共机构节能工作的领导，建立健全协调机制，统筹安排专项资金，促进公共机构节能规划编制、监督管理体系建设、节能改造、监督管理、宣传培训、信息服务、表彰奖励和先进技术及产品的推广应用等工作。

第四条　县级以上人民政府管理机关事务工作的机构在同级管理节能工作的部门指导下，负责本级公共机构节能的监督管理工作，指导和监督下级公共机构节能工作。

县级以上人民政府管理机关事务工作的机构应当加强对本级公共机构节能工作的管理，明确相应的岗位和人员承担公共机构节能的监督管理和指导等具体工作。

第五条　发展改革、工业信息化、财政、住房城乡建设、监察、统计等部门按照各自职责，负责公共机构节能的有关工作。

教育、科技、文化、卫生、体育等主管部门在本级人民政府管理机关事务工作的机构指导下，开展本系统内的公共机构节能工作。

第六条　公共机构节能工作实行目标责任制和考核评价制度。

公共机构的主要负责人是本单位节能工作的第一责任人，节能措施落实和节能目标完成情况应当作为对公共机构主要负责人考核评价的重要内容。

公共机构节能工作考核评价的具体办法由省人民政府管理机关事务工作的机构会同有关部门制定，报省人民政府批准后实施。

第七条　县级以上人民政府管理机关事务工作的机构应当会同有关部门开展公共机构节能宣传、教育和培训，普及节能科学知识，提高公共机构节能意识。

公共机构应当建立健全本单位节能管理制度，开展节能宣传教育和岗位培训。

鼓励和支持新闻媒体开展公共机构节能宣传，发挥舆论引导和监督作用。

第八条　鼓励和支持开展公共机构节能技术的研究开发和咨询服务，推广和应用节能新材料、新产品、新技术；开展废旧节能产品回收利用；推行合同能源管理。

第九条　县级以上人民政府应当对在公共机构节能工作中做出显著成绩的单位和个人，给予表彰或者奖励。

第二章　节能管理

第十条　县级以上人民政府管理机关事务工作的机构应当会同有关部门，根据上级公共机构节能规划和本级人民政府节能中长期专项规划，制定公共机构节能规划，报本级人民政府批准后实施。

第十一条　县级以上人民政府管理机关事务工作的机构应当根据公共机构节能规划和上级下达的年度节能目标和指标，确定、分解本级公共机构节能目标和指标，并组织实施和考核。

公共机构应当按照分解的节能目标和指标，制定年度节能实施方案，报本级人民政府管理机关事务工作的机构备案。

第十二条　县级以上人民政府管理机关事务工作的机构应当建立节能联络员工作制度，定期召开联络员会议，交流、指导公共机构节能工作。

公共机构应当确定本单位节能联络员，负责收集、整理、传递节能工作信息，按照有关规定报送节能工作情况，提出加强节能工作的意见和建议。

第十三条　省人民政府管理机关事务工作的机构应当会同有关部门，建立全省公共机构能源消耗监测体系和信息管理平台，并会同省统计部门定期统计和公布全省公共机构能源消耗状况。

县级以上人民政府管理机关事务工作的机构应当按照规

定，定期统计、上报并公布本级公共机构能源消耗状况。

第十四条 公共机构应当实行能源消费计量制度，强化能源计量管理，指定专人负责本单位能源消费统计，如实记录能源消费计量原始数据并进行收集、整理和汇总，建立统计台账，按照国家有关规定向本级人民政府管理机关事务工作的机构报送能源消费状况报告。

第十五条 公共机构应当在能源消耗定额范围内使用能源，并对能源消耗状况进行定期监测和分析，加强能源消耗支出管理。

公共机构超过能源消耗定额使用能源的，应当向本级人民政府管理机关事务工作的机构作出书面说明；造成能源严重浪费的，经管理机关事务工作的机构报请本级人民政府同意，由财政部门在安排该单位下一年度预算时压缩其1%至5%的公用经费。

第十六条 县级以上人民政府管理机关事务工作的机构应当会同有关部门，对本级公共机构既有建筑的建设年代、结构形式、用能系统、能耗指标、寿命周期等进行调查统计和分析，制定本级公共机构既有建筑节能改造计划，纳入政府固定资产投资项目管理，并监督实施。

公共机构新建建筑和既有建筑维修改造应当优先选用国家公布推荐的新材料、新产品、新技术，安装和使用太阳能等可再生能源利用系统。

公共机构应当对新建建筑按照用能种类、用能系统进行分户、分类、分项计量；对既有建筑维修改造，应当按照节能改造计划，逐步做到分户、分类、分项计量。

第三章 节能措施

第十七条 公共机构应当推广、使用节能新产品、新技术，逐步淘汰落后的用能产品、设备。

公共机构应当推进电子政务，加强信息化、网络化建设，推行无纸化办公、电视电话会议、网络视频会议等，降低资源消耗。

第十八条 公共机构选择物业服务企业，应当考虑其节能管理能力，并将其提出的具体节能管理措施作为主要条件之一。

公共机构与物业服务企业签订的物业服务合同，应当载明节能管理的目标和要求；物业服务企业应当严格按照物业服务合同的约定，完成节能管理的目标和要求。

第十九条 公共机构实施节能改造项目的，应当按照国家规定进行能源审计和投资效益分析，并在节能改造后采用计量方式对节能指标进行考核和综合评价。

第二十条 公共机构应当采取下列措施，加强用能管理：

（一）加强办公用电管理，建立用电设备巡检制度，减少和降低计算机、复印机、饮水机等用电设备的待机能耗，及时关闭用电设备；

（二）充分利用自然通风，优化空调设备运行管理，提高能效水平；

（三）加强供热系统运行管理，定期对供热设备进行能效测试，未达到能效标准的，应当及时予以改造或者更新；

（四）实行电梯系统智能化控制，合理设置电梯开启的数量、楼层和时间，加强运行调节和维护保养，提倡3层以下不乘坐电梯；

（五）办公建筑应当充分利用自然采光，使用高效节能照明产品，优化照明系统设计，采用限时开启、间隔开灯等方式改进电路控制，推广、应用智能调控装置，严格控制建筑物外部泛光照明以及外部装饰用照明；

（六）加强供用水设备设施的检查和维护保养，采用节水型器具，并采取相应节水措施；

（七）对网络机房、食堂、开水间、锅炉房、配电室等部位的用能实行重点监测，采取有效措施降低能耗；

（八）法律、法规、规章规定应当采取的其他节能措施。

第二十一条 公共机构应当采取下列措施，加强公务车辆节能管理：

（一）严格执行公务用车编制管理，控制车辆数量；

（二）按照规定的标准配备公务车辆，优先选用低能耗、低污染和清洁能源型车辆，严格执行车辆报废制度；

（三）按照规定用途使用公务车辆；

（四）制定公务车辆节能驾驶规范，执行公务车辆定点加油、定点维修等制度；

（五）建立公务用车油耗台账，定期公布单车行驶里程和耗油量状况，推行单车能耗核算和节油奖励；

（六）推进公务用车服务社会化，鼓励工作人员利用非机动交通工具、公共交通工具出行。

第二十二条 县级以上人民政府管理机关事务工作的机构应当会同有关部门，加强办公用房、办公设施设备等资源的有效整合，减少重复建设，严格执行办公用房配备标准，提高利用效率。

第四章 监督检查

第二十三条 县级以上人民政府管理机关事务工作的机构应当会同有关部门，加强对公共机构节能工作的监督检查。监督检查的内容包括：

（一）《公共机构节能条例》第三十五条规定的情形；

（二）开展节能宣传教育情况；

（三）本办法第二十条、第二十一条规定的节能措施落实情况；

（四）法律、法规、规章规定的其他节能措施落实情况。

第二十四条 县级以上人民政府管理机关事务工作的机构应当会同有关部门，根据监督检查情况，对能源消耗量大和超过能源消耗定额使用能源的公共机构进行重点能源审计，并向社会公布能源审计结果。

第二十五条 公共机构违反规定用能造成能源浪费的，由本级或者上级人民政府管理机关事务工作的机构会同有关部门下达整改意见书。

公共机构应当按照整改意见书的要求进行整改，并将整改结果书面报告下达整改意见书的机构和部门。

下达整改意见书的机构和部门应当对整改情况进行监督检查。

第二十六条 任何单位和个人有权对公共机构浪费能源的行为进行举报。

县级以上人民政府管理机关事务工作的机构和有关部门应当公开监督举报方式，及时对举报行为进行调查处理，并将调查结果反馈举报人。

第五章 法律责任

第二十七条 公共机构违反本办法的规定，有下列行为之一的，由本级人民政府管理机关事务工作的机构会同有关部门责令限期改正；逾期不改正的，予以通报，并由有关部门对公共机构负责人依法给予处分：

（一）未建立本单位节能管理制度，或者未开展节能宣传教育和岗位培训的；

（二）未完成节能目标和指标的；

（三）未确定本单位节能联络员的；

（四）未对能源消耗状况进行定期监测的；

（五）未按照本办法第二十条、第二十一条规定采取节能措施的；

（六）未按照本办法第二十五条规定的整改意见书进行整改的。

第二十八条 违反本办法规定的行为，《中华人民共和国节约能源法》、《公共机构节能条例》已经作出处罚规定的，从其规定。

第六章 附 则

第二十九条 中央驻滇公共机构、省以下垂直管理的公共机构，应当接受同级人民政府管理机关事务工作的机构的节能指导和监督。

本省驻省外公共机构的节能工作参照本办法执行。

第三十条 本办法自2012年7月1日起施行。

云南省气象灾害防御条例

云南省人民代表大会常务委员会公告

第64号

《云南省气象灾害防御条例》已由云南省第十一届人民代表大会常务委员会第三十二次会议于2012年7月29日审议通过，现予公布，自2012年10月1日起施行。

云南省人民代表大会常务委员会

二〇一二年七月二十九日

第一章 总 则

第一条 为了加强气象灾害防御，避免和减轻气象灾害造成的损失，保障人民生命财产安全，促进经济社会全面协调可持续发展，根据《中华人民共和国气象法》、国务院《气象灾害防御条例》等法律、法规的规定，结合本省实际，制定本条例。

第二条 省行政区域内的气象灾害防御活动，适用本条例。本条例所称气象灾害防御，是指对干旱、暴雨（雪）、寒潮、雷电、冰雹、低温、霜冻、连阴雨、大风、大雾和高温等造成的气象灾害开展监测、预报、预警、调查、评估、研究和防灾、减灾的活动。因气象因素引发的衍生、次生灾害的防御工作，适用有关法律、法规的规定。

第三条 气象灾害防御遵循以人为本、科学防御、政府主导、部门联动、社会参与的原则。

第四条 县级以上人民政府应当加强对气象灾害防御工作的领导，将气象灾害的防御纳入国民经济和社会发展规划，加快建立健全气象防灾减灾体系，所需经费列入本级财政预算。

第五条 县级以上人民政府应当建立气象灾害防御工作协调机制，解决相关重大问题，督促有关部门履行职责，并将气象灾害防御工作纳入政府绩效考核。

县级以上人民政府应当鼓励和支持气象灾害防御的科学研究和先进技术的推广应用；宣传气象灾害防御法律、法规，普及防御知识，增强公众防灾减灾意识；组织应急演练，提高防灾避险、自救互救的应急能力；鼓励社会力量参与气象灾害防御，鼓励单位和个人参加气象灾害保险。

第六条 县级以上气象主管机构按照职责，具体做好本行政区域内气象灾害的监测、预报、预警、风险评估、气候可行性论证、气候评价、雷电防护及人工影响天气作业等气象灾害防御工作。其他有关部门按照各自职责分工，共同做好气象灾害的防御工作。

第七条 教育行政主管部门应当将气象灾害防御知识纳入中小学教学内容，增强学生的防灾意识和自救互救能力。民政、国土资源、住房城乡建设、农业、林业、水利、卫生、安全生产监管、旅游等有关部门应当有针对性地开展气象灾害防御知识宣传教育。

第八条 县级以上人民政府和有关部门应当对在气象灾害防御工作中做出突出贡献的单位和个人，给予表彰和奖励。

第二章 预 防

第九条 县级以上人民政府应当组织气象等有关部门开展气象灾害普查，建立气象灾害数据库，按照气象灾害种类进行气象灾害风险评估，

划定气象灾害风险区域，统筹规划气象灾害防御应急基础工程建设。

第十条 气象主管机构应当会同有关部门，根据上一级人民政府的气象灾害防御规划，结合当地灾害分布情况、易发区域、主要致灾因素，编制本行政区域的气象灾害防御规划，报本级人民政府批准后实施。

气象灾害防御规划的内容包括：

（一）防御目标、任务和基本原则；

（二）灾害发生发展规律、现状及其趋势预测；

（三）灾害易发区域、时段和重点防御区域；

（四）防御工作机制和部门职责；

（五）防御措施和保障机制；

（六）防御体系及相关基础设施建设。

第十一条 县级以上人民政府应当将气象灾害防御基础设施建设纳入城乡规划。有关部门编制的区域性、流域性建设开发利用规划和其他专业规划，应当适应气象灾害防御的要求。

第十二条 县级以上人民政府应当根据气象灾害防御规划，制定并公布气象灾害应急预案。气象、民政、国土资源、交通运输、农业、林业、水利、旅游、通信、电力等有关部门应当根据应急预案制定专项应急措施。

第十三条 县级以上人民政府应当加强气象灾害防御的综合监测、预测预报、预警信息发布和应急气象服务等系统的基础设施建设。建设方案由气象主管机构会同有关部门拟定，报本级人民政府批准后实施。

第十四条 县级以上人民政府应当组织气象、国土资源、交通运输、农业、林业、水利、旅游等有关部门，在气象灾害易发区域、重点防御区域设立警示标识或者建立监测点。

第十五条 县级以上人民政府及其有关部门应当加大干旱监测设施及水利工程建设力度，完善蓄水、抽水、灌溉等抗旱工程，改进农作物种植结构，选育耐旱品种，并适时开展人工增雨作业。县级以上人民政府及其有关部门应当根据本地降雨情况，科学防洪、蓄水，定期组织开展各种排水设施检查，及时疏通河道和排水管网，加固病险水库，加强对地质灾害易发区和堤防等重要险段的巡查。

第十六条 与气候条件密切相关的下列规划和建设项目应当按照国家有关规定，由县级以上气象主管机构组织开展气候可行性论证：

（一）城乡规划、重点领域或者区域发展建设规划；

（二）重大基础设施建设、公共工程和大型工程建设项目；

（三）重大区域性经济开发、区域农（牧）业结构调整建设项目；

（四）大型太阳能、风能等气候资源开发利用建设项目。

前款规定的规划和建设项目在立项和审批时，应当有气候可行性论证报告。

第十七条 按照国家相关标准和气象灾害防御规划的要求，对可能遭受气象灾害危害的建设工程，建设单位应当配套建设气象灾害防御工程。

气象灾害防御工程的规划、设计、施工和验收应当与主体工程同时进行。气象灾害防御工程未经验收或者验收不合格的，主体工程不得投入使用。

第十八条 雷电灾害风险评估按照国家有关规定执行。

县级以上人民政府应当组织气象主管机构对下列区域或者建设项目进行雷电灾害风险评估：

（一）学校、医院、旅游景区和其他城乡雷电易发区域；

（二）化工、工矿企业和易燃易爆场所；

（三）太阳能、风能、垃圾发电等新能源基地。

第十九条 专门从事雷电防护装置设计、施工和检测的单位，应当依法取得国务院气象主管机构颁发的甲级防雷工程专业资质证和防雷装置检测资质证，或者省气象主管机构颁发的乙、丙级防雷工程专业资质证和防雷装置检测资质证。

从事电力、通信雷电防护装置检测的单位，应当依法取得国务院气象主管机构和国务院电力或者国务院通信主管部门共同颁发的防雷装置检测资质证。

第二十条 依法取得建设工程设计、施工资质的单位，可以在核准的资质范围内从事建设工程雷电防护装置的设计、施工，所设计、施工的雷电防护装置应当是其承担的建设主体工程的相应雷电防护装置，并与建设主体工程的设计、施工同时进行。

第二十一条 住房城乡建设等有关部门对新建、改建、扩建建（构）筑物设计文件进行审查时，应当采取共同会审或者就雷电防护装置的设计书面征求同级气象主管机构的意见。建设单位在对前款规定的建（构）筑物组织竣工验收时，应当邀请气象主管机构参加，同时验收雷电防护装置。

雷电易发区内的矿区、旅游景点、村民集中居住区、易燃易爆场所或者投入使用的建（构）筑物、设施需要单独安装雷电防护装置的，雷电防护装置的设计审核和竣工验收由县级以上地方气象主管机构负责。

第二十二条 取得建设工程设计、施工资质的单位，不得超越资质等级或者业务范围从事雷电防护装置的设计、施工，不得从事防雷装置检测活动。

未取得防雷工程资质证和防雷装置检测资质证的单位，不得从事雷电防护装置设计、施工和检测工作。

未经验收或者验收不合格的雷电防护装置，不得投入使用。

第二十三条 县级以上气象主管机构应当指导农村地区做好雷电灾害防御工作，引导农民建设符合防雷要求的建筑设施。

新建农村学校和村民集中居住区在选址和规划审批前应当征求气象主管机构的意见或者进行雷电灾害风险评估。气象主管机构应当在15日内提出意见或者进行风险评估。

农村学校和雷电灾害风险等级较高的村民集中居住区应当安装雷电防护装置，并列入农村社会公益事业建设计划。

第二十四条 县级以上人民政府应当建立健全指挥协调机制，明确管理人员，配备必要的设施设备，在灾情出现之前及早安排气象主管机构组织实施人工影响天气作业。

实施人工影响天气作业应当遵守国家有关作业规范和操作规程，并向社会公告。

因违反规定实施人工影响天气作业造成安全事故的，由有关部门依法调查处理；因实施人工影响天气作业发生意外事故，导致人身、财产损害的，由批准该作业计划的人民政府依照有关规定处理。

第二十五条 气象灾害防御设施受法律保护，任何组织和个人不得侵占、损毁和擅自移动。

气象灾害防御设施因不可抗力或者其他因素遭受破坏时，县级以上人民政府应当及时组织修复，确保气象灾害防御设施正常运行、使用。

第二十六条 县级人民政府应当建立乡（镇）人民政府、街道办事处、村（居）民委员会的气象灾害防御协理员、信息员制度，组织相关培训，配备必要设备，给予必要经费补助。

气象灾害防御协理员、信息员负责气象预警信息的传递和气象灾情的收集上报。

第三章 监测、预报和预警

第二十七条 县级以上人民政府应当加强气象监测网络建设，并履行下列职责：

（一）加快移动应急观测系统、应急通信保障系统建设；

（二）建立气象灾害立体观测网，加强天气雷达、乡（镇）自动气象站和偏远山区、地质灾害多发点、监测站点稀疏区的监测设施建设；

（三）加密对暴雨、雷电、冰雹易发地的气象监测网络布点，实现灾害易发区乡村的监测设施全覆盖；

（四）加强粮食和烟叶等重点经济作物主产区、重点林区、生态保护重点区、水资源开发利用和保护重点区的旱情监测。

交通运输、通信管理等有关部门和单位应当加强交通和通信干线、重要输电线路沿线、重要输油（气）设施、重要水利工程、重点经济开发区、重点林区和旅游区等项目和区域的气象监测设施建设。

第二十八条 气象、水利、林业、国土资源等部门应当加强城市和乡村以及江河流域、水库库区等重点区域气象灾害监测，建立综合临近预警系统，加强对突发暴雨、强对流天气等监测、预警和雷电灾害、地质灾害、高火险天气的监测、预报。

县级以上气象主管机构应当建立气象灾害预测预报体系和分灾种预报业务系统，对灾害性天气、气候事件组织会商、分析和预测预警，及时向当地人民政府报告，并通报相关防灾减灾机构和有关部门。

第二十九条 县级以上人民政府应当组织气象、公安、民政、国土资源、环境保护、住房城乡建设、交通运输、农业、林业、水利、卫生、安全生产监管、旅游、铁路、通信、民航、电力等部门和单位，建立气象灾害监测信息共享机制。

气象主管机构应当按照本级人民政府的要求建立气象灾害监测信息共享平台，有关部门和单位应当及时提供水旱灾害、森林火险、地质灾害、农业灾害、环境污染等与气象灾害有关的监测信息。

第三十条 气象灾害等级、预警信号的种类、级别的实施方案和防御指南，由省气象主管机构拟定报省人民政府批准后公布执行。

县级以上人民政府应当加强重大气象灾害预警系统建设，建立重大气象灾害预警信息紧急发布制度，明确预警信息发布权限、流程、渠道和工作机制。

第三十一条 气象主管机构所属的气象台站应当通过广播、电视、报纸、互联网、手机短信等方式，及时并无偿向社会公众发布气象灾害预警信号、突发性气象灾害预警信息，并适时补充或者订正。

国土资源、水利、农业、林业等有关部门应当制作或者会同气象主管机构联合制作地质灾害、洪涝灾害、病虫害、森林火灾等因气象因素引发的衍生、次生灾害预警信息，根据政府授权按照预警级别分级发布。

第三十二条 广播、电视、报纸、互联网等媒体应当及时、准确、无偿播发或者刊载气象灾害预警信息，情况紧急时采用滚动字幕、加开视频窗口或者中断正常播出等方式，迅速播报预警信息及有关防范知识。

基础电信运营企业应当按照政府及其有关部门的要求，及时向灾害预警区域手机用户免费发布预警信息。

第三十三条 县级以上人民政府及其有关部门应当在学校、医院、社区、机场、港口、车站、旅游景点等人员密集区、公共场所和乡村设置气象灾害预警信息接收和传播设施；加强农村偏远地区预警信息接收终端建设。

乡级以上人民政府和有关部门、学校、医院、社区、工矿企业、建筑工地等应当明确人员负责气象灾害预警信息接收传递工作，建立基层社区传递机制和气象灾害预警信息直通传播渠道；收到灾害性天气预警信息后，应当采取措施，及时传递预警信息，迅速组织群众防灾避险。乡（镇）人民政府、村（居）民委员会等可以利用有线广播、高音喇叭、鸣锣吹哨等方式及时传递灾害预警信息。

人员密集区、公共场所和中型以上水库、高速公路、重点建设工程项目等气象灾害风险区域的管理单位应当利用气象灾害预警信息接收和传播设施，向公众持续播发灾害性天气预报、警报。

第四章 应急处置

第三十四条 县级以上人民政府应当建立重大气象灾害应急机制。根据气象主管机构提供的气象灾害监测、预报、预警信息和气象灾害的严重性、紧急程度，启动相应级别的气象灾害应急预案，向社会公布，并报告上一级人民政府。

第三十五条 县级以上人民政府根据气象灾害应急处置需要，可以采取下列措施：

（一）划定并公告气象灾害危险区域；

（二）组织人员、车辆、船只和其他可移动财产撤离危险区域；

（三）组织有关部门抢修被损坏的道路、通信、供（排）水、供电、供气等基础设施；

（四）实行交通管制；

（五）决定停产、停工、停业、停运、停课；

（六）对基本生活必需品和药品实行统一分配发放；

（七）法律、法规以及预警应急预案规定的其他措施。

第三十六条 县级以上人民政府应当建立气象灾害应急处置协调机制。下列有关部门和单位应当按照职责和气象灾害应急预案确定的分工，做好应急处置有关工作：

（一）民政部门应当及时核查灾情、上报灾情信息，紧急调集救灾物资，设置避难场所和物资供应点，保障受灾群众的基本生活需要，配合灾区人民政府组织灾区群众开展自救互救工作；

（二）卫生主管部门应当根据气象灾害危害程度，及时启动应急响应，组织医疗卫生救援力量开展医疗救治、卫生防疫、心理干预和健康教育等处置工作，组织医疗机构提供医疗卫生应急物资和设备，保障供给；

（三）公路、铁路、民航等交通运输部门和单位应当开辟快捷运输通道，优先运送伤员和食品、药品、设备等救灾物资，及时抢修被毁损的道路和交通设施；

（四）住房城乡建设部门应当及时组织专业人员勘察受损建（构）筑物并开展安全评估，标注安全警示，保障供水、供气等市政公用设施的安全运行；

（五）电力、通信主管部门应当做好电力、通信应急保障工作，保证突发性气象灾害应急处置的电力、通信畅通，根据低温、冰冻、大风、雷电、暴雨（雪）等气象灾害发生情况，组织有关单位立即抢修被破坏的电力、通信等公共设施；

（六）国土资源部门应当组织开展地质灾害监测、预防工作，标明地质灾害危险区域，防范地质灾害扩大和衍生、次生灾害发生；

（七）农业主管部门应当组织开展农业抗灾救灾、生产自救，加强农业生产技术指导工作；

（八）水行政主管部门应当统筹协调主要河流、湖泊、水库的水量调度，及时抢修损毁的防汛水利设施，组织开展防汛抗旱工作；

（九）公安部门应当维护灾区的社会治安和道路交通秩序，协助组织灾区群众紧急转移，配合相关救援机构实施应急救援工作，在危险区域划定警戒区，封锁危险场所；

（十）粮食主管部门应当及时组织灾区粮食供应，确保粮食市场稳定；

（十一）安全生产监管部门应当及时调查处理因气象灾害导致的生产安全事故，督促有关单位监控重大危险源，消除安全隐患，避免发生次生灾害。其他部门和单位在有关人民政府的统一领导下，做好应急处置相关工作。

第三十七条 发生或者可能发生严重、特别严重气象灾害危险区域的当地人民政府、村（居）民委员会和企业、学校、医院等单位，应当及时动员并组织受到灾害威胁的人员转移、疏散。单位和个人应当服从当地人民政府的指挥与安排，及时转移疏散，开展自救互救，协助维护社会秩序。

第三十八条 县级以上人民政府应当按照有关规定，统一、准确、及时发布重大气象灾害的发生、发展和应急处置工作信息。广播、电视、报纸、互联网等媒体应当将政府发布的信息及时、准确地向社会传播。

任何单位和个人不得编造或者传播有关重大气象灾害事态发展和应急处置工作的虚假信息。

第三十九条 县级以上人民政府及其有关部门应当按照有关规定适时调整气象灾害级别并重新发布；作出解除气象灾害应急措施决定时，应当立即向社会公布，并解除已经采取的有关措施。

第四十条 气象灾害应急处置工作结束后，县级以上人民政府应当组织气象、民政等有关部门对气象灾害造成的损失进行调查、核实、评估，组织受灾地区尽快恢复生产、生活、工作和社会秩序，制定恢复重建计划，并向上一级人民政府报告。

第五章 法律责任

第四十一条 各级人民政府、气象主管机构和其他有关部门及其工作人员违反本条例规定，有下列行为之一的，由其上级机关或者监察机关责令改正；情节严重的，对直接负责的主管人员和其他直接责任人员依法给予处分；构成犯罪的，依法追究刑事责任：

（一）未依法编制气象灾害防御规划或者气象灾害应急预案的；

（二）未按照规定采取气象灾害预防措施的；

（三）隐瞒、谎报或者玩忽职守导致重大漏报、错报灾害性天气警报、气象灾害预警信号的；

（四）未及时采取气象灾害应急措施或者采取措施不力的；

（五）收到灾害性天气预警信息后，未采取措施及时向公众传播的；

（六）对未按照规定进行气候可行性论证的项目审批立项的；

（七）审批气象灾害防御的行政许可事项时，未依法征求有关部门或者单位意见的；

（八）气象主管机构所属气象台站未及时向社会发布灾害性天气预警信息，或者未适时补充、订正的；

（九）不依法履行职责的其他行为。

第四十二条 违反本条例规定，侵占、损毁和擅自移动气象灾害防御设施的，由县级以上气象主管机构责令改正，限期恢复原状或者采取其他补救措施；逾期不改正的，处1000元以上1万元以下罚款；情节严重的，处1万元以上5万元以下罚款；造成损失的，依法承担赔偿责任；构成犯罪的，依法追究刑事责任。

第四十三条 违反本条例规定，有下列行为之一的，由县级以上气象主管机构责令改正，给予警告，可以并处3万元以下罚款；情节严重的，处3万元以上5万元以下罚款；

构成违反治安管理行为的，由公安机关依法给予处罚；构成犯罪的，依法追究刑事责任：

（一）广播、电视、报纸、互联网等媒体未及时、准确、无偿播发或者刊载气象灾害预警信息，情况紧急时未按照规定的方式迅速播报预警信息及有关防范知识的；

（二）基础电信运营企业未按照政府及其有关部门的要求，及时向灾害预警区域手机用户免费发布预警信息的；

（三）编造或者传播有关重大气象灾害事态发展和应急处置工作的虚假信息的。

第四十四条 违反本条例规定的其他行为，依照有关法律、法规的规定予以处罚。

第六章 附 则

第四十五条 本条例中下列用语的含义：

专门从事雷电防护装置设计、施工和检测的单位，是指依法取得省级以上气象主管机构颁发的防雷工程专业资质证和防雷装置检测资质证的单位，不包括依法取得国务院气象主管机构和国务院电力或者国务院通信主管部门共同颁发的资质证，从事电力、通信雷电防护装置检测的单位。

电力、通信雷电防护装置，是指变电站、枢纽机房等专业性、安全性有特别要求的专项设施的雷电防护装置，但不包括电力、通信部门的建筑物、铁塔、基站等设施或者其他安装在公共场所设施上的雷电防护装置。

第四十六条 本条例自2012年10月1日起施行

云南省自然灾害救助规定

云南省人民政府令

第183号

《云南省自然灾害救助规定》已经2012年12月7日云南省人民政府第90次常务会议通过，现予公布，自2013年3月1日起施行。

省长 李纪恒

2012年12月28日

第一条 为规范自然灾害救助工作，保障受灾人员基本生活，根据国务院《自然灾害救助条例》（以下简称《条例》）和有关法律、法规，结合本省实际，制定本规定。

第二条 在本省行政区域内发生自然灾害，对受灾人员开展救助活动，适用《条例》和本规定。

本规定所称自然灾害主要包括：干旱、洪涝灾害，风雹（含狂风、暴雨、冰雹、雷电）、低温冷冻、雪等气象灾害，地震灾害，山体崩塌、滑坡、泥石流等地质灾害，森林草原火灾和重大生物灾害等。自然灾害等级按照国家和本省规定的分级标准分为特别重大、重大、较大和一般四级。

在本省行政区域内发生事故灾难、公共卫生事件、社会安全事件等突发事件，需要开展生活救助的，参照《条例》和本规定执行。

法律、法规、规章对防灾、抗灾、救灾另有规定的，从其规定。

第三条 自然灾害救助工作实行各级人民政府行政领导负责制。

省减灾委员会为省人民政府的自然灾害救助应急综合协调机构，负责组织、领导全省的自然灾害救助工作，配合国家减灾委员会协调开展特别重大和重大自然灾害救助活动，协调开展较大自然灾害救助活动。省民政部门负责全省的自然灾害救助工作，承担省减灾委员会的具体工作。

州、市、县、区人民政府或者其自然灾害救助应急综合协调机构，负责组织、协调本行政区域的自然灾害救助工作。州、市、县、区民政部门负责本行政区域的自然灾害救助工作，承担本级人民政府自然灾害救助应急综合协调机构的具体工作。

县级以上发展改革、工业和信息化、财政、国土资源、交通运输、住房城乡建设、农业、水利、商务、粮食、卫生、地震、气象、安全监管、公安等部门按照各自职责，做好本行政区域的自然灾害救助相关工作。

第四条 县级以上人民政府及其发展改革、财政等部门应当将自然灾害救助工作纳入国民经济和社会发展规划，建立健全与自然灾害救助需求相适应的资金、物资保障机制，将本级和上级人民政府安排的自然灾害救助资金和自然灾害救助工作经费纳入财政预算。

第五条 县级以上人民政府应当建立健全自然灾害救助应急指挥技术支撑系统，并建立健全自然灾害信息共享平台和自然灾害救助物资储备信息系统。

第六条 省及州、市人民政府和州、市中心城区以外地区的县级人民政府应当按照国家及本省有关规划和建设标准，设立自然灾害救助物资储备库，建设资金由本级财政承担，上级财政给予适当补助。

县级人民政府应当在自然灾害多发、易发且交通不便地区的乡、镇设立自然灾害救助物资储备点，建设资金由县级财政承担，上级财政给予适当补助。

县级以上民政部门负责设立自然灾害救助物资储备库（点）的指导和自然灾害救助物资采购、储备、调运的管理。

自然灾害救助物资储备库（点）应当合理储备应急救助物资、生活必需品和应急救助设备，并配备管理人员。

第七条 县级以上人民政府应当依照《条例》第十一条规定设立应急避难场所，并根据实际情况确定应急避难场所的维护管理单位。

自然灾害多发、易发地区的乡、镇人民政府，街道办事处和其他机关、团体、企业事业单位，具备条件的，应当利用公园、广场、体育场馆、操场、绿地等场所，设立应急避难场所，并设置明显标志。

第八条 县级以上人民政府应当建立由主管部门、社会组织、志愿者共同参与的自然灾害救助工作队伍，加强业务培训，配备必需的交通、通信等应急救助装备。

村（居）民委员会和企业事业单位依照《条例》第十二条规定设立的专职或者兼职自然灾害信息员，负责开展自然灾害预警信息接收和传递、灾情信息收集和报告、自然灾害应急救助和防灾减灾知识宣传等工作。

第九条 各级人民政府应当针对当地自然灾害的特点，组织开展相关自然灾害应急知识的宣传普及活动和必要的应急救助演练，增强防灾减灾意识，提高自救互救能力。

第十条 县级以上人民政府或者其自然灾害救助应急综合协调机构在自然灾害发生并依法启动自然灾害救助应急响应后，应当依照《条例》第十四条规定采取措施，并做好下列工作：

（一）组织工作组赴灾区现场了解灾情，指导应急救助工作；

（二）协调相关部门及专家核查和评估灾情，评估灾区过渡性安置需求情况，提出有针对性的救助措施；

（三）协调相关部门落实对受灾地区的救助和支持措施；

（四）报告、通报、公布灾情；

（五）自然灾害救助预案规定的其他工作。

在自然灾害救助资金、物资、设施、装备等不能满足需求时，可以向上级人民政府及有关部门请求支持。

对自然灾害应急救助物资及捐赠物资，交通运输部门应当组织优先运输，需要通行收费公路的运输车辆，经省人民政府或者其授权的主管部门批准，免收车辆通行费。

第十一条 受灾地区县级以上人民政府应当制定并落实因灾倒损住房恢复重建规划和优惠政策；民政、发展改革、住房城乡建设等部门负责因灾倒损住房恢复重建的调查、规划、评估和实施工作；民政、财政等部门负责因灾倒损住房恢复重建补助资金的拨付和管理使用；监察、审计等部门负责因灾倒损住房恢复重建补助资金管理使用情况的监督检查；国土资源、住房城乡建设等部门负责为因灾倒损住房恢复重建提供用地保障和技术支持，并实施质量监督。

第十二条 因灾倒损住房恢复重建（含重点修缮）补助对象，按照以下程序确定：由受灾人员本人（户）申请或者由村（居）民小组在接到通知后3日内提名；经村（居）民委员会在3日内汇总进行民主评议后，对符合救助条件的，在本村（社区）范围内公示7日，无异议或者异议不成立的，由村（居）民委员会在公示结束后3日内，将评议意见和有关材料提交乡、镇人民政府和街道办事处审核；乡、镇人民政府和街道办事处在5日内完成审核，并报县级民政等部门审批；县级民政等部门在7日内完成审批。

过渡期生活救助、旱灾临时生活困难救助、冬春临时生活困难救助对象。按照前款规定程序确定，但申请（提名）、评议、公示、提交、审核、审批的时限分别为2日、2日、5日、2日、3日、5日。

第十三条 受灾地区县级民政部门应当在每年10月15日前，评估、统计、上报本行政区域内受灾人员当年冬季和次年春季口粮、饮水、衣被、取暖、医疗等基本生活困难和救助需求，制定专项救助工作方案，经县级人民政府批准后组织实施，并报上一级民政部门备案。

第十四条 自然灾害救助款物的管理和使用实行专款（物）专用、无偿使用、重点使用。

自然灾害救助款物不得挤占、截留、挪用，不得列支工作经费，不得擅自扩大使用范围。

第十五条 县级以上民政、财政等部门依照《条例》第二十二条至第二十五条规定和国务院主管部门、省人民政府关于自然灾害救助资金管理的规定，负责分配、拨付、发放、管理并监督使用自然灾害救助资金。

第十六条 县级以上民政部门依照《条例》第二十二条至第二十五条的规定负责调拨、分配、管理自然灾害救助物资。

省民政部门负责省级自然灾害救助物资的调拨。受灾地区需要使用省级自然灾害救助物资时，由灾区所在州、市或者县、市、区民政部门逐级向省民政部门提出申请，情况紧急时县、市、区民政部门可以直接向省民政部门提出申请，经省民政部门审批后，办理调拨手续。

省民政部门可以根据灾情直接调拨自然灾害救助物资。

第十七条 自然灾害救助款物和无指定意向捐赠款物的使用范围包括：

（一）受灾人员紧急抢救和紧急转移安置；

（二）受灾人员口粮、饮水、衣被、临时住所等基本生活救助；

（三）受灾人员因灾伤病救治等医疗救助；

（四）受灾人员因灾倒损住房的重建或者修缮；

（五）教育、医疗等公共服务设施的恢复重建；

（六）自然灾害救助物资的采购、储存、装卸、运输及回收；

（七）因灾遇难人员家属的抚慰；

（八）县级以上人民政府批准的其他自然灾害救助事项。

定向捐赠的款物，按照捐赠人的意愿使用。

第十八条 自然灾害生活救助的项目包括：灾害应急救助、过渡期生活救助、倒损住房恢复重建补助、旱灾临时生活困难救助、冬春临时生活困难救助、遇难人员家属抚慰等。

自然灾害生活救助的各项补助标准，由省民政部门会同有关部门制定，报省人民政府批准后执行。

第十九条 受灾地区县级以上民政部门应当按照省人民政府批准的补助标准和本规定第十二条规定的程序，向符合自然灾害救助条件并登记造册的救助对象发放补助资金和物资。

情况紧急时，经县级以上人民政府同意，可以由民政、财政、监察、审计等部门先行组织发放自然灾害救助款物。

第二十条 符合自然灾害救助条件的救助对象凭有效证件到乡、镇人民政府和街道办事处指定地点签名领取自然灾害救助款物。

自然灾害遇难人员由县级以上民政部门逐级统计、核定和上报。确定因灾遇难后，其近亲属凭因灾遇难人员亲属关系证明和本人身份证明，依法享受遇难人员家属抚慰金。

村（居）民委员会应当在本村（社区）范围内公示自然灾害救助款物的来源、数量和发放、使用情况。

第二十一条 对违反本规定的行为，依照《条例》第二十九条至第三十二条规定追究法律责任。

第二十二条 本规定自2013年3月1日起施行。

云南省火灾高危单位消防安全管理规定

云南省人民政府令

第187号

《云南省火灾高危单位消防安全管理规定》已经2013年8月27日云南省人民政府第17次常务会议通过，现予公布，自2013年11月9日起施行。

省长　李纪恒

2013年10月7日

第一条 为了加强对火灾高危单位的消防安全管理，预防重特大火灾事故，保护人身安全，维护公共安全，根据《中华人民共和国消防法》、《国务院关于加强和改进消防工作的意见》、《云南省消防条例》的有关规定，结合本省实际，制定本规定。

第二条 本规定所称火灾高危单位，是指下列容易造成群死群伤火灾的场所、区域及其管理组织：

（一）人员密度高或者人员自救逃生能力弱且消防安全条件差的人员密集场所；

（二）人员密度高的生产、储存、经营易燃易爆危险品的场所以及在生产中大量使用危险化学品的场所；

（三）火灾荷载较大且人员密度高的高层、地下公共建筑；

（四）人员密集且采用木结构或者砖木结构的重点文物保护单位、宗教活动场所、旅游场所；

（五）存在区域性消防安全问题的城镇老街区、集生产储存居住为一体的场所、城中村、棚户区等区域；

（六）人员密集且消防安全条件差的建设工程施工现场；

（七）其他容易造成群死群伤火灾的场所、区域。

火灾高危单位的具体界定标准，依照有关国家标准、行业标准和地方标准执行。

第三条 火灾高危单位由县级公安机关消防机构依照本规定和有关技术标准确定，并报州（市）公安机关消防机构批准。

已批准确定的火灾高危单位，由县级公安机关消防机构经所属公安机关报本级人民政府备案和向社会公布，并在其区域或者场所的明显位置设置火灾高危单位标志。火灾高危单位标志式样由省公安机关消防机构统一规定。

第四条 火灾高危单位应当在其名单向社会公布后的3个月内，对自身消防安全状况进行一次消防安全评估。

火灾高危单位因扩建、改建、实施技术改造或者改变用途等导致自身消防安全条件发生变化时，应当再次进行消防安全评估。

火灾高危单位应当在收到消防安全评估报告后5个工作日内报所在地县级公安机关消防机构备案。

属于第二条第（五）项规定范围的火灾高危单位，由县级人民政府有关主管部门组织进行消防安全评估。

第五条 火灾高危单位的消防安全评估，应当由取得资质的消防技术服务机构根据国家及本省有关规定和有关消防技术标准具体实施，并出具消防安全评估报告。

具体实施火灾高危单位消防安全评估的消防技术服务机构应当对其评估结果的真实性和评估质量负责。

公安机关消防机构应当对火灾高危单位消防安全评估的情况进行定期抽查。

第六条 火灾高危单位应当按照消防安全评估报告提出的消防安全对策、措施和建议进行整改或者落实消防安全措施。

公安机关消防机构应当对火灾高危单位依照前款规定进行整改或者落实消防安全措施的情况及时实施监督检查。

第七条 火灾高危单位应当履行《中华人民共和国消防法》第十六条、第十七条规定的职责和下列消防安全职责：

（一）建立与火灾危险性相适应的消防安全责任制、消防安全制度和操作规程；

（二）消防安全管理人员、防火巡查人员、自动消防系统操作人员、消防设施检测维护人员应当通过职业技能鉴定或者国家消防注册工程师考试，电工、电（气）焊工和专职消防队、志愿消防队的消防人员应当经过消防安全专业培训，持证上岗；

（三）落实火灾监控、疏散逃生、安全巡查等针对性防范措施；

（四）加强消防安全教育培训，定期组织火灾扑救和应急疏散演练，提高单位员工检查消除火灾隐患、组织扑救初起火灾、组织人员疏散逃生等能力；

（五）及时将消防安全责任人、管理人变更情况和消防设施检测维护情况报当地公安机关消防机构备案。

第八条 属于人员密集场所的火灾高危单位还应当履行下列消防安全职责：

（一）加强安全疏散设施管理，保证安全出口、疏散通道通畅，安全疏散指示标志、应急照明设施完好，安全疏散设施不符合要求的，应当安排专人值守和引导；

（二）将场所内具有防烟排烟能力或者采取防火分隔措施的区域设置为临时避难区域，并配备逃生呼吸面罩、缓降器等自救逃生设施；

（三）在消防车通道、救援场地设置明显标识，并清除影响灭火救援的障碍物；

（四）在场所显著位置公示本场所的火灾危险性、高危部位和高危时段，提示防火和疏散逃生的注意事项，每日至少进行两次防火巡查；

（五）在建筑改建期间或者建筑消防设施临时停用期间，对受影响的区域应当停止营业或者停止使用；

（六）劳动密集型企业员工集体宿舍、学校集体宿舍、养老院、福利院、医院病房楼等场所不得锁闭、堵塞安全出口，夜间至少进行3次防火巡查；

（七）公众聚集场所应当合理确定并公示本场所最大容纳人数，当进入场所内的人员临界最大容纳人数时，应当采取措施控制人员进入，在营业期间至少每小时进行一次防火巡查；

（八）公共娱乐场所在营业期间严禁带入或者使用易燃易爆危险品；其他公众聚集场所确需使用危险化学品的，应当限量使用，储存量不得超过一天的使用量，并对使用区域采取防火、防爆措施，在营业期间至少每半小时进行一次防火巡查。

第九条 生产、储存、经营、使用易燃易爆危险品的火灾高危单位应当根据易燃易爆危险品的种类和特性，在作业场所设置必要的监测、监控、通风、防晒、调温、防火、灭火、防爆、泄压、防潮、防雷、防腐、防静电、防泄漏等安全设施、设备，并设置明显的安全警示标志。

第十条 火灾高危单位应当参加火灾公众责任保险。

公安机关消防机构和有关部门应当督促火灾高危单位参加火灾公众责任保险。

第十一条 公安机关消防机构和保险监督管理部门应当在火灾风险评估、消防安全检查及防灾防损科研等方面建立信息交换制度，制定火灾风险评估标准和建立消防安全评价体系。

保险公司承保火灾公众责任险后，应当对投保的火灾高危单位的消防安全状况进行实地检查，提出降低火灾风险的建议，并根据火灾高危单位消防安全评估状况厘定或者适用保险费率；一旦发生火灾，应当及时做好勘查、定损、理赔等灾后服务工作。

第十二条 公安机关消防机构应当会同发展改革、住房城乡建设、工商、安全监管、质监、税务、金融监管、海关等部门和银行、保险、证券等金融机构，将火灾高危单位消防安全评估结果纳入社会信用体系，作为单位信用评级的重要依据并定期向社会公布。

各类行业协会应当将本行业火灾高危单位的消防安全状况纳入行业信用评价体系；信贷征信机构应当依法收集火灾高危单位消防安全信息，并提供征信服务。

第十三条 属于城镇老街区、集生产储存居住为一体的场所、城中村、棚户区的火灾高危单位，县级人民政府应当制定专项规划，限定时间全面开展消防安全改造。在消防安全改造合格前，应当设置必要的应急疏散救援通道和应急避难场所，并配备公共应急照明设施、公共消防水池以及临时消火栓、机动泵等应急消防设施。

地处人口和建筑密集城区的前款火灾高危单位，经过消防安全改造后仍然不能消除群死群伤火灾隐患，严重威胁公共安全的，所在地人民政府应当采取搬迁、停产、停用等措施，消除火灾高危风险。

第十四条 存在重大火灾隐患的已批准确定的下列火灾高危单位，由县级以上人民政府挂牌督办，督促整改，消除火灾隐患：

（一）歌舞厅、放映厅、夜总会、游艺厅、网吧、酒吧等公共娱乐场所；

（二）医院、养老院、福利院、托儿所、幼儿园、学校、车站、码头等人员密集场所；

（三）生产、储存、装卸易燃易爆危险品的工厂、仓库、专用车站、码头、储罐区、堆场和易燃易爆气体、液体的充装站、供应站、调压站等生产经营场所；

（四）严重威胁公共安全，应当采取改造、搬迁、停产、停用等措施的场所、区域。

第十五条 公安机关消防机构应当针对火灾高危单位的危险性特点，依法督促其加强消防安全管理，并按照下列要求加强监督管理和工作指导：

（一）提供经常性的专业消防安全指导，加强消防监督检查和灭火救援实战演练，在重大节日、重大活动期间安排人员现场值守；

（二）针对火灾高危单位的危险性特点，在重点时期、区域向社会提供相应的火灾预警，及时处理和公布火灾高危单位发生的消防安全违法行为。

公安机关消防机构应当加大对火灾高危单位履行法定消防安全职责情况的监督检查频次，对属于人员密集场所的火灾高危单位每季度至少监督检查一次，对其他火灾高危单位

每半年至少监督检查一次。

第十六条 已批准确定的火灾高危单位通过改进消防安全措施，改善消防安全条件，经消防监督检查后认定不再符合火灾高危单位界定标准的，县级公安机关消防机构应当及时报经州（市）公安机关消防机构批准，不再将其列入火灾高危单位管理，并摘除火灾高危单位标志。

第十七条 县级以上人民政府及其有关部门、公安机关消防机构未按照本规定履行管理职责，导致火灾发生并造成人员伤亡的，对相关责任人员依法给予处分；构成犯罪的，依法追究刑事责任。

第十八条 火灾高危单位未按照本规定对自身消防安全状况进行评估或者未报送消防安全评估报告备案的，由县级公安机关消防机构责令限期改正；逾期不改正的，依法予以处理。

火灾高危单位未按照本规定履行消防安全职责的，由县级公安机关消防机构责令限期改正；逾期不改正的，对其直接负责的主管人员和其他直接责任人员依法给予处分或者给予警告处罚。

第十九条 消防技术服务机构在火灾高危单位消防安全评估活动中有出具虚假、失实评估报告等违法行为的，依照《云南省消防技术服务管理规定》的有关规定追究法律责任。

第二十条 火灾高危单位消防安全管理工作纳入消防工作考核范围，依照消防工作考核办法的规定实施年度考核。

第二十一条 本规定自2013年11月9日起施行。

文件·文献

国务院关于加强和改进消防工作的意见

国发〔2011〕46号

各省、自治区、直辖市人民政府，国务院各部委、各直属机构：

“十一五”以来，各地区、各有关部门认真贯彻国家有关加强消防工作的部署和要求，坚持预防为主、防消结合，全面落实各项消防安全措施，抗御火灾的整体能力不断提升，火灾形势总体平稳，为服务经济社会发展、保障人民生命财产安全作出了重要贡献。但是，随着我国经济社会的快速发展，致灾因素明显增多，火灾发生几率和防控难度相应增大，一些地区、部门和单位消防安全责任不落实、工作不到位，公共消防安全基础建设同经济社会发展不相适应，消防安全保障能力同人民群众的安全需求不相适应，公众消防安全意识同现代社会管理要求不相适应，消防工作形势依然严峻，总体上仍处于火灾易发、多发期。为进一步加强和改进消防工作，现提出以下意见：

一、指导思想、基本原则和主要目标

（一）指导思想。以邓小平理论和“三个代表”重要思想为指导，深入贯彻落实科学发展观，认真贯彻《中华人民共和国消防法》等法律法规，坚持政府统一领导、部门依法监管、单位全面负责、公民积极参与，加强和创新消防安全管理，落实责任，强化预防，整治隐患，夯实基础，进一步提升火灾防控和灭火应急救援能力，不断提高公共消防安全水平，有效预防火灾和减少火灾危害，为经济社会发展、人民安居乐业创造良好的消防安全环境。

（二）基本原则。坚持政府主导，不断完善社会化消防工作格局；坚持改革创新，努力完善消防安全管理体制机制；坚持综合治理，着力夯实城乡消防安全基础；坚持科技支撑，大力提升防火和灭火应急救援能力；坚持以人为本，切实保障人民群众生命财产安全。

（三）主要目标。到2015年，消防工作与经济社会发展基本适应，消防法律法规进一步健全，社会化消防工作格局基本形成，公共消防设施和消防装备建设基本达标，覆盖城乡的灭火应急救援力量体系逐步完善，公民消防安全素质普遍增强，全社会抗御火灾能力明显提升，重特大尤其是群死群伤火灾事故得到有效遏制。

二、切实强化火灾预防

（四）加强消防安全源头管控。制定城乡规划要充分考虑消防安全需要，留足消防安全间距，确保消防车通道等符合标准。建立建设工程消防设计、施工质量和消防审核验收终身负责制，建设、设计、施工、监理单位及执业人员和公安消防部门要严格遵守消防法律法规，严禁擅自降低消防安全标准。行政审批部门对涉及消防安全的事项要严格依法审批，凡不符合法定审批条件的，规划、建设、房地产管理部门不得核发建设工程相关许可证照，安全监管部门不得核发相关安全生产许可证照，教育、民政、人力资源社会保障、卫生、文化、文物、人防等部门不得批准开办学校、幼儿园、托儿所、社会福利机构、人力资源市场、医院、博物馆和公共娱乐场所等。对不符合消防安全条件的宾馆、景区，在限期改正、消除隐患之前，旅游部门不得评定为星级宾馆、A级景区。对生产、经营假冒伪劣消防产品的，质检部门要依法取消其相关产品市场准入资格，工商部门要依照消防法和产品质量法吊销其营业执照；对使用不合格消防产品的，公安消防部门要依法查处。

（五）强化火灾隐患排查整治。要建立常态化火灾隐患排查整治机制，组织开展人员密集场所、易燃易爆单位、城乡结合部、城市老街区、集生产储存居住为一体的“三合一”场所、“城中村”、“棚户区”、出租屋、连片村寨等薄弱环节的消防安全治理，对存在影响公共消防安全的区域性火灾隐患的，当地政府要制定并组织实施整治工作规划，及时督促

消除火灾隐患；对存在严重威胁公共消防安全隐患的单位和场所，要督促采取改造、搬迁、停产、停用等措施加以整改。要严格落实重大火灾隐患立案销案、专家论证、挂牌督办和公告制度，当地人民政府接到报请挂牌督办、停产停业整改报告后，要在7日内作出决定，并督促整改。要建立完善火灾隐患举报、投诉制度，及时查处受理的火灾隐患。

（六）严格火灾高危单位消防安全管理。对容易造成群死群伤火灾的人员密集场所、易燃易爆单位和高层、地下公共建筑等高危单位，要实施更加严格的消防安全监管，督促其按要求配备急救和防护用品，落实人防、物防、技防措施，提高自防自救能力。要建立火灾高危单位消防安全评估制度，由具有资质的机构定期开展评估，评估结果向社会公开，作为单位信用评级的重要参考依据。火灾高危单位应当参加火灾公众责任保险。省级人民政府要制定火灾高危单位消防安全管理规定，明确界定范围、消防安全标准和监管措施。

（七）严格建筑工地、建筑材料消防安全管理。要依法加强对建设工程施工现场的消防安全检查，督促施工单位落实用火用电等消防安全措施，公共建筑在营业、使用期间不得进行外保温材料施工作业，居住建筑进行节能改造作业期间应撤离居住人员，并设消防安全巡逻人员，严格分离用火用焊作业与保温施工作业，严禁在施工建筑内安排人员住宿。新建、改建、扩建工程的外保温材料一律不得使用易燃材料，严格限制使用可燃材料。住房城乡建设部要会同有关部门，抓紧修订相关标准规范，加快研发和推广具有良好防火性能的新型建筑保温材料，采取严格的管理措施和有效的技术措施，提高建筑外保温材料系统的防火性能，减少火灾隐患。建筑室内装饰装修材料必须符合国家、行业标准和消防安全要求。相关部门要尽快研究提高建筑材料性能，建立淘汰机制，将部分易燃、有毒及职业危害严重的建筑材料纳入淘汰范围。

（八）加强消防宣传教育培训。要认真落实《全民消防安全宣传教育纲要（2011—2015）》，多形式、多渠道开展以“全民消防、生命至上”为主题的消防宣传教育，不断深化消防宣传进学校、进社区、进企业、进农村、进家庭工作，大力普及消防安全知识。注意加强对老人、妇女和儿童的消防安全教育。要重视发挥继续教育作用，将消防法律法规和消防知识纳入党政领导干部及公务员培训、职业培训、科普和普法教育、义务教育内容。报刊、广播、电视、网络等新闻媒体要积极开展消防安全宣传，安排专门时段、版块刊播消防公益广告。中小学要在相关课程中落实好消防教育，每年开展不少于1次的全员应急疏散演练。居（村）委会和物业服务企业每年至少组织居民开展1次灭火应急疏散演练。充分依托公安消防专业院校加强人才培养。国家鼓励高等学校开设与消防工程、消防管理相关的专业和课程，支持社会力量开展消防培训，积极培养社会消防专业人才。要加强对单位消防安全责任人、消防安全管理人、消防控制室操作人员和消防设计、施工、监理人员及保安、电（气）焊工、消防技术服务机构从业人员的消防安全培训。

三、着力夯实消防工作基础

（九）完善消防法律法规体系。要及时制定消防法实施条例，完善消防产品质量监督和市场准入制度、社会消防技术服务、建设工程消防监督审核和消防监督检查等方面的消防法规和技术标准规范。有立法权的地方要针对本地消防安全突出问题，及时制定、完善地方性法规、地方政府规章和技术标准。直辖市、省会市、副省级市和其他大城市要从建设工程防火设计、公共消防设施建设、隐患排查整治、灭火救援等方面制定并执行更加严格的消防安全标准。

（十）强化消防科学技术支撑。要继续将消防科学技术研究纳入科技发展规划和科研计划，积极推动消防科学技术创新，不断提高利用科学技术抗御火灾的水平。要研究落实相关政策措施，鼓励和支持先进技术装备的研发和推广应用。要加强火灾科学与消防工程、灾害防控基础理论研究，加快消防科研成果转化应用。要加强高层、地下建筑和轨道交通等防火、灭火救援技术与装备的研发，鼓励自主创新和引进消化吸收国际先进技术，推广应用消防新产品、新技术、新材料，加快推进消防救援装备向通用化、系列化、标准化方向发展。要加强消防信息化建设和应用，不断提高消防工作信息化水平。

（十一）加强公共消防设施建设。要科学编制和严格落实城乡消防规划，对没有消防规划内容的城乡规划不得批准实施。要合理布设生产、储存易燃易爆危险品的单位和场所，确保城乡消防安全布局符合要求，消防站、消防供水、消防通信、消防车通道等公共消防设施建设要与城乡基础设施建设同步发展，确保符合国家标准。负责公共消防设施维护管理的部门和单位要加强公共消防设施维护保养，保证其能够正常使用。商业步行街、集贸市场等公共场所和住宅区要保证消防车通道畅通。任何单位和个人不得埋压、圈占、损坏公共消防设施，不得挪用、挤占公共消防设施建设用地。

（十二）大力发展多种形式消防队伍。要逐步加强现役消防力量建设，加强消防业务技术骨干力量建设。要按照国家有关规定，大力发展政府专职消防队、企业事业单位专职消防队和志愿消防队。多种形式消防队伍要配备必要的装备器材，开展相应的业务训练，不断提升战斗力。继续探索发展和规范消防执法辅助队伍。要确保非现役消防员工资待遇与当地经济社会发展和所从事的高危险职业相适应，将非现役消防员按规定纳入当地社会保险体系；对因公伤亡的非现役消防员，要按照国家有关规定落实各项工伤保险待遇，参照有关规定评功、评烈。省级人民政府要制定专职消防队伍管理办法，明确建队范围、建设标准、用工性质、车辆管理、经费保障和优惠政策。

（十三）规范消防技术服务机构及从业人员管理。要制定消防技术服务机构管理规定，严格消防技术服务机构资质、资格审批，规范发展消防设施检测、维护保养和消防安全评估、咨询、监测等消防技术服务机构，督促消防技术服务机构规范服务行为，不断提升服务质量和水平。消防技术服务机构及从业人员违法违规、弄虚作假的要依法依规追究责任，并降低或取消相关资质、资格。要加强消防行业特有工种职业技能鉴定工作，完善消防从业人员职业资格制度，探索建立行政许可类消防专业人员职业资格制度，推进社会消防从业人员职业化建设。

（十四）提升灭火应急救援能力。县级以上地方人民政府要依托公安消防队伍及其他优势专业应急救援队伍加强综合性应急救援队伍建设，建立健全灭火应急救援指挥平台和社会联动机制，完善灭火应急救援预案，强化灭火应急救援演练，提高应急处置水平。公安消防部门要加强对高层建筑、石油化工等特殊火灾扑救和地震等灾害应急救援的技战术研究和应用，强化各级指战员专业训练，加强执勤备战，不断提高快速反应、攻坚作战能力。要加强消防训练基地和消防特勤力量建设，优化消防装备结构，配齐灭火应急救援常规装备和特种装备，探索使用直升机进行应急救援。要加强灭火应急救援装备和物资储备，建立平战结合、遂行保障的战勤保障体系。

四、全面落实消防安全责任

（十五）全面落实消防安全主体责任。机关、团体、企业事业单位法定代表人是本单位消防安全第一责任人。各单位要依法履行职责，保障必要的消防投入，切实提高检查消除火灾隐患、组织扑救初起火灾、组织人员疏散逃生和消防宣传教育培训的能力。要建立消防安全自我评估机制，消防安全重点单位每季度、其他单位每半年自行或委托有资质的机构对本单位进行一次消防安全检查评估，做到安全自查、隐患自除、责任自负。要建立建筑消防设施日常维护保养制度，每年至少进行一次全面检测，确保消防设施完好有效。要严格落实消防控制室管理和应急程序规定，消防控制操作人员必须持证上岗。

（十六）依法履行管理和监督职责。坚持谁主管、谁负责，各部门、各单位在各自职责范围内依法做好消防工作。建设、商务、文化、教育、卫生、民政、文物等部门要切实加强建筑工地、宾馆、饭店、商场、市场、学校、医院、公共娱乐场所、社会福利机构、烈士纪念设施、旅游景区（点）、博物馆、文物保护单位等消防安全管理，建立健全消防安全制度，严格落实各项消防安全措施。安全监管、工商、质检、交通运输、铁路、公安等部门要加强危险化学品和烟花爆竹、压力容器的安全监管，依法严厉打击违法违规生产、运输、经营、燃放烟花爆竹的行为。环境保护等部门要加强核电厂消防安全检查，落实火灾防控措施。

公安机关及其消防部门要严格履行职责，每半年对消防安全形势进行分析研判和综合评估，及时报告当地政府，采取针对性措施解决突出问题。要加大执法力度，依法查处消防违法行为，对严重危及公众生命安全的要依法从严查处；公安派出所和社区（农村）警务室要加强日常消防监督检查，开展消防安全宣传，及时督促整改火灾隐患。

（十七）切实加强组织领导。地方各级人民政府全面负责本地区消防工作，政府主要负责人为第一责任人，分管负责人为主要责任人，其他负责人要认真落实消防安全“一岗双责”制度。要将消防工作纳入经济社会发展总体规划，纳入政府目标责任、社会管理综合治理内容，严格督查考评。要加大消防投入，保障消防事业发展所需经费。中央和省级财政对贫困地区消防事业发展给予一定的支持。市、县两级人民政府要组织制定并实施城乡消防规划，切实加强公共消防设施、消防力量、消防装备建设，整治消除火灾隐患。乡镇人民政府和街道办事处要建立消防安全组织，明确专人负责消防工作，推行消防安全网格化管理，加强消防安全基础建设，全面提升农村和社区消防工作水平。地方各级人民政府要建立健全消防工作协调机制，定期研究解决重大消防安全问题，扎实推进社会消防安全“防火墙”工程，认真组织开展火灾事故调查和统计工作。对热心消防公益事业、主动报告火警和扑救火灾的单位和个人，要给予奖励。各省、自治区、直辖市人民政府每年要将本地区消防工作情况向国务院作出专题报告。

（十八）严格考核和责任追究。要建立健全消防工作考核评价体系，对各地区、各部门、各单位年度消防工作完成情况进行严格考核，并建立责任追究机制。地方各级人民政府和有关部门不依法履行职责，在涉及消防安全行政审批、公共消防设施建设、重大火灾隐患整改、消防力量发展等方面工作不力、失职渎职的，要依法依纪追究有关人员的责任，涉嫌犯罪的，移送司法机关处理。公安机关及其消防部门工作人员滥用职权、玩忽职守、徇私舞弊、以权谋私的，要依法依纪严肃处理。各单位因消防安全责任不落实、火灾防控措施不到位，发生人员伤亡火灾事故的，要依法依纪追究有关人员的责任；发生重大火灾事故的，要依法依纪追究单位负责人、实际控制人、上级单位主要负责人和当地政府及有关部门负责人的责任；发生特别重大火灾事故的，要根据情节轻重，追究地市级分管领导或主要领导的责任；后果特别严重、影响特别恶劣的，要按照规定追究省部级相关领导的责任。

中华人民共和国国务院

二〇一一年十二月三十日

国务院关于印发“十二五”节能环保产业发展规划的通知

国发〔2012〕19号

各省、自治区、直辖市人民政府，国务院各部委、各直属机构：

现将《“十二五”节能环保产业发展规划》印发给你们，请认真贯彻执行。

中华人民共和国国务院
二〇一二年六月十六日

“十二五”节能环保产业发展规划

节能环保产业是指为节约能源资源、发展循环经济、保护生态环境提供物质基础和技术保障的产业，是国家加快培育和发展的7个战略性新兴产业之一。节能环保产业涉及节能环保技术装备、产品和服务等，产业链长，关联度大，吸纳就业能力强，对经济增长拉动作用明显。加快发展节能环保产业，是调整经济结构、转变经济发展方式的内在要求，是推动节能减排，发展绿色经济和循环经济，建设资源节约型环境友好型社会，积极应对气候变化，抢占未来竞争制高点的战略选择。

根据《国务院关于加快培育和发展战略性新兴产业的决定》（国发〔2010〕32号）和《国务院关于印发“十二五”节能减排综合性工作方案的通知》（国发〔2011〕26号）有关要求，为推动节能环保产业快速健康发展，特制定本规划。

一、节能环保产业发展现状及面临的形势

（一）发展现状。

“十一五”以来，我国大力推进节能减排，发展循环经济，建设资源节约型环境友好型社会，为节能环保产业发展创造了巨大需求，节能环保产业得到较快发展，目前已初具规模。据测算，2010年，我国节能环保产业总产值达2万亿元，从业人数2800万人。产业领域不断扩大，技术装备迅速升级，产品种类日益丰富，服务水平显著提高，初步形成了门类较为齐全的产业体系。在节能领域，干法熄焦、纯低温余热发电、高炉煤气发电、炉顶压差发电、等离子点火、变频调速等一批重大节能技术装备得到推广普及；高效节能产品推广取得较大突破，市场占有率大幅提高；节能服务产业快速发展，到2010年，采用合同能源管理机制的节能服务产业产值达830亿元。在资源循环利用领域，“三废”（废水、废气、固体废弃物）综合利用技术装备广泛应用，再制造表面工程技术装备达到国际先进水平，再生铝蓄热式熔炼技术、废弃电器电子产品和包装物资源化利用技术装备等取得一定突破，无机改性利废复合材料在高速铁路上得到应用。在环保领域，已具备自行设计、建设大型城市污水处理厂、垃圾焚烧发电厂及大型火电厂烟气脱硫设施的能力，关键设备可自主生产，电除尘、袋式除尘技术和装备等达到国际先进水平；环保服务市场化程度不断提高，大部分烟气脱硫设施和污水处理厂采取市场化模式建设运营。

我国节能环保产业虽然有了较快发展，但总体上看，发展水平还比较低，与需求相比还有较大差距。主要存在以下问题：

一是创新能力不强。以企业为主体的节能环保技术创新体系不完善，产学研结合不够紧密，技术开发投入不足。一些核心技术尚未完全掌握，部分关键设备仍需要进口，一些已能自主生产的节能环保设备性能和效率有待提高。

二是结构不合理。企业规模普遍偏小，产业集中度低，龙头骨干企业带动作用有待进一步提高。节能环保设备成套化、系列化、标准化水平低，产品技术含量和附加值不高，国际品牌产品少。

三是市场不规范。地方保护、行业垄断、低价低质恶性竞争现象严重；污染治理设施重建设、轻管理，运行效率低；市场监管不到位，一些国家明令淘汰的高耗能、高污染设备仍在使用。

四是政策机制不完善。节能环保法规和标准体系不健全，资源性产品价格改革和环保收费政策尚未到位，财税和金融政策有待进一步完善，企业融资困难，生产者责任延伸制尚未建立。

五是服务体系不健全。合同能源管理、环保基础设施和火电厂烟气脱硫特许经营等市场化服务模式有待完善；再生资源和垃圾分类回收体系不健全；节能环保产业公共服务平台尚待建立和完善。

（二）面临的形势。

从国际看，在应对国际金融危机和全球气候变化的挑战中，世界主要经济体都把实施绿色新政、发展绿色经济作为刺激经济增长和转型的重要内容。一些发达国家利用节能环保方面的技术优势，在国际贸易中制造绿色壁垒。为使我国

在新一轮经济竞争中占据有利地位，必须大力发展节能环保产业。

从国内看，面对日趋强化的资源环境约束，加快转变经济发展方式，实现“十二五”规划纲要确定的节能减排约束性指标，必须加快提升我国节能环保技术装备和服务水平。我国节能环保产业发展前景广阔。据测算，到2015年，我国技术可行、经济合理的节能潜力超过4亿吨标准煤，可带动上万亿元投资；节能服务总产值可突破3000亿元；产业废物循环利用市场空间巨大；城镇污水垃圾、脱硫脱硝设施建设投资超过8000亿元，环境服务总产值将达5000亿元。

“十二五”时期是我国节能环保产业发展难得的历史机遇期，必须紧紧抓住国内国际环境的新变化、新特点，顺应世界经济发展和产业转型升级的大趋势，着眼于满足我国节能减排、发展循环经济和建设资源节约型环境友好型社会的需要，加快培育发展节能环保产业，使之成为新一轮经济发展的增长点和新兴支柱产业。

二、指导思想、基本原则和总体目标

（一）指导思想。

以邓小平理论和“三个代表”重要思想为指导，深入贯彻落实科学发展观，坚持以市场为导向，以企业为主体，以重点工程为依托，以提高技术装备、产品、服务水平为重点，加强宏观指导，完善政策机制，加大资金投入，突出自主创新，培育规范市场，增强竞争能力，促进节能环保产业成为新兴支柱产业，推动资源节约型环境友好型社会建设，满足人民群众对改善生态环境的迫切需求。

（二）基本原则。

1. 政策机制驱动。健全节能环保法规和标准，完善价格、财税、金融、土地等政策，形成有效的激励和约束机制，引导和鼓励社会资本投向节能环保产业，拉动节能环保产业市场的有效需求。

2. 技术创新引领。完善以企业为主体的技术创新体系，立足原始创新、集成创新和引进消化吸收再创新，形成更多拥有自主知识产权的核心技术和具有国际品牌的产品，提升装备制造能力和水平，促进产业升级，形成节能环保产业发展新优势。

3. 重点工程带动。围绕实现节能减排约束性目标，加快实施节能、循环经济和环境保护重点工程，形成对节能环保产业最直接、最有效的需求拉动，带动节能环保产业快速发展。

4. 市场秩序规范。打破地方保护，加强行业自律，强化执法监督，建立统一开放、公平竞争、规范有序的市场环境，促进节能环保产业健康发展。

5. 服务模式创新。大力推行合同能源管理、特许经营等节能环保服务新机制，推动节能环保设施建设和运营社会化、市场化、专业化服务体系建设。

（三）总体目标。

1. 产业规模快速增长。节能环保产业产值年均增长15%以上，到2015年，节能环保产业总产值达到4.5万亿元，增加值占国内生产总值的比重为2%左右，培育一批具有国际竞争力的节能环保大型企业集团，吸纳就业能力显著增强。

2. 技术装备水平大幅提升。到2015年，节能环保装备和产品质量、性能大幅度提高，形成一批拥有自主知识产权和国际品牌，具有核心竞争力的节能环保装备和产品，部分关键共性技术达到国际先进水平。

3. 节能环保产品市场份额逐步扩大。到2015年，高效节能产品市场占有率由目前的10%左右提高到30%以上，资源循环利用产品和环保产品市场占有率大幅提高。

4. 节能环保服务得到快速发展。采用合同能源管理机制的节能服务业销售额年均增速保持30%，到2015年，分别形成20个和50个左右年产值在10亿元以上的专业化合同能源管理公司和环保服务公司。城镇污水、垃圾和脱硫、脱硝处理设施运营基本实现专业化、市场化。

三、重点领域

（一）节能产业重点领域。

1. 节能技术和装备。

锅炉窑炉。加快开发工业锅炉燃烧自动调节控制技术装备；推进燃油、燃气工业锅炉、窑炉蓄热式燃烧技术装备产业化；加快推广等离子点火、富氧/全氧燃烧等高效煤粉燃烧技术和装备，以及大型流化床等高效节能锅炉。大力推广多喷嘴对置式水煤浆气化、粉煤加压气化、非熔渣—熔渣水煤浆分级气化等先进煤气化技术和装备，推动煤炭的高效清洁利用。

电机及拖动设备。示范推广稀土永磁无铁芯电机、电动机用铸铜转子技术等高效节能电机技术和设备；大力推广能效等级为一级和二级的中小型三相异步电动机、通风机、水泵、空压机以及变频调速等技术和设备，提高电机系统整体运行效率。

余热余压利用设备。完善推广余热发电关键技术和设备；示范推广低热值煤气燃气轮机、烧结及炼钢烟气干法余热回收利用、乏汽与凝结水闭式回收、螺杆膨胀动力驱动、基于吸收式换热的集中供热等技术和设备；大力推广高效换热器、蓄能器、冷凝器、干法熄焦等设备。

节能仪器设备。加快研发和应用快速准确的便携或车载式能效检测设备，大力推广在线能源计量、检测技术和设备。

2. 节能产品。

家用电器与办公设备。加快研发空调、冰箱等高效压缩机及驱动控制器、高效换热及相变储能装置，各类家电智能控制节能技术和待机能耗技术；重点攻克空调制冷剂替代技术、二氧化碳热泵技术；推广能效等级为一级和二级的节能家用电器、办公和商用设备。

高效照明产品。加快半导体照明（LED、OLED）研发，重点是金属有机源化学气相沉积设备（MOCVD）、高纯金属有机化合物（MO源）、大尺寸衬底及外延、大功率芯片与器件、LED背光及智能化控制等关键设备、核心材料和共性关键技术，示范应用半导体通用照明产品，加快推广低汞型高效照明产品。

节能汽车。加快研发和示范具有自主知识产权的汽油直喷、涡轮增压等先进发动机节能技术，以及双离合式自动变速器（DCT）等多档化高效自动变速器等节能减排技术，新型车辆动力蓄电池和新型混合动力汽车机电耦合动力系统、

车用动力系统和发电设备等技术装备；推广采用各类节能技术实现的节能汽车；大力推广节能型牵引车和挂车。

新型节能建材。重点发展适用于不同气候条件的新型高效节能墙体材料以及保温隔热防火材料、复合保温砌块、轻质复合保温板材、光伏一体化建筑用玻璃幕墙等新型墙体材料；大力推广节能建筑门窗、隔热和安全性能高的节能膜和屋面防水保温系统、预拌混凝土和预拌砂浆。

3. 节能服务。

大力发展以合同能源管理为主要模式的节能服务业，不断提升节能服务公司的技术集成和融资能力。鼓励大型重点用能单位利用自身技术优势和管理经验，组建专业化节能服务公司；推动节能服务公司通过兼并、联合、重组等方式，实行规模化、品牌化、网络化经营。鼓励节能服务公司加强技术研发、服务创新和人才培养，不断提高综合实力和市场竞争力。

专栏1　节能产业关键技术

高压变频调速技术　用于大功率风机、水泵、压缩机等电机拖动系统。节电潜力约1000亿千瓦时。研发重点是关键部件绝缘栅极型功率管（IGBT）以及特大功率高压变频调速技术。

稀土永磁无铁芯电机技术　用于风机、水泵、压缩机等领域，可提高电机系统能效30%以上，大幅度节约硅钢片、铜材等。重点是中小功率电机产业化。

蓄热式高温空气燃烧技术　用于工业窑炉及煤粉锅炉，提高热效率。重点是钢铁行业蓄热式加热技术、有色行业蓄热式熔炼技术等，以及固体燃料工业窑炉适用的蓄热式燃烧技术。

螺杆膨胀动力驱动技术　用于工业锅炉（窑炉）余热发电或直接驱动机械设备，高效回收利用中低品位热能。研发重点是千瓦级到兆瓦级系列设备、精密机械加工和轴承生产。

基于吸收式换热的集中供热技术　用于凝汽式火力发电厂、热电厂余热利用，循环水余热充分回收，提高热电厂供热能力30%以上，降低热电联产综合供热能耗40%，并可提高既有管网输送能力。研发重点是小型化、大温差吸收式热泵装备。

汽油直喷技术　用于汽车节能领域，汽车平均油耗比常规电喷汽油车降低10%～20%。研发重点是系统精确控制。

启动—停车混合动力汽车技术　降低汽车怠速时所需的能量和减少废气排放，回收制动能量，重点是BSG（皮带传动启动机和发电机系统）混合动力轿车技术和ISG（集成的启动机和发电机系统）混合动力轿车技术。

二氧化碳热泵技术　用于热泵热水系统等，相对普通热水器节能75%，研发重点是压缩机和热泵系统的设计和优化，解决系统和部件的耐压和强度问题。

半导体照明系统集成及可靠性技术　用于通用照明、液晶背光和景观装饰等领域。研发重点是大功率外延芯片器件、关键原材料制备、系统可靠性、智能化控制及检测技术。

（二）资源循环利用产业重点领域。

1. 矿产资源综合利用。

重点开发加压浸出、生物冶金、矿浆电解技术，提高从复杂难处理金属共生矿和有色金属尾矿中提取铜、镍等国家紧缺矿产资源的综合利用水平；加强中低品位铁矿、高磷铁矿、硼镁铁矿、锡铁矿等复杂共伴生黑色矿产资源开发利用和高效采选；推进煤系油母页岩等资源开发利用，提高页岩气和煤层气综合开发利用水平，发展油母页岩、油砂综合利用及高岭土、铝矾土等共伴生非金属矿产资源的综合利用和深加工。

2. 固体废物综合利用。

加强煤矸石、粉煤灰、脱硫石膏、磷石膏、化工废渣、冶炼废渣等大宗工业固体废物的综合利用，研究完善高铝粉煤灰提取氧化铝技术，推广大掺量工业固体废物生产建材产品。研发和推广废旧沥青混合料、建筑废物混杂料再生利用技术装备。推广建筑废物分类设备及生产道路结构层材料、人行道透水材料、市政设施复合材料等技术。

3. 再制造。

重点推进汽车零部件、工程机械、机床等机电产品再制造，研发旧件无损检测与寿命评估技术、高效环保清洗设备，推广纳米颗粒复合电刷镀、高速电弧喷涂、等离子熔覆等关键技术和装备。

4. 再生资源利用。

废金属资源再生利用。开发易拉罐有效组分分离及去除表面涂层技术与装备，推广废铅蓄电池铅膏脱硫、废杂铜直接制杆、失效钴镍材料循环利用等技术，提升从废旧机电、电线电缆、易拉罐等产品中回收重金属及稀有金属水平。

废旧电器电子产品资源化利用。示范推广废旧电器电子产品和电路板自动拆解、破碎、分选技术与装备，推广封闭式箱体机械破碎、电视电脑锥屏机械分离等技术。研发废电器电子稀有金属提纯还原技术。

报废汽车资源化利用。完善报废汽车车身机械自动化粉碎分选技术及钢铁、塑料、橡胶等组分的分类富集回收技术，研发报废汽车主要零部件精细化无损拆解处理平台技术，提升报废汽车拆解回收利用的自动化、专业化水平。

废橡胶、废塑料资源再生利用。推广应用常温粉碎及低硫高附加值再生橡胶成套设备；研发各种废塑料混杂物分类技术或直接利用技术，推广应用深层清洗、再生造粒和改性技术。

5. 餐厨废弃物资源化利用。

建设餐厨废弃物密闭化、专业化收集运输体系；研发餐厨废弃物低能耗高效灭菌和废油高效回收利用技术装备；鼓励餐厨废油生产生物柴油、化工制品，餐厨废弃物厌氧发酵生产沼气及高效有机肥。

6. 农林废物资源化利用。

推广农作物秸秆还田、代木、制作生物培养基、生物质燃料等技术与装备，秸秆固化成型等能源化利用技术及装备；推进林业剩余物、次小薪材、蔗渣等综合利用技术和装备的应用；推动规模化畜禽养殖废物资源化利用，加快发酵制饲料、沼气、高效有机肥等技术集成应用。

7. 水资源节约与利用。

推进工业废水、生活污水和雨水资源化利用，扩大再生水的应用。大力推进矿井水资源化利用、海水循环利用技术与装备。示范推广膜法、热法和耦合法海水淡化技术以及电水联产海水淡化模式。

专栏2　资源循环利用产业关键技术

复杂铜铅锌金属矿高效分选技术　用于有色金属矿开采。研发重点是高效浮选药剂和大型高效破碎、浮选设备。

再制造表面工程技术　用于汽车零部件、工程机械等机电产品再制造。研发重点是旧件寿命评估技术、环保拆解清洗技术及激光熔覆喷涂技术。

含钴镍废弃物的循环再生和微粉化技术　用于废弃电池、含钴镍废渣资源化利用。重点是电池破壳分离、钴镍元素提纯、原生化超细粉末再制备和钴镍资源的深度资源化技术。

废旧家电和废印制电路板自动拆解和物料分离技术　用于废旧家电和废印制电路板资源化利用。重点是高效粉碎与旋风分离一体化技术，风选、电选组合提纯工艺和多种塑料混杂物直接综合利用技术。

材料分离、改性及合成技术　用于建材、包装废弃物、废塑料处理等领域。研发重点是纸塑铝分离技术、橡塑分离及合成技术、无机改性聚合物再生循环利用技术等。

建筑废物分选及资源化技术　用于建筑废物资源化利用。研发重点是建筑废物分选技术及装备，废旧砂灰粉的活化和综合利用技术，专用添加剂制备，轻质物料分选、除尘、降噪等设施。

餐厨废弃物制生物柴油、沼气等技术　用于餐厨废弃物资源化利用领域。重点是应用酸碱催化法及化学法制生物柴油和工业油脂技术，制肥和沼气化技术与装备以及酶法、超临界法制油技术。

膜法和热法海水淡化技术　用于海水淡化、苦咸水等非传统水资源处理。膜法重点完善膜组件、高压泵、能量回收装置等关键部件及系统集成技术。热法重点完善大型海水淡化装备制造技术、提升高真空状态下仪表控制元器件可靠性及压缩机性能等。

（三）环保产业重点领域。

1. 环保技术和装备。

污水处理。重点攻克膜处理、新型生物脱氮、重金属废水污染防治、高浓度难降解有机工业废水深度处理技术；重点示范污泥生物法消减、移动式应急水处理设备、水生态修复技术与装备。推广污水处理厂高效节能曝气、升级改造，农村面源污染治理，污泥处理处置等技术与装备。

垃圾处理。研发渗滤液处理技术与装备，示范推广大型焚烧发电及烟气净化系统、中小型焚烧炉高效处理技术、大型填埋场沼气回收及发电技术和装备，大力推广生活垃圾预处理技术装备。

大气污染控制。研发推广重点行业烟气脱硝、汽车尾气高效催化转化及工业有机废气治理等技术与装备，示范推广非电行业烟气脱硫技术与装备，改造提升现有燃煤电厂、大中型工业锅炉窑炉烟气脱硫技术与装备，加快先进袋式除尘器、电袋复合式除尘技术及细微粉尘控制技术的示范应用。

危险废物与土壤污染治理。加快研发重金属、危险化学品、持久性有机污染物、放射源等污染土壤的治理技术与装备。推广安全有效的危险废物和医疗废物处理处置技术和装置。

监测设备。加快大型实验室通用分析、快速准确的便携或车载式应急环境监测、污染源烟气、工业有机污染物和重金属污染在线连续监测技术设备的开发和应用。

2. 环保产品。

环保材料。重点研发和示范膜材料和膜组件、高性能防渗材料、布袋除尘器高端纤维滤料和配件等；推广离子交换树脂、生物滤料及填料、高效活性炭等。

环保药剂。重点研发和示范有机合成高分子絮凝剂、微生物絮凝剂、脱硝催化剂及其载体、高性能脱硫剂等；推广循环冷却水处理药剂、杀菌灭藻剂、水处理消毒剂、固废处理固化剂和稳定剂等。

3. 环保服务。

以城镇污水垃圾处理、火电厂烟气脱硫脱硝、危险废物及医疗废物处理处置为重点，推进环境保护设施建设和运营的专业化、市场化、社会化进程。大力发展环境投融资、清洁生产审核、认证评估、环境保险、环境法律诉讼和教育培训等环保服务体系，探索新兴服务模式。

专栏3　环保产业关键技术

膜处理技术　用于污水资源化、高浓度有机废水处理、垃圾渗滤液处理等。研发重点是高性能膜材料及膜组件，降低成本、提升膜通量、延长膜材料使用寿命、提高抗污染性。

污泥处理处置技术　用于生活污水处理厂污泥处理处置。重点是污泥厌氧消化或好氧发酵后用于农田、焚烧及生产建材产品等处理处置技术，研发适用于中小污水处理厂的生物消减等污泥减量工艺。

脱硫脱硝技术　用于电力、钢铁、有色等行业及工业锅炉窑炉烟气治理。研发重点是脱硝催化剂的制备及资源化脱硫技术装备。

布袋及电袋复合除尘技术　用于火电、钢铁、有色、建材等行业。重点是耐高温、耐腐蚀纤维及滤料的国产化，研发高效电袋复合除尘器、优质滤袋和设备配件。

挥发性有机污染物控制技术　用于各工业行业挥发性有机污染物排放源污染控制及回收利用。研发重点是新型功能性吸附材料及吸附回收工艺技术，新型催化材料，优化催化燃烧及热回收技术。

柴油机（车）排气净化技术　用于国Ⅳ以上排放标准的重型柴油机和轻型柴油车。研发重点是选择性催化还原技术（SCR）及其装备、SCR 催化器及相应的尿素喷射系统，以及高效率、高容量、低阻力微粒过滤器。

固体废物焚烧处理技术　用于城市生活垃圾、危险废物、医疗废物处理。研发重点是大型垃圾焚烧设施炉排及其传动系统、循环流化床预处理工艺技术、焚烧烟气净化技术、二英控制技术、飞灰处置技术等。

专栏3　环保产业关键技术

水生态修复技术　用于受污染自然水体。重点研发赤潮、水华预报、预防和治理技术，生物控制技术和回收藻类、水生植物厌氧产沼气、发电及制肥的资源化技术，溢油污染水体修复技术等。

污染场地土壤修复技术　用于污染土壤修复。重点是受污染土壤原位解毒剂、异位稳定剂、用于路基材料的土壤固化剂以及受污染土壤固化体资源化技术及生物治理技术。

污染源在线监测技术　用于环境监测。研发重点是有机污染物自动监测系统、新型烟气连续自动检测技术、重金属在线监测系统、危险品运输载体实时监测系统等。

四、重点工程

（一）重大节能技术与装备产业化工程。

围绕应用面广、节能潜力大的锅炉窑炉、电机系统、余热余压利用等重点领域，通过重大技术和装备产业化示范、规模化应用等，形成10～15个大型流化床锅炉、粉煤气化、蓄热式燃烧、高效换热器等以高效燃烧和换热技术为特色的制造基地；15～20个稀土永磁无铁芯电机、高压变频控制、无功补偿等高效电机及其控制系统产业化基地；5～10个低品位余热发电、中低浓度煤层气利用等余热余能利用装备制造基地。到2015年，高效节能技术与装备市场占有率由目前不足5%提高到30%左右，产值达到5000亿元。

（二）半导体照明产业化及应用工程。

整合现有资源，提高产业集中度，实现半导体照明技术与装备产业化。培育10～15家掌握核心技术、拥有较多自主知识产权和知名品牌的龙头企业；关键生产装备、重要原材料实现国产化，高端应用产品达到世界先进水平，建立具有国际先进水平的检测平台，建成一批产业链完善、创新能力强、特色鲜明的半导体照明新兴产业集聚区。逐步推广半导体照明产品。到2015年，通用照明产品市场占有率达到20%左右，液晶背光源达到70%以上，景观装饰产品达到80%以上，半导体照明产业产值达到4500亿元，年节电600亿千瓦时，形成具有国际竞争力的半导体照明产业。

（三）“城市矿产”示范工程。

建设50个国家“城市矿产”示范基地，支持回收体系、资源再生利用产业化、污染治理设施和服务平台建设，推动废弃机电设备、电线电缆、家电、汽车、手机、铅酸电池、塑料、橡胶等再生资源的循环利用、规模利用和高值利用。到2015年，形成资源再生利用能力2500万吨，其中再生铜200万吨、再生铝250万吨、废钢1000多万吨、黄金10吨，实现产值4300亿元。

（四）再制造产业化工程。

支持汽车零部件、工程机械、机床等再制造，完善可再制造旧件回收体系，重点支持建立5～10个国家级再制造产业集聚区和一批重大示范项目。到2015年，实现再制造发动机80万台，变速箱、起动机、发电机等800万件，工程机械、矿山机械、农用机械等20万台套，再制造产业产值达到500亿元。

（五）产业废物资源化利用工程。

以共伴生矿产资源回收利用、尾矿稀有金属分选和回收、大宗固体废物大掺量高附加值利用为重点，推动资源综合利用基地建设，鼓励产业集聚，形成以示范基地和龙头企业为依托的发展格局。以铁矿、铜矿、金矿、钒矿、铅锌矿、钨矿为重点，推进共伴生矿产资源和尾矿综合利用；推进建筑废物和道路沥青再生利用。到2015年，新增固体废物综合利用能力约4亿吨，产值达1500亿元。

（六）重大环保技术装备及产品产业化示范工程。

推动重金属污染防治、污泥处理处置、挥发性有机物治理、畜禽养殖清洁生产等核心技术产业化；重点示范膜生物反应器（MBR）、垃圾焚烧及烟气处理、烟气脱硫脱硝等先进技术装备及能源、农业等行业清洁生产重大技术装备；推广城镇生活污水脱氮除磷深度处理设备、300兆瓦及以上燃煤电厂烟气脱硝技术装备、600兆瓦及以上燃煤电厂烟气脱硫及布袋或电袋复合除尘设备和高效垃圾焚烧炉等重大装备。拥有高性能膜、脱硝催化剂纳米级二氧化钛载体、高效滤料等污染控制材料生产的相关知识产权。到2015年，环保装备产值超过5000亿元，环保材料产值超过1000亿元，环保关键材料基本实现产业化，形成5～10个环保产业集聚区、10～15个环保技术及装备产业化基地。

（七）海水淡化产业基地建设工程。

培育由工程设计和装备制造企业、研究单位、大学、相关原材料生产企业等共同参与，集研发、孵化、生产、集成、检验检测和工程技术服务于一体的海水淡化产业基地。到2015年，建成2～3个国家级海水淡化产业化基地，关键技术与装备、相关材料研发和制造能力达到国际先进水平，海水淡化产能达到（220～260）万吨/日，海水淡化及相关产业产值500亿元。

（八）节能环保服务业培育工程。

大力推行合同能源管理，到2015年，力争专业化节能服务公司发展到2000多家，其中年产值超过10亿元的节能服务公司约20家，节能服务业总产值突破3000亿元，累计实现节能能力6000万吨标准煤。建立全方位环保服务体系。积极培育具有系统设计、设备成套、工程施工、调试运行和维护管理一条龙服务能力的总承包公司，大力推进环保设施专业化、社会化运营，扶持环境咨询服务企业。到2015年，环保服务业产值超过5000亿元，其中年产值超过10亿元的企业超过50家，城镇污水垃圾处理及电力行业烟气脱硫脱硝等领域专业化、社会化服务占全行业的比例大幅提高。

五、政策措施

（一）完善价格、收费和土地政策。

加快推进资源性产品价格改革。研究制定鼓励余热余压发电及背压热电的上网和价格政策。完善电力峰谷分时电价政策。对能源消耗超过国家和地区规定的单位产品能耗（电耗）限额标准的企业和产品，实行惩罚性电价。严格落实脱硫电价，研究制定燃煤电厂脱硝电价政策。深化市政公用事业市场化改革，进一步完善污水处理费政策，研究将污泥处理费用逐步纳入污水处理成本，研究完善对自备水源用户征收污水处理费制度。改进垃圾处理收费方式，合理确定收费载体和标准，降低收取成本，提高收缴率。对于城镇污水垃圾处理设施、“城市矿产”示范基地、集中资源化处理中心等国家支持的项目用地，在土地利用年度计划安排中给予重点保障。

（二）加大财税政策支持力度。

各级政府要安排财政资金支持和引导节能环保产业发展。安排中央财政节能减排和循环经济发展专项资金，采取补助、贴息、奖励等方式，支持节能减排重点工程和节能环保产业发展重点工程，加快推行合同能源管理。中央预算内投资和其他中央财政专项资金，要加大对节能环保产业的支持力度。国有资本经营预算优先安排企业实施节能环保项目。严格落实并不断完善现有节能、节水、环境保护、资源综合利用税收优惠政策。全面改革资源税。积极推进环境税费改革。落实节能服务公司实施合同能源管理项目税收优惠政策。

（三）拓宽投融资渠道。

鼓励银行业金融机构在满足监管要求的前提下，积极开展金融创新，加大对节能环保产业的支持力度。按照政策规定，探索将特许经营权、收费权等纳入贷款抵押担保物范围。建立银行绿色评级制度，将绿色信贷成效作为对银行机构进行监管和绩效评价的要素。鼓励信用担保机构加大对资质好、管理规范的节能环保企业的融资担保支持力度。支持符合条件的节能环保企业发行企业债券、中小企业集合债券、短期融资券、中期票据等，重点用于环保设施和再生资源回收利用设施建设。选择若干资质条件较好的节能环保企业，开展非公开发行企业债券试点。支持符合条件的节能环保企业上市融资。研究设立节能环保产业投资基金。推动落实支持循环经济发展的投融资政策措施。鼓励和引导民间投资和外资进入节能环保产业领域，支持民间资本进入污水、垃圾处理等市政公用事业建设。

（四）完善进出口政策。

通过完善出口卖方信贷和买方信贷政策，鼓励节能环保设备由以单机出口为主向以成套供货为主的设备总承包和工程总承包转变；安排对外援助时，根据对外工作需要和受援国要求，积极安排公共环境基础设施、工业污染防治设施建设等节能环保项目。建立进口再生资源加工区，强化联合监管，积极完善与国际规则、惯例相适应，且有利于我国获取国际再生资源、促进国内节能环保产业健康发展的进口管理体制机制。对用于制造大型节能环保设备确有必要进口的关键零部件及原材料，研究免征进口关税和进口增值税。

（五）强化技术支撑。

发布国家鼓励的节能环保产业技术目录。在充分整合现有科技资源的基础上，在节能环保领域设立若干国家工程研究中心、国家工程实验室和国家产品质量监督检验中心，组建一批由骨干企业牵头组织、科研院所共同参与的节能环保产业技术创新平台，建立一批节能环保产业化科技创新示范园区，支持成套装备及配套设备研发、关键共性技术和先进制造技术研究。推进国产首台（套）重大节能环保装备的应用。

（六）完善法规标准。

完善以环境保护法律、节约能源法、循环经济促进法、清洁生产促进法等为核心，配套法规相协调的节能环保法律法规体系。研究建立生产者责任延伸制度，逐步建立相关废弃产品回收处理基金，研究制定强制回收产品目录和包装物管理办法。通过制（修）订节能环保标准，充分发挥标准对产业发展的催生促进作用。逐步提高重点用能产品能效标准，修订提高重点行业能耗限额强制性标准，建立能效“领跑者”标准制度，强化总量控制和有毒有害污染物排放控制要求，完善污染物排放标准体系。

（七）强化监督管理。

严格节能环保执法监督检查，严肃查处各类违法违规行为，加大惩处力度。落实节能减排目标责任，开展专项检查和督察行动。加强对重点耗能单位和污染源的日常监督检查，对污染治理设施实行在线自动监控。加强市场监督、产品质量监督，强化标准标识监督管理。落实招投标各项规定，充分发挥行业协会作用，加强行业自律。整顿和规范节能环保市场秩序，打破地方保护和行业垄断，打击低价竞争、恶性竞争等不正当竞争行为，促进公平竞争、有序竞争，为节能环保产业发展创造良好的市场环境。

六、组织实施

国务院有关部门要按照职能分工，制定完善相关政策措施，形成合力，确保本规划顺利实施。各地区要按照规划确定的目标、任务和政策措施，结合当地实际抓紧制定具体落实方案，确保取得实效。

发展改革委、环境保护部要加强对规划实施情况的跟踪分析和监督检查，及时开展后评估，针对规划实施中出现的新情况、新问题，适时提出解决办法，重大问题及时向国务院报告。

国务院关于加强食品安全工作的决定

国发〔2012〕20号

各省、自治区、直辖市人民政府，国务院各部委、各直属机构：

食品安全是重大的民生问题，关系人民群众身体健康和生命安全，关系社会和谐稳定。党中央、国务院对此高度重视，近年来制定实施了一系列政策措施。各地区、各部门认真抓好贯彻落实，不断加大工作力度，食品安全形势总体上是稳定的。但当前我国食品安全的基础仍然薄弱，违法违规行为时有发生，制约食品安全的深层次问题尚未得到根本解决。随着生活水平的不断提高，人民群众对食品安全更为关注，食以安为先的要求更为迫切，全面提高食品安全保障水平，已成为我国经济社会发展中一项重大而紧迫的任务。为进一步加强食品安全工作，现作出如下决定。

一、明确加强食品安全工作的指导思想、总体要求和工作目标

（一）指导思想。以邓小平理论和“三个代表”重要思想为指导，深入贯彻落实科学发展观，从维护人民群众根本利益出发，进一步加强对食品安全工作的组织领导，完善食品安全监管体制机制，健全政策法规体系，强化监管手段，提高执法能力，落实企业主体责任，提升诚信守法水平，动员社会各界积极参与，促进我国食品安全形势持续稳定好转。

（二）总体要求。坚持统一协调与分工负责相结合，严格落实监管责任，强化协作配合，形成全程监管合力。坚持集中治理整顿与严格日常监管相结合，严厉惩处食品安全违法犯罪行为，规范食品生产经营秩序，强化执法力量和技术支撑，切实提高食品安全监管水平。坚持加强政府监管与落实企业主体责任相结合，强化激励约束，治理道德失范，培育诚信守法环境，提升企业管理水平，夯实食品安全基础。坚持执法监督与社会监督相结合，加强宣传教育培训，积极引导社会力量参与，充分发挥群众监督与舆论监督的作用，营造良好社会氛围。

（三）工作目标。通过不懈努力，用3年左右的时间，使我国食品安全治理整顿工作取得明显成效，违法犯罪行为得到有效遏制，突出问题得到有效解决；用5年左右的时间，使我国食品安全监管体制机制、食品安全法律法规和标准体系、检验检测和风险监测等技术支撑体系更加科学完善，生产经营者的食品安全管理水平和诚信意识普遍增强，社会各方广泛参与的食品安全工作格局基本形成，食品安全总体水平得到较大幅度提高。

二、进一步健全食品安全监管体系

（四）完善食品安全监管体制。进一步健全科学合理、职能清晰、权责一致的食品安全部门监管分工，加强综合协调，完善监管制度，优化监管方式，强化生产经营各环节监管，形成相互衔接、运转高效的食品安全监管格局。按照统筹规划、科学规范的原则，加快完善食品安全标准、风险监测评估、检验检测等的管理体制。县级以上地方政府统一负责本地区食品安全工作，要加快建立健全食品安全综合协调机构，强化食品安全保障措施，完善地方食品安全监管工作体系。结合本地区实际，细化部门职责分工，发挥监管合力，堵塞监管漏洞，着力解决监管空白、边界不清等问题。及时总结实践经验，逐步完善符合我国国情的食品安全监管体制。

（五）健全食品安全工作机制。建立健全跨部门、跨地区食品安全信息通报、联合执法、隐患排查、事故处置等协调联动机制，有效整合各类资源，提高监管效能。加强食品生产经营各环节监管执法的密切协作，发现问题迅速调查处理，及时通知上游环节查明原因、下游环节控制危害。推动食品安全全程追溯、检验检测互认和监管执法等方面的区域合作，强化风险防范和控制的支持配合。健全行政执法与刑事司法衔接机制，依法从严惩治食品安全违法犯罪行为。规范食品安全信息报告和信息公布程序，重视舆情反映，增强分析处置能力，及时回应社会关切。加大对食品安全的督促检查和考核评价力度，完善食品安全工作奖惩约束机制。

（六）强化基层食品安全管理工作体系。推进食品安全工作重心下移、力量配置下移，强化基层食品安全管理责任。乡（镇）政府和街道办事处要将食品安全工作列为重要职责内容，主要负责人要切实负起责任，并明确专门人员具体负责，做好食品安全隐患排查、信息报告、协助执法和宣传教育等工作。乡（镇）政府、街道办事处要与各行政管理派出机构密切协作，形成分区划片、包干负责的食品安全工作责任网。在城市社区和农村建立食品安全信息员、协管员等队伍，充分发挥群众监督作用。基层政府及有关部门要加强对社区和乡村食品安全专、兼职队伍的培训和指导。

三、加大食品安全监管力度

（七）深入开展食品安全治理整顿。深化食用农产品和食品生产经营各环节的整治，重点排查和治理带有行业共性的隐患和“潜规则”问题，坚决查处食品非法添加等各类违法违规行为，防范系统性风险；进一步规范生产经营秩序，清理整顿不符合食品安全条件的生产经营单位。以日常消费的

大宗食品和婴幼儿食品、保健食品等为重点，深入开展食品安全综合治理，强化全链条安全保障措施，切实解决人民群众反映强烈的突出问题。加大对食品集中交易市场、城乡结合部、中小学校园及周边等重点区域和场所的整治力度，组织经常性检查，及时发现、坚决取缔制售有毒有害食品的“黑工厂”、“黑作坊”和“黑窝点”，依法查处非法食品经营单位。

（八）严厉打击食品安全违法犯罪行为。各级监管部门要切实履行法定职责，进一步改进执法手段、提高执法效率，大力排查食品安全隐患，依法从严处罚违法违规企业及有关人员。对涉嫌犯罪案件，要及时移送立案，并积极主动配合司法机关调查取证，严禁罚过放行、以罚代刑，确保对犯罪分子的刑事责任追究到位。加强案件查处监督，对食品安全违法犯罪案件未及时查处、重大案件久拖不结的，上级政府和有关部门要组织力量直接查办。各级公安机关要明确机构和人员负责打击食品安全违法犯罪，对隐蔽性强、危害大、涉嫌犯罪的案件，根据需要提前介入，依法采取相应措施。公安机关在案件查处中需要技术鉴定的，监管部门要给予支持。坚持重典治乱，始终保持严厉打击食品安全违法犯罪的高压态势，使严惩重处成为食品安全治理常态。

（九）加强食用农产品监管。完善农产品质量安全监管体系，加快推进乡镇农产品质量安全监管公共服务机构建设，开展农产品质量安全监管示范县创建，着力提高县级农产品质量安全监管执法能力。严格农业投入品生产经营管理，加强对食用农产品种植养殖活动的规范指导，督促农产品标准化生产示范园（区、场）、农民专业合作经济组织、食用农产品生产企业落实投入品使用记录制度。扩大对食用农产品的例行监测、监督抽查范围，严防不合格产品流入市场和生产加工环节。加强对农产品批发商、经纪人的管理，强化农产品运输、仓储等过程的质量安全监管。加大农产品质量安全培训和先进适用技术推广力度，建立健全农产品产地准出、市场准入制度和农产品质量安全追溯体系，强化农产品包装标识管理。健全畜禽疫病防控体系，规范畜禽屠宰管理，完善畜禽产品检验检疫制度和无害化处理补贴政策，严防病死病害畜禽进入屠宰和肉制品加工环节。加强农产品产地环境监管，加大对农产品产地环境污染治理和污染区域种植结构调整的力度。

（十）加强食品生产经营监管。严格实施食品生产经营许可制度，对食品生产经营新业态要依法及时纳入许可管理。不能持续达到食品安全条件、整改后仍不符合要求的生产经营单位，依法撤销其相关许可。强化新资源食品、食品添加剂、食品相关产品新品种的安全性评估审查。加强监督抽检、执法检查和日常巡查，完善现场检查制度，加大对食品生产经营单位的监管力度。建立健全食品退市、召回和销毁管理制度，防止过期食品等不合格食品回流食品生产经营环节。依法查处食品和保健食品虚假宣传以及在商标、包装和标签标识等方面的违法行为。严格进口食品检验检疫准入管理，加强对进出口食品生产企业、进口商、代理商的注册、备案和监管。加强食品认证机构资质管理，严厉查处伪造冒用认证证书和标志等违法行为。加快推进餐饮服务单位量化分级管理和监督检查结果公示制度，建立与餐饮服务业相适应的监督抽检快速检测筛查模式。切实加强对食品生产加工小作坊、食品摊贩、小餐饮单位、小集贸市场及农村食品加工场所等的监管。

四、落实食品生产经营单位的主体责任

（十一）强化食品生产经营单位安全管理。食品生产经营单位要依法履行食品安全主体责任，配备专、兼职食品安全管理人员，建立健全并严格落实进货查验、出厂检验、索证验票、购销台账记录等各项管理制度。规模以上生产企业和相应的经营单位要设置食品安全管理机构，明确分管负责人。食品生产经营单位要保证必要的食品安全投入，建立健全质量安全管理体系，不断改善食品安全保障条件。要严格落实食品安全事故报告制度，向社会公布本单位食品安全信息必须真实、准确、及时。进一步健全食品行业从业人员培训制度，食品行业从业人员必须先培训后上岗并由单位组织定期培训，单位负责人、关键岗位人员要统一接受培训。

（十二）落实企业负责人的责任。食品生产经营企业法定代表人或主要负责人对食品安全负首要责任，企业质量安全主管人员对食品安全负直接责任。要建立健全从业人员岗位责任制，逐级落实责任，加强全员、全过程的食品安全管理。严格落实食品交易场所开办者、食品展销会等集中交易活动举办者、网络交易平台经营者等的食品安全管理责任。对违法违规企业，依法从严追究其负责人的责任，对被吊销证照企业的有关责任人，依法实行行业禁入。

（十三）落实不符合安全标准的食品处置及经济赔偿责任。食品生产经营者要严格落实不符合食品安全标准的食品召回和下架退市制度，并及时采取补救、无害化处理、销毁等措施，处置情况要及时向监管部门报告。对未执行主动召回、下架退市制度，或未及时采取补救、无害化处理、销毁等措施的，监管部门要责令其限期执行；拒不执行的，要加大处罚力度，直至停产停业整改、吊销证照。食品经营者要建立并执行临近保质期食品的消费提示制度，严禁更换包装和日期再行销售。食品生产经营者因食品安全问题造成他人人身、财产或者其他损害的，必须依法承担赔偿责任。积极开展食品安全责任强制保险制度试点。

（十四）加快食品行业诚信体系建设。加大对道德失范、诚信缺失的治理力度，积极开展守法经营宣传教育，完善行业自律机制。食品生产经营单位要牢固树立诚信意识，打造信誉品牌，培育诚信文化。加快建立各类食品生产经营单位食品安全信用档案，完善执法检查记录，根据信用等级实施分类监管。建设食品生产经营者诚信信息数据库和信息公共服务平台，并与金融机构、证券监管等部门实现共享，及时向社会公布食品生产经营者的信用情况，发布违法违规企业和个人“黑名单”，对失信行为予以惩戒，为诚信者创造良好发展环境。

五、加强食品安全监管能力和技术支撑体系建设

（十五）加强监管队伍建设。各地区要根据本地实际，合理配备和充实食品安全监管人员，重点强化基层监管执法力量。加强食品安全监管执法队伍的装备建设，重点增加现场快速检测和调查取证等设备的配备，提高监管执法能力。加

强监管执法队伍法律法规、业务技能、工作作风等方面的教育培训，规范执法程序，提高执法水平，切实做到公正执法、文明执法。

（十六）完善食品安全标准体系。坚持公开透明、科学严谨、广泛参与的原则，进一步完善食品、食品添加剂、食品相关产品安全标准的制修订程序。加强食品安全标准制修订工作，尽快完成现行食用农产品质量安全、食品卫生、食品质量标准和食品行业标准中强制执行标准的清理整合工作，加快重点品种、领域的标准制修订工作，充实完善食品安全国家标准体系。各地区要根据监管需要，及时制定食品安全地方标准。鼓励企业制定严于国家标准的食品安全企业标准。加强对食品安全标准宣传和执行情况的跟踪评价，切实做好标准的执行工作。

（十七）健全风险监测评估体系。加强监测资源的统筹利用，进一步增设监测点，扩大监测范围、指标和样本量，提高食品安全监测水平和能力。统一制定实施国家食品安全风险监测计划，规范监测数据报送、分析和通报等工作程序，健全食品安全风险监测体系。加强食用农产品质量安全风险监测和例行监测。建立健全食源性疾病监测网络和报告体系。严格监测质量控制，完善数据报送网络，实现数据共享。加强监测数据分析判断，提高发现食品安全风险隐患的能力。完善风险评估制度，强化食品和食用农产品的风险评估，充分发挥其对食品安全监管的支撑作用。建立健全食品安全风险预警制度，加强风险预警相关基础建设，确保预警渠道畅通，努力提高预警能力，科学开展风险交流和预警。

（十八）加强检验检测能力建设。严格食品检验检测机构的资质认定和管理，科学统筹、合理布局新建检验检测机构，加大对检验检测能力薄弱地区和重点环节的支持力度，避免重复建设。支持食品检验检测设备国产化。积极稳妥推进食品检验检测机构改革，促进第三方检验检测机构发展。推进食品检验检测数据共享，逐步实现网络化查询。鼓励地方特别是基层根据实际情况开展食品检验检测资源整合试点，积极推广成功经验，逐步建立统筹协调、资源共享的检验检测体系。

（十九）加快食品安全信息化建设。按照统筹规划、分级实施、注重应用、安全可靠的原则，依托现有电子政务系统和业务系统等资源，加快建设功能完善的食品安全信息平台，实现各地区、各部门信息互联互通和资源共享，加强信息汇总、分析整理，定期向社会发布食品安全信息。积极应用现代信息技术，创新监管执法方式，提高食品安全监管的科学化、信息化水平。加快推进食品安全电子追溯系统建设，建立统一的追溯手段和技术平台，提高追溯体系的便捷性和有效性。

（二十）提高应急处置能力。健全各级食品安全事故应急预案，加强预案演练，完善应对食品安全事故的快速反应机制和程序。加强食品安全事故应急处置体系建设，提高重大食品安全事故应急指挥决策能力。加强应急队伍建设，强化应急装备和应急物资储备，提高应急风险评估、应急检验检测等技术支撑能力，提升事故响应、现场处置、医疗救治等食品安全事故应急处置水平。制定食品安全事故调查处理办法，进一步规范食品安全事故调查处理工作程序。

六、完善相关保障措施

（二十一）完善食品安全政策法规。深入贯彻实施食品安全法，完善配套法规规章和规范性文件，形成有效衔接的食品安全法律法规体系。推动完善严惩重处食品安全违法行为的相关法律依据，着力解决违法成本低的问题。各地区要积极推动地方食品安全立法工作，加强食品生产加工小作坊和食品摊贩管理等具体办法的制修订工作。定期组织开展执法情况检查，研究解决法律执行中存在的问题，不断改进和加强执法工作。大力推进种植、畜牧、渔业标准化生产。完善促进食品产业优化升级的政策措施，提高食品产业的集约化、规模化水平。提高食品行业准入门槛，加大对食品企业技术进步和技术改造的支持力度，提高食品安全保障能力。推进食品经营场所规范化、标准化建设，大力发展现代化食品物流配送服务体系。积极推进餐饮服务食品安全示范工程建设。完善支持措施，加快推进餐厨废弃物资源化利用和无害化处理试点。

（二十二）加大政府资金投入力度。各级政府要建立健全食品安全资金投入保障机制。中央财政要进一步加大投入力度，国家建设投资要给予食品安全监管能力建设更多支持，资金要注意向中西部地区和基层倾斜。地方各级政府要将食品安全监管人员经费及行政管理、风险监测、监督抽检、科普宣教等各项工作经费纳入财政预算予以保障。切实加强食品安全项目和资金的监督管理，提高资金使用效率。

（二十三）强化食品安全科技支撑。加强食品安全学科建设和科技人才培养，建设具有自主创新能力的专业化食品安全科研队伍。整合高等院校、科研机构和企业等科研资源，加大食品安全检验检测、风险监测评估、过程控制等方面的技术攻关力度，提高食品安全管理科学化水平。加强科研成果使用前的安全性评估，积极推广应用食品安全科研成果。建立食品安全专家库，为食品安全监管提供技术支持。开展食品安全领域的国际交流与合作，加快先进适用管理制度与技术的引进、消化和吸收。

七、动员全社会广泛参与

（二十四）大力推行食品安全有奖举报。地方各级政府要加快建立健全食品安全有奖举报制度，畅通投诉举报渠道，细化具体措施，完善工作机制，实现食品安全有奖举报工作的制度化、规范化。切实落实财政专项奖励资金，合理确定奖励条件，规范奖励审定、奖金管理和发放等工作程序，确保奖励资金及时兑现。严格执行举报保密制度，保护举报人合法权益。对借举报之名捏造事实的，依法追究责任。

（二十五）加强宣传和科普教育。将食品安全纳入公益性宣传范围，列入国民素质教育内容和中小学相关课程，加大宣传教育力度。充分发挥政府、企业、行业组织、社会团体、广大科技工作者和各类媒体的作用，深入开展“食品安全宣传周”等各类宣传科普活动，普及食品安全法律法规及食品安全知识，提高公众食品安全意识和科学素养，努力营造“人人关心食品安全、人人维护食品安全”的良好社会氛围。

（二十六）构建群防群控工作格局。充分调动人民群众参与食品安全治理的积极性、主动性，组织动员社会各方力量参与食品安全工作，形成强大的社会合力。支持新闻媒体积极开展舆论监督，客观及时、实事求是报道食品安全问题。各级消费者协会要发挥自身优势，提高公众食品安全自我保护能力和维权意识，支持消费者依法维权。充分发挥食品相关行业协会、农民专业合作经济组织的作用，引导和约束食品生产经营者诚信经营。

八、加强食品安全工作的组织领导

（二十七）加强组织领导。地方各级政府要把食品安全工作摆上重要议事日程，主要负责同志亲自抓，切实加强统一领导和组织协调。要认真分析评估本地区食品安全状况，加强工作指导，及时采取有针对性的措施，解决影响本地区食品安全的重点难点问题和人民群众反映的突出问题。要细化、明确各级各类食品安全监管岗位的监管职责，主动防范、及早介入，使工作真正落实到基层，力争将各类风险隐患消除在萌芽阶段，守住不发生区域性、系统性食品安全风险的底线。国务院各有关部门要认真履行职责，加强对地方的监督检查和指导。对在食品安全工作中取得显著成绩的单位和个人，要给予表彰。

（二十八）严格责任追究。建立健全食品安全责任制，上级政府要对下级政府进行年度食品安全绩效考核，并将考核结果作为地方领导班子和领导干部综合考核评价的重要内容。发生重大食品安全事故的地方在文明城市、卫生城市等评优创建活动中实行一票否决。完善食品安全责任追究制，加大行政问责力度，加快制定关于食品安全责任追究的具体规定，明确细化责任追究对象、方式、程序等，确保责任追究到位。

中华人民共和国国务院

二〇一二年六月二十三日

国务院关于加强道路交通安全工作的意见

国发〔2012〕30号

各省、自治区、直辖市人民政府，国务院各部委、各直属机构：

为适应我国道路通车里程、机动车和驾驶人数量、道路交通运量持续大幅度增长的形势，进一步加强道路交通安全工作，保障人民群众生命财产安全，提出以下意见：

一、总体要求

（一）指导思想。以邓小平理论和“三个代表”重要思想为指导，深入贯彻落实科学发展观，牢固树立以人为本、安全发展的理念，始终把维护人民群众生命财产安全放在首位，以防事故、保安全、保畅通为核心，以落实企业主体责任为重点，全面加强人、车、路、环境的安全管理和监督执法，推进交通安全社会管理创新，形成政府统一领导、各部门协调联动、全社会共同参与的交通安全管理工作格局，有效防范和坚决遏制重特大道路交通事故，促进全国安全生产形势持续稳定好转，为经济社会发展、人民平安出行创造良好环境。

（二）基本原则。

——安全第一，协调发展。正确处理安全与速度、质量、效益的关系，坚持把安全放在首位，加强统筹规划，使道路交通安全融入国民经济社会发展大局，与经济社会同步协调发展。

——预防为主，综合治理。严格驾驶人、车辆、运输企业准入和安全管理，加强道路交通安全设施建设，深化隐患排查治理，着力解决制约和影响道路交通安全的源头性、根本性问题，夯实道路交通安全基础。

——落实责任，强化考核。全面落实企业主体责任、政府及部门监管责任和属地管理责任，健全目标考核和责任追究制度，加强督导检查和责任倒查，依法严格追究事故责任。

——科技支撑，法治保障。强化科技装备和信息化技术应用，建立健全法律法规和标准规范，加强执法队伍建设，依法严厉打击各类交通违法违规行为，不断提高道路交通科学管理与执法服务水平。

二、强化道路运输企业安全管理

（三）规范道路运输企业生产经营行为。严格道路运输市场准入管理，对新设立运输企业，要严把安全管理制度和安全生产条件审核关。强化道路运输企业安全主体责任，鼓励客运企业实行规模化、公司化经营，积极培育集约化、网络化经营的货运龙头企业。严禁客运车辆、危险品运输车辆挂靠经营。推进道路运输企业诚信体系建设，将诚信考核结果与客运线路招投标、运力投放以及保险费率、银行信贷等挂钩，不断完善企业安全管理的激励约束机制。鼓励运输企业采用交通安全统筹等形式，加强行业互助，提高企业抗风险能力。

（四）加强企业安全生产标准化建设。道路运输企业要建立健全安全生产管理机构，加强安全班组建设，严格执行安全生产制度、规范和技术标准，强化对车辆和驾驶人的安全管理，持续加大道路交通安全投入，提足、用好安全生产费用。建立专业运输企业交通安全质量管理体系，健全客运、危险品运输企业安全评估制度，对安全管理混乱、存在重大

安全隐患的企业，依法责令停业整顿，对整改不达标的按规定取消其相应资质。

（五）*严格长途客运和旅游客运安全管理*。严格客运班线审批和监管，加强班线途经道路的安全适应性评估，合理确定营运线路、车型和时段，严格控制1000千米以上的跨省长途客运班线和夜间运行时间，对现有的长途客运班线进行清理整顿，整改不合格的坚决停止运营。创造条件积极推行长途客运车辆凌晨2时至5时停止运行或实行接驳运输。客运车辆夜间行驶速度不得超过日间限速的80%，并严禁夜间通行达不到安全通行条件的三级以下山区公路。夜间遇暴雨、浓雾等影响安全视距的恶劣天气时，可以采取临时管理措施，暂停客运车辆运行。加强旅游包车安全管理，根据运行里程严格按规定配备包车驾驶人，逐步推行包车业务网上申请和办理制度，严禁发放空白旅游包车牌证。运输企业要积极创造条件，严格落实长途客运驾驶人停车换人、落地休息制度，确保客运驾驶人24小时累计驾驶时间原则上不超过8小时，日间连续驾驶不超过4小时，夜间连续驾驶不超过2小时，每次停车休息时间不少于20分钟。有关部门要加强监督检查，对违反规定超时、超速驾驶的驾驶人及相关企业依法严格处罚。

（六）*加强运输车辆动态监管*。抓紧制定道路运输车辆动态监督管理办法，规范卫星定位装置安装、使用行为。旅游包车、三类以上班线客车、危险品运输车和校车应严格按规定安装使用具有行驶记录功能的卫星定位装置，卧铺客车应同时安装车载视频装置，鼓励农村客运车辆安装使用卫星定位装置。重型载货汽车和半挂牵引车应在出厂前安装卫星定位装置，并接入道路货运车辆公共监管与服务平台。运输企业要落实安全监控主体责任，切实加强对所属车辆和驾驶人的动态监管，确保车载卫星定位装置工作正常、监控有效。对不按规定使用或故意损坏卫星定位装置的，要追究相关责任人和企业负责人的责任。

三、严格驾驶人培训考试和管理

（七）*加强和改进驾驶人培训考试工作*。进一步完善机动车驾驶人培训大纲和考试标准，严格考试程序，推广应用科技评判和监控手段，强化驾驶人安全、法制、文明意识和实际道路驾驶技能考试。客、货车辆驾驶人培训考试要增加复杂路况、恶劣天气、突发情况应对处置技能的内容，大中型客、货车辆驾驶人增加夜间驾驶考试。将大客车驾驶人培养纳入国家职业教育体系，努力解决高素质客运驾驶人短缺问题。实行交通事故驾驶人培训质量、考试发证责任倒查制度。

（八）*严格驾驶人培训机构监管*。加强驾驶人培训市场调控，提高驾驶人培训机构准入门槛，按照培训能力核定其招生数量，严格教练员资格管理。加强驾驶人培训质量监督，全面推广应用计算机计时培训管理系统，督促落实培训教学大纲和学时。定期向社会公开驾驶人培训机构的培训质量、考试合格率以及毕业学员的交通违法率和肇事率等，并作为其资质审核的重要参考。

（九）*加强客货运驾驶人安全管理*。严把客货运驾驶人从业资格准入关，加强从业条件审核与培训考试。建立客货运驾驶人从业信息、交通违法信息、交通事故信息的共享机制，加快推进信息查询平台建设，设立驾驶人"黑名单"信息库。加强对长期在本地经营的异地客货运车辆和驾驶人安全管理。督促运输企业加强驾驶人聘用管理，对发生道路交通事故致人死亡且负同等以上责任的，交通违法记满12分的，以及有酒后驾驶、超员20%以上、超速50%（高速公路超速20%）以上，或者12个月内有3次以上超速违法记录的客运驾驶人，要严格依法处罚并通报企业解除聘用。

四、加强车辆安全监管

（十）*提高机动车安全性能*。制定完善相关政策，推动机动车生产企业兼并重组，调整产品结构，鼓励发展安全、节能、环保的汽车产品，积极推进机动车标准化、轻量化，加快传统汽车升级换代。大力推广厢式货车取代栏板式货车，尽快淘汰高安全风险车型。抓紧清理、修订并逐步提高机动车安全技术标准，督促生产企业改进车辆安全技术，增设客运车辆限速和货运车辆限载等安全装置。进一步提高大中型客车和公共汽车的车身结构强度、座椅安装强度、内部装饰材料阻燃性能等，增强车辆行驶稳定性和抗侧倾能力。客运车辆座椅要尽快全部配置安全带。

（十一）*加强机动车安全管理*。落实和完善机动车生产企业及产品公告管理、强制性产品认证、注册登记、使用维修和报废等管理制度。积极推动机动车生产企业诚信体系建设，加强机动车产品准入、生产一致性监管，对不符合机动车国家安全技术标准或者与公告产品不一致的车辆，不予办理注册登记，生产企业要依法依规履行更换、退货义务。严禁无资质企业生产、销售电动汽车。落实和健全缺陷汽车产品召回制度，加大对大中型客、货汽车缺陷产品召回力度。严格报废汽车回收企业资格认定和监督管理，依法严厉打击制造和销售拼装车行为，严禁拼装车和报废汽车上路行驶。加强机动车安全技术检验和营运车辆综合性能检测，严格检验检测机构的资格管理和计量认证管理。对道路交通事故中涉及车辆非法生产、改装、拼装以及机动车产品严重质量安全问题的，要严查责任，依法从重处理。

（十二）*强化电动自行车安全监管*。修订完善电动自行车生产国家强制标准，着力加强对电动自行车生产、销售和使用的监督管理，严禁生产、销售不符合国家强制标准的电动自行车。省级人民政府要制定电动自行车登记管理办法，质监部门要做好电动自行车生产许可证管理和国家强制性标准修订工作，工业和信息化部门要严格电动自行车生产的行业管理，工商部门要依法加强电动自行车销售企业的日常监管。对违规生产、销售不合格产品的企业，要依法责令整改并严格处罚、公开曝光。公安机关要加强电动自行车通行秩序管理，严格查处电动自行车交通违法行为。地方各级人民政府要通过加强政策引导，逐步解决在用的超出国家标准的电动自行车问题。

五、提高道路安全保障水平

（十三）*完善道路交通安全设施标准和制度*。加快修订完善公路安全设施设计、施工、安全性评价等技术规范和行业标准，科学设置安全防护设施。鼓励地方在国家和行业标准的基础上，进一步提高本地区公路安全设施建设标准。严格落实交通安全设施与道路建设主体工程同时设计、同时施工、同时投入使用的"三同时"制度，新建、改建、扩建道路工程在竣（交）工验收时要吸收公安、安全监管等部门人员参加，严格安全评价，交通安全设施验收不合格的不得通车运行。对因交通安全设施缺失导致重大事故的，要限期进行整改，整改到位前暂停该区域新建道路项目的审批。

（十四）加强道路交通安全设施建设。地方各级人民政府要结合实际科学规划，有计划、分步骤地逐年增加和改善道路交通安全设施。在保证国省干线公路网等项目建设资金的基础上，加大车辆购置税等资金对公路安保工程的投入力度，进一步加强国省干线公路安全防护设施建设，特别是临水临崖、连续下坡、急弯陡坡等事故易发路段要严格按标准安装隔离栅、防护栏、防撞墙等安全设施，设置标志标线。加强公路与铁路、河道、码头联接交叉路段特别是公铁立交、跨航道桥梁的安全保护。收费公路经营企业要加强公路养护管理，对安全设施缺失、损毁的，要及时予以完善和修复，确保公路及其附属设施始终处于良好的技术状况。要积极推进公路灾害性天气预报和预警系统建设，提高对暴雨、浓雾、团雾、冰雪等恶劣天气的防范应对能力。

（十五）深入开展隐患排查治理。地方各级人民政府要建立完善道路交通安全隐患排查治理制度，落实治理措施和治理资金，根据隐患严重程度，实施省、市、县三级人民政府挂牌督办整改，对隐患整改不落实的，要追究有关负责人的责任。有关部门要强化交通事故统计分析，排查确定事故多发点段和存在安全隐患路段，全面梳理桥涵隧道、客货运场站等风险点，设立管理台账，明确治理责任单位和时限，强化对整治情况的全过程监督。切实加强公路两侧农作物秸秆禁烧监管，严防焚烧烟雾影响交通安全。

六、加大农村道路交通安全管理力度

（十六）强化农村道路交通安全基础。深入开展“平安畅通县市”和“平安农机”创建活动，改善农村道路交通安全环境。严格落实县级人民政府农村公路建设养护管理主体责任，制定改善农村道路交通安全状况的计划，落实资金，加大建设和养护力度。新建、改建农村公路要根据需要同步建设安全设施，已建成的农村公路要按照“安全、有效、经济、实用”的原则，逐步完善安全设施。地方各级人民政府要统筹城乡公共交通发展，以城市公交同等优惠条件扶持发展农村公共交通，拓展延伸农村地区客运的覆盖范围，着力解决农村群众安全出行问题。

（十七）加强农村道路交通安全监管。地方各级人民政府要加强农村道路交通安全组织体系建设，落实乡镇政府安全监督管理责任，调整优化交警警力布局，加强乡镇道路交通安全管控。发挥农村派出所、农机监理站以及驾驶人协会、村委会的作用，建立专兼职道路交通安全管理队伍，扩大农村道路交通管理覆盖面。完善农业机械安全监督管理体系，加强对农机安全监理机构的支持保障，积极推广应用农机安全技术，加强对拖拉机、联合收割机等农业机械的安全管理。

七、强化道路交通安全执法

（十八）严厉整治道路交通违法行为。加强公路巡逻管控，加大客运、旅游包车、危险品运输车等重点车辆检查力度，严厉打击和整治超速超员超载、疲劳驾驶、酒后驾驶、吸毒后驾驶、货车违法占道行驶、不按规定使用安全带等各类交通违法行为，严禁三轮汽车、低速货车和拖拉机违法载人。依法加强校车安全管理，保障乘坐校车学生安全。健全和完善治理车辆超限超载工作长效机制。研究推动将客货运车辆严重超速、超员、超限超载等行为列入以危险方法危害公共安全行为，追究驾驶人刑事责任。制定客货运车辆和驾驶人严重交通违法行为有奖举报办法，并将车辆动态监控系统记录的交通违法信息作为执法依据，定期进行检查，依法严格处罚。大力推进文明交通示范公路创建活动，加强城市道路通行秩序整治，规范机动车通行和停放，严格非机动车、行人交通管理。

（十九）切实提升道路交通安全执法效能。推进高速公路全程监控等智能交通管理系统建设，强化科技装备和信息化技术在道路交通执法中的应用，提高道路交通安全管控能力。整合道路交通管理力量和资源，建立部门、区域联勤联动机制，实现监控信息等资源共享。严格落实客货运车辆及驾驶人交通事故、交通违法行为通报制度，全面推进交通违法记录省际转递工作。研究推动将公民交通安全违法记录与个人信用、保险、职业准入等挂钩。

（二十）完善道路交通事故应急救援机制。地方各级人民政府要进一步加强道路交通事故应急救援体系建设，完善应急救援预案，定期组织演练。健全公安消防、卫生等部门联动的省、市、县三级交通事故紧急救援机制，完善交通事故急救通信系统，加强交通事故紧急救援队伍建设，配足救援设备，提高施救水平。地方各级人民政府要依法加快道路交通事故社会救助基金制度建设，制定并完善实施细则，确保事故受伤人员的医疗救治。

八、深入开展道路交通安全宣传教育

（二十一）建立交通安全宣传教育长效机制。地方各级人民政府每年要制定并组织实施道路交通安全宣传教育计划，加大宣传投入，督促各部门和单位积极履行宣传责任和义务，实现交通安全宣传教育社会化、制度化。加大公益宣传力度，报刊、广播、电视、网络等新闻媒体要在重要版面、时段通过新闻报道、专题节目、公益广告等方式开展交通安全公益宣传。设立“全国交通安全日”，充分发挥主管部门、汽车企业、行业协会、社区、学校和单位的宣传作用，广泛开展道路交通安全宣传活动，不断提高全民的交通守法意识、安全意识和公德意识。

（二十二）全面实施文明交通素质教育工程。深入推进“文明交通行动计划”，广泛开展交通安全宣传进农村、进社区、进企业、进学校、进家庭活动，推行实时、动态的交通安全教育和在线服务。建立交通安全警示提示信息发布平台，加强事故典型案例警示教育，开展交通安全文明驾驶人评选活动，充分利用各种手段促进驾驶人依法驾车、安全驾车、文明驾车。坚持交通安全教育从儿童抓起，督促指导中小学结合有关课程加强交通安全教育，鼓励学校结合实际开发有关交通安全教育的校本课程，夯实国民交通安全素质基础。

（二十三）加强道路交通安全文化建设。积极拓展交通安全宣传渠道，建立交通安安全宣传教育基地，创新宣传教育方法，以学校、驾驶人培训机构、运输企业为重点，广泛宣传道路交通安全法律法规和安全知识。推动开设交通安全宣

传教育网站、电视频道，加强交通安全文学、文艺、影视等作品创作、征集和传播活动，积极营造全社会关注交通安全、全民参与文明交通的良好文化氛围。

九、严格道路交通事故责任追究

（二十四）加强重大道路交通事故联合督办。严格执行重大事故挂牌督办制度，健全完善重大道路交通事故“现场联合督导、统筹协调调查、挂牌通报警示、重点约谈检查、跟踪整改落实”的联合督力、工作机制，形成各有关部门齐抓共管的监管合力。研究制定道路交通安全奖惩制度，对于成效显著的地方、部门和单位予以表扬和奖励；对发生特别重大道路交通事故的，或者一年内发生3起及以上重大道路交通事故的，省级人民政府要向国务院作出书面检查；对一年内发生两起重大道路交通事故或发生性质严重、造成较大社会影响的重大道路交通事故的，国务院安全生产委员会办公室要会同有关部门及时约谈相关地方政府和部门负责同志。

（二十五）加大事故责任追究力度。研究制定重特大道路交通事故处置规范，完善跨区域责任追究机制，建立健全重大道路交通事故信息公开制度。对发生重大及以上或者6个月内发生两起较大及以上责任事故的道路运输企业，依法责令停业整顿；停业整顿后符合安全生产条件的，准予恢复运营，但客运企业3年内不得新增客运班线，旅游企业3年内不得新增旅游车辆；停业整顿仍不具备安全生产条件的，取消相应许可或吊销其道路运输经营许可证，并责令其办理变更、注销登记直至依法吊销营业执照。对道路交通事故发生负有责任的单位及其负责人，依法依规予以处罚，构成犯罪的，依法追究刑事责任。发生重特大道路交通事故的，要依法依纪追究地方政府及相关部门的责任。

十、强化道路交通安全组织保障

（二十六）加强道路交通安全组织领导。地方各级人民政府要高度重视道路交通安全工作，将其纳入经济和社会发展规划，与经济建设和社会发展同部署、同落实、同考核，并加强对道路交通安全工作的统筹协调和监督指导。实行道路交通安全地方行政首长负责制，将道路交通安全工作纳入政府工作重要议事日程，定期分析研判安全形势，研究部署重点工作。严格道路交通事故总结报告制度，省级人民政府每年1月15日前要将本地区道路交通安全工作情况向国务院作出专题报告。

（二十七）落实部门管理和监督职责。各有关部门要按照“谁主管、谁负责，谁审批、谁负责”的原则，依法履行职责，落实监管责任，切实构建“权责一致、分工负责、齐抓共管、综合治理”的协调联动机制。要严格责任考核，将道路交通安全工作作为有关领导干部实绩考评的重要内容，并将考评结果作为综合考核评价的重要依据。

（二十八）完善道路交通安全保障机制。研究建立中央、地方、企业和社会共同承担的道路交通安全长效投入机制，不断拓展道路交通安全资金保障来源，推动完善相关财政、税收、信贷支持政策，强化政府投资对道路交通安全投入的引导和带动作用，将交警、运政、路政、农机监理各项经费按规定纳入政府预算。要根据道路里程、机动车增长等情况，相应加强道路交通安全管理力量建设，完善道路交通警务保障机制。地方各级人民政府要研究出台高速公路交通安全发展的相关保障政策，将高速公路交通安全执勤执法营房等配套设施与高速公路建设同步规划设计、同步投入使用并给予资金保障，高速公路建设管理单位要积极创造条件予以配合支持。

中华人民共和国国务院

2012年7月22日

国务院关于地方改革完善食品药品监督管理体制的指导意见

国发〔2013〕18号

各省、自治区、直辖市人民政府，国务院各部委、各直属机构：

按照党的十八大、十八届二中全会精神和第十二届全国人民代表大会第一次会议审议通过的《国务院机构改革和职能转变方案》，决定组建国家食品药品监督管理总局，对食品药品实行统一监督管理。为确保食品药品监管工作上下联动、协同推进，平稳运行、整体提升，现就地方改革完善食品药品监督管理体制提出如下意见。

一、充分认识改革完善食品药品监督管理体制的重要意义

食品药品安全是重大的基本民生问题，党中央、国务院高度重视，人民群众高度关切。近年来，国家采取了一系列重大政策举措，各地区、各有关部门认真抓好贯彻落实，不断加大监管力度，我国食品药品安全保障水平稳步提高，形势总体稳定趋好。但实践中食品监管职责交叉和监管空白并存，责任难以完全落实，资源分散配置难以形成合力，整体行政效能不高。同时，人民群众对药品的安全性和有效性也提出了更高要求，药品监督管理能力也需要加强。改革完善食品药品监管体制，整合机构和职责，有利于政府职能转变，更好地履行市场监管、社会管理和公共服务职责；有利于理顺部门职责关系，强化和落实监管责任，实现全程无缝监管；有利于形成一体化、广覆盖、专业化、高效率的食品药品监管体系，形成食品药品监管社会共治格局，更好地推动解决关系人民群众切身利益的食品药品安全问题。

各地区要充分认识改革完善食品药品监管体制的重要性和紧迫性，切实履行对本地区食品药品安全负总责的要求，抓紧抓好本地区食品药品监管体制改革和机构调整工作。

二、加快推进地方食品药品监督管理体制改革

地方食品药品监管体制改革，要全面贯彻党的十八大和十八届二中全会精神，以邓小平理论、“三个代表”重要思想、科学发展观为指导，以保障人民群众食品药品安全为目标，以转变政府职能为核心，以整合监管职能和机构为重点，按照精简、统一、效能原则，减少监管环节、明确部门责任、优化资源配置，对生产、流通、消费环节的食品安全和药品的安全性、有效性实施统一监督管理，充实加强基层监管力量，进一步提高食品药品监督管理水平。

（一）整合监管职能和机构。为了减少监管环节，保证上下协调联动，防范系统性食品药品安全风险，省、市、县级政府原则上参照国务院整合食品药品监督管理职能和机构的模式，结合本地实际，将原食品安全办、原食品药品监管部门、工商行政管理部门、质量技术监督部门的食品安全监管和药品管理职能进行整合，组建食品药品监督管理机构，对食品药品实行集中统一监管，同时承担本级政府食品安全委员会的具体工作。地方各级食品药品监督管理机构领导班子由同级地方党委管理，主要负责人的任免须事先征求上级业务主管部门的意见，业务上接受上级主管部门的指导。

（二）整合监管队伍和技术资源。参照《国务院机构改革和职能转变方案》关于“将工商行政管理、质量技术监督部门相应的食品安全监督管理队伍和检验检测机构划转食品药品监督管理部门”的要求，省、市、县各级工商部门及其基层派出机构要划转相应的监管执法人员、编制和相关经费，省、市、县各级质监部门要划转相应的监管执法人员、编制和涉及食品安全的检验检测机构、人员、装备及相关经费，具体数量由地方政府确定，确保新机构有足够力量和资源有效履行职责。同时，整合县级食品安全检验检测资源，建立区域性的检验检测中心。

（三）加强监管能力建设。在整合原食品药品监管、工商、质监部门现有食品药品监管力量基础上，建立食品药品监管执法机构。要吸纳更多的专业技术人员从事食品药品安全监管工作，根据食品药品监管执法工作需要，加强监管执法人员培训，提高执法人员素质，规范执法行为，提高监管水平。地方各级政府要增加食品药品监管投入，改善监管执法条件，健全风险监测、检验检测和产品追溯等技术支撑体系，提升科学监管水平。食品药品监管所需经费纳入各级财政预算。

（四）健全基层管理体系。县级食品药品监督管理机构可在乡镇或区域设立食品药品监管派出机构。要充实基层监管力量，配备必要的技术装备，填补基层监管执法空白，确保食品和药品监管能力在监管资源整合中都得到加强，在农村行政村和城镇社区要设立食品药品监管协管员，承担协助执法、隐患排查、信息报告、宣传引导等职责。要进一步加强基层农产品质量安全监管机构和队伍建设。推进食品药品监管工作关口前移、重心下移，加快形成食品药品监管横向到边、纵向到底的工作体系。

三、认真落实食品药品监督管理责任

（一）地方政府要负总责。地方各级政府要切实履行对本地区食品药品安全负总责的要求，在省级政府的统一组织领导下，切实抓好本地区的食品药品监管体制改革，统筹做好生猪定点屠宰监督管理职责调整工作，确保职能、机构、队伍、装备等及时划转到位，配套政策措施落实到位，各项工作有序衔接。要加强组织协调，强化保障措施，落实经费保障，实现社会共治，提升食品药品安全监管整体水平。

（二）监管部门要履职尽责。要转变管理理念，创新管理方式，建立和完善食品药品安全监管制度，建立生产经营者主体责任制，强化监管执法检查，加强食品药品安全风险预警，严密防范区域性、系统性食品药品安全风险。农业部门要落实农产品质量安全监管责任，加强畜禽屠宰环节、生鲜乳收购环节质量安全和有关农业投入品的监督管理，强化源头治理。各地可参照国家有关部门对食用农产品监管职责分工方式，按照无缝衔接的原则，合理划分食品药品监管部门和农业部门的监管边界，切实做好食用农产品产地准出管理与批发市场准入管理的衔接。卫生部门要加强食品安全标准、风险评估等相关工作。各级政府食品安全委员会要切实履行监督、指导、协调职能，加强监督检查和考核评价，完善政府、企业、社会齐抓共管的综合监管措施。

（三）相关部门要各负其责。各级与食品安全工作有关的部门要各司其职，各负其责，积极做好相关工作，形成与监管部门的密切协作联动机制。质监部门要加强食品包装材料、容器、食品生产经营工具等食品相关产品生产加工的监督管理。城管部门要做好食品摊贩等监管执法工作。公安机关要加大对食品药品犯罪案件的侦办力度，加强行政执法和刑事司法的衔接，严厉打击食品药品违法犯罪活动。要充分发挥市场机制、社会监督和行业自律作用，建立健全督促生产经营者履行主体责任的长效机制。

四、确保食品药品监督管理体制改革有序推进

食品药品安全工作社会关注度高，各方面对体制改革的期待高，各地区、各有关部门务必精心组织、周密部署，加快推进步伐，取得让人民群众满意的实效。

（一）加强领导，扎实推进。省级政府负责制定出台体制改革工作方案和配套措施，统筹本地区食品药品监管机构改革工作。地方各级政府要成立食品药品监管机构改革领导小组，主要领导亲自负责。食品药品日常监管任务繁重，要尽可能缩短改革过渡期。省、市、县三级食品药品监督管理机构改革工作，原则上分别于2013年上半年、9月底和年底前

完成。国务院各有关部门要支持地方政府的工作，不干预地方政府的改革措施。

（二）协调配合，平稳过渡。改革过渡期间，食品安全各环节的监管责任和药品监管责任仍由原系统承担，并按既定部署做好相关工作。各有关部门要顾全大局，相互支持，密切配合，做好人、财、物的划转工作。要有针对性地做好干部职工的思想政治工作，确保思想不乱、队伍不散、工作不断，确保各项工作上下贯通、运转顺畅，及时处理食品药品安全突发事件，实现与新建机构食品药品安全监管工作的平稳过渡。

（三）严肃纪律，强化指导。地方各级政府、各有关部门要严格执行有关编制、人事、财经纪律，严禁在体制改革过程中超编进人、超职数配备领导干部、突击提拔干部，严防国有资产流失。对违反规定的，要追究有关人员的责任。中央编办、国家食品药品监督管理总局要及时掌握和研究解决地方机构改革过程中出现的新情况、新问题，加强协调指导、督促检查，加大支持力度，为地方改革创造良好条件。

（四）加强宣传，营造氛围。地方各级政府、各有关部门和新闻单位，要开展多种形式的宣传教育活动，大力宣传食品药品安全形势和政策，让广大干部群众充分了解改革的目的意义、目标任务、重大措施，进一步统一思想、凝聚共识，形成全社会支持改革、参与改革的良好舆论环境。

做好食品药品安全工作事关重大，影响深远。实现食品药品安全的长治久安，必须形成社会共治的格局。地方各级政府要以此次体制改革和机构调整为契机，在明确监管部门职责、加强监管能力建设、充实基层监管力量、落实好属地管理责任的同时，推动制定地方性法规，强化食品药品生产经营者的法律责任，夯实食品药品安全基础，确保本地区食品药品安全。要深刻认识食品药品安全监管工作的艰巨性和长期性，多措并举、标本兼治、统筹推进，着力提高食品药品产业整体素质，创造公平法治诚信市场环境，加快构建符合国情、科学合理的食品药品安全体系，全面提升食品药品安全水平。

中华人民共和国国务院

2013年4月10日

国务院关于加快发展节能环保产业的意见

国发〔2013〕30号

各省、自治区、直辖市人民政府，国务院各部委、各直属机构：

资源环境制约是当前我国经济社会发展面临的突出矛盾。解决节能环保问题，是扩内需、稳增长、调结构，打造中国经济升级版的一项重要而紧迫的任务。加快发展节能环保产业，对拉动投资和消费，形成新的经济增长点，推动产业升级和发展方式转变，促进节能减排和民生改善，实现经济可持续发展和确保2020年全面建成小康社会，具有十分重要的意义。为加快发展节能环保产业，现提出以下意见：

一、总体要求

（一）指导思想。牢固树立生态文明理念，立足当前、着眼长远，围绕提高产业技术水平和竞争力，以企业为主体、以市场为导向、以工程为依托，强化政府引导，完善政策机制，培育规范市场，着力加强技术创新，大力提高技术装备、产品、服务水平，促进节能环保产业快速发展，释放市场潜在需求，形成新的增长点，为扩内需、稳增长、调结构，增强创新能力，改善环境质量，保障改善民生和加快生态文明建设作出贡献。

（二）基本原则。

创新引领，服务提升。加快技术创新步伐，突破关键核心技术和共性技术，缩小与国际先进水平的差距，提升技术装备和产品的供给能力。推行合同能源管理、特许经营、综合环境服务等市场化新型节能环保服务业态。

需求牵引，工程带动。营造绿色消费政策环境，推广节能环保产品，加快实施节能、循环经济和环境保护重点工程，释放节能环保产品、设备、服务的消费和投资需求，形成对节能环保产业发展的有力拉动。

法规驱动，政策激励。健全节能环保法规和标准，强化监督管理，完善政策机制，加强行业自律，规范市场秩序，形成促进节能环保产业快速健康发展的激励和约束机制。

市场主导，政府引导。充分发挥市场配置资源的基础性作用，以市场需求为导向，用改革的办法激发各类市场主体的积极性。针对产业发展的薄弱环节和瓶颈制约，有效发挥政府规划引导、政策激励和调控作用。

（三）主要目标。

产业技术水平显著提升。企业技术创新和科技成果集成、转化能力大幅提高，能源高效和分质梯级利用、污染物防治和安全处置、资源回收和循环利用等关键核心技术研发取得重点突破，装备和产品的质量、性能显著改善，形成一大批拥有知识产权和国际竞争力的重大装备和产品，部分关键共性技术达到国际先进水平。

国产设备和产品基本满足市场需求。通过引进消化吸收和再创新，努力提高产品技术水平，促进我国节能环保关键材料以及重要设备和产品在工业、农业、服务业、居民生活各领域的广泛应用，为实现节能环保目标提供有力的技术保障。用能单位广泛采用“节能医生”诊断、合同能源管理、能源管理师制度等节能服务新机制改善能源管理，城镇污水、垃圾处理和脱硫、脱硝设施运营基本实现专业化、市场化、社会化，综合环境服务得到大力发展。建设一批技术先进、配套健全、发展规范的节能环保产业示范基地，形成以大型骨干企业为龙头、广大中小企业配套的产业良性发展格局。

辐射带动作用得到充分发挥。完善激励约束机制，建立统一开放、公平竞争、规范有序的市场秩序。节能环保产业产值年均增速在15%以上，到2015年，总产值达到4.5万亿元，成为国民经济新的支柱产业。通过推广节能环保产品，有效拉动消费需求；通过增强工程技术能力，拉动节能环保社会投资增长，有力支撑传统产业改造升级和经济发展方式加快转变。

二、围绕重点领域，促进节能环保产业发展水平全面提升

当前，要围绕市场应用广、节能减排潜力大、需求拉动效应明显的重点领域，加快相关技术装备的研发、推广和产业化，带动节能环保产业发展水平全面提升。

（一）加快节能技术装备升级换代，推动重点领域节能增效。

推广高效锅炉。发展一批高效锅炉制造基地，培育一批高效锅炉大型骨干生产企业。重点提高锅炉自动化控制、主辅机匹配优化、燃料品种适应、低温烟气余热深度回收、小型燃煤锅炉高效燃烧等技术水平，加大高效锅炉应用推广力度。

扩大高效电动机应用。推动高效电动机产业加快发展，建设15~20个高效电机及其控制系统产业化基地。大力发展三相异步电动机、稀土永磁无铁芯电机等高效电机产品，提高高效电机设计、匹配和关键材料、装备，以及高压变频、无功补偿等控制系统的技术水平。

发展蓄热式燃烧技术装备。建设一批以高效燃烧、换热及冷却技术为特色的制造基地，加快重大技术、装备的产业化示范和规模化应用。重点是综合采用优化炉膛结构、利用预热、强化辐射传热等节能技术集成，提高加热炉燃烧效率；在预混和蓄热结合、蓄热体材料研发、蓄热式燃烧器小型化方面力争取得突破。

加快新能源汽车技术攻关和示范推广。加快实施节能与新能源汽车技术创新工程，大力加强动力电池技术创新，重点解决动力电池系统安全性、可靠性和轻量化问题，加强驱动电机及核心材料、电控等关键零部件研发和产业化，加快完善配套产业和充电设施，示范推广纯电动汽车和插电式混合动力汽车、空气动力车辆等。

推动半导体照明产业化。整合现有资源，提高产业集中度，培育10~15家掌握核心技术、拥有知识产权和知名品牌的龙头企业，建设一批产业链完善的产业集聚区，关键生产设备、重要原材料实现本地化配套。加快核心材料、装备和关键技术的研发，着力解决散热、模块化、标准化等重大技术问题。

（二）提升环保技术装备水平，治理突出环境问题。

示范推广大气治理技术装备。加快大气治理重点技术装备的产业化发展和推广应用。大力发展脱硝催化剂制备和再生、资源化脱硫技术装备，推进耐高温、耐腐蚀纤维及滤料的开发应用，加快发展选择性催化还原技术和选择性非催化还原技术及其装备，以及高效率、高容量、低阻力微粒过滤器等汽车尾气净化技术装备，实施产业化示范工程。

开发新型水处理技术装备。推动形成一批水处理技术装备产业化基地。重点发展高通量、持久耐用的膜材料和组件，大型臭氧发生器，地下水高效除氟、砷、硫酸盐技术，高浓度难降解工业废水成套处理装备，污泥减量化、无害化、资源化技术装备。

推动垃圾处理技术装备成套化。采取开展示范应用、发布推荐目录、完善工程标准等多种手段，大力推广垃圾处理先进技术和装备。重点发展大型垃圾焚烧设施炉排及其传动系统、循环流化床预处理工艺技术、焚烧烟气净化技术和垃圾渗滤液处理技术等，重点推广300吨/日以上生活垃圾焚烧炉及烟气净化成套装备。

攻克污染土壤修复技术。重点研发污染土壤原位稳定剂、异位固定剂，受污染土壤生物修复技术、安全处理处置和资源化利用技术，实施产业化示范工程，加快推广应用。

加强环境监测仪器设备的开发应用。提高细颗粒物（$PM_{2.5}$）等监测仪器设备的稳定性，完善监测数据系统，提升设备生产质量控制水平。开发大气、水、重金属在线监测仪器设备，培育发展一批掌握核心技术、产品质量可靠、市场认可度高的骨干企业。加快大气、水等环境质量在线实时监测站点及网络建设，配备技术先进、可靠性高的环境监测仪器设备。

（三）发展资源循环利用技术装备，提高资源产出率。

提升再制造技术装备水平。提升再制造产业创新能力，推广纳米电刷镀、激光熔覆成形等产品再制造技术。研发无损拆解、表面预处理、零部件疲劳剩余寿命评估等再制造技术装备。重点支持建立10~15个国家级再制造产业聚集区和一批重大示范项目，大幅度提高基于表面工程技术的装备应用率。

建设“城市矿产”示范基地。推动再生资源清洁化回收、规模化利用和产业化发展。推广大型废钢破碎剪切、报废汽车和废旧电器破碎分选等技术。提高稀贵金属精细分离提纯、塑料改性和混合废塑料高效分拣、废电池全组分回收利用等装备水平。支持建设50个“城市矿产”示范基地，加快再生资源回收体系建设，形成再生资源加工利用能力8000万吨以上。

深化废弃物综合利用。推动资源综合利用示范基地建设，鼓励产业聚集，培育龙头企业。积极发展尾矿提取有价元素、煤矸石生产超细纤维等高值化利用关键共性技术及成套装备。开发利用产业废物生产新型建材等大型化、精细化、成套化技术装备。加大废旧电池、荧光灯回收利用技术研发。支持大宗固体废物综合利用，提高资源综合利用产品的技术含量和附加值。推动粮棉主产区秸秆综合利用。加快建设餐厨废弃物无害化处理和资源化利用设施。

推动海水淡化技术创新。培育一批集研发、孵化、生产、集成、检验检测和工程技术服务于一体的海水淡化产业基地。示范推广膜法、热法和耦合法海水淡化技术以及电水联产海水淡化模式，完善膜组件、高压泵、能量回收装置等关键部件及系统集成技术。

（四）创新发展模式，壮大节能环保服务业。

发展节能服务产业。落实财政奖励、税收优惠和会计制度，支持重点用能单位采用合同能源管理方式实施节能改造，开展能源审计和“节能医生”诊断，打造“一站式”合同能源管理综合服务平台，专业化节能服务公司的数量、规模和效益快速增长。积极探索节能量交易等市场化节能机制。

扩大环保服务产业。在城镇污水处理、生活垃圾处理、烟气脱硫脱硝、工业污染治理等重点领域，鼓励发展包括系统设计、设备成套、工程施工、调试运行、维护管理的环保服务总承包和环境治理特许经营模式，专业化、社会化服务占全行业的比例大幅提高。加快发展生态环境修复、环境风险与损害评价、排污权交易、绿色认证、环境污染责任保险等新兴环保服务业。

培育再制造服务产业。支持专业化公司利用表面修复、激光等技术为工矿企业设备的高值易损部件提供个性化再制造服务，建立再制造旧件回收、产品营销、溯源等信息化管理系统。推动构建废弃物逆向物流交易平台。

三、发挥政府带动作用，引领社会资金投入节能环保工程建设

（一）加强节能技术改造。发挥财政资金的引导带动作用，采取补助、奖励、贴息等方式，推动企业实施锅炉（窑炉）和换热设备等重点用能装备节能改造，全面推动电机系统节能、能量系统优化、余热余压利用、节约和替代石油、交通运输节能、绿色照明、流通零售领域节能等节能重点工程，提高传统行业的工程技术节能能力，加快节能技术装备的推广应用。开展数据中心节能改造，降低数据中心、超算中心服务器、大型计算机冷却耗能。

（二）实施污染治理重点工程。落实企业污染治理主体责任，加强大气污染治理，开展多污染物协同防治，督促推动重点行业企业加大投入，积极采用先进环保工艺、技术和装备，加快脱硫脱硝除尘改造，炼油行业加快工艺技术改造，提高油品标准，限期淘汰黄标车、老旧汽车。启动实施安全饮水、地表水保护、地下水保护、海洋保护等清洁水行动，加快重点流域、清水廊道、规模化畜禽养殖场等重点水污染防治工程建设，推动重点高耗水行业节水改造。实施土壤环境保护工程，以重金属和有机污染物为重点，选择典型区域开展土壤污染治理与修复试点示范。加大重点行业清洁生产推行力度，支持企业采用源头减量、减毒、减排以及过程控制等先进成熟清洁生产技术，实施汞污染削减、铅污染削减、高毒农药替代工程。

（三）推进园区循环化改造。引导企业和地方政府加大资金投入，推进园区（开发区）循环化改造，推动各类园区建设废物交换利用、能量分质梯级利用、水分类利用和循环使用、公共服务平台等基础设施，实现园区内项目、企业、产业有效组合和循环链接，打造园区的“升级版”。推动一批国家级和省级开发区提高主要资源产出率、土地产出率、资源循环利用率，基本实现“零排放”。

（四）加快城镇环境基础设施建设。以地方政府和企业投入为主，中央财政适当支持，加快污水垃圾处理设施和配套管网地下工程建设，推进建筑中水利用和城镇污水再生利用。探索城市垃圾处理新出路，实施协同资源化处理城市废弃物示范工程。到2015年，所有设市城市和县城具备污水集中处理能力和生活垃圾无害化处理能力，城镇污水处理规模达到2亿立方米/日以上；城镇生活垃圾无害化处理能力达到87万吨/日以上，生活垃圾焚烧处理设施能力达到无害化处理总能力的35%以上。加强城镇园林绿化建设，提升城镇绿地功能，降减热岛效应。推动生态园林城市建设。

（五）开展绿色建筑行动。到2015年，新增绿色建筑面积10亿平方米以上，城镇新建建筑中二星级及以上绿色建筑比例超过20%；建设绿色生态城（区）。提高新建建筑节能标准，推动政府投资建筑、保障性住房及大型公共建筑率先执行绿色建筑标准，新建建筑全面实行供热按户计量；推进既有居住建筑供热计量和节能改造；实施供热管网改造2万千米；在各级机关和教科文卫系统创建节约型公共机构2000家，完成公共机构办公建筑节能改造6000万平方米，带动绿色建筑建设改造投资和相关产业发展。大力发展绿色建材，推广应用散装水泥、预拌混凝土、预拌砂浆，推动建筑工业化。积极推进太阳能发电等新能源和可再生能源建筑规模化应用，扩大新能源产业国内市场需求。

四、推广节能环保产品，扩大市场消费需求

（一）扩大节能产品市场消费。继续实施并研究调整节能产品惠民政策，实施能效“领跑者”计划，推动超高效节能产品市场消费。强化能效标识和节能产品认证制度实施力度，引导消费者购买高效节能产品。继续采取补贴方式，推广高效节能照明、高效电机等产品。研究完善峰谷电价、季节性电价政策，通过合理价差引导群众改变生活模式，推动节能产品的应用。在北京、上海、广州等城市扩大公共服务领域新能源汽车示范推广范围，每年新增或更新的公交车中新能源汽车的比例达到60%以上，开展私人购买新能源汽车和新能源出租车、物流车补贴试点。到2015年，终端用能产品能效水平提高15%以上，高效节能产品市场占有率提高到50%以上。

（二）拉动环保产品及再生产品消费。研究扩大环保产品消费的政策措施，完善环保产品和环境标志产品认证制度，推广油烟净化器、汽车尾气净化器、室内空气净化器、家庭厨余垃圾处理器、浓缩洗衣粉等产品，满足消费者需求。放开液化石油气（LPG）市场管控，扩大农村居民使用量。开展再制造“以旧换再"工作，对交回旧件并购买“以旧换再”再制造推广试点产品的消费者，给予一定比例补贴，近期重点推广再制造发动机、电动机等。落实相关支持政策，推动粉煤灰、煤矸石、建筑垃圾、秸秆等资源综合利用产品应用。

（三）推进政府采购节能环保产品。完善政府强制采购和优先采购制度，提高采购节能环保产品的能效水平和环保标准，扩大政府采购节能环保产品范围，不断提高节能环保产品采购比例，发挥示范带动作用。政府普通公务用车要优先采购1.8升（含）以下燃油经济性达到要求的小排量汽车和新能源汽车，择优选用纯电动汽车，研究对硒鼓、墨盒、再生纸等再生产品以及汽车零部件再制造产品的政府采购支持措施。鼓励政府机关、事业单位采取购买服务的方式，提高能源、水等资源利用效率，降低使用成本。抓紧研究制定政府机关及公共机构购买新能源汽车的实施方案。

五、加强技术创新，提高节能环保产业市场竞争力

（一）支持企业技术创新能力建设。强化企业技术创新主体地位，鼓励企业加大研发投入，支持企业牵头承担节能环保国家科技计划项目。国家重点建设的节能环保技术研究中心和实验室优先在骨干企业布局。发展一批由骨干企业主导、产学研用紧密结合的产业技术创新战略联盟等平台。支持区域节能环保科技服务平台建设。

（二）加快掌握重大关键核心技术。充分发挥国家科技重大专项、科技计划专项资金等的作用，加大节能环保关键共性技术攻关力度，加快突破能源高效和分质梯级利用、污染物防治和安全处置、资源回收和循环利用、二氧化碳热泵、低品位余热利用、供热锅炉模块化等关键技术和装备。瞄准未来技术发展制高点，提前部署碳捕集、利用和封存技术装备。

（三）促进科技成果产业化转化。选择节能环保产业发展基础好的地区，建设一批产业集聚、优势突出、产学研用有机结合、引领示范作用显著的节能环保产业示范基地，支持成套装备及配套设备、关键共性技术和先进制造技术的生产制造和推广应用。加强知识产权保护，推进知识产权投融资机制建设，鼓励设立中小企业公共服务平台、出台扶持政策，支持中小型节能环保企业开展技术创新和产业化发展。筛选一批技术先进、经济适用的节能环保装备设备，扩大推广应用。

（四）推动国际合作和人才队伍建设。鼓励企业、科研机构开展国际科技交流与合作，支持企业节能环保创新人才队伍建设。依托“千人计划”和海外高层次创新创业人才基地建设，加快吸引海外高层次人才来华创新创业。依托重大人才工程，大力培养节能环保科技创新、工程技术等高端人才。

六、强化约束激励，营造有利的市场和政策环境

（一）健全法规标准。加快制（修）订节能环保标准，逐步提高终端用能产品能效标准和重点行业单位产品能耗限额标准，按照改善环境质量的需要，完善环境质量标准和污染物排放标准体系，提高污染物排放控制要求，扩大监控污染物范围，强化总量控制和有毒有害污染物排放控制，充分发挥标准对产业发展的催生促进作用，推动传统产业升级改造。完善节能环保法律法规，推动加快制定固定资产投资项目节能评估和审查法，制定节能技术推广管理办法。严格节能环保执法，严肃查处各类违法违规行为，做好行政执法与刑事司法的衔接，依法加大对环境污染犯罪的惩处力度。认真落实执法责任追究制。加强对节能环保标准、认证标识、政策措施等落实情况的监督检查。加快建立节能减排监测、评估体系和技术服务平台。

（二）强化目标责任。完善节能减排统计、监测、考核体系，健全节能减排预警机制，强化节能减排目标进度考核，建立健全行业节能减排工作评价制度。将考核结果作为领导班子和领导干部综合考核评价的重要内容，纳入政府绩效管理，落实奖惩措施，实行问责制。完善节能评估和审查制度，发挥能评对控制能耗总量和增量的重要作用。落实万家企业节能量目标，加大对重点耗能企业节能的评价考核力度。落实节能减排目标责任制，形成促进节能环保产业发展的倒逼机制。

（三）加大财政投入。加大中央预算内投资和中央财政节能减排专项资金对节能环保产业的投入，继续安排国有资本经营预算支出支持重点企业实施节能环保项目。地方各级人民政府要提高认识，加大对节能环保重大工程和技术装备研发推广的投入力度，解决突出问题。要进一步转变政府职能，完善财政支持方式和资金管理办法，简化审批程序，强化监管，充分调动各方面积极性，推动节能环保产业积极有序发展。

（四）拓展投融资渠道。大力发展绿色信贷，按照风险可控、商业可持续的原则，加大对节能环保项目的支持力度。积极创新金融产品和服务，按照现有政策规定，探索将特许经营权等纳入贷款抵（质）押担保物范围。支持绿色信贷和金融创新，建立绿色银行评级制度。支持融资性担保机构加大对符合产业政策、资质好、管理规范的节能环保企业的担保力度。支持符合条件的节能环保企业发行企业债券、中小企业集合债券、短期融资券、中期票据等债务融资工具。选择资质条件较好的节能环保企业，开展非公开发行企业债券试点。稳步发展碳汇交易。鼓励和引导民间投资和外资进入节能环保领域。

（五）完善价格、收费和土地政策。加快制定实施鼓励余热余压余能发电及背压热电、可再生能源发展的上网和价格政策。完善电力峰谷分时电价政策，扩大应用面并逐步扩大峰谷价差。对超过产品能耗（电耗）限额标准的企业和产品，实行惩罚性电价。严格落实燃煤电厂脱硫、脱硝电价政策和居民用电阶梯价格，推行居民用水用气阶梯价格。

深化市政公用事业市场化改革，完善供热计量价格和收费管理办法，完善污水处理费和垃圾处理费政策，将污泥处理费用纳入污水处理成本，完善对自备水源用户征收污水处理费的制度。改进垃圾处理费征收方式，合理确定收费载体和标准，提高收缴率和资金使用效率。对城镇污水垃圾处理设施、“城市矿产”示范基地、集中资源化处理中心等国家支持的节能环保重点工程用地，在土地利用年度计划安排中给予重点保障。严格落实并不断完善现有节能、节水、环境保护、资源综合利用的税收优惠政策。

（六）推行市场化机制。建立主要终端用能产品能效“领跑者”制度，明确实施时限。推进节能发电调度。强化电力需求侧管理，开展城市综合试点。研究制定强制回收产品和包装物目录，建立生产者责任延伸制度，推动生产者落实废弃产品回收、处理等责任。采取政府建网、企业建厂等方式，鼓励城镇污水垃圾处理设施市场化建设和运营。深化排污权有偿使用和交易试点，建立完善排污权有偿使用和交易政策体系，研究制定排污权交易初始价格和交易价格政策。

开展碳排放权交易试点。健全污染者付费制度，完善矿产资源补偿制度，加快建立生态补偿机制。

（七）支持节能环保产业“走出去”和“引进来”。鼓励有条件的企业承揽境外各类环保工程、服务项目。结合受援国需要和我国援助能力，加大环境保护、清洁能源、应对气候变化等领域的对外援助力度，支持开展相关技术、产品和服务合作。培育建设一批国家科技兴贸创新基地。鼓励节能环保企业参加各类双边或国际节能环保论坛、展览及贸易投资促进活动等，充分利用相关平台进行交流推介，开展国际合作，增强“走出去”的能力。引导外资投向节能环保产业，丰富外商投资方式，拓宽外商投资渠道，不断完善外商投资软环境。继续支持引进先进的节能环保核心关键技术和设备。国家支持节能环保产业发展的政策同等适用于符合条件的外商投资企业。

（八）开展生态文明先行先试。在做好生态文明建设顶层设计和总体部署的同时，总结有效做法和成功经验，开展生态文明先行示范区建设。根据不同区域特点，在全国选择有代表性的100个地区开展生态文明先行示范区建设，探索符合我国国情的生态文明建设模式。稳步扩大节能减排财政政策综合示范范围，结合新型城镇化建设，选择部分城市为平台，整合节能减排和新能源发展相关财政政策，围绕产业低碳化、交通清洁化、建筑绿色化、服务集约化、主要污染物减量化、可再生能源利用规模化等挖掘内需潜力，系统推进节能减排，带动经济转型升级，为跨区域、跨流域节能减排探索积累经验。通过先行先试，带动节能环保和循环经济工程投资和绿色消费，全面推动资源节约和环境保护，发挥典型带动和辐射效应，形成节能减排、生态文明的综合能力。

（九）加强节能环保宣传教育。加强生态文明理念和资源环境国情教育，把节能环保、生态文明纳入社会主义核心价值观宣传教育体系以及基础教育、高等教育、职业教育体系。加强舆论监督和引导，宣传先进事例，曝光反面典型，普及节能环保知识和方法，倡导绿色消费新风尚，形成文明、节约、绿色、低碳的生产方式、消费模式和生活习惯。

各地区、各部门要按照本意见的要求，进一步深化对加快发展节能环保产业重要意义的认识，切实加强组织领导和协调配合，明确任务分工，落实工作责任，扎实开展工作，确保各项任务措施落到实处，务求尽快取得实效。

中华人民共和国国务院

2013年8月1日

国务院关于印发大气污染防治行动计划的通知

国发〔2013〕37号

各省、自治区、直辖市人民政府，国务院各部委、各直属机构：

现将《大气污染防治行动计划》印发给你们，请认真贯彻执行。

中华人民共和国国务院

2013年9月10日

大气污染防治行动计划

大气环境保护事关人民群众根本利益，事关经济持续健康发展，事关全面建成小康社会，事关实现中华民族伟大复兴中国梦。当前，我国大气污染形势严峻，以可吸入颗粒物（PM_{10}）、细颗粒物（$PM_{2.5}$）为特征污染物的区域性大气环境问题日益突出，损害人民群众身体健康，影响社会和谐稳定。随着我国工业化、城镇化的深入推进，能源资源消耗持续增加，大气污染防治压力继续加大。为切实改善空气质量，制定本行动计划。

总体要求：以邓小平理论、“三个代表”重要思想、科学发展观为指导，以保障人民群众身体健康为出发点，大力推进生态文明建设，坚持政府调控与市场调节相结合、全面推进与重点突破相配合、区域协作与属地管理相协调、总量减排与质量改善相同步，形成政府统领、企业施治、市场驱动、公众参与的大气污染防治新机制，实施分区域、分阶段治理，推动产业结构优化、科技创新能力增强、经济增长质量提高，实现环境效益、经济效益与社会效益多赢，为建设美丽中国而奋斗。

奋斗目标：经过五年努力，全国空气质量总体改善，重污染天气较大幅度减少；京津冀、长三角、珠三角等区域空气质量明显好转。力争再用五年或更长时间，逐步消除重污染天气，全国空气质量明显改善。

具体指标：到2017年，全国地级及以上城市可吸入颗粒物浓度比2012年下降10%以上，优良天数逐年提高；京津冀、长三角、珠三角等区域细颗粒物浓度分别下降25%、20%、15%左右，其中北京市细颗粒物年均浓度控制在60微克/立方米左右。

一、加大综合治理力度，减少多污染物排放

（一）加强工业企业大气污染综合治理。全面整治燃煤小锅炉。加快推进集中供热、“煤改气”、“煤改电”工程建设，到2017年，除必要保留的以外，地级及以上城市建成区基本淘汰每小时10蒸吨及以下的燃煤锅炉，禁止新建每小时20蒸吨以下的燃煤锅炉；其他地区原则上不再新建每小时10蒸吨以下的燃煤锅炉。在供热供气管网不能覆盖的地区，改用电、新能源或洁净煤，推广应用高效节能环保型锅炉。在化工、造纸、印染、制革、制药等产业集聚区，通过集中建设热电联产机组逐步淘汰分散燃煤锅炉。

加快重点行业脱硫、脱硝、除尘改造工程建设。所有燃煤电厂、钢铁企业的烧结机和球团生产设备、石油炼制企业的催化裂化装置、有色金属冶炼企业都要安装脱硫设施，每小时20蒸吨及以上的燃煤锅炉要实施脱硫。除循环流化床锅炉以外的燃煤机组均应安装脱硝设施，新型干法水泥窑要实施低氮燃烧技术改造并安装脱硝设施。燃煤锅炉和工业窑炉现有除尘设施要实施升级改造。

推进挥发性有机物污染治理。在石化、有机化工、表面涂装、包装印刷等行业实施挥发性有机物综合整治，在石化行业开展“泄漏检测与修复”技术改造。限时完成加油站、储油库、油罐车的油气回收治理，在原油成品油码头积极开展油气回收治理。完善涂料、胶粘剂等产品挥发性有机物限值标准，推广使用水性涂料，鼓励生产、销售和使用低毒、低挥发性有机溶剂。

京津冀、长三角、珠三角等区域要于2015年底前基本完成燃煤电厂、燃煤锅炉和工业窑炉的污染治理设施建设与改造，完成石化企业有机废气综合治理。

（二）深化面源污染治理。综合整治城市扬尘。加强施工扬尘监管，积极推进绿色施工，建设工程施工现场应全封闭设置围挡墙，严禁敞开式作业，施工现场道路应进行地面硬化。渣土运输车辆应采取密闭措施，并逐步安装卫星定位系统。推行道路机械化清扫等低尘作业方式。大型煤堆、料堆要实现封闭储存或建设防风抑尘设施。推进城市及周边绿化和防风防沙林建设，扩大城市建成区绿地规模。

开展餐饮油烟污染治理。城区餐饮服务经营场所应安装高效油烟净化设施，推广使用高效净化型家用吸油烟机。

（三）强化移动源污染防治。加强城市交通管理。优化城市功能和布局规划，推广智能交通管理，缓解城市交通拥堵。实施公交优先战略，提高公共交通出行比例，加强步行、自行车交通系统建设。根据城市发展规划，合理控制机动车保有量，北京、上海、广州等特大城市要严格限制机动车保有量。通过鼓励绿色出行、增加使用成本等措施，降低机动车使用强度。

提升燃油品质。加快石油炼制企业升级改造，力争在2013年底前，全国供应符合国家第四阶段标准的车用汽油，在2014年底前，全国供应符合国家第四阶段标准的车用柴油，在2015年底前，京津冀、长三角、珠三角等区域内重点城市全面供应符合国家第五阶段标准的车用汽、柴油，在2017年底前，全国供应符合国家第五阶段标准的车用汽、柴油。加强油品质量监督检查，严厉打击非法生产、销售不合格油品行为。

加快淘汰黄标车和老旧车辆。采取划定禁行区域、经济补偿等方式，逐步淘汰黄标车和老旧车辆。到2015年，淘汰2005年底前注册营运的黄标车，基本淘汰京津冀、长三角、珠三角等区域内的500万辆黄标车。到2017年，基本淘汰全国范围的黄标车。

加强机动车环保管理。环保、工业和信息化、质检、工商等部门联合加强新生产车辆环保监管，严厉打击生产、销售环保不达标车辆的违法行为；加强在用机动车年度检验，对不达标车辆不得发放环保合格标志，不得上路行驶。加快柴油车车用尿素供应体系建设。研究缩短公交车、出租车强制报废年限。鼓励出租车每年更换高效尾气净化装置。开展工程机械等非道路移动机械和船舶的污染控制。

加快推进低速汽车升级换代。不断提高低速汽车（三轮汽车、低速货车）节能环保要求，减少污染排放，促进相关产业和产品技术升级换代。自2017年起，新生产的低速货车执行与轻型载货车同等的节能与排放标准。

大力推广新能源汽车。公交、环卫等行业和政府机关要率先使用新能源汽车，采取直接上牌、财政补贴等措施鼓励个人购买。北京、上海、广州等城市每年新增或更新的公交车中新能源和清洁燃料车的比例达到60%以上。

二、调整优化产业结构，推动产业转型升级

（四）严控“两高”行业新增产能。修订高耗能、高污染和资源性行业准入条件，明确资源能源节约和污染物排放等指标。有条件的地区要制定符合当地功能定位、严于国家要求的产业准入目录。严格控制“两高”行业新增产能，新、改、扩建项目要实行产能等量或减量置换。

（五）加快淘汰落后产能。结合产业发展实际和环境质量状况，进一步提高环保、能耗、安全、质量等标准，分区域明确落后产能淘汰任务，倒逼产业转型升级。

按照《部分工业行业淘汰落后生产工艺装备和产品指导目录（2010年本）》、《产业结构调整指导目录（2011年本）（修正）》的要求，采取经济、技术、法律和必要的行政手段，提前一年完成钢铁、水泥、电解铝、平板玻璃等21个重点行业的“十二五”落后产能淘汰任务。2015年再淘汰炼铁1500万吨、炼钢1500万吨、水泥（熟料及粉磨能力）1亿吨、平板玻璃2000万重量箱。对未按期完成淘汰任务的地区，严格控制国家安排的投资项目，暂停对该地区重点行业建设项目办理审批、核准和备案手续。2016年、2017年，各地区要制定范围更宽、标准更高的落后产能淘汰政策，再淘汰一批落后产能。

对布局分散、装备水平低、环保设施差的小型工业企业进行全面排查，制定综合整改方案，实施分类治理。

（六）压缩过剩产能。加大环保、能耗、安全执法处罚力度，建立以节能环保标准促进“两高”行业过剩产能退出的机制。制定财政、土地、金融等扶持政策，支持产能过剩“两高”行业企业退出、转型发展。发挥优强企业对行业发展的主导作用，通过跨地区、跨所有制企业兼并重组，推动过剩产能压缩。严禁核准产能严重过剩行业新增产能项目。

（七）坚决停建产能严重过剩行业违规在建项目。认真清

理产能严重过剩行业违规在建项目，对未批先建、边批边建、越权核准的违规项目，尚未开工建设的，不准开工；正在建设的，要停止建设。地方人民政府要加强组织领导和监督检查，坚决遏制产能严重过剩行业盲目扩张。

三、加快企业技术改造，提高科技创新能力

（八）强化科技研发和推广。加强灰霾、臭氧的形成机理、来源解析、迁移规律和监测预警等研究，为污染治理提供科学支撑。加强大气污染与人群健康关系的研究。支持企业技术中心、国家重点实验室、国家工程实验室建设，推进大型大气光化学模拟仓、大型气溶胶模拟仓等科技基础设施建设。

加强脱硫、脱硝、高效除尘、挥发性有机物控制、柴油机（车）排放净化、环境监测，以及新能源汽车、智能电网等方面的技术研发，推进技术成果转化应用。加强大气污染治理先进技术、管理经验等方面的国际交流与合作。

（九）全面推行清洁生产。对钢铁、水泥、化工、石化、有色金属冶炼等重点行业进行清洁生产审核，针对节能减排关键领域和薄弱环节，采用先进适用的技术、工艺和装备，实施清洁生产技术改造；到2017年，重点行业排污强度比2012年下降30%以上。推进非有机溶剂型涂料和农药等产品创新，减少生产和使用过程中挥发性有机物排放。积极开发缓释肥料新品种，减少化肥施用过程中氨的排放。

（十）大力发展循环经济。鼓励产业集聚发展，实施园区循环化改造，推进能源梯级利用、水资源循环利用、废物交换利用、土地节约集约利用，促进企业循环式生产、园区循环式发展、产业循环式组合，构建循环型工业体系。推动水泥、钢铁等工业窑炉、高炉实施废物协同处置。大力发展机电产品再制造，推进资源再生利用产业发展。到2017年，单位工业增加值能耗比2012年降低20%左右，在50%以上的各类国家级园区和30%以上的各类省级园区实施循环化改造，主要有色金属品种以及钢铁的循环再生比重达到40%左右。

（十一）大力培育节能环保产业。着力把大气污染治理的政策要求有效转化为节能环保产业发展的市场需求，促进重大环保技术装备、产品的创新开发与产业化应用。扩大国内消费市场，积极支持新业态、新模式，培育一批具有国际竞争力的大型节能环保企业，大幅增加大气污染治理装备、产品、服务产业产值，有效推动节能环保、新能源等战略性新兴产业发展。鼓励外商投资节能环保产业。

四、加快调整能源结构，增加清洁能源供应

（十二）控制煤炭消费总量。制定国家煤炭消费总量中长期控制目标，实行目标责任管理。到2017年，煤炭占能源消费总量比重降低到65%以下。京津冀、长三角、珠三角等区域力争实现煤炭消费总量负增长，通过逐步提高接受外输电比例、增加天然气供应、加大非化石能源利用强度等措施替代燃煤。

京津冀、长三角、珠三角等区域新建项目禁止配套建设自备燃煤电站。耗煤项目要实行煤炭减量替代。除热电联产外，禁止审批新建燃煤发电项目；现有多台燃煤机组装机容量合计达到30万千瓦以上的，可按照煤炭等量替代的原则建设为大容量燃煤机组。

（十三）加快清洁能源替代利用。加大天然气、煤制天然气、煤层气供应。到2015年，新增天然气干线管输能力1500亿立方米以上，覆盖京津冀、长三角、珠三角等区域。优化天然气使用方式，新增天然气应优先保障居民生活或用于替代燃煤；鼓励发展天然气分布式能源等高效利用项目，限制发展天然气化工项目；有序发展天然气调峰电站，原则上不再新建天然气发电项目。

制定煤制天然气发展规划，在满足最严格的环保要求和保障水资源供应的前提下，加快煤制天然气产业化和规模化步伐。

积极有序发展水电，开发利用地热能、风能、太阳能、生物质能，安全高效发展核电。到2017年，运行核电机组装机容量达到5000万千瓦，非化石能源消费比重提高到13%。

京津冀区域城市建成区、长三角城市群、珠三角区域要加快现有工业企业燃煤设施天然气替代步伐；到2017年，基本完成燃煤锅炉、工业窑炉、自备燃煤电站的天然气替代改造任务。

（十四）推进煤炭清洁利用。提高煤炭洗选比例，新建煤矿应同步建设煤炭洗选设施，现有煤矿要加快建设与改造；到2017年，原煤入选率达到70%以上。禁止进口高灰份、高硫份的劣质煤炭，研究出台煤炭质量管理办法。限制高硫石油焦的进口。

扩大城市高污染燃料禁燃区范围，逐步由城市建成区扩展到近郊。结合城中村、城乡结合部、棚户区改造，通过政策补偿和实施峰谷电价、季节性电价、阶梯电价、调峰电价等措施，逐步推行以天然气或电替代煤炭。鼓励北方农村地区建设洁净煤配送中心，推广使用洁净煤和型煤。

（十五）提高能源使用效率。严格落实节能评估审查制度。新建高耗能项目单位产品（产值）能耗要达到国内先进水平，用能设备达到一级能效标准。京津冀、长三角、珠三角等区域，新建高耗能项目单位产品（产值）能耗要达到国际先进水平。

积极发展绿色建筑，政府投资的公共建筑、保障性住房等要率先执行绿色建筑标准。新建建筑要严格执行强制性节能标准，推广使用太阳能热水系统、地源热泵、空气源热泵、光伏建筑一体化、“热—电—冷”三联供等技术和装备.

推进供热计量改革，加快北方采暖地区既有居住建筑供热计量和节能改造；新建建筑和完成供热计量改造的既有建筑逐步实行供热计量收费。加快热力管网建设与改造。

五、严格节能环保准入，优化产业空间布局

（十六）调整产业布局。按照主体功能区规划要求，合理确定重点产业发展布局、结构和规模，重大项目原则上布局在优化开发区和重点开发区。所有新、改、扩建项目，必须全部进行环境影响评价；未通过环境影响评价审批的，一律不准开工建设；违规建设的，要依法进行处罚。加强产业政策在产业转移过程中的引导与约束作用，严格限制在生态脆弱或环境敏感地区建设“两高”行业项目。加强对各类产业发展规划的环境影响评价。

在东部、中部和西部地区实施差别化的产业政策，对京津冀、长三角、珠三角等区域提出更高的节能环保要求。强化环境监管，严禁落后产能转移。

（十七）强化节能环保指标约束。提高节能环保准入门槛，健全重点行业准入条件，公布符合准入条件的企业名单并实施动态管理。严格实施污染物排放总量控制，将二氧化硫、氮氧化物、烟粉尘和挥发性有机物排放是否符合总量控制要求作为建设项目环境影响评价审批的前置条件。

京津冀、长三角、珠三角区域以及辽宁中部、山东、武汉及其周边、长株潭、成渝、海峡西岸、山西中北部、陕西关中、甘宁、乌鲁木齐城市群等“三区十群”中的47个城市，新建火电、钢铁、石化、水泥、有色、化工等企业以及燃煤锅炉项目要执行大气污染物特别排放限值。各地区可根据环境质量改善的需要，扩大特别排放限值实施的范围。

对未通过能评、环评审查的项目，有关部门不得审批、核准、备案，不得提供土地，不得批准开工建设，不得发放生产许可证、安全生产许可证、排污许可证，金融机构不得提供任何形式的新增授信支持，有关单位不得供电、供水。

（十八）优化空间格局。科学制定并严格实施城市规划，强化城市空间管制要求和绿地控制要求，规范各类产业园区和城市新城、新区设立和布局，禁止随意调整和修改城市规划，形成有利于大气污染物扩散的城市和区域空间格局。研究开展城市环境总体规划试点工作。

结合化解过剩产能、节能减排和企业兼并重组，有序推进位于城市主城区的钢铁、石化、化工、有色金属冶炼、水泥、平板玻璃等重污染企业环保搬迁、改造，到2017年基本完成。

六、发挥市场机制作用，完善环境经济政策

（十九）发挥市场机制调节作用。本着“谁污染、谁负责，多排放、多负担，节能减排得收益、获补偿”的原则，积极推行激励与约束并举的节能减排新机制。

分行业、分地区对水、电等资源类产品制定企业消耗定额。建立企业“领跑者”制度，对能效、排污强度达到更高标准的先进企业给予鼓励。

全面落实“合同能源管理”的财税优惠政策，完善促进环境服务业发展的扶持政策，推行污染治理设施投资、建设、运行一体化特许经营。完善绿色信贷和绿色证券政策，将企业环境信息纳入征信系统。严格限制环境违法企业贷款和上市融资。推进排污权有偿使用和交易试点。

（二十）完善价格税收政策。根据脱硝成本，结合调整销售电价，完善脱硝电价政策。现有火电机组采用新技术进行除尘设施改造的，要给予价格政策支持。实行阶梯式电价。

推进天然气价格形成机制改革，理顺天然气与可替代能源的比价关系。

按照合理补偿成本、优质优价和污染者付费的原则合理确定成品油价格，完善对部分困难群体和公益性行业成品油价格改革补贴政策。

加大排污费征收力度，做到应收尽收。适时提高排污收费标准，将挥发性有机物纳入排污费征收范围。

研究将部分“两高”行业产品纳入消费税征收范围。完善“两高”行业产品出口退税政策和资源综合利用税收政策。积极推进煤炭等资源税从价计征改革。符合税收法律法规规定，使用专用设备或建设环境保护项目的企业以及高新技术企业，可以享受企业所得税优惠。

（二十一）拓宽投融资渠道。深化节能环保投融资体制改革，鼓励民间资本和社会资本进入大气污染防治领域。引导银行业金融机构加大对大气污染防治项目的信贷支持。探索排污权抵押融资模式，拓展节能环保设施融资、租赁业务。

地方人民政府要对涉及民生的“煤改气”项目、黄标车和老旧车辆淘汰、轻型载货车替代低速货车等加大政策支持力度，对重点行业清洁生产示范工程给予引导性资金支持。要将空气质量监测站点建设及其运行和监管经费纳入各级财政预算予以保障。

在环境执法到位、价格机制理顺的基础上，中央财政统筹整合主要污染物减排等专项，设立大气污染防治专项资金，对重点区域按治理成效实施“以奖代补”；中央基本建设投资也要加大对重点区域大气污染防治的支持力度。

七、健全法律法规体系，严格依法监督管理

（二十二）完善法律法规标准。加快大气污染防治法修订步伐，重点健全总量控制、排污许可、应急预警、法律责任等方面的制度，研究增加对恶意排污、造成重大污染危害的企业及其相关负责人追究刑事责任的内容，加大对违法行为的处罚力度。建立健全环境公益诉讼制度。研究起草环境税法草案，加快修改环境保护法，尽快出台机动车污染防治条例和排污许可证管理条例。各地区可结合实际，出台地方性大气污染防治法规、规章。

加快制（修）订重点行业排放标准以及汽车燃料消耗量标准、油品标准、供热计量标准等，完善行业污染防治技术政策和清洁生产评价指标体系。

（二十三）提高环境监管能力。完善国家监察、地方监管、单位负责的环境监管体制，加强对地方人民政府执行环境法律法规和政策的监督。加大环境监测、信息、应急、监察等能力建设力度，达到标准化建设要求。

建设城市站、背景站、区域站统一布局的国家空气质量监测网络，国强监测数据质量管理，客观反映空气质量状况。加强重点污染源在线监控体系建设，推进环境卫星应用。建设国家、省、市三级机动车排污监管平台。到2015年，地级及以上城市全部建成细颗粒物监测点和国家直管的监测点。

（二十四）加大环保执法力度。推进联合执法、区域执法、交叉执法等执法机制创新，明确重点，加大力度，严厉打击环境违法行为。对偷排偷放、屡查屡犯的违法企业，要依法停产关闭。对涉嫌环境犯罪的，要依法追究刑事责任。落实执法责任，对监督缺位、执法不力、徇私枉法等行为，监察机关要依法追究有关部门和人员的责任。

（二十五）实行环境信息公开。国家每月公布空气质量最差的10个城市和最好的10个城市的名单。各省（区、市）要公布本行政区域内地级及以上城市空气质量排名。地级及上城市要在当地主要媒体及时发布空气质量监测信息。

各级环保部门和企业要主动公开新建项目环境影响评价、企业污染物排放、治污设施运行情况等环境信息，接受社会监督。涉及群众利益的建设项目，应充分听取公众意见。建立重污染行业企业环境信息强制公开制度。

八、建立区域协作机制，统筹区域环境治理

（二十六）建立区域协作机制。建立京津冀、长三角区域大气污染防治协作机制，由区域内省级人民政府和国务院有关部门参加，协调解决区域突出环境问题，组织实施环评会商、联合执法、信息共享、预警应急等大气污染防治措施，通报区域大气污染防治工作进展，研究确定阶段性工作要求、工作重点和主要任务。

（二十七）分解目标任务。国务院与各省（区、市）人民政府签订大气污染防治目标责任书，将目标任务分解落实到地方人民政府和企业。将重点区域的细颗粒物指标、非重点地区的可吸入颗粒物指标作为经济社会发展的约束性指标，构建以环境质量改善为核心的目标责任考核体系。

国务院制定考核办法，每年初对各省（区、市）上年度治理任务完成情况进行考核；2015 年进行中期评估，并依据评估情况调整治理任务；2017 年对行动计划实施情况进行终期考核。考核和评估结果经国务院同意后，向社会公布，并交由干部主管部门，按照《关于建立促进科学发展的党政领导班子和领导干部考核评价机制的意见》、《地方党政领导班子和领导干部综合考核评价办法（试行）》、《关于开展政府绩效管理试点工作的意见》等规定，作为对领导班子和领导干部综合考核评价的重要依据。

（二十八）实行严格责任追究。对未通过年度考核的，由环保部门会同组织部门、监察机关等部门约谈省级人民政府及其相关部门有关负责人，提出整改意见，予以督促。

对因工作不力、履职缺位等导致未能有效应对重污染天气的，以及干预、伪造监测数据和没有完成年度目标任务的，监察机关要依法依纪追究有关单位和人员的责任，环保部门要对有关地区和企业实施建设项目环评限批，取消国家授予的环境保护荣誉称号。

九、建立监测预警应急体系，妥善应对重污染天气

（二十九）建立监测预警体系。环保部门要加强与气象部门的合作，建立重污染天气监测预警体系。到 2014 年，京津冀、长三角、珠三角区域要完成区域、省、市级重污染天气监测预警系统建设；其他省（区、市）、副省级市、省会城市于 2015 年底前完成。要做好重污染天气过程的趋势分析，完善会商研判机制，提高监测预警的准确度，及时发布监测预警信息。

（三十）制定完善应急预案。空气质量未达到规定标准的城市应制定和完善重污染天气应急预案并向社会公布；要落实责任主体，明确应急组织机构及其职责、预警预报及响应程序、应急处置及保障措施等内容，按不同污染等级确定企业限产停产、机动车和扬尘管控、中小学校停课以及可行的气象干预等应对措施。开展重污染天气应急演练。

京津冀、长三角、珠三角等区域要建立健全区域、省、市联动的重污染天气应急响应体系。区域内各省（区、市）的应急预案，应于 2013 年底前报环境保护部备案。

（三十一）及时采取应急措施。将重污染天气应急响应纳入地方人民政府突发事件应急管理体系，实行政府主要负责人负责制。要依据重污染天气的预警等级，迅速启动应急预案，引导公众做好卫生防护。

十、明确政府企业和社会的责任，动员全民参与环境保护

（三十二）明确地方政府统领责任。地方各级人民政府对本行政区域内的大气环境质量负总责，要根据国家的总体部署及控制目标，制定本地区的实施细则，确定工作重点任务和年度控制指标，完善政策措施，并向社会公开；要不断加大监管力度，确保任务明确、项目清晰、资金保障。

（三十三）加强部门协调联动。各有关部门要密切配合、协调力量、统一行动，形成大气污染防治的强大合力。环境保护部要加强指导、协调和监督，有关部门要制定有利于大气污染防治的投资、财政、税收、金融、价格、贸易、科技等政策，依法做好各自领域的相关工作。

（三十四）强化企业施治。企业是大气污染治理的责任主体，要按照环保规范要求，加强内部管理，增加资金投入，采用先进的生产工艺和治理技术，确保达标排放，甚至达到“零排放”；要自觉履行环境保护的社会责任，接受社会监督。

（三十五）广泛动员社会参与。环境治理，人人有责。要积极开展多种形式的宣传教育，普及大气污染防治的科学知识。加强大气环境管理专业人才培养。倡导文明、节约、绿色的消费方式和生活习惯，引导公众从自身做起、从点滴做起、从身边的小事做起，在全社会树立起“同呼吸、共奋斗”的行为准则，共同改善空气质量。

我国仍然处于社会主义初级阶段，大气污染防治任务繁重艰巨，要坚定信心、综合治理，突出重点、逐步推进，重在落实、务求实效。各地区、各有关部门和企业要按照本行动计划的要求，紧密结合实际，狠抓贯彻落实，确保空气质量改善目标如期实现。

国务院办公厅关于进一步加强人工影响天气工作的意见

国办发〔2012〕44号

各省、自治区、直辖市人民政府，国务院各部委、各直属机构：

近年来，我国积极运用现代科技手段，开展人工增雨（雪）、防雹、消雾、消云减雨、防霜等作业，取得了明显成效，在服务农业生产、缓解水资源紧缺、防灾减灾、保护生态以及保障重大活动等方面发挥了重要作用。为进一步加强人工影响天气工作，经国务院同意，现提出如下意见：

一、总体要求

（一）指导思想。以邓小平理论和“三个代表”重要思想为指导，深入贯彻落实科学发展观，把人工影响天气作为防灾减灾、农业公共服务体系建设和水资源安全保障的有力手段、重要举措和有效途径，加快关键技术的科技创新，强化基础设施和装备建设，完善体制机制，不断提高作业能力、管理水平和服务效益，为经济社会发展和人民群众安全福祉提供坚实保障。

（二）基本原则。坚持以人为本，把保障人民群众生命财产安全放在首位，积极开展人工影响天气作业，最大限度降低灾害损失。坚持科技创新，不断提高作业效率。坚持依法规范，确保作业安全有序。坚持统筹规划，调动各方力量，推动人工影响天气工作协调发展。

（三）发展目标。到2020年，建立较为完善的人工影响天气工作体系，基础研究和应用技术研发取得重要成果，基础保障能力显著提升，协调指挥和安全监管水平得到增强，人工增雨（雪）作业年增加降水600亿吨以上，人工防雹保护面积由目前的47万平方千米增加到54万平方千米以上，服务经济社会发展的效益明显提高。

二、做好重点领域作业服务

（四）强化对农业生产的服务。有关地方人民政府和部门要制定完善年度方案和重要农事季节、作物需水关键期作业计划，适时开展飞机、地面立体化人工增雨（雪）作业，促进粮食等重要农产品实现减灾增产。加强对干旱、冰雹等灾害的动态监测和区域联防，科学调整作业布局，加大对重点干旱区和雹灾区的作业保护力度。

（五）合理开发空中云水资源。加强对全国空中云水资源的监测评估，制定开发利用计划，在重点江河流域和大型水库汇水区开展增蓄性人工增雨（雪）作业；在生态脆弱区域等重要生态功能区，围绕生态保护与建设需要，开展常态化人工增雨（雪）作业。

（六）全力做好突发事件应对和重大活动保障。建立健全应对大范围森林草原火灾火险、异常高温、严重空气污染等事件的应急工作机制，及时启动相应的人工影响天气作业。探索针对机场、高速公路等重要交通设施开展人工消雾作业。加强技术储备和试验演练，适时开展局部地区人工消云减雨作业，保障重大活动顺利开展。

三、加强能力建设

（七）加快基础保障能力建设。加强作业能力建设，重点加强飞机作业平台及飞行保障基地建设。加快地面作业点基础设施标准化建设，提升高射炮、火箭发射装置的自动化水平和弹药的可靠性。加快指挥通信系统和作业空域申报审批系统建设，提高作业指挥效率。建设时空密度适宜、布局合理的人工影响天气综合监测网，提高动态监测能力。

（八）增强科技支撑能力。加强基础研究和新技术开发应用，重点推进探测和作业装备自主研发。加快相关重点实验室和试验基地建设，加强人工增雨（雪）、消雾、防雹机理研究。加强作业示范区建设。推进科研体制机制创新，建立公益性科研院所、高校、企业相结合的科研体制。加强国际合作与交流，吸收借鉴国际先进技术成果。

（九）提高指挥调度水平。健全国家、区域、省、市、县五级作业指挥系统，加强军队与地方间的协作，建立作业空域划定、跨区域作业协调机制，提高作业装备的全国统一调度和跨区域指挥能力。建立多种服务需求和环境影响评价相结合的调度运行模式，提高作业规模化程度和集约化水平。

（十）完善安全监管体系。加快建立责任明确、操作规范、制度严格、措施到位的安全生产监督管理体系。加强空域申请、弹药储运、转场交通、作业人员安全等重点环节的管理与监督检查，杜绝发生责任事故。强化装备、弹药质量检测，健全气象、军队、公安等紧密协作的管理机制，依法落实购销、储运等管理制度。加强作业人员安全知识培训，为作业人员提供安全保险。完善安全事故应急处置预案，加强应急演练，提高事故应急处置能力。

四、强化保障措施

（十一）切实加大投入。各地区、各有关部门要深刻认识人工影响天气工作的基础性和公益性特点，将其纳入经济社会发展规划，加大全国和地方人工影响天气发展规划的落实

力度，制定实施方案，推进工程项目实施。逐步加大公共财政投入，中央财政安排专项转移支付资金支持地方人工影响天气工作，地方人民政府要将人工影响天气业务经费列入同级财政预算。鼓励社会资金参与，推动建立主要受益行业投入的机制。加强资金管理，提高使用效益。

（十二）加强队伍建设。加强专业技术和管理队伍建设，积极引进与培养高层次科技人才，支持大专院校、科研院所相关专业学科发展。建立健全基层作业人员聘用等管理制度和激励机制，加强业务培训，探索将其纳入民兵预备役部队进行管理。将军队相关应急专业队伍作为全国人工影响天气工作的重要力量，统筹军队和地方专业队伍发展。

（十三）健全法规规范。推进国家人工影响天气管理法规的修订工作，各地区、各有关部门要完善配套的法规规章。加快人工影响天气标准化体系建设，明确作业装备、设施准入条件，完善作业规范和操作规程。建立人工影响天气行政执法监督检查机制。

五、切实加强组织领导

（十四）健全组织领导体系。进一步发挥国家人工影响天气协调会议的职能和作用，加强对全国人工影响天气工作的统筹规划。地方人民政府要建立相应的管理体制和工作机制，落实必要的机构、编制和工作经费。

（十五）完善联动机制。加强中央与地方之间、军地之间、部门之间、区域之间的沟通协调，实现信息共享，建立统筹集约、分工协作、上下衔接、左右配合的人工影响天气工作机制。气象部门要加强对人工影响天气工作的统一管理和指导，发展改革、财政等部门要保障有关重点工程建设和业务经费，民政、水利、农业、林业等部门和单位要制定相应的工作计划，科技、公安、安全生产监管、国防科工、民航等部门和单位以及军队有关部门要依据各自职责，加强监管、协调和服务，形成加快人工影响天气工作发展的合力。

（十六）加强科普宣传。把人工影响天气作为公益宣传的重要内容，纳入国民素质教育体系，充分利用各类科普教育的设施、媒体和活动，提高全社会对人工影响天气的科学认识。大力宣传人工影响天气取得的积极成效，努力营造促进其健康发展的社会氛围。

中华人民共和国国务院办公厅

2012年8月26日

国务院办公厅关于印发近期土壤环境保护和综合治理工作安排的通知

国办发〔2013〕7号

各省、自治区、直辖市人民政府，国务院各部委、各直属机构：

《近期土壤环境保护和综合治理工作安排》已经国务院同意，现印发给你们，请认真贯彻执行。

中华人民共和国国务院办公厅

2013年1月23日

近期土壤环境保护和综合治理工作安排

近年来，各地区、各部门积极开展土壤污染状况调查，实施综合整治，土壤环境保护取得积极进展。但我国土壤环境状况总体仍不容乐观，必须引起高度重视。为切实保护土壤环境，防治和减少土壤污染，现就近期土壤环境保护和综合治理工作作出以下安排：

一、工作目标

到2015年，全面摸清我国土壤环境状况，建立严格的耕地和集中式饮用水水源地土壤环境保护制度，初步遏制土壤污染上升势头，确保全国耕地土壤环境质量调查点位达标率不低于80%；建立土壤环境质量定期调查和例行监测制度，基本建成土壤环境质量监测网，对全国60%的耕地和服务人口50万以上的集中式饮用水水源地土壤环境开展例行监测；全面提升土壤环境综合监管能力，初步控制被污染土地开发利用的环境风险，有序推进典型地区土壤污染治理与修复试点示范，逐步建立土壤环境保护政策、法规和标准体系。力争到2020年，建成国家土壤环境保护体系，使全国土壤环境质量得到明显改善。

二、主要任务

（一）严格控制新增土壤污染。加大环境执法和污染治理力度，确保企业达标排放；严格环境准入，防止新建项目对土壤造成新的污染。定期对排放重金属、有机污染物的工矿企业以及污水、垃圾、危险废物等处理设施周边土壤进行监测，造成污染的要限期予以治理。规范处理污水处理厂污泥，完善垃圾处理设施防渗措施，加强对非正规垃圾处理场所的综合整治。科学施用化肥，禁止使用重金属等有毒有害物质超标的肥料，严格控制稀土农用。严格执行国家有关高毒、高残留农药使用的管理规定，建立农药包装容器等废弃物回收制度。鼓励废弃农膜回收和综合利用。禁止在农业生产中使用含重金属、难降解有机污染物的污水以及未经检验和安全处理的污水处理厂污泥、清淤底泥、尾矿等。

（二）确定土壤环境保护优先区域。将耕地和集中式饮用水水源地作为土壤环境保护的优先区域。在2014年年底前，各省级人民政府要明确本行政区域内优先区域的范围和面积，并在土壤环境质量评估和污染源排查的基础上，划分土壤环境质量等级，建立相关数据库。禁止在优先区域内新建有色金属、皮革制品、石油煤炭、化工医药、铅蓄电池制造等项目。

（三）强化被污染土壤的环境风险控制。开展耕地土壤环境监测和农产品质量检测，对已被污染的耕地实施分类管理，采取农艺调控、种植业结构调整、土壤污染治理与修复等措施，确保耕地安全利用；污染严重且难以修复的，地方人民政府应依法将其划定为农产品禁止生产区域。已被污染地块改变用途或变更使用权人的，应按照有关规定开展土壤环境风险评估，并对土壤环境进行治理修复，未开展风险评估或土壤环境质量不能满足建设用地要求的，有关部门不得核发土地使用证和施工许可证。经评估认定对人体健康有严重影响的污染地块，要采取措施防止污染扩散，治理达标前不得用于住宅开发。以新增工业用地为重点，建立土壤环境强制调查评估与备案制度。

（四）开展土壤污染治理与修复。以大中城市周边、重污染工矿企业、集中污染治理设施周边、重金属污染防治重点区域、集中式饮用水水源地周边、废弃物堆存场地等为重点，开展土壤污染治理与修复试点示范。在长江三角洲、珠江三角洲、西南、中南、辽中南等地区，选择被污染地块集中分布的典型区域，实施土壤污染综合治理；有关地方要在2013年年底前完成综合治理方案的编制工作并开始实施。

（五）提升土壤环境监管能力。加强土壤环境监管队伍与执法能力建设。建立土壤环境质量定期监测制度和信息发布制度，设置耕地和集中式饮用水水源地土壤环境质量监测国控点位，提高土壤环境监测能力。加强全国土壤环境背景点建设。加快制定省级、地市级土壤环境污染事件应急预案，健全土壤环境应急能力和预警体系。

（六）加快土壤环境保护工程建设。实施土壤环境基础调查、耕地土壤环境保护、历史遗留工矿污染整治、土壤污染治理与修复和土壤环境监管能力建设等重点工程，具体项目由环境保护部会同有关部门确定并组织实施。

三、保障措施

（一）加强组织领导。建立由环境保护部牵头，国务院相关部门参加的部际协调机制，指导、协调和督促检查土壤环境保护和综合治理工作。有关部门要各负其责，协同配合，共同推进土壤环境保护和综合治理工作。地方各级人民政府对本行政区域内的土壤环境保护和综合治理工作负总责，要尽快编制各自的土壤环境保护和综合治理工作方案，明确目标、任务和具体措施。

（二）健全投入机制。各级人民政府要逐步加大土壤环境保护和综合治理投入力度，保障土壤环境保护工作经费。按照“谁污染、谁治理”的原则，督促企业落实土壤污染治理资金；按照“谁投资、谁受益”的原则，充分利用市场机制，引导和鼓励社会资金投入土壤环境保护和综合治理。中央财政对土壤环境保护工程中符合条件的重点项目予以适当支持。

（三）完善法规政策。研究起草土壤环境保护专门法规，制定农用地和集中式饮用水水源地土壤环境保护、新增建设用地土壤环境调查、被污染地块环境监管等管理办法。建立优先区域保护成效的评估和考核机制，制定并实施“以奖促保”政策。完善有利于土壤环境保护和综合治理产业发展的税收、信贷、补贴等经济政策。研究制定土壤污染损害责任保险、鼓励有机肥生产和使用、废旧农膜回收加工利用等政策措施。

（四）强化科技支撑。完善土壤环境保护标准体系，制（修）订土壤环境质量、污染土壤风险评估、被污染土壤治理与修复、主要土壤污染物分析测试、土壤样品、肥料中重金属等有毒有害物质限量等标准；制订土壤环境质量评估和等级划分、被污染地块环境风险评估、土壤污染治理与修复等技术规范；研究制定土壤环境保护成效评估和考核技术规程。加强土壤环境保护和综合治理基础和应用研究，适时启动实施重大科技专项。研发推广适合我国国情的土壤环境保护和综合治理技术和装备。

（五）引导公众参与。完善土壤环境信息发布制度，通过热线电话、社会调查等多种方式了解公众意见和建议，鼓励和引导公众参与和支持土壤环境保护。制定实施土壤环境保护宣传教育行动计划，结合世界环境日、地球日等活动，广泛宣传土壤环境保护相关科学知识和法规政策。将土壤环境保护相关内容纳入各级领导干部培训工作。可能对土壤造成污染的企业要加强对所用土地土壤环境质量的评估，主动公开相关信息，接受社会监督。

（六）严格目标考核。建立土壤环境保护和综合治理目标责任制，制定相应的考核办法，环境保护部要与各省级人民政府签订目标责任书，明确任务和时间要求等，定期进行考核，结果向国务院报告。地方人民政府要与重点企业签订责任书，落实企业的主体责任。要强化对考核结果的运用，对成绩突出的地方人民政府和企业给予表彰，对未完成治理任务的要进行问责。

国务院办公厅关于建立疾病应急救助制度的指导意见

国办发〔2013〕15号

各省、自治区、直辖市人民政府，国务院各部委、各直属机构：

近年来，随着基本医保覆盖面的扩大和保障水平的提升，人民群众看病就医得到了基本保障，但仍有极少数需要急救的患者因身份不明、无能力支付医疗费用等原因，得不到及时有效的治疗，造成了不良后果。建立疾病应急救助制度，解决这部分患者的急救保障问题，是健全多层次医疗保障体系的重要内容，是解决人民群众实际困难的客观要求，是坚持以人为本、构建和谐社会的具体体现。根据《"十二五"期间深化医药卫生体制改革规划暨实施方案》，经国务院同意，现就建立疾病应急救助制度提出以下指导意见。

一、设立疾病应急救助基金

（一）分级设立疾病应急救助基金。设立疾病应急救助基金是建立疾病应急救助制度的重要内容和保障。各省（区、市）、市（地）政府组织设立本级疾病应急救助基金。省级基金主要承担募集资金、向市（地）级基金拨付应急救助资金的功能。市（地）级基金主要承担募集资金、向医疗机构支付疾病应急救治医疗费用的功能。直辖市可只设本级基金，由其承担募集资金、向医疗机构支付疾病应急救治医疗费用的功能。副省级城市参照市（地）设立疾病应急救助基金。

（二）多渠道筹集资金。疾病应急救助基金通过财政投入和社会各界捐助等多渠道筹集。省（区、市）、市（地）政府要将疾病应急救助基金补助资金纳入财政预算安排，资金规模原则上参照当地人口规模、上一年度本行政区域内应急救治发生情况等因素确定。中央财政对财力困难地区给予补助，并纳入财政预算安排。鼓励社会各界向疾病应急救助基金捐赠资金。境内企业、个体工商户、自然人捐赠的资金按规定享受所得税优惠政策。

二、疾病应急救助的对象和范围

（一）救助对象。在中国境内发生急重危伤病、需要急救但身份不明确或无力支付相应费用的患者为救助对象。医疗机构对其紧急救治所发生的费用，可向疾病应急救助基金申请补助。

（二）救助基金支付范围。1. 无法查明身份患者所发生的急救费用。2. 身份明确但无力缴费的患者所拖欠的急救费用。先由责任人、工伤保险和基本医疗保险等各类保险、公共卫生经费，以及医疗救助基金、道路交通事故社会救助基金等渠道支付。无上述渠道或上述渠道费用支付有缺口，由疾病应急救助基金给予补助。疾病应急救助基金不得用于支付有负担能力但拒绝付费患者的急救医疗费用。

各地区应结合实际明确、细化疾病应急救助对象身份确认办法和疾病应急救助基金具体支付范围等。

三、疾病应急救助基金管理

（一）基金管理。疾病应急救助基金由当地卫生部门管理，具体由地方政府确定。基金管理遵循公开、透明、专业化、规范化的原则，管理办法由卫生部门商财政部门制定。

（二）基金监管。成立由当地政府卫生、财政部门组织，有关部门代表、人大代表、政协委员、医学专家、捐赠人、媒体人士等参加的基金监督委员会，负责审议疾病应急救助基金的管理制度及财务预决算等重大事项、监督基金运行等。基金独立核算，并进行外部审计。基金使用、救助的具体事例、费用以及审计报告等向社会公示，接受社会监督。

四、建立多方联动的工作机制

（一）部门职责。卫生部门牵头组织专家制定需紧急救治的急重危伤病的标准和急救规范；监督医疗机构及其工作人员无条件对救助对象进行急救，对拒绝、推诿或拖延救治的，要依法依规严肃处理；查处医疗机构及其工作人员虚报信息套取基金、过度医疗等违法行为。基本医保管理部门要保障参保患者按规定享受基本医疗保险待遇。民政部门要协助基金管理机构共同做好对患者有无负担能力的鉴别工作；进一步完善现行医疗救助制度，将救助关口前移，加强与医疗机构的衔接，主动按规定对符合条件的患者进行救助，做到应救尽救。公安机关要积极协助医疗机构和基金管理机构核查患者的身份。对未履行职责的，由本级政府和上级主管部门予以纠正。

（二）医疗机构职责。1. 各级各类医疗机构及其工作人员必须及时、有效地对急重危伤患者施救，不得以任何理由拒绝、推诿或拖延救治。2. 对救助对象急救后发生的欠费，应设法查明欠费患者身份；对已明确身份的患者，要尽责追讨欠费。3. 及时将收治的无负担能力患者情况及发生的费用向相关部门报告，并请相关部门协助追讨欠费。4. 公立医院要进一步完善

内部控制机制，通过列支坏账准备等方式，核销救助对

象发生的部分急救欠费。5. 鼓励非公立医院主动核销救助对象的救治费用。6. 对救助对象急救的后续治疗发生的救治费用，医疗机构应及时协助救助对象按程序向医疗救助机构等申请救助。

（三）基金管理机构职责。1. 负责社会资金募集、救助资金核查与拨付，以及其他基金管理日常工作等。2. 主动开展各类募捐活动，积极向社会募集资金。3. 充分利用筹集资金，定期足额向医疗机构支付疾病应急救治医疗费用，对经常承担急救工作的定点医疗机构，可采取先部分预拨后结算的办法减轻医疗机构的垫资负担。

（四）建立联动机制。各有关部门、机构要按照分工落实责任，加强协作，建立责任共担、多方联动的机制。卫生、财政等部门要加强沟通协调，共同做好有关重大政策研究制定及推动落实等工作。

五、做好组织实施工作

各地区、各有关部门要充分认识建立疾病应急救助制度的重要性，结合实际，研究制定具体办法。已经开展应急救助的地区，要进一步完善现行政策，做好疾病应急救助制度与基本医疗保险制度、大病保险制度和医疗救助制度的衔接。要把握好政府引导与发展社会医疗慈善、基金管理与利用第三方专业化服务的关系，不断提高服务水平。深化公立医院改革，保障基本医疗服务需求，进一步提升服务质量。要注意总结经验，及时研究解决发现的问题，逐步完善疾病应急救助制度。

中华人民共和国国务院办公厅

2013 年 2 月 22 日

国务院办公厅关于做好城市排水防涝设施建设工作的通知

国办发〔2013〕23 号

各省、自治区、直辖市人民政府，国务院各部委、各直属机构：

近年来，受全球气候变化影响，暴雨等极端天气对社会管理、城市运行和人民群众生产生活造成了巨大影响，加之部分城市排水防涝等基础设施建设滞后、调蓄雨洪和应急管理能力不足，出现了严重的暴雨内涝灾害。为保障人民群众的生命财产安全，提高城市防灾减灾能力和安全保障水平，加强城市排水防涝设施建设，经国务院同意，现就有关问题通知如下：

一、总体工作要求

（一）明确任务目标。2013 年汛期前，各地区要认真排查隐患点，采取临时应急措施，有效解决当前影响较大的严重积水内涝问题，避免因暴雨内涝造成人员伤亡和重大财产损失。2014 年底前，要在摸清现状基础上，编制完成城市排水防涝设施建设规划，力争用 5 年时间完成排水管网的雨污分流改造，用 10 年左右的时间，建成较为完善的城市排水防涝工程体系。

二、抓紧编制规划

（二）全面普查摸清现状。各地区要尽快对当地的地表径流、排水设施、受纳水体等情况进行全面普查，建立管网等排水设施地理信息系统。结合气象、水文资料，对现有暴雨强度公式进行评价和修订，全面评估城市排水防涝能力和风险。

（三）合理确定建设标准。各地区应根据本地降雨规律和暴雨内涝风险情况，合理确定城市排水防涝设施建设标准，在人口密集、灾害易发的特大城市和大城市，应采用国家标准的上限，并可视城市发展实际适当超前提高有关建设标准。住房城乡建设部等部门要根据近年来我国气候变化情况，及时研究修订《室外排水设计规范》（GB 50014）等标准规定，指导各地区科学确定有关建设标准。

（四）科学制定建设规划。各地区要抓紧制定城市排水防涝设施建设规划，明确排水出路与分区，科学布局排水管网，确定排水管网雨污分流、管道和泵站等排水设施的改造与建设、雨水滞渗调蓄设施、雨洪行泄设施、河湖水系清淤与治理等建设任务，优先安排社会要求强烈、影响面广的易涝区段排水设施改造与建设。要加强与城市防洪规划的协调衔接，将城市排水防涝设施建设规划纳入城市总体规划和土地利用总体规划。

三、加快设施建设

（五）扎实做好项目前期工作。各地区发展改革、住房城乡建设等部门要做好项目技术论证和审核把关，并建立相应工作机制，提高建设项目立项、建设用地、环境影响评价、节能评估、可行性研究和初步设计等环节的审批效率。

（六）加快推进雨污分流管网改造与建设。在雨污合流区

域加大雨污分流排水管网改造力度，暂不具备改造条件的，要尽快建设截流干管，适当加大截流倍数，提高雨水排放能力，加强初期雨水的污染防治。新建城区要依据《“十二五”全国城镇污水处理及再生利用设施建设规划》和有关要求，建设雨污分流的排水管网。

（七）积极推行低影响开发建设模式。各地区旧城改造与新区建设必须树立尊重自然、顺应自然、保护自然的生态文明理念；要按照对城市生态环境影响最低的开发建设理念，控制开发强度，合理安排布局，有效控制地表径流，最大限度地减少对城市原有水生态环境的破坏；要与城市开发、道路建设、园林绿化统筹协调，因地制宜配套建设雨水滞渗、收集利用等削峰调蓄设施，增加下凹式绿地、植草沟、人工湿地、可渗透路面、砂石地面和自然地面，以及透水性停车场和广场。新建城区硬化地面中，可渗透地面面积比例不宜低于40%；有条件的地区应对现有硬化路面进行透水性改造，提高对雨水的吸纳能力和蓄滞能力。

四、健全保障措施

（八）加大资金投入。各地区要提高城市建设维护资金、土地出让收益、城市防洪经费等用于城市排水防涝设施改造、建设和维护资金的比例。发展改革、财政、水利、环保等部门要结合相关资金渠道，对符合条件的城市排水防涝设施改造、建设项目予以支持。

（九）健全法规标准。加快推进出台城镇排水与污水处理条例，规范城市排水防涝设施的规划、建设和运营管理。住房城乡建设部门要会同有关部门尽快制定和完善强制性城市排水标准，以及城市开发建设的相关标准。

（十）完善应急机制。各地区要尽快建立暴雨内涝监测预警体系，住房城乡建设部门要会同气象、水利、交通、公安、消防等相关部门进一步健全互联互通的信息共享与协调联动机制。要在2013年汛期前制订、完善城市排水与暴雨内涝防范应急预案，明确预警等级、内涵及相应的措施和处置程序，健全应急处置的技防、物防、人防措施。针对城市交通干道、低洼地带、危旧房屋、建筑工地等重点部位，要切实加强防范，并设立必要的警示标识。要加强应急能力教育和预警信息宣传，经常性地开展应急演练。

（十一）强化日常监管。各地区要加强对城市排水防涝设施建设和运行状况的监管，将规划编制、设施建设和运行维护等方面的要求落到实处。要严格实施接入排水管网许可制度，避免雨水、污水管道混接；加强河湖水系的疏浚和管理，汛前要严格按照防汛要求对城市排水设施进行全面检查、维护和清疏。

（十二）加强科技支撑。加强城市降雨规律、排水影响评价、暴雨内涝风险等方面的研究。全面提升排水防涝数字化水平，积极应用地理信息、全球定位、遥感应用等技术系统。加快建立具有灾害监测、预报预警、风险评估等功能的综合信息管理平台，强化数字信息技术对排水防涝工作的支撑。

五、加强组织领导

（十三）落实地方责任。各地区要把城市排水防涝工作作为改善民生、保障城市安全的紧迫任务，切实落实城市人民政府的主体责任，加强排水防涝工作行政负责制，将其纳入政府工作绩效考核体系。明确城市排水、交通、气象、消防、园林绿化、市容、环卫、防洪等有关部门的职责，形成工作合力。

（十四）明确部门分工。国务院各有关部门要按照本通知的要求，尽快研究制定具体工作措施。住房城乡建设部要加强统筹，指导监督城市排水防涝规划、设施建设和相关工作；发展改革委要会同有关部门督促地方做好建设项目前期工作，积极安排资金予以支持；水利部要加强对堤坝等防洪设施规划、建设的指导和监督；其他有关部门要按照职责分工，各司其职，加强配合，共同做好城市排水防涝工作。

中华人民共和国国务院办公厅

2013年3月25日

国务院办公厅关于印发2013年食品安全重点工作安排的通知

国办发〔2013〕25号

各省、自治区、直辖市人民政府，国务院各部委、各直属机构：

《2013年食品安全重点工作安排》已经国务院同意，现印发给你们，请认真贯彻执行。

中华人民共和国国务院办公厅

2013年4月7日

2013年食品安全重点工作安排

2012年，各地区、各有关部门按照国务院的部署，深入开展食品安全治理整顿，强化日常监管，严惩重处食品安全违法犯罪，消除了一大批食品安全隐患，保持了食品安全形势总体稳定向好。但制约我国食品安全的突出矛盾尚未根本解决，问题仍时有发生。为进一步提高食品安全保障水平，根据《国务院关于加强食品安全工作的决定》（国发〔2012〕20号）和国务院关于地方改革完善食品药品监督管理体制的有关精神，现就2013年食品安全重点工作作出如下安排：

一、全面排查隐患，深化治理整顿

（一）深入开展风险隐患排查整治。各地区、各有关部门要集中力量全面组织开展食品安全风险隐患大排查大整治，在种植、养殖、屠宰、生产、流通、餐饮以及进出口等各环节广泛排查各类食品安全风险隐患，深挖带有行业共性的隐患和“潜规则”。重点排查列入《食品中可能违法添加的非食用物质和易滥用的食品添加剂名单》的物质。强化进口食品检验检疫和监督管理，坚决依法处理不合格食品，防止不合格食品进入流通和消费领域。在此基础上，建立风险隐患清单，实施整治督办制度，坚决清理整顿不符合食品安全条件的生产经营单位，坚决取缔“黑工厂”、“黑作坊”和“黑窝点”，切实净化食品市场和消费环境，有效防范系统性、区域性食品安全风险。

（二）开展饲料农药兽药专项整治。全面加强对饲料、农药和兽药生产经营企业的监管，严格执行许可准入制度。严厉打击在饲料中添加激素类药品或其他禁用药品、在农药兽药中添加违禁物质等违法生产销售行为。以蔬菜、水果、茶叶种植基地和畜禽、水产品养殖场（小区）为重点，严厉查处使用禁用农药兽药或其他违禁物质、超范围超剂量使用农药兽药、将人用药品用于动物、不执行休药期规定等违法违规行为。

（三）开展私屠滥宰和“注水肉”等违法违规行为专项整治。严格屠宰行业准入，加强定点屠宰企业资格证牌使用管理。规范屠宰检疫和肉品品质检验行为，落实“两章两证”（即肉品品质检验合格章、生猪检疫合格验讫章、肉品品质检验合格证、动物检疫合格证明）制度，严惩重处只收费不检疫等违法行为，严厉打击销售未经检疫检验或检疫检验不合格肉品的违法行为。坚决取缔私屠滥宰窝点。严惩收购加工病死畜禽、向畜禽注水或注入其他物质等违法违规行为。加强对农贸市场和超市等生鲜肉经营场所、肉制品加工企业和餐饮服务单位等生鲜肉采购单位的监督检查，督促落实进货查验、索证索票制度。

（四）开展保健食品专项整治。完善保健食品生产、经营行政许可制度，整顿、关闭不符合规定的保健食品生产经营单位。以减肥、辅助降血糖、缓解体力疲劳类保健食品为重点开展整治，对生产环节非法添加药物成分的，依法吊销相关批准证明文件；涉嫌犯罪的，依法移交公安机关立案侦查。严厉查处套用、冒用批准文号、违法发布广告等行为。

（五）开展食品标签标识问题专项整治。进一步细化完善食品标签标识管理规定，着力解决食品标签标识不规范问题。强化食品出厂检验、流通环节食品标签标识检查，严厉打击篡改生产日期、伪造产地、违法涂改标签、伪造冒用食品生产经营许可证及“三品一标”（即无公害农产品、绿色食品、有机农产品和农产品地理标志）标识等违法行为。

（六）切实巩固治理整顿成果。各地区、各有关部门要继续严厉打击食品非法添加和滥用食品添加剂行为，进一步深化乳制品、酒类、调味品、食品包装材料、“地沟油”等综合治理和专项整治。扩大食品安全监督检查、市场巡查、执法抽检的频次、范围，督促企业规范内部管理，切实巩固各项治理整顿成果。及时总结治理整顿经验，细化完善监管措施，健全长效机制。

二、严惩违法犯罪，加强应急处置

（一）进一步加大打击惩处力度。各级监管部门要认真履行职责，坚持重典治乱，切实提高对食品安全违法行为的惩处力度。公安机关要进一步巩固“打四黑除四害”专项行动成果，严厉打击在饲料、农药兽药、保健食品中非法添加违禁物质和为谋财有危害食品安全等违法犯罪行为，强化刑事责任追究。建立健全公安机关和监管部门之间案件移交、立案等衔接机制，提高办案效率。地方各级人民政府要积极支持公安机关明确机构和人员负责打击食品安全违法犯罪工作。地方各级食品安全综合协调机构要协调有关方面加快完善技术鉴定相关制度，明确技术鉴定机构，积极为公安机关提供技术支持并协调解决鉴定费用。

（二）强化食品安全应急处置。各地区、各有关部门要根据政府机构改革和职能转变要求，完善各级各类食品安全预案，建立各级人民政府及相关部门共同参与的协调联动工作平台，明确部门应急处置职责。制定食品安全事故调查处理办法，规范事故调查处理流程，提高事故查处效率。各地要积极组织开展应急演练，切实提高快速响应能力。发生食品安全事故后，及时启动应急预案，有序开展事故调查、危害控制、医疗救治、分析评估、信息发布等工作，确保食品安全事故在第一时间得到有效处置，最大限度地减少损失和危害。

（三）加强舆情监测和信息发布。各地区、各有关部门要全面建立食品安全舆情监测制度，密切监测舆情特别是网络舆情，强化信息通报。完善食品安全信息发布机制，加强信息发布前的相互沟通，确保信息的科学性、准确性和及时性，重大食品安全信息统一归口发布。针对人民群众关心的食品安全热点问题，及时、客观、准确发布权威信息，回应社会关注。

三、加强能力建设，夯实基层基础

（一）健全食品安全监管体制机制。要按照有关规定，加快改革完善食品安全监管体制，切实加强地方各级食品安全监管机构能力建设，确保职能、机构、队伍、装备及时划转到位，保障机构人员编制和工作经费，建立健全工作机制，提升工作水平。地方各级人民政府要切实负起责任，全面梳理查找监管漏洞和盲区，结合实际逐项明确细化监管分工和要求，特别是要针对群众反映强烈的监管职责不清问题，尽快明确监管责任主体和要求。建立健全部门间、区域间食品安全监管联动机制，强化跨部门、跨区域信息通报和案件协查，及时彻底查处不合格产品。全面落实食品安全有奖举报

制度，完善投诉举报机制，充分发挥群众监督作用。

（二）健全基层食品安全监管体系。推进食品安全工作重心下移，力量配置下移，强化基层食品安全管理责任，确保县级人民政府食品安全监管责任到位，乡镇、街道食品安全管理责任到位。充分发挥基层派出机构及乡镇农产品质量安全监管公共服务机构的作用，加快构建覆盖社区（村）的协管员队伍。加强乡镇、街道与监管部门的沟通协作，密切协管员队伍与监管执法队伍的衔接配合，全面推行基层食品安全网格化监管，加快形成分区划片、包干负责的基层食品安全工作责任网。

（三）完善相关法律法规。推动食品安全法、保健食品监督管理条例、餐厨废弃物管理及资源化利用条例等法律法规的制修订，强化相关法律法规的衔接，完善监管执法依据，加大惩处力度。明确食品安全刑事案件侦办中的行为定性、案件管辖、证据规格等法律适用问题，特别是行政执法证据在刑事诉讼中的运用问题。推动地方加快畜禽屠宰、食品生产加工小作坊和食品摊贩管理等方面的立法工作。

（四）加快食品安全标准建设。健全标准审评程序和制度，增强标准制定的透明度。2013年底前，基本完成食品相关标准的清理，完善食品中致病微生物、食品添加剂使用、食品生产经营规范、农药兽药残留等方面的标准，制修订蜂蜜、食用植物油等产品标准和配套检验方法标准。各地要结合实际做好食品安全地方标准的制修订和企业标准的备案工作，省级人民政府有关部门依照规定向社会公布备案的食品安全企业标准。加强食品安全标准的宣传培训及跟踪评价，及时做好标准的解读工作。

（五）做好风险监测评估工作。组织实施国家食品安全风险监测计划，强化农产品质量安全例行监测，加强农产品产地环境监测。按照“统一计划实施、统一经费渠道、统一数据库、统一结果分析”的要求，建立统一的食品安全风险监测体系。逐步规范食源性疾病监测、报告工作，在优势农产品主产区建立食用农产品质量安全风险监测点，初步建成统一的风险监测数据库。加快国家食品安全风险评估中心建设，加强评估基础数据采集和相关研究，重点围绕食品安全突出问题开展风险评估。进一步完善《食品中可能违法添加的非食用物质和易滥用的食品添加剂名单》、《保健食品中可能非法添加的物质名单》、《饲料、养殖中禁用药物和物质清单》。

（六）加强检验检测能力建设。按照“提高现有能力水平、按责按需、填平补齐、避免重复建设、实现资源共享”的原则，统筹各级食品安全检验能力，特别是最急需、最薄弱环节以及中西部地区和基层的食品安全检验能力建设。组织开展县级食品检验资源整合试点，推动县域内食品安全检验人员和设备的统筹使用，检验经费的统一归口管理，检验建设项目的统筹规划安排，检验任务的统一部署实施，提高基层整体检验水平。支持农贸市场检验检测站建设，补助检验检测经费。严格检验机构管理，规范委托检验行为。规范食品快速检测试剂及设备的技术认定，明确生产资质要求。继续推动提升食品企业检测水平。

（七）推进食品安全监管信息化建设。根据国家重大信息化工程建设规划，充分利用现有信息化资源，按照统一的设计要求和技术标准，建设国家食品安全信息平台，2013年底前，完成主系统和子系统的总体规划和设计。统筹规划建设食品安全电子追溯体系，统一追溯编码，确保追溯链条的完整性和兼容性，重点加快婴幼儿配方乳粉和原料乳粉、肉类、蔬菜、酒类、保健食品电子追溯系统建设。

四、加强诚信建设，落实主体责任

（一）督促企业强化内部管理。各级监管部门要严格督促食品生产经营单位强化内部管理，建立健全质量安全管理体系，保障食品安全投入，配备专、兼职安全管理人员，严格落实进货查验、出厂检验、食品安全事故报告等制度。强化农民合作社、农业产业化龙头企业、农产品批发市场等生产经营主体的农产品质量安全管理责任。2013年底前，督促所有规模以上食品生产企业和相应的经营单位设置食品安全管理机构，明确分管负责人。推进食品安全责任强制保险制度试点，开展食品生产企业首席质量官制度试点。

（二）加强食品安全诚信体系建设。制定进一步加强食品安全信用体系建设工作的指导意见，完善诚信信息共享机制和失信行为联合惩戒机制。建立实施“黑名单”制度，公布失信食品企业名单，促进行业自律。加快规模以上乳制品、肉类食品加工企业和酒类流通企业诚信管理体系建设。加强对食品相关行业协会的监督指导，充分发挥行业协会作用。

（三）大力开展食品安全宣传。将食品安全纳入公益性宣传范围，列入国民素质教育内容和中小学相关课程。打造一批精品科普栏目、节目、宣传片，利用报刊、广播、电影、电视、互联网、手机等各类媒介，深入宣传党和政府抓食品安全工作的决心、部署和成效，普及食品安全知识，提高全社会的食品安全意识、认知水平和应对风险能力。组织好2013年食品安全宣传周等重大宣传活动。支持新闻媒体开展舆论监督。加强对食品安全监管先进人物和诚信经营典型的宣传，发挥示范引导作用。

（四）强化食品安全培训。各级监管部门要制定年度培训计划，开展食品安全法律法规、业务技能、工作作风等方面的培训，提高监管人员的责任意识和业务素质。加强对协管员队伍的基础知识培训。强化对食品从业人员的职业道德和专业知识培训。各级食品安全监管人员、各类食品生产经营单位负责人、主要从业人员全年接受不少于40小时的食品安全集中培训。

五、加强组织保障，严格责任追究

（一）加强组织领导。地方各级人民政府要进一步落实食品安全属地管理责任，切实加强对本地区食品安全工作的统一领导和组织协调，主要负责人要亲自抓，分管负责人要直接负责，逐级落实工作责任。建立稳定的食品安全资金投入保障机制，将食品安全监管人员经费及行政管理、风险监测、监督抽检、标准制修订、应急处置、科普宣教等各项工作经费纳入财政预算，强化对经费的统筹分配和使用，进一步向基层倾斜，提高资金使用效率。进一步加大食品安全科技研发投入，集中力量开展重大科技攻关。积极开展农产品质量安全监管示范县（市）等各类示范创建工作。

（二）强化协调配合。各地区、各有关部门要密切配合，通力协作，形成全程监管合力。各级监管部门要认真履行职责，切实提高执行力，确保监管到位，坚决杜绝有案不查、推诿扯皮等问题。各级食品安全综合协调机构要加强综合协调和监督指导，及时解决工作中的重点难点问题，开展督促检查，确保各项工作扎实推进。

（三）强化考核评价。进一步完善食品安全绩效评价指标体系，逐级健全督查考核制度，加强对地方政府、监管部门食品安全工作的考核。将信息通报、行政执法、违法行为处理等列入对监管部门履职情况考核的内容。将食品安全纳入社会管理综合治理考核、政府绩效考核内容。发生重大食品安全事故的地方在文明城市、卫生城市等评优创建活动中实行一票否决。

（四）严格责任追究。健全食品安全责任追究制，细化责任追究对象、方式、程序。县级以上地方各级政府要督促各监管部门建立具体到单位、人员、岗位的责任制。监察部门要依法依纪严肃追究重大食品安全事件中失职渎职责任。

国务院办公厅关于进一步加强煤矿安全生产工作的意见

国办发〔2013〕99号

各省、自治区、直辖市人民政府，国务院各部委、各直属机构：

煤炭是我国的主体能源，煤矿安全生产关系煤炭工业持续发展和国家能源安全，关系数百万矿工生命财产安全。近年来，通过各方面共同努力，煤矿安全生产形势持续稳定好转。但事故总量仍然偏大，重特大事故时有发生，暴露出煤矿安全管理中仍存在一些突出问题。党中央、国务院对此高度重视，要求深刻吸取事故教训，坚守发展决不能以牺牲人的生命为代价的红线，始终把矿工生命安全放在首位，大力推进煤矿安全治本攻坚，建立健全煤矿安全长效机制，坚决遏制煤矿重特大事故发生。为进一步加强煤矿安全生产工作，经国务院同意，现提出以下意见：

一、加快落后小煤矿关闭退出

（一）明确关闭对象。重点关闭9万吨/年及以下不具备安全生产条件的煤矿，加快关闭9万吨/年及以下煤与瓦斯突出等灾害严重的煤矿，坚决关闭发生较大及以上责任事故的9万吨/年及以下的煤矿。关闭超层越界拒不退回和资源枯竭的煤矿；关闭拒不执行停产整顿指令仍然组织生产的煤矿。不能实现正规开采的煤矿，一律停产整顿；逾期仍未实现正规开采的，依法实施关闭。没有达到安全质量标准化三级标准的煤矿，限期停产整顿；逾期仍不达标的，依法实施关闭。

（二）加大政策支持力度。通过现有资金渠道加大支持淘汰落后产能力度，地方人民政府应安排配套资金，并向早关、多关的地区倾斜。研究制定信贷、财政优惠政策，鼓励优势煤矿企业兼并重组小煤矿。修订煤炭产业政策，提高煤矿准入标准。国家支持小煤矿集中关闭地区发展替代产业，加强基础设施建设，加快缺煤地区能源输送通道建设，优先保障缺煤地区的铁路运力。

（三）落实关闭目标和责任。到2015年底全国关闭2000处以上小煤矿。各省级人民政府负责小煤矿关闭工作，要制定关闭规划，明确关闭目标并确保按期完成。

二、严格煤矿安全准入

（四）严格煤矿建设项目核准和生产能力核定。一律停止核准新建生产能力低于30万吨/年的煤矿，一律停止核准新建生产能力低于90万吨/年的煤与瓦斯突出矿井。现有煤与瓦斯突出、冲击地压等灾害严重的生产矿井，原则上不再扩大生产能力；2015年底前，重新核定上述矿井的生产能力，核减不具备安全保障能力的生产能力。

（五）严格煤矿生产工艺和技术设备准入。建立完善煤炭生产技术与装备、井下合理生产布局以及能力核定等方面的政策、规范和标准，严禁使用国家明令禁止或淘汰的设备和工艺。煤矿使用的设备必须按规定取得煤矿矿用产品安全标志。

（六）严格煤矿企业和管理人员准入。规范煤矿建设项目安全核准、项目核准和资源配置的程序。未通过安全核准的，不得通过项目核准；未通过项目核准的，不得颁发采矿许可证。不具备相应灾害防治能力的企业申请开采高瓦斯、冲击地压、煤层易自燃、水文地质情况和条件复杂等煤炭资源的，不得通过安全核准。从事煤炭生产的企业必须有相关专业和实践经历的管理团队。煤矿必须配备矿长、总工程师和分管安全、生产、机电的副矿长，以及负责采煤、掘进、机电运输、通风、地质测量工作的专业技术人员。矿长、总工程师和分管安全、生产、机电的副矿长必须具有安全资格证，且严禁在其他煤矿兼职；专业技术人员必须具备煤矿相关专业中专以上学历或注册安全工程师资格，且有3年以上井下工作经历。鼓励专业化的安全管理团队以托管、入股等方式管

理小煤矿，提高小煤矿技术、装备和管理水平。建立煤炭安全生产信用报告制度，完善安全生产承诺和安全生产信用分类管理制度，健全安全生产准入和退出信用评价机制。

三、深化煤矿瓦斯综合治理

（七）*加强瓦斯管理。*认真落实国家关于促进煤层气（煤矿瓦斯）抽采利用的各项政策。高瓦斯、煤与瓦斯突出矿井必须严格执行先抽后采、不抽不采、抽采达标。煤与瓦斯突出矿井必须按规定落实区域防突措施，开采保护层或实施区域性预抽，消除突出危险性，做到不采突出面、不掘突出头。发现瓦斯超限仍然作业的，一律按照事故查处，依法依规处理责任人。

（八）*严格煤矿企业瓦斯防治能力评估。*完善煤矿企业瓦斯防治能力评估制度，提高评估标准，增加必备性指标。加强评估结果执行情况监督检查，经评估不具备瓦斯防治能力的煤矿企业，所属高瓦斯和煤与瓦斯突出矿井必须停产整顿、兼并重组，直至依法关闭。加强评估机构建设，充实评估人员，落实评估责任，对弄虚作假的单位和个人要严肃追究责任。

四、全面普查煤矿隐蔽致灾因素

（九）*强制查明隐蔽致灾因素。*加强煤炭地质勘查管理，勘查程度达不到规范要求的，不得为其划定矿区范围。煤矿企业要加强建设、生产期间的地质勘查，查明井田范围内的瓦斯、水、火等隐蔽致灾因素，未查明的必须综合运用物探、钻探等勘查技术进行补充勘查；否则，一律不得继续建设和生产。

（十）*建立隐蔽致灾因素普查治理机制。*小煤矿集中的矿区，由地方人民政府组织进行区域性水害普查治理，对每个煤矿的老空区积水划定警戒线和禁采线，落实和完善预防性保障措施。国家从中央有关专项资金中予以支持。

五、大力推进煤矿“四化”建设

（十一）*加快推进小煤矿机械化建设。*国家鼓励和扶持30万吨/年以下的小煤矿机械化改造，对机械化改造提升的符合产业政策规定的最低规模的产能，按生产能力核定办法予以认可。新建、改扩建的煤矿，不采用机械化开采的一律不得核准。

（十二）*大力推进煤矿安全质量标准化和自动化、信息化建设。*深入推进煤矿安全质量标准化建设工作，强化动态达标和岗位达标。煤矿必须确保安全监控、人员定位、通信联络系统正常运转，并大力推进信息化、物联网技术应用，充分利用和整合现有的生产调度、监测监控、办公自动化等信息化系统，建设完善安全生产综合调度信息平台，做到视频监视、实时监测、远程控制。县级煤矿安全监管部门要与煤矿企业安全生产综合调度信息平台实现联网，随机抽查煤矿安全监控运行情况。地方人民政府要培育发展或建立区域性技术服务机构，为煤矿特别是小煤矿提供技术服务。

六、强化煤矿矿长责任和劳动用工管理

（十三）*严格落实煤矿矿长责任制度。*煤矿矿长要落实安全生产责任，切实保护矿工生命安全，确保煤矿必须证照齐全，严禁无证照或者证照失效非法生产；必须在批准区域正规开采，严禁超层越界或者巷道式采煤、空顶作业；必须做到通风系统可靠，严禁无风、微风、循环风冒险作业；必须做到瓦斯抽采达标，防突措施到位，监控系统有效，瓦斯超限立即撤人，严禁违规作业；必须落实井下探放水规定，严禁开采防隔水煤柱；必须保证井下机电和所有提升设备完好，严禁非阻燃、非防爆设备违规入井；必须坚持矿领导下井带班，确保员工培训合格、持证上岗，严禁违章指挥。达不到要求的煤矿，一律停产整顿。

（十四）*规范煤矿劳动用工管理。*在一定区域内，加强煤矿企业招工信息服务，统一组织报名和资格审查、统一考核、统一签订劳动合同和办理用工备案、统一参加社会保险、统一依法使用劳务派遣用工，并加强监管。严格实施工伤保险实名制；严厉打击无证上岗、持假证上岗。

（十五）*保护煤矿工人权益。*开展行业性工资集体协商，研究确定煤矿工人小时最低工资标准，提高下井补贴标准，提高煤矿工人收入。严格执行国家法定工时制度。停产整顿煤矿必须按期发放工人工资。煤矿必须依法配备劳动保护用品，定期组织职业健康检查，加强尘肺病防治工作，建设标准化的食堂、澡堂和宿舍。

（十六）*提高煤矿工人素质。*加强煤矿班组安全建设，加快变“招工”为“招生”，强化矿工实际操作技能培训与考核。所有煤矿从业人员必须经考试合格后持证上岗，严格教考分离、建立统一题库、制定考核办法、对考核合格人员免费颁发上岗证书。健全考务管理体系，建立考试档案，切实做到考试不合格不发证。将煤矿农民工培训纳入各地促进就业规划和职业培训扶持政策范围。

七、提升煤矿安全监管和应急救援科学化水平

（十七）*落实地方政府分级属地监管责任。*地方各级人民政府要切实履行分级属地监管责任，强化“一岗双责”，严格执行“一票否决”。强化责任追究，对不履行或履行监管职责不力的，要依纪依法严肃追究相关人员的责任。各地区要按管理权限落实停产整顿煤矿的监管责任人和验收部门，省属煤矿和中央企业煤矿由省级煤矿安全监管部门组织验收，局长签字；市属煤矿由市（地）级煤矿安全监管部门组织验收，市（地）级人民政府主要负责人签字；其他煤矿由县级煤矿安全监管部门组织验收，县级人民政府主要负责人签字。中央企业煤矿必须由市（地）级以上煤矿安全监管部门负责安全监管，不得交由县、乡级人民政府及其部门负责。

（十八）*明确部门安全监管职责。*按照管行业必须管安全、管业务必须管安全、谁主管谁负责的原则，进一步明确各部门监管职责，切实加强基层煤炭行业管理和煤矿安全监管部门能力建设。创新监管监察方式方法，开展突击暗查、交叉执法、联合执法，提高监督管理的针对性和有效性。煤矿安全监管监察部门发现煤矿存在超能力生产等重大安全生产隐患和行为的，要依法责令停产整顿；发现违规建设的，要责令停止施工并依法查处；发现停产整顿期间仍然组织生产的煤矿，要依法提请地方政府关闭。煤矿安全监察机构要严格安全准入，严格煤矿建设工程安全设施的设计审查和竣工验收；依法加强对地方政府煤矿安全生产监管工作的监督检查；对停产整顿煤矿要依法暂扣其安全生产许可证。国土资源部门要严格执行矿产资源规划、煤炭国家规划矿区和矿业权设置方案制度，严厉打击煤矿无证勘查开采、以煤田灭火或地质灾害治理等名义实施露天采煤、以硐探坑探为名实施井下开采、超越批准的矿区范围采矿等违法违规行为。公安部门要停止审批停产整顿煤矿购买民用爆炸物品。电力部门要对停产整顿煤矿限制供电。建设主管部门要加强煤矿施工企业安全生产许可证管理，组织及时修订煤矿设计相应标准规范，会同煤炭行业管理部门强化对煤矿设计、施工和监理单位的资质监管。投资主管部门要提高煤矿安全技术改造资金分配使用的针对性和实效性。

（十九）加快煤矿应急救援能力建设。加强国家（区域）矿山应急救援基地建设，其运行维护费用由中央财政和所在地省级财政给予支持。加强地方矿山救护队伍建设，其运行维护费用由地方财政给予支持。煤矿企业按照相关规定建立专职应急救援队伍。没有建立专职救援队伍的，必须建设兼职辅助救护队。煤矿企业要统一生产、通风、安全监控调度，建立快速有效的应急处置机制；每年至少组织一次全员应急演练。加强煤矿事故应急救援指挥，发生重大及以上事故，省级人民政府主要负责人或分管负责人要及时赶赴事故现场。在煤矿抢险救灾中牺牲的救援人员，应当按照国家有关规定申报烈士。

（二十）加强煤矿应急救援装备建设。煤矿要按规定建设完善紧急避险、压风自救、供水施救系统，配备井下应急广播系统，储备自救互救器材。煤矿或煤矿集中的矿区，要配备适用的排水设备和应急救援物资。加快研制并配备能够快速打通“生命通道”的先进设备。支持重点开发煤矿应急指挥、通信联络、应急供电等设备和移动平台，以及遇险人员生命探测与搜索定位、灾害现场大型破拆、救援人员特种防护用品和器材等救援装备。

国务院各有关部门要按照职责分工研究制定具体的政策措施，落实工作责任，加强监管监察并认真组织实施。各省级人民政府要结合本地实际制定实施办法，加强组织领导，强化煤矿安全生产责任体系建设，强化监督检查，加强宣传教育，强化社会监督，严格追究责任，确保各项要求得到有效执行。

中华人民共和国国务院办公厅
2013 年 10 月 2 日

国务院办公厅关于印发突发事件应急预案管理办法的通知

国办发〔2013〕101 号

各省、自治区、直辖市人民政府，国务院各部委、各直属机构：

《突发事件应急预案管理办法》已经国务院同意，现印发给你们，请认真贯彻执行。

中华人民共和国国务院办公厅
2013 年 10 月 25 日

突发事件应急预案管理办法

第一章　总　则

第一条　为规范突发事件应急预案（以下简称应急预案）管理，增强应急预案的针对性、实用性和可操作性，依据《中华人民共和国突发事件应对法》等法律、行政法规，制订本办法。

第二条　本办法所称应急预案，是指各级人民政府及其部门、基层组织、企事业单位、社会团体等为依法、迅速、科学、有序应对突发事件，最大程度减少突发事件及其造成的损害而预先制定的工作方案。

第三条　应急预案的规划、编制、审批、发布、备案、演练、修订、培训、宣传教育等工作，适用本办法。

第四条　应急预案管理遵循统一规划、分类指导、分级负责、动态管理的原则。

第五条　应急预案编制要依据有关法律、行政法规和制度，紧密结合实际，合理确定内容，切实提高针对性、实用性和可操作性。

第二章　分类和内容

第六条　应急预案按照制定主体划分，分为政府及其部门应急预案、单位和基层组织应急预案两大类。

第七条　政府及其部门应急预案由各级人民政府及其部

门制定，包括总体应急预案、专项应急预案、部门应急预案等。

总体应急预案是应急预案体系的总纲，是政府组织应对突发事件的总体制度安排，由县级以上各级人民政府制定。

专项应急预案是政府为应对某一类型或某几种类型突发事件，或者针对重要目标物保护、重大活动保障、应急资源保障等重要专项工作而预先制定的涉及多个部门职责的工作方案，由有关部门牵头制订，报本级人民政府批准后印发实施。

部门应急预案是政府有关部门根据总体应急预案、专项应急预案和部门职责，为应对本部门（行业、领域）突发事件，或者针对重要目标物保护、重大活动保障、应急资源保障等涉及部门工作而预先制定的工作方案，由各级政府有关部门制定。

鼓励相邻、相近的地方人民政府及其有关部门联合制定应对区域性、流域性突发事件的联合应急预案。

第八条 总体应急预案主要规定突发事件应对的基本原则、组织体系、运行机制，以及应急保障的总体安排等，明确相关各方的职责和任务。

针对突发事件应对的专项和部门应急预案，不同层级的预案内容各有所侧重。国家层面专项和部门应急预案侧重明确突发事件的应对原则、组织指挥机制、预警分级和事件分级标准、信息报告要求、分级响应及响应行动、应急保障措施等，重点规范国家层面应对行动，同时体现政策性和指导性；省级专项和部门应急预案侧重明确突发事件的组织指挥机制、信息报告要求、分级响应及响应行动、队伍物资保障及调动程序、市县级政府职责等，重点规范省级层面应对行动，同时体现指导性；市县级专项和部门应急预案侧重明确突发事件的组织指挥机制、风险评估、监测预警、信息报告、应急处置措施、队伍物资保障及调动程序等内容，重点规范市（地）级和县级层面应对行动，体现应急处置的主体职能；乡镇街道专项和部门应急预案侧重明确突发事件的预警信息传播、组织先期处置和自救互救、信息收集报告、人员临时安置等内容，重点规范乡镇层面应对行动，体现先期处置特点。

针对重要基础设施、生命线工程等重要目标物保护的专项和部门应急预案，侧重明确风险隐患及防范措施、监测预警、信息报告、应急处置和紧急恢复等内容。

针对重大活动保障制定的专项和部门应急预案，侧重明确活动安全风险隐患及防范措施、监测预警、信息报告、应急处置、人员疏散撤离组织和路线等内容。

针对为突发事件应对工作提供队伍、物资、装备、资金等资源保障的专项和部门应急预案，侧重明确组织指挥机制、资源布局、不同种类和级别突发事件发生后的资源调用程序等内容。

联合应急预案侧重明确相邻、相近地方人民政府及其部门间信息通报、处置措施衔接、应急资源共享等应急联动机制。

第九条 单位和基层组织应急预案由机关、企业、事业单位、社会团体和居委会、村委会等法人和基层组织制定，侧重明确应急响应责任人、风险隐患监测、信息报告、预警响应、应急处置、人员疏散撤离组织和路线、可调用或可请求援助的应急资源情况及如何实施等，体现自救互救、信息报告和先期处置特点。

大型企业集团可根据相关标准规范和实际工作需要，参照国际惯例，建立本集团应急预案体系。

第十条 政府及其部门、有关单位和基层组织可根据应急预案，并针对突发事件现场处置工作灵活制定现场工作方案，侧重明确现场组织指挥机制、应急队伍分工、不同情况下的应对措施、应急装备保障和自我保障等内容。

第十一条 政府及其部门、有关单位和基层组织可结合本地区、本部门和本单位具体情况，编制应急预案操作手册，内容一般包括风险隐患分析、处置工作程序、响应措施、应急队伍和装备物资情况，以及相关单位联络人员和电话等。

第十二条 对预案应急响应是否分级、如何分级、如何界定分级响应措施等，由预案制定单位根据本地区、本部门和本单位的实际情况确定。

第三章 预案编制

第十三条 各级人民政府应当针对本行政区域多发易发突发事件、主要风险等，制定本级政府及其部门应急预案编制规划，并根据实际情况变化适时修订完善。

单位和基层组织可根据应对突发事件需要，制定本单位、本基层组织应急预案编制计划。

第十四条 应急预案编制部门和单位应组成预案编制工作小组，吸收预案涉及主要部门和单位业务相关人员、有关专家及有现场处置经验的人员参加。编制工作小组组长由应急预案编制部门或单位有关负责人担任。

第十五条 编制应急预案应当在开展风险评估和应急资源调查的基础上进行。

（一）风险评估。针对突发事件特点，识别事件的危害因素，分析事件可能产生的直接后果以及次生、衍生后果，评估各种后果的危害程度，提出控制风险、治理隐患的措施。

（二）应急资源调查。全面调查本地区、本单位第一时间可调用的应急队伍、装备、物资、场所等应急资源状况和合作区域内可请求援助的应急资源状况，必要时对本地居民应急资源情况进行调查，为制定应急响应措施提供依据。

第十六条 政府及其部门应急预案编制过程中应当广泛听取有关部门、单位和专家的意见，与相关的预案作好衔接。涉及其他单位职责的，应当书面征求相关单位意见。必要时，向社会公开征求意见。

单位和基层组织应急预案编制过程中，应根据法律、行政法规要求或实际需要，征求相关公民、法人或其他组织的意见。

第四章 审批、备案和公布

第十七条 预案编制工作小组或牵头单位应当将预案送审稿及各有关单位复函和意见采纳情况说明、编制工作说明等有关材料报送应急预案审批单位。因保密等原因需要发布应急预案简本的，应当将应急预案简本一起报送审批。

第十八条 应急预案审核内容主要包括预案是否符合有关法律、行政法规，是否与有关应急预案进行了衔接，各方面意见是否一致，主体内容是否完备，责任分工是否合理明确，应急响应级别设计是否合理，应对措施是否具体简明、管用可行等。必要时，应急预案审批单位可组织有关专家对应急预案进行评审。

第十九条 国家总体应急预案报国务院审批，以国务院名义印发；专项应急预案报国务院审批，以国务院办公厅名义印发；部门应急预案由部门有关会议审议决定，以部门名义印发，必要时，可以由国务院办公厅转发。

地方各级人民政府总体应急预案应当经本级人民政府常务会议审议，以本级人民政府名义印发；专项应急预案应当经本级人民政府审批，必要时经本级人民政府常务会议或专题会议审议，以本级人民政府办公厅（室）名义印发；部门应急预案应当经部门有关会议审议，以部门名义印发，必要时，可以由本级人民政府办公厅（室）转发。

单位和基层组织应急预案须经本单位或基层组织主要负责人或分管负责人签发，审批方式根据实际情况确定。

第二十条 应急预案审批单位应当在应急预案印发后的20个工作日内依照下列规定向有关单位备案：

（一）地方人民政府总体应急预案报送上一级人民政府备案。

（二）地方人民政府专项应急预案抄送上一级人民政府有关主管部门备案。

（三）部门应急预案报送本级人民政府备案。

（四）涉及需要与所在地政府联合应急处置的中央单位应急预案，应当向所在地县级人民政府备案。

法律、行政法规另有规定的从其规定。

第二十一条 自然灾害、事故灾难、公共卫生类政府及其部门应急预案，应向社会公布。对确需保密的应急预案，按有关规定执行。

第五章 应急演练

第二十二条 应急预案编制单位应当建立应急演练制度，根据实际情况采取实战演练、桌面推演等方式，组织开展人员广泛参与、处置联动性强、形式多样、节约高效的应急演练。

专项应急预案、部门应急预案至少每3年进行一次应急演练。

地震、台风、洪涝、滑坡、山洪泥石流等自然灾害易发区域所在地政府，重要基础设施和城市供水、供电、供气、供热等生命线工程经营管理单位，矿山、建筑施工单位和易燃易爆物品、危险化学品、放射性物品等危险物品生产、经营、储运、使用单位，公共交通工具、公共场所和医院、学校等人员密集场所的经营单位或者管理单位等，应当有针对性地经常组织开展应急演练。

第二十三条 应急演练组织单位应当组织演练评估。评估的主要内容包括：演练的执行情况，预案的合理性与可操作性，指挥协调和应急联动情况，应急人员的处置情况，演练所用设备装备的适用性，对完善预案、应急准备、应急机制、应急措施等方面的意见和建议等。

鼓励委托第三方进行演练评估。

第六章 评估和修订

第二十四条 应急预案编制单位应当建立定期评估制度，分析评价预案内容的针对性、实用性和可操作性，实现应急预案的动态优化和科学规范管理。

第二十五条 有下列情形之一的，应当及时修订应急预案：

（一）有关法律、行政法规、规章、标准、上位预案中的有关规定发生变化的；

（二）应急指挥机构及其职责发生重大调整的；

（三）面临的风险发生重大变化的；

（四）重要应急资源发生重大变化的；

（五）预案中的其他重要信息发生变化的；

（六）在突发事件实际应对和应急演练中发现问题需要作出重大调整的；

（七）应急预案制定单位认为应当修订的其他情况。

第二十六条 应急预案修订涉及组织指挥体系与职责、应急处置程序、主要处置措施、突发事件分级标准等重要内容的，修订工作应参照本办法规定的预案编制、审批、备案、公布程序组织进行。仅涉及其他内容的，修订程序可根据情况适当简化。

第二十七条 各级政府及其部门、企事业单位、社会团体、公民等，可以向有关预案编制单位提出修订建议。

第七章 培训和宣传教育

第二十八条 应急预案编制单位应当通过编发培训材料、举办培训班、开展工作研讨等方式，对与应急预案实施密切相关的管理人员和专业救援人员等组织开展应急预案培训。

各级政府及其有关部门应将应急预案培训作为应急管理培训的重要内容，纳入领导干部培训、公务员培训、应急管理干部日常培训内容。

第二十九条 对需要公众广泛参与的非涉密的应急预案，编制单位应当充分利用互联网、广播、电视、报刊等多种媒体广泛宣传，制作通俗易懂、好记管用的宣传普及材料，向公众免费发放。

第八章 组织保障

第三十条 各级政府及其有关部门应对本行政区域、本行业（领域）应急预案管理工作加强指导和监督。国务院有关部门可根据需要编写应急预案编制指南，指导本行业（领域）应急预案编制工作。

第三十一条 各级政府及其有关部门、各有关单位要指

定专门机构和人员负责相关具体工作，将应急预案规划、编制、审批、发布、演练、修订、培训、宣传教育等工作所需经费纳入预算统筹安排。

第九章 附 则

第三十二条 国务院有关部门、地方各级人民政府及其有关部门、大型企业集团等可根据实际情况，制定相关实施办法。

第三十三条 本办法由国务院办公厅负责解释。

第三十四条 本办法自印发之日起施行。

云南省人民政府关于进一步加强安全生产工作的决定

云政发〔2011〕229号

各州、市、县（市、区）人民政府，省直各委、办、厅、局：

为认真贯彻落实党中央、国务院领导关于加强安全生产工作的重要指示精神，坚决遏制重特大事故，推进全省安全生产形势进一步稳定好转，特作如下决定：

一、切实提高对安全生产工作极端重要性的认识，进一步增强做好安全生产工作的责任感、紧迫感和使命感

2011年以来，我省安全生产形势保持持续稳定，但形势依然严峻，特别是曲靖市师宗县私庄煤矿“11·10”煤矿事故，造成了重大损失。安全生产事关人民群众生命财产安全，事关改革发展稳定大局，事关党和政府形象和声誉。各地、有关部门和单位必须从战略和全局的高度，充分认识安全生产形势的严峻性、复杂性和做好安全生产工作的极端重要性，牢固树立以人为本、安全第一、安全发展的科学理念，切实把生命高于一切的理念落实到生产、经营、管理的全过程，把人的生命安全放在各项工作的首位，把加强安全生产工作摆在政府工作的重中之重，以高度的责任感、使命感和紧迫感，深刻反思“11·10”事故教训，警钟长鸣、常抓不懈，采取更加坚决的措施，进一步全面加强安全生产工作。

二、全面落实领导干部安全生产“一岗双责”责任制，强化对安全生产工作的组织领导

各级政府和有关部门要严格按照《云南省人民政府关于推行安全生产“一岗双责”进一步强化安全生产责任制的意见》（云政发〔2008〕178号）要求，切实加强对本地、本行业领域安全生产工作的领导，全面落实领导干部安全生产“一岗双责”责任制。各地、有关部门主要领导对本地、本行业领域的安全生产工作负全面责任；分管安全生产工作的领导对本地、本行业领域的安全生产工作负综合监管责任；分管其他工作的领导对其分管工作范围内的安全生产工作负直接分管责任。各级政府要进一步强化安全生产委员会的职责，州（市）、县（市、区）人民政府主要领导担任安全生产委员会主任，常务副职分管安全生产工作。各级政府要建立健全安全生产风险分析评估机制，每季度组织召开1次安全生产形势分析会，分析、研究、部署、督促、检查本地安全生产工作。

三、严格落实企业安全生产主体责任，确保安全生产各项制度措施落实到位

各地、有关部门和单位要深入贯彻落实《国务院关于进一步加强企业安全生产工作的通知》（国发〔2010〕23号）和《云南省人民政府贯彻落实国务院关于进一步加强企业安全生产工作通知的实施意见》（云政发〔2010〕157号）精神，进一步强化企业安全生产主体责任，健全企业安全生产责任制，完善安全生产规章制度，把安全生产责任层层落实到班组和每一个生产环节、每一个工作岗位。强化企业法定代表人、实际控制人安全生产第一责任人的责任，认真落实煤矿和非煤矿山企业负责人带班下井制度，加强监督检查。企业负责人带班下井时要深入重点采掘工作面。企业必须确保安全投入，按照规定提取安全费用，缴纳安全生产风险抵押金，为从业人员缴纳工伤保险和人身意外伤害保险。企业主要负责人、安全管理人员和特种作业人员必须接受安全生产培训并取得相应资格或资质。企业要定期组织应急演练，增强职工安全意识和自救互救能力。

四、严格安全生产准入条件，提高企业安全水平

严格企业安全生产准入条件。把符合安全生产标准作为企业准入的前置条件，实行严格的安全生产准入制度。严格建设项目安全审批，凡未经安全审查批准的项目，不得办理项目审批、核准、登记、备案手续。严格安全设施“三同时”制度，所有建设项目的安全设施必须与主体工程同时设计、同时施工、同时投入生产和使用，做到“不安全不生产”。煤矿和金属非金属地下矿山按照国家有关规定必须建立完善监测监控系统、井下人员定位系统、紧急避险系统、压风自救系统、供水施救系统和通信联络系统；2012年底前，采用危险工艺的化工企业必须全部实现生产过程自动化控制，大型和高度危险化工装置必须装备紧急停车系统或安全仪表系统，安全距离不够的加油站必须安装阻隔防爆装置或搬迁，运输危险化学品、烟花爆竹、民用爆炸物品的道路专用车辆，旅游包车和三类以上的班线客车要安装使用具有行驶记录功能的GPS定位系统。煤矿企业和危险化学品、烟花爆竹生产经营单位必须在2012年底前，非煤矿山和尾矿库、规模以上的冶金、有色等工贸行业必须在2013年底前，达到安全生产标准化最低等级。凡在规定时间内安全技术装备和安全生产标准化未达标的企业，依法暂扣其生产许可证、安全生产许可证，责令停产整顿；对整改逾期未达标的，依法予以关闭。

五、深化安全专项整治，坚决防范和有效遏制重特大事故

以“治大隐患、防大事故”为目标，集中开展重大安全隐患专项治理行动，突出抓好重点行业、重点区域、重点环节整治。煤矿重点抓好整顿关闭、资源整合、技术改造，以及瓦斯治理、水害防治等专项整治。非煤矿山重点抓好地下矿山专项整治，巩固露天矿山和尾矿库专项整治成果。危险化学品重点抓好自动化改造，强化生产、储存、运输环节的整治。烟花爆竹重点抓好生产企业提升改造，杜绝“三超一改”（超定员、超药量、超能力和擅自改变工房用途）等违规违章行为。道路交通运输重点抓好危险路段、高速公路和特种运输车辆、长途客车、大型货车、农用车、校车安全整治，以及超速超载、非法载客等隐患治理。建筑施工重点抓好资质挂靠、出让资质、违法转包分包工程和不按照安全生产规程施工的整治。民用爆炸物品重点抓好非法经营、储存、使用的整治，加快淘汰落后生产设备和工艺。水利、消防、特种设备、电力、通信、建材、机械、人防等行业领域要针对各自的薄弱环节和关键部位，明确安全隐患整治重点及措施，严防发生重特大事故。根据各地安全生产实际情况，抓好重点州（市）的安全生产整治工作。

六、强化安全监管执法，严厉打击非法违法生产经营建设行为

各级政府要加强对打击非法违法生产经营建设行为的领导，建立公安、安全监管、煤矿安全监察、国土资源、工商、税务、环境保护、电力监管等部门参与的联合执法机制，严厉打击非法违法生产经营建设行为。对非法违法生产经营建设行为，切实做到“四个一律”，即对非法生产经营建设和经停产整顿仍未达到要求的，一律关闭取缔；对存在违法生产的，一律责令停产整顿；对非法违法生产经营建设的有关单位和责任人，一律按照规定上限予以经济处罚；对触犯法律法规的有关单位和人员，一律严格追究法律责任。进一步强化各级政府特别是县、乡两级政府打击非法违法行为的责任。对打击非法违法行为不力、非法违法行为长期得不到惩处、安全生产秩序混乱的地方，依法追究县（市、区）、乡（镇）人民政府及有关部门主要负责人和有关责任人的责任，根据情节轻重，给予降级、撤职或者开除的处分。

各级政府要建立健全安全生产执法机构，配强执法队伍，配齐执法装备。乡（镇）、经济开发区、工业园区、重点建设项目必须建立安全生产监管站，配备专（兼）职安全生产监管人员。

七、严格安全生产监管制度，确保工作落实

严格落实安全生产约谈制度，省人民政府对发生重特大事故的州（市）人民政府分管领导进行约谈，省安委会对超半年和年度控制指标的州（市）人民政府分管安全生产工作的领导、发生安全事故领域的分管领导进行约谈，省安委办对发生较大以上事故、重大隐患整改不力、存在非法和严重违法生产经营行为的企业负责人和企业所在地县级政府领导进行约谈，认真分析原因、吸取教训；建立发生事故企业专门档案，对发生重特大事故或者1年内发生2起及以上较大事故的企业，及时在媒体上向社会公布，并建立与发展改革、国土资源、住房城乡建设、工商、金融等部门联合限制和制裁的约束机制，1年内严格限制其新增的项目核准、用地审批、证券融资和信贷等；实行挂牌督办制度，县级政府和有关部门查处的一般事故，由州（市）安委会挂牌督办，州（市）人民政府和有关部门查处的较大事故，由省安委会挂牌督办，省、州（市）、县（市、区）三级政府每年挂牌督办一批重大安全隐患，并逐一制定整改方案，落实整改单位、明确整改责任人和整改时限。

八、严肃事故查处和责任追究

按照“四不放过”和依法依规、实事求是、注重实效的原则，严格查处事故，严肃追究责任。经考核年度安全生产工作不合格的州（市）、部门和企事业单位，实行安全生产“一票否决”。被“一票否决”的单位当年不得参加评优评先，其主要负责人和事故发生领域分管负责人当年不得参加评优评先、1年内不得提拔。国有、国有控股企业发生重特大生产安全事故的，对其法定代表人一律先免职后查处，对负直接责任的，给予免职或撤职处分；对因工作不落实，工作措施不到位而造成生产安全事故的，依法追究有关责任人的责任。非公企业发生重特大生产安全事故的，对其法定代表人、实际控制人依照《生产安全事故报告和调查处理条例》（国务院第493号令）规定的上限进行处罚。对因违法行政、失职渎职导致发生生产安全事故的领导干部和有关人员，一律从重处理，构成犯罪的，依法追究刑事责任。严格事前责任追究，对拒不执行上级有关安全生产的决定，或不能全面履行安全生产监管职责的各级政府、部门和企业负责人，进行严肃处理。

各地、有关部门和单位要加强调查研究，依据新情况、新问题，不断提出安全生产新举措，推进安全生产长效机制的建立，努力开创全省安全生产工作新局面。

云南省人民政府

二〇一一年十一月十四日

云南省人民政府关于进一步加强“十二五”全省主要污染物总量减排工作的若干意见

云政发〔2012〕149号

各州、市人民政府，省直各委、办、厅、局，中央驻滇有关单位：

为深入贯彻落实科学发展观，切实做好主要污染物总量减排工作，确保完成我省“十二五”主要污染物总量减排目标，根据《国务院关于印发“十二五”节能减排综合性工作方案的通知》（国发〔2011〕26号）和《国务院办公厅关于印发贯彻落实“十二五”节能减排综合性工作方案部门分工的通知》（国办函〔2011〕125号）等规定，结合我省实际，提出以下意见：

一、把污染减排工作摆到更加突出的位置

（一）统一思想，充分认识污染减排工作的重要性、紧迫性和艰巨性，把污染减排工作摆到更加突出的位置。污染减排是党中央、国务院作出的一项重大战略决策，是贯彻落实科学发展观和构建和谐社会的一项重要举措。“十一五”时期，我省把污染减排作为促进经济结构调整、转变经济发展方式的重要抓手，采取一系列强有力减排措施，污染减排取得了显著成效，为实现“十二五”污染减排目标奠定了基础。但是，“十二五”污染减排增加了考核指标，拓展了污染减排范围，工作任务加重、压力加大、难度加剧，全省面临的形势仍然十分严峻。各地、各部门必须真正把思想和行动统一到中央的方针政策和工作部署上来，进一步把污染减排工作摆在更加突出的位置，加强组织领导，落实目标责任，采取更加有力的政策措施，确保完成“十二五”污染减排目标任务，推进全省经济社会又好又快发展。

二、加强领导，严格落实工作责任制

（二）严格落实污染减排目标责任。各级政府对本行政区域污染减排工作负总责，政府主要负责人是区域污染减排工作第一责任人，要加强对污染减排工作的组织领导，综合运用经济、法律、技术和必要的行政手段，加强污染减排统计、监测和考核体系建设，着力健全激励和约束机制，切实发挥政府主导作用。有关部门要各司其职、各负其责、协同配合，形成共同推进污染减排的强大合力。其中，省发展改革委负责污染减排工作的综合协调，将污染减排目标和重点任务列入国民经济发展计划；省环境保护厅牵头做好污染减排工作，并具体负责工业领域污染减排工作；省工业信息化委负责节能和淘汰落后产能工作；省住房城乡建设厅负责督促指导全省城镇生活化学需氧量和氨氮减排工作；省农业厅负责农业源化学需氧量和氨氮总量控制和减排工作；省公安厅会同省环境保护厅、交通运输厅、商务厅、工业信息化委等部门做好机动车氮氧化物污染减排工作。各企业要切实履行污染减排主体责任，增强污染减排的主动性和自觉性，严格执行环保法律法规和标准，不断优化生产工艺，淘汰落后设备，完善治污设施，细化管理措施，落实目标任务。

三、明确目标，切实做好污染减排任务分解落实

（三）主要目标。到2015年，全省化学需氧量和氨氮排放总量分别控制在52.9万吨、5.51万吨以内，比2010年的56.4万吨、6.00万吨分别减少6.2%、8.1%（其中工业和生活化学需氧量、氨氮排放量分别控制在45.0万吨、4.29万吨以内，比2010年分别减少6.2%、8.0%）；二氧化硫和氮氧化物排放总量分别控制在67.6万吨、49.0万吨以内，比2010年的70.4万吨、52.0万吨分别减少4.0%、5.8%。

（四）合理分解污染减排指标。综合考虑经济发展水平、产业结构、环境容量及减排潜力等因素，将全省减排目标合理分解到各州、市，各行业。各州、市要将省人民政府下达的减排指标层层分解落实，明确下一级政府、有关部门和重点减排单位的责任。

四、主要工作措施

（五）加快调整优化产业结构，严格产业准入，抑制高耗能、高排放行业过快增长。严格控制新增污染物排放量，把主要污染物排放总量控制指标作为新、改、扩建项目环境影响评价文件审批的前置条件。严格控制高耗能、高排放和产能过剩行业新上项目，严格行业准入门槛。

（六）加快淘汰落后产能。各级政府要积极安排资金，支持淘汰落后产能工作，按期完成国家下达的淘汰落后产能任务。对未按期完成淘汰任务的区域，暂停办理新增主要污染物排放总量建设项目的环评审批手续；对未按期完成淘汰任务的企业，依法吊销排污许可证，并暂停对该企业建设项目办理环境影响评价审批手续。

（七）合理控制能源消费总量。将固定资产投资项目节能评估审查作为控制地区能源消费增量和总量的重要措施。建立能源消费总量预测预警机制，跟踪监测各地区能源消费总量和高耗能行业用电量等指标，对能源消费总量增长过快的地区及时预警调控。

（八）实施水污染物减排重点工程，强化化学需氧量和氨氮减排。一是推进城镇污水处理设施及配套管网建设，结合实际改造提升现有设施，强化脱氮除磷，大力推进污泥处置，强化垃圾渗滤液治理，实现达标排放。到2015年，基本实现所有县、市、区和有条件的重点建制镇具备污水处理能力，城镇污水处理率达到83%，城镇污水处理厂污泥无害化处理处置率达到50%，再生水回用率达到15%。二是加大造纸、印染、化工、食品饮料等重点企业废水治理力度。完善制浆造纸企业废水生化处理工艺，达到新的行业排放标准；规模化制糖企业实施低浓度废水综合治理；积极推进天然橡胶废水治理。三是实施畜禽养殖污染治理工程，促进农业和农村污染减排。到2015年，规模化畜禽养殖场和养殖小区，要按照国家要求配套建设固体废弃物和废水贮存处理设施，实施废弃物资源化利用。

（九）实施工业废气污染治理工程，强化二氧化硫和氮氧化物减排。新建燃煤机组要配套建设高效脱硫脱硝设施；新建的钢铁烧结机、石油石化设备、有色冶炼设备、炼焦炉、燃煤锅炉等重点污染源，要安装烟气脱硫设施。到2015年，现役燃煤机组必须安装脱硫设施，不能稳定达标排放的要进行更新改造或淘汰，烟气脱硫设施要按照规定封堵或取消烟气旁路，20万千瓦以上燃煤机组全部实施脱硝改造；钢铁烧结机、球团设备全面实施烟气脱硫改造；新建新型干法水泥窑要采用低氮燃烧技术并配套建设烟气脱硝设施；现役新型干法水泥窑推行低氮燃烧技术改造，熟料生产规模在4000吨/日以上的生产线推行脱硝改造。

（十）大力推行清洁生产。支持企业实施清洁生产改造方案，按照绿色产品的要求加快升级换代，实现产品生命周期全过程的资源利用和生态影响最小化。鼓励工业企业普遍开展自愿性清洁生产审核。对超标排放或排放危险废物的企业，实施强制性清洁生产审核，并将其作为环保验收、排污许可证年检、环保专项资金申请和污染减排核查核算的重要条件。

（十一）采取综合措施，推进交通运输及机动车污染减排。加大机动车强制报废工作力度，加速淘汰老旧机动车，到2015年，基本淘汰2005年以前注册的营运“黄标车”。全面推行机动车环保标志管理，对于不符合机动车污染物排放标准的车辆，环境保护部门不予发放机动车环保标志，公安交通管理部门不予核发机动车安全技术检验合格标志，对因不符合机动车污染物排放标准而未取得机动车安全技术检验合格标志的道路运输营运车辆，交通运输管理部门不予发放道路运输营运许可。加快提升车用燃油品质，推进车、油同步升级。

（十二）优化养殖模式，促进农业和农村污染减排。鼓励集中养殖、集中治污的规模化养殖场和养殖小区建设，提倡规模、健康、生态养殖，控制分散养殖户规模，强化农村环境综合整治。

（十三）推进价格和环保收费改革。严格落实国家燃煤电厂脱硫脱硝电价政策。进一步加大差别电价、惩罚性电价实施力度。进一步完善污水处理收费政策。改革垃圾处理收费方式，加大征收力度，降低征收成本。提高对主要污染物排污费征收标准。

（十四）加强节能发电调度和电力需求侧管理。改革发电调度方式，优先安排节能、环保、高效火电机组发电上网。电力监管部门要加强对节能环保发电调度工作的监督。

（十五）多渠道筹措减排资金。减排重点工程所需资金主要由项目实施主体通过自有资金、金融机构贷款、社会资金解决，各级政府应安排一定的资金予以支持和引导，并逐年增加。各级政府要切实承担城镇污水处理设施和配套管网建设的主体责任，严格城镇污水处理费征收和管理。省人民政府对重点建设项目给予适当支持。

五、强化监督检查，实行污染减排工作问责制

（十六）监督检查。省人民政府每年定期组织开展污染减排专项检查，重点检查各地、有关单位落实国家和省污染减排政策情况、工作推进情况和年度目标任务完成情况。

各级监察机关要加强对污染减排工作的监督检查，重点查处落实污染减排政策组织领导不力，违反环境保护法律、法规的典型案件。

（十七）鼓励措施。对在污染减排工作中做出突出成绩的州、市、单位和个人予以表彰和奖励。对完成年度污染减排任务的各级政府、有关部门和单位的主要负责人予以表彰和奖励。

（十八）处罚与问责。进一步完善制度，强化措施，依法严处违法排污、超标排污行为。对污染减排工作落实不到位，未完成污染减排任务的地区和企业实施“区域限批和企业限批”。由省监察厅牵头，尽快制定省直有关部门和各州、市人民政府有关减排工作的问责办法；由省国资委尽快研究制定国有和国有控股企业有关减排工作的问责办法，严格责任追究，加大督促推动力度，强化企业履行污染减排主体责任的意识。

附件：有关部门（单位）污染减排主要工作职责

云南省人民政府

2012年11月19日

附件

有关部门（单位）污染减排主要工作职责

一、省发展改革委

（一）抓好污染减排综合协调工作，将污染减排目标纳入国民经济和社会发展规划及年度计划，将重点污染减排工程建设优先列入省重点建设项目计划。

（二）实施能源消费总量控制。控制新增能源消费量，调整能源结构，提高清洁能源消费比重。

（三）积极争取国家发展改革委对云南城镇污水处理厂及其配套管网中央预算内资金的支持。

二、省工业信息化委

（一）抓好全省节能工作，会同有关部门，严格产业准入，抑制高耗能、高排放行业过快增长。对重点用能单位实施节能目标责任制和考核评价制，完成国家和省下达的单位

GDP 能耗下降任务。

（二）落实国家有关产业政策，组织制定并发布淘汰落后产能目录和时限，监督各州、市完成淘汰落后产能任务。对逾期未完成落后产能淘汰任务的企业依法采取强制措施。

（三）优化全省发电调度方式，优先安排可再生能源、脱硫脱硝效率高的机组发电，限制能耗高、污染重的机组发电。结合国家责任书中全省燃煤电厂烟气脱硝工程建设计划，合理安排机组检修。

（四）加强报废机动车拆解企业的管理，积极推进报废机动车拆解企业升级改造。

三、省公安厅

（一）按照有关法律法规规定，对已达到国家强制报废标准和不符合国家有关机动车运行安全技术规定的营运“黄标车”实施淘汰。

（二）按照有关法律法规规定，对没有取得机动车环保检测合格标志就上路行驶的车辆进行查处。

（三）按照环境保护部对机动车氮氧化物污染减排核查核算要求，向省环境保护厅及时提供全省和各州、市机动车当年新注册、转入、转出、注销机动车等有关统计数据。

四、省监察厅

开展主要污染物减排工作行政监察，会同省环境保护厅对各级政府及有关部门履行污染减排工作责任情况进行监督。对未完成污染减排任务的政府及有关部门责任人追究责任。

五、省财政厅

（一）制定全省主要污染物减排工作的财政政策。

（二）安排主要污染物减排工作有关专项资金。

（三）筹措资金支持排污权有偿使用和交易试点工作。

六、省环境保护厅

（一）牵头做好全省污染减排工作，编制污染减排规划与计划，提出全省排污总量控制和污染减排相关对策建议。

（二）牵头分解落实污染减排任务，考核各地污染减排目标任务完成情况，评估省直有关部门开展污染减排工作的绩效。

（三）检查、督促各地、各部门落实排污总量控制和污染减排工作情况。

（四）推进重点行业烟气脱硫脱硝改造、废水深度治理，组织日常监督检查和专项执法检查，查处违法排污企业。

（五）对各州、市污染减排数据进行技术核查，建立污染减排相关基础档案。

（六）负责污染减排工作业务培训和交流。

七、省住房城乡建设厅

（一）督促指导全省城镇生活化学需氧量和氨氮减排工作。制定全省城镇污水处理厂及其配套管网建设规划，并制定年度实施计划。到 2012 年底，县级城镇污水处理厂全部建成投入运营。

（二）督促指导已建成城镇污水处理厂的运行管理，督促指导现有城镇污水处理厂深度处理与升级改造，提高出水水质。完善配套污水管网系统，提高运行负荷率和污水处理率。

（三）指导推进全省重点建制镇污水处理厂及其配套管网建设和改造。到 2015 年，全省有条件的重点建制镇建成污水处理设施。

八、省交通运输厅

负责推进大型道路客货运输车辆和城市公交、出租汽车中“黄标车”的淘汰工作，对未取得环保合格标志的道路运输营运车辆不予发放道路运输营运证。

九、省农业厅

（一）牵头做好农业畜禽养殖业污染物减排工作，会同省环境保护厅制定畜禽养殖业污染减排年度实施计划。

（二）组织推广集中养殖、集中治污的规模化养殖场和小区建设。到 2015 年，规模化畜禽养殖场和养殖小区，按照国家要求配套建设固体废弃物和废水贮存处理设施。

（三）会同省环境保护厅开展农业源污染减排核查核算工作，向省环境保护厅提交有关统计数据。

十、省商务厅

负责成品油市场运行和经营活动的监督管理。根据国家车用汽（柴）油标准实施进程，推进全省成品油经营企业销售符合国家标准的成品油。

十一、省物价局

（一）制定并实施污染减排的价格政策，包括燃煤电厂脱硝电价政策、高耗能产业差别电价、惩罚性电价政策等。

（二）会同省财政厅、环境保护厅制定主要污染物排污权交易、有偿使用的价格标准并实施监管。

（三）开展脱硫脱硝电价执行情况检查，对脱硫、脱硝设施运行不正常的燃煤发电机组依法扣减脱硫脱硝加价款。

（四）出台城镇污水处理收费政策。

十二、省统计局

向省环境保护厅及时提供污染减排核查核算需要的国民经济和社会发展统计数据。

十三、云南省电监办

（一）负责全省电力企业落实国家污染减排政策的监管工作，监督电力企业完成国家和省人民政府下达的烟气脱硫脱硝除尘改造等污染减排任务。

（二）严格发电业务许可证的发放，对脱硫脱硝设施没有按期建成的燃煤电厂，不予发放发电业务许可证。

十四、云南电网公司

（一）协助制定发电调度计划，严格执行省工业信息化委制定的年度发电量计划。

（二）按照国家责任书中全省燃煤电厂烟气脱硝工程建设计划要求，合理安排机组检修计划，为燃煤电厂实施烟气脱硝创造条件。对未按期完成烟气脱硝工程建设任务的燃煤机组，落实机组停运规定。

（三）会同省工业信息化委、环境保护厅和云南省电监办建立燃煤电厂污染减排全口径统计，定期向云南省电监办和省环境保护厅提交全省电力企业分机组装机容量、发电量、供热量、发电煤耗、原煤用量和硫份、燃气及燃油用量等污染减排核查核算电力行业全口径数据。

云南省人民政府关于进一步加强地质灾害群测群防工作的通知

云政发〔2013〕20号

各州、市、县、区人民政府，省直各委、办、厅、局：

近年来，受自然灾害和人类活动加剧的影响，我省重特大地质灾害时有发生，给人民群众生命财产安全造成重大损失。为进一步加强地质灾害防治基础工作，全面提升基层防灾减灾能力，现将进一步加强地质灾害群测群防工作有关问题通知如下：

一、充分认识加强群测群防工作的重要性

我省地质环境复杂、脆弱，是全国地质灾害最为严重的地区之一。全省有人居住区域已排查出隐患点近2.14万处、占全国的近1/10，受威胁人口226万人、约占全国的1/6。在现有财力和技术条件下难以对所有地质灾害隐患点实施工程治理或搬迁避让。充分发动并依靠广大基层干部群众参与地质灾害群测群防，全面系统加强动态监测并尽可能做到临灾前提前转移避让，是目前减少灾害损失最重要、最行之有效的办法。各地、有关部门要充分认识进一步加强群测群防工作的重大意义，牢固树立全民防灾意识，切实加强组织领导，积极采取有力措施，充分发动并依靠广大基层干部群众参与群测群防工作，坚决把地质灾害造成的损失降到最低。

二、严格落实群测群防工作责任

（一）省直有关部门根据国家和省有关规定，研究制定全省地质灾害防治规划和年度工作方案，按照职能职责做好地质灾害群测群防工作安排、协调指导和监督检查等有关工作。

（二）州、市人民政府对本地地质灾害防治工作负总责，政府主要领导为第一责任人，要定期听取群测群防工作情况汇报，及时研究解决群测群防工作存在问题，推动防治工作顺利开展。

（三）县、市、区人民政府作为地质灾害群测群防责任主体，负责群测群防体系建设和组织实施工作，并结合本地实际，建立健全群测群防工作制度，制定临灾避险应急预案，认真组织做好日常应急演练，动态跟踪掌握灾害监测情况，组织做好分析研判和预报预警工作，牵头做好监测员的业务指导、技能培训和监督考核等工作。

（四）乡、镇人民政府和街道办事处负责统一管理本地地质灾害监测员，组织做好本地灾害隐患的动态监测预警工作，及时收集上报隐患点监测记录和群测群防有关资料，组织做好紧急情况下的临灾避险工作。

（五）地质灾害监测员负责本村（自然村）地域内隐患区巡查和地质灾害隐患点的日常监测预警工作，认真做好监测数据记录汇总并及时上报；向受灾害威胁的村民发放避灾明白卡，规定预警信号，配备预警器具，落实并熟悉临时避灾场所和撤离路线；一旦发现危险情况，及时向乡、镇人民政府或街道办事处报告，并指挥村民做好自救互救，危急情况下可立即按照预案组织群众转移避灾。

（六）各企事业单位要主动接受当地政府和国土资源等主管部门的指导、监督，认真落实地质灾害群测群防责任。各类矿山企业要重点做好矿区及其周边地区灾害隐患点的监测预警工作，全面落实群测群防工作要求，对因采矿诱发的地质灾害负全责。

三、全面推行地质灾害监测员制度

（一）全省以有地质灾害隐患的自然村为单位，组织召开村民大会，采取公开推选的办法，每个村由村民推荐2名责任心强、具有一定文化程度、群众公认的村民，经村（居）委会认可，乡、镇人民政府或街道办事处审批同意后，担任地质灾害监测员，负责本村的地质灾害监测预警工作。监测员配备工作由县、市、区人民政府负责，自本通知印发之日起20日内完成。监测员由乡、镇人民政府或街道办事处批准和管理，报所在地县级国土资源主管部门备案。村民对监测员工作有监督权。村民中的多数人认为监测员应该调整的，由村民大会推选报乡、镇人民政府或街道办事处审批，并报县级主管部门备案。

（二）按照省国土资源厅牵头、州市人民政府负责、县市区人民政府落实的原则，迅速全面组织开展地质灾害监测员培训工作。提高他们的责任意识、纪律观念和认灾、识灾、防灾能力和水平，以及组织指挥能力，确保地质灾害日常动态监测工作迅速全面有效开展。

（三）地质灾害隐患点由县级国土资源主管部门负责排查提出，州、市国土资源主管部门审核汇总，并上报省国土资源厅批准备案。新增的地质灾害隐患点，县级国土资源主管部门要及时按照程序逐级上报确认，并尽快落实监测员做好日常监测预警工作。

（四）地质灾害监测补助经费由省、州、县三级共同筹措。其中，省财政每年安排每名监测员补助经费1000元，州、县两级政府安排部分不得低于省级补助的50%，具体由州、市人民政府根据实际情况统筹安排。补助经费任何单位

和个人不得挤占、截留和挪用，必须确保按时足额发放到监测员。

（五）对及时发现地质灾害隐患，有效预警并及时上报，成功避免重大人员伤亡和财产损失的监测员，给予表彰奖励。对责任心不强、不履行工作职责的，及时提醒或由村民重新推选；对玩忽职守、工作失职，造成重大损失的，严肃追究其责任。

地质灾害监测员管理办法和补助经费管理办法由省国土资源厅牵头，会同省财政厅等有关部门研究制定，并抓好落实。

四、健全完善群测群防工作体系

（一）严格落实防灾方案及“两卡”发放制度。各级国土资源部门根据灾情和工作实际编制年度地质灾害防治方案和群测群防工作实施方案，报同级政府审批后组织实施。县级国土资源部门编制完善地质灾害隐患点临灾避险应急预案，确定临时避灾场所、撤离路线，并组织做好日常应急演练工作。乡、镇人民政府和街道办事处根据隐患点动态变化情况，组织填制地质灾害防灾明白卡和地质灾害避险明白卡，及时发放到村民，并向所有持卡人说明其内容及使用方法。

（二）切实加强灾害巡查监测。监测员对排查发现的地质灾害隐患点进行定期不定期动态巡查，认真记录监测频次和监测数据，有特殊情况及时上报乡、镇人民政府或街道办事处，由其汇总每月报县级国土资源部门做好分析研判工作。

（三）认真落实汛期值班要求。每年主汛期和地质灾害易发期，监测员要每天巡查地质灾害隐患点。各级政府和职能部门必须严格实行24小时值班制度，坚持领导带班、责任人值班，确保通信畅通，并提前向社会公布各级防灾责任人、责任范围和监测员值班地点、时间、联系方式等，及时处理有关灾害的信息。

（四）进一步加强地质灾害预警处置。县级国土资源部门要及时收集分析监测数据，加强与气象部门的沟通协作，在有效提高地质灾害发生时段、地点、范围、等级预报预警准确性的基础上，准确及时上报下达预报预警信息，组织指导乡、镇、街道办事处、村和监测人员做好防范工作；遇有突发紧急情况时，果断指挥乡、镇人民政府或街道办事处以及村、居委会组织灾区人员撤离，确保人民群众生命财产安全。

各州、市人民政府、省直有关部门要于2013年2月底前，将贯彻落实本通知的工作情况及时上报省人民政府。

云南省人民政府

2013年1月28日

云南省人民政府2013年森林防火命令

云政发〔2013〕35号

各州、市、县、区人民政府，省直各委、办、厅、局：

受4年连旱和去冬今春持续高温少雨天气影响，全省森林火险等级居高不下，森林防火形势十分严峻。为有效预防和减少森林火灾发生，确保人民群众生命财产和国土生态安全，省人民政府决定从即日起全省进入森林高火险期，特发布如下命令：

一、严管野外火源。各级政府要采取超常规措施，充实巡护力量，增设检查站点，严格管控野外火源，严厉整治火险隐患。对自然保护区、城市面山、重点防火区一律实行封山管理。森林旅游区全部实行禁火管理，凡进山人员必须接受防火安全检查和教育，严禁火种入山。林区和林缘严禁吸烟、烧香烧纸、烧地草、烧垃圾等一切野外用火行为。要逐一落实无民事行为能力人和限制民事行为能力人的监护责任。各森林防火责任单位要及时清除林区内主要通道、重要设施、仓储重地、村舍房屋等周边的危险可燃物。

二、深化宣传教育。要充分利用广播、电视、报刊、网站、宣传车、乡村集市等宣传阵地对森林防火进行广泛宣传。同时，采取在涉林景区悬挂森林火险五彩旗，在人山道口、林区公路设置警示标牌，与林区农户签订防火责任书，在学校开展“五个一”宣传活动等手段进行深入宣传，努力营造严防森林火灾强大声势，形成强有力的森林防火群防群治格局。森林高火险期，县级以上政府要及时向社会发布森林高火险公告、禁火令，主要负责人要发表电视讲话，进行森林防火全民动员。

三、加强应急值守。各地要结合实际，修订完善森林火灾应急预案，依案做好队伍、物资等各项准备工作。各级政府和森林防火指挥部领导要坚守岗位，不得擅离本级行政区域，遇有火情火灾，要按照《云南省森林防火条例》规定，及时赶赴现场组织指挥扑救，力争在最短时间内实现对火场的有效控制。各级森林防火指挥部办公室、林区乡镇人民政府、森林防火单位要加大火情监测范围和密度，严格执行24小时值班带班制度，严格执行统一、归口管理的火情报告制度，及时妥善处置森林火情。边境8州、市要严密监测，严防境外山火烧人。森警部队、森林航空消防和各类森林消防队伍在森林高火险期要高度戒备、就近驻防，驻滇解放军、武警部队、公安、预备役部队和民兵要作好应急准备，一旦发生火情火灾，立即按照《云南省森林火灾处置工作规范》要求快速主动出击、重兵安全扑救，做到打早、打小、打了。

四、确保扑救安全。要牢固树立"以人为本、安全第一"思想，按照统一领导、属地管理、分级负责、分级响应、专群结合、挂牌指挥原则，把科学指挥、严密组织、安全扑救放在扑火工作首位，切实保护人民群众和扑火人员安全，坚决防止发生人员伤亡。严禁安排无扑火经验干部在一线指挥；严禁组织妇女、中小学生和其他不适宜人员参加扑火；严禁组织未经培训的人员直接扑救森林火灾；严禁无组织自发扑火。

五、全面落实责任。严格落实森林防火工作州、市长，县、区长，乡、镇长负责制，主要领导要亲自抓，分管领导要具体抓，做到责任清楚、措施落实，防范到位、靠前指挥，同时强化村委会、村民小组、林农、林权所有者具体责任，相邻区域单位的联防责任和涉林单位的防火责任，切实把各项森林防火措施落到实处。要加大责任追究力度，对发现火灾隐患不作为、发生火情不报告而贻误扑火战机以及防火措施不落实、组织扑火不得力导致重特大森林火灾或造成重大损失和影响的，要依法依纪严肃追究有关责任人的责任。

云南省人民政府

2013年2月22日

云南省人民政府关于开展城乡人居环境提升行动的意见

云政发〔2013〕02号

各州、市人民政府，省直各委、办、厅、局：

为进一步提高全省城镇化质量和水平，落实"城镇上山"战略，改善城乡发展面貌，建设山水田园一幅画、城镇村落一体化的美丽云南，为人民群众营造山清水秀、环境优美、生态宜居、安全舒适、高效便利的人居环境，加快云南科学发展、和谐发展、跨越发展步伐，现提出如下意见。

一、总体要求

以科学发展观为指导，深入贯彻落实党的十八大精神，坚持生态立省、环境优先，以建设"七彩云南、宜居城乡"为主题，以"政府主导、社会参与，城乡并重、共同进步，突出重点、以点带面，分类实施、整体提升，明晰责任、统筹推进"为主线，推动城乡人居环境提升与综合交通基础设施建设、产业发展，特色小镇建设、生态文明建设、平安云南建设、全面提高人的素质等相结合，按照"做强大城市、做优中小城市、做特乡镇、做美农村"的要求，转变发展理念、创新工作思路，加大城乡基础设施建设力度，完善城乡公共服务体系，保护城乡自然生态环境，彰显城乡特色文化风貌，促进城乡人与自然和谐发展，实现城乡人居环境提升一年起步、三年见效、五年变样，努力建设生态宜居幸福家园，为云南争当全国生态文明建设排头兵奠定坚实基础。

二、工作目标

通过5年努力，昆明城市辐射带动作用明显增强，区域中心城市功能明显优化，中小城市市貌明显改变，乡镇环境治理取得明显成效，村容村貌明显美化，国门形象明显提升，城乡居民住房条件明显改善，多元文化得到有效传承，城乡居民文明素质明显提高。

到2017年底，全省创建中国人居环境奖城市、全国文明城市各2~3个，新增一批国家级生态园林、环境保护模范城市以及历史文化名城名镇名村等城镇。全省城市生活污水处理率达到85%以上，生活垃圾无害化处理率达到85%以上，建成区绿地率达到30%以上，绿化覆盖率达到35%以上，人均公园绿地面积达到9m²以上，供水合格率达到100%，燃气普及率达到75%以上。继续推进特色小镇建设，建制镇镇区集中供水普及率达到95%以上、污水处理率达到80%以上、垃圾无害化处理率达到80%以上。建设一批生态文明、美丽宜居村庄。

力争建设80万套（户）以上城镇保障性住房，基本消除全省各类棚户区，有效解决城镇中低收入家庭住房困难问题。完成100万户以上农村危房改造及地震安居房建设，解决450万农村困难群众的住房问题。

三、工作重点

（一）昆明城市影响力提升行动

1. 大力推进现代新昆明建设

认真贯彻落实省委、省政府确定的"一湖四片"、"一湖四环"战略部署，充分发挥昆明舒适宜人气候、深厚历史文化、高原湖泊、向西南开放国际都市等独特资源优势，处理好历史文化名城保护与城市建设发展的关系，保护好城市传统格局、历史街区和文物古迹，提升城市文化品质；强化规

划的科学性和严肃性，用强烈的文化意识指导规划工作，不断提高城乡规划、设计、建设和管理水平，把昆明建设成为世界知名的中国春城、历史文化名城、高原湖滨生态城市和向西南开放的国际城市。

2. 深化滇池水环境综合治理

加快滇池水环境治理规划实施进度，全面开展流域水污染综合防治，坚持控源截污和生态修复并重，继续推进环湖截污、环湖绿化、农村面源治理、生态修复与建设、入湖河道整治、生态清淤等工程，争取滇池水质得到明显改善和好转。加快实施牛栏江—滇池补水工程，推进入湖引水通道建设，确保2013年国庆节前实现对滇池补水。

3. 促进城市道路交通畅通

加快推进城市轨道交通建设，力争2017年地铁3号线、6号线工程建成，确保1、2号线首期工程如期全线通车。改善机动车停车环境，提升道路通行能力，着力解决交通拥堵问题。树立公共交通优先战略，提升改造主城四大主要出入口通道，持续开展城市干道综合整治和支次路网建设，完善非机动车、步行通行系统，形成现代城市交通格局。

4. 推进城市综合体建设

结合城中村改造、城市新区和各类园区建设，加强政府引导，发挥市场机制作用，按照“功能多元化、规模适宜化、建筑特色化、要素聚集化、交通便捷化、环境人性化、运营高效化”要求，规划建设一批综合度高、带动性强、影响力大的城市综合体，提高城市运行效率，完善城市功能，提升城市品质。

5. 改善市民生活便利化条件

结合城市新区建设和旧城区改造，统筹规划、均衡配置各类社会公共服务设施，建设完善与城市居民生活直接相关的商业配套服务网点。加大公共财政投入力度，科学规划布局，加快改造和建设一批农产品生鲜超市和农贸市场，有效解决农副产品交易场所不足和交易环境较差问题，为城市居民的日常生活提供更加良好、便利条件。

6. 完善城市绿化体系

进一步抓好中心城区绿地、公园和重要地段绿化建设，加强城区道路绿化和立体绿化，在城市周边及滇池沿岸建设一批森林公园和城市生态湿地公园，尽快形成乔木与灌木合理搭配、花卉与草坪合理配置、生态环境与景观效果有机结合的城市绿化体系。继续巩固和提高空气质量。2017年前，努力创建中国人居环境奖和国家生态园林城市。

（二）区域中心城市功能优化行动

1. 加快旧城区改造治理

以城市建成区内城中村、旧住宅小区、棚户区等改造为重点，严格执行城市建设规划，全面实施旧城区改造“升级换代”工程。在保护好古建筑、历史街区和特色风格建筑基础上，加快清理临危建筑、违旧建筑和私搭乱建建筑，逐步改造拆除损害市容市貌、破坏公共空间、妨碍市民生活、干扰城市发展的城中村、旧居住区，着力改善城市环境。

2. 推进城市新区建设

按照“城镇上山、组团发展”的思路，以布局组团化、功能现代化、产业高端化、用地集约化、环境友好化为建设目标，采取产城融合发展方式，积极推进城市新区建设。加快推进城市新区重要基础设施、公共服务设施及生态绿地建设。因地制宜建设城市综合体，完善商贸、金融等服务功能，提升新区品位，增强新区聚集能力。

3. 完善市政基础设施

改造提升城市综合交通基础设施，加快建设城际快速交通体系，完善城市内外道路衔接，形成布局合理、结构完善、衔接顺畅、安全可靠的城市交通体系。加快现代信息网络建设，推进数字化、智能化城市管理，积极创建“智慧城市”。高水平规划实施城市地下综合管廊建设，避免重复开挖、混乱施工，确保城市供水、供电、供气安全。加强城市防洪排涝、抗震消防等安全设施建设和技术改造，增强抵御自然灾害能力。

4. 提升城市整体形象

以创建国家园林城市等活动为抓手，坚持科学规划、精心设计，实施城市环境“净化美化”、交通“通经活络”工程，推进体现民族特色、地方风格、代表性色彩的城市各类项目建设，打造具有云南特色的城市山水、广场灯光、园林雕塑等景观，展现城市文化，提升城市形象。

（三）中小城市面貌改善行动

1. 继续推进污水生活垃圾处理设施建设

巩固我省前5年城镇污水生活垃圾处理设施建设成果，完善管网等配套设施建设，充分发挥已建成污水生活垃圾处理设施的作用。建设完善143座污水处理厂的6780余千米配套管网，进一步提高污水收集率、处理率和再生水利用率；建设72座生活垃圾处理场的渗滤液处理设施，进一步提高生活垃圾处理设施运营效率。积极推动建立市场化运营管理机制，提高污水和生活垃圾处理费收缴率，保障治污设施有效运行。

2. 加强城市公共服务体系建设

加快城市基本教育、社会服务、医疗卫生、文化体育等公共服务体系建设，促进基本公共服务均等化。在城市新区开发、旧城改造中，按照标准和规范均衡建设中小学校、幼儿园及医疗卫生服务设施。实施文化惠民工程，加强科技文化馆（站）、图书馆、博物馆等公共文化服务设施建设。

3. 改善城市居住区环境

对基础配套设施不全、环境质量较差，未列入旧城改造规划的住宅小区、单位职工宿舍和居民自建房，以完善居住功能为重点，实施房屋整修、环境整治、违章拆除、设施补建等提升改造工程，推动专业化物业管理或准物业管理，建设环境整洁、功能完备、设施齐全、管理规范、治安良好的城市居住区。

（四）乡镇环境治理行动

1. 推进供水和治污设施建设

编制《云南省建制镇供水、污水和生活垃圾处理设施建设专项规划（2013～2017年）》，探索推行市场化投融资和经营管理模式，提升改造现有110座供水厂配套设施，在工程性缺水的建制镇建设190座供水厂和输配水管网；在建制镇建设500座污水处理厂和配套管网、500座生活垃圾处理场和收转运设施，使乡镇供水、污水和生活垃圾处理设施新增服务人口1000万人以上。

2. 改造提升农贸集贸市场

实施乡镇农贸集贸市场升级改造工程，全省每年建设改造100个乡镇农贸集贸市场，逐步改变乡镇“以街为市、以路为市”的交易环境，改变市场面貌、增强服务功能、提升经营档次，不断改善农产品流通环境，方便农村居民生产生活需要。

3. 加大集镇面貌整治力度

以沿街建筑立面控制、绿化美化、环境卫生等重点，加大集镇面貌整治力度，切实解决集镇环境“脏、乱、差”问题，着力打造一批产业发展、环境优美、适宜居住的特色小镇。

（五）村庄环境美化行动

1. 改善村庄生活环境

在人口相对集中的3万个自然村建设垃圾集中处置点，引导农村居民集中收集处理垃圾。加快建设生态公厕和家禽圈，进一步改善农村环境卫生条件。多渠道筹集建设资金，逐步实现村庄路面全硬化。结合经济林果种植，构建村庄特色绿化景观。开展村庄绿色能源公共照明设施建设，改善村民夜间出行条件。大力推广使用有机肥和高效、低毒生物农药，有效治理农村面源污染。建设一批“田园美、村庄美、生活美”的生态文明、美丽宜居村庄。

2. 加强传统村落保护和特色民居建设

深入发掘整理传统村落文化，建立地方传统村落名录，编制保护发展规划，落实保护措施，注重活态传承，展示传统建筑风貌。严格实施村庄规划，加强村庄建设管理，全面推广适宜本土的民居通用建筑设计图，建设一批地方民族特色村寨。

3. 保障农村人畜饮水安全

加大农村饮水安全工程建设力度，以人口较少民族、水库移民、血吸虫病区和农村学校等为重点，着力解决严重缺水、水质不达标等问题，切实提高农村饮水安全水平。加快推进自来水村村通建设、农村集中供水工程建设，提高农村自来水普及率。

（六）国门形象提升行动

1. 改造提升市政基础设施

从维护国家形象和加快云南桥头堡建设实际出发，推进口岸城镇道路、供水、供电、供气、通信等基础设施建设和升级改造，加快医院、学校、文化体育等公共服务设施建设，改善边境商贸旅游服务条件，提高口岸城镇综合承载能力，切实提升口岸城镇的品质和形象。

2. 提高口岸联检服务水平

加快口岸通道、边防检查、查验货场、检验检疫等基础设施建设，实现审批便利化、查验电子化、信息网络化、交通便捷化，提高通关效率，全面提升口岸综合服务功能和通关便利化水平。

3. 加强绿化美化亮化净化建设

以口岸城镇的主要街道、主要建筑、广场公园、湖滨河堤等为重点，推进“公园绿地工程”、“城区添荫工程”、“林荫道工程”建设，强化环境卫生整治，清理违章建筑，加强社会治安综合治理，不断提高口岸城镇绿化美化亮化净化水平，切实提升国门整体形象。

（七）保障性安居工程攻坚行动

1. 积极推进城镇廉租住房和公共租赁住房建设

大力推进公共租赁住房建设，适度建设廉租住房和限价房。把在城镇稳定就业的外来务工人员、新就业大学毕业生、符合条件的农转城人员纳入城镇保障性安居工程服务范畴。鼓励和引导民间资本通过投资参股、委托代建等形式参与城镇保障性安居工程建设。强化项目建设资金管理和质量安全管理，健全完善分配及物业等后续管理，力争使城镇中等偏下和低收入人群住房困难问题得到基本解决。

2. 大力推进城市棚户区改造

把城市棚户区改造作为城镇保障性安居工程建设重点，将非集中成片城市棚户区（危旧房）、城中村、旧住宅区纳入改造范围。优化城市棚户区改造布局规划，方便居民就业、就医、就学和出行，加快改造各类城市棚户区，努力消除城市二元结构，着力改善城市形象。

3. 继续推进农村危房改造及地震安居工程建设

在村庄规划指导下，加快实施农村危房改造及地震安居工程。加大对农村建筑工匠的培训力度，有序推进农村危房改造建设，确保农村危房改造质量。积极推广农村建筑节能和抗震设防技术，不断改善农村居民居住条件。

（八）文化传承和居民文明素质提升行动

1. 加强历史文化名城名镇名村保护

正确处理好历史文化名城名镇名村保护与建设发展关系，科学编制和高效实施历史文化名城名镇名村保护性详细规划，认真保护和管理好历史文物遗存、非物质文化遗产、古建筑及近现代优秀建筑、传统民居型历史文化街区等，最大限度地展现其原真性和整体风貌。

2. 展现多元文化特色

注重城市建设详细规划与各类文化保护规划的衔接，深入挖掘、提炼云南民族文化元素，整合文化资源，重视历史文脉的传承、发展和弘扬。以城市街道、公园、雕塑和标志性建筑为重点，用主体民族文化元素打造体现地方文化特色的城市景观和亮点，增强公共建筑的文化性、地域性、民族性，促进城市建设与文化风貌相互融合，彰显云南文化的多元性，提高各类城市的文化品位。

3. 提高城乡居民素质

开展生态文明建设宣传教育，倡导文明生活新风尚，提高城乡居民的文明素质。大力开展“国家卫生城市、国家文明城市、文明街道、文明社区、文明家庭”等各种创建活动，提升城乡居民保护传统文化、爱护生态环境、低碳工作生活意识，形成全社会自觉保护生态环境、传承民族优秀文化、共创城乡人居优美环境的良好格局。

四、保障措施

（一）加强组织领导

省人民政府统筹协调和全面推进全省城乡人居环境提升行动工作。各州、市人民政府要抓紧制定实施方案，落实工作责任，做到组织到位、措施到位、责任到位。省住房城乡建设厅要具体抓好推进落实工作，并会同省直有关部门研究

制定城乡人居环境提升行动的指标体系和考核办法，与各州市签订《目标责任书》，组织做好有关协调指导、督促检查等工作，高标准、高质量完成城乡人居环境提升行动各项目标任务。

（二）突出规划引领

科学编制并严格实施省域城镇体系规划、城市（县城、镇）总体规划、城镇特色规划、历史文化名城名镇名村保护规划和风景名胜区规划，注重各类规划之间的相互衔接，充分彰显云南地方民族文化特色，严格落实规划责任主体，切实维护规划的严肃性和权威性。加强村镇规划建设管理，将各乡镇的国土资源管理所调整为国土资源和村镇规划建设管理所，赋予职能，充实力量，发挥作用，规范村镇有序建设。

（三）强化政策支持

积极争取国家加大对我省城乡建设专项资金支持，2013~2017年，省级财政每年安排5亿元资金，采取“以奖代补”的方式，专项用于完善县级污水配套管网、垃圾处理设施建设和建制镇供水、污水和生活垃圾处理设施建设；根据考核情况，省财政安排资金对获得国家级人居环境奖城市、园林城市、节水型城市等荣誉称号的州、市给予奖励，具体资金管理和奖励办法由省财政厅和省住房城乡建设厅制定；通过加强规划和项目管理，进一步整合边境地区转移支付资金、省级重点村建设、生态文明村、财政“一事一议”奖补资金、少数民族特色旅游村寨建设、旅游特色村等专项资金，统筹安排用于全省村庄环境美化行动和国门形象提升行动有关项目建设。积极探索供水、污水和生活垃圾处理设施投资模式改革，完善污水和生活垃圾处理价格形成机制，在兼顾用户承受力和社会投资合理回报率的基础上，通过依法听证合理确定收费标准，吸引各类社会资本通过特许经营等多种方式参与建设。对生活污水和垃圾处理建设项目，各地要适时研究出台有关收费政策，并将收取的资金全部用于项目的建设和运营管理。

（四）营造良好社会氛围

充分利用广播、电视、报刊、网络等媒体，多形式、全方位做好全省城乡人居环境提升行动宣传工作。省级新闻媒体要加大宣传力度，积极开展“七彩云南、宜居城乡”系列宣传活动，形成全社会共同推进城乡人居环境提升行动的浓厚氛围。健全公众参与机制，充分调动全社会参与城乡人居环境提升行动的积极性、主动性和创造性。及时总结推广经验，树立典型，全面提升城乡人居环境的建设水平。

云南省人民政府

2013年7月5日

云南省人民政府关于加强机动车排气污染防治工作的意见

云政发〔2013〕115号

各州、市人民政府，省直各委、办、厅、局：

为进一步加强机动车排气污染防治，改善空气环境质量，保障人民群众身体健康，推进节能减排，根据《中华人民共和国大气污染防治法》、《中华人民共和国道路交通安全法》及有关规定，结合我省实际，提出以下意见：

一、指导思想和工作目标

（一）指导思想。以科学发展观为指导，按照“统筹规划、有序推进，政府主导、标本兼治，部门联动、公众参与”的原则，建立完善我省机动车排气污染防治管理机制，进一步提升我省机动车排气污染防治水平。

（二）工作目标。建立健全机动车环保定期检验、环保检验合格标志管理、机动车检测维修和淘汰报废制度，构建机动车排气污染监管信息网络平台，稳步推进油气回收综合治理，不断完善机动车污染防治体系。

昆明市按照本意见进一步完善有关管理制度，开展机动车排气污染防治有关工作。昭通、曲靖、玉溪、保山、丽江、普洱、临沧、红河、楚雄等9个州、市，在2013年8月底前启动实施机动车环保检验合格标志管理，2014年8月底前按照本意见全面开展机动车排气污染防治工作；文山、西双版纳、大理、德宏、怒江、迪庆等6个州，在2013年底前启动实施机动车环保检验合格标志管理，2014年底以前按照本意见全面开展机动车排气污染防治工作。鼓励有条件的州、市提前开展机动车排气污染防治工作。

二、从源头防治机动车排气污染

（三）加强新车排气污染控制。新生产、销售和进口的机动车，应当符合国家公布的环保达标车型和阶段性机动车排气污染物排放标准。新车注册登记与全国同步执行阶段性排放标准，公安机关交通管理部门要严格按照阶段性排放标准进行注册登记。鼓励购买低能耗、低排放、环保型机动车。新增、更新公务用车，公交、出租、环卫、营运车辆应当优先选购节能和新能源机动车。

（四）严格执行外地机动车转入环境准入标准。各地应当严格执行外省车辆转入需执行的污染物排放标准。从外省转入我省的机动车，不符合机动车污染物排放标准的，公安机关交通管理部门不予办理车辆转入手续。

（五）严格执行机动车强制报废制度。各级公安机关交通管理部门要严格按照《机动车强制报废标准规定》，严格执行报废机动车注销登记制度。对达到强制报废标准的机动车，要按照规定通知车主办理注销登记。要加大路面查处报废机动车力度，对驾驶已达到强制报废标准的机动车上路行驶的违法行为，要严格依法予以处罚并强制报废。鼓励有条件的地区制定客运公交车辆更新淘汰激励政策。

（六）加强油品质量管理。严格执行国家燃油质量标准，加强对成品油生产、销售企业的监督管理，对进入我省的油品强化监督检查。积极推广使用清洁能源。

三、建立机动车排气污染检测制度

（七）开展机动车环保定期检验。我省实行在用机动车环保定期检验制度，检验周期原则上与机动车安全技术检验周期一致。各地机动车环保定期检验的方法由省环境保护厅根据实际情况确定。昆明市、玉溪市、曲靖市和其他有条件的州、市采用简易工况法，其余州、市根据当地实际可以采用双怠速法和自由加速法。对不符合机动车污染物排放标准的车辆，环境保护部门不予发放机动车环保检验合格标志，公安机关交通管理部门不予核发机动车安全技术检验合格标志，对因不符合机动车污染物排放标准而未取得机动车安全技术检验合格标志的道路运输营运车辆，交通运输管理部门不予发放道路运输营运许可。

（八）制定地方强制排放标准限值。省环境保护厅会同有关部门组织制定我省机动车地方排放标准，报省人民政府批准后实施。在我省机动车地方排放标准公布实施前，已开展机动车简易工况法检测的州、市，暂时执行《确定压燃式发动机在用汽车加载减速法排气烟度排放限值的原则和方法》（HJ/T241—2005）和《确定点燃式发动机在用汽车简易工况法排气污染物排放限值的原则和方法》（HJ/T240—2005）参考限值的最低排放限值。

（九）规范机动车环保定期检验机构管理。从事机动车环保定期检验的检测机构，应当取得省质监局颁发的计量认证证书和省环境保护厅的委托证书。机动车环保定期检验机构应当按照国家有关技术规范开展检测，并严格按照省物价局核准的标准收费，出具真实有效的检测报告。

（十）鼓励机动车环保定期检验机构社会化。省环境保护厅组织制定我省机动车环保检验机构发展规划，科学布局全省机动车环保定期检验机构并合理控制规模。具备开展机动车环保检验条件的单位和法人，均可向省环境保护厅申请机动车环保定期检验委托资质。各地要结合当地实际，积极推进机动车环保定期检验机构社会化运营工作。

四、强化机动车排气污染监督管理

（十一）全面推行机动车环保检验合格标志管理。机动车环保检验合格标志，分为绿色环保检验合格标志和黄色环保检验合格标志。列入国家公布的环保达标车型，新车注册登记时免予环保检验，环境保护部门直接核发环保检验合格标志。在用机动车经环保检验合格的，核发相应的机动车环保检验合格标志；在用机动车不符合制造当时在用机动车污染物排放标准的，不得上路行驶。

（十二）完善机动车排气污染检测维修制度。经环保检验不合格的在用机动车，应当在规定期限内维修并进行复检。机动车维修机构应当按照机动车排气污染防治要求、维修技术标准和规范，对机动车进行维修。

（十三）实施机动车排气污染监督抽检。环境保护部门可以根据需要在车辆集中停放地对机动车排放污染物情况进行监督检查，对道路上行驶的排放明显可见污染物的车辆依法进行限期治理。

（十四）建立机动车排气监管信息网络平台。省环境保护厅要组织建立全省机动车排气污染监督管理平台，并与州、市环保监管平台联网，实现检测信息互通，完善排放数据的收集、统计、分析功能，形成功能齐全、层次清晰的监管网络。

（十五）开展油气回收综合治理。按照国家有关规定，按期完成全省加油站、储油库、油罐车油气回收综合治理任务。各地可根据当地空气环境质量状况，组织开展油气回收综合治理工作，鼓励创建国家环境保护模范城市的地区率先组织开展油气回收治理工作。

五、加强组织领导，健全部门联动机制

（十六）加强组织领导。在省低碳节能减排及应对气候变化工作领导小组下，建立云南省机动车排气污染防治工作联席会议，组织协调全省机动车排气污染防治工作。省环境保护厅主要负责同志担任召集人，省发展改革委、工业和信息化委、公安厅分管负责同志担任副召集人，省财政厅、交通运输厅、商务厅、工商局、质监局、安全监管局和中石化云南石油分公司、中石油云南销售分公司等单位分管负责同志为成员。联席会议办公室设在省环境保护厅。

各州、市人民政府要进一步统一思想、提高认识，将机动车排气污染防治工作列入重要议事日程，成立相应工作机构，明确职责，采取切实有效措施，提供必要的政策、资金和技术支持，确保目标任务的完成。

（十七）明确部门职责。省环境保护厅负责全省机动车排气污染防治工作的统一监督管理，组织编制机动车排气污染防治规划，提出机动车排气污染物地方排放标准，机动车环保定期检验机构的委托和监督管理，组织机动车环保检验合格标志的核发和管理工作，会同有关部门建立机动车排气污染监督管理信息系统，组织开展在用机动车污染物排放状况监督抽检，牵头组织开展油气回收综合治理，组织机动车排气污染防治监管人员和环保检验机构人员业务培训。

省发展改革委负责清洁能源汽车产业发展规划有关工作，对机动车环保检测收费标准进行核定和审批。

省工业和信息化委负责指导省内机动车或燃油发动机生产企业按照国家规定的阶段性排放标准生产，报废汽车回收拆解企业及其回收网点的监督管理，规范回收拆解行为。

省公安厅负责环保达标车型的注册、转入、转出、注销登记管理，严格执行机动车强制报废制度。各级公安机关交

通管理部门配合环境保护部门开展在用机动车污染物排放状况监督抽测。公安消防部门配合环境保护部门完成油气回收治理任务。

省交通运输厅负责对机动车辆维修企业的监督管理，监督机动车排气污染检测维修（I/M）制度方案的制定和落实，督促机动车维修企业建立维修规章制度，提高维修质量；推进大型道路客货运输车辆和城市公交、出租汽车中“黄标车”的淘汰工作。

省商务厅负责督促省内成品油经营企业按照环境保护部门的标准、方法和要求，做好省内储油库、加油站油气回收治理工作；成品油市场运行和经营活动的监督管理。根据国家车用汽（柴）油标准实施进程，推进省内成品油经营企业销售符合国家标准的成品油。

省质监局负责对机动车环保检验机构的计量认证管理，对机动车环保检验机构属于强制性检定的计量器具实施监督管理；协助有关部门对企业生产车辆的排放标准执行情况进行执法检查，加强对车用燃油、燃气质量的监督管理；发布《云南省在用汽车简易工况法排气污染物排放限值》。

省财政厅、工商局、安全监管局按照各自职责，做好机动车排气污染防治有关工作。

中石化云南石油分公司、中石油云南销售分公司负责按照环境保护部门要求，对所属加油站、油罐车和储油库逐步开展油气回收治理工作；供应符合国家阶段车用燃油标准的优质燃油。

（十八）加强宣传教育。各地、有关部门要采取多种形式，大力宣传机动车排气污染防治的重要意义，引导机动车所有人和驾驶人加强机动车维护保养，鼓励社会公众有序参与和监督机动车排气污染防治。大力倡导绿色出行和使用节能型低排放、新能源机动车，有效减少机动车污染物排放量，努力改善空气环境质量。

云南省人民政府

2013年7月30日

云南省人民政府办公厅关于印发云南省“十二五”综合防灾减灾规划的通知

云政办发〔2013〕1号

各州、市人民政府，省直各委、办、厅、局：

《云南省“十二五”综合防灾减灾规划》已经省人民政府同意，现印发给你们，请认真贯彻执行。

云南省人民政府办公厅

2013年1月4日

云南省“十二五”综合防灾减灾规划

为提升自然灾害应急处置能力、保障受灾群众基本生活，着力构建符合我省实际的防灾减灾体系，根据《国家综合防灾减灾规划（2011—2015年）》、《云南省国民经济和社会发展第十二个五年规划纲要》和有关法律法规，制定本规划。

一、防灾减灾工作的现状和面临的形势

（一）“十一五”期间防灾减灾工作情况

我省历来是全国自然灾害频发、多发的省份之一。“十一五”期间，全省先后发生地震、低温雨雪冰冻、滑坡泥石流、干旱以及洪涝等重特大自然灾害，累计造成12623万人次受灾，因灾造成直接经济损失达804.49亿元。面对严峻的自然灾害，有关各方密切配合，大力加强防灾减灾能力建设，高效有序开展抗灾救灾工作，取得了显著成效。

一是防灾减灾机构和队伍建设不断加强。成立省减灾委员会，综合协调全省重大救灾、减灾活动。省减灾委员会办公室设在省民政厅，承担省减灾委员会日常工作。组建完成省地震灾害紧急救援队、民政自然灾害应急现场工作队、住房和城乡建设工作队、省地震灾害现场工作队、专业医疗救援队等多支救灾应急队伍，确保灾害发生后能迅速展开应急救援行动。加强基层灾害信息员队伍建设，及时报送灾情信息。与此同时，经常性组织开展政府分管领导、灾害管理人员、各类专业紧急救援队伍、非政府组织和志愿者组织的集中培训和灾害应急救援演练，切实提升应急准备、快速反应、高效指挥的能力。

二是救灾物资储备网络不断完善。“十一五”期间，全省共投入资金31232.6万元，加强救灾物资储备库建设，建成省级库1个、省属分库5个、市级库11个（含在建）和县级库80个（含临时库），基本形成辐射全省所有州、市、县、区、乡、镇的救灾物资储备网络。同时，省人民政府每年都安排一定数额的救灾物资采购资金，用于救灾物资的加工、

储备，救灾应急保障能力显著提升。

三是防灾减灾制度和机制建设不断健全。以完善自然灾害救助预案体系、灾害应急响应机制、灾民生活救助机制、灾情统计上报机制、社会动员机制、军地救灾联络机制、灾后恢复重建机制等为重点，通过不断实践探索，初步形成了一套较为完整、行之有效的自然灾害救助机制。

四是预防和处置地震灾害能力明显提升。2008 年至今，全省累计投入资金 100 多亿元，实施内容涵盖地震监测预报、震害防御和紧急救援等多方面的预防和处置地震灾害 10 大能力建设。同时，在地震重点危险区内的人员密集场所、生命线工程大力推广应用减隔震技术，有效提高了抵御地震灾害的能力。

五是灾害监测预报能力稳步提升。充分运用气象、地质、地震等领域的科研成果，不断提高各类自然灾害的测报准确度。针对我省地震频发的实际，加强对地震灾害活动前兆信息的监测、传递和分析会商，对全省 49 个重要观测点实施加密观测，新建 12 个跨断层形变观测场地，在重点监视防御区配备了一大批监测设备和仪器，有效改善了地震等灾害的观测环境。

六是人民群众防灾减灾意识不断强化。充分利用“防灾减灾日”、“国际减灾日”和“世界地球日”等有利时机，组织广播、电视、报纸、互联网、通信平台等新闻媒介，通过开办讲座、发放宣传资料、开设专栏和专题报道、刊发评论文章、发送短信、播放公益广告等群众喜闻乐见的方式，大力宣传我省防灾减灾工作成果，全面普及灾害自救互救基本知识，营造了人人关心、人人参与、人人支持防灾减灾工作的良好社会氛围。

（二）面临的形势、挑战与机遇

“十二五”期间，在全球气候变化背景下，自然灾害风险进一步加大，我省防灾减灾工作仍然面临严峻的形势与挑战。一是自然灾害形势日趋严峻。极端天气气候事件的时空分布、发生频率和强度出现新变化，干旱、洪涝等灾害风险增加，滑坡、泥石流等地质灾害呈现高发态势；据地震部门分析预测，我省目前已进入新一轮强震活跃期，地震灾害形势极其严峻；随着工业化和城镇化进程明显加快，城镇人口密度增加，基础设施承载负荷不断加大，自然灾害对城市的影响日趋严重。二是防灾减灾机制体制有待进一步完善。防灾减灾综合协调机制尚不健全，部门间信息共享和协调联动机制、民间组织等社会力量参与减灾的机制还不完善；缺乏减灾综合性法律法规，相关配套政策不够完善；村级灾害应急预案体系尚需进一步健全，基层抗灾救灾物资储备体系不够完善，应急通信、指挥和交通装备水平落后。三是防灾减灾基础仍相对薄弱。由于我省各级财力有限，灾害应急救助投入不足、救助水平低，恢复重建补助标准偏低，民房恢复重建难度大，受灾群众自救能力弱；一些灾害多发地区应急避难场所建设滞后，农村群众住房防灾抗灾标准普遍较低；各级灾害管理人员和科研人员数量不足，业务素质还需进一步提高。

面对严峻的灾害形势与挑战，省委、省政府将防灾减灾工作作为社会管理和公共服务的重要组成部分，并纳入经济社会发展规划，及时分类制定出台相关防灾减灾重大措施，防灾减灾的地位和作用更加凸显。此外，社会各界积极主动参与防灾减灾的意识不断增强、防灾减灾的力量不断壮大，救灾应急预案建设不断健全，防灾减灾能力进一步提高，《自然灾害救助条例》的颁布实施等，为做好“十二五”期间全省的防灾减灾工作创造了诸多有利条件。

二、指导思想、基本原则、发展目标

（一）指导思想

高举中国特色社会主义伟大旗帜，以邓小平理论、“三个代表”重要思想、科学发展观为指导，按照以人为本、构建社会主义和谐社会的要求，始终坚持防灾减灾与经济社会发展相协调、坚持防灾减灾与应对气候变化相适应，全面加强各级防灾减灾能力建设，着力提高全民防灾减灾意识，切实维护人民群众生命财产安全，有力保障云南经济社会科学发展、和谐发展、跨越发展。

（二）基本原则

以人为本，科学减灾。以保护人民群众生命财产安全为防灾减灾的根本，以保障受灾群众的基本生活为工作重点，全面提高防灾减灾科学理论与技术支撑水平，规范有序地开展减灾救灾工作。

统筹规划，突出重点。从战略高度统筹规划救灾应急各方面工作，着眼长远推进减灾救灾应急能力建设，优先解决救灾应急中的突出问题。

预防为主，协同推进。不断加强自然灾害的风险调查、监测预警、工程设防、宣传教育等工作，坚持防灾减灾与抗灾救灾相结合，协同推进防灾减灾各个环节的工作。

政府主导，社会参与。坚持各级政府在减灾救灾工作中的主导作用，加强各部门之间的协调配合，组织动员社会各界力量参与减灾救灾。

（三）发展目标

充分整合现有资源，夯实全省防灾减灾工作基础，全面提高我省防灾减灾和应急救灾能力，不断提升城乡居民防灾减灾意识和技能，最大限度降低灾害损失，变被动救灾为主动防灾。

1. 州、市、县、区全面建立救灾应急综合协调机构；救灾物资储备种类齐、数量足，保证受灾群众在自然灾害发生 12 小时内得到食物、饮用水、衣物、临时住所、医疗卫生救援等方面的基本生活救助；灾后恢复重建和新建基础设施及民房，普遍达到规定的设防水平；全民防灾减灾意识明显增强，创建一批全国综合减灾示范社区。

2. 年均因灾直接经济损失占国内生产总值的比例和自然灾害造成的死亡人数，在同等致灾强度下较“十一五”期间明显减少，自然灾害对经济社会发展和生态环境的影响明显降低。

三、主要任务

（一）加强自然灾害风险隐患排查治理

全面调查我省重点区域各类自然灾害风险和减灾能力，查明主要的灾害风险隐患，基本摸清我省减灾能力底数，建立完善自然灾害风险隐患数据库；强化预防和处置地震灾害能力建设、地质灾害防治、水利基础设施建设、人工影响天气和中小学校 D 级危房改造，不断夯实我省防灾减灾基础，努力降低灾害造成的损失。

专栏1：风险隐患排查治理重点项目

●灾害风险数据库建设项目。建设自然灾害风险数据库，实现上下左右联通，资源共享。

●强化预防和处置地震灾害能力建设。省财政每年安排不少于2亿元专项资金，继续深入推进预防和处置地震灾害能力建设。

●地质灾害防治。每年筹集10亿元地质灾害防治专项资金，主要用于地质灾害治理工程以及为实施治理工程所需的搬迁、地质灾害避险搬迁、应急处置、调查评价、监测预警等，力争使全省受地质灾害威胁的人数逐年减少。

●水利基础设施建设。加快实施水源工程、城乡居民饮水安全工程、病险水库除险加固工程、农业灌溉工程、生态环境保护工程和江河堤防治理工程等“六大工程”建设，逐步扭转我省供水保障水平低、广大边远山区少数民族群众饮水困难的被动局面，提高江河堤防抗洪标准，增强全省防汛抗旱能力。

（二）加强灾情信息管理能力建设

建设灾害应急指挥平台和灾害信息共享、发布平台，加强对灾害信息的分析、处理和应用。加强自然灾害应急救援指挥体系建设，与已有资源、系统紧密衔接，充分利用公用通信网络资源及电子政务网络平台，结合各种通信和网络技术，完善应急通信和信息保障能力。健全完善功能完备、横向覆盖、纵向贯通、科学高效的省级自然灾害应急救援指挥体系。

专栏2：灾情信息管理能力建设重点项目

●自然灾害应急救援指挥系统建设项目。根据国家综合防灾减灾规划，按照“争取国家支持一点、省补助一点、属地配套一点”的原则，建设与国家接轨的标准统一、接口完善、协同配合、运转高效的省、州、县三级自然灾害应急救援指挥系统。

（三）加强自然灾害应急救援能力建设

完善基层减灾救灾装备，提高基层减灾救灾能力。根据各地城乡规划和居民人口分布等情况，利用公园、广场、体育馆等公共设施，统筹规划设立应急避难场所，并设置明显标志。加强防灾减灾工作队伍、灾害信息员队伍和军队、武警、公安消防部队等骨干救援队伍及其他专业救援队伍建设。成立省减灾委专家委员会，为全省防灾减灾工作提供咨询和建议。建立完善社会动员机制，充分发挥群众团体、红十字会等民间组织、基层自治组织和公民在灾害防御、紧急救援、救灾捐赠、医疗救助、卫生防疫、恢复重建、灾后心理支持等方面的作用。

专栏3：应急救援能力建设重点项目

●减灾救灾设施和装备建设项目：

1. 为县、乡、村三级灾害信息员配备相应设备。

2. 力争到“十二五”末，全省所有州、市政府所在地和地震重点监视防御区内的县、市、区都有符合标准的应急避难场所。

3. 对所配置装备设备，按照“谁使用、谁签字、谁负责、谁管护”的原则，确保所配备的装备设备安全、规范、高效使用，避免人为损坏甚至占为私用。

（四）加强城乡社区防灾减灾能力建设

积极创建全国综合减灾示范社区，完善城乡社区灾害应急预案，组织社区居民积极参与减灾活动和预案演练。加强社区灾害监测预警与救援能力建设，建立城乡社区灾害信息员和志愿者队伍；不断完善城乡社区减灾基础设施，建立应急状态下社区弱势群体保护机制；建立新型救灾保险制度，逐步开展农村自然灾害房屋和人身安全保险。

专栏4：城乡社区防灾减灾建设重点项目

●全国综合减灾示范社区建设项目。创建一批全国减灾综合示范社区。

●农村房屋保险和人身伤亡保险项目。推广部分州、市开展农村民房保险的经验，对农村家庭实施包括地震灾害在内的自然灾害房屋保险和人身伤亡保险，各级财政给予适当补助。

（五）加强救灾物资储备体系建设

以统筹规划、节约投资和资源整合为原则，通过新建、改扩建等方式，健全省级救灾物资储备网络。争取到2015年，建成以省级救灾物资储备库为中心，滇中、滇东、滇南、滇西、滇西南5个省属分库为基础，州、市政府所在地救灾物资储备库和县级库为支撑，乡、镇储备库（点）为补充，辐射全省所有州、市、县、区、乡、镇的救灾物资储备网络。按照救灾实际需要，利用实物存储、协议储备和能力储备等多种方式，适当增加救灾物资储备种类，增大物资储量，形成规模适当、供应充足的物资储备。同时，探索建立政府统一领导下的军、警、地救灾物资储备联动机制，确保灾害发生后救灾物资能第一时间运抵灾区。

（六）加强防灾减灾科技能力建设

依托现有科研院所、大专院校、生产企业，加大投入，制定优惠和扶持政策，不断提升地震、农业、林业、水利等领域的防灾减灾科研能力和水平。大力引进国内外先进适用的技术与成果，积极推广先进实用的防灾减灾技术和产品。

（七）提高社会防灾减灾意识

开发减灾救灾宣传教育产品，编制系列科普读物、挂图和音像制品、案例教材。建设减灾救灾宣传和远程教育网络平台，在公共场所设置减灾救灾知识宣传栏，在广播电台、电视台开设减灾救灾知识宣传栏目，制作减灾救灾公益广告，组织开展多种形式的减灾救灾宣传教育活动，向公众宣传灾害预防避险的实用技能，提高群众灾害应急自救互救能力。

专栏5：防灾减灾宣传教育重点项目

●防灾减灾宣传教育基地建设项目。新建一批防灾减灾宣传教育基地，提高综合防灾减灾软实力，填补我省防灾减灾科普教育基地建设的空白。

●防灾应急“三小”工程。为全省约1310万个家庭发放防灾应急小册子、小应急包，县、市、区人民政府组织本行政区域内行政机关、企事业单位、社区、村委会每年开展1～2次防灾应急小型演习活动。

四、保障措施

（一）完善防灾减灾综合管理

强化省减灾委的综合协调职能，建立减灾委协调、有关部门配合的防灾减灾综合协调机制，充分发挥专家在防灾减灾决策中的作用。加强防灾减灾政策研究，完善绩效评估、责任追究制度和救灾征用补偿机制。

（二）强化防灾减灾制度建设

全面贯彻落实《中华人民共和国突发事件应对法》、《自然灾害救助条例》等法律法规，结合我省实际制定相关配套制度，依法依规开展防灾减灾工作，促进我省防灾减灾事业健康发展。强化各级各类防灾减灾救灾预案的制（修）定工作，不断提高预案的科学性和可行性。

（三）加大资金投入力度

加大政府对防灾减灾资金的投入，切实将防灾减灾经费纳入各级财政预算。完善防灾减灾项目建设经费分级投入机制，加强防灾减灾资金管理和使用，进一步建立健全救灾款物的管理、使用和监督机制。争取中央对我省防灾减灾工作的大力支持，广泛动员社会力量参与防灾减灾，建立稳定、多元化的资金筹措机制。

（四）加强防灾减灾人才队伍培养和建设

全面推进防灾减灾人才战略，建立防灾减灾人才信息管理系统，整体性开发防灾减灾人才资源，扩充队伍总量，优化队伍结构，完善队伍管理，提高队伍素质，形成以防灾减灾管理和专业人才队伍为骨干力量，以各类灾害应急救援队伍为突击力量，以防灾减灾社会工作者和志愿者队伍为辅助力量的防灾减灾人才队伍。加强减灾救灾社会工作者和志愿者队伍建设，开展减灾救灾社会工作人才试点，研究制定减灾救灾志愿服务的指导意见，全面提高志愿者的减灾救灾知识和技能，促进志愿者队伍发展壮大。

（五）规划实施与监督

优化整合各类防灾减灾资源，加强本规划与其他专项规划的协调衔接，统筹运用法律、行政、经济、文化等多种手段，确保规划重点工程项目顺利实施。在各类新建、改建和扩建项目的规划、设计、选址等过程中，充分考虑防灾减灾需要，适时开展防灾减灾内容评估。省减灾委适时组织对本规划实施情况进行监督检查。在本规划实施的中期阶段，对实施情况进行中期评估，并将评估情况报省人民政府。对检查评估工作中发现的问题，及时进行整改。

云南省人民政府办公厅关于印发
云南省环境保护行政问责办法的通知

云政办发〔2013〕70号

各州、市人民政府，省直各委、办、厅、局：

《云南省环境保护行政问责办法》已经省人民政府同意，现印发给你们，请认真贯彻执行。

云南省人民政府办公厅

2013年5月22日

云南省环境保护行政问责办法

第一章　总　则

第一条　为强化环境保护责任，落实环境保护“一岗双责”制度，促进生态文明建设，根据《中华人民共和国行政监察法》、《中华人民共和国环境保护法》、《云南省党政领导干部问责办法（试行）》和《云南省人民政府关于全面推行环境保护“一岗双责”制度的决定》（云政发〔2010〕42号）等有关法律法规和规定，结合本省实际，制定本办法。

第二条　本办法所称环境保护行政问责，是指对在落实环境保护职责过程中不履职、不当履职、违法履职，并导致严重后果或者恶劣影响的责任部门和责任人进行责任追究。

第三条　本办法适用于各级政府及其负有环境保护“一岗双责”职责部门（含内设机构）的领导和工作人员，各级政府及组织人事部门任命和管理的企事业单位的领导和工作人员。

第四条　环境保护行政问责，按照干部管理权限，由行政监察机关（部门）依照有关规定组织实施。

第五条　环境保护行政问责遵循实事求是、公正公平、有错必纠、过责相当、惩教结合的原则，做到事实清楚、证据确凿、定性准确、处理适当、程序合法、手续完备。

第二章　问责情形

第六条　各级政府及其工作人员有下列情形之一的，应

当问责：

（一）未落实环境保护目标责任制的；

（二）未完成年度污染减排目标任务的；

（三）因环境监管经费、人员不足，导致环境监管能力不足的；

（四）未制定、实施环境保护目标及有利于环境保护的经济、技术政策和措施的；

（五）制定或者采取与环境保护法律法规和规章以及环境保护政策相抵触的规定和措施的；

（六）对依法应当编写有关环境影响篇章或者说明而未编写的规划草案、依法应当附送环境影响报告书而未附送的专项规划草案，违法予以批准的；

（七）建设项目环境影响评价文件未报批或者未经批准，违规要求或者同意项目开工建设的；

（八）在环境受到严重污染威胁居民生命财产安全时，未采取解除或者减轻危害措施的；

（九）不按照要求制定环境污染与生态破坏突发事件应急预案、核与辐射事故应急预案的；

（十）发生环境污染与生态破坏突发事件、核与辐射事故后，未及时启动应急预案的；

（十一）对造成严重污染环境的单位，不实施限期治理监管或者不依法责令取缔、关闭、停产的；

（十二）未按照要求开展跨行政区域和流域的环境污染和生态破坏防治工作的；

（十三）阻碍、干涉负有环境监督管理职责的部门依法履行监管职责的；

（十四）未依法受理或者处理群众关于环境问题的信访件，引发群体性事件并造成恶劣社会影响的；

（十五）未履行其他法定环境保护职责的。

第七条 各级政府负有环境保护监督管理职责的部门及其工作人员有下列情形之一的，应当问责：

（一）未依法履行职责导致未完成年度污染减排目标任务的；

（二）未依法实施环境保护有关行政许可的；

（三）对依法应当编写有关环境影响篇章或者说明而未编写的规划草案、依法应当附送环境影响报告书而未附送的专项规划草案，违法予以批准的；

（四）建设项目未依法进行环境影响评价，或者环境影响评价文件未经批准，擅自审批该项目可行性研究报告或者核准该项目建设的；

（五）依法应当移送司法机关的环境违法案件而未移送的；

（六）在处置重大环境突发事件中，处置不力或者偏袒护短，对应当追究行政责任的责任人不依法追究责任的；

（七）未依法受理或者处理群众关于环境污染的信访件，引发群体性事件的；

（八）未完成年度淘汰落后产能目标任务的；

（九）未依法定期发布环境质量状况公报的；

（十）在执法过程中玩忽职守，包庇、纵容、袒护环境违法行为的；

（十一）瞒报、虚报、迟报、漏报环境信息的；

（十二）未依法公开重大环境信息，尤其是对环境有重大影响的建设项目环境信息的；

（十三）未按照法定职责协调配合开展环境保护工作和监督管理重大环境问题的；

（十四）未履行法定的其他环境监管职责的。

第八条 各级政府及组织人事部门任命和管理的、负有环境保护监督管理职责的企事业单位领导干部和工作人员有下列情形之一的，应当问责：

（一）未制定、落实以环境保护责任制、安全操作规程、环境保护培训教育、污染源监控、环境污染事故隐患整改、核与辐射安全等为主要内容的环境保护和污染防治制度的；

（二）不按照国家有关规定制定突发环境事件应急预案，或者在突发环境事件发生时，不及时采取有效控制措施的；

（三）未完成年度污染减排目标任务的；

（四）建设项目未依法进行环境影响评价，或者环境影响评价文件未经批准，擅自开工建设的；

（五）未按照环境影响评价要求落实环境保护对策措施的；

（六）违反环境保护法律法规和有关产业政策，造成环境污染事故或者生态破坏的；

（七）不按照国家规定淘汰严重污染环境的落后生产技术、工艺、设备或者产品的；

（八）擅自拆除、闲置或不正常使用环境污染治理设施，或者超标排放污染物的；

（九）阻挠、妨碍环境执法人员依法执行公务的；

（十）未遵守建设项目环境保护“三同时”制度的；

（十一）有其他违反环境保护法律法规进行建设、生产或经营行为的。

第三章 责任划分及追究

第九条 各级政府主要负责人、分管环境保护工作负责人，负有环境保护监督管理职责的部门负责人以及工作人员，各级政府及组织人事部门任命和管理的、负有环境保护监督管理职责的企事业单位领导干部和工作人员，应当在其职责范围内承担相应的环境保护责任。

第十条 有下列情形的，按照以下规定确定并区分责任人责任：

（一）领导不采纳有关业务部门及其承办人员正确意见，作出错误决定的，由作出决定的领导承担直接责任；

（二）应当经过合议、审核、审批程序而未经合议、审核、审批作出行政行为的，由直接责任人承担直接责任，主管领导承担领导责任；

（三）经集体研究、讨论作出决定，由参加集体讨论人员共同承担责任（持不同意见的人除外），其中职务最高的领导承担主要领导责任；

（四）徇私枉法、滥用职权、不正确履行法定职责、违反法定程序的，由直接承办人员承担直接责任，直接分管领导承担主要领导责任；

（五）由于承办人隐瞒事实、伪造证据或者编造虚假材料，导致作出错误决定的，由承办人员承担直接责任；

（六）承办人员不认真履行监管职责，办事拖拉、推诿扯皮，作出的具体行政行为造成影响或者过错应当追究责任的，由承办人员承担直接责任；

（七）应当追究责任的行为是由主管人员批准的，由批准人员承担直接责任；

（八）2人以上共同实施行政行为的，主办人员承担主要责任，协办人员承担相应责任；责任无法区分的，共同承担责任。

第十一条 环境保护责任追究实行源头追溯追究制，从责任行为或者责任事件各环节进行追究，从决策、审批、监管、生产、运输、设备运行维护等有关环节追究监管部门和生产经营单位的责任。

第十二条 有下列情形之一的，可以从轻或减轻处理：

（一）主动交代违法违纪行为的；

（二）积极配合调查或者有立功表现的；

（三）主动采取措施，有效避免或者挽回损失、消除不良影响的；

（四）其他按照规定可以从轻、减轻处理的。

第十三条 问责实施过程中，所涉及的部门、单位和当事人应当主动接受问责调查，有阻挠、干扰问责的，应当从重问责。

第十四条 问责方式和问责程序按照《云南省党政领导干部问责办法（试行）》规定执行。

第四章 附 则

第十五条 在本省行政区域内非本级管理的领导干部和工作人员违反本办法规定需要问责的，按照干部管理权限由上级主管单位予以问责。

法律法规授权或者行政机关委托承担环境保护监督管理职责的组织及其领导和工作人员适用本办法。

第十六条 本办法自2013年7月1日起施行。

云南省人民政府办公厅关于印发云南省2013年食品安全工作要点的通知

云政办发〔2013〕38号

各州、市人民政府，省政府食品安全委员会各成员单位：

《云南省2013年食品安全工作要点》已经省人民政府同意，现印发给你们，请认真贯彻执行。

各地、有关部门要根据《云南省2013年食品安全工作要点》，研究制定本地、本部门的食品安全年度工作计划，分解细化任务，明确工作要求，落实责任分工，狠抓工作落实。

云南省人民政府办公厅

2013年3月22日

云南省2013年食品安全工作要点

为认真贯彻落实党的十八大精神和《国务院关于加强食品安全工作的决定》（国发〔2012〕20号）、《云南省人民政府关于进一步加强食品安全监管工作的决定》（云政发〔2012〕82号）和《云南省食品安全“十二五”规划》，切实做好我省食品安全工作，不断提高食品安全水平，现提出2013年食品安全工作要点：

一、工作目标

紧紧围绕省委、省政府中心工作，按照国务院食品安全委员会办公室的统一要求，认真落实2013年各项工作任务，使我省食品安全监管体制机制进一步完善，各食品安全监管部门责任进一步明确，监管力度进一步加大，食品行业诚信经营意识和自律机制得到进一步加强，法规标准体系进一步健全，食品安全违法违规行为得到进一步遏制，人民群众对食品安全的满意度进一步提高，食品安全工作进一步规范化、制度化、法制化、常态化。

二、工作重点

各地、有关部门要以“一大保障、两大治理、三大建设”（即保障食用农产品和加工农产品安全；针对违禁超限、假冒伪劣突出问题深入开展专项整治，针对重点行业品种扎实开展综合治理；加快监管制度建设，基层体系建设，基础能力建设）为重点，进一步落实各级政府对本地食品安全工作负总责、有关部门按照分工各负其责和分段管理的要求，重点从以下方面继续加强食品安全工作，促进食品安全水平不断提高。

（一）加强领导，健全综合协调机制

各州、市、县、区人民政府要成立由政府负责常务工作的领导任主任、分管食品安全工作的领导任副主任，有关部门主要负责人参与的食品安全委员会。进一步充实加强各级食品安全委员会办公室，健全工作机制，努力形成政府统一领导，食品安全委员会办公室综合协调，有关部门分工负责、协调配合的食品安全工作机制。

（二）重心下移，强化基层监管力量

出台关于加强基层食品安全管理体系建设的实施意见，进一步加强乡、镇、街道办事处的食品安全监管职责，实现监管重心下移。乡、镇、街道办事处要尽快设立食品安全监管办公室、站，村、社区要设立食品安全协管员，确保机构到位、责任到位、措施到位、经费到位、人员到位，建立起省、州、县、乡、村五级食品安全监管网络。全面推行基层食品安全监管网格化管理，加快形成分区划片、包干负责的基层食品安全工作责任网。充分调动社区居委会、村委会等群众性自治组织的积极性，形成群防群控工作格局，力争将食品安全风险隐患消除在萌芽状态，将问题解决在基层。

（三）突出重点，深化专项治理整顿

继续围绕重点环节、重点场所、重点品种，人民群众关注的焦点、热点问题，深入开展食品安全专项整治行动，力争取得更大成效。（具体方案另行通知）

（四）加大投入，提升检验检测能力

各级政府要进一步加大对食品安全工作的投入，设立专项资金，列入预算，保障职能部门食品安全监管和抽样检测经费。充分发挥省级专项资金引领和推动作用，进一步提高资金使用效益。改善食品检验检测条件，加快建设一批国家级、省级检验检测中心，专业性检验检测中心和基准实验室，发挥龙头带动作用，提升全省整体检验检测能力。按照“提高现有能力水平、按责按需、填平补齐、避免重复建设、实现资源共享”原则，统筹强化各级食品安全检验能力。研究制定农产品质量安全流动检测车和餐饮服务食品安全流动检测车管理办法，确保发挥实效。探索县域检验资源统筹机制，推动食品安全检验人员和设备统筹使用，检验经费统一归口管理，检验建设项目统筹规划安排，检验任务统一计划和实施。支持食品生产企业进一步提高食品安全检验检测能力和工艺技术装备水平。支持社会第三方检验检测机构开展食品安全检验检测服务。规范检验检测机构从业行为，加强专业技能培训，提高服务和技术能力。

（五）严格监管，打击违法犯罪行为

1. 严格市场准入。进一步规范许可程序，完善食品生产经营许可审查技术规范，提高行业准入门槛。制定完善不合格食品召回、退市和销毁管理制度。

2. 加强食品安全日常监管。扩大食品安全监督抽查、市场巡查、执法抽检的频次、范围，深入排查食品安全隐患，及时发现，及时消除。

3. 大力实施举报奖励制度。各地、各部门要认真贯彻落实《云南省食品安全举报奖励办法》，加大宣传力度，研究出台具体实施办法，畅通举报渠道，完善受理、移送、核查、奖励等程序，鼓励和发动群众积极提供食品安全违法线索。各级政府要将食品安全举报奖励专项资金纳入财政预算，为举报奖励制度的实行提供保障。

4. 严厉查处食品安全违法犯罪行为。进一步巩固“打四黑除四害”成果，持续深入打击违法生产、贩卖地沟油、瘦肉精、病死畜禽以及在饲料、农药兽药、保健食品中非法添加违禁物质等违法犯罪活动，进一步加强行政执法和刑事司法的衔接，健全行政监管部门向公安机关案件线索移送机制和重点案件挂牌督办制度。进一步完善涉嫌犯罪案件移送程序，实现执法、司法信息互通，坚决防止有案不移、有案难移、以罚代刑，让食品安全违法犯罪分子受到法律严惩。同时，积极推动在公安机关建立打击食品安全违法犯罪专门队伍，研究制定技术鉴定有关制度，明确技术鉴定机构，为公安机关提供技术支持并协调解决鉴定费用。

（六）规范引导，推进诚信体系建设

1. 强化食品生产经营企业内部管理。各级监管部门要严格督促企业强化内部食品安全管理，保障食品安全投入，配备专、兼职食品安全管理人员，建立健全质量安全管理体系，严格落实进货查验记录、出厂检验、食品安全事故报告等各项管理制度。督促企业全面排查“塑化剂”等易迁移物质带来的风险隐患，发现问题，及时整改。强化农民合作社、龙头企业、批发市场等经营主体的农产品质量安全管理责任。2013年底前，要督促所有规模以上食品生产企业和相应的经营单位内部设置食品安全管理机构，明确分管负责人。积极推进食品安全责任强制保险制度试点，开展食品生产企业首席质量官制度试点，促进企业主体责任落实。

2. 加强食品行业诚信体系建设。出台关于加强食品行业诚信体系建设的实施意见。完善诚信信息共享机制和失信行为联合惩戒机制，建立实施“黑名单”制度，公布严重失信食品企业名单，促进行业自律。加快推进规模以上乳制品、肉类食品加工企业和酒类流通企业建立并运行诚信管理体系。加强对食品有关行业协会工作的监督指导，充分发挥行业协会作用，发现解决行业共性问题。继续表彰一批诚实守信的食品行业企业。

（七）完善制度，夯实监管工作基础

1. 健全地方性法规体系。尽快出台《云南省食品安全条例》、《云南省食品生产加工小作坊和食品摊贩管理办法》、《云南省清真食品生产经营管理条例》等法规文件，做到有法可依，有法必依。推进保健食品监督管理条例和餐厨废弃物管理及资源化利用条例的制定。

2. 推进食品安全地方标准体系建设。开展食品安全地方标准清理、整合和制定工作，突出重点制定一批食品安全地方标准。制定和发布云南省《清真食品认证通则》。加强企业标准备案管理和食品安全标准跟踪评价工作，对备案后的标准进行跟踪评价，对不符合要求的坚决进行整改或撤销备案。省卫生厅要按照有关规定向社会公布备案的食品安全企业标准并发送同级监管部门，加强对食品安全标准的宣传培训，及时妥善做好标准的解读。

3. 加强食品安全风险监测评估。加强食品安全风险监测、预警、评估和交流工作，贯彻落实《2013年国家食品安全风险监测计划》，针对我省食品生产经营和消费特点，统一制定实施全省食品安全风险监测计划。强化农产品质量安全例行监测，加强农产品产地环境质量安全监测。不断扩大监测范围和样本量，完善食品安全风险监测网络，加强对监测数据的分析利用，发挥监测评估实际效能。2013年底前，食品污染物及有害因素监测布点至少覆盖50%的县级行政区域，规范食源性疾病监测、报告工作，在优势农产品主产区建立食用农产品质量安全风险监测点，并初步建立统一的风险监测数据库。

4. 提升应急处置水平。各州、市、县、区和有关监管部门要按照《云南省食品安全事故应急预案》要求，制定本地、本部门食品安全事故应急预案，健全有关制度，完善对食品安全事故的快速反应机制和程序。要积极组织开展应急演练，切实提高快速响应能力。重视食品安全事故应急处置过程中舆情引导工作，完善舆情监测制度，及时分析研判舆情发展形势，及时发布事故信息，防止负面炒作。

5. 建立和完善各项管理制度。健全完善食品安全委员会全会、食品安全年度工作会、食品安全工作部门联席会、食品安全委员会办公室主任会和专家咨询、督导督查、目标责任考核、信息报送等制度。

（八）积极探索，创新监管工作

各地、有关部门要紧紧围绕提升食品安全科学监管水平，针对我省食品安全领域的薄弱环节，大胆实践，探索食品安全监管的新机制、新办法。要广泛应用现代科技信息技术手段，积极推进食品安全电子监管体系、食品电子追溯系统等建设，切实提升食品安全监管现代化水平和工作效能。积极开展食品安全综合执法，整合检验检测资源和网格化管理等试点，切实增强基层食品安全监管能力。开展高原特色农产品质量安全示范区建设及“云南省食品安全城市”创建活动，带动全省食品安全工作上新台阶。

（九）宣传教育，营造社会良好氛围

实施《云南省食品安全新闻宣传总体方案》，通过报刊、广播、电视、网络等媒体抓好食品安全政策法规的宣传教育，广泛普及食品安全知识，引导群众安全消费、理性消费，提高自我保护能力。制定《食品安全工作新闻联席会议制度》，建立起部门与媒体协调联动常态化工作机制。支持新闻媒体开展舆论监督，引导新闻媒体客观准确报道食品安全问题。表彰一批食品安全宣传好新闻。争取设立省人民政府食品安全奖，大力宣传食品安全领域先进典型，为食品安全工作营造良好氛围。开展食品安全工作群众满意度测评调查，充分调动广大人民群众的积极性。加强各级各类培训，依托食品安全管理学院和食品安全研究院，精心安排培训计划，提高各类人员素质。举办首届“食品安全云南论坛”。

（十）加强督查，促进目标任务落实

各地、有关部门要把食品安全工作纳入本地、本部门工作目标考核内容，制定专门的考核办法，细化职责，明确工作完成时限和考核指标。将信息通报、行政办案、违法行为处理等列入对监管部门履行情况督查考核的重点内容。各级食品安全委员会办公室和督查部门要根据工作目标和任务，逐级开展检查。要发挥专家委员会和督导组作用，加强督查，为食品安全工作提供决策支撑。省食品安全委员会办公室、省政府研究室牵头，各部门密切配合调研起草《云南省食品安全工作3年行动计划》，进一步明确工作重点和工作措施。同时，加强衔接《国务院食品安全委员会办公室支持云南食品安全桥头堡建设战略合作协议》进展情况，努力争取国家有关部委对我省食品安全工作的支持。

云南省人民政府办公厅关于进一步加强人工影响天气工作的实施意见

云政办发〔2013〕131号

各州、市人民政府，省直各委、办、厅、局：

近年来，我省积极运用现代科技手段，开展人工增雨（雪）、防雹、消雾、防霜等作业，取得了明显成效，在服务农业生产、缓解水资源紧缺、防灾减灾、保护生态以及保障重大活动等方面发挥了重要作用。为认真贯彻落实《国务院办公厅关于进一步加强人工影响天气工作的意见》（国办发〔2012〕44号）精神，进一步加强我省人工影响天气工作，经省人民政府同意，现提出如下实施意见：

一、准确把握人工影响天气工作的总体要求

（一）充分认识新时期加强人工影响天气工作的重要性和紧迫性。当前和今后一个时期，是全省上下深入贯彻党的十八大精神，加快推进我国面向西南开放重要桥头堡建设，确保到2020年与全国同步全面建成小康社会的关键阶段。同时，在全球气候变化的大背景下，气象灾害的突发性、反常性、不可预见性日益凸显，干旱、冰雹、森林火灾等呈多发、频发、重发之势，全省进入了资源环境生态矛盾更加凸显、

防灾减灾形势更加严峻的时期。特别是近年来连续遭遇严重干旱灾害，给全省经济社会发展和人民群众生产生活造成较大损失和影响。人工影响天气工作作为防灾减灾的有力手段、农业公共服务体系建设的重要内容、水资源安全保障和生态保护的有效途径以及发展高原特色农业的重要保障措施，促进经济社会发展的作用日益显现。各地、有关部门要站在全局和战略高度，充分认识做好人工影响天气工作的重大意义，深刻把握人工影响天气工作的基础性和公益性特点，进一步增强责任感和紧迫感，进一步完善思路、创新机制、落实经费、提升能力，不断推动我省人工影响天气工作迈上新台阶。

（二）明确新时期我省人工影响天气工作目标任务。到2020年，建成机构健全、投入稳定、管理科学、指挥有力、队伍精干的人工影响天气工作体系，建立布局合理、功能完善、装备精良、技术先进的人工影响天气作业体系。基础设施和作业能力显著增强，协调指挥和安全监管水平显著提升，保障经济社会发展的效益明显提高。人工增雨作业年增加降水30亿立方米以上，防雹保护面积增加到3万平方千米以上，防雹有效率达85%以上，实现全省人工影响天气固定作业点100%达到规范化建设标准。

二、做好重点领域服务保障工作

（三）强化高原特色农业保障服务。各地、有关部门要根据气候变化情况和高原特色农业发展需要，制定年度工作方案和重要农事季节、作物需水关键期作业计划，强化信息共享，加强对干旱、冰雹等灾害的动态监测，适时开展飞机和地面人工增雨（雪）作业，促进粮食等重要农产品实现减灾增产。要科学调整作业布局，加强区域联防，加大对烟叶、水果等重点经济种植区的防雹作业力度。

（四）强化水资源安全保障服务。围绕金沙江、珠江、澜沧江、红河、怒江、伊洛瓦底江等6大水系水库蓄水和水电开发精细化服务需求，气象、水利、电力等部门要加强合作，把人工增雨作业基础设施纳入水利基础设施统筹建设，调整优化人工影响天气监测网和作业站点布局，在重点汇水区增加高效人工增雨（雪）作业装备，制定重点流域和骨干水库增雨（雪）作业方案，开展常态化、专业化人工增雨（雪）作业，有效增加库塘蓄水，提升发电效益。

（五）强化生态建设与环境保护保障服务。把人工影响天气工作作为加快我省建设全国重要生物多样性宝库和西南生态安全屏障的重要手段，切实加强空中云水资源的监测评估，制定开发利用计划。围绕生态建设与环境保护需要，在重点旅游区、生态脆弱区、受污染水域等重点区域开展常态化人工增雨（雪）作业。

（六）强化突发事件应对和重大活动保障服务。建立健全应对森林火灾火险、严重空气污染等突发公共事件的应急工作机制，及时启动相应的人工影响天气作业。加强技术储备和试验演练，适时开展局部地区人工消云减雨作业，保障重大活动顺利开展。

三、科学推进人工影响天气工作

（七）提升基础保障水平。全面拓展和提高全省空中云水资源开发利用手段与能力，重点开展省级人工影响天气基地和飞机外场保障基地建设；积极争取中央支持和帮助，在滇中、滇南、滇西、滇东北等4个片区，建设地面人工增雨防雹基地；开展常态化飞机人工增雨作业，建设飞机作业指挥平台，提高应对复杂天气与地形地貌的作业飞行能力和水平。加快全省地面作业点布局的优化和基础设施标准化建设，提高增雨防雹作业的安全性、科学性和规范性，对重点区域、重要作业站点进行必要的提升改造，加强作业点“两库两室一平台”标准化建设，加快更新高炮、新型火箭作业系统，提高地面高炮、火箭等装备的自动化水平和安全性能。着力提升作业条件监测预报能力，逐步形成时空密度适宜、布局合理、专业化程度高的人工影响天气综合观测网，健全完善作业条件监测预报、作业指挥和效果检验业务系统。加快指挥通信系统和作业空域申报审批系统建设，提高作业指挥效率。

（八）增强科技支撑能力。气象部门要配备人工影响天气探测装备，开展试验、研究和运用工作，加快有关重点实验室和试验基地建设，结合云南天气气候、复杂地形地貌，加强高原人工增雨（雪）、防雹机理和作业条件研究。加强新技术应用、科技创新和技术支撑，提高人工影响天气工作的精度和效益，增强科学性。推进科研体制机制创新，建立公益性科研院所、高校、企业相结合的科研体制。加强合作与交流，吸收借鉴国内外先进技术成果。

（九）提升科学作业能力。进一步合理优化人工增雨防雹作业网点布局，在雹灾多发区、粮食主产区和烤烟等经济作物种植区适当加大作业密度、提升作业水平、提高作业精度；对作业效益不明显、保障群众生产生活和促进产业发展作用小的网点进行优化调整，并进一步强化区域联防，合理安排作业时段，有效扩大防护面积，提高人工增雨防雹作业效益。根据我省山区、半山区、坝区气候“十里不同天”特点和优势农作物发展区域对气候要求不尽相同的实际，客观把握自然规律，制定完善人工影响天气工作方案和作业计划，科学理性、适时适地适度开展人工增雨防雹作业。

（十）提高指挥调度水平。在健全省、州市、县三级作业指挥系统的基础上，充分发挥乡镇的积极性，参与人工影响天气的管理工作。加强与军队的协作，建立作业空域划定、跨区域作业协调机制，提高作业装备的全省统一调度和跨州市、省区指挥能力，提高作业规模化程度和集约化水平。

（十一）加强制度和人才建设。各地、有关部门要配套完善有关规章制度，加快人工影响天气标准化体系建设，明确作业装备、设施准入条件，完善作业规范和操作规程。建立人工影响天气行政执法监督检查机制。加强专业技术和管理队伍建设，积极引进和培养高层次科技人才，支持大专院校、科研院所有关专业学科发展。建立健全基层作业人员聘用等管理制度和激励机制，加强业务培训，探索将其纳入民兵预备役部队进行管理的措施及办法。

（十二）完善安全监管体系。各地要加快建立责任明确、操作规范、制度严格、措施到位的安全生产监督管理体系。加强空域申请、弹药储运、转场交通、作业人员安全等重点环节的管理和监督检查，杜绝发生责任事故。健全完善基层作业人员聘用、管理、培训制度，不断提高基层作业人员素质，保证做到作业人员100%持证上岗；严格遵守有关法律法规，严格按照技术规范和业务流程操作，严禁违反技术规范随意发射增雨防雹炮弹，确保作业安全。

四、加大对人工影响天气工作的支持力度

（十三）加强组织领导。进一步发挥省人工影响天气工作领导小组的职能和作用，加强对全省人工影响天气工作的统筹规划和组织领导。各州、市人民政府要建立完善相应的管理体制和工作机制，落实当地人工影响天气管理机构和人员编制，预算必要的工作经费。

（十四）汇聚支持合力。加强省与州市之间、军地之间、部门之间的沟通协调，实现信息共享，建立统筹集约、分工协作、上下衔接、左右配合的人工影响天气工作机制。各级气象部门要加强对人工影响天气工作的统一管理和指导，民政、水利、农业、林业等部门要制定相应工作计划，科技、公安、安全监管、国防科工、民航等部门以及驻滇部队要依据各自职责，加强监管、协调和服务，形成加快人工影响天气工作发展的强大合力。

（十五）加大投入力度。各地、有关部门要深刻认识人工影响天气工作的基础性和公益性特点，将其纳入经济社会发展规划，加大各级人工影响天气发展规划的落实力度，制定实施方案，推进工程项目实施，发展改革、财政、烟草等部门要保障有关重点工程建设资金和业务经费。各州、市人民政府要将人工影响天气业务经费列入同级财政预算，并鼓励社会资金参与，推动建立主要受益行业投入机制。省气象、财政等部门要建立沟通协调配合的工作机制，积极争取中央加大对我省人工影响天气专项转移的支付力度。

（十六）加强科普宣传。各地、有关部门要把人工影响天气科普宣传作为公益宣传的重要内容，纳入国民素质教育体系，充分利用各类科普教育设施和载体，在城乡开展多形式、多层次的宣传教育活动，积极营造全社会关心、支持人工影响天气工作的良好社会氛围。

云南省人民政府办公厅

2013年10月22日

始终把人民生命安全放在首位 全面加强安全生产工作

云南省委书记　秦光荣

（2013年11月29日）

今天上午，我和省长李纪恒，省委常委、省委秘书长曹建方，副省长刘慧晏以及省安监局、昆明市的同志一道，实地检查了大板桥镇昆明焦化制气有限公司和人民东路云南中石油昆仑燃气有限公司的安全生产情况。燃气生产经营，既是安全监管的重点行业，也是关系民生的重要行业，必须把安全生产放在首位。我在现场对中石油昆仑燃气有限公司提出了3点要求：一是要加强排查，及时发现和整改存在的问题和隐患，做好抢险预案，确保冬季城市供气安全；二是要做好煤气改天然气的对接工作，确保安全对接、安全输送、安全用气；三是要做好全市用气服务工作，进一步争取国家相关部门支持，合理确定天然气用气价格。刚才，听取了省安委会办公室的汇报。总体看，通过各方共同努力，今年全省安全生产形势总体平稳，成绩值得肯定。但是，汇报中反映的安全隐患和问题仍需引起高度重视，特别是非法违法行为突出等问题，可谓触目惊心、令人警醒，进一步加强安全生产刻不容缓、迫在眉睫。下面，我讲6点意见。

一、坚决贯彻落实习近平总书记重要指示精神，始终把人民生命安全放在首位

习近平总书记高度重视安全生产工作，总书记指出：人命关天，发展决不能以牺牲人的生命为代价，这必须作为一条不可逾越的红线。7月18日，习近平总书记在中央政治局第28次常委会议上就安全生产工作发表重要讲话，对安全生产工作作出了部署、提出了新要求，强调要“强化各级党委和政府的安全监管职责，做到党政同责、一岗双责、齐抓共管，所有企业都必须认真履行安全生产主体责任”，充分体现了党中央对保障人民生命安全的高度重视、对严肃安全生产责任制的坚定决心。11月22日，青岛市中石化黄潍输油管线泄漏引发重大爆燃事故，造成人民群众生命财产重大损失，习近平总书记亲临现场指导事故抢险救援并作出重要指示，要求各地“认真吸取事故教训、注重举一反三，全面加强安全生产工作”。我们一定要深刻领会习近平总书记的重要讲话精神，始终把人民生命安全放在首位，全面加强安全生产工作。

全省各级各部门一定要统一思想，充分认识到安全生产

不仅是重大的经济问题、社会问题，更是重大的民生问题、政治问题，必须以对党和人民高度负责的精神，完善制度、强化责任，加强管理，严格监管，切实把安全生产责任落到实处，切实防范重特大安全生产事故的发生；一定要着眼全局，把安全生产放在事关执政宗旨、事关科学发展、事关整个经济社会发展大局中来谋划，坚持全心全意为人民服务的根本宗旨，秉持立党为公、执政为民的崇高执政理念，把人民群众的生命安危放在首位，恪尽职守，做人民群众生命财产安全的忠诚守护者，切实防范重特大事故发生；一定要警钟长鸣，自觉坚守“发展决不能以牺牲人的生命为代价这条红线”，任何时候、任何情况下都始终绷紧安全生产这根弦，以更加坚决的态度、更加有力的措施、更加务实的作风，狠抓安全生产，切实做到安全发展、科学发展。

二、进一步健全完善安全生产责任体系，强化党委和政府的安全监管职责

各级党委和政府要牢固树立安全发展理念，认真按照“党政同责、一岗双责、齐抓共管”的要求，落实行业主管部门直接监管、安全监管部门综合监管、地方政府属地监管责任，坚持管行业必须管安全、管业务必须管安全、管生产经营必须管安全，全面推进安全生产工作。要尽快出台加强安全生产工作的措施，健全完善安全生产责任体系。各级党委、政府主要负责同志同为安全生产工作的第一责任人，必须亲力亲为、亲自动手抓安全生产；各级党委常委会议每年至少专题研究1次安全生产工作，各级政府必须坚持有领导分管安全生产。要加强安全生产考核，各地区各部门、各类企业都要坚持安全生产高标准、严要求，招商引资、上项目要严把安全生产关，加大安全生产指标考核权重，实行安全生产和重大安全生产事故风险“一票否决”。

三、全面落实企业安全生产主体责任，确保企业安全生产

全省所有企业必须遵照有关规定，认真履行安全生产主体责任，建立健全安全管理机构，做到安全投入到位、安全培训到位、基础管理到位、应急救援到位，确保企业达到规定的安全生产条件。企业主要负责人、实际控制人要切实承担安全生产第一责任人的责任，带头执行安全生产的相关制度，加强现场安全管理。各级政府要落实属地管理责任，依法依规、严管严抓，督促企业建立隐患排查治理和监控责任制，经常性开展安全隐患排查，定期进行安全风险评估分析，重大隐患要及时上报安全监管部门和行业主管部门备案。

四、开展安全生产大检查，加大隐患整改治理力度

习近平总书记强调：一厂出事故、万厂受教育，一地有隐患、全国受警示。全省各级、各部门一定要深刻吸取青岛市中石化黄潍输油管线泄漏爆燃事故的惨痛教训，继续深入开展安全生产大检查，做到“全覆盖、零容忍、严执法、重实效”，坚持防患于未然。对于云南来说，特别要加强对矿山、化工、危险化学品仓库、城市燃气、能源、消防、工程、交通等8个重点行业领域的安全生产工作，集中力量深查和治理重点行业领域的致灾隐患，加大隐患整改治理力度，实行谁检查、谁签字、谁负责，做到不打折扣、不留死角、不走过场。要认真总结安全生产大检查工作经验，不断完善精细化检查、专家暗访、随机抽查、挂牌督办、事故约谈、举报奖励等有效措施，突出重点行业领域安全监管，严格执法，严厉问责。各级党委、政府要采用不发通知、不打招呼、不听汇报、不用陪同和接待，直奔基层、直插现场，暗查暗访等办法，及时发现问题、解决问题。各地要将安全生产大检查中发现的问题和隐患进行及时整改，以钉钉子、啃硬骨头的精神，以踏石留印、抓铁有痕的劲头，下功夫、动真格，立行立改。

五、建立健全生产安全事故问责机制，严肃事故责任追究

习近平总书记强调：要审时度势，宽严有度，解决失之于软、失之于宽的问题。要建立健全生产安全事故问责机制，加强对事故隐患的事前责任追究和问责。对因工作失职、渎职或未按规定程序履行职责，安全管理体系不健全，安全生产防范措施不完善、工作推进不力，安全隐患得不到治理，造成一定影响或后果的，严肃追究责任。要加大对发生生产安全事故企业追责力度，提高事故查处的时效，加大对安全生产举报投诉案件的查处力度。

六、切实加强全省安监系统自身建设，推动安全生产工作水平再上新台阶

党的十八届三中全会提出“深化安全生产管理体制改革，建立隐患排查治理体系和安全预防控制体系，遏制重特大安全事故”，对新时期做好安全生产工作提出了新的更高的要求。全省安监系统要牢记保护人民生命安全的崇高职责，提升保护人民生命财产安全的能力。要切实加强干部和职工队伍思想政治建设、作风建设和业务能力建设，紧紧围绕省委、省政府的中心工作，把安全生产与推进经济转型升级紧密结合起来，以安全促发展。要“严”字当头，敢于担当，敢于追责，善于用法律和科技手段，不断提升安全监管的效率效能。要加快安全生产标准化建设，严格安全生产许可条件，不断夯实安全生产基层基础，切实理顺安全生产体制机制，特别是尽快理顺煤矿安全生产体制，以制度保安全，努力促进全省安全生产形势的持续稳定好转。

当前，时至年终岁末，确保完成全年经济社会发展目标任务繁重，安全生产一刻也不能放松，要把工作抓实抓细抓好，坚决遏制重特大事故。总之，安全生产责任重于泰山，我们务必常怀戒惧之心、强化忧患意识，牢牢绷紧安全生产这根弦，扎实抓好安全生产，为全省经济社会发展提供更加有力的安全保障。

健全完善责任体系
确保安全生产各项工作落到实处

云南省省长　李纪恒

(2013 年 11 月 29 日)

刚才，省委书记秦光荣作了重要讲话，就贯彻落实好习近平总书记关于安全生产工作的重要指示和重要讲话精神，扎实抓好我省安全生产工作提出了明确要求。我们一定要认真学习贯彻落实习近平总书记的重要指示和重要讲话精神，按照秦光荣同志的要求，坚决守住“人命关天，发展决不能以牺牲人的生命为代价”这条红线，以铁的决心、铁的措施、铁的纪律、铁的手段抓好安全生产。

下面，我讲 4 点意见：

第一，严格落实安全生产责任。责任重于泰山。要按照中央和省委的要求，抓紧健全和完善安全生产责任体系，强化党委政府的安全监管责任。各级党委、政府领导以及各行业主管部门、企事业领导要从以下 6 个方面认真对照反思和检查：一看党政同责、一岗双责和管行业必须管安全的责任是否落实到位？二看企业、事业单位安全生产和安全工作的主体责任是否落实到位？三看安全生产大检查是否认真彻底，隐患排查整治是否到位？四看各类应急预案是否健全，培训教育和必要的物资准备是否到位？五看本地区、本行业“打非治违”专项工作是否落实到位？六看事故查处是否从严、举一反三警示教育是否到位？围绕这些问题，每一位领导同志都必须以对党、对人民群众高度负责的态度认真思考、狠抓落实。

第二，坚持“四个一律”，强化“打非治违”。要把确保安全生产作为贯彻落实党的十八大、十八届三中全会精神和习近平总书记重要讲话精神的具体行动，作为践行群众路线的必然要求，作为调结构、转方式的重要抓手，坚持底线思维，守住安全发展“红线”。在招商引资、上项目、搞建设中把住安全准入门槛，不能把招商引资变成招灾引祸。对目前存在的非法违法生产经营企业或行为，要始终保持高压态势，严格按照“四个一律”的工作要求，重拳打击、从严整治。对非法生产经营建设和经停产整顿仍未达到要求的，一律关闭取缔；对非法生产经营建设的有关单位和责任人，一律按规定上限予以处罚；对存在非法生产经营建设的单位，一律责令停产整顿，并严格落实监管措施；对触犯法律的有关单位和人员，一律依法严格追究法律责任。要严格落实地方党委、政府牵头“打非治违”的责任，重点打击“私挖盗采”等非法违法行为。对“打非治违”工作不力的地方党委、政府及有关部门，要第一时间进行约谈、通报批评、严肃追究责任。

第三，痛下决心，切实加强重点行业领域的安全监管。煤矿、非煤矿山、道路交通、危险化学品、消防、建筑施工、烟花爆竹、冶金行业等是我省安全生产需要高度重视、必须抓好的重点行业领域。要抓住重点，扭住关键，在进一步强化企业安全生产主体责任，督促抓好企业自身建设和管理的基础上，切实加强对这些重点行业领域的安全监管。省政府已经明确了全省安全生产重点监管行业领域省政府领导职责分工，希望各位领导切实负起责任，把安全生产管到位。当前，要着重抓好 6 项工作：一是落实好《国务院办公厅关于进一步加强煤矿安全生产工作的意见》，由省工信委牵头，尽快理顺煤矿监管机制，变“多龙治水”为“一龙为主”，各方配合支持，下大决心关闭一批规模小、条件差、灾害重、安全无保障、整改无希望的小煤矿，尽快取消 143 个煤矿的巷道式采煤方法。二是严格按照国家要求，由省安监局牵头，有关部门配合，在 2015 年底前关闭 1500 座小型非煤矿山，进一步提高矿山安全保障水平。三是由省交通运输厅牵头，有关部门配合，对临崖、临水、长下坡、急转弯等危险路段进行专项整治。四是由省公安厅、交通运输厅按照职责分工，牵头负责，加大治理“三超一疲劳”力度，严厉打击道路交通非法违法行为。五是由省公安厅交警总队牵头，有关部门配合，抓好农村道路交通安全专项整治，落实当地政府属地监管责任，切实解决农民出行难和出行安全的问题。六是要以最近发生的青岛事故为警示，认真排查燃气供应保障方面存在的安全隐患和问题，发现问题，立即整改。同时，省石油天然气规划建设管理工作协调领导小组要加强领导，督促各地各部门落实好安全保障措施，确保今后我省天然气利用安全发展。

第四，扎实抓好岁末年初的安全监管工作。岁末年初历来是事故高发期。各级各部门务必高度重视起来，始终紧绷安全生产这根弦，认真总结经验，认真吸取教训，找出安全

防范规律性，深化安全生产大检查，切实做好安全监管工作。特别要强化应急值守工作，及时妥善地处置突发事件，做到报告及时、处置科学，防止事态恶化和次生灾害的发生。

我多次讲过，“安全生产，人命关天，天大地大，安全生产为大”。我们要把思想和行动统一到习近平总书记的重要讲话精神上来，在省委、省政府的坚强领导下，筑牢安全监管的“铜墙”，夯实预防事故的“铁壁”，为云南经济社会发展作出新的贡献。

坚定信心　加强监管
努力提高我省食品安全水平

——在全省食品安全工作会议上的讲话

省委常委、副省长　李　江

（2012年6月1日）

食品安全事关人民群众切身利益，事关经济发展与社会和谐稳定。省委、省政府历来高度重视食品安全工作，秦光荣书记、李纪恒省长对食品安全工作要求高、要求严，多次作出重要指示。5月24日，省政府召开第78次常务会，专题研究加强食品安全监管工作，并审议通过了《云南省人民政府关于进一步加强食品安全监管工作的决定》。今天，我们又召开全省食品安全工作会议，主要任务就是贯彻国务院有关食品安全工作的要求和省政府常务会议精神，全面分析当前食品安全形势，对当前我省食品安全工作进行部署，深入推进《决定》的贯彻落实。我讲五个方面的意见。

一、提高认识，切实增强做好食品安全工作的紧迫感和责任感

近年来，我省认真贯彻落实国家关于做好食品安全工作的各项决策部署，不断健全体制机制，加强监管能力建设，依法加强科学监管，开展综合整治和重点专项整治，有效遏制了食品安全事故高发态势，维护了人民群众利益，得到社会各界肯定。但是，当前我省食品安全面临的形势依然十分严峻，食品安全工作任重道远。

（一）*我省仍处于食品安全风险高发期*。一方面，是由我省食品行业发展水平决定的。我省食品生产经营单位多、小、散特点突出，特别是地方特色食品、民族食品种类繁多，并以小作坊加工为主，缺乏相应的监管标准，食品安全监管范围大、任务重，在监管力量薄弱、技术手段仍不充分的情况下，稍有松懈就可能出现食品安全问题。另一方面，是由我省社会转型期的特点所决定的。我省城镇化水平低，贫困人口多，地区、城乡和群体之间发展差异较大，低收入群众数量大且消费水平低，部分消费者安全消费意识和能力不强，容易成为不合格食品的受害者。同时，由于我省很多加工食品和食品原料来自省外、国外，食品安全还面临较大的输入型风险。更为严重的是，在市场经济体制尚不完善、全社会诚信道德建设还有缺失的情况下，受利益的驱动，少数不法分子利欲熏心、铤而走险、以身试法，不惜以损害人民群众的身体健康和生命安全来谋取非法利益。这些食品生产经营和消费方面的问题，将是长期影响我省食品安全的深层次因素。

（二）*我省食品安全的社会关注度高、涉及面广*。食品安全是一个社会热点问题，我省的食品安全更是备受关注。一是作为我国面向西南开放的重要桥头堡，未来我省将面临日益扩大的人流和物流，食品安全的压力增大、影响面扩大。同时，作为我国面向东南亚、南亚开放的枢纽，近年来我省农产品出口逐年扩大，国际市场占有率不断提高，我省的食品安全，直接关系到国家形象。二是作为我国知名的旅游大省，我省去年接待海内外游客达到1.67亿人次，将来还会持续增加。一旦发生食品安全事故，影响面将会很广，造成的后果将会非常严重。三是作为国内高原特色农产品生产基地，我省果、菜、花、茶等特色农产品行销全国，销售量大，辐射面广，一旦发生质量安全问题，将直接影响整个产业的发展和农民增收。

（三）*当前食品安全监管的难度日益加大*。主要表现在：一是传统的食品安全问题尚未杜绝，新的食品安全风险又不断出现。随着现代食品工业的发展，食品生产新技术、新原料被广泛应用，食品安全出现许多新情况、新问题。二是违法犯罪行为的查处难度日益加大。由于食品安全违法犯罪行为隐蔽性强，手段花样翻新，甚至一些高科技手段也被用于制售假冒伪劣食品，预测、发现问题相对困难，监管面临很大挑战。三是社会对监管的要求更高。随着人民群众生活水平的提高，人们对食品安全更加关注，而信息透明度空前提高，社会和舆论对食品安全的关注从一般违法问题逐步延伸至一些政策性、专业性、技术性等方方面面的问题，监管部门回应社会关切的难度也不断增大。

（四）“幸福云南”建设对食品安全提出了更高要求。建设“幸福云南”，是全省各族人民的热切期盼，也是我省未来五年的奋斗目标。食品安全是重大的民生问题，进一步做好食品安全工作是惠民生、促发展的重要抓手。惠民生要取得新成效，就必须把保障群众的饮食安全放在突出位置去抓去管，让群众吃得安心、放心，为人心安定、社会稳定打下好的基础。当前，随着发展的加快，人民收入水平的提高，在解决温饱后，人民群众对食品品质的要求不断提高，这既促进了食品行业的发展，也给食品安全监管工作带来了更大的压力。同时，不断提升食品安全水平也是我省调结构、转方式的重要任务，是扩大内需的重要保障。食品产业不仅市场需求巨大，而且就业容纳度高，如果不解决好食品安全问题，影响了省内食品市场的拓展，扩大内需、促进就业就会失去一个重要支点，就不利于实现平稳较快发展。

特别需要强调的是，今年我们将迎来党的十八大胜利召开，这是我国政治生活中的一件大事。加强食品安全工作，对于营造良好的社会氛围，迎接党的十八大召开，意义重大。各地、各部门一定要进一步提高认识，以对党和国家、对人民群众高度负责的态度，站在讲政治、顾大局的高度，把食品安全作为一项光荣的政治任务，摆在更加突出的位置，投入更多精力、切实履行责任、用心用情工作，下大力气打好食品安全这场攻坚战、持久战，坚决杜绝区域性、系统性重大食品安全事故的发生，努力促进我省食品安全形势持续好转，向人民群众交出一份满意答卷。

二、强化责任，进一步建立健全食品安全监管网络

抓好食品安全工作，是党和人民赋予我们光荣而艰巨的使命，是民生工程、民心工程和德政工程。为进一步强化我省食品安全监管，省政府将于近期出台《关于进一步加强食品安全监管工作的决定》，这是新时期做好我省食品安全工作的指导性文件。各地、各部门一定要认真细化贯彻落实的方案和措施，不折不扣落实好《决定》，全力以赴抓好食品安全工作。

（一）各级政府要切实履行好属地监管职责。按照国家的部署，省政府已成立食品安全委员会，并充实加强了食安委办公室。各州（市）、县（市、区）政府对本行政区域内的食品安全负总责，要切实把食品安全工作摆上重要日程，花更多精力抓好食品安全工作。要尽快建立健全食品安全委员会，配齐、配强食品安全委员会办公室，做到机构到位、责任到位、措施到位、经费到位、人员到位。要加强统一领导，健全工作机制，制定好本地区的食品安全年度监督管理计划，落实食品安全监管责任制，组织、协调好相关部门和垂管部门力量，共同开展食品安全监管工作。要加强基层食品安全工作体系建设，落实乡镇、街道办事处的食品安全监管职责，实现监管重心下移。要充分调动社区居委会、村委会等自治组织的积极性，大力推进基层食品安全信息员、协管员等群众性队伍建设，构建分区划片、包干负责的基层监管责任网和群众监督网，使工作真正落实到基层，力争将食品安全各类风险隐患消除在萌芽状态，将问题解决在基层，建立起有效的食品安全基层“防火墙”。

（二）各监管部门要明确职能分工、强化协调配合。各级食品安全委员会要坚持分段管理为主、品种监管为辅的原则，进一步细化、明确各监管部门的监管责任、监管范围，构筑覆盖所有监管对象的责任网。食安办要当好政府食品安全委员会的参谋助手，发挥好综合协调和监督指导等作用，切实负起责任，加大工作力度。各监管部门要在当地食安委的领导下，按照职能分工，建立监管责任制，落实监管责任人，做好职责范围内的食品安全管理工作。要加强监管部门的沟通与协作，做到信息互通、资源共享，建立健全区域间、部门间的联动协作制度，形成监管合力。对监管职责交叉问题，要结合实际，逐项明确监管分工和监管要求，决不能出现监管真空，决不能出现推诿扯皮现象。要实行“首问责任制”和“限时办结制”，对于发现的暂时难以界定负责部门的食品安全问题，坚持谁发现、谁查处，食安办要加强协调，确保一查到底。

（三）各级政府要督促企业落实主体责任。食品安全的基础在企业。企业是食品安全工作最主要的责任主体，要加快建立健全企业约束机制，切实落实企业对食品安全的主体责任。首先，要强化食品生产经营者的责任意识和质量安全意识，加大对食品行业从业人员的培训力度，开展案例警示教育，使企业自觉规范生产经营行为。其次，要加快推进企业诚信体系建设，建立企业信用档案，并实施违法违规生产经营者“黑名单”制度，加大对失信行为的联合惩罚，促使企业自觉保障食品安全。第三，要加强政府对企业的监督检查。严格执行定期巡查制度，在高风险食品生产企业和规模较大的超市、农（集）贸市场，建立食品安全监督员制度，并实行轮岗制，督促企业严格执行食品安全管理法律法规，落实安全责任。

三、重拳出击，广泛深入开展“食品安全专项整治年”活动

在当前食品安全问题集中多发、矛盾复杂叠加的阶段，集中力量进行综合整治和专项治理，实践证明是行之有效的手段。省政府决定，在全省开展“食品安全专项整治年”活动，大力推进食品安全专项整治，下大决心坚定不移地抓好食品安全工作。

（一）要突出整治工作重点。今年，要重点开展非食用物质生产加工食用油、非法添加和滥用食品添加剂、重点场所食品安全、农兽药残留、畜禽屠宰、调味品、餐具及食品包装材料和学校食堂食品安全八个专项整治行动。这是一场维护人民群众身体健康和生命安全的攻坚战。各牵头部门要做细、做深、做实专项整治的行动方案，制定管用可行的整治措施，抽调精兵强将，尽快启动整治工作。各地、各部门要从实际出发，将目标、任务按季、按月进行分解，制定简单明了、要求明确、务实可行的工作“路线图”、时间进度表和目标责任制，做到“季季有安排、月月有行动”。要进行拉网式排查，将每一项任务、每一个目标落实到基层、落实到企业，确保不留死角、不漏隐患。要及时向社会公布进展情况，

自觉接受人民群众和社会舆论的监督，坚决遏制食品安全违法犯罪行为，让人民群众吃得安心、吃得放心。当前，全省各地陆续进入雨季，野生食用菌已进入市场。要加大消费提醒和市场监管力度，注意防范群体性食用菌中毒事件的发生，特别要严格执行学校食堂不得加工出售野生菌食品的规定，确保学校食堂不出事故。

（二）要强化行政执法和刑事司法的衔接。要加强食品安全领域执法联动，严格执法纪律，提高执法效率。要坚持严字当头，实施铁腕执法，严管、彻查、重处、狠治，保持严厉打击食品安全违法犯罪的高压态势。要加强行政执法与刑事司法的衔接，对涉及违法犯罪的案件决不姑息，必须及时移交司法机关依法处理，杜绝以罚代刑、罚过放行、有案不移、纵容包庇等助长不法分子嚣张气焰的行为。充分发挥各级司法机关的作用，及时研究解决执法和司法实践中立案标准、法律适用尺度等问题，健全办案机制，实现行政执法、刑事司法信息互联互通。坚决依法追究违法犯罪分子的刑事责任，加大经济处罚力度，铲除影响食品安全的毒瘤。

（三）要实现专项整治和日常监管的互促互动。专项整治主要解决的是重点区域、重点环节、重点产品的食品安全问题，不能代替日常监管。全面提升我省食品安全水平，既要抓好专项整治，更要强化日常监管。要坚持两手抓、两手都要硬，把专项整治与全过程监管有机结合起来，在深化专项治理的同时，加大日常监察和监督抽查力度，发现问题要及时查处，依法实行整改、罚没、关停直至吊销证照。要把专项整治与制度建设、法规完善、标准建立有机结合起来，与行业自律、诚信体系建设结合起来，严格落实进货查验、出厂检验、过程控制、质量追溯等管理制度，使每一项工作措施既能很快见到实效，又能发挥长远作用。

（四）要始终坚持从严从重处罚。治乱需用重典。食品安全人命关天，对食品安全违法行为要坚决依法高限从重处罚，使不法分子付出高昂代价，对违法行为给予最大震慑。对造成重大食品安全事故的生产加工企业，要严格执行“一次死亡法”，一经查实重大违法行为，立即吊销食品生产许可证和营业执照，并实行高额的经济处罚。对出现食品安全事故的经营流通企业，要实行挂牌警示，在其经营场所悬挂明显标识，向社会公示其违纪违规行为，提醒社会监督。对出现重大食品安全事故的生产经营企业主要负责人，除依法从重处罚并追究刑事责任外，要严格实行行业禁入，使其终身不得进入食品行业，不得从事食品生产经营活动。要加大对连带责任的追溯，使给违法犯罪行为提供便利或知情不报的单位和个人也受到相应的惩处。

特别需要强调的是，6月6日到10日，第二十届中国昆明进出口商品交易会等系列活动即将隆重召开，大批国内外客商将云集昆明。确保会展期间的食品安全是目前最重要、最急迫的政治任务。各地、各部门必须高度重视，全力以赴做好昆交会期间的食品安全保障工作。要广泛动员社会力量、组织开展风险排查、认真消除安全隐患，确保不出任何食品安全事故、不发生影响我省形象的食品安全问题。

四、广泛参与，努力营造良好的社会环境

食品安全涉及千家万户，关系每一个人的利益，是一项庞大的系统工程，必须充分调动各方面的积极性，引导全社会广泛参与、共同努力，打一场深入、持久的人民战争，才能彻底消除假冒伪劣食品这个社会毒瘤。

（一）要建立健全举报奖励制度，强化社会监督。调动人民群众参与监督的积极性，是我们打好食品安全人民战争的关键所在。5月25日，《云南省食品安全投诉举报奖励办法》已经过听证程序，进入修改完善阶段。相关负责部门要切实加快进度，力争早日出台。各地要认真组织、实施好奖励办法，将奖励资金纳入财政预算，并严格举报受理、核查和建立兑付程序，确保奖励足额、及时兑付。同时，各级监管部门必须严格按照国家保密规定，管理举报材料和记录，保护举报人的权益不因举报而受损，充分调动全社会参与食品安全监管的积极性。

（二）要充分发挥媒体作用，强化舆论监督。目前，社会各界特别是新闻媒体高度关注食品安全问题，在互联网和手机等新型媒体日益发达的情况下，舆论的放大效应非常强，这既对政府监管形成倒逼态势，同时也是我们做好食品安全工作的推动力和重要手段。各地、各部门都要加强与新闻媒体的沟通，主动通报食品安全整治工作情况，准确、及时、客观地公布信息。建立食品安全舆情监测和反馈机制，确保各级政府能在第一时间获取媒体反映的食品安全信息，并努力做到快速核查处置，及时回应社会关切，解答群众疑惑。要积极支持各类媒体发挥舆论监督作用，曝光、揭露食品安全违法犯罪行为。同时，由于食品安全问题非常敏感，一些不实的传言甚至可能会冲击整个产业、引发社会恐慌、危害广大群众的利益，各级政府新闻办公室要健全食品安全新闻宣传核查制度，加强舆论引导，防止恶意炒作带来负面影响。

（三）要发挥行业协会功能，强化行业自律。各地、各部门要重视发挥食品行业协会和中介组织在食品安全监管中的作用，建立健全对话和沟通机制，及时通报食品安全形势，借助行业协会力量，切实加强行业自律。要制定相应的激励和约束政策，促进各食品行业协会充分发挥自我规范、自我管理、自我提高的作用，加强对本行业食品生产经营企业的管理。要积极支持各级、各类行业协会创新管理方法，采取以行业协会为平台，组织食品企业向社会作出质量安全承诺等多种形式，增强行业自我管理的主动性。

五、狠抓落实，促进全省食品安全形势根本好转

保障食品安全、确保人民群众身体健康和生命安全，关键在于落实各项监管措施。各地、各部门要紧紧围绕《决定》要求，进一步强化政府的管理和服务职能，加强食品安全监管工作，狠抓各项政策措施落实，努力促进我省食品安全形势根本好转。

（一）要加强督促检查。省政府督查室及各级督查部门，要切实承担起对全省食品安全监管工作的督导检查任务，将食品安全监管工作纳入年度督查重点，整合督查力量、细化督查方案、创新督查方式，切实做好重点领域和重点部门的日常检查工作，实现综合督查、专项督查和重大事项督查督办等工作的制度化、规范化。要充分发挥法律监督、民主监督的作用，定期或不定期邀请人大代表、政协委员开展食品安全检查。

（二）要强化责任考评。省食品安全委员会办公室要尽快制订出台《云南省食品安全监督管理目标责任考核办法》及其实施细则，并拟订年度考核目标，细化各监管部门职责，明确各专项工作的完成时限和考核指标，认真组织实施全省食品安全综合考核评价。要将食品安全监管作为政府年度考核的重要内容，严格开展食品安全责任考评，将确保不发生区域性、系统性重大食品安全事故作为考核地方政府的重要指标，以科学的考评促进监管。

（三）要严格责任追究。建立并实行严格的食品安全责任制和责任追究制，严肃查处监管不力、执法不严、查处不及时和失职渎职等行为，哪个地方、哪个环节、哪个品种出问题，就要依法依纪严肃追究当地政府、部门领导和具体负责人的责任。省监察厅要会同相关部门，尽快制订出台《云南省食品安全监管工作责任追究办法》，加大对迟报、漏报、瞒报、误报食品安全事故信息，监管不力、处置不当等行为的问责力度，依法依纪严肃追究执法中不作为、不到位、乱作为、慢作为以及包庇违法主体的单位和个人。

（四）要加大宣传教育。广泛开展形式多样的宣传教育培训活动，加大对食品安全法等法律法规的宣传力度，大力开展食品安全科普宣传，让人民群众掌握一些识别假冒伪劣产品、维护自己利益的基本常识。各有关部门要大力宣传政府抓食品安全的决心、部署和成效，赢得群众的积极参与和大力支持，不断增强食品经营者的守法经营意识和诚信意识，努力营造人人关心食品安全、个个维护食品安全的良好氛围。

做好食品安全工作，既是一项重要的民生工程，也是一项重大的政治任务，是以人为本、执政为民的重要体现。我们一定要以对人民高度负责的态度，切实做好食品安全监管工作，让人民群众吃得更加安全、更加放心、更加满意，为实现云南科学发展、和谐发展、跨越发展作出新的、更大贡献。

在2013年全省防震减灾工作联席会议上的讲话

云南省副省长　尹建业

（2013年2月17日）

我刚到省政府，工作千头万绪，但是感觉到防震减灾工作十分重要，任务十分紧迫，自己要尽快熟悉这项工作，尽快进入角色。因此，在众多工作中，把“全省防震减灾工作联席会议”作为我到省政府工作后所有联系分管工作中组织召开的第一次会议。

刚才，皇甫岗局长在传达全国防震减灾工作联席会议精神时专门传达了回良玉副总理发自肺腑、情真意切的讲话。我相信，大家和我一样，此时此刻有一种感觉，我们从事的是一项光荣而艰巨的工作。只要我们把防震减灾工作做好，体现我们党的执政能力，体现我们国家的行政能力，我们就觉得光荣。因为在防震减灾、抗震救灾工作中，所有同志都要挑战自己的生理极限、生活极限、工作极限，因此，我有一种强烈的感觉，这项工作是光荣而艰巨的。有一种无比的自豪，感觉这项工作意义重大。中国的传统文化理念有行善积德，我感觉防震减灾就是行大善、积大德。我们共产党人秉承全心全意为人民服务的宗旨。这项工作就是一个具体的体现。因此，我们听了回良玉同志感人肺腑、情真意切的讲话后感到无比自豪。同时，我们也有高度的自信，这个自信是一种经验的自信、组织的自信、制度的自信、国力的自信，经验的自信。温家宝总理在汶川地震后，在灾区小学教室的黑板上写下“多难兴邦”4个字。这么多年来，我们云南多灾多难，我们这么多部门、这么多领导同志在灾难中、在困难面前总结出许多经验，因此，我们有足够的经验来战胜今后的困难。组织的自信，从党中央、国务院到省委、省政府，再到地方各级党委、政府，这么强大的组织体系，无论是什么灾难，党的领导核心作用一直在发挥，而且发挥得很有力。当今，全世界没有任何一个政党有这样的领导能力。制度的自信，无论是什么灾难，我们都能在最短的时间内调动最有效的力量组织应对，只有在我们的制度下才能做到。我们也有国力的自信，这么多年来，尤其是改革开放以来，我们的国力越来越强，国家财政、省级财政、地方财政，有越来越多的人力、物力投入到防震减灾工作中。同时，我们还要有坚定的信念，只要我们坚定不移地在党中央、国务院和省委、省政府的坚强领导下，就没有战胜不了的困难。

这次全省防震减灾工作联席会议的主要任务是，深入贯彻落实国务院防震减灾工作联席会议精神，总结我省2012年

防震减灾工作，分析研判地震形势，安排部署今年的工作。刚才，苏有锦研究员汇报了我省2013年的震情形势；皇甫岗同志传达了国务院防震减灾工作联席会议精神，汇报了2012年防震减灾工作情况，提出了2013年工作安排建议；省发展改革委、教育厅、民政厅、住房城乡建设厅、卫生厅、公安消防总队、财政厅作了大会发言。大家讲得很好，我都同意，请联席会议办公室认真梳理吸纳。下面，我讲三点意见：

一、2012年我省防震减灾工作成效显著

刚刚过去的2012年，是我省地震灾害较为严重的一年。全年共发生5级以上破坏性地震3次，造成84人死亡、1226人受伤，直接经济损失达48亿多元，震害损失位居全国第一位。在党中央、国务院的亲切关怀和省委、省政府的坚强领导下，全省各地、各部门特别是防震减灾联席会议成员单位团结一心，迎难而上，迎险而战，防震减灾工作取得了显著成效。

（一）*地震灾害应对更加有力有效*。省委、省政府始终坚持以人为本、生命至上的理念，带领全省人民成功应对了“6·24”宁蒗—盐源5.7级和“9·7”彝良5.7、5.6级等多次地震。在抗震救灾中，解放军、武警部队、消防救援队，以及各有关部门的应急抢险队伍不惧艰险，克服余震不断、交通不便、滚石滑坡频繁等重重困难，第一时间组织开展了搜索救援、医疗救护、转移安置、疫情监控等工作，地震、民政等部门快速、高效开展震害调查、灾情评估等各项工作。通过各地、各有关部门的共同努力，较好地维护了灾区的社会稳定，最大限度地减轻了地震造成的损失。

（二）*防震减灾体系更加趋于完善*。省委、省政府始终把防震减灾工作纳入全省经济社会发展大局中来研究和部署，把全省州、市防震减灾目标责任制考核纳入到省委、省政府目标考核体系中。各地、各有关部门认真贯彻落实将防震减灾工作纳入目标考核体系、将防震减灾工作经费纳入本级财政预算、将建设工程抗震设防纳入基本建设审批程序的“三个纳入”工作措施，不断加强专业救援队伍、应急抢险队伍、乡镇志愿者队伍和应急物资储备、应急避难场所建设，不断完善部门、军地、区域之间的应急指挥机制、灾情信息互通机制、应急救援行动协调联动机制，实现了省人民政府与各区域、州市应急决策反应系统的互联互通，初步形成了政府主导、部门协同、全社会共同参与的防震减灾工作体系。

（三）*防震减灾基础能力建设更加科学扎实*。在地震预报上注重跟踪监测，建立由省级、州市级、重点危险区、省地震局等有关单位共同构成的年度震情跟踪监测预报方案体系，科学把握云南震情趋势，对彝良5.7、5.6级地震做出了较好的短期预测。在震灾防御上注重基础设施建设，建成救灾物资储备库109个，各类应急避难场所300余处；继续推进农村民居危房改造工程和校安工程，大力开展全省减隔震技术现场推广应用活动。在应急救援上注重快速高效，从省到县逐级成立抗震救灾指挥机构和自然灾害综合救援队伍，400余个乡镇组建了以民兵为基础的地震应急志愿者队伍。

（四）*防震减灾宣传教育更加普及深入*。深入开展防震减灾知识家喻户晓工程，充分利用多种宣传方式、传媒手段和纪念日开展防震减灾知识宣传教育“六进”活动，全年共制作发放地震科普知识资料1088万（套）册，建成3个国家级防震减灾科普基地，加快地震安全示范学校建设，启动地震安全社区遴选工作。继续推进防灾应急“三小”工程建设，发放防灾应急小册子1310万户，发放小应急包473万余户，开展应急演练1000余次，有效提高了人民群众的防灾减灾意识和自救互救能力。同时，注重舆情监测，加强正面宣传和舆论引导，有效防止了地震谣传产生。

这些成绩的取得，是党中央、国务院亲切关怀和中央有关部委大力支持的结果，是省委、省政府坚强领导的结果，是全省防震减灾战线广大干部职工艰苦奋斗的结果，是军地各方通力协作和社会各界大力支持的结果。借此机会，我谨代表省政府向参加抗震救灾工作的解放军、武警部队、消防官兵，向参与抗震救灾的广大干部职工，向所有关心支持防震减灾工作的同志们，致以崇高的敬意和衷心的感谢！

二、科学把握我省防震减灾工作面临的严峻形势

云南是我国地震灾害最严重的省份之一，地震强度大、分布广、频率高、损失重。从刚才大家的分析和预测来看，当前我省已经进入了新一轮强震的活跃期，防震救灾形势十分严峻，任务更加艰巨。

一方面，防震减灾形势十分严峻。我省地处印度洋板块与欧亚板块碰撞带结合部，部分县市区处在地震断裂带上，地震活动较为频繁。近年来，云南周边大震异常活跃，但境内强震异常平静，标志着云南地区已进入了新一轮强震活跃期。特别是自汶川地震发生以来，云南周边地区已经发生了4次7级以上地震（含汶川地震），而云南境内6级以上地震平静已超过3.5年，6.5级以上地震平静已超过13年，均接近或超过历史平静极限。根据今年国务院应急办组织有关部门对重大突发事件趋势的综合分析，以及全国地震趋势会商会研究预测，2013年度云南地区面临着十分严峻的地震形势，需要引起高度警惕。

另一方面，防震减灾工作仍然存在一些困难和问题。多年来，虽然我省防震减灾工作取得了显著成效，但也必须清醒地看到，我们依然存在地震监测预报基础薄弱、防震减灾投入还需加大、公众防震减灾意识不强、应急指挥和紧急救援能力亟待进一步提高等困难和问题。特别是随着我省经济社会的发展，地震灾害对经济的影响日益增强，对社会的影响愈发深远，对生态环境的破坏也更加严重，更容易诱发社会问题，扰乱生产生活秩序，防震减灾和抗震救灾的任务更加艰巨。

做好防震减灾工作，事关人民生命安全，事关社会和谐稳定。面对我省严峻的防震减灾形势，各地各部门务必要高度警觉起来，进一步增强做好防震减灾工作的危机感和紧迫感，进一步增强做好防震减灾工作的忧患意识和责任意识，及早谋划，主动而为，精心准备，扎扎实实做好防震减灾各项工作，把地震灾害可能造成的损失降到最低，不断推动我省防震减灾事业科学发展。

三、扎实做好2013年防震减灾工作

按照省委、省政府主要领导的批示精神，结合当前我省防震减灾工作面临的严峻形势，今年要深入贯彻落实《云南省“十二五”防震减灾规划》、《云南省继续深入推进预防和处置地震灾害能力建设10项重点工程实施方案》和《云南省人民政府中国地震局推进云南省桥头堡建设防震减灾合作协议》要求，突出抓好以下六项重点工作。

（一）进一步加强地震监测预报工作。地震的发生不以人的意志为转移。加强地震监测预报，是做好防震减灾工作的基础和前提。要组织专门力量，加强全省震情趋势的跟踪监测，特别是要强化地震危险区、重点监视防御区的跟踪研判，力争及早作出科学的震情预测。要进一步健全地震信息会商机制，落实地震监测预报责任制。要坚持依靠群众，充分发挥群测群防作用，不断强化地震监测预报基础，及时发现、认真核实各类地震异常现象，确保各类地震前兆信息的及时汇总研判，及时、准确上报，力争在大地震的短临预测方面取得新的突破。

（二）进一步增强地震灾害防御能力。要坚持工程防御与非工程防御措施并举的原则，继续推进全省地震安全示范社区建设工作，开展农村民居危房改造工程和中小学校舍安全工程，将抗震设防工作逐步覆盖到重点危险区一般的房屋建筑工程。要加大防震减灾科技创新力度，推进地震关键技术研发，加快减隔震新材料、新技术运用，提升科技对防震减灾的贡献率。要进一步加强地震安全性评价管理，适时组织开展重大工程执法检查，发现问题及时督促整改，全面提高我省抗震设防整体水平。

（三）进一步提升地震应急救援能力。要进一步强化预案、加强队伍和物资等应急救援能力建设，全力做好备大震防大灾各项应急准备。要根据新修订的《国家地震应急预案》要求，尽快完善《云南省地震应急预案》，启动《州市地震应急预案》修编，进一步提高预案的针对性和操作性。要加强应急救援力量建设，继续扎实推进各级各类专业救援队伍的标准化、规范化建设，加强防震减灾志愿者队伍建设，完善装备保障，提高远程机动能力，满足同时开展多点和跨区域实施救援任务的需求。要加强救灾物资储备工作，完善应急投放网络，确保地震危险区、重点监视防御区、震灾多发区的应急物资储备足额到位。

（四）进一步提高公众防震避险能力。要进一步创新思路，采取群众喜闻乐见的形式，深入开展防震减灾知识宣传教育活动，帮助群众掌握防灾避险和自救互救技能。要大力创建地震安全科普示范学校、安全社区，充分发挥其带动家庭、辐射社会的作用。要定期组织群众性防震避震应急演练，特别是地震重点危险区的州市、县区两级政府每年至少要组织开展一次应急演练，做到有备无患。要进一步完善地震信息发布制度，加强信息发布、新闻报道的组织协调，建立健全重大地震灾害舆情收集和分析机制，提高主要新闻单位地震突发新闻报道快速反应能力，为防震减灾营造良好氛围。

（五）进一步提高防震减灾协同作战能力。要根据政府换届情况，及时调整充实防震减灾领导机构，强化组织领导，明确工作责任，进一步健全分级分部门负责、条块结合、属地管理为主的防震减灾管理体制，形成统一指挥、功能齐全、反应灵敏、运转高效、密切协同的工作机制。要不断完善军地地震应急救援协同机制，充分发挥解放军、武警部队、民兵预备役队伍在抗震救灾工作中的主力军作用。要进一步加强防震减灾人才队伍建设，大力培养防震减灾专业人才，建立健全科学的防震减灾人才培养、选拔、使用评价制度，为防震减灾事业发展提供智力支持。省防震减灾工作联席会议办公室要更充分地发挥综合协调和督促检查作用，进一步细化分解任务，强化各级各部门责任，加强督办督查，确保各项工作落到实处。省防震减灾工作联席会议各成员单位既要认真履行职责，又要加强与其他部门的协同合作，形成更强劲的防震减灾合力。

（六）进一步做好灾区恢复重建工作。宁蒗“6·24”和彝良“9·7”等地震灾害发生以来，各地、各部门按照任务分工，认真履行职责，加强协同配合，灾后重建工作总体上进展有序。当前，要进一步查找困难和问题，进一步明确细化责任，尽快恢复灾区正常的生产生活秩序，确保如期实现灾后恢复重建目标。一要加快工程建设进度，认真对照《恢复重建规划》中确定的八大工程要求，按照职责分工落实好每个恢复重建项目，确保按时全面完成各项恢复重建任务。二要狠抓建设质量和安全，确保把恢复重建项目建成在同类工程中造价最省、质量最优、效果最好的优质工程。三要高度重视廉政建设，加强恢复重建的跟踪审计，确保工程优良、干部清白。四要精心选址，确保新建建筑物避开灾害多发、易发地区。五要更加重视灾后产业培育，力争把恢复重建集中安置点打造成生态良好、产业发展的示范点，为灾区可持续发展提供更有力的支撑。

做好防震减灾工作，责任重大，使命光荣。我们一定要在省委、省政府的坚强领导下，进一步坚定信心，锐意进取，扎实工作，全力推动我省防震减灾工作再上新台阶，为我省经济社会又好又快发展作出新的更大贡献！

大 事 记

2012年

2～5月 云南省大部分地区发生冬春干旱，降水较常年同期偏少34%。加之2011年秋冬降水持续偏少，昆明、楚雄、玉溪、大理、保山、临沧、丽江7州市旱情突出。旱灾共造成16个州市1421.5万人受灾，有598.5万人，268万头大牲畜饮水困难，农作物受灾面积1266千公顷，绝收面积190.4千公顷，林地受灾面积1328.2千公顷，直接经济损失63.9亿元。

3月28日 国务院第197次常务会议通过，温家宝总理签署第617号国务院令，公布《校车安全管理条例》，自2012年4月5日起施行。

3月31日 云南省十一届人大常委会第30次会议审议通过《云南省森林防火条例》，自2012年5月1日起施行。

5～10月 云南省发生局地洪涝灾害251次，滇东北、滇西、南部边缘地区暴雨灾害突出，洪涝灾害造成532.1万人受灾，75人死亡，8人失踪，房屋受损74966间，倒塌14966间，死亡大牲畜1521头，直接经济损失64.8亿元。

6月24日15时59分 云南省丽江市宁蒗县，四川省凉山州盐源县交界发生5.7级地震，震源深度11千米，云南省宁蒗县的4个乡镇，16个行政村共13814户60286人受灾，因灾死亡3人，25人重伤，369人轻伤。民房、教育系统、卫生系统、生命线工程、水利设施受到破坏，地震造成云南灾区直接经济损失50730万元。

7月29日 云南省第十一届人大常委会第32次会议表决通过了《云南省气象灾害防御条例》，自2012年10月1日起实施。

8月22日 国务院第214次常务会议通过，温家宝总理签署第623号国务院令，公布《气象设施和气象探测环境保护条例》，自2012年12月1日起施行。

9月7日11时19分 云南省昭通市彝良县发生5.7级地震，12时16分再次发生5.6级地震。地震造成彝良县、大关县、镇雄县的32个乡镇，171个行政村178404户715713人受灾，因灾死亡81人，受伤832人。民房、教育系统、卫生系统、生命线工程、水利设施受到破坏，彝良5.7级、5.6级地震云南灾区直接经济损失为430390万元。

10月4日8时10分 云南省昭通市宜良县龙海乡镇河村油房村民小组田头小学发生滑坡灾害，造成19人死亡，1人受伤，学校教室，民房部分受灾。

12月7日 云南省人民政府第90次常务会议通过，李纪恒省长签署第183号省政府令，公布《云南省自然灾害救助规定》，自2013年3月1日起施行。

2013年

2012年10月～2013年4月 云南省大部分地区发生冬春干旱，滇西和滇西南干旱持续到5月底，最严重时达到108个县，其中滇中及以西65个县达到特旱。干旱造成16各州市1266.2万人受灾，有376.7万人饮水困难，农作物受灾面积822.6千公顷，直接经济损失达68.4亿元。

1月11日 受降雨、霜冻的影响，云南省昭通市镇雄县果珠乡高坡村委会赵家沟村民小组发生滑坡灾害，造成46人死亡，2人受伤，直接经济损失为4550万元。

3月3日13时41分 云南省大理州洱源县发生5.5级地震，大理州洱源县、漾濞县及云龙县12个乡镇，61个行政村共39311户141588人受灾，地震造成30人受伤，1人重伤。民房、教育系统、卫生系统、生命线工程、水利设施遭到破坏，洱源5.5级地震共造成直接经济损失70800万元。

4月17日9时45分 云南省大理州洱源县发生5.0级地震，此次地震与3月3日洱源5.5级地震相隔仅45天。2次地震综合灾区主要涉及大理州洱源县、漾濞县、云龙县及大理市13个乡镇71个行政村，45294户164470人受灾，续发地震共造成14人受伤。民房、教育系统、卫生系统及公用建筑、生命线工程、水利设施遭到破坏，本次地震直接经济损失为20878万元。

7月18日至21日 昆明市普降中到大雨，气象监测47个站大雨，39个站为暴雨，1个站为特大暴雨，由于河道干渠暴涨漫堤决堤无法行洪，导致城区大范围内涝淹水。共淹没77.29平方千米，受淹房屋6696户，受灾人口46170人。部分城区供水、供电、生产、生活用水严重影响；3个污水处理厂设施损坏停产，部分小区地下停车场严重受淹，交通中断49小时，昆明城区直接经济损失1.82亿元。

7月24日 国务院第18次常务会议通过，李克强总理签署第639号国务院令，颁布《铁路安全管理条例》，自2014年1月1日起施行。

8月27日 云南省人民政府第17次常务会议通过，李纪恒省长签署第187号省政府令，公布《云南省火灾高危单位消防安全管理规定》，自2013年11月9日施行。

8月28日4时44分 云南省迪庆州香格里拉县，德钦县与四川省甘孜州得荣县交界先后发生5.1、5.9级地震。本次地震云南灾区主要涉及迪庆州香格里拉县与德钦县的12个乡镇43个行政村，22483户114051人受灾，地震造成3人死亡，7人重伤，42人轻伤。民房、教育系统、卫生系统和其他公用建筑、生命线工程、水利设施遭到破坏。此次云南香格里拉、德钦和四川得荣交界5.1级，5.9级地震，云南灾区直接经济损失为145500万元。

9月18日 国务院第24次常务会议通过，李克强总理签署641号国务院令，公布《城镇排水与污水处理条例》，自2014年1月1日起施行。

12月中旬 云南除滇西南边缘以外的地区发生雪灾及低温霜冻，次年1月滇东、滇西边缘地区发生低温霜冻灾害；共造成全省700.6万人受灾，房屋受损3742间，房屋倒塌464间，农作物受灾面积701.3万公顷，死亡大牲畜3444头，直接经济损失86.6亿元。

（杨子汉　姚姜森）

气 象 灾 害

概 况

【2012年气候概述】 2012年云南大部地区气温偏高、降水偏少、日照时数偏多。全省平均气温为17.3℃，较常年偏高0.7℃，是自1961年以来与2009年并列的第二高温年，仅次于2010年。全省平均年降水量921毫米，较常年偏少161毫米，是自1961年以来第三偏少年，仅多于2009年和2011年。全省雨季开始期参差不齐，雨季开始期大部地区较常年正常至偏晚，雨季结束期大部地区为正常至偏早。全省平均年日照时数2178小时，较常年偏多157小时。

2012年云南异常气候事件以高温、干旱、连阴雨天气为主。年内气象灾害和气象衍生灾害频繁，其中暴雨洪涝、干旱较为突出，给全省工农业生产和人民生活带来较大影响。就农业生产气候条件而言，"高温少雨多日照"的气候特征十分突出。主汛期6～8月全省平均降水量虽较常年偏少4%，但却为2009年以来同期最多，全省库塘蓄水好于常年。农业气候总的来看属中等偏上年景。

【2012年气温特征】 2012年全省各县（市）年平均气温6.2～25.0℃，与常年相比，除昭通北部的6个县（市）及富源、宁洱、德钦、贡山偏低0.1～0.6℃外，全省其余大部地区气温偏高，滇中大部及红河州中北部、曲靖市西部、大理州东部等地的37县（市）偏高1.0～1.7℃。2012年各月平均气温除9月略低外，其余月份均为偏高，其中5月、11月气温偏高最为明显，分别较常年偏高1.8℃、1.5℃，为1961年以来同期最高值和次高值。全年全省共有94站次月平均气温突破历史同期最高记录。

1月全省气温除昭通市、文山州及滇西北的部分地区偏低外，其余大部地区偏高，昆明市大部、楚雄州大部、玉溪市北部、曲靖市中部、大理州东部等地偏高1～2℃。2月全省大部地区气温偏高，滇中及周边地区偏高2～3℃，2月全省共有10个县（市）月平均气温突破历史同期最高记录。3月气温全省大部地区正常至偏高，昆明市南部、玉溪市北部等地偏高1～2℃。4月全省大部地区偏高，滇中以东大部地区偏高1.0～2.0℃，4月全省共有6个县（市）月平均气温突破历史同期最高记录。5月全省大部地区气温偏高，德宏州、保山市、大理州、临沧市、普洱市、丽江市、楚雄州、昆明市北部等地偏高2～3℃，5月全省共有23个县（市）月平均气温突破历史同期最高记录。6月全省气温除滇中以东部分地区及滇西北西部偏低外，其余大部地区偏高。7月全省大部地区气温均为正常略高。8月全省气温大部地区偏高，滇中以东以北的部分地区偏高1.0～1.3℃。9月全省大部地区气温略低，月内上旬和下旬大部地区气温正常至偏高，中旬滇中及以东大部地区气温较常年同期偏低2～3℃。10月全省大部地区气温偏高，滇中以东的部分地区偏高1.0～1.9℃。11月除滇东北北部、滇西北局部偏低0.2～1.5℃外，其余大部地区气温偏高，曲靖市大部、文山州大部、红河州大部、西双版纳州大部及滇中的部分地区偏高2.0～3.2℃，11月全省共有51个县（市）月平均气温突破历史同期最高记录。12月云南省大部地区气温偏高，滇中以东以南大部地区偏高1.0～2.2℃。

【2012年降水特征】 2012年云南年降水量分布呈由南向北逐步递减的特征。最大降水量区域位于滇南、滇西边缘一带，年降水量在1500毫米以上，金平2068毫米为全省最大值。降水量最少的地区分布在滇西东部和滇中北部地区，宾川425毫米为全省最小值。与常年相比，除贡山、文山、景洪、富宁、大关等14县（市）年降水量略多至偏多外，其余大部地区略少至特少，楚雄州大部、丽江市大部、大理州东部和北部、玉溪市东部、红河州西部、临沧市东部等地偏少2～4成，玉溪、鹤庆、双江3个县（市）年降水量突破了历史最小值记录。

2012年云南雨季开始期和结束期均参差不齐。贡山、文山、蒙自等22个县（市）雨季于5月上旬开始，威信、罗平、马关、河口、富源、普洱6个县（市）于5月中旬开始，昆明、昭通、景洪等65个县（市）于5月下旬开始，玉溪、香格里拉、彝良等21个县（市）于6月上旬开始，其余11个县（市）于6月中旬至下旬开始。与常年相比，滇东南、滇西北北部的24个县（市）雨季开始偏早，滇东北、滇中南部、滇西南和滇西北的48个县（市）雨季开始偏晚，其余53个县（市）雨季开始较常年属正常。全省雨季结束期跨越9月下旬至11月上旬，于11月5日全部结束，与常年相比，除贡山、镇雄、梁河、景洪4个县（市）偏晚外，其余121个县（市）为正常至偏早。

2012年全省各月降水量除1月、6月、7月、9月较常年偏多外，其余月份皆为偏少。1月降水分布不均，总体为北少南多分布。德宏州大部、楚雄州大部、丽江市东部、曲靖市中部等地降水量偏少5成以上，滇西南、滇东南南部、滇西北北部等地则偏多5成至2倍。2月全省大部地区降水量偏少至特少，滇中及周边地区共有87个县（市）全月无降水或只有微量降水。3月降水量临沧市东北部、大理州南部、楚雄州南部、昆明市中部、曲靖市中部等地偏多5成以上，其余地区正常至偏少，滇西北、滇东南及昆明市北部、楚雄州北部、西双版纳州北部等地偏少5成以上。主要降水天气过程出现在3～4日，德宏—临沧—楚雄—昆明—曲靖一线出现了中到大雨过程。4月全省大部地区降水量正常至偏少，滇中以北以东大部地区及滇南部分地区偏少5成以上。5月降水量除滇中以东以南的部分地区正常至偏多外，其余大部地区偏少，滇中以西以北大部地区偏少5成以上。月内主要降水过程出现在28～30日，全省普降中到大雨，30日滇中以西以南地区出现大到暴雨。6月降水量分布不均，曲靖市大部、德宏州大部、怒江州南部、文山州东部等地降水量偏多3～9成，西双版纳州大部、楚雄州东北部、普洱市南部、文山州西南部等地偏少3～6成。降水天气过程主要出现在1～3日、15日、19～20日，其中19～20日全省普降大到暴雨。7月文山州、西双版纳州、保山市、昭通市东部、普洱市西南部等地降水量偏多，滇中大部、滇西北大部及曲靖市降水量偏少，曲靖市西部、昆明市东部偏少逾3成。主要降水天气过程出现在13～14日、17～19日、22～23日、25～26日、28～29日，其中28～29日全省普降大到暴雨。8月大部地区降水量偏少，文山州大部、楚雄州大部、曲靖市大部、玉溪市西部、普洱市北部、红河州南部、昭通市东部等地降水偏少3～5成。8月较强的降水天气过程出现在1～2日、6～7日、18～19日和25～27日，其中6～7日全省普降大到暴雨。9月除临沧市、德宏州、保山市南部及大理州的部分地区降水量偏少外，其余大部地区偏多，昭通市大部、昆明市大部、楚雄州东北部、曲靖市西部、红河州东南部、文山州北部、迪庆州北部等地区偏多3～5成。9月降水天气过程主要出现在2日、11～13日，其中13日全省普降大到暴雨。10月全省大部地区降水量偏少5～8成，南涧、景东和西盟3个县（市）月降水量突破历史最少记录。11月全省大部地区降水量偏少，滇中及以北地区偏少5成以上，丽江等15个县（市）无降水或只有微量降水。12月降水量大部地区偏少5成以上，全省有81个县（市）无降水或只有微量降水，主要分布在滇中及以西以北地区。

【2012年日照特征】 2012年日照时数除滇东南、滇东北及滇西北北部等地区外大都多于2000小时，日照时数最多和次多区域位于滇中的新平和滇西南的临沧一带，新平2815小时为全省最大值。最少和次少区域位于滇东北的盐津和滇西北的贡山，盐津720小时为全省最小值。与常年相比，除滇西北、滇东北和滇东南边缘地区偏少外，其余大部地区偏多，滇中、滇西南等地偏多100小时以上。新平日照时数偏多幅度最大，达580小时，嵩明偏少幅度最大，为254小时。

2012年云南全省月平均日照时数除6月、7月、9月偏少外，其余月份均偏多。1月日照昭通市大部、文山州大部、怒江州大部不足100小时，楚雄州大部、大理州南部和东部、丽江市东部、保山市中部、临沧市东部、昆明市南部、玉溪市北部等地超过250小时，其余地区日照多为100～250小时，与常年同期相比除滇西北及昭通市、文山州等地正常至偏少外，其余大部地区偏多。2月全省大部地区日照在200小时以上，与常年同期相比大部地区日照偏多30～50小时。3月日照除滇西北西部及昭通市大部、文山州大部等地不足200小时外，其余地区大都为200～250小时，与常年同期相比大部地区日照正常至偏多。4月日照除滇西北北部和滇东北北部外均在200小时以上，与常年同期相比大部地区偏多。5月全省日照除滇中以东以南大部地区及怒江州北部少于200小时外，其余地区多为200～300小时，与常年同期相比，除滇中以东以南的部分地区正常至偏少外，其余大部地区偏多。6月全省日照除滇中以东大部地区及怒江州大部、迪庆州北部等地少于100小时外，其余地区多为100～150小时，与常年同期相比全省大部地区偏少。7月日照除迪庆州、怒江州、保山市大部、德宏州大部、临沧市西部、普洱市南部、红河州南部、昭通市北部及滇中的部分地区少于100小时外，其余地区为100～150小时，与常年同期相比大部地区日照偏少。8月全省日照除怒江州北部、昭通市北部、普洱市东南部等地少于150小时外，其余地区多为150～200小时，与常年同期相比大部地区偏多。9月全省日照除滇中及以东以北大部地区及滇西北部分地区少于100小时外，其余地区日照多为100～150小时，与常年同期相比全省大部地区偏少。10月全省日照除昭通市大部、曲靖市东部、文山州南部、怒江州北部等地少于150小时外，其余地区日照多为150～250小时，与常年同期相比，全省大部地区偏多30～80小时。11月全省日照除昭通市大部、文山州东南部、红河州东南部、普洱市东南部、怒江州北部不足150小时外，其余地区多为150～250小时，与常年同期相比，除滇中以南的大部地区及昭通市北部、怒江州北部正常至偏少外，其余地区偏多30～80小时。12月全省日照除昭通市大部、文山州东部和南部、怒江州北部为50～150小时外，其余地区大都在150～250小时，与常年同期相比全省大部地区偏多。

【2013年气候概述】 2013年云南大部地区气温较常年偏高、降水偏少、日照时数偏多。2013年云南年平均气温17.2℃，较常年偏高0.6℃，是自1961年以来排名第三的高温年。全省年平均降水量1001毫米，较常年偏少82毫米，为2009年以来的第2多年份。全省雨季开始期大部地区正常至偏早，雨季结束期大部地区为正常至偏早。全省年平均日照时数为2197小时，较常年偏多175小时。

2013年云南出现了干旱、高温、暴雨洪涝、秋季连阴雨、

强寒潮、冬季暴雨等异常天气气候事件，气象灾害和气象衍生灾害频繁发生，春旱是2013年最主要的气象灾害，其次是低温灾害。就农业生产气候条件而言，“高温少降水多日照”的气候特征较突出，汛期（5~10月）降水量接近常年，为2009年以来最多年份，全省库塘蓄水好于常年。总体来看，2013年度云南农业气候属中等偏上年景。

【2013年气温特征】 2013年全省各县（市）年平均气温6.6~24.6℃。与常年相比，文山、宁洱、富源、墨江、师宗、洱源、西盟7个县（市）年平均气温偏低0.1~0.4℃，滇东北中北部的10个县（市）及镇康、施甸、祥云、禄丰等19个县（市）偏高1.0~1.5℃，其余99个县（市）偏高0.0~0.9℃。永善、盐津、威信、镇雄、彝良、昭通、鲁甸、南华、禄丰、镇康、施甸11个县（市）破1961年以来的年平均气温历史最高纪录。2013年各月平均气温除10月和12月分别偏低0.8℃和1.2℃外，其余月份均偏高，2月、3月、6月偏高比较明显，分别偏高3.1℃、1.9℃和1.0℃，均为1961年来的最高值。全年全省共有125站次月平均气温突破历史同期最高记录，有1站次月平均气温破历史同期最低记录。

1月全省气温除文山州及滇西北部分地区偏低外，其余大部地区正常至偏高，西双版纳州大部、普洱市南部等地偏高1.0~1.6℃，普洱、江城月平均气温突破历史同期最高记录。2月全省气温异常偏高，昆明市、曲靖市、楚雄州大部、玉溪市大部、红河州北部、文山州北部、昭通市南部等地偏高3~5℃，昆明等63县（市）月平均气温突破历史同期最高记录。3月全省大部地区气温异常偏高，滇中及以东大部地区偏高2~4℃，安宁等23县（市）月平均气温突破历史同期最高记录。4月全省大部地区气温正常至偏高，保山市大部、德宏州大部、大理州南部、临沧市南部、普洱市西部、文山州东部及滇中的部分地区偏高1~2℃。5月全省大部地区气温正常至偏高，红河州东南部、文山州西南部等地偏高逾1℃。6月云南省大部地区气温偏高，滇东北及滇西北大部地区偏高1~2℃，昭通等29县（市）月平均气温突破历史同期最高记录。6月14~16日全省出现大范围异常高温天气，特别是16日全省有21个县（市）日最高气温超过35.0℃，福贡县气温最高达40.3℃。7月全省大部地区气温正常至偏高，滇东北及迪庆州北部等地偏高1~3℃。8月全省大部地区气温正常至偏高，昭通市北部和西南部、怒江州中部偏高1.0~1.6℃。9月全省大部地区气温较常年同期相差在±1.0℃之内，属正常范围。10月全省大部地区气温正常至偏低，文山州、红河州大部、曲靖市大部、昆明市大部、玉溪市大部、普洱市东北等地偏低1.0~2.3℃。11月除怒江州的局部地区气温偏低外，其余大部地区气温正常至偏高，西双版纳州大部、普洱市南部、红河州南部、曲靖市北部、昭通市西南部等地偏高1.0~1.9℃。12月气温除滇西北、滇西正常外，其余大部地区偏低，曲靖市大部、红河州大部、文山州西北等地偏低2.0~3.4℃，富源月平均气为3.8℃，突破历史同期最低记录（1975年3.9℃）。12月13~16日，全省出现大范围寒潮天气并引发2000年以来最大范围的降雪过程，共有51个县（市）出现降雪或雨夹雪天气，雪线南压至普洱北部、临沧北部的高海拔地区。

【2013年降水特征】 2013年年降水量分布呈由南向北递减的特征。最大降水区位于滇南、滇西边缘一带，降水量为1500毫米以上，江城、金平、龙陵3县（市）超过2000毫米，江城2375毫米为全省最大值。降水量最少的地区分布在滇西东部和滇中北部地区，宾川、弥渡、元谋、新村、会泽5县（市）少于600毫米，宾川仅440毫米，为全省最小值，其余地区多为600~1500毫米。与常年相比，彝良、永善等32个县（市）降水量略多至特多，其余大部地区为略少至特少，楚雄州大部、昆明市大部、曲靖市大部、大理州东部、普洱市及滇西北西部等地偏少15%~35%。永善、彝良年降水量突破历史极大值，镇沅年降水量突破历史极小值。

2013年云南雨季开始期参差不齐，时空分布不均。昭通、宣威、文山、澄江、腾冲等25个县（市）雨季于4月下旬开始，昆明、玉溪、临沧、建水、南华等35个县（市）于5月上旬开始，沾益、德钦等4个县（市）于5月中旬开始，蒙自、楚雄、普洱、景洪等41个县（市）于5月下旬开始，其余19个县（市）于6月开始。与常年相比，全省有97个县（市）雨季开始正常至偏早，28个县（市）偏晚至特晚。全省进入雨季的平均日期为5月16日，5月23日前有三分之二的县（市）进入雨季，是2009年以来最早的年份。昆明雨季开始期较常年偏早22天，为有气象记录历以来第三早年。全省雨季于9月下旬至11月上旬陆续结束，与常年相比，有46个县（市）雨季结束偏早至特早，36个县（市）正常，43个县（市）雨季结束偏晚至特晚，全省雨季结束总体属于正常偏早的年份。

2013年各月降水量除5月、8月、10月、12月较常年偏多外，其余月份均为偏少。1月除西双版纳州、文山州、红河州、普洱市南部降水量偏多外，其余大部地区偏少5成以上。2月降水量全省大部地区偏少5成以上。3月除昭通市大部及南部边缘的部分地区正常至偏多外，其余大部地区偏少，楚雄州、丽江市、迪庆州、昆明市北部、大理州东部、玉溪市南部、红河州北部、曲靖市西部等地偏少5成以上。4月降水量除昭通市及滇南边缘部分地区正常至偏多外，其余大部地区偏少，丽江市大部、普洱市大部、临沧市东部、保山市东部、德宏州南部及滇中的部分地区偏少5成以上。5月降水量除大理州北部和东部、普洱市北部和西南部、保山市北部、临沧市南部、西双版纳州北部等地偏少外，其余大部地区正常至偏多，昆明市东部、玉溪市东部和南部、曲靖市西部、文山州中部和北部、昭通市中部和南部及红河州的部分地区偏多3~8成。5月主要降水过程出现在1~3日和23~25日，全省普降中到大雨，其中23日昆明市、玉溪市、曲靖市出现大到暴雨。6月除迪庆州北部、楚雄州西北部、昭通市中部等地偏多外，其余大部地区偏少，怒江州、大理州大部、德宏州大部、保山市北部、普洱市中部和北部、红河州东南部、文山州西部、曲靖市中部及滇中的部分地区偏少3~7成，石林、福贡、巍山、西盟4个县（市）月降水量突破历史同期最少记录。6月主要降水天气过程出现在2~3日、10日和27

日，其中10日为全省性大到暴雨天气过程。7月降水量除丽江市、昭通市北部、大理州北部、德宏州西部、临沧市南部、普洱市东南部偏多外，其余大部地区正常至偏少，曲靖市、昆明市、楚雄州、玉溪市北部等地偏少3~5成。7月降水天气过程主要出现在18~19日、25~26日、28日，其中19日昆明市、玉溪市、红河州等地降大到暴雨。8月全省除丽江市、怒江州中部、曲靖市西部、德宏州北部偏少外，其余大部地区正常至偏多，昭通市大部、普洱市西南部、西双版纳州西部、保山市东部、楚雄州西部等地降水偏多3成至1倍。8月较强的降水天气过程出现在4日、12日、25日和30日，其中4日、25日全省普降大到暴雨。9月降水量除滇西大部及临沧市、怒江州、迪庆州、西双版纳州大部、昭通市大部正常至偏多外，其余大部地区偏少，昆明市大部、楚雄州大部、曲靖市大部、红河州南部、普洱市东部等地区偏少3~5成。9月降水天气过程主要出现在3~4日、6~8日和11~12日，其中3~4日滇中及以东以南地区普降大到暴雨。10月降水量除滇西、滇西北及滇东南部分地区偏少外，其余大部地区正常至偏多，玉溪市、昆明市南部、曲靖市中部、普洱市南部、临沧市南部、西双版纳州北部等地偏多5成至1倍，呈贡降水量突破历史最多记录。10月降水天气过程主要出现在4~6日、19~21日、23日和28日，均为中到大雨、局部大到暴雨天气过程。9月至10月下旬，全省共有113县（市）先后出现了秋季连阴雨天气，其中出现2次连阴雨过程的有50个县（市），出现3次连阴雨过程的有6个县（市）。11月全省大部地区降水量偏少逾5成，滇西、滇西北及楚雄州、昆明市、临沧市、玉溪市北部、普洱市西部、红河州南部等地偏少逾8成。12月降水量除滇西北、滇西西部偏少外，其余大部地区偏多，文山州、红河州、西双版纳州等地偏多2倍以上，河口等9县（市）月平均降水突破历史同期最多记录。12月主要降水过程出现在14~16日，15日全省有44个县（市）出现大雨以上量级的降水，其中文山州、红河州和西双版纳等地的22个县（市）出现暴雨，是1961年以来最强的冬季暴雨过程。

【2013年日照特征】 2013年云南省日照时数除怒江州大部、昭通市大部、曲靖市东部、文山州东部、红河州南部外大都多于2000小时，日照时数最多和次多区域位于滇西北的鹤庆和滇中新平，鹤庆2790小时为全省最大值；日照时数最少和次少区域位于滇东北的盐津和滇西北的贡山，盐津1123小时为全省最小值。与常年相比，全省大部地区日照时数正常至偏多，临沧市大部、普洱市大部、西双版纳州大部、保山市大部、昭通市北部、曲靖市中部、文山州中部、怒江州中部等地偏多200小时以上，鹤庆偏多幅度最大，达519小时，楚雄局部、大理局部及红河中部等地日照时数偏少，元阳偏少幅度最大，为209小时。

2013年云南全省月平均日照时数除7月、10月、12月偏少外，其余月份均偏多。1月日照昭通市东部和北部、文山州南部、红河州东南部不足100小时，昭通市东部少于50小时，丽江市、德宏州、保山市大部、大理州大部、楚雄州西部、临沧市西部、迪庆州南部等地超过250小时，其余地区多为100~250小时。与常年同期相比，除文山州、红河州等地正常至偏少外，其余大部地区偏多，滇中以西的部分地区及西双版纳州大部偏多2~5成。2月全省大部地区日照在200小时以上，楚雄州、昆明市、玉溪市大部、大理州大部、保山市中部、临沧市东部、普洱市西部、曲靖市西部等地超过250小时。与常年同期相比，大部地区日照偏多，滇中及以东大部地区、滇西北西部和普洱市北部、临沧市北部、大理州南部、保山市南部等地偏多2~7成。3月除滇西北西部及昭通市大部、文山州东部和南部等地少于200小时外，其余地区大都为200~300小时。与常年同期相比，全省大部地区日照正常至偏多，滇中以西大部地区、滇东南及昭通市大部偏多2~5成。4月日照除滇西北大部、滇东南南部及昭通市大部外均在200小时以上，昆明市大部、楚雄州大部、保山市大部、普洱市大部、临沧市东部、玉溪市中部、大理州东北部等地超250小时。与常年同期相比，大部地区日照正常至偏多，西双版纳州南部、昭通市北部、保山市西部、大理州北部等地偏多2~4成。5月全省日照除迪庆州、怒江州、昭通市大部、德宏州大部少于150小时外，其余地区多为150~250小时。与常年同期相比，除滇西北、滇西大部偏少外，其余大部地区正常至偏多，西双版纳州大部、文山州大部、普洱市南部、红河州东南部、玉溪市中部等地偏多2~4成。6月全省日照除怒江州中部和北部、昭通市北部等地少于150小时外，其余地区多为150~200小时。与常年同期相比，全省大部地区日照偏多2~8成。7月日照除保山市、德宏州、怒江州大部、迪庆州大部、临沧市大部、大理州大部、红河州南部、普洱市西部和东部少于100小时外，其余地区为100~200小时。与常年同期相比，除昭通市日照偏多外，其余大部地区正常至偏少，滇西和滇西北的部分地区偏少2~5成。8月全省日照除怒江州大部、大理州大部、迪庆州中部、德宏州中部、保山市东部、临沧市北部和西南部、曲靖市南部和东北部、红河州南部以及滇中的部分地区少于150小时外，其余地区多为150~200小时。与常年同期相比，除楚雄州南部、红河州西南部及滇西的部分地区偏少外，其余大部地区正常至偏多，昭通市北部、怒江州中部和北部、迪庆州西部及滇南的部分地区偏多2~4成。9月全省日照除怒江州、大理州北部、昭通市北部等地少于100小时外，其余地区多为100~150小时。与常年同期相比，除大理州大部、临沧市西南部、红河州西部偏少外，其余大部地区正常至偏多，昆明市中部、曲靖市中部等地偏多4~6成。10月全省日照除昭通市大部、楚雄州西部、怒江州北部等地少于100小时外，其余地区日照多为100~200小时；与常年同期相比，除昭通市北部、曲靖市东部及滇东南的部分地区偏多外，其余大部地区正常至偏少，楚雄州大部、大理州南部、临沧市东部、普洱市北部等地偏少2~5成。11月全省日照除文山州、昭通市大部、曲靖市东部、红河州东部、怒江州北部不足150小时外，其余地区多为150~250小时。与常年同期相比，除昭通市北部和东部偏少外，其余大部地区正常至偏多，滇西南及滇中的部分地区偏多逾3成。12月全省日照除文山州、曲靖市、昭通市、红河州东部、昆明市东部、怒江州北部少于150小时外，其余地区大都在150~250小时。与常年同期相比，

除昭通市北部偏多外，其余大部地区正常至偏少，曲靖市大部、文山州北部、红河州北部、昆明市东南部等地偏少逾3成。

（黄　玮）

2012年重大气象灾害

【云南省发生冬春干旱】　2～5月，云南省平均降水量较常年同期偏少34%，加之2011年秋冬季降水持续偏少，造成全省大部地区发生冬春干旱。昆明、楚雄、玉溪、大理、保山、临沧、丽江7州市和普洱市北部、红河州南部、昭通市南部及曲靖市西部地区旱情突出，主要对小春作物及供水造成不利影响。5月中旬全省河道平均来水量较常年偏少31%，有589条中小河流断流、699座小型水库干涸，5月30日全省库塘蓄水量比上年同期少112630万立方米。冬春连旱持续时间虽长，但干旱范围和影响程度不及异常干旱的2010年。旱灾共造成16个州市1421.5万人受灾，有598.5万人、268万头大牲畜饮水困难；农作物受灾面积1266千公顷，绝收面积190.4千公顷；林地受灾面积1328.2千公顷，成灾面积554千公顷，报废面积212千公顷。直接经济损失63.9亿元，其中农业经济损失59.7亿元。

【永胜县发生冬春连旱】　2～6月，永胜县降水量较历年同期偏少27%，造成县内15个乡（镇）147个村（居）委会23.4万人遭受干旱灾害，7.2万人、8.6万头大牲畜饮水困难。小春农作物受灾面积16.1千公顷，成灾面积9.8千公顷，绝收面积6.8千公顷，粮食减产26275.3吨。直接经济损失10814.8万元，其中农业经济损失5255.1万元。

【曲靖市发生冬春连旱】　1～4月，曲靖市各县降水量较历年同期偏少14%～50%，高温少雨造成全市9个县区292.6万人遭受干旱灾害，119.8万人饮水困难。小春农作物受灾面积160.4千公顷，成灾面积98.1千公顷，绝收面积28.1千公顷。直接经济损失95557.5万元，其中农业经济损失92011.8万元。

【保山市发生冬春连旱】　2～5月，保山市各县降水量较历年同期偏少21%～53%，高温少雨造成干旱灾害。全市5个县区104.4万人受灾，27.5万人饮水困难。小春农作物受灾面积114千公顷，成灾面积54.1千公顷，绝收面积9.4千公顷。直接经济损失74883.3万元，其中农业经济损失71172.3万元。

【玉溪市发生冬春连旱】　2～5月，玉溪市大部降水量较历年同期偏少36%～55%，干旱灾害造成全市9个县区79.5万人受灾，38万人饮水困难。小春农作物受灾面积91.8千公顷，成灾面积65.4千公顷，绝收面积23.3千公顷。直接经济损失73028.2万元，其中农业经济损失72424.2万元。

【大理州发生冬春连旱】　1～4月，大理州各县降水量较历年同期偏少26%～92%，尤其是宾川县、鹤庆县降水量仅有3毫米。旱灾造成全州12县市46.9万人受灾，30万头大牲畜饮水困难。小春农作物受灾面积83.2千公顷，成灾面积42.7千公顷，绝收面积15.5千公顷。干旱灾害持续至5月。

【楚雄州发生冬春连旱】　1～4月，楚雄州各县降水量仅为2～92毫米，尤其是西北部的永仁、大姚、元谋等县，降水量仅有2～16毫米，较历年同期偏少64%～93%，全州大部发生干旱灾害。119.7万人受灾，44.6万人饮水困难。小春农作物受灾面积69.6千公顷，成灾面积43.7千公顷，绝收面积10.3千公顷。直接经济损失45483.4万元，其中农业经济损失44810.1万元。

【红河州发生冬春连旱】　1～5月，红河州各县降水量较历年同期偏少18%～53%，造成全州大部发生干旱灾害，州北部尤其严重。灾害使106.3万人受灾，56.5万人饮水困难。小春农作物受灾面积117.9千公顷，成灾面积69.8千公顷，绝收面积25.3千公顷。直接经济损失55323.8万元，其中农业经济损失55283.8万元。

【澜沧县发生冬春连旱】　1～5月，澜沧县降水量较历年同期偏少51%，干旱灾害造成20个乡镇10.2万人、0.56万头大牲畜饮水困难。农作物受旱面积21.2千公顷，其中干枯面积1.1千公顷，水田缺水5.4千公顷，旱地缺墒23.2千公顷。

【云南汛期发生局部洪涝灾害】　5月以来，云南降水总体偏少，未发生大面积洪涝灾害，主要是区域性和单点暴雨、大暴雨引发的局地内涝和山洪危害，洪涝灾害频次高、造成人员伤亡较多。5～10月，全省各州市发生局地洪涝灾害251次，其中6月至9月中旬初、10月上旬初，滇东北、滇西、南部边缘地区暴雨洪涝灾害突出。灾害造成的农作物受灾面积和经济损失较常年同期偏重，人员伤亡较近3年平均偏多，基础设施和家庭财产损失在直接经济损失中的比重也较大。洪涝灾害造成532.1万人受灾，75人死亡，8人失踪；房屋受损74966间，倒塌14966间；农作物受灾面积334.3千公顷，绝收面积48.7千公顷；死亡大牲畜1521头。直接经济损失64.8亿元，其中农业经济损失25.2亿元。

【玉龙县“6·14”山洪灾害】　6月14日晚，玉龙县鸣音乡东联村境内阿海电站发生山洪灾害，造成7人死亡，重伤1人，紧急转移9人。

【富宁县“6·14”洪涝灾害】　6月14日凌晨4时至5时，富宁县境内出现降水，局地最大降雨量达113.4毫米。致使新华镇、木央、剥隘、板仑、者桑、谷拉、洞波、阿用等8个乡镇53个村委会222个村小组2562户11439人受灾，死亡2人，伤1人。房屋倒损122间；农作物受灾面积322.3公顷，成灾面积36.3公顷，绝收面积17.7公顷；冲毁3条沟渠计667米。

【泸西县“6·22”洪涝灾害】 6月22～24日，泸西县发生洪涝灾害，造成11890人受灾。倒塌房屋14间，损坏房屋151间；农作物受灾面积1983公顷，成灾面积1230公顷，绝收面积580公顷；直接经济损失3868万元，其中农业经济损失3784万元。

【马龙县“6·24”洪涝灾害】 6月23日20时至24日20时，马龙县通泉、王家庄、月望、马过河、纳章5个乡（镇）突降暴雨，其中马过河镇降雨量为124.5毫米，月望乡降雨量为100.2毫米，造成洪涝灾害。农作物受灾面积7840公顷，绝收面积1329公顷，直接经济损失6100万元。

【凤庆县“7·1”强对流致灾】 7月1日，凤庆县出现局部强对流天气，凤庆站日雨量23.7毫米，极大风速19.3米/秒，洛党镇日雨量49.8毫米，其中17～18时降雨量30.8毫米。全县11个乡（镇）10.8787万人受灾，紧急转移37人，山洪致2人死亡，2人受伤。倒塌房屋55间；农作物受灾面积4012.7公顷，成灾面积1442.7公顷，绝收面积80公顷，减产粮食90万千克；公路中断42条次，供电中断1条次，通讯中断1条次，损坏护岸80处，损坏灌溉设施45处。直接经济损失3464万元，其中农业经济损失2890.6万元。

【昭阳区“7·15”洪涝灾害】 7月15日晚，昭阳区苏甲乡降63.6毫米暴雨，造成全乡12个行政村162个村民小组6398户26321人遭受洪涝灾害，紧急转移245户953人，死亡2人，受伤9人。民房受损2517间，倒塌561间；粮食作物受灾面积1585公顷，成灾面积1205.7公顷，绝收面积379.3公顷，死亡大牲畜105头，新植核桃受灾31万棵；冲断沥青路面860万平方米，新建桥梁1座，桥涵491座，水沟97.7万米；电力受损12.5千米电线，电杆124根；电信电杆受损67棵，通讯杆路16.6千米，通讯光缆16.6千米，基站电力设施1.1千米。直接经济损失36673万元，其中农业经济损失2140.4万元。

【昭通市“7·22”洪涝灾害】 7月22日，昭通市普降大雨、暴雨，巧家、威信、盐津、绥江、大关、水富、永善、镇雄等县发生暴雨洪涝灾害，造成73.9万人受灾，11人死亡（其中镇雄县因灾死亡9人，盐津县2人），7人受伤。房屋受损7008间，倒塌1265间；农作物受灾面积77.6千公顷，成灾面积23.7千公顷，绝收面积4.2千公顷。直接经济损失51278.9万元，其中农业经济损失13491.2万元。

【曲靖、文山等地“7·23”洪涝灾害】 7月23日，曲靖、文山、红河、德宏、临沧等州市普降大雨、暴雨，其中西畴县降雨量达94.5毫米，造成耿马、西畴、文山、瑞丽、漾濞、砚山、红河、金平、文山、凤庆、罗平、宣威等县市发生暴雨洪涝灾害，19.9万人受灾，西畴县因灾死亡2人，7人受伤。房屋受损762间，倒塌324间。农作物受灾面积16.7千公顷，成灾面积7.3千公顷，绝收面积1.9千公顷。直接经济损失9851.3万元，其中农业经济损失6168.4万元。

【西双版纳州“7·25”大暴雨致灾】 受第8号台风“韦森特”登陆后减弱的低压影响，7月25～27日，西双版纳州普降暴雨，州南部降大暴雨。全州有3个自动站累计雨量超过250毫米，最大累计雨量出现在勐腊县关累镇（323.3毫米）。造成勐腊县关累镇、勐捧镇、勐满镇，景洪市勐龙镇、景哈乡、大渡岗乡，勐海县11个乡镇发生洪涝灾害。灾害造成1人死亡，全州直接经济损失1.033亿元。

【麻栗坡县“7·25”洪涝灾害】 7月25～26日，麻栗坡县连降暴雨大雨，造成山洪、泥石流灾害。全县11个乡镇93个村委会9个社区10.1万人受灾，7人死亡，紧急转移安置人口389人。农作物受灾面积3462.9公顷，成灾面积1328.7公顷，绝收面积580.3公顷，圈舍倒塌190间，死亡大牲畜7头。南油水库洪水漫坝，11个乡镇的部分三面光沟渠被冲毁，饮水管道被冲断，部分河堤垮塌。直接经济损失9925万元，其中农业经济损失3474万元。

【景谷县“7·31”大暴雨致灾】 7月30日23时至31日6时，景谷县出现强降水天气，其中正兴镇30日23时～31日2时降雨120.3毫米，威远镇31日4～6时降雨44.5毫米。强降雨导致10个乡镇发生洪涝灾害，1.2万户3.7万人受灾，威远镇、正兴镇受灾最为严重，14人死亡，87人受伤。民房受损2318间，冲毁108间；农作物受灾面积19.4千公顷，成灾面积7.3千公顷，绝收面积2.1千公顷；国道323线8个路段、省道222线9个路段受损；损坏灌溉设施128千米，人饮工程436千米，损坏坝塘7座，小水坝76座；20条供电线路因倒杆断线停运，电信电杆受损339棵，受损光缆38.7千米。直接经济损失46598万元，其中农业经济损失24018万元。

【水富县“8·6”大暴雨致灾】 8月6日5～11时，水富县降雨量123.8毫米，导致山洪暴发，3个乡镇29个村（社区）435村（居）民小组22300人受灾，死亡3人，31人受伤，紧急转移安置1085人。房屋倒塌352间，损坏973间；农作物受灾面积3240公顷，成灾面积1465公顷，绝收面积820公顷；种草受灾面积30.9公顷，毁坏耕地面积321公顷；581处水利工程受损。直接经济损失14280.2万元，其中农业经济损失3788万元。

【滇南、滇西“8·18”暴雨洪涝灾害】 8月18～19日，受第13号台风“启德”西移减弱的低压影响，红河、文山、普洱、西双版纳、德宏等州市的10个县因强降水引发洪涝灾害，造成5.9万人受灾，2人死亡（勐腊县）。房屋受损1528间，倒塌832间。农作物受灾面积1149.2公顷，成灾面积647.9公顷，绝收面积279.5公顷。直接经济损失8290.4万元，其中农业经济损失1161.3万元。

【墨江县“9·2”山洪灾害】 9月2日，墨江县坝溜乡降63.6毫米暴雨，山洪灾害造成5人死亡。

【云南中东部南部秋季洪涝灾害】 9月11~13日，昭通、玉溪、红河、普洱、西双版纳、临沧等州市的16个县发生暴雨洪涝灾害，造成25.8万人受灾，3人死亡（其中通海县2人，河口县1人）。房屋受损22063间，倒塌6644间；农作物受灾面积13015.5公顷，成灾面积7165.0公顷，绝收面积1848.7公顷。直接经济损失82768.8万元，其中农业经济损失9070.8万元。

【春夏季大风冰雹灾害突出】 3~9月，云南省发生局地冰雹、大风灾害156次，灾害造成的经济损失略高于近10年的同期平均值。其中4~5月，滇西、滇南及滇东北等地局部冰雹、大风灾害频繁；6~8月，滇西的丽江和大理、滇中及以东地区冰雹、大风灾害突出。全年冰雹灾害次数（112次）多于大风灾害次数（44次）。7~8月是全省大风冰雹灾害的高发期，尤其是8月，冰雹灾害次数达55次，大风灾害次数达24次。大风、冰雹共造成223.1万人受灾，4人死亡；房屋受损37427间，倒塌3005间；农作物受灾面积147.8千公顷，绝收面积33.4千公顷。直接经济损失16.1亿元，其中农业经济损失14.2亿元。

【勐腊县“3·14”大风灾害】 3月14，勐腊县大风使橡胶和香蕉受灾。农作物受灾和成灾面积为373.3公顷。直接经济损失524万元。

【滇西、滇西南“4·4”冰雹大风灾害】 4月4~6日，保山、德宏、临沧、西双版纳等4州市的11个县发生大风、冰雹灾害，造成2.9万人受灾。损坏房屋1420间；农作物受灾面积3439.3公顷。直接经济损失1749.1万元，其中农业经济损失1569.2万元。

【滇东北、滇东等地“4·20”风雹灾害】 4月20~22日，昭通、曲靖、楚雄、保山、文山、红河等6州市的8个县发生大风、冰雹灾害，造成3.7万人受灾。农作物受灾面积6000.8公顷。直接经济损失12988万元，其中农业经济损失12844万元。

【昭通、红河、曲靖“5·10”风雹灾害】 5月10~15日，昭通、曲靖、红河等3州市的7个县发生大风、冰雹灾害，造成6.2万人受灾。损坏房屋2718间；农作物受灾面积1881.1公顷。直接经济损失2988.7万元，其中农业经济损失2897.9万元。

【师宗县“5·20”冰雹灾害】 5月20日下午，师宗县丹凤镇的大同、新村、石碑、官庄、糯白、长桥、新安、阿梅者8个村委会37个村小组发生冰雹灾害，造成烤烟受灾面积2000公顷，直接经济损失6000万元。

【景东县“7·1”大风灾害】 7月1日15~17时，景东县部分乡镇出现雷电、大风、短时强降水等强对流天气，造成7个乡镇35个村157个村民小组16624人受灾。民房受损352间，烟房受灾104间；农作物受灾面积1256.9公顷，成灾面积452.3公顷，绝收面积100.5公顷。直接经济损失729.1万元，其中农业经济损失656.6万元。

【彝良县“7·28”冰雹大风灾害】 7月28日14~19时，彝良县龙安、海子遭受暴雨、大风、冰雹的袭击，冰雹持续9分钟，造成11个村75个村民小组6010户21200人受灾。房屋受损28间，农作物受灾面积1046.4公顷，成灾面积583.7公顷，绝收面积168.3公顷；经济林果受灾面积111.1公顷，成灾面积86.9公顷。直接经济损失689.4万元，其中农业经济损失467.5万元。

【滇东、滇中、滇西“8·4”风雹灾害】 8月4~6日，昭通、曲靖、昆明、玉溪、楚雄、大理、文山、红河8州市的27个县发生大风、冰雹灾害，造成13.5万人受灾。损坏房屋461间；农作物受灾面积6974.4公顷。直接经济损失5867.3万元，其中农业经济损失4882.6万元。

【“8·12”风雹致云南大部受灾】 8月12~14日，昭通、曲靖、昆明、玉溪、丽江、楚雄、大理、红河、文山、普洱10州市的22个县发生大风、冰雹灾害，造成16.7万人受灾。损坏房屋4107间；农作物受灾面积18709.3公顷。直接经济损失19143.4万元，其中农业经济损失15975.1万元。

【玉龙县“9·30”冰雹灾害】 9月30日21时20分，玉龙县拉市镇发生冰雹灾害。造成林果（雪桃、苹果、梨）、蔬菜等农作物受灾面积1102.1公顷，成灾面积956.2公顷，绝收面积713.2公顷。直接经济损失4391.1万元。

【春夏雷电灾害造成人员伤亡】 2012年雷电灾害初发期偏晚，造成的灾害轻，人员伤亡是近10年来同期最少的。4~9月，昆明、昭通、曲靖、玉溪、西双版纳、红河、文山、普洱、保山等9州市发生雷电灾害，共造成15人死亡。

【建水县“4·22”雷电灾害】 4月22日16时，建水县青龙镇法依村委会发生雷电灾害，造成1人死亡。

【师宗县“5·22”雷电灾害】 5月22日，师宗县发生雷电灾害，造成2人死亡。

【景洪市“6·15”雷电灾害】 6月15日，景洪市东风农场发生雷电灾害，导致2人死亡，1人受伤。

【彝良县、会泽县“7·28”雷电灾害】 7月28日，彝良县、会泽县发生雷电灾害，造成2人死亡。

【冬季低温霜冻灾害】 2012年云南省的低温雨雪冰冻灾害

偏轻，主要是低温霜冻灾害对农作物和经济作物造成影响。1月上旬，迪庆州香格里县、维西县、德钦县和怒江州贡山县发生雪灾。1月中下旬，昭通、玉溪、红河、保山、普洱、临沧等6州市的昭阳、水富、易门、石屏、弥勒、泸西、施甸、昌宁、孟连、镇康、耿马等11县区发生低温霜冻灾害，农作物及滇西南部分地区的橡胶、咖啡、香蕉遭受影响。灾害造成19.9万人受灾；房屋受损126间，倒塌334间；农作物受灾面积13.6千公顷，绝收面积1.7千公顷；死亡大牲畜32头。直接经济损失0.6亿元，其中农业经济损失0.5亿元。

【维西县冬季暴雪成灾】 1月4日夜间到5日上午，维西县降暴雪，测站最大雪深17.5厘米。雪灾造成民房倒塌34间，损毁大棚32个。损坏村组公路50千米，损坏电杆200根、电线120千米，停电17小时。

【玉溪等州市霜冻灾害】 1月中下旬，玉溪、红河、保山、普洱等州市的6个县发生霜冻灾害，造成17233人受灾。农作物受灾面积3243.9公顷，成灾面积1030.4公顷，绝收面积63公顷。直接经济损失1663.3万元。

【耿马县发生霜冻灾害】 1月14～2月8日，耿马县四排山乡发生霜冻灾害，造成2505人受灾。农作物受灾面积185公顷，成灾面积124公顷。直接经济损失36.4万元。

2013年重大气象灾害

【云南大部发生雪灾低温霜冻】 12月中旬，云南除滇西南边缘以外的地区发生雪灾，超过2008年的低温雨雪冰冻天气范围，雨雪天气过后滇中及以东以南地区又发生1999年以来最严重的低温冷害、霜冻灾害。另外，1月份滇东、滇西边缘地区发生低温霜冻灾害，弥勒县发生雪灾，造成农作物及滇西南部分地区的橡胶、咖啡、香蕉遭受影响。雪灾、低温冷害和霜冻灾害共造成云南省700.6万人受灾；房屋受损3742间，房屋倒塌464间；农作物受灾面积701.3万公顷，绝收面积68.6千公顷；死亡大牲畜3444头。直接经济损失86.6亿元，其中农业经济损失80.9亿元。

【云南“12·14”雪灾】 12月14日夜间至15日白天，除滇西南边缘地区以外出现大面积降雪，局部大到暴雪，雪灾造成文山、保山、普洱、昆明、临沧、丽江、曲靖、红河、楚雄、玉溪、昭通、大理等12个州市70个县614个乡镇343.1万人受灾、279人紧急转移安置，因灾死亡大牲畜2894头、死亡羊只4315只，房屋倒塌445间、损坏3408间，农作物受灾面积402.5千公顷、绝收面积27千公顷。直接经济损失47.7亿元，其中农业经济损失43.3亿元。

【滇中及以东以南发生霜冻灾害】 12月16日夜间至17日清晨，受高空冷平流降温和地面晴空辐射降温共同影响，全省大部地区最低气温明显下降，并在其后的5天内持续偏低。气温最低的19日全省有86县最低温度在0℃以下，有23县低于－4℃，11个站日最低气温创历史新低，造成滇中及以东以南发生低温霜冻灾害。霜冻造成昆明、临沧、德宏、曲靖、保山、普洱、西双版纳、楚雄、文山、红河、玉溪等11个州市40个县327个乡镇221.9万人受灾，因灾死亡大牲畜9头、死亡羊258只，农作物受灾面积194.5千公顷，绝收面积22.9千公顷。直接经济损失12.4亿元，其中农业经济损失12.1亿元。

【陆良等地低温冷害】 1月上中旬，陆良、河口、开远等县发生低温冷害，造成22.0万人受灾。农作物受灾面积8871.7公顷，成灾面积6531.3公顷。直接经济损失5654.9万元，其中农业经济损失5349.9万元。

【广南县“2·1”霜冻灾害】 2月1日，广南县发生霜冻灾害，造成26.8万人受灾。农作物受灾面积25223.1公顷，成灾面积9969.4公顷，绝收面积420.6公顷。直接经济损失3807万元。

【陇川县霜冻灾害】 1月26～31日，陇川县发生霜冻灾害，造成1.2万人受灾。农作物受灾面积1338.2公顷。直接经济损失2650万元。

【云南大部发生冬春干旱】 2012年10月至2013年4月，云南省平均降水量仅有136毫米，较常年同期偏少5成，加上2009年秋季以来云南降水持续偏少，滇中及以北以东地区的库塘蓄水不足，自然降水和蓄水量不能满足工农业生产需要，全省大部发生冬春干旱灾害，滇西和滇西南的部分地区干旱持续到5月底。干旱最严重时全省有108个县发生气象干旱，其中滇中及以西65个县达到特旱，但干旱范围和影响较2010年、2011年轻。干旱灾害造成16个州市1266.2万人受灾，有376.7万人饮水困难。农作物受灾面积822.6千公顷，成灾面积423.5千公顷，绝收面积115.1千公顷。直接经济损失68.4亿元，其中农业经济损失65.8亿元。5月中旬全省河道平均来水量较常年偏少28%，有337条中小河流断流、348座小型水库干涸。

【临沧市发生干旱灾害】 2012年10月至2013年4月，临沧市各县降水量较历年同期偏少38%～59%，造成全市大部发生冬春干旱灾害，东部地区的灾害持续至5月。全市77.9万人受灾，19.0万人饮水困难。小春农作物受灾面积61.1千公顷，成灾面积22.2千公顷，绝收面积2.6千公顷。直接经济损失134249.0万元，其中农业经济损失130693万元。

【曲靖市发生干旱灾害】 2012年10月至2013年4月，曲靖市各县降水量较历年同期偏少50%～68%，造成全市大部发生冬春干旱灾害，北部地区的灾害持续至5月。全市207.2万人受灾，38.9万人饮水困难。小春农作物受灾面积119.8千公顷，成灾面积62.5千公顷，绝收面积5.4千公顷。直接经济损失 80421.9 万元，其中农业经济损失 79701.9 万元。

【保山市发生干旱灾害】 2012 年 10 月至 2013 年 4 月，保山市各县降水量较历年同期偏少 43% ~71%，造成全市大部发生冬春干旱灾害，隆阳区的灾害持续至 5 月。全市 98.9 万人受灾，16.0 万人饮水困难。小春农作物受灾面积 67.1 千公顷，成灾面积 31.0 千公顷，绝收面积 6.4 千公顷。直接经济损失 69421.6 万元，其中农业经济损失 69421.6 万元。

【大理州发生干旱灾害】 2012 年 10 月至 2013 年 4 月，大理州各县降水量较历年同期偏少 53% ~87%，造成全州大部发生冬春干旱灾害，大部地区的灾害持续至 5 月。全市 125.4 万人受灾，48.5 万人饮水困难。小春农作物受灾面积 79.1 千公顷，成灾面积 42.9 千公顷，绝收面积 17.5 千公顷。直接经济损失 67476.0 万元，其中农业经济损失 63389 万元。

【玉溪市发生干旱灾害】 2012 年 10 月至 2013 年 4 月，玉溪市各县降水量较历年同期偏少 57% ~78%，造成全市大部发生冬春干旱灾害。全市 52.3 万人受灾，26.7 万人饮水困难。小春农作物受灾面积 69.6 千公顷，成灾面积 45.8 千公顷，绝收面积 18 千公顷。直接经济损失 55283.7 万元，其中农业经济损失 55177.7 万元。

【楚雄州发生干旱灾害】 2012 年 10 月至 2013 年 4 月，楚雄市各县降水量较历年同期偏少 60% ~88%，造成全市大部发生冬春干旱灾害，大部地区的灾害持续至 5 月。全市 137.1 万人受灾，33.1 万人饮水困难。小春农作物受灾面积 91 千公顷，成灾面积 53.5 千公顷，绝收面积 23.4 千公顷。直接经济损失 48620.8 万元，其中农业经济损失 46928.2 万元。

【昆明市发生干旱灾害】 2012 年 10 月至 2013 年 4 月，昆明市各县降水量较历年同期偏少 44% ~85%，造成全市大部发生冬春干旱灾害。全市 111.2 万人受灾，24.9 万人饮水困难。小春农作物受灾面积 73.9 千公顷，成灾面积 46.8 千公顷，绝收面积 15.6 千公顷。直接经济损失 34961 万元，其中农业经济损失 33962.0 万元。

【丽江市发生干旱灾害】 2012 年 10 月至 2013 年 4 月，丽江市各县降水量较历年同期偏少 64% ~67%，造成全市大部发生冬春干旱灾害，大部地区的灾害持续至 5 月。全市 43.6 万人受灾，20.6 万人饮水困难。小春农作物受灾面积 34.1 千公顷，成灾面积 18 千公顷，绝收面积 2.8 千公顷。直接经济损失 18125.4 万元，其中农业经济损失 18125.4 万元。

【春夏大风冰雹灾害】 2 ~10 月，云南省发生局地冰雹、大风灾害 215 次。其中 4 ~5 月，滇西、滇南及滇东北等地局部冰雹、大风灾害频繁；6 ~8 月，滇西的丽江和大理、滇中及以东地区冰雹、大风灾害突出。年内冰雹灾害次数（137 次）多于大风灾害次数（78 次）。7 ~8 月是全省大风冰雹灾害的高发期，尤其是 8 月，冰雹灾害次数达 33 次，大风灾害次数达 15 次。冰雹大风灾害共造成 276.6 万人受灾，7 人死亡；房屋受损 64038 间，倒塌 858 间；农作物受灾面积 213.4 千公顷，绝收面积 37 千公顷。直接经济损失 25.1 亿元，其中农业经济损失 21.3 亿元，灾害造成的经济损失为近 10 年来最高值。

【滇中、滇南“4·25”风雹灾害】 4 月 24 ~28 日，红河、文山、保山、玉溪、曲靖、昭通 6 州市的 13 个县市发生冰雹、大风灾害，造成 5.4 万人受灾，2 人死亡。房屋受损 1692 间，倒塌 996 间。农作物受灾面积 5.2 千公顷，绝收面积 1.8 千公顷。直接经济损失 7893.1 万元，其中农业经济损失 6909.6 万元。

【滇南等地“5·1”风雹灾害】 5 月 1 ~3 日，红河、普洱、西双版纳、德宏、昆明等 5 州市的 12 县市发生冰雹、大风灾害，造成 4.6 万人受灾，1 人死亡。农作物受灾面积 2.8 千公顷，绝收面积 0.9 千公顷。直接经济损失 33076.1 万元，其中农业经济损失 7277.5 万元。

【滇中及以西以南“5·21”风雹灾害】 5 月 21 ~23 日，丽江、楚雄、昭通、曲靖、大理、玉溪、红河、文山等 8 州市的 22 县市发生冰雹、大风灾害，造成 13.4 万人受灾。房屋受损 2423 间，倒塌 446 间。农作物受灾面积 14.1 千公顷，绝收面积 1.5 千公顷。直接经济损失 16508 万元，其中农业经济损失 11615.4 万元。

【大理丽江玉溪昭通“6·17”风雹灾害】 6 月 17 ~21 日，大理、丽江、玉溪、昭通等 4 州市的 14 县市发生冰雹、大风灾害，造成 7.2 万人受灾。房屋受损 3146 间，倒塌 39 间。农作物受灾面积 8.8 千公顷，绝收面积 1.4 千公顷。直接经济损失 11293.3 万元，其中农业经济损失 8172.1 万元。

【滇东、滇中等地“7·25”风雹灾害】 7 月 25 ~28 日，昭通、曲靖、昆明、玉溪、大理、红河等 6 州市的 14 县市发生冰雹、大风灾害，造成 7.1 万人受灾。房屋受损 54 间，倒塌 3 间；农作物受灾面积 5.2 千公顷，绝收面积 2.2 千公顷。直接经济损失 8410.9 万元，其中农业经济损失 7703.3 万元。

【滇西、滇中、滇东“8·13”风雹灾害】 8 月 13 ~17 日，昭通、曲靖、玉溪、昆明、楚雄、红河、文山、大理、丽江等 9 州市的 19 县市发生冰雹、大风灾害，造成 7.6 万人受灾，2 人死亡。房屋受损 162 间，倒塌 56 间。农作物受灾面积 12.4 千公顷，绝收面积 1.7 千公顷。直接经济损失 14252 万元，其中农业经济损失 12399.9 万元。

【云南春夏雷电灾害】 2013 年雷电灾害初发期偏晚，造成的灾害偏轻，人员伤亡少于近 10 年同期平均值，但较 2012 年偏多。4 ~9 月，昭通市、曲靖市、昆明市、楚雄州、保山市、大理州、普洱市、临沧市、红河州、文山州发生雷电灾害并造成 24 人死亡。

【云县“6·3”雷电灾害】 6月3日7时，云县幸福镇红岗村发生雷电灾害，造成2人死亡。

【昭阳区“8·11”雷电灾害】 8月11日16时30分，昭阳区苏甲乡布初村16组发生雷电灾害，造成2人死亡。

【陆良县“8·16”雷电灾害】 8月16日，陆良县小百户镇炒铁村委会、活水乡黑木村委会发生雷电灾害，造成2人死亡。

【彝良县“9·18”雷电灾害】 9月18日20时10分，彝良县角奎镇发达村云落村民小组发生雷电灾害，造成2人死亡，住房受损1间。

【云南汛期发生局地洪涝灾害】 2013年云南省的大雨、暴雨分别较历年少121、27站次。汛期全省降水量接近常年，为近5年最多。全省未发生大面积洪涝灾害，主要是区域性和单点强降水引发的局地山洪、内涝和地质灾害。5~10月，全省各州市发生局地洪涝灾害255次，其中6~8月，滇东北、滇西、滇西南地区的昭通、大理、丽江、临沧、普洱、西双版纳、红河、文山等州市暴雨洪涝灾害突出。洪涝灾害造成238.4万人受灾，44人死亡，7人失踪；房屋受损43626间，倒塌4417间；农作物受灾面积132.5千公顷，绝收面积21.3千公顷，死亡大牲畜4761头。直接经济损失28.3亿元，其中农业经济损失12.1亿元。

【滇中地区“5·23”暴雨洪涝】 5月23日，曲靖南部、玉溪、红河北部的6个县发生暴雨洪涝灾害，造成19364人受灾。损坏房屋116间，倒塌52间。农作物受灾面积2222.4公顷，绝收面积257.8公顷。直接经济损失3353.4万元，其中农业经济损失3270.5万元。

【宁蒗县“5·26”暴雨洪涝】 5月26日，宁蒗县降62.5毫米暴雨，并伴有大风、冰雹天气，造成8个乡镇19876人受灾。损坏房屋1711间，倒塌1184间。农作物受灾面积1560公顷，绝收面积195公顷。直接经济损失1599万元，其中农业经济损失1140万元。

【盈江县“7·9”大暴雨成灾】 7月6~10日，盈江县持续强降水天气，过程降雨量335.6毫米，其中9日降126.1毫米大暴雨。造成县内14个乡镇和农场发生洪涝灾害，46991人受灾，转移群众406人，294名学生停课。房屋受损6393间，倒塌43间；农作物受灾面积4507.5公顷；牲畜死亡4014头；冲毁桥涵1座；水毁路基9千米、路面24千米，涵洞局毁80道、全毁5道，水毁塌方950处7万立方米；沟渠损毁5条862米，河堤损毁1730米；城区供水管网受损2850米。直接经济损失11912.7万元。

【昭通、昆明、丽江等地“7·18”洪涝灾害】 7月18~20日，云南省出现大范围强降水天气，造成昭通、昆明、丽江、怒江、西双版纳等州市的15个县市发生洪涝灾害，24.2万人受灾，3人死亡（大关），20人受伤，转移群众649人。房屋受损7226间，倒塌547间。农作物受灾面积5498.5公顷，绝收面积1223.1公顷。直接经济损失38598.1万元。

【昆明市“7·19”城市内涝】 7月19日，昆明市出现大暴雨6站，暴雨20站，大雨54站，其中昆明金殿水库站累积降水达193.5毫米，是2013年造成昆明市受灾最严重的强降水过程。由于降水集中于市区且降水强度大，导致多个路段、小区发生严重城市内涝，城市交通大面积瘫痪，给人民群众的生产、生活造成了严重影响。共造成昆明市6.2万人受灾；损坏房屋292间，倒塌房屋111间；农作物受灾面积871.2公顷。直接损失13241.6万元。

【滇中以南“8·4”暴雨洪涝】 8月4日，受第9号台风“飞燕”登陆后减弱的低压影响，滇中及以南地区出现大雨25站，暴雨12站，大暴雨1站（镇康县113.4毫米），造成临沧、普洱、西双版纳、文山、红河、保山等州市的17个县发生洪涝灾害，113622人受灾，转移安置421人。房屋受损1135间，倒塌204间。农作物受灾面积8638.9公顷，绝收面积1007.7公顷。直接经济损失10838.8万元，其中农业经济损失3489.3万元。

【滇东北、滇南“8·25”暴雨洪涝】 8月25日，滇东北、滇中及以南地区出现大雨28站，暴雨12站，大暴雨2站（大关县100.7毫米、彝良县117.4毫米），造成昭通、临沧、普洱、西双版纳、文山、红河等州市的15个县发生洪涝灾害，117831人受灾，3人死亡（大关县2人、红河县1人），转移安置2183人。房屋受损2661间，倒塌463间。农作物受灾面积4381.2公顷，绝收面积584.6公顷。直接经济损失20353.7万元，其中农业经济损失2172.7万元。

【绥江县“9·17”暴雨洪涝】 绥江县“9.17”暴雨洪涝灾害造成4人死亡，1人受伤。房屋倒塌12间，房屋损坏34间。直接经济损失3215.7万元。

【云南南部冬季暴雨洪涝】 12月14~15日，云南南部出现2013年暴雨站数最多的一次强降水过程，共出现大暴雨2站，暴雨22站，大雨20站，为1961年以来冬季最极端的一次暴雨过程。此次暴雨过程导致文山、西畴、勐腊、景洪和江城县发生暴雨洪涝灾害，共造成10.1万人受灾，2人死亡（景洪市），金平县者米乡发生山体滑坡，97人受威胁被转移安置，直接经济损失共计1.17亿元。

（周德丽）

气象防灾减灾现代化建设

【气象观测站网规划】 编制了《云南省气象观测站网规划

(2011—2015 年)》、《云南省高速公路交通气象观测网布局发展规划（2013—2017 年》、《云南高原特色农业气象观测网规划》，完成《西藏、四川云南甘肃青海四省藏区和新疆气象观测站网规划（2011—2015 年)》（云南部分）编制工作。

【自动气象站建设】　通过组织实施“气象监测与灾害预警工程”，完成大理气候观象台基准辐射站、20 个大气电场仪、昆明气溶胶质量浓度观测系统建设。在中国气象局指导下，完成老挝万象、缅甸仰光的自动气象站和 GPS/MET 站建设。

【天气雷达建设】　大理新一代天气雷达和西双版纳 713 天气雷达正式投入运行。昆明新一代天气雷达完成技术升级改造。保山移动天气雷达作为云南第一部 X 波段多普勒中频相参移动雷达投入运行。禄丰、元谋、双柏、龙陵、凤庆、石林、新平、鹤庆等县建成 8 部局地警戒天气雷达。

【专业气象观测网建设】　完成 2010、2011 年建设的 37 个自动土壤水分站中 35 个的业务化检验及应用，形成气象干旱监测网。完成昆曼大通道（昆明—玉溪—普洱—版纳）22 个交通自动气象站建设，填补了云南交通气象观测站的空白。在全省主要热区建成 63 个橡胶自动气象观测站，覆盖西双版纳、红河、文山、普洱、临沧、德宏等 6 个州市。在玉溪、昭通、楚雄、普洱、临沧等地区建成 56 个烟草自动气象观测站。为进一步深化对区域天气气候特点和规律的认识，组织进行了高山无人自动站网建设，共建成 16 个高山无人自动气象观测站。在大理苍山—洱海剖面山地气象观测系统投入应用。

【气象信息网络建设】　完成全省宽带网络扩容升级工程：省—州（市）带宽由 4M 升级到 8M，州（市）—县带宽由 2M 升级到 4M，线路由 SDH 升级到 MSTP，州（市）局和县局均配备了 H3C 中高端路由设备；完成中国气象局—省局骨干网络系统升级工作，配置了 2 台高端交换机，启用了 MSTP 和 MPLASVPN 互为备份的 2 条 8M 通信线路，建立了业务流程和运行机制，实现业务化；完成国家—省级高清电视会商系统建设，完成省—地—县视频会商系统的 IP 地址、视频会商级配地址的调整工作；完成全省 8 个风云二号卫星中规模利用站升级改造工作，完成 143 个全省气象数据卫星广播系统安装调试并投入业务运行；完成全国综合气象信息共享平台云南省分系统建设任务；利用“云”技术集约省级资料接收系统，研发了全省互动式资料传输监控平台，开发了州市县级地面观测标准数据库；建成 10 个边远站北斗卫星通信传输系统，提高了边远、高山地区的通信传输保障能力。

【气象装备保障】　组织开发了云南省闪电定位仪运行监控系统，使设备运行监控种类覆盖率进一步提高。完成普洱、大理 2 个地市级移动计量校准系统、大理地市级维修测试平台建设并投入业务应用，实现了自动站传感器和数据采集器的现场校准、测试、核查和现场基本维修。

【山洪地质灾害防治气象保障工程项目】　完成山洪地质灾害防治气象保障工程项目 2011 年一期、二期和 2012 年第一批建设任务。完成 43 个国家级台站新型自动站建设，占全省台站的 34%；建成保山移动天气雷达，普洱和大理移动计量保障系统、大理维修测试平台；累计新建山洪地地质灾害气象监测站 1740 个，区域气象站平均站间距由 19 千米提高到 11 千米，极大地提高了对山洪地质灾害的监测能力；完成 97 个县级数据中心、33 个县级预报业务平台、1 个县级预警示范平台建设；完成省级山洪和地质灾害精细化预报系统建设和 52 个县的精细化暴雨灾害风险普查。

【台站搬迁建设】　完成开远等 20 多个拟迁台站的选址勘测和报告编制。积极向中国气象局提出迁站申请，2012 ~ 2013 年中国气象局批复同意了开远、云龙、陆良、易门、师宗、宁蒗、会泽、香格里拉、禄丰、晋宁等 10 个站的迁站申请。

（周　宏）

气　象　服　务

【2011 ~ 2012 年云南严重冬春连旱气象服务】　2012 年 1 月 15 日起，云南大部持续 40 多天的晴朗无雨天气，致使云南干旱迅速发展。特别是在云南连续三年降水偏少，气温持续偏高的背景下，干旱不利影响累计增长，对云南工农业生产、居民生活用水造成严重威胁，党中央、国务院高度重视，新闻媒体也高度关注。

云南省气象局密切监视旱情发展，加强旱情和土壤墒情滚动监测及分析评估。每日将综合气象干旱 CI 指数图报送省委、省政府。每周一、周四制作云南省气象干旱监测报告，供各级气象部门调用。积极与国家气候中心进行干旱会商，及时向国家气象局反馈云南的实际干旱情况和综合气象干旱 CI 指数存在的问题，同时研制开发反应云南旱情的地方标准，协助国家气候中心完成新 CI 指数的改进完善工作。

【台风气象服务】　2012 年第 8 号台风“韦森特”于 7 月 24 日凌晨在我国广东台山登陆后向西移动，造成云南南部地区持续出现强降水天气，造成滇南 6 州市出现不同程度洪涝、滑坡泥石流灾害。云南省气象台在 7 月 22 日的天气周报中提前预报了本次过程，并提请相关地区需防范强降水引发的山洪、滑坡泥石流等地质灾害。7 月 23 日在报省长的专题气象服务材料中，再次强调 24 ~ 26 日的降水过程。7 月 24 日，发布大雨、暴雨天气消息，并向省委省政府及相关部门全体决策服务群体发布“韦森特”对我省的影响、具体预报及防御指南。应急期间每天定时向省政府应急办提供雨情、预报、决策建议，向省委、省政府以及省防汛办、省救灾办、省国土资源厅、省旅游局行管处、省安全监督局、省交警总队、省农业厅、省交通厅、省电网公司、省通信管理局、省地环监总站、省卫生厅、省军区等相关单位提供专题服务材料。

云南省气象服务中心于24日在云南卫视和云南六套的节目中重点聚焦“韦森特”对我省的影响。25日早7时发布暴雨蓝色预警，全省167万民众及1万3千多名政府决策人员接收到预警短信。26日早上8时继续发布暴雨蓝色预警，全省83万民众及9千多名政府决策人员接收到预警短信，预警信息通过新浪、腾讯微博同步发布。在云南卫视的天气预报节目中继续追踪台风“韦森特”所到之处带来的影响，并提醒滇南地区要注意防范强降水可能引发的泥石流、山体滑坡等地质灾害，提前防范以降低和避免暴雨可能诱发的灾害。

【烤烟气象服务】 2012年开始，烤烟气象服务初步实现与烟草部门单一科研项目合作向长期、实时专业气象服务的跨越。云南省气候中心调整原烟区烤烟气象服务产品内容、发布方式，在原来基础上增加“云南烟区灾害性天气、重大转折性天气预警报告”，根据天气形势，制作、发布云南烟叶种植区强降温、降水（雪）等重大灾害性天气引发的霜冻、低温冷害、洪（渍）涝、干旱、秋季连阴雨等烟叶气象灾害预警预报信息。服务产品发布方式从以网站信息发布变更为手机短信和网站信息同时发布，手机短信发布对象为省烟草公司领导及相关业务部门，13个种烟州（市）公司经理和分管副经理；网站信息面向全省烟草公司系统干部职工。至此，烤烟气象服务实现了烤烟气象灾害预警、灾中跟踪和灾后评估及烤烟生产季旬、月、年度气候影响评价等多方位、多层次覆盖。特别是在旱灾期间，云南烟区灾害性天气、重大转折性天气预警服务实现了从烤烟经营管理到烟叶生产一线相关部门干部职工的全面覆盖。

【彝良县抗震救灾气象服务】 2012年9月7日，昭通市彝良县在不到1个小时内先后发生5.7级、5.6级地震，其后余震不断。9月10日夜间到11日，地震重灾区出现暴雨、局部大暴雨天气，形成地震灾害和气象灾害地域重叠、互相放大的复杂自然灾害格局，加大了救灾抢险难度。

云南省、市、县气象部门第一时间启动应急响应，派出专家组深入救灾前线开展抗震救灾气象服务。市县气象部门共制作地震灾区专题气象服务61期，发布短信322329条，传真61期，为新闻媒体发送邮件50次，接受电视台、广播电台采访20次，接受电话咨询和对外服务148次。特别是在9月10日晚至11日的区域性大暴雨气象服务中，地震所在的市、县气象局在省局指导下，准确预报了强降雨天气过程，及时发布暴雨预警信息，灾区110多万人接收到了预警短信。

由于气象服务主动、超前、准确、细致、及时，抗震救灾指挥部紧急转移2.48万人，避免了大的人员伤亡，受到各级领导和灾区群众的肯定和赞扬。云南省省长李纪恒和中国气象局党组书记、郑国光局长在北京会面时说：“气象部门在服务云南昭通彝良抗震救灾、防御9月10日至11日强降雨过程中做出了卓越贡献，避免了人员伤亡。”李纪恒代表云南省委、省政府和省委书记秦光荣，感谢中国气象局和全体气象工作人员。全国各大媒体和网站也对昭通抗震气象服务工作进行了详细报道和肯定。

【彝良县特大山体滑坡气象服务】 2012年10月4日彝良地震灾区龙海乡境内发生特大山体滑坡灾害，昭通市气象局第一时间派出专家组与彝良县局工作组一同奔赴山体滑坡灾害现场，为救灾工作提供现场气象保障服务。市气象台和彝良县局共制作了13期滑坡泥石流灾害专题气象服务材料，每天不间断地将近期的降雨情况和未来几天的天气情况通过手机短信向现场指挥救灾的各级领导和相关部门报告，向各级领导发布短信共计1500条，通过乡村气象电子显示屏及时将各类气象信息向灾区广大群众发布。组织技术人员对滑坡泥石流灾害周边的区域自动气象站、山洪雨量站等气象设备进行全面维护和维修，确保气象设备的正常运转。同时，加强与中央气象台、省气象台的天气会商，上下联动，做好服务。

（李　燕）

【决策气象服务】 2013年10月开始，云南省气象局制作的决策服务材料《雨情水情旬报》正式报送云南省委、省政府。《雨情水情旬报》由云南省气象局牵头，联合省防汛抗旱指挥部办公室制作报送，每旬定期通报旬内全省各站点累计雨量，各州、市平均旬雨量、年内累计雨量以及全省河道来水和各地库塘蓄水等情况，为云南省委、省政府了解全省雨情和水情的真实情况，及时安排部署防灾减灾工作提供第一手资料。

这是云南气象部门在传统决策气象服务基础上，首次联合其他部门共同开展的决策服务。使服务内容更加全面、详实、科学，更好地发挥为决策层服务的作用。

【彝良、永善县滑坡泥石流气象服务】 2013年8月24～26日，云南昭通境内彝良、永善等县境内普降暴雨、局部大暴雨，引发山洪、滑坡和泥石流灾害。26日凌晨，彝良县人民医院新住院大楼后山发生滑坡灾害，受威胁的322名病人全部紧急转移安置，没有造成人员伤亡。

昭通市气象台22日提前发布了暴雨天气消息，25日先后发布了暴雨蓝色、黄色预警。昭通市委、市政府高度重视气象预测意见，市政府办公室及时向各县、区人民政府，市直各有关单位转发了暴雨天气消息并提出防范应对要求。整个预报预测服务过程中，气象部门运用“中小河流洪水、山洪地质灾害预报和风险预警平台”生成产品，昭通市气象局经过紧急会商，于25日发布了暴雨蓝色、黄色预警信号，同时指导各县区气象局及时制作和发布暴雨预警信号。

（冯　颖）

【三农气象服务】 2012年，中国气象局将云南省红塔区等4个县（市、区）作为“三农”气象服务专项实施县，开展气象为农服务体系和农村气象灾害防御体系建设。2013年云南省有12个县进行“三农”气象服务专项建设，其中6个农业气象服务实施县、6个气象灾害防御实施县。2012～2013年，三农专项中央资金投入925万元，带动地方投入1080万元，12个实施县与涉农部门建立联合为农服务和气象灾害防御工作机制，与农业、林业、水利、国土等部门签定合作协议51个，1县7乡（镇）通过中国气象局第一批标准化气象为农服务县（市、区）和乡（镇）认定。

在农业气象服务体系建设方面，昆明农试站组织研发了县级农业气象服务平台，临沧市局组织开发了县级一键式气象灾害预警信息发布平台；6个实施县完成了农业气象灾害指标集15个，与农业、科研等部门签订合作协议，开展科研业务合作；与涉农部门、合作社、种养大户等建立“直通式”联系，服务对象1131人，占重点服务对象的89%；自建或共建农业气象试点田8块，并安装配备了必要的观测仪器；针对红梨、橡胶、咖啡、万寿菊等开展了特色服务；完成各类精细化区划18个。

在农村气象灾害防御体系建设方面，6个实施县均成立了气象灾害防御领导小组，印发了县级气象灾害应急预案；建设乡镇气象信息服务站66个，覆盖94%的乡镇；气象信息员640名，覆盖所有乡镇和96%的行政村；建设气象预警大喇叭632个，行政村覆盖率达到90%；电子显示屏1788块，覆盖所有乡镇、行政村和部分自然村；开展气象灾害风险普查，普查中小河流44条、山洪沟122条、泥石流及滑坡隐患点191个、完成县级气象灾害风险区划16个；建设了10个农村防雷示范村。

（韦　霞）

人工影响天气

【概　述】　2012～2013年，云南省人工影响天气工作以提高气象防灾减灾服务能力为目标，以服务“三农”和发展地方经济为重点，积极开展人工增雨、人工防雹等人工影响天气作业。

2012年全省16个州市的120个县480个作业点，累计实施增雨作业3800点次，地面增雨影响面积6.2万平方千米，农作物受益面积2100万亩，森林受益面积3000万亩。增加降水12亿立方米，其中库塘蓄水4.2亿立方米。扑救森林火灾18起。累计开展人工防雹近8000点次，减少烤烟受灾面积为78.3万亩，减少烤烟损失约15.7亿元。

2013年全省16个州市的109个县，实施地面人工增雨作业2589次，作业影响区面积约6.48万平方千米，地面增雨作业增加降水5.7亿立方米，参与扑救森林火灾20起。实施地面防雹作业6060次，保护以烤烟为主的农经作物1515万亩。防区内烤烟冰雹受灾率约2.40%，防区外烤烟冰雹受灾率大于10%，减轻了冰雹造成的损失。

【省政府出台政策性文件】　2012年11月16日，云南省政府组织召开人影专题工作会议，专题研究我省人影工作，并印发了《进一步加强全省人工影响天气工作专题会议纪要》。2013年10月22日，云南省人民政府办公厅下发了《云南省人民政府办公厅关于进一步加强人工影响天气工作的实施意见》（云政办发〔2013〕131号），文件明确了今后一段时期云南人影工作目标，对科学推进人工影响天气工作做出部署。

【建立飞机人工增雨业务】　2012年11月16日，省政府召开云南省进一步加强人工影响天气工作专题会议，决定从2013年起开展常态化飞机人工增雨作业。云南省气象局落实飞机选型、论证、租用、改装，停机场地、外场基地保障，作业流程制定，人员培训等工作，于2013年3月3日正式建立飞机人工增雨业务。根据抗旱和蓄水的实际需求，2013年全年共实施了64架次的飞机增雨作业，飞行250小时，航程41800千米，受益国土面积约17万平方千米，飞机增雨作业增加降水16.6亿方。

【加大基础设施建设力度】　2012年，全省支持20个县区的县级人影作业指挥平台、覆盖14个州市791个作业点的通信网和28个作业点标准化的建设和改造。累计对州市、县区支持经费达1700万元。2013年，全省补助3个州（市）级、13个县（区）级人影作业指挥平台建设，补助资金1665.98万元；补助8个州（市）的49个县、3个市局中心升级改造人影通信系统，补助资金1052.81万元；补助37个作业点的改造和建设，补助资金1272.36万元。

（杨　智）

防　雷　减　灾

【概　述】　云南属我国多雷区，是全国雷击灾害最严重的省份之一，雷电灾害严重威胁着人民生命财产安全，严重危害经济社会发展。2012年全省共发生雷击灾害53起，造成人身伤亡事故16起，共造成10人死亡，22人受伤，364件电子设备受损，导致直接经济损失155.37万元。2013年全省共发生雷击灾害77起，人身伤亡事故15起，共造成16人死亡，9人受伤，共造成直接经济损失247.72万元。

【防雷科普宣传】　加大防雷减灾工作的宣传，通过讲座、发放宣传手册、设立咨询平台（电话）、为群众讲解防雷常识、深入建设工地宣传等形式为载体，结合世界气象日、防灾减灾日、安全生产月，走进工地、农村、学校、机场、车站等普及防雷科普知识。2012年底建成“云南防雷网”，通过网络平台的宣传功能，对防雷法律法规、防雷科普知识进行宣传。2013年7月，为昆明长水国际机场举办防雷减灾知识培训，来自机场安全防务管理部、总工办、飞行区管理中心运行保障部、空港维护基地、武警等34个部门、近250人参加了培训，取得了很好的社会效益。

【服务重点项目】　2012年，下发了《关于做好风电场防雷安全统一管理的通知》，全力推进云南省风电行业的防雷减灾工作，实施了泸西李子箐、富民百花山、丘北羊雄山等多家风电场的检测及风险评估工作。2013年开展了中缅油气管道（国内段）云南省辖区内全线站场、阀室的雷击风险评估和第二合同项目的防雷装置安全检测工作。中缅油气管道工程是我国实施能源战略的重点项目之一，是我国能源进口的西南通道。每年将向我国输送2200万吨原油、12亿立方米的天然气。中缅油气管道（国内段）在云南省内共设置13座站场，80余座阀室。

【雷电灾情统计和调查】 2012～2013年每月进行雷电灾情收集、整理和上报工作。按月制作雷电活动分析月报和雷电活动分析年报，宣传和普及了雷电知识和雷电防护知识。对于重大雷电灾害事故，组织人员深入到雷灾现场开展灾情的勘察、调查、分析和鉴定。

【农村防雷示范工程】 积极推进农村防雷示范工程的建设。示范工程建设内容包含农村雷电防护装置的建设和完善、防雷避险场所和警示标识的设置、防雷科普知识的宣传和培训，防雷安全技术指导和咨询服务等。已实施防雷示范工程的农村，其雷电灾害发生率、雷击造成的损失明显减少。

【行政审批服务工作】 2012年底云南省气象局正式进驻云南省投资项目审批服务中心，各州（市）、县（区）陆续全面进驻当地政府行政审批中心，在中心设立气象窗口受理“防雷装置设计审核和竣工验收”等行政审批相关事项。通过优化行政审批办事流程，规范窗口工作流程和服务行为，进一步提高了窗口办结效率和服务质量，2013年全省气象部门共办理气象行政审批7719件，其中省级办理避免危害气象探测、防雷装置设计审核及竣工验收91件。

【气象标准化体系建设】 根据防雷技术服务的需要，积极申报编制行业、地方标准项目。《古树名木防雷技术规范》行业标准和《旅游景区防雷技术规范》、《农村民居防雷技术规范》、《环境监测站防雷技术规范》等3个地方标准已通过审查，按程序报送云南省质量技术监督局审批。

（胡　芸）

减灾研究与成果

【气象减灾科研组织制度不断完善】 制定出台《云南省气象局未来5年（2014—2018年）科技研究计划》。推进科研与业务的有效结合，提出了未来5年全省气象科研工作以天气气候预报预测、山洪地质灾害风险预警、为高原特色农业服务、人工影响天气能力提升建设为重点的四个研究方向、九个主要研究领域和三十一项重点科研任务。

编写印发了《云南省气象科学研究所发展实施方案》。明确了省气科所的定位和主要研究方向、未来3～5年的发展目标和主要任务。《实施方案》得到中国气象局科技与气候变化司的肯定与批复。

组织编写了2012年、2013年度《云南省重大灾害性天气气候技术总结文集》，对2012～2013年云南省出现的灾害性天气气候事件及时进行深入分析总结。

组织编制了《云南省全面推进气象现代化实施方案》，明确提出科技创新能力更显著的目标，强调了围绕“低纬高原复杂地形下中尺度数值模式本地化应用研究”和“季风对低纬高原气候变化影响及极端气候事件研究”等特色科研领域，加强云南气象科技创新能力建设，科研成果向业务转化的比例逐年增加，提高科技创新对业务服务的贡献率。

【气象减灾科研项目立项数明显增多】 国家级和省级层面的重大科研项目取得新进展，获得立项的项目数量明显增多、质量有较大的提升。2012～2013年共争取到省部级以上科研项目22项。

《西南地区旱涝延伸期天气与短期气候预测的新方法与应用》获得国家公益性行业（气象）科研专项资助。《青藏高原东南侧春雨气候特征及其成因研究》、《基于雷达和卫星低纬高原强对流风暴演变及闪电特征研究》、《MJO异常对东亚季风涌的作用及其对我国东部延伸期天气影响的研究》、《昆明准静止锋进退机理研究》、《季节转换期副热带西风急流变化对云南降水的影响》和《低纬高原强对流天气的闪电活动特征及其在预警中的应用》等8个项目获得了国家自然科学基金项目资助。《云南精细化客观气象要素预报业务系统及应用》、《云南省地质灾害气象风险预警技术集成及应用》等11个项目获得中国气象局资助。《热带MJO异常活动对云南极端干旱的影响》、《云南省人工防雹作业条件预报研究与应用》2个项目获云南省应用基础研究面上项目立项支持。

2012～2013年云南省气象局共投入科技专项资金200万元。设立了由“业务能力研究与提升建设专项”、“预报员技术开发专项”、“气候变化专项”、“气象科技成果转化（推广）项目”等4类科技项目组成的科技计划体系。2012～2013年度省气象局共评审立项科研项目48项。

【气象减灾研究论文（专著）】 2012～2013年，云南省气象部门科技人员共发表298篇科技论文，其中SCI（SCIE）、EI收录论文7篇，国内核心期刊上发表96篇，在国内非核心期刊及学术会议文集上发表195篇。出版专著5部：《印度洋海温异常的特征及其影响》、《气象与水电工程》、《农业气象知识与实用技术》、《云南省风能资源及其开发利用》、《低纬高原地区雷电监测预警方法研究与应用》。

【气象减灾研究成果获奖】 2012～2013年云南省气象部门有3项成果获得了云南省人民政府奖励，其中云南省科学技术奖科技进步类二等奖1项，云南省科学技术奖科技进步类三等奖2项。玉溪市气象局、昆明市气象局等完成的《新农村气象信息服务体系建设研究及推广应用》获2012年度云南省科学技术奖科技进步类二等奖。云南省气象科学研究所、云南省人工影响天气中心完成的《云南人工增雨数值模式产品应用系统研发与推广》获2012年度云南省科学技术奖科技进步类三等奖。由大理白族自治州气象局等完成的《大理特色优质烟叶气候生态区划》获2013年度云南省科学技术奖科技进步类三等奖。

【气候预测防灾减灾能力提升】 云南省气象局连续投入业务能力研究建设专项资金支持，开展了《多时间尺度旱涝和低温冷害气候预测业务系统》、《基于74项环流指数的云南月气候预测业务系统》以及《动力气候模式降尺度技术在云南短期气候预测中的应用研究》等项目研发，更新完善了相关业务工具，省级短期气候预测水平不断增强，重大气候灾害的监测与影响评估业务能力得到了提高。

完成了气候信息交互显示与分析系统与气候业务基础数据环境建设。初步建立了云南CIPAS业务系统实时数据接收和处理流程，已形成较为统一的省级气候业务数据环境。建立了极端气候事件监测本地化业务系统。针对云南省的网络接口和数据获取渠道，开发了极端气候事件监测业务系统实时资料添加程序，实现了平均气温、最高温度、最低温度、降水资料的实时追加，使极端天气气候监测系统的实时监测功能得以实现。推进了省级干旱定量化评估系统的本地化应用。根据干旱业务需求进一步细化了云南干旱定量化评估技术路线，以“省级干旱定量化评估系统”为平台，建立了本地干旱数据库，初步形成了干旱监测、评估、应用一体化的业务流程。多模式超级集合解释应用业务系统MODES投入应用。初步建立云南省气候预测数据传输以及常规预测产品数据的上传流程，并对现有预测系统以及MODES1.0系统的预测系统进行实时检验。降水、气温预测产品已在短期气候预测业务中得到应用。

【精细化预报防灾减灾水平明显提升】 云南省气象局紧紧围绕气象防灾减灾的中心工作，以提高气象预报预测准确率和精细化水平为核心，开展科学研究和技术开发。2012~2013年组织实施了《云南省滑坡泥石流灾害预报预警模型精细化研究》、《复杂地形精细化对流有效位能计算及应用研究》等项目，提高了云南精细化预报水平。

通过组织研发2013年中国气象局气象关键技术集成与应用项目《云南省精细化客观预报业务系统》，对建模过程中的基本预报因子技术方案进行了改进，将与云南天气密切相关的具有地域特征的天气指标、系统和天气系统指数等引入基本因子库，经技术改进后的精细化客观预报产品的准确率有明显提高。建立了适合云南的MOS精细化客观预报业务，可自动制作预报时效0~240小时，具有降水、温度、风向、风速等11个气象要素的客观预报产品，其中0~36小时时间分辨率分别为3、6、12小时；48~240小时分别为12、24小时，空间分辨率包括云南省内125个县级站点和1334个乡镇站点。

通过实施省局业务能力研究与提升建设专项《强对流天气临近预报系统（SWAN）本地化应用研究》，建立了基于多普勒天气雷达、卫星TBB和闪电资料的强对流识别预警指标体系，完善了客观指导和主观订正相结合的业务流程，特征指标进入强对流天气临近预报系统（SWAN），提高了SWAN系统在云南本地化运行效果，在强对流天气实时监测预警中发挥了较好作用。

【数值模式预报能力取得新进展】 为了满足精细化预报和防灾减灾的需求，云南省气象科学研究所运行的“中尺度WRF模式预报业务系统”投入业务正式运行，其产品已向全省各级气象台站发布。

该系统利用新一代细网格中尺度WRF（Weather Research and Forecasting）模式（V3.4.1），将空间分辨率由10千米提高到3千米，预报时效由48小时延长到72小时，且实现了稳定运行。通过微物理、积云参数化、边界层、地面和陆面过程不同方案试验，确定了适合云南干季和雨季的模式物理参数化方案。利用NCEP/GFS资料，分别进行干季和雨季同化系统中背景误差协方差统计，使同化系统更能体现模式区域背景条件。经过业务试运行检验，结果表明，预报效果优于10千米的WRF模式。项目成果提升了我省数值预报模式的科研开发与应用能力，逐步形成了稳定的数值预报模式应用技术研发团队，为我省中尺度天气预报业务的建立和发展，提高天气预报的精细化水平和防灾减灾能力提供了有力的技术支撑。

【低纬高原雷电预警研究增强气象防灾减灾能力】 开展《低纬高原雷电自动预警预报方法的研究和应用》研究，项目采用多普勒天气雷达、卫星云图和大气电场仪等新一代探测系统提供的各种探测资料与闪电定位系统地闪监测资料同步叠加技术，首次确立了低纬高原地区雷电发生的雷达回波和卫星云图特征指标和阈值及大气电场三级预警阈值，建立了雷电客观自动预警系统。

项目的研究成果不仅为云南雷电监测预警提供良好的业务工具，而且为暴雨、冰雹等强对流天气业务和科研提供了基础平台，增强了气象防灾减灾能力。项目推广到云南电力试验研究院（集团）有限公司电力研究院和云南省防汛抗旱指挥部等部门，对雷击灾害防护和强对流天气引发的暴雨洪涝防范具有较好的指导作用。

【气候变化研究为政府决策提供参考】 云南省气象局和国家气候中心联合开展《云南未来10~30年气候变化预估及其影响》项目研究。分析归纳了气候变化的观测事实、气候变化对敏感领域的影响；利用全球气候模式和区域气候模式，预估了不同温室气体排放情景下，未来10~30年气温、降水、极端天气气候事件、气象灾害的变化趋势；提出科学适应气候变化的建议。项目研究成果《云南未来10~30年气候变化预估及其影响评估决策咨询报告》已呈报云南省委省政府。项目研究在生态环境保护、现代农业持续发展、水资源合理配置和基础设施规划建设等领域积极适应气候变化，具有重要战略意义和现实指导意义。

【气象科技宣传、沟通、交流与合作】 云南省气象局积极开展气象科技的科普宣传工作。与《春城晚报》、《云南日报》、《都市时报》、云南电视台《都市条形码》等多家媒体联合，积极开展气象科技的科普宣传活动。利用“3·23”气象日、“5·12”防灾减灾日等向公众普及宣传气象科技和气象防灾减灾知识。积极参加全国农业农村生态文明建设活动，应农业部、中国科协等六个部委的邀请，云南省气象局在大理市上关镇大营村委会开展了《大理州农业气候及农业气象灾害特点》讲解和科普宣传活动，取得了良好的科普宣传效果。云南省气象学会举办云南“气象大讲坛”，邀请相关领域的知名专家做专题学术交流。“气象大讲坛”每月举办1~2次，积极促进气象与相关部门横向的沟通和合作，牵引气象部门纵向的联动和交流。

【风能、太阳能等气候资源开发利用】 进一步强化了气候可行性论证的社会管理职能。完成了云南省地方标准《风电场风能资源测量技术规范》、《风电场风能资源观测数据处理规范》、《风电场风能资源评估报告编写规范》的编制工作，于2013年7月正式颁布实施，从技术上规范了云南风能资源评估工作。完成《云南省昆明市禄劝县凤凰山风电场风能资源评估报告》等多个风电场的风能资源评估报告编写。编制完成大古衙、老鹰岩、莫左山等太阳能电场的太阳能资源评价报告和宾川、南涧等多个县域太阳能资源评估报告。通过不断理顺风能资源探测与评估的各项流程，为我省清洁能源的开发利用提供了科学可靠的依据。

（王　鹏）

领导视察和讲话

【许小峰到云南慰问指导】 2012年1月14~16日，中国气象局党组副书记、副局长许小峰赴云南慰问指导，并深入保山市、隆阳区、腾冲县气象局，看望慰问一线气象干部职工。许小峰要求气象部门要围绕地方需求，开拓创新做好各项服务工作，不断提高自身能力和水平，加大人才建设、加强科学管理，以适应地方社会经济发展对气象部门提出的新的要求。

【孔垂柱听取气象分析预报】 2012年4月27日，云南省政府在省气象局召开气象形势分析会，分析气候情况和抗旱形势，安排部署全省抗旱工作。云南省副省长孔垂柱听取了省气象局对当前天气气候特点的分析和后期气候预测，指出云南连续三年干旱，面对严重的灾情，省气象局切实加强气象服务，积极主动做好灾情预报预警，及时开展人工增雨作业，为全省经济社会健康发展和抗旱减灾做出了积极的贡献，省政府对气象工作表示满意。

【李纪恒听取气象专题报告】 2012年7月25日，云南省省长李纪恒在云南省第82次省政府常务会议上听取了云南省气象局对全省天气情况、气象防灾减灾工作专题报告，李纪恒要求各级气象、水利、国土等部门要加强监测预报，切实做好雨情、水情、山洪和地质灾害的监测预警预报工作。副省长孔垂柱在会上要求气象部门在前期人影工作取得成绩的同时，要继续优化高炮作业，加快推进云南飞机增雨工作。

【郑国光到云南调研指导】 2012年8月15~16日，中国气象局党组书记、局长郑国光一行在云南调研指导工作。郑国光局长深入昆明市气象局、云南省气象台、省气象服务中心、省气象信息中心等单位检查指导，要求云南气象部门坚持公共气象服务方向，拓宽服务领域，强化服务方式和手段，提高服务的覆盖面以及通俗性，切实提高服务效益，为保障人民生命财产安全做出新贡献。

【郑国光慰问彝良气象干部职工】 2012年9月7日11时19分，云南省昭通市彝良县发生5.7级地震，震源深度14千米。灾情发生后，中国气象局高度重视，局长郑国光立即致电云南省气象局，对灾区气象干部职工表示亲切慰问。同时要求做好干部职工思想稳定工作，保证业务生活安全，做好抗灾专题气象服务工作。

【李纪恒肯定彝良抗震救灾气象服务】 2012年9月9日，云南省省长李纪恒在彝良抗震救灾指挥部现场工作会议上充分肯定抗震救灾气象服务工作。他表示，在彝良抗震救灾工作中，气象预报预测服务为抗震救灾提供了科学依据，特别是省气象局领导每天通过手机短信及时向省领导汇报震区天气情况，提出救灾建议，为抗震救灾指挥决策提供了优质服务。李纪恒要求气象部门要继续坚持这种细致的服务，加强气象预报预测，为赢取抗震救灾工作的全面胜利作出贡献。

【郑国光会见李纪恒】 2012年10月18日，中国气象局党组书记、局长郑国光在京会见了云南省委副书记、省长李纪恒。中国气象局副局长宇如聪，中央纪委驻中国气象局纪检组组长、局党组成员刘实，云南省政府秘书长卯稳国参加会见。郑国光感谢云南省委、省政府一直以来对气象工作的高度重视和大力支持，并介绍了与云南省政府签署省部合作协议以来中国气象局对协议的落实情况。李纪恒表示将加快落实省部合作协议，进一步支持协议中相关项目的落实。与中国气象局紧密合作，加快云南防灾减灾业务建设，切实保障云南经济社会发展和人民群众生命财产安全。

【孔垂柱主持召开人影专题会议】 2012年11月16日，云南省副省长孔垂柱主持召开全省人工影响天气工作专题工作会议，要求各级、各有关部门要把气象服务和人工影响天气工作作为关系广大人民群众生命财产安全、关系经济社会发展全局的大事来抓，进一步加快现代气象业务体系建设、加强人工影响天气工作，努力提升气象和人工影响天气服务经济社会发展的能力水平。

【李纪恒肯定气象防灾减灾工作】 2012年12月19日，云南省省长李纪恒在云南省应急指挥中心视察应急平台保障工作时指出，气象局为防灾减灾做了很多工作，特别是在昭通彝良“9·7”地震和“10·4”滑坡泥石流预警中，气象服务主动及时，有效减轻了灾害损失，得到了人民群众的称赞。他希望气象局再接再厉，继续努力，加强应急能力建设，提高防灾减灾能力。

【刘实在《2012年纪检监察审计工作总结报告》上批示】2013年1月18日，中国气象局纪检组长刘实在云南省气象局党组纪检组《关于2012年度纪检监察审计工作总结的报告》上批示：“2012年，云南省局党组及纪检组监审处，结合实际全面推进党风廉政建设各项工作，取得了可喜的成绩。望继续努力，争取更大的进步。”

【宇如聪慰问彝良地震灾区气象干部职工】 2013年1月20日，中国气象局副局长宇如聪一行深入云南昭通彝良地震灾区看望慰问气象干部职工，指导灾后恢复重建工作。宇如聪代表中国气象局对彝良气象干部职工的辛勤工作表示感谢，他鼓励气象干部职工不断加强能力培养，提高服务水平，为地方党委、政府、为老百姓提供更加优质的气象服务。

【秦光荣对抗旱工作提出要求】 2013年2月17日，云南省委召开昆明市城乡蓄水、供水情况调研座谈会。省委书记秦光荣在会上指出，近年来持续干旱，给城乡用水带来了较大困难，必须高度重视、采取有力措施，切实保障城乡生产生活用水。气象部门要加强干旱监测预测分析，做好人工影响天气工作。

【李纪恒在《重要气象信息专报》上批示】 2013年2月20日，云南省省长李纪恒在省气象局上报的《重要气象信息专报》上批示：从省气象局的分析来看，目前我省冬、春和初夏缺水连旱的趋势愈加明显，今年抗旱形势仍然较为严峻。全省各级各部门各单位要把抗旱放在当前工作的重要位置，抓紧采取措施，最大限度地减轻干旱对全省经济社会发展和人民群众生活的影响。

【李纪恒对抗旱救灾提出要求】 2013年3月21日，云南省省长李纪恒在全省春耕生产工作现场会议上指出，根据气象部门预测，全省旱情仍将持续发展。各地各部门要做好长期抗旱、抗大旱的思想准备，适时采取措施，全力以赴打好抗旱救灾这场硬仗。气象部门要加强预测预报，做好气象服务。

【矫梅燕到云南检查防汛抗旱工作】 2013年5月14~16日，国家防总副秘书长，中国气象局副局长矫梅燕率国家防总防汛抗旱检查组到云南检查，对云南做好2013年防汛抗旱工作提出了警惕旱涝急转、强化防汛准备工作；认真抓好山洪灾害防御；强化防汛抗旱组织领导；加强各部门间的应急联动、强化责任制等要求。

【沈培平在《昆明市“7·19”主城区内涝灾情》上批示】2013年7月19日，云南省副省长沈培平在《昆明市“7·19”主城区内涝灾情》上作出批示，要求全省各级政府和相关部门加强协调配合，形成工作合力，加强极端天气灾害的防范和监测预警工作。

【许小峰对云南气象工作提出要求】 2013年7月22日，中国气象局副局长许小峰出席云南省气象局干部会议，要求云南省气象局以改革创新的精神，扎实推进气象现代化建设和县级气象机构综合改革。

【沈培平对云南气象工作提出要求】 2013年7月22日，云南省副省长沈培平出席云南省气象局干部大会，对全省气象工作提出三点建议：一是继续抓好干部队伍建设，二是加快气象现代化建设步伐，三是提高气象工作服务“十百千万”行动计划的能力。

【沈培平在汛期气象服务情况报告上批示】 2013年11月13日，云南省副省长沈培平在《云南省气象局关于2013年汛期气象服务工作情况的报告》上批示，充分肯定气象服务工作，要求气象部门继续加强灾害性天气监测预报预警，进一步做好气象灾害防御工作，推进高原特色农业气象服务体系建设，科学开展人工影响天气作业。

（冯 颖）

地方性法规及规范性文件

【《云南省气象灾害防御条例》颁布实施】 2012年7月29日，云南省十一届人大常委会第三十二次会议表决通过了《云南省气象灾害防御条例》，于2012年10月1日实施。这是我省人大常委会通过的第二部地方气象法规，共6章46条，包括总则、预防、监测、预报和预警、应急处置，法律责任和附则。《条例》结合云南实际，对气象灾害防御工作中各级政府及其有关部门的职责、防御规划制定、配套防御工程建设、防御知识宣传教育、气候可行性论证、雷电灾害防御、气象灾害预警信息发布、气象灾害信息共享、应急处置措施等做出了明确要求。

【《云南省人民政府办公厅关于加强气象灾害监测预警及信息发布工作的实施意见》】 2012年6月，云南省政府办公厅下发了《云南省人民政办公厅关于加强气象灾害监测预警及信息发布工作的实施意见》（云政办发〔2012〕113号），提出了气象灾害监测预警及信息发布工作总体要求和工作目标以及大力提高气象灾害预测预警能力、强化气象灾害预警信息发布与传播、有效发挥气象灾害预警信息作用、加强组织领导和保障能力建设五个方面的实施意见。

【《国务院办公厅关于进一步加强人工影响天气工作的实施意见》】 2012年，国务院办公厅下发了《国务院办公厅关于进一步加强人工影响天气工作的实施意见》（国办发〔2012〕44号），该《意见》对人工影响天气的发展目标、开展重点领域（农业生产服务、合理开发空中云水资源、突发事件应对和重大保障活动）作业服务、加强能力建设（基础保障能力、科技支撑能力、指挥调度水平）、强化保障措施（切实加大投入、加强队伍建设、健全法规规范）、加强组织领导等五个方面加强人工影响天气工作提出了实施意见。

【《云南省人民政府办公厅关于进一步加强人工影响天气工作的实施意见》】 为贯彻落实《国务院办公厅关于进一步加强人工影响天气工作的实施意见》（国办发〔2012〕44号），进一步加强我省人工影响天气工作，省政府于2013年10月下发了《云南省人民政府办公厅关于进一步加强人工影响天气工作的实施意见》（云政办发〔2013〕131号），针对我省实际，提出从四个方面加强我省人工影响天气工作：一是准确把握人工影响天气工作的总体要求，明确了新时期我省人工影响天气工作目标任务；二是做好重点领域服务保障工作，特别是强化高原特色农业保障服务、水资源安全保障服务、生态建设与环境保护保障服务；三是科学推进人工影响天气工作；四是加大对人工影响天气工作的支持力度。

（李仕群）

防震减灾

概　　况

【震灾概述】　2012年云南地区（21°～29°N，97°～106°E）发生$M \geq 3$以上地震299次，省内最大地震为6月24日云南省丽江市宁蒗彝族自治县、四川省凉山彝族自治州盐源县交界发生的5.7级地震和9月7日昭通市彝良县发生的5.7、5.6级地震。全省因地震死亡84人，受伤1226人，失去住所约198125人，直接经济损失48.112亿元。

2013年云南地区（21°～29°N，97°～106°E）共发生$M \geq 3$以上地震413次，省内最大地震为8月31日云南省迪庆藏族自治州香格里拉县、德钦县与四川省甘孜藏族自治州得荣县交界发生的5.9级地震。全省因地震死亡3人，受伤93人，失去住所约53163人，直接经济损失23.7178亿元。

【刘慧晏到省地震局调研】　2012年10月12日，省政府刘慧晏副省长率姚国华副秘书长等一行到省地震局看望慰问广大干部职工，检查指导防震减灾工作。省地震局皇甫岗局长向刘副省长一行作了工作汇报。刘副省长充分肯定了省地震局在防震减灾工作中取得的成绩，并强调：一要不断提高监测预报水平。二要不断强化地震灾害防御能力。三要不断提升地震应急救援能力。四要做好灾后过渡安置与恢复重建的技术指导工作，使恢复重建工作科学有效。

【中国地震局与省人民政府签署合作协议】　2012年10月19日，中国地震局与云南省人民政府在北京举行推进云南桥头堡建设防震减灾合作协议签字仪式。中国地震局党组书记、局长陈建民与中共云南省委副书记、省人民政府省长李纪恒出席仪式并代表双方签署合作协议。李纪恒省长代表省委、省政府和4600万各族人民感谢中国地震局长期以来对云南经济社会发展、人民生活安康、防震减灾及抗震救灾工作的大力支持，并对云南省地震局的工作给予了高度评价。李纪恒省长简要介绍了云南的防震减灾工作情况，希望中国地震局继续把云南作为防灾减灾的重点地区加以关注与指导，从设备、人员培训、技术等方面给予支持，对彝良及其他地震灾区予以倾斜性支持。陈建民局长表示，云南省委、省政府高度重视防震减灾工作，在省委、省政府的领导下，云南防震减灾及抗震救灾工作取得新进展。中国地震局将在相关方面对云南防震减灾工作给予大力支持。刘玉辰副局长代表中国地震局对协议的签署表示祝贺。他说，签署合作协议，既是中国地震局和云南省长期合作的延续，更是深化合作的开始。中国地震局将认真履行协议，给予大力支持。刘慧晏副省长说，防震减灾工作是一个国家或地区社会经济科学发展和谐发展的重要保障。云南将以合作协议签署为契机，积极主动加强与中国地震局的沟通配合，全力抓好合作协议的落实，推动云南防震减灾事业实现新的跨越。

按照协议，双方将重点在5个方面继续加强合作，一是支持滇中城市经济圈、重要沿边开放经济带和经济走廊所涉及的地震重点监视防御区内地震监测预报、震灾预防、应急救援和地震科技等防震减灾工作体系建设。二是以中国地震局为主，双方共同建设云南地震烈度速报与预警系统，开展云南区域地震速报与预警应用技术研发，重点为云南交通运输网络、电力网络和油气管道运维等重大基础设施和生命线工程提供地震安全服务。三是以云南省人民政府为主，双方共同建设云南大震应急处置平台，建立地震灾害信息获取、处理和服务的快速共享技术系统。四是以中国地震局为主，双方共同在云南建立国家地震预报实验场，聚集全国地震预测预报优秀骨干，创新管理体制机制，成为全国地震预测新理论新方法和新地震观测仪器的实验基地，同时建成国际地震科技合作交流平台。五是根据云南震害防御区域特点，加强云南防震新材料新技术研发和应用，建设减隔震技术实验室，成为中国地震局重点实验室。中国地震局在技术研发、实验检测、观测和应用方面提供支持，云南省人民政府在产业发展和技术推广方面给予政策扶持。双方将建立合作联席会议制度，研究解决推进过程中遇到的问题。

【李纪恒到防震减灾技术实验基地调研】　2012年12月25日，李纪恒省长率队到昆明防震减灾技术试验基地调研，副省长刘慧晏、政府秘书长卯稳国及省政府办公厅、省级相关部门领导参加了调研。李纪恒一行先后查看了昆明基准地震台、减隔震技术试验室和地震现场应急指挥平台。

在实地调研和听取汇报后，李纪恒省长强调要切实加强防震减灾工作，筑牢人民群众生命财产安全屏障。他指出，几十年来云南省地震局为云南经济发展、社会稳定和人民安居乐业做出了重大贡献，得到党和国家、省委省政府的表扬和奖励。2012 年“9・7”彝良地震中，省地震局快速研判震情，在地震灾区夜以继日开展应急工作，最快速度提供灾害损失评估报告，为省委省政府抗震救灾和恢复重建工作提供了最详实的、最科学的资料。李纪恒省长进一步指出，党的十八大明确提出要加强防灾减灾体系建设，提高气象、地质、地震灾害防御能力。继续做好防震减灾工作是事关全省经济社会发展的重要工作，是省委省政府和各级党委政府的艰巨任务。就下一步开展防震减灾工作，李纪恒省长提出六个方面要求，第一，不断提高震情监测预报水平。第二，不断强化地震灾害防御能力。第三，不断提升地震应急救援能力。第四，不断强化加强组织指挥体系建设。第五，不断夯实震灾防范社会基础。第六，不断完善防震减灾政策保障。

【秦光荣出席减灾备灾工作会议】 2013 年 5 月 10 日上午，云南省人民政府在省地震局召开防震减灾备灾有关工作情况汇报会，省委秦光荣书记出席会议并作重要讲话。省委常委、秘书长曹建方，省政府副省长尹建业，省委副秘书长蔡勇、省政府副秘书长杨斌，省军区、发改委、民政厅、财政厅、住建厅、国土厅、卫生厅、武警总队、消防总队等部门的领导和省地震局领导及专家参加会议。会议再次传达了 2 月 27 日习近平总书记就做好防震减灾工作作出的重要批示，传达了汪洋副总理5 月 8 日在新华通讯社国内动态清样（第 198 期）上的批示。会议听取了民政厅就十大能力进展情况的汇报，听取了省地震局就云南震情形势及进一步加强防震减灾工作措施的汇报。会议要求认清地震形势，把握内紧外松原则，提早谋划，防患未然，提出具体工作措施，全力做好防震备灾工作。秦书记在讲话中提出要变被动救灾为主动防灾，要在十项重大措施建设成果的基础上继续采取一系列措施全面提升云南省防震减灾综合能力，切实减少人民群众生命财产损失。

【陈建民调研群众路线教育实践活动】 2013 年 7 月 21 日，中国地震局陈建民局长亲自带队，深入群众路线教育实践活动联系点云南省地震局进行调研。7 月 22 日上午，调研组一行在云南省地震局召开群众路线教育实践活动情况汇报和征求意见座谈会。中国地震局有关司室主要负责人，中国地震局第五督导组成员，云南省地震局党组成员、副巡视员出席会议。云南省地震局相关人员参加了会议。

会上，云南省地震局局长皇甫岗就云南省防震减灾工作及党的群众路线教育实践活动开展情况进行了详细的汇报。中国地震局调研组在会上认真听取了与会人员对于中国地震局党组、党组成员、局机关在“四风”方面的意见和建议。

陈建民局长在会上作了讲话。他首先对云南局的防震减灾工作和群众路线教育实践活动给予了充分肯定。他指出，云南省地震局在党组的直接领导下，广大党员干部积极参加，认真领会中央精神和中国局党组要求，结合实际，做了大量工作，为下一步全面开展党的群众路线教育工作奠定了很好的基础。

为进一步做好防震减灾工作和开展好群众路线教育实践活动，陈建民局长分别提出了三点具体意见。在切实抓好群众路线教育实践活动方面，他要求：一要认清意义，提高认识；二要认真执行、不折不扣；三要结合实际，务求实效。在防震减灾工作方面，他要求：第一牢固树立“震情第一”观念，按中央要求，工作和活动两手抓、两不误、两促进。第二，以中国局党组提出的群众路线教育实践活动“三强化、三提升”为载体，切实加强自身能力建设和社会防御地震灾害能力建设。第三，认真贯彻十八大精神，坚持防震减灾融合式发展的道路。

灾　　情

【宁蒗—盐源 5.7 级地震】 2012 年 6 月 24 日 15 时 59 分 32 秒，云南省丽江市宁蒗彝族自治县、四川省凉山彝族自治州盐源县交界（北纬 27.7°，东经 100.7°）发生 *M*5.7 地震，震源深度 11 千米。宏观震中位于永宁乡永宁村委会陈家湾—海玉角—拉鲁瓦一带，极震区烈度Ⅶ度（海玉角、陈家湾、八七、拉鲁瓦等个别居民点Ⅷ度）等震线形状呈椭圆形，长轴走向为北西向。

根据云南省地震台网测定，截止到 2012 年 06 月 29 日 12 时，本次地震序列共发生 221 次，按 *M* 震级统计，其中 0.0 ~0.9 级 165 次，1.0 ~1.9 级 44 次，2.0 ~2.9 级地震 9 次，2.0 ~3.9 级地震 2 次，最大余震是 26 日 14 点 21 分发生的 3.3 级地震。

本次地震云南灾区主要涉及云南省宁蒗县的 4 个乡镇、16 个行政村（居委会）、灾区人口 60286 人，13814 户。本次地震造成宁蒗县 3 人死亡，25 人重伤，369 人轻伤。

烈度分布。宏观震中位于永宁乡永宁村委会陈家湾—海玉角—拉鲁瓦一带，极震区烈度Ⅶ度（海玉角、陈家湾、八七、拉鲁瓦等居民点烈度达Ⅷ度），等震线形状呈椭圆形，长轴走向为北西向。灾区总面积 2218 平方千米，其中，云南灾区面积 1365 平方千米，四川灾区面积 853 平方千米。Ⅶ度区总面积 310 平方千米，Ⅵ度区总面积 1908 平方千米。云南灾区Ⅶ度区范围：主要分布在永宁乡境内，东边以省界为界，西至拖支村委会拉家村一带，北自温泉村委会拖且村，南到上落水村一带，总面积约 241 平方千米。云南灾区Ⅵ度区范围：涉及永宁乡、拉伯乡、红桥乡和翠玉乡，东边、北边以省界为界，西至拉伯乡拖甸村以西，南到红桥乡水井湾、白岩子一带，总面积约 1124 平方千米。

损失评估。地震造成的经济损失主要包括民房、教育系统、卫生系统和其他公用房屋建筑、生命线工程、水利设施和评估区外的损失。经云南省地震灾害损失评定委员会评定，宁蒗 - 盐源 5.7 级地震云南灾区直接经济总损失 50730 万元。其中，宁蒗县 50130 万元，玉龙县 600 万元。

【彝良 5.7、5.6 级地震】 2012 年 9 月 7 日 11 时 19 分 40 秒，云南省昭通市彝良县（北纬 27.5°，东经 104.0°）发生 5.7 级地震；12 时 16 分 29 秒，彝良县（北纬 27.6°，东经 104.0°）再次发生 5.6 级地震。地震宏观震中洛泽河镇的毛坪村至老洛泽河村一带，极震区烈度达Ⅷ度。

根据云南省地震台网测定，截至 2012 年 9 月 12 日 18 时，本次地震序列共发生 440 次，按 *M* 震级统计，其中 0.0～0.9 级 319 次，1.0～1.9 级 83 次，2.0～2.9 级 31 次，3.0～3.9 级 3 次，4.0～4.9 级 2 次，5.0～5.9 级 2 次。

本次地震云南灾区主要涉及云南省昭通市彝良县昭阳区、大关县、镇雄县的 32 个乡镇、171 个行政村（居委会）。灾区人口 715713 人，178404 户。本次地震造成云南 81 人死亡，832 人受伤。

烈度分布。宏观震中位于洛泽河镇的毛坪村至老洛泽河村一带，极震区烈度达Ⅷ度，等震线形状呈椭圆形，长轴走向北东向。灾区总面积 3697 平方千米，其中，云南灾区面积 3118 平方千米，贵州灾区面积 579 平方千米。Ⅷ度区：主要涉及彝良县洛泽河镇与角奎镇，总面积约 263 平方千米。Ⅶ度区：主要分布在云南省彝良县、昭阳区与贵州省威宁县境内，东起彝良县海子乡瓦房村，西至昭阳区小龙洞乡大寨坪村—宁边村一带，北自彝良县龙安乡三乐村—恒德村一带，南到贵州省威宁县石门乡新民村。云南灾区面积约 674 平方千米。Ⅵ度区：主要涉及云南省彝良县、昭阳区、大关县、镇雄县及贵州省威宁县，东起彝良县龙海乡大溪村一带，西至昭阳区旧圃镇红泥村，北自彝良县两河乡政府驻地一带，南到贵州省威宁县黑土河乡海嘎村。云南灾区面积约 2181 平方千米。Ⅵ度区内南西一侧，有 8 个调查点可以圈出的Ⅶ度异常区（北起大平子，南至白坡；西自长利，东到塘房），呈北北东向带状分布。调查发现，该异常区多位于小山包上，部分区域位于新近纪含煤地层上（地层含膨闰土），软弱岩土效应和地形效应（可使地震波放大）是导致该区震害明显加重的主要原因。

损失评估。地震造成的经济损失主要包括民房、教育系统、卫生系统和其他公用房屋建筑、生命线工程、水利设施和评估区外的损失。经云南省地震灾害损失评定委员会评定，彝良 5.7、5.6 级地震云南灾区直接经济总损失 430390 万元。其中，彝良县 340650 万元，昭阳区 67990 万元，大关县 18390 万元，镇雄县 3360 万元。

【洱源 5.5 级地震】 2013 年 3 月 3 日 13 时 41 分 15 秒，云南省大理州洱源县（北纬 25.9°，东经 99.7°）发生 *M*5.5 地震。地震宏观震中位于炼铁乡前甸村委会新建村至江旁村委会一带，等震线形状呈椭圆形，长轴走向北西向。极震区烈度达Ⅶ度，灾区总面积 2081 平方千米。

根据云南省地震台网测定，截止到 2013 年 3 月 7 日 8 时，本次地震序列共发生 129 次地震，按 *M* 震级统计，其中 0.0～0.9 级 98 次，1.0～1.9 级 25 次，2.0～2.9 级 5 次，5.0～5.9 级地震 1 次。

本次地震灾区主要涉及云南省大理州洱源县、漾濞县及云龙县的 12 个乡镇、61 个行政村（居委会）；灾区人口 141588 人，39311 户。其中，洱源县 30304 户、109451 人，漾濞县 4423 户、15532 人，云龙县 4584 户、16605 人。地震中 30 人受伤，其中重伤 1 人。

烈度分布。极震区烈度达Ⅶ度，宏观震中位于炼铁乡前甸村委会新建村至江旁村委会一带，等震线形状呈椭圆形，长轴走向北西向。Ⅶ度区：主要分布在云南省洱源县、漾濞县境内，东起洱源县炼铁乡月亮坪村以西，西至西山乡黑树坪村—多衣树村附近，北自炼铁乡上江咀村附近，南到西山乡勒登村—漾江镇冷涧村一带。面积约 279 平方千米。Ⅵ度区：主要涉及洱源县、漾濞县及云龙县，东起洱源县右所镇海棠村，西至云龙县关坪乡温坡村—长新乡丕登村一带，北自乔后乡西桃坪村，南到漾濞县富恒乡白荞村附近。面积约 1802 平方千米。

损失评估。地震造成的经济损失主要包括民房、教育系统、卫生系统和其他公用房屋建筑、生命线工程、水利设施和评估区外的损失。经云南省地震灾害损失评定委员会评定，洱源 5.5 级地震灾区直接经济总损失 70800 万元。其中，洱源县 55290 万元，漾濞县 6740 万元，云龙县 6760 万元，剑川县 1050 万元，永平县 960 万元。

【洱源—漾濞 5.0 级地震】 2013 年 4 月 17 日 9 时 45 分，云南省大理州洱源县（25.9°N，99.8°E）发生 *M*5.0 地震。此次地震与“3·3”洱源 5.5 级地震间隔仅 45 天。

据云南省地震台网测定，前发地震序列（从 2013 年 3 月 3 日 13 时 41 分开始，截止到 3 月 7 日 08 时）共记录到地震 129 次，按 *M* 震级统计，其中 0.0～0.9 级 98 次，1.0～1.9 级 25 次，2.0～2.9 级 5 次，5.0～5.9 级地震 1 次。

续发地震序列（从 2013 年 4 月 17 日 9 时 45 分开始，截止到 4 月 21 日 20 时）共记录到地震 164 次，按 *M* 震级统计，其中 0.0～0.9 级 103 次，1.0～1.9 级 45 次，2.0～2.9 级 10 次，3.0～3.9 级 4 次，4.0～4.9 级 1 次。最大余震为 4 月 18 日 11 时 46 分的 4.1 级地震。

2 次地震综合灾区主要涉及云南省大理州洱源县、漾濞县、云龙县以及大理市的 13 个乡镇、71 个行政村（居委会）；灾区人口 164470 人，45294 户。其中，洱源县 30304 户、109451 人，漾濞县 7564 户、26381 人，云龙县 5987 户、21693 人，大理市 1439 户，6945 人。

续发地震后灾区新增 1 个乡镇、10 个行政村（居委会）；新增灾区人口 22882 人，5983 户。续发地震共造成 14 人受伤，其中，洱源 12 人、漾濞 2 人。

烈度分布。极震区烈度达Ⅶ度，宏观震中位于炼铁乡翠屏村委会凤鸣村至长邑村一带，等震线形状呈椭圆形，长轴走向北西向。综合灾区总面积 2388 平方千米。Ⅶ度区：主要分布在云南省洱源县、漾濞县境内，东起洱源县炼铁乡月亮坪村以西，西至西山乡黑树坪村，北自炼铁乡新生邑村，南到西山乡勒登村。面积 279 平方千米。2 次地震综合Ⅶ度区面积较前发地震无增加。Ⅵ度区：主要涉及洱源县、漾濞县、云龙县及大理市，东起大理州大理市喜洲镇花甸坝药材场五队，西至云龙县长新乡新松村—长新乡丕登村一带，北自乔后镇西桃坪村，南到漾濞县富恒乡罗里密附近。面积 2109 平方千米。前发地震Ⅵ度区面积1802平方千米，2次地震综合Ⅵ度区面积新增307平方千米。

损失评估。地震造成的经济损失主要包括民房、教育系统、卫生系统和其他公用房屋建筑、生命线工程、水利设施和评估区外的损失。经云南省地震灾害损失评定委员会评定，续发地震直接经济总损失20878万元。其中，洱源县7671万元，漾濞县6324万元，云龙县5067万元，大理市1616万元，永平县200万元。

【香格里拉、德钦、得荣县交界5.9级地震】 2013年8月28日4时44分、8月31日8时04分，云南省迪庆藏族自治州香格里拉县、德钦县与四川省甘孜藏族自治州得荣县交界（北纬28.22°，东经99.35°；北纬28.22°，东经99.40°）先后发生*M*5.1、5.9地震。

据云南省地震台网测定，截至9月5日14时，本次地震序列共发生地震1668次。其中，0.0~0.9级1125次，1.0~1.9级376次，2.0~2.9级145次，3.0~3.9级13次，4.0~4.9级7次，5.0~5.9级2次。

本次地震云南灾区主要涉及云南省迪庆藏族自治州香格里拉县与德钦县的12个乡镇、43个行政村（居委会）；灾区人口114051人，22483户。其中，香格里拉县15460户、81837人，德钦县7023户、32214人。本次地震中3人死亡，7人重伤，42人轻伤。

烈度分布。极震区烈度达Ⅷ度，宏观震中位于香格里拉县尼西乡幸福村至德钦县奔子栏镇争古村一带，等震线形状呈椭圆形，长轴走向北西向。灾区总面积7241平方千米，其中，云南灾区总面积6071平方千米，四川灾区总面积1170平方千米。Ⅷ度区总面积118平方千米，Ⅶ度区总面积1020平方千米，Ⅵ度区总面积6103平方千米。云南灾区Ⅷ度区：东南起香格里拉县尼西乡幸福村委会三家村一带，西北至德钦县奔子栏镇政府驻地，西南自奔子栏镇迷贡村，东北到香格里拉县尼西乡康萨村，面积约68平方千米。云南灾区Ⅶ度区：东南起香格里拉县尼西乡乡政府驻地，西北至德钦县奔子栏镇关用村，西南自奔子栏镇达扑公村至尼丁村一带，东北到尼西乡巴拉村以北，面积约745平方千米。云南灾区Ⅵ度区：东南起香格里拉县城以南，西北至德钦县飞来寺，西南自德钦县霞若乡归龙村至通谷村一带，东北到香格里拉县格咱乡上村一带，面积约5258平方千米。

损失评估。地震造成的经济损失主要包括民房、教育系统、卫生系统和其他公用房屋建筑、生命线工程、水利设施和评估区外的损失。经云南省地震灾害损失评定委员会评定，云南香格里拉、德钦—四川得荣交界5.9级地震云南灾区直接经济总损失145500万元。其中，香格里拉县82030万元，德钦县61670万元，维西县1800万元。

监 测 预 报

【地震监测预报综合评比】 2011年度云南省共有181个测项参加全国地震监测预报质量评比，共获34个名次，连续第九年保持全国第一，并在获奖数和含金量方面较2010年有所提高。2012年度云南省共有217个测项参加全国地震监测预报质量评比，获36个名次，获奖总数稳步上升，连续第十年保持全国第一。2012年度强震动观测运行维护评比获全国第一名，强震动观测记录评比获全国第二名。

在2011年度地震监测预报工作质量全国统一评比中，分析预报、日常分析预报评比分别获第二名，年度会商报告获第三名。在2012年度地震监测预报工作质量全国统一评比中，2012年年度会商报告获第二名。

【2012年地震监测】 2011年11月1日~2012年9月30日，云南地区共发生1级以上地震3382次，其中1.0~1.9级2502次，2.0~2.9级701次，3.0~3.9级163次，4.0~4.9级12次，5.0~5.9级4次。云南及邻区显著地震事件为：6月22日缅甸4.3级、6月24日宁蒗5.7级、7月1日西藏察隅4.8级、7月10日缅甸5.0级、7月18日四川石棉4.0级、7月22日缅甸5.0级、7月29日缅甸5.6级、7月30日宁洱4.4级、8月2日缅甸4.2级、9月7日彝良5.7，5.6级、9月11日施甸4.5，4.9级、9月8日景谷4.7级和9月23日缅甸4.7级地震。省内最大地震为2012年6月24日宁蒗5.7级和9月7日彝良5.7级地震。

2012年云南地震活动的特点：地震活动平静异常持续发展。省内5级地震自2011年8月9日腾冲5.2级地震后平静达290天；6级地震自2009年7月9日姚安6.0级地震平静2.9年；6.5级地震平静长达12.4年。在强震平静的背景下，全省3、4级中小地震也出现了较显著的异常平静现象，2012年，3级以上地震一直处于低频活动状态，已连续出现了3次3级地震平静15天以上的异常现象；4级地震自2011年12月6日巧家4.1级平静达172天。但滇南至滇西南地区2月份发生8次有感小震，对当地影响较大，小震较为活跃。

2012年云南地区 *M*≥4 地震目录

序号	发震时间	北纬	东经	震中地名	震级		震源深度（千米）
					（M_L）	（M_S）	
1	2012-03-09	25°26′	97°55′	缅甸	4.1		5
2	2012-03-15	22°01′	99°04′	缅甸	4.0		6
3	2012-06-12	28°11′	104°28′	盐津	4.4		7
4	2012-06-22	21°70′	98°17′	缅甸	4.3		6
5	2012-06-24	27°78′	100°66′	宁蒗	6.0	5.6	7
6	2012-07-10	25°20′	96°55′	缅甸	5.5	5.2	8
7	2012-07-22	24°86′	96°48′	缅甸	5.5	5.1	8
8	2012-07-30	23°06′	101°21′	宁洱	4.5		6
9	2012-09-07	27°55′	103°99′	彝良		5.6	10
10	2012-09-07	27°60′	103°97′	彝良	4.3		10

续表

序号	发震时间	北纬	东经	震中地名	震级 (M_L)	震级 (M_S)	震源深度（千米）
11	2012－09－07	27°44′	103°99′	彝良		5.6	2
12	2012－09－07	27°52′	104°	彝良	4.3		9
13	2012－09－11	24°66′	99°18′	施甸	4.4		7
14	2012－09－11	24°66′	99°18′	施甸	4.9		7
15	2012－09－18	23°32′	100°08′	景谷	4.5		6
16	2012－09－23	25°42′	96°63′	缅甸	4.5		6
17	2012－10－15	25°15′	101°90′	禄丰	4.7		10
18	2012－11－11	22°86′	96°02′	缅甸	6.9	6.7	10
19	2012－11－11	22°70′	96°10′	缅甸	6.3	6.1	25
20	2012－12－12	23°04′	96°10′	缅甸	6.1	5.8	13
21	2012－11－14	22°92′	96°08′	缅甸	5.0	4.6	20
22	2012－11－14	26°49′	102°54′	四川	4.3		11
23	2012－11－20	23°01′	96°30′	缅甸	5.0		10
24	2012－12－13	27°06′	102°73′	四川	4.4		4
25	2012－12－14	22°68′	96°02′	缅甸	4.6		10
26	2012－12－18	25°44′	96°46′	缅甸	4.5		10
27	2012－12－26	23°14′	95°97′	缅甸	4.4		10
28	2012－12－26	22°78′	95°95′	缅甸	5.1	4.7	10

【2012年地震短临跟踪】　2012年度，云南省地震局认真贯彻落实回良玉副总理、中国地震局陈建民局长、云南省秦光荣省长等领导的相关批示和有关要求，根据云南地区进入新一轮强震活跃期的基本判定和震情趋势，加强了对震情跟踪工作的领导，认真研究和全面安排部署震情跟踪工作，提出了一系列工作要求和措施，有效地组织开展了震情跟踪工作。云南省地震局党组2次召开震情跟踪专题会议，听取震情跟踪工作和预测预报意见汇报，研究部署安排震情跟踪工作；2月14日专门召开了全省震情跟踪工作会议，组织制定完善云南省震情跟踪工作方案，调整充实了局震情跟踪工作领导小组和专家组、工作组，部署安排有关工作。2012年度2次召开局震情跟踪工作领导小组会议，并召开了4次预报评审委员会会议，对震情判定和跟踪预测工作给予了高度重视和支持。

2012年1月13日省地震局下发《关于制定2012年度震情跟踪工作方案的通知》，2月17日制定完成《2012年度震情跟踪工作方案》下发全省实施。全省各州市地震局和局预报、监测、形变、信息中心及实验场等有关单位也制定下发了各自的方案，全面安排落实震情跟踪工作。

省地震局于2011年12月成立了首次由相关州市地震局部门牵头、局预报研究中心参与的滇东北川滇交界、滇西－滇西北、滇南至滇西南3个重点区跟踪预测工作组，制定了工作方案，预测指标跟踪工作落实到人，工作组成员每周上报异常和分析情况，每月上报预测意见。工作组每月向预报中心和监测预报处报告预测意见和工作意见。

为做好震情跟踪研讨判定和强化监测预报工作，提出震情跟踪要求和安排调整等，2011年11月以来，省地震局共下发了近50份关于震情跟踪和监测预报工作的文件。有关加强震情跟踪和监测预报、应震准备工作的6份；震情研讨及工作会议纪要13份，向中国地震局和省政府上报的《震情反映》8期；报中国地震局《云南省2012年度震情跟踪工作方案》和《宁蒗“6·24”5.7级地震前云南省地震预报和震情跟踪工作情况总结》等总结材料6份，安排重点区和协作区工作文件3份等。

省地震局先后14次派出由局领导或监测预报处领导带队的震情跟踪工作检查组，到滇东、滇西、滇西南重点区和相关州市县地震部门检查指导震情跟踪工作，向当地政府通报震情和有关工作，协调解决有关问题。

为更好地做好震情跟踪分析判定，2012年省地震局根据震情发展组织召开了“云南地区低水位异常研讨会”、“云南近期震情研讨会”、宁蒗“6·24”5.7级地震、彝良“9·7”5.7级和施甸“9·11”4.9级地震后震情研讨会和“滇西震情趋势判定及跟踪工作会”、“滇南至滇南近期震情研讨会”、“滇东震情联合紧急会商会”等震情会议22次。4月26日局震情研讨会统一和坚定了云南近期可能发生破坏性地震的预测判定，较好地预报了宁蒗地震。宁蒗地震后于7月6日和8月16日召开了专题震情研讨会议，认为云南地区的震情没有得到缓解，地震危险性进一步增强，通过强化跟踪分析研究作出了对应彝良“9·7”5.7级的短临预报。

2012年度省地震局由预报中心牵头开展了对2012年度51项前兆异常逐一开展现场调查与核实的工作，先后派出9批次40余人的异常落实工作组到滇西、滇东、滇南等地观测台站开展工作。并由监测预报处组织预报、监测人员组成联合工作组，在对震情跟踪工作检查指导的同时，与当地地震部门共同落实前兆异常和宏观现象近40项。2012年云南省各州市、县地震局也多次派出异常核实调查工作组实地调查核实宏观异常，共派出292人次的专业技术人员落实上报宏观异常80起，确认为地震前兆异常的49项。

【水库台网运行管理】　2012年，小湾水库台网共16个子台，1至10月平均运行率为91.3%，共分析处理地震9257个。上报2011年度小湾台网运行年报，上报2012年上半年工作月报10期。景洪水库台网共4个子台，1至8月运行期内平均运行率为94.741%，共分析处理地震10568个。上报2011年度景洪台网运行年报，上报2012年上半年工作月报8期。

糯扎渡水库台网共12个子台，1至5月平均运行率为91.29%，共分析处理地震14690个。上报2011年度糯扎渡台网运行年报，上报2012年上半年工作月报10期。漫湾水库台网2个子台，2012年7月完成建设和设备安装工作，8月进入试运行。8至10月平均运行率94.22%，共分析处理地震1097个，上报2012年8至10月工作月报3期。

2013年，省区域测震台网1至10月平均运行率为98.48%（数据统计截止至10月31日，下同），监测系统总体运行率达到99.99%。共速报处理触发地震事件1053次，其中省内M5.0以上地震4次，最大地震为8月31日发生在香格里拉县境内的M5.9级地震。按中国地震局监测预报司和中国地震台网中心的相关规定要求完成每天地震日报。编目地震19200个，其中，$0.0 \leqslant M \leqslant 0.9$ 地震6696次，$1.0 \leqslant M \leqslant 1.9$ 地震10178次，$2.0 \leqslant M \leqslant 3.0$ 地震2067次，$3.0 \leqslant M \leqslant 3.9$ 地震220次，$4.0 \leqslant M \leqslant 4.9$ 地震35次，$5.0 \leqslant M \leqslant 5.9$ 地4次。按中国地震局监测预报司和中国地震台网中心的相关规定要求按时完成地震编目44次周报和10次月报。用EQIM速报系统向中国地震台网中心速报 $M \geqslant 2.8$ 地震119次，速报地震参数均在10分钟内报出，并利用手机短信向省地震局内外相关领导和技术人员发送，共发送地震短信息近27.4万余人次。并向云南省委、省政府发送省内 $M \geqslant 4.0$ 地震的地震速报传真共14期。小湾水库台网共16个子台，1至10月平均运行率为75.92%，共分析处理地震8404个。上报2012年度小湾台网运行年报，上报2013年上半年工作月报10期。

糯扎渡水库台网共12个子台，1至10月平均运行率为92.97%，共分析处理地震10230个。上报2012年度糯扎渡台网运行年报，上报2013年上半年工作月报10期。漫湾水库台网共2个子台，1至10月平均运行率为87.82%，共分析处理地震820个。上报2012年度小湾台网运行年报，上报2013年上半年工作月报10期。

【2013年地震监测】 云南地震台网测定，2013年云南及周边地区共发生可定位 $M1.0$ 以上地震8000次，其中1.0～1.9级地震5654次，2.0～2.9级地震2001次，3.0～3.9级地震305次，4.0～4.9级地震33次，5.0～5.9地震6次，6.0～6.9级地震1次。该区域最大地震为2013年8月12日西藏自治区昌都地区左贡县、芒康县交界 $M6.1$ 地震，省内最大地震为2013年8月31日云南香格里拉县、德钦县—四川得荣县交界 $M5.9$ 地震。

2013年地震活动的特点：滇西北中甸—大理地震带在长期中强地震平静背景下，2012年以来先后发生了2012年6月24日宁蒗5.7级地震，2013年3月3日、4月17日洱源5.5、5.0级地震，8月28日、31日香格里拉5.1、5.9级地震及8月12日西藏左贡6.1级地震，中强地震密集发生，增强异常显著。2013年以来，滇中—滇南地区出现了大范围的3.5级以上地震罕见平静异常现象。普洱地区4级地震异常活动。

2013年10月、11月，云南地区 $M \geqslant 3.0$ 地震频度分别为24次、31次，$M \geqslant 4.0$ 地震频度分别为5次、4次。云南地区4级地震出现有序分布，10月份4级地震主要沿滇西南至川滇菱块分布，11月份4级地震沿西藏到滇东呈北西向分布；2010年以来滇东北地区 $M \geqslant 4.0$ 地震呈北东向分布；2013年滇西南4级地震时空丛集现象明显。

2013年云南地区 $M \geqslant 4$ 地震目录

序号	发震时间	北纬	东经	震中地名	震级		震源深度（千米）
					（M_L）	（M_S）	
1	2013-02-07	28°04′	104°12′	盐津	4.3		10
2	2013-02-19	27°13′	103°00′	巧家	5.3	4.9	6
3	2013-02-19	28°32′	104°87′	四川	4.6		12
4	2013-02-19	28°38′	104°83′	四川	4.0		6
5	2013-02-20	23°26′	101°57′	墨江	5.2	4.8	11
6	2013-02-22	26°70′	100°81′	永胜	4.3		10
7	2013-03-03	25°94′	99°76′	洱源	5.8	5.5	9
8	2013-03-19	23°12′	100°96′	宁洱	4.5		5
9	2013-03-19	23°13′	100°97′	宁洱	4.3		5
10	2013-03-22	23°05′	100°96′	宁洱	4.1		5
11	2013-04-17	25°91′	99°80′	洱源	5.5	5.1	11
12	2013-04-18	25°88′	99°80′	漾濞	4.3		5
13	2013-04-21	23°39′	101°60′	墨江	4.1		10
14	2013-04-25	28°41′	104°90′	四川	4.9		13
15	2013-07-19	25°96′	98°91′	泸水	4.1		9
16	2013-07-19	25°93′	98°93′	泸水	4.2		9
17	2013-07-21	22°88′	100°83′	思茅	4.1		12
18	2013-08-05	22°55′	101°08′	思茅	4.2		5
19	2013-08-23	28°32′	104°83′	四川	4.0		10
20	2013-08-28	28°25′	99°38′	四川	4.7	5.1	8
21	2013-08-28	28°21′	99°44′	香格里拉	4.2	4.5	6
22	2013-08-31	28°27′	99°40′	香格里拉		5.8	10
23	2013-08-31	18°19′	99°45′	香格里拉	4.2		13
24	2013-08-31	28°23′	99°40′	香格里拉	4.2		7
25	2013-08-31	28°19′	99°40′	香格里拉	4.5		10
26	2013-08-31	28°26′	99°34′	四川	4.3		5
27	2013-08-31	28°26′	99°35′	四川	4.0		6
28	2013-08-31	28°26′	99°36′	四川	4.0		5
29	2013-09-01	28°19′	99°48′	香格里拉	4.4		5

续表

序号	发震时间	北纬	东经	震中地名	震级 (M_L)	震级 (M_S)	震源深度（千米）
30	2013－09－02	28°22′	99°40′	香格里拉	4.4		10
31	2013－09－03	28°23′	99°41′	香格里拉	4.4		10
32	2013－09－06	28°23′	99°42′	香格里拉	4.2		10
33	2013－09－08	28°27′	99°42′	香格里拉	4.0		9
34	2013－09－22	21°44′	100°59′	缅甸	4.5	4.1	9
35	2013－10－05	25°13′	97°88′	盈江	4.3		7
36	2013－10－14	27°96′	102°80′	四川	4.4		13
37	2013－10－15	23°17′	101°42′	墨江	4.4	4.3	3
38	2013－10－22	27°92′	101°40′	四川	4.0		10
39	2013－10－30	23°73′	100°66′	景谷	4.4		10
40	2013－11－16	26°33′	103°03′	东川	4.5	4.5	13
41	2013－11－22	27°98′	101°38′	四川	4.1		12
42	2013－11－22	27°98′	101°38′	四川	4.3		12
43	2013－11－28	25°38′	100°61′	祥云	4.8	4.6	10
44	2013－11－29	28°16′	99°41′	香格里拉	4.5		10

【2013年地震短临跟踪】 2013年1月省地震局组织制定了《云南省2013年度震情跟踪工作方案》，按时上报中国地震局，下发全省各级地震部门实施。全省16个州市地震部门和5个局属监测预报单位及3个前兆学科也制定了相应的方案并组织实施。省地震局作为牵头单位，组织制定了《2013年度川滇交界东部协作区震情跟踪工作方案》，并组织实施。成立了2013年度云南3个地震重点危险区震情跟踪预测工作组，分别制定了滇东北川滇交界、滇西至滇西北及滇南至滇西南地震重点危险区《震情跟踪预测工作组工作方案》并组织实施。

2013年6月，为做好云南昆明2013年“南博会”震情保障，制定了《中国与南亚经贸合作暨首届中国南亚博览会云南震情跟踪工作方案》，上报省政府并组织实施，顺利完成了昆明“南博会”等重要事件和时段的震情保障。根据《云南省2013年度震情跟踪工作方案》和局2013年度震情跟踪工作思路，省地震局2013年度继续成立了以局长皇甫岗为组长，各职能处室及监测预报单位主要领导为成员的震情跟踪工作领导小组。省地震局党组2次召开震情跟踪专题会议，听取震情跟踪工作和预测预报意见汇报，研究部署震情跟踪工作；年度召开了3次领导小组会议，并召开了4次局预报评审委员会会议，对震情预测意见进行研究讨论和评审，对震情跟踪工作进行安排落实。

按照《2013年度川滇交界东部协作区震情跟踪工作方案》，组织成立了协作区震情跟踪工作领导小组和工作组。在省地震局内网上建立了数据信息交换平台，沟通交流震情跟踪预测资料信息。组织川滇震情会商和震情跟踪工作协调和交流。2013年3月，在昭通组织召开了“川滇交界东部协作区震情研讨暨震情跟踪工作会”，6月根据震情发展，由四川局在成都组织召开了“川滇震情研讨暨震情跟踪工作会”。并在四川芦山7级及云南香格里拉、德钦—四川得荣交界5.1、5.9级等地震后及时沟通信息，交换趋势判定意见。并多次在中国地震局组织的川滇震情专题视频会上会商研讨震情，较好地把握了川滇交界和川滇藏交界震情趋势。

为做好重点危险区的震情跟踪工作，2013年继续组织成立了分别由保山市地震局、玉溪市防震减灾局、昭通市防震减灾局等牵头、有关州市地震部门和局预报中心人员参加的滇西—滇西北、滇东北川滇交界、滇南至滇西南3个重点区跟踪预测工作组。将区内观测台项资料和预测指标跟踪等工作落实到工作组成员，在局内网上专门设立了工作平台，工作组成员每周上传、交流所跟踪的资料异常和分析情况。工作组在预报中心周月会商会上报告预测意见，每月向监测预报处报告工作和预测情况。

2013年度省地震局根据震情发展先后组织召开了34次震情研讨会商和震情跟踪工作会议。其中1次全国性会议，1次全省性会议，9次片区性会议（川滇协作区、省内预报协作区会和年度重点危险区预测工作组会）及“云南省2013年度震情跟踪工作会”，“川滇交界东部协作区震情研讨暨震情跟踪工作会”、“云南地区未来7级大震形势专题研讨会”等10次重要震情专题研讨和震情跟踪工作会。并在巧家和墨江4.8级、洱源5.5、5.0级、四川芦山7.0级、甘肃岷县6.6级和香格里拉川滇交界5.1、5.9级等地震后及时召开紧急扩大会商会。

2013年度，由预报中心牵头开展了对2013年度56项前兆异常逐一开展现场调查与核实的工作，先后派出12批55人次的异常落实联合工作组到滇西、滇东、滇南等地观测台站开展工作。并由监测预报处组织预报、监测人员组成联合工作组，在对震情跟踪工作检查指导的同时，与当地地震部门共同落实前兆异常和宏观现象近30项。2013年以来云南省各州市、县地震局多次派出异常核实调查工作组实地调查核实宏微观异常，共派出近300人次的专业技术人员现场落实，上报落实宏观异常80多起。

在全省2013年度震情跟踪工作会上，根据《云南省震情跟踪工作责任制考核办法》，皇甫岗局长与各州市地震局（防震减灾局）局长和省地震局监测预报处及各相关单位领导签定了震情跟踪工作责任书。截至2013年，全省所有省属台站、县级地震部门都开展了地震分析预测工作，每周进行资料异常跟踪和整点值、分钟值等资料短临变化分析等，落实、上报重大异常，开展地震短临跟踪分析预测。台站每周向预报中心、监测中心上报台站观测和资料异常情况，每月上报分析预测意见报告。2013年4月25日下发《关于成立台站短临跟踪预测工作组的通知》，成立了以监测中心为主体的云南省地震局短临跟踪预测工作组，对台站不同时间尺度的观测资料进行跟踪分析，提取临震异常信息，力争在短临预测方面有所突破。

2012年12月至2013年9月30日向省政府和中国地震局上报有震情趋势意见的《震情反映》9份和有关震情趋势分析报告10份。2013年度省地震局先后下发了30余份与震情跟踪工作有关的文件，对全省的震情跟踪、预报工作进行要求、安排和指导。2013年度增加了监测信息协作维护和内容，调整了相关人员，增加了工作经费。3个协作区均开展了震情跟踪及监测、信息工作的日常交流协作，滇东和滇西召开了片区震情研讨和工作会。

【前兆台网运行】 2013年，遵照前兆台网的工作职能开展工作，对台网所辖的专业、市县地震台的前兆观测项目209项进行了数据收录、预处理、资料分析。全年（统计截止10月）台网运行率为97.63%，数据连续率为96.73%，数据完整率为95.86%。完成全省前兆三大学科32个台站、87套仪器资料全国评比的推荐、整理、报送工作，并分批次组织人员参与了各学科的全国观测资料质量评比会议。

震灾预防

【全国市县防震减灾工作考核】 2012年度全国市县防震减灾工作考核结果成绩显著。依据《市县防震减灾工作年度考核办法》，省地震局组织全省部分州市参加全国市县防震减灾工作考核，玉溪市、昭通市、昆明市地震部门获得全国地市级防震减灾工作考核综合考核先进单位，祥云县、通海县、巧家县、会泽县、宁蒗县、禄丰县地震部门获得全国县级防震减灾工作综合考核先进单位。

【防震减灾行政执法】 2012年11月，省政府法制办会同省委编办、省监察厅和省人力资源社会保障厅对各州市人民政府和省级行政执法部门2009~2012年推行行政执法责任制情况进行了评议考核。云南省地震局获云南省2009~2012年推行行政执法责任制先进单位。

2013年9月，省地震局组织对省地震局行政执法和基层地震台站相关人员共70余人进行了为期2天的地震行政执法能力和水平培训。此次培训，邀请了省法制办行政执法相关专业人员进行授课，对地震行政执法的内容和执法方式等进行了较为系统的培训。培训后，完成省地震局地震行政执法证和督查证换证和审验的材料，并及时上报。同时，积极与省法制办沟通协调，高效完成省地震局2013年行政执法证和法制督查证的换证和审验工作。

【进驻省投资项目审批服务中心】 2012年12月20日，省投资项目审批中心筹备办组织召开进驻审批服务中心工作人员动员会议。会议由省发展改革委召集，涉及投资项目审批事项的省发展改革委、工信委、国土厅、住建厅、交通厅、地震局等14个省直部门选派进驻中心窗口人员参加了会议。省地震局是第一批进驻省投资项目审批服务中心的14家省直部门之一。省投资项目审批中心于2012年12月24日开始进行模拟操作演练，2013年1月1日开始试运行。

【二级地震安全性评价工程师考试】 2012年4月14日、15日，云南省二级地震安全性评价工程师资格考试在昆明开考。考试由省地震局、省人力资源和社会保障厅联合组织实施，委托云南省人力资源和社会保障厅考试中心负责具体考务工作。通过网上报名的考生共计69人，经过资格审查，符合报考条件的考生有24人，实际参加考试的考生为15人。考试共设三科：地震安全性评价管理与实务、地震安全性评价案例分析和地震安全性评价法律法规及相关知识。

【实体高层建筑减隔震技术实验】 2012年5月12日，云南省借助第四个全国防灾减灾日的契机，组织开展昆明市西山区广福郡花园新建办公楼实体建筑隔震原位动力实验。住房和城乡建设部、中国地震局、云南省政府相关领导，云南省减灾委成员单位负责同志，各州市政府分管领导及各州市建设、民政、教育、卫生、地震部门的领导同志观摩了实验。这是国内首次将建筑隔震实验由实验室设计模型上搬到实体高层隔震建筑上进行。

【刘玉辰督查中小学校舍安全工程】 2012年7月3至7日，中国地震局刘玉辰副局长率队对云南省中小学校舍安全工程实施情况进行督查。刘玉辰副局长率督察组深入到云南省临沧市对校安工程实施进展情况进行了实地检查，并听取了云南省各级校安工程负责部门的工作汇报。

【防震减灾目标责任考核】 为大力推进我省防震减灾综合能力建设，确保全年防震减灾工作目标任务圆满完成，2013年3月25日，云南省地震局组织完成了2012年度全省州（市）防震减灾目标责任考核工作，并将考核结果在防震减灾网上进行公示后上报省社管综治委。6月18日，前往省考评办、省综治委调研2012年防震减灾目标责任考核情况及实际效果。9月，联合省社管综治委制定并印发了《云南省州（市）防震减灾目标责任考核实施细则》。

【抗震设防监管】 一是加强地震安全性评价结果审定及建设工程抗震设防要求确定行政许可项目的内部管理程序，3次修改完善服务中心审批服务指南、并联审批流程说明和并联审批流程图。2013年6月7日，向省投资项目审批服务中心发函正式确认了省地震局审批中心窗口服务指南和流程内容。二是强化安评管理。2013年2月27日，组织召开了2013年度地震安全性评价管理工作会议，对过去5年云南安评工作所取得的成绩、安评管理和安评工作存在的问题和不足进行了总结，对今后的目标和任务、针对存在问题，对管理部门和安评资质单位提出了要求。5月31日，组织召开云南省地震安全性评审委员会全会，审议通过了《云南省地震安全性评价报告评审管理办法》和《云南省地震安全性评价报告评

审工作经费管理办法》，经6月9日省地震局局务会研究，印发执行。三是认真落实专家现场评审制度，组织专家两次到东川、一次到玉溪、一次到呈贡开展现场工作，对工程场地现场情况进行实地考察，对近场区断层进行评价，对现场波速测试进行验算等。四是加强安评工作形式审查，制定《地震安全性评价报告形式审查要求》，对不符合安评工作规范要求、内容不全、资料不齐、近场区工作不够和参数错误的报告，一律不予受理。五是深入安评工作资质单位调研，就提高安评工作质量问题向云南省地震工程勘察院提出要求。听取各资质单位对安评管理工作的意见和建议并加以改进。六是积极推进安评收费办法的出台。先后4次与省发改委物价局协调沟通，安评收费办法已提交云南省发改委物价局做最后的协商工作。七是组织开展2013年度一级地震安全性评价工程师资格注册工作。截至2013年11月4日，共计对全省251项重大建设工程及生命线工程的地震安全性评价进行了审查并批复。

【地震安全示范社区创建】 2013年4月15日，省地震局印发了《关于印发云南省地震安全示范社区申报管理办法的通知》和《云南省地震局关于成立云南省地震安全示范社区评估专家组的通知》，明确了省级地震安全示范社区申报创建管理标准、程序以及申报时限。5月31日，向16个州市下发了《云南省地震局关于做好云南省地震安全示范社区创建工作的通知》，对2013年度云南省地震安全示范社区创建工作做出了明确要求。10月18日组织对申报省级地震安全示范社区的22个社区进行评审，评选出安宁市金方街道阳光社区、寻甸县仁德街道月秀社区、石林县大坝新村、红塔区凤凰街道高龙潭社区、师宗县丹凤镇西华社区、宣威市双龙街道双龙社区、水富县云富街道办事处邵女坪社区、水富县云富街道办事处温泉社区、绥江县中城镇玉泉社区、普洱市思茅区南屏镇兰花社区共10个社区为云南省地震安全示范社区。经认真组织申报，上述10个省级地震安全示范社区荣获国家地震安全示范社区称号。

【地震保险云南试点工作】 省地震局联合省保监局等单位经过省政协提案，积极主动与中国地震局、中国保监会、云南省政府多次汇报请示，最终获得中国保监会批准地震保险在云南开展试点工作。2013年6月4日，省保监局、地震局、人保财险云南分公司、诚泰保险公司组成调研组赴楚雄州开展地震保险试点调研工作，就楚雄州地震灾害统计、保险运行情况、楚雄州试点优势等方面进行了调研，并就如何在楚雄州开展地震保险试点工作进行了深入探讨。

12月25日，省政府第28次常务会议审议通过2014年年初财政预算安排，省级财政安排试点地区楚雄州保费补贴1937万元，州、县两级财政同步配套相应比例保费补贴。12月30日，尹建业副省长在《关于2014年少小民族及民房地震保险补贴省级年初预算支出安排情况》上批示："同意预算。请财政牵头，民委、民政、地震、抗震重建办、省保监局认真研究，进一步细化完善方案，把好事设计好，落实好"。

应急救援

【应急救援制度建设】 2012年，省地震局制定印发了《2012年云南省地震局地震应急现场工作队出队方案》与《云南省2012年度地震应急准备工作方案》，明确了出队的人员与车辆，建立区域应急救援联动机制，加强全省地震重点危险区应急救援准备工作。

【地震灾害风险评估与应急对策研究】 2012年，开展《云南省地震灾害风险评估与应急对策研究》，赴昆明市东川区、昭通市巧家县、鲁甸县、昭阳区等地进行基础资料收集与调查工作，完成了各县、市房屋建筑、生命线工程及地质灾害隐患点相关资料的收集。

【应急救援演练】 2012年，组织9名救援队骨干赴搜救中心进行专业培训，树立了安全、医疗贯穿科学救援始终的理念。邀请省红十字会心理学专家团到玉溪工兵团进行为期2天的心理援助培训。2013年，为每位应急队员发送地震短信，发放24小时开机通信费，圆满完成人员培训计划和常规应急演练，包含应急拉动、应急通信、后勤保障等多种形式的演练，现场应急能力得到提升。开展科技保障技术系统运维，赴全省应急测试20余次，圆满完成省军区预备役师、全国指挥技术系统演练等综合演练，应急演练已步入规范化、常态化。

【地震应急准备检查工作】 2012年4月至7月，省地震局联合发改委、教育厅、民政厅、安监局对昭通市、红河州、昆明市进行应急工作检查，对中小学校、应急避难场所、救灾物资储备仓库进行检查，督促当地做好防震减灾备震工作。2013年，省地震应急检查工作组对大理、普洱等4个州（市）进行抽检，督促当地政府做好地震应急准备工作。有3次5级地震发生在2013年度地震应急检查之后，起到了预防和减轻灾害损失的作用。

【现场工作队装备建设和物资储备】 省地震局充分考虑严峻地震形势和特殊地形特点，结合全省正在实施的"全面加强预防和处置地震灾害能力建设十项重大措施"之云南省现场工作队组建项目，逐步建立健全地震现场灾情调查、办公自动化、宿营、餐饮、卫星通信、短波通信等系统。2012年，为云南省地震灾害现场工作队配备了40套短波/超短波通信系统；云南省现场工作队卫星通信指挥车建设项目顺利通过验收。该系统共配置专业车辆11辆，2013年还将完成现场应急宣传车和后勤装备车的改造，实现7级地震应急装备和物资全天候备勤，采取以车代库的形式，缩短出队时间。为现场队员购置人身意外伤害保险，采购和更新个人装备，细化应急物资管理，备震能力显著增强。

【省级专业救援队伍管理】 2013年，省地震局加强了专业救援队伍的综合管理和协调，编制了《云南省地震灾害紧急救援队考核制度》。继续开展了《云南省地震灾害紧急救援队联席会议简讯》季刊编辑和印发工作。加强了专业救援队伍培训。组织救援队骨干到中国地震应急搜救中心开展专业技能培训，积极协调教官到驻滇某集团军开展业务培训，提升全省地震专业救援队的整体实力。

【地震应急响应】 2013年，省地震局累计启动应急预案4次，其中启动Ⅱ级响应1次，Ⅲ级响应3次，有感地震应急响应3次。启动响应后，迅速开展动态灾情搜集上报和快速评估工作，及时向政府提出救灾建议，组织工作队抵达灾区，全面开展震情监视、紧急救援协调、灾害调查和经济损失评估、地震应急宣传等工作，指导当地政府开展抗震救灾。应急期间，累计处理地震数据1000余条，产出地震科技保障图件100余幅，出动现场工作人员200多人次，50余辆车次，装备30余套，行程5万余千米，调查灾区面积约2万平方千米，发放防震避震常识挂图，防震减灾法挂图，防震避震常识、自救互救小册子、宣传DVD等20000余本（册）。

【西南协作联动区工作】 省地震局在积极应对省内地震的同时，坚决按照中国地震局的指示，切实加强协作联动、强化西南片区地震应急协作联动，提高西南片区区域协作联动水平。2013年，积极参与西南片区地震应急协作联动。在“4·20”四川芦山7.0级强烈地震中，省地震局派出由38人组成的现场工作队驰援地震灾区，在完成流动强震台架设、震情监视、地震灾害损失调查等任务后，于4月25日安全返回昆明。省地震局协调派出云南省地震灾害紧急救援队70人，圆满完成各项救援任务，赢得了灾区群众的高度赞誉。2013年8月12日05时23分西藏昌都地区左贡、芒康县交界发生6.1级地震后，省地震局第一时间启动西南地震应急协作区应急预案，派出3位同志组成的现场专家组，指导并负责完成烈度调查和灾害损失评估工作，得到了西藏自治区党委、政府和地震局的高度评价。派员参加了2013年10月25~27日在四川宜宾召开的西南片区地震应急协作联动会议暨应急联动演练，测试了动中通通信系统，加强了与西南各省（市、区）的交流与合作。

【成立地震应急协作联动区】 为做好全省各重点危险区地震应急准备，创新地震应急工作机制，建立区域应急救援联动机制，着力解决地震灾情快速收集的薄弱环节，加强全省地震重点危险区地震应急救援准备工作，结合云南实际，省地震局组织成立了滇东联动区（昭通、曲靖、昆明、楚雄、玉溪）、滇西联动区（保山、大理、德宏、丽江、迪庆、怒江）、滇西南联动区（普洱、西双版纳、临沧、红河、文山）3个应急协作联动区。2012年和2013年，省地震局分别组织召开了滇西、滇西南和滇东应急联动工作会议，并进行桌面演练，规范应急工作流程，加强区域间的交流与合作。

【大震应对处置工作方案】 2013年，省地震局会同民政、测绘等单位，编制完成《云南省应急救灾指挥信息系统》，梳理了全省各类专业应急救援力量的分布、应急物资储备与布局、应急避难场所的数量和基本情况，收集整理了全省地理信息基础数据等，在发生重大自然灾害时，为指挥员提供辅助决策。省地震局负责编写《云南省7.0级以上重特大地震灾害事件处置工作方案》。该方案进一步明确省委省政府、省抗震救灾指挥部及其成员单位在大震中的职责和分工，按时间顺序规范应急救援工作的流程，并将该方案电子化，方便省领导随身携带和查询。在“8·31”迪庆5.9级地震中，省政府运用《信息系统》，高效指挥了地震应急救援工作。

【规范应急处置工作】 省地震局严格按照《云南省地震现场工作队出队方案》派出应急队员和车辆。规定规范现场管理，从构建指挥机构、规范工作流程、协调政府保障、召开工作例会、成立现场党支部、严格落实“八项规定”、建立通报机制等方面全面规范现场应急管理工作，提升部门形象。现场工作结束后，及时总结上报《现场应急工作报告》，组织力量对每次5.0级以上地震事件产出的所有应急工作资料进行汇编。年末由省地震局牵头对全省抗震救灾工作情况进行梳理总结，汇总各成员单位抗震救灾工作成果，编制年度抗震救灾工作手册，得到了省委省政府领导的高度肯定。

【迪庆5.9级地震应急救援能力评估】 2013年，按照省政府的要求，省地震局会同民政，测绘等部门，开展了“8·31”迪庆5.9级地震应急救援工作的评估。首次站在政府层面对灾区抗震救灾工作基本情况、应急救援行动、取得的成绩和存在的问题、提出改进措施和建议进行全面总结和评估。完成了《迪庆“8·28”、“8·31”5.1、5.9级地震应急救援工作的评估报告》，并在省政府常务会上汇报。该工作得到了省委、省政府的肯定。

科技与外事

【建立陈顒院士工作站】 2011年，滇西地震预报实验场、云南省地震局、中国地震局地球物理研究所和大理州地震局联合在宾川县建立了气枪源地震信号发射台。宾川地震信号发射台作为第一个定期激发地震波的发射台，得到了科学界关注，美国地球物理联合会的会刊《EOS》、美国科学促进会的《Scinece Now》杂志和《中国科学报》、《春城晚报》等公众媒体的报道认为该项技术将能够帮助科学家深入了解地球深部的动力学演化过程，获取断裂带的应力变化，为地震预报提供新方法。该研究成果不仅对于减轻地震灾害等方面具有重要意义，同时在石油开采等方面有广阔的应用前景。

2013年12月30日，经云南省院士专家工作站管理委员会审定同意滇西地震预报实验场和中国地震局地球物理研究所在云南大理联合共建为期3年的陈顒院士工作站。陈顒院士工作站以宾川主动源项目为依托，滇西地震预报实验场和中国地震局地球物理研究所签订了科技合作协议，并组建了

由1名院士、6名研究员以及多名科研人员组成的团队，每年省、大理州和滇西地震预报实验场将投入足量的科研经费，开展主动源探测研究。陈顒院士工作站开展的研究主要是发展新型地震监测技术，为地震预报提供新的、具有明确物理意义的前兆信息，对于推动地震预报方法发展和防震减灾工作具有重大社会效益。同时，本项目的开展对于认识地球内部的动态变化过程，减轻地震、火山等自然灾害等具有重要意义。

【减隔震技术推广应用工作会议】 2012年5月12日，云南省减隔震技术推广应用工作会议在昆明举行。云南省委常委、省委秘书长、副省长曹建方出席会议并作重要讲话。中国工程院院士周福霖，住房和城乡建设部、中国地震局相关领导，省减灾委成员单位负责同志，各州市政府分管领导及各州市建设、民政、教育、卫生、地震部门的领导同志共计160余人参加会议。会上，中国工程院周福霖院士作了题为《建筑抗震隔震技术的发展和应用》的专题报告。住房和城乡建设部工程质量安全监管司和中国地震局震害防御司对减隔震技术在云南的推广应用提出了指导意见。曹建方副省长要求，各级、各有关部门要切实加强对推广应用减隔震技术工作的组织领导，进一步健全组织协调体系、加强工程质量监管、实行目标责任管理，确保减隔震技术推广应用工作取得实实在在的成效。

【地磁台网数据分析应用技术研讨与培训】 2012年11月29日至12月4日，由中国地震局地球物理研究所主办、云南省地震局协办的全国地磁台网数据分析应用技术研讨与培训班在昆明举办。来自全国相关省地震局70多位地磁观测人员和专家参加了培训。此次培训针对地磁台网数据分析应用进行了经验交流、技术研讨。

【地震学与地震工程国际培训班】 2012年11月21日，由中国商务部主办、云南省地震局承办的2012年地震学与地震工程国际培训班结业典礼举行。省地震局局长皇甫岗、副局长王彬，商务部国际商务官员、云南省商务厅领导出席了结业典礼。来自古巴、马拉维、斐济等7个国家的15名学员，培训班教员，省地震局处级以上干部及相关人员参加了结业典礼。结业典礼上，省地震局皇甫岗局长发言并作培训班总结，来自斐济群岛共和国和菲律宾的学员代表国际培训班学员作了发言。

2013年8月13日，云南省地震局承办的中国商务部援外培训项目“2013年发展中国家地震学与地震工程培训班”结业典礼在云南省地震局举行。云南省地震局皇甫岗局长、王彬副局长、云南省商务厅领导出席了结业典礼。云南省地震局相关领导和工作人员，培训班全体学员、部分教员和全体管理人员参加了结业典礼。云南省地震局皇甫岗局长对此次培训班进行了总结。云南省商务厅外经处万妍娟副处长在结业典礼上致辞。来自巴布亚新几内亚、毛里求斯、缅甸联邦共和国、加纳的5位学员代表全体学员作毕业发言。

【中日地震紧急救援能力强化计划项目培训】 2012年5月15～18日，由中国地震应急搜救中心和日本国际协力机构（JICA）联合举办的“地震灾害应急管理核心课程培训中日合作地震紧急救援能力强化计划（以下简称项目）核心课程培训”在云南省地震局举行。培训班教官由搜救中心中青年专家和日方JICA项目专家担任，学员包括云南省政府应急办、部分省抗震救灾指挥部成员单位、省地震灾害紧急救援队、解放军武警消防救援队、省地震现场工作队、西南地震应急协作单位、昆明市、昭通市、德宏州防震减灾局应急管理和技术人员。培训了地震应急概论、地震灾害应急准备、地震灾害应急响应、地震灾情信息管理、地震应急预案与时刻表、地震灾害应急演练、地震灾后恢复重建等课程。

【中美人道主义救援减灾研讨交流】 2012年11月27日，中美两军人道主义救援减灾研讨交流在云南省地震局举行。中国人民解放军总政治部、总参谋部、成都军区、云南军区人员组成的中国军方代表团，美国太平洋总部第八战区维持司令部司令斯蒂芬·里昂少将率陆军司令部相关人员组成的美国军方代表团出席研讨交流，云南省地震局局长皇甫岗、副局长陈勤、王彬出席。中美双方就云南省防震减灾工作和专业救援力量在应对灾害、抢救人民生命财产工作中的经验进行了交流研讨。

【捷克消防和救援总局参观访问】 2012年11月9日，捷克共和国消防和救援总局局长德拉霍斯拉夫·莱巴一行3人到云南省地震局参观访问。双方以座谈形式，就应急救援工作进行交流。

【日本野村综合研究所专家参观访问】 2012年8月16日，日本野村综合研究所未来创发中心ICT战略研究室主任，中日物联网推进联盟日方秘书长井上泰一访问云南省地震局。日本专家与省地震局科技处管理人员、强震和应急相关专业的专家进行学术交流和讨论。举行了中日物联网推进联盟的物联网面向防灾减灾领域应用交流会。日本野村综合研究所未来创发中心ICT战略研究室主任，中日物联网推进联盟日方秘书长井上泰一首从野村综合研究所（NRI）的创建、研究及服务项目等方面作了简介，省地震局相关领导和专业技术人员与外宾进行了学术交流。交流会结束后，外宾还参观了云南省地震应急指挥中心、云南省监测中心和西南强震动台网中心，并和相关部门工作人员就可提供系统服务功能等方面进行了交流。

【赴日本参加JICA培训】 2012年，省地震局派出灾评专家非明伦高级工程师和省民政厅救灾处陈湘宏副处长参加中国地震局组织的赴日本《地震应急救援能力建设任务》JICA培训项目。在为期17天的学习和考察中，日方安排了讲座13场，视察参观10次，现场体验3次，互动演练1次。

【蒙古第9届亚洲地震委员会学术交流】 2012年9月17日至20日，亚洲地震委员会（ASC）第九次大会在蒙古国首都乌兰巴托举行。省地震局形变测量中心倪喆工程师参加了此次会议。倪喆工程师作为中蒙合作项目中地磁研究工作的主要技术人员，在第8专题（session 8）上做“中国南北地震带上岩石圈磁场异常变化与中强地震的对应关系”报告。

【参加“地震台站技术交流团”】 2012年11月13日至18日，云南省地震局昆明基准台沈道康台长参加中国地震局组织的“地震台站技术交流团”赴韩国考察。期间考察了韩国地震管理、研究机构在数字化地震观测网络方面的先进经验。

【王彬赴美国进行台阵项目考察】 根据中国地震局出国任务通知书“震外出字〔2012〕054号”，省地震局王彬副局长于2012年12月13日至18日参加“台阵项目考察团”赴美国考察美国台阵项目的台站建设并进行技术交流。

【新加坡国际城市搜救培训】 根据中国地震局出国任务通知书“震外出字〔2012〕059号”，省地震局应急救援处冯瑶同志于2012年12月16日至29日，在新加坡参加由新加坡民防学院组织的国际城市搜救培训任务。

【埃尔伯塔大学教授参观访问】 应中国地震局邀请，加拿大埃尔伯塔大学地球物理系马丁·昂斯沃斯教授于2012年5月20日至6月10日来华访问。云南省地震局邀请马丁·昂斯沃斯教授到省地震局访问，并做学术交流。5月24日，马丁·昂斯沃斯教到省地震局作了题为《大地电磁方法在大陆动力学的应用研究》的学术报告。

【与中国地震局地震研究所科技合作】 2013年12月13日，云南省地震局和中国地震局地震研究所（湖北省地震局）就合力提升防震减灾能力，加强地震科技交流与合作达成共识，在武汉举行了签约仪式并举办了首场学术交流会，云南省地震局皇甫岗局长与中国地震局地震研究所姚运生所长代表双方在协议书上签字。

双方合作共建召开了首场学术报告与交流会，云南省地震局局长皇甫岗研究员、副局长王彬研究员等6位专家重点介绍了云南省地震构造、地震活动性、地震监测技术、人工震源等方面的研究成果；地震研究所申重阳教授重点介绍了地震研究所在川滇及邻区开展相关研究工作的设想和进展。在听取云南省地震局领导和专家的意见与建议基础上，双方总体上达成共识，将在地震科学研究、云南省短临地震预测试验与示范研究、地震科学仪器观测试验与研究等多方面开展合作。

【中国地球物理学会第29届学术年会】 2013年10月13日至15日，中国地球物理学会第29届学术年会在昆明召开。中国地球物理学会理事会、地球物理学界部分知名院士、境内外专家学者、中国地球物理学会会员及部分学术爱好者、在校学生等近千人参加了本次学术年会。受中国地球物理学会第29届学术年会组委会邀请，云南省地震局皇甫岗局长在“地震勘探与地震灾害”专题学术报告会上作了题为《云南防震减灾工作的创新与发展》的专题报告，系统展示了云南防震减灾工作。

【吕佩玲赴滇学术访问】 应中国地震局邀请，台湾气象局地震部吕佩玲副主任、台湾中研院地球科学所林正洪研究员、台湾东华大学地震中心张文彦主任等一行8人于2013年10月29日至11月2日赴云南参加“海峡两岸地震学术研讨会（昆明）”，就地震预报、地震构造与动力学背景、地震观测、预测预报研究等专题进行了交流。

【第五届青年地震工作者学术交流会】 2013年9月1至4日，云南省第五届青年地震工作者学术交流会在大理召开。云南省地震局皇甫岗局长出席了会议的开幕式和闭幕式并作了讲话。王彬副局长在闭幕式上作了总结讲话。全省地震系统的科研骨干、专家、领导等共60余人参加了学术交流会。会议特别邀请了省地震局的6位专家作大会专题学术报告。参加学术交流的论文共计48篇，内容涉及防震减灾三大工作体系、科技创新和科普宣传等方面。会议由评审专家组现场评出优秀论文一等奖2名、二等奖4名、三等奖6名。

【非洲国家能力建设研修班参观访问】 2013年6月21日，非洲法语国家民间组织能力建设研修班学员到云南省地震局参观访问，并就云南防震减灾工作经验进行交流座谈。云南省地震局、福建省对外贸易经济合作厅、福建省外经贸干部培训中心、云南省民政厅、云南省慈善总会有关领导同志和工作人员参加了此次活动。与会人员就防灾减灾相关问题进行了广泛的交流。

【哥伦比亚大学教授参观访问】 应中国地震局预测所邀请，美国哥伦比亚大学MarkBecker教授等3人来华访问，云南省地震局协助安排了外宾访问滇西地震预报实验场和丽江“2·3”地震遗址。

【2013年对外交流】 接待了来自美国、韩国、非洲8国法语班、境外专家和台湾学者的短期来访，学术交流共4批27人次。

美国地质调查局专家赴昆明基准台进行中国数字地震台网CDSN台站升级改造；韩国地质矿产资源研究院两位专家访问省地震局，就地震早期预警、地震区划等内容进行交流；非洲法语国家民间组织能力建设研修班学员8国16人到省地震局参观访问，并就云南防震减灾工作经验进行交流座谈。

办理省地震局专家出访手续共4批4人次。崔建文赴马其顿参加“欧洲地震工程大会第50届年会”；赵慈平赴冰岛参加“中国—冰岛地震火山双边研讨会”；毛燕参加“科研人员素质及技能提高赴美培训班”；沈道康赴奥地利参加“测试评估合同阶段IMS台站管理员运行维护培训班”。

科研与成果

【2012年地震科研成果】 2012年，新增4个地震行业科研专项子课题。经评审上报中国地震局星火计划申报项目3项，其中重点项目2项，青年基金1项，获批2个重点项目。受理2012年度防震减灾优秀成果奖的报奖申请9项。受理青年基金项目14项，有6项通过评审获得资助。由工程院承担的多震区高层建筑减隔震关键技术研发与应用获科技部批复，项目资金780万元，省科技厅给予300万元左右的配套资金。

《地震研究》全年收稿250篇，发表稿件89篇。《地震通讯》全年收稿30篇，发表稿件59篇。全年交换期刊2200册，发送750册。根据《2011版中国期刊引证报告》，《地震研究》期刊影响因子0.626，超过全国参与统计的6126种期刊的平均值0.359。《地震研究》期刊继续入编中文核心期刊、中国科技核心期刊以及中国科学引文数据库期刊等三大核心体系。被《日本科学技术振兴机构中国文献数据库》、美国《乌利希期刊指南》、波兰《哥白尼索引》等三家国外期刊索引数据库。继续为中国地震局认定的研究员评定打分期刊。

【2013年地震科研成果】 2013年，组织完成了4个项目申报国家自然科学基金项目。接受2014年度9个项目的申报，4个项目通过初审，推荐中国地震局。组织编制2013年度青年基金申报指南，接受19项申报，11项获资助；完成3项课题的结题验收和3项课题的中期检查。

《地震研究》全年收稿310篇，发表稿件85篇。《地震通讯》全年收稿80篇，发表稿件66篇。全年交换期刊2500册，发送800册。根据《中国学术期刊影响因子年报》，《地震研究》期刊复合影响因子0.758，影响因子学科排序15/32。

防震减灾宣传

【官方微博荣膺云南省十大政务微博】 2012年12月12日，新浪网在四川成都举行2012年新浪政务微博应用交流会（西部专场），正式发布了2012年西部十省区市政务微博系列榜单，包括各省区市十大政务机构微博影响力榜以及十大公职人员微博影响力榜、西部地区政务微博影响力飞跃奖以及十佳应用奖。云南省地震局官方微博（新浪）因具有较强的影响力、亲和力和引导力，荣膺2012年云南省十大政务机构微博（排名第10）。2012年3月在新浪网开通官方微博以来，省地震局坚持贴近群众、谨慎细心、注重引导的原则，进一步加强组织管理，通过出台办法、建立制度、创新方式等工作措施，认真做好微博运维，先后开设"震情快报"、"防震避震常识"等栏目，强化新闻宣传和交流互动。截至2012年底，省地震局累计发布震情、灾情、防震避震常识等各类信息1000余条，其中多条信息被国家地震台网、中国国际救援队以及多家新闻媒体官方微博转发。局官方微博听众数量达到14.3万人（含腾讯），阅读、转发、评论或提醒信息受众数量超过数百万人次。

【2012年防震减灾宣传】 2012年，省地震局开发引进地震科普教育模具，开展参与体验式科普教育活动，筹建云南数字地震科普馆。云南数字科普馆做好了框架设计，纳入"十二五"经费盘子中落实实施。参与式、互动式、体验式科普项目引进了4台套安装到2个国家级防震减灾科普教育基地。

5月12日与云南省减灾委共同举办了防震减灾科普知识宣传与纪念活动。参与省科协举办的国际减灾日、全国科普日等大型宣传活动。

在世纪广场成功举办了"11·6"云南防震减灾宣传日的大型宣传活动，邀请了包括云南电视台卫星频道、昆明电视台都市条形码、云南日报、春城晚报、都市时报、云南网、昆明信息港等21家主流媒体的记者进行宣传报道。向全省16个州市发文要求各州市县开展"11·6"防震减灾宣传活动，全省16个州（市）县级地震工作部门开展了形式多样的防震减灾宣传活动并在云南防震减灾网上进行了宣传报道。整个活动取得了非常好的效果，在高层协调和主流媒体及新媒体的宣传效用上发挥较好的作用。

【"人民微博"上线运行】 为拓宽信息发布渠道，进一步发挥利用好人民网、人民日报的宣传优势，助推防震减灾新闻宣传和政务信息公开工作发展，应人民网的邀请，云南省地震局于2013年12月16日在人民网正式开通官方微博，并开始上线运行，人民微博网址为http://t.people.com.cn/13998604。

【微信公众平台开通试运行】 为有效发挥微信公众平台这一新媒体的舆论导向作用，广泛宣传防震减灾知识，快速、权威地发布震后应急信息，搭建起地震部门与社会公众之间便捷的沟通交流平台，云南省地震局在经过前期调研及论证的基础上，在腾讯网开通了微信公众平台，并开始试运行。该平台成为继省地震局新浪、腾讯官方微博后的又一个互动交流新平台。社会公众可通过在微信中搜索名称"云南省地震局"、添加微信号"ynsdzjwx"或直接在微信中扫描下图所示二维码，即可成为云南省地震局官方微信的听众。

【2013年防震减灾宣传】 2013年"5·12"防灾减灾日期间，省地震局与民政厅等部门联合举办"识别灾害风险、掌握减灾技能"为主题的宣传活动；安排各县区地震部门组织做好本单位、当地企业、学校、机关、社区、农村和家庭的科普宣传工作；开展科普讲座30余场次，受众达6500多人次。

省地震局与云南音像出版社联合制作包括藏、傣、拉祜等5种少数民族语言版本的《地震百科知识大全》，并在各州市电视台播出；与青海省地震局协调，印制5000册藏语版宣传材料，发放到迪庆藏族自治州使用。

继续推进省级科普示范学校的创建工作。截至2013年，全省共创建46所省级科普示范学校。联合各报刊媒体、省地震学会、省灾害防御协会、昆明市防震减灾局、嵩明县防震减灾局、禄劝县防震减灾局开展“11·6”防震减灾宣传系列活动等。

会议、交流

【云南省防震减灾工作联席会议】 2012年5月7日，2012年云南省防震减灾工作联席会议在省地震灾害应急指挥中心召开。省委常委、省委秘书长、副省长曹建方出席会议并作重要讲话，省政府副秘书长蒋兆岗主持会议。会议的主要任务是：贯彻落实国务院防震减灾工作联席会议精神，全面总结云南省2011年防震减灾及应急工作，安排部署2012年防震减灾和应急工作。云南省防震减灾工作联席会议40个成员单位相关领导共60余人参加了会议。

2013年2月17日，云南省防震减灾工作联席会议在云南省地震局召开。副省长尹建业出席会议并作重要讲话，省政府副秘书长杨斌主持会议。云南省防震减灾工作联席会议41个成员单位有关负责同志等共60余人参加了会议。会议的主要任务是：贯彻落实国务院防震减灾工作联席会议精神，回顾总结云南省2012年防震减灾工作，分析研判全省地震形势，安排部署下一步重点工作。

【南北地震带震情监视交流会】 2012年3月7至8日，中国地震局在云南大理召开“中国南北地震带震情暨强震强化监视跟踪专项阶段进展交流讨论会”。中国地震局，中国地震台网中心、中国地震局地球物理研究所、地震预测研究所、地壳应力研究所、第二测量中心，中科院青藏高原研究所以及云南、四川、甘肃、陕西、宁夏、青海、新疆、内蒙古、西藏、重庆、贵州、湖北省（市、自治区）地震局，大理州人民政府，大理州、保山市、玉溪市地震局等23个单位的60多位领导和专家参加了会议。会议以专题讨论的方式，围绕中国南北地震带近期震情、强震强化监视与专项工作阶段进展、强震危险趋势及震情跟踪专题研究进展等几个方面进行了深入的交流讨论。

【南北地震带南段项目工作会议】 2012年3月22日，“中国地震活动断层探察——南北地震带南段项目工作会议”在昆明举行。来自中国地震局震害防御司、全国地震系统省级地震部门、研究机构、北京大学、中科院地质研究所、云南省地震工程研究院等单位的领导和活断层研究专家50多人参加会议。

【2013年度震情跟踪工作会议】 2012年12月13～14日，省地震局在昆明召开云南省2012年度地震观测资料质量评比表彰暨2013年度云南省震情跟踪工作会议。省地震局2012年度震情跟踪工作领导小组、专家组，重点危险区震情跟踪预测工作组成员，16个州（市）地震局（防震减灾局）震情跟踪工作主管领导和业务管理人员，局属监测预报单位相关台站和县级地震部门有关人员共130余人参加会议。省地震局党组成员、副局长毛玉平出席会议。省地震局党组书记、局长皇甫岗出席闭幕式并讲话。会议通报了2012年度全省地震监测预报工作，传达了2013年度全国地震趋势会商会精神。省地震局专家作了题为《云南省2013年度震情跟踪工作技术方案》、《云南省震后趋势判定和现场工作方案》等报告。学科青年骨干就2012年度地震监测资料评比情况作了点评，保山局等4个单位作了地震监测管理经验交流。与会人员就震情跟踪方案、趋势判定和现场工作方案进行了分组交流与研讨。

【全国地震应急救援工作交流会议】 2012年3月15～16日，全国地震应急救援工作交流会议在云南省昆明市召开。中国地震局党组成员、副局长赵和平同志出席会议并讲话，31个省（区、市）地震局、16个直属单位和中国地震局机关有关司室的代表以及相关专家参加了会议。与会代表围绕地震应急救援领域的重点、热点、焦点问题进行了研讨和交流。

【西南协作区地震应急联动会议】 2012年11月16～18日，云南省地震局作为牵头单位在西双版纳州组织召开了2012年度西南协作区地震应急联动会议。四川、重庆、西藏、贵州和云南共5省区地震局分管应急工作的副局长及应急人员参会。中国地震局震灾应急救援司赵明司长出席会议并讲话。会上，西南五省区地震局开展了桌面演练，就建立和加强西南协作区建设进行了深入而广泛的交流。会上云南与四川两省举行了轮值单位交接仪式，2013年西南协作牵头单位为四川省地震局。

【地震灾害紧急救援队联席会议】 2012年4月13日，2012年云南省地震灾害紧急救援队联席会议在省地震局召开。联席会议主任委员、省抗震救灾指挥部副指挥长、省地震局皇甫岗局长出席会议并作重要讲话。联席会议办公室主任、省地震局陈勤副局长主持会议。驻滇某集团军、武警云南省总队、省公安边防总队、省卫生厅等10个单位相关领导共30余人参加了会议。会上，省地震预报研究中心作了《云南地震趋势分析情况》报告。会上传达了国务院防震减灾工作联席会议精神，全面汇报了2011年防震减灾工作进展情况和2012年工作安排建议。各参会单位救援队、应急抢险队报告了2011年工作情况及下一年工作计划，并就救援队建设提出了相关的意见和建议。

2013年3月20日，云南省地震灾害紧急救援队联席会议在省地震局召开。联席会议主任委员、省抗震救灾指挥部副指挥长、省地震局皇甫岗局长出席会议并作讲话。联席会议办公室主任、省地震局陈勤副局长主持会议。驻滇某集团军、武警云南省总队、省公安边防总队、省卫生厅等11个单位相关领导共30余人参加了会议。会上，传达了云南防震减灾工作联席会议精神，汇报了2012年救援队工作总结。省地震预

报研究中心作了《2013年度云南地区地震活动趋势分析》报告。各参会单位救援队、应急抢险队报告了2012年工作情况及2013年工作计划，并就救援队建设提出了相关的意见和建议。

【彝良地震现场灾评工作情况通报会】 2012年9月11日，地震系统“9·7”彝良地震现场灾评工作情况通报会在彝良县召开。昭通市人民政府何刚副市长及市防震减灾、政府办、国土资源、住建、民政、交通运输、水利、卫生、教育、广电、供电、电信昭通分公司、移动云南分公司、联通云南分公司等相关部门、单位的领导，彝良县、昭阳区、大关县、镇雄县政府相关领导参加了通报会。地震系统现场指挥部陈勤指挥长及相关负责人出席会议并作情况介绍。

【全国地震预报战略研讨会】 2013年10月22至23日，全国地震预报战略研讨会在昆明召开。中国地震局阴朝民副局长、马瑾院士出席会议并讲话。会议代表围绕地震预测预报的科学思路、工作体制机制改革、预测预报信息的科学发布以及服务政府社会决策的有效方式等开展深入广泛的学术交流和研讨。马瑾院士在会上作了《关于几点地震预报的意见》报告。

【全省地震局长工作会议】 2013年2月21日，云南省地震局长工作会议在省地震局召开。云南省地震局在昆党组全体成员，保留正厅级待遇的老领导，局处级干部，全省十六个州市地震局（防震减灾局）局长，局老专家咨询委员会部分委员，共计81人出席会议。省地震预报研究中心通报了云南地区2013年度地震活动趋势分析，省防灾研究所介绍了防震减灾十项重大工程进展情况。会议进行了分组讨论。与会代表围绕大会主题报告，结合各自单位的实际情况，就下一步开展防震减灾工作展开讨论。

【近震震级量规函数与面波震级测定工作会议】 2013年8月28至31日，“近震震级量规函数与面波震级测定”工作会议在昆明召开。中国地震台网中心的专家和全国16个地震局的监测中心主任共20余人参加了会议。会议从地震震级的规定与震级测定方法、面波震级测定方法、云南台网面波震级测定三个方面进行了详细介绍，围绕震级测定方法开展了研讨，并对“近震震级量规函数与面波震级测定”下一步的工作计划进行了安排部署。

【中国主要火山活动监测工作会议】 2013年3月12至15日，中国主要火山活动监测工作会议在云南腾冲召开。中国地震局监测预报司、中国地震局地质研究所、中国地震局地壳工程中心、中国地震局地球物理研究所、中国地震局地球物理勘探中心、云南省地震局、内蒙古自治区地震局、吉林省地震局、海南省地震局、黑龙江省地震局的火山监测、火山研究的主要部门领导专家和核心团队近40人参加了会议。会议讨论了《火山地震应急预案》编制工作计划安排，并对“长白山火山活动监测预报与灾害预警技术研究”项目建议书和近期火山监测发展进行了深入研讨。

【全国中心城市防震减灾研讨会】 2013年10月16日，第27届第二次全国中心城市防震减灾暨新技术推广研讨会在昆明召开。会议主题是城市地震安全与新技术应用。中国工程院周福霖院士、中国地震局震害防御司孙福梁司长、中国地震局科学技术司李明副司长、昆明市政府李喜副市长、云南省地震局皇甫岗局长和陈勤副局长应邀出席会议。来自全国17个中心城市地震部门、云南省部分州市县地震部门的代表及7家防震减灾新技术企业的代表参加了会议。云南省地震局皇甫岗局长在讲话中简要介绍了云南震情特点和省情特点，概述了云南防震减灾工作。

【全省震害防御管理工作会议】 2013年5月6日至8日，省地震局组织召开了全省震防管理工作会议，会议认真学习了国务院和云南省防震减灾联席会议、全国全省地震局长会议和全国震害防御工作会议精神，深入分析震害防御工作面临的新形势和新需求，总结发展经验，共谋未来发展，并就做好2013年震害防御重点工作进行了全面部署。

【云南省地震保险会议】 2013年12月16日，云南省地震保险会议在省地震局召开。参加会议的有云南保监局、云南省地震局、云南省民政厅、云南省住房和城乡建设厅、云南省财政厅、云南省金融监管办公室、中国人民财产保险股份有限公司、诚泰财产保险股份有限公司、中国财产再保险股份有限公司等单位负责同志。云南保监局对“云南省政策性民房地震保险制度试点专项方案”进行了阐述。诚泰财产保险股份有限公司汇报“云南省政策性民房地震保险制度试点专项方案关键问题说明”；中国财产再保险股份有限公司汇报“风险保费测算说明”；中国人民财产保险股份有限公司云南省分公司汇报“云南省政策性民房地震保险试点州市共保体保险服务实施方案”。各单位负责同志及专家讨论并发表了意见。

【政策性民房地震保险试点方案论证会】 2013年8月16日，云南政策性民房地震保险试点方案论证会在昆明召开，会议由省保监局华日新局长主持。中国地震局、中国保监会、省保监局、省地震局、省民政厅、楚雄州人民政府、中国人民财产保险股份有限公司、诚泰财产保险股份有限公司、中国财产再保险股份有限公司等单位领导及其部门负责人参加论证会。楚雄州洪维智副州长就楚雄州相关情况进行了介绍；诚泰保险、中国人保、中再保等公司分别介绍了楚雄州地震保险试点方案。与会领导和专家就试点方案进行了充分的讨论和质询。

【迪庆州灾后恢复重建工作会议】 2013年10月18日，省政府迪庆“8·28”、“8·31”地震灾后恢复重建工作会议在香格里拉召开。会议主要任务是总结前一阶段抗震救灾应急救援工作，部署启动灾后恢复重建工作。李纪恒省长、尹建业副省长出席会议。省发改委王喜良主任汇报了迪庆“8·28”、

“8·31”地震灾后恢复重建规划编制情况，省民政厅、省地震局、省住建厅、省财政厅、省国土资源厅、省交通厅、省宗教局、省扶贫办、省民委、省委宣传部的领导作了简要发言。

李纪恒省长要求在科学总结前一阶段抗震救灾经验的基础上，要重点突出、统筹兼顾，做好“五个坚持”：坚持以人为本，千方百计安排好灾区群众基本生活；坚持民生优先，抓紧时间完成民房恢复重建；坚持分类指导，统筹抓好公共基础设施的恢复重建；坚持突出特色，大力抓好优势产业的培育；坚持着眼长远，切实增强灾区可持续发展潜力。

【迪庆州灾后恢复重建工作统筹会】 2013年9月2日，省政府在香格里拉组织召开迪庆州灾后恢复重建工作统筹会议，重点对灾后恢复重建的基本框架进行讨论，对重大项目和重要实施工程进行统筹。省政府杨斌副秘书长出席并主持会议，具体安排部署了抗震救灾和恢复重建规划编制的相关工作。迪庆州委常委、常务副州长张志军出席会议并讲话。省发改、地震、住建、国土、民政、水利、交通、通信等部门领导、迪庆州级12家有关部门领导参加会议。会上，迪庆州级12家部门汇报了最新的灾情和损失情况，并就涉及本系统的恢复重建规划编制提出思考和建议。省级有关部门汇报了本系统抗震救灾工作应急响应情况，对涉及本系统的恢复重建规划工作提出政策性指导意见和工作建议。省政府杨斌副秘书长对当前抗震救灾工作和下一阶段的恢复重建工作作出部署。

（汪　青　张俊伟）

抗震与恢复重建

2012 年

【盈江县“3·10”地震第一阶段恢复重建验收】 2010 年 3 月 10 日，德宏州盈江县发生 5.8 级地震，国家和省级补助恢复重建第一阶段资金 160000 万元。第一阶段恢复重建工作于 2012 年 12 月基本完成，2012 年 12 月 17 日至 20 日，由省住房和城乡建设厅（省抗办）牵头，省监察厅、省水利厅、省教育厅、省国土资源厅、省工业和信息化委、省民政厅、省财政厅、省交通运输厅、省卫生厅、省审计厅、省环境保护厅、省扶贫办、省体育局、省旅游局等省直部门组成联合检查验收组，对盈江“3·10”地震灾后第一阶段恢复重建项目计划执行、资金使用管理、项目管理和工程质量、审计等情况进行检查验收，实地查看了民房、学校、医院、水利、交通及市政公用和生命线等工程，验收组认为，第一阶段灾后恢复重建工作取得了阶段性成效，达到预期目的。

【宁蒗县“6·24”地震】 6 月 24 日，丽江市宁蒗县发生 5.7 级地震，地震发生后，按照省委、省政府领导的重要批示精神和省政府的统一安排部署，省住房城乡建设系统立即启动了破坏性地震应急预案，迅速召开应急抢险工作会议，对住房城乡建设系统抗震救灾工作进行了具体安排，成立了省、市、县三级住房城乡建设系统抗震救灾工作领导小组，安排了救援资金及物资，组织 54 名专家和工程技术人员分 5 个工作组，在第一时间深入灾区一线开展抢险救灾、排危除险工作。经过近 10 天的艰苦奋战，累计完成了 71 万多平方米震损民房和 7 万多平方米公共建筑的应急评估工作，灾区供水、市政照明等恢复到震前水平，圆满完成了省委、省政府安排的应急抢险阶段各项工作任务。

灾后恢复重建任务为八大工程 100 个子项目，概算总投资 80000 万元。其中，民房恢复重建工程的任务总数为 8050 户（重建 6768 户，修复 1282 户）。计划民房恢复重建在 2013 年春节前基本完成，教育、卫生项目在 2013 年 9 月前完成，其它项目用 2 年时间逐步完成。

【彝良县“9·7”地震】 9 月 7 日，昭通市彝良县发生里氏 5.7、5.6 级地震，地震发生后，迅速启动应急预案，省住房和城乡建设厅罗应光厅长、周鸿副厅长带领厅抗震防震处（抗办）第一时间赶赴灾区一线组织指挥住房城乡建设系统抗震救灾工作，并根据灾情迅速调动省、市、县三级住建系统共 100 余人分成 8 个组开展震损房屋应急评估鉴定和供水管网抢险救援工作。震损房屋应急评估鉴定专家队累计完成 591 幢 65 万平方米公共建筑的应急评估工作；抽样评估了重灾区洛泽河镇 254 户约 8 万平方米民房；完成 173 个市政单体工程的应急评估。市政设施应急抢险救援队及时完成供水主管道断裂抢通任务，并完成城市供水管道 12 个破损点和城区 56 个漏水点的修复工作，得到省领导和灾区群众的肯定。

灾后恢复重建任务为八大工程 323 个子项目，概算总投资 560200 万元。其中：民房恢复重建的任务总数为 68140 户（修复 36365 户，重建 31775 户）。计划民房恢复重建在 2013 年春节前基本完成，教育、卫生项目在 2013 年 9 月前完成，其它项目用 2 年时间逐步完成。

【全省减隔震技术推广应用工作会议】 5 月 12 日，全省减隔震技术推广应用工作会议在昆明召开，旨在提高减隔震技术推广应用在防震减灾工作中的重要性认识，明确减隔震技术推广应用的政策措施，全面推进该项技术的推广应用。会议由省住房和城乡建设厅罗应光厅长主持，中国工程院周福霖院士，住房城乡建设部、中国地震局相关司（局）领导到会指导，并分别作了的专题报告和讲话。省委常委、省委秘书长、副省长曹建方出席会议并作重要讲话。参加会议的还有省减灾委成员单位领导，各州、市分管领导及有关单位领导。

曹建方强调，推广应用减隔震技术，全省各地、各有关部门要从云南的实际出发，明确两个目标，即：力争在 2015 年以前，在云南省抗震设防 8 度和 9 度设防区内，凡符合适用条件的新建中小学校舍和医院全部使用减隔震技术；符合适用条件的其他建筑工程积极鼓励采用减隔震技术；在 2020 年以前，在云南省抗震设防 8 度和 9 度设防区内，凡符合适用条件的中小学校舍、医院、通信、电力和交通枢纽等重大工程、生命线工程全面推广使用减隔震技术。

曹建方要求，各级、各有关部门要切实加强对推广应用减隔震技术工作的组织领导，进一步健全组织协调体系、加强工程质量监管、实行目标责任管理，确保减隔震技术推广应用工作取得实实在在的成效。

【减隔震技术推广应用】 根据《云南省人民政府办公厅关于加快推进减隔震技术发展与应用的意见》要求，省住房城乡建设厅协调省发改委、省财政厅、省工信委、省地震局、省教育厅、省科技厅、省卫生厅、省地税局等九部门联合下发了《关于进一步加快推进我省减隔震技术发展与应用工作的通知》，就加大政策扶持力度、加强技术支持与服务、做好宣传引导等各项工作提出了明确的要求和具体的工作措施。

同时，组织部分设计院所、大专院校和生产企业着手编制《云南省建筑工程叠层橡胶隔震支座性能要求和检验规范》、《云南省建筑工程叠层橡胶隔震支座施工及验收规范》。两个地方标准于2013年6月1日施行，这对保证隔震支座产品质量，确保隔震建筑的工程质量起到重要的指导作用。

开展自动喷涂生产线研发、高阻尼橡胶隔震支座研发、高层建筑隔震技术研究等七个专项的减隔震技术研发工作。实现以建设工程集成示范为基础，开发高技术减隔震新产品、新工艺，完成产品系列化，形成系统、规范和成熟的减隔震成套技术，并获得大量专利技术和自主知识产权。

【抗震设防专项审查】 依据《国务院对确需保留的行政审批项目设定行政许可的决定》、《超限高层建筑工程抗震设防管理规定》、《云南省建设工程抗震设防管理条例》，共对256项建筑工程进行了抗震设防专项审查，其中：办理初审118项，审批138项。服务承诺首问首办率100%，实际办结率100%，受理投诉数为0。通过抗震设防专项审查工作提高了重要建筑工程的抗震可靠度，纠正、制止了不符合抗震设计原则的设计方案，消除了项目设计中存在的安全隐患，有效保障了我省新建、改扩建建筑工程抗震设防质量。同时，通过抗震设防专项审查，使前沿的工程抗震新技术在我省得到了实际应用，实践经验不断积累。

【中小学校舍安全工程】 住房和城乡建设厅负责对楚雄州、临沧市的中小学校舍安全工程分片包干，5月7日至19日组织人员对楚雄州武定县和临沧市双江、耿马、镇康、临翔5个县（区）未按期竣工的校安工程项目开展督查，针对检查出的问题，及时进行了现场反馈，并督促相关责任单位限时整改。

8月份会同省校安办、省教育厅派出8个工作组对全省16个州市31个县（市区）中小学校舍安全工程进行全面执法检查，确保中小学校舍安全工程的质量。

2013年

【洱源县“3·03”地震】 3月3日，大理州洱源县发生5.5级地震。地震发生后，省住房和城乡建设厅按照省委、省政府领导的重要批示精神和省政府的统一安排部署，立即启动住房城乡建设系统破坏性地震应急预案，迅速召开应急抢险工作会议，安排部署抗震救灾工作。成立了省、州、县三级住房城乡建设系统抗震救灾指挥部，组织了150人的专家和工程技术人员分4个工作组深入重灾乡镇开展抢险救灾、排危除险、震损房屋鉴定评估等工作。共完成震损民房96855间、公共建筑11万多平方米的应急鉴定评估工作，圆满完成了应急抢险阶段各项工作任务。

洱源“3·03”地震灾后恢复重建实施八大工程224个建设项目，总投资11000万元。2013年底全面完成受损民房和学校恢复重建，基本恢复电力、通信等基础设施。计划2014年12月底全面完成基础设施、社会事业、特色产业培育、扶贫开发、城镇建设、防灾减灾体系、生态环保等恢复重建任务。

【迪庆州“8·28”、“8·31”地震】 8月28、31日，迪庆州德钦县、香格里拉县、四川省甘孜州得荣县交界地区先后发生5.1、5.9级地震，地震发生后，省住房和城乡建设厅按照省委、省政府领导的重要批示精神和省政府的统一安排部署，立即启动住房城乡建设系统破坏性地震应急预案，迅速召开应急抢险工作会议，第一时间派出应急工作组赶赴灾区开展工作。及时成立了由分管副厅长为指挥长的省、州、县三级住房城乡建设系统抗震救灾指挥部，统一组织指导涉及住房城乡建设系统的相关工作，并向地震灾区紧急下拨20万元，向住房城乡建设部争取到60万元经费用于抗震救灾。组织专家分4个组深入地震灾区一线对学校、医院、党政机关办公用房等公共建筑、市政基础设施及重灾村民房震损情况进行安全性排查鉴定。共完成259个单体，181316.27平方米公共建筑及11014户，5066720平方米民房的应急鉴定评估工作，圆满完成了应急抢险阶段各项工作任务。

迪庆“8·28”和“8·31”地震灾后恢复重建规划任务分为五大工程93个建设项目，总投资261948万元。计划2013年12月底前完成受损民房修复加固，2014年9月底前全面完成受损民房重建，2015年12月全面完成民生改善、基础设施、防灾减灾、社会管理等恢复重建任务。

【应急保障能力建设】 省住房和城乡建设厅下发了《云南省住房和城乡建设厅关于进一步加强地震应急能力建设的通知》，在原有省级地震应急抢险“三支队伍”300人的基础上，建立了涵盖省、16个州（市）及129个县（市、区）的住建系统地震应急抢险“三支队伍”，共计10938人，11234台（套）装备。并推荐10名专家进入第一届国家震后房屋建筑应急评估专家队。

【减隔震技术推广应用】 6月1日起正式实施了《云南省建筑工程叠层橡胶隔震支座性能要求和检验规范》、《云南省建筑工程叠层橡胶隔震支座施工及验收规范》两个地方标准；省住房城乡建设厅、省发改委、省财政厅、省工信委、省地震局、省教育厅、省科技厅、省卫生厅、省地税局等九部门

联合下发了《关于进一步支持减隔震技术发展和应用若干政策的通知》，进一步加大对减隔震技术推广应用的政策支持力度；下发了《云南省住房和城乡建设厅关于加强减隔震工程质量监督管理的通知》，对减隔震工程各环节质量控制进行了明确规定和要求。2013 年全省通过审查的应用减隔震技术工程项目 290 项、446 栋（隔震 276 项 429 栋、减震 14 项 17 栋）360 万平方米。

【建筑工程抗震设防管理】 省住房和城乡建设厅编制了《云南省农村民房建设抗震设防技术导则》，印刷 6 万册免费发放全省；下发了《云南省住房和城乡建设厅关于进一步加强中小学校舍安全工程质量安全监管工作的通知》，加强对中小学校舍安全工程的监管；下发了《云南省住房和城乡建设厅关于建筑工程抗震设防专项审查实行分级管理的通知》，全省建筑工程抗震设防专项审查审批实行省和州（市）分级管理体制；建立了建筑工程抗震设防专项审查审批项目信息网上填报制度，接受社会查询和监督；完成了第四届建筑工程抗震设防专项审查专家委员会换届工作，调整充实了专家队伍。2013 年受理建筑工程抗震设防专项审查审批建设项目 1017 项 1100 万平方米（其中省级 121 项 810 万平方米，州市 896 项 300 平方米）。

（沈夏威　张　明）

地质灾害

概况

【2012年地质灾害综述】 2012年全省发生地质灾害571起(其中滑坡367起、崩塌74起、泥石流74起、地面塌陷29起、地裂缝26起、地面沉降1起)。全年发生特大型地质灾害6起，大型地质灾害4起，中型地质灾害26起，小型地质灾害535起，共造成46人死亡、17人失踪、89人受伤，直接经济损失3.029亿元。总体属正常年份。

2012年全省地质灾害高发期为6~10月，其中7、8月发生特大型地质灾害4起，大型地质灾害4起。昭通、普洱、德宏、大理、红河等州（市）受灾严重。全省16个州（市）均有地质灾害发生，其中昭通市、文山州、丽江市因灾死亡失踪人数居全省前三位，大理州、普洱市、曲靖市因灾直接经济损失居全省前三位。因持续干旱，地质灾害发生频次和造成直接经济损失、死亡失踪人数低于“十一五”期间年平均水平，但与2011年相比，略有增加。受地震影响，昭通市部分县（市）新增一些地质灾害隐患点。

【2013年地质灾害综述】 2013年全省发生地质灾害425起(其中滑坡247起、崩塌83起、泥石流68起、地面塌陷9起、地裂缝10起、地面沉降8起)。全年发生特大型地质灾害7起，大型地质灾害2起，中型地质灾害28起，小型地质灾害388起，共造成69人死亡、3人失踪、33人受伤，直接经济损失5.198亿元。总体属正常偏重年份。

2013年全省地质灾害高发期为6~10月，其中8、9月发生特大型地质灾害5起，大型地质灾害2起。昭通、德宏、大理等州（市）受灾严重。全省16个州（市）均有地质灾害发生，其中昭通市、曲靖市和大理州因灾死亡失踪居全省前三位，昭通市、大理州、德宏州因灾直接经济损失居全省前三位。因灾死亡失踪人数低于“十一五”期间年平均水平，但与2012年相比有明显加重。受地震影响，迪庆州部分县新增一些地质灾害隐患点。

（张　杰）

2012年灾情

【贡山县茨开镇滑坡】 3月3日，受强降雨影响，怒江州贡山县茨开镇南方电网公司对面坡体发生滑坡灾害，造成3人死亡、2人受伤。

【玉龙县鸣音乡阿海电站山洪泥石流】 6月14日，受单点暴雨影响，丽江市玉龙县鸣音乡阿海电站右岸发生山洪泥石流灾害，致使沟口两个工棚被冲毁，造成6人失踪、1人受伤，直接经济损失10万元。

【禄劝县乌东德乡泥石流】 6月22日，受强降雨影响，昆明市禄劝县乌东德乡新村村委会发生泥石流灾害，造成1人死亡，2人失踪，直接经济损失105万元。

【盈江县新城乡芒胆、新寨泥石流】 6月23日7时许，受持续降雨影响，德宏州盈江县新城乡繁勐村芒胆、新寨后山发生泥石流灾害，冲毁房屋、道路和自来水管道，直接经济损失1310万元。

【绥江县新滩镇新滩村崩塌】 7月18日，昭通市绥江县新滩镇新滩村6组发生崩塌灾害，造成2人死亡，直接经济损失10万元。

【镇雄县花山乡大火地村滑坡】 7月22日，昭通市镇雄县花山乡大火地村下厂组发生滑坡灾害，造成1人死亡、2人失踪、3人受伤，直接经济损失110万元。

【盐津县盐井乡老街村崩塌】 2012年7月22日，昭通市盐津县盐井乡老街村坪街小组发生崩塌灾害，造成2人死亡，直接经济损失20万元。

【德钦县羊拉乡归吾村崩塌】 7月22日，受持续降雨影响，迪庆州德钦县羊拉乡归吾村那木小组发生崩塌灾害，造成1人死亡、1人受伤，直接经济损失5万元。

【马关县都龙镇李子坪林区滑坡】 7月25日，文山州马关县都龙镇李子坪林区小旱滩发生滑坡灾害，滑坡规模约10000立方米，造成2人死亡、1人受伤。

【麻栗坡县大坪镇戈令村泥石流】 7月25～26日，受持续降雨影响，文山州麻栗坡县大坪镇戈令村委会相继发生2起泥石流灾害，共造成2人死亡、3人失踪、4人受伤。7月28日，受持续降雨影响，文山州麻栗坡县大坪镇戈令村哪云田村小组再次发生泥石流灾害，造成2人死亡、1人失踪。

【洱源县凤羽镇起凤村泥石流】 8月6日5时许，受强降雨影响，大理州洱源县凤羽镇起凤村铁甲小组发生特大型泥石流灾害，造成1人死亡、1人失踪、31人受伤，直接经济损失7320万元。

【宣威市双河乡宫家山村滑坡】 8月29日凌晨5时许，受强降雨影响，曲靖市宣威市双河乡新寨村委会宫家山自然村发生滑坡灾害，造成5人死亡、3人受伤，直接经济损失70万元。

【彝良县龙海乡镇河村田头小学滑坡】 10月4日上午8时10分，昭通市彝良县龙海乡镇河村油房村民小组田头小学发生滑坡灾害，造成19人死亡、1人受伤，损毁小学教室3间、民房9间。

（杨迎冬）

2013年灾情

【镇雄县果珠乡高坡村滑坡】 1月11日，受降雨、冻融的影响，昭通市镇雄县果珠乡高坡村委会赵家沟村民小组发生滑坡灾害，造成46人死亡、2人受伤，直接经济损失4550万元。

【镇雄县中屯镇头屯村崩塌】 1月28日，昭通市镇雄县中屯镇头屯村水塘等6个村民小组发生崩塌，崩塌规模约53万立方米，直接经济损失9530万元。

【罗平县阿岗镇小革里村崩塌】 6月26日，受单点暴雨的影响，曲靖市罗平县阿岗镇罗作村委会小革里村发生崩塌灾害，造成2人死亡。

【富源县九河村煤矿滑坡】 7月2日8时，受持续强降雨的影响，曲靖市富源县墨红镇九河村委会新书桌村陡坡发生滑坡灾害，造成6人死亡、4人受伤，约60多人被迫撤离，直接经济损失59万元。

【马关县都龙乡泥石流】 7月3日，受降雨影响，文山州马关县都龙乡保良街马鹿塘暴发泥石流灾害，造成1人死亡。

【盐津县盐井镇高桥村滑坡】 7月5日凌晨5点10分，昭通市盐津县盐津镇高桥村黄葛社发生滑坡灾害，造成5人死亡、4人受伤（2人轻伤、2人重伤），1户村民房屋被毁，直接经济损失约30万元。

【永善县黄花镇、黄华镇交界处滑坡】 7月21日，昭通市永善县黄花镇黄华镇甘田村庆云二组与庆云三组交界处发生滑坡灾害，滑坡规模约60万立方米，造成2人死亡，直接经济损失约5200万元。

【永善县溪洛渡电站库区滑坡】 7月27日，金沙江右岸昭通市永善县黄华镇黄坪村溪洛渡电站库区发生滑坡灾害。滑坡形成次生江水涌浪，对左岸四川省雷波县卡哈洛乡复建码头施工场地部位造成灾害。据31日17时统计核实，共造成12人失踪、3人受伤（1人轻伤，2人重伤）、损毁1辆工程车、1辆小客车、4辆摩托车和2艘汽艇船等。

【云龙县苗尾乡水井村泥石流】 7月29日，大理州云龙县苗尾乡水井村铁门山河小组暴发泥石流灾害，造成1人死亡、1人失踪，直接经济损失约315万元。

【大关县天星镇青杠村滑坡】 8月2日0时15分，昭通市大关县天星乡一带出现局地强降雨，导致大关县天星镇青杠村上坝村民小组发生滑坡灾害。造成1名铁路部门聘请的隐患点监测员死亡，6户房屋被掩埋，1户房屋严重受损，内昆铁路、彝岔公路中断，南方电网高压线受损，直接经济损失约15000万元。

【绥江县南岸镇珍珠社区滑坡】 8月6日，昭通市绥江县南岸镇珍珠社区16组佛尔岩发生滑坡，滑坡规模约12万立方米，直接经济损失1120万元。

【绥江县新滩镇石龙村滑坡】 8月16日，受强降雨影响，昭通市绥江县新滩镇石龙村20、21小组发生滑坡，滑坡规模约164万立方米，直接经济损失1075万元。

【镇沅县和平镇丫口村崩塌】 8月18日，普洱市镇沅县和平镇丫口村石头组恩水路73千米处发生崩塌灾害，崩塌造成1人死亡、2人受伤。

【盐津县盐井（镇）老街社区崩塌】 9月4日，受降雨影响，昭通市盐津县盐井（镇）老街社区凉风坳发生崩塌，崩塌造成5人受伤，直接经济损失50万元。

【陇川县户撒乡潘乐村泥石流】 9月8日，受强降雨影响，德宏州陇川县户撒乡潘乐村芒板、户孟两小组发生泥石流，直接经济损失1278.9万元。

【云龙县漕涧镇鸿信公司矿区滑坡】 9月9日，受降雨影响，大理州云龙县漕涧镇鸿信公司矿区发生滑坡，滑坡造成1人死亡，2人受伤，直接经济损失310万元。

【施甸县木老元乡龙潭村滑坡】 9月10日，保山市施甸县木老元乡龙潭村姜寨一组发生滑坡地质灾害，滑坡造成1人死亡。

（周翠琼）

监测预报

【2012年预测及检验】 2012年预测指出“2012年地质灾害频度及危害程度总体上属正常年份，局部偏重，危害程度较2011年严重。灾害高发区分布于滇西北‘三江’流域高山峡谷区、滇东北高中山区、大盈江流域、红河中下游地区以及滇中金沙江两岸和滇西南、滇东南地区。灾害高发期：6~10月”。实际情况：2012年灾害强度总体属正常年份，灾害的分布范围、高发期预测较准确。

【2012年地质灾害气象预警】 2012年汛期地质灾害气象预警预报工作从4月15日开始，到11月20日结束，通过网站发布预报共计220天。预报指数出现三级以下的有26天、三级的有82天，四级有112天。结合群测群防网络，2012年全省成功预报地质灾害14起，转移群众752人，避免伤亡人员622人，避免直接经济损失244.2万元。

【2013年预测及检验】 2013年预测指出“2013年全省地质灾害频度及危害程度总体上属正常年份，局部偏重，危害程度较2012年严重。灾害高发区分布于滇西北‘三江’流域高山峡谷区、滇东北高中山区、大盈江流域、红河中下游地区以及滇中金沙江两岸和滇西南、滇东南地区。灾害高发期：6~10月”。实际情况：2013年灾害强度总体属正常偏重年份，灾害的分布范围、高发期预测较准确。

【2013年地质灾害气象预警】 2013年汛期地质灾害气象预警预报工作从4月16日开始，到11月20日结束，通过网站发布预报共计219天。预报指数出现三级以下的有42天、三级的有106天，四级有71天。结合群测群防网络，2013年全省成功预报地质灾害27起，转移群众1323人，避免伤亡人员1905人，避免直接经济损失6594万元。

（周翠琼）

防治建设

【地质灾害群测群防宣传培训】 2013年，根据云南省人民政府《关于进一步加强地质灾害群测群防工作的通知》（云政发〔2013〕20号，云南省国土资源厅制定了“云南省地质灾害群测群防宣传培训工作方案”，组织编制了宣传片、群测群防手册、群测群防漫画册、宣传贴画等。派出省级宣讲团4个，于8月底至9月初，分4个片区对全省129个县（市、区）相关人员就地质灾害防治基本知识、地质灾害群测群防“十项制度”、山区农村房屋选址建设应注意的问题等进行培训，各期培训结束后，为检验培训效果，分别进行了考试。

全省参加培训的人员共28584人，其中：参加省级培训的840人，参加县级培训的27744人。宣传培训过程中，发放地质灾害防治宣传片6000张，发放《云南省地质灾害防治群测群防手册》50000册，发放《云南省地质灾害群测群防漫画册》50000册，张贴地质灾害防灾避险宣传画25000套。

（杨迎冬）

【地质灾害综合防治体系建设】 党中央、国务院高度关注我省地质灾害防治工作，把云南省列为全国地质灾害防治重点省。2013年省政府第八次常务会议研究批准了《云南省地质灾害综合防治体系建设实施方案（2013—2020年）》，全省地质灾害防治工作迎来了重大历史机遇。

全省通过争取中央补助和省、州市自筹，每年筹集不少于20亿元专项资金，用于全省地质灾害防治。

地质灾害防治工程是地质灾害综合防治体系建设的核心内容，主要包括地质灾害调查评价工程、监测预警工程、避让搬迁与治理工程和应急体系建设等。结合区域经济社会发展水平，在地质灾害重点防治区和一般防治区合理配置非工程措施与工程措施，突出监测预警和避让。

（袁忠玉）

防 洪 抗 旱

概 况

【洪旱简况】 2012年，云南省在遭遇2010年的百年大旱，2011年的雨季干旱后，又发生季节性干旱。由于连续干旱、灾情叠加，干旱显现出较为严重的损失，给受灾地区群众生活和工农业生产造成了较大影响；汛期，虽大部分地区降水偏少、大雨以上强降水稍偏少，但由于时、空分布不均，滇东北、滇东的部分地区，滇西、滇南的局部地区降水量和强降水过程异常偏多，导致局地洪涝和滑坡泥石流等灾害多发、高发。2013年，云南又发生冬春连旱，旱情最重时，全省有93个县（市）存在气象干旱，其中昆明、曲靖、玉溪、楚雄、保山、德宏、大理、临沧、迪庆、普洱北部、红河北部等11个州市为中度以上气象干旱，局部达到重特旱；汛期，平均降水量为近五年最多，且降雨时空分布不平衡，单点暴雨集中，局部地区中小河流暴雨洪水陡涨陡落，致使洪涝灾害频发，人民群众生命财产遭受了较大损失。

【水利水电建设综述】 2012年，深入实施“兴水强滇”战略，突出加强民生水利建设和骨干水源工程建设两个重点，全省水利建设完成投资260亿元，比2011年增长30%以上。争取中央水利投资99.8亿元，居全国第一，协调落实下达省级水利建设投资57亿元。开工52件骨干水源工程，其中：中型18件，小（一）型34件。建成41.6万件山区“五小水利”工程。完成“爱心水窖”建设26.4万口。解决了316.69万农村人口和农村学校师生饮水不安全问题。省级资金开展的8个高效节水灌溉示范项目和33个小型灌区全面完工，新增节水灌溉面积2.65万亩，改善灌溉面积13.47万亩。新增农村水电装机113万千瓦。完成中低产田地改造22.85万亩，治理水土流失面积3383平方千米，新实施生态修复面积6050平方千米，开展水土保持监督执法检查3641次。完成全国专项规划外13件中型病险水库除险加固投资2.5亿元。治理河长485千米，新建河堤485千米，护岸194千米，加固河堤187千米，完成渠道防渗2120千米，保护人口121.4万人，保护耕地94.1万亩。牛栏江—滇池补水工程取得重大进展，德泽水库成功下闸蓄水，亚洲最大的泵站干河泵站地下厂房建设完成，首台机组进入安装调试阶段，国内同类型施工难度最大的115.6千米长的输水线路累计完成开挖96%。《云南省人民政府关于全面实行最严格水资源管理的意见》颁布实施，“三条红线”控制指标有效落实。水务一体化改革、水价改革、水管体制改革稳步推进。

2013年，全省水利投资达321亿元，争取中央资金83.5亿元、位居全国前列。牛栏江—滇池补水工程主体工程完工，并于2013年12月28日正式通水运行。新开工45件骨干水源工程，完成了20件大中型水库工程的竣工验收。建成52.8万件山区“五小水利”工程。建成“爱心水窖”42万件。建成集中式、分散式供水工程2.9万余件，受益人口295.96万人。治理水土流失面积3250平方千米，新实施保护面积6000平方千米。47个小型农田水利重点县及52个专项工程建设2012年度结转任务全面完成。完成12个大型灌区、3个中型灌区节水续建配套改造项目，启动14个小型灌区建设，完成19.6万亩中低产田地改造任务。新增水电装机容量85.5万千瓦，全省水电装机达1762.45万千瓦，成为全国农村水电装机规模唯一突破千万千瓦的省份。山洪灾害非工程措施覆盖全省129个县市区。江河治理稳步推进，新建河堤856千米，护岸312千米，加固河堤306千米，新建跨河建筑物354座。截至2013年底，全省共建成水库6038座，水库库容124.1亿立方米，年末蓄水77.11亿立方米创造历史新高。下达小（二）型病险水库除险加固工程项目中央补助资金5.45亿元，省级资金1.52亿元，共计6.97亿元，实施小（二）型项目551座，下达实施299座一般小（二）型规划项目。省水投公司与国开行云南省分行签订了100亿元水利专项贷款合同。《云南省实行最严格水资源管理制度考核办法》颁布施行，水资源得到有效保护和利用。

（刘兴儒　李明燕　闵　磊）

灾　情

【2012 年旱情】　由于2011年汛期降水偏少，难以形成有效径流，江河来水持续偏少，导致全省库塘蓄水严重不足，致使旱情从2011年夏秋冬旱一直延续至2012年6月初夏。旱情最重时，全省共有592条中小河流断流、744座小型水库干涸，全省16个州（市）、127个县（市、区）的929万人受灾，676万人、333万头大牲畜出现不同程度饮水困难，部分城镇供水紧张，270万人因灾需要救助，农作物受灾1263万亩，林地受灾1992.3万亩，因旱造成直接经济损失达170亿元。全省组织719万人次投入抗旱救灾，投入5065眼机电井、5357处泵站、30.6万台（套）抗旱机动设备，出动机动运水车辆19.2万辆（次），抗旱用电8785万度、用油11150吨，实施抗旱增雨作业3197点次，临时解决了676万人333万头大牲畜饮水困难，实现抗旱浇灌面积1072万亩次，取得了巨大的社会经济效益。

【抗旱措施】　1. 超前谋划，主动应对严重的旱情发展和严峻的抗旱形势。省委、省政府多次召开省委常委会、省政府常务会、电视电话会议、工作座谈会及专题会议安排部署。省防汛抗旱指挥部定期、不定期多次专题会商全省旱情。省防汛办加强旱情监视，整理、编制《旱汛情快报》及时向省委、省政府主要领导报告全省旱汛情动态。灾区各级党委、政府认真组织群众开展扎实有效的抗旱救灾、生产自救工作。伏旱突出的6个州市启动了抗旱Ⅱ级应急响应、1个州市启动了抗旱Ⅲ级应急响应，由州市党委、人大、政府、政协及防汛抗旱业务部门组成多批次工作组，深入旱区调查了解受旱情况，确保安全供水。2. 突出重点，抓紧实施抗旱应急工程切实提升应急供水能力。省级优选121件增蓄应急重点项目，迅速组织实施。通过各级党委、政府和水利、抗旱部门的艰苦奋战，仅用3个多月时间，投资7.56亿元的121件增蓄应急重点项目如期完工通水，日供水量达80多万立方米，有效保障了约670万人、51.9万头大牲畜的饮水安全，并解决了约30多万亩的农灌用水。省级随后补助的一批抗旱应急项目陆续完工投入使用，发挥了较大的抗旱作用。州市及县级筹资建设完成3972件抗旱应急工程，实现增蓄5415万立方米，保障了约271万人饮水安全，有效提高了旱区抗旱供水保障能力。省国土资源厅组织开展地下找水打井362口，201口成井验收投入使用，缓解了35万人的饮水困难。3. 积极主动，摸清家底算清水账及早编制应急供水方案。早在2011年入秋，省防办就全面安排布置各地按照省会城市、州市政府驻地、县城、乡镇政府驻地及广大农村五个层次分层排查、分级负责，深入摸清全省城乡、学校、重要工矿企业等重要保供对象需水用水及供水水源情况，进行供需平衡分析。在算清水账、弄清水量的基础上，突出总量控制、节约用水和应对措施，将供用水计划从2012年5月31日倒排制定，对缺水地区的城区、集镇、农村、学校等重要供水对象逐一细化供水方案和应对措施，保证了供用水安全。4. 民生优先，切实保障人畜饮水安全各项措施落到实处。省委、省政府认真贯彻落实科学发展观，提出“决不让旱区一个人没水喝”的庄严承诺。以水库等骨干水源工程与增蓄应急项目相结合保障城市、集镇抗旱水源，以小水窖、小坝塘等“五小水利”工程与应急打井项目、抗旱应急送水等措施相结合保障广大农村抗旱水源。全省160万个小水窖的应急补水、充水大大提高山区、半山区近800万人饮水安全保证。采取限制高耗水行业用水、实行阶梯水价、推行中水回用及分片定时限量供水等严格的节水措施，强化用水定额管理，切实加大节水力度。及时清理、维护2010年抗击百年大旱投入使用的大批运水车、水泵、发电机抗旱设备，抓紧组织72个国家支持的县级抗旱服务队建设，充分发挥抗旱机具设备及抗旱服务队机动、灵活的作用。5. 科学调度，管好用好库塘蓄水抗旱水源。针对降雨偏少、来水偏枯、库塘蓄水不足的情况，全省上下超前安排、及早着手、加强管理、科学调度，全力保障城乡供水安全。2011年8月，就正确研判、及早动手果断要求下闸蓄水，大中小型工程结合，蓄、引、提、打井等多措并举，千方百计增加蓄水，使2011年末全省库塘蓄水总量达47.4亿立方米，为2012年抗旱储备了宝贵的抗旱水源。坚持科学调度、合理用水，按照“先生活、后生产，先节水、后调水，先地表、后地下”的原则，着重抓好现有水源的统一管理和科学调配。6. 完善机制，始终保证旱情处于可控状态。建立健全以村委会、广大农村干部为主体的旱情监控反馈机制，及时、全面、准确地掌握全省旱情动态；整合抗旱服务组织、消防、城市绿化、民兵、村民自治等组织建立送水解困的服务机制，对缺水严重、位置偏远的地区积极组织拉水、送水；建立州（市）包县、县包乡、乡包村、村包户、干部包群众的责任机制。加大组织协调和督促检查力度，强化组织保障、技术保障、物质保障，通过以上三个机制的建立，使全省在抗旱保供水过程中，有问题能及时发现反馈，发现问题能及时有效解决，始终使全省旱情处于可控状态。

（李维书　刘兴儒　李明燕）

【2012 年雨情】　2012年，全省大部分地区雨季在5月下旬至6月上旬开始，与常年相比，文山等24个县（市）偏早，昆明等53个县（市）正常，澜沧等41个县（市）偏晚。5～10月全省平均降水量为827毫米，与多年同期平均（917毫米）相比，偏少90毫米，偏少10%。汛期累计降水量超过1000毫米的有30站，累计降水量在500～1000毫米之间的有90站，累计降水量不足500毫米的有7站，主要分布在大理、楚雄、红河、玉溪和昆明。全年降水空间分布不均，省内大部分地区为偏少到特少，但滇东北、滇东南的部分地区、滇南的边缘地区降水偏多到特多，其中偏少到特少的站数为78站，占全省总数的62%，偏多到特多的仅8站，占全省总数的6%，偏少幅度最大达37%。全省强降水站次数与多年同期相比偏少，其中，中雨2250站次、大雨879站次、暴雨209站次、大暴雨13站次，分别比多年同期偏少432站次、85次、5次、1次。虽大部分地区降水偏少、大雨以上强降水

稍偏少，但由于时、空分布不均，导致局地洪涝和滑坡泥石流等灾害多发、高发。

截止到2012年10月28日，除镇雄、景洪等8个县（市）未达到雨季结束标准外，其余县（市）已达到雨季结束标准，属于正常偏早年份。

【2012年水情水势及来水量】 2012年5～10月，全省河道平均来水量与多年同期均值相比偏少37%，各流域河道水情基本平稳，没有发生流域性大洪水。1～10月六大流域干流及其主要支流平均来水量与多年同期均值比较：长江流域主要支流偏少32%；珠江干流偏少58%，主要支流偏少50%；红河干流偏少54%，主要支流偏少26%；澜沧江干流偏少31%，主要支流偏少29%；怒江干流偏少11%，主要支流偏少44%；伊洛瓦底江主要支流偏少25%。全省河道共有16站发生超警戒水位洪水。

【2012年洪涝灾情】 2012年，全省共有109个县、898个乡（镇）、426.56万人受灾，3个城市受淹，因灾死亡86人，失踪9人，紧急转移9.44万人，倒塌房屋1.57万间，农作物受灾306.91千公顷，成灾184.53千公顷，绝收39.15千公顷，减产粮食50.46万吨，经济作物损失89089.69万元，死亡大牲畜5.31万头，水产养殖损失5.44万吨，停产企业102家，公路中断3881条次，供电中断520条次，通讯中断184条次；小型水库受损6座，冲毁塘坝195座，损坏堤防1096处、327.65千米，损坏护岸451处、水闸35座、灌溉设施11605处、机电井3眼、机电泵站22座、水文设施3个。因洪涝灾害造成的直接经济损失49.7953亿元，其中：农业直接经济损失20.6825亿元，工业交通业直接经济损失10.4061亿元、水利工程水毁直接经济损失9.7264亿元。

【2012年防汛投入及减灾效益】 2012年，据统计，入汛以来，全省累计投入抢险人数36.39万人次，投入动力3555台班，投入编织袋140.97万条，编织布5.6万平方米，沙石料78万立方米，木材98.4万立方米，钢材20吨，抗灾用油862.71吨，用电441.66万度，总物资消耗折算资金10140.86万元。

防洪减灾效益：减淹面积32.73千公顷，避免粮食减收14.16万吨，减少受灾人口36.07万人，解救洪水围困群众4.4万人，减灾经济效益8.9亿元。

（刘兴儒　李明燕）

【2013年旱情】 2013年，云南又发生冬春连旱，成为全省历史上少有的五年连旱。2013年1月1日至6月18日，全省平均降水量为263.1毫米，较历史同期偏少19%。全省平均气温为16.8℃，较历年同期偏高1.2℃，平均最高气温为24.4℃，较历年同期偏高1.6℃。各月平均气温和最高气温均较历史同期偏高。旱情最重时，全省有93个县（市）存在气象干旱，其中昆明、曲靖、玉溪、楚雄、保山、德宏、大理、临沧、迪庆、普洱北部、红河北部等11个州市为中度以上气象干旱、局部达到重特旱，有337条中小河流断流、348座小型水库干涸，造成16个州市128个县（市、区）1252.54万人受到旱灾影响，349.76万人、179.12万头大牲畜出现不同程度饮水困难，因干旱造成农作物受灾1173万亩，成灾537万亩、绝收128万亩，林地成灾面积991.33万亩，报废362.11万亩，因灾造成全省需救助人口253.35万人。全省直接经济损失近100亿元。全省共筹集投入抗旱救灾资金23.29万元，组织417万人投入抗旱救灾，投入6649眼机电井、3577处泵站、20.26万台（套）抗旱机动设备，出动机动运水车辆10.83万辆，抗旱用电2834万度、用油4632吨，临时解决349.76万人、179.12万头大牲畜饮水困难，实现抗旱浇灌面积837万亩次，成功实现了省委、省政府“绝不让灾区一个人没有水喝，将损失降到最低”的目标。

【抗旱措施】 1. 各级各有关部门高度重视。党和国家领导人多次作出重要批示，汪洋副总理率领国家有关部委负责同志深入我省旱情严重地区和抗旱救灾一线，实地察看灾情，指导救灾。水利部、农业部、民政部、林业局等有关部委派出多个工作组赴我省检查指导。省委、省政府多次召开省委常委会议、省政府常务会议、电视电话会议、工作座谈会及专题会议等对抗旱救灾工作进行安排部署。秦光荣书记、李纪恒省长、仇和副书记等领导同志多次深入灾区调研并慰问受灾群众，对抗旱救灾工作作出重要批示、提出具体要求。省水利厅积极谋划、超前布置，省防办在2012年12月份就布置全省蓄水抗旱工作，将供用水计划从2013年6月30日倒排，按五个层次分析全省的供需用量平衡状况，针对供水较为紧张的昆明市主城区、7个县城和广大的山区、半山区，及时采取措施，实行抗旱监视机制、抗旱服务机制、干部监督机制，提供组织保障、技术保障、物资保障、人员保障。3月1日启动抗旱应急值班，密切监控旱情发展、督促落实抗旱措施。4月3日省防汛抗旱指挥部启动全省抗旱应急预案重大级（Ⅱ级）应急响应，保障了全省抗旱救灾工作有序、有效开展。2. 密切监控旱情发展。加强抗旱值班，严格执行“责任制、签字制、核查制”旱情报送三项制度，将旱情旬报加密为周报，强化实时旱情报送。充分发挥防汛抗旱指挥部协调职能，根据旱情发展，加密召集民政、工信、国土、农业、林业、水利、气象、水文等部门通报各自旱情信息和抗旱工作开展情况，加大协调各部门信息报送和抗旱工作力度，科学研判安排抗旱工作。整合国土打井、住建部门城市供水、民政救济等力量为抗旱作贡献。3. 有效落实重点地区供水保障措施。根据抗旱水源动态变化，加强现有水源管理，进行动态供用水平衡，对存在供需缺口的城镇，适时调整供用水方案，对山区、半山区及学校等保供对象，加大排查和抗旱服务力度，做到不漏一村、不漏一户、不漏一人，采取拉水、送水等应急措施也要保障饮水安全。4. 扎实提升抗旱应急能力。努力推进中央抗旱物资代储仓库建设，为储好、管好、用好中央抗旱物资创造必要条件。加强72支县级抗旱服务组织建设和管理，清理、维护好近年抗旱救灾过程中投入使用的大批运水车、水泵、发电机等抗旱设备，逐一检查、及时维护。5. 推动节水用水。加大省防办和昆明市防办、市节水办会商力度，算好水账，研究节水措施，并布置和要求各州（市）做好开源节流工作，切实抓好节约和计划用水。

（李维书　刘兴儒　李明燕）

【2013 年雨情】　2013 年，全省平均降雨日数 101 天，平均大雨及以上日数 8 天，滇西南大部、滇东南南部、滇东北的部分地区在 12 天以上，局部大于 20 天。汛期，全省平均累计降水量为 892.1 毫米，较常年平均值略少 2.7%，但为近 5 年最多。滇西南大部、滇东南大部及滇西北、滇东北的部分地区累计降水量在 800 毫米以上，滇中大部、滇东北中部及滇西北南部地区大部降水量不足 800 毫米，局部地区小于 600 毫米，与常年平均值相比，滇西南、滇东南、滇西北及滇东北的边缘地区降水偏多，滇中大部、滇西北南部、滇东北中南部地区降水偏少，其中楚雄、大理、曲靖等部分地区降水偏少 20% 以上。汛期累计降水量超过 1000 毫米的有 30 站，累计降水量在 500～1000 毫米之间的有 90 站，累计降水量不足 500 毫米的有 7 站，主要分布在大理、楚雄、红河、玉溪和昆明。

2013 年 9 月下旬开始，各地雨季陆续结束。截止 10 月 31 日，全省已有 82 个县（市）达到雨季结束期标准，主要集中在滇西及滇南地区，雨季结束地区与常年相比，雨季结束日期为偏早年份，雨季未结束地区主要集中在滇中及以东大部、滇东北南部以及滇西北局部地区，与常年相比为正常至偏晚年份。

【2013 年水情水势及来水量】　2013 年，汛期水情总体平稳，河道来水整体偏少，但局部地区中小河流暴雨洪水陡涨陡落，水库超汛限水位站点多、时间长。5～10 月，全省河道来水量较多年平均偏少 35%，较去年同期基本持平，与自 2009 年以来四年同期相比多于 2011 年，小于 2009 年，与 2010、2012 年基本持平。六大流域干流及其主要支流平均来水量与多年同期均值比较：长江流域主要支流偏少 8%；珠江干流偏少 63%，主要支流偏少 47%；红河元江偏少 64%，其它主要支流偏少 40%；澜沧江干流偏少 43%，主要支流偏少 17%；怒江干流偏少 14%，主要支流偏少 30%；伊洛瓦底江主要支流偏少 26%。全省河道共有 10 站发生超警戒水位洪水，3 站发生超保证水位洪水，发生时间主要集中在 7～9 月。

【2013 年洪涝灾情】　2013 年，据统计，全省 16 个州（市）共有 119 个县（市、区）、229.93 万人受灾，因灾死亡 59 人、失踪 14 人，紧急转移 7.77 万人；倒塌房屋 0.35 万间；农作物受灾 157.92 千公顷，成灾 91.83 千公顷，绝收 21.08 千公顷，减产粮食 30.96 万吨，经济作物损失 57437.42 万元，死亡大牲畜 3.203 万头，水产养殖损失 0.12 万吨；停产企业 93 家，公路中断 2000 条次，供电中断 425 条次，通讯中断 77 条次；损坏堤防 1746 处、129.23 千米，损坏护岸 410 处、水闸 13 座、机电井 2 眼、机电泵站 12 座，灌溉设施 6486 处，因洪涝灾害造成的直接经济损失 31.76 亿元，其中：水利设施直接经济损失 5.53 亿元。

【2013 年防汛投入及减灾效益】　面对严重洪涝灾害和险情，国家防总、财政部、水利部十分关心，国家防总副秘书长矫梅燕率领工作组深入云南，并于 7 月派出工作组赶往昭通市绥江县指导防汛减灾工作。省委、省政府领导高度重视，秦光荣书记、李纪恒省长、沈培平副省长等领导同志多次作出重要批示。省防汛抗旱指挥部及防办密切监视汛情、灾情和险情发展，全面协调指导各地开展抗洪救灾。省防指常务副指挥长陈坚厅长多次专题研究部署防汛抗洪工作，陈明专职副指挥长多次率工作组赴灾区指导防汛抢险工作。省防办先后派出 14 批次工作组赶赴各地指导抢险救灾。据统计，入汛以来，全省累计投入抢险人数 40.07 万人次；投入动力 10345 台班；投入编织袋 88.6 万条，编织布 5.9 万平方米，沙石料 27.3 万立方米，木材 4.93 万立方米，钢材 139.207 吨，抗灾用油 633.7 吨，用电 478.4 万度，总物资消耗折算资金 3669 万元。

防洪减灾效益：减淹面积 13.03 千公顷，避免粮食减收 18.62 万吨，减少受灾人口 16.96 万人，解救洪水围困群众 4.45 万人，减灾经济效益 4.33 亿元。

（刘兴儒　李明燕）

重大洪涝灾情

【临沧市暴雨洪灾】　2012 年 5 月 26～31 日，临沧市平均降雨量约 49 毫米，其中大于 200 毫米有 2 站 100～199 毫米有 11 站，50～99 毫米有 31 站。降雨导致临沧市临翔区、镇康县、双江县、沧源县等 4 个县不同程度受灾，受灾人口 4482 人，农作物受灾 0.243 万亩，成灾面积 0.173 万亩，经济作物损失 246.69 万元，公路中断 6 条次，损坏护岸 12 处，共造成的直接经济损失 358 万元。

【弥勒县暴雨洪灾】　2012 年 6 月 1 日 19 时至 2 日 8 时，红河州弥勒县西三镇降雨 138.2 毫米，弥阳镇降雨 111.9 毫米，造成弥阳、竹园、朋普等乡镇 107 户农户、7 个单位受灾，农作物受灾 6386 亩、666 米沟渠、500 米河堤、3343 米道路、2 座人行桥、1 个水源保护点、70 米山体不同程度受灾，直接经济损失 600 余万元。

【通海县暴雨洪灾】　2012 年 6 月 19 日，受西南暖湿气流和辐合切变线影响，玉溪市通海县降中到大雨，河西镇降雨 50 毫米、九龙街道办 31.3 毫米。降雨导致 2 个乡镇部分受灾，民房受淹 7 间，烤房倒塌 1 处；农作物受灾 2807 亩；道路中断 3 处，塌方 92 处 3320 方，直接经济损失 386.2 万元。

【大理市山洪泥石流】　2012 年 6 月 19 日，大理市凤仪镇出现单点性强降雨，1 小时最大雨量 21.7 毫米，强降雨造成大理州大理市凤仪镇三哨村委会小哨自然村黑龙箐于 6 月 20 日 11 时 40 分发生山洪泥石流灾害，灾害共冲毁土木结构房屋 5

间、2人被埋死亡。

【曲靖市暴雨洪灾】 2012年6月21日8时至6月22日8时，曲靖普降中到大雨，全市有2个乡镇降大暴雨，18个乡镇降暴雨，42个乡镇降大雨，47个乡镇降中雨，最大降雨量为沾益县大坡110.2毫米、麒麟区西山100.9毫米，致使沾益县、麒麟区、会泽县遭受不同程度的洪涝灾害。其中：沾益县6个乡（镇）3.802万亩农作物受灾，房屋倒塌5间、受损13间，直接经济损失达1699.84万元；麒麟区4个街道办事处受灾，房屋倒塌21间、进水1198间，农作物受灾8400亩，鱼塘被淹50亩，沟渠倒塌150米，内河倒塌2处，出现险工险段300米，抽水站被淹2座，道路被淹4250米，直接经济损失858万元；会泽县出坝乡农作物受灾1490亩，直接经济损失83万元。

【丘北、富宁县暴雨洪灾】 2012年6月21日至6月22日，丘北、富宁县境内普降大到暴雨，造成丘北锦屏镇、曰者镇等5个乡镇6个村民委，富宁县新华、者桑、归朝、洞波等8个乡镇52个村委会5.46万人受灾，灾害造成3人被洪水冲淹死亡，紧急转移安置10人；房屋损坏126间，其中倒塌30间；农作物受灾4.09千公顷、成灾1.408千公顷；洪水致1厂房进水，使部分设备受损，江边大桥靠丘北方向1千米S305线100米处路面塌陷，富宁县冲毁水沟102条79600米，冲毁桥梁3座，直接经济损失2882.2万元。

【盈江县暴雨洪灾】 2012年6月23日0时至11时，盈江县部分山区降暴雨，11小时降雨量分别为：盈江县苏典乡146.7毫米，勐弄75.2毫米，平原镇111.8毫米，支那乡112.2毫米。强降雨造成盈江县新城乡和弄璋镇2个乡镇1.13万人不同程度受灾，房屋受损17户38间，农作物受灾1.224万亩，损害灌溉设施12处，灾害共造成直接经济损失1108万元。

【漾濞县暴雨洪灾】 2012年6月29日晚，大理州漾濞县苍山西镇境内突降暴雨，造成苍山西镇光明和马厂两个村房屋受损16户90间，农作物受灾1400亩，损坏公路9千米、人饮管道2件7千米、沟渠5千米，直接经济损失2560万元。

【宣威市暴雨洪灾】 2012年7月12日21时30分至7月13日11时，曲靖宣威市大部分乡（镇）普降大到暴雨，局部地区降大暴雨，其中羊场镇降雨量达169毫米，造成宣威市羊场、海岱、田坝、东山、板桥、热水等13个乡（镇、街道）不同程度受灾，受灾人口达18.85万人，造成直接经济损失2.4807亿元，其中，农业损失1.05亿元、工矿企业损失7800万元、基础设施损失5460万元、家庭财产损失1047万元。

【弥勒县甸溪河滑坡堰塞湖】 2012年7月17日凌晨5时许，弥勒县新哨镇朗才村委会宿丫村小组坡地发生山体滑坡，形成一个高约20米、长约300米、宽约100米堰塞体，将河道堵塞形成堰塞湖，造成新哨镇4个村委会12个村民小组940户3599人不同程度受灾，造成农作物及经济作物受灾4576亩，成灾4151亩，绝收3192亩；房屋被淹236间4798平方米；12个水泵、13座泵房、810米输变电线路、400米电网等基础设施被淹或损毁，共造成经济损失1626.32万元。

【昭通市“7·22”暴雨洪灾】 2012年7月21日20时至22日20时，昭通市受强降水天气过程影响，全市普降大到暴雨，永善、盐津、镇雄等7个县区降暴雨，导致昭阳区、巧家县、盐津县、大关县、永善县、镇雄县、彝良县、水富县等8县（区）受灾。受灾人口66.7万人，死亡11人，失踪1人，紧急转移0.8万人；倒塌房屋0.09万间；农作物受灾面积24.52千公顷，成灾面积14.2千公顷，绝收面积3.26千公顷，减产粮食4.55万吨，经济作物损失2514.96万元，死亡大牲畜0.0201万头，水产养殖损失0.04万吨；停产企业52家，公路中断426条次，供电中断129条次，通讯中断28条次；损坏堤防119处、25.42千米，损坏护岸7处，损坏机电井1眼，损坏水文设施2个，直接经济损失3.03亿元，其中农业直接经济损失1.14亿元。

【受台风“韦森特”影响的洪涝灾】 受“韦森特”台风影响，7月25日08时至27日08时，云南南部出现了一次大雨、暴雨天气过程，造成文山州、红河州、西双版纳州、普洱市、临沧市等5个州市22个县（市、区）、115个乡（镇）、13.99万人受灾，因灾死亡7人、失踪2人、紧急转移0.11万人；倒塌房屋0.01万间；农作物受灾面积19.98千公顷，成灾面积15.97千公顷，绝收面积3.25千公顷，减产粮食8.06万吨，经济作物损失4455.7万元，死亡大牲畜0.03万头，水产养殖损失0.02万吨；停产企业18家，公路中断118条次，供电中断15条次，通讯中断4条次；损坏堤防6处、0.31千米，损坏护岸4处、水闸1座、灌溉设施188处，冲毁坝塘27座，直接经济损失2.2亿元。

【昭通市“8·1”暴雨洪灾】 2012年8月1日凌晨，昭通市普降暴雨，强降雨共造成昭阳区、鲁甸县、盐津县、永善县、镇雄县等5个县5.02万人受灾，因灾死亡2人，紧急转移0.02万人；倒塌房屋0.02万间；农作物受灾2.09千公顷，减产粮食0.35万吨，死亡大牲畜11头；公路中断45条次，损坏堤防9处、0.88千米，直接经济损失0.26亿元。

【洱源县“8·6”泥石流】 2012年8月6日凌晨5时左右，大理州洱源县凤羽、炼铁、乔后等镇乡突降暴雨，引发洪涝泥石流自然灾害，导致凤羽镇铁甲村、炼铁乡1500户6670人受灾，因灾死亡1人，失踪1人，受伤40人，紧急转移安置1200人，农田受灾193公顷，成灾173公顷，绝收100公顷；经济林果受灾36000棵；房屋倒塌81户243间，房屋受损186户520间，学校受损1所；大牲畜死亡488头（匹）；道路受损17条，5200米，桥涵8座；河道毁坏10千米，冲毁电站3座；电力、通信等基础设施不同程度受损，其中凤羽铁甲村等通电设施全部中断，直接经济损0.982亿元。

【水富县“8·6”暴雨洪灾】 2012年8月6日，昭通市水富县遭受大暴雨袭击，降雨量达123.8毫米，造成全县2.23万人受灾，因灾死亡3人，严重受伤6人，轻微伤25人，房屋倒损185户352间，紧急转移受灾群众310户1085人；农作物受灾2.037万亩，成灾1.56万亩，绝收0.540万亩，因灾减产粮食1750吨，死亡大牲畜17头；因灾造成公路中断20条次；581处水利工程受损，其中1座小（二）型水库溢洪道受损，沟渠损毁296处，受损小塘坝284座（其中垮塌3座），直接经济损失1.43亿元

【普洱市暴雨灾害】 2012年8月13日至15日，普洱市因连续降雨造成墨江县、景谷县、镇沅县、孟连县等4个县受灾，受灾人口3.14万人，农作物受灾面积3.45万亩，成灾面积1.07万亩，绝收面积0.02万亩，减产粮食2.3万吨，公路中断1条次，供电中断1条次，损坏堤防2处、0.06千米，损坏灌溉设施35处，直接经济损失6382万元。

【腾冲县暴雨灾害】 2012年8月13日16点30分左右，腾冲县明光镇、马站乡、界头镇、曲石镇、固东镇普降暴雨，并伴随狂风、雷电，部分地方还出现冰雹，造成该县5个乡镇不同程度受灾，烤烟受灾15071亩，成灾7781.5亩，烟叶损失76.33万公斤；苞谷受灾22686亩，成灾16438亩，绝收6248亩；水稻受灾1400亩，成灾395亩；蔬菜受灾360亩，成灾360亩；红花油茶受灾118.9亩；乌龙茶受灾3000亩，成灾1100亩；乡村道路受损4条；民房受损188间，直接经济损失约2892万元。

【普洱市暴雨洪灾】 2012年8月17日至21日，受第十三号热带风暴“启德”影响，普洱市境内普降大到暴雨，局部地区大暴雨。全市共有思茅区、墨江县、镇沅县、孟连县、澜沧县、西盟县等6个县（区）受灾，受灾人口3.32万人，无人员伤亡，紧急转移9人；房屋倒塌4间；农作物受灾面积1.485万亩，成灾面积0.943万亩，绝收面积0.469万亩，减产粮食0.19万吨，经济作物损失515.07万元，水产养殖损失0.01万吨；公路中断4条次，供电中断5条次；损坏灌溉设施454处，直接经济损失4317万元。

【富宁县暴雨灾害】 2012年8月17日19时至18日8时，文山州富宁县普降大到暴雨，致使该县新华、板仑、阿用、者桑、归朝、花甲、洞波、田蓬、木央9个乡（镇）遭受洪涝灾害，灾情涉及59个村委会、471个小组、8172户、36776人，因灾人畜饮水工程损坏43处、12.9千米，冲毁水渠34条、6431米；毁坏乡村公路127条、546千米；房屋倒损219间；水毁耕地1061亩；农作物受灾13098亩，成灾10546亩，绝收3109亩，直接经济损失1469万元。

【西双版纳州暴雨洪灾】 受第13号台风“启德”西移低压影响，2012年18日到19日西双版纳州境内普降大到暴雨，造成全州18个乡（镇）1.18万人不同程度受灾，紧急转移安置13人，损坏房屋877间，倒塌房屋12间，死亡大牲畜4头，农作物受灾面积2.762万亩，直接经济损失3121.22万元。

【昭通市“9·11”特大暴雨泥石流】 2012年9月10日20时至9月11日20时，昭通市多个县区降中到大雨，局部地区降暴雨、大暴雨，导致昭阳区、鲁甸县、大关县、永善县、镇雄县、彝良县、威信县、水富县等8个县（区）遭受严重洪涝灾害，受灾29.61万人，角奎镇大河边社区朱家沙坝发生泥石流，死亡1人、失踪1人，紧急转移2.96万人；倒塌房屋0.867万间；农作物受灾面积4.5千公顷，成灾面积2.73千公顷，绝收面积1.09千公顷，减产粮食1.39万吨，死亡大牲畜0.019万头；公路中断532条次，供电中断143条次，通讯中断54条次；损坏小型水库6座，堤防204处、76.02千米，直接经济损失7.83亿元。

【普洱市暴雨洪灾】 2012年9月11日晚，普洱市连续降雨，造成江城、墨江、景谷、思茅区、景东5县（区），4个乡镇，74个村小组受灾，1人失踪，受灾3157户、24967人；房屋受损248间；农作物受灾面积2804亩、成灾1100亩，冲毁农田205亩；沟渠受损76处、1800米，坍塌12千米；冲走微耕机5台、车辆2辆，冲走大小畜禽300余头（只），冲毁桥3座、公路4千米，冲毁人畜饮水管道14千米，直接经济损失2096.3万元。

【玉溪市暴雨洪灾】 2012年9月12~13日，玉溪市普降大雨、暴雨，部分区域出现大暴雨，导致通海县杞麓湖湖盆区严重的洪涝灾情，造成2人死亡；民房进水558间，倒塌9间；农作物受灾30108亩，道路损毁3.5千米，沟渠倒塌20米，1座小坝塘滑坡，直接经济损失1691万元。

【宾川县暴雨、冰雹灾害】 2013年5月22日6时许，大理州宾川县平川镇东升村委会辖区发生单点暴雨、冰雹灾害，致使东升村委会松坪、梅子树、吁后么基、咪布地等4个自然村、7个村民小组、131户、534人受灾，2间民房倒塌，131户农户房屋进水；农作物受灾面积860亩；交通、水利、电力等基础设施不同程度受损，直接经济损失1498.87万元。

【昭通市暴雨洪灾】 2013年5月22日18时30分至21时10分，昭通市昭阳区守望乡、盘河镇、大寨子乡遭受单点暴雨，致使3个乡、11个村、1.671万人受灾，紧急转移634人；房屋严重受损200间，轻微受损300间，农作物受灾面积1.577万亩，成灾面积1.577万亩，减产粮食0.3万吨；公路中断3条次；供电中断3条次；堤防损坏7处、580米，人饮工程受损2处，管道损毁2190米，蓄水池受损20立方米。因洪涝灾害造成的直接经济损失3100.4万元。

【玉溪市暴雨洪灾】 2013年5月23日凌晨3~4时，玉溪市普降中到大雨、局部暴雨，造成江川、通海、易门、华宁、元江、红塔等5县1区17个乡镇7.95万人受灾，房屋倒塌46间，农作物受灾4.310万亩，成灾2.505万亩，绝收1.377

万亩，因灾减产粮食600吨；水利设施损失61.47万元，直接经济总损失4982.754万元。

【昭通市暴雨洪灾】 2013年6月6日，昭通市普降中到大雨局部暴雨，造成昭阳区、鲁甸县、大关县、永善县、彝良县等5个县（区）2.64万人受灾，死亡2人，重伤1人，轻伤2人；倒塌房屋19间，农作物受灾面积2.34千公顷，成灾面积1.72千公顷，绝收面积0.71千公顷，减产粮食0.59万吨，经济作物损失1180.16万元；公路中断31条次，供电中断2条次，通讯中断1条次；损坏堤防7处1.1千米，直接经济损失2643万元。

【宾川县暴雨、冰雹及风灾】 2013年6月20日16：50至17：20，大理州宾川县平川镇发生单点暴雨、冰雹及风灾，导致平川镇康宁、罗九、平川、石岩、盘谷、李子园、帽角山7个村委会，35个自然村，62个小组，2972户，12122人受灾，作物受灾10718亩，李子园村委会310户停电，罗九基站电杆断裂1根；李子园通组公路冲毁200米，帽角山通组公路冲毁1000米；石岩、罗九、康宁三个村委会沟渠2330米，堤坝2000米受损；罗九孟获洞取水点至康宁村委会段供水管道断裂3处，造成罗九、康宁两个村委会500户2000人临时饮水困难，直接经济损失3964.34万元。

【昭通市“6·22”洪涝】 2013年6月21日至22日，昭通市普降中到大雨局部暴雨，造成昭通市昭阳区、鲁甸县、盐津县等3县（区）5.57万人受灾，紧急转移60人；因灾死亡3人，失踪1人，重伤1人，倒塌房屋47间；农作物受灾面积2.75千公顷，成灾面积0.46千公顷，减产粮食0.07万吨；毁坏路基（面）19.5千米；供电中断1条次；损坏堤防3处、0.61千米；冲走、掩埋货车12辆、摩托车54辆、矿车46辆、铲车1辆、其它车6辆；8个工矿、企业遭不同程度洪灾损失，直接经济损失4335万元。

【武定县暴雨洪灾】 2013年6月23日8时至24日8时，楚雄州普降小到中雨，局部大雨，武定县境内白路乡毕家、岔河、小井三个村委会发生单点暴雨并伴有冰雹，造成三个村委会受灾，受灾人口450人，因灾死亡2人。

【西双版纳州暴雨洪灾】 受热带风暴低气压“贝碧嘉”台风影响，2013年6月24日西双版纳州普降大到暴雨，局部出现大暴雨，造成勐腊、勐海2个县的3个乡镇、7个村委会、17个村小组、0.39万人受灾，紧急转移194人；倒塌房屋8间；农作物受灾面积0.22千公顷，成灾面积0.08千公顷，绝收面积0.03千公顷，死亡大牲畜7头，水产养殖损失0.01万吨；公路塌方38处，中断不能通行5条次，损坏护岸1处，冲毁坝塘7座，损坏水闸2座，冲毁渠道12处340米，直接经济损失612万元。

【曲靖市暴雨洪灾】 2013年26日8时至27日8时，曲靖市有6个乡镇降大暴雨，24个乡镇降暴雨，21个乡镇降大雨，25个乡镇降中雨，36个乡镇降小雨，导致罗平县0.83万人受灾，3人死亡，农作物受灾面积0.56千公顷，成灾面积0.56千公顷，绝收面积0.56千公顷，减产粮食0.01万吨，经济作物损失1776万元，直接经济损失2706万元。

【富源县“7·2”山洪滑坡】 2013年7月1日23时至2日4时，曲靖市富源县竹园镇大托乌雨量站降雨165毫米，墨红镇雨量站降雨109.5毫米、吉克雨量站降雨132.5毫米，营上镇田边雨量站降雨105.5毫米，强降雨造成富源县2个乡（镇），16个村委会13503人受灾，因灾死亡6人，受伤4人；农作物受灾10975亩，河堤冲毁170余米，人饮管道冲毁9300余米，道路倒塌150余米，受损1200余米，直接经济损失1652.8万元。

【马关县“7·3”暴雨洪灾】 2013年7月2～3日，受减弱的“温比亚”热带风暴影响，文山州普降中到大雨局部暴雨，马关县都龙镇金竹山田坝心和堡梁街24小时降雨量分别为89.5毫米、60毫米，麻栗坡县城降雨45.7毫米，下金厂46.6毫米。强降雨导致马关、麻栗坡、砚山等3个县1.39万人受灾，因灾死亡1人，失踪2人；农作物受灾面积2.44千公顷，成灾面积1.46千公顷，绝收面积0.86千公顷；公路中断12条次，供电中断3条次，直接经济损失3489万元

【盐津县“7·5”山洪灾害】 2013年7月4日18时至5日凌晨5时30分，昭通市盐津县范围内普降暴雨，引发河水暴涨，造成滑坡、泥石流、山体崩塌等自然灾害，共造成盐井、牛寨、落雁、兴隆、中和、滩头等10个乡镇2万余人受灾，导致盐井镇黄葛槽新区津民路至交通局路段横江右岸发生滑坡泥石流，掩埋民房一栋，造成6人死亡，2人重伤，2人轻伤，因灾共造成农作物受灾1.46千公顷，成灾0.93千公顷，绝收0.1千公顷；工矿企业停产8个，公路中断31条次，毁坏路基（面）65千米；损坏输电线路35千米，损坏通讯线路11千米；损坏引水渠道11.5千米，水窖31口，饮水工程75件，直接经济损失1560万元。

【绥江县暴雨洪灾】 2013年7月4日下午17时至5日凌晨2时，昭通市绥江县境内普降暴雨，局部大暴雨并伴随雷暴天气，造成5个镇31个村11个社区8.28万人受灾，农作物受灾面积5.53万亩，成灾2.53万亩、绝收0.77万亩；房屋倒塌42间、受损321间、573户房屋不同程度进水，县城铜厂至绥江县城供水管道损毁7处4000米，造成县城居民4万余人饮水困难，26.6千米沟渠不同程度受损，垮塌251处1.16万立方米，12千米人饮管道和3件蓄水池受损，直接经济损失7597.52万元。

【德宏州“7·8”暴雨洪灾】 2013年7月8日，德宏州盈江、陇川县持续发生强降雨过程，导致盈江、陇川、梁河、瑞丽4个县市32个乡镇和农场66969人受灾，817户房屋进水，倒塌房屋59间、受损5366间；农作物受灾12.075万亩、成灾2.781万亩、绝收0.127万亩，因灾减产粮食1400吨；

死亡大牲畜208头，水产养殖损失140吨；堤防决口1处长40米、损坏10处长2080米，损坏灌溉设施141处，供水管网受损2996米；冲毁石桥2座，冲毁桥涵3座、受损4座，水毁路基约9千米，水毁路面约24千米，涵洞局毁80道、全毁5道，水毁塌方1216处7万立方米，直接经济损失约15610.63万元。

【绥江县"7·10"山洪泥石流】 2013年7月9日下午17时至10日凌晨6时，昭通市绥江县普降暴雨，部分地区大暴雨，造成5个乡镇31个村11个社区7015人不同程度受灾，中城镇回望3组发生山洪泥石流灾害，导致2户房屋倒塌，4人被埋，其中1人被救，3人死亡；造成铜厂至县城供水管道严重受损，其中100余米管道受损，3000余米管道堵塞，县城供水中断，4.8万群众的生产生活用水受到影响。洪灾还造成房屋倒塌12间、受损34间，195户房屋不同程度进水；农作物受灾2.496万亩，成灾1.17万亩、绝收0.32万亩，经济作物受灾2100亩；林地受损9320亩、苗圃受损150亩、天麻受损30亩；绥水二级公路绥江段总计垮塌1500立方米，绥串线、回凤线等干线和乡村公路垮塌1800立方米；灌溉沟渠受损97条160处3470米，塌方近3000立方米，200米人畜饮水管受损；县城6个社区不同程度受淹，直接经济损失2865.4万元。

【昭通市暴雨洪灾】 2013年7月11日20时至12日1时，昭通市昭阳区青岗岭乡新桥村发生强降雨，引发山洪，导致青岗岭乡新桥村120户440人受灾，紧急转移安置人口60人，麻昭高速公路中铁十四局施工队房屋倒塌20间，损坏面积480平方米；麻昭高速公路进场便道受损6千米，供电中断1条次；损坏何家沟山洪沟3处0.6千米，直接经济损失1260万元。

【昆明市"7·19"特大暴雨洪灾】 2013年7月18日晚至7月21日，受两高辐合影响，昆明全市普降中到大雨。据气象监测数据显示，从7月18日晚8点到7月20日晚8点，全市共有47个区域自动气象站降雨达大雨量级，39个站达暴雨量级，10个站达大暴雨量级，1个站达特大暴雨量级。强降雨过程导致盘龙江、大清河、金汁河、东干渠等河水暴涨、漫堤，东干渠河堤倒塌严重。其中盘龙江敷润桥最高水位达1892.36米，超警戒水位（1890.52米）1.84米，由于河道高水位运行，导致周边区域雨水无法排入河道，甚至倒灌雨水管网形成主城大范围内淹水，据统计，强降雨共淹没77.29平方千米，受灾人口46170人，淹水历时最长达49小时，部分区域供电、供水中断，生产、生活秩序受到严重影响。盘龙江边的第二、第四、第五3座污水处理厂配电设施水淹损坏导致停产，穿金路7号大院、大树营、曙光小区、棕树营、煤机厂宿舍等老旧小区，陈家营等主城周边农村，美丽家园小区等部分地下停车场严重受淹。主要街道北站下穿隧道最大水深4.5米，交通中断最长达49小时，供电中断8小时，受淹房屋6696户、地下设施38000平方米，城区直接经济损失1.82亿元。

【大关县"7·18"暴雨洪灾】 2013年7月17日20时至18日8时，昭通市大关县普降中到大雨，吉利镇、木杆镇、高桥镇降大暴雨，造成吉利镇、寿山镇、高桥镇、木杆镇、翠华镇、玉碗镇等8个乡镇5.8万人受灾，因灾死亡3人，受伤2人，转移人口0.3万人，倒塌房屋451间；农作物受灾2.64万亩，成灾1.56万亩，绝收0.83万亩，因灾减产粮食0.51万吨，死亡大牲畜270头；停产工矿企业8个，公路中断53条次，供电中155条次，通讯中断8条；损坏堤防7处1.12千米，损毁灌溉设施1471处，损坏水电站3座，直接经济损失17422万元。

【丽江市暴雨洪灾】 2013年7月19日凌晨，丽江市大部地区出现强降水过程，致使永胜县松坪乡、宁蒗县蝉战河、跑马坪乡和华坪县遭受不同程度洪涝灾害，造成1.9956万人受灾；15间房屋倒塌；直接经济总损失1258万元。

【保山市暴雨灾害】 2013年8月2日15时40分左右，保山市隆阳区辛街乡邵家山、小田坝、大官市、马鹿塘、尖山、龙洞、水眼、下庄八个村遭受冰雹、大风、大雨袭击，造成全乡烤烟受灾面积3266.5亩，成灾面积3266.5亩，损失产量0.8万担左右，经济损失近1千万元。

【普洱市暴雨洪灾】 2013年8月3日至5日，受第9号强热带风暴"飞燕"低压云团和西南气流的共同影响，普洱市出现大范围强降水天气，造成思茅区、孟连县、景东县、澜沧县、宁洱县、墨江县6个县（区）33个乡（镇）受灾，受灾人口41761人，农作物受灾面积4.016万亩，成灾1.886万亩，绝收0.208万亩，经济作物损失891.08万元，公路中断30条，损坏灌溉设施60处，直接经济损失2466.285万元。

【昌宁县暴雨洪灾】 2013年8月12日，保山市昌宁县境内普降大雨，导致全县烤烟受灾2800亩，水稻受灾1000亩，苞谷受灾3000亩，蚕桑受灾1250亩，西瓜受灾500亩，茶叶受灾120亩，茶苗受灾40万株，130多千米（48条）村组公路坍塌阻断，44户农户住房受损，河堤坍塌430处长13千米，烤房受损1群5座，桥梁受损1座，直接经济损失2010万元。

【普洱市暴雨洪灾】 2013年8月7日至13日，普洱市连续降雨，致使江城、孟连、西盟、墨江、澜沧5个县16个乡（镇）15006人受灾，房屋倒塌5间，农作物受灾面积1.609万亩，成灾0.816万亩，绝收0.133万亩，因灾减产粮食0.2万吨，经济作物损失225万元，大牲畜死亡6头，水产养殖损失0.004万吨；公路中断14条，供电中断1条次；损坏灌溉设施28处，直接经济损失1524.13万元。

【德宏州暴雨洪灾】 2013年8月12日至13日，德宏州普降大到暴雨，局部区域降大暴雨，造成梁河、瑞丽、芒市3县市11个乡镇、1个农场7449人受灾，500多间房屋进水，房屋倒塌27间、受损483间；农作物受灾1.248万亩、成灾

0.376 万亩、绝收 0.027 万亩，死亡大牲畜 10 头，鱼塘冲毁 50 亩，水产养殖损失 50 吨；损坏灌溉设施 23 处，冲毁人饮水池 2 座、人饮管道 325 米；乡村道路塌方 275 处，直接经济损失 1087.59 万元。

【玉溪市暴雨洪灾】 2013 年 8 月 16 日 7 时至 12 时，玉溪市降中到大雨，局部暴雨，导致江川、通海 2 县 8 个乡镇 3.616 万人受灾，农作物受灾面积 2.842 万亩，损坏堤防 1 处，长 60 米，堤防掩埋 600 米，直接经济损失 2520.84 万元。

【普洱市暴雨洪灾】 2013 年 8 月 25 日至 28 日，受登陆台风变性低压的影响，普洱市出现大范围的雷雨天气，单点性大暴雨、暴雨致使农田、房屋、桥梁、公路、电力等基础设施受到严重损毁，共造成孟连县、西盟县、澜沧县、镇沅县、宁洱县等 5 个县 9768 人受灾，房屋受损 40 间，农作物受灾面积 0.558 万亩，成灾 0.279 万亩，绝收 0.145 万亩，经济作物损失 226.17 万元；公路中断 9 条次，乡村桥梁冲垮 6 座；损坏灌溉设施 72 处，损坏水电站 1 座，直接经济损失 2848.535 万元。

【云龙县桥梁垮塌】 2013 年 9 月 1～7 日，大理州云龙县民建乡支嘎村持续降雨，因连日降雨，山洪暴涨，导致瓦片公路 62 千米 +650 米处路基冲毁、100 多米桥梁垮塌，途经桥梁的云 Q02845 客车和微型车随垮塌桥梁一同坠入河中，造成 4 人死亡，6 人失踪。

【陇川县暴雨洪灾】 2013 年 9 月 6 日至 8 日，德宏州陇川县出现大雨天气过程，部分山区出现暴雨天气，致使陇川县户撒乡发生泥石流灾害，造成 11 个村 42 个村民小组 856 户 4525 人受灾，房屋倒塌 11 间、受损 122 间，农作物受灾 1260 亩，2 个村小组的自来水设施、饮水坝、沟渠及多处受；环乡公路多处冲毁直接经济损失约 607 万元，由于预警和转移及时，未造成人员伤亡。

【景谷县暴雨洪灾】 2013 年 9 月 8 日至 15 日，普洱市大部分地区出现强降雨过程，其中景谷县勐班乡日最大降雨量为 139 毫米，致使勐班乡、永平镇、半坡乡 3 个乡镇基础设施、民房、农作物、经济作物不同程度受灾，共造成 34 个村委会、5700 户、22800 人受灾，民房受损 814 间、生产用房损坏 76 间，紧急转移 123 人，农作物受灾面积 0.838 万亩，成灾 0.473 万亩，绝收 0.124 万亩；公路中断 36 条次，供电中断 3 条次，通讯中断 4 条次；损坏灌溉设施 73 处，直接经济损失 1228.69 万元。

【永善县“9·18”暴雨灾害】 2013 年 9 月 18 日 08 时到 9 月 19 日 08 时，昭通市永善县桧溪镇降雨 118.9 毫米、细沙乡降雨 120 毫米，致使桧溪镇、细沙乡等 5 个乡镇受灾，受灾人口 1.56 万人，其中：2 人死亡，5 人受伤，倒塌房屋 0.02 万间；农作物受灾面积 0.12 千公顷，减产粮食 2.62 万吨，经济作物损失 17.7 万元，死亡大牲畜 17 头，公路中断 38 条次，供电中断 9 条次，损坏堤防 8 处 2210 千米，损坏护岸 35 处，直接经济损失 0.94 亿元。

（刘兴儒　李明燕）

监　测　预　报

【2012 年水情】 2012 年，据全省实测雨量资料统计分析，全省年平均降水量 1090.1 毫米，较常年偏少 14.8%，属枯水年。与多年同期相比，除滇南局部、滇东南文山大部、滇东北昭通大部降水量持平偏多外，其余地区降水量均不同程度偏少，滇中地区大部偏少超过 10%。汛前、汛期、主汛期、汛后全省平均降水量较多年同期分别偏少 22.8%、13.0%、8.2%、28.4%。

2012 年，全年河道来水量较常年偏少 23%，大部分河道平均来水量较 2011 年有所增加，澜沧江干流及怒江干支流比 2011 年偏少。据各流域代表水文站实测资料分析，六大流域干流及其主要支流平均来水量与多年同期均值比较，长江流域主要支流偏少 34%；珠江干流偏少 60%，主要支流偏少 33%；红河干流偏少 53%，主要支流偏少 35%；澜沧江干流偏少 29%，主要支流偏少 32%；怒江干流偏少 11%，主要支流偏少 43%；伊洛瓦底江主要支流偏少 17%。

据各流域实测流量分析，2012 年汛期，全省境内六大流域主要干支流水情较为平稳，主要干支流河段实测年最大流量均未超过 5 年一遇，全省六大流域共 16 站次超警戒水位，其中金沙江流域 6 站次，珠江流域 2 站次，红河流域 1 站次，澜沧江流域 4 站次、伊洛瓦底江流域 3 站次。5 月份，全省各流域河道水情平稳，河道水位均在警戒水位以下。6 月份，全省河道有 4 站发生超警戒水位洪水，其中长江流域 1 站、珠江流域 2 站、伊洛瓦底江流域 1 站。7 月份，全省河道有 5 站发生超警戒水位洪水，其中长江流域 1 站、红河流域 1 站、澜沧江流域 1 站、伊洛瓦底江流域 2 站。8 月份，全省河道水情平稳，未出现超警戒水位、超保证水位站点。9 月份，全省河道有 6 站发生超警戒水位洪水，其中长江流域 4 站，澜沧江流域 2 站。10 月份，全省河道仅有澜沧江流域 1 站发生超警戒水位洪水。

【2013 年水情】 2013 年，据全省实测雨量资料统计分析，全省年平均降水量 1170.0 毫米，较常年偏少 8.5%。与多年同期相比，除滇东北大部，滇南局部、滇西局部持平偏多外，其余地区降水量均不同程度偏少，滇中局部偏少至特少。汛前、汛期、主汛期、汛后全省平均降水量较多年同期分别偏少 41.7%、1.5%、4.8%、59.7%。

2013 年全年河道来水量较常年偏少 31%，较 2012 年同期偏多 4%。据各流域代表水文站实测资料分析，六大流域干流及其主要支流平均来水量与多年同期均值比较，长江流域主要支流偏少 11%；珠江干流偏少 58%，主要支流偏少 45%；红河干流偏少 62%，主要支流偏少 24%；澜沧江干流偏少25%，主要支流偏少18%；怒江干流偏少14%，主要支流偏少33%；伊洛瓦底江主要支流偏少25%。

据各流域实测流量分析，2013年全省六大流域主要干支流最大流量多为5年一遇以下小洪水，仅长江流域盘龙江7月中旬和关河、白水江8月下旬发生10年一遇中等洪水。除珠江流域以外，其余五大流域主要支流发生13站次超警戒水位以上洪水，其中3站次超保证水位，发生时间主要集中在7月至9月。5月份全省各流域河道水情平稳，水位均在警戒水位以下。6月份全省各流域河道水情平稳，水位均在警戒水位以下。7月份全省河道有6站发生超警戒洪水位洪水，其中1站超保证洪水。其中：长江流域2站、红河流域1站、澜沧江流域1站、伊洛瓦底江流域2站。8月份全省河道有4站发生超警戒洪水位，其中1站发生超保证水位洪水。其中：长江流域2站、澜沧江流域1站、伊洛瓦底江流域1站。9月份全省河道有2站发生超警戒洪水位，其中1站发生超保证水位洪水。其中：澜沧江流域1站、怒江流域1站。10月份全省河道有1站发生超警戒洪水位。怒江流域1站。

【2012年水情、雨情预测】 预测2012年全省年平均降水量在1175～1300毫米之间，属正常偏少年景；汛前（1～4月）全省平均降水量在87.0～97.0毫米之间，属偏少年份；汛期（5～10月）全省平均降水量在1015～1095毫米之间，属正常略少年份；主汛期（6～8月）全省平均降水量675～725毫米，为基本正常年份。

预测长江流域来水硕多岗河平水，五郎河偏枯，龙川江偏枯—枯水，牛栏江偏枯，关河平水—偏枯，白水江平水—偏丰；年最大流量五郎河为5至10年一遇中小洪水，其余主要支流年均小于5年一遇小洪水。

珠江流域干流及其主要支流来水属平水—偏枯，年最大流量均小于5年一遇小洪水。

红河流域干流、李仙江、盘龙河及其他主要支流来水属平水—偏枯，年最大流量均小于5年一遇小洪水。

澜沧江流域干流上段来水属平水，干流下段、补远江来水属平水—略枯，其他主要支流来水属平水；年最大流量干流上段为3至10年一遇中小洪水，其余主要干支流均小于5年一遇小洪水。

怒江流域干流来水属平水，南汀河来水属平水—略枯，年最大流量主要干支流均小于5年一遇小洪水。

伊洛瓦底江流域瑞丽江、大盈江来水属平水—略枯，年最大流量均小于5年一遇小洪水。

【2013年水情、雨情预测】 预测2013年全省年平均降水量在1200～1300毫米之间，属正常略偏少年景；汛前（1～4月）全省平均降水量在82～97毫米之间，属偏少年份；汛期（5～10月）全省平均降水量在1035～1150毫米之间，属正常年份；主汛期（6～8月）全省平均降水量680～750毫米，降水量为正常略多年份。

预测金沙江流域来水硕多岗河、龙川江、牛栏江平水—偏枯，五郎河、关河、白水江平水；年最大流量关河小于等于10年一遇中小洪水，其余主要支流均小于5年一遇小洪水。

珠江流域干流及其主要支流来水为平水—偏枯；年最大流量均小于5年一遇小洪水。

红河流域来水干流上段、李仙江为平水—偏枯，干流下段、盘龙河平水；年最大流量干流下段小于10年一遇中小洪水，其余主要支流均小于5年一遇小洪水。

澜沧江流域干流上段来水为平水—偏丰，干流下段、补远江及其他主要支流平水；年最大流量均小于5年一遇小洪水。

怒江流域干流、南汀河来水为平水；年最大流量均小于5年一遇小洪水。

伊洛瓦底江流域来水瑞丽江、大盈江为平水；年最大流量瑞丽江小于5年一遇小洪水，大盈江小于10年一遇中小洪水。

（胡关东　刘兴儒　罗丽艳）

重大防洪抗旱工程建设

【水源工程】 紧紧抓住工程性缺水严重这一关键，围绕破解制约云南经济社会发展的水资源瓶颈，突出加大水源工程建设力度。2012年，省水利厅负责的重点水源工程达192件，总投资达375亿（含牛栏江—滇池补水工程80亿元），其中，竣工验收20件，2012年新开工项目56件（骨干水源工程52件，中型病险水库4件），全年累计完成投资73亿元（含牛栏江—滇池补水工程20亿元）。

截至2013年底，全省共建成水库6038座，水库库容124.1亿立方米，2013年年末库塘蓄水达到77.1亿立方米，创历史新高。

【牛栏江—滇池补水工程】 2012年、2013年是牛栏江—滇池补水工程建设的决战之年，是确保工程4年建成目标顺利实现的关键年。在省委、省政府的高度重视下，在水利厅党组的正确领导下，指挥部认真制定工作计划，全面分解落实目标任务，狠抓前期工作，强化建设管理，超常规推进各项工作，通过各参建单位艰苦不懈的努力，到2013年底三大主体工程已基本建设完成，9月25日顺利实现通水目标，12月28日工程正式投产运行。截至2013年12月底，工程累计到位资金74.05亿元，其中，中央资金27.8亿元，省级资金26.25亿元，银行贷款20亿元，累计完成投资84.95亿元，其中2013年新增完成投资8.13亿元。

1. 工程建设进度。2012年1月16日，国家发改委正式核定工程初步设计概算，核定工程静态总投资为81.28亿元，总投资84.26亿元。总投资中，中央预算内投资定额补助33亿元，其余投资51.26亿元由云南省负责筹集落实。2月16日水利部批复初步设计报告，2月27日核准工程开工报告。

2. 德泽水库枢纽。2012年1月5日导流隧洞下闸封堵，5月30日泄洪隧洞具备泄洪能力；6月14日大坝二期面板混

凝土浇筑完成；9月18日顺利下闸蓄水。12月31日，德泽水库蓄水量已接近1.6亿立方米，大坝左、右岸灌浆平洞底板混凝土浇筑、大坝帷幕灌浆、坝顶防浪墙混凝土浇筑基本完成，溢洪道泄槽段进行混凝土浇筑，消力池段进行边坡支护及灌注桩施工，坝后电站厂房进行水机层共箱母线、2号发电机机组配线、中控室配线及重力油管管道安装。

3. 干河泵站工程。2012年，引水隧洞全断面混凝土浇筑完成2901米；引水隧洞2号支洞涌水点封堵完成；调压井事故快速闸门、进水压力主管基本安装完成。地下主厂房厂用变压器及配电装置、偏心半球阀和球阀液压站进行安装调试，4号机转子吊装完成后进行自动化元件安装，3号机进行连接轴、辅机管路配管安装；地面副厂房接地网施工、铜管母线安装基本完成，进行输入变、110千伏保护屏配线安装调试。出水压力支管、管道竖井段压力钢管及明管段安装完成。

4. 输水线路工程。2012年，输水线路累计完成开挖110.77千米，其中，主洞开挖累计完成101.33千米，贯通93.92千米，累计完成混凝土浇筑69.69千米。

【病险水库除险加固】 省水利厅在全面完成“十一五”期间开工的国家病险水库除险加固专项规划内大中型及重点小㈠型病险水库除险加固项目竣工验收的基础上，2012年，累计完成全国专项规划外13件中型病险水库除险加固投资2.5亿元，占概算投资3.8亿元的66%。2010年开工的稼依水库除险加固工程，2012年完成竣工验收；2011年开工的红旗水库、允楞水库、宝象河水库三个除险加固项目主体工程完工；牟定中屯等5个除险加固项目主体工程施工；2012年下达投资计划的太平水库、北庙水库、河西水库3件除险加固工程和完成初步设计的邵家水库除险加固工程全部开工建设；全省新一轮实施的250座小（一）型病险水库除险加固工程，已完成主体工程验收250座，完成竣工验收162座。

截至2013年，专项规划外的14件大中型病险水库除险加固工程，9件完成；2012年新开工的昌宁县河西、隆阳区北庙、弥勒县太平三座中型病险水库除险加固工程投资计划收尾，2013年下达投资9554万元，其中中央7644万元、省级955万元、州市955万元；祥云县邵家水库前期工作完成，罗平县湾子水库前期工作展开。新编规划内250座小（一）型病险水库除险加固项目于9月份全部通过竣工验收。2013年，共下达小（二）型病险水库除险加固工程项目中央补助资金5.45亿元，省级资金1.52亿元，共计6.97亿元，实施小（二）型项目551座，其中重点项目252座，一般项目299座。重点小（二）型规划项目共计1220座，1210座开工建设，964座主体完工，487座竣工验收。2013年下达实施的299座一般小（二）型规划项目，234座开标，209座开工，122座主体完工。另外，部分州（市）对尚未下达省级资金的项目提前建设，共计89座提前开标，79座开工，基本完成中央部署节点目标任务。

【江河治理】 2012年，下达资金的109条中小河流完成招投标、开工建设，其中45个项目完工，新平平甸河、巧家马树河、腾冲南底河、龙陵苏帕河4个项目顺利通过竣工验收，景洪南阿河、永胜五郎河等工程具备竣工验收条件；大江大河的9个大可研报告编制完成并上报水利部，总体进度居全国前列。其中，中小河流治理方面，规划内项目完成项目初步设计审批并下达投资计划的项目有86个，规划综合治理河长446千米，初设批复综合治理河长662千米，总投资21.49亿元，共下达中央投资16.8亿元，地方应配套投资4.35亿元、落实2.85亿元。全年共有96个项目开工建设，45个项目完工，治理河长485千米，保护人口121.4万人，保护耕地94.1万亩，新建河堤485千米，护岸194千米，加固河堤187千米，新建跨河建筑物276座。主要支流治理方面，2011年底国家启动了我省3000平方千米以上主要支流治理项目，安排了怒江、红河2条大河10个项目，规划总投资7.28亿元，2011年下达资金计划2亿元，其中，中央1.2亿元、省级0.4亿元、地方配套0.4亿元，中央及省级资金已到位；2012年，国家又下达了0.7亿元资金计划。全年12个项目全面开工建设，新建河堤31千米、加固河堤3.07千米，完成投资15621万元。跨界河流治理方面，2012年，国家发改委批复了《云南省跨界河流近期治理规划》，国家发改委、水利部下达了云南省跨界河流治理投资计划6.81亿元，完成了绿春县小黑江二甫段、河口县南溪河一条半段等2个跨界河流治理项目的初步设计审查和河口县河堤三期工程（坝洒、洒坝段）、瑞丽口岸弄岛段界河整治工程的可研报告审查工作。

2013年，召开全省河道生态治理会议、江河治理现场会，组织各州市分管领导和项目法人参加的建设管理培训会议，实行建设旬报制度、约谈制度，派出多个工作组现场检查、稽查，开展江河治理绩效评价，江河治理工作稳步推进。中小河流治理方面，2009年至2012年下达投资建设的125个项目全部开工建设并形成实物工程量，106个项目主体工程完工，累计完成投资25.6亿元，新建河堤799千米，护岸307千米，加固河堤303千米，新建跨河建筑物352座。主要支流治理方面，累计完成投资2.94亿元，新建河堤57千米，护岸5千米，加固河堤3千米，新建跨河建筑物2座。跨界河流治理方面，争取到国家发改委、水利部先后两批下达云南省跨界河流治理投资计划6.81亿元，界河治理全面展开，共计验收了8条河道。

（闵　磊　刘兴儒　李明燕）

农 业 灾 害

农业灾害及抗灾救灾

【概 述】 2012年，云南省先后发生了干旱、洪涝、风雹、低温冻害等自然灾害。其中干旱和洪涝尤为严重。全年全省农作物受灾达1890.6万亩次，比上年同期减少652.9万亩次；成灾达868.4万亩次，比上年同期减少448.0万亩次；绝收达212.5万亩次，比上年同期增加34.0万亩次。其中：粮食作物受灾面积达1316.5万亩次，比上年同期减少390.5万亩次，成灾面积达729.8万亩次，比上年同期减少199.5万亩次，绝收面积达104.5万亩次，比上年同期减少14.7万亩次。就灾害种类而言，洪涝受灾352.3万亩次，成灾159.2万亩次，绝收39.2万亩次；干旱受灾1295.0万亩次，成灾652.0万亩次，绝收160.0万亩；风雹受灾92.7万亩次，成灾46.1万亩次，绝收11.7万亩次；低温冻害受灾150.6万亩次，成灾11.1万亩次，绝收1.5万亩次。就灾害造成农业损失而言，全年因灾损失粮食44.0万吨，比上年同期少损失18.4万吨；糖料损失92.1万吨，比上年同期少损失73.2万吨；蔬菜损失71.6万吨，比上年同期多损失3.3万吨。全省各地因灾造成的农业直接经济损失62.34亿元，较上年少损失1.65亿元。全年灾后农业恢复生产中，因灾需补种改种的农作物面积达212.5万亩，其中：因旱需补种改种面积达160.0万亩，因涝需补种改种面积达39.3万亩；完成补种改种面积188.0万亩，其中：补种改种玉米55.0万亩，薯类28.0万亩，豆类15.0万亩。补种改种挽回粮食产量达18.5万吨。

2013年，云南省先后发生了干旱、洪涝、风雹、低温冻害等自然灾害。其中干旱和洪涝尤为严重。全年全省农作物受灾达2564.5万亩次，比上年同期多507.9万亩次；成灾达1376.3万亩次，比上年同期多122.1万亩次；绝收达266.2万亩次，比上年同期多53.7万亩次。其中：粮食作物受灾面积达966.7万亩次，比上年同期减少349.8万亩次，成灾面积达451.2万亩次，比上年同期减少278.6万亩次，绝收面积达122.7万亩次，比上年同期增加18.2万亩次。就灾害种类而言，洪涝受灾257.2万亩次，成灾104.0万亩次，绝收25.3万亩次；干旱受灾1208.2万亩次，成灾554.5万亩次，绝收133.2万亩；风雹受灾26.0万亩次，成灾13.9万亩次，绝收3.3万亩次；低温冻害受灾1073.1万亩次，成灾703.9万亩次，绝收104.4万亩次。就灾害造成农业损失而言，因灾损失粮食37.0万吨，比上年同期少损失7.0万吨；糖料损失157.4万吨，比上年同期多损失65.3万吨；蔬菜损失77.4万吨，比上年同期多损失5.8万吨。全省各地因灾造成的农业直接经济损失138.65亿元，较上年多损失75.7亿元。全年灾后农业恢复生产中，因灾需补种改种的农作物面积达159.6万亩，其中：因旱需补种改种面积达122.9万亩，因涝需补种改种面积达34.3万亩；完成补种改种面积133.3万亩。

【干 旱】 2012年全省发生了冬春干旱。自2011年11月以来，全省大部分地区降水偏少、气温偏高，暖冬天气明显，全省遭受不同程度的冬春干旱，局部地区人畜饮水困难。据省农业厅农情初步统计，上半年农作物受旱面积达1263.0万亩次，成灾643万亩次，绝收157.7万亩次。2013年2～4月，云南省平均降水量偏少，加之2009年以来降水持续偏少致使大部分地区蓄水不足，造成全省大部分地区发生春旱灾情。昆明、楚雄、玉溪、大理、临沧、丽江，普洱、红河、昭通、曲靖部分地方旱情较为严重，但干旱范围和影响较2010年轻。干旱灾害造成16个州（市）农作物受灾面积超过1200万亩，成灾面积达到500万亩，绝收面积达到130万亩，农业经济损失达到28亿元。2012年云南省热区普遍遭受干旱灾害，对热作生产影响较大。其中：天然橡胶因干旱和病虫害减产1万吨左右。其中：西双版纳州部分橡胶园因受旱停割15天左右，德宏等地因干旱造成橡胶六点始叶螨、白粉病危害严重，橡胶园普遍推迟到7月底割胶。

【洪涝及泥石流】 2012年6月28日、30日沾益县炎方乡、德泽乡先后出现强降雨天气，引发泥石流、山洪等自然灾害，造成农作物受灾、房屋倒塌、路面冲毁，10500余人生产生活遭受严重影响。强降雨共造成农作物受灾1.3万亩，冲毁耕地50余亩，农业经济损失约645余万元。2012年6月13日夜至14日凌晨，富宁县境内普降大到暴雨，雨量最大的剥隘为115.1毫米，其次为新华57.7毫米、那能53.8毫米、归朝

46.1毫米。共造成全县11个乡镇45个村委会196个村小组17325户7.3万人受灾，农作物受灾2.7万亩，成灾1万亩，绝收0.5万亩，冲毁水沟23.2千米，造成农业经济损失483万元。2012年7月下旬，西双版纳州受热带风暴“韦森特”影响，辖区内出现中到大雨过程，局部出现暴雨及大暴雨，降雨量超过150毫米，最高达289.8毫米。此次降雨过程造成全州28个乡镇及农场不同程度发生洪涝、滑坡、泥石流及部分公路中断等灾害，其中有8个乡镇受灾严重。全州农作物受灾40.6万亩，成灾30.6万亩，绝收1.28万亩，大牲畜死亡300头，水产养殖受灾370亩，农业直接经济损失6625万元。

【风　雹】　2013年4月24日，红河州建水县坡头乡、南庄镇的水稻、玉米、蔬菜等农作物遭受冰雹袭击，受灾面积0.2万亩，成灾730亩，农业经济损失超过100万元。

【低　温】　2013年12月中旬，云南除滇西南边缘以外的地区发生雪灾，超过2008年的低温雨雪冰冻天气范围，雨雪天气过后滇中及以东以南地区又发生1999年以来最严重的低温冷害、霜冻灾害。灾害共造成700.6万人受灾，农作物受灾面积超过1000万亩，成灾面积达700万亩，绝收面积达104万亩，造成农业经济损失80亿元以上。12月16日夜间至17日清晨，滇中及以东以南地区发生低温霜冻灾害，造成11个州（市）40余个县（市、区）受灾。咖啡属于喜温作物，根系浅，耐寒性差，受灾情况在各类作物中尤其严重，全省咖啡受灾面积达61.73万亩，成灾面积34.84万亩，经济损失达8.96亿元。此次降温降雨（雪）天气过程带来的低温冻害，对我省橡胶生产造成一定影响，受灾面积35.87万亩，成灾16.5万亩，产量损失900吨，经济损失3500万元。

【抗灾救灾】　省委、省政府领导历来高度重视抗灾救灾工作，对做好抗灾救灾工作多次做出重要指示。省农业厅每年都派出若干工作组，深入16个州（市）的县（市、区）、乡（镇），查看和了解灾情，帮助和指导当地农业抗灾救灾和抢栽抢插工作。2012年3月15日，省农业厅会同省农科院、云南农大抽调48名专家和农科人员，派驻全省16个州市，开展“抗旱促春耕百日行动”。依靠科学分类指导，突出农业科技措施与救灾相结合，通过采取改种短平快等作物，达到减产不减收，切实开展农作物的中耕管理和病虫害预测预报与防治等工作。主要措施有：一是通过实施高产创建、间套种、地膜覆盖等“科技增粮措施”，确保未受灾的水稻、玉米、马铃薯等粮食作物的苗全苗壮和长势良好。二是加强对受灾作物的苗情检查，组织力量从省外调运粮食作物良种，对因灾造成缺苗的田块，及时补栽补种，指导各地调整种植结构，改种生育期短的作物。三是通过云南农业信息网及农情信息调度系统及时发布适于改种和补栽补种的早熟及短生育期的优质品种名录等信息，使各地能及时寻找到需要的种子。四是强化科技措施的推广应用，加大发展晚秋作物，确保全年粮食生产获得好的收成。

（李永平　丁　强　刘云援）

农业生物灾害

【概　述】　2012～2013年，云南省农作物病虫害中等至中等偏重以上发生，累计发生面积3.05亿亩次，比2010～2011年多0.72亿亩次。除检疫性病虫害外，农作物病虫害发生总体程度2012年发生比2013年严重。2012年云南省农作物病虫害中等偏重以上发生，发生面积1.53亿亩次。虫害重于病害。其中，全省范围内稻飞虱大发生，全省范围内粘虫、蚜虫中等偏重以上发生，局部区域马铃薯晚疫病、南方水稻黑条矮缩病、水稻条纹叶枯病、玉米锈病、水稻螟虫、稻纵卷叶螟、地下害虫、农田鼠害、蓟马、小菜蛾、斜纹夜蛾偏重以上发生。检疫性病虫害在局部区域严重发生。

【稻飞虱】　2012年，云南省连续三年干旱，水稻面积减少近300万亩，种植面积1320万亩，其中旱稻种植面积90万亩，中稻1160万亩，晚稻70万亩。由于旱情导致雨季进入时间偏晚和分布不均，造成水稻栽插时间拉长，生育期复杂，从而有利于稻飞虱的发生为害。全省稻飞虱大发生，发生面积721.0万亩，占种植面积的54%，与2011年同期相比增加近10%。表现出越冬虫量大、虫量偏多；发生早、来势猛，迁入持续，局部暴发成灾等特点。3～4月11个县监测点灯下出现迁入峰，早于常年。4月下旬、5月中旬、5月下旬、6月下旬、7月中旬、8月上旬出现8次大规模的稻飞虱集中迁入，最高虫量出现在滇东北。其中，师宗县5月12日单灯虫量25万头，是大发生2007年的41倍；7月21日彝良县单灯虫量158.8万头，超过历史上最高45.8万头。5－6月主害代27个县百丛虫量超过3000头，最高10万头。

【粘　虫】　2012～2013年，全省粘虫呈中等偏重以上发生态势。其中，2012年发生相对严重，发生面积281.48万亩次。2012年发生特点：（1）诱蛾量大。全省诱蛾高峰主要集中在5月底至6月中旬，持续时间有20天左右，时间长，蛾量大。（2）卵量高。弥勒县6月上旬10把小草把诱卵共诱卵69块，同比增加53块，每块卵粒数最高218粒，是近五年来同期最多的一年。（3）危害重。6月二代粘虫在迪庆州的维西、香格里拉、德钦3县，曲靖市宣威、会泽、富源、沾益、马龙、罗平6县，文山州富宁、西畴、广南、丘北、文山5县，昭通市永善、水富、昭阳、彝良、绥江、盐津、威信7县，版纳州勐海、景洪2县（市），大理州的巍山、宾川、弥渡、洱源4县，昆明市寻甸1县，怒江州泸水、兰坪2县，红河州泸西、开远、蒙自、弥勒4县，楚雄州元谋县共计35个县偏重发生。（4）局部区域三代粘虫爆发。8月三代粘虫在局部区域甘蔗、水稻、玉米作物上，点片爆发为害，全省三代粘虫发生面积达120万亩，发生程度为10多年来罕见。

【南方水稻黑条矮缩病】　2012年全省中等发生，南部稻区偏重发生。2013年全省中等偏轻发生，局部区域偏重发生。

2012年，除迪庆州外，全省15州市均发现该病。129个县中，45个县发生南方水稻黑条矮缩病，占35.15%。通过基层农科员在田间简易识别出来的面积，已经达到94.62万亩。该病主要集中在南部稻飞虱严重发生区，中稻重于早稻，病区平均病丛率在17%左右，严重田块达到100%。45个发生县中，以文山州富宁、广南、文山、麻栗坡、马关，保山市施甸，玉溪市元江和德宏州芒市、陇川9个县发生比较严重。该病发生最低海拔在元江县城澧江村380米，最高海拔在昭阳区旧圃镇三棵树村1920米。

【小春作物蚜虫】 2012～2013年全省小春作物蚜虫中等偏重发生。其中2012年小春作物蚜虫发生面积540.26万亩次。(1) 全省小麦蚜虫中等偏重发生，发生面积238.62万亩次。易门县一般虫田率85.57%，有蚜株率58.34%，百株蚜量31500头，严重的虫田率91.4%，有蚜株率70.14%，百株蚜量98700头；丘北县蚜株率36%，百株蚜量2836头，高的5614头，虫田率26%。(2) 全省油菜蚜虫中等偏重发生，发生面积301.64万亩次。主要在曲靖、玉溪、文山、临沧、保山、楚雄6州市发生。其中，广南、文山、丘北、马关县发生突出，平均有蚜株率39.53%，高的100%；平均百株蚜量2857头，高的达160000头。

【玉米叶斑病】 2012～2013年云南省玉米大小斑病中等至中等偏重发生。发生程度低于2010～2011年。2012年发生比2013年严重。2012年玉米大小斑病发生面积496.54万亩。其中，大斑病发生面积317.96万亩，小斑病178.58万亩。主要发病品种为北玉、海禾、三北系列品种。

【稻瘟病】 2012～2013年云南省稻瘟病为总体中等发生，高海拔地区、优质稻种植区、杂交稻感病品种种植区偏重发生。其中，2012年发生面积246.89万亩。主要发生区域在红河、玉溪、西双版纳、普洱市、德宏州、楚雄州、保山市等水稻主要产区。发病的品种主要为楚粳29号、楚粳27号、楚粳28号、合系39号等。

【十字花科根肿病】 2012～2013年十字花科蔬菜根肿病仍然处于持续扩展和蔓延时期，发生面积近60万亩。主要发生区域在玉溪、临沧、昆明、曲靖、楚雄、大理等6个州市，江川、红塔、澄江、通海、大理、弥渡、西山、呈贡、建水、元谋、楚雄等20余县（区），大白菜、小白菜、甘蓝、萝卜、油菜主要产区。在发病区域，从苗期开始发病，经带病土壤传播，病菌危害后，造成根部肿大，植株失水，作物枯萎。一般可以造成20%～30%的产量损失，严重影响农民增收致富。

【马铃薯谷子小长蝽】 2013年昭通市首次发现谷子小长蝽危害马铃薯。5月下旬，在昭阳区、鲁甸县5个乡8万亩马铃薯上发现谷子小长蝽危害。成虫和若虫集中为害心叶幼茎及花，植株受害部位汁液被吸食而变得萎焉，甚至枯死。严重地块虫株率达100%，发生程度平均为2级，25%的植株达3级。

【发生特点】 2012～2013年云南省农作物主要病、虫、草、鼠害发生特点为：（一）农作物病虫害发生仍然偏高。（二）迁飞性害虫爆发危害。2012年全省稻区稻飞虱大发生，以白背飞虱传毒的南方黑条矮缩病在保山、德宏局部区域流行；粘虫呈中等偏重以上发生态势。出现二代粘虫、三代粘虫发生加重，发生范围扩大的趋势。在文山州呈现持续加重的趋势。（三）危险性病虫害扩展蔓延。如十字花科根肿病、香蕉枯萎病发生范围加大。此外，有新的疫情产生。

【发生原因】 导致最近两年农作物病虫害发生的主要原因有三点：（一）持续干旱导致病害基数较少，减轻了发生危害。（二）气候异常。暖冬、冬春干旱，夏季雨季开始提早，利于稻飞虱、粘虫等害虫迁入和降落。同时，缅甸、越南、老挝三国水稻种植制度、种植品种、稻飞虱等病虫害发生规律与云南边境一带稻区基本相同，导致稻飞虱、稻纵卷叶螟等“两迁害虫”有效虫源田面积增加，加重了周边地区和云南南部版纳等七州市稻飞虱危害。（三）边境贸易增加，有利于检疫性有害生物的传入和扩散。

【经济损失】 2012～2013年云南省农作物病、虫、草、鼠害处于中等至中等偏重发生期，受持续干旱气候条件的影响，2013年发生程度明显轻于2012年。农作物病虫害发生总面积3.05亿亩次，比2010～2011年增加0.72亿亩次，年平均发生面积1.52亿亩次。虫害重于病害。2012～2013年因农作物病、虫、草、鼠害发生危害造成粮食和经济作物损失883万吨，年均损失441.5万吨。

【挽回损失】 2012～2013年在云南省省委、省政府的高度关注下，在农业部各有关部门的精心指导之下，在云南省农业厅的正确领导下，各级农业行政部门上下联动，建立健全省、州（市）、县（区）、乡（镇）、村五级监测预警网络，推广农作物病虫害绿色控制新技术，专业化统防统治技术，广泛宣传培训和示范科学防虫治病技术，开展大面积病虫害综合防治，年均防控面积达到2.31亿亩次。2012～2013年年均挽回粮食损失361.1万吨。为我省农业粮食增产和农民增收，取到了重要保障作用。

2012～2013年云南省农作物主要病虫草鼠害发生防治及损失情况

名　称	年份	发生面积（万亩次）	防治面积（万亩次）	挽回损失（吨）	实际损失（吨）
病虫草鼠总计	2012	15392.28	23198.28	3621496.41	826353.4
	2013	15268.00	23110.61	3601237.24	782150.43
一、病虫害合计	2012	10440.58	16888.98	2879788.83	674666.62
	2013	10496.02	17060.37	2892060.7	633147.46

续表

名　称	年份	发生面积（万亩次）	防治面积（万亩次）	挽回损失（吨）	实际损失（吨）
（1）病害小计	2012	4350.36	7481.53	1125005.56	330791.53
	2013	4193.05	7214.89	1167741.4	292553.66
（2）虫害小计	2012	6090.22	9407.45	1754783.27	343875.09
	2013	6302.97	9845.48	1724319.3	340593.8
二、农田草害合计	2012	3740.98	4492.19	566186.21	117415.91
	2013	3502.38	4164.44	534459.67	116688.44
三、农田鼠害合计	2012	1092.78	1664.74	163257.73	31193.86
	2013	1143.02	1725.38	162882.04	30162.89

（吕建平　李亚红　胡慧芬　杨　珺　孙宇杰）

农业病虫害监测预报

【准确监测】　到2013年，云南省已经建设了国家农作物病虫害预警控制区域站33个，国家农作物病虫害观测场和应急药械库57个。农作物病虫害监测网由省、州（市）、县（区）、乡、村五级监测网组成，一共326个测报站（点），针对水稻、玉米、小麦、大麦、马铃薯、蚕豆、油菜、蔬菜、花卉、果树、茶叶、甘蔗、大豆、花生等14类作物，稻飞虱、稻纵卷叶螟、水稻螟虫、南方水稻黑条矮缩病、稻瘟病、稻曲病、水稻纹枯病；玉米灰斑病、玉米大小斑病、玉米锈病、玉米蚜虫、玉米地下害虫、粘虫；小麦蚜虫、小麦条锈病、小麦白粉病；马铃薯晚疫病、马铃薯病毒病；蚕豆蚜虫、蚕豆锈病、蚕豆赤斑病；油菜蚜虫；蔬菜斑潜蝇、蓟马、小菜蛾、菜青虫、斜纹夜蛾、十字花科根肿病、白菜黑斑病、瓜类白粉病、番茄晚疫病、番茄早疫病、辣椒根病；花卉白粉病、花卉锈病；茶毛虫、茶小绿叶蝉；甘蔗螟虫；大豆蚜虫；花生叶斑病；农田鼠害；农田草害等70多种主要农作物病、虫、草、鼠害，开展日常监测工作。2013年增加了对经济作物咖啡天牛、咖啡锈病的监测。系统监测即每天一次监测、每5天一次监测、7天一次监测，宏观调查即每月和病虫害高峰期大面积发生情况普查。监测数据于每周三上报国家重大农业有害生物数字化数据库。

【及时预报】　根据全省农作物病虫害326个监测网各站（点）提供的系统数字信息，云南省农作物病虫害监测与控制分中心及时会商，做出农作物病虫害发生趋势预报，通过内部网络发送到16州（市）129个县（区）植保站，再由县（区）植保站通过网络、信函、电视、黑板报、手机短信、明白纸等形式向农户、种植大户、专业合作社、种植公司等群体发放。全省16州（市）129个县（区）植保植检站分析发布病虫趋势、病虫情报、病虫警报、防治简报、发生动态3408期，发送农民手机用户13442户，长期预报准确率达到85%，短期预报准确率达到95%。在防治关键时期，指导大面积防治。

【重大项目建设】　（1）农作物病虫害预警控制区域站建设。2012～2013年，在建立健全省、州（市）、县（区）、乡（镇）、村五级农作物病虫害监测系统的基础上，对33个国家农作物病虫害预警控制区域站和57个病虫观测场和应急药械库建设项目进行检查督促，其中，10个项目完成了建设，并通过验收，进入正常运转阶段。（2）完成云南省农作物有害生物数字化系统建设，为及时有效地进行云南省地方性病虫害数字化监测铺平了道路。（3）开展了云南水稻冬季毒源调查活动。围绕稻飞虱越冬及南方水稻黑条矮缩病发生基数调查，组织保山、德宏、版纳、普洱等州市开展调查活动。（4）申报了《南方水稻黑条矮缩病测报调查规范》及《南方水稻黑条矮缩病防控技术标准》两个规范，为今后科学监测打下基础。

【完善病虫害数字化监测管理系统】　2012～2013年，一方面着重加强中国农作物有害生物监控云南分中心对农作物重大病虫害数据处理、实时预警、信息发布、远程会商、远程诊断等六大能力的建设。另一方面也加强了129个县（区）植保站在全国《农作物重大病虫害数字化监测预警系统》中的填报能力。同时，云南省农作物重大病虫害数字化监测预警系统开始试运行。

【提高预报覆盖率】　推广县级农作物病虫害可视化预测预报技术、手机短信发布技术等现代化发布技术。提高电视节目制作水平，增加少数民族语言配音，提高收视率，提高农村入户率。2012～2013年，在保山、玉溪、临沧、德宏等16地州65个县（区）电视台，制作并播出稻飞虱、南方水稻黑条矮缩病等重大病虫预报与防治专题节目520期，发布手机短信7000余条13442户，在农业生产关键时期，及时指导了大面积防治工作。同时，开展广播、黑板报、信函等预报服务，提高预报覆盖率。

【开展监测技术培训】　针对稻飞虱、粘虫、南方水稻黑条矮缩病严重发生的情况，2013年联合省农业气象中心、省农科院等单位召开全省农作物病虫害发生趋势会商会议三次；6月云南省植保植检站联合云南省农业科学院，在普洱市对全省34个发生区域重点县65名技术人员，开展了稻飞虱、南方水稻黑条矮缩病及咖啡病虫害田间识别技术培训。并于10月在大理市对全省16州市129个县的168个技术人员，进行了云南省农作物有害生物数字化系统应用技术培训。进一步提高了全省重大病虫害监测水平，为准确预报打下了良好基础。

（吕建平　周文文）

农业病虫害防治与研究

【科学布局】 建立健全省、州（市）、县（区）三级农业有害生物控制体系，着重提高县以下农业部门对农作物病虫害的综合防控能力、应对突发事件的应急防控能力、应对外来有害生物的检验检测和检疫能力、综合执法能力、农药药政管理能力。依托联合国粮食和农业组织国家间农药风险减量项目，广泛举办农民田间学校，提高个人农药使用防护知识水平，同时把科技知识送到田间地角；大力发展村级民办植保组织，发展科技带头人，发展基层植保队伍，提高服务到位率；发展乡以下植保专业化服务组织，提高专业防治指导能力，提高指导到位率。通过宣传和发动，防控示范和展示，提高农民科学防虫治病能力。实现了“稻飞虱不起飞成灾，锈病不扩散危害，重大病虫危害损失控制在5%以内，重大植物疫情不恶性蔓延，虫灾损毁作物事件不严重发生”的防控目标。

【重点控制】 根据农作物病虫害发生趋势预报，制定综合防治预案。坚持“预防为主，综合防治”的植保方针，以病虫害监测为依据，以农业防治为基础，综合使用生态控制、生物防治、物理防治、化学防治等技术措施，控制重大病虫害发生和危害。突出抓好重点作物、重大病虫害，在重点生育期的病虫害控制。做好水稻、玉米、小麦、蔬菜、马铃薯、果树、茶叶、甘蔗、花卉等九类重要粮食和经济作物病虫害防控工作，重点抓好绿色防控技术，农药替代技术推广，实现农业可持续发展。

【重大病虫害治理】 以稻飞虱、稻纵卷叶螟、粘虫、南方水稻黑条矮缩病、小麦条锈病、小麦白粉病、油菜蚜虫、小麦蚜虫、稻瘟病、农田鼠害、马铃薯晚疫病、玉米螟、玉米灰斑病、玉米锈病、玉米蚜虫、小菜蛾、斜纹夜蛾、蓟马、白粉虱、十字花科根肿病、番茄疫病、葱蒜类叶枯病、辣椒根腐病、茶小绿叶蝉、甘蔗螟虫等25种农作物重大病虫害防控为重点，加强对稻飞虱主要迁飞扩散通道、主要初始虫源地，小麦条锈病主要菌源地，以及南方水稻黑条矮缩病毒源地的重点控制，同时，在监测基础上，集中精力抓好大面积防治。2012～2013年，建立粮食作物病虫害综合防治示范区831个，面积334万亩，辐射带动3092.3万亩，开展重大病虫草鼠害治理1.72亿亩次，保证了粮食丰产，农民增收。

【专业防治队建设】 2013年，全省已建立专业化统防统治合作组织935个，比2011年末增加了155个；经工商和民政部注册登记的专业化统防统治合作组织667个，比2011年末增加了375个；全省拥有14360名专业技术人员，拥有各型机动喷雾器26721台。主要专业化统防统治服务形式有全程承包、阶段承包、代防代治、合作防治等形式，专业化统防统治面积2702.39万亩，比2011年末增加500万亩，有效控制了农作物病虫害的发生危害，减少了农药商品使用量共计378吨，降低了对农业农村的生态环境的污染危害。

【绿色防控技术集成与示范】 2012～2013年，开展了“以螨治螨”、色板诱杀、性诱剂诱杀、物理杀虫灯诱杀、稻田养鸭、稻田养鱼等农作物病虫害绿色防控技术集成。2013年，云南省植保植检站与16州市签订了合同，在小春和大春作物上建立80个省级绿色防控技术示范区，州（市）、县级建立各式绿色防控示范区125个，示范带动全省绿色防控面积1355.84万亩次，农作物病虫害绿色防控率达40.66%。示范区以作物或靶标生物为主线，紧紧围绕农产品质量安全，在示范区集成农业防治、生物防治、物理防治和化学调控等配套技术措施为主的绿色防控技术体系，创新推广模式，辐射带动绿色防控技术的推广应用。示范区关键技术到位率达85%以上，综合防治效果达到90%，减少农药使用量50%以上，亩防治成本平均降低10%，危害损失控制在10%以内。确保了示范区农产品农药残留不超标，农产品的质量进一步提高。

【灭鼠行动】 2012～2013年，云南省农田、农舍鼠害为中等至中等偏重发生年份。其中，2013年农田鼠害发生面积1168.42万亩次，防治面积1786.34万亩次。全省以抓示范样板为重点，组织召开了灭鼠示范动员会，并在安宁市、大理市、景洪市等地开展统一灭鼠示范。举办农民田间学校256个，各种灭鼠示范培训班、现场会1932场次，培训农民16.84万人，培训灭鼠人员11886人。

【防控技术指导和服务】 针对特殊的旱情和病虫害发生情况，组织植保技术指导组236个，6420人次深入乡村，对农户开展面对面的防治技术指导。仅2013年，派出技术人员170人次深入基层开展指导和服务。先后参加抗旱、科技增粮、中耕管理、马铃薯基地建设督导组，组织针对香蕉枯萎病、南方水稻黑条矮缩病、玉米病毒病、咖啡锈病等病害开展专题调研和指导。围绕主要农作物病虫害综合防治技术、农药安全使用、降低农药风险、农药空包装的回收处置、农药管理相关法律法规等内容，组织开展了“《云南省主要农作物有害生物种类与发生危害特点研究》项目培训、农作物病虫害绿色防控技术暨统防统治现场培训、果树实蝇监测防控技术培训、稻水象甲防控现场培训、马铃薯晚疫病统防统治现场观摩会、农药安全使用培训、柑橘病虫害防控技术及安全科学使用农药技术培训”等12期，共培训各级专业技术骨干1000余人次。全省各级植保部门在所辖区范围内积极开展安全科学使用农药技术培训1684场次，接受培训人员达11.3万多人次。

（韩忠良）

外来有害生物入侵与控制

【外来有害生物种类】 云南省列入《全国植物检疫性有害生物名单》的有害生物有12种，其中虫6种、细菌3种、真菌2种、杂草1种。2013年针对外来有害生物种类重大的疫情，开展一系列监测防控工作。

【红火蚁】 红火蚁原产于南美洲，是世界上最具危害性的外来有害生物，世界各国均把它作为检疫对象进行防控。红火蚁繁殖能力强，危害范围广。一是危害农作物的根、茎、叶和果实，造成作物毁种；二是直接攻击人，造成人体受伤部位剧烈痛痒、皮肤红肿、溃烂或发烧，严重者导致休克或死亡，对农事活动造成严重影响；三是咬食牲畜和其他动物，影响畜牧业，破坏生物多样性；四是破坏建筑物、电子设备和灌溉系统等设施。据报道，该疫情每年给美国南部地区造成直接经济损失达50亿美元以上。2013年10月在楚雄州元谋县发现红火蚁，截止2013年年底，全省发生面积约26000亩，防控面积8000亩。

【香蕉枯萎病】 俗称香蕉癌症，发病时整株枯萎倒伏，可通过流水、土壤等传播。该病20世纪初在南美引起60万亩的蕉园毁灭，1967年传入台湾，10年间，几乎摧毁了整个台湾的香蕉产业。2013年，云南省版纳、红河等香蕉主城区总发生面积65180亩，其中改种33800亩，销毁感病植株约142万株。

【柑橘黄龙病】 发病时表现为叶片逐渐黄化，果实畸形变小，着色不匀。主要通过带病苗木或接穗及柑橘木虱传播，一旦感病，很难防治，须整株挖除。该病是造成云南省多地柑橘产业消失重要原因之一。2013年，全省发生1680亩，防控面积76.5万亩次。

【稻水象甲】 主要是通过幼虫和成虫取食水稻叶片造成为害，可通过顺水流、陆地爬行、空中短距离飞行等途径扩散蔓延。该虫2013年，在嵩明等6个县区发生面积约3万亩，18.9万亩次。

【菜豆象】 主要是幼虫为害仓储的豆类或田间的结荚后的成熟豆子，目前，在会泽等地有分布，发生面积5790亩，防控面积2.5万亩次，处理种子1.3万千克。

【薇甘菊】 薇甘菊也称小花蔓泽兰或小花假泽兰，是菊科多年生草本植物，原产于南美洲和中美洲，该种已列入世界上最有害的100种外来入侵物种之一，也列入中国首批外来入侵物种，是世界上公认的危害最为严重、根除难度最大的外来物种之一。20世纪由境外传入云南省，严重危害甘蔗、柠檬、柚子、柑橘、香蕉等农作物生长，一般造成20%～50%的产量损失，严重的造成农作物绝收。2013年集中防控薇甘菊5.45万亩。

【扶桑绵粉蚧】 主要危害棉花，同时也可为害多种蔬菜和观赏类作物。2009年在云南省景洪市首次发现，目前在主要发生在行道树上，发生面积715亩，未造成重大经济损失。

【疫情监测】 加强重大植物疫情监测和阻截，规范检疫执法，确保全省无重大植物疫情发生。重点强化国外引种后的疫情监测，针对引进百合种球、康乃馨、洋桔梗等花卉企业基地开展重点疫情监测7次。对稻水象甲、柑橘黄龙病、香蕉枯萎病、蜜柑大实蝇、玉米褪绿斑驳病毒病、玉米霜霉病、内生集壶菌、瓜类果斑病等重大危险性有害生物在全省开展疫情监测工作。各地重大植物疫情监测点，按照要求每月上报疫情发生情况。

【疫情普查】 云南省农业厅组织力量开展了柑橘黄龙病、果树实蝇、香蕉枯萎病、椰子织蛾等重大植物疫情的发生防控情况普查。

【产地检疫与调运检疫】 重点检查了全省种子苗木生产企业、基地、市场的调运、销售和检疫情况，植物及植物产品的调运、销售、加工和检疫情况，以及制种基地检疫措施落实情况。2013年，全省开展植物产地检疫150余万亩次，植物调运检疫31506批次，苗木近100多万株，种子及其他农产品500多万吨，国外引种审批449批（其中苗木325批次，111.7万株；种子124批次，787.23千克）。

【疫情阻截防控】 2013年，在寻甸县建立了1000亩稻水象甲综合防控示范区，在景洪市建立了50亩香蕉枯萎病防控示范区，在宾川县建立了500亩柑橘黄龙病综合防控示范区，在蒙自建立了5000亩果树类实蝇防控示范区，通过疫情阻截防控示范区建设，带动全省植物疫情阻截防控工作规范有序开展，取得了显著的社会、经济和生态效益。五是及时处置突发疫情。同时，对2013年新发生的疫情进行封锁、控制，及检疫监管，严防疫情扩散。

【稻飞虱迁飞路径研究】 白背飞虱是云南省最主要的水稻害虫，具有远距离迁飞习性。在云南省复杂的地理地形条件下，其迁飞路线变幻莫测，难以捉摸。开展稻飞虱标记释放回收工作，摸清云南省稻飞虱迁飞路径以及发生规律，进而指导全省防控。2012～2013年，云南省农业科学院环资所联合云南省及16州（市）植保植检站，在勐海县水稻田连续7天开展了白背飞虱田间标记释放工作。标记后，在普洱、玉溪、红河、文山、临沧、昭通、曲靖等地州23县植保植检站利用虫情灯开展稻飞虱回收工作。回收之后的稻飞虱进行鉴定，有新的发现。

【南方水稻黑条矮缩病毒源范围调查】 2012～2013年，由全国农业技术推广中心组织浙江大学、贵州大学、福建农林大学、浙江省农科院、江苏省农科院及云南省、海南省对南方水稻黑条矮缩病冬季毒源范围进行调查。云南省调查地点在保山、德宏、玉溪、普洱、西双版纳等5个州市施甸县、芒市、隆阳区、元江县、思茅区、景洪市、勐海县7个县（区），采取了玉米、早稻、再生稻、杂草、甘蔗、白背飞虱样本，经过检测，在玉米、早稻、再生稻、白背飞虱上，均查到南方水稻黑条矮缩病毒。初步认定了云南省冬季南方水稻黑条矮缩病的毒源范围。

【南方水稻黑条矮缩病综合防控技术研究】 2012～2013年，由全国农业技术推广中心、云南省植保植检站、贵州大学、浙江农科院，在云南保山、德宏、玉溪、文山进行南方水稻黑条矮缩病综合防控技术研究。提出了以生态调控为主的综合防控措施，取得明显防控效果。主要技术措施有：（1）以检测带毒率为基础的预警。（2）优化作物种植结构控病。（3）选用（耐）病品种。（4）采取无毒育苗技术。（5）及时翻犁稻茬田、处理再生稻、沟、塘、埂边杂草，切断毒链。（6）推广养鸭生物防控技术，减少农药使用。（7）保健栽培，提高植株的抗病力。同时，在施甸、芒市、元江建立了三个快速检测实验室，在施甸、芒市、腾冲建立了3个国家防控示范区，取得良好的防控效果。2012年和2013年，全国农业技术推广中心分别在施甸县召开了全国南方水稻黑条矮缩病防控技术观摩会议。

（李 燕）

水生动物灾害及防控

【灾　种】 2012～2013年，全省范围内草鱼“四病”（草鱼出血病、赤皮病、烂鳃病、肠炎病）、出血性败血症、打印病、竖鳞病、鲤痘疮病、爱德华氏菌病、水霉病、白点斑病、红脖子病及各种寄生虫疾病均有发生。局部地区草鱼“四病”、出血性败血症发生严重。病害侵袭对象涉及水生动物鱼类、甲壳类、两栖和爬行类，病原体涉及真菌、细菌、病毒、原生动物、寄生虫和藻类等，无病原烂鳃、营养代谢综合征等非病原性病害亦有发生。

【损　失】 2012～2013年，水生养殖动物病害发生面积与前两年基本持平，平均发病率为20%～30%。病害造成水产品损失18万吨，其中，2012年水产品损失8.8万吨，2013年水产品损失9.2万吨；病害损失占养殖总产值的10%～12%，间接和直接损失达18亿元，其中，2012年水产品间接和直接损失8.8亿元，2013年水产品间接和直接损失9.2亿元（见表）。

2012～2013年云南省水产养殖疾病发生主要种类、病害属性及损失情况

类别		鱼类		甲壳类 蟹 沼虾		两栖/爬行类		损失（万吨）		损失（亿元）	
年份		2012	2013	2012	2013	2012	2013	2012	2013	2012	2013
疾病性质	病毒性	1	1	–	–	–	–				
	细菌性	5	5	–	–	3	3				
	真菌性	–	–	–	–	–	–	8.8	9.2	8.8	9.2
	寄生虫	–	–	–	–	–	–				
	其他	–	–	–	–	–	–				
	合计	6	6	–	–	3	3	8.8	9.2	8.8	9.2

【发生特点】 病害发生具有明显季节变化性，发病的养殖种类多，病害的种类多，同一种类多种疾病交叉感染比较常见，发病率与死亡率高。同时，不明原因的突发死鱼事件增多且损失较大。受病害侵袭的水产养殖品种为鱼类、甲壳类、两栖类和爬行类水生动物等。全省范围内包括池塘、坝塘、稻田、流水、湖泊、水库、网箱、围栏等所有水产养殖方式均受到了水产养殖病害的侵袭。

【防控方向】 贯彻“预防为主，综合防治”的方针，坚持工作创新，以科技为先导，加强病害预测预报、综合防治、药政管理、水产品检疫、新技术开发，发展渔业社会化服务网络体系，促进整个水产事业健康、稳步发展。

【病害监测】 云南省渔业科学研究院水产养殖病害防治中心牵头组织全省重点水产养殖区域开展病害测报工作，选择昆明市、曲靖市、大理州、普洱市、红河州、德宏州共6个养殖区的16个县（市、区）作为测报单位，选定了18名同志为测报员，共设测报点96个，测报面积106150亩。每月形成月报上报云南省农业厅和全国水产技术推广总站检疫与病害防治处，每年年底形成水产养殖病害技术分析报告和水产养殖病害测报工作总结上报云南省农业厅、农业部渔业局和全国水产技术推广总站。

【重大病害控制】 坚持“以防为主、防治结合”的原则。加强各地区、各部门间的联系与合作，积极开展宣传教育工作，普及病害防治知识，多途径切断病源。开展水产养殖病害测报工作，为管理部门防治决策提供科学依据，对各养殖场及养殖户提供及时、准确的疫病发生和流行资料，为生产提供产前预报，指导和帮助生产单位提前做好预防工作，最大限度减少因病害造成的经济损失。

【药政管理】 积极开展水产品渔用药使用宣传工作，维护生产者的经济利益。加大对渔用配合饲料中添加剂含量、激素含量的管理。提倡健康养殖模式，加大无公害水产品的养殖，严禁使用禁用渔药，保障消费者的食品安全，保持渔业经济

的可持续发展。

【社会化服务网络建设】 云南省渔业病害防治和水产品质量检测中心已经建成并开展工作。通过建立健全动物防疫体系，全省新增3个县级水生动物疫病防治站。目前，全省共建成13个县级水生动物疫病防治站，全省有经培训考核持证上岗的水生动物检疫员393名，监督员1名。

【新养殖模式及技术开展】 积极探索养殖新模式，保持渔业经济的可持续发展。提倡健康养殖模式，加大无公害水产品的养殖。研究和总结水产养殖病害发生的规律，探索新的防治手段和措施。引进新技术和养殖新品种，积极推广耐抗病的优良养殖新品种，加强苗种和渔用药品检疫。

（宋建宇）

畜牧业动物灾害与防控

【概　述】 2012～2013年，云南省畜牧业发展经历了汛情、干旱、地震、H7N9疫情、口蹄疫低温冻害等灾害，给畜牧业生产发展带来了不利影响。

【灾　情】 2012年6～7月，云南省各地区正处汛期，各地有不同程度的强降雨天气过程，给畜牧业生产带来重大损失。受灾场（户）5888个，圈舍倒塌328776平方米，因灾死亡畜禽147483头（只），饲草饲料损失62116吨，受灾草场面积261610亩，养殖场水电路等基础设施损失104947万元。2012年9月7日，昭通市彝良县发生6.5级地震，圈舍倒塌16115间，共计266996平方米，造成经济损失41592万元，因灾死亡畜禽数达15529万头（只），给当地畜牧业生产带来重大影响。2013年3月3日，大理州洱源县发生5.5级地震，给当地畜牧业生产带来重大影响，畜禽厩舍倒塌10000平方米，猪死亡213头，受灾地区干旱和地震灾害叠加，基础设施受灾严重。2013年4月3日，全国禽流感H7N9疫情通报后，虽然云南省未发生疫情，但仍对禽类养殖业造成严重冲击，禽肉和禽蛋消费量下降，导致销售量下滑，鸡肉、鸡蛋销售滞后，给云南省养殖业带来严重的经济损失，约为83525.848万元。其中肉鸡养殖损失最大，蛋鸡养殖损失所占比例较小。2013年12月13日以来，云南省持续出现强降温降水和重霜冻天气，全省16个州市畜牧业受到不同程度的损失。截止12月24日，受灾大牲畜367.9万头，其中死亡21373头（牛671头、猪11334头、羊9262头、马106匹）；死亡家禽90126只，兔2925只。按农业部死亡损失标准测算（牛5000元/头，猪1500元/头，羊500元/只，家禽30元/只，兔100元/只，马3500元/匹），直接经济损失2835.5万元。冻裂水管54513.7米、水表28072个，受灾草山面积116.33万亩。部分县市圈舍、设备遭到损毁。各项合计损失共2.73亿元。

【应对措施】 积极争取中央农业生产救灾资金780万元用于受旱灾影响的养殖场（户），用于购买种畜、饲料饲草，尽快回复畜牧业生产，减轻灾害损失。争取发改委抗旱牲畜饮水项目资金1000万元，解决部分规模养殖场畜禽饮水困难，缓解旱情对畜牧业生产造成的影响。争取农业部祖代种鸡补贴资金308万元，对在产祖代种鸡给予一次性生产补贴，保护种禽生产能力，缓解因人感染H7N9疫情影响带来的种苗禁运滞销；争取畜牧发展贴息贷款177万元，用于家禽养殖加工流动资金贷款贴息，促进禽类养殖加工重点龙头企业快速恢复生产，减少因H7N9疫情带来的影响。争取省级财政资金20万元，用于洱源县乔后、西山、炼铁三个乡镇扶持养猪、养牛生产发展。H7N9禽流感疫情发生后，进一步加大H7N9禽流感等动物疫情的监测排查、活禽及其产品检疫监管工作力度，加大对边境和省内公路检查站的检查力度，严防H7N9禽流感疫情的发生。对禽类产品价格实行日报制，为省委、省政府科学决策，为广大养殖户正确研判形势，为广大消费者理性对待禽类产品消费提供了准确的信息支撑。

（刘佃才）

重大动物疫情防控

【综　述】 2012年6月、9月云南省宁蒗、彝良两县分别发生地震，2013年8月德钦县、香格里拉县发生地震。地震灾害发生后，云南省高度重视，及时派出了动物防疫应急工作队奔赴灾区，全面落实各项防控措施。同时下拨紧急防疫费90万元，下拨动物防疫应急物资防护服1100套、高效消毒药品300件、消毒机20台。灾区无害化处理因灾死亡畜禽2.96万头（只）、紧急强制免疫牲畜6.87万头、消毒面积达363.6万平方米，防止了地震灾后重大动物疫情和人畜共患病疫情的发生。2013年5月31日迪庆州香格里拉县发生了A型口蹄疫疫情，疫情涉及828户农户，扑杀病畜及同群畜3992头（只），疫情造成直接经济损失2100多万元。疫情发生后，省里及时派出了动物防疫应急处置工作组、技术工作组和灾后恢复生产工作组赶赴疫区督导工作。同时下拨灾区紧急防疫费30万元，调拨A－O－亚Ⅰ三价口蹄疫灭活疫苗20万份、消毒药200件、防护服500套、电动消毒机5台等防疫应急物资。迪庆州和香格里拉县及时启动了应急预案，全力开展突发重大动物疫情应急处置工作，及时扑灭了疫情。

（罗亚明）

万亩草原虫害防治

【调　查】 2013年7月9日云南省永善县马楠乡马楠村万亩人工草场暴发大规模粘虫灾害，得知这一情况后，局领导和乡党委政府高度重视，立即组织由县畜牧兽医局草原监理站，马楠乡畜牧兽医站，马楠村委会，马楠乡草场管护员等7人组成调查组，深入洋洞子、龚家坪、烂包湾、黑务等粘虫发生严重的人工草地进行实地调查。

【灾害情况】 平均虫口密度109头/平方米，成虫体长17~20毫米，颜色淡灰褐色，主要危害禾本科牧草发育较好的混播草地，受灾面积达11200亩，单位面积减产823千克/亩，直接经济损失110万元。

【发生特点】 粘虫一般发生于温暖湿润的地方，湿度直接影响初孵幼虫存活率的高低，幼虫取食禾本科植物的发育快，成虫需取食花蜜补充营养，遇有蜜源丰富的地方，产卵量高。

【药剂配方】 每桶选用10%氯氰菊酯30毫升加80%敌敌畏10毫升或阿维·毒死蜱套装各20毫升兑水喷雾，隔7~10天一次，共防1~2次。

【技术措施】 2013年7月11日调查组将调查情况及防治措施上报畜牧兽医局，县畜牧兽医局及时下拨防控资金5万元，用于购置草原粘虫防控工作所需的药品（氯氰菊酯、敌敌畏、阿维毒死蜱），器械（机械喷雾器10台、手动喷雾器50台）和防护用品60套，印发粘虫防治措施宣传资料100余份，并成立了草场粘虫防治工作领导组。抓住消灭成虫在产卵之前，采卵在孵化之前，药杀幼虫在3龄之前等3个关键环节。

【防　治】 2013年7月12日由县畜牧兽医局副局长带领植保站、草原监理站、乡镇畜牧兽医站和乡各有关村委人员共计100人组成的7个灭虫组，进行灭虫。第一组手动喷雾器4台；第二组手动喷雾器10台；第三组手动喷雾器10台，机械喷雾器3台；第四组手动喷雾器6台；第五组手动喷雾器10台；第六组手动喷雾器10台；第七组机动7台。如果有完成了的组，机械又调配到没有完成的组使用。喷药5天后，约93%的受灾草地虫口密度由原来平均的109头/平方米，下降到4头/平方米，达到防治效果。

（朱　伟）

森林防火

综述

【2012年】 2012年全省共发生森林火灾299起，火场总面积7901.8公顷，受害森林面积2500公顷；受害率为0.1‰，林木损失67944.1立方米，烧死幼树264.3万株，出动扑火人工131387工日，车辆15144台次，飞机284架次，直接扑火经费5467.2万元，实现了零伤亡和无重大森林火灾的目标。

【2013年】 2013年全省共发生森林火灾264起，火场总面积11634公顷，受害森林面积2400公顷；受害率为0.1‰，林木损失108543立方米，烧死幼树377.2万株，出动扑火人工166979工日，车辆12521台次，飞机175架次，直接扑火经费2677.3万元，创造了1951年以来连续2年没有发生重大森林火灾和人员伤亡事故的历史新纪录。

监测预报

【2012年森林火灾趋势预测】 2012年森林火险等级较常年偏高；2012年3～4月将出现森林高火险期，极易诱发森林火灾；滇中、滇南和滇西及以北仍为我省森林火灾多发区。

【2013年森林火灾趋势预测】 2013年森林火险等级较常年略高或偏高；3～4月将出现森林高火险期，极易诱发森林火灾；滇中、滇西及以北和滇南仍为我省森林火灾多发区。

【航空护林监测】 云南省2012年春季森林航空消防工作自1月25日开航，于5月23日结航，共租用7架飞机（其中直升机4架，固定翼3架），分别布局在下属普洱、保山、丽江3个航空护林站和大理基地，7架飞机共飞行284架次664小时12分钟，空中发现及参与处置林火49起，对其中26起实施了吊桶灭火，吊桶灭火飞行73架次168小时15分钟，洒水598桶共计约2160吨。

云南省2013年春季森林航空消防工作自1月1日开航，于5月20日结航，共租用5架直升飞机分别布局在普洱、保山、丽江3个航空护林站和大理基地，飞行175架次367小时55分钟，空中发现及参与处置林火24起，对其中22起实施了吊桶灭火，吊桶洒水飞行74架次，134小时46分钟，洒水937桶3474吨。

【卫星遥感监测】 2012年共通报处理卫星热点2155个（含重复热点）。经核查属林火有305个（含同一火场），农事用火913个，荒火458个，查无火151个，计划烧除191个，炼山造林115个，境外火5个，其它17个。

2013年共通报处理卫星热点1968个（含重复热点）。经核查属林火有434个（含同一火场），农事用火693个，荒火341个，查无火149个，计划烧除225个，炼山造林86个，境外火22个，其它18个。

防治研究

【积极推进以水灭火技术运用】 2012年初，省防火办组织技术攻关，研发了一款新型动力喷水灭火机，该设备具有体积小、重量轻、功率大、油耗少、启动快、价格低、灭火安全等特点，通过试用，该设备在扑打地表火、中低强度树冠火及余火清理效果更好。同时，在全省推广建设与本地实际需要相适应的水窖、贮水池、网管等以水灭火设施和移动式以水灭火运载系列装备，不断加大以水灭火装备的配备比例。目前，基本实现每支专业扑火队伍配备1～2辆森林消防水车，3～5台灭火水泵，10～20台动力喷水灭火机、高压细水雾灭火机等以水灭火装备，全面提升了云南省森林火灾扑救科技水平。

【森林火险预警监测系统建成使用】 全省森林火险预警监测系统历时3年建设，于2013年3月完成并投入使用。主要内容包括：省级森林火险预警中心、森林火险监测站261个

（其中国家级110个）、森林火险因子采集站77个（其中国家级34个）和手持森林火险监测仪431个，覆盖了16个州（市）129个县（市、区）的重点林区。通过项目实施，在全国森林火险预警系统建设的基础上，进一步增加森林火险监测站的密度，更新完善预报模型，结合12、24和48小时天气预报，实现每日制作发布未来12、24和48小时全省森林火险等级预报，规范了森林火险形势分析和火险预测预报发布工作，实现森林火险预警预报的地域化和科学化，对云南省做好森林火灾的预警响应将发挥极其重要的作用。

【网络办公系统投入使用】 2013年11月，新版森林防火网络办公系统投入使用，主要特点是：国家下发卫星热点后，省、州、县能立刻同步自动接收卫星热点，并在三维地图上完成定位，值班员可直观了解热点基本信息（如林相、道路交通、周边村庄、景区景点），大大提高了卫星热点接收反馈效率和热点定位准确率。

森林火灾扑救

【玉龙县“1·26”森林火灾】 2012年1月26日10时10分，丽江市玉龙县白沙乡新尚村因村民吸烟失火引发森林火灾，火场林相为云南松、杂灌。火灾发生后，丽江市、玉龙县党委、政府高度重视，及时成立前线指挥部，先后组织3800余人，投入洒水车18辆进行灭火，27日14时整个火场得到有效控制，28日1时火场明火全部扑灭。经核实，火场过火面积68公顷，受害面积7.3公顷。

火灾引起国家和省领导的高度关注，国家森防指贾治邦总指挥、赵树丛副局长对扑火工作提出了具体要求，省委秦光荣书记、省政府李纪恒代省长、罗正富常务副省长、孔垂柱副省长、省林业厅陈玉侯厅长等领导作出重要批示，并多次过问火灾扑救情况。省森防指万勇专职副指挥长一直坐镇省指挥中心协调指挥扑救，派出由省防火办林向东主任带队的赴火场工作组协调指导灭火，调派大理森警支队100人、迪庆森警大队60人增援灭火。

【玉龙县“2·8”森林火灾】 2012年2月8日16时20分，丽江市玉龙县石鼓镇箐东村与九河中古交界处因高压线碰电引发森林火灾，火场林相为云南松中幼林。火灾发生后，丽江市、玉龙县党委政府高度重视，丽江市政府领导赶赴火场指挥灭火，并组成前线指挥部组织扑救。经过1860余人（其中森警和专业队310人、干部群众1550余人）连夜奋战，整个火场明火于2月10日10时30分全部扑灭。经核实，火场过火面积41公顷，受害面积5.5公顷。

省政府高度重视火灾扑救工作，李纪恒代省长、孔垂柱副省长分别作出重要批示。省林业厅厅长陈玉侯坐镇省指挥中心指导扑救，并调集迪庆森警大队50人增援扑救，出动K－32直升机低空配合吊桶洒水灭火。省森防指万勇专职副指挥长2月9日连夜赶赴火场，省防火办林向东主任一直在前线协调指挥扑救。

【易门县“3·18”森林火灾】 2012年3月18日17时，玉溪市易门县因工程施工人员吸烟引发森林火灾，19日8时28分因火势较猛，风速较快，大火突破隔离带，迅速蔓延至安宁市境内。由于山势陡峭、地形复杂、植被茂密、可燃物丰富，加之持续5～6级大风，致使火势凶猛，火灾扑救工作十分困难，先后2次威胁村寨安全，前线指挥部根据火场发展态势，紧急制定应对措施，采取开挖隔离带、以火攻火和调派M－26直升机实施吊桶洒水灭火等方法控制火势，避免了更大的损失。昆明市、玉溪市先后组织军警民共4836人，历时97小时奋力扑救，明火于22日18时被全部扑灭，过火面积344.3公顷，受害面积63.9公顷。据统计，扑救此次火灾共出动车辆569辆，挖掘机13台，调派1架M－26大型直升机飞行11架次洒水48桶约390吨，调派1架侦察机侦查火情3架次。

国家森防指、省政府领导高度重视，国家林业局局长赵树丛、省长李纪恒、副省长孔垂柱等领导相继作出重要批示，提出明确要求。国家森防指先后派出2个工作组协调、指导火灾扑救工作，国家森防指杜永胜副总指挥、省政府孔垂柱副省长亲赴火场，现场召开会议，对下步扑火工作提出明确要求。省森防指派出由万勇专职副指挥长率队的工作组到火场协助指导扑救工作，并调集森警、驻地部队和M－26直升机等力量支援火场。省防火办主任林向东第一时间赶赴火场指导扑救。

【晋宁县“3·28”森林火灾】 2012年3月28日14时17分，昆明市晋宁县昆阳街道办事处清水河发生森林火灾，28日16时35分，火场南线火势蔓延至玉溪市红塔区境内。29日0时30分，火场得到有效控制。29日16时，由于火场林区温度极高、瞬时风力达8级以上，林区内极为干燥，边缘相对湿度仅为21%，加之火场气流不稳，导致部分余火转为上山火及树冠火，突破隔离带迅速蔓延形成新的火场。扑火前指根据火势变化，先后组织军警民6000余人，调派3架直升机和1架侦察机飞行22架次，实施吊桶洒水142桶约448吨，历时76个小时奋力扑救，明火于31日17时30分被全部扑灭。经核实，过火面积445公顷，受害面积75.5公顷，确保了国家重点设施、村庄及人民群众的安全，最大限度保护了森林资源。

火灾引起了党中央、国务院，国家森防指，省委、省政府的高度重视和社会的广泛关注，中央政治局委员、国务院副总理回良玉同志作出重要批示，国家林业局党组书记赵树丛对火灾扑救工作多次作出指示，先后3次派出工作组深入火场指导扑救工作，并多次坐镇国家森防指通过卫星可视电话详细了解火灾现场扑救情况，对扑救工作提出明确要求。省委书记秦光荣、省长李纪恒、副书记仇和、省委常委、副省长李江、省委常委、昆明市委书记张田欣、省委常委、秘书长、副省长曹建方、副省长孔垂柱等领导也先后多次作出批示，秦光荣、张田欣、曹建方、孔垂柱等领导还分别亲临火场指挥火灾扑救工作，慰问看望参加火灾扑救的解放军、

武警、森警、民兵预备役、公安干警及广大干部群众。国家防火办副主任王海忠率工作组亲临火场指导扑救。省林业厅厅长陈玉侯、省森防指专职副指挥长万勇、省防火办主任林向东奋战在第一线。

【古城区“5·9”森林火灾】 2012年5月9日13时10分，丽江市古城区大东乡白水村老鹰山村因村民烧地跑火引发森林火灾。火灾发生后，区森林防火指挥部紧急启动预案，市区政府领导及时赶赴现场协调扑救工作。经古城区森警中队、玉龙县森警大队、武警内卫部队、区专业扑火队和干部群众1600余人持续30多个小时的奋力扑救，明火于5月11日5时扑灭。火场过火面积136公顷，受害面积55公顷。

【大理市“2·6”森林火灾】 2013年2月6日16时30分，大理州大理市下关镇吊草村委会因焚烧垃圾引发森林火灾，火场林相为云南松中幼林。火灾发生后，大理州党委、政府领导第一时间赶赴现场指导扑救工作。扑火前指根据火势变化，先后调，M－26、K－32、M－171三架直升机洒水172桶约883吨，军警民4680余人奋力扑救，火场明火于8日20时被全部扑灭，确保了周边重要设施、村庄安全。火场过火面积168公顷，受害面积50.3公顷。

火灾引起了党中央、国务院，国家森防指，省委、省政府的高度重视和社会的广泛关注，国务院副总理回良玉作出重要批示，国家林业局局长赵树丛、省委书记秦光荣、省长李纪恒、副省长尹建业等领导也先后多次作出批示，副省长尹建业、省林业厅厅长侯新华、省森警总队盛志行副总队长、省防火办主任林向东率工作组在火场协助指挥扑救。

【宜良县“2·28”森林火灾】 2013年2月28日2时30分，昆明市宜良县阳宗海林场小白龙林区因取暖做饭引发森林火灾，火场林相以华山松和桤木为主。昆明市及时启动市级预案，调集军警民2100余人进行扑救，火场明火于2月28日20时被全部扑灭。

火灾发生后，省委书记秦光荣、省长李纪恒作出重要批示：国家森林防火指挥部办公室副主任焦德发，南方航空护林总站总站长史永林，省森林防火指挥部专职副指挥长万勇，昆明市市长李文荣、副市长李喜等国家、省、市、县四级领导相继赶赴火场指导扑救工作。火场过火面积90.2公顷，受害面积9.1公顷。

【古城区“3·12”森林火灾】 2013年3月12日14时50分，丽江市古城区七河镇后山村委会木书自然村因村民烧地引发森林火灾，火场林相为云南松中幼林。由于风力较大，火势于15时39分蔓延至玉龙县黄山镇境内，形成古城、玉龙2个火场。丽江市、古城区、玉龙县森防指高度重视，先后组织1080余人进行扑救，整个火场明火于13日13时50分全部扑灭。火场过火面积45公顷，受害面积0.9公顷。

【安宁市“3·30”森林火灾】 2013年3月30日12时40分，昆明市安宁市草铺街道办三家村因村民违规祭祀用火引发森林火灾，火场林相为云南松和桉树。火灾发生后，昆明市及时调集军警民2200余人进行扑救，火场明火于3月31日11时被全部扑灭。火场过火面积12.7公顷，受害面积0.9公顷。

【禄丰县“4·23”森林火灾】 2013年4月23日14时10分，楚雄州禄丰县勤丰镇可里村委会因村民烧地引发森林火灾，火场林相为地盘松和杂灌。在3架直升机洒水447桶1788吨的空中支援下，经军警民2700余人的艰苦奋战，整个火场明火于28日10时全部扑灭，确保了周边重要设施和村庄安全。火场过火面积1013公顷，受害面积94.2公顷。

火灾发生后，国务院副总理汪洋，国家林业局局长赵树丛、省长李纪恒、常务副省长李江等领导分别作出重要批示和指示，对火灾扑救工作提出明确要求。国家防火办副主任焦德发，省林业厅厅长侯新华，省森防指专职副指挥长杜勇，南方航空护林总站总站长史永林等领导亲赴火场指导火灾扑救。省防火办主任林向东第一时间赶赴火场一线协调指导扑救。

2012年森林防火大事记

【孔垂柱慰问基层森林防火人员】 1月17日上午，省政府孔垂柱副省长在昆明市政府李喜副市长的陪同下，率省政府李琳玻副秘书长、省林业厅陈玉侯厅长、省财政厅周宗副厅长、武警云南省森林总队郭建雄总队长，深入昆明市海口林场山冲林区检查入山登记、林区巡护、瞭望监测、防火宣传等工作，并代表省政府、省森林防火指挥部看望慰问了一线护林员、瞭望员及林场职工。

【秦光荣视察森林防火工作】 2月9日下午，省委书记秦光荣在昆明市委书记张田欣，省委秘书长、副省长曹建方，副省长孔垂柱等领导陪同下，到昆明市盘龙区双龙街道办事处蜜蜂桥森林防火检查点，与巡山护林人员、森林消防官兵交谈，了解应急值守情况，到省森林防火指挥中心，仔细了解森林火险等级、林火监测、卫星热点监控等情况，随后在省林业厅听取省森林防火指挥部常务副指挥长、省林业厅党组书记、厅长陈玉侯同志的工作汇报后，发表了重要讲话，对森林防火工作给予了充分肯定，对当前和今后一段时期森林防火工作作了重要指示。

【省政府发布2012年森林防火命令】 2月16日，省长李纪恒签发《云南省人民政府2012年森林防火命令》，决定从2月16日起全省提前进入森林高火险期。

【开展森林火灾隐患大排查】 2月20日，省森林防火指挥部下发通知，决定在全省范围内组织开展森林火灾隐患大排查活动。

【省森防指召开全省视频会议】 2月22日上午，省森林防火指挥部召开“三山、一线、一会”森林防火工作视频会议，全面部署苍山、玉龙雪山、高黎贡山、中缅边境一线、省会昆明城市面山及其他重点区域森林火灾防控工作。省森林防火指挥部专职副指挥长万勇作部署讲话。

【省政府召开森林防火电视电话会】 2月27日，省政府召开全省森林防火工作电视电话会议，传达贯彻中央领导及省委、省政府领导重要批示精神，总结近期全省森林火情火灾情况，分析当前森林防火形势，部署高火险关键时段的森林防火工作。省人民政府孔垂柱副省长出席会议并作了重要讲话。各州、市、县（市、区）人民政府分管领导、森林防火指挥部各成员单位领导在分会场参会。

【省人大通过《云南省森林防火条例》】 3月31日，省十一届人大常委会第三十次会议审议通过《云南省森林防火条例》，自2012年5月1日起施行。

【省政府召开森林防火紧急电视电话会】 4月1日，省政府召开全省森林防火工作紧急电视电话会议，对全省森林防火工作进行再动员、再部署、再安排、再落实。孔垂柱副省长出席会议并作重要讲话。会议由省政府副秘书长、省森林防火指挥部副指挥长李琳玻主持。会上，省林业厅厅长陈玉侯通报了防期以来全省的森林火灾情况。

【省委增加森林防火专项经费】 4月9日，省委书记秦光荣主持召开九届省委第11次常委会议，会议研究决定，省财政在预算安排1650万元森林防火专项经费的基础上追加2200万元用于2012年森林防火经费并纳入今后每年的年初财政预算安排，省级森林防火专项经费从2012年起预算标准由每年每亩林地0.03元提高到0.1元，全省3.7亿亩林地省级每年将预算安排3700万元，州（市）、县（市、区）按照森林防火“三·三”制预算标准，配套增加森林防火专项经费，以保障森林防火工作有序开展。

【省人大召开《云南省森林防火条例》新闻发布会】 4月26日，省人大常委会组织召开《云南省森林防火条例》新闻发布会。省森林防火指挥部各成员单位及20家新闻媒体记者参加了会议。省人大农业工作委员会主任阿扎和省森林防火指挥部专职副指挥长、省林业厅党组成员万勇出席发布会并作重要讲话。

【出台《云南省森林火灾保险案件查勘定损操作暂行办法》】 7月2日，省防火办、人保财险云南省分公司、安诺保险经纪有限公司联合制定下发了《云南省森林火灾保险案件查勘定损操作暂行办法》。

【省森防指、省林业厅慰问武警森林部队】 7月30日，在“八一”建军节即将到来之际，省森林防火指挥部常务副指挥长、省林业厅厅长陈玉侯、省森林防火指挥部专职副指挥长万勇率领厅办公室、林政处、防火处等处室主要负责人前往武警云南省森林总队驻地，代表省森林防火指挥部、省林业厅看望慰问武警云南省森林总队指战员。

【孔垂柱肯定春季森林防火工作】 8月30日，省人民政府孔垂柱副省长在《云南省森林防火指挥部关于2012年春季森林防火工作的报告》（云森指〔2012〕16号）上作出重要批示：2012年的春季防火在领导高度重视、部署超前周密、投入增长较大、防控扎实有效、响应快速有序、指挥安全高效等方面取得较好成绩，实现了当日扑灭率达97%和零伤亡的难得成效，值得充分肯定，望认真总结，进一步明确责任、注重防控，保持良好的发展势头。

【省森防指举办指挥员培训班】 10月18日至19日，省森林防火指挥部办公室在昆明举办全省森林防火指挥员培训班。全省各州市、县专职副指挥长、防火办主任共计130人参加培训。

【省森防指召开森林防火装备演示观摩会】 10月18日，省森林防火指挥部在安宁市召开森林防火装备演示观摩现场会，各州市、重点县市区专职副指挥长和防火办主任100余人参加。此次演示坚持从实战出发，突出分队配合，展示了以水灭火技术在森林火灾扑救中的运用。

【举办森林消防地方专业队骨干培训班】 10月25日至29日，省防火办在省森林消防地方专业扑火队培训基地举办全省地方专业队骨干培训班，全省129个县（市、区）的专业队队长、骨干共计340余人参加培训。

【《云南省森林防火条例》知识竞赛】 11月1日至30日，采取网上答题的方式，省森林防火指挥部在全省范围组织开展了《云南省森林防火条例》百题知识竞赛活动，活动期间，共收到有效答卷52300余份，参赛者涵盖了各行各业。活动共评选出一等奖5名，二等奖10名，三等奖20名，优秀奖50名，优秀组织奖3个，兑现了奖励，实现了预期目标，掀起了学习森林防火法律法规的新高潮。

【2012年森林火灾保险试点招标】 11月6日上午，云南省2012年森林火灾保险项目开标及评标会召开，评标委员会对项目投标保险公司进行了评定，最终确定阳光财产保险股份有限公司云南省分公司等6家保险公司共同组成云南省2012年度森林火灾保险项目共保联合体，承保云南省2012年度森林火灾保险项目。

【印发新修订《云南省森林火灾处置工作规范》】 11月12日，省森林防火指挥部在原有工作规范的基础上新修订出台了《云南省森林火灾处置工作规范》。新《规范》进一步完善了内容，规范了程序，提高了处置要求。

【2012年森林火灾保险试点工作启动】 12月12日，省森林

防火指挥部召开2012年度森林火灾保险试点工作视频会。会上，省森林防火指挥部专职副指挥长、省林业厅党组成员万勇代表省林业厅与通过公开招标选定的阳光财险等6家保险公司及保险经纪公司签订了《云南省2012年度森林火灾保险试点项目服务协议》，全面启动了覆盖全省16个州（市）129个县（市、区）的2012年度森林火灾保险试点工作，投保林地面积3.66亿亩。

【省政府召开森林防火电视电话会议】 12月18日，省政府召开全省森林防火工作电视电话会议。孔垂柱副省长出席会议并作了题为《坚定信心科学防控不断开创森林防火工作新局面》的重要讲话。省、州、市、县、区人民政府领导和森林防火指挥部各成员单位的领导参加会议。

2013年森林防火大事记

【省政府发布2013年森林防火命令】 省人民政府决定从2月22日起全省提前进入森林高火险期，并发布《2013年森林防火命令》。

【省政府通知要求做好当前森林防火工作】 2月10日，省政府下发紧急通知，要求全省各地从五个方面切实抓好当前森林防火工作。一要加强组织领导。二要严格管控火源。三要科学处置火情。四要强化应急保障。五要严格督查问责。

【省政府召开森林防火电视电话会议】 2月26日上午，省政府召开全省森林防火工作电视电话会议，传达贯彻国务院、国家森防指及省委、省政府领导重要批示精神，通报进入防期以来全省森林火灾情况，分析当前面临的严峻形势，进一步部署高火险关键时段的森林防火工作。省委常委、省政府常委副省长李江出席会议并作了重要讲话。全省16个州市、129个县（市、区）人民政府、森林防火指挥部、成员单位领导参加了会议。

【发布修订《云南省森林火灾应急预案》】 5月15日，省政府办公厅印发了修订后的《云南省森林火灾应急预案》，《预案》共分8个部分，包括总则、组织指挥体系、预警监测和信息报告、应急响应、扑救力量的组成和调动、后期处置、综合保障和附则。新《预案》扩大指导范围、调整了成员单位，并对省级层面的应对工作作了明确规定，使森林火灾应对工作机制更加完善。

【印发林火管理系列手册】 6月，省防火办组织编印了云南省林火管理系列手册35.5万册，包括《云南省林火管理应知应会手册》、《云南省扑火指挥员应知应会手册》、《云南省扑火队员应知应会手册》、《云南省乡村森林防火应知应会手册》和《云南省护林员应知应会手册》5个手册。手册采用问答方式，对林火管理、森林火灾扑救、扑救指挥、乡村森林防火及护林员等方面的知识进行了详细解读，提供了实际指导和实用培训资料。

【李纪恒视察省森林防火指挥中心】 6月21日下午，省长李纪恒到省林业厅专门调研林业工作，期间专程视察了省森林防火指挥中心，现场观看了森林防火信息指挥系统、森林火险预警监测系统和森林防火网络办公系统的演示。李纪恒对森林防火指挥中心建设和森林防火信息指挥系统给予了高度评价，充分肯定了2013年度全省森林防火工作所取得的成绩，并提出要求。

【秦光荣发表森林防火署名文章】 6月28日，省委书记秦光荣在《云南日报》头版发表了题为“严防死守防火扑火、全力保护森林资源——对云南连年干旱问题的回顾与反思（续篇三）”的署名文章，用较大篇幅，对我省4年连旱形势下森林防火工作面临的困难和问题进行了深刻剖析、全面客观总结了森林防火工作采取的有效措施、对目前和今后一段时期的森林防火工作作出重要指示。

【省森防指组织完成责任状检查考核】 7月5日至7月17日，省森防指按照省政府要求组织4个考核组，对16个州市执行2012年森林防火目标管理责任状情况进行全面检查考核。7月25日至7月26日，在红河州召开了全省森林防火目标管理责任状检查考核会审暨春防工作总结会。杜勇专职副指挥长全程参会并作重要讲话。林向东主任对贯彻会议精神和抓好下半年工作提出了具体要求。

【召开森林航空消防工作座谈会】 7月26日，云南省森林防火指挥部在红河州个旧市组织召开了2013年度全省森林航空消防工作座谈会。会议对当前云南各州（市）开展航护工作中存在的困难和问题进行了讨论和协商，并对今后进一步加强协调配合、提高航护效益、充分发挥航护在云南森防工作中的作用进行了深入探讨。

【全省森林防火指挥员培训圆满结束】 10月29日至30日，省森防指举办指挥员培训班，全省新任专职副指挥长、防火办主任共计140余人参加培训。培训班全面系统解读了森林火灾应急、火灾报告的处置程序和规定，现场演示了全新森林防火网络办公系统、预警系统及森林防火指挥系统的操作和运用。

【滇中5州（市）召开森林防火联防会议】 11月15日，滇中昆明、玉溪、红河、楚雄、曲靖5州（市）林业局局长、森林防火专职副指挥长、防火办主任在曲靖召开森林防火联防会议。省森防指专职副指挥长杜勇同志参加了联防会议，强调了在今后一个时期5州（市）的联防工作的重点，一要转变思维方式，注重查找解决问题；二要强化联防联动，突出联防重点，健全完善机制；三要提升管理能力，多从细节入手，不断提高防、控、扑救能力。

【省森防指组织开展灭火演练】 11月30日，云南省森林防火指挥部在玉溪市开展森林防火以水灭火实战演练，各州（市）和今年新上任的县（市、区）专职副指挥长和防火办主任共140余人参加。此次演练以实兵、实装、实战的方式，重点演练了动力喷水灭火机灭火、水泵串联灭火、泵车接力灭火三项内容。

【省政府召开森林防火电视电话会】 12月5日上午，省政府召开全省森林防火工作电视电话会议，全面安排部署今冬明春森林防火工作，要求抓好六个方面的工作：一是加强组织领导，抓好责任落实。二是加强宣传教育，扎实开展培训。三是加强火源管控，严格依法治火。四是夯实基层基础，加强能力建设。五是强化应急处置，科学安全扑救。六是加强监督指导，抓好火灾保险。

（靳广斌 滕 飞）

林业有害生物灾害

概　况

【综　述】　云南以其独特的地形地貌、多样的气候类型、丰富的生物资源而成为地球上一个不可多得的绿色宝库。云南省林业用地面积达3.71亿亩，居全国第2位，森林面积2.73亿亩，居全国第3位，森林覆盖率52.93%，居全国第3位。林业有害生物是指对林业资源和森林生态系统造成危害的森林昆虫、病原微生物、有害植物及鼠（兔）等。林业有害生物是林业生产上危险的一类自然灾害，它不仅具有一般自然灾害的普遍属性，同时具有生物灾害的特殊性、复杂性、长期性和艰巨性，会造成森林资源、生态、经济、社会的巨大损失。林业有害生物灾害防控就是按有害生物的种群动态及与之相关的环境关系，在不破坏生态系统自然调节机制的前提下，运用适宜的技术和方法，把有害生物种群控制在经济损失水平之下。林业有害生物防控体系建设包含监测预警、检疫御灾、防治减灾、应急管理等内容。林业有害生物灾害被称为“不冒烟的森林火灾”，其对林业建设成果的破坏性远远大于森林火灾，已成为林业快速发展的一大制约因素。

云南省主要的林业有害生物有森林害虫、森林病害、森林鼠害、外来有害生物等四大种类。第一类森林害虫在云南省主要林木树种上常见种类有300多种，危害类型分为食叶性害虫、蛀干害虫、种实害虫、地下害虫等。2012～2013年对林木造成危害的主要种类有：松毛虫、小蠹虫、松叶蜂、木蠹象、毒蛾、天牛、金龟子、蚧壳虫等。第二类森林病害在云南省主要林木树种上常见种类近200种，危害类型分为用材树种病害、经济林木病害、木本观赏植物病害、果树病害等。2012～2013年对林木造成危害的主要种类有松树病害（松赤枯病、松落针病、松针锈病、松疱锈病）、杉木病害（杉木黄化病、杉木炭疽病）、经济林病害（核桃腐烂病、炭疽病、板栗疫病、橡胶白粉病、油桐黑斑病、花椒黑胫病等）。第三类为森林鼠害，森林鼠害具有适应性强，繁殖快，密度大，鼠种多，寄主广泛，防治困难等特点。林鼠为害的方式主要是咬啮树木的种子和幼苗，咬剥树木的根部、干基部树皮，导致树木枯死。2012～2013年森林鼠害在全省的发生面积有所减少，对林地危害也较往年减轻。第四类为外来有害生物，林业外来入侵物种的增加逐渐成为破坏云南省生物多样性和生态环境的又一主要因素，2012～2013年主要危害种类有：松材线虫病、薇甘菊、锈色棕榈象、桉树枝瘿姬小蜂、椰心叶甲等。

【灾害原因】　云南省林业有害生物发生面积和危害程度呈现逐年上升的态势。其主要原因一是由于森林群落的破坏，严重影响了生态系统的稳定，形成了有利于林业有害生物发生的生态环境；二是缺乏环保意识的人为生产活动，导致生物多样性减少，破坏了生物多样性所具备的平衡功能；三是恶劣的气候因素如冰冻灾害、持续的高温干旱，都会对寄主树种的生长势造成不良影响，从而促使林业有害生物的暴发；四是过去使用化学农药不当，对鸟类、蛇类等森林生物的捕杀，减少了林业有害生物的天敌数量，降低了森林的自我调控能力，为某些适生虫害种群创造了暴发成灾的条件；五是缺乏完善管理的森林经营活动，降低了森林环境质量，加速了森林病虫害的传播扩散几率；六是大面积新造纯林树种单一，抗逆性差，易感染、传播森林病虫害。七是外来有害生物入侵，打破原有完善的生态系统，排挤本地植物，侵占宜林荒地，严重影响林木生长和更新，破坏物种多样性；特别是2012～2013年云南省延续四年极度干旱的灾害性天气，造成林木生长势衰弱，导致森林生态系统功能退化，更加有利于林业有害生物发生与危害。

【灾害态势】　2012～2013年，云南省林业有害生物发生属正常年份。从总的发生情况看，连续四年的干旱气候，加上持续多年的暖冬，造成了林业有害生物越冬期存活率较高，一些喜温偏阳性害虫生长速率加快，耐旱喜阳性的食叶害虫和蛀干害虫以及次期害虫种群数量迅速增加、世代重叠，危害加重。2012年全省平均降水较常年偏少，平均气温较常年偏高，全省林业有害生物发生较2011年略有增加。2013年全省旱情稍有缓解，但由此引起的次生灾害仍在继续，全省林业有害生物灾害面积较2012年有所降低。

一是常发性病虫种类发生面积居高不下，松毛虫、小蠹虫是云南省常发性害虫，两种虫害的发生面积均在100万亩以上。松毛虫的危害经过近十多年的综合治理，已连续3年控制到100万亩以下，但是2013年再次突破100万亩，危害呈上升趋势。小蠹虫从2000年以来已上升成为我省发生面积最大，危害较重，防治困难的林业有害生物，2012~2013年发生面积都略有增加，危害程度有所加重，连续2年全省的发生面积均稳定在110万亩左右。二是一些次期性害虫松叶蜂、毒蛾、金龟子等在局部区域危害仍然严重。三是外来有害生物松材线虫病、椰心叶甲、薇甘菊等在云南省周边口岸地区有扩散蔓延、加速入侵风险。2012年微甘菊从德宏边境入侵，发生面积高达28.17万亩，2013年松材线虫病从相邻省自然入侵云南省的昭通市盐津县，造成严重的经济损失。四是核桃、油桐、橡胶、油茶等经济作物在云南省的大面积种植，使其上常见的病虫害和突发性病虫害的发生也是逐年上升。

【发生与防治】 2012年，全省共发生病虫鼠害508.12万亩，发生率为1.86%。其中：病害67.94万亩，虫害408.13万亩，鼠害2.78万亩，有害植物发生29.27万亩。全省防治面积438.5万亩，防治率86.3%。全省成灾面积176.47万亩，成灾率为5.58‰。年初预测发生500万亩，测报准确率为98.4%。全省发生面积较2011年增加12.29万亩、提高3%，其中：病害同比减少1.26万亩、下降2%，虫害增加17.38万亩、提高4%，鼠害减少3.83万亩、下降58%。全省有害植物较2011年有大幅增加，同比增加27.82万亩。

2013年，云南省共发生林业有害生物471.55万亩，发生率为1.72%，其中：病害68.76万亩，虫害378.94万亩，鼠害2.27万亩，有害植物21.59万亩。2013年全省总防治面积为432.37万亩，综合防治率91.69%，成灾面积80.33万亩，成灾率2.48‰，年初预测发生500万亩，测报准确率为93.97%。全省林业有害生物发生面积较2012年减少了29.19万亩、下降7.2%，其中：病害减少0.82万亩、增加1.2%，虫害减少29.19万亩、下降7.15%，鼠害减少0.5万亩、下降17.9%。全省有害植物减少7.68万亩，下降26.24%。

2012年全省林业有害生物发生严重的区域为：大理州80.24万亩，普洱市71.33万亩，玉溪市55.47万亩，临沧市42.14万亩，文山州、昭通市突破30万亩，曲靖市、昆明市、红河州突破20万亩，丽江市、楚雄州、怒江州突破10万亩。

2013年全省林业有害生物发生严重的区域为：普洱、大理发生面积在60万亩以上，玉溪、文山、临沧发生面积在40万亩以上，曲靖、红河、昭通、昆明发生面积在20万亩以上，丽江、楚雄发生面积在10万亩以上。

2012年全省林业有害生物防治面积达438.5万亩，防治率达86.3%。其中生物防治面积80.97万亩，化学防治面积125.97万亩，人工防治面积128.39万亩，仿生制剂防治面积62.96万亩，其它防治面积40.21万亩。2013年全省林业有害生物防治面积达432.37万亩，防治率达91.69%。其中生物防治面积89.57万亩，化学防治面积117.72万亩，人工防治面积123.01万亩，仿生制剂防治面积52.56万亩，其它防治面积49.52万亩。

2012~2013年林业有害生物防治工作贯彻“预防为主，科学治理，依法监管，强化责任”的防治方针，总体目标是：大力加强林业有害生物监测预警体系、检疫御灾体系、防治减灾体系、应急反应体系建设，实现林业有害生物防治的标准化、规范化、科学化、法制化、信息化，全省主要林业有害生物的发生范围和危害程度有所下降，危险性有害生物扩散蔓延趋势得到有效控制。

2012~2013年云南省林业有害生物发生、防治情况统计表

年份	面积（万亩）	总计	虫害	病害	鼠害	有害植物	发生率%	成灾率‰	防治率%
2012	发生	508.12	408.13	67.94	2.78	29.27	1.86	5.58	86.3
	防治	438.5	367.23	59.61	2.48	9.18			
2013	发生	471.55	378.94	68.76	2.27	21.59	1.72	2.48	91.7
	防治	432.37	356.08	66.05	2.17	8.08			

林业有害生物

【切梢小蠹】 鞘翅目小蠹科切梢小蠹属，是松类树种的钻蛀性害虫之一。该虫在云南主要危害种类有纵坑切梢小蠹、横坑切梢小蠹，主要寄主为云南松，也危害思茅松、华山松等。切梢小蠹在云南省1年发生1代，一般是当年12月至翌年5月，处于蛀干危害期，6~11月处于蛀梢危害期。蛀梢危害期，松树枝梢变黄，树木活力降低，树高生长缓慢；蛀干危害期，树干出现流脂，往往造成树木枯萎死亡，危害极重。2012年全省小蠹虫发生面积118.11万亩，占全省总发生面积的23.3%，造成约9449万元的经济损失。2013年全省小蠹虫发生109.27万亩，占全省总发生面积的23.2%，造成约8741万元的经济损失。小蠹虫从2000年以来已上升成为我省发生面积最大、危害较重、防治困难的林业有害生物，经过十多年的工程治理，2012~2013年连续2年全省的发生面积已稳定在110万亩左右，防治效果初见成效，灾害面积已得到有效控制。

【松毛虫】 鳞翅目，枯叶蛾科，松毛虫属，食叶害虫，是云南省最大的森林危害虫种。松毛虫属在云南省分布有8个种，其中有云南松毛虫、思茅松毛虫、文山松毛虫、德昌松毛虫4种为常年危害种。主要受害寄主有：云南松、思茅松、华山松、云南油杉及圆柏等。松毛虫以幼虫取食松针，松树被危害后，轻者造成材积生长下降、松脂减产、种子产量降低，重者针叶吃光，造成松树生长极度衰弱，容易导致蛀干性害虫的再危害。2012年全省松毛虫发生面积97.87万亩，占全省总发生危害面积的19.3%，造成约4400万元的经济损失。2013年全省松毛虫发生危害面积105.17万亩，占全省总发生面积的22.3%，造成约4733万元的经济损失。松毛虫是云南省历史上危害最久，研究也较全面的一个虫种，自2000年开

始参加了国家级松毛虫工程治理，以示范区为标准，以科技为支撑，重点突出生物防治，持久有效地对全省松毛虫发生区进行了治理，使松毛虫的发生面积有所下降，危害程度有所减轻，已连续3年控制到100万亩以下，2013年由于干旱的后期效应松毛虫的发生再次突破100万亩，危害呈上升趋势。

【松叶蜂】 膜翅目、松叶蜂科，食叶害虫。在云南主要分布有广西新松叶蜂、祥云新松叶蜂、会泽新松叶蜂、文山松叶蜂、南华松叶蜂等。松叶蜂在云南1年发生1代至多代，世代重叠现象明显，主要以幼虫取食松树的针叶，由于该类虫种有群居为害的特性，一旦成灾，林内松针全被食光，严重影响松林的生长。2012年全省松叶蜂发生面积33.58万亩，2013年松叶蜂发生面积达18.26万亩，两年共造成经济损失约2333万元。

【金龟子】 鞘翅目，金龟总科，在云南主要种类有丽金龟、鳃金龟，主要寄主有核桃、板栗、油茶等经济林木。主要以成虫取食叶片，造成树木长势衰弱，严重影响经济林效益。由于干旱因素，金龟子在全省大部加重发生，2012年全省发生面积达22.91万亩，2013年发生面积达23.16万亩，两年共造成约2558万元的经济损失。

【木蠹象】 鞘翅目，象虫科，木蠹象属，是云南省松林中又一类危害严重的钻蛀性害虫，其中以云南木蠹象和华山松木蠹象二个虫种危害最重。木蠹象在云南1年发生1代，其成虫及幼虫在松树干内形成层处蛀坑为害，切断松树输导组织造成主干和侧枝枯死，甚至造成整株死亡。2012年木蠹象全省发生面积19.06万亩，2013年全省发生面积11.17万亩，两年造成直接经济损失约2420万元。

【毒 蛾】 鳞翅目，毒蛾科，食叶害虫。在云南省主要危害种有褐顶毒蛾、松毒蛾、刚竹毒蛾，主要为害云南松、毛竹及其他阔叶林。2012~2013年毒蛾的发生面积保持在20万亩左右。2012年全省发生面积19.28万亩，2013年发生面积20.26万亩，两年造成约1779万元的经济损失。

【天 牛】 鞘翅目，天牛科，蛀干性害虫。在云南主要危害种有松褐天牛，主要为害云南松、华山松、思茅松。松褐天牛目前在我省已经在40多个县分布危害，以成虫啃食嫩枝皮，造成寄主生长衰弱，幼虫大量钻蛀因干旱或其他原因造成树势衰弱的枝干木质部，引起松树枯死。此外，该成虫还是松材线虫病的主要传播媒介昆虫，一旦携松材线虫病原传入，将会引发松树的“癌症”，造成松林大面积死亡。2012年全省发生面积14.33万亩，2013年发生面积11.17万亩，两年造成约2040万元的经济损失。

【蚧壳虫】 同翅目，蚧总科，在云南主要危害的蚧壳虫种类有中华松针蚧、云南松针蚧，主要寄主有云南松、思茅松。此类害虫在松树顶芽基部吸取树液并分泌抑制物质，抑制顶芽生长，使之萎蔫，侧芽丛生，出现侧枝，导致树木生长衰退，枝梢枯死。2012年共全省发生蚧壳虫8.36万亩，2013年发生8.23万亩，两年共造成经济损失747万元。

【松树病害】 多种病原物引起松树病害，云南省危害较重的松树病害有松疱锈病、松赤枯病、松落针病、松腐烂病等。松树病害一般在多雨季节发生危害，而且容易传染扩散，中幼林感染病原菌后发病快速，并造成松树生势衰弱，同时也易遭受其他病虫害的侵染，致使松林成片枯萎死亡，形同火烧。2012年全省发生面积5.91万亩，2013年全省发生面积4.27万亩，两年共造成458万元的经济损失。

【经济林病害】 多种病原物能引发经济林病害，在云南主要危害的经济林木病害有炭疽病、疫病、溃疡病、黑斑病等。主要寄主有核桃、油茶、板栗等，经济林木一旦染病，感染率高，传播快，不仅影响植株生长，而且造成果实品质产量降低，造成巨大的经济损失。近年来随着云南省经济林果的大力发展，特别是核桃种植产业化程度加快，其病虫害的发生与危害也随之加大。全省经济林病虫害的发生面积呈逐年递增之势。2012年全省经济林病害发生面积达38.49万亩，造成约2117万元的经济损失。2013年全省发生面积达46.38万亩，造成约2551万元的经济损失。

【松材线虫病】 属外来有害物种，素有“松树癌症”之称的松材线虫病是世界性检疫病害，是松树的一种毁灭性病害。其致病性强，传播途径广，致松树死亡快，防治难度大，治理成本高。云南有着8000多万亩的松林，如果松材线虫病的入侵得不到控制，一旦扩散蔓延，那么作为云南森林植被的主要树种——松树，将面临毁灭性的灾难。2013年4月，昭通市盐津县兴隆乡、滩头乡新发现2个松材线虫病疫点，面积达84.4亩。疫情发生后省林业厅党组高度重视，立即派出工作组赶赴疫区进行核查；责成当地林业主管部门及时开展疫情摸排并迅速制定了《除治实施方案》报批；严格遵照相关规定分别向国家林业局、省人民政府报告了疫情和前期处置情况，向国家林业局、省人民政府上报了划分和公布疫区的请示和请求财政补助的请示；于今年5月24日召开全省松材线虫预防和除治工作会议对全省的预防和除治工作作了全面部署；6月6日针对松材线虫病可能发生扩散的新情况，紧急召开全省电视电话会议对检疫封堵工作作了具体部署；盐津县发生疫情后，国家林业局造林司、国家森防总站主要领导专门赴疫区对除治工作进行检查指导，省林业厅分管领导和省林检局5次赴疫区开展检查指导工作。至2013年底3个疫点的疫木采伐、除治清理工作全部完成，合计清理疫木2991株，面积161.6亩，蓄积872.69立方米，有效地阻止了松材线虫病的危害和传播蔓延。枯死疫木及直径大于1厘米的枝丫已全部清理并集中销毁，疫木伐桩按照除治要求采用药物进行了处理。同时加强对松褐天牛的监测和防治，组织开展检疫检查和执法行动，严防疫情通过自然和人为形式传播。

【薇甘菊】 也称小花蔓泽兰或小花假泽兰，属外来有害植物。薇甘菊原产于中美洲，现已成为当今世界热带、亚热带地区危害最严重的杂草之一。该种已列入世界上最有害的100种外来入侵物种之一。也列入中国首批外来入侵物种。

薇甘菊是多年生藤本植物，在其适生地攀缘缠绕于乔灌木植物，重压于其冠层顶部，阻碍寄主植物的光合作用继而导致寄主死亡，是世界上最具危险性的有害植物之一。在云南省薇甘菊主要危害天然次生林、人工林，危害较重的乔木树种有龙眼、刺柏、苦楝、番石榴、朴树、荔枝、九里香、铁冬青、黄樟、樟树、乌桕；危害较重的灌木植物有桃金娘、四季柑、地桃花等。2007年在德宏首次发现微甘菊入侵，至2013年已在德宏州和保山市的部分县区发现扩散危害。2012年微甘菊全省发生面积已达28.17万亩，2013年发生面积达20.71万亩。

监测预报

【监 测】 2012～2013年，云南省延续干旱以及冬季持续高温，全省林业有害生物危害形势依然严峻，省林业厅要求各级林业有害生物防治机构积极做好辖区主要危险性病虫害的调查、监测和信息管理工作。首先抓好春冬季的有害生物调查，及时下达全省林业有害生物监测面积，适时做好系统软件数据库的更新和维护工作，充分发挥35个国家级中心测报点的带头作用，抓好省、地、县、乡、村五级的测报站点工作，对主要和危险性的林业有害生物适时监测。组织在昆各大专院校、科研院所的专家教授研讨干旱延续期林业有害生物灾害的发生趋势，可能暴发成灾的病虫种类，并有针对性地提出防控措施，进而形成了专家意见作为今后全省新时期林业有害生物防灾减灾的基本方针。组织编印了《持续干旱期林业有害生物防控实用手册》和《核桃主要有害生物识别及其防治》等监测、防控工作手册，发放到基层。针对全省危险性、常发性的有害生物种类如松毛虫、小蠹虫、木蠹象、天牛、毒蛾、金龟子、松叶蜂等虫害，松材线虫病、松疱锈病、经济林病害等病害，微甘菊、紫茎泽兰等有害植物，实施重点监测，主要通过分区负责、专群结合等做法，把监测责任落实到护林员身上，提高了监测覆盖面和监测时效，及时掌握全省主要林业有害生物发生、危害情况。2012～2013年连续两年全省的林业有害生物监测覆盖率都超过90%。

【预 报】 2012～2013年，根据对主要和危险性林业有害生物的适时监测，全省每年发布省级全年林业有害生物趋势预测预报1次，中短期预报4次，全省各州县级年均发布林业有害生物生产性监测预报508次。2012年9月与西南林业大学合作，依据林业有害生物习性、气象因子、社会因子、地理因子等多种生物因子，以GIS地理信息系统技术、GPS技术等现代化信息技术为支撑，结合往年林业有害生物监测信息数据，在网络上发布通俗易懂、图文并茂的立体可视觉化监测预警及测报地图。分别于2012年12月试发布云南省林业有害生物下一年发生趋势图；2013年2月发布全省松材线虫病风险预警图及昭通、文山、曲靖、丽江等重点州市松材线虫病入侵高风险预警图。2012～2013每年组织全省16个州（市）、重点县（市、区）的专职测报人员参加的全省林业有害生物监测预报技术培训班。两年间进行了国家级培训2次，省级培训2期，州市级培训25期以上，县级培训100多期。2012年初发布预测全省2012年林业有害生物发生面积500万亩，与全年全省有害生物实际发生面积508.03万亩相比，2012年测报准确率为98.4%。2013年初发布预测全省2013年林业有害生物发生总面积500万亩，与2012年基本持平，实际发生总面积达471.55万亩，实际发生趋势与预测基本吻合，测报准确率为93.97%。

2012～2013年主要危害种类发生预报准确率统计表

有害生物种类	预测值（万亩）		实际发生值（万亩）		测报准确率%	
	2012	2013	2012	2013	2012	2013
总发生	500	500	508.12	471.55	98.4	93.97
病害	75	66	67.98	68.76	89.6	95.99
虫害	420	410	408.13	378.94	97.1	91.80
鼠害	5	4	2.78	2.27	20.14	23.42
有害植物	15	20	29.27	21.59	51.25	92.65
松树病害	12	5	8.76	4.27	63.33	82.99
杉木病害	2	2	1.22	3.90	73.93	51.30
核桃病害	15	20	16.91	26.15	88.7	76.47
小蠹虫	120	120	118.11	109.27	98.96	90.18
松毛虫	100	100	97.87	105.17	97.82	95.08
松叶蜂	35	24	33.58	18.26	95.77	68.55
木蠹象	25	15	19.06	11.19	68.84	65.99
金龟子	25	25	22.91	23.61	90.88	94.13
毒蛾	16	20	19.28	20.26	82.99	98.72
叶甲	10	8	6.03	9.01	34.16	88.76
天牛	15	15	15.05	15.20	99.67	98.67
薇甘菊	20	20	28.17	20.71	71	96.57

检疫与执法

【林业植物检疫】 林业植物检疫是以法律、法规为依据，通过法律、行政和技术的手段，对在原产地和流通过程中的林业植物及其产品，采取一系列旨在防止危险性有害生物通过人为活动传播的措施。其主要任务是防止外来危险性有害生

物入侵，防止本地危险性有害生物外传，防止局部地区的危险性有害生物扩散蔓延，保护林业生产和国土生态安全。是一项集政策性、社会性为一体的行政执法工作，是防止危险性病虫害人为传播的重要控制手段，是森林病虫灾害预防的又一重要措施。2012～2013年全省按照《森林法》、《植物检疫条例》、《植物检疫条例实施细则（林业部分）》和《云南省森林植物检疫实施办法》等法律、法规和规章规定，林业检疫机构对国内生产和调运应施检疫的林木种子、苗木、繁殖材料、木材等林业植物及其产品开展了检疫，对从国外引进的林木种子、苗木及其他繁殖材料进行了检疫审批。2012年全省产地检疫调运检疫林木种子4477.765吨、苗木100757.8亩、花卉2904.01万株，种苗产地检疫率98%。2013年全省调运检疫种子857.704吨、苗木25914.9219万株、木材346.8026万立方米、果品12579.659吨、花卉684.1281万株、药材41934.584吨、竹材29852.14吨和138.465万根、林产品5014.94吨。产地检疫种子649.235吨、苗木154658.2亩、花卉1884.9976万株，种苗产地检疫率98.6%。2012～2013年全省严格开展行政许可审批项目的办理，共办理9宗普及型国外引种试种苗圃资格认定。受理国外引进林木种子、苗木及其他繁殖材料检疫审批申请10份，经国家林业局审批引进百合种球719.534万个，唐昌蒲种球245万个，凤梨苗木20万株，红掌苗木50万株，罗汉松苗木6000株，猴面包树种子40千克，辣木种子100千克。同时对普及型国外引种试种苗圃和引进的苗木切实加强监管。加强外来林业有害生物防控工作，继续实行“零报告”制度，每月上报《外来林业有害生物入侵情况报告表》、《外来林业有害生物复检月报告表》。在全省开展14种全国林业检疫性有害生物普查工作，各地已上报普查报告，正在汇总普查结果。组织西南林业大学、云南大学、中科院资昆所、省林科院专家，对云南省补充林业性有害生物进行了论证和审定，确定4种有害生物为云南省补充林业检疫性有害生物。2013年云南省成立了由省林业厅专职副指挥长任组长的云南省林业植物检疫追溯工作领导小组，成为国家林业局在全国开展检疫追溯的5个试点省份之一，制定了《云南省林业植物检疫追溯试点实施方案》，按照“先试验、后示范、再推广”的方式，选取5个林检机构作为试点单位，开展检疫追溯试点工作。并于2013年11月举行了“云南省林业植物检疫追溯标签加施”启动仪式，至年底已开展全省检疫追溯96起，检疫苗木1万多株，成为全国5个试点省份中开展工作时间早、质量好、操作程序规范的试点。

【检疫执法】 2012年，全国开展“绿盾2012”检疫执法行动，云南省高度重视该专项行动，组织各级林检机构向全省经营单位、个人发放植物检疫相关宣传资料22.6万份，登记备案应施检疫的林业植物及其产品23086家，办理《植物检疫登记证书》19805份。省际联合执法11次，区县间联合执法60次，共查处检疫违法违规案件196起。其中，无检疫证书运输苗木案133起，无检疫证书运输木制包装箱案42起，无检疫证书运输木材案21起，涉案金额2188万元，罚没收入51.5万元。共检查涉及应施检疫林业植物及其产品的单位和个人16088个。其中，生产经营涉木单位8239个、种苗花卉经营单位4879个、普及型国外引种试种苗圃27个、园林绿化单位722家、使用木质包装材料单位2175个、口岸检查46个。行动共出动人员17965人次，投入经费302.35万元，出动车辆5622台次。没收、烧毁光电缆盘、摩托车木质包装材料1371个，“2012绿盾行动”取得显著成效。2013年继续与贵州省、四川省、重庆市和西藏自治区林业植物检疫部门联合开展“利剑2013”林业植物检疫联合执法专项行动，进一步规范了西南五省（区、市）林业植物检疫秩序。2013年全省共组织执法1965次，出动人员11743人次；检查木（竹）材生产经营单位6561家，苗木花卉基地3881个，普及型国外引种试种苗圃18个，与相关部门联合检查847次，相关区域联合检查101次，检查花卉苗木51816.1万株，木材竹材101.4701万立方米，木质包装箱、线缆盘13202个，查处案件110起，涉及竹木1136立方米，木质包装箱电缆盘220个，种苗花卉181.7万株，涉案金额304万元，处罚金额16.73万元。从各地办理的检疫行政案件看，未发现违规执法的情况，均能做到事实清楚、证据确实、定性准确、适用法律得当、程序合法，未发生行政复议和行政诉讼。

防治减灾措施

【综合防控】 2012～2013年，全省林业有害生物防治工作坚持“预防为主，科学治理，依法监管，强化责任”的防治方针，实行科学防控，推进工程治理，提高林业有害生物防治成效。在虫情监测与预报的基础上，采取封山育林，保护天敌种类，改善林内环境，增强树木抗病虫能力等多种营林技术，配以生物、化学、物理、人工等防治手段，控制森林病虫鼠害对林木的危害，将损失降到最低点。2012～2013年林业有害生物防治工作重点是针对云南干旱延续期，对发生面积和治理难度最大的小蠹虫等钻蛀性害虫继续组织“攻坚战”，进行专项治理。采取整合人、财、物、科技和管理优势的办法，对滇中的昆明、曲靖、楚雄、大理等州市受危害最严重的地区组织防治攻坚战，使全省小蠹虫的发生没有大爆发成灾，特别是在曲靖市的大部分小蠹虫发生区已经达到有虫不成灾的良好成效。在实施好松材线虫病、椰心叶甲、红棕象甲三个重大外来有害生物除治歼灭战的前提下，努力推行以营林措施为基础，以生物防治、仿生防治和无公害防治为主要手段的综合治理措施，加快新农药、新药械、新技术的推广运用。积极探索森防机制创新路子，尝试林业有害生物防治工作推向社会化的服务模式。重点抓好重大危险性林业有害生物及核桃、油桐等经济林病虫害的预防和除治工作，为云南省森林资源安全和林业产业健康发展保驾护航。2012年3月云南省进行了高原飞机防治松毛虫的试点工作，这是针对云南省持续干旱后造成大面积林业有害生物灾害暴发的一次应急演练，由省林业厅组织，省林检局，昆明市林业局、石林县政府参加，在石林县进行云南省第一次飞机防治林业有害生物试验。选用美国生产的空中拖拉机AT－504型农林专用飞机，在石林县松毛虫、小蠹虫的常发区，开展作业面积达10万亩的大面积飞防试验，飞防11架次，选用对人畜安全，不污染环境的阿维·灭幼脲药剂，进行飞机载药喷雾防治。经对飞防试验区样地检查，松毛虫虫口密度减退率达92.8%，被害株率下降60%，试验取得良好效果。此次飞防试验的成功，证明飞机防治在高原上大面积作业是完全可行的，它将作为云南省突发性、危险性、短时期暴发成灾的林业有害生物防控新手段，是云南省防治工作的又一创新。2013年4月在昭通市盐津县松材线虫病疫情，国家林业局造林司、国家森防总站主要领导专门赴疫区对除治工作进行检查指导，省厅分管领导和省林检局5次赴疫区开展检查指导工作。至2013年底已完成2个乡3个疫点的疫木采伐、除治清理工作，有效阻止了松材线虫病的危害和扩散蔓延，目前工作已转入严防疫情通过自然和人为形式的再次传播，全力以赴地进行检疫封锁和检疫执法行动，确保了疫点周围没有扩散，没有新疫情出现。2012~2013年针对另一外来有害植物微甘菊，进行了全省性的普查与防治工作，已遏制了该有害植物在我省的蔓延势头，发生也由原来近30万亩的面积，下降至20万亩以下。

【行政管理】 2012~2013年，各级森防部门继续强化行政管理职能，把“运动员”角色转换为“裁判员”角色，将主要精力用于森防工作的责任机制、投入机制、防治机制等管理机制的研究、制定和运行上来，抓宏观、谋大局、强管理、严执法，建设创新型的行政管理机构，既精于业务又懂得管理、既有大局观念又善于解决具体问题、既长于组织又善于协调的森防干部队伍，进一步强化林业有害生物行政管理职能。

【行政执法】 2012~2013年，全省林业有害生物防治检疫机构继续履行行政执法职能，强化林业植物检疫执法，提高执法能力，建立执法责任制度和监督机制，完善行政执法体系，有针对性地开展执法专项行动，严厉打击违反防治检疫法律法规的违法行为。成功控制了松材线虫病危害与疫情扩散，降低了微甘菊等检疫性有害生物的发展势头，坚持“防范林业有害生物传播扩散主要靠检疫，检疫主要靠执法”。要巩固全省开展“利剑”林业植物检疫执法专项行动取得的成果，加强与周边省（市、区）的合作，与铁道、交通、水电、电信、质检、工商、进出口动植物检疫等部门协作，与林政资源、森林公安、造林绿化、种苗、木检站等单位联合行动，切实整顿检疫秩序，形成执法合力，确保执法成效，坚决防止林业有害生物人为传播。

【预防监测】 监测预防是林业有害生物防治工作的基础，是维护和促进森林生态安全的重要环节，是减灾御灾的重要手段和有力措施。把预防工作摆在首位，是几十年来林业有害生物防治工作经验教训的总结。实践证明，事后除治不如事中救治，事中救治不如事前预防。2012~2013年，着眼于省情、林情，做好年初的有害生物调查与预测，实时掌握重点地区、重大病虫动态，加强预测预警的生产性信息发布，确保监测全面，预警及时，预报准确，向着国家林业局对监测工作的新要求“最及时的监测、最准确的预报、最主动的预警”努力。

【科学防控】 2012~2013年，林业有害生物防治工作突出应急管理，完善全省各级的林业有害生物灾害应急防控体系，继续开展联防联治、群防群治模式。针对危害严重、造成经济损失巨大的林业有害生物，要将营造林措施作为治本之策，选育推广抗性较强的树种，营造混交林，提高抵御有害生物的能力，从源头上减少林业有害生物的发生与传播。并综合应用防治措施，推行无公害防治，逐步降低种群密度和成灾面积，达到“有虫不成灾”的防控目标，实现可持续控灾。对突发性林业有害生物的防控要建立统一领导、综合协调、分片联动、各负其责、属地管理的应急防控机制，加强应对突发事件的基础设施和物资储备，建立由行政管理人员、专业技术人员和专家等组成的应急防控队伍，保障应急机制正常高效运转。

【网络森林医院】 2012~2013年，云南省网络森林医院继续保持自己的特色，以开放式网络服务技术为手段，通过网络连接，在职能部门和林农之间搭建便民服务平台，为林农“求医问药”提供了最为快捷的途径。云南省网络森林医院的特色是具有智能化的自助诊治窗口，方便用户实现对林业有害生物的自我诊治；具有云南林业有害生物防治及政策法规知识，方便及时查询到丰富的信息资源；具有强大的专家技术团队，用户能得到远程诊断、视频答疑、在线咨询等专业帮助；具有快速的灾情报告通道，用户能及时反映报告当地林业有害生物灾害情况。2012年网院运行情况为：有效提问总数为64次，已解答64次，其中专家坐诊答疑3次，线后解答61次。2012年本机构专家解答问题的比例明显高于2011年，2011年解答率为95.31%，2012年度的提问解答率达到了100%。2012年网院的访问量出现3个高峰，分别是2月，访问次数为33530人次，7月访问次数为31750人，11月访问量达到了30280人次。2013年网院有效提问总数为53次，坐诊专家在线答疑2次，线后解答51次，解答率达到100%。2013年网院的访问高峰，出现在4月份，当月的访问次数高达69242人次。2012~2013年随着网院各项规章制度的不断健全，进一步强化了网院管理，用制度规范网院建设和服务，确保网院各项工作规范有序开展，实现了“服务林农、服务基层、服务社会”的林业有害生物防治服务宗旨，逐步达到广大林农对林业有害生物防治公共服务的需求。

（李燕轻 卢 南）

环境污染致灾

概　况

2012～2013年，全省环境保护系统认真学习贯彻党的十八大和十八届三中全会精神，在省委、省政府的正确领导下，在环境保护部的关心指导下，按照“谋求重点工作突破，推动生态文明建设”的思路，努力拼搏，真抓实干，转变作风，狠抓落实，全面落实云南省“十二五”环境保护规划，推进生态文明建设和生态环境保护，提升环评审批质量和效率，扎实推进主要污染物总量减排工作，高位推动水污染防治工作，加强环境监管工作，不断完善环境监测机制，扎实开展法规宣教和科技交流合作，在圆满完成各项工作任务、积极服务云南科学发展和谐发展跨越发展的同时，最大限度地避免了环境污染问题发生。

环境质量状况

【主要河流水环境质量】　2012年，云南省主要河流总体水质为轻度污染，保持稳定。六大水系主要河流受污染程度由大到小排序，依次为长江水系、珠江水系、澜沧江水系、红河水系、怒江水系和伊洛瓦底江水系。在95条主要河流（河段）的179个监测断面中，水质优符合Ⅰ～Ⅱ类标准的断面占40.8%，水质良好符合Ⅲ类标准的断面占29.6%，水质已受轻度污染符合Ⅳ类标准的断面占10.1%，水质已受中度污染符合Ⅴ类标准的断面占7.8%；水质已重度污染，劣于Ⅴ类标准的断面占11.7%。按断面水质达到水环境功能类别衡量（简称达标），179个断面中，达标的有130个断面，达标率为72.6%。在新增23个监测断面的情况下，与2011年相比达标率保持稳定。2012年，全省主要河流（河段）水质的主要污染指标为氨氮、生化需氧量、总磷、化学需氧量。

2013年，全省河流水质为轻度污染，总体保持稳定。六大水系主要河流受污染程度由大到小排序依次为：长江水系、珠江水系、澜沧江水系、红河水系、伊洛瓦底江水系、怒江水系。在94条主要河流（河段）的179个监测断面中，水质优、符合Ⅰ～Ⅱ类标准的断面占45.8%；水质良好、符合Ⅲ类标准的断面占24.6%；水质轻度污染、符合Ⅳ类标准的断面占12.3%；水质中度污染、符合Ⅴ类标准的断面占6.7%；水质重度污染、劣于Ⅴ类标准的断面占10.6%。按断面水质达到水功能类别评价，179个断面中，达标断面有135个、占75.4%，与2012年相比达标率上升2.8%。全省主要河流（河段）水质的主要污染指标为氨氮、生化需氧量、总磷、化学需氧量。

【出境跨界河流水质】　2012年，六大水系布设的20个出境跨界河流监测断面，水质优符合Ⅱ类标准的断面13个；水质良好符合Ⅲ类标准的断面5个；水质轻度污染符合Ⅳ类标准的断面1个；水质重度污染，劣于Ⅴ类标准的断面1个。18个断面达到水环境功能要求，与2011年相比出境跨界断面水质达标率略有提高。其中，六大水系干流出境跨界断面水质状况为：金沙江干流三块石断面水质Ⅲ类、南盘江干流设里桥断面水质Ⅱ类、红河干流河口县医院断面水质Ⅲ类、澜沧江干流关累断面水质Ⅱ类、怒江干流红旗桥断面水质Ⅱ类、伊洛瓦底江水系主要出境河流大盈江汇流电站、瑞丽江姐告大桥断面水质均为Ⅱ类，均达到水环境功能要求。

2013年，25个出境、跨界河流监测断面中，有14个断面水质优、符合Ⅱ类标准，占56.0%；有10个断面水质良好、符合Ⅲ类标准，占40.0%；有1个断面水质重度污染、劣于Ⅴ类标准，占4.0%。仅北盘江旧营桥断面未达标。在新增5个监测断面的情况下，与2012年相比，出境、跨界断面水质达标率有所上升。六大水系干流出境、跨界主要断面水质状况：金沙江干流三块石出境断面水质为Ⅱ类；南盘江干流设里桥出境断面水质为Ⅱ类；红河干流河口县医院断面水质为Ⅲ类；澜沧江干流关累出境断面水质为Ⅱ类；怒江干流红旗桥断面水质为Ⅱ类；伊洛瓦底江水系主要出境河流大盈江汇流电站断面、瑞丽江姐告大桥出境断面水质均为Ⅱ类，均达到水环境功能要求。

【城市水域水质】　2012年，全省19个主要城市的68个城市环境综合整治及定量考核水域水质总体为中度污染，在104个监测断面（点位）中，水质优符合Ⅰ～Ⅱ类标准断面（点位）22个；水质良好符合Ⅲ类标准断面（点位）32个；水质轻度污染符合Ⅳ类标准断面（点位）13个；水质中度污染符合Ⅴ类标准断面（点位）9个；水质重度污染，劣于Ⅴ类标准断面（点位）28个。能达到水功能要求的断面47个，达标率为45.2%，较2011年有所上升。城市环境综合整治及定量考核水域的主要污染指标为氨氮、总磷、总氮、化学需氧量、生化需氧量等。

2013年，城市水域水质总体为中度污染。全省19个主要城市68个水域的101个监测断面（点位）中，有34个断面（点位）水质优、符合Ⅰ～Ⅱ类标准，占33.7%；有23个断面（点位）水质良好、符合Ⅲ类标准，占22.8%；有11个断面（点位）水质轻度污染、符合Ⅳ类标准，占10.9%；有9个断面（点位）水质中度污染、符合Ⅴ类标准，占8.9%；有24个断面（点位）水质重度污染、劣于Ⅴ类标准，占23.7%。有53个断面（点位）达标，达标率为52.4%，比2012年提高了7.2%。城市水域主要污染指标为氨氮、总磷、总氮、化学需氧量、生化需氧量等。

【湖泊、水库水质】 2012年，全省湖库水质总体稳定。在开展水质监测的64个湖泊、水库中，水质优符合Ⅰ～Ⅱ类标准的24个；水质良好符合Ⅲ类标准的17个；水质轻度污染符合Ⅳ类标准的10个；水质中度污染符合Ⅴ类标准的4个；水质重度污染，劣Ⅴ类的9个。有32个湖泊、水库水质达到水环境功能要求，达标率为50.0%。与2011年相比水质恶化趋势得到遏制，部分监测指标有所好转。开展湖泊（水库）营养状况监测的湖库（水体）共49个，其中处于贫营养状态的6个、处于中营养状态的29个、处于轻度富营养状态的6个、处于中度富营养状态的4个、处于重度富营养状态的4个。与2011年相比九大高原湖泊水质总体保持稳定。滇池草海总磷年均监测值较2011年有所下降。阳宗海水质由Ⅲ类下降为Ⅳ类，超标指标为总磷、砷。其它湖泊无明显变化。九大高原湖泊水质优及良好的湖泊是泸沽湖、抚仙湖、洱海；重度污染的湖泊是滇池草海、滇池外海、异龙湖、星云湖。滇池草海水质类别为劣Ⅴ类，水质重度污染，未达到水环境功能要求（Ⅳ类）。超标指标为生化需氧量、总磷、氨氮、化学需氧量。全湖平均营养状态指数为69.8，处于中度富营养状态。滇池外海水质类别为劣Ⅴ类，水质重度污染，未达到水环境功能要求（Ⅲ类）。超标水质指标为化学需氧量、总磷、高锰酸盐指数。全湖平均营养状态指数为68.4，处于中度富营养状态。阳宗海水质类别Ⅳ类，水质轻度污染，未达到水环境功能要求（Ⅱ类）。超标水质指标为砷、总磷。全湖平均营养状态指数为43.7，处于中营养状态。洱海水质类别Ⅱ类，水质良好，达到水环境功能要求（Ⅱ类）。全湖平均营养状态指数为41.0，处于中营养状态。抚仙湖水质类别Ⅰ类，水质优，达到水环境功能要求（Ⅰ类）。全湖平均营养状态指数为17.1，处于贫营养状态。星云湖水质类别为劣Ⅴ类，水质重度污染，未达到水环境功能要求（Ⅲ类）。超标指标为总磷、高锰酸盐指数、化学需氧量、生化需氧量。全湖平均营养状态指数为70.2，处于重度富营养状态。杞麓湖水质类别为Ⅴ类，水质中度污染，未达到水环境功能要求（Ⅲ类）。超标指标为化学需氧量、高锰酸盐指数、总磷、生化需氧量、氟化物。全湖平均营养状态指数为63.9，处于中度富营养状态。程海水质类别为Ⅳ类，水质轻度污染，未达到水环境功能要求（Ⅱ类）。超标指标为化学需氧量。全湖平均营养状态指数为41.0，处于中营养状态。泸沽湖水质类别Ⅰ类，水质优，达到水环境功能要求（Ⅰ类）。全湖平均营养状态指数为17.1，处于贫营养状态。异龙湖水质类别为劣Ⅴ类，水质重度污染，未达到水环境功能要求（Ⅲ类）。超标指标为化学需氧量、高锰酸盐指数、生化需氧量、总磷，石油类。全湖平均营养状态指数为77.8，处于重度富营养状态。

2013年，全省湖泊（水库）水质总体良好。开展水质监测的134个湖泊（水库）（新增77个水库纳入评价）中，水质优、符合Ⅰ～Ⅱ类标准有68个，占50.74%；水质良好、符合Ⅲ类标准有46个，占34.33%；水质轻度污染、符合Ⅳ类标准有9个，占6.72%；水质中度污染、符合Ⅴ类标准有2个，占1.49%；水质重度污染、劣于Ⅴ类标准有9个，占6.72%。开展湖泊（水库）营养状况监测的湖库（水体）共有49个，其中处于贫营养状态的有8个、处于中营养状态的有29个、处于轻度富营养状态的有4个、处于中度富营养状态的有4个、处于重度富营养状态的有4个。与2012年相比，九大高原湖泊水质总体保持稳定。滇池草海总氮年均监测值有所下降。九大高原湖泊水质优及良好的是泸沽湖、抚仙湖、洱海；水质重度污染的湖泊是滇池草海、滇池外海、异龙湖、星云湖、杞麓湖。滇池草海水质类别为劣Ⅴ类，水质重度污染，未达到水环境功能要求（Ⅳ类）。主要超标指标为生化需氧量、总磷、化学需氧量（劣Ⅴ类）。全湖平均营养状态指数为69.2，处于中度富营养状态。滇池外海水质类别为劣Ⅴ类，水质重度污染，未达到水环境功能要求（Ⅲ类），主要超标指标为化学需氧量（劣Ⅴ类），总磷、高锰酸盐指数（Ⅴ类），生化需氧量（Ⅳ类）。全湖平均营养状态指数为67.6，处于中度富营养状态。阳宗海水质类别Ⅳ类，水质轻度污染，未能达到水环境功能要求（Ⅱ类），主要超标水质指标为砷（Ⅳ类），总磷、化学需氧量（Ⅲ类）。全湖平均营养状态指数为44.1，处于中营养状态。洱海水质类别为Ⅲ类，水质良好，未达到水环境功能要求（Ⅱ类），主要超标水质指标为总磷（Ⅲ类）。全湖平均营养状态指数为40.1，处于中营养状态。抚仙湖水质类别保持Ⅰ类，水质优，达到水环境功能要求（Ⅰ类）。全湖平均营养状态指数为19.4，处于贫营养状态。星云湖水质类别为劣Ⅴ类，水质重度污染，未达到水环境功能要求（Ⅲ类），主要超标水质指标pH、总磷、总氮、化学需氧量（劣Ⅴ类），高锰酸盐指数（Ⅴ类），生化需氧量（Ⅳ类）。全湖平均营养状态指数为70.7，处于重度富营养状态。杞麓湖水质类别为劣Ⅴ类，水质重度污染，未达到水环境功能要求（Ⅲ类），主要超标水质指标为总氮、化学需氧量（劣Ⅴ类），高锰酸盐指数、生化需氧量（Ⅴ类），总磷、氟化物（Ⅳ类）。全湖平均营养状态指数为71.9，处于重度富营养状态。程海水质类别为Ⅴ类，水质中度污染，未达到水环境功能要求（Ⅲ类），主要超标指标为化学需氧量（Ⅴ

类）。全湖平均营养状态指数为42.4，处于中营养状态。泸沽湖水质类别Ⅰ类，水质优，达到水环境功能要求（Ⅰ类）。全湖平均营养状态指数为14.1，处于贫营养状态。异龙湖水质类别为劣Ⅴ类，水质重度污染，未达到水环境功能要求（Ⅲ类），主要超标水质指标为化学需氧量、高锰酸盐指数、总氮（劣Ⅴ类），生化需氧量、总磷（Ⅴ类），石油类（Ⅳ）。全湖平均营养状态指数为78.3，处于重度富营养状态。

【集中式饮用水源地水质】　2012年，全省21个主要城市（所有州市府所在地和5个县级市）的43个集中式饮用水水源地水质监测结果表明：按《地表水环境质量标准》（GB 3838—2002）评价（总氮不纳入评价），能满足Ⅲ类水质标准要求的有42个；不能满足要求的有1个。主要超标指标为总磷。

2013年，全省21个城市（所有州市府所在地和5个县级市）的42个水源地水质监测结果表明：按《地表水环境质量标准》（GB 3838—2002）评价（总氮不纳入评价），有41个达到饮用水水质标准要求；楚雄团山水库未达到饮用水水质标准要求，主要超标指标为石油类。

【地下水水质】　2012年，仅有昆明和玉溪进行了部分监测点的水质、水位监测工作，监测点总数195个，其中昆明监测区181个，玉溪监测区14个。枯期水质监测主要针对国家级监测点进行。2012年度所控制的监测区域内地下水水位动态为：孔隙水：孔隙水水位以基本稳定为主，仅个别地段出现弱下降或弱上升，下降原因主要为近年来连续干旱所致。基岩水：监测控制区内基岩水以基本平衡为主，占70.59%，其次为强下降，占17.65%，弱上升和弱下降分别占7.84%和3.92%。水位上升的监测点主要位于城区，与近年来控制开采地下水有一定关系；水位下降的点主要位于城郊或距离城市较远的监测区，与近年来连续干旱有密切关系，本年度未出现水位强上升的监测点。根据《地下水质量标准》（GB/T 14848—93）对监测点进行水质综合评价，评价项目包括常规项目、金属离子、汞、酚氰、洗涤剂等48项。孔隙水：良好级占16.67%、较好级占4.16%、较差级占66.67%、极差级占12.50%。主要超标指标为：锰、亚硝酸盐、氨氮、pH、铁、氯化物、硫酸盐、总硬度、溶解性总固体、细菌总数、大肠菌群等。基岩水：优良级占39.19%、良好级占25.68%、较好级占1.35%、较差级占33.78%。主要超标指标为：锰、亚硝酸盐、氨氮、化学需氧量、细菌总数、大肠菌群等。

2013年，对昆明、玉溪、曲靖、楚雄、大理、开远和景洪等7个监测区的地下水开展了水位、流量、水质监测。监测区域内地下水水位变化动态：孔隙水：水位保持基本稳定态势。基岩水：水位保持基本平衡的，占水位监测点总数的72.22%；水位为弱下降的，占11.11%；水位为强下降和弱上升的分别占9.72%和6.95%。水位上升的监测点主要位于城区，与近年来控制开采地下水有一定关系；水位下降的点主要位于城郊或距离城市较远的监测区，与近年来连续干旱有密切关系，本年度未出现水位强上升的监测点。根据《地下水质量标准》（GB/T 14848—93）对国家级和部分省级监测点进行水质综合评价，分析项目包括常规项目、金属离子、汞、酚氰、洗涤剂等48项。孔隙水：优良级占2.63%、良好级占21.05%、较好级占2.63%、较差级占65.79%、极差级占7.90%。主要超标指标有：锰、氨氮、硝酸盐、亚硝酸盐、pH、铁、氯化物、化学需氧量、总硬度、溶解性总固体、细菌总数、大肠菌群等。基岩水：优良级占36.61%、良好级占42.86%、较好级占4.46%、较差级占16.07%。主要超标指标有：锰、铁、亚硝酸盐、氨氮、氟、化学需氧量、pH、细菌总数、大肠菌群等。

【环境空气质量】　2012年，全省18个主要城市以二氧化硫、二氧化氮、可吸入颗粒物的年平均浓度值评价，普洱市、大理市符合空气环境质量一级标准，占11.1%；昆明等14个城市符合环境空气质量二级标准，占77.8%。个旧市和开远市符合环境空气质量三级标准，占11.1%。影响全省城市环境空气质量的首要污染物为可吸入颗粒物。18个主要城市二氧化硫年平均浓度在0.003～0.091毫克/立方米之间，平均浓度0.029毫克/立方米，比2011年下降了0.002毫克/立方米。与2011年相比，最大值上升了0.013毫克/立方米，出现在开远市，超过环境空气质量二级标准。二氧化氮的年平均浓度在0.005～0.033毫克/立方米之间，平均浓度0.016毫克/立方米，比2011年下降0.001毫克/立方米。与2011年相比，最大值下降了0.011毫克/立方米，出现在昆明市，符合环境空气质量一级标准的要求。可吸入颗粒物的年平均浓度在0.024～0.071毫克/立方米之间，平均浓度0.051毫克/立方米，比2011年上升0.001毫克/立方米。与2011年相比，最大值上升了0.001毫克/立方米，出现在芒市，符合环境空气质量二级标准要求。18个主要城市以二氧化硫、二氧化氮、可吸入颗粒物的日平均浓度值评价，空气质量优良率均在93%以上，与2011年相比，优良率有所上升。全年未出现劣于环境空气质量三级标准的情况。玉溪市等11个城市的优良率为100%。昆明市、大理市的优良率为99.7%、芒市的98.3%，较2011年有所下降；曲靖市、昭通市、个旧市、开远市的优良率分别为99.7%、98.9%、93.4%、98.7%，较2011年有所上升。

2013年，全省18个主要城市（16个州市政府所在地以及个旧市、开远市）开展了城市空气环境质量监测与评价，其中昆明作为首批实施空气质量新标准的城市，按《环境空气质量标准》（GB 3095—2012）进行监测和评价；其余17个城市，按《环境空气质量标准》（GB 3095—1996）进行监测和评价。在标准限值收紧、评价指标增加的情况下，以年平均浓度评价，昆明市环境空气质量超过二级标准限值，影响指标为可吸入颗粒物（PM_{10}）和细颗粒物（$PM_{2.5}$）。按日平均浓度评价，全年达标天数333天，达标率91.2%，其中二氧化硫、二氧化氮、一氧化碳、臭氧4项指标，全年均达到或优于二级标准限值；可吸入颗粒物（PM_{10}）日平均浓度最大值为187微克/立方米，超过二级标准0.25倍；细颗粒物（$PM_{2.5}$）日平均浓度最大值为115微克/立方米，超过二级标准0.53倍。其余17个城市，以二氧化硫、二氧化氮、可吸入颗粒物（PM_{10}）3项监测指标年平均浓度综合评价，普洱市、大理市和香格里拉符合空气环境质量一级标准。与2012年相比，香格里拉从二级上升为一级，环境空气质量得到改善；曲靖等12个城市符合环境空气质量二级标准，个旧市符合环境空气质量三级标准，保持稳定；开远市超过环境空气质量三级标准，环境空气质量有所下降。导致个旧市和开远市空气环境质量超过二级标准的指标为二氧化硫。17个城市二氧化硫年平均浓度在0.004～0.112毫克/立方米之间，最大值出现在开远市，超过环境空气质量三级标准0.12倍。17个城市二氧化氮的年平均浓度在0.005～0.031毫克/立方米之间，均符合一级标准的要求，最大值出现在昭通市。17个城市可吸入颗粒物（PM_{10}）的年平均浓度在0.024～0.067毫克/立方米之间，均符合二级标准要求，最大值出现在玉溪市。17个城市以二氧化硫、二氧化氮、可吸入颗粒物（PM_{10}）3项监测指标的日平均浓度评价，玉溪市、保山市等10个城市的达标率为100%，芒市等6个城市达标率在98.0%以上，仅个旧市空气质量达标率为87.8%，有9天空气质量超过三级标准，轻度污染，影响因子为二氧化硫。与2012年相比，昭通市、芒市、开远市空气质量达标率有所上升，蒙自市和六库镇达标率略有下降。

【降水和酸雨】 2012年，开展降水酸度监测的19个主要城市中，降水pH年平均值在4.57～8.03之间。有9个城市监测到酸雨，其中安宁市、昭通市、楚雄市、个旧市的降水pH年均值低于5.6，为酸雨区；丽江市、普洱市、临沧市、蒙自市、大理市5个城市虽然出现了酸雨，但降水pH年均值尚在5.6以上，为非酸雨区。9个城市酸雨频率在0～77.8%之间，平均为10.0%。9个城市中酸雨频率小于20%的有5个；酸雨频率在20%～40%的城市有1个，酸雨频率40%～60%的有1个，酸雨频率60%～80%的有2个。

2013年，开展降水酸度监测的19个城市，降水pH年平均值在4.91～7.22之间。有6个城市监测到酸雨，其中安宁市、昭通市、楚雄市的降水pH年均值低于5.6，为酸雨区；普洱市、临沧市、个旧市3个城市虽然出现了酸雨，但降水pH年均值尚在5.6以上，为非酸雨区。与2012年相比，全省出现酸雨面积及酸雨区面积均有所下降。19个城市酸雨频率在0～66.7%之间，平均为8.6%。有13个城市未出现过酸雨；有3个城市出现过酸雨但频率小于20%；楚雄市、个旧市酸雨频率在20%～40%之间；昭通市酸雨频率在60%～80%之间。

【城市道路交通声环境质量】 2012年，全省19个主要城市的道路交通噪声平均等效声级值范围在60.7～73.1分贝之间，最高是六库。除六库外其余18个城市均在70分贝以下。道路交通声环境质量有所好转。19个城市共设置了638个监测点，对总长约830千米的城市道路进行了监测。监测结果表明：声级值在48.5～77.5分贝之间，最大值出现在六库向阳南路的永乐大酒店监测点。有30.8千米的路段声级值超过70分贝，仅占监测道路总长3.7%。

2013年，全省20个城市（州市政府所在地城市及宣威市、个旧市、开远市、瑞丽市），昼间道路交通的平均声级值在62.7～71.2分贝之间，总体而言声环境质量较好，仅六库镇平均声级值在70分贝以上。在854千米的监测路段中，声级值在70分贝以下，声环境质量为好和较好的路段占90.6%；声级值在70～72分贝之间，声环境质量一般的路段占4.2%；声级值在72分贝以上，声环境质量较差和差的路段占5.2%。全省9个城市（昆明、曲靖、玉溪、文山、保山、蒙自、宣威、个旧、开远市）夜间道路交通的平均声级值在48.4～63.0分贝之间，总体而言，声环境质量较好，仅个旧市和昆明市的平均值在60分贝以上。在561千米的监测路段中，声级值在60分贝以下，声环境质量为好和较好的路段占62.5%；声级值在60～62分贝之间，声环境质量一般的路段占7.5%；声级值在62分贝以上，声环境质量较差和较差的路段占30.0%。

【城市区域声环境质量】 2012年，全省19个主要城市共设置2418个区域噪声监测点，对面积为689平方千米的城区声环境质量进行了监测。总体来说，保山市、蒙自市、文山市、大理市、瑞丽市5个城市区域声环境质量一般，普洱市、楚雄市为好，其余12个城市均为较好。在689平方千米的监测区域中，有5.8%的区域声环境质量为差或较差，声环境质量为一般的区域占22.2%，声环境质量为好或较好的区域占71.9%。区域声环境质量较2011年有所好转。

2013年，全省20个主要城市，昼间共设置2396个区域声环境质量监测点，对690平方千米的城区声环境质量进行了监测。有17个城市的平均声级值在55分贝以下，声环境质量为好和较好的；有3个城市的平均声级值在55～60分贝之间，声环境质量一般。在690平方千米的城区中，声级值在55分贝以下，声环境质量为好或较好的区域占64.9%；声级值在55～60分贝之间，声环境质量为一般的区域占29.3%；声级值在60分贝以上，声环境质量为差或较差的区域占5.8%。全省12个城市（昆明、曲靖、玉溪、保山、昭通、普洱、蒙自、文山、宣威、个旧、开远、六库），夜间共设置1427个区域声环境质量监测点，对565平方千米的城区声环境质量进行了监测。有9个城市的平均声级值在45分贝以下，声环境质量为好和较好；有3个城市的平均声级值在45～50分贝之间，声环境质量一般。在565平方千米的城区中，声级值在45分贝以下，声环境质量为好或较好的区域占37.7%；声级值在45～50分贝之间，声环境质量为一般的区域占42.4%；声级值在50分贝以上，声环境质量为差或较差的区域占8.3%。

【城市功能区声环境质量】 2012年，16个主要城市各类功能区声环境质量略有下降，昼间各类功能区的超标率在3.0%～21.9%之间，平均为9.7%，0类区（康复疗养区）超标率明显高于其他区域；夜间各类功能区的超标率在6.5%～34.7%之间，平均为21.7%，4类区（交通干线两侧）超标率明显高于其他区域。总体上，夜间超标率高于昼间，4类区（交通干线两侧）的超标率高于其他区域。

2013年，16个州市政府所在地城市，昼间各类功能区的超标率范围在1.1%～21.9%之间，平均为10.1%。超标率最

低的是3类区（混合区），最高的是0类区（康复疗养区）；夜间各类功能区的超标率范围在5.0%~34.0%之间，平均为17.6%。超标率最低的仍然是3类区（混合区），最高的是4类区（交通干线两侧）。总体上，夜间超标率高于昼间，昼间康复疗养区的超标率高于其他区域，夜间交通干线两侧的超标率高于其他区域。

【自然生态环境】 2012年，全省乔木林面积、森林面积、森林覆盖率持续增长，活立木蓄积、森林蓄积有所增加，林木生长量明显大于消耗量，森林资源总体上继续保持持续增长的态势。云龙天池、元江省级自然保护区晋升为国家级自然保护区。由三江口、海子坪、朝天马3个省级自然保护区和小岩坊、罗汉坝两个市级自然保护区合并、调整建立了云南乌蒙山省级自然保护区。云南乌蒙山、铜壁关省级自然保护区申报国家级自然保护区通过了国家级自然保护区评审委员会评审。截至2012年12月，全省已建各种类型、不同级别的自然保护区159个（其中国家级20个、省级38个、州市级58个、区县级43个），总面积约282万公顷，占全省国土总面积的7.2%，位居全国自然保护区数量第6位。基本形成了各种级别、多种类型自然保护区网络体系，使全省典型生态系统及85%的珍稀濒危野生动植物物种得到了有效保护。大山包、碧塔海、纳帕海、拉市海已被列为国际重要湿地，约占全国国际重要湿地数量的10%。已建立各种级别的湿地类型自然保护区17处，保护范围达到20.71万公顷。已建成红河哈尼梯田、洱源西湖、丘北普者黑和普洱五湖4个国家湿地公园（试点），面积1.65万公顷。

2013年，云南省森林面积、乔木林面积、森林覆盖率持续增长，活立木蓄积、森林蓄积有所增加，林木生长量明显大于消耗量，森林资源总体上继续保持持续增长的态势。大山包、碧塔海、纳帕海、拉市海已被列为国际重要湿地，约占全国国际重要湿地数量的10%。全省建立各种级别的湿地类型自然保护区17处，保护范围达到20.71万公顷。已建成红河哈尼梯田、洱源西湖、普者黑喀斯特、普洱五湖、盈江、鹤庆东草海、蒙自长桥海（试点）等7处国家湿地公园，面积1.98万公顷。截至2013年底，全省已建各种类型、不同级别的自然保护区162个，其中国家级21个、省级38个、州市级57个、区县级46个，总面积约281万公顷，占全省国土总面积的7.1%，位居全国自然保护区数量第6位。基本形成了布局合理、类型较为齐全的自然保护区网络体系。

【辐射环境】 2012年，云南省辐射环境质量监测覆盖全省16个州（市），监测的伽马（γ）辐射剂量率范围为15.0~109.0纳戈瑞/小时，均值为51.8纳戈瑞/小时（已扣除宇宙射线响应值），辐射环境质量保持稳定，辐射环境水平处于正常波动水平范围。全省重点辐射污染源周围辐射环境水平正常。

2013年，云南辐射环境质量监测覆盖全省16个州（市），陆地瞬时伽马辐射空气吸收剂量率（含宇宙射线响应值）范围为51.8~150.0纳戈瑞/小时，均值为92.0纳戈瑞/小时。云南省4个辐射环境监测自动站连续伽马辐射空气吸收剂量率（含宇宙射线响应值）全年范围为62.4~158.5纳戈瑞/小时，均值为99.5纳戈瑞/小时。全省辐射环境质量保持稳定，辐射环境水平处于正常波动水平范围，重点辐射污染源周围辐射环境水平正常。

【废水、废气及固体废弃物排放】 2012年，全省废水总排放量15.80亿吨，比2011年增长7.11%。其中：工业源排放量4.45亿吨，比2011年减少5.71%；城镇生活源排放量11.33亿吨，比2011年增长13.02%。化学需氧量总排放量54.86万吨，比2011年减少1.10%。其中：工业源排放量16.96万吨，城镇生活源排放量29.17万吨。氨氮总排放量5.87万吨，比2011年减少1.09%。其中：工业源排放量0.43万吨，城镇生活源排放量4.09万吨。工业废气排放量14799.34亿立方米，比2011年减少了15.65%。二氧化硫总排放量67.23万吨，比2011年减少2.75%。其中：电力行业排放量18.59万吨，钢铁行业排放量10.20万吨，其他行业排放量38.44万吨。氮氧化物总排放量54.43万吨，比2011年减少0.77%。其中：电力行业排放量15.99万吨，水泥行业排放量8.16万吨，机动车排放量20.31万吨，其他行业排放量9.97万吨。废气中烟（粉）尘总排放量29.65万吨，比2011年减少22.44%。一般工业固体废物产生量1.61亿吨，比2011年减少7.29%；综合利用量7772.79万吨，比2011年减少10.94%；处置量4993.67万吨，比2011年增长0.50%；贮存量3485.17万吨，比2011年减少5.48%；排放量42.71万吨，比2011年减少74.68%。危险废物产生量194.41万吨，比2011年增加44.98%；综合利用量84.54万吨，比2011年减少3.65%；处置量33.84万吨，比2011年增长73.45%；贮存量77.08万吨，比2011年增长184.95%；排放量为1.85吨。

2013年，与2012年相比，全省废水总排放量156583.28万立方米，增长1.67%，其中：工业源排放量41843.86万立方米，减少2.26%；城镇生活源排放量114635.37万立方米，增长3.19%；集中式治理设施排放量104.05万立方米，减少5.86%。化学需氧量总排放量547239吨，比2012年减少0.24%，其中工业源排放量167521吨，城镇生活源排放量294369吨，农业源排放量72369吨，集中式治理设施排放量12980吨。氨氮总排放量58071吨，比2012年减少1.02%，其中工业源排放量4311吨，城镇生活源排放量40636吨，农业源排放量11473吨，集中式治理设施排放量1651吨。全省工业废气排放量15958.05亿立方米，比2012年增长了6.71%。二氧化硫总排放量663095吨，比2012年减少1.36%，其中电力行业排放量169826吨，钢铁行业排放量115783吨，其他行业排放量377486吨。氮氧化物总排放量523754吨，比2012年减少3.77%，其中电力行业排放量132494吨，水泥行业排放量92405吨，机动车排放量200231吨，其他行业排放量98624吨。废气中烟（粉）尘总排放量386895.16吨，比2012年减少0.96%。与2012年相比，一般工业固体废物产生量16039.97万吨，增长0.01%；综合利用量8413.87万吨，增长5.99%；处置量4833.79万吨，增长1.41%；贮存量2862.72万吨，减少18.50%。排放量48.86

万吨。与2012年相比，危险废物产生量193.76万吨，减少6.86%；综合利用量98.16万吨，增长0.74%；处置量28.70万吨，减少45.98%；贮存量69.24万吨，减少9.46%。无排放。

2012年环境污染防治措施

【环评管理】 严格环境影响评价制度，促进全省经济“又好又快发展”。及时召开全省重大建设项目环评工作推进会和环评管理工作会，建立了重大项目环评审批推进机制，各地一大批重大项目、重点项目“落地”或建成运行，为实现全省生产总值冲万亿作出了积极贡献。全省“三个一百”重点项目（100项在建项目、100项新开工项目、100项重点前期工作项目）分别有97项、64项、23项通过环评审批。省级审批环评文件569项、涉及固定资产投资超过2223.33亿元，较2011年分别增长41.5%和69.9%；争取环保部审批重大建设项目14个、涉及固定资产投资约1575亿元，较2011年分别增长180%和589%。在省部共同推进云南“桥头堡”建设合作协议框架下，省厅及省环评中心与环保部环评中心签订了合作协议。保山市简化已通过工业园区规划环评的建设项目环评程序；普洱市强化部门联动推动建设项目“三同时”监管。

【污染减排】 落实污染减排目标责任制，加大污染减排力度不松劲。省政府印发了《“十二五”低碳节能减排综合性工作方案》和《进一步加强“十二五”全省主要污染物总量减排工作的若干意见》，明确各级政府、各相关部门和重点企业的减排责任，加强沟通，密切配合，各负其责。推进火电、水泥行业脱硝工程、低氮燃烧技术改造项目，推广“厌氧+接触氧化法”处理工艺治理制胶废水。昆明市全面推行机动车环保标志管理，曲靖、玉溪、红河、楚雄启动了相关工作。全年完成693个省级重点减排项目，155家重点企业通过强制性清洁生产审核评估验收。环保部核定，全省全年化学需氧量排放量54.86万吨，同比下降1.1%；氨氮排放量5.86万吨，同比下降1.09%；二氧化硫排放量67.41万吨，同比下降2.75%；氮氧化物排放量54.58万吨，同比下降0.77%，圆满完成2012年度减排目标任务。

【重金属污染防治】 曲靖陆良、楚雄牟定完成历史遗留铬渣处置任务，共处置铬渣40.78万吨。个旧选矿示范工业园区建设及沙甸地区污染防治工作积极推进，会泽者海片区历史遗留重金属污染治理取得进展。危险废物环境管理进一步规范，综合利用持证企业由13家增加到29家，利用处置能力由53万吨提高到110万吨。

【环境执法】 全年派出1298人次，对282家企业（项目）实施了现场调查和督查。国控、省控企业污染减排项目和新（改、扩）建项目监督检查力度加大。行政处罚和排污费征收再创新高，省级罚没收入达1557.25万元，超预算857.25万元；曲靖市完成罚没收入800万元。全省共征收排污费3.63亿元，昆明市征收排污费达到8122万元，德宏州连续两年突破1000万元，迪庆州完成排污费征收计划的256%。环境应急管理工作不断加强，玉溪市开展环境应急演练，曲靖、保山成立了州市级环境应急中心。

【辐射环境监管】 全省共出动检查人员9672人次，收储放射性废源183枚、试剂7瓶，完成全省核技术利用辐射安全检查专项行动。全省核技术应用中的放射性同位素、射线装置总体处于安全状态。2012年新建移动通信基站环评工作全面启动。曲靖、保山、德宏、怒江、临沧等州市积极开展了全省核技术利用辐射安全检查专项行动。

【九大高原湖泊水污染防治】 九湖治理“十二五”规划项目完工19项，在建123项，开工率48.1%。九湖流域建成21座污水处理厂，年处理污水3.54亿吨。九湖水环境质量局部改善，泸沽湖、抚仙湖保持Ⅰ类水质，程海稳定在Ⅲ类水质，洱海水质在Ⅱ类、Ⅲ类之间波动，阳宗海水质在Ⅲ类、Ⅳ类之间波动，滇池、星云湖、杞麓湖、异龙湖水质仍为劣Ⅴ类。与2011年比，九湖综合营养状态指数有不同程度下降，滇池草海降幅高达55.63%。抚仙湖、洱海、泸沽湖被列入国家水质良好湖泊生态环境保护试点。

【重点流域水污染防治】 积极实施《重点流域水污染防治规划（2011—2015年）》，牛栏江水质整体保持稳定，德泽水库大坝取水口水质达到或优于Ⅲ类，南盘江流域水污染防治工作继续推进，六大水系主要河流出境跨界断面水质全部达标。国家重大“水专项”“滇池项目”5个课题和“洱海项目”6个课题通过验收。滇池项目“城市型污染河流入湖负荷削减及水环境改善技术与工程示范”课题申请13项专利（5项已授权），凝练出2项课题标志性成果。集中式饮用水水源保护进一步加强，昆明等9州（市）18个集中式饮用水水源地环境状况评估工作通过国家验收。

【农村环境综合整治】 持续落实以奖促治、以创促治、以减促治、以考促治“四轮驱动”措施，坚持以农村环境综合整治试点示范为抓手，着力抓好环境问题特别突出村庄治理和农村环境连片整治。全省2011年安排的63个整治项目有62个完工；临沧、普洱、保山等地项目实施进展顺利，项目管理规范。景洪市勐罕镇曼嘎俭村等一大批项目深受各族群众的欢迎。全省2010年27个农村环境综合整治“以奖促治”项目成效明显，成效评估24个为“优”、3个为“良”。

【环境监测】 全省有21个监测站通过标准化验收，261家企业的466套自动监测设备与省监控中心联网上传数据，在线监控设施联网率、数据稳定上传率分别比上年增加42.9%和68%。昆明市新环境空气质量标准监测信息按时向社会发布；玉溪市提前开展了新环境空气质量标准基础设施建设。开放部分环境监测业务领域，有20家社会监测机构通过省级

监测资格认定，社会监测力量的介入将有效弥补全省监测力量的不足。

【环保科技】 环境科技与对外交流合作有力推进。云南有色金属矿山重金属污染土壤修复研究、高原湖泊人工湿地技术规范研究等一批项目获得省部级科技进步奖。

2013 年环境污染防治措施

【环评管理】 修订了全省环评分级审批目录，进一步下放审批权限，优化审批流程，对符合国家产业政策和环保要求的建设项目，开辟环评审批“绿色通道”，加快项目审批进度。备案公布了126家环评中介机构，制定实施了环评机构日常考核暂行办法，加强环评机构考核管理，提高环评文件编制质量和效率。2013年，环保部审批了云南省黄登水电站、沧源佤山机场等7个建设项目，涉及投资652.32亿元；全省共审批建设项目环评文件21339项、涉及固定资产投资额6848.3亿元，审批建设项目竣工环保验收5197项；省厅审批建设项目环评文件539项、涉及固定资产投资2681.06亿元，审批建设项目竣工环保验收103项，审查了文山、弥勒工业园区等规划环评，不予受理或暂缓47项不符合产业政策和环保要求的项目建设。

【污染减排】 省政府印发了主要污染物总量减排考核实施办法，与16个州市政府签订了减排目标责任书，层层分解任务落实责任；印发加强机动车排气污染防治工作的意见，有序推进机动车环保标志管理；加大减排投入，省级减排专项资金预算较2012年大幅增加。按月调度减排项目进度，全力推进工程减排；挖掘潜力，推进制糖、橡胶、农业源等新领域减排；开展专项督查，对全省运行不正常的18座污水处理厂下达限期整改通知，对存在环境违法行为的11座污水处理厂进行处罚，对存在问题的火电机组及有违法行为的企业实施停运，对减排问题突出的州市发出预警，约谈了部分州市政府责任领导。通过努力，28个国家级重点减排项目已完成27个，1066个省级责任书项目已完成1056个，建成投运61个火电（水泥）脱硝项目、144座县级污水处理厂，形成污水处理能力352.25万吨/日。二氧化硫、氨氮、氮氧化物年度减排任务预计可圆满完成。

【九大高原湖泊水污染防治】 省政府先后召开滇池、抚仙湖水污染综合防治工作会，安排部署九湖水污染综合防治工作。组织开展了全省1平方千米以上天然湖泊调查，争取国家把抚仙湖纳入了全国江河湖泊竞争性立项重点支持范围。组织完成了2012年度九湖水污染综合防治工作国家和省里的考核。修订了九湖“十二五”规划目标责任书考核办法，制定了九湖专项资金管理办法，开展了九湖“十二五”规划中期评估，专题调度“十二五”规划、良好湖泊及省政府现场办公会重点项目执行情况，全力推进项目实施。九湖“十二五”水污染防治综合规划项目295个，总投资552.78亿元，截至2013年12月31日，完工73项、在建152项、开展项目前期工作66项，完工率24.7%，开工率76.3%，累计完成投资258.11亿元，投资完成率46.7%。九湖水质总体稳定，泸沽湖、抚仙湖保持地表水Ⅰ类水质，洱海水质在Ⅱ类至Ⅲ类间波动，阳宗海为Ⅳ类水质，程海为Ⅴ类水质（氟离子和pH值除外），滇池、星云湖、杞麓湖、异龙湖为劣Ⅴ类水质。

【重点流域水污染防治】 三峡库区及其上游流域水污染防治规划实施良好，顺利通过国家考核；三峡库区上游流域5个水质考核断面满足年度水质控制目标。昆明市、曲靖市积极推进牛栏江水环境保护，通过大力整治工业污染源，积极关停淘汰落后产能，加快城镇和农村污水处理设施建设等，牛栏江干流昆明段水质明显改善，曲靖段水质持续保持优良，德泽大坝（牛栏江调水取水点）水质稳定达到或优于地表水环境质量Ⅲ类。加强出境跨界河流断面水质监测，发现异常及时排查整改，确保了出境跨界河流水质安全。

【重金属污染防治】 个旧、东川、会泽等重点区域重金属污染综合治理项目加快实施。国家核查表明，云南省11个国家级重点防控区域中，2012年有8个区域重金属污染物排放量削减率达到5%以上，全省纳入考核的100个国家规划项目已完成32个，考核结果较上年显著提升。国家重金属“十二五”规划中期考核自评表明，全省重点区域全部达到预期削减目标，非重点区域5种主要重金属污染物排放总量均低于往年水平，纳入考核的46个集中式饮用水水源地重点重金属污染物达标率100%。对全省181个县级以上城镇集中式饮用水水源地开展了水质状况评估。编制完成了地表水环境功能区划（2010—2020年）。集中式饮用水水源地水质检测指标由28项增加到108项，加大了水源水质监测频次。强化排污许可证管理，省级发证122家；开展危险废物管理专项检查，规范危险废物跨省转移管理，全省受理危险废物跨省转移申请52份，跨省转移危险废物量29182.8吨；核发危险废物经营许可证13份，变更换证7份，新增危险废物利用处置能力46.35万吨。红河州率先完成全省工业危险废物申报登记工作。

【环境执法】 全省出动48951人次检查污染防治设施22248（台）套，建设项目1470个，受理5753起环境信访投诉，结案5682起、结案率为98.7%。深入开展环保专项行动，2013年省级挂牌督办的5个环境违法违规事项得到认真整改。全省全年征收排污费3.581亿元，对环境违法企业行政处罚1362万元。对7个州市驻滇部队18个营区周边113家企业进行现场检查，部分驻滇部队营区反映事项逐步解决，认真解决部队营区反映的环境污染问题，取得积极进展。

【环境应急管理】 配合昆明市及有关部门妥善处置中石油云南炼油项目舆情；妥善处置东川“牛奶河”污染事件，对涉及环境违法的5家企业进行立案查处，向司法机关移交8名责任人。修订了省级环境应急预案，寻甸县成功组织突发环境事件应急演练，接受2013年全国环境应急管理工作会议代表观摩。大理州积极开展洱海蓝藻聚集的应急处置工作。

【辐射环境管理】 开展“巩固成果、督促整改、消除隐患”辐射安全检查专项行动及全省核与辐射安全大检查活动，全年出动6700余人次检查放射源2700多枚、射线装置2300多台（套）；全省放射源、射线装置辐射安全实现分级监管；全年向国家上报辐射环境监测数据51.72万个，积极探索重点放射源在线监控；全年收贮放射性废物（源）300多枚，超额完成年初任务。临沧市、保山市扎实推进辐射安全许可证核发。

【环境监测】 推进新环境空气质量标准贯彻实施。在巩固昆明市、玉溪市已有成果的同时，曲靖市完成空气环境质量新标准的建设任务并对外发布监测信息。争取环保部对余下的13州（市）所在地的26个空气自动站建设的支持，共下达建设补助资金3170万元，为云南省提前完成建设任务做好准备。强化总量减排监测体系建设及考核。全省246家重点考核企业共安装建设596套自动监控设施，安装率和验收率分别为97.3%和95.7%。348家企业与省污染源监控中心联网，618个排口设备上传监测数据，全省在线监控设施平均联网率稳定在90%以上。丽江市、文山州工作机制完善、措施有力，自动监控数据传输有效率均保持在95%以上。全面实施县域生态环境质量考核。协调财政共同推进18个国家重点生态功能区县域生态环境质量考核，实现了生态环境质量改善的量化指标与财政转移支付资金补助金额的挂钩。完成了129个县生态遥感手工解译工作，为云南省生态环境质量评价、国家重点生态功能区生态质量评价提供技术支撑。加强社会环境监测机构管理。制定实施社会监测机构年检及考核实施办法，进一步规范20家社会监测机构从业行为，提高了数据的真实性和准确性。环境监测能力不断增强。全面推进各级监测站的标准化验收工作。省环境监测中心站顺利通过环保部组织的标准化验收，全省共有37个州（市）级和县级监测站通过标准化建设达标验收，全省监测站标准化建设达标验收率达36.2%。

【农村环境综合整治】 组织了全省各州市县300多名业务干部培训，制定了农村环境综合整治项目管理办法和项目申报指南，规范了农村环境综合整治项目管理，提高了资金使用效益和项目实施成效。抓好项目库建设，筛选组织115个项目申请中央农村环保专项资金5.5亿元，涉及558个建制村。普洱市高度重视农村环境综合整治项目管理。腾冲县不等不靠，积极投入资金开展农村环境连片整治，取得实效。

【环境法制】 省政府印发施行《云南省环境保护行政问责办法》，明确对各级政府、有关企事业单位领导和工作人员在环境保护中不履职、不当履职、违法履职等进行责任追究。清理了厅行政审批项目，规范了环境行政复议，开展了环保舆情监测分析。认真宣传贯彻“两高环境污染犯罪司法解释”，昆明市开展了环境污染损害鉴定评估试点，围绕实施“两高司法解释”出台了系列制度。

【环境科技】 “水体污染控制与治理”国家科技重大专项云南项目的实施取得阶段性成果，《高原湖泊治理——河塘库湿地集成技术与工程应用》《云南省有色金属冶炼等主要行业SO_2排污系数调查研究》等一批科技成果获奖。

重大环境污染事件

【综　述】 2012～2013年，云南省发生了2起一般（Ⅳ级）突发环境事件，没有发生特大（Ⅰ级）、重大（Ⅱ级）、较大（Ⅲ级）突发环境事件；共发生2起辐射事故，2起事故类型均为放射源丢失，事故等级均为“一般辐射事故”。

【“1·29”勐海废水漫坝致鱼死亡事件】 2013年1月29日，由于企业环保管理不善，企业职工违反操作规程，勐海热水塘金矿有限公司拦水坝废水渗漏漫坝影响了南满河水质导致部分鱼类及渔民养殖的鱼死亡，由于信息上报及时、处置迅速，事件影响范围小，事件损失得到有效控制。

【“4·27”鲁地拉水电站泡沫漂流金沙江事件】 2013年4月27日，由于企业环境管理制度不健全，未制定水污染突发环境事件应急预案，鲁地拉水电站尾水岩梗拆除爆破发生泡沫翻网安全事故后未及时报告，导致事件影响范围扩大。泡沫虽未对下游的金沙江水质产生明显影响，但由于瞒报事件信息，错过了事件的最佳处置时机，大量泡沫漂浮在金沙江上，范围波及云南、四川两省，造成了一定的环境影响。

【辐射事故】 2起辐射事故分别为云南建水东糖糖业有限公司辐射事故、云南天安化工有限公司辐射事故，丢失的放射源分别为Ⅳ类和Ⅴ类放射源，危害较小，其中Ⅳ类放射源为低危险源，基本不会对人造成永久性损伤，但对长时间、近距离接触这些放射源的人可能造成可恢复的临时性损伤；Ⅴ类放射源为极低危险源，不会对人造成永久性损伤。事故现场监测和调查结果显示，2起辐射事故周边环境均未受到辐射污染，也没有人员致伤情况。

（陈玉松　孙凤智）

火灾与消防

2012 年灾情及措施

【综　述】　2012 年，云南省公安消防总队紧紧围绕为党的十八大胜利召开营造良好消防安全环境的总目标，认真贯彻落实公安部消防局党委扩大会议和全省政法工作会议、州（市）公安局长会议精神，充分发挥职能作用，全力构筑社会消防安全“防火墙”，深入推进公安消防铁军创建，着力提升部队履职能力和正规化建设水平，持续保持了全省火灾形势平稳和部队高度安全稳定。全省共发生火灾 1253 起，死亡 51 人（含放火致死 8 人），受伤 28 人，直接财产损失 4552.5 万元，同比 2011 年火灾四项指标全部下降，其中火灾起数下降 7.2%，亡人数下降 3.8%，伤人数下降 15.2%，直接财产损失下降 38.2%，未发生重大以上火灾事故。

【火灾形势分析】　1. 农村火灾形势较为严峻。全省农村（含集镇）发生火灾 677 起，死亡 40 人，受伤 19 人，直接财产损失 2843.7 万元，分别占总数的 54.1%、78.4%、67.9% 和 63.9%，远远高出其他区域，四项指标均达到全省总量一半以上。2. 火灾原因相对集中。从火灾原因分布来看，生活用火不慎和电气火灾共 654 起，死亡 20 人，受伤 13 人，直接财产损失 2585.6 万元，分别占总数的 52.2%、39.2%、46.4% 和 58.1%；放火 79 起，造成 21 人死亡；吸烟引发火灾 107 起，造成 4 人死亡。3. 亡人多为弱势群体。火灾死亡的 51 人中，26 人为男性，25 人为女性，0 至 18 岁的有 18 人，60 岁以上的有 17 人，从人员死亡原因看，其中有 20 人为窒息死亡，有 16 人为烧死，有 2 人为中毒死亡，有 13 人为其他原因死亡，受伤人员中，21 人为烧伤。4. 住宅火灾比重较大。住宅类火灾共发生 526 起，死亡 37 人，受伤 18 人，直接财产损失 1480.9 万元，分别占总数的 42%、72.5%、64.3% 和 33.3%，远远高出单位、场所等其他区域火灾。5. 小火亡人现象突出。38 起亡人火灾中，直接财产损失为 240.3 万元，占总数的 5.4%，损失最大的为 47 万元，“小火亡人”现象仍然是全省亡人火灾的一个突出问题。6. 影响火灾形势稳定主要因素。一是火灾风险持续攀升。二是开放发展进程中消防安全管理难度激增。三是自然灾害趋于多发。四是公共消防安全需求快速增长。

【社会火灾防控体系建设】　报请省政府制定出台《关于加强和改进消防工作的实施意见》，同意将城市消防发展水平综合评估、消防装备建设、应急救援物资储备体系、全民消防宣传教育基地等“十二五”消防发展规划重大项目纳入云南省“桥头堡”建设重点项目库，协调省财政厅制定实施《云南省地方消防经费保障标准》，为推进消防事业发展提供了强有力的组织保证和政策支撑。深入推进构筑“云岭防火墙”工程，推动各级各部门逐级签订消防工作目标管理责任状，确保消防安全责任落到实处；扎实开展社会单位消防安全“四个能力”建设和“零火灾”村寨、社区创建活动，大力实施“乡乡、村村消防队”和“社区、村寨消防器材配置点”工程，不断健全社会火灾防控网络；扎实开展全民消防宣传教育行动，大力加强消防宣传教育培训和消防科普教育基地建设，培训党政机关、乡镇长、村两委负责人 15918 人，建成消防科普教育基地 90 个，不断增强了消防安全宣传教育覆盖面和影响力。扎实开展火灾隐患排查整治，紧紧抓住节假日、“两会”、旅游节、昆交会等重大节事活动消防安全保卫关键节点，持续部署开展了“守卫云岭”、“打非治违”系列专项行动，继续深化“清剿火患”战役，扎实开展十八大消防安全保卫，以严之又严、实之又实的措施深入排查整治火灾隐患，始终保持整治火灾隐患的强劲态势，有效控制了亡人火灾事故，持续保持了火灾形势的基本稳定。

【消防社会管理创新】　提请省政府批准实施《云南省消防技术服务机构管理规定》和《云南省建筑消防监督管理规定》2 部地方规章，依托消防职业技能鉴定站全员轮训消防监督执法干部，划分消防执法服务协作区，交叉跟踪督导基层消防监督执法，督促落实消防监管责任，建立执法网上排名通报制度，开展执法等级达标评定活动，提升了消防监督执法水平。深入推广公安派出所消防中队监管新模式，依托中介组织组建火灾隐患整治技术服务队，扩充消防志愿者服务队伍和服务范围，不断延伸消防监管和消防服务触角。继续深入推行乡镇、社区消防监督网格化管理模式，明确总队、支队、大队、公安派出所“四级”网格责任，进一步完善了消防安全责任体系。

【消防科普宣传教育】 深入开展“千名村官进红门”活动，加大对各地新农村建设指导员和“村两委”负责人培训力度。广泛开展“安全读秒”学校消防疏散大演练活动，全省60所高校、1.5余万所中等职业学校、中小学，740余万名大中小学师生同时学习体验消防疏散逃生过程。制作全省首部消防题材微电影《声如夏花》入选首届全国大学生微电影节。深入开展中国消防志愿者行动。组织开展“消防一夏乐透全家”消防公益嘉年华活动。向群众免费发放消防知识宣传资料300万份、消防形象大使宣传画20余万份。全年共编发《火凤凰》杂志6期，刊发50余万字近500幅图片，社会发行量全年近7万册，覆盖读者近20万人。在中央、国家级新闻媒体刊发新闻稿件、图片达836篇（条），在省级新闻媒体发表8000余篇（条）。大力开展消防安全培训，全省共计培训单位消防安全管理人、责任人、其他消防专兼职人员26228人。

【应急救援体系建设】 狠抓消防救援力量体系建设，深入贯彻落实“文山应急工作会议”精神，加快综合应急救援队伍建设，着重推动县级综合应急救援队伍达标建设，加快建设乡镇应急救援分队，不断完善省、州（市）、县（市区）、乡（镇）四级综合应急救援力量体系。加强地震、地质、危险化学品、道路交通、环境灾害专业救援队建设，扎实开展铁军中队达标创优活动，组织基层指挥员和攻坚组队员集中轮训，组织全省17个消防支队136名基层指挥员开展比武活动，提升了基层消防中队攻坚作战能力。严格落实“六熟悉”和“演练周”制度，深化“人人熟悉器材装备、人人争当技术能手”活动，大力开展专业化、基地化、模拟化练兵，结合辖区灾害事故特点和装备结构，组织滇中、滇南、滇西协作区开展72小时自我保障条件下的跨区域应急救援拉动演练，扎实开展建筑设施专项测试和高层地下、石油化工火灾扑救演练，有效提升了部队灭火和应急救援能力。2012年，全省消防部队出动6.58万人次、车辆12680辆次，解救遇险群众4209人，疏散被困群众24378人，抢救和保护财产价值近2.8亿元。出色完成昭通彝良“9·7”地震、“9·11”特大洪灾、“10·4”山体滑坡等灾害事故抢险和党的“十八大”、“两会”、旅游节、昆交会等重大节事活动消防安全保卫任务，受到了各级党委、政府和广大人民群众的高度赞誉。

【消防队伍正规化建设】 坚持抓牢基础教育、抓实经常性教育，深入开展“喜迎十八大、全力保安全”主题教育活动，组织开展人民警察核心价值观教育，不断打牢官兵思想根基。持续深化“争创一个好班子，争当一对好主官”活动，加强对各级党委班子的经常性跟踪了解和对口帮建，完善团职领导干部“双考”制度，着力增强各级班子活力。制定实施现代化云岭消防铁军人才队伍建设五年规划，明确人才建设方向、重点和任务，建立健全人才引进、培养、管理和使用机制，切实建强人才队伍。坚持面向基层、服务基层，从总队机关有限的经费中挤出3000余万元，帮助基层解决急需解决的难题，推动42个基层单位营房和7个州（市）战勤保障大队建设顺利动工，新增战斗车102辆、灭火救援装备2.4万余（件）套，基层一线警力比例达到85%，基层实力有了新提升。加强消防信息化建设和应用，深入实施信息化建设三年规划，认真推广部署灭火救援指挥系统和一体化业务信息系统，推动3G图传系统、指挥中心、移动通信指挥系统建设，积极推进应急救援光缆指挥网工程建设和三级网升级扩容工作，着力提升信息化建设水平。坚持依法从严治警，深入推进部队正规化建设精细化管理，开展“五月安全月”和每月“安全日”活动，开展“安全管理流动红旗”评比和“五无”创建活动，有效预防了各类事故案件。

【深化和谐警民关系】 深化“三访三评”大走访活动，施行监督执法质量回执和灭火救援服务评议回执制度，落实便民利民措施，不断拓宽消防办事通道，改进执法服务方式，不断提高为民服务质量和水平。扎实推进“四群”教育各项工作，按照省委、省公安厅的安排部署，先后制定下发《云南省公安消防部队“四群”教育活动实施方案》、出台六项制度深化“四群”教育工作，总队成立了以军政主官为组长的“四群”教育领导小组，确定了6项帮扶重点，全力打造“四群”教育“挂县包乡联户”工作示范工程，进一步紧密了警民关系。严格落实从优待警措施，开展了第四届“云岭消防好警嫂”评选表彰活动，切实营造拴心留人的环境。深入实施现代化云岭消防铁军培树计划，挖掘培育不同层次的典型，年内先后推出了舍己救人消防勇士、一等功臣陈章亮，全国特级优秀人民警察钱小汉和全国公安机关爱民模范集体丽江古城中队等一批先进典型，3个单位荣获集体二等功，3名官兵被表彰为一等功臣，9名官兵被表彰为二等功臣，进一步树立了消防部队良好形象。

【十八大安全保卫】 党的十八大安保期间（6月19日至11月16日），全省公安消防部队坚持战时标准，严明战时纪律，采取超常举措，全警动、全民动，纵深推进保卫战，确保全省火灾形势平稳和部队高度安全稳定，圆满完成党的十八大消防安全保卫任务。全省共检查社会单位12.6万余家次，督促整改火灾隐患25万处，临时查封单位2786家，责令“三停”单位1751家，罚款4754.73万元，行政拘留986人，对405处存在重大火灾隐患的单位进行政府挂牌督办；共举办社会化宣传活动212次，新增消防志愿者85335名，组织消防志愿者培训2683次，开展宣传教育活动16516次，协助查找和整改火灾隐患5515处。

【“119消防日”系列宣传活动】 10月25日，省政府在省地震灾害专业训练基地举行“119消防日”系列宣传活动启动仪式暨大型综合灭火救援实战演习。省政府刘慧晏副省长，公安部消防局副局长杜兰萍少将出席活动并讲话，省政府副秘书长姚国华，省委宣传部副部长宣宇才，省公安厅副厅长董家禄，省消防安全委员会成员单位和部分省直机关、新闻单位、省属企业、中央及省外驻滇企业的领导出席活动。省

公安消防总队机关干部、全省热心消防公益事业的企业代表、社会人士以及社会各界群众代表共1000余人参加活动。期间，出席活动的领导和嘉宾参观了云南公安消防部队彝良抗震救灾纪实图片展和消防应急救援器材装备操作展示，观摩了云南省大型综合灭火救援实战演习，并为获得全省首届“119消防奖”集体和个人代表颁奖。

2012年重大灾害救援

【官渡区“5·10”火灾】 5月10日3时10分，昆明市官渡区关上街道办事处双凤社区万德村3号铺面发生火灾。昆明市公安消防支队119指挥中心接到报警后，启动支队全勤指挥程序，先后调集官渡大队、关上中队、特勤一中队、滇池中队、经开一中队共计1个大队、4个中队、17辆车64名官兵前往现场扑救。省公安消防总队陈育坤总队长、王信友副总队长、崔德俊参谋长、防火部何文辉部长等领导赶赴现场指挥救援。经过参战消防官兵奋力扑救，火势于4时38分得到控制，明火于5时10分被全部扑灭，成功营救出被困人员2人，疏散周边群众26人，保护周边店铺7个（面积1500余平方米），抢救财产价值30余万元。此次火灾过火面积382平方米，4户受灾，造成6人死亡，直接财产损失39.6万元，火灾原因为电气线路故障。

【宁蒗县“6·24”抗震救灾】 6月24日15时59分，丽江市宁蒗彝族自治县与四川省凉山彝族自治州盐源县交界处发生5.7级地震，造成4人死亡、150余人受伤、6.3万人受灾。地震发生后，省公安消防总队成立以邹志强政委为总指挥的地震救援指挥部，迅速启动《云南省公安消防部队重大灾害跨区域应急救援预案》，命令丽江支队立即赶赴灾区救援，总队崔德俊参谋长带领工作组赴灾区一线指挥救援工作，共调集8车63名消防官兵、2只搜救犬赶赴一线展开抗震救灾。救援官兵努力克服灾区条件艰苦的困难，搜寻受灾房屋1600余间；抓紧拆除危房30余间，协助转移安置受灾群众3000余人，抢运各类物资3000余件近11吨，搭建帐篷80余顶，确保灾区群众生活正常。组织4支防火小分队在受灾严重的永宁乡实行24小时执勤，对灾民安置点进行不间断的防火巡查检查，巡查面积达38000平方米，指导整改火灾隐患170余处；深入灾民安置点发放消防宣传资料2000余份、张贴消防宣传标语、横幅170余条，增强灾区群众消防安全意识，确保灾区灾后零火灾。

【彝良县“9·7”地震和“9·11”洪涝泥石流救援】 9月7日11时19分，云南省昭通市彝良县和贵州省毕节威宁彝族回族苗族自治县交界处发生5.7级地震，造成81人死亡、821人受伤，20.1万人紧急转移安置，3万余间房屋倒塌受损、74.4万余人受灾。地震发生后，省公安消防总队迅速响应，第一时间调集总队机关和5个支队409名消防官兵、67辆消防车、10只搜救犬及雷达生命探测仪等5000余件（套）装备赶赴灾区，抓住72小时黄金救援最佳时机，全力搜救被困人员57人、搜寻遇难者遗体21具、疏散转移被困群众2000余人。在9月11日洪涝泥石流灾害事故救援中，参战消防官兵营救被困群众456人，安全疏散转移群众5300余人，排除险情110余处，处置危化品事故1起，参战消防官兵在接踵而至的灾害事故中，始终战斗在第一线，持续奋战12个昼夜，出色完成了生命搜救、次生灾害防控、灾后重建前期消防保卫等任务，受到各级领导的充分肯定，中央政治局常委、国务院总理温家宝和省委书记秦光荣、省长李纪恒等领导同志先后深入救援现场亲切看望慰问消防官兵，对消防部队快速反应，第一时间赶赴灾区开展卓有成效的工作给予了高度评价。

【彝良县“10·4”山体滑坡救援】 10月4日，昭通彝良县龙海乡镇河村油房村民小组发生山体滑坡，造成油房小学18名学生和学校附近1名村民被埋压。灾情发生后，省公安消防总队第一时间启动泥石流灾害应急救援预案，派出力量前往救援。总队全勤指挥部和昭通消防部队共14车68名官兵经过20多个小时的连续奋战，与其他救援力量共同配合从废墟中搜救出所有遇难者遗体，移交当地政府善后处置。期间，中央政治局常委、国务院总理温家宝，省委书记秦光荣、省长李纪恒亲切慰问一线参战的消防官兵。

【森林火灾扑救】 3月18日，玉溪市易门县境内发生森林火灾，并蔓延至昆明安宁市境内草铺镇王家滩村附近，过火面积约2200亩。火灾发生后，省公安消防总队立即调集昆明市支队18个公安消防中队、1个战勤保障大队的28辆车、139名官兵和4个企业消防队的6辆消防车、47名队员赶赴现场参与火灾扑救，明火于23日被全部扑灭。3月28日，昆明市晋宁县境内昆玉高速清水河收费站旁发生森林火灾。火灾发生后，省公安消防总队第一时间调集昆明市消防支队全勤指挥部和1个战勤保障、16个公安消防中队的27辆车121名消防官兵联合和其他军警民力量开展火灾扑救工作，经过全体参战官兵6天6夜的奋力扑救，成功将大火扑灭。

【抗旱救灾】 2012年上半年，云南旱灾造成13个州（市）91个县（市、区）631.83万人受灾，242.76万人、155.45万头大牲畜出现不同程度饮水困难。省公安消防总队迅速发布“云岭消防抗旱救灾先锋行动”抗旱救灾动员令，在全省统一部署开展以保障旱区人畜饮水和预防火灾事故为重点的“云岭消防抗旱救灾先锋行动”，各级消防部队全力以赴参与抗旱救灾各项工作，共成立364个“云岭消防抗旱救灾先锋队”，采取分区分片、驻村包点等方式，送水进村、送水上门，共出动官兵1.86万余人（次）、车辆5100余辆（次），深入4600个村寨、行程19800余千米，为11.34万人送水21.9万余吨，有效缓解29万亩农作物、23万头大牲畜的缺水问题，在缓解灾情、保障群众生产生活发挥重要作用，得到各级党委政府的充分肯定和人民群众的广泛赞誉。

【抗洪救灾】 7月，云南多地频降暴雨，加之3年连旱后土质疏松，洪涝、泥石流等灾害时有发生，给人民生命财产安全造成严重威胁。灾情发生后，省公安消防总队第一时间启动应急救援预案，第一时间组建100支“云岭消防抗洪救灾突击队”，配备8000余件水上救生救护应急器材，第一时间赶赴受灾现场，充分发挥装备优势和作战经验，积极投身抗洪抢险救援工作。据统计，全省消防部队共参与抗洪抢险、排水排涝、社会救助、运水运物482起，出动官兵3163人次，出动车辆舟艇613次，营救群众325人，疏散2438人，抢救保护财产1620.6万元

2013年灾情及措施

【综　述】　2013年，云南省公安消防总队紧紧围绕为建设中国面向西南开放重要桥头堡创造良好消防安全环境总目标，推动全省各级各部门深入贯彻落实国务院46号文件，认真履行职责使命，构筑社会消防安全“防火墙”，深入打造现代化云岭消防铁军，着力提升社会抗御火灾能力，有效维护了全省消防安全形势持续稳定。全省共发生火灾8489起，死亡85人，受伤33人，直接财产损失1.435亿元，未发生重特大火灾事故和一次亡5人以上火灾事故。

【火灾形势分析】　1. 火灾起数：适用登记程序调查的火灾起数为6984起，直接财产损失1164.6万元，全省小火频发，但未造成严重的灾害后果。火灾亡人数：亡人火灾高发的趋势依然存在，威胁人民生命财产安全的火灾时有发生，昆明死亡17人，净增3人；曲靖死亡11人，净增9人；玉溪死亡8人，净增5人；保山死亡3人，减少1人；昭通死亡8人，净增7人；丽江死亡6人，净增3人；普洱死亡5人，净增3人；临沧死亡3人，净增1人；楚雄死亡5人，净增1人；红河死亡2人，减少2人；文山死亡4人，死亡人数持平；版纳死亡2人，减少1人；大理6人，净增3人；德宏死亡1人，减少2人；怒江死亡5人，净增5人；迪庆无人员死亡。火灾伤人数：伤人火灾总体趋势较为平稳，昆明受伤8人，减少1人；曲靖受伤5人，净增1人；玉溪无人员受伤，减少2人；保山、丽江、临沧、红河无人员受伤，减少1人；昭通受伤3人，净增1人；普洱受伤6人，净增6人；楚雄受伤1人，受伤人数持平；文山受伤8人，净增8人；大理受伤1人，减少3人；德宏受伤2人，净增2人；怒江受伤2人，减少2人；版纳、迪庆无人员伤亡。火灾直接财产损失：随着社会经济发展，火灾直接财产损失也相应增加，全年全省火灾直接财产损失超过100万元的火灾共20起，造成损失6096.8万元，火灾起数和损失数较2012年分别上升了17起和5301.5万元。2. 火灾主要特点。火灾地区分布：昆明、曲靖、红河、大理、文山、玉溪，火灾起数分别是2388起、1360起、1088起、683起、521起和505起，六地火灾总量占全省总量的77.1%。全省经济排名后三位的德宏、迪庆、怒江，火灾起数分别为208起、57起和26起，三地火灾总量占全省总量3.4%。起火场所分布：全省住宅、交通工具、垃圾及废弃物、农副业产所和宿舍火灾分列前五位，起火场所相对集中，住宅和宿舍依然是我省亡人火灾的多发场所，车辆火灾极易造成严重的火灾损失。全省共发生住宅火灾2821起，死亡68人，受伤11人，直接财产损失3755.2万元；发生交通工具火灾635起，死亡1人，直接财产损失1286.8万元；发生垃圾及废弃物火灾631起，直接财产损失82.9万元；发生农副业场所火灾556起，直接财产损失1107.6万元；发生宿舍火灾496起，死亡4人，受伤1人，直接财产损失370.5万元。五类火灾起数、死亡人数、受伤人数和直接财产损失数分别占总数的60.5%、85.9%、36.4和46%。火灾原因：广大群众消防意识依然较为淡薄，安全用火的一些基本常识还不掌握，导致在客观致灾因素增多的情况下火灾易发、多发。火灾原因前三位分别为生活用火不慎、吸烟和电气类火灾，分别为2975起、1222起和1192起，三类火灾总量占总数的63.3%。3. 火灾其他特点。火灾致灾后果严重，引发火灾的因素增多，消防安全问题复杂性、危险性和交叉性突出，造成严重后果的火灾发生机率增加，发生重特大火灾事故和群死群伤火灾的风险依然存在。全省共发生较大以上亡人火灾3起（1起为放火），造成9人死亡。发生火灾直接财产损失100万元以上火灾20起，财产损失6096.8万元。发生过火面积2000平方米以上火灾25起，过火面积24.546万平方米。发生高层建筑火灾41起、地下室火灾15起。农村成为火灾重灾区，虽然火灾造成的直接财产损失较小，但极易发生伤人、亡人火灾，给人民生命带来了严重的威胁。基层组织不落实消防安全责任制、公共消防基础设施建设推进不到位、农村火灾防控能力弱、群众消防安全意识淡薄、村民火灾自救能力低等因素是导致农村火灾形势严峻的主要原因。全省农村（含县城、集镇、村、寨、屯）共发生火灾6139起，死亡74人，受伤25人，直接财产损失2099.1万元，分别占总数的72.3%、87.1%、75.8%和14.6%。伤人亡人火灾严峻。青少年和老年人等弱势群体依然是死亡较为集中的群体，受教育程度和文化素质高低直接关系到发生火灾后的逃生自救能力，家庭住宅类火灾依然是火灾亡人的重灾区，特别是“农村亡人”、“老幼亡人”和“小火亡人”火灾现象依然突出。全省共发生人员伤亡火灾77起，死亡85人，受伤33人，直接财产损失1337.6万元。死亡的85人中，50人为男性，35人为女性；烧死40人，窒息死亡30人，炸死2人，其他原因死亡13人；18岁以下22人，19到59岁38人，60岁以上25人，老幼群体人员死亡数占总数的55.3%；受初等教育34人，未受教育47人，两类人员占总数的95.3%；住宅68人，占总数的80%。

【火灾隐患排查整治】　结合季节、区域性火灾规律和重大节事活动特点，制定了13类单位（场所）隐患排查整治标准，连续部署开展冬春旱季防火、消防安全大排查大整治、“清剿火患”战役等9个专项整治行动，报请省政府把“三合一”、“多合一”专项整治列入省政府重点督办内容，建立了常态化火灾隐患排查整治工作机制。推动22.5万家社会单位开展自查自纠，联合各部门排查单位13.9万家，督促整改火灾隐患31万处，挂牌整治重大火灾隐患700处，核查群众举报投诉

2486起，曝光火灾隐患单位7860家，持续保持整治火灾隐患的强劲态势，有效净化了社会消防安全环境，圆满完成了“南博会”、“旅交会”等重大消防安全保卫任务，总队连续3次被评为全国消防安全大排查大整治先进单位，公安部副部长刘金国先后3次批示肯定云南工作，公安部消防局专门在全国推广了云南做法。

【消防社会管理创新】 报请省人民政府制定出台《云南省消防工作考核办法》、《云南省专职消防队伍管理办法》和《云南省火灾高危单位消防安全管理规定》，修订7项地方性消防标准规范，健全完善了符合省情的消防法规标准体系。召开全省执法规范化示范现场会，强力推行单位管理申报验收备案、事项办理协助申报、升级办理等3项制度，全面落实持证上岗、定期考核等10项措施，有效提高了消防执法质量和效益。召开全省古城镇火灾防控工作现场会，总结推广古城镇火灾防控经验做法。研发火灾隐患排查整治公示管理系统，公布1209家单位消防安全不良行为。创新派出所消防监管模式，研发消防移动执法终端，加强基层防控力量建设，推动6920个乡镇、街道办事处和社区落实消防安全管理措施。深化消防安全“网格化”管理，将消防工作融入社会管理综合治理体系，研发基层消防网格化服务管理平台，最大限度延伸消防工作触角，进一步夯实社会火灾防控基础。

【消防安全责任落实】 报请省人民政府召开全省消防工作会议，组织69家省直单位和各州市政府签订了消防安全责任状。根据省人民政府分管领导岗位变化，及时调整充实了省消防安全委员会组织机构，健全完善消防工作例会、领导调研督导、问责“约谈”等工作机制，定期召开消防安全委员会联席会议，积极推动各部门落实消防监管责任。扎实推进消防安全“四个能力”创建，大力推广“户籍化”管理，全省13443家社会单位完成了消防创建任务，9327家重点单位实行了“户籍化”管理。创新消防宣传教育模式，发动群众参与消防安全管理，全省培训各类“消防安全明白人”2.5万人，13.5万名在校学生接受了消防安全教育。

【消防基层基础建设】 报请省人民政府把基层基础建设主要指标纳入消防工作责任状考评内容。与省财政厅联合开展落实地方消防经费保障标准专项督查，召开贯彻落实业务经费保障标准推进会，推动省、州、县三级全部按标准落实业务经费，推动普洱等7个州市制定出台政府专职消防员经费保障标准，2558名专职消防队员纳入地方财政保障。各地新建消防站24个，新购战斗车171辆，14个州（市）开工建设训练基地和战勤保障大队，“两证”办证率达90%以上，基层基础建设有了新进步。

【队伍正规化建设】 扎实开展党的十八大和十八届三中全会精神学习宣传贯彻，集中开展“坚定信念、铸牢警魂”主题教育活动，打牢官兵忠诚可靠思想根基。召开党组织规范化建设示范现场会，制定实施“云岭消防党旗红”创先争优三年规划，持续深化好班子、好主官“双争”活动，全面加强部队党建工作。深入实施人才队伍建设五年规划，分级分类开展官兵集中培训，严格干部选拔任用，开展团职领导干部“双考”工作，形成以实绩选人用人的正确导向，有效提高了队伍能力素质。突出教育、管理和惩处3个环节，建立警务督察长效机制，狠抓队伍正规化建设，有效确保了部队安全稳定。扎实开展党的群众路线教育实践活动，集中解决“四风”问题，加强和谐警民关系建设，全面培育优良警风。全省消防部队4个集体荣立二等功、10个集体荣立三等功，3个单位被评为抗洪抢险先进集体，9名官兵荣立二等功以上奖励，5人被评为抗洪抢险先进个人，队伍形象得到进一步提升。

【“119消防日”系列宣传活动】 11月9日是云南省第21个“119消防日”，省公安消防总队在云南民族大学举行以“‘滇’‘烽’时刻、‘消’勇一族”为主题的多民族特色的消防技能竞赛活动。14组不同民族选手参加了消防拼图、你比我猜、浴火重生，消防漫画你找茬、扑灭火灾，重建家园等项目的竞赛。云南民族大学、云南师范大学、昆明理工大学师生、消防志愿者、“消防达人秀”选手、省公安消防总队微博微信粉丝共计2000余人参加活动。期间，开展了首届消防微电影（剧本）、微电影剧本、消防公益广告征集评选、“千名村官进红门”、“万名企业家走进消防”、“消防送平安”知识普及活动、“云岭媒体聚焦”宣传行动等一系列消防宣传活动。

【首届中国—南亚博览会消防安全保卫】 6月6～10日，首届中国—南亚博览会在昆明举行，省公安消防总队严格落实各项消防安全保卫措施，驻昆消防部队进入二级战备，对涉会场馆及周边开展“六熟悉”234次，制定预案50余份，抽调曲靖、玉溪、楚雄、特勤支队部分官兵驻守昆明24小时执勤，36车227人在涉会场馆驻点值守。检查单位22402家（次），整改火灾隐患34652处，临时查封103家，责令“三停”173家，罚款776.22万元，拘留9人。在省、市级媒体开辟“迎南博·保平安”消防宣传栏目20余个，发送短信、彩信、简讯1000万余条，昆明主城区3000余辆公交车、210个楼宇电视、1300余个LED显示屏24小时循环播出消防公益广告50余万条（次），圆满完成了大会消防安全保卫任务。

【十八届三中全会消防安全保卫】 党的十八届三中全会期间（11月9～12日），省公安消防部队进入二级战备，集中开展“冬春平安1号”专项行动，全省共检查社会单位1221家，消除火灾隐患1671条，抢救、疏散被困人员504人，抢救财产价值293.7万元，部队执勤备战秩序良好，高度安全稳定，圆满完成党的十八届三中全会消防安全保卫任务。

【开展党的群众路线教育实践活动】 7月以来，省公安消防总队紧紧围绕“为民、务实、清廉”主题，以“照镜子、正衣冠、洗洗澡、治治病”为总要求，以建设现代化云岭消防铁军和确保全省火灾形势稳定为载体，认真落实“规定动作”，创新开展“自选动作”，扎实开展党的群众路线教育实践活动，抓好学习教育、听取意见、查摆问题、开展批评、整改落实、建章立制等各项工作。各级公安消防部队认真落实改进作风、厉行节约的规定要求，严格部队财经纪律，规范“三公”经费支出，抓好“四风”突出问题的整改建制，简化消防监督执法办事程序、缩短审批时限、创新便民利民举措，实现了转作风、树形象、强素质、促发展的工作目标。

【泛西南区域消防警务合作联席会议】 9月5日，云南省公安消防总队作为轮值主席单位，在昆明组织召开了泛西南区域消防警务合作联席会第三届会议，广西、重庆、四川、贵州、云南、西藏、青海等7个省（自治区、直辖市）消防代表参会，共同研讨进一步加强和完善消防警务合作、密切区域交流合作、推进消防事业发展的对策建议，总结回顾区域消防警务合作取得的成绩，围绕如何建立地震地质灾害应急救援联动机制的主题深入交换了意见。

【军粮核拨暨给养业务培训和经验交流会】 2月27～28日，公安部消防局在昆明组织召开消防部队半年度军粮核拨暨给养业务培训和经验交流会议。全国各省（市、区）公安消防总队及直属单位代表参加会议。会议安排部署了全国消防部队先进食堂评比活动和现代警营饮食文化建设工作，组织进行2012年下半年军粮决算，拨付2013年上半年军粮，开展给养业务培训。云南等8个公安消防总队作了交流发言。

【全省消防工作电视电话会议】 3月18日，省政府召开全省消防工作电视电话会议，总结回顾2012年全省消防工作，深入分析面临的形势，部署安排2013年工作任务。尹建业副省长出席会议，省消防安全委员会71个成员单位领导在主会场参加会议。各州（市）、县（市、区）政府分管消防工作领导，消防安全委员会成员单位领导在分会场参加会议。会上，尹建业副省长作了重要讲话，昆明、曲靖、丽江市政府领导作表态发言。会议由省政府副秘书长杨斌主持。

2013年重大灾害救援

【砚山县“6·3”丁烷爆炸燃烧事故】 6月3日20时40分，位于文山州砚山县富砚高速公路砚山布标连接线3千米处的云南立达尔生物科技有限公司浸出车间发生丁烷爆炸燃烧事故。火灾发生后，省公安消防总队第一时间启动预案，邹志强政委、田国勇总队长等总队领导坐镇总队指挥中心指挥救援，并迅速派出杨文华副总队长带领灭火救援专家组赶赴现场，先后调集16车146人连续奋战48小时，成功处置了此次爆炸燃烧事故，避免了大的爆炸事故。事故造成生产车间屋顶变形，部分罐体、管道爆裂，2人重伤，由于消防部队出动及时、处置科学有效，保住了罐区37个罐及生产装置，保护了附近美泰公司、中石化加油站、华泰公司、彝品香食品公司及3个村小组2000余名群众的安全，挽回经济损失近亿元，赢得了各级党委、政府和人民群众的充分肯定和高度赞誉，彰显了现代化云岭消防铁军的良好形象。

【昆明通鑫达经贸有限公司火灾扑救】 12月13日2时24分，昆明市公安消防支队接到报警称：位于昆明市官渡区朱家村立交旁通鑫达经贸有限公司仓库发生火灾。接警后，支队立即启动全勤指挥程序，先后调派10个消防中队、2个消防大队、36辆消防车、171名官兵赶赴现场扑救火灾，总队派出工作组赶赴现场指挥救援。经过近5个小时连续奋战，6时13分，明火基本被扑灭。参战消防官兵对现场进行全面清理，防止复燃，并调集5条搜救犬协助清理火场。15时10分，现场全部清理完毕。

【丽江古城“3·11”火灾扑救】 3月11日20时33分，丽江市大研古城光义街现文巷41号一米阳光驼铃店发生火灾。火灾发生后，丽江市公安消防支队先后调集古城中队、玉河中队、特勤中队、玉龙中队11车81人及古城区各社区志愿消防队赶赴火场开展灭火救援行动。经过全体救援人员3个多小时奋力扑救，23时47分火势全部被扑灭。此次火灾过火面积2243.46平方米，烧毁民房6院13户103间，无人员伤亡，直接财产损失人民币955.4万元。

【个旧市“9·11”云锡物资中心火灾扑救】 9月11日21时25分，红河州个旧市新冠路新冠选厂主厂房云锡物资调剂中心发生火灾。接警后，个旧市公安消防大队迅速出动7车26人前往处置。红河州公安消防支队迅速调集蒙自、开远、战勤保障大队、特勤中队、开远解化厂专职消防队和支队灭火救援作战指挥部共14车60人，先后抵达现场开展灭火救援行动。经全力扑救，明火于12日8时30分被扑灭，10时40分余火基本扑灭。火灾事故造成2人受伤，参战消防官兵营救被困人员3人，疏散群众1150余人，关闭火场周边商铺30余家，疏散车辆50余辆。

【大理市“2·6”森林火灾扑救】 2月6日16时，大理市下关镇吊草村委会黄家村突发森林火灾，因天干物燥，火势迅速蔓延，严重威胁到森林周边重点目标安全。省公安消防总队接到指令后迅速启动跨区域灭火救援预案，调集大理、楚雄、保山、丽江和总队灭火救援指挥部共34车217人前往救援，参战官兵对烟花爆竹仓库、液化气储备站、变电站、油库、大理监狱等6个重点目标，分别采取疏散群众、开启液化气站冷却装置、设置水枪阵地、增湿作业、开辟防火隔离带堵截火势等措施，昼夜不懈、严防死守，确保了重点目标的安全。公安部部长郭声琨和省公安厅厅长杨嘉武分别签发嘉奖令，对公安消防部队圆满完成大理“2·6”森林火灾扑救任务予以通令嘉奖。

【禄丰县“4·23”森林火灾扑救】 4月23日12时，楚雄州禄丰县勤丰镇可里村委会旱冲箐发生森林火灾，并迅速蔓延成过火面积达3千余亩的重大森林火灾，形势十分危急。火灾发生后，省公安消防总队按照省委、省政府部署，先后调集楚雄、昆明、玉溪、大理四个消防支队共38车160人，

历时6天5夜122小时的连续奋战，对过火区域内的重点目标，采取设置水枪阵地，开辟防火隔离带堵截火势等措施，连续艰苦奋战122个小时，确保了重点保护目标的安全，并和其它救援力量扑灭明火带12条、清理余火和围剿暗火长达7千米多、看守火场约600余亩，为火灾的成功扑救做出了突出贡献，8月2日，省长助理、省公安厅厅长杨嘉武签署命令，为楚雄州公安消防支队禄丰县中队记集体二等功。

【昆明市"7·19"暴雨抢险救援】 7月19日凌晨，受第8号热带风暴"西马仑"影响，昆明市主城区突降单点暴雨，部分地区降雨量达193.5毫米，市区穿金路、北京路、白云路、龙泉路、霖雨路、东二环、北二环、日新路、陈家营等多路段严重积水，造成交通阻断。灾情面前，驻昆消防部队闻警而动、连夜奋战，共接（处）城市积涝报警2872个，出动警力137队次，1672车次，8025人次，解救被困人员568人，疏散被困人员8025人。期间，李纪恒省长、尹建业副省长先后致电总队田国勇总队长，对消防官兵昼夜奋战全力投入抗洪抢险排涝表示感谢，要求消防部队动员一切力量，采取有力措施，全力以赴投入到抗洪抢险工作中，切实为党委政府分忧、为人民群众解难。

【大理州"9·8"山洪抢险救援】 9月8日22时，一辆载客35人的大客车与一辆运载3人的微型面包车行至大理云龙县漕涧镇（瓦片线K62+650米处），因山洪突然暴发冲毁路基，致使两车坠入孙足河中。灾害发生后，省公安消防总队派出工作组深入灾害现场一线指挥，先后调集怒江支队灭火救援指挥部、特勤中队、泸水大队，大理支队全勤指挥部、特勤中队、永平大队、大理市大队、漾濞大队、战勤保障大队共15车66人赶赴现场，全力营救被困人员。经过3天3夜的雨中搜救，参战消防官兵和其他参战力量共营救被困人员31人（27人受伤，4人遇难）。省政府尹建业副省长等领导深入救援现场看望慰问消防官兵，对消防部队卓有成效的救援给予高度评价。

【镇雄县"1·11"山体滑坡抢险救援】 1月11日8时20分，昭通市镇雄县果珠乡高坡村赵家沟发生山体滑坡，造成16户民房46人被埋压。灾情发生后，省公安消防总队第一时间启动泥石流灾害应急救援预案，共投入全勤指挥部和昭通消防部队29车、189人、6条搜救犬参与救援。经过全体消防官兵20多个小时的连续奋战，与其他救援力量共同配合从废墟中搜救出全部46具遇难者遗体，受到各级党委政府和人民群众的高度赞誉，李纪恒省长亲切慰问一线参战消防官兵，对官兵在救援中的表现给予高度评价。

【洱源县"3·3"地震抗震救灾】 3月3日13时41分，大理州洱源县（北纬25.9度，东经99.7度）发生5.5级地震。地震发生后，省公安消防总队第一时间启动地震灾害救援应急预案，共投入全勤指挥部和参战消防部队53车、322人，携带搜救犬4只、救援装备5000余件套参与救援，经过3天3夜连续奋战，消防官兵为灾区群众搭建帐篷531顶，搜索建筑3249间，帮助转移群众2500余人，为灾民配备400余具灭火器，派出6个防火巡查组、30名专职防火干部对灾民安置点开展防火巡查和消防安全宣传，发放消防宣传资料1万余份，深入倒塌房屋帮助群众抢救转移生产生活物资2750件套、粮食3.5吨，价值330余万元。利用破拆工具协助有关部门拆除严重倾斜、毁损房屋220间、墙体2108米、险情890处。省政府和段琪副省长、尹建业副省长亲切慰问一线参战消防官兵，对官兵在救援中的表现给予高度评价。

【洱源县"4·17"地震抗震救灾】 4月17日9时45分，大理州洱源、漾濞两县交界处发生5.0级地震。地震发生后，省公安消防总队快速反应，共投入13车66人2条搜救犬参与地震救援，为群众搭建帐篷291顶，装卸搬运救灾物资1400余件，抢救转移生产生活物资750件套、粮食1.5吨，价值150万余元，拆除严重倾斜、毁损的房屋121间、墙体950米、排除险情420处，有效避免次生灾害给群众生命和财产造成更大损失，受到各级党委政府和人民群众的高度赞誉。

【迪庆州"8·28"、"8·31"地震抗震救灾】 8月28日4时44分，四川省甘孜藏族自治州得荣县、云南省迪庆藏族自治州德钦县和香格里拉县三县交际地区（北纬28.2度，东经99.3度）发生5.1级地震。灾情发生后，省公安消防总队立即启动地震灾害救援应急预案，第一时间调集并带领总队全勤指挥部和迪庆、丽江、大理支队共19车88人4条搜救犬参与救援，从大理连夜运送500件大衣、500床棉被、300张折叠床、3000张床垫等救灾物资前往援助，共疏散转移群众350人、搭建帐篷22顶、抢救保护财产价值1.2亿元。8月31日，该区域再次发生5.9级和4.5级地震。灾情发生后，省公安消防总队迅速启动地震应急救援预案，先后调集迪庆、丽江、大理、特勤支队和总队机关共35车245人6条搜救犬快速挺进震区救援。参战消防官兵先后从深陷碎石的被困汽车和倒塌房屋内搜救遇险群众9人，搜寻遇难者遗体3具，转移疏散群众334人，帮助灾民抢运粮食1万余斤，转移家畜30余头，抢救、转移生产生活物资2000余件套，搬运救灾物资84吨，为灾区群众搭建帐篷54顶，运送生活用水100余吨，排除险情100余处。李纪恒省长、尹建业副省长，省长助理、省公安厅厅长杨嘉武等领导对消防部队快速反应，第一时间赶赴灾区开展卓有成效的工作给予高度评价。

2013年重大火灾案例

【官渡区吴井路商铺火灾】 9月30日4时20分，昆明市官渡区吴井路197－3号及北侧小拇指维修店和浪淘沙洗车场发生火灾，造成3人死亡，直接财产损失20.7万元，受灾15户，火灾原因为电气线路故障。

【南华县马街镇民房火灾】 12月26日2时40分，楚雄州南华县马街镇锈水塘村委会普家村村民小组罗绍荣户发生民房火灾，造成3人死亡，直接财产损失10万元，受灾1户，火灾原因为生活用火不慎。

【应急救援能力建设】 着力推进消防信息化、作战规范化、管理正规化建设，不断深化全勤指挥、作战训练和勤务保障改革，在总队、支队两级建立常态化灭火救援指挥部，全面规范了战斗编成，信息化技术全面应用到部队管理、灭火救援等各个环节，发挥了显著功效。大力推动消防铁军创建，全省建成4个二星级和32个一星级铁军中队，全面轮训基层指挥员、班长骨干和攻坚组队员，严格训练等级达标考核，官兵体能达标率和训练合格率明显提升。强化战勤保障能力建设，建立了5点辐射、覆盖全省的战勤保障体系。加强灭火救援实战演练，连续组织开展了3次野外实战条件下的跨区域地震救援拉动训练和大型商贸城灭火救援实战演习，有效提高了部队实战能力。全省消防部队先后出动14.26万人次、车辆2.66万辆次，扑救火灾和处置灾害事故1.8万起，营救遇险人员6964人，抢救和保护财产价值14.7亿元，出色完成了地震、泥石流救援和森林火灾扑救等急难险重任务。

（赵　璐　李明康　赖应博　周宏明）

灾害应急管理

2012 年

【综　述】　省政府办公厅应急办全年共接报各地各类突发事件226余起，共审核编印《值班快报》224期、《云南值班信息》78期，参加国务院应急办值班视频点名24次，落实办理省厅领导批示120余件。按云南省总体应急预案研判后，协助处置19起：曲靖会泽“1·4”道路交通事故、楚雄南华“2·18”道路交通事故、玉溪易门“3·18”森林火灾、昆明晋宁“3·28”森林火灾、丽江永胜“4·18”村民聚集上访并致民警死伤事件、楚雄南华“4·25”道路交通事故、玉溪红塔区“4·25”森林火灾、临沧云县“4·28”重大道路交通事故、昆石高速“5·5”道路交通事故、昭通巧家“5·10”爆炸事件、丽江宁蒗“6·24”5.7级地震、曲靖宣威“7·13”洪涝灾害、楚雄“7·13”坠机事故、普洱景谷“7·31”重大洪涝泥石流灾害、昭通彝良“9·7”5.7级地震、保山施甸“9·11”4.5级、4.9级地震、昭通彝良“10·4”重大山体滑坡灾害、曲靖富源“12·5”重大煤与瓦斯突出事故、昆曲高速“12·5”重大道路交通事故。其中自然灾害9起，事故灾难9起，社会安全事件1起。

【应急体制机制法制】　2月23日，省政府办公厅应急办向国务院应急办上报了《云南省人民政府办公厅关于2011年度突发事件应对工作的总结评估报告》。

4月18日，省政府办公厅印发《云南省人民政府办公厅关于印发云南省应急管理专家组工作规则的通知》（云政办发〔2012〕63号）及《云南省应急管理专家组2012年工作要点》。

7月5日，省编办《关于调整省政府办公厅应急管理机构的批复》，同意将省政府办公厅应急管理办公室（总值班室）分设为应急一处（总值班室）和应急二处，均为省政府办公厅正处级内设机构，共同承担省应急委办公室的具体工作，增加行政编制10名。

7月，省政府办公厅启动了《云南省突发事件应对条例（草案）》的起草工作，并于8~12月多次组织论证和调研。

【应急培训演练】　1月9~11日，省政府办公厅党组成员李维俊率省政府办公厅应急办4人到国务院应急办汇报云南省应急管理工作，并到小型移动应急平台研发生产单位中国电子科技集团54所学习考察。

3月11~15日，省政府办公厅应急办参加了国务院应急办举办的国务院应急平台综合应用系统客户端试用操作培训会、在国家地震灾害紧急救援培训基地举办的应急课程培训及桌面演练工作的培训班、在南京举办的JICA项目编制研究的培训、中国人民大学学习培训、在国家行政学院举办的三期全国应急管理系统专业干部培训班。

11月19~25日，省政府办公厅应急办组织16州（市）应急办19人到江西、辽宁学习考察省、市两级政府应急平台互通情况。

11月29~30日，省政府办公厅在昆明举办了地震应急处置能力培训班。88个县（市、区）长、政府办主任、16个州（市）应急办主任、综合应急救援支队负责人共256人参加培训。副省长刘慧晏出席开班仪式并讲话。

省政府办公厅应急办会同省无委办分别于12月5~6日在保山、17~18日在蒙自举办了全省无线电短波电台操作培训班。

【应急平台建设】　2月16日，省应急平台（一期工程）建设项目领导小组办公室主持召开省应急平台建设项目总集成系统实施方案评审会。省应急平台（一期工程）建设项目指挥场所建设完成指挥大厅、控制室、设备间、辅助操作间、服务间、地下一层机房、地下二层机房的基建装修工作。

中型移动应急平台完成改装、设备加载、调试等工作；应急应用软件完成硬件设备安装，门户网站、综合应用系统、在线会商系统、态势分析与标绘系统、三维地理信息系统开发调试工作，完成相关厅局基础数据的整理入库工作。

【科普宣教】　5月，省政府办公厅围绕防灾减灾主题，积极开展全国第四个防灾减灾日宣传活动；省地震局在省防震减灾日积极开展防震减灾科普知识宣传，发放各类宣传挂图、常识和自救互救小册子、光盘等22700余本（套、张）；省林业厅全年发放《云南省人民政府2012年森林防火命令》、《林农防灭火安全手册》、户主通知书等900余万份（本），悬挂五彩旗、设置标牌11万面（块），广泛深入宣传普及林业防灾减灾常识及技能。

【监测预警】 3月20日，省政府《政务情况通报》（第27期）刊发了《云南省2011年突发事件基本情况和2012年趋势分析》，对2011年全省突发事件基本情况进行了总结，对2012年突发事件的发展趋势进行综合分析，研究提出主要对策和建议。

省政府办公厅于6月30日印发了《云南省人民政府办公厅关于做好强降雨天气防范应对工作的通知》，7月19日印发了《云南省人民政府办公厅关于切实做好汛期值班工作的紧急通知》，8月16日印发了《云南省人民政府办公厅关于做好第十三号热带风暴“启德”防御工作的紧急通知》等预警通知，要求相关部门做好防范工作。

【应急区域合作】 省政府办公厅应急办参加了5月8日在广州举办的应急物资信息服务交流会，9月22日在广州举办的2012年中国应急产业博览会，9月26日在澳门举办的“第二届粤港澳台应急管理论坛”，10月11～13日在湖南省长沙市召开的应急管理合作联席会议第四次会议并交流创建基层应急管理示范单位的经验和做法，12月19～20日在南宁举办的自然灾害领域专家座谈会。

泛珠三角区域内地9省（区）应急管理合作联席会议秘书处于5月12日印发了《泛珠三角区域内地9省（区）突发事件应急联动机制管理办法》，6月11日印发了《泛珠三角区域内地跨省（区）特别重大、重大食品安全事故应急预案》，10月20日印发了《泛珠三角区域内地9省（区）特别重大、重大地震应急预案》。

9月7日，昭通市彝良县先后发生5.7、5.6级地震，福建、湖南、广东、广西、四川、贵州等泛珠省（区）委、省（区）政府先后向云南省委、省政府发出慰问电，并分别向云南地震灾区捐赠救灾资金300万元、1200万元、800万元、1000万元、500万元、100万元，支持灾区抗震救灾工作。泛珠三角区域内地9省（区）应急管理合作联席会议秘书处、泛珠三角区域内地其他8省（区）政府应急办还分别向省政府应急办发出慰问信。

10月16日，广西壮族自治区百色市应急办与文山州应急办在文山州召开座谈会。双方就进一步深化两市（州）、县（区）、乡镇三级应急联动机制建设等方面进行深入交流。

12月10～14日，省人民政府办公厅应急办组织昆明市、昭通市、曲靖市、楚雄州、文山州、丽江市、迪庆州人民政府派分管应急管理工作的副州（市）长，参加在广东省暨南大学应急管理学院举办的泛珠三角区域内地省（区）第三期应急管理工作研讨班。

12月6～8日，西部13省（区、市、兵团）应急管理合作联席会议第一次会议在重庆召开，创建了内蒙古、广西、重庆、四川、贵州、云南、西藏、陕西、甘肃、青海、宁夏、新疆、新疆建设兵团13个省（区、市、兵团）的应急管理合作机制。

2013年

【综 述】 省政府办公厅应急办全年共接报较大以上突发事件262余起，共编印《值班快报》267期、《云南值班信息》74期，参加国务院应急办值班视频点名21次、落实省厅领导批示179余件。按云南省总体应急预案研判后，协助处置了35起：昆明长水国际机场“1·3”大面积航班延误、昭通镇雄“1·11”赵家湾山体滑坡、红河开远“1·24”飞机坠机事故、昭通镇雄“1·28”中屯镇山体滑坡、昆明倘甸“2·6”道路交通事故、大理下关镇“2·6”森林火灾、昭通巧家“2·19”地震、普洱墨江“2·20”地震、民办代课教师“2·27”集体上访事件、大理洱源“3·3”地震、保山隆阳“3·18”道路交通事故、昭通“3·20”道路交通事故、大理洱源“4·17”地震、楚雄禄丰“4·23”森林火灾、德宏瑞丽边境“5·9”缅甸政府军与南掸邦军冲突、昆明“5·16”人员聚集抵制安宁炼化项目事件、西双版纳景洪“7·14”道路交通事故、昆明主城区“7·19”洪涝灾害、昭通永善“7·27”山体滑坡、昭通大关“8·2”山体滑坡、曲靖罗平“8·11”道路交通事故、西双版纳景洪“8·15”登革热疫情、德钦与香格里拉交界“8·28”地震、迪庆香格里拉“8·31”地震、曲靖“9·1”瓦斯事故、大理云龙“9·8”泥石流灾害、昆明“9·18”退役老兵聚集事件、昆明“9·28”部分军队退役人员聚集事件、昆明晋宁“10·22”广济村围堵执法人员事件、昆明海运花园“11·2”民工讨薪事件、大理祥云“11·28”地震、西双版纳机场“11·5”电话炸弹威胁事件、迪庆香格里拉“11·29”地震、昆明长水国际机场“11·30”航班延误事件、“12·16”全省大面积强降温降雨降雪气象灾害。共发生重特大事件35起，其中自然灾害17起，事故灾难7起，公共卫生事件1起，社会安全事件10起。

【应急体制机制法制】 6月28日，省政府办公厅印发《云南省人民政府办公厅关于开展云南省应急体系建设“十二五”规划实施情况中期评估的通知》，对应急体系建设“十二五”规划中期评估工作进行安排部署。在各地、各部门开展全面评估、重点评估的基础上，10月，省政府办公厅、省发展改革委会同有关部门抽调人员组成综合评估组和10个专项评估组召开专门会议启动规划评估工作。

2013年，省政府办公厅应急办对《国家社会救助法（送审稿）》、《云南省边境管理服务条例（草案）》等法律法规提出建设性修改意见建议并组织专家座谈会，加强与专家组成员的联系，听取专家对应急管理的意见建议。并积极参与省民用机场大面积航班延误总体应急预案、昆明长水国际机场大面积航班延误应急预案及省经营性高速公路新定价机制实施应急处置预案等的制定，以及自然灾害救助、森林火灾、

通信保障、涉外突发事件等4个省级专项应急预案修订等工作。

2月19日，《云南省人民政府关于印发云南省人民政府2013年立法工作计划的通知》确定《云南省突发事件应对条例（草案）》列入2013年内提请省人大常委会审议的地方性法规草案一档项目的第一项。7月24日，省人民政府第15次常务会议讨论通过《云南省突发事件应对条例（草案）》。8月17日，省政府将《云南省突发事件应对条例（草案）》提交省人大常委会审议。11月29日，《云南省突发事件应对条例（草案）》通过省人大常委会一审。

12月31日，省政府办公厅印发《云南省人民政府办公厅突发事件现场处置程序的规定》。

【应急培训演练】 2013年，加大了全省政府系统无线电短波应急通信演练，对各州、县政府无线电短波电台进行了检修和调试。9月，省政府办公厅应急办新购5部铱星卫星电话，强化了极端条件下领导处置突发事件的应急通信保障。

省政府办公厅应急办参加了3月17～22日中国地震应急搜救中心在北京国家地震灾害紧急救援培训基地开展的应急培训和演练，3月27～29日在北京举办的《突发事件应急平台技术应用高级研讨会》（第一期），6月17～21日在国家行政学院举办的“值守应急业务专题培训班”，12月9～13日在国家行政学院应急管理培训中心举办的“突发事件应急平台建设研讨班”和“应急管理科普宣教专题研讨班”。

12月9～12日，省政府办公厅应急办在昆明举办了应急值守视频会议系统培训班，16州（市）政府应急办有关人员参加了培训。

【应急平台建设】 省政府办公厅应急办组织完成省应急平台（一期工程）装修、总集成、软件、中型移动应急平台四个分项的初步验收工作，系统进入试运行。完成了16个州（市）政府和省工信委、新闻办、教育厅、通信管理局、消防总队等11个省级部门和昆明市公安局值守应急视频会议系统建设工作。

【科普宣教】 2013年是实施防灾应急“三小”工程的第三年，截至12月，已安排资金1400万元，采购了70万个小应急包，发放到大理、保山、红河等州市，全省共组织开展防灾应急演练2118次。

“5·12”是全国防灾减灾日。活动期间，省政府专项安排了60万元资金，由省民政厅牵头，会同省直有关职能部门，共同制作1万份防灾减灾科普知识宣传光盘，2万份地震防灾知识公益宣传广告光盘，发放到机关、学校、社区等。

9月，省政府办公厅应急办编辑完成《云南省应急管理工作大事记（2003～2012年）》。

【监测预警】 2013年，省政府办公厅应急办对11次全省性强降水天气过程的监测预报和应急气象保障服务工作，特别是对6次西行台风对我省产生明显影响开展了有效的应急保障服务。省政府办公厅于1月9日印发了《云南省人民政府办公厅关于转发国务院办公厅做好雨雪冰冻天气应对工作文件的通知》，6月26日印发了《云南省人民政府办公厅关于做好强降雨天气防范应对工作的通知》。

3月29日，省政府《政务情况通报》（第31期）刊发了《云南省2012年突发事件基本情况和2013年趋势分析》，对2012年突发事件基本情况进行了总结，对2013年突发事件的发展趋势进行综合分析，研究提出主要对策和建议。

【应急区域合作】 在泛珠三角区域内地9省（区）应急管理合作方面，省政府办公厅应急办参加了5月27～28日在贵阳举办的泛珠三角内地9省（区）政府值班工作座谈会，11月26日在福建省厦门市召开的泛珠应急管理合作联席会议第五次会议，12月4日在海口举办的应急联动专题工作会议。

泛珠三角区域内地9省（区）应急管理合作联席会议秘书处，于1月9日印发了《泛珠三角区域内地跨省（区）特别重大、重大旅游突发事件应急预案》，6月27日印发《泛珠三角区域内地跨省（区）特别重大、重大气象灾害应急预案》（云南省政府应急办牵头起草），8月9日印发《泛珠三角区域内地9省（区）跨省（区）突发事件预警信息发布联动机制》，10月25日印发《泛珠三角区域内地跨省（区）粮食应急预案》（以下简称《粮食应急预案》）。

在西部13省（区、市、兵团）应急管理合作方面，省政府办公厅应急办于3月下旬到四川、重庆考察加强专业救援队伍和应急救援社会联动机制建设，8月27～30日参加了西部13省（区、市、兵团）应急管理合作联席会议第二次会议。

4月20日四川省芦山地震发生后，中共云南省委、省人民政府于地震当日向四川省委、省政府发出慰问电，并捐赠抗震救灾资金1000万元。云南省地震灾害紧急救援队108人于地震发生后迅即出动支援灾区抗震救灾。民政部门、红十字会、云南白药集团等向四川灾区调运、捐赠了资金、帐篷、药品等。

（张建民　阙云彩　李显东）

抗灾救灾赈灾

2012年灾情及抗灾救灾

【概　述】　2012年，云南省先后遭遇了年初大旱、宁蒗“6·24”地震、宣威“7·13”洪涝、昭通“7·15”洪涝、景谷“7·31”洪涝、洱源“8·6”泥石流、水富“8·6”洪涝、宣威“8·29”滑坡、墨江“9·2”洪涝、彝良“9·7”地震和“9·11”洪涝、施甸“9·11”地震和彝良“10·4”山体滑坡等严重自然灾害。据统计，截至12月30日，全省因各种自然灾害共造成2306.35万人次不同程度受灾，因灾死亡232人、失踪10人，紧急转移安置29.71万人，饮水困难人口602.54万人，民房倒塌10.47万间、损坏64.23万间，农作物受灾1783.37千公顷、绝收274.82千公顷，灾害造成直接经济损失201.7亿元。

与2011年相比，2012年受灾人口、死亡（失踪）人口、倒塌房屋和损坏房屋等灾情指标有所增加，分别为22.8%、126.17%、72.2%和62.26%；农作物受灾、绝收面积和直接经济损失指标有所降低，分别为15.66%、14.32%和8.87%。从自然灾害灾种情况来看，2012年灾害种类以地震、旱灾、洪涝等灾害最为严重。灾害发生频次以洪涝、风雹灾害最多；受灾人口位居前三位的是旱灾、洪涝、风雹灾害，所占比例分别为60.92%、23.07%、9.67%；洪涝、地震和滑坡造成的死亡人口最多，所占比例分别为34.29%、34.71%、9.5%；地震灾害造成的紧急转移人口、倒塌、严重损坏房屋、一般损坏房屋最高，分别占75.67%、79.56%、84.21%、79.92%；农作物的受灾面积和绝收面积均以旱灾为最，占全部灾种的70.49%、68.82%。其次是洪涝灾害，分别占18.74%、17.73%。旱灾和洪涝灾害是导致2012年农作物受灾的最主要灾种，直接经济损失以洪涝、旱灾、地震灾害最高，分别占32.11%、31.57%、24.61%。

2012年全省共启动救灾应急响应16次；共安排救灾资金258451.85万元，其中，中央安排159700万元、省级财政61051.85万元、省级接收捐赠资金37700万元；共向灾区组织调运救灾帐篷35018顶、棉被74362床、大衣52698件、彩条布2932件、折叠床13570床、床垫5870床、衣服5052套、取暖炉3000个、雨衣2000件；共救助受灾群众537.1万人。

【旱　灾】　2012年是云南省连续遭遇第三年连旱，旱情最重时，全省16个州市127个县928.54万人因旱受灾，518.81万人、249.19万头大牲畜不同程度饮水困难，因灾造成全省需救助人口269.39万人；造成直接经济损失44.04亿元，其中，农业损失42.53亿元。

【宁蒗县“6·24”地震】　6月24日15时59分，丽江市宁蒗县、凉山州盐源县交界发生5.7级地震，震源深度11千米。造成宁蒗县、玉龙县13个乡镇7.1万人受灾，死亡3人，25人重伤，369人轻伤，倒塌房屋1965户21615间，严重损坏房屋4803户52833间，紧急转移安置21860人，大小牲畜死亡1200余只（头）；道路、水利、教育、医院等基础设施不同程度受损。经省地震灾害损失评定委员会评定，灾害共造成直接经济损失5.07亿元。

【景谷县“7·31”洪涝灾害】　7月31日凌晨，普洱市景谷县全县境内发生大到暴雨，威远镇、正兴镇短时间内发生单点性大暴雨，日降雨量分别为115.5毫米、138毫米，威远江、小黑江、勐嘎河等支流水位暴涨，导致威远镇、正兴镇小黑江（426处）发生严重洪涝灾害，共造成景谷县10个乡镇1.2万户3.72万人受灾，因灾死亡11人，失踪3人，受伤87人；倒塌房屋36户108间，紧急转移安置7326人，需救助8476人。交通、电力、通讯、水利等基础设施和公益设施遭受不同程度损毁。灾害造成直接经济损失3.2亿元，其中，农业经济损失1.3亿元。

【彝良县“9·7”地震】　9月7日11时19分，昭通市彝良县与贵州省毕节地区威宁彝族回族苗族自治县交界发生5.7级地震，震源深度14千米。12时16分，昭通市彝良县第二次发生5.6级地震，震源深度10千米。造成昭通市8县（区）80个乡镇74.4万人受灾，因灾死亡81人，受伤1012人，紧急转移安置20.1万人，倒塌房屋1900户6650间，严重损坏房屋3.75万户12.2万间，学校、卫生、交通、电力、

通讯、水利等基础设施和公益设施不同程度受损，经省地震灾害损失评定委员会评定，灾害共造成直接经济损失43亿元。

【彝良县“10·4”山体滑坡】 10月4日9时50分，彝良县龙海乡镇河村油房村民小组发生山体滑坡，造成油房小学教学楼全部被掩埋，822人受灾，19人死亡，1人受伤，房屋倒塌3户9间，因滑坡形成堰塞湖威胁紧急转移安置800人。直接经济损失203.75万元。

【救灾捐赠工作】 彝良“9·7”地震发生后，省政府向社会发布开展救灾捐赠活动公告，截至10月20日，云南省接收社会捐赠办公室（省民政厅）共接收4799.5212万元捐款和价值50.55万元物资。接收了由韩国政府捐赠的13440米彩条布、1000顶帐篷，价值约30万美元；接收了上海市政府捐赠人民币500万元。全年全省共接收社会捐款1.49亿元，

【三小工程】 为继续推进全省“三小”工程建设，在2011年为1310万户家庭发放小册子、157.5万户家庭发放了小应急包的基础上，2012年，云南省财政安排6321.85万元专项资金，为昆明、昭通、楚雄、普洱、大理和丽江等州（市）的3160925户家庭发放防灾应急小应急包。

【防灾减灾能力建设】 为加强全省基层防灾减灾能力建设，一是在2010～2011年已为1000个乡镇配备救灾车辆的基础上，协调省级财政安排补助经费1830万元，为昆明、曲靖、玉溪、楚雄、大理、红河6个州（市）的366个乡镇配备救灾车辆。二是协调省级财政安排2012年救灾物资储备库建设专项补助经费1000万元，用于全省20个新建和改扩建县级救灾物资储备库建设，完善全省救灾物资储备网络体系建设。三是举办了6期乡镇灾害信息员职业技能鉴定培训，对临沧、德宏、昆明、玉溪、普洱、西双版纳等6个州（市）530名灾害信息员进行了培训鉴定，进一步提高灾害信息员的业务知识和操作水平。四是全省共有20个社区被民政部评为全国综合减灾示范社区，至年底，全省共有83个全国综合减灾示范社区。

【深入推进十大能力建设】 由云南省减灾委办公室牵头，省政府办公厅和相关厅局共同起草完成了《云南省继续深入推进预防和处置地震灾害能力建设10项重点工作实施方案》及方案说明等相关工作，2012年9月26日上午，省政府第86次常务会议讨论并通过了该实施方案。《方案》明确提出，从2013年至2017年，省级财政每年安排不少于2亿元专项资金，用于防震减灾、救灾物资储备体系建设等十项重点工程建设，并加强组织领导、强化协调配合、科学计划实施，最大限度减轻地震灾害造成的损失、保护人民群众生命财产安全、保障全省经济社会又好又快发展。

【防灾减灾日宣传活动】 为做好全国第四个防灾减灾宣传活动，由云南省减灾委办公室牵头，会同地震、教育、国土、住建、水利、广电、卫生、消防、气象、红十字会等有关部门和单位，按各自职能和任务分工，围绕防灾减灾主题，广泛开展内容丰富、形式多样的防灾减灾宣传活动。5月12日，与昆明市人民政府联合在西山区碧鸡广场举行了云南省第四个“防灾减灾日”宣传活动，组织社区居民开展了防灾应急小演习，协调省通信管理局向全省手机用户发送公益短信。

【制度建设】 根据《自然灾害救助条例》、《财政部民政部自然灾害生活救助资金管理暂行办法》和《云南省救灾资金管理办法》等文件精神，结合云南省实际，省民政厅、省财政厅制定了《云南省自然灾害生活救助资金管理实施细则》（以下简称《细则》），于2012年8月印发执行。制定了《云南省自然灾害救助规定》，经省政府第96次常务会议审核通过，于2013年3月1日起施行，云南是第一个出台该条例的配套省份。

2013年灾情及抗灾救灾

【概　述】 2013年，云南省先后遭遇了连续4年干旱、镇雄“1·11”、“1·31”特大山体滑坡、洱源“3·3”、“4·17”地震、富源“7·2”洪涝、盐津“7·5”山体滑坡、迪庆“8·28”、“8·31”地震和云龙“9·8”泥石流等严重自然灾害，给灾区经济社会发展和人民生命财产安全带来严重影响。据统计，截至12月31日，全省因各种自然灾害造成2512.3万人次不同程度受灾，因灾死亡165人、失踪14人，饮水困难人口360.55万人、紧急转移安置人口7.54万人，民房倒塌19869间、损坏64.11万间，农作物受灾1890.83千公顷、绝收243.89千公顷，死亡大牲畜10252头（匹）；灾害造成直接经济损失249.61亿元。

与2012年相比，2013年的受灾人口、受灾面积和直接经济损失略高，其余各项指标均有所下降，受灾人口、农作物受灾面积和直接经济损失分别上升8.93%、6.03%和23.75%，死亡（失踪）人口、农作物绝收面积、倒塌房屋和损坏房屋分别下降26.03%、11.25%、80.99%和0.19%。从自然灾害分灾种情况来看，2013年灾害种类以旱灾、风雹、洪涝等灾害最为严重。灾害发生频次以洪涝、风雹灾害最多；受灾人口位居前三位的是旱灾、低温冷冻、雪灾，所占比例分别为51.4%、15.8%、12.84%；滑坡、洪涝和风雹造成的死亡人口最多，所占比例分别为39%、27%、16%；地震灾害造成的紧急转移人口、倒塌、严重损坏房屋、一般损坏房屋最高，分别占81.07%、66.11%、85.53%、83.27%；农作物的受灾面积和绝收面积均以旱灾为最，占全部灾种的44.73%、47.89%，其次是雪灾，分别占22.3%、12.11%，旱灾和雪灾是导致2013年农作物受灾的最主要灾种；直接经济损失以旱灾、雪灾和地震灾害最高，分别占32.21%、22.99%、14.09%。

2013年国家减灾委、民政部针对云南灾情启动救灾应急响应3次，其中，三级响应1次、四级响应2次。云南省减

灾委共启动救灾应急响应14次，累计派出48个工作组共170余人次赴灾区一线查灾、核灾。全年共安排下拨救灾资金15.89亿元，其中，中央安排11.82亿元，省级安排4.07亿元，共向灾区安排下拨中央和省级救灾帐篷19127顶、棉被48410床、棉大衣40780件、衣服5990套、折叠床11770张、床垫8310床、彩条布1243件、睡袋1689个等物资，用于安排受灾群众基本生活，共救助受灾群众534万人次。

【旱　灾】 2012年冬至2013年春，全省大部分地区气温高、风速大、湿度小、蒸发大、太阳辐射强、降水稀少，干旱呈持续发展态势，是继2009年入秋以来遭遇严重旱灾后发生的四年连旱，连年受旱致使灾害叠加效应明显，小春作物大面积减产甚至绝收，水库塘坝干涸，部分山区、半山区群众生活困难程度进一步加剧。旱灾最严重时造成全省16个州（市）128个县（市、区）1244.89万人受灾、269.77万人需救助，342.38万人、168.91万头大牲畜出现不同程度饮水困难，全省直接经济损失61.58亿元。

【镇雄县“1·11”、“1·31”山体滑坡】 1月11日，昭通市镇雄县果珠乡高坡村赵家沟村民小组发生山体滑坡灾害，灾害共造成14户46人被掩埋，其中，男27人，女19人；儿童19人（男11人），60岁以上7人，农作物受损20公顷，掩埋耕地33公顷，损坏住房63间，直接经济损失4550万元；1月31日，镇雄县中屯镇头屯村发生山体滑坡灾害，由于监测预警及时，受滑坡威胁的326户1225人全部安全转移。

【洱源县“3·3”、“4·17”地震灾害】 3月3日13时41分，云南省大理白族自治州洱源县（北纬25.9度，东经99.7度）发生5.5级地震，震源深度9千米。4月17日9时45分，大理州洱源县、漾濞县交界（北纬25.9度，东经99.8度）发生5.0级地震，震源深度11千米。两次地震造成大理州洱源、漾濞、云龙、永平、剑川等5县12个乡镇、61个行政村（居委会），受灾人口141588人，30人受伤，其中1人重伤。紧急转移安置22494人，倒塌房屋520户2108间、严重损坏3319户19821间、一般损坏12053户72301间，教育、卫生、交通等基础设施受损严重，共造成直接经济损失70800万元。

【迪庆州“8·28”、“8·31”地震】 8月31日8时04分，迪庆藏族自治州香格里拉县（北纬28.2度，东经99.4度）发生5.9级地震，震中位于香格里拉县尼西乡，震源深度10千米。此前，8月28日4时44分，四川省甘孜藏族自治州得荣县、云南省迪庆藏族自治州德钦县、香格里拉县交界地区（北纬28.2度，东经99.3度）发生5.1级前震，震源深度9千米。地震造成香格里拉、德钦2个县12个乡镇114051人受灾、3人死亡、40人受伤、紧急转移安置19988人、3340户民房倒塌及严重损坏。地震灾害造成教育、卫生、交通等严重损坏，直接经济损失145500万元。

【应急避险工作】 云南省减灾委办公室牵头省国土、住建、交通、水利、卫生、安监等部门和驻滇部队，对全省的应急救援队伍、装备和物资储备情况进行了全面、认真统计，完成了《云南省救灾力量手册》的制作，配合省测绘局完成全省救灾力量分布系列图制作、《云南省应急救灾指挥信息系统》建设等相关工作。同时，对全省的应急避难场所情况进行了统计调查，配合省测绘局制作全省应急避险图。

【防灾减灾日宣传活动】 在全国第五个“防灾减灾日”宣传活动周期间，以云南省减灾委办公室名义联合昆明市人民政府于“5·12”当天在昆明防震减灾技术试验基地举行大型主题宣传日活动，并以省政府办公厅名义下发通知，将“5·12”宣传活动延伸一周，各中央驻滇新闻单位、省级媒体、都市类媒体和网络媒体积极配合省政府宣传周活动，对防灾减灾科普知识、防灾减灾体系建设成果等内容进行全方位、立体式宣传报道。省级财政共安排60万元，制作了3万张光盘，由省民政厅牵头会同省地震局、国土资源厅、住房和城乡建设厅等省直有关职能部门制作防灾减灾科普宣传光碟、图册等宣传资料，发送给省级和州（市）机关事业单位。

【政策性民房地震保险】 根据民政部、财政部、国家保监局统一安排部署，云南省民政厅与财政厅、保监局联合开展农村民房保险工作，草拟了《云南省政策性民房地震保险制度试点专项方案》，于2014年在楚雄州开展政策性民房地震保险试点工作。

（丁艳琴　许杨阳　陈湘宏）

救灾投入与效益

概　　况

【灾情损失】　2012年，云南省先后遭遇了年初大旱、宁蒗“6·24”地震、宣威“7·13”洪涝、昭通“7·15”洪涝、景谷“7·31”洪涝、洱源“8·6”泥石流、水富“8·6”洪涝、宣威“8·29”滑坡、墨江“9·2”洪涝、彝良“9·7”地震和“9·11”洪涝、施甸“9·11”地震和彝良“10·4”山体滑坡等严重自然灾害。据统计，截至12月31日，全省因各种自然灾害共造成2306.35万人次不同程度受灾，因灾死亡232人、失踪10人，紧急转移安置29.71万人，饮水困难人口602.54万人，民房倒塌10.47万间、损坏64.23万间，农作物受灾1783.37千公顷、绝收274.82千公顷，灾害造成直接经济损失201.7亿元。

2013年，云南省先后遭遇了连续第四年干旱、镇雄“1·11”、“1·31”特大山体滑坡、洱源“3·3”、“4·17”地震、富源“7·2”洪涝、盐津“7·5”山体滑坡、迪庆“8·28”、“8·31”地震和云龙“9·8”泥石流等严重自然灾害，给灾区经济社会发展和人民生命财产安全带来严重影响。据统计，截至12月31日，全省因各种自然灾害造成2512.3万人次不同程度受灾，因灾死亡165人、失踪14人，饮水困难人口360.55万人、紧急转移安置人口7.54万人，民房倒塌19869间、损坏64.11万间，农作物受灾1890.83千公顷、绝收243.89千公顷，死亡大牲畜10252头（匹）；灾害造成直接经济损失249.61亿元。

【救灾资金投入】　2012～2013年，在省委、省政府的正确领导下，在财政部的关心帮助下，省财政共筹措安排救灾资金33.34亿元。按年度划分，2012年21.87亿元，2013年11.47亿元；按资金来源分，中央补助23.59亿元，省级财政安排9.75亿元；按用途划分，社会保障27.76亿元，经济建设2.35亿元，综合财力补助3.23亿元。

资金使用与效益

【概　述】　为做好抗灾救灾工作，切实安排好灾区群众生产生活和恢复重建，按照省委、省政府的要求，省级财政部门千方百计采取措施，不断加大救灾资金投入力度，积极配合有关部门按照统筹规划、突出重点的原则，根据灾区损失情况和自救能力等因素合理安排救灾资金，优先安排重灾区，并对边疆民族地区和贫困地区给予适当照顾，确保救灾资金拨付的时效性、安全性和效益性。

【保证灾民基本生活】　2012～2013年期间，通过安排应急抢险和其他抗灾救灾资金，紧急转移安置灾民，及时修复灾区“生命线”工程，保证了受灾群众有饭吃、有衣穿、有干净水喝、有临时住所、有病能医治，以及解决因灾无房可住、无生产资料和无收入来源的“三无”人员的临时生活补贴。由于地震等造成大量民房倒损，省级财政通过追加预算安排、争取中央支持等渠道，积极筹措资金，并整合农村危房改造及地震安居工程补助资金，帮助灾民恢复重建民房，确保灾民住上宽敞、明亮的新房。通过积极有效的救灾工作，保障了灾民基本生活，维护了灾区社会稳定。

【保证灾民基本生产】　2012～2013年期间，通过安排抗旱救灾、森林防火、扶贫救济、教育、科技、文体、农业综合开发土地治理、地质灾害防治、灾后恢复重建等资金，用于解决因严重旱情造成的人畜饮水困难，包括提、拉、运、抽水油料补助、兴建抗旱应急水源工程等，用于补改种、晚秋种植、冬季农业开发以及受灾农民购买种子、化肥、地膜等补助、用于人工降雨和地下找水补助、用于开沟疏浚和衬砌渠道、扩建加固小型水库、修复拦河坝及排灌站、埋设管道；用于蔬菜调运补贴；用于地质灾害防治，损毁公路、校舍、水库、旅游景区等项目的恢复重建。有力地支持了贫困山村灾后恢复重建，帮助农户尽快恢复农业生产，减少农户损失，稳定粮食增产，帮助灾区恢复正常生产秩序，促进灾区各项社会事业的协调发展。

【推进防震减灾体系建设】 为进一步做好全省预防和处置地震灾害能力建设工作，2012～2013年期间，继续安排云南省预防和处置地震灾害能力建设10项重点工程专项资金4亿元。在资金分配中，省财政坚持“统筹兼顾、保障重点、保持连续性、尽快形成防震减灾能力”的资金安排原则，重点倾斜支持云南省滇东北、滇西至西北、滇南和滇西南4个地震重点危险区域，涉及12个州（市）55个县的救灾物资储备、应急救援能力和避难场所建设，并持续支持了部队提高救援水平和地震部门的预警监测能力建设。

【支持农村危房改造工作】 2012～2013年期间，省级财政积极筹措农村危房改造及地震安居工程补助资金75.15亿元，努力完成省政府确定的90.3万户农村危房改造任务，农村民居抗御地震等自然灾害的能力显著提高。

【实施防灾应急三小工程】 2012～2013年期间，继续安排防灾应急三小工程经费4000万元，按照每户20元的标准发放防灾应急小应急包，进一步提高全省人民群众防灾减灾的忧患意识和自救能力。

资　金　监　管

【健全完善救灾资金管理制度】 省财政历来高度重视救灾资金的监管，加强和规范救灾专项资金管理，充分发挥财政资金的使用效益。一是严格按照《自然灾害救助条例》、《云南省救灾资金管理办法》、《自然灾害生活救助资金管理暂行办法》及其他救灾资金管理的规定，勤俭节约，切实管好用好救灾资金。二是督促宁蒗、彝良、洱源、迪庆等灾区州（市）、县两级财政部门要根据救灾资金管理的规定，结合当地实际，及时拟定出台操作性较强的救灾资金管理办法和实施细则，确保救灾资金的管理有章可循、规范运行。三是督促落实好项目资金，积极会同民政、住建、发改、教育、卫生等部门，统筹协调、认真落实好整个重建资金总盘子，确保资金投向最为关键的民生领域，特别是民房恢复重建。应急资金要按规定使用，剩余部分要全部作为恢复重建资金统筹安排和使用。

【完善救灾物资资金发放制度】 一是大力推进救灾资金“一卡式”发放。为确保救灾资金以最快的速度发放到灾民手中，减少发放的中间环节。除部分救灾专项资金可考虑以现金方式补助给灾民外，其余包括救助灾民的基本生活补助资金、灾民倒塌房屋恢复重建补贴资金等，严格按照财政资金直补农民政策和支付方式改革的要求，实行“一卡式”集中发放，补助资金及时、足额打入灾民存折或“一卡通”，确保救灾款真正用在最需要救助的灾民身上。二是接收和发放救灾专项资金，坚持账目公开、发放对象公开、分配方案公开和发放程序公开的“四公开”原则。对接收到的捐款，通过媒体及时对外公布；在救灾资金的使用上，做到公开、公正、透明，自觉接受社会各界的监督，确保救灾资金物资在阳光下运行。

【加大救灾资金监管和处罚力度】 一是推行灾民救助物资阳光采购。救助物资由县级政府按照政府采购法的相关规定，按照“公开、公平、公正”的原则进行采购后，及时将救助物资直接发放到灾民手中，减少了中间环节。二是实行专账管理，专款专用。上级拨付的专项救灾资金、本级财政安排的救灾资金、社会救灾捐赠资金等，全额纳入财政专户，并进行单独核算、封闭管理。按照中央和云南省有关救灾资金使用管理的规定，严格界定救灾资金的使用范围：救灾资金只能用于帮助解决受灾群众无力克服的衣、食、住、医等困难，投向恢复重建规划明确提出的受灾群众过渡期安置、民房恢复重建、基础设施建设和社会事业工程等项目。三是联合审计、纪检监察等部门对救灾专项资金的使用、管理情况进行专项监督检查，适时掌握救灾资金使用和管理动态。对救灾资金使用、管理中存在的不规范行为，及时进行纠正，杜绝转移、挤占、挪用救灾专项资金等违规行为发生，保证救灾资金及时、足额到位。对救灾资金使用、管理中出现的违法违规问题，严格按照《财政违法行为处罚处分条例》等法律法规的规定严肃处理。

（王永明）

财产保险

概　况

中国人民财产保险股份有限公司云南省分公司是云南省业务规模最大的财产保险公司，主要经营财产保险、责任信用保险、意外伤害保险和健康保险业务。遍布全省各县、市（区）198个分支机构、670个城乡营销服务部、761个保险服务站和5611个保险服务咨询点。2012年签单保费人民币56.49亿，赔款人民币30.41亿；2013年签单保费人民币65.91亿，赔款人民币36.62亿。巨大的经济补偿对促进云南经济发展和社会稳定发挥了重要的作用。

重大赔款案件

【"5·20"临沧市旱灾】　2012年1月至6月，临沧地区的耿马、凤庆等地，遭遇连续干旱，造成甘蔗大面积干旱，经过查勘定损最终赔付人民币160万元。

【"6·20"大理州暴雨灾害】　2012年06月20日，大理州大理市凤仪镇玉米种植户因发生暴雨造成种植玉米受损，经过查勘定损最终赔付人民币90万元。

【"7·25"红河州强降雨灾害】　2012年6月21日至7月25日，红河州泸西、建水、弥勒地区遭遇暴雨袭击，造成烟草受损，经过查勘定损最终赔付人民币909万元。

【"6·20"昆明金亨商贸火灾】　2012年6月28日。昆明金亨商贸有限公司发生火灾造成仓库及存货受损，经过查勘定损最终赔付人民币259万元。

【"6·28"建水县雹灾】　2012年6月28日，红河州建水县发生冰雹灾害造成烟草受损，经过查勘定损最终赔付人民币249万元。

【"7·18"武钢集团新兴公司火灾】　2012年7月18日，武钢集团昆明钢铁股份有限公司玉溪市新兴钢铁公司发生火灾造成机器设备受损，经过查勘定损最终赔付人民币1420万元。

【"8·2"大姚县雹灾】　2012年8月2日，楚雄州大姚县多地频发冰雹、水灾、风灾等自然灾害，导致多处乡镇烤烟、玉米、水稻等农作物受灾，经过查勘定损最终赔付人民币69.4万元。

【"8·6"玉溪市雹灾】　2012年7月底至8月中旬，玉溪市大范围发生雷雨天气，导致全市的烤烟大面积被洪水浸泡、冲毁和暴风冰雹损毁，造成红塔区、江川、易门、峨山、新平县共4.766万亩烟草受灾，经过查勘定损最终赔付人民币411万元。

【"6·14"华能泥石流灾害】　2012年8月26日，华能澜沧江水电有限公司遭遇特大暴雨，造成泥石流灾害，经过查勘定损最终赔付人民币43万元。

【"11·3"红塔集团运烟车火灾】　2012年11月3日，红塔烟草（集团）有限责任公司车辆在西汉高速安康路段发生火灾造成所运卷烟受损，经过查勘定损最终赔付人民币1698万元。

【"3·20"云天化暴雨灾害】　2013年3月20日，云天化国际化工股份有限公司三环分公司发生暴雨造成物资损失，经过查勘定损最终赔付人民币239万元。

【"4·28"勐腊县冰雹灾害】　2013年4月28日，西双版纳州勐腊县各乡镇受到天气影响突降暴雨、冰雹，导致天然橡胶树受损严重，经过查勘定损最终赔付人民币40万元。

【"5·9"云桂铁路暴雨灾害】　2013年5月9日，中铁二十五局集团有限公司云桂铁路云南段项目经理部发生暴雨造成物质损失，经过查勘定损最终赔付人民币369万元。

【“6·7”盐津县洪水灾害】 2013年6月7日，昭通市盐津关河水电有限公司发生洪水造成物质损失，经过查勘定损最终赔付人民币113万元。

【“6·9”勐海县旱灾】 2013年6月9日，西双版纳州勐海县勐遮镇农业综合服务中心发生干旱造成水稻损失，经过查勘定损最终赔付人民币119万元。

【“6·20”景洪市木材厂火灾】 2013年6月20日，西双版纳州景洪市志成公司木材加工厂发生火灾造成厂房及设备损失，经过查勘定损最终赔付人民币146万元。

【“7·5”鲁甸县理世物流运烟车火灾】 2013年7月5日，昭通市鲁甸县理世实业有限责任公司理世物流分公司车辆在四川内江到遂宁安岳地段发生火灾造成运输卷烟损失，经过查勘定损最终赔付人民币224万元。

【“7·19”昆明轨道强降雨灾害】 2013年7月19日，昆明轨道交通有限公司发生暴雨造成物质损失，经过查勘定损最终赔付人民币566万元。

【“7·19”云南电信强降雨灾害】 2013年7月19日，中国电信股份有限公司云南分公司发生暴雨造成物质损失，经过查勘定损最终赔付人民币185万元。

【“9·8”云龙县泥石流灾害】 2013年9月8日，云龙县腾龙水电有限责任公司发生泥石流造成物质损失，经过查勘定损最终赔付人民币231万元。

（杨　萍）

人寿保险

概　况

中国人寿保险股份有限公司云南省分公司2012年实现保费收入55.35亿元，赔付支出10.72亿元。2013年实现保费收入53.64亿元，赔付支出15.21亿元。截至2013年年底，共有分（支）机构140家，从业人员16545人，其中营销员13858人。

赔付事件

【西畴县柏林乡中心学校食物中毒案】　2012年4月9日，西畴县柏林乡中心校柏林中、小学（中学与小学合并在中学上课）发生学生食物中毒事件，中毒人数为440人，全部为在校学生，分别在医院门诊或住院治疗，公司共计赔付意外医疗保险金55410.40元。

【景谷县威远镇泥石流理赔】　2012年7月31日，普洱市景谷县威远镇暖里村岔河社发生泥石流，造成暖里村部分人员、房屋、农田、牲畜等被泥石流冲走。经核实，公司客户有一名学生身故，读四年级，全家人都在这次灾害事故中遇难。公司向受益人给付身故保险金40000元。

【彝良县5.7级地震及泥石流赔付】　2012年9月7日，昭通彝良县发生5.7级地震，其中11名小学生属于中国人寿客户，在本次地震中遭受不同程度的伤害，公司共赔付意外伤害住院医疗费用23000元。

2012年9月7日，彝良县发生5.7级地震后，10月4日再次发生泥石流灾害，龙海小学受灾严重，在灾害中遇难的学生当中，有18名小学生是中国人寿客户，每人给付身故保险金10000元，合计180000元。

【勐海县勐满小学误食蓖麻子中毒事件】　2012年12月26日，西双版纳州勐海县勐满小学发生8名学生集体误食蓖麻子中毒事件，公司共赔付医疗保险金3326.19元。

【鹤庆县三合小学集体食物中毒事件】　2013年5月31日，鹤庆县辛屯镇三合小学发生22名学生食物中毒事件，公司赔付医疗费14172.88元。

【巧家县山洪赔付】　2013年8月8日，被保险人曾XX在溢洪硐内处理沙石时，山洪暴涨，曾XX被泥石流卷走，导致身故。公司给付身故保险金200000元。

【迪庆“8·28”、“8·31”地震赔付】　2013年8月28日，迪庆州香格里拉县、德钦县、四川省甘孜州得荣县交界处发生5.1级地震；8月31日上午8点零4分迪庆州香格里拉县、德钦县、四川省甘孜州得荣县交界处发生5.9级地震，香格里拉县城区震感较强，香格里拉县尼西乡以及德钦县奔子栏道路塌方严重部分地段通讯中断。中国人寿迪庆支公司立即启动应急预案，成立地震灾区工作组和后期保障小组，由总经理带队，于2013年8月31日9时赶往地震灾区，途中道路多处发生塌方，随时堵车。在地震抗震救灾期间，中国人寿驻守灾区，与医院、政府部门密切联系，经多方排查，死亡6人、受伤28人，其中德钦县奔子栏镇一小学生参保“学生平安系列保险”及“计划生育意外伤害保险”。根据大灾期间特事特办的要求，中国人寿将学生平安意外伤害费用保险金3000元及计划生育意外伤害保险金2000元，合计5000元，送到正在医院治疗的学生家长手中。“地震无情、国寿有爱”，中国人寿充分体现央企的社会责任感，一心为灾区承担风险，向灾民奉献爱心，体现快速理赔、雪中送炭的企业精神。

（聂文亮　刘有茂　杨　渝　杨锡慧）

驻滇77200部队抗灾救灾

概　况

2012～2013年，14集团军先后出动累计出动兵力1万余人次、各型车辆3000余台次辆，参与扑火救灾20次，抗旱、防汛救灾各1次，抗震救灾4次，扑火救灾20次、山体滑坡紧急救援1次。遂行任务中，77200部队预有准备、迅即反应，加强领导、高效指挥，把握特点、科学行动，有力保护了人民群众生命和财产安全，赢得了各级党委、领导和地方群众的高度赞誉。尤其在2013年4月20日，四川省芦山县发生7.0级强烈地震救灾中，77208部队出动57人，携带2个作业面器材和2条生命搜索犬，空地输送相结合，紧急抵达雅安市芦山县龙门乡立即展开救援。5月21日，中共中央总书记、国家主席、中央军委主席习近平视察芦山地震灾区看望77208部队地震救援队时指出："77200部队在此次抗震救灾斗争中，发挥了主力军和突击队作用，危难之时显示了人民子弟兵的英雄本色，希望你们再接再厉，再立新功。"11月10日，派员赴美国夏威夷贝洛斯训练基地参加了中美两军人道主义救援减灾第九次研讨交流暨首次联合实兵演练，深入了解美军室内研讨、地震救援的组织实施程序和方法，探索了两军联合救援行动的方法路子。

2012年抗灾救灾

【扑灭盘龙区森林火灾】　2月10日，昆明市盘龙区小河村发生森林火灾，应地方政府请求，77289部队出动救灾官兵200人、各型车辆14台、携带各类扑火器材200余件（把），历时17个多小时，浇洒灭火用水2余吨，扑灭明火7处，排除烟点200余处，巡查火线10千米，清理和监控火场面积近4平方千米，安全圆满完成了扑火救灾任务。

【扑灭红塔区森林大火】　2月14日9时，玉溪市红塔区大营街镇发生森林火灾，应当地政府请求，77208部队于16日分两批出动250名官兵、各型车辆13辆，携带专业救火装备150余件（套）赶赴火场，采取"沿线展开、梯次推进，严守密围、反复清排"的方法，历时48小时，先后扑灭明暗火点126处1600余个、开挖防火隔离带520余米、清埋火场2.2平方千米，于18日11时圆满完成扑火救灾任务。

【扑灭盘龙区森林火灾】　3月1日，昆明市盘龙区双龙乡发生森林火灾，应地方政府请求，77289部队紧急出动官兵197人，各型车辆3台，携带各类扑火装备器材200余件（把），经3小时奋战圆满完成救灾任务。累计浇洒水量3余吨，排除烟点170余处，巡查火线4千米，开挖防火隔离带2.5千米，清理和监控火场面积3平方千米。

【扑灭易门县森林火灾】　3月18日，玉溪市易门县发生森林大火并蔓延至昆明境内，应昆明市、玉溪市政府请求，19至24日，77225部队、77226部队、77289部队共出动官兵1037人、车辆74台，分赴安宁王家滩、易门茶树村扑火救灾。救灾官兵英勇顽强，昼夜连续奋战118小时，共开挖防火隔离带6千米，扩宽防火隔离带7.2千米，扑灭明火900余处、发烟点3000余处，消耗灭火弹1358枚，运水178吨，清理过火区域5.8万平方米，看守火线24.8千米。

【扑灭晋宁县森林火灾】　3月28日14时，昆明市晋宁县清水河昆玉高速公路东侧突发森林火灾，严重威胁国家"774"火工仓库、昆玉高速安全。应地方政府请求，分批出动77225部队、77226部队、77208部队救灾兵力1395人、车辆96辆，采取"先开挖、再反烧、后扑灭"的办法，与森警密切协同，连续奋战5昼夜，成功将大火扑灭。救灾中，官兵充分发挥主力军和突击队作用，不怕疲劳、艰苦奋战，共扑灭明火点1216处，开挖隔离带约8.2千米，看守火线12.7千米，扑灭复燃点2860余处，运水145吨，清排火场2000余亩。云南省和昆明市党、政主要领导在救灾期间多次表扬救灾部队特别能战斗、特别能吃苦，号召全体扑火参战单位向部队官兵学习。

【扑灭江川县森林大火】 4月17日，玉溪市江川县大街镇伏家营村发生森林火灾，应当地政府请求，77266部队出动100名官兵、各型车辆6辆，携带专业扑火装备100余件（套），赶赴火场参加扑火救灾。经救灾官兵连续奋战，于18日23时成功将大火扑灭，累计扑灭明暗火点58处600余个，巡查火线1000余米，开辟隔离带560米，清理火场80余亩。

【扑灭大理州、玉溪市2起森林大火】 4月23日，大理州大理市挖色镇花椒箐村附近发生森林大火，77275部队出动官兵200人、各型车辆10辆、各类扑火装备器材180余件，连续奋战2昼夜，圆满完成扑火任务，累计扑灭明火10余处，清理余火200余处，开挖防火隔离带3.9千米，看守火线4.7千米。4月25日，玉溪市红塔区洛河乡发生森林大火，77208部队出动官兵150人、各型车辆11辆、各类扑火装备器材138余件，连续奋战3昼夜，圆满完成扑火任务，累计开挖隔离带800余米，看守火线3.8千米。

【扑灭玉龙县2起森林火灾】 5月18日18时，丽江市玉龙县鸣音乡太和村突发森林火灾，应地方政府请求，77266部队组织100名驻训官兵、各型车辆5辆，参加扑火救灾用水运送及监控火场任务，经17小时奋战，累计运送灭火用水10余吨。5月21日12时，玉龙县石鼓镇冷水沟村突发森林火灾，77266部队组织100名驻训官兵、各型车辆5辆，参加扑火救灾任务，经3小时奋战，共扑灭明暗火点28处220余个，巡查火线3000余米，清理火场600余亩。

【参加宁蒗5.7级地震抗震救灾】 6月24日15时59分，云南省丽江市宁蒗县永宁乡发生5.7级地震，给当地人民群众生命财产造成重大损失。灾情发生后，14军立即启动抗震减灾预案，按照“专业用兵、就近用兵”的原则，抽调77266部队在丽江市玉龙县石鼓镇驻训官兵、77208部队地震灾害紧急救援队、77263部队工兵和医疗分队共计206人、各型车辆27台，组成抗震救灾救援队，连夜奔赴灾区深入受灾最为严重的永宁村参加救灾。救灾官兵充分发挥生力军和突击队的作用，不惧危险、不顾疲劳、连续奋战，于6月30日圆满完成救灾任务。共巡诊受伤群众986人（次），建立灾区最大的医疗点接诊病人871人（次），发放药品35000多片（袋）；抢救物资16214件，人力转运并发放物资4600件，卸载物资67吨，运输物资3895件，搭建帐篷957顶，拆除危房455间，维修房屋20间。

【参加彝良5.7、5.6级地震抗震救灾】 9月7日11时19分、12时16分，昭通市彝良县、贵州省毕节市威宁彝族回族苗族自治县交界处发生5.7级、5.6级地震。率77225部队、77208部队、77221部队和77215部队共出动官兵933人、各型车辆159台，紧急赶赴昭通市昭阳区、彝良县、大关县受灾严重地区，搜救生命、抢通道路、运送物资、防疫洗消、转移群众、安置灾民。救灾官兵充分发挥主力军和突击队作用，经20天的艰苦奋战于9月27日圆满完成救灾任务，安全回撤。期间，累计搜救处理遇难者遗体6具，解救被困人员2004人，安置群众10100人，诊治伤病群众252人，排除险情593处，防疫洗消41万余平方米，抢运物资2006吨，拆除危房660间，搭建帐篷、板房学校21所，搭建帐篷2904顶、板房197间，抢通道路132.8千米，清理废墟及淤泥8247余立方米，部队官兵向灾区捐款320余万元，受到了国务院总理温家宝、云南省委书记秦光荣、省长李纪恒等领导表扬，赢得了灾区党委、政府和人民群众广泛赞誉。

【参加彝良县龙海乡山体滑坡救灾】 10月4日，昭通市彝良县龙海乡发生大面积山体滑坡，造成18名学生和1名村民被掩埋。接上级命令，77208部队紧急救援队迅疾出动兵力50人，各型车辆10台，携带两个作业面的专业救援设备和两条搜救犬，采取摩托化机动方式行程620余千米，赶赴龙海乡田头小学受灾点开展生命搜救、清除淤泥、疏通河道、恢复路面等任务。经过4天的连续奋战，于7日完成救援任务，挖掘出遇难者遗体1具，清除淤泥60余方、疏通河道20余米，恢复路面70余米。期间，国务院总理温家宝看望了救灾一线官兵。

【中美减灾联合推演救援装备展示】 11月28日，美太平洋陆军第八战区维持部队司令斯蒂芬·里昂斯少将等美军代表团一行25人，参观了77208部队援装备器材展示，观看了云南省地震灾害紧急救援队救援纪实片，参观了7大类114件救援装备器材和部分装备的操作演示。里昂斯少将对工兵团救援队做出的突出成绩致以崇高敬意，高度评价救援队紧急救援能力，称赞工兵团救援队是到访部队中最优秀的队伍，是一支训练有素、装备精良的队伍，是一支无愧于获得国际赞誉以及中国人民爱戴的队伍，并祝愿中美两军共同为人道主义救援减灾工作做出更大的贡献。

2013年抗灾救灾

【扑灭大理市下关森林火灾】 2月6日，大理州大理市下关镇吊草村委会黄家村发生森林火灾，应大理州政府请求，77263部队于2月7日5时30分至9日10时00分，先后4次组织77275部队、77278部队、77263部队直属队共计出动1300余人、各型车辆65台，携带各类扑火器材1240余件（套）赶赴火场一线。针对火灾现场东临重镇（凤仪）、西临村庄、南临森林、北临市区（下关），周边变电站、油库、液化气场、炸药库等易燃易爆建筑设施较为密集的实际，按照“全面准备、快速到位，完成任务、确保安全”的原则，救灾官兵在海拔2300米复杂山地、复杂火情、复杂天候情况下，连续奋战53小时，共扑灭明火点400余处、暗火点1200余处，清理火场12平方千米，运送救灾用水22余吨，开挖宽20米的防火隔离带近10千米，圆满完成扑救任务。

【扑灭盘龙区森林火灾】 2月12日15时20分，昆明市盘龙区大凹子村发生森林火灾，77289部队于12日20时27分接到上级命令后，快速启动应急预案，出动应急专项值班分队300人，各型车辆5台，救灾器材386件（套、把），采取徒步行军的方式赶赴火场，连夜展开看守火场（线）、开挖隔离带、清理暗火点、送水等任务。连续奋战46小时，累计浇洒灭火用水3余吨，扑灭较大明火7处，排除发烟（火）点300余处，巡查火线约5千米，清理和监控火场3平方千米，救灾部队于15日17时20分完成扑火任务。

【扑灭宜良、石林县2起森林大火】 2月28日、3月1日，昆明市宜良县阳宗海林场小白龙林区和石林县圭山镇海邑双坝塘发生森林火灾，应昆明市森林防火指挥部请求，先后出动炮兵旅、77226部队和77223部队共1200人，各型车辆77辆，赶赴火场参加扑救，共扑灭明火点2347处，发烟点2878处，巡查火线7千米，清理火场15余公顷，运送灭火用水47.2吨，消耗灭火弹520枚，保护了群众的生命和财产安全。截止3月4日12时50分，救灾官兵全部回撤归建，全程安全无事故。

【参加洱源5.5级地震抗震救灾】 3月3日13时41分，大理州洱源县炼铁乡发生5.5级地震。应大理州政府请求，77275部队出动200人，各型车辆22台，各类装备器材449件（套），于22时00分到达任务区洱源县，分炼铁乡、西山乡、乔后镇、新庄村4个方向展开救援。共为灾区卸载、搭设帐篷780余顶、卸载棉被40套、卸载生活物资约20吨，排查危房263间，转移安置群众130人，分发教学帐篷60顶、搬移课桌320套，义务巡诊350人次，发放药品45种240余瓶，圆满完成了任务，于6日17时10分安全返回营区。

【扑灭漾濞县森林大火】 3月7日7时30分，大理州漾濞县平坡寨邑头村发生森林火灾，应大理州政府请求，77281部队按应急预案第一时间出动300人，各型车辆18台，携带扑火专业设备及土木工具共240件（套），快速前往灾区参加扑火救灾。共扑灭明火点62处，扑灭暗火点800余处，清理烟点1260余处，运水3.2吨，看守火线3.5千米，圆满完成了任务，于3月10日18时20分顺利回撤至营区。

【扑灭安宁市森林大火】 3月30日，昆明市安宁草铺镇三家村后山发生森林火灾，应昆明市森林防火指挥部请求，先后出动77225部队、77226部队和77221部队共900人，各型车辆62台，快速赶赴火场开展扑救。共扑灭明暗火点520余处、排查发烟点1600余个、看守火场10平方千米，送水70余吨、灭火弹300余箱，发挥作用明显，保护了群众的生命和财产安全。截至4月2日15时30分，救灾官兵全部回撤归建，全程安全无事故。

【扑灭西山区、安宁市2起森林火灾】 4月8日、9日，昆明市西山区团结街道办事处百王寨、安宁市禄脿街道办事处上禄脿村相继发生森林火灾，应昆明市森林防火指挥部请求，先后出动77289部队、77225部队、77221部队各300名官兵，各型车辆49辆，携带专业扑火工具和御寒被装，连夜奔赴火场遂行扑火救灾任务。累计看守火场55小时，坚守火线13.5千米，人工运水57吨，清理余火和扑灭烟点1600余处，受到地方党委政府和人民群众一致好评。救灾官兵于11日12时00分安全回撤。

【参加四川芦山7.0级地震抗震救灾】 4月20日11时29分，四川芦山7.0地震发生后，77208部队地震灾害紧急救援队出动57人，携带2个作业面器材和2条生命搜索犬，空地输送相结合，于当日13时33分从昆明长水机场出发，次日1时28分抵达雅安市芦山县龙门乡并立即展开救援。经过44天连续奋战，救援队共解救被困群众3名，挖掘失踪被埋遗体1具，转移安置群众610人，搜索排查1996户，医疗巡诊568人，抢运转移物资182.5吨，清理拆除危房237间，清理废墟36.5方，平整场地7300余平方米，搭设帐篷231顶，搭建板房教室22间，协助一所小学600人复课，赢得了军地各级首长和灾区群众的高度赞誉。救援队于6月2日12时40分安全返回营区。

【扑灭禄丰县森林大火】 4月23日，楚雄州禄丰县勤丰镇发生森林火灾，威胁到国家战略物资储备676仓库和附近村寨安全。应楚雄州政府请求，77281部队于25日、27日分两批出动500人、车辆34台，迅速赶赴灾区展开扑救行动。共开挖10米宽的隔离带19.5千米，运送灭火用水58吨，扑灭零星火点520余处，看守火场12小时，部队经5个昼夜连续奋战，于29日8时完成扑救任务。

【习近平视察77208部队芦山7.0级地震救援队】 5月21日，习近平主席参观了地震灾害紧急救援队装备，听取了77208部队陈代荣副团长汇报救援队救灾成果和介绍救援队1个作业面6类装备器材，询问了音视频生命探测仪、热成像仪、扩张剪切钳、开缝器、起重气垫、月球灯等装备技术参数、主要性能和实际使用情况，并亲自试戴了防割手套。习主席指出：在此次抗震救灾斗争中，你们发挥了主力军和突击队作用，危难之时显示了人民子弟兵的英雄本色，希望你们再接再厉，再立新功。中央政治局常委、国务院副总理张高丽，中央政治局委员、军委副主席范长龙，中央政治局委员、政策研究室主任王沪宁，中央政治局委员、中央办公厅主任栗战书，军区司令员李世明、政委朱福熙、副司令员李作成，四川省委书记、省人大常委会主任王东明，四川省省长魏宏，军委办公厅主任秦生祥等领导同志陪同视察。

【扑灭大理市森林大火】 12月28日12时03分，大理州大理市下关镇龙泉村斜阳峰发生森林火灾，过火面积2000亩，应大理州森林防火指挥部请求，77228部队迅即启动抢险救灾预案，于15时10分，出动300人，各型车辆14台，由副旅长朱加甫带队，紧急奔赴火场参加扑火救灾。共扑灭明暗火点300余个，运送灭火用水20吨，于12月28日20时35分完成任务并安全回撤至营区，受到地方政府和人民群众的高度赞誉。

（陈 粪 姜 勇）

云南省军区抗灾救灾

2012年抗灾救灾

【温家宝总理视察彝良灾区】 9月8日，中共中央政治局常委、国务院总理温家宝抵达彝良县后，首先前往受灾较重的毛坪村察看灾情，随后来到彝良县人民医院看望在地震中受伤接受救治的群众，最后又赶到罗炳辉广场群众安置点看望受灾群众和救灾官兵。9月9日4时30分，温家宝在彝良县角奎镇半山腰的抗震救灾指挥部召开现场会，听取军地救灾最新情况汇报，安排部署下一步抗震救灾工作。10月5日，温家宝现地查看灾害现场和堰塞湖排险情况，听取省军区政委杨成熙代表救灾部队作的情况汇报，向19名遇难者献花送别，并看望慰问救灾官兵、部分遇难者家属和受灾群众。在救灾部队官兵前，温家宝充分肯定部队救援工作，指出部队和民兵预备役人员第一时间到达现场，迅速展开救援，发挥生力军和主力军作用，再次以实际行动说明了哪里有困难、哪里就有解放军。

【彝良县5.7、5.6级地震抗震救灾】 9月7日，彝良县先后发生5.7级、5.6级地震。灾情发生后，云南省军区紧急召开党委常委会，传达学习上级指示，研究部署抗震救灾工作，迅即启动应急救灾方案，指派1名领导带工作组先期赶往灾区，命令昭通军分区和彝良县人武部第一时间就近就地组织救灾；省军区司令员张肖南带精干指挥组连夜赶赴灾区开设前进指挥所并指导部队展开行动，政委杨成熙参加中共云南省委常委会后立即返回省军区基本指挥所坐镇指挥并统筹军地救灾事宜。省军区按照成都军区命令，组织指挥省军区救灾官兵和民兵预备役人员3878人，协调指挥陆军第13、第14集团军和贵州、四川省军区及武警云南省总队、解放军第43医院等救灾部队2959人投入人员搜救、伤员救治、转移群众、道路清理、物资运送行动。救灾过程中，省军区组织全区官兵捐款200万元，下拨专项救灾经费300万元，动用指挥通信装备52辆（部），设置军地物资采购供应站1个，开通应急加油站8座，开设医疗救治点3个、受损车辆维修点1个，动用帐篷、折叠床和军用自热食品等物资2000件、土木工具7000余把、救生衣1000余套、发电机和凿岩机300余台。救灾部队共挖出遇难者遗体11具，救助伤员1000余人，转移群众4250人，搭建帐篷750顶，拆除危房560间，搬运物资80余吨，疏通道路178千米，受到国务院总理温家宝和军地各级工作组的好评。

【彝良县山体滑坡救援】 10月4日8时许，昭通市彝良县龙海乡镇河村油房村民小组突发山体滑坡，造成18名小学生和1名村民被掩埋，并阻断油房小河形成堰塞湖。灾情发生后，云南省军区紧急启动应急预案，司令员张肖南要求部队和民兵预备役人员第一时间赶赴现场全力参加救援，政委杨成熙迅即带救灾指挥组驱车12小时赶赴现场指导，组织昭通军分区投入兵力和装备进行救援，并积极协调陆军第13、第14集团军和武警部队展开救援工作。共出动官兵480人、车辆14台，连续奋战37小时，完成排除险情、安置群众、搬运物资、抢通保通、卫生防疫、清理废墟、善后工作等任务，挖掘遇难者遗体19具，协助地方转移安置群众800余人，受到国务院总理温家宝及驻地人民群众的好评。

【处置富宁煤焦油泄露事件】 4月28日，2辆载煤焦油载重车与1辆半挂牵引车在广（州）昆（明）高速富宁段追尾，导致60余吨易燃有害物煤焦油部分泄漏，路面被污染，者桑河群众生活用水安全受到严重威胁。者桑乡应急民兵分队按富宁县人民政府要求，组织70余名民兵火速赶赴事发现场，通过锯木灰吸附、石灰中和残渣的方式消除污染，积极救援受伤群众，迅速转移受损车辆物资。经过5个多小时奋战，有效制止泄漏，周边群众没有中毒迹象，者桑河水未受污染，受到地方党委政府和人民群众好评。

【宁蒗县5.7级抗震救灾】 6月24日，丽江市宁蒗县永宁乡发生5.7级地震。云南省军区高度重视，先后为救灾部队解决给养器材单元1套、单兵帐篷10顶、折叠床60张、铺板20张，补充丛林迷彩服80套、迷彩鞋80双。丽江军分区第一时间启动救灾预案，协调成立军地抗震救灾前方指挥部，指挥宁蒗县人武部应急民兵分队90人于震后30分钟到达灾区展开救灾行动，组织部队官兵78人投入救灾。截至25日，共搭建帐篷51顶，转移安置群众455人，运送伤员37人。

【景谷县洪涝泥石流抢险救灾】 7月31日，普洱市景谷县正兴镇、威远镇发生重大泥石流洪涝灾害，造成1.2万户3.72万人受灾，8人死亡，6人失踪，87人受伤。灾情发生后，普洱军分区第一时间组织官兵、民兵预备役人员650人，动用车辆22台、各类器材2500余件赶赴灾区，展开抢险救灾行动。先后搜寻打捞遇难人员遗体8具，解救被困群众131人，转移安置灾民505人，搭建救灾帐篷85顶，抢救转运物资700余吨、禽畜500余头（只），清淤1000余立方米，疏通道路约14千米，清理河道约900米，发放慰问金21万元、干粮172件、矿泉水234件、手电筒350只、宣传手册1500册，并积极参加灾后重建工作，圆满完成抢险救灾任务，受到地方党委、政府的肯定和人民群众的赞誉。

【大理军分区抢险救灾】 2012年，大理军分区累计出动民兵8000余人次、车辆500余台次，完成20余起森林火灾扑救应急任务。洱源县人武部积极组织民兵应急分队，出色完成"8·6"凤羽镇铁甲村发生山洪泥石流自然灾害抢险救灾任务，成功解救30余名当地受困遇险群众，并投入民兵、预备役人员3000余人次帮助灾区完成灾后重建工作。

【楚雄社会建设和抢险救灾】 2012年，楚雄军分区发挥后备力量在急难险重任务中的生力军和突击队作用，组织民兵参加社会建设和抢险救灾行动，共为灾区群众、学校和"五保户"运送生活用水260余吨；疏通开挖沟渠、架设引水管道1.8万余米，兴建水窖等"五小"水利工程67个；协助林业部门巡山护林，有效排除森林火险48次，扑灭森林火灾13起；参与地方社会维稳、安全保卫和巡逻执勤等任务4次；捐赠救灾款8万余元，协调建设资金70余万元。

【玉溪军分区抢险救灾】 2012年，玉溪军分区累计出动干部、民兵2500余人次，相继完成"2·14"红塔区大营街、"3·18"易门县六街、"3·28"国家战略储油库等70余起森林火灾扑救任务；结合辖区天候情况，出动民兵160人次开展防雹增雨行动50余次，支持地方党委、政府抗旱救灾行动。

【昆明警备区抢险救灾】 2012年，昆明警备区积极组织民兵预备役人员参加抢险救灾行动和，完成森林扑火、抗旱救灾等急难险重任务70余次。共出动兵力11380人次、动用车辆475台次。其中，协助地方维护社会稳定（秩序）8次，共1140人次；参加抗旱救灾7840人次；参加森林扑火18次、3500人次，完成安宁"3·18"、晋宁"3·22"、"3·29"森林大火的扑救工作，为昆明市抢险救灾工作做出积极贡献。为茂山镇丽山村委会上法乌村小组新建抽水站，架设管道950米，基本解决全村61户饮水和3765亩林田灌溉问题。

【晋宁县森林火灾扑救】 3月30日凌晨，云南陆军预备役步兵师紧急动员集结官兵210人，连夜机动100余千米，投入晋宁"3·28"森林火灾扑救行动。参战官兵发扬不畏艰险、英勇奋战、持续救灾的精神，按照防扑并重、安全救灾的原则，灵活采取"梯次部署、精兵突击"攻大火、"一点突破、内翼卷击"打弱火、"随风就势、以火攻火"灭险火、"分片作业、逐点清理"剿余火等战法，连续奋战4昼夜，共配合扑灭火线约3千米，协同点烧防火线2.5千米，清理余火300余处，开设隔离带1.5千米，运送应急用水80余吨，值守火场近2千米，有效保护了人民群众生命财产安全。

2013年抗灾救灾

【组织民兵预备役人员抗旱救灾】 2013年，云南省大部地区持续高温少雨，造成除西双版纳之外的15个州市受旱。全省有253条中小河流断流、289座小型水库干涸，326.05万人、153.36万头大牲畜出现不同程度饮水困难。云南省军区要求广大民兵预备役人员站在"讲政治、促稳定、保民生"高度，发挥人员多、分布广、情况熟优势，发扬主动作为、连续奋战、持续救灾精神，积极参与森林扑火行动，就近就便支援地方抢修水利、疏通河道、寻找水源、抗旱保苗、运送饮用水，千方百计解决灾区群众实际困难。截至4月6日，省军区累计出动民兵预备役人员9064人次，各型车辆342台次，送水2500余吨，疏通河道9800余米，抗旱浇灌4.8万亩，参与扑灭丽江玉龙"2·14"、昆明宜良"2·28"等森林火灾131起。

【昭通市抢险救灾】 1月11日8时18分，昭通市镇雄县果珠乡高坡村赵家沟村民小组因连日雨雪引发特大山体滑坡灾害，致使14户46名群众被掩埋。昭通军分区迅速将初步灾情上报省军区，命令镇雄、威信县人武部紧急动员210名干部职工和应急民兵驰援灾区。军分区成立指挥协调组，赶往灾区协调救援，先后参加搜救被埋人员、运送遇难者遗体、清理现场等救援行动，连续苦战27个小时，在大型工程机械的协助下，清理垮塌土方20余万立方米，搜救出遇难群众遗体28具，转移受伤群众2人，疏散安置群众136户629人，搬运发放救灾物资850件200余吨，圆满完成抢险救灾任务。2月17日，昭通市昭阳区旧圃镇后海村发生山林大火。军分区指挥昭阳区人武部紧急出动民兵应急分队60人、车辆4台赶赴火场参加扑救，运用"隔、堵、挖、埋、守"等多种手段，经过8小时奋战，扑灭火线4.2千米、清除烟点8000余个，圆满完成扑火救灾任务。

【组织香格里拉地震灾害救援】 8月31日8时04分，云南省迪庆州香格里拉县尼西乡发生里氏5.9级地震，导致3人死亡、7人重伤、38人轻伤、5826间房屋倒塌，香格里拉县和德钦县19个乡镇、11.2万人受灾，道路、通信、电力等基础设施受损严重。灾情发生后，云南省军区立即启动应急预案，司令员第一时间了解灾情、指挥救灾，政委迅即与地方

政府协调联系、掌握救灾需求。省军区启动应急保障金50万元，出动救护、油料、运输保障车辆100余台次，动用帐篷20顶、野战发电机5台、储水囊3具；消耗单兵食品100件、油料4吨、主副食7吨、战救药品1个营基数；组织现役和民兵预备役保障人员218人，运送救灾物资270余吨，救治伤员136人，巡诊分发药品1900余人次，搭设帐篷1100顶，铺设水管1200米，为偏远地区灾民运送大米、面粉2吨，保障救灾官兵及灾民主副食3.5万日份。迪庆军分区组织官兵和应急民兵全力抢救受灾群众，科学高效组织救灾，累计出动部队和民兵预备役人员1169人次，搭建帐篷318顶，转移安置群众2000余人，抢通公路50千米，运送物资400余吨，高标准完成抗震救灾任务，赢得了驻地党委、政府和群众的高度赞誉。

【完成昆明长水国际机场除雪任务】 12月15日，昆明长水国际机场遭遇启用以来最大的雨雪冰冻灾害，导致航班无法起降，1万余名旅客滞留。12月16日8时40分，云南省军区接省政府应急办救灾请求后，省军区司令员、政委立即部署救灾工作，副司令员带指挥组第一时间赶赴现地协调指挥救灾行动，迅速动员集结300名官兵和1000名民兵，协调陆军第14集团军出动1000名官兵，紧急投入机场跑道积雪清理工作。截止当日14时30分，机场东西2条主跑道的积雪清理完毕，航班恢复正常起降，部队完成任务后安全回撤。

【文山州抢险救灾】 3月23日，丘北县人武部后山至石缸坝财神庙之间山林因群众上坟引发山火，巡逻队员立即向人武部报告，同时通报县森林防火指挥部。县人武部常驻民兵分队及时携带器材，赶赴现地扑救，全体干部职工及民兵与随后赶到的县森林防火指挥部防火员一道奋力扑救，山火顺利被扑灭。12月15日，广南县突降大雪，珠西公路距朱街5千米处路面结冰，致使300余辆车被困路上。广南县人武部就近组织朱街镇、旧莫乡武装部应急民兵抢险救灾，共出动民兵40余人、铲车2辆，经8小时奋战，疏通道路，使被困车辆、人员顺利通过。

【大理军分区抢险救灾】 2013年，大理军分区累计出动民兵1万余人次，车辆500余台次，完成大理市下关镇吊草村“2·6”特大森林火灾，洱源县“3·3”、“4·17”地震救灾，永平县“9·5”北斗彝族乡泥石流抢险救灾，祥云县、弥渡县“11·28”抗震救灾，鹤庆县“12·15”暴雪封路救灾，大理市“12·28”龙泉村苍山斜阳峰南坡森林火灾等急难险重任务。受到各级领导和人民群众广泛赞扬。其中，2月6日，大理市下关镇吊草村森林火灾，军分区先后动用官兵、民兵应急扑火分队785人，车辆96台次，灭火工具1000余件（套），参加森林扑火行动，历时2天3夜，军警民共同扑灭火灾。

【昆明警备区抢险救灾】 2013年，昆明警备区参加社会维稳和抢险救灾任务80余次，出动兵力48560人次。其中，协助地方维护南博会期间等社会稳定6次45030人次；参加抗旱救灾共840人次；参加森林扑火18次，2690人次。协调部队参加宜良县“2·28”、石林县“3·1”、安宁市“3·30”、西山区“4·8”等森林火灾扑救任务和“7·19”强降雨主城区抢险任务和东川区“11·16”地震救援任务。

（吴成振　张笔武）

96201 部队抗灾救灾

概　况

2012～2013 年，驻滇 96201 部队坚持以党中央、中央军委和二炮党委首长关于抗灾救灾工作的一系列指示精神为指导，牢固树立"急人民群众之所急、帮人民群众之所需、解人民群众之所难"的思想，在云南省委、省政府的统一组织协调下，充分发挥二炮部队政治优势、组织优势、力量优势和装备优势，积极发扬广大官兵特别能吃苦、特别能战斗、特别能奉献的战斗精神，全力投入各种抗灾救灾任务。两年来，累计出动官兵 6200 余人次，车辆 1640 余台次，参加各类抢险救灾任务 20 余次，向灾区群众捐款 160 余万元，为积极支援云南省经济建设，保护国家和人民生命财产安全做出了应有的贡献，受到了省委、省政府和灾区群众的高度赞誉。

2012 年抗灾救灾

【彝良县"9·7"地震抗震救灾】　9 月 7 日 11 时 19 分、12 时 16 分，云南省昭通市彝良县相继发生 5.7、5.6 级地震及多次余震，地震导致该县 81 人遇难，近 1000 人受伤，房屋倒塌 15587 间，严重受损 39590 间，一般受损 45405 间，受灾人口达 20.1 万人，灾害给彝良县人民的生命财产造成了极大损害。地震发生后，96201 部队立即启动抢险救灾预案，主动向云南省政府请缨，派出 500 名官兵、67 台运输车，长途跋涉 5000 余千米，安全将 600 多吨应急物资运抵灾区，并组织部队官兵广泛开展"送温暖、献爱心"捐款活动，共捐款 144 万余元，极大地支持了灾区的重建工作。

【东川区抗旱救灾】　2012 年入春以后，昆明市遭遇严重干旱，造成昆明市 48.07 万人、23.12 万头大牲畜饮水困难。针对驻地抗旱救灾的严峻形势，96201 部队立即启动应急预案，组织救灾官兵和装备迅速进入昆明市旱情最严重的东川区 4 个乡镇 9 个村寨，全面展开送水下乡、进村入户行动。从 2 月 21 日至 4 月 10 日，累积出动官兵 1356 人次、车辆 485 台次，行程 2.8 万余千米，灌注水池、水窖 436 个，浇地 1100 余亩，浇灌苗木近 360 万余株，运送饮用水 4022 吨，有效缓解了 6 万多名群众和 5.7 万多大牲畜的饮水问题。

【建水县抗旱救灾】　2 月，根据建水县抗旱工作总体部署，96211 部队发动官兵捐款 2 万元，并派出官兵 27 人、消防车 2 台参与抗旱救灾，定点为建水县青龙镇受灾群众送水，大大缓解了部分群众饮水困难。

【玉溪市抗旱救灾】　5 月 3～7 日，96213 部队应地方政府请求，支援玉溪市小石桥乡抗旱救灾，先后出动运水车 86 台次，为驻地群众送水 550 多吨，有效地缓解了旱情，支援了地方政府抗旱工作。

【弥勒县抗旱救灾】　2012 年初，弥勒县旱情加重，96223 部队先后共出动官兵 1000 余人次，车辆 600 余台次，为灾区群众送水 4500 余吨。组织开展"为驻地旱灾群众献爱心"活动，为灾区捐款 10 万元。

【玉溪市大营街森林火灾扑救】　2 月 14 日，玉溪市大营街甸苴社区发生森林火灾，火线达 30 千米，过火面积超过 600 亩。接到驻地政府支援请求后，96213 部队迅速出动官兵 200 余人，携灭火装备 20 余台（件）赶到火灾现场，经过 36 小时奋战，共协助地方扑灭山火面积 100 余亩，挽回经济损失 10 余万元。

【弥勒县新哨镇森林火灾扑救】　3 月 8 日 15 时 10 分，弥勒县新哨镇清河村委会普架山村发生森林火灾，96223 部队迅速出动官兵 160 人，车辆 6 台，携带风力灭火机、消防水枪等灭火器材，会同消防武警、驻地民兵扑火队等共同奔赴火灾现场。共开辟防火隔离带 700 余米，扑灭火头 80 多个，消除 300 余亩森林火灾隐患。经过两个多小时的奋力扑救，山火于 17 时 40 分被扑灭。

2013 年抗灾救灾

【抗旱救灾】 针对云南地区“四连旱”、人民群众生活用水供应困难的实际，积极参加驻地 2013 年春夏抗旱救灾行动，组织所属各单位自筹经费，分批次援建抗旱水窖 20 个，先后出动官兵 2137 人次、车辆 368 台次，运送纯净水 1280 箱、生产生活用水 2680 吨，灌溉农田 1100 余亩，有效缓解了驻地部分偏远地区群众用水难题，支援了地方春耕和抗旱保苗工作。

【昆明市“7 · 19”暴雨内涝救灾】 针对昆明市“7 · 19”暴雨内涝、城区交通瘫痪的严峻灾情，抽组 280 余官兵成立应急救灾队，携冲锋舟 11 艘、运输车 25 台进行水涝抢排。

【呈贡区段家营森林火灾扑救】 4 月 7 日 17 时 10 分，昆明市呈贡区段家营“杨善洲纪念林”发生大火，96226 部队迅速出动官兵 72 人上山灭火，经过 3 个多小时的奋力扑救，大火于 20 时 45 分被扑灭。

（代寒凝）

95429 部队抗灾救灾

概　况

2012～2013 年，云南省森林火灾、地震、干旱等自然灾害频发，给灾区人民群众生产生活带来了严重影响。面对灾情，驻滇 95429 部队坚决贯彻党中央、中央军委决策部署和空军、军区空军指示要求，牢固树立政治意识、大局意识、使命意识和空军代表队意识，发扬“听党指挥、服务人民、英勇善战”的优良传统，不怕疲劳，连续奋战，想群众之所想、急群众之所急、解群众之所难，在空地两个战场持续开展了人工增雨、引水送水、灭火抢险、抗旱保苗、捐款捐物等行动，受到了云南省委、省政府和灾区各族人民群众的高度赞扬，树立了空军部队的良好形象。

2012 年抗灾救灾

【火灾防治教育和演练】 为进一步提高官兵火灾防范意识和能力，确保部队营区及周边安全，针对当前云南地区持续干旱、森林火险等级高的严峻形势，2 月 27 日，95429 部队采取电视电话会议形式，对所属部队进行火灾防治教育。邀请昆明市火灾防治中心杨闻刚主任进行以消防安全知识为主要内容的讲座，通过分析典型案例，介绍消防常识、火灾预防和扑救知识等。讲座结束后，组织机关应急小分队进行消防器械运用与火情处置演练。

【扑灭永仁县森林火灾】 3 月 27 日，距 95445 部队永仁雷达站营区 80 米处突发森林火灾。永仁站出动应急小分队 20 人，车辆 1 台，携带灭火工具赶赴现场，支援地方林管所扑救山火。经雷达站官兵和地方林管所 2 个小时的共同奋力扑救，火灾被扑灭。

【扑灭晋宁县森林火灾】 3 月 28 日，昆明市晋宁县发生森林火灾，应晋宁县地方政府请求，95685 部队共出动人员 378 人次，车辆 22 台件，配合当地政府扑救山火，圆满完成了任务。

【平远镇山火扑救】 3 月 30 日，95718 部队储备油库大门左侧外围 600 米山头突发山火，部队紧急出动 40 名官兵，使用灭火器和用土掩埋的方法将大火及时扑灭。

【为驻地群众送水】 针对驻地持续干旱，人民群众饮水困难，95429 部队累计出动官兵 800 人次，车辆 500 台次，为驻地群众送水 4000 余吨，有效缓解了驻地群众饮水困难。

【参加彝良、景谷抗震救灾】 9 月 7 日，昭通市彝良县发生 5.7 级地震，灾情就是命令，95429 部队党委高度重视，第一时间召开常委会，专题研究部署抗震救灾工作。抽组驻昆部队 1012 人、车辆装备 37 台，全力支援地方抗震救灾。共组织保障了温总理专机任务 2 架次、一般任务 18 架次、救灾飞行 24 架次，保障运送救灾物资 40.7 吨、伤员 5 人。9 月 18 日，景谷县永平镇边江乡黄田村发生 4.2 级地震，95445 部队紧急出动 19 名官兵帮助灾区搭建帐篷 22 顶，抢通道路 6 千米，安全转移 25 户百姓物资。

【支援地方抗旱】 针对连年旱情持续的实际，祥云县驻军 95445 部队立即启动抗旱救灾预案，全力支援旱情最严重的龙洞村抗旱救灾。累计出动水车 120 余车次，送水 960 余吨，清理沟渠 10 余千米、水窖 4 个，帮助龙洞村保住 600 余亩烟苗。

【组织防火防灾演练】 为提高抢险救灾能力，2 月 16 日，95761 部队以机场发生重大火灾为背景，组织全站官兵进行了一次消防演练，演练过程中，各类人员分工明确，救灾程序熟练，处置方法得当，圆满完成任务。通过演练，使全体官兵进一步熟悉了特情处置程序，提高了应急处置能力，确保了遇有火情灾情能在第一时间快速反应、果断处置，打牢了消防安全工作基础。

2013 年抗灾救灾

【扑救西山区森林火灾】 3 月 2 日，昆明市西山区大兴乡锅盖山突发森林火灾，95429 部队紧急出动官兵 82 人，车辆 5 台件，经过与当地群众 8 个小时的共同努力，将火灾扑灭。

【扑救呈贡区森林火灾】 4 月 4 日，95685 部队驻地昆明市呈贡区大渔乡松花铺村发生森林火灾，部队紧急出动官兵 45 人，车辆 2 台件，经过 2 个小时的奋斗，将火灾扑灭。

【扑灭西山区森林火灾】 4 月 8 日，昆明市西山区团结乡妥吉村百王寨发生森林火灾。接到地方政府支援灭火请求后，95429 部队立即启动防火救灾应急预案，累计出动人员 257 人次、车辆 14 台件，协助地方及时扑灭了森林火灾。

【抗震救灾科普知识宣传】 为扎实做好抗震救灾准备，提高部队防震抗震救灾能力，6 月 10 日，95429 部队向基层连队和单独驻防的部（分）队下发了地震应急自救互救手册、地震知识 100 问、防震减灾知识问答、地震科技导报等书籍资料和地震百科知识大全 DVD 光盘。

（吴　平）

武警云南省总队抗灾救灾

概　　况

2012~2013年，武警云南省总队全体官兵坚决贯彻党中央、中央军委决策部署和武警部队关于组织部队积极参加抢险救灾的一系列重要指示，大力弘扬听党指挥、能打胜仗、作风优良的光荣传统，按照"灾害发生、武警先到、救生优先、维护稳定"的原则，在总队党委的统一领导下，发扬不怕艰难困苦、不怕流血牺牲和无私奉献的革命精神，积极参加抢险救灾，圆满完成了地方各级党委、政府赋予的各项急难险重任务。

2012年抗灾救灾

【抗旱救灾】　1至6月，云南全省连续3年遭受旱灾，人民群众生产生活受到严重影响，总队党委坚持服从服务于全省工作大局，认真贯彻"为省委省政府分忧，为人民群众解难"的思想，坚决落实省委省政府关于抗旱救灾工作的指示精神，积极参加抗旱救灾行动。先后出动兵力4228人次、车辆537次台，筹资63万元帮助地方修建水利设施，架设水管53400余米，修建水渠25000余米；为43个受灾点运送生活用水2837吨、矿泉水1700件、饮用水922桶，缓解了18280人的饮水困难，灌溉农田350余亩。24个医疗小分队为受灾群众义务巡诊3800余人次，发放价值10余万余元的药品，最大限度解决了受灾群众的生产生活困难，受到地方党委政府、人民群众的高度赞誉。

【开远市小龙潭森林火灾】　1月18日，红河州开远市小龙潭后山发生山林火灾，红河支队二大队五中队指导员吴绍维带领40官兵进行增援灭火，经过官兵连续15余小时奋战，共扑灭明火点25余处，暗火点17多个，开挖防火隔离带50余米，圆满完成任务。

【玉溪市红塔区大营街森林火灾】　2月14日，玉溪市红塔区大营街办事处平坝村突发森林火灾，火线一度达30余千米，过火面积近600亩。玉溪支队支队长王承全迅速率领200余名官兵，出动车辆13台次，火速开进火场救援。经过三昼夜的奋战，共扑灭明火线8000余米，明火点150余处，暗火点近1000个，排查60余处余火隐患，开挖隔离带2.6千米，挽救国家经济损失近千万元。

【玉溪市红塔区春和镇森林火灾】　2月25日，玉溪市红塔区春和镇黄草坝村委会龙水洞突发森林火灾，大火借风势由茶花山至萝卜山一线向波依村委员会方向迅速蔓延。玉溪支队政委孔令斌、副支队长马虎率领110兵力，动用车辆6台，火速开赴现场。参战官兵连续奋战20多个小时，共扑灭明火线3000余米，明火点90余处，暗火点60余处，协助运送灭火弹90余箱，水桶230余只，圆满完成任务。

【玉溪市红塔区春和镇森林火灾】　3月10日至11日，玉溪支队奉命出动100名官兵，投入玉溪市红塔区春和镇黄草坝村委会玉碗水村森林火灾扑救，经过近18小时的艰苦奋战，共扑灭明火线3050余米，明火点120余处，暗火点200余处，运送水桶180只，灭火弹63箱，成功扑灭火灾。

【牟定县安乐乡森林火灾】　2月28日，楚雄州牟定县安乐乡新田村委会大湾山突发森林火灾，楚雄支队政委刘燕林带领100名官兵参与火灾扑救任务。参战官兵充分发扬了特别能吃苦、特别能战斗的精神，经过11小时奋战，圆满完成火灾扑救任务。

【维西县永春乡山体滑坡抢险】　3月17日，维西县永春乡庆福村菜园子小组一废弃矿点发生山体垮塌，正在植树的8名群众被掩埋。迪庆支队政委尹树林带领维西县中队7名官兵，立即赶往事发现场进行救援。在当地公安、消防、民兵和群众的共同努力下经过近5个小时的紧急救援，挖出7具遇难者遗体，救出的一名幸存者在送往医院后经抢救无效死亡。

【晋宁县刺桐关森林火灾】　3月28日，昆明市晋宁县昆阳

街道昌家营大尖山突发森林火灾，火势迅速蔓延至玉溪市北城镇刺桐关一线，过火面积达1000余亩，整个火线长达12千米，人民群众生命财产安全受到严重威胁。云南总队逐次投入昆明、玉溪支队共计950名官兵，携带风力灭火机、高压水枪、灭火弹等扑火装备赶赴火场一线救援。经过参战官兵的艰苦奋战，共扑灭明火线12千米，运水10余吨，明火点1000余处，暗火点900余处，烟点200余处，排除余火隐患300余处，开挖隔离带近20000余米，看守火场12亩，最大限度地减少灾害造成的损失，保护了国家的森林资源，受到了地方党委政府和人民群众的高度赞扬。

【玉溪市红塔区北城镇森林火灾】 3月28日至4月1日，玉溪市红塔区北城镇发生森林火灾，玉溪支队派出150名官兵，车辆9台次，共扑灭明火线14千米，明火点1200余处，暗火点1500余处，排除余火隐患600多处，开挖隔离带近5000余米。

【丘北县青龙山森林火灾】 4月2日，文山州丘北县下寨青龙山突发森林火灾，过火面积近50亩。丘北县中队长杨树升迅速率领30余名官兵迅即赶到火场一线，共扑灭明火线100余米，明火点80余处，暗火点近50个，开挖隔离带40米，挽救国家经济损失近300万元。

【姚安县适中乡森林火灾】 4月22日，姚安县适中乡老白家发生森林火灾。楚雄支队支队长姜涛带领120名官兵参与火灾扑救，经过28小时奋战，圆满完成火灾扑救任务。

【禄丰县勤丰镇森林火灾】 4月23日，楚雄州禄丰县勤丰镇可里村突发森林火灾。楚雄支队刚刚从姚安扑火归来的120名官兵顾不上休息又转战禄丰。灭火过程中，参战官兵不畏艰险，连续奋战，历时137个小时，终将大火扑灭，用实际行动践行了“听党指挥、能打胜仗、作风优良”的铮铮誓言。

【大理市挖色镇森林火灾】 4月24日，大理市挖色镇大品箐地区因高压电线短路引发森林火灾，过火面积达9000余亩。大理支队支队长赵席斌、参谋长刘柏青带领300名官兵参与扑救山林火灾。共扑灭火点340余处，清理烟点1400余处，扑打火线9.6千米，为友邻单位送水40余吨，为保护当地森林资源和人民群众生命财产安全作出了重要贡献，受到驻地党委、政府和人民群众的高度赞扬。

【玉溪市红塔区洛河乡森林火灾】 4月25日，玉溪市红塔区洛河乡洛河村委会啊乌米冲山发生森林火灾。玉溪支队支队长王承全率120名官兵，出动车辆6台，紧急投入灭火战斗。官兵们经过近53个小时的艰苦奋战，开挖宽10米，长3.2千米的防火隔离带，扑打明火点380余处，清理暗火点1200余处，看守火场50余亩。

【宁洱县热水塘村森林火灾】 5月3日，普洱市宁洱县热水塘村多依箐山突发森林火灾。普洱支队支队长李天祥率领60名官兵、4台车辆前往现场参与扑救，经连续奋战6小时，开挖防火隔离带500米，值守火线1700余米，清理火场40余亩，清理余火70余处，圆满完成了森林火灾扑救任务。

【泸水县普鲁山森林火灾】 5月10日，怒江州泸水县鲁掌镇登埂村普鲁山村民小组突发森林火灾。怒江支队紧急出动100名兵力，在支队长刘建林的带领下火速赶往火灾现场实施扑救。此次扑火战斗，官兵共开辟隔离带1200余米，扑救火线2500余米，扑灭大型火点4处，处理烟点75处。

【宁蒗县抗震救灾】 6月24日15时59分，丽江市宁蒗县永宁乡发生5.7级地震，震中为永宁乡拖支村委会，震源深度大约11千米。地震发生后，云南省总队高度重视，迅速启动应急响应机制，调集部队紧急赶赴灾区参与抢险救援行动。丽江支队支队长徐占军、副支队长杨艳秋率支队200名兵力赶赴受灾严重的永宁乡永宁村进行抗震救灾；第三支队刘兴勇副支队长带率总队地震应急救援队30人乘飞机前往灾区投入救援。部队到达灾区后迅速投入到抗震救灾中，共为受灾群众搭建帐篷751顶、转移群众69户、物资96.5吨、排除危患17处、清理废墟52吨，清理乡道公路4000米，清理排水沟渠2500米，巡诊500余人次。圆满完成了抗震救灾任务，受到了各级党委、政府和人民群众的高度赞扬。

【昭通市昭阳区抗洪抢险】 6月30日，昭阳区渔洞水库泄洪过程中引发下游洪涝灾害。昭通支队立即启动抢险救灾预案，迅速抽组兵力，黄国祥支队长率领150名官兵赶赴灾区，帮助受灾农户拆除危房6户10间，清理淤泥5余吨，清理被淹道路200余米，搬运沙袋1000余个，填堵南干渠缺口20余米，搭建帐篷30余顶，抢救农户粮食2.4万余斤，各类家用物资6000余件，挽回经济损失50余万元。

【景谷县“7·31”特大泥石流抢险救灾】 7月31日，普洱市景谷县内单点暴雨强降雨，引发特大泥石流等洪涝灾害。普洱支队支队长李天祥率领140名兵力，协助搜寻失踪人员尸体4具，转移群众12人，排除隐患点2处，拆除危房4间，抢修道路580余米，转移群众家电、家具110余件，搭建帐篷52顶，抢运粮食4.5吨，搬运救灾物资9.5吨，圆满完成了泥石流抢险救灾任务，受到省、市、县党委、政府和人民群众的高度赞扬。

【彝良县抗震救灾】 9月7日11时19分，云南省昭通市彝良县、贵州省威宁彝族回族苗族自治县交界处发生5.7级地震。灾情发生后，云南总队坚决贯彻落实党中央、国务院、中央军委和胡主席命令指示，按照武警党委和云南省委省政府部署，迅速出动900名兵力奔赴灾区，在武警部队薛国强副司令员率队的总部指导组的指导下，及时有效展开救援。经过19天连续奋战，参战官兵共抢救伤员527人，救治运送伤员12人，收治伤员1人，挖出遇难者遗体27具，发放药品价值近18.87万元，义务巡诊8727人，转移安置群众5099人，拆除危房463间，搭建板房89间，抢运物资1905.5吨，清理土石49825.2方，疏通道路198.946千米，疏通水道

8616.3米，铺设水管67米，架设电线800米，排除险情631处，搭建帐篷1442顶，平整场地19200平方米，免费提供热食3100余份，提供米面油5500公斤，疏散群众4000余人，清除淤泥59920方。抗震救灾阶段性任务完成出色，得到了温家宝总理、章沁生副总参谋长等领导的充分肯定。

【施甸县抗震救灾】 9月11日11时20分、21分，施甸县相继发生4.5级、4.9级地震。灾情发生后，保山支队支队长苏迁虎带领226名兵力第一时间参与抗震救灾。经过3天连续奋战，共拆除危房23间、排除隐患16处，搭建帐篷250顶，搬运救灾物资1060余件（套），开挖排水沟2300余米，平整场地3500余平方米，清理垃圾55吨，圆满完成了抗震救灾任务。

【河口县抗洪抢险】 9月12日，红河州河口县受强对流天气影响，出现持续强降雨天气。城区降雨量达到144毫米，城区多处路段及居民小区严重积水。红河支队河口县中队中队长任军带领10名兵力担负抗洪抢险任务，连续奋战7小时，转移受灾群众128户230人，疏通下水道10余处，转移群众物资2吨。

2013年抗灾救灾

【镇雄县山体滑坡抢险】 1月11日，昭通市镇雄县果珠乡赵家沟村民组发生一起山体滑坡灾害事故。昭通支队闻令而动，紧急出动兵力奔赴灾区参与救援行动。时任总队李志刚副司令员、黄国祥支队长、郑文春政委亲临救援一线指挥部队救灾，经过140名参战官兵近27个小时的持续奋战，共挖掘遇难者遗体8具、协助搬运遇难者遗体16具、挖掘清理土石约30余方、搭建帐篷45顶、搬运救灾物资4.5吨，并协助公安搜寻排查户籍身份13户，配合公安加强现场管理，维护灾区秩序和社会稳定，圆满完成了现场搜救任务。

【德钦县奔子栏镇森林火灾】 1月18日，迪庆州德钦县奔子栏镇哈更村发生森林火灾。迪庆支队于出动80名兵力，在吕志明副支队长带领下，冒着-10℃的严寒，开挖宽3米，长800余米的隔离带，快速砍伐了易燃植被，将火势控制在最小范围，圆满完成了森林火灾扑救任务。

【大理市下关镇森林火灾】 2月6日，大理市下关镇大风坝发生森林火灾。大理支队出动260名兵力，奋战56小时，转战4个火场，开辟、拓宽防火隔离带1230米，扑灭大小明火及烟点500余处，清理余火面积175000余平方米、控制火线4000余米、转移被困群众80余人、送水30余吨、搬运物资20余吨，圆满完成灭火作战任务。

【宣威市龙津村森林火灾】 2月14日，宣威市龙津村后山发生森林火灾，宣威市中队长武保福带领10名兵力投入到扑火行动，奋战7小时，开挖隔离带40米，搬运灭火弹60余件，运送水2.5吨，挽救国家经济损失近200万元。

【玉龙县龙蟠乡森林火灾】 2月14日，丽江市玉龙县龙蟠乡星明村发生森林火灾。丽江支队200名官兵在支队政委段应生的率领下，发扬连续作战的优良传统，奋战在扑火一线。支队50名参战官兵配属北线森警大队，担负送水任务；150名参战官兵担负火场南线清理余火任务，经过官兵奋战，成功扑灭了山火。

【宜良县阳宗海森林火灾】 2月28日，昆明市宜良县阳宗海林场小白龙林区发生森林火灾，火场过火面积达300多亩。昆明支队出动200名官兵携带扑火装备在支队长蒋德宏、副支队长谭小军带领下赶赴火场一线救援。总队参战官兵共扑灭火点300余处，烟点1000余处，清理余火130余处，运水5吨，值守火线6.5千米，开挖隔离带6.5千米，看守火场12亩，最大限度地减少灾害造成的损失，保护了国家的森林资源。

【香格里拉县松园桥森林火灾】 3月1日，香格里拉县开发区松园桥上村发生森林火灾。迪庆支队出动200名兵力，在向明坤支队长组织指挥下连续奋战12个昼夜，转战3个火场，开辟防火隔离带35.7千米，扑灭大小明火及烟点833处，控制火线5.7千米、送水6.8吨，部队圆满完成灭火作战任务。

【洱源县抗震救灾】 3月3日，大理州洱源县西山乡发生5.5级地震。大理支队出动兵力200人车辆18台（次），经过96小时连续奋战，转移安置群众260余人，搭建帐篷307顶，搬运物资5478件，义诊1050余人次，派出巡逻队10组100余人次，捐款5万余元，发放价值3万余元药品和150余张防病防疫宣传单，洗消灾害现场1.2万平方米，以实际行动赢得了地方党委、政府和灾区人民群众的高度赞扬。

【维西县三家村森林火灾】 3月8日，迪庆州维西县三家村突发森林火灾。维西县中队中队长李增飞迅速带领15名官兵参加扑火任务。官兵徒步急行军15千米赶赴火场，到达海拔3400多米的火场后，官兵们迅速与县林业部门、当地居民等救援力量投入到紧张的扑火行动。奋战10小时后，终将三家村森林大火扑灭，确保了人民群众生命和财产安全不受损失。

【开远市土墙村森林火灾】 3月16日，红河州开远市白土墙村四道拐发生一起山林火灾，开远市中队中队长尹志军带领10名官兵，携带风力灭火机、油锯等扑火器材担负山林火灾扑救任务，连续奋战6小时，共扑灭明火点13余处，暗火点7多个，圆满完成任务。

【永善县溪洛渡镇森林火灾】 3月21日，永善县溪洛渡镇玉笋村附近山林发生森林火灾。昭通支队永善驻训分队紧急出动兵力80名，连续奋战15小时，徒步行军48千米，翻越3个受灾山头，共清理余火100余处，开挖火场隔离带200余

米，搬运各类救灾物资2吨，圆满完成了扑火任务。

【永善县溪洛渡镇森林火灾】 4月19日，玉溪市红塔区研和镇冷水塘村后山发生森林大火。玉溪支队支队长王承全、参谋长孙树杰率100名官兵、8台车辆，迅即赶赴火场救灾，共开挖防火隔离带5.5千米，扑灭明火线约9.5千米、明火点21处，理暗火点50多处。

【玉溪市大营街镇森林火灾】 4月20日，玉溪市大营街镇突发森林大火，玉溪市支队在副支队长马虎率领下紧急出动100名兵力，出动车辆6台次，携带20余台风力灭火机、10余架背负式水枪和50副3号灭火工具，连续奋战15个小时，共扑灭明火20余处，清理余火40余处，出色地完成了扑灭任务。

【建水县西庄镇森林火灾】 4月20日，红河州建水县西庄镇小关村发生森林火灾，红河支队支队长李天祥率领50名官兵，出动车辆3台；携带风力灭火机、油锯、砍刀、2号灭火工具、灭火弹等扑火器材，连续奋战16小时，共扑灭明火点21余处，暗火点13多个，开挖防火隔离带50余米。

【墨江县雅邑乡抗旱救灾】 5月，因普洱市墨江县降雨量偏少，气温持续偏高，造成连续性干旱，致使全县受灾面积达65.25万亩，5万人和大量牲畜饮水严重困难。尤其是墨江县雅邑乡受灾人口达7863人，农作物受灾面积6485亩，给当地人民群众生产生活带来严重影响。5月4日至17日，普洱支队副支队长蒋明华率领30名官兵积极投入墨江县雅邑乡抗旱救灾工作，累计出动兵力680人次、车辆42余台次，为灾区群众运送生活用水420余吨、疏通水渠520余米，浇灌农田234余亩，为支援地方抗旱救灾做出了应有贡献。

【盐津县山体滑坡抢险】 6月21～22日，盐津县普降暴雨引发了洪水、滑坡、泥石流、岩石崩塌等多种自然灾害。盐津县兴隆乡沙坝煤矿厂发生坍塌，共造成3人死亡、1人失踪，11大型货车、28辆摩托车被埋。灾害发生后，昭通支队60名官兵第一时间赶赴事发地点展开搜救。共挖出1名遇难者遗体，10余辆摩托车，帮受灾群众搬运生活物资2.8吨，清理20余间房屋淤泥。

【盐津县山体滑坡抢险】 7月4日至7月5日，昭通市盐津县持续强降雨10余小时，造成盐津县盐井镇高桥村黄葛社区发生山体滑坡，造成2户9人被埋。昭通支队盐津县中队12名官兵，在支队副政委肖晓军带队的工作组的指导下第一时间赶赴事故现场参与救援。经过各级救援部门的共同奋战，参战官兵协助相关部门转移伤员4人，搬运遇难者遗体5具，搬运各类物资17件（套），疏通道路1千米，清理淤泥3吨，土石10余方，并协助地方相关部门维护了现场秩序。

【昆明市抗洪抢险】 7月19日，昆明市主城区突降多点暴雨，造成昆明主城区，特别是低洼的道路、居民区大面积积水，导致沿街商铺、居民区和大量车辆被淹，给人民群众生命和财产带来严重威胁，形势十万火急。昆明支队在支队长方红霄、副支队长李万勇、参谋长木丽泉的带领下，出动400名官兵，担负负昆明主城区抗洪救灾任务。共转移救助群众2500余人，搬运受灾物资30余吨，搬运沙袋3000余袋，封堵大门等缺口15处，解救群众被淹车辆310余辆，打通排水管道250余个，排除12个小区积水，清除积水道路18千米，清除淤泥15吨。

【“8·28”、“8·31”迪庆州交界地震抗震救灾】 8月28日，迪庆州德钦县、香格里拉县、四川省甘孜州得荣县交接处发生里氏5.1级地震。地震发生后，总队王诚司令员、蒋德宏参谋长等第一时间赶赴灾区指挥抗震救灾，慰问受灾群众。迪庆支队160名参战官兵累计营救被困人员27名，转移受灾群众1000余人，搭建帐篷5800平方米，清理临时住所15000多平方米，排除各类险情50处，抢修输水管道14千米，疏通沟渠500多米，搬运救灾物资708吨，支援地方运输救灾物资80吨，清理废墟垃圾11.3吨，安置点环境消毒15000平方米，义务巡诊1800人次，捐款60556元，出动官兵1042人次，担负移民安置点和城区巡逻勤务。

【梁河县九保乡山体滑坡抢险】 9月27日，德宏州梁河县九保乡安乐村浑水沟发生山体滑坡自然灾害，一辆轿车被埋。德宏支队梁河中队10名官兵在支队长张云波带领下，迅速抵达灾害现场，经过连续4小时的奋战，中队官兵成功将3名被埋人员救出，事故共造成车内1人死亡、2人重伤。

【大理市抗击冰雪灾害】 12月15日以来，云南省境内普降大雪，致使杭瑞高速楚大路段因大面积积雪发生2起交通事故，车辆通行受阻、交通瘫痪，上千辆机动车滞留。大理支队200名官兵在政委王辉带领下，赶往积雪路段，协助地方路政部门清理路面积雪，共清除冰雪路段16千米，圆满完成任务，安全归建。

【昆明市机场抗击雨雪冰冻灾害】 12月15日以来，昆明出现强降雪天气，造成昆明长水国际机场大面积延误，近万名旅客滞留。总队迅即出动1000名兵力，全力投入抢险救灾。经过救援官兵连续9个多小时奋战，破冰除雪2万余方，搬运物资40余吨，疏通跑道4千米，圆满完成了抗雪救灾任务，受到了省委、省政府和人民群众高度赞誉。

【大理市下关镇森林火灾】 12月28日，大理市下关镇江风寺发生森林火灾，火势快速向西北方向蔓延，烧入漾濞县和大理市境内的山林，烧毁山林5.3公顷。大理支队长赵席斌带领210名兵力迅速赶赴火场实施扑救。参战官兵共开挖防火隔离带4.8千米，扑灭大小明火、余火点163处，清理火线2300米，运水600余桶，搬运抽水机15台、发电机8台，铺设消防道1800米。参战官兵昂扬的战斗精神和良好的形象，受到了各级领导和群众的高度赞誉，大理州邹子卿副州长、大理市李福安市长亲临火场看望慰问官兵。

（张献红　胡耀辉）

武警云南省森林总队抗灾救灾

概况

2012～2013年，云南持续特大旱灾，给全省人民生产生活造成困难，导致森林火灾多发高发。面对严峻的森林防火形势，武警云南省森林总队坚持以党的十八大和十八届三中全会精神为指导，紧紧围绕“听党指挥、能打胜仗、作风优良”强军目标，在云南省委、省政府和林业主管部门、武警森林指挥部党委的坚强领导下，始终坚持“高举旗帜铸警魂、聚焦中心谋打赢、建强班子有作为、夯实基础保安全、创新发展上质量”，在急难险重任务重、标准要求高的情况下，团结和带领官兵圆满完成以执勤和灭火作战为中心的多样化任务，为保卫国家森林资源、促进生态文明建设做出了重要贡献，受到云南省委、省政府和广大人民群众的高度赞扬。

2012年抗灾救灾

【综　述】　2012年，共扑救森林火灾193起，完成防火、林政、武装巡护等勤务872次，参加地震、泥石流、洪涝等抢险救援行动5次，累计出动兵力34121人次。中央电视台以《五天六夜鏖战火魔》和《决战东巴谷》为题全面报道总队事迹，总队灭火作战经验被新华社和人民日报内参刊发。云南省委书记秦光荣先后两次亲赴总队防火执勤和灭火作战一线，看望慰问总队官兵。2012年，总队被云南省政府表彰为抗旱减灾先进集体，昆明支队直属大队二中队班长温德圆被评为第二届森林部队“绿色卫士”，大理支队大理中队指导员尹小斌获第二届森林部队“绿色卫士”提名奖。

【五华区长虫山森林火灾灭火】　2月2日16时，昆明市五华区长虫山发生森林火灾。总队作训科科长林松带总队机关25人、昆明支队90人，共计115人赶赴火场。2月2日21时20分火场明火全部扑灭。2月5日17时30分，五华区长虫山再次发生森林火灾。昆明支队支队长熊斌、参谋长张洪顺和总队司令部直工科科长季恩志带总队机关警通勤务中队20人、昆明支队前指5人、直属大队65人、西山中队30人，共计120名官兵赶赴火场。21时10分火场明火全部扑灭，部队安全归建。

【秦光荣调研森林防火】　2月9日17时30分，云南省委书记秦光荣在省委常委、昆明市委书记张田欣，省委常委、省委秘书长、省政府副省长曹建方，省政府副省长孔垂柱，云南森林总队总队长郭建雄等领导陪同下，视察盘龙区双龙街道办事处蜜蜂桥森林防火检查点，亲切看望慰问昆明森林支队防火执勤官兵，对官兵们在春节期间放弃休息，始终坚守在防火灭火一线，并出色完成多起灭火作战给予充分肯定和高度评价。

【安宁市森林火灾灭火】　2月16日16时55分，昆明市安宁市连然街道办事处张家坝发生森林火灾。支队长熊斌带昆明支队前指10人、安宁大队60人、西山中队30人，共计100名官兵赶赴火场。2月16日20时00分火场明火全部扑灭，部队安全归建。

【红塔区森林火灾灭火】　2月15日18时40分，玉溪市红塔区大营街甸苴村发生森林火灾。总队参谋长曹龙带总队前指5人、昆明支队前指5人、直属大队60人、安宁大队60人，共计130名官兵赶赴火场。2月16日16时30分火场明火全部扑灭，部队安全归建。

【宜良县森林火灾灭火】　3月16日11时40分，昆明市宜良县耿家村发生森林火灾。昆明支队支队长熊斌带直属大队100人、石林中队40人，共计140名官兵赶赴火场。3月16日23时00分火场明火全部扑灭，部队安全归建。

【安宁市草铺镇森林火灾灭火】　3月19日00时05分，安宁市草铺镇王家滩发生森林火灾。总队长郭建雄、参谋长曹龙带总队指10人、机关直属队50人、昆明支队250人、普洱支队驻防楚雄州50人，共计360名官兵赶赴火场。3月23日16

时00分火场明火全部扑灭，部队安全归建。

【晋宁县森林火灾灭火】 3月28日13时40分，昆明市晋宁县清水河发生森林火灾。总队参谋长曹龙、副参谋长张洪顺、带总队前指20人、总队机关55人、昆明支队前指20人、直属大队90人、安宁大队95人、昆明大队大队部5人、西山中队45人、石林中队40人、教导队20人、普洱支队驻楚雄50人，共计430名官兵赶赴火场。4月3日12时00分明火全部扑灭，部队安全归建。

【秦光荣慰问参战官兵】 3月30日下午，云南省委书记秦光荣赶赴晋宁“3.28”森林火灾扑救前线，现场指挥扑救工作。16时，秦书记在省委常委、昆明市委书记张田欣，省委常委、省委秘书长、副省长曹建方，武警云南森林总队总队长郭建雄，参谋长曹龙陪同下，来到位于昆明、玉溪交界处的火场北线附近，现场查看火情，并看望慰问总队灭火一线官兵。

【召开总结表彰大会】 4月12日，云南总队隆重召开“2012年1至3月份森林灭火战斗百战百捷总结表彰大会”，为5个单位和19名个人记功。指挥部政治部刘树荣副主任、云南省森林防火指挥部专职副指挥长万勇等领导到会指导，总队领导、机关干部、直属队和驻昆部队官兵在主会场参加会议，基层部队官兵在33个分会场通过视频参加会议。

【嵩明县森林火灾灭火】 4月14日19时10分，昆明市嵩明县嵩阳镇西山村委会发生森林火灾。昆明支队支队长熊斌、政治处主任和智带支队前指、直属大队、安宁大队、西山中队，共计235名官兵赶赴火场。4月15日18时40分明火全部扑灭，部队安全归建。

【五华区森林火灾灭火】 5月5日12时40分，昆明市五华区红云街道办事处岗头村后山发生森林火灾。总队副参谋长张晓斌、昆明支队参谋长姚海波带总队机关直属队、昆明支队前指、直属大队、西山中队，共计165名官兵赶赴火场。5月5日16时50分明火全部扑灭，部队安全归建。

【安宁市森林火灾灭火】 5月20日21时，昆明市安宁市连然镇发生森林火灾。支队长熊斌带昆明支队前指、直属大队、安宁大队、西山中队，共计225名官兵赶赴火场。5月21日4时25分明火全部扑灭，部队安全归建。

【晋宁县森林火灾灭火】 5月21日23时，晋宁县昆阳街道办事处田新村吴岗箐发生森林火灾。昆明支队副支队长齐青带昆明支队前指、安宁大队，共计95名官兵赶赴火场。5月22日6时35分火场明火全部扑灭，部队安全归建。

【宁蒗5.7地震抗震救援】 6月24日15时59分，丽江市宁蒗彝族自治县永宁乡发生5.7级地震。灾情发生后，丽江支队151名官兵第一时间部队到位迅速投入抗震救灾。期间，共搭建帐篷125顶，搬运救灾物资10余吨，处理危房险点50余处。

【“云岭砺剑-12”演练】 12月13日，云南总队组织“云岭砺剑-12”首长机关指挥所要素演练。演练以《云南省森林总队2013年扑救重特大森林火灾方案》为依据，以提升指挥部队扑救重特大森林火灾能力为着眼点，采取上导下演、随机导调的方式进行，重点对通信保障、情报侦察、指挥控制、政治工作、后勤保障等五大要素进行演练，全面检验总队首长机关扑救重特大森林火灾指挥所编成、机构开设、指挥控制和信息化保障的程序、方法和手段，以及部队战备工作落实和“两化”训练成果，为夺取防火期工作的全面胜利奠定坚实基础。

2013年抗灾救灾

【综　述】 2013年，共扑救森林火灾163起，完成防火、林政、武装巡护等勤务812次，参加地震、泥石流、洪涝等抢险救援行动7次，累计出动兵力30202人次，受到国务院汪洋副总理、国家林业局赵树丛局长等领导的赞誉。7月30日，云南省森林防火指挥部在总队召开防期表彰大会，昆明、丽江、大理支队和西双版纳、迪庆大队等10个单位被表彰为2013年度扑火救灾先进单位，30名官兵被表彰为最佳指挥员、战斗员。

【古城区森林火灾灭火】 1月7日9时50分，古城区金安镇龙兴村发生森林火灾。丽江支队前指12人、古城中队30人、玉龙大队45人赶赴火场。1月8日15时30分火场明火全部扑灭，部队安全归建。

【下关镇森林火灾灭火】 2月6日17时10分，大理市下关镇吊草村发生森林火灾。总队前指4人、大理支队前指10人、直属中队25人、大理中队25人、洱源中队20人、永平中队25人、漾濞中队25人赶赴火场。2月9日15时35分火场明火全部扑灭，部队安全归建。

【宁蒗县森林火灾灭火】 2月7日15时30分，丽江市宁蒗县永宁乡木底箐沙峨村发生森林火灾。丽江支队前指8人、宁蒗中队27人、永胜中队23人赶赴火场。2月11日23时30分火场明火全部扑灭，部队安全归建。

【香格里拉县森林火灾灭火】 2月7日18时，迪庆州香格里拉县五境乡仓觉村发生森林火灾。大队前指10人、香格里拉中队21人、迪庆中队29人赶赴火场。2月9日15时00分火场明火全部扑灭，部队安全归建。

【香格里拉经开区森林火灾灭火】 2月11日13时25分，迪庆州香格里拉经济开发区松园上村发生森林火灾。大队前指

10人、香格里拉中队21人、迪庆中队29人赶赴火场。2月12日18时50分火场明火全部扑灭，部队安全归建。

【香格里拉县森林火灾灭火】 2月12日20时05分，迪庆州香格里拉县五境乡仓觉村发生森林火灾。大队前指10人、香格里拉中队21人、迪庆中队29人赶赴火场。2月17日13时00分火场明火全部扑灭，部队转战至金江镇火场。

【玉龙县森林火灾灭火】 2月14日15时，丽江市玉龙县太安乡汝南化村发生森林火灾。支队前指13人、玉龙大队50人、古城中队30人赶赴火场。2月17日14时15分火场明火全部扑灭，部队安全归建。

【玉龙县森林火灾灭火】 2月15日00时20分，丽江市玉龙县龙蟠乡发生森林火灾。支队前指8人、永胜中队25人赶赴火场。2月17日22时30分火场明火全部扑灭，部队安全归建。

【宁蒗县森林火灾灭火】 2月15日16时40分，丽江市宁蒗县永宁乡木底箐沙峨村发生森林火灾。支队前指5人、宁蒗中队28人赶赴火场。2月17日21时30分火场明火全部扑灭，部队安全归建。

【玉龙县森林火灾灭火】 2月15日16时40分，丽江市玉龙县龙蟠乡七平村发生森林火灾。支队前指13人、玉龙大队50人、永胜中队25人赶赴火场。2月17日22时30分火场明火全部扑灭，部队安全归建。

【腾冲县森林火灾灭火】 2月16日8时40分，保山市腾冲县明光乡明光林场发生森林火灾。总队前指3人、支队前指5人、腾冲中队25人赶赴火场。2月18日13时30分火场明火全部扑灭，部队安全归建。

【香格里拉县森林火灾灭火】 2月16日23时30分，迪庆州香格里拉县金江镇兴文村发生森林火灾。总队前指3人、大队前指10人、香格里拉中队21人、迪庆中队29人赶赴火场。2月18日15时20分火场明火全部扑灭，部队安全归建。

【祥云县森林火灾灭火】 2月17日20时，大理州祥云县下庄镇发生森林火灾。支队前指8人、直属中队25人、漾濞中队25人赶赴火场。2月18日15时50分火场明火全部扑灭，部队安全归建。

【玉龙县森林火灾灭火】 2月24日18时40分，丽江市玉龙县白沙乡文海村委会发生森林火灾。支队前指13人、玉龙大队50人、古城中队25人赶赴火场。2月26日18时30分，火场明火全部扑灭，部队安全归建。

【香格里拉经开区森林火灾灭火】 2月28日18时40分，迪庆州香格里拉经济开发区松园上村发生森林火灾。迪庆大队52人赶赴火场。3月14日17时40分，火场明火全部扑灭，部队安全归建。

【漾濞县森林火灾灭火】 3月1日00时，大理市漾濞县苍山西镇发生森林火灾。大理支队前指10人、大理中队26人、漾濞中队22人赶赴火场。3月5日08时40分，火场明火全部扑灭，部队安全归建。

【宜良县森林火灾灭火】 3月1日04时50分，昆明宜良县阳宗海林场小白龙林区发生森林火灾。总队前指5人、支队前指10人、安宁大队60人、直属大队65人、石林中队25人、西山中队35人赶赴火场。3月2日10时10分，火场明火全部扑灭，部队安全归建。

【石林县森林火灾灭火】 3月1日15时10分，昆明市石林县圭山镇海邑村委会发生森林火灾。昆明支队前指15人、直属大队55人、石林中队25人、西山中队30人赶赴火场。3月2日11时30分，火场明火全部扑灭，部队安全归建。

【宁蒗县森林火灾灭火】 3月2日20时45分，丽江市宁蒗县战河乡子差拉村发生森林火灾。丽江支队前指4人、宁蒗中队28人赶赴火场。3月4日16时10分，火场明火全部扑灭，部队安全归建。

【隆阳区森林火灾灭火】 3月5日21时30分，保山市隆阳区瓦窑镇老营村王家箐发生森林火灾。保山支队前指10人、隆阳中队55人、直属中队20人赶赴火场。3月7日21时20分，火场明火全部扑灭，部队安全归建。

【玉龙县森林火灾灭火】 3月6日19时20分，丽江市玉龙县太安乡与九河乡交界处发生森林火灾。丽江支队前指8人、玉龙大队90人赶赴火场。3月7日18时05分，火场明火全部扑灭，部队安全归建。

【漾濞县森林火灾灭火】 3月7日8时40分，大理市漾濞县平坡镇邑头村后山老凹箐发生森林火灾。大理支队前指8人、直属中队35人、永平中队39人、漾濞中队32人赶赴火场。3月10日19时20分，火场明火全部扑灭，部队安全归建。

【古城区森林火灾灭火】 3月12日14时50分，丽江市古城区七河镇后山发生森林火灾。丽江支队前指11人、玉龙大队90人、古城中队45人赶赴火场。3月13日21时55分，火场明火全部扑灭，部队安全归建。

【永平县森林火灾灭火】 3月16日17时50分，大理州永平县杉阳镇后山发生森林火灾。大理支队前指3人、永平中队34人赶赴火场。3月18日15时10分，火场明火全部扑灭，部队安全归建。

【玉龙县森林火灾灭火】 3月16日21时20分，丽江市玉龙

县大具乡发生森林火灾。丽江支队前指8人、玉龙大队90人赶赴火场。3月17日18时20分，火场明火全部扑灭，部队安全归建。

【隆阳区森林火灾灭火】 3月24日10时40分，保山市隆阳区芒宽乡张贡村发生森林火灾。保山支队前指1人、隆阳中队33人赶赴火场。3月26日15时10分，火场明火全部扑灭，部队安全归建。

【景东县森林火灾灭火】 3月25日18时40分，普洱市景东县景福乡发生森林火灾。景东中队27人赶赴火场。3月27日0时40分，火场明火全部扑灭，部队安全归建。

【晋宁县森林火灾灭火】 3月29日17时10分，昆明市晋宁县六街镇王平村委会黄磷场后山发生森林火灾。昆明支队前指10人、直属大队85人、安宁大队85人赶赴火场。3月30日02时25分，火场明火全部扑灭，部队安全归建。

【安宁市森林火灾灭火】 3月30日13时05分，昆明市安宁草铺镇街道办事处发生森林火灾。总队前指5人、支队前指5人、安宁大队90人、直属大队90人赶赴火场。4月2日19时30分，火场明火全部扑灭，部队安全归建。

【总队召开电视会议】 4月2日下午，云南总队召开中心工作阶段性总结讲评电视会议。会议由政委牛喜富主持，总队部门以上领导及全体官兵参加。总队长王春太对前一阶段中心工作进行讲评，总结防期工作主要特点，指出存在问题，并从科学指挥、科学用兵、科学扑救、科学执勤等四个方面对下一阶段中心工作进行安排部署。

【安宁市森林火灾灭火】 4月3日22时25分，昆明市安宁市禄表地区发生森林火灾。昆明支队前指15人、直属大队85人、安宁大队85人赶赴火场。4月4日9时35分，火场明火全部扑灭，部队安全归建。

【“清明节”防火执勤】 4月3日，总队召开节日战备工作部署会，总队长王春太对节日战备工作提出明确要求，参谋长曹龙通报当前森林防火形势，并对节日期间战备工作和开展“清明节”防火执勤进行全面安排部署，严密组织全部队在节日期间开展“千人执勤上一线，千里巡护保平安”防火执勤活动，有效封控人为火源，降低火灾隐患。“清明节”期间，全部队开展防火执勤共发放传单和宣传画22000余份，受教育群众达12000余人，收缴火种5600余个，乘车巡护1260余千米，徒步携装巡护430余千米，制止野外违规用火80余起、240余人次，检查入山车辆900余辆，成功处置突发火情32起，实现节日期间不发生重大森林火灾的整体防控目标。

【阳宗海森林火灾灭火】 4月4日21时15分，昆明阳宗海发生森林火灾。昆明支队前指15人、直属大队85人、西山中队40人赶赴火场。4月5日2时40分，火场明火全部扑灭，部队安全归建。

【西山区森林火灾灭火】 4月7日13时，昆明市西山区团结乡状元山发生森林火灾。总队前指5人、昆明支队10人、直属大队85人、西山中队40人赶赴火场。4月8日13时00分，火场明火全部扑灭，部队安全归建。

【西山区森林火灾灭火】 4月8日16时15分，昆明市西山区团结镇百王寨发生森林火灾。支队前指10人、通信分队10人、直属大队90人、安宁大队85人、西山中队40人赶赴火场。4月11日14时35分，火场明火全部扑灭，部队安全归建。

【安宁市森林火灾灭火】 4月9日12时40分，昆明市安宁市禄脿镇发生森林火灾。总队前指5人、总队机关和直属队50人、昆明支队100人、普洱支队驻楚雄执勤分队45人、教导队20人赶赴火场。4月11日10时30分，火场明火全部扑灭，部队安全归建。

【隆阳区森林火灾灭火】 4月20日16时20分，保山市隆阳区潞江镇东风村癞山寺发生森林火灾。保山支队隆阳中队50人赶赴火场。4月21日14时30分，火场明火全部扑灭，部队安全归建。

【南涧县森林火灾灭火】 4月20日21时20分，大理州南涧南涧镇保安村发生森林火灾。大理支队前指5人、直属中队40人赶赴火场。4月21日15时15分，火场明火全部扑灭，部队安全归建。

【禄丰县森林火灾灭火】 4月24日9时35分，楚雄州禄丰县勤丰镇壳里村发生森林火灾。总队前指及机关直属队53人、教导队20人、昆明支队前指10人、直属95人、安宁95人、普洱支队驻楚雄市执勤分队47人赶赴火场。4月29日7时30分，火场明火全部扑灭，普洱支队转场至楚雄禄丰县勤丰镇芭蕉箐火场，其他部队安全归建。

【海东镇森林火灾灭火】 5月28日16时45分，大理州大理市海东镇青山发生森林火灾。大理支队前指7人、直属中队30人、大理中队40赶赴火场。5月29日14时10分，火场明火全部扑灭，部队安全归建。

【召开2013年扑火救灾表彰大会】 7月30日，云南省森林防火指挥部在总队隆重召开2013年扑火救灾表彰大会。云南省人民政府副省长沈培平，省林业厅厅长侯新华，省森林防火指挥部专职副指挥长杜勇，国家林业局南方航空护林总站长史永林，省发改委副主任董继理，省农业厅副厅长王平华，省气象局副局长方红，省教育厅巡视员张福东及省森林防火指挥部部分成员单位领导到会指导，总队部门以上领导、全体机关干部，昆明支队机关干部及直属、昆明大队，教导队共435名官兵在主会场参加会议，基层部队官兵在33个分会场通过视频参加会议。大会由云南省森林防火指挥部专职副指挥长杜勇主持，省林业厅厅长侯新华宣读表彰2013年云南森林总队防火灭火工作先进集体和个人的决定，主席台就座领导为受表彰的10个扑火救灾先进单位和30名最佳指挥员、战斗员颁奖。

【迪庆州“8·31”地震救灾】 8月31日，迪庆州香格里拉县尼西乡发生地震，迪庆森林大队救灾官兵迅速赶往灾区开展抗震救灾工作，总队副政委邵伟旭赶赴迪庆指导抗震救灾工作。经过官兵10天的全力救援，共清理疏通道路24千米、平整灾民临时居住地1300平方米、搭建帐篷270顶、搬运物资177吨，配合州抗震救灾指挥部转移被困群众396人，圆满完成各项任务。

【召开防火电视会议】 11月29日上午，云南总队组织全部队召开冬春防期工作暨“两化”训练动员部署电视会议。总队、支队两级机关部门以上领导、机关全体干部，各支队、直属大队、教导队共1363名官兵在37个会场参加会议。会议由政委赵振忠主持，总队长王春太从如何抓好今冬明春防期工作和“两化”训练两个方面进行安排部署。会议确定抓好防期工作的总体要求是：贯彻全会精神，认清严峻形势，周密细致准备，科学划分防区，合理编成兵力，有效整合装备，坚持打防并举，搞好警地协同，加强组织指挥，突出任务安全，高标准实现“两个确保”。政委赵振忠指出，各单位要严密组织“两化”训练，确保人员、内容、效果、质量四落实，狠抓防期各项任务，充分做好遂行任务准备，确保遇有火情，能够立即出动，科学扑救，安全圆满完成防期任务。

【“云岭砺剑—13”演练】 12月13日，云南总队组织“云岭砺剑－13”首长机关带部分实兵灭火作战演习。演习主要分两个方面内容，一是总队副参谋长齐青、各支队支队长、直属大队大队长依图汇报本级2014年度灭火作战方案；二是组织实兵演习。演习采取检验性实兵演习的方式，不交原案，不进行预演，参演人员按照灭火作战方案既定的力量编成和任务分工，全员全程参加演习。导演组结合云南不同地区不同的自然环境和林火特点，分别对驻滇中、滇西、滇西北和滇南的部队先后下达12份作业想定，设置8种情况，根据演习进程下发参演单位。演习中，总队首长机关从接收火情、召开会议、定下决心、派出前指、组织指挥、兵力调整、综合保障等方面进行实地演练，参演部（分）队按照战前准备、战斗实施、战斗结束的步骤，重点演练启动应急响应、组织机动、勘察火场、投入战斗、调整部署、政治工作、后勤保障、组织撤离等内容。

（刘　颖　欧阳俊宇　任立新）

公安部门抗灾救灾

概　况

2012～2013 年，云南省各种自然灾害频发。全省大部分地区干旱持续，造成农作物绝收，村民生活用水困难，严重影响了农村正常的生产生活秩序，制约了农村经济发展。由于干旱少雨，导致森林火灾时有发生。而局部地区则出现暴雨气象，导致洪涝和泥石流灾害突出，造成田地被毁，房屋坍塌，人畜伤亡，损失惨重。一些地区发生了地震灾害，给灾区群众造成重大生命财产损失。安全生产、道路交通重、特大事故比较突出，给人民生命财产带来重大损失，给遇害者家庭带来极度痛苦，给社会带来了不稳定因素。在各种灾害面前，全省公安机关在地方党委、政府的直接领导下，全警动员，投入抗险救灾，充分发挥了主力军作用，为保护群众利益，减少灾害给国家和群众带来的损失作出了重大贡献，受到广大群众的拥护和赞誉。

【应急响应】　在自然灾害面前，全省各级公安机关始终做到快速反应，第一时间组织警力投入救灾第一线。2012 年 9 月 7 日，昭通市彝良县发生 5.7 级地震，省委常委、省委政法委书记、省公安厅厅长孟苏铁，厅党委副书记、常务副厅长罗石文，厅党委委员、副厅长严尚智、董家禄、王建中，厅党委委员、政治部主任李刚等领导分别批示，要求全省公安机关积极投入抗震救灾工作，严厉打击违法犯罪活动，切实维护灾区社会稳定，确保抗震救灾工作顺利进行。严尚智副厅长立即率工作组赶赴灾区指导工作。昭通市公安机关迅速启动《昭通市公安机关破坏性地震应急性预案》，调集消防和公安特警组成 3 支抢险救灾突击队赶赴灾区救灾。昭阳区、鲁甸县、镇雄县、威信县公安机关全体民警全面进入战斗状态，共有 3700 余名公安民警和武警、消防官兵、2500 余名协警投入抢险救灾。2013 年 3 月 3 日，大理州洱源县西山乡发生 5.5 级地震，州公安局立即启动应急机制，在州委、州政府抗震救灾指挥部的统一指挥下，紧急动员、迅速行动，全力投入抗震救灾和灾区维稳工作。省长助理、省公安厅厅长杨嘉武立即指派董家禄副厅长率省厅相关人员连夜赶赴灾区指导抗震救灾。大理州公安局迅速做出部署，由王新副局长率治安、特警、国保、消防、交警等部门的 160 人第一时间赶赴灾区，指导和协助洱源县公安机关开展抗震救灾、道路保通和灾区维稳工作。州公安局科信处派出“静中通”卫星通信车连夜赶赴灾区，保障通讯指挥畅通，并适时将灾情及救援图像传送省公安厅指挥中心。同时，州公安局成立指挥部，由局长陈川任指挥长，副局长田树泽、王新任副指挥长，相关部门负责人为成员，立即召开指挥部会议，对灾情排查、人员搜救、社会面管控、消防管理、后勤保障和信息报送等工作作出具体部署，要求州公安局工作组和受灾 5 县公安机关全力投入抗震救灾和灾区维稳工作。5 县公安机关和交警、消防部门相继成立指挥部，层层落实责任，投入警力 1294 人，分头开展抗震救灾工作。

【协同作战】　2013 年 3 月 3 日，大理州洱源县西山乡发生 5.5 级地震后，省公安厅向灾区公安部门紧急调拨发电机 4 台、帐篷 10 顶、睡袋 100 个、强光电筒 80 支、急救包 30 个、喊话筒 5 个，并给予经费支持，有力保障了灾区公安机关开展抗震救灾。州公安局专门成立保障组，倾力保障一线民警开展工作，及时向灾区一线参战民警运送压缩饼干、矿泉水、警用大衣及大米、蔬菜等一批生活物资，为一线民警救灾提供了强有力的后勤保障。省厅消防总队调集特勤支队及大理、楚雄、丽江、保山 5 个支队 322 名警力和 4 条搜救犬，不间断开展搜救工作。大理州公安局和受灾 5 县公安机关共设立临时警务室 20 个，服务灾区群众 11751 人次。州交警支队调集楚大、大保高速路大队及祥云、宾川、大理、漾濞、鹤庆、洱源 6 县、市警力 399 人，启动检查服务站 8 个，设置临时执勤点 15 个，采取开通高速路绿色通道、定点值守、现场指挥、路标引导等方式，加强对两条高速路和漾濞至洱源、洱源至下关两条重要保障线的管制和疏导，形成了由漾濞入、从洱源出的环形保障线，确保救灾物资、车辆、人员安全畅通进出。保山市和施甸县两级公安机关会同民政、交通、医疗卫生等部门，形成了抢险救灾的整体合力。共搜救失踪人员 1 人，抢救受伤群众 5 人，紧急转移群众 27000 余人，排除倒塌民房 135 间、严重损坏民房 748 间、一般损坏房屋 12347

间的安全隐患，为灾区群众搭建帐篷311顶，帮助群众抢救物资8万余件次。

【维护灾区治安】 全省各级公安机关十分重视灾区的社会治安管理，在救灾工作中，当地公安机关始终把治安管理放在重要位置。2012年9月11日，保山市施甸县发生地震时，引起施甸县看守所监室一片混乱，为防止发生意外，看守所民警临危不乱，紧急将所有在押人员疏散到小放风场，耐心做好在押人员的思想稳定工作，没有发生任何不稳定情况。公安机关还在灾区及时开展矛盾纠纷排查化解，重点排查群众在抗灾自救、电力供应、救灾物资分配中产生的矛盾和不稳定因素，做好宣传劝导，稳定群众情绪。同时，加大对灾区社会治安的巡逻防控力度，严厉打击各类哄抢救灾物资和抢劫、盗窃灾区群众财产的违法犯罪活动，切实增强灾区群众的安全感，为抗震救灾创造良好的社会环境。2012年7月30日，景谷县公安机关在泥石流洪涝灾害救灾中，成立抗洪抢险流动警务室，配备警务牌、警务灯箱、笔记本电脑等办公用品，设置信息采集室，积极开展失踪人口搜救、治安巡逻、人口信息核对、入户走访调查、交通秩序维护、抗灾自救宣传和便民服务等工作。还成立了灾区巡逻队，分为3个组开展工作，每组配备警车一辆、民警2人、协警3人，采取车巡、人巡交叉的巡逻方式，对灾区24小时不间断巡防，严密防范各类趁灾抢劫、盗窃、诈骗、哄抢救灾物资等违法犯罪。同时，组织参战民警深入灾区和灾民中走访排查，及时发现和化解各类矛盾纠纷，有效防止了由此引发的治安和刑事案件。

抗 震 救 灾

【宁蒗县5.7、5.6级地震救灾】 2012年6月24日15时59分，宁蒗县境内发生里氏5.7级地震，震中位于永宁乡（北纬27.7°，东经100.7°），震源深度11千米，波及全市14个乡镇，造成3人死亡，20人重伤，86人轻伤，4228户人家受灾，损坏民房14864间，受灾人口21860人，大小牲畜死亡1200余头（只）。

丽江市公安局立即启动应急预案，副市长、市公安局马峻岭局长，杨远新副局长、陈钦生副局长、王平助理以及武警丽江支队徐占军支队长，消防支队孙边灵支队长，41师驻训团向荣贵副政委等领导分别率公安及武警、消防官兵共653人连夜赶赴永宁灾区救灾，维护灾区治安秩序。宁蒗县公安局和武警、消防等部门按照市、县抗震救灾指挥部的统一部署，成立了治安巡逻、交通保障、群众工作、后勤保障、警务督察5个组分工负责开展工作。据统计，部队、公安机关共为灾区群众搭建帐篷2131顶，送棉被3000床、大衣3000件，彩条布20000米，提供矿泉水、面包等生活物资。并投入警力加强治安管理，维护道路秩序，为群众度过难关提供了物资生活和社会安全保障。

【彝良县5.7级地震救灾】 2012年9月7日11时19分，彝良县龙街乡与贵州省威宁县交界（北纬27.5°，东经104.0°）发生5.7级地震，震源深度14.0千米。造成全县15个乡镇2878个村民小组45.3万人不同程度受灾，79人死亡、900余人受伤，15587间房屋倒塌、39590间房屋严重损毁、3517间畜圈倒塌、12683间畜圈受损、4384头（只）牲畜死亡，全县交通、水利、通信、电力等基础设施严重受损，直接经济损失近80亿元。

灾情发生后，省厅严尚智、韩玉副厅长亲临现场指导。市公安局率全市3700余名公安民警和2500余名协警，连续作战30余小时，排除险情1970余处，参与抢救受伤群众570余名，紧急转移受灾群众6万余名，帮助群众17余万人次，为群众解困7万余件次，排查调解矛盾纠纷1370余件，调解轻微治安案件680余件，维护了灾区社会治安稳定。

【施甸县4.5、4.9级地震救灾】 2012年9月11日11时20分、21分，保山市施甸县（北纬24.7°、东经99.2°）连续发生4.5、4.9级地震，震源深度分别为8千米和10千米，震中为施甸县甸阳镇菖蒲塘和蒋家寨。

地震发生后，在当地党委、政府的领导下，保山、施甸两级公安机关迅速成立抗震救灾指挥部。施甸县公安局立即启动《施甸县公安局地震应急工作预案》，成立了由县副县长、县公安局局长钟天然任组长的抗震救灾工作指挥部，下设信息收集、抢险救灾、治安防范、宣传报道、交通管理、应急、监所管理等8个工作组，全面展开救灾工作。保山市公安局唐云泽局长带领120余名民警率先赶赴地震受灾最为严重的姚关、甸阳灾区。武警保山支队派出200名官兵、保山公安消防支队派出70余名官兵、12辆消防救援车投入救灾。武警医院组织医护人员第一时间赶到灾区。市公安局交警支队出动8辆警车分为8组沿震中周边开展交通巡逻。施甸县公安局出动70余名警力担负灾区施姚二级公路的保通任务，确保了救灾物资顺利运抵灾区。还投入警力加强灾区社会治安巡逻防控，为抗震救灾创造良好的社会环境。同时，加强与其他部门的合作，会同民政、交通、医疗卫生等部门，全力做好抢险救援工作。经过全体参战民警和武警官兵的共同努力，搜救失踪人员1人，抢救受伤群众5人，紧急转移受灾群众27000余人，为灾区群众搭建帐篷311顶，帮助群众抢救物资8万余件次。

【墨江县4.8级地震救灾】 2013年2月20日13时1分，普洱市墨江县联珠镇曼平村岩子营（北纬23.3°，东经101.6°）发生4.8级地震，震源深度5.0千米，距县城约40千米，震感明显。墨江县公安局立即启动《应对地震灾害应急预案》，副县长、县公安局局长李文辉带领局机关60余名警力先期赶赴地震中心现场，并组织交警、消防官兵及全县15个派出所全力投入抗震救灾，维护社会稳定。

【洱源县5.5级地震救灾】 2013年3月3日13时41分15秒，大理州洱源县西山乡发生5.5级地震，波及洱源、云龙、漾濞、永平、剑川5个县11个乡镇，造成16万人受灾，30

人受伤，紧急转移安置2.1万人，直接经济损失74666万元。

灾情发生后，受省长助理、省公安厅厅长杨嘉武同志的委派，省公安厅董家禄副厅长率省厅相关人员于3日晚连夜赶赴灾区指导抗震救灾工作。州、县公安机关调集警力全力救灾，全体参战民警充分发扬连续作战精神，克服困难，顽强拼搏，共搜救被困群众30人，搭建救灾帐篷833顶，协助转移安置群众5971人，协助发放救灾物资73批次，排查、拆除危房4572间，协助抢救转移财产394万元。

【洱源、漾濞县5.0级地震救灾】 2013年4月17日9时45分54秒，大理州洱源县、漾濞县交界处发生5.0级地震，受灾人数逾3万人，造成直接经济损失8962万元。

地震发生后，副州长、州公安局局长陈川迅速作出部署，并于18日赶赴灾区指导抗震抢险救援工作。州、县公安机关立即启动突发事件应急处置预案，投入300余名警力，迅速开展拉网式排查，搜救受伤群众和转移受灾群众。深入各灾民安置点开展防火、防盗、防抢宣传，排查安全隐患。对进入灾区的道路实行交通管制，确保救灾物资运输的畅通。开展法制宣传教育，防止谣言传播，做好社会稳定工作。

【德钦、香格里拉县5.1、5.9级地震救灾】 2013年08月28日、31日，迪庆州德钦县、香格里拉县与四川省甘孜州得荣县交界分别发生5.1级、5.9级地震，造成德钦、香格里拉县19个乡镇近12万人受灾，3人死亡，38人受伤，直接经济损失接近15亿元，是迪庆建州以来遭受破坏最严重、涉及范围最广、人员伤亡最多、救灾难度最大的一次自然灾害。

全州公安机关视灾情为命令、灾区为战场，全警力投入抗震救灾。香格里拉县公安局民警、消防支队官兵迅速赶赴灾区勘察灾情、组织抢运被困人员，并指挥抢通巴拉格宗景区中断公路。交警部门迅速到奔子栏镇指挥中断国道抢通，设立多个临时卡点，保障灾区交通秩序和救灾车辆通行。消防官兵携带救援装备到巴拉格宗景区抢通中断公路。各县指挥中心民警全员上岗，24小时高效运转，加强值班备勤和灾情警情收集上报。各县公安局派出警力加强城区、灾区治安巡逻防范，进村入户开展防震知识宣传、上门做受灾群众思想稳定工作，协助党委政府开展灾情统计、灾民安置，全力维护辖区社会稳定。截至09月09日，全州公安机关、消防部队共投入27087人次，车辆5681辆次，搜救犬2条，开展巡逻9360次，收集、上报信息771条，协助民政等部门发放救灾物资3000余件和搭建救灾帐篷532顶。派出14个搜救组深入到19个乡镇各村组进行拉网式排查，帮助群众抢救转移生产生活物资2000余件套，为24顶帐篷配置80具灭火器，悬挂消防标语、防火提示牌420块，发放宣传资料9100余份。

洪涝泥石流救灾

【盈江县“7·8”抗洪救灾】 2012年7月8日，由于连日暴雨，盈江县平原镇盏达河水位暴涨，大量洪水漫过堤坝，涌入城区及河道两岸村寨，沿岸百余户村民被困。

为保证人民群众的生命财产安全，盈江公安局迅速组织警力，全力以赴开展抗洪抢险工作。至9日，盈江县公安机关共出动警力835人次，警车574辆次，救助受困群众438人，安全转移群众426人，安全转移大米43余吨、大米加工设备4台、家畜60余头，为群众挽回经济损失120余万元。

【昭阳县“7·15”泥石流救灾】 2012年7月15日21时许，昭阳区苏甲乡局部地区突降暴雨，2小时内雨量达180毫米，特大单点暴雨造成苏甲乡大面积山体滑坡，形成巨大的洪水泥石流灾害。全乡12个村162个村民小组6300户2.5万人不同程度受灾，5个行政村受灾严重，造成房屋倒塌231户593间，房屋严重受损645户1077间，农作物受灾2050公顷，2人死亡，8人受伤；交通、电力、通讯等基础设施受损严重，灾害造成经济损失近3.8亿元。昭阳公安分局迅速组织警力与乡政府工作人员赶往受灾地点，第一时间组织群众撤离，帮助受灾群众转移、抢救粮食、转牲畜，最大限度地确保了人民群众的生命财产安全。

【水富县“7·22”抗洪救灾】 2012年7月22日晚，金沙江上游连日来的强降雨导致河水暴涨，水富县临江路地势较低，造成临江路居住群众及旅客被困。8月6日凌晨5时20分至上午11时许，水富县境内遭受持续特大暴雨袭击，降雨量达到120.5毫米，3个乡镇发生山洪暴发，县城洪水成涝、水麻高速公路全面中断、水绥二级公路中断、内昆铁路中断。造成全县22320人受灾，死亡3人，重伤6人，轻微伤25人，房屋倒塌185户352间，严重损坏388户756间。造成直接经济损失达14280.235万元，交通设施损失2180万元，县城市政设施损失3530万元，水利设施损失3565万元，电力损失17.235万元，家庭财产损失750万元，工矿企业损失450万元。

灾情发生后，水富县公安局立即启动抗洪抢险应急预案，组织民警迅速开展抗洪抢险救灾工作，期间，共投入警力560人次、解救被困群众560余人，紧急转移受灾群众1860户4080余人，转移车辆200余辆，抢救财产价值60余万元。会同县防汛抗洪救灾职能部门在县城排洪泄水5处，疏通城市道路交通15处。拿出20000元资金帮助挂钩的高滩村灾民灾后重建，动员全局警力为受灾群众捐款共计15590元，衣物300余件。

【勐海县“7·24”抗洪救灾】 2012年7月24日，因连日降雨，勐海辖区11个乡镇及农场不同程度受灾，全县农作物受灾面积8214亩，受灾人口4809人，受损房屋269间，道路受损15处，造成直接经济损失398.82万元。勐海县公安局在县委、县政府和州公安局的统一组织下，积极投入抗洪抢险，全力以赴保障群众生命财产安全。截至7月27日，全县出动警力200余人次，公安机关协助紧急转移安置237人，转移大米20余吨和其他物资。同时，联合水力、电力、国土、交通等部门，对辖区水库、自来水厂、配电所、道路等情况进行安全大排查，做好险情排除工作。

【景谷县“7·30”泥石流救灾】 2012年7月30日至31日，景谷县境内突降单点暴雨强降雨，引发特大泥石流洪涝灾害，全县10个乡镇均不同程度受灾，受灾群众达1.2万户3.72万人，灾害造成14人失踪、3人重伤、84人轻伤。

灾情发生后，景谷县公安局立即启动应急预案，成立领导小组，指令灾区派出所民警、协警就近先期投入抢险救灾工作。同时，紧急抽调370余名消防官兵、民警、协警160及警车40余辆，组成指挥协调、抢险救援、交通安全整治、治安秩序维护、机动处突、通讯警务保障和搜救7个工作组，迅速赶赴灾情最为严重的威远镇、正兴镇重灾区营救被困群众，帮助群众抢救物资、疏散转移。在搜救失踪人员同时，对存在安全隐患的路段和桥梁等重点地段实行交通管制，在被泥石流冲损、冲毁的11处道路路面和塌方点，全部设立临时岗亭、建立警戒区、设立标示牌，由交警现场值守指挥疏导交通，确保通往灾区道路的安全畅通，为救灾部队、抢险工程机械进入、伤病员转运和救灾物资运送车辆开辟了生命通道。截至8月6日，全县公安机关共出动警力1300余人次，出动车辆520余辆次，协助转移群众2400余人，抢救出生产、生活物资及生活用品价值150余万元，排查次生灾害1起，疏导保障各类车辆顺利通行42000余辆次，成功搜救疑似失踪人员遗体11具，采集DNA样本10份。

【彝良、永善县“9·11”洪涝泥石流救灾】 2012年9月11日凌晨，彝良县城周边及龙安、荞山、小草坝、洛泽河等乡镇受单点暴雨袭击，最高降雨量达180毫米，暴雨持续4个多小时，引发洪灾和泥石流灾害。彝良县公安局调集民警分赴城区受灾最严重的东郊路、县医院、朱家沙坝、大坝子开展抗洪救灾工作，民警和武警、消防官兵共紧急疏散转移群众5500余人，解救被困群众320人，疏导车辆2.9万余辆次，设置临时警示标志175处。同日，永善县溪洛渡镇桐堡村砖房三社小石桥路段洪水从公路上面的河沟倾泻而下，群众被困在公路两侧。永善县公安局组织公安民警、消防官兵用安全绳固定在两边大树上，架设了一条简易安全通道，将100余名被困群众送到安全地带。

【彝良县“10·4”山体滑坡救灾】 2012年10月4日上午8时10分许，彝良县龙海乡镇河村发生山体滑坡，滑坡体约4.5万立方米，导致镇河村田头小学教学楼和附近3户9间农户房屋全部被掩埋，18名学生和1名村民遇难。彝良县公安局成立现场救援领导组，组织民警、武警、消防官兵共150人赶往救灾现场展开救援，共清理出遇难者遗体19具，紧急转移疏散群众800余人，走访、安抚群众1000余人，疏散车辆1600余辆次。

【镇雄县“1·11”山体滑坡救灾】 2013年1月11日8时20分，镇雄果珠乡高坡村赵家沟村民组发生山体滑坡，致使赵家沟村民组16户村民被土石方掩埋。镇雄县公安局组织力量第一时间赶到现场，搜救出2名受伤群众。市公安民警、武警、消防官兵、民兵2000余人相继赶到参与救援，经连续24小时救援，搜救出46人尸体，组织搭建临时救灾帐篷上百顶，帮助灾后恢复重建。1月28日，中屯镇发生山体崩塌滑坡，造成头屯村水塘、塘边、王家湾、下院子、过街楼、庙老包9个村民组72间房屋垮塌、1395间房屋不同程度开裂、学校受损、1400余亩耕地损毁，水、电、路等基础设施不同程度损坏。县公安局组织100余民警救援，帮助326户1227名群众安全转移。

【盐津县“6·21”泥石流救灾】 2013年6月21日至7月4日，盐津县境内普降暴雨，局部地区最高降雨量达154毫米，引发洪水泥石流灾害，全县境内多条主要交通干线受损和中断，牛寨、落雁、兴隆、中和、滩头等9个乡镇23个村（社区），390个村（居）民小组，5215户22085人受灾，死亡4人，重伤1人，泥石流掩埋车辆45辆。盐井镇高桥村黄葛社何井余家被垮塌的岩石摧毁房屋2间，9人被掩埋。灾情发生后，盐津县公安局先后抽调民警、武警战士、消防官兵420余人组成5个抢险救援应急机动组，分别由局领导带队深入各重灾区开展抢险救灾，搜救出被掩埋群众9人（其中5人已死亡）。同时，在市公安局的统一组织下，共出动警车100余辆次、消防车8辆次，公安民警400余人次、武警消防官兵30余人，紧急转移炸药2676千克，搜查出被洪水冲走的电雷管407枚，解救被困群众183人、紧急疏散群众2500余人、车辆1000余辆，为群众挽回经济损失100余万元。

【大关、昭阳、盐津县“7·17”抗洪救灾】 2013年7月17日至8月2日，大关、昭阳、盐津县持续强降雨，致多地山体垮塌、多处山洪暴发、河道河水暴涨。共造成3人死亡，6人受伤，2453户11339人受灾，倒塌房屋978间，被掩埋房屋7户，53辆摩托车、8辆汽车被洪水冲走。面对灾情，各县公安机关高度重视，迅速部署开展抢险救援工作。副市长、市公安局局长王宇对抢险救灾作出紧急部署，要求各县局迅速调集公安民警、武警消防官兵全力开展抢险救援，全力救治受伤群众，全力保障道路交通，全面排查危险区域和灾害隐患，确保人民群众生命财产安全。各县局迅速启动重大自然灾害应急预案，全警动员，全力以赴开展抢险救灾工作。

【昆明市“7·19”抗洪救灾】 2013年7月19日凌晨，受第八号热带风暴“西马仑”影响，昆明市主城区突降单点暴雨，部分地区降雨量达193.5毫米，市区穿金路、北京路、白云路、龙泉路、霖雨路、东二环、北二环、日新路、陈家营等多路段严重积水，造成交通阻断，居民区被淹，直接威胁到人民群众生命财产安全。消防支队迅速启动《昆明市公安消防部队抗洪抢险跨区域应急救援预案》，调集特勤一中队、特勤二中队、特勤二中队、沙沟埂中队、世博中队、东华中队、宝善街中队、盘龙三中队、凉亭中队、红云分队、关上中队、滇池中队、高新中队、眠山中队、兴苑路中队等16个中队参与抗洪抢险排涝工作。经过7个多小时的抢险排涝，成功排除了积水，恢复了交通。截止19日11时，全市消防部队共接到城市积涝报警电话2340个，调派1233车

(次)、6166人(次)出警处置，抢救被困群众245人，疏散群众1309人。省政府李纪恒省长、尹建业副省长先后致电总队田国勇总队长，代表省委、省政府对消防官兵昼夜奋战全力投入抗洪抢险排涝表示衷心感谢，要求消防部队要动员一切力量，采取有力措施，全力以赴投入到抗洪抢险工作中，切实为党委、政府分忧，为人民群众解难。

【新平县“8·10”抗洪救援】 2013年8月10日，因连续降雨，玉溪市新平县水塘镇发生房屋倒塌致2人死亡7人受伤的地质灾害。事故发生后，新平县副县长、公安局局长李顺平带领民警赶赴现场，开展救援处置工作，灾情得到有效控制。

【彝良县“8·26”山体滑坡救灾】 2013年8月26日凌晨，彝良县人民医院新住院大楼后面发生山体滑坡，滑坡体斜坡距长约400米，顶宽约15米，底宽约80米，厚度约5米。大量倾泻而下的泥石严重威胁到100名医护人员、322名住院病人、3000余名周边居民和50余名县水利局干部职工的生命安全。彝良县公安局共出动警力400余人次，紧急疏散住院病人322人、滞留车辆1700余辆次，转移周边群众100户3000余人，增设警示标志21处，开展巡逻24次。

【施甸县“9·9”泥石流救灾】 2013年9月9日22时，施甸县甸阳镇连降大雨，东大河水位暴涨，将东河段河堤冲垮10余米，导致甸阳镇甸阳中路医药公司路段部分居民、商铺受灾。县公安局受领抗洪抢险任务后，抽调交警大队对该路段车辆及行人进行分流，指令城区所、消防、应急等部门组织70余名民警和武警部队30名官兵，前往河堤协同防汛指挥部和民政等相关部门开展对决堤口利用沙袋进行填堵。由于出警及时、措施有力，灾情得到及时控制，未造成人员伤亡。

【牟定县“12·15”抗冰雪救灾】 2013年12月15日，楚雄州普降大雪，牟定县辖区的元双二级公路、钱牟线、广姚线等路段均被积雪覆盖，部分路段出现结冰，一些行道树被积雪压折，影响路面正常通行。牟定县公安局组织局机关、交警大队、辖区派出所近百名公安干警及时清理被压倒的行道树，对影响较大的路面采取提醒、警示，确保车辆正常通行。

【禄劝县抗冰雪救灾】 2013年1月，禄劝县撒营盘、皎平渡、则黑、马鹿塘、乌东德等乡镇持续遭遇强降温天气，普降大雪，造成道路积雪结冰，严重影响交通安全。当地公安机关启动恶劣气候交通安全应急预案，调整勤务，全力投入抗冰雪保畅通工作，确保在冰雪气候条件下全县未发生交通堵塞和重大交通事故。

灭火救灾

【呈贡区“2·20”灭火救灾】 2013年2月20日17时30分，呈贡区城关派出所民警在巡逻中发现龙城街道古城社区方向浓烟弥漫，经现场确认起火地点位于东大河边海胜冷库内，火势较大，民警边向领导汇报情况，边组织冷库旁农贸市场的治保人员一起开展群众疏散工作。公安分局接到火警后，副区长、分局长黄忠伟立刻调集消防大队、交警大队、城关派出所、特警中队等部门警力前往处置，并到现场指挥灭火，将冷库大火及时扑灭，无人员伤亡。经查，海胜冷库系正在拆除的废弃冷库，内堆放有大量塑料泡沫，工人使用乙炔和氧气切割隔板中致塑料泡沫燃烧，引发大火。

【晋宁县“3·28”灭火救灾】 2012年3月28日下午，昆明市晋宁县宝峰清水河对面山林起火。接报后，晋宁县公安局第一时间启动应急响应，组织民警开展交通指挥、治安保卫和火灾调查，并连夜从市局消防支队调派10辆消防车参与扑救。29日，赵立功局长率市局党委副书记、副局长王伟，市局调研员杨从义，以及市局相关部门警力赶到现场坐镇指挥火灾调查、交通保障、火灾现场周边安保及救助群众等工作，连夜安排1000名警力备勤，待命参战。

【江川县“4·17”森林火灾救灾】 2012年4月17日中午11时24分，位于江川县大街街道办事处小柏坡村委会和雄关乡交界处的老尖山突发森林大火。江川县政府先后调动辖区内森林消防扑火队、红塔区专业队、白山林场，以及安化、前卫、九溪等6个乡镇的半专业扑火队，干部群众等百余人投入扑救。经过近11个小时的扑救，大火得到控制。4月18日凌晨1时45分，通过全体参战官兵的奋力扑救，保住了养殖场10000余只家禽。

【禄丰县“4·23”灭火救灾】 2013年4月23日12时40分，禄丰县勤丰镇可里村委会可里村发生特大森林火灾，由于风力大，火向四处蔓延，数度突破防火隔离带，并严重威胁云南省物资储备局676仓库区、78316部队、78660部队安全。楚雄州公安局立即调集警力，州局机关组成应急分队，抽调楚雄市公安局巡特警大队100名民警，禄丰县公安局特警30名民警和森警、武警、消防、解放军官兵、民兵2750余人，消防水车38辆，直升飞机3架，全力开展扑救，州人民政府副州长、州公安局长曹卫东现场坐镇指挥，经过6天5夜的奋战，将森林大火扑灭，确保了国家重点单位和周边人民生命财产的安全。

【楚雄市组织救灾应急演练】 2013年3月22日下午，楚雄市公安局联合消防到北浦中学，组织4000余名师生举行应对校园“消防和突发事件”应急救灾实战演练。

道路交通事故救援

【概 述】 2012～2013 年，全省接报按简易程序处理的道路交通事故 420641 起，适用一般程序处理的道路交通事故 7690 起，造成 3515 人死亡、9629 人受伤，直接财产损失 4932.88 万元。其中，发生一次死亡 3 人以上道路交通事故 106 起；发生一次死亡 5 人以上的道路交通事故 41 起；发生一次死亡 10 人以上的道路交通事故 4 起。

在处置重、特大在道路交通事故中，各级公安机关高度重视，领导及时作出批示，并亲临现场组织抢救。2012 年 4 月 28 日云县段发生 11 人死亡交通事故、2013 年 2 月 6 日昆明市乌蒙乡发生 12 人死亡交通事故、2013 年 3 月 18 日大保高速保山段发生 15 人死亡交通事故、2013 年 8 月 11 日罗平县发生死亡 11 人交通事故等，在这些重大事故发生时，时任省委常委、省委政法委书记、省公安厅厅长孟苏铁、现任省长助理、省公安厅厅长杨嘉武都及时作出批示，要求相关州、县公安机关迅速组织力量抢救伤员，避免发生新的人员死亡。在每次发生的重大事故救援中，董家禄副厅长都率工作组第一时间紧急赶赴事故现场，指导事故处理工作，并与市、县两级公安机关对事故调查等工作进行研究，对事故调查工作进行部署，体现了省厅领导对事故处理和群众生命财产的高度重视。交警部门认真勘察事故现场，分析事故原因，并采取亡羊补牢的措施，认真吸取教训，研究改进对策，加强事故预防。消防等部门积极配合，全力抢救伤员，把事故造成的损失降到最低限度。同时，交警部门对事故隐患开展大排查，有针对性地进行治理。两年内，先后抓了高速公路客货运车辆和农村地区微型面包车严重交通违法行为专项整治、“大排查、大教育、大整治”货车违法行为、道路交通安全大检查等一系列集中行动。清理治理了一大批道路安全隐患路段和存在安全隐患的客货运企业，并向薄弱领域、行业深化延伸。仅 2013 年，全省就查处各类交通违法行为 897.4 万起，其中超速行驶 334.9 万起，无证驾驶 7.67 万起，客车超员 2906 起，货车超载 2449 起，酒后驾驶 2394 起，醉酒驾驶 1794 起。由于道路交通事故预防工作扎实，使全省重特大道路交通事故得到有效遏制。

2013 年，全省共接报适用一般程序处理的道路交通事故 7690 起，造成 1747 人死亡、4573 人受伤，直接财产损失 2051.61 万元，与上年同期相比，事故次数、死亡人数、受伤人数、直接财产损失同比分别减少 193 起、21 人、483 人、831.30 万元，分别下降 4.9%、1.19%、9.55%、28.84%。

【嵩待高速“1·4”交通事故救援】 2012 年 1 月 4 日 22 时 10 分许，驾驶人刘乐伟驾驶云 AR0219 宇通牌大型卧铺客车（核定载客 43 人，事故发生时该车实载 46 人，含 3 名免票儿童）沿嵩待高速公路由昆明向昭通方向行驶，该车行驶至嵩待高速公路 87 千米 +700 米处时，与对向车道一辆号牌为赣 CF5071 号货车相撞，造成云 AR0219 号客车 7 人死亡、11 人受伤，赣 CF5071 号货车驾驶人死亡、2 人受伤，两车受损的特大道路交通事故。

【楚大高速南华段“2·18”交通事故救援】 2012 年 2 月 18 日 23 时 20 分，昆明市石林彝族自治县长湖镇宜政村委会宜政老寨子村 129 号驾驶人王天林（男，53 岁，持“A1A2”类机动车驾驶证）驾驶石林兴利达旅游客运有限公司的云 AL2464 号金龙牌大型普通客车（核载 47 人，实载 37 人，含驾驶人）从昆明驶往大理，当行至杭瑞高速公路（昆明至大理方向）K2428 +850M 处（楚雄州南华县境内）时，所驾车辆从行车方向右侧驶离路面，撞断护栏后翻于距道路边缘 15.9 米的路外边坡上，造成 9 人当场死亡，24 人不同程度受伤（其中 1 人伤势较重），车辆及道路设施损坏的道路交通事故。

【楚大高速南华段“4·25”交通事故救援】 2012 年 4 月 25 日 23 时许，云南省大理市开发区滇源路商住区 1 - B501 号驾驶人肖红胜驾驶云南保山交通集团有限责任公司腾冲客运站云 M13345 号桂林大宇牌大型卧铺客车（核载 44 人，实载 46）从昆明驶往腾冲，当行驶至楚大高速公路（楚雄至大理方向）K49 +200m（南华县天申堂路段）处时，其所驾车辆与右侧护栏碰撞，撞断护栏后翻下 10 余米的空地上，造成 9 人死亡、1 人重伤、35 人轻伤、车辆严重损坏的重特大道路交通事故

【云县“4·28”交通事故救援】 2012 年 4 月 28 日 17 时许，一辆由临沧市临翔区驶往耿马县的中巴客车，在行驶至羊耿线云县幸福镇甘龙潭路段时翻下山坡，共造成 11 名车内人员死亡，9 人受伤。

【昆石高速“5·5”交通事故救援】 2012 年 5 月 5 日 16 时 17 分，黄满驾驶桂 KR2563 号重型货车载蔬菜由昆明呈贡运往广东，行至汕昆高速公路宜良县境内 K2068 +490 米处时车辆失控，撞上前方行驶的车辆，致 10 辆车连环相撞，造成云 GSK799 号微型面包车上 7 人、云 A8860G 号微型面包车驾驶人、云 AU6267 号微型面包车上 1 人，共计 9 人死亡，14 人受伤的特大交通事故。

【昆曲高速“12·5”交通事故救援】 2012 年 12 月 5 日，陈涛驾驶赣 CF8673 号重型货车由昆明驶往曲靖方向，16 时 20 分许，驾车至杭瑞高速公路 K2199 +500M 路段，该路段为 6 千米长下坡，前方 3.1 千米处道路正在施工，车辆并道行驶通行缓慢。陈涛所驾车辆因超载制动失效，车身右侧先与道路右侧挡墙刮擦，车身左侧与同向前方的桂 KU3519 号拖挂车刮碰后撞向前方云 A538WU 号小型轿车，造成云 A538WU 号车上 5 人当场死亡。之后赣 CF8673 号车又继续向前行驶撞向前方的云 AC8659 号重型货车，导致云 AC8659 号车撞向前方的云 FAB768 号小型普通客车，致云 FAB768 号车向前与川 R49235 号重型货车相撞，造成云 FAB768 号车上 6 人及赣 CF8673 号车驾驶人陈涛现场死亡。之后又与前方云 AC778P

号车、云AHM302号车、云D47515号货车、云ASE9809号车相撞。两起连环事故共造成12人死亡、6人度受伤、10辆车不同程度受损。

【昆明市"2·6"交通事故救援】 2013年2月6日下午13时30分左右，昆明市两区管委会乌蒙乡基鲁下村发生一起交通事故，造成12人当场死亡，3人受伤。

【彝良县"3·09"交通事故救援】 2013年3月9日14时35分许，驾驶人苏祥杰（持"C1"类机动车驾驶证）驾驶云CA4127号长安牌小型普通客车（核载8人，实载11人，其中2名婴幼儿，1名儿童）由彝良县钟鸣乡沿钟双线往大关双河方向行驶，当车辆行至钟双线K2+500M处时，与对向谢定云驾驶的云CE5635号长安牌微型车碰撞后，又与安光春驾驶的云CY7525号两轮摩托车相撞，致使车辆翻到93米的陡坡下，造成车上3人当场死亡、5人经送医院抢救无效死亡（含摩托车驾驶人）、4人受伤、三车不同程度损坏的特大道路交通事故。

【大保高速"3·18"交通事故救援】 2013年3月18日16时20分许，大保高速保山市境内发生一起特大交通事故。楚雄州汽车运输公司驾驶员高云驾驶该公司一辆大客车由保山驶往大理方向，当行至大保高速公路K113+200M处时，车辆驶离路面坠入路下95米深的山谷。事故共造成驾驶人及乘客12人当场死亡，3人经抢救无效死亡，14人不同程度受伤。

【彝良县"3·20"交通事故救援】 2013年3月20日18时55分许，驾驶人王誉荣驾驶云C25106号东风牌客车载14人由仓营向佳外方向行驶，当车辆行至彝良县洛泽河镇小昌县小沟子路段（乡村公路）翻下公路300余米，坠入洛泽河中，造成8人死亡，6人受伤的特大交通事故。

【景洪市"7·14"特大交通事故处置】 2013年7月14日12时40分左右，一辆载有27名人员的中型旅游客车在行经景洪至森林公园老国道213线13千米附件时坠入山崖，造成8人死亡，19人受伤。事故发生后，西双版纳州副州长、州公安局局长王方荣当即率公安交警、消防等部门赶赴事故现场，并协调卫生、旅游部门全力救治伤员，查找事故原因，制定有效措施，防止此类事故再次发生。

【永仁县"6·24"交通事故救援】 2013年6月23日10时许，四川省攀枝花市仁和区太平乡大坝村苍房组22号驾驶人李九发驾驶川D30067号重型自卸货车由永仁向攀枝花方向行驶，所驾车辆行至108国道线K3108+900M处（永仁县境内）超越一辆停放在路边的云08-08462号拖拉机时，与对向由四川省攀枝花市仁和区仁和镇大河村一组127号李建刚驾驶的川DF9938号微型车发生正面碰撞，造成微型车上7人死亡，两车受损的特大道路交通事故。

【景洪市"7·14"交通事故救援】 2013年7月14日12时33分许，何先勇（持A1、A2、E类机动车驾驶证，驾驶证号：532723197402282419）驾驶云KT0396号大型客车（实载26人，核载31人）由景洪市勐仑镇向景洪市方向，行至勐打线K12+680米处时，车辆驶出路外坠下山崖，造成乘客张宏伟、王志卓、陈晶、王云鹏、赵阳、王姝红、谢丽娟、翟金玲共8人死亡，其余车上乘客及驾驶员受伤，车辆严重损坏的特大道路交通事故。

【罗平县"8·11"交通事故救援】 2013年8月11日8时10分许，曲靖市罗平县发生一起重大交通事故，一辆微型面包车行至罗平县阿岗镇挖玉村冲门口路段时翻下公路，致11人死亡、4人受伤。

【楚大高速"10·18"事故救援】 2013年10月18日10时37分，云南省交通汽车旅游总公司段德昆驾驶的大型普通客车共载客28人，行至楚雄至大理杭瑞高速公路K2436+483.7米沙桥镇境内时，翻下公路20余米处，造成8人当场死亡，19人不同程度受伤的特大交通事故。南华县公安局迅速出动公安、交警、消防等警种70余名警力参与事故抢险救援和交通疏导，救助伤员。州人民政府副州长、州公安局长曹卫东立即带领州相关部门人员到现场组织开展救援，先期处置事故现场。

（饶世忠　鲁高生）

安全生产减灾

概　况

2012～2013年，全省上下按照党中央、国务院和省委、省政府的部署要求，深入开展安全生产大检查，强化监管执法，夯实基层基础，取得了阶段性成效，实现了全省安全生产形势的总体稳定，为云南省经济社会发展提供了良好的安全保障。

2012年，全省各类生产安全事故起数和死亡人数同比大幅下降，没有发生特别重大事故。亿元GDP死亡率、煤矿百万吨死亡率、十万从业人员死亡率、万车死亡率都以两位数幅度下降。工矿商贸、道路交通、消防等重点行业领域事故明显下降。16个州（市）事故死亡人数均在控制指标内。

2013年，全省安全生产形势持续稳定好转，实现“三降一低两最好”。各类伤亡事故总量下降：全年发生事故12848起、死亡2260人，同比分别下降1.94%、1.53%；事故考核指标下降：列入考核指标的生产经营性事故起数、死亡人数同比下降10.26%、16.72%；较大事故下降：较大事故起数、死亡人数同比下降21.25%、24.79%；全年死亡人数低于控制指标64人，16州（市）及各行业领域各类事故死亡人数均在控制指标内；煤矿实现“1110”历史性最好：煤炭产量突破1亿吨、事故死亡人数控制在100人以内、百万吨煤死亡率降到1以下、10人以上事故起数为零；烟花爆竹领域实现零死亡的最好成绩。

生产安全事故救援与查处

【生产安全事故应急救援】　全省16个州（市）均设立了安全生产应急管理机构，共有各类安全生产应急救援队伍2697支，应急救援人员28702人，其中，专职救援队伍107支、1584人。2012～2013年，全省安全生产应急救援队伍累计完成各种抢险救援2818次，成功救出遇险人员2391人，生还2102人。

【生产安全事故查处】　2012年，全省各类生产安全事故查处按期结案率95.89%，其中较大事故按期结案率90%，重大事故按期结案率100%，对全省发生的80起较大事故进行了挂牌督办，累计追究处理相关责任人88人，其中给予党纪政纪处分72人、移送司法机关追究刑事责任16人。2013年，全省各级安全监管部门共查处各类生产安全事故234起，结案217起，结案率93%，给予党纪政纪处分101人，实施行政处罚499人，共处罚款3298.48万元，移送司法机关追究刑事责任14人。省安委办对17起较大事故的查处工作进行挂牌督办，对工作不落实的地区、部门和企业进行约谈30次，发出督办指令、警示32个。

【2012年重大生产安全事故】　2012年4月28日，临沧市云县境内羊耿线K25＋30米路段发生一起重大道路交通事故，造成11人死亡，9人受伤。

2012年12月5日，曲靖市富源县发生一起煤与瓦斯突出重大事故，造成17人死亡，6人受伤。

【2013年重大生产安全事故】　2013年2月6日，昆明倘甸产业园区和轿子山旅游开发区乌蒙乡发生一起重大道路交通事故，造成12人死亡，3人受伤。

2013年3月18日，保山市隆阳区境内杭瑞高速公路K2689＋200M处保山至大理方向发生一起重大道路交通事故，造成15人死亡，14人受伤。

2013年8月11日，曲靖市罗平县挖玉冲村至阿岗镇路段发生一起重大道路交通事故，造成11人死亡、4人受伤。

安全生产监督管理

【安全生产责任落实】　省政府将安全生产工作列为重点督查的20项重要工作之一。在全省县域经济发展争先进位评价考核中，将安全生产纳入“四项前置指标”之一，实行安全生

产“一票否决”。2012年省政府下发了《云南省安全生产“十二五”规划》、《关于以三项行动三项建设为主题深入开展安全生产年活动的通知》、《关于集中开展安全生产领域“打非治违”执法专项行动的实施意见》等重要文件。按照《云南省人民政府关于进一步加强安全生产工作的决定》要求，各级政府进一步落实政府主要领导任安委会主任、常务副职分管安全生产，其他领导负责分管行业领域安全生产工作的要求。2013年，习近平总书记两次就安全生产发表重要讲话、多次作出重要批示，省委、省政府召开专题会议组织学习，部署贯彻落实工作。省政府印发了《全省安全生产重点监管行业领域省人民政府领导职责分工》，按照“一岗双责”要求进一步明确细化省政府领导和有关部门的工作职责。省安委办组织8个宣贯组深入各州市和重点县区，面对面向地方党政主要领导进行宣讲，督促各级党委政府牢固树立“底线”思维和“红线”意识，严格按照“党政同责、一岗双责、齐抓共管”和“管行业必须管安全、管业务必须管安全、管生产经营必须管安全”的要求，落实行业主管部门直接监管、安全监管部门综合监管、地方政府属地监管的责任。

【“打非治违”专项行动】 2012年，全省集中开展了为期9个月的打击非法违法生产经营建设行为（“打非治违”）专项行动。省政府印发了实施意见，成立了由分管副省长任组长的领导小组，召开专题电视电话会议部署。工信、公安、国土、住建、交通、安监、质监、煤监等8个省级部门分片包干，省安委办、省政府督查室联合督查，各级各部门突出重点地区、重点企业、重点问题，采取“四个一律”措施，即：对非法生产经营建设和经停产整顿仍未达到要求的，一律关闭取缔；对非法违法生产经营建设的有关单位和责任人，一律按规定上限予以经济处罚；对存在违法生产经营建设行为的单位，一律责令停产整顿，并严格落实监管措施；对触犯法律的有关单位和人员，一律依法严格追究法律责任。重拳打击非法违法和违规违章行为。据不完全统计，全省组织“打非治违”执法专项行动督查检查组67946个，组织检查人员371582人次，打击非法违法、治理纠正违规违章行为742513起，取缔关闭非法、违法生产企业906家，责令停产停业企业3973家，行政拘留402人，移送追究刑事责任118人，罚款5887万元。

【安全生产大检查】 2013年，省政府第11次常务会议专题研究安全生产大检查工作，及时召开全省电视电话会议安排部署，李纪恒省长亲自作动员。按照“全覆盖、零容忍、严执法、重实效”的总要求，省政府提出了“100%企业全覆盖检查、100%隐患挂牌整改、100%建立安全检查档案”的工作目标，采取了表格式、精细化的检查方式，层层签字认可检查结果，逐一建立检查档案，实行严格的痕迹管理。8个省级部门各分片包干2个州（市），由厅级领导带队深入基层检查督促。各级政府及有关部门共组织4746个督查组，开展了5517次督查，抽查企业36916户。全省统计上报的46643户企业、69634个重点行业领域监管单位均100%开展了自查，共查出一般隐患22.02万项、重大隐患592项，重大隐患100%落实挂牌督办。查处非法、违法行为4438起，取缔关闭企业326户，停产整顿企业457户、单位187个，限期整改企业2602户、单位3184个，实施经济处罚1920.15万元，追究责任132人。

【安全生产重点整治】 一是安全标准化创建。全省813对煤矿矿井、4402座非煤矿山、2814户危险化学品企业、134户烟花爆竹企业、1516户工贸行业企业达到三级以上安全标准化。二是抓安全技术装备改造。1066对井工煤矿建成安全监控、通讯联络、压风自救、供水施救、人员定位系统，215对煤矿矿井建成紧急避险系统；226座非煤地下矿山建成安全避险“三大系统”，34座三等以上尾矿库建成在线监测系统；对45户涉及危险化工工艺的生产企业实施关闭、转产、搬迁和自动化改造；完成了“两客一危”车辆卫星定位系统更新年度目标任务。三是重大隐患整改。狠抓主要行业领域重点隐患三级政府挂牌督办制度的落实，2013年省政府挂牌督办52个重大隐患，已逐一明确责任单位，按照整改措施、责任、资金、时限、预案“五落实”要求开展整治。2013年省财政投入5000万元，拉动企业和各级各部门投入隐患整改资金6.052亿元，整治了一批重大隐患，改善了安全生产条件。四是煤矿“双七条”规定和国办发99号文件精神落实。开展了“保护矿工生命，矿长守规尽责”主题实践活动，组织全省所有煤矿矿长学习宣贯《煤矿矿长保护矿工生命安全七条规定》和《落实煤矿安全生产七大攻坚举措的意见》并签订承诺书，在师宗县召开了贯彻落实“双七条”现场推进会。定期召开煤矿安全监管联席会议，就煤炭行业淘汰落后产能工作组织赴省外专题调研，开展了煤矿安全生产项目建设秩序专项检查，对资源整合重点矿区实施驻矿监察。五是重点行业专项整治。根据国家安全监管总局确定的对我省8个煤矿、4个金属非金属矿山重点县（市、区）实行重点监控的工作部署，省安委会分别印发了工作方案，明确了治本攻坚的目标任务和责任分工，制定了整顿关闭、改造升级和综合治理的具体措施，采取包片督导、跟踪督办、定期通报等方式狠抓落实。六是抓安全宣传教育。全省各地各有关部门和企业开展了各类人员安全培训教育，共培训99370人（次），省安全监管局分行业、分系统举办了25期专题培训班，共培训4633人（次）。深入开展了“安全生产月”等活动，全省共130余万人（次）接受教育，26家企业被评定为省级安全文化建设示范企业。

【安全监管制度措施】 一是创新检查工作方式。为克服安全检查不深、不细、不实的问题，建立了规范化、精细化、表格式的安全生产检查工作制度，并利用安全监管信息平台，逐一建立企业档案，公开查询检查记录。二是建立专家检查工作制度。依托大专院校、科研院所、国有大型企业和安全生产专业技术服务机构的技术力量，采取政府购买服务的方式，聘请专家排查隐患、指导整改。三是强化举报奖励制度。2013年出台了《云南省安全生产监督管理局安全生产举报奖励办法》，设立举报箱、举报电话，充分调动全社会力量举报安全生产非法违法行为和重大安全隐患。全年共接到各类信访举报和投诉271件（次），办结264件（次），对举报有功人员给予奖励。

【全国安全生产万里行云南活动】　2012年6月29日至7日4日由中共中央宣传部、国家安全生产监督管理总局、公安部、国家广播电影电视总局、中华全国总工会、共青团中央、中华妇女联合会共同主办的2012年“安全生产万里行”（以下简称“万里行”）活动在曲靖市启动，国家安全监管总局党组书记、局长杨栋梁，云南省委常委、常务副省长李江出席出发仪式，仪式由云南省副省长和段琪主持。由人民日报、新华社、中央人民广播电台、中央电视台以及云南电视台、云南人民广播电台、云南日报等中央、省级18家新闻媒体组成的“万里行”采访团深入曲靖、昭通两地，通过举行报告宣讲会、召开座谈采访会、实地考察、现场采访等方式，集中开展安全生产新闻采访和报道，大力宣传“科学发展、安全发展”理念，广泛传播安全文化知识。

【安全生产书画摄影展】　2012年6月，由省委宣传部、省安全监管局、省总工会、省文联共同主办，云南铜业（集团）有限公司和云南建工集团有限公司协办的云南省安全生产书画摄影展在省博物馆举办。国家安全监管总局党组成员、总工程师黄毅、云南省人大常委会程映萱副主任、省政协罗黎辉副主席以及主承办单位主要负责人出席了开幕式。本次书画摄影展，共收到省内外安全生产工作者书画摄影作品3535件，作品主题鲜明，内涵丰富、贴近生活，以艺术表现形式大力宣传安全生产法律法规和方针政策，热情讴歌广大安全生产工作者不畏艰险、爱岗敬业、开拓创新的精神风貌，记载了应急抢险救援的生动场面，记录了安全生产工作的点滴瞬间，具有较好的思想性、教育性和较高的艺术赏析价值。展出期间，参观人数达到5万余人次，社会反响热烈，大力营造了“关爱生命、关注安全”的良好社会氛围。

（唐　陶）

教育部门抗灾救灾

概　况

【2012 年】　2012 年，是云南省教育系统自然灾害多发、频发的一年。受 2009 年以来百年不遇的大旱持续影响，相继发生了宁蒗县“6·24”5.7 级地震、昭通市“7·15、7·21”洪灾、景谷县“7·31”重大洪涝灾害、洱源县“8·6”特大型山洪泥石流、彝良县“9·7”5.7、5.6 级地震、彝良县“9·11”洪灾、施甸县“9·11”4.5、4.9 级地震、彝良县“10·4”山体滑坡等多起多种自然灾害，给全省各级各类学校造成了大约 12.72 亿元的巨大的财产经济损失和人员伤亡。在省委、省政府的正确领导下，省教育厅始终坚持“防大汛、抗大旱、抢大险、救大灾”的总体部署要求，认真践行科学发展观，在各有关部门的支持配合下，依托广大教职员工，最大限度地减少灾害造成的损失，在大灾大难面前，没有一所学校因灾停课，没有一名学生因灾辍学，有效保障了学校的正常教育教学秩序。

【2013 年】　2013 年，地震形势较为严峻，总体呈现“地震次数多、震级不高”的特点，先后发生了大理洱源“3·3”地震和迪庆“8·28”、“8·31”地震等多次地震，给教育系统造成了严重的经济损失。在省委、省政府的坚强领导下，在省抗震救灾指挥部的指导下，在各有关部门的积极支持下，省教育厅坚持“防震减灾和抗震救灾”两手抓的原则，扎实有效地抓好防震减灾和抗震救灾等多项工作，有力维护全省教育系统正常的教育教学秩序。临近年底，全省大部分地区发生了程度不同的寒冻和雪灾，给各级各类学校的绿化植物、太阳能等造成了严重的破坏，据统计，2013 年全年，全省教育系统因灾造成的经济损失为 50455.71 万元。为确保全省各级各类学校正常的教育教学秩序，省教育厅高度重视，积极应对，加大工作力度，采取各种有效措施，克服了地震和干旱、冻害等各种自然灾害带来的不利影响，确保了全省正常的教育教学秩序。

2012 年灾情

【旱　灾】　2012 年上半年，全省受旱灾影响学校 4536 所（含校点），其中：中学 436 所，小学 3819 所，幼儿园 215 所，中职学校 22 所，其他 44 所。生活用水受影响学生人数总数 148.77 万人，其中，住宿生 76.29 万人，建设工程受影响总面积 80.2 万平方米，其中：停工 1.8 万平方米，进度受影响 77.9 万平方米，无法开工 0.5 万平方米。由于有连续 3 年的抗旱工作成效，到下半年，全省学校已基本不受旱灾影响。

【洪　灾】　昭通市“7·15、7·21”洪灾、景谷县“7·31”重大洪涝灾害、彝良县“9·11”洪灾等洪灾，共造成 285 所学校受灾，倒塌校舍面积 6 间，共 852 平方米，形成危房 95645 平方米，毁坏围墙、挡墙 29251 米，运动场 21377 平方米，毁坏教学仪器 12 台（件、套），受损 3 人，失踪 1 人，各地报送的直接经济损失 13230 万元。

【宁蒗县 5.7 级地震】　6 月 24 日 15 时 59 分，丽江市宁蒗县永宁乡与四川省盐源县交界处发生 5.7 级地震，震源深度 11 千米，属浅源地震，波及县内拉伯、红桥、翠玉、大兴等 10 个乡镇，69 所中小学的校舍不同程度受损，倒塌校舍 228 平方米，形成危房 96508 平方米，损坏围墙 1035 米，损坏教学仪器 21 台（件、套），经云南省地震灾害损失评定委员会评估，确认灾区教育系统因“6·24”地震灾害造成直接经济损失 910 万元，其中，房屋损失 850 万元，教学仪器设备损失 60 万元。

【彝良县 5.7、5.6 级地震】　9 月 7 日昭通市彝良县与贵州省毕节地区威宁县交界处发生 5.7 级地震后，此次地震震源浅，烈度大（极震区震中烈度为八度），破坏力强，影响范围广，校舍损毁严重，学校设施设备损失巨大。震后彝良灾区局部地区又遭受单点性暴雨，部分区域出现滑坡泥石流，出现垮塌校舍、堡坎垮塌，水管破裂，设备、课桌板凳损坏等，给学校造成了严重损失。地震及洪灾造成全市不同程度受灾学校733所，涉灾学生338584人。因灾死亡学生3人，学生受伤22人、教师受伤3人。地震造成倒塌校舍277间，18627平方米；形成危房740341平方米其中，严重受损校舍297671平方米，轻微受损442670平方米；损坏电线72663米，水管119971米；垮塌堡坎33440立方米，围墙等其他建筑受损35462米；运动场损毁113338平方米；教学仪器设备损坏9020套，课桌椅8333套，昭通市教育局报送的直接经济损失11.11亿元。

【施甸县4.9级地震】 9月11日11时20分在云南省保山市施甸县（北纬24.7°，东经99.2°）发生4.5级地震，震源深度8千米。紧接着在11时21分发生4.9级地震，震源深度10千米。受灾学校93所，形成危房240间，面积21954平方米，围墙、挡墙受损2476米，保山市教育局报送造成的经济损失约1910.61万元。

2012年抗灾救灾

【迅速落实工作要求】 省教育厅安排专人负责防汛抗旱工作。认真按照省政府办公厅《关于进一步落实责任强化措施切实抓好抗旱保民生促生产工作的紧急通知》（云府办明电〔2012〕32号）、《关于做好强降雨防范应对工作的通知》（云府办明电〔2012〕55号）和省防汛抗旱指挥部《关于抓紧做好2012年防汛抗旱准备工作的通知》（云防汛指〔2012〕1号）、《关于组织开展2012年全省重要设施防汛检查工作的通知》（云防汛指〔2012〕2号）等文件要求，结合学校办学的实际，紧紧围绕防灾减灾工作需要，及时发现问题，加以整改，迅速落实。

【主动做好防灾减灾】 为进一步抓紧抓好全省防汛抗旱工作，有效应对防汛抗旱的严峻形势，从云南教育实际出发，省教育厅及时制定下发了《关于切实抓好当前抗旱保教工作的紧急通知》（云教财〔2012〕13号）和《关于开展中小学校防汛安全检查的紧急通知》（云教函〔2012〕181号），全面部署防汛抗旱工作，在全省中小学、幼儿园开展以“除隐患、保平安”为重点的学校安全防汛安全检查工作，及时派出各有关工作组，深入边远山区农村学校，积极指导学校防汛抗旱工作。

【抗旱工程设施建设】 一是组织各地对辖区内的学校，尤其是边远农村地区、山区的中小学、幼儿园进行一次全面的抗旱基础设施设备摸底排查，并建立台账；二是积极动员广大教职员工开展抗旱自救，对学校现有的水池、水窖等蓄水设施设备及时进行清理和检修，尽量减少储水损失；三加快在建抗旱基础设施建设速度。根据统计，近一年来，全省教育系统共投入包括救灾资金、捐款等在内的资金4607.17万元，共打水井208口，建水窖14670立方米，水管94.8万米。根据省发改委、水利厅《关于下达农村饮水安全工程2012年中央预算内投资计划的通知》（云发改委投资896号），计划在全省教育系统实施农村饮水安全工程学校527所，计划投资5254.09万元，其中，中央补助4071.9万元，省级配套715.35万元，州市配套466.84万元，工程结束后，将解决农村学校饮水不安全人口16.84万人，着力解决学校抗旱的长远问题。

【全力协调保障】 云南省自2009年发生百年一遇的大旱以来，已是四年连旱，同时，发生了宁蒗县“6·24”5.7级地震、彝良县“9·7”5.7、5.6级地震以及“9·11”施甸县地震，严重影响了全省各级各类学校的正常教育教学秩序。省教育厅把确保灾区师生能喝上水、喝上干净水作为当前抗旱保教的首要任务，一是按照“一校一策”要求，制定科学合理的供用水计划和应急方案，强化水资源的统一调度和分配；二是按照饮水、用水的不同用途进行细分，合理分类，努力拓宽水资源的来源渠道，探索取水、供水、用水的办法，努力缓解饮用水需求与供水不足的矛盾；三是加强水源监管力度，严防人为投毒和外界污染等事件的发生，坚决杜绝任何学校因缺水而导致食堂不开火的现象，全力确保正常教育教学秩序。五是协调相关部门开展送水活动，着力克服暂时困难；六是积极向各级党委、政府汇报，向各有关部门沟通，向媒体和社会如实公布学校受灾情况，争取社会支持。通过“水井供水、水管引水、水窖蓄水、科学调水、困难送水、监管用水、教育节水”等多种有效的方式缓解旱情。七是地震发生后，省教育厅主要厅领导和相关处（室）的负责同志第一时间赶赴地震灾区查看灾情，指导抗震救灾工作，明确要求把师生生命安全放在第一位，千方百计抢救被困师生。对因灾不能回家的本校和外校学生统一管理，合理安排活动，确保了地震发生后无一师生出现伤亡事故。

【转移受灾师生】 针对今年自然灾害多发的实际情况，省教育厅坚持把抗震救灾、防汛抗旱工作结合起来，明确工作目标，统筹安排，迅速行动，全面投入到排危抢险工作中。受彝良县“9·7”5.7、5.6级地震和“9·11”暴雨的影响，彝良县民族中学校园遭到严重损毁，围墙被冲垮70余米，校园全部被淤泥覆盖，尽管学校及时组织师生开展清理工作，但降雨未停歇，灾情可能随时发生。为确保民族中学师生安全，彝良县教育局及时将民族中学358名滞留学生和89名教师安全转移到安全的彝良县一中。

【加强险情巡查】 省教育厅要求各州、市教育局和各级各类学校认真落实防汛抗旱工作的各项部署，遇灾害性天气时做到24小时值班和巡查，及时上报灾情，任务到点，责任到人，确保师生安全。

【妥善安置】 由于地震涉及的范围广，受灾师生人数多，救灾相对困难。为做好抗震救灾减灾工作，切实解决灾民的生活问题，灾区多所学校均作为临时安置点，搭建帐篷或活动

板房，提供给灾民暂时居住。据了解，仅彝良县的学校临时安置点就安置了灾民 4 万余人，这些学校还临时成立了“帐篷教室”，不仅解决了灾民的衣食住行的困难，还有效解决了灾民子女上学的难题，受到了灾区学生家长的热烈欢迎。同时，组织相关人员对学校周边地质及安全隐患进行彻底排查，对受损校舍进行安全检查，确保不留任何死角。凡是存在威胁校园安全的校外环境必须安排专人进行监测，校园内的危险场地必须设立警示牌、警戒线或书写警示标语等，确保学生安全。对所有受灾学校校舍，特别是教室、宿舍、办公楼的电线线路、消防设备、用电取暖等设施设备进行全面监督检查，防止火灾等意外事故的发生。

【心理疏导和逃生演练】 对因地震导致部分中小学生受伤或因灾造成家长或亲属死亡给学生带来的恐惧，对其进行心理疏导，让学生尽快恢复正常状态。同时进一步加强安全知识教育，再次强化地震逃生演练，进一步完善学校防震减灾应急预案和长效机制，实现了“教育一个学生，带动一个家庭，影响整个社会”的良好效果。

【安全温暖过冬】 尽管有计划、有步骤地加快灾区恢复重建工作，但是在 2012 年入冬以前把损毁的校舍全部建好是不可能的。因此，省教育厅采取了一系列的有效措施，确保灾区师生安全过冬。一是确保临时建筑特别是活动板房能够提供一个安全保暖的基本条件。根据统计，昭通市教育系统共搭建了活动板房 166 所学校，1940 间，总面积达到 9.72 万平方米，有效发挥临时校舍的安全、防寒、防冻作用，为广大受灾师生安全过冬奠定了坚实的基础。二是配齐配足防寒保暖物资。省教育厅积极向省委、省政府、教育部、教育发展基金会、联合国儿童基金会反映灾情，争取资金支持。除中央救灾专项资金 3000 万元外，为彝良县争取到中国教育发展基金会中央专项彩票公益金润雨计划捐款 1500 万元，其中：支持灾区学校恢复重建项目 1175 万元，用于彝良县小草乡中心小学等 4 所学校的灾后恢复重建，共投资 1503 万元，新建校舍建筑面积 9191 平方米。用于灾区学生防寒保暖物资购买 325 万元，共采购棉衣 16881 件，毛毯 11307 床，棉鞋 7028 双，其中，彝良县共采购发放棉衣 7203 件，毛毯 8461 床，棉鞋 7028 双；昭阳区共采购发放棉衣 5626 件，毛毯 546 床；大关县共采购发放棉衣 4052 件，毛毯 2300 床；争取到联合国儿童基金会棉被、毯子各 2000 条，进一步加强食堂管理工作，保证了所有受灾学校的营养餐正常供应，确保学生有热饭吃、有开水喝、有生活用热水，为灾区中小学生安全、温暖过冬创造有利条件。

【灾后重建】 在实施灾后恢复重建工程项目时，省教育厅一是抓质量保安全。要求各项目学校严格执行《农村普通中小学校建设标准》（建标 109－2008）、《建筑工程抗震设防分类标准》（GB50223－2008）等规定，确保学校选址避开滑坡、泥石流危险区、洪涝灾害易发区及地震带等危险地段。新建校舍单体符合抗震、防火等安全标准，校园规划符合消防、防雷等部门的要求，达到应急避难场所建设的条件，把质量安全放在首位，坚持进度服从质量，切实抓好重建工程质量的监督和管理，坚决防止出现安全事故和腐败现象，确保重建工程经得起历史和时间的检验。二是抓督查保进度。省教育厅对照重建规划时间节点要求，及时跟进，加大督查力度，确保工程按时完成。

【足额落实资金】 一是足额落实宁蒗“6·24”地震灾后恢复重建建设资金。根据《云南省人民政府关于印发宁蒗“6·24”地震灾后恢复重建规划的通知》（云政发〔2012〕124 号）要求，省教育厅应落实资金 2951 万元，已足额到位。二是足额落实昭通彝良“9·7”地震灾后恢复重建建设资金。根据《云南省人民政府关于印发昭通彝良“9·7”地震灾后恢复重建规划的通知》（云政发〔2012〕160 号），彝良地震灾区教育恢复重建规划投资 31000 万元，已全部到位，其中，中央救灾资金 15000 万元，中央预算内新增投资 5000 万元，灾后恢复重建中央资金 6000 万元，省级专项 3000 万元，国家发改委应急资金 2000 万元。三是及时安排应急资金和救灾资金。彝良“9·7”地震发生后，省教育厅及时安排应急资金 50 万元。此外，安排 100 万元的救灾资金，专项用于施甸县“9·11”地震抗震救灾工作。

【宣传教育】 组织各学校对师生加强防汛抗旱常识、防灾减灾、应急避险、防寒保暖等知识的宣传教育工作，通过教师提醒、在教室黑板上、宣传栏增加温馨提示语等各种有效措施，提醒学生及时添加衣物。各学校积极开展各类体育活动，增强学生体质，有效预防冬季各类疾病。同时，各级各类学校把节水教育作为学校思想教育工作的重点，深入开展节水活动，提高师生的节水意识，有效提高师生的安全防范意识和自护自救能力。

2013 年灾情

【巧家县 4.9 级地震】 2 月 19 日上午 10 点 46 分 58 秒，昭通市巧家县药山镇距县城 26 千米发生 4.9 级地震，微观震中为东经 103.0 度、北纬 27.1 度，震源深度为 6 千米，致使学校校舍受到一定损坏，地震共造成 5 所学校受灾，校舍受损面积 2800 平方米，受损校舍均为七八十年代建成的土木、砖木及砖混预制板结构，造成直接经济损失 346.8 万元。

【永胜县 4.9 级地震】 2 月 22 日 5 时 43 分，大理州永胜县境内发生 4.2 级地震，震中位于（北纬 26°44′，东经 100°48′），震源深度 14 千米，震中位于永胜县羊坪乡，距离永胜县城 8.7 千米，地震波及五个乡镇，全县 15 个乡镇均有震感。特别是以羊坪、永北、光华、仁和、六德等 5 个乡镇受灾较为严重，出现了地质灾害安全隐患点，全县共有 37 所学校 560 间房屋不同程度受灾。形成危房 18003 平方米，其中，严重危房 1923 平方米，中度危 7620 房平方米，轻度危房 8460 平方米。毁坏围墙、挡墙 1877 米，运动场 3608 平方米，直接经济损失 2346.6 万元。

【洱源县 5.5 级地震】 3 月 3 日，大理州洱源发生 5.5 级地震，共造成漾濞、永平、云龙、剑川等 5 个县 18 个乡镇 119 所中小学校舍不同程度受损。地震造成受损房屋 1940 间，面积 71970 平方米。围墙倒塌、受损 7473 米，26 所学校的大门受到不同程度的损坏，因灾直接经济损失 9409 万元。

【洱源县 5.0 级地震】 4 月 17 日 09 时 45 分，大理州洱源县、漾濞彝族自治县交界（北纬 25.9°，东经 99.8°）发生 5.0 级地震，震源深度 11 千米。随后，9 点 48 分、10 点 10 分，大理洱源县、漾濞县又连续发生两次 3.0 级地震。大理市、洱源县、漾濞县等全州 12 个县（市）有明显震感。灾区部分房屋出现梭瓦、墙体拉裂等情况，炼铁乡 3 人受轻伤。受灾学校 116 所，受损面积 42754.31 平方米，围墙受损 765 米，形成危房 42 间，毁坏学校大门 9 道，直接经济损失 4902.08 万元。

【祥云县 4.6 级地震】 11 月 28 日 16 时 23 分 54 秒，大理州祥云、弥渡两县交界处沙龙镇谢官营村（东经 100.6°，北纬 25.4°）发生 4.6 级地震，震源深度 10 千米，祥云县沙龙镇、祥城镇、云南驿镇受损较为严重，其他乡镇不同程度受损。祥云县受灾学校共计 18 所，校舍受损 30 幢，形成危房 15414 平方米；毁坏其他建筑 1225 米；直接经济损失约 2218 万元；紧急疏散 11 所存在严重安全隐患学校的学生，共计 10975 人。弥渡县受灾学校共 7 所，受灾学生 1638 人，校舍受损面积 6302 平方米，受损围墙 755 米，直接经济损失 754.8 万元，其中，弥渡县苴力镇白邑完小受灾最严重，地震发生后已无法继续上课。弥渡县已于 12 月 1 日前完成 1000 余平方米活动板房的搭建工作，受灾学生已转移到安全地点。此外，弥渡县塘子完小、红星完小已于 12 月 2 日前搭建了 3000 多平方米的活动板房，学校已经复课。

【迪庆州 5.1、5.9 级地震】 8 月 28 日 4 时 44 分、8 月 31 日 8 时 04 分，迪庆州香格里拉县、德钦县与四川省甘孜藏族自治州得荣县交界（北纬 28.22°，东经 99.35°；北纬 28.22°，东经 99.40°）先后发生 *M*5.1、*M*5.9 地震。香格里拉县、德钦县的部分乡镇遭受不同程度破坏。地震共造成 2 个县 16 所中小学 1594 间 64842 平方米校舍、6565 米围墙、10330 平方米运动场在地震中受损，根据省地震局评估，因灾直接经济损失 2330 万元。

【旱　灾】 全省受旱灾影响学校 6423 所（含校点），其中：中学 702 所，小学 4748 所，幼儿园 845 所，中职学校 25 所，其他 3 所。生活用水受影响学生人数总数 201.12 万人，其中，住宿生 129.69 万人，建设工程受影响总面积 124.17 万平方米，其中：停工 2.8 万平方米，进度受影响 113.87 万平方米，无法开工 7.5 万平方米。

【霜　冻】 12 月中下旬，昆明市、玉溪市、昭通市等我省中部、东部地区普降中雪，局地大到暴雪，并伴有降温，造成部分幼儿园、中小学、高等学校的绿化植物、水管、太阳能、勤工俭学基地农作物遭受低温冷冻和雪灾。

2013 年抗灾救灾

【抗旱救灾】 （1）率先行动，确保抗旱保教工作有效开展。省委高校工委、省教育厅根据旱情发展形势和环境的变化，2012 年底，省教育厅在开展抗旱保教工作时就反复要求各级教育行政主管部门和各级各类学校要牢固树立抗大旱、防大汛、救大灾思想，切忌麻痹大意，既要把确保师生饮用水作为当前的首要工作抓紧抓好，也要认真查找防汛险情，切实消除病险隐患，为来年学校安全度汛创造良好条件。从 2012 年年底就开始密切关注天气变化情况，并及早发出通知，做到提前预判、超前决策，率先部署了抗旱保教工作。2013 年春季学期开学，省教育厅进一步加强组织领导，及时派出抗旱工作组到受灾较重的学校核实灾情，分类指导受灾学校开展抗旱保教工作，做到领导到位、责任到位、措施到位、检查到位。

（2）加强防控，突出重点保障师生安全饮水。省教育厅把确保师生能喝上水、喝上安全水作为首要任务，要求各地教育行政主管部门统筹做好用水计划，学校制定供水方案，着力保障学校用水。同时，积极协调卫生部门，切实做好卫生预防控制工作，加强对传染病疫情、突发卫生事件的监测预警和防控，保证正常的生活用水供给，确保师生饮水安全和身体健康，让广大教师放心教书、学生安心学习。

（3）统一管理，全面统筹设备设施。全省各级各类学校不断加强抗旱设施建设，优化资源配置，统一管理，充分发挥好近年添置的抗旱基础设施、设备和已打水井、已建储水设备的作用，采取蓄、引、抽、提、运等多种措施，确保学校用水。同时，突出抓好蓄水工作，做到科学调度，优先保障生活用水，努力提高抗旱水源利用效率。

（4）积极协调，及时安排抗旱保教应急资金。由于干旱范围和程度有所发展，其中大理、玉溪、楚雄、丽江、昆明旱情发展趋势明显。为及时、有效消除旱灾带来的不利影响，确保正常的教育教学秩序，省财政厅、省教育厅及时制发了《关于下达部分州市农村中小学饮水应急资金的通知》（云财教〔2013〕23 号），下达 5 个州市农村中小学饮水应急资金 1 亿元，其中：昆明市 2200 万元，玉溪市 1500 万元，丽江市 900 万元，楚雄州 2400 万元，大理州 3000 万元。

（5）加强监督，严格执行值班和报告制度。省教育厅严格要求各级教育行政主管部门，灾情特别严重地区要执行 24 小时值班制度，且要落实一名抗旱保教专职人员，负责本地区的相关工作，切实做好旱情信息的及时处置、传递以及灾情的收集、统计、核实与上报工作，加大监控力度。五是抓灾情上报，加强信息沟通。省教育厅严格要求各级教育行政主管部门，灾情特别严重地区要执行 24 小时值班制度，且要落实一名抗旱保教专职人员，负责本地区的相关工作，切实

做好旱情信息的及时处置、传递以及灾情的收集、统计、核实与上报工作，加大监控力度。

（6）自查自纠，加强安全准备。2013 年 4 月 10 日，省教育厅及时下发了《关于开展学校抗旱防汛安全检查工作的紧急通知》，要求各地结合学校实际，利用学校刚刚开学的有利时机，对学校落实防汛抗旱责任制、预警响应机制、防洪安全保障措施、预案编制、防汛安全演练、工作台账建立等情况进行全面的自检自查。根据省防汛抗旱指挥部工作安排，省教育厅牵头，及时联合省环保厅、地震局相关人员组成教育学校组，于 2013 年 4 月 25～28 日，先后深入大理州洱源县、巍山县的偏远山区学校，全面检查教育系统防汛抗旱工作，提前做好学校安全准备工作。

（7）未雨绸缪，及时制定抗旱基础设施建设规划。为立足当前，着眼长远，不断加强学校饮水、储水等基础设施建设，从根本上解决学校饮水困难问题。在抓好现有抗旱基础设施普查的基础上，充分考虑中小学布局优化，结合中小学校舍安全工程、新农村卫生新校园建设等规划实施，根据各地上报的抗旱基础设施建设规划，在 2010 年 4 月，完成了《云南省中小学抗旱基础设施建设规划》，全省估计需投入资金 10.45 亿元完成学校饮水基础设施建设。

（8）抓预案修订，加强应对准备。各地、各学校结合历年防汛抗旱实践经验，按照科学性、合理性、可操作性的原则，开展包括抗旱保教方案、汛期度汛方案、应急安全知识宣传教育等预案的修订工作。同时，通过各级各类学校全面深入地开展节约用水宣传教育活动，充分利用校园广播、宣传栏、黑板报、标语等多种宣传形式，开展安全防火和节水抗旱、防范山洪等教育活动，增强师生节水、安全意识。

【安全饮水】 （1）积极争取中央支持。2013 年 3 月底，国务院副总理刘延东到云南调研期间，省教育厅及时汇报了云南开展抗旱保教的工作情况和存在的问题以及需要中央解决的困难。中央表示将全力支持云南实施教育系统抗旱基础设施建设。2013 年 10 月 17 日，《财政部、教育部关于追加云南省 2013 年农村义务教育薄弱学校改造计划专项资金的通知》（财教〔2013〕362 号），一次性补助我省农村义务教育学校饮水设施建设资金 2.15 亿元。

（2）及时开展摸底调查工作。根据省委秦光荣书记在宜良县调研抗旱保教工作时强调的“要认真贯彻刘延东副总理在云南考察调研时的重要指示，着眼长远、科学规划，优先建设学校抗旱基础设施，用 3 年时间解决全省农村学校用水困难和饮水安全问题，最大限度减轻干旱对教育事业的影响”的重要指示精神，为及时掌握农村学校饮水安全现状，2013 年 6 月 28 日，教育厅、水利厅、财政厅、卫生厅四部门联合制发了《关于开展全省农村学校饮水安全摸底调查和规划编制工作的通知》（云教财〔2013〕63 号），组织各地以县（市、区）为单位、以学校为单元，按照“实事求是”的原则，抓紧时间对全省农村中小学抗旱基础设施建设情况进行全面调查，发现问题，摸清情况，为有效整合各类抗旱资源，做好规划编制，进一步推进学校抗旱基础设施建设等工作打好基础。

（3）及时下拨建设资金。2013 年 12 月 9 日，省财政厅、省教育厅、省水利厅《关于下达 2013 年农村义务教育薄弱学校改造计划中小学校用水及学生饮水安全基础设施设备建设中央专项资金的通知》（云财教〔2013〕390 号），安排各州市中央专项资金 2.15 亿元。

【防灾减灾宣传】 （1）安排布置主题宣传活动。为认真做好防灾减灾日及宣传周活动工作，省教育厅及时制发了《关于进一步做好教育系统防汛抗旱工作的通知》（云教财〔2013〕56 号），明确要求各地教育行政主管部门要紧紧围绕 2013 年“防灾减灾日”的“识别灾害风险，掌握减灾技能”主题做好各项工作。要求各地教育行政主管部门、各级各类学校通过邀请地震、消防、民政等部门的相关人员，举办专题讲座、开展主题活动等多种形式加强防灾减灾宣传教育，进一步提高广大师生的防灾减灾意识和自救互救能力。根据初步统计，防灾减灾宣传教育（包括图片、警示片观看，观摩学习，现场体验，应急疏散，专题讲座，其他）达到 664 万人次。

（2）做好省减灾委成员单位工作。根据省人民政府办公厅《关于印发延伸开展 2013 年防灾减灾宣传周活动工作方案的通知》（云府办明电〔2013〕29 号）、省减灾委员会《关于做好 2013 年防灾减灾日有关工作的通知》（云减电〔2013〕1 号）、《关于举办第五个防灾减灾日主题宣传活动的通知》（云减办〔2013〕2 号）要求，省教育厅严格按照《第五个防灾减灾日省级层面活动实施方案》要求，安排相关人员于 5 月 12 日参加了防灾减灾日主题宣传活动。

（3）探索宣传教育长效机制。通过“防灾减灾日”宣传教育活动，强化了全省广大师生安全意识，增强了自我防范能力。但防灾减灾知识及应急避险能力是安全教育的重要内容和确保生命安全的基本技能，须常练、常宣传，不断提高。为此，省、州、县各级教育行政主管部门认真总结了“防灾减灾日”宣传教育活动工作情况，把行之有效的宣传形式和方法制度化、经常化，积极探索防灾减灾宣传教育长效机制。具体从以下几方面做起：一是狠抓宣传教育。充分发挥学校教育职能优势，利用课堂教学、电化教育、校园广播、黑板报、宣传栏、讲座、校会、主题班会等多形式对广大师生进行安全知识宣传教育，有针对性地开展交通、消防、防踩踏等安全教育活动，广泛开展青少年法制教育；二是注重安全管理工作培训。继续加强校（园）长及学校安全分管领导和从业人员就加强学校安全管理进行专项培训；三是狠抓日常安全管理。从日常安全管理入手，严格值班制度，尤其在雨季汛期等非常时期，实行 24 小时值班制，加强学校巡查和险情监测，及时组织排除安全隐患。同时，健全完善责任制度、检查整改制度、应急管理工作机制，狠抓落实，确保师生安全。

【灾害风险隐患排查】 2013 年 4 月，省教育厅制发了《关于开展学校防汛抗旱安全检查工作的紧急通知》，要求各地及时组织有关人员，对辖区内的中小学、幼儿园全面加强地质灾害隐患评估和巡查排查，尤其要着重对地震灾区、多年连续于旱区、偏远山区、山洪易发的低洼地带、地质灾害点、易滑坡地段、易雷击区域、地处水库下游的学校，逐校重点排查防洪、泄洪通道、排水管网、危旧校舍、简易临时用房、在建工程、护坡、围墙，确保不留盲点和死角，发现隐患应及时整改处理，一时无法解决的，要求及时向当地政府汇报，并纳入当地群测群防网络体系，同时，制定相应处置预案，确保师生安全。

【防灾减灾应急演练】 省教育厅要求各地要结合已制定的《综合防灾目录》，制定切实可行的防灾减灾措施，加强开展应急演练活动，尤其是要认真做好区域内地质环境和地质灾害分布特点可能对学校安全产生不利影响的分析工作，早准备，早部署，切实保障正常的教育教学秩序和师生生命财产安全。如5月12日当天，昆明市黑龙潭小学就开展了防灾减灾演练，全校400多名学校在1分钟左右的时间就实现了疏散完毕的目标，大大提高了学校的应急反应能力和学生的自救能力。根据初步统计，全省教育系统参加演练师生人数达到606.1万人次。

【抗震救灾】 （1）高度重视抗震救灾工作。地震发生后，省教育厅高度重视，按照省委、省政府的统一部署，立即启动学校应急预案。何金平厅长及相关厅领导带领有关处室人员组成工作组，第一时间赶赴灾区指导抗震救灾工作，深入受灾最严重的乡镇察看学校受灾情况，及时将地震相关情况行文上报省政府、教育部。各级教育系统主管部门和学校及时启动应急预案，广大教职员工积极投入到抗震救灾的工作中，及时开展自救工作，最大限度地减少损失，维护了师生的人身安全，实现了无一人因地震原因导致出现伤亡事故。

（2）启动地震灾后恢复重建规划编制。省教育厅根据省委、省政府的安排部署和省抗震救灾指挥部的要求，在进一步扎实做好当前抗震救灾工作的同时，抓紧组织开展灾后恢复重建工作，一是切实提高思想认识。站在对灾区人民高度负责、对师生生命和财产安全高度负责、对灾区学校高度负责的高度，充分认识灾后恢复重建规划编制工作的重要性，把思想统一到省委、省政府的决策部署上来，切实履行职责。二是明确了规划编制思路。省教育厅明确要求灾后恢复重建所涉及的项目必须布局合理、规模适中、投资测算科学，具有可操作性，本着尽力而为、量力而行的原则。三是合理确定恢复重建规模。为认真处理好恢复重建和能力提升、当前和长远、困难和机遇等关系，省教育厅充分听取当地受灾政府及教育行政主管部门的意见，多次与受灾政府领导及教育行政部门领导进行沟通对接，密切配合，结合省地震局评估各地教育系统经济损失及灾区受灾的实际情况，本着“尽力而为、量力而行”的原则，合理安排灾后恢复重建项目投资规模，并及时落实资金。

（3）推进地震灾后恢复重建规划实施。一是全力推进2012年度地震灾后恢复重建项目。宁蒗“6·24”地震灾后恢复重建大部分项目均已竣工验收，部分项目已经完成主体建设，进入装饰装修阶段。截至2013年12月31日，彝良“9·7”地震灾后恢复重建65所学校的建设项目全部竣工验收投入使用，其中41所学校于2013年8月底竣工验收投入使用。二是及时启动2013年地震灾后恢复规划实施。2013年5月，省财政厅、教育厅《关于下达2013年中小学校舍安全工程省级资金（第二批）的通知》（云财教〔2013〕89号），足额落实建设资金3000万元。根据省政府安排，迪庆“8·28”、“8·31”地震灾区恢复重建已于10月18日全面启动，2013年10月，省财政厅、教育厅《关于下达2013年第二批中小学校舍安全工程中央专项资金的通知》（云财教〔2013〕341号），足额落实建设资金1622万元。

【加快中小学校舍改造】 2013年1～10月，中小学校舍改造累计开工477.76万平方米（其中：新建重建353.07万平方米，加固改造124.69万平方米），竣工交付使用163.05万平方米（其中：新建重建75.74万平方米，加固改造87.31万平方米）。投入资金53.44亿元，其中：中央资金31.62亿元，省级资金15.98亿元，各州（市）、县（市、区）自筹资金以及通过各种渠道筹集资金5.84亿元。

【强化人员培训】 7月中旬，省教育厅对州市分管副局长、安全科长，县（市、区）分管副局长，中职学校、分管副校长、安全科长进行了以安全大检查精神、安全管理长效机制、消防、交通安全、地震等为主要内容的分类专题培训3期共计600余人；9月底，组织1期200余人的高校保卫处长培训班，重点加强高校校园安保人员管理知识和应急处置技能。同时，州市教育局组织了对县市区教育局安全股长，学校负责人的专题培训（较小的州市培训到中心校负责人）35期共计5000余人，增强了安全管理人员校园安全管理综合能力和安全监管水平。

【加强安全教育及应急演练】 全省各级各类学校积极组织开展法制、安全宣传教育27916场次，取得了预期成效。制定各类应急预案近10万件，确定安全疏散演练引导员6.5万名，每年开展自救安全疏散演练4万次以上，参加演练师生达1000多万人次，不断增强师生的安全意识及自我防护能力。

（杜　刚　杨　玲）

公共卫生事件防控及救治

概　况

【2012年】　云南省共报告突发公共卫生事件173起，发病6569人、死亡78人。其中：传染病暴发疫情109起、食物中毒55起、其它中毒事件6起、其它公共卫生事件3起；Ⅲ级事件38起、Ⅳ级事件119起、未分级事件16起，无Ⅰ、Ⅱ级事件报告。

【2013年】　云南省共报告突发公共卫生事件162起，发病6589人、死亡59人。其中：传染病疫情105起、食物中毒52起、其他中毒5起；Ⅲ级事件32起、Ⅳ级事件121起、未分级事件9起，无Ⅰ、Ⅱ级事件报告。

卫生应急及医疗救治

【宾川县大片吸虫感染事件】　2011年8月起，大理州宾川县出现多名“发热、嗜酸粒细胞升高、肝损伤”病例；12月10日起，病人陆续到大理学院附属医院、州医院和州血防所就诊。截至2月7日，累计报告26例；病例均来自宾川县州城镇。

2012年1月13日，省卫生厅接大理学院附属医院报告后，即从省疾控中心、省寄防所和昆医附一院派出4名专家到达现场，配合州、县卫生部门开展调查处置。17日，省卫生厅组织昆明医学院、昆医附一院、省疾控中心、省寄防所相关专家对病例临床救治工作进行讨论。31日，由厅应急办主任带队，昆医附一院感染科、昆明医学院寄生虫学教研室、省疾控中心、省寄防所等单位10人组成的第二批省级专家组到达大理协助调查处置工作。

2月2日，卫生部派出中国寄生虫病防治研究所和湖南省疾控中心的3位专家到达大理。国家、省、州级专家会诊后，临床诊断为：片形吸虫感染。治疗特效药物为“三氯苯达唑”。但该药尚未在国内注册，省卫生厅即请求卫生部给予帮助，从国外进药。3日晚，国家、省、州专家组再次召开会议，对治疗方案进行讨论。州政府对住院患者实行全免费治疗。2月9日，中国寄生虫病防治研究所周晓农所长深入现场指导工作。

经过卫生部协调，由国家疾控中心专家从国外带来的“三氯苯达唑”送达大理，经过治疗，所有患者均康复出院。

【楚大高速“2·18”交通事故】　2012年2月18日23时25分，在楚雄至大理高速公路33千米处发生一起旅游车交通事故，造成9人死亡、25人受伤。事故发生后，省政府曹建方副省长批示：“请卫生厅迅即调集医疗力量，协助指导楚雄州千方百计抢救受伤人员”。19日15时，省卫生厅派出昆医附一院2名专家赴现场帮助指导伤员救治。楚雄州卫生局在接到事故报告后，立即启动应急预案，州卫生局局长亲临现场指挥；成立了楚雄“2·18”医疗救治领导小组，下设医疗救治组、后勤保障组、信息反馈组。所有伤员均得到及时有效救治。

【华坪县荣将镇草乌中毒事件】　2012年2月26日22时20分，丽江市华坪县荣将镇宏地村4组一农户家食用草乌发生中毒，造成18人中毒，其中4人死亡，14人被送往华坪县医院救治。省政府李江、高峰副省长分别作出批示。省卫生厅派出省第二人民医院专家赶赴华坪县帮助指导医疗救治工作。经全力救治，14名中毒人员均好转出院。

【独龙江公路隧道施工人员受伤】　2012年3月20日10时，怒江州独龙江公路隧道施工现场，1名施工人员从高台坠落，身受重伤，生命垂危。省政府李纪恒省长、刘平副省长作出批示，要求省卫生厅配合怒江州政府救治伤员。省卫生厅及时派出省第一人民医院1名神经外科主任医师和1名省急救中心护士，携带药品和器械于21日上午乘成都军区直升机赶赴现场救治伤员。

【泸西县阿勒小学疑似食物中毒】　2012年4月20日14时27分，红河州泸西县疾控中心网络直报：中枢镇阿勒村委会阿勒小学发生疑似食物中毒事件，发病126人，无重症和死亡病例。126名学生经县人民医院治疗后，病情稳定、生命体征平稳。事件发生后，泸西县及时成立领导小组，采取有效措施：积极救治中毒学生；采集样品送州疾控中心检验；开展现场流行病学调查，明确病因；开展卫生监督，防范二次污染；开展健康教育，增强卫生防病意识。

【楚大高速“4·25”交通事故】 2012年4月25日23时30分，楚大高速公路楚雄至大理方向南华县天申堂路段，一辆保山交通运输集团卧铺大客车发生交通事故，造成9人死亡、36人受伤。事故发生后，楚雄州卫生局迅速组织医疗力量对伤员进行抢救。省政府曹建方副省长批示：“请省卫生厅速派专家参与救治工作”。省卫生厅徐和平副厅长受张笑春厅长委托，迅速赴现场指导协调伤员救治；同时，从省第二人民医院派出3名专家赴楚雄州帮助指导伤员救治工作。所有伤员均得到及时有效救治。

【云县“4·28”交通事故】 2012年4月28日17时，临沧市云县境内发生一起交通事故，造成11人死亡、9人受伤。省委书记秦光荣、省长李纪恒，省政协主席、常务副省长罗正富，省委秘书长、省政府副省长曹建方等省领导立即作出批示。省卫生厅郑进副厅长受张笑春厅长委托，率领厅应急办主任及昆医大附二院3名专家赶赴云县指导伤员救治；临沧市卫生局胡洪英局长带领市级专家及时赶赴现场帮助云县卫生局组织开展伤员救治。

【昆石高速“5·5”交通事故】 2012年5月5日16时，昆石高速公路发生两起交通事故，共造成12人死亡、19人受伤。昆明市卫生局迅速组织开展医疗救治，及时将伤员转送43医院、昆明市延安医院和宜良县人民医院。省委书记秦光荣、省长李纪恒、副省长曹建方等领导作出批示。省卫生厅派出徐和平副厅长带领厅应急办主任参加省政府工作组赶赴事发现场。6日12时，根据43医院请求，省卫生厅从昆医附一院派出神经外科、神经内科和ICU三名专家，参加危重伤员会诊；同时帮助协调伤员抢救用血。所有伤员均得到及时救治。

【大姚县湾碧乡不明原因死亡事件】 2012年5月25日，省卫生厅接到省地病所报告，5月13日以来，大姚县湾碧乡碧拉乍村连续发生3例原因不明死亡病例。省卫生厅立即从省第一人民医院派出2名专家，会同省地病所专家及楚雄州疾控中心专业人员到达现场开展调查处置。成立了省、州、县专家组成的医疗救治组和疾病调查组开展流行病学调查并对2名同发病例给予治疗。同时，加强环境消杀和健康教育宣传，对死者家属及密切接触者开展健康体检，密切监测病情，并对饮用水、环境进行消杀，对死者家属和村民进行心理干预和健康教育。根据省、州、县联合调查组初步调查结果，结合临床症状及“云南不明原因猝死”病例定义，明确其中2例为“云南不明原因猝死”、2例为同发病例，1例排除云南不明原因猝死。

6月8日，卫生部应急办副主任王文杰、省卫生厅副厅长徐和平到达大姚县督导工作。9日上午，王文杰副主任、徐和平副厅长、邓斯云副州长一行到大姚县医院看望住院治疗的2名同发病例；随后组织国家、省、州、县专家召开讨论会，形成以下结论：6例病例中的5例病例为聚集性病例；5例病例和既往云南部分地方发生的“小白菌”引起的“云南不明原因猝死”不属一类；现有证据支持共同暴露未知危险因素导致发病；2例现症病例临床诊断明确，但发病原因存在多种可能。

【宁蒗县5.7级地震】 2012年6月24日15时59分35秒，丽江市宁蒗县与四川省凉山州盐源县交界处发生5.7级地震，造成3人死亡、118人受伤。省委、省政府领导作出批示，省卫生厅启动应急响应，受张笑春厅长委托，徐和平副厅长率领厅应急办主任及省一院2名专家连夜赶赴地震灾区。24日16时30分，宁蒗县卫生局派出46名卫生医护人员，开展紧急医疗救援。18时30分，丽江市卫生局派出19名医务人员。25日上午，省卫生厅从省第二人民医院、省疾控中心、省地病所专家、省精神卫生中心派出10余名医疗、防疫和心理干预专家到达灾区；25日晚，卫生部应急办应急指导处李正懋处长带领3名国家级医疗疾控专家到达灾区指导。26日，省卫生厅紧急调拨消毒灵、电动喷雾器、大功达等药品、器械和健康教育资料支援灾区。

截至7月15日，卫生防疫措施覆盖40余个自然村，采集饮用水水样297份，累计发放消毒灵粉剂17300袋（10g/袋），消毒灵片剂114500片，大功达灭蝇药粉剂2113袋，悬浮剂60瓶。发放灾后防病知识宣传资料24458份。免费接种甲肝疫苗4813人份（其中儿童1843人份、成人2970人份）。

【禄丰县仁兴镇不明原因死亡病例】 2012年7月2日起，禄丰县仁兴镇发生4例不明原因死亡病例。楚雄州卫生局派出州疾控中心专家前往现场协助调查处置工作。7月4日，省卫生厅派出省地病所2名专家赴现场指导调查处置。楚雄州政府邓斯云副州长连夜组织召开现场工作会议。5日，按照徐和平副厅长的指示，再次从省第一人民医院派出3名临床专家、省疾控中心派出1名流行病学专家。5日晚，卫生部专家组一行9人到达现场，连夜召开国家、省、州、县、乡专家会议。听取情况介绍，深入开展调查与处置。

【陇川县输入性麻疹疫情】 2012年8月，德宏州陇川县章凤镇跌撒村拉影缅甸边民滞留点发生麻疹暴发疫情。截止8月19日18时，共计报告疑似麻疹病例25例，无重症和死亡。其中实验室确诊17例、临床病例8例。首例疑似病人于7月24日发病。8月16日，省卫生厅派出省疾控中心4名专家携带麻疹疫苗及消杀药品现场。

陇川县政府按照《德宏州麻疹应急处置预案》的要求，启动了Ⅲ级响应，成立了疫情处置工作领导小组，由分管副县长任组长，县外事办、检验检疫局、卫生局、公安局和章凤镇政府等部门领导为成员。县卫生局制定了《陇川县输入性麻疹防治工作方案》和《麻疹疫情处置工作方案》，组建

了流调监测组、疫苗接种组、消杀组、治疗组和后勤组；州卫生局分管副局长和州疾控中心主任率州级疾控队伍到达现场。采取措施：一是在跌撒村卫生室设立治疗点，隔离治疗病人。二是由会讲民族语言的专业人员深入到每个滞留点，采用口头讲解或请翻译讲解的方式，对缅甸边民开展卫生防病知识宣传，发放麻疹防治知识宣传单1800人份，受教育人数达2.8万人次。三是开展疫情监测排查。从8月17日起，由检验检疫局、武警边防和全县医疗机构开展发热、出疹病例监测。在章凤镇主动搜索病例，共走访36780人，其中儿童6328人。四是接种麻疹疫苗。8月17日，县卫生局对《陇川县麻疹疫苗应急接种及查漏补种工作方案》组织培训，在全县开展0~6岁儿童麻疹疫苗查漏补种工作。截至19日，已累计接种麻疹疫苗4732人，其中：本地居民3277人、国内流动69人、边民滞留点1386人。五是对边民滞留点、厕所、水井进行消毒。

【彝良县5.7、5.6级地震】 2012年9月7日11时19分，昭通市彝良县与贵州省毕节地区威宁县交界处发生5.7级地震；12时16分，再次发生5.6级地震。两次地震叠加，共波及昭通市彝良、昭阳、大关、镇雄等8个县区，共造成80人死亡、1528人受伤，74.4万人受灾。9月11日夜，彝良县普降暴雨，引发洪涝泥石流灾害；10月4日，彝良县龙海乡发生山体滑坡，致19人遇难（其中18名学生）。

地震发生后，温家宝总理两次到达灾区视察抗震救灾工作；省委秦光荣书记、李纪恒省长、刘慧晏副省长等省领导及时赶到灾区。9月7日深夜，卫生部应急办张国新副主任参加国务院工作组到达灾区；省卫生厅张笑春厅长、徐和平副厅长及时赶到灾区。8日，卫生部陈竺部长率领部应急办梁万年主任、医政司赵明钢副司长等领导赶到灾区。卫生部、军队、四川和贵州及云南省、州（市）、县级卫生部门及时派出医疗卫生救援队伍支援抗震救灾工作。据统计，共有2197名医疗卫生人员投入抗震救灾工作；灾区医疗卫生机构因灾损失达46035.42万元，其中：房屋受损179880平方米、设备受损747件、价值约786万元的各类药品受损。省卫生厅累计下拨疫苗、冷藏设备、检测试剂及耗材、检测仪器、消杀药械、防护用品及宣传用品等七大类灾区急需物资，价值756.7万元。

现场建立抗震救灾卫生应急指挥部，统一指挥卫生应急工作。下设办公室、医疗救治组、卫生防疫组、卫生监督组、宣传报道组、信息收集组和后勤保障组等七个小组开展工作。

1. 医疗救援。一是整合灾区外来救援及本地医疗力量，成立现场医疗救治专家组。9月8日，按照卫生部陈竺部长提出的"应转尽转"、"个性化治疗"和"四集中"（集中资源、集中专家、集中病人、集中地点）的原则，及时将重伤员分别转送到昆医附一院、省第一人民医院、昆明成都军区总医院和昭通市一院、昭通市中医院集中救治；开展各种手术138台次。二是对重伤员实行个案管理。组织专家对每位重伤员的伤情进行评估，制定个性化治疗方案。9月11日晚，省卫生厅从省第一人民医院、昆医附一医院、昆医附二院、昆明市、玉溪市、楚雄州、大理州等抽调6个专业的医疗专家和20名重症ICU护师，支援昭通市一院。三是设立临时医疗救治点，开展巡回医疗服务。四是制定《云南省地震伤员出院标准》。五是制定地震伤员医疗费用报销政策。六是开展心理干预。卫生部、省卫生厅共派出心理专家7人，成立灾后心理援助中心和工作组，对灾民（重点对学生）、伤员和遇难者家属开展心理疏导工作；编写《重大灾害后心理自助手册》发放到灾民手中；对灾区县乡村三级干部进行心理援助培训；完成1987名学生灾后心理疏导，尤其是对彝良县龙海乡山体滑坡遇难的19名死者家属及学校师生进行了心理疏导。

2. 灾后防病。一是组织开展灾后公共卫生风险评估。二是成立灾后防疫指挥部，下设灾情监测、饮水卫生、实验室检测、公共卫生、免疫规划、健康教育等8个组，实行"五统一"，即统一指挥、统一管理、统一方案、统一要求、统一信息。三是开展症状监测，建立283个疾病监测点（彝良县97个、昭阳区96个、大关县90个），确保传染病早期发现及预警。四是对灾情较重的4个乡镇、52个行政村实行分片包干、责任到人。五是在重灾区洛泽河村（彝河）设立防疫分站，由移动P2检测车、理化检测车、流动宿营方仓等组成，这是云南在重大灾害现场首次建立的较为完整的前线卫生防病工作平台。六是开展应急接种，建立免疫屏障。共完成甲肝疫苗接种50763人份，接种率96%；麻腮风疫苗接种51853人份，接种率94%。七是开展水质监测。对学校和集中安置点（50人以上）饮用水监测。八是开展环境消杀。彝良县共出动17216人次，消毒厕所147315座次，消毒垃圾30190堆次，环境消毒609.48万平方米，水源消毒94954个次，喷洒帐篷190049个次，消毒畜间132542间次；昭阳区共出动2991人次，消毒水源1711个次，喷洒帐篷11818个次，喷洒活动板房985间次，消毒面积70.93万平方米；大关县共出动400人次，消毒面积80.86万平方米。九是开展健康教育。彝良县通过电视台、电台进行宣传，发放各种宣传材料30.23万份。用手机短信向群众发布饮用水、食品安全、传染病防控等健康防病知识。在学校开展健康教育2.2万人次。大关县通过电视台、电台、宣传栏等方式开展健康宣传，制作宣传布条12条，共发放宣传材料10.04万份。昭阳区共发放各种宣传材料20.45万份。十是强化卫生监督工作。昭通市、彝良县共出动监督员1247人次，监督生活饮用水水源及供水点45个，发放宣传材料16350份，监督检查医院69家次。

【新型冠状病毒疫情】 2012年9月29日，省卫生厅应急办接卫生部办公厅《关于做好新型冠状病毒疫情防范和应急准备工作的通知》（卫发明电〔2012〕17号）。徐和平副厅长当即对疫情防范和应急准备工作作出部署，当日晚即将此通知转发各州（市）卫生局和厅直医疗卫生机构。

9月30日上午，省卫生厅与省民族宗教局沟通联系，了解全省参加朝觐人员情况。鉴于大部分人员已经出境，省卫生厅立即协助省民宗局紧急采购一批口罩、便携净手消毒液、消毒纸巾以及抗病毒药品等，由后两批朝觐人员带到沙特，要求随团医务人员加强对新型冠状病毒防控知识的学习、宣传，提高全团人员自我防护能力。同时，要求全省医疗卫生部门：一是严密监测和防控疫情；二是做好流调和实验室检测准备；三是关口前移，做好应急准备；四是加强沟通协调，正确引导社会舆论。

10月19日，云南省成立了由16个厅局（部门）和6个朝觐重点州（市）卫生局、宗教局组成的联合应对新型冠状病毒疫情联防联控机制。省卫生厅成立重大传染病应急工作领导小组、临床专家组和医技专家组。救治中心设在昆医大附一院。适时召开联防联控机制会议，组织联防联控机制成员单位及红河、玉溪、昆明、文山、昭通、大理等6个州（市）卫生局、宗教局的联络员、省卫生厅机关相关处室修订了《云南省新型冠状病毒疫情防控应急预案》、《2012年云南朝觐人员返程阶段新型冠状病毒疫情防控预案》和《云南口岸新型冠状病毒疫情联防联控技术方案》。

10月30日组织省级检验检疫、卫生、宗教、东航云南分公司和昆明长水机场联合开展应急演练。做好朝觐人员回国后的各项准备。

11月3日，从沙特朝觐返回人员有3名出现发热症状。省疾控中心立即组织进行调查和处置，根据流行病学、临床症状和实验室检验结果。排出新型冠状病毒感染。

【西双版纳民族中学聚集性腹泻疫情】 2012年10月18日10时30分，版纳州卫生局报告：从10月17日上午起，州傣医院收治了47名州民族中学学生，主要症状是发热、腹痛腹泻。17日晚，18日下午，州委、州政府两次组织召开疫情分析及应急处置会议，进行工作部署。州疾控中心开展了流行病学调查、实验室采样与检测。截至23日16时，州民中学生因各种原因到医院就诊的学生共389名，符合本次疫情病例定义151人。省卫生厅派出省级疾控专家2批8人、临床专家2人。经治疗，患病学生全部好转出院。

【大理市凤仪镇食物中毒事件】 2012年11月6日晚，大理市凤仪镇满江地石曲村发生一起因自办宴席引起的食物中毒事件。截至9日，累计发病403例，无危重及死亡病例。州卫生局紧急采取措施：一是要求各救治医院主要领导挂帅，完善医疗救治方案，及时研判病情，确保不发生死亡病例。二是接诊医院开通“绿色通道”，集中力量救治患者。三是组织力量对重点人群进一步排查。四是疾控部门配合相关部门尽快查明中毒原因。五是迅速、规范、统一报送相关信息，避免引起群众恐慌。六是在发病地区及附近村庄集中开展一次爱国卫生运动。州医疗救治专家根据患者临床症状和医院检验报告结果，临床诊断为“急性细菌性食物中毒”。

【镇雄县“1·11”滑坡泥石流】 2013年1月11日8时20分，昭通市镇雄县果珠乡高坡村赵家沟村民小组发生滑坡泥石流灾害，16户村民被埋，8人死亡、1人受伤。县卫生局长率领县级医疗卫生救援队迅速赶赴现场开展救援；市卫生局派出潘玉华副局长带领8名市级医疗卫生救援队赶赴现场帮助指导。11时55分，省卫生厅张笑春厅长带领厅应急办主任参加省政府工作组赶赴现场；同时，安排昆医大附一院专家待命，曲靖市卫生局安排医护人员和120急救车待命。受伤人员及时送镇雄县医院救治。

【倘甸区“2·6”交通事故】 2013年2月6日14时40分，昆明市倘甸工业园区乌蒙乡公路发生交通事故，导致12人死亡、3人重伤。事件发生后，昆明市卫生局成立了由局长任组长、分管副局长任副组长的医疗救治组；市延安医院和市儿童医院组织最强力量开展医疗救治。省卫生厅徐和平副厅长带领厅应急办主任参加省政府工作组赶赴现场；23时45分，参加了省政府工作组在乌蒙乡政府组织召开的事故处置现场会。7日凌晨4时40分，徐和平副厅长一行从现场赶到市延安医院和市儿童医院，随同省政府杨斌副秘书长等领导看望3名伤员；10时，省卫生厅组织省、市级医疗专家对危重伤员进行了会诊。

【洱源县5.5级地震】 2013年3月3日13时41分，大理州洱源县发生5.5级地震，造成30人受伤，其中：1名重伤员转大理州人民医院救治，4人收住在炼铁乡卫生院医院，其余伤员经门诊处理后回家。23时，徐和平副厅长带领厅应急办主任参加省政府工作组连夜驱车赶赴现场，指导地震灾害医疗卫生救援工作。州、县、乡级共140名卫生防疫队伍、362名医疗队伍投入抗震救灾。

【隆阳区“3·18”交通事故】 2013年3月18日16时40分，保山市隆阳区发生一起交通事故，导致14人死亡、15人受伤，其中危重2人，重症5人，市卫生局迅速组织开展医疗急救，全部伤员集中在保山市人民医院救治。按照省政府领导的批示，省卫生厅念娥美副巡视员带领厅应急办主任参加省政府工作组连夜驱车赶赴现场，凌晨5时到达市人民医院，看望受伤人员，听取医疗救治情况汇报，指导完善伤员医疗救治方案。次日上午，从昆医大附一院派出的4名省级专家到达市人民医院。市卫生局组织人员开展心理救助工作。

19日13时20分，念娥美副巡视员再次陪同国家安监总局高寿峰副巡视员以及省安监局副局长、保山市委书记等领导到医院看望了伤员和参与救治的医务人员。

【人感染H7N9禽流感疫情】 2013年3月至4月14日，全国共报告人感染H7N9禽流感确诊病例60例，其中死亡13例，疫情已从上海、江苏、安徽和浙江扩大至北京、河南；云南省尚无人感染H7N9禽流感病例报告。5月15日，云南省人民政府办公厅制定下发了《云南省人民政府办公厅关于建立应对人感染H7N9禽流感联防联控机制的通知》，高峰副省长为总召集人，杨杰副秘书长、省卫生厅张笑春厅长为副总召集人，成员由省卫生厅、农业厅、商业厅、林业厅、云南检验检疫等25个部门组成。下设综合协调办公室、医疗防疫组、病例密切接触者管理组、动物疫情防控组、市场管理组、新闻宣传组、综合保障组、应急培训组、口岸检疫组，明确各部门之间的职责任务。省卫生厅采取了相关措施：一是成立领导机制。二是及时召开专题会，部署相关工作，制定下发和转发国家卫生计生委相关文件。三是组织全省各级医疗、疾控机构的1000多名业务人员培训。四是加强监测，做好应对准备。组织对全省防范准备工作开展督导检查。

【洱源县5.0级地震】 2013年4月17日9时45分，大理州洱源县、漾濞县交界发生5.0级地震，震源深度11千米，造成10人受伤。省卫生厅按照省政府领导批示，派出应急办负责人参加省政府工作组到现场指导抗震救灾。大理州卫生局由杨跃华副调研员率领州级8名医护人员参加抗震救灾。

【华宁县盘溪镇“7·13”野生菌中毒】 2013年7月12日、13日，华宁县盘溪镇发生食用野生菌中毒事件，共38人中毒，其中死亡4人。省卫生厅张笑春厅长、徐和平副厅长要求玉溪市卫生局全力组织好中毒患者医疗救治工作；同时，从昆医大附一院和省第二人民医院派出6名专家赴现场帮助指导。现场流行病学调查结果，均为食用火炭菌（稀褶黑菇）、背土菌等野生杂菌所致。患者分布于盘溪镇小龙潭、月红寨、乐士堂、下街、各纳甸、大寨共6个村委会的小龙潭、月红寨、乐士堂、下街、各纳甸、大寨6个自然村和盘溪镇供电所共9个家庭，属于农村家庭自行加工食用，非集体用餐。玉溪市卫生部门采取了全力救治中毒人员、加大病例排查、开展宣传教育；加强餐饮店监管，所有餐饮店禁止制售有毒野生菌；加强野生菌交易市场监管，禁止有毒野生菌交易等措施，经过省市医疗专家全力救治，未发生新的死亡。

【罗平县“8·11”交通事故】 2013年8月11日9时，罗平县阿岗镇挖玉冲村一辆面包车发生交通事故，造成10人死亡（其中孕妇1名）、5人受伤。罗平县卫生局迅速安排阿岗镇中心卫生院和罗平县人民医院医务人员赶赴现场，将5名伤员及时送往县医院救治。曲靖市卫生局刘云华副局长带领市级专家、省卫生厅应急办负责人带领省二院2名专家赶往罗平县人民医院，帮助指导医疗救治。11日晚，省公安厅董副厅长、省安监局白副局长、曲靖市委李副书记、早副市长到罗平县医院看望慰问伤员，对医疗救治工作给予了充分肯定。

【迪庆州5.1、5.9级地震】 2013年8月28日4时44分，迪庆州香格里拉县、德钦县与四川省甘孜州德荣县三县交界处发生5.1级地震，震源深度9千米；31日8时04分，再次发生5.9级地震，震源深度10千米。两次地震共造成3人死亡、52人受伤。省卫生厅派出厅应急办主任带领省地方病所专家于28日下午赶到灾区，并参加了29日下午尹建业副省长在奔子栏镇主持召开的抗震救灾现场工作会议。31日，徐和平副厅长率领厅应急办主任参加省政府赴香格里拉县；同时派出大理学院附属医院医护人员9人、省地病所卫生防疫人员6人、省精神卫生中心的心理咨询专家2人现场指导医疗救援和灾后防病工作，并调拨消毒灵粉、杀虫剂、自动和手动喷雾器等卫生应急物资支援灾区。31日22时，省长李纪恒到香格里拉医院看望伤员。省、州、县、乡累计派出医疗卫生人员1820人次、车辆333车次，诊治灾民9565人次，心理咨询673人次，累计消毒面积67.09万平方米、杀虫3.97万平方米，发放宣传册子11800份。

【南华县“10·18”交通事故】 2013年10月18日11时，楚大高速南华县沙桥段发生交通事故，造成8人死亡、17人受伤。楚雄州卫生局领导迅速赶到现场组织医疗救治工作，州人民医院、州中医院和南华县相关医疗单位赶赴事故现场施救。省卫生厅派出省二院3名专家赴现场指导医疗救治工作。

【兰坪县野生附子中毒】 2013年11月4日16时40分，接省政府应急办通知：兰坪县城区居民（家庭）食用野生附子（乌头碱），造成中毒14人，其中2人死亡。按照高峰副省长作出批示，省卫生厅派出省第二人民医院2名专家赴现场指导医疗救治。怒江州卫生局要求兰坪县积极抢救和治疗中毒患者，其中重症患者转到上级医疗机构救治；做好流行病学调查；在全县范围内开展健康教育宣传，防止类似事件发生。同时，成立州级专家组赶赴兰坪县参与调查处置。兰坪县启动突发事件应急预案，成立由县人民政府分管副县长为组长的处突领导小组，下设医疗保障组、流行病学调查组、后勤保障组、信息组，全力以赴开展处置。

【云龙县“9·8”山洪泥石流】 2013年9月8日22时，大理州云龙县民建乡双嘎村新寨河口发生山洪泥石流，桥梁被毁，一辆客车和一辆微型车坠入河中，造成4人死亡、7人失踪、26人受伤。按照省委、省政府领导的批示，省卫生厅徐和平副厅长率领厅应急办负责人参加省政府工作组赴现场指挥协调伤员救治；同时，从省第一人民医院派出4名专家帮助指导医疗救治。怒江州卫生局刘燕天副局长带领州人民医院和泸水县医院的6辆救护车、21名医护人员，及时赴现场抢救伤员，将全部伤员收住州人民医院；州人民医院开辟绿色通道，组织40余名医务人员进行救治。

疾病防控

【2012年手足口病疫情防控】 2012年云南省手足口病报告发病率较去年同期上升50.87%，疫情形势较为严峻。全省各级卫生行政部门和医疗卫生机构从八个方面落实手足口病防控工作，报告死亡率较去年同期下降62.50%，报告重症病例数较去年同期下降52.58%，取得了一定成效。

1. 高度重视，全面部署。省政府领导多次对手足口病防控工作作出批示，安排手足口病防治专项资金。2012年3月20日，省卫生厅下发了《关于进一步加强手足口病防治工作的通知》，对手足口病防治工作进行了全面部署和安排。针对托幼机构和小学手足口病疫情高发的情况，与省教育厅联合下发了《关于进一步加强手足口病防治工作的通知》，要求各级卫生行政部门与教育部门配合，疾控机构对托幼机构、中小学校手足口病等疾病防控工作指导，做好手足口病防治工作。

2. 经费保障，落实到位。国家手足口病防治经费下达后，省卫生厅及时根据财政部、卫生部其他重点传染病防治经费安排及手足口病防治下达任务量，对实验室检测、标本采集运送、暴发疫情处置等工作经费进行详细测算和安排，制定下发了实施方案。同时，根据手足口病疫情形势及防治工作需要，积极争取省财政经费支持，确保各项工作顺利开展。

3. 加强监测，及时预警。省卫生厅要求各级医疗卫生机构切实加强手足口病的监测工作，发现疑似病例及时进行诊断和报告，对重症和死亡病例及时开展流行病学个案调查；要求各级疾控中心对手足口病疫情进行定期分析，及时掌握流行态势，指导开展手足口病疫情防控。

4. 开展培训、提高能力。省卫生厅多次组织召开全省手足口病防治工作会议，邀请国家和省级专家对对手足口病疫情调查处置、重症病例的早期识别与治疗、危重病例救治等内容进行培训。通过培训，进一步提高了基层医疗机构卫生技术人员对手足口病重症病例的甄别和救治能力。

5. 及时通报，提高监测。省疾控中心每月向各州（市）疾控中心下发手足口病监测情况通报，每月分析手足口病疫情，对疫情趋势进行分析和研判，针对提出防控工作建议；同时，通报手足口病病例标本采集和检测工作开展情况，督促各地严格按照要求开展监测工作。

6. 深入调查，专题研究。选取手足口病高发地区，在玉溪市开展健康人群带毒调查、健康人群抗体水平调查、危险因素调查等工作，探讨手足口病高发因素及健康人群抗体水平及带毒状况，为手足口病的防治提供科学依据。省卫生厅安排专项经费，支持省疾控中心在4个手足口病疫情高发县（区）开展手足口病预警预测模型研究，发病数预测预警准确率达70%以上。

7. 加强督导，强化落实。2012年7月，省卫生厅组织了8个督导组对16个州（市）政府卫生工作责任目标完成情况进行检查，督促落实手足口病、狂犬病等重点传染病防控工作。通过督导检查，及时发现存在的问题和困难，提出具体工作建议和要求，促使各级卫生行政部门和医疗卫生机构认真落实手足口病防治各项措施，防止疫情蔓延。

8. 加强沟通，广泛宣传。2012年6月，省卫生厅根据我省进入手足口病高发期的情况，组织召开了云南省手足口病防治工作媒体通气会，向媒体通报了手足口病疫情形势，由专家介绍了手足口病的预防控制措施，并回答了新闻记者关心和关注的问题。通过召开媒体通气会，充分发挥新闻媒体的传播和引导作用，大力宣传手足口病防治知识，动员全社会积极参与手足口病防治工作。

【2012年血吸虫病防治】 2012年全省血防工作按照《血吸虫病综合治理重点项目规划纲要（2009—2015）》阶段目标，明确了2012年为血防达标预评估考核年，有效推进了血防工作进程。进一步加强部门间信息沟通，坚持“春查秋会”制度，继续实施以控制传染源为主的综合治理项目，2012年全省完成查螺面积43796万平方米，完成下达任务数的203.7%；完成灭螺面积13589万平方米，完成下达任务数的147.1%；血检查病37万人次，完成下达任务数的105.7%；粪检查病8万人次，完成下达任务数的133.3%。组织专家对10个血防重点县（市、区）进行血吸虫病达标预评估考核，考核结果认为洱源、巍山、永胜、鹤庆、大理、南涧6县（市）需继续巩固传播控制成效，剑川、宾川县和古城区需继续巩固传播阻断成效，弥渡县需继续加强疫情控制。全省血吸虫病防治成果进一步巩固。

【2012年结核病防治】 2012年全省16个州（市）开展了药敏试验，128个县（市、区）开展了结核杆菌培养试验，初步建立了省、州、县三级结核杆菌培养和药敏实验室网络，提高耐药患者筛查和诊断能力，推动全省耐多药防治工作的开展提供有效的技术支撑，2012年共完成了3898例患者结核杆菌培养，完成药敏试验822例。结合各地防治需求，在重点地区逐步推行“疾病预防控制机构负责规划协调、医疗机构负责初筛转诊、定点医院负责确诊收治、基层医疗卫生机构负责患者全程管理”的新型防治服务模式，2012年新型防治服务模式由3个县拓展至昆明、曲靖市的12个县，对结核病诊断和治疗由县级疾控中心门诊向定点医院转移取得了初步经验；同时，在全球基金项目支持下，启动了全省第一个耐多药结核病规范治疗点，覆盖昆明市所辖的14个县（市、区），目前已纳入规范治疗和管理耐多药肺结核患者20例，初期治疗效果较好，推进了耐多药肺结核患者的筛查和规范治疗工作。

【2013年登革热疫情处置】 2013年，与云南邻近的周边国家相继暴发登革热疫情，省卫生厅及时发出了预警信息。安排省寄生虫病防治所对边境重点州（市）开展登革热防控工作督导检查。自2013年8月15日，西双版纳州、德宏州发生登革热疫情后，省卫生厅认真落实高峰副省长重要指示精神和厅领导批示要求，张笑春厅长、徐和平副厅长先后多次到达现场指挥疫情处置。同时派出省级专家及时赶赴现场指导疫情处置工作，积极调拨物资器械支持当地开展疫情防控工作，并多次组织开展疫情风险评估，提出疫情防控工作建议。经过各级各部门的共同努力，德宏州自10月31日未出现新增本地病例后11月16日又报告1例，此后均为输入病例，西双版纳州自11月26日未出现新增病例，疫情防控取得了“未出现死亡病例、未因疫情影响当地经济社会的稳定和发展”的较好成绩，探索形成了“政府领导、部门负责、技术支撑、全民参与、联防联控”的防控模式。

【2013年血吸虫病防治】 2013年全省卫生血吸虫病防治工作紧紧围绕《云南省血吸虫病综合治理重点项目规划纲要（2009—2015）》，继续贯彻落实以控制传染源为主的防治策略，开展了查螺灭螺、查治病、健康教育及人员培训等工作。组织大理州巍山县、洱源县和弥渡县，圆满完成国家卫生和计划生育委员会对我省进行血吸虫病传播阻断达标的风险评估工作。按照国家卫计委有关开展2013年血防春查通知要求，圆满完成了对大理州鹤庆县的检查。同时，由省农业、水利、林业、卫生厅分别带队，完成了对血防重点地区的省级血防督导检查工作。截至2013年底，全省18个血吸虫病流行县（区）中，11个县（区）达到传播阻断标准，7个县（区）达到传播控制标准。2013年，全省共治疗及扩大化疗30.43万人。

【2013 年结核病防治】 2013 年结核病防治工作认真贯彻《云南省结核病防治规划（2011—2015)》，全面落实现代结核病控制策略和措施，积极应对耐多药肺结核、结核菌/艾滋病病毒双重感染防治的挑战，推进结核病防治工作的持续发展。按照《2013 年度云南结核病防治工作计划要点及任务指标》安排，一是强化督导，继续做好疫情监测，规范患者报告和治疗管理，并通过对昭通、普洱、怒江等疫情高发重点地区进行疫情分析，提出了针对性防治策略和措施，积极探索病例主动筛查与发现可行机制，加大发现和治疗管理肺结核患者的工作力度，进一步提升 DOTS 策略实施质量。二是加强技术培训，规范实验室能力建设，加大耐多药肺结核可疑患者筛查力度，逐步推进耐多肺结核规范治疗管理服务。三是巩固和完善结核病/艾滋病双重感染“双筛双查”机制，推动双重感染防治工作。四是保持抗结核药品不间断供应，并将以县为单位使用抗结核固定复合制剂（FDC）覆盖率提高到59%；以“3·24 世界防治结核病日”为契机，采取多种形式开展大规模的结核病宣传活动。2013 年，全省共发现和治疗肺结核患者 24574 例，其中：新涂阳肺结核患者 6393 例，传染性肺结核患者治愈率达 94.81%。

艾滋病防治

【2012 年】 云南省共开展检测 520.4 万人份，新报告艾滋病病毒感染者和病人 11236 例，其中艾滋病感染者 8045 例、艾滋病病人 3191 例，报告死亡 2967 例。1989 年至 2012 年 12 月，全省累计现存活艾滋病病毒感染者和艾滋病病人 77118 例，其中艾滋病病毒感染者 54164 例，艾滋病病人 22954 例；累计报告死亡 17771 例。全省 16 个州市共 206 家医院开展了免费抗病毒治疗，除德钦县外，艾滋病患者均能在当地接受免费抗病毒治疗；累计治疗 38055 例，现在治疗 31731 例，其中 2012 年新增艾滋病抗病毒治疗 10415 例。13 个中医药治疗基地累计开展中医药治疗 8865 例，在治 5294 例。2012 年全省共推广使用安全套 2400 万只。全省 68 个美沙酮维持治疗门诊，71 个拓展服药点，累计入组服药人数达 35933 人，在治人数达 14951 人；全省共在 71 个县建立针具交换点 136 个，发出清洁针具 233.1 万支，回收针具 211.2 万支，针具回收率为 90.6%；实施母婴阻断措施 1059 人，母婴传播阻断覆盖率达 99.2%。

2012 年中央财政防治艾滋病专项资金 28303 万元，省级防治艾滋病专项资金 6000 万元（比 2011 年增加 1000 万元），全省州（市）、县（市、区）两级财政共预算安排防艾资金 4686.7 万元，比 2012 年增加 746.69 万元。2012 年 3 月云南省卫生厅制定下发了《医务人员主动提供艾滋病检测咨询服务工作规范》，规范了医务人员艾滋病检测咨询服务，最大限度管理好医疗机构发现的感染者和病人。4 月云南省民政厅与省防治艾滋病局联合下发《关于进一步做好生活困难艾滋病病毒感染者和病人家庭最低生活保障工作的通知》，进一步优化审批程序，全面落实生活困难的艾滋病病毒感染者和病人家庭最低生活保障工作。制定和实施了云南省提高农村居民重大疾病医疗保障水平试点工作实施方案，全省逐步推行将农村艾滋病机会性感染者纳入重大疾病保障范围，2012 年对 328 例艾滋病机会性感染者给予新农合重大疾病补偿。

为强化社区综合防治工作，在全国率先制定下发了《云南省社区艾滋病综合防治工作指南》（试行）；为规范监管场所病源管理和服务，云南省卫生厅、省司法厅、省公安厅联合下发《关于加强监管场所艾滋病防治工作的通知》；德宏州、红河州等州（市）在全国率先开展了阳性暗娼和阳性男男同性性行为人群的艾滋病抗病毒治疗，强化了工作措施，促进了扩大抗病毒治疗工作的深入开展。

【2013 年】 云南省共开展艾滋病病毒抗体检测 569.2 万人份，新报告艾滋病病毒感染者和艾滋病病人 10553 例，其中艾滋病病毒感染者 7467 例，艾滋病病人 3086 例，报告死亡 3269 例。1989 年至 2013 年 12 月，全省累计现存活艾滋病病毒感染者和艾滋病病人 79802 例，其中艾滋病病毒感染者 53191 例，艾滋病病人 26611 例；累计死亡 20893 例，其中艾滋病病人死亡 10，519 例。据抽样调查，城市居民、农村居民、学生、校外青少年、农民工、娱乐场所业主防艾知识知晓率分别为 97.5%、94.8%、97.2%、94.4%、93.9%、97.5%。累计开展艾滋病抗病毒治疗人数达 51150 人，在治 42283 人，其中累计开展儿童艾滋病抗病毒治疗 870 例、在治 790 例；中医药治疗艾滋病累计治疗 10095 例，在治 5632 例；1057 名阳性孕产妇得到阻断服务；全省 68 个美沙酮维持治疗门诊累计治疗人数为 39472 人，在治病人数为 14826 人，全省门诊平均在治病人数为 218 人（14826/68），最近一年治疗病人数达 20777 人，共设置开诊了 84 个拓展服药点，拓展服药点累计收治病人数为 6826 人，在治病人数为 2947 人，目前美沙酮维持治疗工作已覆盖全省 15 个州（市）的 65 个县（市、区）在治人数达 14951 人；全省 143 个针具交换点发出清洁针具 307.76 万支，回收针具 276.16 万支，针具回收率为 89.7%；全省对 623 例艾滋病机会性感染者给予新农合重大疾病补偿 238.52 万元。

2013 年中央财政安排我省防治艾滋病专项资金 34860 万元和省级防治艾滋病专项资金 6000 万元，州（市）、县（市、区）两级财政共预算安排防艾资金 5196 万元，比 2012 年增加 509 万元。2013 年将人口集中，艾滋病感染者和病人较多的昆明市新增为防艾重点地区，与红河、文山、大理、临沧一起实行重点管理，除支持常规经费外，将重点地区工作经费由 870 万元增加到 1000 万元；开展抗病毒治疗“一站式”服务试点工作，简化了病人转介程序，缩短了病人入组治疗的时间，提高病人入组治疗率，艾滋病病人的死亡率明显降低；在全省推行 HIV 检测卡工作，要求娱乐场所、按摩店、发廊等场所内，直接为顾客服务的人员每半年至少进行 1 次 HIV 检测，做到“一人一卡”；通过老年人艾滋病综合干预创新项目，探索针对城镇老年群体的艾滋病干预模式，制定《云南省老年人综合防治艾滋病工作指南（试行）》在全省推广；通过流动人口防治艾滋病创新项目，增强了外出务工人员对艾滋病的预防和自我保护能力，制定《云南省流动人口防治艾滋病工作指南（试行）》；2013 年起，每季度联席会形成制度，进一步加强医防合作机制，加强省级专业技术部门间的沟通协调，及时研究、协调、解决防治工作中的困难和问题，追踪重点工作的推进与落实，提高工作效率。

（王见昆）

红十字会抗灾救灾

2012 年

【红十字博爱送万家活动】 1月5～6日，省政协副主席、省红十字会会长陈勋儒率慰问组前往楚雄州姚安县扶贫挂钩点慰问；1月11～12日，省红十字会党组书记、常务副会长段鸿，副会长闫军、牛有媛分别率领慰问组前往绿劝县、砚山县、元江县的部分贫困家庭开展博爱送万家活动，把党和政府的亲切问候传递到了困难群众中，充分表达省委、省政府和红十字会在春节即将来临之际对贫困地区群众的关心关怀之情。此次博爱送万家活动共筹集了610万元的家庭包、大米、棉被、毛毯、棉衣等物资，慰问全省十六个州市129个县的困难群众。

【组织心理援助志愿服务队培训】 1月7～9日，作为省红十字会"三支救援队"之一的，省红十字会心理援助志愿服务队30名队员参加了省心理卫生中心与省红十字会联合举办的全国领先、灾后心理危机干预培训提高班。培训班有全国知名的美籍专家作讲授。

3月9～12日，在昆明举办云南省红十字会、云南省教育厅灾后心理援助培训班，培训得到云南省红十字会和云南省教育厅相关部门和领导的高度重视。来自十六州市30个县的省红十字会人员及教育局人员参加了培训。培训内容主要有：精神卫生和社会心理支持指南、心理急救理论、技能；心理危机干预理论和基本技能；儿童青少年社会心理支持理论和技能；团体辅导等内容。此次培训使云南省红十字会心理援助能力建设向教育系统延伸。为今后红十字系统与教育系统联合开展心理援助奠定了良好的工作基础。

4月8～10日，在曲靖市马龙县举办云南省红十字会心理援助志愿服务队、蒙自红十字会志愿者10人应急救护培训和野外生存训练。

5月7～10日，中国红十字会总会、红十字会与红新月会国际联合会心理援助能力建设总结暨交流会在红河州蒙自市召开。总会赈济救护部副部长李立东、救护处副调研员杨舒琴、项目官员刘书君，红十字与红星月国际联合会项目官员巴巴拉及四川、福建、江西红十字会等代表近40人参加了会议。

6月19～22日，云南省红十字会"灾害心理援助知识新闻媒体培训班"在昆明举行。来自省记者协会、新闻摄影协会、省红十字会新闻志愿服务队数十名媒体记者参加了培训。讲授了灾后心理急救、心理危机干预、团队建设活动、儿童青少年心理援助社会支持以及如何做好心理援助社会宣传等内容。

6月26～29日，有中国红十字会总会、红十字与红星月国际联合会参加的云南省红十字会心理援助能力建设总结会暨云南四川两省交流会在昆明市召开。总会赈济救护部救护处副调研员杨舒琴，云南省红十字会副会长牛有媛，红十字会与红新月会国际联合会亚太区协调员 Terhi HEINASMAKI、东亚地区发展代表 Baktiar MANMBETOV、东亚地区卫生经理陈红、项目官员巴巴拉及四川省代表参加了会议。

10月11～15日，由红十字会与红新月会国际联合会灾害心理援助专家金哲医生、灾害心理援助项目官员戴颖娴女士、中国红十字会心灵阳光工程林丹老师组成的评估小组对云南省红十字会心理援助能力建设项目进行了考察及评估。云南省红十字会牛有媛副会长和评估代表进行交流，就项目成果以及今后云南省红十字会心理援助工作的开展等问题与联合会代表进行了讨论。通过系统考察，评估小组认为云南省红十字会在项目执行期内圆满完成了各项工作，达到了项目目标。特别指出的是云南省红十字会承担了能力建设项目中较为复杂困难的部分，出色地完成了任务，提供了省级心理援助工作开展的模式和经验。评估小组认为云南省红十字会具备了开展心理援助的基础条件和工作能力并因地制宜地开展了常态下和灾害下的心理援助工作，是中国红十字会省级红十字会开展灾害心理援助工作的典范。

2010年5月，中国红十字总会和红十字会与红新月会国际联合会签署《"5·12"汶川地震心理援助能力建设项目的协议》。项目旨在帮助中国红十字会发展社会心理支持的能力，建立适应省级红十字会实际情况的灾害心理援助工作模式。中国红十字会总会选择云南省红十字会和四川省红十字会作为项目试点单位。项目第一期工作执行时间为2010年5

月至2012年6月，第一期项目已执行完毕。通过执行项目云南省红十字会系统引进了国际先进的灾害心理援助理论和技术；成立了省内外专家60人组成的专家资源库；组建了30人组成的省级心理援助志愿服务队；建立了心理援助图书资料室和志愿者活动基地；探索了省级至基层红十字组织灾害心理援助立体工作模式，探索并形成了少数民族社区、老年社群、救援人员灾害心理援助工作模式。项目举办教育系统、新闻媒体系统、社区培训班50余期/次，直接受益人2万人。

【承办灾害管理培训班】 2月26日~3月4日，在昆明举办美国红十字援助中国红十字会灾害管理培训班，系统讲授灾害形成、灾害预防、灾害应急、灾害管理和灾后重建等内容，有来自中国红十字会总会、国际联合会及部分省级红十字会代表50余人参加了培训，培训班由云南省红十字会承办。

【实施社区健康与急救项目】 2月26日~3月4日，红十字与红星月国际联合会官员陈红，总会训练中心杨玮枋等，陕西省红十字会、四川省红十字会有关人员、省红十字会赈济救护部张成文、张红琳及志愿者60余人参加了在昭通水富县举办的CBHFA（社区为本的健康与急救项目）模块四、六培训，并走村入户开展宣讲活动。

5月28~31日，云南省红十字会CBHFA项目总结会议在昭通市水富县召开，省红十字会副会长牛有媛出席开幕式并讲话，省红十字会赈济救护部张成文、张红琳、赵祥、李启玄、昭通市、水富县红十字会全程参加了会议，红十字与红新月国际联合会健康项目经理陈红，总会赈济救护部救护处副处长郭建阳，澳大利亚红十字会苏斌，四川省宜宾红十字会、雅安红十字会，陕西省红十字会，甘肃省红十字会代表参加了会议。会议期间受益小学组织了汇报演出，云南省整个项目工作受到与会代表的高度评价。

6月12~18日，省红十字会部长助理、项目办主任张红琳作为中国红十字会总会核心师资应邀参加了四川省、甘肃省两省的以社区为本的急救与健康项目（CBHFA）总结会，张红琳在四省以社区为本的急救与健康项目（CBHFA）中突出的贡献受到了中国红十字会总会的高度肯定。

6月30日~7月3日，中国红十字会、红十字与红新月联合会以社区为本的急救与健康项目（CBHFA）四省总结会在昆明举行。云南省、四川省、陕西省、甘肃省分别介绍了本省开展项目工作情况，总会、联合会官员进行点评，省级红十字会之间进行了交流，对国际上相关信息进行了介绍，特别是对下一步项目开展进行了探讨。云南省红十字会副会长牛有媛出席会议并致辞，中国红十字会总会赈济救护部副部长李立东、救护处副处长郭建阳、总会训练中心训练部部长刘萍，联合会亚太区协调员 Terhi HEINASMAKI、东亚地区发展代表 Baktiar MANMBETOV、东亚地区卫生经理陈红全程参加了会议。

7月20~23日，联合会项目官员、总会、省红十字会领导在水富召开社区为本的健康与急救（CBHFA）项目终期评估会议。总会与联合会在昭通市水富县实施的社区为本的健康与急救（CBHFA）项目基本完成，7月22日上午，联合会项目官员，总会、省红十字会领导到水富县项目点入户（校）调查项目实施情况，对社区居民（师生）和志愿者进行访谈，了解他们对项目评价和反馈结果；下午召开座谈会，重点是项目资料的整理、志愿者的管理、政府对项目的支持力度等。

【乡村医生参加中国红十字会培训】 3月5日，云南省100名乡村医生赴北京参加中国红十字基金会组织的为期半月的专业培训。

3月18日，由中国红十字基金会、卫生部中国乡村医生培训中心共同主办，中国红基会救心基金资助的“红十字天使计划——民族地区乡村医生培训班”在人民大会堂举行了结业仪式。身着民族服装的100名乡村医生领到了培训结业证书，绽出了开心的笑容。全国人大常委会副委员长、中国红十字会会长华建敏，中国红十字会常务副会长王伟，云南省红十字会会长陈勋儒，中国红十字会副会长、中国红基会理事长郭长江出席了结业仪式并为参加培训的乡村医生颁发了结业证书。参加结业仪式的还有中共中央统战部二局副局长路晓峰，国家民族事务委员会文化宣传司副巡视员王居，云南省红十字会常务副会长段鸿，天津市红十字会常务副会长郑新建，中新药业集团股份有限公司副董事长、总经理王志强，以及中国红基会负责人王志、副理事长江丹、秘书长刘选国、副秘书长黑德昆等。

【开展旱灾调研】 3月15~18日，由省红十字会党组书记、常务副会长段鸿率领的考察组行程2000余千米，对楚雄州元谋县姜驿乡画匠村委会海子边村、平田乡华竹村，昭通市鲁甸县桃源回族乡大梨树自然村、保家山自然村，昭阳区小龙洞乡寒坡岭自然村和小米村5社，昆明市东川区阿旺鎮岩头村委会蒿枝凹村和海科村黑脑壳小组进行了实地考察。考察期间，段书记就解决长远饮用水问题向当地领导提出了意见和建议，对部分小坝塘建设项目给予了具体指导。

闫军副会长带领调研组对红河州泸西县、弥勒县和文山州丘北县等15个受灾较为严重的村寨进行考察，并实地察看了中国红十字基金会2011年对泸西县向阳乡拖落村援建的“博爱饮水工程”、弥勒县五山乡水池扩容项目、文山州丘北县天星乡新发寨的“博爱饮水工程”等项目。

何云葵副会长带领调研组深入曲靖市麒麟区、沾益县，玉溪市新平县的5个乡镇、6个行政村、4所小学、11个灾情点，实地察看了中国红十字基金会2010年实施的“春雨行动”项目及灾情严重地区群众的生产生活状况。

牛有媛副会长带领调研组对大理州巍山县、大理市，丽江市永胜县的5个乡镇、6个村委会、10余户村民进行了深入调研。并实地考察了部分“春雨行动”旱灾项目。

【新闻媒体考察报道云南旱灾】 3月19~23日，中国红十字基金会组织考察云南旱情，邀请了中央电视台、人民日报、新华社、中新社、农民日报、新京报等6家新闻媒体记者15人赴云南旱灾灾区，了解2010年旱灾以来中国红十字基金会（央企）援助项目执行情况，以及项目在2012年旱灾中发挥的效益；调研2012年旱灾重灾地区群众目前的生产、生活状

况；调研灾区抗旱救灾的主要公益需求。

考察组分为两条线路，分别考察了楚雄州元谋县、曲靖市麒麟区、沾益县，以及文山州丘北县、红河州泸西县、弥勒县、昆明市石林县。

在元谋县姜驿乡海子边村、石林县鹿阜办事处新坝水库、麒麟区珠街乡小斜坡村、沾益县大坡乡土桥村和法土村，考察组亲眼目睹了干涸的水库、塘坝和枯竭的水井，目睹了灾区老百姓人背马驮、牛车拉水艰难解决人畜饮水的境况，看到了地方党委政府、红十字会组织和帮助群众运水送水奋力抗旱救灾的动人场面。

在元谋县平田乡华竹村、麒麟区三宝镇田家堡村、沾益县大坡乡威格小学和文山州丘北县天星乡新发寨村、红河州向阳乡拖落村却是另外的景象，由于这些地方2010年以来由中国红十字基金会“春雨行动”资助建设了小型饮水工程，人畜饮水问题基本没有受到影响。

荣获2011年中华慈善奖“最具影响力公益项目”的“春雨行动”，是中国红基会2010年针对西南五省遭遇百年不遇大旱发起的抗旱救灾公益项目，“春雨行动”为云南受灾群众发放价值3856万元的“春雨礼包”（含饮用水及大米）14.6万份，及时缓解了64万灾民的生活困难，立项援建了172个中小型人畜饮水工程，长期受益人口达13.5万人。

在考察情况汇报会上，考察组对云南目前旱情高度关注，并表示今年的“春雨行动”主要在云南，要发动社会募捐，以实施中小型水利工程为主，支持云南打好抗旱救灾攻坚战。考察组对云南省红十字会执行“春雨行动”抗旱饮水工程项目给予了充分肯定，并对规范碑记、加大宣传等事项也提出了具体意见和建议。云南省红十字会党组书记、常务副会长段鸿对中国红十字基金会及中央新闻媒体，通过到云南考察旱情，检查、宣传、支持和促进省红十字会工作表示感谢，并表示要进一步加大对中国红十字会及中国红十字基金会援助项目的督促检查力度，针对存在问题进行及时整改，向捐赠方及时反馈，根据旱情发展做好新的项目储备，积极协助政府组织群众抗旱救灾，当好政府人道领域助手。

【启动2012年旱灾项目】 4月24日，中国红十字会总会援助云南省2012年旱灾项目启动暨石林县西街口镇小雨布宜村饮水项目启动仪式在石林举行，省红十字会党组书记、常务副会长段鸿、省红十字会副会长牛有媛，中国红十字基金会筹资联络部副部长高瑞立、项目管理服务部副部长傅阳，昆明市红十字会常务副会长张韵、石林县副县长、红十字会会长张金华参加了活动仪式。23～27日，中国红十字基金会筹资联络部副部长高瑞立、项目管理服务部副部长傅阳一行还考察了大理旱情，2010年饮水项目发挥效益情况，考察2012年旱情及项目点。

【开展地震救护演练】 5月4日上午，在第65个世界红十字日到来之际，根据云南省减灾委员会、中国红十字会总会《关于做好2012年防灾减灾日有关工作的通知》要求，云南省红十字会举行了以“红十字——人道的力量”为主题的“2012年‘世界红十字日’纪念大会暨地震灾害应急救护演练”。此次参演的单位有：云南省红十字会卫生救护培训中心、云南省红十字备灾救灾中心、云南省公路运输管理局、云南省急救中心、昆明市红十字会、昆明市公交公司、昆明市出租汽车管理处等。省政协副主席、省红十字会会长陈勋儒，省红十字会领导、常务理事及省应急办、省民政厅、省卫生厅、省地震局、省公路运输管理局、云南交通之声广播电台以及昆明市应急相关部门领导观摩了演练。

演练中，红十字救护员在地震灾害发生后挺身而出，组织群众有序的脱离危险的事故现场，合理利用现场可以找到的物品作为救护材料（例如：用门板、衣服做成担架，用领带、围巾包扎物品，用干净的卫生巾作为敷料等），安全、妥善、有效的处理事故现场常见的伤情，为专业的医疗抢救争取时间。在群众演员的积极配合下，参与演练的救护员把现场救护的特点和技能用实际操作生动地表现了出来。

【参加全省地震救护演练】 5月12日，省红十字会救护培训中心参加由云南省减灾委组织的“防灾减灾日暨减隔震技术推广应用活动”，向观摩领导、省级应急相关部门和现场群众介绍了止血、包扎、固定、心肺复苏等急救技能。并在活动现场设置宣传展板，省减灾委将应急救护纳入防灾减灾日活动尚属首次。

【宁蒗县5.7级地震救援】 6月24～30日，省红十字会开展宁蒗地震救灾。6月24日下午15时59分，丽江市宁蒗县永宁乡发生5.7级地震。灾情发生后，省红十字会迅速行动，立即向中国红十字会报告灾情，请求给予救灾物资援助；通知丽江市、宁蒗县红十字会进一步了解、核实灾情，组织开展广泛地救灾工作；同时派出以牛有媛副会长带队，由赈济救护部张成文、宣传筹资财务部曹铠、备灾救灾中心刘建永组成的救灾工作组，赶赴灾区，协助灾区组织开展救灾工作，及时下拨并发放了省红十字会20顶帐篷、400床棉被、400件棉衣，中国红十字会捐赠了300顶帐篷、2000床棉被、10万元救灾备用金购买救灾粮食（价值66.46万元），香港特别行政区红十字会捐赠2000个家庭包（价值连48.54万元），帮助灾区群众度过应急通关。

【昭通市洪灾、泥石流救援】 7月15日21时45分左右，昭阳区苏甲乡出现单点暴雨，暴雨持续2个小时，降雨量约为180毫米左右，引发山洪暴发，造成12个村庄受灾，其中5个村庄灾情严重，洪灾已造成2人遇难、12人因灾伤病。云南省红十字会紧急调拨200床棉被、200件棉衣开展救灾工作。昭通市红十字会已组织了60床棉被、70个健康包（毛巾、牙刷、牙膏、香皂、洗衣粉）送到灾区。中国红十字会总会援助价值23.09万元的救灾物资顺利抵达昭通，这批物资包括2000件夹克衫和1500床棉被。昭通市红十字会将按照总会的要求，将物资全部用于救助洪涝灾害发生地的灾民。

【景谷县洪涝、泥石流救援】 7月30日23时至31日6时，普洱市景谷县突降单点暴雨引起泥石流洪涝灾害，全县10个乡镇均不同程度受灾，其中正兴、威远2个乡镇最为严重。

洪涝造成10人失踪，4人死亡，3人重伤，84人轻伤；1.2万户3.72万人受灾；造成各类经济损失2.06亿元。

灾情发生后，省红十字会迅速启动三级救灾应急响应，召开紧急会议，安排部署救灾工作。一是立即向中国红十字会总会上报灾情，请求给予援助；二是派出省红十字会救灾工作组赶赴灾区，考察灾情，评估灾区需求；三是就近从省红十字会普洱备灾仓库调运200床棉被、200床毛毯、200件夹克运往受灾地区（普洱市红十字会也救助了50床棉被用于救灾）。8月1日10时，省红十字会救灾物资捐赠仪式在正兴乡灾民安置点举行；12时又向威远镇受灾群众发放了救灾物资。

【大理州泥石流救援】 8月6日，大理州洱源县泥石流造成1人死亡，1人失踪，40人受伤，1200人转移安置，6600人受灾。云南省红十字会接到灾情后，就近从省红十字大理储备仓库调运200床棉被，230件夹克开展救援工作。

【开展紧急救援队复训】 8月18～23日，扩充后的大众卫生、紧急供水在省交通疗养院进行了培训。这次培训，一是对老队员进行知识能力加强的复训；二是对新队员进行基本知识、技能培训；三是为大众卫生到北京参加中国红十字会“9·8”世界急救日救援队演练做准备。来自全省各地的50名大众卫生和供水救援队队员、志愿者参加了培训。省红十字会副会长牛有媛主持开班仪式并作了开班动员。

云南省红十字会党组书记、常务副会长段鸿同志亲临培训现场指导并作重要讲话。培训期间，两支队伍开展了水灾救援演练。演练现场，队员们按照国际救援的程序和标准，开展评估，制定行动计划，熟练操作各种设备。供水救援队根据灾区供水需要，从滇池取水，经过沉淀、絮凝、过滤、消毒等程序，制出了符合国家标准的饮用水，并用水车送到灾民安置点。大众卫生救援队携带装备，赶赴安置点，为灾民搭建制式卫生厕所，并开展了健康知识的宣传。

【彝良县5.7级地震救援】 9月7日11时19分，昭通市彝良县发生5.7级地震，震源深度14千米。12时16分，又发生5.6级地震。地震造成81人遇难，2万多间房屋受损或倒塌；昭通517所学校受损。省红十字会全力参与抗震救灾。一是及时上报灾情，广泛开展社会募捐。二是派出工作组深入灾区考察灾情，紧急向灾区调运了价值145.66余万元的药品、帐篷和棉被等救灾物资，帮助灾民度过应急难关。三是派出大众卫生紧急救援队赶赴灾区开展紧急救援，为灾区21个灾民安置点搭建标准化应急卫生厕所100个，受益群众近8000人。大众卫生紧急救援队还在灾区开展了心理援助、卫生防病知识的宣传普及工作，受到灾区群众的好评。四是会同中国红十字会总会、红十字基金会和香港、澳门特别行政区红十字会领导赶赴灾区考察灾情，研究紧急救援和灾后重建工作。五是多渠道筹集重建资金，启动灾后重建项目。省红十字会迅速开展募捐工作，短期内募捐款物达3150万元。

【彝良县山体滑坡救援】 10月4日8时10分，昭通市彝良县龙海乡镇河村油房村民小组发生山体滑坡，滑坡体方量约4.5万立方米，致使田头小学教学楼全部被掩埋，油房小河被阻断形成宽约15米、水深约7米的堰塞湖。滑坡造成18名学生遇难、1人失踪、1人重伤，800余人受灾，6户农户的15间住房受损，其中3户7间房屋全部被掩埋。省红十字会立即启动应急预案，及时向中国红十字会总会上报灾情，省红十字会党组书记、常务副会长段鸿带领救灾工作组紧急赶赴灾区考察灾情，指导昭通市及彝良县红十字会开展救灾工作，并向灾区紧急调拨棉被500床、棉衣500件，给每位遇难者家属带去慰问金1000元，表达了红十字会的人道关怀。江苏省红十字会也迅速援助10万元资金，用于慰问抚恤遇难学生家属。

【大爱无疆救心行动】 10月23日，云南省红十字会、昆明延安医院和云南三益文化国防基金会，在曲靖市会泽县金钟小学共同启动了“大爱无疆救心行动”。云南省红十字会党组书记、常务副会长段鸿，曲靖市人民政府副市长、市红十字会会长饶卫，昆明延安医院院长蒋立虹、副院长金醒芳，云南三益文化国防基金会理事长刘志和、副理事长顾慧中，捐赠者代表闵纪娟，以及曲靖市教育、卫生、红十字会和会泽县人民政府的领导出席了启动仪式。启动仪式由云南省红十字会副会长牛有媛主持，段鸿、饶卫、蒋立虹、顾慧中、会泽县人民政府县长梁志强，以及受助者家长代表分别讲话。顾慧中女士向段鸿书记递交了捐赠牌，段鸿书记分别向捐赠者颁发了博爱捐助匾和捐赠证书。昆明市延安医院组织专家从现场开始，为会泽县部分学生和患儿进行3天义诊体检和先心病筛查。

“大爱无疆救心行动”是云南省红十字会在筹资300多万元，救助200多名先天性心脏病儿童的基础上，由云南三益文化国防基金会向云南省红十字会捐资159.5万元，由云南省红十字会和昆明延安医院负责组织实施，旨在救助贫困地区先心病患儿的一项重要公益活动。

2013年

【红十字博爱送万家活动】 2012年12月27日，云南省红十字会在彝良地震灾区举行了2013年“红十字博爱送万家”暨彝良“9·7”地震灾区援建项目启动仪式。中国红十字会副会长王海京、赈济救护部副部长李立东，云南省政协副主席、省红十字会会长陈勋儒，省红十字会党组书记、常务副会长段鸿，昭通市委、市政府、市政协及彝良“9·7”地震涉及的昭阳区、大关县、镇雄县政府和红十字会的相关领导出席了启动仪式。

云南省红十字会为灾区群众捐赠了价值455万元的慰问物资和2000万元的灾区恢复重建资金，及时把党和政府的温暖及社会各界的关爱送到了灾区。省红十字会与昭通市红十字会，昭通市红十字会与彝良、昭阳、大关和镇雄等4个灾区县（区）政府签定了《援建项目协议书》。启动仪式结束

后，参加活动的领导现场向群众发放了慰问物资，并到贫困群众家中进行了走访慰问，实地查看了灾后恢复重建援建项目。

彝良“9·7”地震及10月4日山体滑坡，共造成100人死亡，821人受伤，74.4万人受灾，房屋倒塌7138户、30600间，灾害造成直接经济损失37亿元。彝良“9·7”地震及山体滑坡灾害牵动了全国人民的心。国务院总理温家宝一个月之内，先后两次深入灾区察看灾情，指挥救灾，慰问群众。省委、省政府靠前指挥，震后仅一个月就在昭通召开了彝良“9·7”地震灾区恢复重建工作会议，使灾后恢复重建工作得到及时紧张有序开展。

云南省红十字会自2000年以来，共筹集了3000余万元款物，连续13年开展“红十字博爱送万家”活动，向受灾地区重灾户、贫困地区特困户和低保家庭送去党和政府的温暖及社会各界的关爱，使全省10多万户困难群众受益。2013年，云南省红十字会又筹集了价值900余万元的慰问物资，在全省开展“红十字博爱送万家”活动。

【实施CBDP社区减灾项目回访】 1月28～31日，香港红十字会国际及赈灾服务主任王韵盈到省红十字会、楚雄州、武定县对以社区为本的减灾项目CBDP进行回访。援建项目部部长助理张红琳、项目助理赵祥陪同。

2月21日至3月1日，香港红十字会国际及赈灾服务主任王韵盈到红河州石屏县团山村、德宏州芒市大新田村、梁河县进行社区备灾减灾项目CBDP回访，督导盈江芒棒小学建设。援建项目部工作人员陪同。

【洱源县5.5级地震救援】 3月3日，大理州洱源县发生5.5级地震，云南省红十字会从省红十字会大理储备库紧急调运300床棉被、200件棉衣救灾。大理州红十字会救灾工作组已第一时间抵达灾区，考察灾情，开展救灾。

3月28日～31日，根据灾区实际需求，省红十字会牛有媛副会长带领黄静、思胜才同志及两名心理志愿服务队队员：高级心理咨询师宁福芝、国家二级心理咨询师梁永红深入“3·3”洱源地震重灾区炼铁乡对11个村委会的村干部和部分村民、洱源三中的学校师生开展了团体辅导和心理讲座。活动通过互动游戏、知识讲解，使灾区干部群众和学校师生们体验放松和减压的方法，获得自我调适的基本知识。此次活动是地震以来灾区首次开展的灾后心理援助活动。云南省红十字会还向大理州捐赠了100个灾害心理援助工具包，用于大理州红十字会持续开展心理援助工作。

【博爱水窖发挥积极作用】 2012年11月至今，云南石林县未出现过有效降雨，加之此前四年连旱，使得旱象日益加剧。为帮助边远贫困山区群众解决抗旱饮水困难，县红十字会从2010年开始就进行博爱饮水工程建设，积极争取上级红十字会支持和社会各界援助资金200余万元，并组织群众投工投劳建设博爱水窖、博爱水池、博爱水井、博爱烟台井等博爱饮水工程17个，这些抗旱救灾项目在石林县抗旱保民生中发挥了积极作用，赢得了地方党委政府和人民群众的广泛赞誉。

【参加救援队长培训】 3月24～29日，张成文、刘建永、曹铠、王燕辉、杨海龙、孔德宽、刘胜军等到武汉参加中国红十字会、红十字会与红新月会联合会举办的救援队长培训班，使云南省红十字会紧急救援队建设又迈进一步。

【在云南实施博爱家园项目】 4月17～19日，国际委员会经济安全代表杜杉、交流代表赵祺到昭通市水富县、绥江县、永善县考察云南实施的博爱家园项目。6月16～20日，红十字会与红新月国际联合会经济安全代表杜杉、国际合作代表赵祺到文山州麻栗坡县、红河州弥勒县进行拟实施博爱家园项目前期考察，援建项目部张成文同志陪同考察。

【四川芦山7.0级地震救援】 4月20日8时02分，四川省雅安市发生7.0级地震，给灾区造成了严重的生命、财产损失。灾情发生后，云省红十字会启动应急响应。4月22日16点接到总会派遣大众卫生应急救援队的指令后，云南省红十字会立即派出党组成员、副会长牛有媛等3名队员组成的先遣评估组当晚紧急奔赴灾区。同时立即做好救援队人员、装备、物资准备，第一批人员、装备于4月23日下午赶赴灾区。至5月14日最后一批队员撤回昆明，正式完全结束此次任务，在灾区历时23天，26人次，行程5000余千米，搭建厕所167个，受益人群8000余人；并张贴卫生宣传画500张，组织卫生防病宣传31期，受益群众4万余人。

【纪念“5·8”世界红十字日】 5月8日，云南省红十字会联合驻昆企业举行纪念“5·8”世界红十字日暨“红十字应急救护进企业”活动。活动由云南省红十字会副会长牛有媛主持，省红十字会党组书记、常务副会长段鸿出席纪念活动并讲话，相关企业领导在纪念活动仪式上致辞。省红十字会机关、直属单位和相关企业领导及部分干部职工参加了活动。

段鸿强调，一是要从历史和时代的高度，充分认识红十字会工作的重要性和紧迫性，真正把这项工作作为关心群众疾苦，贯彻落实党的十八和省第九次党代会精神的具体体现，作为实现“桥头堡”建设战略，促进社会文明进步的重要举措，采取切实有效措施，加快发展我省红十字事业；二是要从推动事业发展高度，抓好《国务院关于促进红十字事业发展的意见》和《云南省人民政府关于促进红十字事业发展的实施意见》贯彻落实，着力推动当前各项工作，要加强领导，深入推进学习宣传贯彻活动；三是要从完成职责和使命的高度，扎实抓好红十字会各项工作落实。要切实提高红十字会救助能力，加强备灾救助物资和资金的筹集和管理。要积极依法履行红十字会职责，不断拓展服务领域。要坚持标准开展应急救护培训，切实保护人的生命和健康。要扎实开展红十字青少年工作，加强对外合作与交流，继续开展好假肢康复项目、老年公寓，防艾滋病预防与关怀，抓好各种自然灾害援建项目，做好信息，做好先心病儿童救治，努力扩大覆盖面。要切实加强自身建设，着力塑造和提升红会“公开透明、廉洁高效”的形象，推进红十字事业创新发展，努力把红十字会建设成为充满生机与活力、密切联系群众、符合自身特点的从事人道主义工作的社会救助团体。

省红十字会卫生救护培训中心为相关企业干部职工进行了应急救护知识专题讲座和现场急救演示培训。

【参加澳门红十字会救援队交流】 6月3～7日，受澳门红十字会邀请，经省红十字会领导同意，赈济救护部部长张成文、备灾救灾中心主任刘建永、财务科长王燕辉3人前往与总会、澳门红会、香港红会、湖南红会、湖北红会、福建红会、江西红会、广东红会等代表进行了广泛的演练、交流活动。

【承办省际救援队高级培训】 6月30日～7月6日，中国红十字会总会、红十字会与红新月国际联合会在昆明举办北京、新疆、贵州、湖南、湖北和云南6省、自治区供水和大众卫生救援队高级培训班，对供水及大众卫生救援的一些深层次问题进行了学习培训、交流探讨，培训班由云南省红十字会承办。

【举办临沧市救援队培训】 8月5～8日，赈济救护部张成文、思胜才同志到临沧开展临沧市红十字会赈济救援队培训，并到双江县进行小型饮水项目选点。按照中国红十字会总会统一规划，全国红会系统建立七类救援队，同时要求各省市结合本省实际，建立至少一支救援队。云南省红十字会已建立三支救援队：大众卫生救援队、紧急供水救援队、心理援助志愿服务队，其中，大众卫生救援队和心理援助志愿服务队已申报中国红十字会总会认证。根据云南省实际情况，省里不再增设专业救援队，赈济救援队选择建在有条件、积极性高的州市，一旦需要省红十字会可抽调作为省红十字会救援队前往灾区开展救灾工作。临沧市赈济救援队是云南省红十字会第一支赈济救援队，全队25人，来自临沧市八个县区的红十字会专职工作人员，经过两天的理论培训和实作训练，在救灾帐篷搭建、救灾物资接收、分发，统一救灾表格、统一工作流程等方面迈出了坚实的一步。

【大爱无疆救心行动】 8月16日，云南省红十字会、省第二人民医院（省红十字会医院）、慧中慈善小组在省红十字会机关会议室举行“大爱无疆”救心行动签字协议，慧中慈善小组拟捐赠300万元，省第二人民医院作为省红十字会定点医院，开展我省贫困先心病儿童救治工作。省红十字会党组书记、常务副会长段鸿，副会长何云葵，副会长牛有媛，秘书长梁先平；省第二人民医院院长韦嘉，副院长凌斌，心内科主任马润伟；慧中慈善小组负责人顾慧中及黄靖、谢芸等参加了签字仪式。

【参加救援队强化培训与演练】 8月19日～8月27日，省红十字会紧急供水救援队王燕辉、思胜才、张亮、李晔、陆籽李、杨品一、志愿者刘昱君（女）、水务公司：邓义敏（女）、杨亚玲（女）等九名成员参加了红十字会与红新月国际联合会、总会在湖南娄底组织的救援队强化培训与演练。

【迪庆州5.1、5.9级地震救援】 8月28日、8月31日云南迪庆德钦县、香格里拉县交界处分别发生5.1级、5.9级地震，地震发生后，省红十字会及时反应，第一时间派出以牛有媛副会长带队的救灾工作组赶赴灾区；先后紧急调拨两批共计价值25.98万元的救灾物资（其中，第一批救灾物资含棉被200床、棉衣200件、帐篷50顶，第二批救灾物资含棉被400床、棉衣400件、帐篷50顶等），第一时间运往灾区；向香港红十字会申请援助大米70吨（约合人民币39万元）。中国红十字会总会也及时从云南备灾救灾仓库调拨储备帐篷100顶运往灾区。后续又分四批：上海家庭包应急包800个，大旺食品花生奶等682件、羊毛衫1000件，儿童服装5056件等陆续运抵开展救援，救灾物资价值121.50万元物资。

【省红十字会紧急救援队参加培训】 按中国红十字会总会要求及兄弟省市红十字会邀请，8月28日～9月3日，备灾中心杨海龙、田绍忠作为师资到北京市红十字会参与培训和演练；9月7日～15日，王燕辉、张亮同志作为师资到贵州省红十字会参与培训和演练，9月22日～29日王燕辉、张亮同志作为师资到新疆自治区红十字会参与培训和演练。

【开展应急救护师资培训】 10月27日～11月3日，11月3日～9日，省红十字会举办两期应急救护师资培训班，来自16个州市的60余名救护师资参加了培训和复训。

【开展先天性心脏病复查】 11月4～7日，云南省红十字会、慧中慈善小组、延安医院到丽江玉龙县、古城区开展先心病筛查，共计筛查3533人，需手术治疗10余人。11月17～19日红会医院韦嘉院长、田树明书记及心外科一行，省红十字会张成文、吴绪章，慧中慈善小组到怒江兰坪开展少儿先心病筛查，筛查4550人，需手术介入治疗40余人。12月22～23日张成文、崔福胜陪同延安医院一行到曲靖宣威市进行先性病筛查，5天筛查20000余人。

【参加菲律宾风灾救援】 11月20日，菲律宾遭超强台风“海燕”重创后，中国政府及时启动对菲人道主义援助，除提供救灾款物外，还派遣医疗和救援队以及海军医院船赴菲参与救援。中国红十字会总会自2013年11月20日～2014年1月29日，分三批到菲律宾开展人员搜救、伤病人员救治、环境消毒和活动板房搭建等人道主义救援工作。云南省红十字会紧急救援队派出三名同志：王燕辉、杨海龙、番林分别参加了第一、三批救援行动。

【实施缅甸人道主义援助项目】 2013年12月6日～2014年2月22日，中国红十字总会援助缅甸北部克钦地区人道主义物资项目在云南实施。19日下午在中国云南省会昆明举行了启运仪式。这是中国红十字会应缅甸红十字会的呼吁首次向克钦地区的流离失所者提供人道主义援助。中国红十字会此次提供了包括大米、食用油、食盐、棉被等在内的基本人道援助物资，这些物资将以“中国红十字会赈济家庭箱”的方式发放给1万个克钦地区流离失所家庭，并于21日和22日先后运抵克钦地区的拉咱和甘拜地口岸。中国红十字总会援

缅项目组组长孙硕鹏、云南省红十字会会长陈勋儒、中国红十字会援缅项目组以及云南红十字会援缅项目组成员等参加了启动仪式。

由于缅甸国内地区冲突，目前在靠近中缅边境的缅甸克钦地区聚居了大量流离失所的缅甸民众，他们面临食品、基本生活用品和御寒物品匮乏等人道主义危机。中国红十字会此次对缅甸克钦地区流离失所的民众开展人道援助，体现了中国红十字会和中国人民对缅甸人民的真诚关切和友好感情。

（张成文）

紧急救治

概　　况

【2012 年综述】　2012 年，共受理呼救电话 86411 次，总派诊 70345 次，与去年同期相比增长 5.7%，院前出诊 61563 次，同比增长 3.2%，急救各类病人 60468 人次，平均日救治人数 171 人，抢救危重病人 17829 次，危重病人处理率达到 100%，现场心肺复苏 694 例，成功 32 例，复苏成功率 4.61%。

做好“9·7”彝良地震救灾物资运送及救援指挥车辆保障工作。在“昆曲高速公路小街岔口洒水车与大客车相撞事件”、“昆石高速公路阳宗海段 7 车相撞事件”、“日新中路皇廷酒店集团食物中毒事件”、“福德村锦昕酒店、福德温泉酒店集体食物中毒事件”等 5 起突发公共事件的紧急救援中，均迅速启动《云南省急救中心突发公共事件紧急救援预案》，共计出车 12 车次，出动急救人员 54 人次，急救伤员 52 人次。

在保证日常急救任务的同时，完成各种大型活动医疗救援保障性任务、提供特需服务共计 110 次，共派出救护车 219 车次，急救人员 657 人次。顺利完成了“两会”、“昆交会”、“少代会”和长水新机场竣工典礼和搬迁等重要活动的医疗保障工作。

【2013 年综述】　2013 年，派诊 74375 次，与 2012 年相比增长 5.4%；出诊 65029 次，与 2012 年相比增长 4.6%。急救各类病人 62084 人次，救治有效率达 99.8%，其中危重病人 17123 例，危重病处理率 100%，途中死亡 3 例，途中死亡率 0.048‰，心肺复苏成功率 3.38%。

在“昆曲高速公路 10 车连撞事件”等 3 次突发事件和其他 6 起影响较大的群体伤事件中，中心应急预案启动迅速，充分发挥了“快速、有序、高效”的医疗救援作用，共派出救护车辆 16 车次，急救人员 74 人次，急救伤病员 75 人，及时准确地做好突发、群体事件的信息上报工作，最大限度地减少了人员伤亡和健康危害。

在保证日常急救任务的同时，圆满完成了首届“南亚博览会”等大型活动、指令性任务与特需服务，共计 108 次，共派出救护车 232 车次，急救人员 696 人次（其中政府指令性任务 31 次，救护车 98 车次，急救人员 294 人次）。

救　治　事　件

【昆曲高速 2 车相撞急救】　2012 年 2 月 15 日 15 时 48 分，昆曲高速公路小街岔口洒水车与大客车相撞事件。中心派出急救车 5 车次，急救人员 19 人次，现场伤员 51 人，中心转送 10 人，全部转到嵩明县医院。

【昆石高速 7 车相撞急救】　2012 年 4 月 7 日 23 时 43 分，昆石高速公路阳宗海段 7 车相撞事件。中心派出急救车 2 车次，急救人员 10 人次，现场伤员 10 人，其中死亡 1 人，中心转送 3 名重伤员到解放军第 533 医院。

【45 人集体食物中毒】　2012 年 4 月 21 日 7 时 00 分，昆明市日新中路皇庭酒店集体食物中毒事件（北京旅游团队 45 人）。中心派出急救车 1 车次、急救人员 5 人次，救治 8 人，其余 37 人由旅游公司自行转送；45 名患者全部转送到广福同仁医院。

【70 人集体食物中毒】　2012 年 4 月 21 日 6 时 32 分，昆明市福德村锦昕酒店、福德温泉酒店（武汉旅游团队 70 人）集体食物中毒事件。中心派出急救车 3 车次、急救人员 15 人次，中心救治 22 人，其中 15 人转送交通医院，7 人转送市一院，其余 48 人由旅游公司自行转送到市一院。

【昆曲高速 10 车相撞急救】　2012 年 12 月 5 日 16 时 33 分，昆曲高速公路 37 千米处发生 10 车连撞事件。现场死亡人数共 9 人，伤亡人数共计 13 人。中心派出急救车 1 车次、急救人员 5 人次，转送 1 名重伤员至嵩明县医院。

【旅游大巴与公交车相撞急救】　2013 年 4 月 20 日 15 时 03

分，昆明市大观公园门口旅游大巴与100路公交车相撞突发事件。现场共伤18人，其中死亡1人。中心派出急救车3车次、急救人员15人次，转送2名重伤员至省第二人民医院，昆医大第一附属医院转送9人，成都军区昆明总医院转送6人。

【昆明虹桥立交交通事故急救】 2013年11月11日13时33分，昆明市虹桥立交交通事故。现场共伤18人，其中死亡2人。中心派出急救车4车次、急救人员20人次，16人全部转送至省第二人民医院。

（朱红俊）

扶贫减灾

概　况

【综　述】　云南扶贫开发着眼全省防灾减灾，统筹安排扶贫项目，不断增强贫困地区防灾减灾能力。2012～2013 年，完成列入省政府 20 项重点工作、10 件惠民实事的各项扶贫工作任务，完成 86 个整乡推进、3201 个贫困行政村和 6753 个贫困自然村的整村推进、6.6 万人易地搬迁、5.8 万户安居房和 15 个县的连片特困地区综合扶贫开发示范项目，共减少贫困人口 353 万人，培训转移贫困地区劳动力 40 万人，贫困地区农民人均纯收入达到 5375 元。

【主要措施】　1. 整体联动，片区扶贫开发加快推进。国家制定支持片区发展专项规划，云南出台《关于推进集中连片特殊困难地区区域发展与扶贫攻坚工作实施意见》，启动乌蒙山片区、石漠化片区、滇西边境片区和藏区 4 个片区区域发展与扶贫攻坚、怒江州扶贫攻坚战，着力推进宁蒗扶贫攻坚大会战和独龙江整乡推进独龙族整族帮扶工作，突出 6 大重点工程，组织实施完成一批重点项目，巩固莽人、克木人、褜人的帮扶成果，继续扶持拉祜族、傈僳族、佤族、景颇族特困群体。

2. 高位推动，扶贫工作机制不断完善。建立“领导小组统筹、省级领导挂片联县、省扶贫办和牵头单位协调、行业部门支持、州市全力推进、县抓具体落实”的片区区域发展与扶贫攻坚工作机制。教育部、国土部、水利部和国家林业局分别与 4 个片区建立联系工作制度，云南省委书记、省长、省委副书记和省政府分管领导分别联系推动 4 个片区扶贫攻坚工作。

3. 创新驱动，扶贫思路逐步理清。提出“三个层次”脱贫路径（对贫困地区年青一代着力加强素质教育和技能培训促进转移，对留守人员着力培育产业增强发展能力推动脱贫、对丧失劳力人员着力完善社保实施“托底”）和“五句话”扶贫工作思路（做大蛋糕，找准平台，创新机制，突出重点，合力推进）。

4. 聚力撬动，扶贫投入大幅提高。以片区实施规划为统领，以整乡推进为平台，加大专项扶贫、行业扶贫、社会扶贫资金的统筹整合力度，累计投入各类扶贫资金 1133.60 亿元，其中中央和省级财政专项扶贫资金 92.35 亿元；信贷扶贫贴息贷款 112 亿元；中央、上海、省级帮扶单位和外资扶贫共投入资金 50.54 亿元。

5. 强化互动，社会帮扶和沪滇对口帮扶合作取得重要进展。加强与中央国家机关企事业单位、高等院校等定点扶贫单位的沟通对接，调动和发挥政府、行业、群众、社会等各方面作用，各级帮扶单位共派出挂职、驻村扶贫干部 13929 人，直接投入帮扶资金 19.53 亿元，引进资金 71.58 亿元。正式签署并启动实施国际农发基金扶贫项目，完成投资 1.79 亿元，与非政府组织合作投入帮扶资金 0.88 亿元元。调整省沪滇对口帮扶合作领导小组，省委书记、省人大常委会主任任组长，省长任常务副组长，成功召开沪滇对口帮扶合作第十四次联席会议，与上海市政府及有关企业单位签署一系列合作协议，协调争取上海援助资金 5.50 亿元、实施帮扶项目 660 个；沪滇之间实施经济合作项目 268 个，实际到位资金近 200 亿元。

6. 主动争取，外资赈灾救援合作成效显著。云南省外资扶贫项目管理中心与香港乐施会密切合作，开展自然灾害紧急救援行动 5 次，投入资金物资近 356.24 万元，主要实施旱灾粮食援助、物资赈灾救援、灾害紧急救援、抗旱饮水工程等项目，受益群众达到 48840 人次。同时，举办贫困地区防灾减灾能力建设培训 2 期，培训人员 70 余人次。

总之，云南省各级扶贫部门防灾、抗灾、减灾，行动迅速，措施有力，善于总结，锁定频发区域，根据灾害类型，发展减灾农业，为云南防灾减灾工作做出了突出贡献。

重大扶贫减灾项目

【昆明市扶贫减灾】　2012～2013 年，昆明地区遭受历史罕见持续干旱。2013 年 11 月 16 日 23 时 36 分，昆明市东川区附近（北纬 26.3°，东经 103.0°）发生 4.3 级地震。2013 年

12月13～16日，昆明全境出现低温雨雪天气。灾害给当地群众生命财产造成严重损失，特别是贫困地区群众贫困程度进一步加深。面对灾情，扶贫部门积极应对，妥善处置，增加投入，抢救受损农作物，抢修农业设施，把灾害损失降到最低，增强贫困群众抗灾减灾能力。

【彝良县洪涝扶贫】 2012年7月21日16时至22日20时，镇雄全境出现强降雨天气，降雨量最大乡镇达141毫米，最小乡镇达52毫米，洪涝引发滑坡、泥石流、风雹等自然灾害，致使4人死亡、2人失踪，647间房屋倒塌，3181间房屋受损，29317公顷农作物受灾，2140公顷绝收，直接经济损失31562.42万元。灾害发生后，紧急转移安置2335人，民政部门安排100万元解决受灾群众生产生活困难，水务部门安排50万元抢修受损水利设施，交通部门安排150万元用于公路保通。扶贫部门安排4235万元，实施195个整村推进项目、700人易地搬迁、900户安居工程、4个产业扶贫项目，恢复灾区民众正常生产生活。

【彝良县5.7、5.6级地震扶贫】 2012年9月7日11时19分，彝良、威宁交界处发生5.7级地震，震源深度14千米，12时16分彝良再次发生5.6级地震，震源深度10千米，余震161余次。镇雄县杉树、花山、碗厂3个乡（镇）民房、道路、教育卫生、村委会等基础设施严重受损，2468间民房倒塌，9822间民房严重损坏，5人受伤，9800人急需救助，直接经济损失3360万元。灾情发生后，扶贫部门迅速实施易地搬迁200人，专项安排资金100万元，开展灾后恢复重建。

【镇雄县山体滑坡扶贫】 2013年1月11日上午8时20分，镇雄果珠乡高坡村赵家沟村民小组，发生山体滑坡地质灾害，埋压居民户14户46人。灾害毁损农作物300余亩、掩埋耕地500余亩；公路、输电线、饮水工程、民房、学校等基础设施严重损毁；造成直接经济损失4550万元。灾害发生后，县扶贫办组织干部职工为灾区捐款3400元，安排扶贫专项资金366万元，实施1个行政村整村推进项目，266户安居工程，开展灾后重建工作。

【镇雄县山体崩塌扶贫】 2013年1月28日凌晨4时，镇雄县中屯镇头屯村水塘村民小组，大火山地质灾害隐患监测点开始垮塌，至2月11日，垮塌方量52.6万立方米，滑坡方量200.6万立方米，威胁到水塘、塘边、王家湾、下院子、过街楼、庙老包6个村民小组329户1243人的生命财产安全，造成1395间房屋不同程度开裂、72间房屋垮塌、1所学校受损、1400余亩耕地毁损，水、电、路等基础设施不同程度受损，直接经济损失9530万元。灾害发生后，县委政府立即启动地质灾害二级应急预案，县扶贫办安排自然村整村推进项目1个、行政村整村推进项目1个、专项安居工程171户、专项产业扶贫资金80万元、易地搬迁指标180人、村级互助基金20万元，共494万元扶贫专项资金，开展灾后重建工作。

【镇雄县地震扶贫】 2013年4月20日8时2分46秒，四川雅安市庐山县发生7.0级地震，震源深度13千米。该次地震波及镇雄县28个乡镇，造成92户412人受灾，230间房屋受损；杉树乡细沙河村鱼塘村民小组产生地质灾害隐患点1个，开裂120余米，威胁到6户22人的生命财产安全；12所中小学校不同程度受损，危房面积10548平方米；直接经济损失1270万元。为积极消除隐患，县扶贫办安排专项资金50万元，实施易地搬迁100人。

【鲁甸县扶贫减灾】 2012年6月28日～7月22日，鲁甸县发生三次洪涝灾害，7个乡镇29个村198个村民小组52600人不同程度受灾，直接经济损失3160.6万元，其中农作物受灾面积1924.02公顷，成灾1898.92公顷，绝收361公顷，损失2158.7万元。灾情发生后，转移安置人口54户221人，救助人口5200人。8月4日17时，鲁甸县茨院乡、文屏镇、龙头山镇和新街乡遭受风暴和冰雹袭击，最大风力9级左右，最大冰雹直径约1.6厘米，持续时间约20分钟。造成11个村86个小组25610人不同程度受灾。农作物受灾面积1271.52公顷，成灾面积1145.23公顷，绝收面积324公顷，损失2959.24万元。灾情发生后，扶贫部门投入资金3365万元，实施连片开发项目1个、整村推进项目102个、产业扶贫项目4个、专项安居工程320户、易地扶贫转移安置60户300人。

2013年，鲁甸县相继遭受严重旱灾、风雹、洪涝等自然灾害。造成12个乡镇84个村1640个村民小组近27.35万人、2.8万头大牲畜不同程度受灾，直接经济损失44707.36万元。其中4万人、1.5万头大牲畜饮水困难；农作物受灾26142.4公顷，成灾21651.25公顷、绝收5832.67公顷；家庭损失205.19万元；基础设施损失7560.5万元。灾情发生后，扶贫部门投入资金3690万元，实施整乡推进项目1个、整村推进项目41个、产业扶贫项目8个、专项安居工程380户、易地扶贫转移安置80户400人。

【威信县扶贫减灾】 2012～2013年，威信县遭遇连年旱灾，特别是6月上旬至7月中旬，干旱持续发生，造成农作物不同程度受灾，尤其是扎西镇大河村等28个旱片村受灾严重。县扶贫开发领导小组，集中中央财政扶贫救灾产业项目等资金，利用乡镇、村寨的土地资源、区位优势和交通条件，在旱灾最频发、最严重的扎西镇大河村子沙、田坎等13个村民小组，种植成熟早、抗旱、耐旱的樱桃，发展防灾减灾农业。通过2年的努力，在扎西镇大河村旱片区种植中国樱桃（小樱桃）2400亩，项目覆盖农户935户4597人，实现旱灾之年不减收的防灾、抗灾、减灾目标。

【盐津县扶贫减灾】 2012年，盐津县相继遭遇干旱、“6·12”地震、“7·15”洪涝、“7·22”洪涝等自然灾害，10个乡镇279430人次不同程度受灾，因灾死亡8人，重伤2人，轻伤9人，紧急转移安置372户1560人，直接经济损失达30137.78万元。其中，房屋倒损12512间，家庭经济损失5875.22万元；农作物成灾9030公顷、绝收1302公顷，损失

5495.66万元；公路、桥梁、小型水渠、河堤、输电线路、供水管道等基础设施受损9251.11万元；教学区、村委会等公益设施受损2579.29万元；工矿企业直接经济损失6936.5万元。县委、政府坚持抗灾减灾与扶贫开发相结合，投入各类专项扶贫资金1985万元，组织实施75个整村推进项目，扶持发展竹子、李子和天麻等3个优势产业，转移安置40户、200人，发放小额信贷资金2500万元，实施专项安居工程400户，增强了灾区群众自我发展能力。

2013年，盐津县相继遭遇“2·7”地震、干旱、“6·20”风雹、“6·22”泥石流、“7·05”滑坡、“7·28”洪涝、“9·4”山体崩塌等自然灾害，10个乡镇28.4914万人次不同程度受灾，直接经济损失达30712.59万元，因灾死亡11人，重伤4人，轻伤8人。灾情发生后，紧急转移安置551户2551人，投入财政扶贫资金5048.4万元，组织实施各类扶贫项目，开展抗灾、减灾和灾后恢复重建工作。

【永善县扶贫减灾】 2012~2013年，永善县遭受严重干旱、风雹、洪涝、滑坡、泥石流、危岩、危石、山体开裂垮塌、地震波及等自然灾害。据统计，2年自然灾害共造成全县15个乡（镇）136个村（居）民委员会2541个村民小组91345户31.9959万人反复受灾，其中：受伤18人、死亡8人；饮水困难人口8.82万余人，饮水困难大牲畜35552头（匹、只）；死亡大牲畜138头（匹、只）；民房倒塌房屋866间、受损9624间。大小春农作物受灾50525.58公顷，成灾33919.33公顷，绝收8881.6公顷；草山草场受灾300亩；损毁耕地345亩；损坏树木3800余棵。造成直接经济损失61052.24万元，其中农业经济损失23559.75万元。灾情发生后，紧急转移安置人口1881人，县扶贫办着眼防灾减灾全局，统筹安排整（乡）村推进、产业扶贫、茅草房改造、易地搬迁安置、到户贷款贴息、贫困村互助资金试点等项目，实施“百千万帮扶工程”，投入财政扶贫资金8199万元。其中：2012年财政扶贫资金3646万元；2013年财政扶贫资金4553万元。项目覆盖灾区交通、住房等基础设施和产业发展，增强了灾区群众发展后劲，巩固了4.7万贫困人口温饱。

【大关县扶贫减灾】 2012年9月7日，彝良县北纬27°30′，东经103°59′，发生5.7级地震，震源深度10千米，距大关县城20千米，大关县9个乡镇震感强烈，随之发生的强降雨引发系列次生灾害，造成房民房倒损84055间，水利、电力、交通、通讯等生命线工程，教育、卫生、文体、计生等公共设施，农业基础设施和其他设施受损严重，直接经济损失111947万元。灾害发生后，大关县扶贫办积极向上级扶贫部门争取项目75个，扶持资金2920万元，帮助灾区贫困群众重建家园、恢复生产。

【大关县暴雨灾害扶贫】 2013年7月17日20时~18日8时，大关县境内遭暴雨袭击，最大降雨量达179.8毫米，全县15000户5万余人受灾。暴雨造成2人死亡，1人重伤，2人轻伤，民房、公路、水利、通信、电力等设施严重受损，直接经济损失6829.6万元。灾害发生后，大关县扶贫办积极争取省、市财政扶贫项目43个，财政无偿扶持资金2572.95万元，同时，整合农、林、水、电力、交通和民居安全工程等部门的项目资金，巩固温饱13900人。

【曲靖市扶贫减灾】 2012~2013年，曲靖市共投入扶贫资金36.095亿元，其中各级财政专项扶贫资金7.755亿元（中央及省级投入5.83亿元，市、县级投入1.925亿元），扶贫信贷资金11.49亿元，整合部门项目资金7.22亿元，社会帮扶资金1.64亿元，群众自筹7.99亿元。实施片区规划、山区连片综合扶贫开发试点、整乡推进、整村推进扶贫、行政村整村推进、易地扶贫、信贷扶贫、农村劳动力转移培训、革命老区建设、贫困村互助资金试点、产业扶贫、发放曹德旺曹晖善款，增强了曲靖市防灾、抗灾、减灾能力。

【会泽县扶贫减灾】 2013年11月16日，昆明市东川区、曲靖市会泽县、四川省凉山彝族自治州会东交界处（东经103度02分，北纬26度21分）发生4.5级地震，地震造成会泽县大海乡小江村乡村公路路基边坡坍塌3600立方米、2112间房屋受损、680口水窖受损、726户2486人受灾，造成直接经济损失680余万元。灾情发生后，扶贫部门按照县编制的《大海乡“11·16”地震恢复重建暨小江新村建设实施方案》，加大扶贫资金投入，实施扶贫安居工程、扶贫整村推进等项目，帮助灾区群众尽快恢复生产、重建家园。

【宣威市扶贫减灾】 2012~2013年，宣威市连续两年遭受严重干旱，夏季冰雹、低温冷冻、局部洪涝灾害，受灾人口达138.7万人，死亡5人、伤病2人，饮水困难人口31.3万人；农作物受灾总面积7.6万公顷，成灾5.73万公顷，绝收1.67万公顷；倒塌房屋134间，严重损坏91间，一般性损坏991间；直接经济损失7.08亿元，其中农业直接经济损失5.59亿元。灾情发生后，紧急转移安置933人，投入各级、各类救灾扶贫资金278.4734万元，其中：中央财政扶贫救灾资金200万元、部门整合资金70万元、群众自筹（含投工投劳折资）8.4734万元。建排水沟3519.9米，挖土方2325.18方，支砌挡墙1069.1房，浇混凝土2652.6立方米，埋设DN800混凝土预制管36米。解决了羊场镇鸡场、普瓦村委会17个自然村1871名群众的洪涝排水问题，保障了临近群众居住安全及耕地粮食生产安全。

【富源县扶贫减灾】 2012~2013年，持续两年发生低温冷冻、风雹、干旱、滑坡和泥石流等自然灾害，富源县130个贫困村受灾，受灾人口21.4万人，农作物受灾面积2563.73公顷，其中绝收面积260公顷，1.5万人因灾伤病，3.1万人因灾返贫，因灾直接经济损失13240.765万元，其中农业直接经济损失9371.605万元，死亡牲畜1091头（只），破坏道路690千米，损坏桥梁5座，破坏通讯、输电线路34.96千米，损毁扶贫项目150个，造成经济损失550万元。为保生活，抓生产，促稳定，投入保电煤、保畅通等抗灾资金2258万元，其中，救济资金201.3万元（火灾10万元、民房修复19.3万元、购买救济物资272万元）。

【罗平县扶贫减灾】 2012～2013年，全县因低温冷冻、干旱、风雹、单点暴雨、山体滑坡等自然灾害，造成8.54万亩农作物绝收、倒塌房屋305户613间、损坏1021户18412间，直接经济损失达4.6亿元，受灾人口24.98万人（其中：贫困人口3200人）。为恢复重建，扶贫部门实施扶贫安居工程310户，易地搬迁马街镇支壁村委支壁村、大水井乡革来村委色克甲村和箐口村委会陡口子村、黑竹箐村92户400人，平整地基41.4亩、建安居房92套11960平方米、建水池1个100立方米、小水窖62口30立方、硬化村庄道路3000米、架设220/380V线路7500米、11米电杆21棵、到户电表92套，实际完成投资343.4万元，其中：项目补助资金240万元、群众投工投劳和自筹103.4万元。小额到户贴息贷款7000万元，农村劳动力转移2100人。

【沾益县扶贫减灾】 2012～2013年，为防灾、抗灾、减灾，投入水利项目建设资金15.9万元，其中：省、市、县级财政补助扶贫资金50.9万元，部门整合资金10万元，挂钩帮扶资金3万元，群众自筹和投工投劳折资138.5万元。

【师宗县扶贫减灾】 2012年，师宗县“5·12”、“8·06”两次较大冰雹灾害，对烤烟生产造成巨大损失，“7·22”高良乡洪涝灾给群众的生产生活造成严重影响。全县受灾人口达35.92万人（次），死亡2人，伤病3人；损坏房屋1547户2414间，其中倒塌房屋82户200间；农作物受灾面积35298.3公顷，成灾面积28672.2公顷，绝收面积4810.7公顷，直接经济损失2.29亿元，其中农业经济损失2.12亿元。为保生产、促增收，申请自然灾害救济补助资金355万元，使用救灾资金482.63万元。发放大米438吨，发放棉被1085床、毛毯479床，救助灾民6.02万人。完成因灾倒塌民房82户200间的重建工作。

2013年，师宗县遭受旱灾、风雹、洪涝等自然灾害袭击，全县受灾人口28.9万人（次），倒损房屋19户56间，农作物受灾面积21664.3公顷、成灾面积16230.6公顷、绝收面积2492.8公顷，直接经济损失1.95亿元，其中农业经济损失1.92亿元。为保生产、促增收，使用自然灾害生活补助资金515.01万元，其中：发放大米754吨，发放棉被1191床、毛毯380床，累计救助灾民3.77万人。完成因灾倒损房屋19户56间的重建工作。

【麒麟区扶贫减灾】 2012～2013年，麒麟区严重旱灾，农作物受灾2.42万公顷，绝收1.43万公顷，直接经济损失1亿元以上。针对灾情，扶贫部门在受灾的82个村委会规划实施省、市、区整村推进重点村项目147个，总投资9303.39万元，其中各级财政投资1140万元；实施2个省级革命老区开发建设项目，省级财政资金60万元；实施3批产业扶贫项目，财政扶贫资金250万元。2013年，区扶贫办在东山镇实施5个行政村山区连片综合扶贫开发项目，计划总投资11579万元，其中市级、区级财政扶贫资金各250万元，部门整合资金4758.2万元，挂钩帮扶资金2005万元，群众自筹资金4315.7万元。2013年年底，项目建设已基本完成。

【保山市扶贫减灾】 2012～2013年，保山市5县区发生不同程度的自然灾害，当地群众生命财产遭受严重损失，生产生活带来极大不便。

1. 旱灾。2012年11月～2013年4月，保山市遭受不同程度旱灾，农作物受灾面积183万亩，占种植面积的45%，其中：成灾95万亩，绝收19万亩，产量减少38万吨，导致13.28万人、6.39万头大牲畜饮水困难，造成直接经济损失37960万元。

2. 洪涝。2012年7月～10月，保山市连片特困县区遭受洪涝灾害，受灾人口35.73万人，损坏房屋352间（其中倒塌房屋245间），农作物受灾面积13.08万亩（其中绝收面积2.13万亩）。2013年7～9月，隆阳区、龙陵县遭受洪涝灾害，受灾人口6.5988万人，损坏房屋38间（其中倒塌房屋4间），农作物受灾面积11.94万亩（其中绝收面积0.315万亩）。

3. 风雹。2012年7～9月，保山市隆阳区、龙陵县遭受风雹灾害，受灾人口1.98万人，农作物受灾面积1.62万亩（其中绝收面积0.465万亩）。2013年8～9月，保山市隆阳区、龙陵县遭受风雹灾害，受灾人口8.8244万人，农作物受灾面积6.375万亩（其中绝收面积1.92万亩），损坏房屋87间（其中倒塌房屋15间）。

4. 低温冷冻和雪灾。2012年1～3月，隆阳区高寒贫困山区遭受低温冷冻和雪灾，受灾人口0.7358万人，农作物受灾面积0.6354万亩（其中绝收面积0.093万亩）。

5. 地震。2012年6月20日、8月9日腾冲县2次地震，波及隆阳区部分乡镇，受灾人口2.2402万人（其中转移安置人口0.1105万人），损坏房屋9302间（其中倒塌房屋30间）。2012年9月11日11时20分，施甸县甸阳镇昌蒲塘、姚关镇大乌邑发生4.5级地震，全县13个乡镇不同程度受灾，受灾人口21928户89906人，其中：成灾8316户33412人，倒塌房屋204间，转移安置1586人，大牲畜死亡13头，直接经济损失11028万元。

6. 滑坡和泥石流。2013年，龙陵县发生山体滑坡和泥石流灾害，受灾人口0.6069万人，损坏房屋26间（其中倒塌房屋18间），农作物受灾面积0.293万亩（其中绝收面积0.0237万亩）。

灾情发生后，市扶贫办积极开展扶贫减灾：一是协调社会各界参与扶贫救灾，动员市、县（区）各部门深入挂钩帮扶村开展救灾；二是争取上级扶贫部门支持，实施香港乐施会人畜饮水援助项目；三是扶贫整村推进、整乡推进等项目实施，重点向受灾贫困乡村倾斜。

【楚雄州扶贫减灾】 2012～2013年，楚雄州遭遇大旱、地震、暴风雨、冰暴等自然灾害和极端天气，全州扶贫系统及时启动应急预案，全力投入减灾工作。一是主动向省扶贫办汇报楚雄州受灾情况；二是积极与省扶贫办沟通和协调，争取更多的项目资金；三是努力做好州委、州政府安排布置的各项抗灾救灾工作。2012年，投入扶贫资金7.16亿元，其中，财政专项扶贫资金1.66亿元，信贷资金4.3亿元，社会帮扶资金1.2亿元；2013年争取中央和省级扶贫项目资金

6.99 亿元，其中财政专项扶贫资金 2.34 亿元，信贷资金 4.56 亿元，外资扶贫资金 955 万元。

【楚雄市旱灾扶贫】 2012 年以来，楚雄市遭遇持续旱灾，截止 2013 年 12 月，旱灾共造成楚雄市 15 个乡镇 139 个村委会 1078 个村民小组 36771 户 165499 人的 8386.83 公顷农作物受灾（其中，成灾 4904.93 公顷，绝收 1064.66 公顷），需吃粮困难救助人口 50415 人，需饮水困难救助人口 48186 人，直接经济损失 6794.58 万元。灾情发生后，市扶贫办积极应对，投入财政扶贫资金新建安居房 44 套 3520 平方米，新建村组公路 4.5 千米、扩修 7.1 千米，建设灌溉沟渠 40.615 千米、小水窖 370 个、小坝塘 5 座、人饮管道 809.0656 千米。切实增强了贫困村、贫困户抗旱能力和信心。

【双柏县扶贫减灾】 2012 年，双柏县持续发生干旱少雨天气，遭受百年不遇的特大旱灾，全县 84 个村居委会有 63 个村居委会的 812 个村民小组 20515 户农户 88415 人及 63 个村居委会 897 个村民小组 79218 头大牲畜不同程度饮水困难。全县 45 所学校不同程度缺水，涉及师生 9648 人。全县 105388 亩夏收农作物受灾不同程度受灾，绝收 61234 亩，直接经济损失近 1.1 亿元。

2012 年，受持续干旱和异常气候的影响，双柏县部分乡镇局部遭受暴雨袭击，发生滑坡、泥石流等自然灾害，鄂嘉镇等 8 个乡镇的局部地区突降暴雨、风雹、造成自然灾害，全县 8 个乡（镇）、27 个村委会、124 个村民小组、524 户农户 2346 人受灾，出现地质灾害隐患点 42 个，涉及 8 个乡镇 34 个村委会 35 个村民小组，威胁 1 所小学校和 76 户农户共 4638 人，1249 亩农作物受灾不同程度受灾，213 户 852 人 532 间民房受损，造成直接经济损失共 1624.5 万元。

2013 年，双柏县继续遭受持续特大干旱，全县有 76 个村委会中的 88 个自然村涉及 45676 人，有 28 所学校涉及 3679 人，共计 49355 人及 7629 头大牲畜存在不同程度饮水困难，全县因干旱造成农作物成灾 24568 亩，绝收 10267 亩，直接经济损失 11237.25 万元，旱灾造成 54357 人吃粮困难。

2013 年，受持续干旱和异常气候的影响，双柏县部分乡镇局部遭受暴雨袭击，发生滑坡、泥石流、冰雹等自然灾害，全县乡镇局部遭受突降暴雨、突发大风冰雹等自然灾害，有 21 个村委会、94 个村民小组、426 户农户 2013 人受灾，3246 亩农作物受灾不同程度受灾，273 户 1092 人 821 间民房受损，有 4 个村小组因为滑坡需要搬迁，直接经济损失 2143.56 万元。

针对灾情，扶贫部门采取有效措施实施扶贫减灾：一是实施易地搬迁，及时解决群众的生存发展问题；二是抓好扶贫安居工程，使受灾农户及早迁入新居；三是争取中央财政奖补资金，投入抗灾恢复重建。

【牟定县扶贫减灾】 2012 年，牟定县共发生地质灾害 6 起，危及 1 个矿山 25 户农户 115 人的安全，直接经济损失 124.3 万元，未发生人员伤亡。启动了共和镇中屯村委会半山村、龙打坝村、安乐乡直苴村委会直苴村五、六村民小组 25 户搬迁避让工作，共争取整合项目资金 1251.18 万元。

2012 年 8 月 15 日 16 时 30 分，共和镇 7 个村委会遭受冰雹、大风灾害，烤烟受灾 3107 亩（成灾 3107 亩，绝收 1660 亩）水稻受灾 10 亩，玉米受灾 282.9 亩，小瓜受灾 54 亩。8 月 15 日 16～18 时，江坡镇 4 个村委会 587.6 亩烤烟、玉米遭受风雹灾害，其中烤烟重灾 278.9 亩，玉米重灾 308.7 亩。8 月 16 日 22 时 10 分，戌街乡 4 个村委会突降大雨，并伴随冰雹、大风，造成烤烟、玉米、水稻等农作物 2806 亩不同程度受灾。据统计：烤烟受灾 751 亩、其中绝收 649 亩、重损 82 亩、中损 20 亩；玉米受灾 1494 亩，其中、中损 1294 亩、轻损 200 亩；水稻受灾 561 亩，其中重损 164 亩，轻损 397 亩。

2012 年 10 月 2 日～2013 年 3 月 11 日持续干旱 161 天，牟定境内无有效降水，全县小坝塘干枯 256 座，河道断流 12 条，小春作物受灾面积 8.8977 千公顷，占播种面积的 52.1%。其中，轻旱面积 5.3941 千公顷，重旱面积 2.8066 千公顷，绝收面积 0.697 千公顷。尤其是历年处于干旱缺水的山区、半山区小春作物受灾面积较重，并有 3.4769 万人和 1.6544 万头大牲畜饮水困难。

面对灾情，县扶贫办积极应对，争取到位项目资金 5792.03 万元，实施各类扶贫项目，解决了 5000 多个贫困人口温饱问题，提高了 7000 多低收入贫困人口收入。一是实施易地扶贫项目减灾；二是实施扶贫安居工程项目减灾；三是贫困劳动力转移培训减灾；四是实施产业扶贫项目减灾；五是扶贫到户贷款减灾；六是实施扶贫整村推进项目减灾；七是实施了贫困村互助资金试点奖补项目减灾。

2013 年 8 月 13 日，全县普降大到暴雨，江坡镇过程累计降雨 65.8 毫米。因降雨引起大面积坡体塌方，严重危胁了人民群众生命财产安全。面对灾情，县扶贫办积极应对，争取到位项目资金 2780 万元，实施各类扶贫项目，解决了 0.608 万贫困人口温饱问题，提高了 1.4 万低收入贫困人口收入水平。

【南华县扶贫减灾】 2012 年秋至 2013 年间，南华县连续遭受干旱，干旱缺水已导致全县 10 个乡镇不同程度受灾。2012 年干旱造成全县农作物受灾 12.8 万亩，其中，成灾 9.3 万亩，绝收 3.5 万亩；2013 年干旱造成全县农作物受灾 14.2 万亩，其中，成灾 7.9 万亩，绝收 6.3 万亩。灾情发生后，南华县扶贫办积极向上争取扶贫减灾，实施扶贫整村推进项目 84 个、太阳能热水器建设项目 1 个、产业扶贫项目 5 个、小额扶贫到户贷款 3000 万元、企业贴息项目 3 个、连片特殊困难地区综合扶贫开发项目 1 个、易地扶贫转移安置 350 人、安居工程扶贫 250 户、劳动力转移培训 3050 人、革命老区建设项目 1 个、贫困村互助资金项目 1 个、扶贫资金奖补项目 2 个、中国扶贫基金会社会援助项目 1 个、财政奖补项目 2 个、州级部门挂钩扶贫项目 28 个，合计争取各类扶贫资金 11132.1 万元。

【大姚县扶贫减灾】 2012 年，大姚县持续干旱，造成全县 25.57 万人受灾，农作物受灾 57234 亩，成灾 30498 亩，绝收 4707 亩，直接经济损失达 6178.19 万元。

2013年，大姚县持续干旱，造成全县12个乡镇17.73万人受灾，农作物受灾79350亩，成灾20100亩，绝收2250亩，直接经济损失达5889.2万元。

2013年雨季以后，大姚县遭受风雹灾害，造成11个乡镇47个村委会341个村民小组30385人受灾，损坏住房28户51间，农作物受灾20910亩，成灾9840亩，绝收1710亩，直接经济损失910.03万元。

2013年12月17日，大姚县遭受雪灾，造成全县10个乡镇56个村委会448个村民小组1.5万人受灾，农作物受灾23594亩，成灾2169亩，绝收100亩。

面对全县3250户农户12025人因灾返贫，县扶贫办积极应对，配合民政部门把受灾贫困群众纳入春夏荒救助范围。积极争取财政扶贫资金100万元，修复小坝塘10座，争取香港乐施会抗旱救灾大米41.895吨，价值20余万元，争取挂钩扶贫单位投入项目资金255万元、捐款42万元、捐物折资33万元，增强了受灾群众防灾、抗灾、减灾能力。

【永仁县扶贫减灾】 2012年，永仁县先后遭受严重的干旱、风雹自然灾害，受连续四年严重干旱的叠加影响，造成4乡3镇3个社区、60个村委会485个村民小组44118人及23268头大牲畜饮水困难；大小春农作物受灾4792.5公顷，成灾3377.2公顷，绝收917.7公顷；受灾人口64560人，工、农、林、牧业经济损失达2.3亿元。县扶贫办积极争取财政扶贫资金6569万元（无偿资金1769万元，有偿资金4800万元），实施各类扶贫增收项目，抵御了自然灾害，缓解了返贫状况。

2013年，永仁县遭受严重的干旱、风雹、洪涝等自然灾害，受连续五年严重干旱的叠加影响，造成4乡3镇3个社区、60个村委会589个村民小组26400人及14500头大牲畜饮水困难；大春、小春农作物受灾5690公顷，成灾2732公顷，绝收880公顷；受灾人口75109人，直接经济损失3278万元。县扶贫办积极争取财政扶贫资金7847.86万元，实施各类扶贫增收项目，抵御了自然灾害，缓解了返贫状况。

【禄丰县扶贫减灾】 2012年，禄丰县因干旱造成18条河流断流，21座水库和455座小坝塘干涸，全县14个乡镇165个村委会（社区）不同程度受旱，其中138个村委会586个自然村10.77万人及4.82万头大牲畜饮水困难。县扶贫办面对严重旱情：一是抓好扶贫整村推进项目建设。投入财政专项扶贫资金675万元，整合部门资金420万元，群众投劳折资1404.8万元，总投资6218.8万元。二是针对滑坡、沉落居住隐患点，投入财政专项扶贫资金75万元，配套资金57万元，整合其它项目资金241万元，群众自筹323万元，实施易地转移安置41户155人；投入财政安居扶贫专项资金160万元，整合资金380万元，群众自筹1436万元，实施扶贫安居房建设160户，受益690人。三是抓好抗旱水利工程建设。投入州级单位挂钩贫困村资金15万元，群众自筹26万元，建人饮工程10件，架管13千米，解决人饮4016人，建五小水利4件，改善灌溉面积300亩。

2013年，面对连续5年特大旱灾，禄丰县扶贫办采取有效措施抗旱救灾：一是抓好扶贫整村推进项目建设。投入财政专项扶贫资金795万元，整合部门资金1407万元，群众投劳折资1622万元，总投资3824万元。二是针对居住隐患点，投入财政扶贫专项资金90万元，整合其它项目资金290万元，群众自筹337万元，实施易地转移安置43户167人；投入财政安居扶贫专项资金80万元，群众自筹615万元，实施扶贫安居房建设80户，受益334人。三是抓好抗旱水利工程建设。投入州级单位挂钩贫困村资金15万元，整合资金41万元，群众自筹17万元，建人饮工程7件，架管7千米，解决人饮2761人，建五小水利6件，改善灌溉面积400亩。

【开远市雨雪灾扶贫】 2013年12月15日，开远市受强冷空气影响，出现强降雨雪天气。全市共有28个村委会受灾，受灾人口25377人，受灾小麦、三七、大麻、豌豆、蚕豆、冬早蔬菜等农作物面积1794.53公顷、成灾面积1160.63公顷、绝收面积1098.3公顷。因灾影响涉农加工厂12家，大麻、藠头加工厂厂房（钢架大棚）、仓库损毁72间10000多平米，黑木耳种植大棚、三七种植大棚损毁7000多亩。倒塌农户房屋19间，损坏农房62间。因灾导致200多千米长农村供电线路中断，有20多千米长供水管网受损，2000多只农户自来水水表损坏。全市直接经济损失7020.78万元，其中农业经济损失4076.58万元、林业经济损失1500万元、畜牧业经济损失100万元、涉农加工企业经济损失1152.5万元、农村家庭财产经济损失191.7万元。灾情发生后，市扶贫办积极应对，加大扶贫项目投入，增强受灾群众防灾、抗灾、减灾能力。

【元阳县旱灾扶贫】 2012～2013年，受气候异常影响，元阳县大部分地区气温持续偏高，降雨持续偏少，土壤失墒严重，导致库塘蓄水减少，群众生产生活用水紧张，部分重点工程停工，春耕生产受到严重影响。面对旱情，县扶贫办以解决温饱、巩固温饱、增加收入为目标，以贫困农户为对象，以种植业、养殖业为重点，投入各类扶贫资金17761.963万元，实施整村推进、产业扶贫、到户贷款5000万元、扶贫安居工程、易地搬迁210户900人、劳动力转移培训2400人、社会扶贫、整乡推进等项目，解决了3.58万受灾群众生产生活、5.6万贫困人口温饱和增收问题，

【文山州扶贫减灾】 2012年，文山州农作物受干旱、洪涝、冰雹、低温冷害等自然灾害灾影响面积384539亩（旱灾194514亩、水灾134698亩、风雹灾7264亩、霜冻灾2788亩、病虫灾36873亩、其他灾8402亩），成灾面积180092亩（旱灾113133亩、水灾43546亩、风雹灾4168亩、霜冻灾1029亩、病虫灾13704亩、其他灾4512亩）。粮食作物减产面积100606亩（3成以上至5成81820亩、5成以上至8成16515亩、8成以上至绝收2271亩），经济作物减产面积79486亩（3成以上至5成64987亩、5成以上至8成12091亩、8成以上至绝收2408亩）。因灾损失情况：减产粮食10吨，减产油料68200千克，减产烤烟291700千克，减产甘蔗25013600千克，死亡大牲畜24头，倒塌房屋130间，损坏房屋242间。成灾人口104306人（特重灾民9808人、重灾民35063人、轻灾民59435人）。因灾缺粮92095吨，缺粮

47211 人。

2013 年，农作物受旱灾、水灾、风雹、霜冻、霜冻等自然灾害灾影响面积 307060 亩（旱灾 132148 亩、水灾 81928 亩、风雹灾 8136 亩、霜冻灾 4635 亩、病虫灾 78591 亩、其他灾 1622 亩），成灾面积 126088 亩（旱灾 79363 亩、水灾 23564 亩、风雹灾 3395 亩、霜冻灾 2069 亩、病虫灾 16829 亩、其他灾 868 亩）。粮食作物减产面积 75664 亩（3 成以上至 5 成 52850 亩、5 成以上至 8 成 16929 亩、8 成以上至绝收 5885 亩），经济作物减产面积 50424 亩（3 成以上至 5 成 37205 亩、5 成以上至 8 成 9989 亩、8 成以上至绝收 3230 亩）。因灾损失情况：减产粮食 1765 吨，减产油料 32500 千克，减产烤烟 138800 千克，减产甘蔗 4013700 千克，死亡大牲畜 25 头，倒塌房屋 99 间，损坏房屋 280 间。成灾人口 68824 人。

因地质灾害隐患严重，州扶贫办高度重视，2012 年实施新街乡山道梁、古木镇卡房丫口、东山乡路围易地扶贫搬迁；2013 年实施柳井乡斗咀石场新村易地扶贫搬迁。项目总投资 680.8 万元，山道梁安置点共转移安置 41 户 193 人，卡房丫口安置点共转移安置 31 户 152 人，路围安置点共转移安置 21 户 100 人。

【砚山县山体滑坡扶贫】 为排除山体滑坡隐患，2012 年 7 月，砚山县八嘎乡老屋基启动实施 71 户 300 人的易地搬迁项目，2013 年搬迁项目基本完成。

【西畴县扶贫减灾】 2012 年 6 月 25 日 ~7 月 3 日，由于受持续强降雨和日间温差及干湿度异常影响，导致县内 4 个乡（镇）突发大面积病虫灾害，部分农作物不同程度遭受虫灾。2013 年，全县不同程度地遭受低温冷冻、旱灾、风雹、洪涝、病虫、山体滑坡、雨雪等自然灾害的袭击，灾情异常严重。2013 年 1 月开始全县持续干旱；6 月 20 日 17 时 30 分左右，县内 3 个乡（镇）受冰雹袭击；7 月 3 日凌晨 2 时至 7 月 5 日，持续降雨，8 个乡（镇）遭受洪涝灾；12 月 14 日 ~12 月 18 日，普降大雨、大雪，遭受霜雪低温冷冻灾害。全县 9 个乡（镇）72 个村委会（社区）1740 个村民小组 20.45 万人受灾，农作物受灾面积 11288.06 公顷，成灾 6215.93 公顷，绝收 2112.6 公顷因灾造成直接经济损失共 27601.39 万元，其中：农业直接经济损失 6691.37 万元。为防灾、抗灾、减灾，县扶贫办配合有关部门积极应对，加大扶贫项目投入，增强了受灾群众防灾、抗灾、减灾能力。

【麻栗坡县扶贫减灾】 2012 年麻栗坡县先后遭受干旱、风雹、洪涝等自然灾害，全县 11 个乡镇 93 个村委会 9 个社区 25.06 万人不同程度受灾，1.01 万人和 4.1 万头（匹）大牲畜饮水困难，因洪涝灾死亡 5 人，受伤 3 人，失踪 2 人，汛期紧急转移人口 1211 人，临时安置 933 人；全县农作物受灾面积 11978.42 公顷，成灾面积 5181.54 公顷，绝收面积 1662.8 公顷，草场受灾面积 12 公顷；全县因灾倒塌房屋 260 户 700 间，损坏房屋 2710 间，公路挡墙和涵洞垮塌 322 处 53440 余立方米，29 条公路（含村组公路）被洪水冲毁、垮塌 569 处 87060 立方米，151 条公路（含村组公路）交通中断，河滨桥至莱溪河隧道进洞口上方山体出现滑坡至今未修复；供水、供电设施不同程度损毁。全县因灾直接经济损失 20117.09 万元。

2013 年，麻栗坡县先后遭受低温冷冻、干旱、风雹灾、病虫害、洪涝、雪灾等自然灾害，全县 11 个乡镇两个农场管委会 93 个村委会 1925 个村小组 31.6 万次受灾，干旱导致 5526 人和 2267 头（匹）大牲畜饮水困难；全县农作物受灾面积 18701.78 公顷，成灾面积 8558.56 公顷，绝收面积 2805.1 公顷；因灾倒塌房屋 186 户 416 间，一般损坏房屋 2551 户 2918 间，严重损坏房屋 100 户 600 间；因灾死亡大牲畜 26 头，死亡羊 265 只，草场受灾 30133.33 公顷，成灾 302.66 公顷；1 条（段）省道、40 条（段）县道、46 条乡道和大部分村组公路约 3892 千米受灾，交通中断 151 条，路基损毁 89548 立方米，路面损毁 244710 平方米，公路路基及挡墙垮塌 112 处 28562.95 立方米，涵洞损毁 48 道，公路坍塌方、泥石流、山体滑坡 1203 处 213741 立方米，林业有害生物共发生 886.66 公顷，遮荫棚倒塌面积 1.93 公顷，造林苗木受灾面积 4.26 公顷，损失苗木 120 万株；新发现地质灾害隐患点 4 处；全县因灾造成直接经济损失 34762.9 万元。

灾情发生后，扶贫部门立即启动应急预案，深入灾区察看灾情，及时上报情况，争取各方支持，加大扶贫投入，实施各类扶贫项目，帮扶受灾群众恢复生产、重建家园，防灾、抗灾、减灾，增强灾区群众抵御自然灾害的能力，将因灾返贫、致贫控制在最低限度。

【马关县扶贫减灾】 2012 年，受复杂气象因素影响，马关县先后遭受到干旱、风暴、洪涝和滑坡等自然灾害袭击，灾情涉及 13 个乡镇 124 个村委会 1951 个村小组，受灾人口 36445 户 142202 人，因灾至伤 1 人，死亡 2 人，紧急转移安置人口 38 人，造成农作物受灾 11181.65 公顷，其中：成灾 6379.59 公顷，绝收 2142.6 公顷。因灾倒损房屋 1436 间，涉及 839 户 3132 人，其中：倒塌房屋 175 间，涉及 137 户 484 人。因灾农村公路损毁 285 条，边坡和路基坍塌 47963 处 535631.84 立方米，路面损毁 1132.94 千米 630605.43 平方米，涵洞损毁 115 道。因灾供电中断 31 条次，通讯中断 2 条次；损坏堤防 2 处 0.45 千米，堤防决口 2 处 2.0 千米，损坏护岸 8 处，损坏水闸 2 座，损坏灌溉设施 144 处。因灾造成直接经济损失 12795.77 万元，其中农业经济损失 8304.2 万元。

2013 年，受复杂气象原因影响，马关县发生干旱、风雹、洪涝和山体滑坡、病虫害、雪灾等自然灾害。灾情涉及 13 个乡镇 124 个村委会（社区）1945 个村小组，受灾人口 69588 户 281307 人，因旱造成 11628 人 3964 头大牲畜饮水困难。因灾致伤 3 人，死亡 2 人，失踪 1 人；农作物受灾面积 24.09738 千公顷，成灾面积 9.15135 千公顷，绝收面积 2.0059 千公顷，因灾损毁房屋 5942 间，损坏瓦片 1930 万余片，涉及 2612 户 9363 人。因灾造成直接经济损失共计 31023.5 万元，其中农业经济损失 25499.1 万元。

灾情发生后，扶贫部门立即启动应急预案，深入灾区察

看灾情，及时上报情况，争取各方支持，加大扶贫投入，实施各类扶贫项目，帮扶受灾群众恢复生产、重建家园，防灾、抗灾、减灾，增强灾区群众抵御自然灾害的能力，将因灾返贫、致贫控制在最低限度。

【丘北县扶贫减灾】 2012～2013年丘北县，因干旱、洪涝、风暴、冰雪、山体滑坡等原因，造成严重灾害。

1. 旱灾。2012年是自2009年下半年以来，丘北县持续第三年干旱，全县12个乡（镇）99个村民委（社区）1263个自然村不同程度遭受干旱等灾害，导致33.13万人10.81万头大牲畜饮水困难，缺粮人口10.75万人。农作物受灾23668.5公顷，成灾2288.9公顷，绝收2288.8公顷，房屋倒塌36间，严重损坏77间，一般性损坏241间，共造成农林牧经济损失1.46亿元，农业经济损失1.1046亿元。

2013年，丘北县持续高温干旱，造成12个乡（镇）78个村民委（社区）518个自然村4.2万人1.1万头大牲畜饮水困难，农林直接经济损失9320万元。

2. 洪涝灾害。2012年4月7日，丘北县普降中雨，晚21～23时，新店乡小江口村委会遭受单点暴雨袭击，降雨量为60.9毫米，导致多条沟引发山洪泥石流，造成10个村组共476户1856人严重受灾，冲走房屋5户13间，损坏房屋9户25间；冲走粮食5吨；损坏牲畜厩舍12间，冲走家禽200只，大牲畜5头；山洪水冲毁土地1100亩，造成农作物受灾1100亩，成灾800亩，绝收600亩；经济作物成灾40亩；房屋进水20户；村庄防护墙崩裂60米，323国道及七江路新店段水毁路面20余处，造成交通受阻。直接经济损失600万元。6月1日15时～6月2日7时，丘北县普降中到大雨，局部暴雨，大部分乡镇降雨超过70毫米。这次洪涝灾害共造成4个乡镇，90多个村不同程度受灾。据统计，民房损坏3户9间；农作物受灾面积23920亩，成灾面积8415亩，绝收94亩，直接经济损失336.6万元。6月21～26日，境内持续降雨造成洪涝灾害，全县7个乡镇22个村民委7.9万余人受灾，农作物受灾面积41676.1亩，成灾面积17075.83亩，绝收9084.7亩；倒塌民房12间，损坏民房27间，64户192间民房不同程度进水，紧急转移安置33人；造成直接经济损失911.57万元，其中农业经济损失752.77万元。

2013年8月29日，丘北县境内局部地区发生单点性暴雨，部分乡（镇）不同程度遭受暴雨和冰雹袭击，并引发洪涝灾害，12个村民委1905户8572人受灾，农作物受灾面积达9912.2亩，绝收1807.3亩，45间民房因灾倒损，畜禽损失1969只（头），直接经济损失1727.37万元。

3. 风暴灾害。2012年7月20～28日，温浏乡境内持续降雨，部分村寨受暴风雨袭击，造成全乡部分村村公路中断、农作物不同程度受灾、部分居民住房倒塌、损坏。全乡玉米受风灾面积达2810亩、成灾2080亩、绝收416亩，水稻受洪涝灾害面积达1667亩、成灾667亩、绝收210亩，洪涝、滑坡造成群众住房倒损倒塌3户，损坏20户，紧急转移人口42人。119个自然村中有92个自然村的村村公路中断，经济损失261余万元。8月5日16时10分～17时06分，丘北县境内突降暴雨，致使部分乡镇发生自然灾害，灾害共涉及5个乡（镇）12个村民委37893人，农作物受灾面积达31123亩，绝收16796.5亩，2间民房倒塌、3间受损，经济损失1698.8万元。8月12日17时，丘北县双龙营镇普者黑村发生风雹灾，造成烤烟、玉米等农作物受灾，烤烟2242亩绝收，经济损失179余万元。

2013年5月23日下午5点30分左右，温浏乡干石洞村民委干石洞村发生风雹灾，村民李保华在山上躲雨，被雷击死亡。6月26～27日，双龙营镇亮山村民委木耳箐，官寨乡官寨、禹王、白马等村组出现洪涝冰雹大风灾害，致使4间民房受损，2间墙体倒塌造成8641.5亩农作物受灾，其中：玉米受灾5100亩，成灾1100亩，绝收3550亩，损失353.5万元；烤烟受灾3341.5亩，成灾1504亩，绝收1771.5亩，损失5314.45万元；水稻受灾50亩，成灾50亩；万寿菊等其他作物受灾150亩。经济损失共计5674万元。8月15日下午17时许，受强对流天气影响，腻脚和舍得乡5个村民委部分村组农作物遭受暴雨、大风、冰雹等自然灾害，造成4099亩农作物严重受灾，损失达526余万元。

4. 雪灾。2013年1月份，全县出现持续低温雨雪天气，部分高寒山区乡（镇）最低气温仅-4℃，舍得、腻脚等高寒山区乡积雪10～20厘米。造成全县农作物受灾31060亩，成灾6410亩，损失135余万元；葡萄大棚倒塌23个20亩，损失50余万元；三七大棚倒塌330亩，损失150余万元；大牲畜死亡110头，猪死亡222头，羊435只，家禽500余只，损失305余万元。12月16日，普降中到大雨和大雪，造成小麦受灾60598亩、成灾17171亩，豌豆受灾7804亩、成灾406亩，蚕豆受灾6472亩、成灾876亩，油菜受灾33139亩、成灾3750亩，冬玉米受灾990亩、成灾270亩，蔬菜受灾4565亩、成灾1039亩，15885亩三七棚倒塌，冲头林场红豆杉苗被压30万株，普者黑林场遮阴网倒塌16亩，温浏桉树410亩被压、云南松535亩断枝、油茶280亩被压、核桃断枝。交通、电力设施遭受不同程度损坏。共造成经济损失810余万元。

灾情发生后，县扶贫办积极应对，主要以实施扶贫安居工程、易地扶贫开发项目做好防灾减灾工作。2012年，县扶贫办安排资金280万元，实施扶贫安居工程280户，解决1176人居住安全问题；投入专项资金147.5万元，实施易地扶贫项目2个，转移安置67户295人。2013年安排资金380万元，实施扶贫安居工程380户，解决1672人居住安全问题；投入专项资金147.5万元，实施易地扶贫项目3个，转移安置90户430人。

【广南县洪涝灾扶贫】 2012年7月，八宝镇甲坝村委会甲坝村小组遭受特大洪涝灾害，导致79间民房屋进水，其中，房屋倒塌32间，进水受损47间。面对灾情，县扶贫办高度重视，积极向上申报争取项目。2013年7月，该村被省扶贫办列为2013年度易地搬迁项目，批准实施搬迁32户150人，总投资90万元。通过建设，项目完成安居房32套，中低产田改造150亩，人饮通水工程2千米，通路工程2千米，通电工程2.5千米。该项目的实施，使受灾群众安全搬出危险区域，能够安居乐业，实现了“搬得出、稳定住、能发展、能致富”的目标。

【富宁县扶贫减灾】 2012年富宁县境内先后发生干旱、风雹、洪涝灾害。据统计：全县13个乡（镇）145个村（居）委会遭受不同程度的灾害，有2128个村小组13.1万人受灾。灾害主要体现如下：一是人员伤亡和紧急转移安置、饮水困难。因灾死亡5人，伤2人，紧急转移安置2417人，饮水困难13.85万人，饮水困难大牲畜7.17万头。二是房屋损毁。民房倒损8318间，涉及3186户14336人，三是生产生活物品损失。四是农作物受灾严重。农作物受灾45755.8公顷，成灾32529.6公顷，绝收6604.9公顷；水毁耕地107.1公顷；油茶苗圃基地被淹2公顷。五是基础设施损毁。造成直接经济损失31103.35万元，其中：农业经济损失14383.16万元，家庭财产损失3560.49万元，基础设施损失13129.7万元，公益设施损失30万元。

2013年，富宁县境内先后发生低温冷冻、干旱、风雹、洪涝、生物灾害、雪灾。据统计：全县13个乡（镇）114个村委会1360个村小组31803户134497人受灾；因灾死亡1人，受伤8人；21041人10560头（匹）大牲畜饮水困难；因灾房屋倒损673间，涉及307户1376人，造成直接经济损失26797.402万元，其中：农业经济损失22430.242万元，家庭财产损失1823.86万元，基础设施损失2543.3万元。

灾情发生后，扶贫部门立即启动应急预案，深入灾区察看灾情，及时上报情况，争取各方支持，加大扶贫投入，实施各类扶贫项目，帮扶受灾群众恢复生产、重建家园，防灾、抗灾、减灾，增强灾区群众抵御自然灾害的能力，将因灾返贫、致贫控制在最低限度。

【普洱市霜冻灾害扶贫】 2013年12月13～20日，由于受南支槽与冷空气影响，普洱市大范围出现较强的降水、降温天气，虽然预警及时，采取的防治措施有力，但因此次降温来得迅猛、范围广，且持续时间长，导致全市咖啡大面积遭受霜冻灾害，造成了巨大经济损失。据不完全统计，截止12月20日，全市咖啡受灾面积达364370.9亩，其中成灾面积227032.5亩，绝收55226.5亩，受灾咖农29673户97138人，造成经济损失41495.64万元。面对灾情，市扶贫办积极应对，加大扶贫项目投入，切实做好受灾群众防灾、抗灾、减灾工作。

【洱源县5.5、5.0级地震扶贫】 2013年3月3日13时41分15秒，大理州洱源县发生了5.5级地震，震中位于洱源县西山乡立坪村，震源深度9千米。此次地震波及洱源、漾濞、云龙、永平、剑川5县，12个乡镇、61个村委会、1098个村民小组、39311户14.16万人受灾，30人受伤，民房和交通、学校、水利、电力、通信等基础设施严重受损，其中：民房倒塌2738间、受损11.1万间，民房直接经济损失达4.34亿元，共造成直接经济损失7.08亿元，导致1.46万人返贫。

2013年4月17日9时45分，漾濞县与洱源县交界处发生里氏5.0级地震，震源深度11千米，地震波及洱源县炼铁乡、西山乡、乔后镇、茈碧湖镇、凤羽镇5个镇乡，30个行政村18652户83935人受灾，直接经济损失15832万元。造成12人受伤，紧急转移安置人口8760人，其中集中安置5285人，分散安置3475人。

灾情发生后，省扶贫办领导高度重视，派出专人到灾区进一步了解情况，对地震灾后恢复重建工作给予了大力支持。至2014年2月10日，州扶贫办已多次深入灾区，并向地震灾区落实整乡推进、整村推进、特色产业扶持、革命老区建设、扶贫到户贷款、易地搬迁、扶贫安居工程建设7大扶贫项目，已到位资金4705万元，其中：财政扶贫资金3630万元，信贷扶贫资金1075万元。

【祥云县4.6级地震扶贫】 2013年11月28日16时23分54秒，祥云县沙龙镇谢官营村委会（北纬25.4°、东经100.6°）发生4.6级地震，震源深度10千米。地震涉及全县10个乡镇、93个村委会、701个村民小组、21352户95703人，共造成直接经济损失17833万元，还波及周边的弥渡县受灾。此次地震共造成2802人返贫。

灾害发生后，县扶贫办第一时间深入灾区了解及统计灾情并及时向省州扶贫部门做好灾情汇报，得到了省州扶贫部门的大力支持，决定向沙龙镇、云南驿镇、祥城镇3个受灾较严重乡镇加大扶贫资金投入力度。2014年在灾区实施扶贫安居工程、扶贫开发建设、深度贫困村、革命老区建设、财政奖补资金、红河源黑㶉江连片特困地区扶贫综合开发等8个项目，投入资金8400万元。

【弥渡县4.6级地震扶贫】 2013年11月28日16时23分53秒，祥云与弥渡交界处（北纬25.4°，东经100.6°）发生4.6级地震，震源深度10千米，弥渡县全境震感强烈，弥渡县弥城、苴力、寅街3个乡镇受灾较重。17时54分发生3.2级余震，震中在弥渡。随后又发生3.2级以下余震6次。地震造成红星、山高、长坡、新庄、白邑、栗子园、栗树7个村委会5767户21715人受灾，房屋严重受损56户168间，一般损坏2595户7785间；坝塘受损9个、人畜饮水工程受损7件、小水窖受损2200个；3所小学学生宿舍受损严重；共造成经济损失9495万元。灾情发生后，县扶贫办及时深入受灾乡镇，结合部门职能职责实地调查了解灾情和受灾群众灾后的生产生活存在困难。同时迅速与州扶贫办及香港乐施会联系，如实反映我县受灾情况，积极争取上级部门及香港乐施会的帮助。同时及时对工作计划进行调整，把2014年扶贫资金向受灾乡镇倾斜。

【大理州旱灾扶贫】 2012年，干旱情况持续发展，尤其山区、半山区旱情况较为严重，形成三年连旱，给全州造成了较大经济损失，全州12县市人畜饮水工程水源点出水量减少甚至枯竭，饮水困难，只能采取间歇供水、划时段（片区）轮换供水，部份村组依靠车拉、人背马驮解决。旱灾重点区域是祥云、巍山、弥渡、南涧、宾川县。截止2月20日，全州受灾人口95.2万人，农作物受灾面积100253公顷，成灾面积51823公顷，绝收面积17867公顷；因旱造成饮水困难33.4426万人，生活困难需救助人口31.6万人，共造成直接

经济损失41140万元，导致2.24万人返贫。

面对严重灾情，州扶贫部门立即启动应急预案，深入灾区察看灾情，及时上报情况，争取各方支持，加大扶贫投入，实施各类扶贫项目，帮扶受灾群众恢复生产、重建家园，防灾、抗灾、减灾，增强灾区群众抵御自然灾害的能力，将因灾返贫、致贫控制在最低限度。

【大理州低温雨雪霜冻灾害扶贫】 2013年受寒潮天气影响，自12月15~16日，全州大范围出现雨雪天气过程，雨雪量为8.4~32.2毫米，部分高海拔山区出现强降雪，积雪厚度达30~60厘米。16日夜间至17日早晨，出现强降温，全州平均降温至-3.61℃。其中：大理、洱源、鹤庆、剑川降至-4℃以下，祥云县达到-6.8℃，为历史最低温。重霜冻灾害出现后持续低温天气过程给农业生产造成严重损失和影响，

由于这次降温发生时间早、降温幅度大、危害范围广，农业受灾严重，经济损失惨重。特别是晚秋扩种的冬早蚕豆、豌豆、薯类、冬玉米、油料、蔬菜、水果等特色增收作物、中药材、园艺花卉和农业设施均遭受冻害损失。截止2013年12月23日农情统计核实，全州农作物受灾面积达139.88万亩，占种植面积270万亩的51.81%，成灾43.16万亩，绝收11.44万亩。其中粮食作物86.73万亩，占受灾面积的62.0%，成灾27.6万亩，绝收9.39万亩；经济作物53.15万亩，占受灾面积的38.0%，成灾15.56万亩，绝收2.05万亩。特色园艺花卉受灾176万株，其中茶花16万株；玫瑰0.08万亩，160万株，药材受灾5万多亩。畜牧业圈舍受损3.6万平方米，受灾牲畜107.92万头只、死亡3400头只，已造成农业经济损失67657.3万元，其中：种植业37958.3万元，药材15000万元，花卉12729万元，畜牧业1970万元，导致1.08万人返贫。

灾情发生后，扶贫部门立即启动应急预案，深入灾区察看灾情，及时上报情况，争取各方支持，加大扶贫投入，实施各类扶贫项目，帮扶受灾群众恢复生产、重建家园，防灾、抗灾、减灾，增强灾区群众抵御自然灾害的能力，将因灾返贫、致贫控制在最低限度。

【洱源县泥石流灾害扶贫】 2012年8月6日凌晨5时左右，洱源县8个乡（镇）突降暴雨，引发特大型山洪泥石流自然灾害，导致凤羽镇铁甲村、炼铁乡新庄村及县内其它地区部分村庄房屋倒塌致危、人员伤亡失踪、牲畜死亡、农作物受灾及交通、电力、通讯等基础设施不同程度受损。灾害共造成全县2700户、12760人受灾，其中死亡2人、受伤40人，紧急转移安置1200人，全县直接经济损失约2.89亿元。

灾害发生后，县扶贫办下达易地扶贫项目，搬迁284人，投资计划236.5万元，其中：中央资金142万元，群众自筹94.5万元。项目规划为：安居工程：63户，284人；通电工程：变压器2台，各50千瓦，10千伏线路1.5千米，0.4千伏线路4千米；人畜饮水：钢管管道7.2千米，直径10~15厘米，塑料管道5千米，直径为5厘米，新建30立方米的蓄水池2个；通路工程：新修长1.5千米，宽3.5~4米村组简易公路1条；科技培训：培训种植业和养殖业实用技术人员750人次。

【巍山县地质灾害扶贫】 小湾水电站蓄水以来，库区沿线频繁发生地质变化，其中牛街乡大密西一带地质隐患较为突出，2012年12月初，大密西小组上方出现地质裂缝，整个大密西小组恰好被呈弧形的裂缝圈所包围，裂缝长达325米、最宽处达7厘米，且呈现出扩大蔓延的迹象，经地质勘测，大密西小组的地质结构非常脆弱，随着地质滑坡灾害的进一步加剧，大密西小组面临极大的安全隐患。为确保大密西户87户290人的生命财产安全，县扶贫办积极配合相关部门，明确工作任务，强力推进牛街乡大密西小组地质隐患处置及移民安置工作。

【盈江县“5·3”风灾扶贫】 2013年5月3日，因受强对流天气影响，盈江县遭受入夏以来最大一次大风、雷暴、冰雹等灾害性天气，风力达到7~8级。全县农作物大面积受损，并且损失严重，涉及到11个乡镇，直接经济损失2607万元以上，房屋受损502间，倒塌38间，受灾人口达34984人，农户8252户，农作物受灾2088亩，经济作物受灾7830亩。灾害发生后，盈江县扶贫办立即组织抢险救灾，妥善安置贫困群众。

【盈江县“7·8”洪涝灾害扶贫】 2013年7月6~18日，受低层切变云系的影响，盈江县境内持续出现降雨天气，造成全县15个乡镇1个农场遭受洪涝灾害。全县共有61254亩农作物，837亩渔塘，4014头大牲畜、4.2万只家禽死亡、2.1万平方米养殖设施受损，造成经济损失4528.2万元。灾害发生后，县扶贫办积极应对，结合工作职能切实帮助受灾群众做好抗灾、防灾、减灾工作。

【盈江县霜冻灾害扶贫】 2013年12月17~23日，盈江县气温骤降，一周内最低气温平均在4.2℃（最低3.3℃），草面最低温度平均在2.1℃（最低1.1℃），且天气晴朗，微风或无风，近地面极易结霜造成霜冻灾害。由于天气原因，全县冬种农作物普遍发生了低温霜冻灾害，其中：冬玉米受灾0.081万亩；马铃薯受灾3.504万亩；甘蔗受灾0.993万亩；咖啡受灾0.154万亩，成灾0.08万亩，绝收0.001万亩；橡胶受灾0.124万亩，成灾0.019万亩，绝收0.005万亩；晒黄烟受灾0.044万亩（冰雹）。灾害发生后，县扶贫办积极应对，结合工作职能切实帮助受灾群众做好抗灾、防灾、减灾工作。

【瑞丽市弄岛镇山体滑坡扶贫】 2012年6月，弄岛镇雷允村委会雷允村民小组发生山体滑坡，使周边50名村民生活受到较大影响。为此，瑞丽市启动了异地搬迁项目，项目共投入资金125.82万元，其中：省级财政扶贫资金25万元；市级财政配套资金54.82万元；整合住建局防震安居工程资金12万元、国土局地质灾害专项治理资金22万元；群众自筹资金12万元。实施安居房、通路工程、通电工程、支砌挡土墙、科技培训、标志碑建设、工程设计及监理7个项目。

2013年6月5日，12幢安居房通过市级竣工验收，50名村民将迁出地质灾害隐患区，迁往崭新的安居房。

【瑞丽市勐秀乡扶贫】 2011年3月10日，受盈江"3·10"地震影响，勐秀乡小街村民小组滑坡、泥石流险情隐患日趋凸显，已严重威胁着23户110名小街村民的生命财产安全。为预防泥石流灾害发生，瑞丽市扶贫办高度重视，将小街村列入2012年易地扶贫开发项目计划，共投入资金196.18万元，其中：投入省级财政扶贫资金55万元；市级财政配套资金95.18万元；协调整合住建局防震安居工程资金23万元；群众自筹资金23万元。稳步推进实施安居房、产业发展、科技培训、标志碑建设、工程设计及监理5个项目。

2013年12月13日23时13分，勐秀乡南京里村俄奎村民小组后山（山体土质为沙土）发生大面积山体滑坡，造成3户村民房屋被掩埋，严重威胁着村民的生命财产安全，14户62名村民迫切需要易地搬迁。市扶贫办高度重视，并协同相关部门积极应对。2014年2月，易地扶贫开发项目启动。项目概算总投资199.38万元，其中：中央财政扶贫资金37.2万元；市级财政配套扶贫资金100万元；群众自筹资金28万元；协调整合国土局资金34.18万元。实施安居房建设、人畜饮水工程、通路工程、通电工程、标志碑建设、填土工程、工程设计及监理7个项目。

【芒市勐戛镇泥石流滑坡扶贫】 2012年，芒市勐戛镇象塘村常兴上寨因滑坡泥石流隐患日趋凸显，45户村民生命财产安全受到威胁。芒市扶贫办积极向省州扶贫办申请立项，对勐戛镇象塘村常兴上寨实施易地搬迁，安置地为芒市风平镇那目顺瓦厂。项目总投资648万元，其中，中央财政扶贫资金79.5万元，整合部门资金45万元，群众自筹523.5万元。共转移安置45户162人、建设安居房45套，实施通路工程、科技培训、标志碑建设等4个项目。

【贡山县泥石流、雪灾扶贫】 2012年7月26日，贡山县捧当乡马西昌娃组发生泥石流灾害，受灾299人；10月7日，贡山县茨开镇嘎拉博依茶独小组发生山体崩塌，受灾102人。2013年3月1日，贡山县丙中洛镇、捧当乡、独龙江乡发生大面积雪灾，受灾群众达8900人；7月12日，贡山县捧当乡马西当昌娃组发生泥石流灾害，受灾125人；8月3日，贡山县独龙乡、茨开镇发生泥石流灾害，受灾200人；8月15日，贡山县茨开镇、捧当乡、普拉底乡发生泥石流灾害，受灾235人。灾情发生后，县扶贫办立足部门职能职责，积极帮助受灾群众做好抗灾、防灾、减灾工作。

【福贡县扶贫减灾】 福贡县匹河乡怒族乡棉谷村地处高山峡谷，自然灾害频繁。2012年，福贡县整合资金实施扶贫易地搬迁，开展以环村公路、村间道路硬化、部分公共设施、水电及产业发展等为主要内容的社会主义新农村建设示范项目。项目整合了县委农办30万元，县水务局130万元，县交通局76万元，县民宗局50万元，县住建局178万元，县发改局355万元，县民政局400万元，县扶贫办640万元。2013年按规划项目继续组织实施，目前棉谷村易地搬迁扶贫工作即将完成，等待验收。

福贡县上帕镇木古甲旺恰农民原居住地地处山高坡陡，长期以来因毁林开荒严重，导致生态环境逐年恶化，泥石流频繁，每年都有因病、因灾返贫现象。2012年，福贡县整合扶贫、发改、住建、民宗、水务等部门资金达642.3万元，在上帕镇木古甲旺恰村开始实施100户400人易地搬迁集中安置项目，共建设安居房100套8000平方米，村民活动场1块600平方米，村民活动室1幢80平方米，厨房100套，改厕改厩100户，村间道路硬化3530平方米，公厕2个；产业开发种植橘子200亩，开展科技培训2期400人，发放后备母猪100头，公示牌1块，村内绿化种树110株。

2013年，福贡县在地质性灾害地段匹河乡怒族乡果科村和马吉乡马吉村秋咱组实施安居房50户，户均投入5.5万元，其中扶贫办投入35万元，通过扶贫防灾、抗灾、减灾工作，地处在地质性灾害频发地段的群众，生产生活有了安全保障，群众安居乐业。

【迪庆州扶贫减灾】 2012年，迪庆州遭受了严重的旱灾、洪涝、泥石流、山体滑坡等自然灾害，据统计：全州受灾233578公顷，绝收4471公顷。因灾倒塌民房2155间，因灾死亡大牲畜3676头，饮水困难人口30244人，全州因灾造成直接经济损失21135万元。全州受灾人口284344人，因灾死亡9人，紧急转移安置981人。

2013年，迪庆州遭受了严重的地震、火灾、洪涝、泥石流、山体滑坡等自然灾害，据统计：全州受灾16391.2公顷，绝收5230.8公顷。因灾倒塌民房7205间，因灾死亡大牲畜1689头，饮水困难人口92884人，全州因灾造成直接经济损失230893.19万元。全州受灾人口317556人，因灾死亡3人，紧急转移安置24442人。

2013年8月28日、31日和11月29日，迪庆州相继发生了5.1、5.9和4.6级地震，共造成香格里拉县、德钦县19个乡镇12.2705万人受灾，其中香格里拉县受灾7乡4镇，46个村民委员会、432个村民小组、17935户、88968人受灾；德钦县6乡2镇，42个行政村、486个村民小组，此次地震共造成民房受损7846户，33737人受灾。全州房屋倒塌596户，房屋损坏14359户，道路受损870.74千米。地震灾区许多山体发生滑坡坍塌，通讯、通电、通水中断，桥梁、农田、水利等基础设施损毁严重，直接经济损失14.68亿元。地震发生后，迪庆州扶贫办在州委、州政府的坚强领导下，积极向云南省扶贫办、上海市合作交流办汇报灾情，先后投入各类财政扶贫资金28624万元、上海对口帮扶资金11854万元，将整乡推进、安居工程、整村推进、财政资金产业扶贫项目等4类项目正式列为《迪庆州"8·28"、"8·31"地震灾后恢复重建规划项目（扶贫）》，并迅速启动灾害应急预案，拨付中央财政救灾扶贫资金600万元，用于灾区恢复重建产业油橄榄基地建设，其中香格里拉县240万元，德钦县360万元。

【沧源县扶贫减灾】 2012年冬至2013年春，沧源县境内降

雨量仅为10.7毫米，气温持续偏高，土壤墒情严重，河道来水量逐渐减少，县内农业、农村人畜饮水等不同程度受到影响。据统计，截止2013年2月下旬，全县农作物受旱面积16.987万亩、成灾0.097万亩，损失产量10238.7吨、造成了1.2551万人和0.5335万头大牲畜饮水困难，各项直接经济损失1349.2万元，给群众生产、生活带来了较大的影响，因灾返贫致贫1355人。面对较为严竣的旱情，县扶贫办高度重视，结合部门职责，采取有力措施积极参与抗旱救灾。

【耿马县扶贫减灾】 2012年，耿马县遭受干旱、洪涝、低温冷冻、滑坡等自然灾害，全县受灾人口6.6万人，紧急转移安置人口0.0343万人，造成饮水困难2.142万人，受灾面积8.195千公顷，成灾面积2.486千公顷，绝收0.114千公顷，一般损坏房屋186间，直接经济损失2832.3万元。2013年，耿马县遭受干旱、洪涝、风雹、低温冷冻、滑坡等自然灾害，全县受灾人口24.3万人，紧急转移安置人口0.0216万人，造成饮水困难4.348万人，受灾面积16.984千公顷，成灾面积7.07千公顷，绝收1.161千公顷，倒塌房屋18间，一般损坏房屋416间，直接经济损失21655.779万元。为有效应对灾情，县扶贫办采取有力措施，实施140户600人易地扶贫开发转移安置项目，投入财政扶贫专项资金360万元，其中：勐撒镇丙令村那召组实施26户110人、勐撒镇琅琊村旧寨组实施45户200人、四排山乡东坡村东坡组实施69户，290人。争取产业扶贫资金，其中50万元产业扶贫资金用于帮助灾民发展产业。在贺派乡实施1000亩脱毒甘蔗基地，投入财政扶贫专项资金50万元。1个乡镇，4个行政村，362农户受益。

【临翔区扶贫减灾】 2012年，临沧市临翔区气候异常，自然灾害频发，造成农作物不同程度受灾，房屋及道路、水利、电力等设施损坏严重。全区受灾人口35206人，紧急转移安置人口17人，饮水困难人口16180人，饮水困难大牲畜1964头。农作物受灾面积4108公顷，成灾面积2015公顷，绝收面积312公顷。居民住房倒塌13间，民房受损56间，直接经济损失约1321万元。区扶贫办、民政局、建设局等相关部门充分发挥职能部门作用，积极配合各乡（镇、街道）做好扶贫减灾工作。一是认真做好救灾款物的筹备、发放、管理。对受灾群众和救助对象的生活情况进行全面检查，安排口粮救济359210千克（折款154.46万元），救济18550人次，发放救灾救济款85.54万元；二是扎实做好因灾倒损民房恢复重建工作。积极协调，整合资金，修复因灾受损民房；三是积极做好社会捐赠工作。发放抗旱救灾捐赠资金55万元，解决10个乡（镇、街道）46个村委饮水困难人口16180人、大牲畜1964头饮；四是深入开展法律法规和应急知识政策宣传。参与组织开展“防灾减灾日”活动宣传，发放宣传资料7500余份，接待现场咨询群众1500余人，制作展板布展30块；五是配合完善“三级”救助应急预案和区级救助应急预案。配备民政救灾车辆10辆，组织实施了村、组“三小”工程中的防灾小演练，主要进行了防地震、火灾、洪涝灾、滑坡、泥石流等，共演练51场次，参加演练人员15610人；全区90334户323970人，发放《防灾应急小手册》90334册、90334户。

2013年，临翔区先后遭受洪涝、雪灾、滑坡泥石流等自然灾害，给各乡（镇、街道）农作物、民房、校舍、道路、通信、群众生命财产等造成不同程度的损失。全区受灾人口53072人，饮水困难人口10736人，饮水困难大牲畜3200头，需救助人口2.5万余人，紧急转移安置人口87人，农作物受灾面积5277公顷，成灾面积3500公顷，绝收面积262公顷；倒塌房屋104间，损坏房屋616间，乡村公路、桥梁、沟渠损坏坍塌26处，直接经济损失约6802万元。其中：农业损失6167万元，基础设施损失102万元，家庭财产损失533万元。面对灾情，区扶贫办高度重视，积极协同相关部门做好受灾群众抗灾、防灾、减灾工作。

【双江县扶贫减灾】 2012～2013年，双江自治县境内发生的灾害主要是2012年9月18日大文乡辣子箐4.2级地震和2013年1～3月发生的旱灾。因旱受灾13350户53403人，因旱造成3301户13206人、7600头大牲畜饮水困难，共造成经济损失5835.65万元。地震造成受灾511户（较严重的受灾户64户），民房受损1533户（较严重的192幢），造成经济损失1725万元。面对灾情，扶贫办领导先后五次深入挂钩村，组织群众大力开展农田水利基本建设，对现有沟渠进行清淤、衬砌和整修配套，切实加大水毁水利工程修复和加固力度。

【永德县冰冻灾害扶贫】 2013年12月16日，永德县乌木龙乡遭受了严重的冰冻灾害。灾害造成经济损失80.06万元，其中：林木受灾150亩，造成经济损失15万元；俐侎人染布用定叶（板蓝根）冻坏受损200亩，造成经济损失30万元；房屋受灾2户，造成经济损失0.9万元；农户入户水表受损520只，造成经济损失4.16万元；太阳能受损120台，造成经济损失30万元。灾害发生后，县扶贫办根据部门职能职责，积极帮助受灾群众做好抗灾、防灾、减灾工作。

国际合作项目

【开展旱灾粮食援助活动】 2012年4月，省外资扶贫项目管理中心与香港乐施会在云南灾情较重的文山、楚雄、大理和丽江等四州市实施旱灾粮食援助，投入146.42万元，援助大米335.9吨，项目惠及因灾短粮的丘北、广南、楚雄、禄丰、大姚、云龙和玉龙等7县市的10个乡镇34个村委会323个村小组，受益旱灾农户共5528户22395人。这是省外资扶贫项目管理中心连续三年与乐施会合作在云南省开展旱灾粮食援助活动。

【援助宁蒗县5.7级地震灾区】 2012年6月24日15时59分，丽江市宁蒗县发生5.7级地震，波及10个乡镇12680户63782人，人员伤亡109人，房屋损毁严重，地震经济损失达到2.6亿元，其中永宁乡损失严重，受灾4228户21860人，房屋受损14864间。6月25日，省外资扶贫项目管理中心与香港乐施会向宁蒗县地震重灾区永宁乡永宁村委会21个村小组1527户7479名灾民，发放赈灾救援物资棉被1760条、彩条布400卷（20000米）、家庭卫生包768个，价值折合人民币40万元。

【举办学术交流培训会】 2012年8月21～24日，省扶贫办外资项目管理中心与香港乐施会在昆明举办“气候变化适应与环境友好型社区发展”培训会，乐施会昆明办的项目主管人员、省市气象、环保和农业等部门以及云南农大、西南林大等院校和专业机构的专家和学者、外资扶贫项目管理中心以及楚雄、大理、保山和文山等4州市9个县市区扶贫办的项目官员共40余人参加了这次培训会。培训会分别就生态系统理论、生态农业理论与模式、森林与社区发展、农村能源与社区发展、农业面源污染与环境保护、农药危害与替代、气象灾害和预警、环境保护等诸多议题从理论到实践进行了深入探讨，为在灾害频发和生态脆弱的贫困县市区开展环境友好型扶贫项目奠定了基础。

【援助洱源县5.5级地震灾区】 2013年3月3日中午，大理州洱源县炼铁乡和西山乡发生5.5级地震。3月4～5日，省外资扶贫项目管理中心与香港乐施会赶赴灾区察看灾情；6～7日，向灾情严重的西山、团结和胜利3个村委会1150户5700多名灾民以及乡卫生院和学校发放赈灾救援物资棉被2000条、彩条布315卷、家庭卫生包900个，价值人民币近37万元。

【旱灾救援】 2013年4月中旬，省扶贫办外资项目管理中心与香港乐施会确定2013年旱灾紧急救援方案。5月中旬，签署紧急救援项目协议，投入救援资金107.57万元，在楚雄、双柏、鹤庆、弥渡、南涧和昌宁6个县市8个乡镇17个村委会122个村民小组发放大米67.33吨、储水罐523个、水桶2944只和漂白粉80千克，运送生活用水291立方，补助农户运水费用6.75万元，架设人饮和灌溉管道39千米，修建抗旱水利工程3项、取水调节池4个、小水窖7个和抽水机房2间，并安装抽水机2台，受益农户3365户12864人。

【隆阳区旱灾救援】 2013年8月初，省外资扶贫项目管理中心与乐施会联合启动保山市隆阳区汉庄镇和杨柳乡人畜饮水旱灾救援项目，投入援助资金25.25万元。为受灾的3个村民小组94户402人架设饮水管道8千米，修建取水坝1座、进水池1个、调节池1个、过滤池1个和小水窖61口。这是自2010年云南持续干旱以来，连续四次开展旱灾紧急救援行动。

（肖义贵　吴　坚）

电信部门抗灾救灾

2012年灾情及抗灾救灾

【宁蒗5.7级地震】 6月24日下午15时59分，丽江市宁蒗县永宁乡发生5.7级地震，震中位于丽江市宁蒗县永宁乡与四川省盐源县交界处（东经100.7°，北纬27.7°）。

灾情发生后，丽江分公司立即按照省公司和市委市政府的相关要求，立即启动三级通信应急预案，分公司通信应急保障领导小组要求宁蒗分公司通信应急保障小分队先赶赴地震灾区，24日下午16时59分，中国电信向抗震救灾指挥部提供了固定电话、传真、宽带网、iTV业务，同时向抗震救灾指挥部联络员提供了五部CDMA手机和三部致富通电话。25日上午，丽江分公司还为灾区群众提供“报平安”免费电话服务，丽江分公司共投入3台海事卫星电话、2套无线单兵系统、6套致富通终端、5台机动油机；丽江分公司应急分队共计投入23名通信保障人员到灾区现场通信保障中，及时将灾区灾情传递到上级各部门和社会各界的通信服务作出了重要保障，同时为灾区群众报平安提供了优质的通信服务。

【西双版纳“7·26”“韦特森”热带风暴】 7月，受第八号热带风暴“韦特森”影响，西双版纳出现大到暴雨天气，勐腊县境内连续10多天的暴雨，24～27日，关累片区累计降雨327.5毫米，7月26日夜间勐腊南腊河、尚勇河和勐远河河水暴涨，多地段发生山体滑坡，洪水冲毁路基，公路中断，勐腊至关累港口的道路冲毁6处、电力全断、通信部分中断（关累全镇共有中国电信C网基站7座，4座可正常使用，3座中断，覆盖关累港口的基站一直通信正常）。累计8皮长千米光缆损毁，2.7皮长千米电缆损毁，51根电杆断杆或倒杆。

灾情发生后，中国电信版纳分公司立即启动应急预案，调用卫星电话和抢险物资，勐腊网络部和接入维护分中心相关人员组成应急工作组，赶赴受灾区域。在灾情最严重的区域，由于电力中断，紧急调运200多升的柴油和其他物资运往关累进行抢险，保障机房设备供电不中断，版纳分公司维护人员经两天两夜不停歇的抢修，以最快的速度完成了中断光缆的恢复。

7月26～28日，关累港重灾区域内中国电信的移动业务正常可用且一直未中断，为关累工委、关累人民政府及受灾群众联系外界提供了唯一通信手段，版纳电信宽带业务也于7月27日10时抢修恢复。在灾情发生最严重的关累港口，中国电信覆盖关累港口的C网基站一直保持畅通，及时为灾区政府和群众向外传递信息和组织自救提供了唯一通信渠道，受到了关累工委、关累镇人民政府和县委县政府的高度评价。

【景谷县“7·30”泥石流】 7月30日晚11时至7月31日凌晨5时，普洱市景谷县境内突降单点暴雨，引发特大泥石流灾害。此次特大泥石流灾害造成普洱分公司电信宁－景县杆号自1210起至1285约3.6千米杆路全部损毁，其中90%的杆路被泥石流冲断卷走，连续不间断电杆就有65根，而钢绞线基本上也被泥沙掩埋或被泥石流卷走，造成的经济损失约为252万元。

灾情发生后，普洱分公司立即启动应急通信保障预案，一边安排宁洱、景谷机务人员进行测试判断，一边组织抢修器材及人员紧急赶往抢修。7时抢修第一批抢修人员，冒着暴雨迅速赶往抢修地点，因为多处桥梁被冲毁，洪水在狭窄的河道内还是十分的湍急，人员无法通过，勘察人员只能绕道进行勘察，13时，布放应急抢修光缆工作开始，在布放光缆的抢险人员克服恶劣天气、蚊虫、蚂蟥的叮咬等自然环境，在淤泥中摸爬滚打，冒着生命危险渡过急流布防光缆，克服了重重困难，穿过无数障碍，终于在21时15分将2套干线系统抢通，21时40分所有干线及本地网通信系统恢复正常运行。8月1日对在灾区当地召开的抢险工作视频会议进行了通信保障，获得了县、市政府和灾区人民的一致好评。

【彝良县5.7、5.6级地震】 9月7日11时19分，昭通市彝良县与贵州省毕节地区威宁彝族回族苗族自治县交界发生5.7级地震，12时16分，昭通市彝良县又发生5.6级地震，灾害造成重大人员伤亡和财产损失，彝良县公路、电力和通信等基础设施严重受损。灾害造成全县48个基站中断，36个机楼、机房、接入网点受损，传输光缆多点长距离损坏。缆线受损553.2皮长千米、倒断杆4430根、房屋受损4590平方米、基站设备受损59套、电源设备受损41套、发电油机受损30台、蓄电池受损80组，还有铁塔、车辆、其他设备等大量资产受损报废，直接经济损失6500余万元。

灾情发生后，云南公司立即启动二级应急响应，在集团公司的统一领导下，云南公司全力组织抗灾保通信工作，云南公司总经理赵俊达、副总经理蒋勇带领省公司相关部门领导及人员第一时间赶赴受灾现场指挥灾区抗震保通信工作，各级部门上下一心，投入大量人力、物力积极恢复通信，9月7日20时，除洛泽河镇外，中断的大部分基站和接入点通信恢复。9月8日19时15分，洛泽河镇C网3G通信业务通过C网应急车恢复，并成为首家恢复3G通信的运营商。9月9日11时08分受灾最重的洛泽何镇通信全面恢复。9月10日16时10分，在全体干部员工的不懈努力下，地震受灾的48个C网基站和36个接入点全部抢通恢复。在全力抢通通信网络的同时，中国电信云南公司还为灾区人民提供免费的报平安电话。开通了114报平安和寻亲专席，帮助灾区人民寻找地震中失去联系的亲人及朋友。9月9日上午，云南省省长李纪恒一行来到中国电信彝良分公司看望抗震救灾保通信一线电信员工。李纪恒省长充分肯定了中国电信在此次抗震救灾中，竭尽全力保通信所开展的各项工作，特别是率先恢复了震中洛泽河镇的通信业务，为抢险救援队伍及广大灾民提供通信服务所做出的卓越贡献。本次中国电信云南公司出动抢修人员3032人次，出动抢修车辆758台次，投入光缆5620芯千米、电缆4810线对千米、接入PON设备3354线、油料9.7吨、手机终端415部、座机812部、油机40台、卫星电话6部、应急通信车8辆（C网车5辆、固网车1辆、电源车1辆、后勤保障车1辆）、并准备了大量应急救灾通信设备和物资，累计投入救灾资金2130.05多元。

2013年灾情及抗灾救灾

【洱源县5.5级地震】 3月3日13时41分，大理州洱源县炼铁乡发生里氏5.5级地震，地震造成5个C网基站、14套EPON设备受损，累计99.2皮长千米光缆损毁，194根电杆断杆或倒杆，通信机房损毁525平方米，经济损失达到671.4万元。

地震发生后，中国电信云南省公司领导高度重视，省公司蒋勇副总经理亲自率队，连夜夜赶赴灾区现场组织指挥抢险救灾工作。中国电信大理分公司启动二级应急响应，成立了应急通信领导组，并组织网络安全、服务保障、新闻宣传、后勤保障四个小组开展具体救援工作。随后，大理分公司抢险救灾队伍奔赴灾区，与洱源分公司一起开展抢险救灾保通信工作。在州、县、乡三级抢险救灾人员共同努力下，大理电信第一时间在炼铁乡抗震救灾指挥部紧急开通了光纤宽带、固话、IPTV电视等业务，提供亲情免费报平安电话，提供了致富通、3G无线网卡、海事卫星电话等应急通信终端，并紧急出动了通信应急车辆、应急发电油机，有力地保障了党政军、指挥部和新闻中心重要通信，保障了灾区群众的通信需求。至凌晨，洱源炼铁传输通信正常，山区7个C网基站，1个接入网点，5个EPON设备电力得到恢复，设备运行恢复正常。

【昆明市“7·19”强降雨灾害】 7月18日凌晨至19日上午，昆明市遭遇50年不遇强降雨，城区部分区域积水严重，造成区域性固网业务中断和C网基站掉站。造成47台接入点设备、305台客户端设备、4台无线设备、10个电缆交接箱受损，累计10.2皮长千米铜缆受损，10个接入点机房、3个全球眼监控平台机房受损，经济损失达到645.6万元。

灾情发生后，省公司启动四级应急响应，昆明分公司立即组织人员全力开展抢修工作，由于本次水灾机房进水量大，大部分通信设施受损严重无法修复，昆明分公司利用多种通信手段开展生产自救，紧急调集设备、物资、车辆、投入大量人力物力对受损设施进行更换和抢修，在省市领导和一些员工的共同努力下，至7月28日，因强降雨灾害造成的50572户宽窄带用户、17个C网基站、33个AP、301个全球眼中断业务全部恢复。

【迪庆州5.1级、5.9级地震】 8月28日凌晨4时44分，云南省迪庆州与四川省交界处发生5.1级地震，震中位于迪庆德钦县、香格里拉县与四川甘孜州得荣县交界处，8月31日上午8时4分，香格里拉再次发生5.9级地震，两次地震灾害叠加，特别是8月31日地震致使昆明—拉萨一干中断，香格里拉—德钦二干中断，C网15个基站，巴拉格宗等4个接入网通信中断，对迪庆分公司通信基础设施、光缆和通信设备造成了不同程度损坏，至2013年9月10日10时止，估算经济损失达到2513.65万元，其中网络设施损失2465.27万元，市场业务损失48.38万元。

地震发生后，云南公司立即启动应急预案，在中国电信集团公司的领导下，云南公司、机动通信局、大理分公司、四川机动通信局迅速赶赴灾区，及时利用机动应急通信车开通了移动通信电话，并利用无线全球眼将现场灾情及时传送到省政府应急办。中国电信云南公司全体干部员工上下一心、昼夜奋战，及时抢通并恢复通信，支撑政府抢险救灾，最大限度地降低了群众财产损失，充分展现了中国电信全程全网的应急通信能力和一方有难八方支援的优秀企业传统，并涌现出以香格里拉巴拉格宗景区电信9人救灾小组为代表的一批先进事迹。经过不懈努力，受影响通信网络得到了迅速的恢复，并始终保持畅通。到9月5日，除巴拉格宗基站由于电力、传输影响尚未恢复外，其他受影响的C网基站已全部恢复运行，受损的光缆、电缆、接入设备及其它通信设施大部分也已得到恢复。同时在8月31日0时到9月3日24时期间对迪庆州德钦县和香格里拉县的中国电信C网、宽带和固话客户提供免停免催服务；在灾区现场为群众提供了亲情热线和免费报平安电话等免费服务。云南公司卓有成效的抗震救灾工作赢得了地方党委、政府和广大人民群众的高度赞誉。云南公司在本次抗震救灾保通信工作中，投入抢险物资5盘12纤芯光缆、1套卫星便携站、33台卫星电话、5套C网基站设备、PON等救灾设备及15台油机、20顶帐篷、40个气

垫、油桶、应急灯、食品等救灾物资。累计投入抢修人员1400人次，车辆253台次、油机161台次，共累计投入救灾成本259万元。

【文山州冰雪灾害】 12月15～18日，文山壮族苗族自治州境内发生强降雪和低温天气，导致186个电信基站退服，通信线路损毁约10千米。

灾后，中国电信文山分公司组成9支抢修队伍、45台油机、9辆应急通信抢修车，加强重点网络、设备和线路的巡检与整修，维护人员在山林间穿梭，艰难开路，清理结冰线缆，寻找线路断点进行抢修，对山区架空线路进行巡检维护。文山分公司累计出动通信保障人员638人次，应急抢修车辆278次，共完成发电次数218次，发电时长2833小时，保障了通信畅通。

（李　俊　魏吉龙）

邮政部门抗灾救灾

概　　况

2012年，发生了百年不遇的全省性严重旱灾、丽江市宁蒗县地震、昭通市彝良县地震等一系列危害程度较大的灾害。2013年，又发生了大理州洱源县地震、迪庆州德钦县、香格里拉县与四川省得荣县交界处地震、昆明市主城区特大降雨、全省入冬以来首次大范围强降雪等灾情。邮政企业在这些灾害中财产和经济损失严重，并造成一些地区邮政通信阻断。灾害发生后，省邮政公司高度重视救灾工作，在第一时间组织力量投入抗灾救灾工作。中国邮政集团公司接到灾情报告后，集团公司主要领导亲自打来电话了解灾情，转达对云南邮政员工的亲切关怀和慰问，并拨专项救灾款，帮助灾区恢复通信。各级地方党委和政府主动帮助解决邮政企业抗灾中遇到的问题和困难，尤其是对邮政企业灾后重建工作给予很多支持。

面对基层邮政企业的受灾情况，省邮政公司在建设资金紧缺的情况下，拨出专款和大量救灾物资及通信设备用于恢复、重建邮政基础设施。各受灾地区的邮政企业在省邮政公司的组织下，启动应急通信保障预案，科学调配运能，保持全网一盘棋，想方设法疏通邮路，保障通信。在抗灾救灾中广大邮政员工齐心协力，坚守岗位，领导干部深入一线带班，不少员工昼夜奋战在抗灾救灾第一线，克服灾害带来的各种困难，奋力抢运和传递邮件，确保通信畅通。

抗　灾　救　灾

【全省邮政应对旱灾】　受云南持续干旱的影响，全省邮政企业也面临干旱的考验。截至2012年3月5日，全省邮政受灾支局所达269个，受灾员工1287人，特别是大理、曲靖、楚雄、昭通、红河、文山、昆明等州市局的农村支局所受旱灾影响十分严重。受灾支局所职工生产、生活用水困难，有的要到30多千米外的地方，用人背马驮或摩托车拉运，还有不少家在农村的受灾职工，经济作物损失严重，几乎绝收。

为缓解基层职工生产生活用水困难，省邮政公司领导到遭受严重旱灾的寻甸县柯渡邮政支局了解受灾情况，看望慰问受灾员工，现场解决蓄水问题，并将慰问金和桶装水送到受灾员工手中。在集团公司、国家邮政工会和省公司党组的关心支持下，省邮政工会在国家邮政工会下拨10万元抗旱救灾资金的基础上，再追加8.44万元抗旱救灾资金，支持各级企业开展抗旱救灾工作。抗旱救灾资金主要用于缓解受灾严重的支局所生产生活用水困难，用于受灾支局所购买饮用水。同时在条件具备的受灾支局所新建或改造抗旱设施，用于打井、建水窖、接水管等抗旱设施建设。

【宁蒗县5.7级地震保通信】　2012年6月24日15时59分，丽江市宁蒗县永宁乡与四川省盐源县交界处发生5.7级地震，震源深度11千米。地震造成永宁乡邮政所营业厅墙体多处裂痕，职工宿舍房体开裂，房顶受损严重，厨房倒塌，厕所隔墙倒塌，两名职工家庭受损严重。省公司和丽江市、宁蒗县邮政局立即启动紧急预案。省公司要求受灾地区邮政企业要确保员工安全，组织好抗灾保通信工作。丽江市局成立了抗震救灾领导小组，确定了抗震救灾方案。救灾人员积极为职工搭建帐篷，解决职工住宿和生活必需品问题。了解到当地生活物资紧缺后，救灾小组为职工带去了大米、食用油、蔬菜、肉和矿泉水。地震发生当天，邮政所大笔资金安全转移，职工晚上轮流值班，确保安全。地震的第二天，在频繁的余震中营业厅即恢复营业，投递工作正常进行，在保证安全的情况下，保障抗震救灾通信和老百姓用邮，服务好震区。

【彝良县5.6级地震保通信】　2012年9月7日，昭通市彝良县发生5.6级地震，地震造成彝良县邮政局县城东正街储蓄营业所、人民街综合营业厅、洛泽河、毛坪、小草坝、龙海邮政所、县局办公楼房屋墙体开裂、贴砖脱落，部分员工家中房屋倒塌。地震还造成昭阳区北闸、博禄、盘河、永丰邮政所、永善县莲峰邮政所、镇雄县板桥、中屯邮政所以及昭通市局办公大楼不同程度受损。

地震发生后，昭通市局第一时间启动应急预案，要求灾

区各单位迅速组织力量，排查危及职工安全的生产、办公用房；以人为本，最大限度地保护员工、客户的生命和财产安全；灾区特殊时期工作效率不减、服务质量不减、安全意识不减；加强服务纪律，不得随意关门停业；地震灾害期间，干部职工要坚守岗位，建立严格的值班制度，做好职工思想稳定工作，要全力确保邮运车辆、邮件、资金和职工人身安全。要求彝良局与当地政府联系主动参与抗震救灾确保通信畅通，并成立救灾应急经营服务组和后勤服务保障组，经营服务组负责组织网点资金、邮件和设备安全生产工作，确保邮政正常生产经营，后勤服务保障组负责组织员工心理疏导、安抚慰问、灾情统计、处理突发灾情应急等工作。

彝良县各支局所职工积极开展生产自救、保证通信畅通。地震造成昭通至彝良干线公路阻断，昭通邮区中心局提前组织职工做好邮件运送准备，在公路抢通的第一时间立即把邮件送到彝良县。每天向彝良灾区发送邮件、教材300余袋，彝良局出口的80余袋邮件每天通过昭通邮区中心局发往全国各地。彝良县到各乡镇的乡级邮路都保持了畅通。洛泽河镇是地震的重灾区，投递员背着邮件在救灾帐篷中来回穿梭，把录取通知书、报刊投送到客户手中。震后彝良县全部支局所正常对外营业，投递工作正常进行，当地老百姓在当地营业厅正常用邮，邮政员工在非常时期全力以赴确保了通信畅通。

【彝良县抗洪灾保通信】 2012年9月10日晚20时，彝良地震灾区普降暴雨、局部大暴雨，降雨量152毫米，部分区域达183.3毫米，是彝良县历史上有记录以来最大的一次单点暴雨。强降雨导致大量泥水、沙砾涌入彝良县邮政局大院，邮件安全面临危险，正在参与抗震救灾的彝良县邮政局员工又奔赴防洪救灾现场，对邮件、配送卷烟、特快专递、教材进行紧急转移。由于通信信号中断，来不及召集更多的员工来转移邮件，居住在县邮政局院坝的邮政员工家属、退休老同志见情况紧急，主动参与转移邮件，经过紧张的抢运，直至凌晨2时，终于将全部邮件转移到安全地带。由于山洪暴发导致道路塌方和泥石流，街道上到处被泥沙、石块和淤泥淹没，步行十分艰难，彝良局员工赤着脚，冒着生命危险坚持准时上班，县城所有邮政营业网点在第一时间按时营业，树立了邮政对外服务的良好形象。

【洱源县5.5级地震保通信】 2013年3月3日，大理州洱源县发生5.5级地震，共有5个乡镇约13万人受灾，6000多间房屋受损。洱源县邮政局炼铁所、西山所、邓川所、凤羽所和县城职工生活楼墙体开裂、贴砖脱落，部分老房子倒塌，其余各网点也都不同程度地受损。地震发生后，大理州局启动应急预案，州局领导带队深入震区，迅速组织力量，排查危房，组织洱源局积极开展抗灾自救。

洱源县炼铁乡是此次地震的震中，受损较为严重，停水、停电，炼铁所职工吃饭都成了难题。由于公路中断，邮政职工要从距离乡镇较远的公路上扛着邮袋步行送到炼铁所，然后再将当天收寄的邮件扛回来，来回路程需要3个多小时。炼铁所办公及生产用房墙面多处开裂，生产用品严重损坏，但炼铁所的营业却没有中断，营业员坚守岗位，为学生、村民办理邮政业务，投递工作也没有因地震而中止，投递员背着邮件在救灾帐篷中来回穿梭，把报刊、信件、包裹投送到用户手中。其余各网点在地震发生后30分钟，全部恢复正常营业。洱源局还加强党报党刊的投递工作，保证了政府部门的政令畅通。

【省邮政部署汛期安全生产工作】 2013年7月18～19日，云南省大部分州市遭受暴雨袭击，邮政生产营业场地、设施、邮路不同程度受灾。灾情发生后，省邮政公司部署全省邮政抗灾救灾及汛期安全工作，要求各级邮政企业及时对邮政场所受灾情况进行排查处理。调配设备、组织人员救灾抢险，省公司相关部门做好配合支撑，保障员工和邮件安全，尽全力恢复通信生产正常。立即启动汛期通信安全应急预案。在汛期来临前，对营业、投递、邮件处理、库房等场地进行检查，加强邮运车辆安全管理，把员工人身安全放在首位，将地势低洼地段的生产营业场地作为重点防范对象，进行安全排查，开展防水、防雨安全演练工作。将防汛责任落实到责任部门、责任人员，做到安全排查“不留死角”，整治安全隐患，加强员工安全教育培训，做好应急值守，严格执行灾情上报制度，做好综合防汛工作，确保汛期邮政人身、通信、车辆等安全。

【昆明市局抢险救灾】 2013年7月19日凌晨，一场昆明市有水文记录以来的最大降雨造成昆明市主城区多个地方内涝，交通中断，也造成昆明市局20多处营业、投递网点积水、停电、网络瘫痪。特别是地势较为低洼的北站邮政支局和投递分局，雨水倒灌进营业室和生产场地，发生内涝灾害。省公司总经理得知这一情况后，当即冒着大雨到北站邮政支局看望受灾员工，亲自组织一线员工抢险救灾。昆明市局也迅速反应，启动应急预案，从凌晨3点起，组织有关人员第一时间赶赴现场，抢救设备物资。及时下发汛期邮政安全和应对特殊极端降雨天气条件下邮政安全服务工作的通知，对各项工作进行周密部署。并根据道路情况，对部分趟车运行路线进行紧急调整，最大限度保证进出口邮件的正常安全传递。大雨过后，技术人员加班加点，处理设备网络故障，尽快恢复生产。临时调整北站支局作业场地，投入最大人力物力，以最快的速度恢复网点营业，全力以赴确保汛期邮政通信服务畅通，树立昆明邮政良好的社会服务形象。

【昆明邮区中心局应对暴雨保邮路畅通】 2013年7月18日夜间至19日凌晨，昆明市区普降暴雨，暴雨导致昆明出现100多个淹水点，交通堵塞严重，衔接云南日报社至昆明邮区中心局邮件处理中心盘驳报纸车辆、覆盖昆明市内邮件收投盘驳车辆因交通瘫痪堵塞频频告急。面对突发情况，昆明邮区中心局快速反应，迅速启动生产应急预案，局领导分头深入到一、二枢纽作业现场，到班组了解情况、解决问题、落实工作。生产指挥调度中心及时掌握一、二枢及发报室生产作业情况，管理人员到一、二枢重点环节现场跟班，现场调度。立即调整市内收揽投递趟车作业计划，采取“甩点不甩线”的原则，对因交通管制或水灾严重，无法进行邮件交接的北站、人民路等支局，派加班车24小时值守等待路况信息，随时待命备发。对金实、白龙、关上、丰宁等支局实行套跑，尽最大努力保证邮件传递时限。并积极主动与昆明市局沟通联系，做好支撑。7月19～20日，昆明邮区中心局共派发市内转趟加班车辆9车次，疏运邮件700多袋，确保当日所有邮件按时限赶发。

【迪庆邮政抗震救灾保通信】 2013年8月28日4时44分，迪庆州德钦县、香格里拉县与四川省得荣县交界处发生5.1级地震，8月31日8时4分，又发生5.9级地震。地震造成国道214线香格里拉县至德钦县、维西县的二干邮路多处中断，沿途山体垮塌严重。德钦县城电力中断，德钦奔子栏镇通讯、电力全部中断，大量民房倒塌，桥梁、农田、水利等基础设施损毁严重。德钦县邮政局职工住宿区和德钦县奔子栏邮政支局办公楼受地震影响很大，房体多处震裂。

地震发生后，省公司和迪庆局启动应急预案，采取措施积极应对。省公司领导第一时间赶赴香格里拉县尼西乡、德钦县奔子栏镇、霞若乡、拖顶乡、幸福村视察了解灾情，看望慰问受灾职工，向灾区职工带去了省公司党组和省邮政工会的关心和问候，指导灾区生产自救：一是给灾区职工送去生活必需品和慰问金，安排好职工灾后生活；二是在确保安全的前提下，在214国道抢通后，及时发班，切实保障地震灾区邮政通信畅通；三是想方设法尽快恢复正常的生产、经营、管理秩序，满足灾区群众用邮需求，履行邮政部门职责。

【昆明市局应对冰雪天气】 2013年12月14～16日，受强冷空气影响，云南出现了入冬以来首次大范围强降雪。因道路积雪严重，昆明市嵩明、寻甸、东川、宜良、石林等地一度实施交通管制，邮车无法通行，给广大投递员投递邮件带来诸多不便。面对冰冻低温天气，昆明局把职工安全保暖放在首位，及时给职工配发取暖工具，并提醒投递部门外出时务必保证行车安全，避免因雨雪路滑或因雨雪积压引发的高空坠物造成意外，以确保人员、邮件安全。同时，落实24小时值班和领导带班制度，密切关注因雨雪天气造成的突发事件，确保应急措施及时落实到位，力保安全生产和通信畅通。

【曲靖邮政应对风雪灾害】 2013年12月15日，曲靖迎来入冬后第一场大雪，城区积雪厚达5厘米，昆曲、曲陆、曲胜等高速公路路段封闭，多条邮路受阻。为确保邮政通信畅通、安全，曲靖局积极采取应对措施，执行冰雪天气安全应急预案。邮区中心局、机要通信分局均采取双人出班、双人驾驶的安全保障措施，选配驾驶技术娴熟、经验丰富、责任心强的驾驶员跟班。出班前对车辆进行安全检查，配备防滑链，保证行车安全。为确保邮路不中断，曲靖至陆良、曲靖至马龙的邮路由高速公路改为走普通道路。同时，城区转趟、投递作业也正常进行，投递员冒着风雪按时出班，在确保人身安全、交通安全的前提下，按照投递频次做好投递工作。投递员风雪无阻、坚持工作，顶风冒雪穿梭于大街小巷，树立了邮政全心全意为民服务的良好社会形象。

【昆明邮区中心局抗雪灾保通信】 2013年12月16日，因下雪结冰，昆曲、昆石、楚大等高速路段全线封闭禁止通行，昆明至昭通、河口、宣威等多条邮路停班待命，本应15日回班的昆明—昭通邮路驾驶员因下雪封路，已在途中被困30多个小时。昆明邮区中心局迅速启动应急预案，确保通信生产，加强与相关州市局沟通联系，预报邮车受阻地点及相关情况，让州市局做好生产组织安排，同时请州市局帮助解决驾押员后勤补给。在内部上下联动，一方面积极与交通部门沟通协调，了解路况信息，另一方面与被阻驾驶员实时联系，了解情况。同时，运输局备班驾驶员全员停休待命，交通管制解除后，立即发运邮件。要求滇西方向邮件在昆楚高速未封闭的情况下运到楚雄局待命，待楚大高速通车后立即前行。并做好后勤保障，为出班邮运驾驶员配发内装食物、水果、饮用水等物品的“爱心包”，以备路上不时之需。

（甘　静）

电力部门抗灾救灾

概　　况

2012～2013年，云南电网公司认真贯彻落实国家、省委省政府有关法律法规，严格执行南方电网公司应急管理相关规定，按照南方电网公司、省安监局、省能源局、省能监办等上级单位和有关省厅的工作部署，把应急管理作为保障电网安全、促进云南经济社会协调发展的一项重要工作来抓，加强应急体系建设，全面推进应急管理工作，有效防范和处置各类突发事件，最大限度地减轻和消除了突发事件造成的危害和影响，顺利完成了十八大、“两会”、南博会、亚洲艺术节、“嫦娥三号”发射观测等保供电任务，确保了云南电网安全稳定运行，公司系统安全生产形势平稳，为云南经济发展创造一个良好的环境。期间，成功处置了威胁电网安全的各类突发事件38起。

灾情及抗灾救灾

【滇东北地区冰雪凝冻电力抢险】　2012年1月份以来，受持续强冷空气的影响，昭通、曲靖等地区主网、直供区配网及大部分县公司输电线路遭受不同程度的覆冰。云南电网公司及时启动自然灾害Ⅱ级应急响应，设立7个应急工作组，成立现场指挥部靠前指挥，共出动应急人员64094人次、应急车辆4799车次，历经25天艰苦奋战，圆满完成了抗冰保电既定目标。

【丽江市特大山洪电力抢险】　2012年6月14日，丽江市阿海电站附近突发单点强暴雨引发特大山洪自然灾害致7人失踪1人轻伤，云南电网公司启动了自然灾害Ⅱ级应急响应，次日南方电网公司祁达才副总经理及相关部门从广州赶赴现场，会同地方政府及相关单位积极协调、指挥应急救援和善后处理工作。

【宁蒗县地震电力抢险】　2012年6月24日15时59分，丽江市宁蒗、四川省凉山盐源交界发生5.7级地震，震源深度11千米。地震造成丽江电网1座35kV变电站全站失压，多条10kV线路不同程度受损，宁蒗县永宁乡政府、乡医院等用户供电中断。地震发生后，公司迅速启动Ⅱ级响应，不分昼夜，全力组织抢修，仅用2天时间完成了全部10kV线路及配变的抢修工作，4天时间完成4267顶帐篷的送电工作，充分体现了“万家灯火、南网情深”的服务理念。

【彝良县地震电力抢险】　2012年9月7日11时19分、12时16分，昭通市彝良县发生5.7级和5.6级地震。造成云南昭通电网220kV变电站、110kV变电站、洛泽河水电厂不同程度受损，33条线路跳闸，4座35kV变电站失压，洛泽河水电厂全停，11个乡镇受停电影响，其中3个乡镇全停。昭通电网减供网供负荷7MW，占地区总负荷比率的1.05%，由于用户担心余震主动停产负荷70MW。彝良县网减供负荷12.9MW。累计停电户数30265户，涉及90795人。

为全力做好灾区受损电力设施的抢修工作，云南电网公司干部员工克服重重困难，连续作战，全面有序开展应急抢修工作，按照“迅速排查、保障重点、多措并举、注重安全”的原则，迅即恢复电力供应，共投入应急队伍69支、应急人员1650人次、车辆108辆次，投入应急资金约1200万元。紧急调集1台应急指挥车、应急通信车、2台460kW发电车和67台发电机，优先保证医院、当地抗震救灾指挥部、灾民安置点供电。增加了95598服务热线人员，部门领导24小时值班，开辟用电“绿色通道”，及时处理和解决用电问题。为配合好应急救援帐篷通电照明工作，云南电网公司紧急应急照明设备4.6万余件，调拨灯头4000个，空气开关6000个，插座3000个，插头4000个，节能灯4000个，花线32千米，铝塑线20.5千米，拉线开关2000个，灯头2000个，绝缘胶布680卷，确保做到“搭建一顶帐篷，亮起一盏电灯”。用实际行动践行“全力做好电力供应，主动承担社会责任”的诺言，在最短的时间内恢复灾区供电，取得了抗震救灾阶段性胜利，得到了各级人民政府的充分肯定和表扬。

【滇东北雨雪冰冻电力抢险】　2012年冬至2013年春，全国大部分地区气温偏低，云南省内局部地区出现雨雪冰冻天气过程，主要覆盖昭通、曲靖地区，文山北部，1月7日至1月29日（预警期间），公司范围共覆冰829条次。期间，公司共计融冰12条次，出动融冰、观冰人员共计4621人次，612车次。云南电网公司积极应对，未出现因覆冰造成设备设施受损、线路停运，用户供电中断等情况。

【洱源县地震电力抢险】 2013年3月3日13时41分，大理州洱源县西山乡发生5.5级地震，震源深度9千米，丽江永胜、怒江部分地区等地均有震感，震中西山乡及周边炼铁乡等乡镇不同程度受损。地震导致线路跳闸、用户供电中断等情况。云南电网公司积极应对，经过广大干部员工的共同努力，历经47小时，全面恢复灾区供电。

【迪庆州地震电力抢险】 2013年8月31日8时04分，迪庆州香格里拉、德钦县，四川省甘孜州得荣县交界发生5.9级地震。云南电网公司高度重视，主要领导立即做出安排，薛武总经理带队随同省领导赶赴灾区，并向李纪恒省长报告了电力受灾和抢修情况。按照省领导的批示要求，公司迅速开展抢险复电和抗震救灾工作，9月1日灾区已恢复至灾前用电负荷水平。

【全省大雪灾害电力抢险】 2013年12月15～16日，云南多地普降大雪，未对云南电网主网造成影响，造成云南电网460条农村配电线路跳闸，其中35千伏线路31条、10千伏线路429条；部分线路出现轻微覆冰，未达到线路覆冰预警值。大雪累计造成云南电网损失约7500万元。

灾害发生后，云南电网公司立即启动大雪蓝色预警，各有关地市供电局迅速启动低温冰冻自然灾害响应，累计调配应急人员6377人参与线路巡查和电力设施抢修复电工作。经过抢修人员24小时不间断抢修，截至12月18日17时30分，该公司已基本恢复受损线路的正常供电，云南电网主、配网运行正常。

（刘　丈）

交通部门抗灾救灾

概　况

【2012年交通灾情简述】　2012年省管公路因各种自然灾害共造成公路直接损失43402万元，共有115条公路不同程度被毁，其中国省道97条，其他公路18条。损坏路基456491立方米/35.69千米；损毁沥青路面566681平方米/358.61千米；损毁水泥路面400平方米/0.1千米；损毁砂石路面34047平方米/6.15千米；损毁桥梁118.2米/9座；损毁涵洞355道，损毁防护工程86224立方米/322处，发生塌方3025900立方米/20947处。

【2013年交通灾情简述】　2013年省管公路因各种自然灾害共造成公路直接损失27645万元，共有117条公路不同程度被毁，其中国省道117条。损坏路基297121立方米/46.95千米；损毁沥青路面271920平方米/169.72千米；损毁水泥路面1563平方米/0.97千米；损毁砂石路面291922平方米/10.18千米；损毁桥梁256.5米/8座；损毁涵洞452道，损毁防护工程561858立方米/957处，发生塌方3723079立方米/17155处。

2012年灾情及抗灾救灾

【昆明总段公路交通水毁灾害】　10月7日凌晨5时，S101昆绥线K209+700处石方边坡发生坍方，大量的巨石从高处坠落冲击下边坡，造成下边坡损毁，生活、生产用水管截断2根，石方塌方约5500立方米。险情发生后，东川管理段组织人员于7日上午10时到达事故现场，设置相关的安全标志标牌并组织现场车辆绕行，在通报地方政府的同时，采用爆破方式清运塌方，于10月12日上午恢复通车。

【昭通总段公路交通水毁灾害】　8月6日6时，受持续强降雨影响，昭待高速公路K264+800处山体出现滑坍，坍方量约为1500立方米，造成交通阻断及农用灌溉沟损坏，昭通管理处立即启动应急预案，于7:10分将一个车道清理完毕，实行单边放行。8月16日，此边坡再次发生坍塌，管理处及时将坍方清除，确保了道路畅通，投入抢险费用304万元。

8月6日上午，麻水线K149+900处发生坍塌2000余立方米，上挡墙损毁50米，防撞护栏损毁60米。灾情发生后，水富管理段组织人员冒雨抢险，调配5台装载机全力抢修，并于当天16时抢通公路；8月7日8时麻水线K149+900处再次因下坍约840立方米而阻断，水富管理段及时组织人员机械赶赴现场进行抢修，于11时抢通公路。

8月6日上午8时，彝油线K6+900处发生坍塌约2100立方米，交通阻断。彝良管理段及时组织人员机械赶赴现场进行抢修，于中午12时抢通公路。

【昭通总段公路交通地震灾害】　9月7日，彝良发生5.7级地震，管理处及时设立了便民服务点，为救灾车辆、人员、志愿者提供方便，累计发放矿泉水500余件，方便面300余箱，投入志愿者1000余人次，投入抗震救灾经费46045元。受“9·7”彝良地震影响，豆沙关匝道于9月18日发生山体滑坡，坍方量约为40000余立方米，滑坡将匝道掩埋，导致上行线进出豆沙关受阻。最终于2013年9月11日完成了该处滑坡处治工程，投入抢险及处治费用2300万元。

【玉溪总段公路交通水毁灾害】　8月5日夜间，玉溪市峨山县化念镇突降暴雨，玉元高速公路K145+720空心板桥梁桥下季节性河流河水暴涨，造成该桥梁下行线中墩墩顶偏移18厘米，中墩支座剪切破坏，桥梁基础底被水流冲刷淘空，墩身产生多处裂缝。经检测单位检测后，该桥受损严重需要拆除重建。经过50天的奋力拼搏，K145+720桥梁重建工程于9月27日完工，于9月29日顺利实现通车。工程处治费用6394438元。

【红河总段公路交通水毁灾害】　7月11日、13日，绿春平河乡突降暴雨，导致鸡平线K416+887处涵洞出水口一字墙被洪水冲倒，造成路基局毁。灾情出现后，绿春管理段积极组织机械和人员进行抢险，并采取临时改线办法保证公路畅通。

7月13日晚，暴雨还导致鸡平线K417+137～K417+187路段发生山体滑坡（长50米），致使公路路基下沉，路面上出现明显裂缝，上坍下滑公路严重变形，并伴有路基坍塌现象，存在严重安全隐患。灾情发生后，绿春管理段立即启动应急预案并通知路政、交警等相关部门。

7月28日10时，由于受暴雨影响，S102昆富线K261+223至K261+723发生路基、路面、涵洞冲毁，交通中断。7月31日8时，S102昆富线弥勒县新哨镇K232+423～K243+423发生上坍下塌，阻断交通。以上灾情发生后，弥勒管理段全力组织抢修，于8月2日全面恢复通车。

【文山总段公路交通水毁灾害】 7月28日14时，由于连续强降雨导致罗富高速公路下行线K923+271段线外山体发生坍塌，坍塌体挤压K923+271桥1#和2#墩柱。滑坡发生后，管理处迅速组织人员对该段进行了紧急处理。8月17～19日连续三天强降雨，该处边坡再次坍塌，1000多立方米坍塌体挤压K923+271桥梁第二跨，严重影响公路行车安全。管理处再次启动紧急抢险预案，及时组织人员对滑坡进行了紧急削坡减载处理，确保了公路正常通行。灾情发生后管理处及滇南养护中心及时调集了挖机一台、装载机二台、自卸汽车20辆和50名工人开展抢险工作，共计清坍24000立方米。处治工程于2013年3月8日开工，9月30日全部完工，共投入经费570万元。

【普洱总段公路交通水毁灾害】 7月31日凌晨5时左右，强降雨导致景谷县正兴镇和威远镇发生严重洪涝灾害，造成宁景二级公路K2577+200（振兴路口）至K2592+000（暖里）14.8千米路段遭受严重水损损失，部分挡墙、路面、路基和沿线设施严重冲毁。其中路基全毁4段，损失金额232.05万元；K2578+300处观景台全部冲毁，沿河路段多处挡墙冲毁，损毁数量约2万立方米；部分沿线绿化被冲毁，损失金额80万元；K2577+200至K2580+000路段由于遭受峰值高出路面5.5米的洪水冲击，受损尤为严重，公路完全阻断。灾情发生后，普洱总段立即启动水毁防抢应急预案，查明灾情、调集机械设备、人员赶赴水毁现场抢险。共投入挖掘机6台，装载机15台，运输车辆30辆，抢险车辆20辆，投入人工298个，设置安全标志桶410个、安全彩线1654米进行抢修救灾。

【大理总段公路交通水毁灾害】 8月6日，大理州境内突降暴雨，平甸线S223炼铁乡、乔后镇境内多处发生水毁，1道2米石拱涵全毁，路基冲毁21米，泥石流坍方合计3741立方米，交通阻断。水毁发生后，洱源管理段在第一时间赶赴现场进行抢修，共投入人员100余人、挖掘机3台、装载机5台、指挥车辆8辆，抢修工作有序开展。

【丽江总段公路地震灾害】 6月24日下午，丽江总段宁蒗段境内永宁乡发生5.7级地震，地震共造成零星坍方约7000立方米，涵洞全毁或半毁共30道。灾情发生后宁蒗段对所辖公路进行了初步检查，同时安排站所职工10人负责后期监控，对坍方进行清理，确保行车安全，此次地震共计损毁金额达97.5万元。

【代建二级公路交通水毁灾害】 6月2日，红河至南沙二级公路K40+545～K40+570路段，因持续强降雨，引发山洪，将涵洞、左侧挡墙及路基冲毁，水毁造成损失300余万元。灾情发生后，指挥部及时组织审计单位、监理单位、施工单位进行了现场勘查，启动应急抢险预案，开挖便道，设置安全警示标志，及时进行了抢险保通。

6月19日，红南公路因大暴雨影响，8个路段发生坍塌，4个路段发生泥石流。坍方及泥石流数量约为59000立方米，造成水毁损失导致多处地段交通中断。灾情发生后，指挥部及时启动应急预案，通知交警及路政部门封闭交通，组织人员对道路进行巡查。于6月20日清晨，组织5台装载机、1台挖机，50余名抢险人员投入抢险保通工作，营救被掩埋车辆。至6月20日18时已恢复半幅路面通行。为防止灾害的再次发生，指挥部对沿线路段进行了巡查，在易落石及易发生塌方及泥石流的路段设置警示标志，特别危险路段及时封闭交通改由便道通行，并加大了日常巡查力度。

6月14日，因持续强降雨，珠西二级公路K25+000路段右侧上边坡发生大面积山体滑坡，滑坡面积20000平方米，坍塌土石方约40000立方米，交通中断。灾情发生后，指挥部及时应急抢险预案，对灾情进行了及时的调查，对该路段进行封闭，设置警示标志，过往车辆绕道老珠广线通行；安排人员进行24小时值守，进一步观察灾情的变化；调集2台挖掘机，2台装载机，5辆运输车，2台潜孔钻进行抢险。

6月30日凌晨，突降暴雨，宣威至倘塘二级公路K49+300～K49+400段，左侧路基坍塌50米/800立方米，路面破损悬空780平方米，造成水毁损失约33.9万元，给车辆通行造成安全隐患。水毁灾情发生后，养护单位及时设置了安全示警标志，确保行车安全。

2013年灾情及抗灾救灾

【昆明总段公路交通水毁灾害】 8月11日16点，京昆高速公路（元武段）K2560+000～K2651+960段突降暴雨，造成多处路段发生泥石流，武定至元谋方向道路交通中断。8月12日16时，事发路段共计清除泥石流2030立方米，元武段上行线恢复正常通行，未造成一起因泥石流引起的交通事故，投入抢险费用30万元。

【昆明总段公路交通冰雪灾害】 12月15日凌晨至12月16日，一场大雪造成永武高速公路多处交通中断。为了尽快消除隐患，元谋管理所组织养护单位人员近300余人，出动车辆53辆，对永武高速公路上的积雪积冰进行彻底清理。截至12月17日，已对永武高速公路撒盐近20余吨，清除冰雪53

余车次，清理积雪700余立方米，投入抢险资金43万元，永武速公路基本能达到通行条件。由于气温一直较低，多处路段仍有积冰存在，元谋管理所坚持逐点逐段排查清理，力保全线交通通畅，行车安全。

【昭通总段公路交通水毁灾害】 6月6日凌晨，彝良县部分周边地区遭遇强降雨天气，导致洛泽河河水暴涨，彝镇线S302毛坪至水泥厂段施工现场机械设备、财产等不同程度受损，交通全部中断。造成挖掘机冲毁淹没9台，装载机5台，混凝土拌和机4台，发电机组2组，砂石料冲毁30000余立方米，刚浇筑的混凝土挡墙和已挖好的挡墙基坑大部分被损毁，大量水泥、模板、支架、钢筋冲走，灾害共造成施工单位经济损失1000余万元。灾情发生后，指挥部组织50余人，6台挖机，2台装载机及时开展工作，至中午12时被阻路段抢通。

6月22日，昭通市盐津县境内突降暴雨，彝电线（盐电线）多处路基挡墙被毁，多处道路中断，冲毁路基挡墙5240立方米，沿线水毁坍方45000立方米，冲毁路面3.2千米共计25600平方米，水沟阻塞6050米；桥梁损毁1座（10米），涵洞堵塞40道，多处已危及行车安全而不能通行。损失金额约840余万元。灾情发生后昭通总段立即启动水毁防抢预案，组织人员、机械赶赴现场，投入2台挖掘机、2台装载机和多台运输车辆进行抢通，对危险路段设置警示标志和警示桩，对水毁路基缺口路段填筑便道以便临时通行。

7月4日，麻水线K27+700坍塌3000余立方米阻车，大关段组织机械人员经过7小时的奋战恢复了通车。5日上午K25+100处又发生坍塌300余立方米阻车，通过大关段近3小时的抢险恢复通车。麻水线沿途还有大量零星坍塌。此次大雨造成坍塌共计15000余立方米，路基缺口1处，路面损坏5000余平方米，损失金额约240余万元。

7月17日20时～18日8时，大关县境内遭暴雨袭击，G213线、麻水线、盐电线、小永线等路段上的路基、路面、桥涵、侧沟等都受到了严重的损坏，致使全线阻断，共造成损失近1500余万元。灾情发生后，昭通总段各管理段立即启动水毁防抢预案，组织应急保通人员、机械赶赴现场，进行抢通工作，多数路段于19日下午恢复了通车。G213线因受灾严重后多次发生坍塌，在大关管理段职工及多台机械连续6天共同努力下恢复通车。

7月27日晚，昭通市再次遭受暴雨袭击，加之接着又受高温直晒，致使公路边坡松散大面积坍塌，特别是大关、盐津、水富等段所管养的麻水线28日内发生了10余处坍塌方阻断。29日上午麻水线K37+100处又发生了10000余立方米的石质坍塌方阻断交通。

8月8日，水麻高速公路K367+850段马草湾2号大桥被落石击中，落石约75立方米，重150余吨，造成桥梁严重受损。昭通管理处积极组织人员及机械对桥梁进行抢修，于8月14日完成了该处桥梁的应急处治。

8月24日、8月25日，受暴雨影响，昭通总段管养的昭麻二级公路、猫谢线、麻水线、G213线等多条道路遭受严重的水毁灾害，特别是省道麻水公路水毁较为严重。受上游降雨影响，横江各干支流水位迅速上涨，超警戒线水位6.6米，多处洪水上路，多处路段路基全毁，马岭岩隧道被淹。杨柳湾大面积塌方，导致道路交通多处中断，滞留车辆千余辆。灾情发生后，各管理段立即组织机械紧急开展抗洪抢险救灾工作。

【曲靖总段公路交通冰雪灾害】 12月15日，曲靖市辖区普降大雪，沪瑞线、秀河线、富八线等多处路段积雪严重，造成经济损失360万元。灾情发生后曲靖总段组织抢险队伍第一时间赶赴灾情现场，先后撒工业盐120吨，投入机械30台班，积极抢通阻断公路。

【楚雄总段公路交通水毁灾害】 7月13日凌晨，双柏县太河江区域连降暴雨，S214线K277+960～K277+989上边坡坍塌870立方米/1处，交通中断，车辆被埋一辆，阻车135辆。灾情发生后，总段立即启动水毁防抢预案，组织人员、机械赶赴现场，投入挖掘机、装载机和多台运输车辆进行抢通，经过5个多小时的抢修，阻断公路于7月14日抢通。

8月16日18时50分，楚雄地区突降单点暴雨，致使楚雄管理所辖区路段的安楚高速公路K131+710下行线上边坡发生坍塌水毁，部分土体占据了行车道和慢车道。灾情发生后管理所及时启动应急抢险预案，并及时通知交警、路政部门对交通进行管制，封闭慢车道、行车道进行应急抢险工作；执行24小时值守制度，建立观测网，并对边坡位移情况进行连续观测；及时调集了挖机2台、装载机1台、拖车2辆、自卸汽车6辆和35名工人开展抢险工作，共计清坍2670立方米。抢险工程10月26日全部完工，共计处治费用415480元。

【红河总段公路交通水毁灾害】 7月21日14时，秀河线K1445+730～K1445+755路段因暴雨发生石质边坡坍塌，巨大石块致使路基半幅整体下沉被毁，造成交通中断。灾情发生后，屏边管理段及时调派装载机一台，并带领养护职工迅速赶到现场开展抢通工作，于当天晚上8点排除险情，抢通公路半幅，并设置了临时安全标志。

8月16日上午，红河公路管理总段管养的冷文线，因强降暴雨，导致公路沿线泥石流、坍方堆积，交通中断，经济损失约250余万元。灾情发生后，红河公路管理总段及时启动了应急预案，及时研究并调集个旧、元阳、蒙自、红河等公路管理段挖掘机6台，装载机8台，公路养护工程车3辆，组织了职工民工百余人投入公路抢修工作。

【文山总段公路交通冰雪灾害】 12月15日，受强降雨、降雪等天气影响，致G323线、文屏线、富田线，昆富线、以河线出现多处路基缺口、塌方，沿线行道树多处倒塌，特别是G323线珠街段及茶八线路面积雪严重，导致两段道路阻车封道。灾情发生后，文山总段立即启动应急预案，各管理段组织抢险队伍奋战，共投入抢险人员591人，装载机、挖机24台，交通车辆44辆，盐3.5吨，购置铲雪专用铲61把。经过抢修清理，阻断公路于16日14时30分恢复通车。

【普洱总段公路交通水毁灾害】 6月23日晚，澜沧县惠民乡、酒井乡突降暴雨，特大暴雨致使南往河水位暴涨，造成G214线（澜惠二级公路）K3003+160~K3009+880路段六处路基不同程度受损，共计冲毁路堤墙2991立方米/320米，冲毁路堤填方11724立方米，冲毁路面540平方米，造成经济损失达114万元。灾情发生后，澜沧管理段及时组织工程、安全、管理所等相关部门人员赶赴现场，设置安全标志、确保车辆、行人正常通行安全。总段接到灾情报告后，调集机械加宽河道，对坍塌较为严重的K3005+520~K3005+610路段路基进行回填。

【大理总段公路交通水毁灾害】 9月9日上午，西景线祥临公路K94+358T型梁桥由于连续降雨山体滑坡两个墩柱剪切断裂，桥面下沉约0.50米，造成祥临公路交通中断。灾情发生后，大理总段协调交管相关部门进行交通封闭管制，安排南涧段组织抢修机械和路面材料进行抢修，开挖便道200米，并于12日下午临时通车。

【大理总段公路地震灾害】 3月3日，大理州洱源县发生5.5级地震，造成6万余人受灾。灾情发生后，大理州运政处和洱源县运政所启动应急预案，组织了7辆货运车辆、11辆客运车辆运送抢险救灾物资47吨、运送灾民200余人。

【大理总段公路交通冰雪灾害】 12月15日，大理州境内普降大雪，路面不同程度积雪，积雪厚度达10~20厘米。G320线、G214线、宁凤线（大丽路）、平甸线、洱炼线、弥九线多处行道树树枝被积雪压断，公路不同程度地受到损坏，能见度极低，影响车辆通行。灾情发生后，总段和下属各管理段立即启动灾害防抢预案，组织人工837人、装载机24台、运输车42台、交通车25台、融雪剂17.5吨、防滑沙51立方米赶赴现场抢险，对危险路段设置警示标志和警示桩，确保行车安全。并组织人员巡查，对零星坍方、倒塌树枝等情况及时排险。17日16时，所有受阻公路均抢通。

【德宏总段公路交通水毁灾害】 6月4日以来，因持续降雨，造成S234保瑞线K171+900~K172+100路段（瑞丽至陇川章凤）路面纵向开裂、下沉，路基变形外移，并毁坏该路段3米×2.5米钢筋混凝土盖板涵1道。灾情发生后，公路管理总段立即采取了应急措施，设置安全警示标志，向周边居民发放灾情告知书，向当地政府报告灾情，以防次生灾害的发生。并紧急采取工程措施，拆除已损坏随时可能坍塌的涵洞，改为盲沟，组织装载机、挖掘机、大型运输车辆等162台班，回填天然砂砾、碎石6266立方米，全力维持轻型车辆通行。

8月15日早7时，G320线K3559+200至K3559+300（芒瑞路三台山果园段）因连降暴雨导致山体先后2次滑坡，滑坡体数量约50000立方米，造成交通中断。灾情发生后，德宏公路管理总段立即启动应急机制，并及时向地方政府及相关单位进行了汇报沟通，并投入抢修职民工100余人，5台挖掘机、2台装载机、15辆工程运输车，夜以继日，进行抢通。该路段于8月17日早恢复通车。

【丽江总段公路交通水毁灾害】 7月12日7时，宁凤线S217线K62+400处发生泥石流，泥石流约36800立方米/30处堆于整个路面，部分路基冲缺；永景线K46+980、K47+400沿线受大暴雨的影响，造成半幅阻车，多处发生泥石流坍方等险情坍方。

7月19日，宁凤线K75+100至K62+400路段公路于发生坍塌、泥石流上路84000余立方米，大的路基缺口有4处，交通完全中断。灾情发生后，丽江总段立即组织人员机械赶赴现场进行抢险，经过一个星期的奋战，共清除坍方80000余立方米，恢复路基缺口3个，并于8月1日17时恢复通车。

8月份以来，宁凤线K98+700路基、路面全幅毁坏50米，堆于路面的石坍方有3500立方米/1处，K65+100泥石流坍方堆于路面约5800立方米/2处、宁凤线K75+800至K77+900处公路发生水毁阻断。灾害发生后，丽江总段积极组织人员、机械第一时间赶赴现场，经过奋力抢修于8月2日12时恢复正常通车。

【丽江总段公路交通冰雪灾害】 12月15日12时开始，丽江市范围内出现强降雪，S217宁凤线K65+000至K97+000、S303华兰线K10+000至K23+000、S216永景线K9+000至K32+000、S218香云线K25+000至K30+000四段路共73处不同程度遭受雪灾。灾情发生后，丽江总段组织人员第一时间赶赴灾害现场，对危险路段采取安插警示标志、局部路段铺洒防滑沙等安全防护措施进行抢通。

【怒江总段公路交通水毁灾害】 7月20日~7月26日，S309瓦片线、S233德泸线、丙瑞线等多条公路，多处重复发生坍方、泥石流，造成阻断，共造成坍方46598立方米。灾情发生后，怒江总段立即启动水毁应急预案，及时安排机械、人员奔赴水毁现场，进行抢通工作，各受阻路段基本都于阻断当天抢通。

8月16日，贡山境内突降大雨，大雨引发独龙江公路未改建路段老隧道出口K53千米处发生大型山体滑坡塌方，路面被毁，40多米路基整体损毁。造成独龙江公路交通中断，车辆无法通行。灾情发生后，指挥部第一时间组织抢通，安排2台装载机、2台生活抢通车，30人进行作业抢通。

9月8日晚，瓦片线K62+635~+688段突发泥石流致使70余米路基路面被冲毁，冲毁3×4.5米涵洞1道，交通中断。途经该路段1辆夜班客车，1辆微型客车，摩托车1辆，掉落河床。造成27人受伤、4人死亡、7人失踪。灾情发生后，怒江总段立即启动应急预案，组织应急办、安全、养护管理、计划统计等相关人员立即赶赴现场，会同泸水段组织开展抢险保通工作，同时组织机械进行抢险，便道于9月9日下午6点抢通。

【迪庆总段公路地震灾害】 8月28日、31日，迪庆州德钦县、香格里拉县与四川省得荣县交界处相继发生5.1级和5.9级地震。地震造成了国道214线和部分省道、景区公路阻断，大量房屋倒塌，3辆客货运输车辆砸毁并死亡3人的严重后果。灾情发生后，迪庆总段紧急启动应急预案，积极开展抗

震抢通工作。

【临沧总段公路交通水毁灾害】 6月10日凌晨4时，临沧总段景清线K398+969处由于暴雨路基发生沉落，长约50米，涵洞被毁一道，严重影响行车安全。灾情发生后，耿马管理段组织人员、机械及时赶赴现场，积极抢通道路，于6月10日下午抢通公路。

（彭 臻）

铁路部门抗灾救灾

概　况

【综　述】　昆明铁路局属国家铁路运输企业，管辖线路跨越云南、四川、贵州三省，主要负责管辖区域内的旅客和货物运输组织工作。管内铁路有准轨（轨距1435毫米）、米轨（1000毫米）两种轨距，管辖沪昆、成昆、南昆、盘西、威红5条准轨国家电气化铁路，广大、大丽、水红、玉蒙4条准轨合资铁路和昆玉1条准轨地方铁路，羊场、东川、昆阳、安宁（联络线）、东王5条准轨支线，昆河、蒙宝、昆石、昆小、草官5条米轨线路。截至2013年年末，管内线路总延长4061.1千米（正线2928.3千米），其中，国铁3087.6（米轨792.8千米）、合资899.3千米、地方74.1千米；线路营业里程2664.2千米，其中，国铁1929.4千米（米轨656.0千米）、合资678.9千米、地方55.9千米；电气化铁路1572.3千米，其中国铁1068.2千米、合资504.1千米。有车站212个，其中国铁车站149个、合资及地方铁路车站63个，按等级分，特等站1个、一等站4个、二等站8个、三等站15个、四等站104个、五等站80个，其中编组站3个、区段站10个。拥有各型机车426台，其中内燃机车160台（合资公司配属11台）、电力机车293台，国铁配属客车1712辆（准轨1690辆）。

2012～2013年，昆明铁路局以确保防洪安全为核心，以“全面排查、防治并举、超前预警、果断处置”为主线，加大防洪隐患排查整治，着力解决防洪安全隐患及桥路设备突出问题；完善防洪补强措施，突出薄弱环节安全卡控；严格落实防洪安全行车措施，加强防洪风险过程控制，提升应急处置能力，连续实现第十六、十七个防洪安全年。

灾　情

【2012年雨情和灾情】　6月开始，昆明铁路局管内沿线相继进入防洪主汛期，至10月末，先后出现强降雨天气过程20次，单点大暴雨42次，各站点平均降雨量619.3毫米，总降雨量与2011年平均值相比偏多4～5成，与常年相比偏少1成。其中1小时最大降雨量66.9毫米（8月28日23时14分水红线都格站点），日最大降雨量148.8毫米（7月12日水红线雨格站点），月最大降雨量536.6毫米（6月份南昆线革居站点），连续最大降雨量238.9毫米（6月23日～7月2日盘西线富源站点），累计最大降雨量1453毫米（南昆线新安站点），累计降雨超1000毫米的站点达21个。降雨超出巡警戒值1453次，超限速警戒值1028次，超封锁警戒值594次，封锁区间594次/601个区间/967时89分。冒雨出巡检查1918个区间9636人次，添乘轨道车、单机出巡检查255个区间350人次。

截至10月31日18时，管内共发生岩溶陷穴、水冲道床、泥石流、坍方落石、隧道涌水等威胁行车的水害1067件（准轨290件，米轨777件），其中南昆线15处、成昆线76处、沪昆线30处、水红线35处、广大线76处、昆河线763处、蒙宝线14处、盘西线10处、大丽线1处、其它线47处，累计中断行车214小时31分钟（准轨55小时27分钟，米轨159小时04分钟），造成经济损失1251.5万元。与2011年同期（水害447件，中断71小时42分钟）相比，水害件数增加610件，断道时间增加142小时59分钟，经济损失增加1065万元。发现水害采取拦、扣、停车措施140件（其中客车2件，货车138件）。

【2012年严重灾害】　5月31日17时53分，盘西线K65+826处轨枕头外侧溶洞陷穴（直径0.5米、深1.0米），且斜向道心。采取回填片石混凝土处理，并对线路进行捣固整修，于19时11分开通线路，中断行车62分钟。

6月15日，南昆线K563+150～+200处路堤边坡坍滑，坍口离线路中心仅3.2米，体积约为4000立方米。通过抢险加固后，列车限速45千米/时运行。

6月21日4时26分，昆河线K230+685处突暴泥石流，致停于小龙潭至打兔寨区间K231+113处的20013次列车机后第19位敞车后端1台车2轴脱轨，4时30分封锁区间，经救援，8时12分开通。构成铁路交通一般C2类事故。此次泥

石流造成侧沟堵塞949米，水冲道床668米，补充石砟120立方米，坍方1262立方米，侵限466立方米，涵洞堵塞6座120立方米。

6月26~28日，盘西线持续强降雨。6月26日，K66+530处边坡溜坍20立方米，坍体距钢轨外侧1.5米，高出轨面1.3米，零星坍体侵入限界；6月27日，K67+370处道床陷穴，洞口直径0.3米，深1.0米，距线路中心3.1米，中断行车29分钟；6月29日，K60+080~+120处路肩外弃砟及土体溜坍，长15米，约15立方米。

7月5日5时35分，昆河线禄丰村至糯租站间K127+594处线路上方垂直悬崖上岩石剥落，造成钢轨变形、线路几何尺寸严重超限，导致运行中的20005次列车车辆轮对改变运行轨迹，机后第1位至第3位车辆脱轨，经救援，10时12分开通区间。构成铁路交通一般B4.2类事故。

7月13日2时40分，水红线K102+720~+750段银山隧道边墙拱顶漏水严重，危及行车安全。经抢修，于5时31分限速开通区间。

7月14日，沪昆线K2372+000~+280段路堑滑坡并加剧，接触网塔杆基础开裂，影响运输安全。

7月24日，昆河线K328+780~K332+850段发生水害12处，坍方10处共计1075立方米，侵限10处共计342立方米；K214+360处落石18个打弯12.5米的钢轨3根，K193+670处落石14个，侵限4个约450千克。中断行车4小时16分钟。

8月1日，昆河线K110+900~K116+150段发生水害23处，其中坍方16处630立方米、侵限300立方米，泥石流5处430立方米、侵限224立方米，落石2处1210千克，侧沟堵塞320米，道床污染480米，涵渠堵塞6座。中断线路12小时46分钟。

8月28日23时53分，水红线K35+620~+675段路堑边坡溜坍约50立方米，侵限30立方米并掩埋线路，1257次客车运行到都格至发耳区间时紧急停车，距离水害地点约70米。构成一般D类水害事故。

8月29日10时45分，东川支线K70+540~+700段山体坍塌，坍体掩埋线路，总计24000立方米。

9月11日5时59分，昆河线腊哈地至山腰区间降单点暴雨，K446+120~K454+480段多处堑坡坍塌，坍方67处共计2235立方米，侵限537立方米，道床污染1150米，侧沟堵塞980米，涵渠堵塞5座。经抢修，于17时58分开通区间。

9月12日16时46分，南昆线K651+380处岩溶陷穴，直径0.8米、深度约2.5米，距钢轨头部外侧2米，成45^0斜向线路中心。经抢修，于17时56分开通区间。

9月13日14时12分，南昆线K670+260处岩溶陷穴，直径1.5米、深度约1.6米，距钢轨头部外侧1.6米，并走向线路中心，危及行车安全。经抢修，于15时28分限速开通线路，16时22分恢复正常行车速度。

10月25日13时54分，水红线K145+020处一棵直径10厘米、高10米的树木从半腰折断，横跨在接触网与路堑边坡上，致平田站至大营站间跳闸停电。构成一般D10类事故。14时47分开通线路，14时48分恢复供电，中断行车54分钟。

2012年，米轨发生路堑坍塌、泥石流777处，落石72次78.48吨，击中钢轨29次，打断、打弯钢轨19次。

【2013年雨情和灾情】 5月上旬开始，昆明铁路局管内相继进入防洪主汛期，至10月末，先后出现强降雨天气过程22次，单点暴雨233次，各站点平均降雨量576.9毫米，与常年相比多1~2成。其中1小时最大降雨量80.9毫米（6月6日沪昆线K2488+400站点），日最大降雨量190.6毫米（7月18日昆河线昆明北站点），月最大降雨量486.9毫米（8月份昆河线盘溪站点），连续最大雨量353.6毫米（7月17日~7月20日昆河线昆明北站点），累计最大降雨量1371.8毫米（昆河线大树塘站点），累计降雨超1000毫米的站点达21个。降雨达出巡警戒值2023次，达限速警戒值1878次，达封锁警戒值1067次，封锁区间827个（次）2687时34分。冒雨出巡检查2437个区间11815人次，添乘轨道车、单机出巡检查332个区间617人次。

截至11月15日18时，管内共发生岩溶陷穴、水冲道床、泥石流、坍方落石等水害788件（准轨165件，米轨623件），其中南昆线10处、成昆线18处、沪昆线11处、水红线5处、广大线25处、昆河线623处、其它线96处，累计中断行车152小时26分（准轨17小时24分，米轨135小时02分），造成经济损失1370.7万元。与2012年同期（水害1067件，中断214小时31分）相比，水害件数减少280件，断道时间减少62小时05分，经济损失增加119.2万元。发现水害采取拦、扣、停车措施54件（其中客车0件，货车54件）。

【2013年严重灾害】 5月1日22时53分，昆河线K107+480~+590段边坡溜坍及排水不良，K107+480处涵渠堵塞20立方米、侵限7立方米，K107+580处坍方30立方米、侵限15立方米。经抢修，于5月2日5时17分开通，中断行车5小时30分钟。

5月2日7时43分，昆河线滴水至徐家渡区间K99+835~+838段水冲道床，枕木被冲空5孔。经抢修，于10时31分限速开通区间，中断行车2小时48分钟。

5月6日17时18分，南昆线长坡岭至秧草地区间K625+780处道心岩溶陷穴，直径0.8米、深1.1米。经抢修，于18时34分限速开通区间。

5月22日，南昆线岔江站区强降雨（10分钟最大雨量29.7毫米，1小时最大雨量59.5毫米，连续雨量64.1毫米），岔江站多处发生水害：17时20分，岔江变电所高压设备区场坪积水深达200毫米，造成一级给水所混凝土楼梯20米悬空无法使用，二级给水所三面围墙被泥沙掩埋，给水所部分掩埋地下水管、电缆的泥土被雨水冲开至设备裸露，变电所院墙后防洪大沟被冲毁40米；17时30分，岔江站3道水淹道床，其中K525+700~+880、K526+000~+100段线路被淤积物掩埋，掩埋长度280米，最高处泥沙堆积高于轨面0.3米，上道淤积物约200立方米，K525+600~K526+150段排水沟被淤积物淹埋，最深处约1.5米，岔江至小得江区间K526+350~+380段排水沟被泥沙掩埋，总计淤积物约

1200立方米；17时50分，K526+395处路堤边坡及道床被水冲空，冲空处所长7米、宽6米、深3.2米，道碴边缘距线路中心1.45米，K526+390处挡水墙被冲毁，长度2.5米。经抢修，于20时59分开通岔江至小得江区间，中断正线行车3小时09分钟。

7月19日，昆明地区遭遇特大暴雨袭击，7月18日～19日，日降雨量达222.7毫米，19日0时至20日19时连续降雨量达353.6毫米。强降雨导致昆明地区发生水害9件，其中，昆明东站上行场1道、6道、7道以及到达场16道，洪水迅猛上涨，局部漫过钢轨顶，造成水淹线路；沪昆线K2636+022、K2638+145、K2640+893、K2644+109处4座桥梁洪水涨至梁底，导致支座、护锥被冲刷；昆河线K1+500～K2+480区段以及黑土凹、牛街庄、呈贡等7处站场、道口被洪水淹没。

7月28日1时20分，广大线长冲至新哨区间K113+900～+915处水淹道床，水面高出道床约5厘米。中断行车27分钟。

8月2日14时40分，沪昆线炎方至珠江源K2439+905上行线处侧沟底部岩溶陷穴，深约1.9米、长1.8米、宽1.3米。采取回填片石混凝土并限速处理，于16时35分填筑完毕，16时54分恢复常速。

8月4日14时40分，昆河线芷村至腊哈地区间K334+390～+420段路堑溜坍200立方米，侵限80立方米，边坡上方还有不稳定土方50立方米，封锁区间组织抢险，中断行车5小时02分钟。

8月10日12时20分，昆河线K406+700～+740处边坡溜坍，坍方200立方米，侵限100立方米。封锁区间组织抢险，中断行车4小时4分钟。

8月13日12时55分，昆河线芷村至腊哈地K383+500～+540段路堤边坡表层坍滑，坍口下错20厘米，路堤有滑坡迹象。17时34分封锁区间，经抢修处理，于8月16日16时34分开通区间，中断行车71小时。

8月29日9时15分，成昆线K758+855处水冲道床，迤资站9道挡墙上方水流直接冲向道床，道床石碴被冲空约0.5立方米。中断到发线行车35分钟。

9月4日，草官线草坝至雨过铺K1+565～+575处水淹道床，线路几何尺寸变形，中断行车42分钟。

9月5日8时07分，昆河线芷村至腊哈地区间K334+000～K366+000段边坡溜坍2处计240立方米、侵限110立方米，危岩落石2处4个计1.05吨，打弯钢轨1根。中断行车7小时18分钟。

9月5日17时30分，昆河线西洱至盘溪区间K150+605～+645段边坡溜坍，坍口长40米、高15米，溜坍至挡碴墙脚，距线路中心线最近1.9米。

9月12日18时36分，广大线祥云站至栽秧箐站间K167+445处边坡溜坍，塌方约30立方米，侵限约2立方米。经抢修，于19时48分开通，中断行车1小时22分钟。

9月13日11时47分，南昆线罗平站21#道岔岩溶陷穴，长4米，宽2.9米，深1.4米，溶洞向道岔辙叉心下方发展。影响车站作业2小时33分钟。

9月16日7时55分，昆河线K381+070～+120段边坡溜坍，坍体130立方米，侵限70立方米，堵塞侧沟50米，污染道床50米，涵洞堵塞1座。中断行车2小时43分钟。

10月16日2时50分，南昆线秧草地至长坡岭区间K630+800处岩溶陷穴，直径0.8米、深1.8米，距线路中心3.8米，危及行车安全。中断行车55分钟。

10月22日12时30分，南昆线西街口至茂舍祖区间K670+250处岩溶陷穴，直径1.5米，深2.2米，并向道心方向发展。中断行车55分钟。

2013年，盘西线连续发生溶洞灾害5起；昆河线危岩落石频繁，共发生落石182次计85.6吨，击中钢轨19次，打断、打弯钢轨7次，累计中断行车53小时48分钟。

【铁路防洪特点】 云南省境内进入地质活跃期，昆明铁路局管内线路多处经过或毗邻地震断裂带，地震灾害呈多发态势，3级及以上地震2012年42次，2013年63次（4级及以上地震22次），大理洱源县8次（最大为3月3日5.5级）、迪庆香格里拉24次（最大为8月31日5.9级），对沿线山体及铁路设备的稳定性影响极大，加大水害发生频率，再加上云贵高原地表岩体破碎，不稳定岩土分布广泛，遇强降雨，极易形成滑坡、山体坍塌、泥石流等破坏性很强的地质灾害，严重威胁铁路运输安全。同时，管内线路特别是米轨线路修建年代早，建设标准低，设备老化严重，抗洪能力薄弱；铁路依山傍水而建，路堑边坡高而陡峭，坡面分布大量危石、危土，部分陡峭坡面为人员无法到达检查处理的盲区，导致进入汛期后米轨线路水害几乎天天发生；南昆、沪昆、盘西、成昆、威红等准轨线路岩溶陷穴多发（南昆线自1997年通车以来发生126次，沪昆线曲靖至昆明段自2006年开通以来发生17次，盘西线2005年以来发生27次），岩溶发育地段路基258.512千米（不含沪昆线六沾段和合资铁路），而岩溶陷穴病害具有隐蔽性、突发性、危害性较大等特点，日常检查、防范难度极大；线路两侧非路产危树处置协调困难，村民漫天要价，或无条件不允许砍伐，致部分危树无法彻底处置，树木倾倒影响行车安全隐患加大，防洪压力巨大。

抗 灾 救 灾

【防洪隐患排查整治】 汛前，组织防洪隐患排查，结合沿线周边环境影响、地质地貌、设备现状及危害程度等因素，对各线路全面开展安全评估和现场研判，按3个等级确定防洪风险点级别，实施防洪安全监控。对需紧急处理的隐患，采取清理、支护危石，清理淤积、堵塞排水设备，修补、增设挡护设备、泄水孔，修整路基检查道等措施进行分类处置，提高设备抗洪能力。汛期，对Ⅰ级防洪地点，派人昼夜看守，配备守机联控对讲机，安装铁路电话，制定相应应急处置预案；对Ⅱ级防洪地点，降雨量达到限速警戒值时，派人雨中看（巡）守；对Ⅲ级防洪地点，雨中、雨后加强巡查，动态掌握设备变化情况。同时，根据雨情、灾情及时开展设备检

查安全评估，动态调整防洪监控等级和范围，加大水害风险监控。主汛期结束后，按照“标准不降、力度不减”原则，继续执行降雨警戒、雨中（雨后）检查等制度，做到“全年防洪”常态化管理。2012 年，确定防洪地点 2297 处（Ⅰ级 212 处，Ⅱ级 234 处，Ⅲ级 1851 处），防洪地点发生水害 822 件，占水害总数（1067 件）的 77%；2013 年，确定防洪地点 2237 处（Ⅰ级 202 处，Ⅱ级 173 处，Ⅲ级 1862 处），防洪地点发生水害 639 件，占水害总数（788 件）的 81%，防洪工作经受住近 5 年最大降雨量的考验，水害发现率和防撞率均达 100%。

【防洪措施强化完善】 结合汛期降雨和设备状态变化情况，修订完善防洪制度、补强措施，加强防洪安全管理。2012 年、2013 年，分别 4 次修订年度防洪工作命令，健全防洪工作制度，增强防洪命令的可操作性和可控性。一是修订全局降雨警戒值，增加 10 分钟封锁雨强控制，连续雨量达一定数值时，警戒值标准提级执行；二是明确拦车条件，对冒雨出巡人员、看守加巡人员，明确一旦“发现异常、听见异响”等非正常情况，不需确认，立即采取扣拦列车措施，再检查确认线路状况，倡导“宁可错拦、不可错放，宁可错停、决不盲行”，“错拦是尽责，该拦不拦是罪人”的安全导向，发挥冒雨出巡、看守加巡人员前沿哨兵作用；三是对全局加巡长度超过 1000 米的Ⅰ级防洪地点进行拆分，补齐加巡人员，消除加巡时间和空间上的监控盲区；四是针对米轨设备状态和基础管理实际，制定更为严格的防洪措施，列车通过米轨Ⅰ、Ⅱ级防洪地点，按“发现得了，停得下来”原则，Ⅰ级防洪地点列车运行速度不超 20 千米/时，Ⅱ级防洪地点不超 25 千米/时，巡查人员在列车进入Ⅰ、Ⅱ级防洪区间 30 分钟前至列车通过看守点之时必须不间断巡查，增强巡看守工作针对性，在每个看守点配置米轨频率“一键式”预警对讲机，提高看守人员发现水害应急处置的有效性和可靠性；五是针对管内线路岩溶陷穴灾害连续发生问题，实行汛期灾害频发区段每日三班巡道班制，加密对重点地段的雨后设备检查频次，提前做好防洪备料，就近设置水泥、片石等常用抢修材料存放点，提高快速处置能力，减少灾害对运输的影响；六是强化重点区段、重点时段的巡道巡视检查，对 6 个防洪重点区段增加夜间巡道；七是突出抗洪能力薄弱区段防洪安全风险控制，对东川支线、昆河线芷村至河口段，遇大雨以上预警，可提前向行车调度申请不开行列车，待预报、预警解除后再组织正常行车，有效防范自然灾害。

【防洪设备整治投入】 2012 年，投入防洪资金 8374 万元，其中，防洪预抢工程 26 件 857 万元，水害复旧及第二批防洪预抢工程 52 件 5867 万元，最后一批防洪预抢工程 51 件 1650 万元。2013 年，投入防洪资金 3133.5 万元，其中，防洪预抢工程 588.5 万元，水害复旧及第二批防洪预抢工程 2545 万元。2013 年，安排岩溶注浆加固项目资金 3014 万元，重点整治南昆、沪昆、盘西 3 条线路的岩溶病害，整治后，岩溶陷穴南昆线发生 4 次，盘西线未出现，从根本上扭转前几年少则 10 余次，多达 20 余次的状况；安排崩塌落石项目资金 3226.5 万元，准轨线路杜绝崩塌落石水害的发生。

【雨情监测网络建设】 2012 年，全局增设雨量监测点 55 个，2013 年增设 9 个，至 2013 年年末，全局共设雨量监测点 318 个，雨情监测中心 5 个，危岩落石自动监测点 3 个，全天候对区间降雨、泥石流、隧道涌水等地质灾害多发地点进行监测，动态跟踪沿线雨情变化，利用卫星云图、雷达图和沿线降雨信息，观云追雨，实现自动监测报警和发送报警短信，有利于各项预警措施的落实和布控，提高警戒雨量处置能力，有效防范灾害发生并减少灾害对运输的影响。

【铁路线路周边环境整治】 加大路地联合整治力度，调查掌握铁路周边人为活动影响区域的汇水面积、排水条件及堆积物等情况，加强日常巡查，改善沿线周边防洪环境。建立沿线影响铁路安全的水库台账，与每座水库建立联系制度，明确责任人，掌握水库状态和泄洪信息，有针对性地做好防范工作。加强与地方政府相关部门的联系，与云南省防汛、气象、水利、国土资源部门建立联系和沟通机制，并与省、州、县气象台签订气象预报协议，实时掌握雨情、灾情信息。对破坏铁路周边环境影响铁路安全的行为，包括开矿、采石、筑路、爆破、桥梁上下游挖沙、弃渣、尾矿库等，书面报请地方政府依法治理，发挥路地联合集中治理作用。2012 年，以昆明铁路安全监督管理办公室名义向违法行为人送达《责令改正通知书》28 份，向地方政府及有关单位发函件 23 份；2013 年，向违法行为人送达《责令改正通知书》28 份，实施行政处罚 23 件，对 29 起严重安全隐患，积极与地方政府协调整改，协调处理危及铁路运输安全违法行为。

【防洪奖惩机制落实】 加大防洪工作正面激励，自 2012 年起，除对发现灾害断道、果断扣拦停列车人员进行奖励外，对发现防洪隐患，及时汇报、妥善处置的有功人员，特别是劳务工，均给予通报表扬和奖励，营造人人主动保防洪安全氛围。2012 年，累计奖励 251 人次 26.8 万元，最高奖励 2 万元；2013 年，累计奖励 232 人次 22.2 万元。

【度汛安全措施】 严格执行暴雨预警和巡查制度，并根据管内降雨范围及强度，启动区域性防洪应急响应，全力做好灾害防范工作。2012 年，发布调度命令、天气预警预报 114 份，启动Ⅲ级应急响应 1 次，Ⅳ级应急响应 3 次。2013 年，发布调度命令、天气预警预报 131 次，启动Ⅳ级防洪应急预案 3 次。针对汛期每场降雨，组织做好雨后设备隐患排查和安全评估，发现问题，纳入防洪安全问题库跟踪销号管理。严格落实确保旅客列车安全措施，各看守（加巡）点保证每趟客车到来前 20 分钟巡查一遍看守范围；车站内存在防洪隐患的股道，遇相邻区间抢险或降雨达封锁警戒值时，不停留客车；岩溶陷穴地段接到晃车信息时，在工务人员未检查确认前，不得放行旅客列车；灾害抢险开通后，首列不放行旅客列车，全面杜绝因水害造成的列车脱线事故，实现“有水害、无事故”的防洪安全年目标。

【四川芦山地震应急响应】 4月20日，四川雅安芦山县发生7.0级地震，昆明铁路局随即启动地震应急响应，组织人员对设备进行全面检查，并全力确保运行在成昆线上的K146次旅客列车运输安全。21日，组织完成两次抢装救灾物资和“抢”字头重点列车开行任务，民政部中央救灾物资储备库向雅安调运的12平方米帐篷3000顶、60平方米指挥帐篷10顶、棉被15000床，由读书铺发往成都双流站。20日23时30分，接到云南省救灾物资储备中心传真申请，立即实施救灾物资抢运方案，21日凌晨2时30分，经挑选状态良好的20辆空棚车到达安宁场装车股道，13时20分第一趟“抢18次”列车开出，19时16分第二趟“抢32次”列车开出，分别比计划始发时间提前2分钟和5分钟。

（吴立群　林俊平）

2012 年昆明铁路局水害分线分类统计表

线别	成昆线			沪昆线			南昆线			准轨各支线			合资铁路			米轨			合计		
水害类别	次数	处数	断道时间	次数	处数	断道时间	次数	处数	断道时间	次数	处数	断道时间	次数	处数	断道时间	次数	处数	断道时间	次数	处数	断道时间
泥石流																6	6		6	6	
滑坡							1	1					1	1		5	5	1h18min	7	7	1h18min
坍方	1	22		1	1		1	1		13	23	41h22min	13	37	3h18min	98	385	94h17min	127	469	138h57min
落石	2	8					1	1		3	3	0h2min	2	2		73	73	59h51min	81	87	59h53min
河岸冲刷																					
岩溶陷穴				3	3		6	6	2h15min	6	6	1h2min	6	6					21	21	3h17min
路基下沉				1	1					3	3	0h29min							4	4	0h29min
路堤边坡溜坍													2	2		2	3		4	5	
水淹道床				2	2					3	3		2	2		4	6	1h26min	11	13	1h26min
道床冲空				1	1		1	1	0h34min							3	12	1h38min	5	14	2h12min
倒树													1	1	0h54min	2	2	0h34min	3	3	1h28min
隧道漏水													3	3	5h31min				3	3	
涵洞阻塞	2	39		3	11		5	5		4	17		7	51		83	285		104	408	
挡护侧沟变形	1	7		5	11								4	9					10	27	
合计	6	76	0h0min	16	30	0h0min	15	15	2h49min	32	55	41h55min	41	114	9h43min	276	777	159h04min	386	1067	214h31min

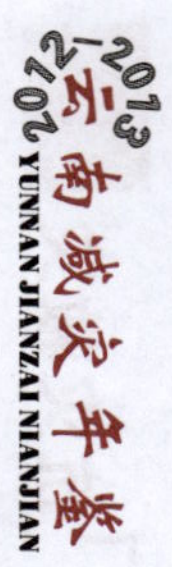

2013 年昆明铁路局水害分线分类统计表

线别	成昆线			沪昆线			南昆线			准轨各支线			合资铁路			米轨			合计		
水害类别	次数	处数	断道时间	次数	处数	断道时间	次数	处数	断道时间	次数	处数	断道时间	次数	处数	断道时间	次数	处数	断道时间	次数	处数	断道时间
排水设施堵塞	5	5								13	13		79	79		173	173		340	340	
泥石流	9	9																	9	9	
水淹道床	1	1		3	3		3	3	5h18min				1	1		9	11	6h13min	17	19	11h31min
危岩落石	2	2								5	5	0h46min	4	4	0h34min	182	182	39h07min	62	62	40h27min
河岸冲刷				4	4														4	4	
岩溶陷穴				4	4		5	5	2h56min							1	1		10	10	2h56min
边坡溜坍							1	1		4	4	5h58min	14	14	1h41min	249	251	89h42min	329	331	97h21min
路基下沉													2	2					2	2	
隧道漏水													1	1		1	1		2	2	
轮缘槽堵塞													1	1	0h11min				1	1	0h11min
倒树																2	2		2	2	
挡护侧沟变形	1	1								1	1		1	1		2	2		5	5	
合计	18	18	0	11	11	0	9	9	8h14min	23	23	6h44min	103	103	2h26min	619	623	135h02min	783	787	152h26min

民航部门抗灾救灾

概　况

云南机场集团有限责任公司是云南省政府直属的国有大型航空运输保障服务企业和省级开发性经营合作融资平台，按照云南省政府的授权，对全省民用机场实行一体化管理，打造以昆明国家门户枢纽机场为旗舰，次区域枢纽、中型机场、小型机场、通勤通用机场等多梯次结构合理布局、互补相辅的机场群。目前，云南省内民航机场共12个，在建机场4个，到“十二五”末，机场密度将达到每十万平方千米4个，是全国拥有机场数量较多、等级较高、航空资源富集、机场管理一体化的省份。2013年，云南机场集团旅客吞吐量突破4000万人次，排在北京、广东、上海之后位列全国第四，昆明长水机场旅客吞吐量、起降架次增幅位居全国大型机场首位，云南民航呈现出良好的发展势头。随着国家“一带一路”、“桥头堡”战略和云南民航强省战略的实施，云南机场集团将全面加快建设发展步伐，着力打造卓越智慧的机场集团和价值共存的梦想平台，以持续发展推动云南经济社会进步，以优质服务回报国内、国外旅客，为全国民航事业发展做出更大贡献。

云南机场集团有限责任公司向来重视抗灾、救灾、以及灾害的预防工作，为确保全省航空运输生产安全，服务地方经济建设奠定了良好的基础，取得了较好的成绩。

抗　灾　救　灾

【2010年海地7.0级地震救援】　2010年1月12日16时53分，加勒比岛国海地发生里氏7.0级地震。1月21日，承载着在海地地震灾害中不幸遇难的三位云南籍维和警察——李钦、钟荐勤、和志虹烈士骨灰的专机抵达昆明机场。昆明机场举行接机仪式沉痛悼念维和英烈。

【2010年云南百年不遇大旱救援】　1. 积极行动献爱心。面对严峻旱情，云南机场集团迅速行动起来，以多种形式投身抗旱救灾工作，切实履行社会责任，广泛发动、踊跃捐款，有力支援了抗旱工作。集团以单位和职工名义，通过不同形式的捐款数达到492.73万元。矿泉水24000瓶，各机场、参控股企业也纷纷捐款送水，向灾区人民伸出援助之手。此外，集团党委组织发动的“共产党员抗旱先锋行动”在集团各级党组织中引起了强烈反响，得到了集团广大共产党员的积极响应，各级党组织和广大共产党员迅速行动起来，纷纷伸出援助之手，积极贡献力量，集团“共产党员抗旱救灾特别捐献活动”共计捐款1399706.1元，其中，集团党委捐款10万元，共产党员捐款1299706.1元。集团各基层团组织在集团团委的倡导下，也积极参加省文明办、团省委组织的“特殊团费一元捐”活动，全集团青年团员通过网络点击及手机短信形式共捐助款项7179元，网络点击22164次，共同帮助灾区群众渡过难关。

2. 全力保障救灾飞行。旱灾持续以来，昆明、保山、大理、丽江、普洱思茅等机场多次保障抗旱人工增雨通用飞行任务和护林飞行任务。2月8～10日，昆明机场完成了米－26重型直升机对石林起火地带进行空中灭火作业的飞行保障任务，保障石林空中灭火8架次；3月7～9日，昆明机场完成了云南省政府从广西调遣飞机赴云南开展人工增雨作业的保障任务；1月21日～4月12日，大理机场在保障正常航班的同时，全力保障直升机开展楚雄、保山、大理一线的航空巡逻报警、侦察火情、机降灭火、火场急救、防火宣传等任务，共安全保障护林防火飞行任务104架次，其中灭火任务26架次，共计75.6小时。

3. 甘泉送入百姓家。3月5日，云南机场集团组织青年志愿者服务对为昆明市呈贡县吴家营街道东南部的刘家营社区送去生活用水12吨，纯净水12000瓶。这次送水活动，平均每户村民可以分到大约50瓶瓶装矿泉水，80千克生活用水，用水困难得以一定程度缓解。3月18日，云南机场集团向综治维稳工作挂钩联系点——云南省嵩明县捐赠抗旱资金100万元，并向嵩明县暾白小学的同学们捐赠矿泉水12000瓶，极大缓减了当地旱情。集团党委周凯书记代表集团出席捐赠仪式。集团送上的12000瓶矿泉水可供该校学生用到5

月中旬，缓解了当地人民群众的生活困难。

【2010年青海玉树7.1级地震救援】 2010年4月14日上午7时49分，青海省玉树藏族自治州玉树县发生两次地震，最高震级7.1级，地震震中位于县城附近。云南机场集团认真做好青海抗震救灾医疗队奔赴灾区保障工作。4月23日，光荣完成青海玉树地区抗震救灾使命的昆明边防检查总队医疗队一行60人，乘坐3U101航班由西宁返回昆明。昆明机场高度重视，周密安排，克服了时间短、机位紧的困难，迅速安排该航班机位停靠、地面保障等事宜，确保了赴青抗震救灾医疗队顺利抵达昆明。

【2011年盈江县5.8级地震救援】 2011年3月10日12时58分，德宏州盈江县发生5.8级地震。地震发生后，云南机场集团高度重视，迅速安排部署昆明、芒市、腾冲三个机场全力保障抗震救灾运输，在第一时间向灾区捐款10万元。截止11日晚，云南机场集团已累计保障执行救援任务的航班5架次。

接到临时加班救援包机保障任务后，昆明机场迅速安排机位停靠、地面保障等事宜，积极联系安检、护卫、航空公司运控等相关保障部门做好救援包机运输保障工作，并特事特办安排好搜救犬运输等工作。昆明机场共保障4架执行救援任务的航班，分别是10日MU7560昆明到芒市，11日MU5975昆明到芒市，11日两架运八运输机到腾冲。

10日15时48分，德宏芒市机场接到临时加班任务，及时将信息通报各保障部门，并按机场领导要求，各部门认真做好各项保障准备工作，各相关部门立即对机场跑道、机坪以及各种保障设施设备进行全方面的检查，以确保设施设备运行正常；要求机场全体人员保持信息畅通，做好地震应急响应准备。随后，与州政府接待部门协调相关事宜，积极配合地方政府做好抗震救灾的各项工作。

11日晚，又一架临时加班航班MU5975于18时55分从昆明起飞，19时45分到达德宏芒市机场，机上装载了1吨多的药品和医疗器材，云南武警边防总队医疗队随机抵达，这批救援物资到德宏芒市机场后，即被及时转运到盈江地震灾区。

11日8时20分，腾冲机场与民航云南监管局，昆明航空军代处，腾冲县委办、政府办、民政局、公安局、人武部等相关单位和部门人员在机场视频会议室召开了云南盈江“3·10”地震救灾保障协调会，对运送救援物资将要降落腾冲机场的运八飞机的保障及后续物资的运输工作进行具体协调安排。腾冲机场提前对飞机型号、规格等各方面信息进行了详细了解，合理分配了停机位，对各部门、驻场单位责任进行了明确划分，特开设了应急救援物资运输车辆、人员出入的专用绿色通道，与各相关单位商定了隔离区现场指挥、维序、监装监卸等具体工作的责任部门和人员，要求机场各保障单位继续积极与各相关单位部门沟通协调，做好信息的上传下达工作。

11日凌晨3点，腾冲机场顺利保障了一架从北京飞腾冲应急救援加班航班，正在北京参加全国两会的全国人大代表、云南省委书记白恩培10日晚间率员乘专机直飞盈江县灾区指挥救灾。随同白恩培直飞盈江县救灾的包括同在北京参加两会的省委常委、省委政法委书记、省公安厅厅长孟苏铁，省民政厅厅长王树芬，德宏州州长孟必光。

11日17时许，两架运八运输机先后平稳降落腾冲机场，经过一个小时安定有序运行，应急救援物资卸装完毕，医疗救护队随车急速驶向盈江地震灾区。

22日，集团公司集团党委要求各级党组织、广大党员和党员领导干部积极响应向盈江地震灾区献爱心捐助活动的号召，员工共计捐款36万余元。

【2011年捐款捐物】 云南机场集团圆满完成2011年“送温暖、献爱心”捐赠活动。共计捐款92663.5元，衣物2350件。所有捐赠款项和物资已全部送交云南省慈善总会。

【2012年彝良县5.7级地震救援】 2012年9月7日11时19分，昭通市彝良县与贵州省毕节市威宁县交界发生5.7级地震。地震发生后，昭通机场立即组织人员检查安全保障设施设备并召开紧急会议评估安全保障能力，以确保安全运行。昭通机场克服基础保障资源相对不足的困难，在机场有史以来飞行密度最大的情况下，安全有序地保障各类救灾飞行。截止9月13日机场共保障救灾飞行49架次，其中专机飞行2架次，军航23架次，邮政航空救灾物资运输4架次，无人机航拍6架次，通用救灾飞行8架次，民航救灾包机4架次、航班2架次。运送人员328人次，运送重伤员3人次，运送物资37.2吨。昭通机场全力保障救灾飞行任务、做好救灾飞行保障工作，为灾区人民克服困难，战胜灾难，重建家园做出了最大的贡献。

【2013年成功处置2起机场周边火灾险情】 2013年2月10日19时31分，昆明长水机场航空安全护卫部消防大队119指挥中心接到AOC报警：距昆明机场21号跑道北端1千米处森林疑似有火光。消防大队接警后立即启动应急响应预案，出动应急救援力量到达现场处置，经现场查看，在距离21号跑道北端导航灯塔外有明火，由于着火区域道路情况狭窄，消防大队积极协调当地有关部门，出动特种灭火设备对山火进行扑救，火情于22时55分被扑灭。2月14日13时52分消防大队119指挥中心接到报警：在机场高速公路下机场内部路匝道出口右侧，昆明市女子监狱后面荒地起火。消防大队接到报警后立即出动一车3人赶往火场。到达现场后，发现过火面积比较大，火势较猛，随即又增派2车7人，参加扑救行动，火情于15时50分被扑灭。

这两起火灾险情均发生在春节期间，但事发地点均处于机场外围，因消防大队救援及时、处置得当，避免了更大次生灾害的发生，确保了昆明机场春节“黄金周”的消防安全。

【2013年四川芦山7.0级地震救援】 2013年4月20日8时02分，四川省雅安市芦山县发生7.0级地震。昆明长水机场全力保障救灾飞行任务。一架运八运输机在昆明长水机场作短暂的停留后，运送着云南某专业救援队的71名专业地震救援人员，4条搜救犬和救援设备于当日下午2时05分从昆明长水机场起飞赶赴雅安地震灾区。昆明长水机场有关部门为

赶赴雅安地震灾区的地震救援人员及救援设备开通了“绿色通道”，方便救援人员快捷、顺利的登机。

【2013 年迪庆州 5.1、5.9 级地震救援】 2013 年 8 月 28 日，在四川省甘孜州得荣县、云南省迪庆州德钦县、香格里拉县交界地区发生 5.1 级地震，8 月 31 日该地区再次发生 5.9 级地震，房屋受损严重。民航云南监管局王青山副局长、集团公司侯庆平副总裁第一时间抵达迪庆机场，指导抗震救灾工作。迪庆机场启动应急预案，召开紧急会议，安排部署震后安全运行保障工作；对机场设施设备进行受损排查，确保设施设备运行正常；立即实行 24 小时值班制度，全体员工进入待命状态，时刻准备保障救灾、急救等飞行保障任务，并随时向上级部门汇报工作情况；做好员工的思想稳定教育、舆情引导等工作，要求机场员工不得在微信、QQ、微博等通讯工具上随意发布非官方的灾情信息。在地震灾区发生余震 700 多次的情况下，机场运行保障正常，未发生因地震原因航班延误事件。

【2013 年昆明长水机场遭遇大雪救灾保通】 2013 年 12 月 15 日，昆明长水机场遭遇大雪侵袭。从 12 月 15 日早晨降雨雪开始，到 12 月 17 日中午暖阳所至，原本平常的 50 多个小时，但在长水机场各级领导和全体员工心里，却承受着巨大的压力。在年均气温 14.5℃的春城，一场罕见的大雪拨动着每一位长水机场人的心。面对近 10 余年从未遇到的冰雪天气，在 50 多个小时的保障工作中，长水机场及集团保障型参控股企业的全体党员领导干部、职工群众时刻以广大旅客利益为重，积极应对、协调联动、彻夜奋战，全力以赴保障机场尽快安全平稳运行。针对此次恶劣天气引起的航班延误，昆明机场及民航各单位认真按照丁绍祥副省长的重要指示要求，根据民航局相关规定，树立大局观念、全局意识，严格按照 I 级响应处置做好相关工作，机场、航空公司认真做好旅客吃住行、退改签、信息发布等工作，周到细致安排好每一名滞留旅客的服务保障。

（刘占赢　朱银超）

云南省灾害防御协会减灾动态

2012 年

【组织年度重大自然灾害趋势预测及减灾对策研究】 1月，在各单位研究基础上，省灾害防御协会会同省减灾委办公室、省人保财险股份有限公司组织召开了2012年度全省主要自然灾害趋势预测会商会。省农业厅、省水利厅、省国土资源厅、省林业厅、省环保厅、省气象局、省地震局、省防火办等单位和部门的专家出席了会议。各灾种课题负责人对气象、地震、滑坡泥石流、农业生物、洪旱、环境污染、森林火灾和林业有害生物等主要灾害提出了趋势预测意见及减灾措施。通过综合分析和研讨，形成《云南省2012年度主要自然灾害趋势预测及防灾减灾对策建议》报告上报省政府；2月，经省政府批准，省减灾委以云减〔2012〕1号文转发至16个州市人民政府和省减灾委各成员单位，为做好2012年防灾减灾工作提供科学依据。

【组织下半年自然灾害预测及减灾对策研究】 6月，根据灾情发展趋势，组织有关单位对下半年的灾害趋势进行跟踪预测和分析研讨，形成研究报告上报省政府和省减灾委，提供了短期预测意见和对策建议；同时部署了2013年全省气象、地震、滑坡泥石流、洪旱、农业有害生物、环保、森林火灾和林业有害生物等主要自然灾害的趋势预测及减灾对策研究工作。

【组织编撰《云南减灾年鉴》（2010—2011）卷】 经省政府批准，由省灾害防御协会牵头继续组织编撰本卷减灾年鉴。1月，向各编写单位印发了本卷减灾年鉴编写方案和编写篇目的通知；2~6月，协调落实了省直单位、驻滇部队、州市政府共50个编写单位的撰稿工作，并对各单位的稿件进行初审、修改、充实和规范，6月底基本完成分类编撰任务；7~8月，组织有关专家召开统编工作会议，对所有部类的稿件进行编审和修改，高质量地完成了统编工作；9~11月，组织力量进行了总审和三次校稿，圆满完成编撰任务。本卷减灾年鉴编撰工作持续一年多，历经全书总体构架、篇目设计、分类编撰、统编、总审以及三次校稿等过程，由云南科技出版社出版发行。省委常委、省委秘书长曹建方亲自为本卷作序；副省长刘慧晏担任编委会主任。赵钰、皇甫岗、李国材、陈勤、方虹担任主编；杨子汉（常务）、刘福、白涌、袁国书、石静芳、周桂华担任副主编。本卷减灾年鉴承前启后，为云南省“十一五”防灾减灾工作画上圆满句号，也为“十二五”防灾减灾事业书写新的篇章。全书共计145万字，大16开精装本，翔实记载了2010~2011年间云南灾情和防灾减灾工作取得的成绩，具有连续性、文献性和权威性，是云南省灾害预防、研究和管理的重要基础资料。

【坚持开展减灾宣传教育】 坚持编辑出版发行4期《云南省防灾简讯》，充分利用云南省防震减灾网站，及时宣传报道防灾减灾工作动态。根据地震应急需要，参加宁蒗—盐源5.7级和彝良5.7级两次地震现场应急宣传工作，及时宣传报道抗震救灾工作，发放宣传材料并现场讲解防震避震、自救互救知识。3月4日，参加云南省暨昆明市学雷锋志愿服务集中活动宣传防灾减灾知识；5月12日，参加省减灾委举办的“防灾减灾日”系列宣传活动，现场发放防灾减灾科普宣传材料2000份，省灾协会长赵钰，秘书长杨子汉等参加宣传活动；5月23日，参加昆明市东华社区“防震减灾进社区”科普宣传活动；11月16日，参加省地震局和中国移动云南公司主办的“防震减灾宣传日”大型宣传活动。这一系列减灾宣传活动，对提高公众防灾意识和危机应对能力起到了积极作用。

【防灾减灾学习交流】 参加中国灾协在山西太原举办的2012年全国灾协系统工作交流会议，省灾协会长赵钰率团出席；参加中国人民大学举办的《全国地方志与年鉴编纂实务培训班》；多次参加省直有关单位举办的防灾减灾工作会议，交流工作经验，拓宽工作思路，提升工作能力。

【参加云南省第九届年鉴颁奖暨学术交流大会】 经专家审读、评委会评定，《云南减灾年鉴》（2008—2009卷）获综合一等奖，省灾协秘书长杨子汉等参会领奖并作学术交流。

2013年

【组织年度重大自然灾害趋势预测及减灾对策研究】 1月，在各单位研究基础上，省灾害防御协会会同省减灾委办公室、省人保财险股份有限公司组织召开了2013年度全省主要自然灾害趋势预测会商会。省农业厅、省水利厅、省国土资源厅、省林业厅、省环保厅、省气象局、省地震局、省防火办等单位和部门的专家出席了会议。各灾种课题负责人对气象、地震、滑坡泥石流、农业生物、洪旱、环境污染、森林火灾和林业有害生物等主要灾害提出了趋势预测意见及减灾措施。通过综合分析和研讨，形成《云南省2013年度主要自然灾害趋势预测及防灾减灾对策建议》报告上报省政府；3月，经省政府批准，省减灾委以云减〔2013〕1号文转发至十六个州市人民政府和省减灾委各成员单位，作为全省各级政府及各部门指导当年防灾减灾工作的重要科学参考。

【组织下半年自然灾害预测及减灾对策研究】 6月，根据灾情发展趋势，组织有关单位对下半年的灾害趋势进行跟踪预测和分析研讨，形成研究报告上报省政府和省减灾委，提供了短期预测意见和对策建议；同时部署了2014年全省气象、地震、滑坡泥石流、洪旱、农业有害生物、环保、森林火灾和林业有害生物等主要自然灾害的趋势预测及减灾对策研究工作。

【完成《云南减灾年鉴》（2010—2011）卷发行】 《云南减灾年鉴》（2010—2011）卷出版后，为发挥本卷在防灾减灾工作中的作用，服务云南省经济社会发展，2013年年初，协会组织力量完成了对省委、省人大、省政府、省政协，国家减灾委，中国灾协和全国各省区减灾机构以及省直各有关单位、驻滇部队和16个州市政府的赠送、寄送工作，圆满完成发行任务。

【《云南减灾年鉴》（2010—2011）卷获综合一等奖】 6月，根据通知精神，省灾协积极申报有关材料，参加云南省第十届年鉴评奖活动，经专家审读，评委会评定，省委宣传部、省新闻出版局批准，《云南减灾年鉴》（2010—2011）卷荣获综合一等奖，这也是《云南减灾年鉴》连续六届获得特等奖和一等奖。

【防灾减灾宣传教育】 编辑发行《云南省防灾简讯》4期，在云南省防震减灾网站发布减灾工作信息8篇，及时宣传报道防灾减灾工作动态；参加洱源“3·3”和“4·17”地震现场应急宣传工作；参加“5·12”防灾减灾宣传活动，负责活动现场宣传手册讲解，省灾协会长赵钰，秘书长杨子汉等参加宣传活动；参加“11·6”地震科普宣传系列活动。

【完成《云南减灾年鉴》资料管理建制】 为不断提升《云南减灾年鉴》编撰质量，保证减灾年鉴系列资料的完整性，使其更好地服务于云南省的防灾减灾工作和经济社会发展，下发“关于《云南减灾年鉴》编撰质量征求意见的通知”，收集、整理、吸纳各有关单位反馈的意见和建议，为进一步提高减灾年鉴编撰质量做好基础工作；出台《〈云南减灾年鉴〉及减灾资料管理办法》，建立并规范了减灾年鉴系列资料的赠送、借阅及查阅制度。

【启动《云南减灾年鉴》（2012—2013）卷编撰任务】 为保持减灾年鉴系列资料的连续性和系统性，省灾协继续组织《云南减灾年鉴》（2012—2013）卷编撰工作。11月，行文向省政府报告，就编撰工作有关问题提出请示意见；经省政府批准后，2014年1月，向省直有关单位、驻滇部队和16个州市政府等编写单位印发本卷编写方案和编写编目，正式启动编撰工作。

【青岛市防震减灾协会到云南省灾协交流】 12月4日，青岛市防震减灾协会一行5人到云南省地震局就减隔震技术和协会工作开展情况进行调研，受到省灾协热情接待。省地震局副局长陈勤对省地震局“3+1”体系及防震减灾工作取得的成果及经验，市、县工作基本情况作了介绍；青岛市防震减灾协会会长、原青岛市防震减灾局局长李振谆对青岛市防震减灾工作情况作了介绍交流；省灾协秘书长杨子汉从灾协体制、主要开展的工作做了介绍交流；省地震工程研究院院长安晓文作了题为《昆明新机场抗震技术研究与应用有关问题》及推广应用专题报告。会后，调研组一行前往黑龙潭减隔震技术实验基地实地参观了解减隔震技术研究工作。

（石静芳　杨子汉）

昆明市

概　况

【地理环境】　昆明市位于云南省中部靠北偏东，地处滇中湖盆群中心地带。市域介于东经102°10′~103°40′、北纬24°23′~26°33′，南北最大纵距237.5千米，东西最大横距152千米，总面积21473平方千米。东部与曲靖市会泽县、马龙县、陆良县及红河州泸西县接壤，南部与红河州弥勒县和玉溪市华宁县、澄江县、江川县、红塔区、峨山县接壤，西部与玉溪市易门县及楚雄州禄丰县、武定县接壤，北部沿金沙江与四川省凉山州理县、会东县为邻，并与昭通市巧家县接壤。域内多山，北高南低，中部隆起，向南呈阶梯状逐渐低缓，以湖盆岩溶高原地貌形态为主，兼有红色山原地貌。最高海拔为北部拱王山雪峰4344千米，最低海拔为东北部小江与金沙江汇合处695米，大部分地区海拔在1500到2800米之间。主城区座落滇池坝子，海拔1891米，三面环山，南濒滇池，湖光山色交相辉映。昆明市是云南省省会、西南地区的中心城市之一，是国家面向东南亚、南亚及到中东、南欧、非洲的前沿和门户，具有“东接黔桂通沿海，北经川渝进中原，南下越老达泰柬，西接缅甸连印巴”的区位优势。

【区划人口】　2012年、2013年，昆明市辖六区一市七县（五华区、盘龙区、官渡区、西山区、呈贡区、东川区、安宁市、晋宁县、富民县、嵩明县、宜良县、石林县、禄劝县、寻甸县），管理三个国家级开发区（昆明经济技术开发区、昆明高新技术开发区、昆明滇池旅游度假区）及阳宗海风景名胜区（省级）、倘甸产业园区和轿子山旅游开发区（市级）。全市下辖129个乡镇、街道办事处（16乡、43镇、70街道办事处），托管玉溪澄江县阳宗镇，共有667个社区居委会、964个村民委员会。2012年全市常有住人口653.3万人，人口自然增长率5.61‰，城镇化率67.05%，人口密度311人/平方千米。全市有户籍人口543.5万人，其中少数民族人口833343人，占全市总人口的15.33%。2013年全市有常住人口657.9万人，人口自然增长率5.59‰，城镇化率68.05%，人口密度313.98人/平方千米。全市有户籍人口546.79万人，其中少数民族人口844014人，占全市总人口的15.44%。

【地形气候】　市域北部多为高山深谷，地处小江断裂带，地势陡峻，各种地质作用强烈，水土流失严重，地质灾害较为频繁。由于地处云贵高原中部，为长江、珠江、红河流域的分水岭，域内无大江大河过境，水资源主要靠天然湖泊积蓄雨水，修建水库坝塘拦蓄空中降水和地下水，缺少外来水补充，水资源较为有限。再是昆明地处亚洲季风气候区，旱、雨季分明，6月至10月为雨季，正常情况年平均降雨约1000毫米，85%以上降水集中在雨季，每年12月至次年2月为旱季，降水量仅占全年降水的5%左右，年内蓄水用水供求极不平衡。受地理环境的影响，昆明地区的气候以低纬度高原山地季风气候为主，呈多样性，立体气候显著，年平均气温15°C左右，年均日照2200小时左右，无霜期240天以上，气象灾害的发生较为突然和频繁。特别冬春期间发生干旱几成常态，如上年发生秋旱，次年再遇上春夏连旱，将对工农业生产和群众生活造成严重影响。汛期由于降雨较为集中，且多发生局部或单点暴雨，极易造成洪涝灾害及滑坡、泥石流等次生灾害。

2012年灾情

【综　述】　2012年，全市平均降雨量773毫米，比多年平均值924毫米偏少151毫米，偏少幅度16%；比2011年偏多182毫米，是自2009年以来连续第4个降水偏少年份，是1961年以来降水量最少的第9个年份。其中主城区降水803毫米，比历年平均值979毫米偏少176毫米；各县（市）区中呈贡年降水量最少488毫米，西山区最多1051毫米；嵩明、西山、寻甸降水量比历年偏少10%以内；禄劝、富民、石林、安宁、东川降水量比历年偏少10%~20%；宜良、呈贡、晋宁降水量比历年偏少20%以上，呈贡偏少最多39%。由于2011年降水偏少，蓄水不足，2012年全市库塘蓄水虽比上年增加1.71亿立方米，增加25%，达到8.66亿立方米，

但比历史同期14.44亿立方米仍偏少5.78亿立方米，对抗旱造成较大影响。总的来说，2012年昆明地区气温较常年偏高，降水量偏少，日照时数偏多，是一个光热资源充足、旱情偏重年景。年内春季和初夏旱情严重，雨季开始较常年略晚至偏晚，大部分县区主汛期降水量较常年偏少，秋季连续阴雨过程不明显，秋冬季旱情持续发展，五华区、滇池旅游度假区等地7~9月还发生干旱。全年虽未发生“倒春寒”和夏季低温冷害事件，但干旱对作物生长影响较大，局部地区还发生了较为严重的暴雨洪涝、风暴、山体滑坡等灾害，出现连续阴雨。自然灾害共造成全市220个乡镇、办事处（累计）134.88万人次受灾，农作物受灾114309公顷、成灾72629公顷、绝收21346公顷，房屋倒塌407户831间、严重损坏336户889间、一般损坏652户1392间，因灾死亡4人、失踪2人，死亡家畜128头（匹），直接经济损失66048万元，其中农业损失55397万元、基础设施损失1388万元、公益设施损失816万元、家庭财产损失2818万元。

【旱　灾】　2009年7月至2012年初，连续干旱造成库塘蓄水递减，城乡供水面临严峻形势。全市有68条河道断流，110座水库、52座小坝塘干涸，95口机电井供水足。1~5月旱情尤为严重，7~9月部分地区仍干旱缺水。干旱共造成93个乡镇110.2万人受灾、53.845万人和27.42万头（匹）大牲畜饮水困难，农作物受灾98225公顷、成灾61106公顷、绝收15938公顷，直接经济损失45428.2万元，其中农业损失38805.2万元。在县（市）区中，受灾人口在10至20万人的有禄劝、宜良、石林、寻甸县及倘甸两区，接近10万人的有嵩明、富民县。农作物受灾达到1.7万公顷以上的有宜良、禄劝县，石林县1.3万公顷，倘甸两区1万余公顷，寻甸县7880公顷，盘龙区、东川区、晋宁县、嵩明县均为5000多公顷。旱情稍轻，受灾面积在900公顷以下的有官渡区、呈贡县。饮水困难人数较多的县区依次为禄劝县（约12万人）、寻甸县（9万人）、宜良县（约6万人）、嵩明县（5.46万人）、石林县（4.8万人）、倘甸两区、富民县（3.8万人）、盘龙区（2.7万人）、东川区（2.2万人）等。

【洪　涝】　2012年，昆明地区虽然降水偏少，但由于汛期短、降雨集中，多大雨或单点暴雨，大部分县区都发生了洪涝灾害。全市共44个乡镇、12.5万人受灾，紧急转移安置26人，农作物受灾7576公顷、成灾5630公顷、绝收2725公顷，房屋倒塌114户263间、损坏294间，直接经济损失10860万元，其中农业损失9596.84万元、公益设施损失3.5万元、家庭财产损失106.05万元。农作物受灾较多的是寻甸县2633公顷、倘甸两区2593公顷，其次石林县311公顷、禄劝县199公顷。

【晋宁县上蒜镇洪涝灾】　6月1~2日，晋宁县上蒜镇持续大雨，大朴、小朴、牧羊、洗澡塘等村被淹，农田受灾33公顷、成灾10公顷，一农户房屋严重受损，直接经济损失144万元。

【禄劝县洪涝灾】　7月30~31日，禄劝县境内普降大雨，局部暴雨，山洪暴发，洪水猛涨，13个乡镇（街道）不同程度受灾，屏山街道、撒营盘镇、九龙镇、马鹿塘乡、汤郎乡灾情尤为严重。全县农作物受灾172.87公顷、成灾76.61公顷、绝收30.5公顷，民房倒塌6户12间、严重损坏59户181间、一般损坏65户142间，受灾人口6453人，直接经济损失176万元。

【宜良县大雨洪涝灾】　7月30日至8月1日，宜良竹山乡境内刮大风，连续降雨，冲毁沟渠1110米，徐家渡小浪田村人畜饮水池被冲毁、竹山村大玉龙组文化室垮塌，团山村小平地组沟体垮塌，密枝棵村莫落克箐泥石流造成至叠水、狗竹公路中断，路纳村会乍1农户屋后山体开裂，竹山村梅山组山体裂缝并发生少量滑坡，危及7户民房安全。大雨山洪共造成95人受灾，农作物受灾59公顷、绝收23公顷，直接经济损失182.65万元。

【倘甸两区暴雨山洪涝灾】　6~8月期间，倘甸两区的舍块、雪山、联合、金源等乡镇多次连降暴雨，导致山洪暴发，据统计，共造成受灾人口27545人，农作物受灾420公顷、成灾287公顷、绝收133公顷，房屋损坏642间，死亡2人（8月4日16时至17时金源乡龙潭村委会纳勒村在山间放牲口的10岁的朱凤塔和8岁的朱二兴，因躲避不及被山洪卷走而死亡）。

【呈贡区乌龙洪涝灾】　8月6~7日，呈贡区乌龙街道的雨花、下庄、回回营强降雨，受灾人口583人，农作物受灾27公顷、成灾21公顷，直接经济损失157.2万元，农业损失127.2万元。

【石林县鹿阜镇洪涝灾】　9月11~12日，石林县全境持续降雨达66毫米，造成鹿阜街道办事处的板桥、鹿阜、石林片区12个村委会19个自然村河道漫堤、多处被淹，2745人受灾，倒损房屋15户45间，屋内水深最多达3米，紧急转移安置灾民8户27人，农作物受灾236.2公顷、绝收153.8公顷，沿河蔬菜、花卉、苗木受灾尤重，直接经济损失1240.3万元。

【倘甸两区大雨洪涝灾】　9月11~13日，倘甸两区连续降大雨共191.3毫米，农作物受灾77.3公顷，房屋倒塌3间、受损2间、进水5户。此外，持续大雨还造成公路塌方20余段2560立方米，泥石流5760立方米。此次灾害共造成直接经济损失130余万元。

【风雹灾】　2012年，全市有44个（次）乡镇遭受风雹袭击，多数还伴有大雨或强降雨，对农作物和群众财产造成严重损害。据统计，全市全年因风雹而造成受灾人口12.5214万人（其中死亡1人、伤病8人），紧急转移安置26人，农作物受灾7576.87公顷、成灾5630.2公顷、绝收2725公顷，房屋倒塌114户263间、严重损坏96户294间、一般损坏83

户186间，直接经济损失10860.19万元，其中农业损失9596.84万元、公益设施损失3.5万元、家庭财产损失106.05万元。受灾较重的是：禄劝县53118人，农作物2255.96公顷；石林县23928人，农作物1990.2公顷；倘甸两区29000人，农作物1487公顷。

【宜良县九乡乡冰雹灾】 6月30日，宜良县九乡马德村委会起底村、过路的村烤烟大面积遭到冰雹袭击，农作物受灾60公顷、绝收29公顷，受灾人口810人，直接经济损失156万元。

【晋宁县二街镇冰雹灾】 7月31日17时55分，晋宁县二街镇老高村委会及锁溪村部分区域突降冰雹，农作物受灾200余公顷，其中烤烟绝收143.3公顷，农业经济损失645万元。

【石林县西街口镇风雹灾】 8月2日17～18时，石林县西街口镇芭茅、宜奈村委会遭风雹袭击，1322人受灾，农作物受灾79.4公顷、成灾79.4公顷，其中烤烟成灾48.7公顷（绝收41公顷）、玉米成灾30.7公顷，农业损失360万元。

【石林县4镇遭受风雹灾】 8月4日17时55分～18时40分，石林县鹿阜街道办事处板桥片区和长湖、西街口、圭山三镇遭受冰雹袭击，共有11个村委会17057人受灾，成灾人口12130人，农作物受灾1466.9公顷、成灾1043.2公顷、绝收399.6公顷，直接经济损失4091万元，农业损失4074.4万元。

【禄劝县大雨冰雹灾】 8月5日21时50分左右，受强对流天气影响，禄劝县大部分乡镇普降大雨冰雹，其中撒营盘、翠华、中屏镇及云龙、团街、皎平渡、马鹿塘等乡镇受灾较重，全县共有受灾人口22006人，农作物受灾1268.84公顷、成灾806.65公顷、绝收405.4公顷，民房倒塌8户13间、严重损坏3户8间，直接经济损失752.71万元。

【安宁市冰雹灾】 8月10日前后，安宁市部分街道办事处相继发生冰雹及强降雨，不同程度受灾，其中青龙、草铺两个街道受灾较为严重，禄脿、八街街道仅次之，共8个村委会、4196户12289人受灾，农作物受灾1780.2公顷、成灾1495公顷、绝收598公顷，直接经济损失1630万元。

【晋宁县双河乡冰雹灾】 8月12日下午15时30分至16时，晋宁县双河乡荒川村委会突降冰雹，农作物受灾191.2公顷（烤烟71.7公顷，玉米66.6公顷，蒌豆52.8公顷）、成灾82.6公顷（烤烟46.6公顷，玉米14.6公顷，蒌豆21.2公顷），直接经济损失380余万元。

【盘龙区风雹灾】 8月13日，受台风减弱形成低压环流和切变线共同影响，盘龙区松华、滇源两街道（松华坝水库水源区）发生强对流天气，突降冰雹30分钟，受灾人口2229人，农作物受灾352.63公顷、绝收28公顷，农业经济损失653万元。

【石林县圭山镇风雹雨灾】 8月13日14～16时，石林县圭山镇蝴蝶、红路口、海邑、小圭山等6个村委会突降大风冰雹，伴有暴雨，合计受灾人口5549人，农作物受灾444公顷、成灾367公顷、绝收307公顷，吹倒大树25棵、电杆4棵，损坏民房9间，直接经济损失1389.7万元，农业经济损失1381.2万元。

【禄劝县冰雹暴雨灾】 8月14日18时30分前后，禄劝县全境普降冰雹暴雨，屏山街道办及翠华、中屏、皎平渡、乌东德、九龙等镇和马鹿塘乡受灾较为严重，全县受灾人口27105人，农作物受灾868.26公顷、成灾480.71公顷、绝收290.8公顷，民房倒塌16户28间、严重损坏24户44间、一般损坏17户29间，直接经济损失449.87万元。

【禄劝县泥石流、山体滑坡】 6月21～22日，禄劝县普降大雨，局部暴雨，山洪暴发，河水猛涨，全县13个乡镇（街道）不同程度受灾。其中乌东德镇21日20时40分至22日7时30分暴雨，降雨量达109.9毫米，道路多处塌方，出现山体滑坡，同时引发泥流，将水电十四局一施工车及在车内避雨的3名工人冲至深崖箐，经搜救22日15时发现1人死亡（宋彬彬河南新乡人），2人及车失踪（杨强，杨瑞，河南新乡人）。据统计，全县受灾人口8963人，农作物受灾2336公顷、成灾1942.7公顷、绝收393.3公顷，民房倒塌28户69间、严重损坏73户190间、一般损坏76户191间，直接经济损失2030万元。

【东川区3.1级地震】 10月13日22时8分6秒，东川区汤丹镇发生里氏3.1级地震，震源深度10千米，汤丹镇洒海等7个村委会23个村受灾。受灾人口107户431人，房屋一般损坏107户191间，直接经济损失（即家庭财产损失）126万元。

【富民县3.5级地震】 11月10日3时54分26.9秒，富民县与楚雄州武定县、禄丰县交界地区（北纬25°22′，东经102°22′）发生里氏3.5级地震，震源深度6千米。地震造成富民县罗免、赤鹫1200人受灾，房屋严重受损31户83间、一般受损109户306间，11口水窖底部震裂漏水。直接经济损失365万元，其中基本设施损失4.65万元、公益设施损失150.35万元、家庭财产损失210万元。

【森林火灾】 2011年冬季至2012年春季，年度防火期内全市共发生森林火灾11起，其中一般森林火灾10起，较大森林火灾一起（另外一起较大火灾为易门县入境），火场总面积352.2公顷，受害森林面积36公顷，受害率0.5‰。

2013年灾情

【综　述】　2013年，全市平均降水量786毫米，比多年平均值924毫米偏少138毫米，偏少幅度15%，是2009年以来连续第五年降水量偏少年份，属枯水年。再是降水时空分布不均，主城降水量807毫米，嵩明降水量最多1005毫米，东川降水量最少552毫米，从降雨的时间分布情况看，1~4月累计平均降雨29.6毫米，较历史同期偏少58.2%；5~10月累计平均降水量779.6毫米，占年降水量的92%，较历史同期偏少4.8%，其中主汛期（6~8月）累计平均降水量442.2毫米，占年降水量的47.1%，较历史同期偏少17.8%；11~12月累计平均降水量35.9毫米，较历史同期偏少24.4%。

年初的干旱造成主城区及寻甸、嵩明、晋宁等县人畜饮水紧张或困难，多地农作受灾，森林火险居高不下。春夏季冰雹、大风等强对流天气较多，农作物频频受灾，甚至道路桥梁被损坏。虽然降水量和强降水天气过程较常年偏少，但汛期因暴雨和短时强对流天气造成部分地区洪涝、滑坡、泥石流等灾害，特别主城区7月19日暴雨成灾为史上罕见。10月份部分地区出现低温连阴天气。12月中旬受西南暖湿气流和北方冷空气共同影响，出现全区性降雪和低温冷冻天气，造成严重冻害。总的来看，2013年昆明地区的气候，一是气温较常年偏高，降水偏少，旱灾持续时间较长，库塘蓄水严重不足；二是农作物在灌浆期出现长时间无雨天气，造成绝收面积较大；三是多灾并发且重复受灾；四是汛期雨量不足且分布不均，多数地区持续干旱，而部分地区遭受洪涝灾害；五是受灾人口增多；六是造成的损失比往年重。据统计，自然灾害共造成245个乡镇、街道办事处（累计数）160.9263万人次受灾，紧急转移安置678人，农作物受灾115964.64公顷、成灾67362.82公顷、绝收22387.34公顷，草场受灾1.19公顷，房屋倒塌113户279间、严重损坏558户1299间、一般损坏8967户21028间，因灾死亡2人，死亡羊243只、大牲畜768头只，直接经济损失82567.36万元，其中农业损失54724.28万元、工矿企业损失4033万元、基础设施损失5560.6万元、公益设施损失2337.5万元、家庭财产损失13939.23万元。

【旱　灾】　2009年至2013年初，连续干旱造成全市库塘蓄水比正常年景14.44亿立方米减少5.78亿立方米，49条河流断流，69座水库、273座坝塘、32眼机井出水不足，城乡供水形势严峻，大部份县区1至5月末均受干旱，其中禄劝、东川等地7至10月中下旬仍为干旱所困扰。干旱共造成全市93个乡镇（街道）111.19万人受灾、348783人饮水困难，农作物受灾73781.54公顷、成灾46790.86公顷、绝收15612.07公顷，直接经济损失34960.96万元，其中农业损失33961.96万元。受灾人口在18~20万的有宜良县、禄劝县；10~13万的有晋宁县、石林县；5~8万的有嵩明县、倘甸两区、盘龙区、寻甸县、东川区。农作物受灾1.2~1.5万公顷的有禄劝县、宜良县；5至8千公顷的有石林县、东川区、寻甸县、倘甸两区；4~5千公顷的有晋宁县、盘龙区、阳宗海风景名胜区。饮水困难达10万余人的有晋宁县，5万余人的有禄劝县，1至3万人的有宜良县、石林县、安宁市、富民县、五华区、盘龙区、倘甸两区、寻甸县、嵩明县等。

【洪　涝】　2013年，虽然全市平均降雨偏少，但汛期局部单点暴雨突出，多次发生强降雨过程，造成洪涝灾害。全市共有44个乡镇、街道88930人受灾，因灾伤病13人，紧急转移安置1163人，农作物受灾2435.8公顷、成灾1749.3公顷、绝收557公顷，草场受灾1.19公顷，房屋倒塌83户197间、严重受损78户108间、一般受损255户859间，直接经济损失14810.3万元，其中农业损失2933.4万元、工矿企业损失4033万元、基础设施损失2399.3万元、公益设施损失2322.5万元、家庭财产损失3055.59万元。盘龙区直接经济损失近亿元，官渡区损失2000多万元，损失500至700余万元的有倘甸两区，禄劝县，晋宁县、阳宗海风景名胜区。

【昆明市暴雨洪涝灾】　7月18~20日，受强对流天气影响，昆明市部分地区出现强降雨天气。特别7月19日主城北部地区突降暴雨到特大暴雨，暴雨中心油管桥日降水量达242.7毫米，属超百年一遇暴雨，导至盘龙江、大清河、金汁河、东干渠等河水暴涨、漫堤，东干渠河堤倒塌严重。强降雨造成城区受淹面积77.29平方千米，形成102个淹积水点（片），最大水深北站隧道4.8米。一般路面积水40~50厘米，深处达1.6米左右。淹水历时最长达49小时，为历史上罕见的城市内涝，部分区域供电供水中断，生产生活受到严重影响，房屋受淹6696户，地下设施受淹38000平方米。主城区北京路、穿金路、白云路、龙泉路、霖雨路、东二环路、北二环路等路段积水交通中断，曙光小区、潘家湾、明波立交、西苑路、大观河路等处被淹，特别官渡区陈营村被淹，平均水深1.2米，全村600多户2000多人全部受灾。

此次持续强降雨同时使五华、盘龙、官渡、呈贡、阳宗海、禄劝等县区遭受了较为严重的洪涝灾害。据民政部门调查统计，截止7月22日下午14时，全市共有受灾人口72563人，农作物受灾940.8公顷、绝收161.72公顷，房屋倒塌146间、严重损坏72间、一般损坏272间，直接经济损失13108.9万元。其中盘龙区鼓楼、东华、拓东、龙泉、双龙等11个街道办事处受灾，灾情较重，受灾人口34088人，直接经济损失9686万余元；五华区7个街道办事处灾，受灾人口12800人，直接经济损失123万余元；禄劝县屏山街道及茂山、翠华、团街、中屏、则黑等乡镇受灾较重，受灾人口7940人，直接经济损失497万元；官渡区受灾人口12160多人，直接经济损失2080多万元；呈贡县受灾人口600余人，直接经济损失106万元；阳宗海受灾人口2000余人，直接经济损失560多万元。

【宜良县北古城洪涝灾】　7月18日20时至22日23时，宜良县普降中到大雨，北古城镇降雨量达108毫米，造成洪涝灾害，受灾人口2000余人，农作物受灾80公顷，房屋一般损坏30间，直接经济损失300万元。

【禄劝县翠华、则黑洪涝灾】 7月27日晚，禄劝县翠华镇及则黑乡则黑、住基、包谷山等村委会受强对流天气影响，发生暴雨及单点风雹，造成洪涝灾害，共有受灾人口4127人，农作物受灾271.8公顷、成灾172公顷、绝收40.73公顷，直接经济损失160万元。

【风雹灾】 2013年，全市有43个乡镇、街道遭受冰雹或风雹袭击，受灾人口172923人，其中因灾伤病19人，紧急转移安置6人，农作物受灾10707.7公顷、成灾8112.8公顷、绝收2287.6公顷，房屋倒塌25户69间、严重损坏16户30间、一般损坏47户87间，直接经济损失6836.6万元，其中农业损失6318.9万元、基础设施损失78.2万元、公益设施损失9万元、家庭财产损失197.31万元。其中倘甸两区和晋宁、禄劝、石林等县受灾较重，倘甸两区农作物受灾1970公顷，直接经济损失1875.5万元；晋宁县农作物受灾2089公顷，直接经济损失1381.8万元；禄劝县农作物受灾1898公顷，直接经济损失1141.6万元；石林县农作物受灾3537公顷，房屋倒塌21户46间，严重损坏11户23间，直接经济损失1051.4万元。盘龙区也遭受了较严重的冰雹灾害。

【晋宁县5镇（街道）风雹灾】 4月11日上午10时50分至下午3时5分，晋宁县二街、上蒜、晋城、六街等镇及昆阳街道突降冰雹刮大风，农作物受灾1831.3公顷、成灾1174.8公顷、绝收162.7公顷，太阳能损坏1275户，农业经济损失845.1万元，家庭财产损失38.25万元。

【石林县3镇风雹灾】 5月1日晚19时至23时，石林县圭山、长湖、西街口三镇突降冰雹阵雨，受灾人口5429人，农作物受灾440.37公顷、成灾341.47公顷、绝收227.1公顷，其中烤烟、果木损失严重，10余个蔬菜、花卉棚被毁坏，大风刮倒大树损坏住房1户2间，共损坏房屋9户15间，雷击死羊24只，直接经济损失237.2万元，其中农业经济损失136.5万元、家庭财产损失64.3万元。

【石林县5乡镇风雹灾】 5月22日晚23～24时，石林县鹿阜街道和长湖、西街口、大可等乡镇突遭冰雹风暴袭击，造成55722人受灾，玉米、水稻、蔬菜等农作物受灾1065.9公顷、绝收321.32公顷，水果受灾769.86公顷、绝收463.2公顷，花卉受灾6.66公顷，房屋倒塌1户2间、受损3户72间，刮倒电杆1棵，刮断云南松、华山松、柏树229棵，西街口老木凹一村民烤烟房被雷击发生火灾。直接经济损失591.1万元，其中农业经济损失556.4万元，家庭经济损失34.7万元。

【禄劝县茂山团街风雹灾】 6月21日凌晨3时，受强对流天气影响，禄劝县茂山镇、团街镇所辖的克梯、鲁溪、娜拥、至租、运昌等村委会遭受冰雹袭击，玉米、土豆、烤烟等农作物受灾286公顷、成灾166公顷、绝收120公顷，房屋倒塌1户2间，3920人受灾，直接经济损失141.7万元。

【石林县圭山镇风雹灾】 6月26日21时，石林县圭山镇尾乍黑、海邑、糯黑、小圭山、蝴蝶等村委会遭受风暴冰雹灾害，造成10059人受灾、6681人成灾，烤烟、玉米、洋芋等农作物受灾872.67公顷、成灾695公顷，直接经济损失184.8万元，其中农业经济损失184.8万元。

【晋宁县双河、二街乡冰雹灾】 7月14日17时30～49分，晋宁县双河乡老江村委会突降冰雹，雹粒直径1厘米，造成严重损害，烤烟受灾52.7公顷、绝收3公顷，玉米、蔬菜等农作物受灾43.3公顷、成灾14.6公顷，直接经济损失150余万元。7月16日18时，二街镇三家村委会亦遭受风暴和冰雹袭击，造成经济损失108.45万元，

【禄劝县翠华镇风雹灾】 7月15日晚，禄劝县翠华镇沿河、初途、迤途、红德等地遭风雹灾，造成受灾人口3872人，农作物受灾91.6公顷、成灾52.94公顷、绝收25.9公顷，房屋倒塌2户3间、严重损坏2户3间，直接经济损失58.6万元。

【禄劝县云龙乡风雹灾】 8月1日16时30分前后，禄劝县云龙乡云利、古宜村委会受强对流天气影响，突降大雨，伴有大风、冰雹，造成受灾人口2165人，农作物受灾117.27公顷、成灾69.6公顷、绝收27.67公顷，直接经济损失65.4万元。

【禄劝县翠华镇冰雹灾】 8月7日下午，禄劝县翠华镇新民、大松元、纳岔、星龙5村委会遭受冰雹灾，受灾人口4760人，烤烟、玉米等农作物受灾151.47公顷、成灾97.8公顷、绝收64.87公顷，直接经济损失76.4万元。

【石林县圭山镇风雹灾】 8月15日16时，石林县圭山镇尾作黑、矣维哨等村委会遭受风雹降雨灾害，造成受灾人口5874人，烤烟、玉米等农作物受灾317.9公顷（其中烤烟受灾162.6公顷、绝收23公顷），损坏住房1户3间，50多棵古树木和2棵电杆被大风吹倒，并造成29个烤房被损坏，农作物受灾317.9公顷、成灾264.8公顷、绝收23公顷，直接经济损失74.7万元，其中农业经济损失58万元、公共财产损失7.7万元、家庭财产损失9万元。

【禄劝县5乡镇风雹灾】 8月15日、16日，禄劝县翠华、茂山、皎平渡镇和云龙、则黑乡遭受风雹灾，造成烤烟和农作物大面积受灾，受灾人口26740人，农作物受灾1071.3公顷、成灾593.6公顷、绝收371.8公顷，直接经济损失639.5万元。

【嵩明县嵩阳街道风雹灾】 8月17日凌晨5时，嵩明县嵩阳街道黑营盘、西山居委会遭风雹灾，农作物受灾246公顷（烤烟114公顷、苞谷132公顷），烤烟绝收45公顷，农业经济损失181万元。

【低温冷冻】 昆明地区2013年的年头年尾都有部分县区遭受低温冷冻灾害，全市共有受灾人口115469人，农作物受灾24081.2公顷、成灾8917.4公顷、绝收3728.5公顷，因灾死亡大牲畜698头只、羊145头，直接经济损失6975.4万元，其中农业损失6896.6万元、基础设施损失25万元、家庭财产损失53.23万元。

【晋宁县9乡镇区低温冷冻灾】 1月8日凌晨，晋宁县8个乡镇和阳宗海管理区气温骤降，造成冷冻灾害，其中晋宁县受灾人口23398人，农作物受灾2577.8公顷、成灾957.6公顷、绝收671.9公顷，直接经济损失4596万元，农业经济损失4595.4万元；阳宗海管理区受灾人口18000人，受灾面积17940公顷、成灾5800公顷、绝收1270公顷，直接经济损失和农业经济损失813万元。

【倘甸两区金源、舍块冷冻灾】 11月14～16日，倘甸两区金源乡由于下雪、刮风，气温急剧下降、小麦、豌豆、蚕豆、洋芋遭受冷冻害；12月14日舍块乡受较强冷空气和西南暖湿气流影响，发生下雪及数日低温冷冻，冻死羊464只。两次冷冻灾害共造成受灾人口2413人，农作物受灾318.6公顷、冻死羊464只，直接经济损失近150万元。

【东川区、石林县冷冻灾】 12月14～16日，东川区山区下雪，全区大幅降温6～8℃，17日起出现低温冷冻灾害，共有6个乡镇11620人受灾，小春作物及蔬菜等农作物受灾1162公顷、成灾231公顷、绝收104公顷，冻死羊145只、大牲畜698头只，直接经济损失1081.18万元。石林县12月15～16日小雨加雪，17日起低温冷冻、鹿阜及西街口、大可等7个乡镇、街道受灾，受灾人口60038人，农作物受灾2401.4公顷、成灾1928.8公顷、绝收1682.6公顷，直接经济损失460.22万元，其中农业损失407.09万元、家庭财产损失52.63万元。

【雪 灾】 12月14～16日，受低温冷冻潮流影响，昆明市阳宗海、富民、宜良、晋宁、西山、禄劝县等县区出现降雪、大雪或雨雪天气，其中禄劝县降雪延续至24日。六县区共有27个乡镇受灾，受灾人口81131人，农作物受灾4845.4公顷、成灾1781.1公顷、绝收191.3公顷，冻死羊96只，直接经济损失4940.2万元，其中农业损失4425.6万元、家庭财产损失14.6万元。其中阳宗海管理区受灾人口10240人，农作物受灾1091公顷，直接经济损失2685.8万元；富民县受灾人口9879人，农作物受灾377公顷，冻死羊32只，直接经济损失860万元；宜良县受灾人口2000人，农作物受灾1255.6公顷，直接经济损失500万元；晋宁县受灾人口44200人，农作物受灾1289.1公顷，直接经济损失273.5万元；西山区受灾人口1352人，农作物受灾420.7公顷，直接经济损失253.2万元；禄劝县受灾人口13460人，农作物受灾412公顷，冻死羊64只，直接经济损失180万元。

【泥石流】 汛期因受大雨或暴雨侵袭，2013年全市有4个乡镇发生泥石流灾害，造成受灾人口711人，因灾伤病3人，紧急转移20人，农作物受灾22.8公顷，房屋倒塌1户2间、严重损坏1户3间、一般损坏45户122间、直接经济损失803.1万元，其中农业损失320.3万元、基础设施损失416.8万元、公益设施损失6万元、家庭财产损失60万元。

【倘甸两区雪山乡泥石流】 6月7日凌晨2时30分，雪山乡书姑村委会书姑糟子11、12组特大暴雨引发泥石流，近千万吨石头冲进村内，32户135人受灾，3部车辆及部分生产资料损毁、损坏水管500米，农作物受灾10公顷，直接经济损失136万元，其中农业损失100万元。

【东川区汤丹镇泥石流】 6月23～25日，东川区汤丹镇姑庄村新店房小组上游遭单点暴雨侵袭、新店房沟爆发较大泥石流，有30户120人房屋进淤泥，同时秤杆组、新寨田组及上下组也有11户42人房屋进淤泥，农作物受灾2.6公顷。另有核桃树100棵、柳树200余棵及1间公厕被冲毁，人畜饮水管道被冲毁或损坏180米，河沟挡墙受损200余米，新店房桥严重变形。此次泥石流共造成162人受灾，农作物绝收2.6公顷，房屋严重损坏3间、一般损坏110间，直接经济损失24.4万元。

7月23日至29日，因突降暴雨，汤丹镇同心村桂家组、姑庄新店房组发生泥石流，共87人受灾，毁坏耕地6.6公顷，玉米、水稻等农作物绝收6.66公顷，房屋倒塌1户2间、一般损坏5户12间，紧急转移安置20人。此外，有6.6公顷农田、3500米灌溉沟渠、6000米饮水管、6座取水坝、6000米道路、4000棵树木、2座主干道桥梁、1座电站、980米河沟挡墙不同程度受损。共造成直接经济损失631.8万元，其中农业损失200万元、基础设施损失411.8万元、家庭财产损失20万元。

【东川区4.5级地震】 11月16日23时36分，据云南省地震台网测定，东川区拖布卡镇（东经103°21′、北纬26°21′）发生里氏4.5级地震，震源深度13千米，东川城区有明显震感。据调查统计，此次地震东川区有6个乡镇受灾（其中拖布卡镇、因民镇受灾较重），受灾人口37900人，紧急转移安置323人，房屋倒塌4户6间、严重损坏463户1158间、一般损坏8613户19946间，死亡大牲畜70头只。地震造成省道东格线受损2千米，塌方5000余方；县道汤因线、小卡公路、布格公路、沿江公路共受损28千米，塌方22000余方；部分乡村道路也受损，边坡、路基坍塌，防护墙、路面损坏。电力和通讯设施也受到损坏。全区直接经济损失13210.3万元，其中农业损失14万元、基础设施损失2641.3万元、家庭财产损失10555万元。

倘甸两区的雪山乡也受到此次地震波及，有7个村委会不同程度受灾，193户住房开裂，其中2户达到危房等级；一户围墙开裂、47处畜圈受损。基多村上包谷山有石头滚落。

【森林火灾】 2013年，全市发生森林火灾10起、荒火55起，其中一般森林火灾8起、较大森林火灾2起，总过火面积196.14公顷，受害面积17.06公顷，受害率2‰。

2012年抗灾救灾　恢复建设

【综　述】　2012年，在昆明市委、市政府的领导下，在省政府和省民政厅等有关部门的指导下，昆明市各级民政和有关部门进一步落实党和国家救灾工作方针、政策，坚持抗灾救灾和防灾减灾并重，不断加强防灾减灾能力建设，使全市防灾减灾体系逐步建立和健全，防灾减灾的应急救援和保障能力进一步提高，能够有效地应对各类自然灾害和公共突发事件，保障人民群众的生命财产安全，维护良好的公共秩序和社会稳定。为了抗御2009年以来连续四年干旱和风雹、洪涝等自然灾害造成的危害和困难，按市委市政府的安排部署，主要抓了以下两个方面的工作：

1. 加强防灾减灾体系建设，提高了应急救援和保障能力。一是形成全市防灾减灾网络，首先市级成立了以分管副市长为主任，市民政局长为常务副主任，各相关职能部门为成员的昆明市减灾委员会，负责落实省、市政府对减灾工作的安排部署，研究制定和组织实施全市减灾规划，协调开展全市重大防灾减灾活动，指导各部门开展防灾减灾工作，推进防灾减灾工作的交流与合作，各县（市）区也同时建立了各级减灾委员会，从而建立和完善了协调联动、灾情会商、信息共享、应急响应等规范有效的工作机制。其次，全市各级民政部门和有关部门内部成立专门工作组，分别负责灾情搜集、查灾核灾、应急救援、后勤保障、捐赠接收和恢复重建等工作，平时按岗到位，灾时集中应急，随时保持临战状态。再是加强灾害应急分队和信息员队伍建设，成立了市、县、乡三级应急救援分队120多支、3000多人，并配备了相关的应急救援设备，同时建立了以乡镇为主导，以县区民政部门、乡镇（办事处）、村为主体的灾害信息员队伍，明确民政助理员和村支部书记（主任）为灾害信息员，建立起纵向连接县、乡镇、村，横向连接县各职能部门的灾害信息员队伍，实现了突发灾害早预警、早报告、早处置，最大限度减少各类突发灾害造成的危害，进行有效防预，提高抢险救灾工作应急反应能力，尽可能地避免和减轻灾害造成的损失，保护人民群众的生命财产安全。市民政局邀请省民政厅领导和专家为全市150多名灾害信息员讲课，进行业务知识培训和资格认证。二是建立完善工作指导性、实用性强的各项保障制度，市民政局及时修订、完善了《昆明市自然灾害应急救援预案》，并要求各级民政部门针对当年的灾害特点，认真修订和完善各级救灾应急预案，使更具针对性和可操作性；出台了《昆明市抗旱救灾应急预案》等防灾减灾或与之密切相关的政策法规，用于指导救灾工作；转发了《民政部关于加强自然灾害救助评估的指导意见》等中央、省级相关法规。三是加强了救灾设备配置和救灾物资储备能力，市、县政府和民政部门按照省政府关于预防和处置地震灾害10项能力建设和地震灾害防治10项重大措施要求，继续加强全市各级救灾仓库建设力度，初步形成以昆明市救灾物资储备库为中心，以各县（市）区救灾物资储备库为分中心，幅射全市的救灾物资储备网络。年末全市共有各类储备库14个，租用5个，十二五期间将完成市和部分县区救灾物资储备仓库的建盖工作。同时，进一步完善了救灾物资储备机制，每年安排专项经费采购和储备救灾物资，确保灾害发生后有充足的物资用于救灾救援。通过建立健全救灾物资储备管理制度，严格物资入库和调拨手续，使救灾物资的储备调运更加规范。2012年，全市共投入资金450万元购买救灾救助物资，直储救灾粮1774.7吨、救灾帐篷3891顶、棉被24278床、衣服20587套（件），以及其它救灾应急物资。同时加大对救灾设备装备的投入，年内为全市129个乡镇（街道）配备一辆救灾专用车，采购救灾专用短波电台等通信设备。各级民政部门严格监管救灾资金使用和物资储备，确保了救灾资金和物资安全运行。四是把城市自然灾害应急避难场所建设纳入城市建设整体规划，按照“防火灾，防洪灾，防地震”要求，协调有关部门整合社区、学校、广场等公共资源，共设置应急避难场所120多处，能保证受灾群众有饭吃、有干净水喝、有住处。

2. 全面做好受灾群众生活救助工作，切实保障了受灾群众的基本生活。每次灾情发生后，民政部门都第一时间赶赴灾区、第一时间统计上报灾情、第一时间启动救灾应急响应、第一时间调拨救灾物资、第一时间组织社会捐助，全力以赴开展救灾救济工作，保证了受灾群众有饭吃、有衣穿、有干净水喝、有安全的临时住所，生病及时得到医治。据统计，全市全年共启动救灾应急响应21次，投入救灾资金5206.51万元（中央、省级投入3600万元，市、县级投入1605.51万元），共救助受灾群众685383人次。其中口粮救助236286人次，支出救助款2517.6543万元；衣被救助73786人次，支出救助款437.8424万元；饮水救助210851人次，支出救助款485.824万元；其它救助35053人，支出救助款269.7423万元；重建住房78户241间，支出重建住房款60.05万元；维修住房370户704间，支出维修住房款56.872万元，确保了受灾群众的吃、穿、喝、住、医和生活稳定。全年还下拨县区地质灾害隐患点搬迁补助经费65万元。

【旱灾救助】　自2009年入秋以来至2012年昆明地区连续4年干旱，农作物受灾及生活生产用水紧缺情况严重，市委、市政府对此高度重视，把抗旱保民生作为当前压倒一切的头等大事来抓，多次召开专题会议，对抗旱救灾工作进行部署，市委、市政府主要领导深入受灾一线指导抗旱救灾工作，市民政局及时启动了《昆明市民政局抗旱救灾应急预案》，成立了由局主要领导担任组长的抗旱救灾工作领导小组，由局领导带队，定点联系，深入县区督促、指导抗旱工作，查看受灾情况，摸清受灾群众缺粮情况并掌握缺粮人口信息，及时开展救济，不缺一户，不漏一人。全市共启动旱灾应急响应10次，支出旱灾生活补助资金2825.6521万元，救助干旱受灾群众571305人次，其中口粮救助264188人次、衣被救助55870人次、饮水救助209881人次、其他救助（含临时救助等）34853人次。在县（市）区中，救助人口达8万人已上的有嵩明县、宜良县，6万人以上不足7万人的有石林县、寻甸县，5万人以上的有晋宁县，4万人以上的有富民县，3万

人以上的有东川区、禄劝县，3万以下1万人以上有的倘甸两区、西山区、盘龙区、呈贡区、阳宗海管理区，其余1万以下。

各级民政部门在开展抗旱救灾的同时，继续做好特殊困难群众生活保障工作，将因灾致使生活陷入困境，靠自身能力无法维持基本生活的农村边缘人员或家庭及时纳入低保。对孤寡老人、丧失劳动力的特殊困难群众安排专人送水、送粮，确保生活不出问题。市民政局根据旱情的发展趋势，及时召开抗旱救灾工作会，对救灾工作进行分析、总结和部署、再安排，力求形成市、县、乡、村四级救灾联动工作机制，确保灾情报送的及时准确和救助工作的及时有效。同时交流推广好的经验和做法，如禄劝、石林将抗旱救灾工作与“四群教育”活动相结合；寻甸县协同驻地部队共同开展抗旱救灾，由部队筹资为当地群众修建“军民水窖”，利用部队资源及时为灾区群众送水；富民县发动社会各界为抗旱捐款捐物等。各级民政部门还主动加强与防汛、水务、农业、财政等部门的协调配合，形成抗旱救灾的工作合力。在市双拥办的协调和组织下，市消防大队、武警市支队及一支队先后为滇源镇、阿子营镇、双河乡及茨坝、松华等街道办事处的受灾群众运送生活用水370多吨；96201部队出动官兵1356人次、车辆585台次，前往旱情最严重的东川4个乡镇16个村寨参加抗旱救灾，投入经费148万多元，修建水渠1300多米、灌注水窖436眼、浇地1000多亩，有效解决灾区6万多人、5万多头牲畜的饮水问题。

【人工增雨】 为了缓解旱情，水文资源部门在水源紧缺的3月、9月采取了一系列人工增雨措施，使这两月的降水较常年分别增加41.7%、28.7%。

【抗旱增蓄】 昆明市委、市政府多次研究部署抗旱保水工作，确立了“以蓄为主、蓄防并举、先蓄后泄”方针，层层签订抗旱保水安全责任状，通过督查检查，深入一线掌握和分析旱情动态，及时算清水账，编制各类抗旱保水预案，落实昆明主城及“一城一策、一县一策、一镇一策、一村一策”供水措施。再是科学调度水源，实行供水水源联合调度，加强水质监测。水务部门全力推进省、市559件抗旱增蓄应急工程建设，蓄、引、提、调并重，大中小微结合，就近取水送水，有效增加库塘及水窖、水池蓄水。下发各类节水管理文件，从加强计划用水、再生水利用设施运行监管、高耗水行业及工业企业用水节水管理，严格落实节水“三同时”制度，加大节水宣传。全市累计投入抗旱人数66.32万人、机电井115眼、泵站601处、机动抗旱设备2.96万台套、机动运水车3.14万辆，临时解决76.07万人次、34.26万头大牲畜饮水困难。559件抗旱增蓄应急工程中，省级23件工程4月初完成，投资1.39亿元，增蓄4219万立方米，日供水量43.07万立方米，一定程度缓解昆明主城城市供水紧张，保障安宁、富民、禄劝、晋宁、嵩明等县城和乡镇人畜饮水；市级536件工程4月中旬全部完工，投资1.8亿元，增蓄1153.7万立方米，日供水量12.65万立方米，有效保障安宁、晋宁、富民、东川、寻甸、禄劝6县城和1002个自然村人畜饮水安全，并解决农灌面积5573公顷。

【洪涝灾救助】 全市共启动洪涝灾害应急响应4次，支出洪涝灾害生活补助资金442.96万元，救助受灾群众37472人，其中口粮救助20972人、衣被救助8600人、饮水救助970人，已重建住房53户108间，已维修住房116户210间。

7月30日至31日，禄劝县普降大雨，局部暴雨，山洪暴发，河水猛涨，13个乡镇不同程度受灾，受灾人口6453人，直接经济损失176万元，县委、县政府根据县的《自然灾害救助应急预案》及时启动四级响应，县民政、安监、水务、农业、气象、交通、烟草、保险等相关单位和部门根据各自工作职责，分赴受灾较重乡镇指导抗灾救灾，抚慰受灾群众，组织受灾群众进行生产自救。县民政局、乡镇政府根据各自的《自然灾害救助应急预案》及时派出灾情调查组调查核实灾情，及时进行救助。对房屋倒塌的6户村民每户发帐篷1顶、大米50千克、棉被2床、食用油2桶；对房屋受损严重的，每户发大米50千克安排投亲靠友，并组织各乡镇民兵对受损房屋进行排险加固。对一般受灾群众继续按有关规定进行救助，使每个受灾群众的基本生活得到保障。2012年较大的洪涝灾害是6月21～22日，倘甸两区红土地镇连降暴雨146毫米，农作物受灾2033公顷、绝收334.8公顷，房屋倒塌19间、受损120间，民政部门及时核查灾情，调运救灾大米400吨、棉被500床、食用油300桶，保障了受灾群众基本生活。

【风雹灾救助】 全市共启动风雹灾害应急响应4次，支出风雹灾害生活补助资金192.2579万元，救助受灾群众32856人，其中口粮救助27956人、衣被救助4906人，已重建住房11户24间，已维修住房62户110间。较大的风雹灾是8月5日禄劝县大部分乡镇所遭受的风雹灾，农作物受灾1268公顷、绝收405公顷，受灾人口22006人，县委、县政府迅速启动自然灾害三级响应，成立县抗灾救灾工作领导小组，分管副县长任组长，民政、安监、水务、农业、气象等相关单位为成员，分赴受灾严重乡镇开展抗灾救灾，紧急转移安置灾民21人；对房屋倒塌的8户受灾群众每户发帐篷1顶、大米100千克、棉被2床、食用油二桶；对房屋严重受损的受灾群众每户发大米50千克并安排投亲靠友，同时组织各乡镇民兵对受损房屋进行排险加固，保障了受灾群众的基本生活。8月4日石林三个乡镇1.7万余人遭受严重风暴灾后，县长及时带领各涉农单位负责人到重灾区查看灾情，开展救助，动员群众开展抗灾自救，将被吹打落的烟叶检回烘烤，将损失降到最低。

【泥石流救助】 6月21日，禄劝县乌东德镇暴雨山洪，出现山体滑坡，引发泥石流灾害，损失严重。县委、县政府及时启动自然灾害二级响应，组成抗灾救灾工作领导小组，分管副县长任组长并带领相关单位赶赴乌东德镇指导开展救灾工作，县民政局也成立了抗灾救灾工作领导小组，全局干部职工组成四个工作组，由局领导带队分赴各受灾乡镇核查灾情，安抚受灾群众，抗灾救灾，同时调运大米30吨、救灾帐篷30顶、食用油60桶、棉被60床、棉大衣20件、衣裤100套，转移安置受灾群众97人，切实保障了受灾群众基本生活。

9月11日，倘甸两区乌蒙乡持续大雨，除造成洪涝灾害，还导致公路塌方20余处2560立方米、泥石流5760立方米。两区社会事业局负责人及时组织民政科工作人员赶赴受灾地区查灾、核灾、安抚受灾群众，组织调运大米、棉被、食用油等救灾物资、进行安置救助。

2012年，全市共启动泥石流灾害应急响应2次，支出生活补助金38万元，给予口粮救助40人、衣被救助10人。

【地震救助】 10月13日，东川区汤丹镇发生3.1级地震后，区、镇领导和民政部门负责人及时赶赴灾区核查灾情，安抚群众，区民政局及时发放救灾粮2吨，对受灾群众进行粮食和衣被救助，使受灾群众情绪稳定，社会秩序正常有序。

11月10日，富民县与楚雄州武定、禄丰交界处发生3.5级地震后，县委县政府迅速组织人员赶赴灾区开展救灾工作，并组织有关部门做好应急准备。县民政局领导分赴灾区查灾、核灾、安抚受灾群众，受灾地区无人员伤亡，情绪稳定，生产生活趋于正常。

2012年，全市共支出地震灾害生活补助资金45750元；口粮救助200人，支出口粮款35250元；衣被救助100人，支出10500元，此外，已维修住房107户191间。

【森林防火】 2012年，全市森林防火工作以“两管六强化”为工作重点，狠抓责任落实和规范化管理。首先是加大森林防火经费投入，全年全市共投入防火经费14910万元，保障各项森林防火工作的开展。再是加强森防组织机构建设，明确县级森林防火指挥部专务副指挥长为正科职级，指挥部办公室机构规格为副科级，落实编制。三是强化火源管理力度，首次将违规用火纳入问责范围，共问责182人，问责率达95.5%。四是及时扑灭火灾，当日扑灭率达90.9%。在当年发生的11起火灾中已查处10起，查处率达90.9%。与同等气象条件的2010年相比，森林火灾次数同比下降76.5%，各类山火次数同比下降66.7%。在扑灭安宁、晋宁两个灭火硬仗中，再次取得全省森林防火年度考核一等奖。森林防火期共立案森林火灾案件81起，查处71起，查处率88%。森林警察支队全年累计出动兵力5124次、车辆491台次，圆满完成108次防火执勤和46次灭火作战任务。在玉门“3.18”和晋宁“3.28”等较大火灾扑灭中表现出色，有2个集体和48名个人被上级记功嘉奖。市政府拨给200万元专项经费，在支队组建抢险救灾应急分队和应急通信分队，在多样化非军事任务应急力量建设上做了有益尝试。

市双拥办按市委、市政府的要求，积极协调驻昆部队出动官兵8000余人次、车辆351台次，进行了15个昼夜的扑救，扑灭森林火灾面积501.3公顷，为国家减少经济损失6000多万元。

【灾后救助】 每次灾害之后，各级政府和民政部门重点抓好两个方面的工作：一是做好受灾群众安置工作，特别是做好受灾群众临时安置期间各项生活保障工作，保障受灾群众有饭吃、有衣穿、有干净水喝、有临时住所、有病及时得到救治。协调各方力量，逐年解决地质灾害受灾群众的住房问题，按轻重缓急的原则，做好地质灾害隐患点搬迁安置，保证人民群众生命财产安全。2012年共下拨地质灾害隐患点搬迁安置经费65万元。二是加强灾后恢复重建工作，积极协调配合住建、国土资源等部门，本着因地制宜、科学规划、统筹兼顾、规避灾害、经济实用的原则，及时研究制定和认真组织实施灾后恢复重建规划方案。认真落实农村受灾群众毁损房屋恢复重建补助政策，切实做好农村受灾群众毁损房屋恢复重建工作。

【社会捐助】 全市民政部门积极开展“送温暖，献爱心，慈善一日捐”“抗旱救灾捐助”“昭通彝良‘9·7’地震捐赠”等活动，共接收社会捐助款903.36万元、饮用水55813件8790桶、大米203.8吨、食用油148桶等。2012年昆明市向各县（市）区下拨了抗旱救灾意向捐赠资金500万元，市慈善总会也下拨了360万元，专项解决受灾群众生活困难问题。募集到的捐赠款物还用于支援外地州市，如支援昭通彝良地震灾区资金、衣物等共计340多万元。

【推进灾害应急计划】 坚持预防与应急并重，全力推进灾害应急计划，主要抓了三个方面的工作：

强化减灾防灾宣传，增强防范自救能力。一是开展防灾宣传，结合国家“防灾减灾日”和“国际减灾日”，利用电视、网络、报纸、通讯等媒体，采取发放宣传手册、设立宣传橱窗等形式，普及防灾减灾科普知识，增加人民群众的灾害安全防范意识和自救互救能力。在第四个“全国防灾减灾日”活动期间，全市共发放宣传资料20万册，摆放宣传展块板800块，悬排宣传布标幅350幅，出动宣传车100台次，接待现场咨询2万多人次，发送公益短信530万条，向全网有效用户发送公益短信420129条。二是开展综合减灾示范社区创建活动，充分认识减灾基础在社区，提高社区减灾能力才能有效降低灾害损失，具体制定社区减灾预案并进行演练，兴建避难场所，储备必要的救灾物资等。2012年申报了全国综合减灾示范社区4家。三是在全市范围内继续实施防灾应急“三小”工程，按照省民政厅要求，及时为全市每户家庭发放1本防灾应急小册子、1个防灾应急小急救包，2012年共发放小册子182万份、小应急包24万个。

严格按照《灾害应急救助工作规程》，指导县（市）区开展救灾应急演练，检验民政应急分队快速反应、组织指挥、综合协调能力，做到一旦灾害发生，能及时有效地维护受灾群众生命财产安全和基本生活，确保灾区社会稳定。从而形成统一指挥、反应灵敏、运转高效的灾害应急机制，提高了对重大灾害的应急救援能力。全年各级共开展应急演练150多次，培训1000多人次。

【林业有害生物防治】 2012年，全市林地有害生物发生面积15266.6公顷，成灾率0.7‰，完成防治13333.3公顷，防治率91.8%，完成政府目标考核任务。完成抗旱救灾应急工

程松毛虫防治任务6666.6公顷，成功预防林业有害生物因旱成灾。开展“绿盾”检疫执法行动，打击省内、省际违法调运行为，阻隔外来危险性林业有害生物入侵昆明。争取中央预算内林业基本建设资金758万元，加强11个县区林业有害生物监测预警执法体系建设，全面提高有害生物的防治能力。在全省率先开展飞机防治工作，在石林县实施飞机防治松毛虫6666.6公顷，松毛虫死亡率86.8%，各项指标达到防治技术方案要求。组织林农开展经济林病虫害防治，板栗金龟的防治率达到85%以上，保障了经济产业的健康发展。

【防　汛】　2012年，全市共投入抢险人数6517人次，投入中央、省、市、县防洪抢险资金1180.24万元，投入运输设备133班次、机械设备21台班，抗灾用油1.5吨、用电1.5万度，总物资消耗折算资金459.16万元。减淹面积304公顷，避免粮食减产2200吨，减少受灾人口6939人，解救洪水围困群众2223人，减灾经济效益627.4万元。

【水利设施管理和建设】　各级水务部门加强库塘管理，2012年末全市塘蓄水8.66亿立方米，其中大中型水库蓄水6.31亿立方米，中小型水库蓄水2.02亿立方米，比2011年同期增加1.71亿立方米，有利于缓解下年旱情。编制完成了《昆明市水中长期供水规划》、《南盘江流域综合规划》、《长江干流上游防洪工程项目规划》。完成了禄劝真金万中型水库、7件小（一）型水源工程、62件小（二）型病险水库除险加固。新建一座中型、4座小（一）型水源工程；续建2座中型及12座小（一）型水源工程。安宁王家滩水库、龙箐水库和禄劝战备水库、旧铁厂水库建成并蓄水试运行。柴石滩水库、石林团结水库扩建工程、嵩明麻箐水库、安宁打金殿水库、寻甸龙潭箐水库已通过竣工验收。启动47座小（二）型病险水库除险加固工程。总库容量的稳定和增加，提高了防汛抗旱的能力。

【水文资源监测服务】　昆明市水纹资源部门共管理17个水文和雨量站、10个水库湖泊站、37个云南省中小河（洪水易发区）遥测站、4个土壤墒情站、5个蒸发站的水情信息收集、整理报送，全年共编报水情快汛17期、《昆明市旱情简报》14期、《水情简报》6期，每日编报主要供水水库的蓄水和来水信息，为政府和防汛部门科学合理调度提供科学依据。“十二五”期间昆明市有18条中小河流列入山洪治理项目，每条河还各开发建设一套洪水预警预报软件系统，规划新建水位站12个、水文站8个、遥测雨量站149个以及昆明水文巡测基地，改造水文站5个，年末已建成遥测雨量站149个（含北斗卫星遥测站28个），完成安装调试并投入运行。

【防震减灾】　坚持24小时震情值班制度、地震速报制度、震情通报制度、地震异常落实制度和震情月、季、年会商制度。地震宏观联络员基本实现乡镇全覆盖，并对联络员和地震应急救援志愿者进行业务技能培训。2012年新建58支地震应急救援志愿者队伍，全市共有126支，队员5000余人。同时加强对救援装备的维护保养，完好率达95%以上。积极开展建设工程抗震设防要求的监督管理，全年共收到各类报件780件，全部按时限办结，无投诉情况发生。2012年共编写《震情跟踪月报》12期，编印《震情汇报》4期，调查落实宏观异常8起，收集处理各种地震目录1万余条、26项前兆资料分钟值数据、40项前兆资料整点数据值。完成全市40个强震台的运行维护，全年共收到21张地震预报卡，做出较好的短临预报。按照市抗震救灾指挥部工作会议要求，修订、完善、上报《昆明市抗震救灾应急工作方案》及《应急预案》，各县（市）区也进行了制定，按照“主动、慎重、科学、有效”的宣传工作方针，坚持开展防震减灾宣传，提高了广大市民的防震减灾意识，提升了对地震灾害的心理承受能力。与省地震局联合，在市区公交线路上开通了“防震减灾科普知识宣传栏目”。积极创建省、市防震减灾科普示范学校，东川、嵩明、富民、禄劝、石林、寻甸等县区先后组织相关学校开展地震应急避震演练，提高了师生面对地震的心理承受能力和防震避震应急疏散能力，年末全市共有防震减灾科普示范学校（幼儿园）38所。

2013年抗灾救灾　恢复建设

【综　述】　2013年，在昆明市委、市政府的领导和省民政厅的指导下，全市民政等相关部门继续贯彻落实党和国家救灾工作的方针政策，坚持抗灾救灾和减灾防灾并重，不断加强防灾减灾能力建设，使全市防灾减灾体系进一步建立健全，防灾减灾的应急救援和保障能力得到提高，较好地应对了连续五年干旱所造成的严重旱灾和风雹、洪涝、低温冷冻、泥石流、地震等自然灾害以及公共突发事件，切实保障了人民群众的生命财产安全，维护了社会稳定。具体开展了以下三个方面的工作。

1. 坚持预防与应急并重，推进防灾减灾能力建设。

（1）以各级物资储备库建设为重点，全面加强救灾物资储备网络体系建设。按照省政府关于预防和处置地震灾害能力建设10项重点工程实施方案的要求和2012年建设全市救灾物资储备网络的方案，市民政局一是研究出台了《昆明市民政局防灾减灾服务体系建设实施意见》，对全市各级救灾物资储备仓库建设进行了规划部署；二是加强部分条件成熟地区救灾物资仓库建设力度，2013年完成市救灾物资储备库新建项目的部分前期工作，支持嵩明、寻甸、西山、倘甸等县区推进新建县级救灾仓库的工作；三是进一步完善了救灾物资储备机制，2013年末全市已储备救灾帐篷3047顶、棉被29452床、衣服27655套（件）、雨鞋500双、雨衣500套，以及储水袋、应急包、发电机等各类救灾应急物资；四是加大对救灾设备装备的投入力度，配合省民政厅完成为全市各乡镇（街道）配备一辆救灾专用车、采购短波电台的工作，有效提高了救灾装备水平，2013年末市民政系统已配备五十铃工具车一辆、发电机2台、卫星电话2部、车载对讲机2部、手提对讲机8台、风镐4台，还有十字镐、撬棒、铁锹各300把等救灾装备。

（2）强化防灾减灾宣传，增强防范自救能力。一是结合国家“防灾减灾日”和省第五个“防灾减灾日”，通过各种新闻媒体和形式普及防灾减灾科普知识，增强人民群众的安全防患意识和自救互救能力。全市共发放宣传资料24万册（本），摆放宣传板块800块，悬挂张贴标语15000幅（张），接待现场咨询3万人次，尹建业副省长、李喜副市长等领导出席了活动；二是市委、市政府两办公厅下发了《关于对延伸开展防灾减灾宣传工作的通知》要求各级组织、各个媒体开展防灾减灾宣传“六进”活动，全市共开设防灾减灾宣传栏1600多块，播出公益广告和宣传片200多次，刊登防灾减灾科普知识30多篇。市工信委协调各电信公司通过手机发送公益短信6543184条；三是积极开展综合减灾示范社区创建活动，加强社区一级减灾预案的制定和演练，开展兴建避难场所、储备必要的救灾物资等工作，成功申报全国综合减灾示范社区3个。

（3）在全市继续实施防灾应急“三小”工程。已完成全市发放应急小册子的工作，正积极配合省民政厅进行发放小应急包的准备工作，市民政局严格按照《灾害应急救助工作规程》，指导各县（市）区开展救灾应急演练160多次，基本上形成了统一指挥、反应灵敏、运转高效的灾害应急机制，提高了对重大灾害的应急救援能力。

2. 加强防灾减灾体系建设，提高应急救援和保障能力。

（1）建立完善防灾减灾相关政策和各项保障制度。一是出台了《昆明市民政局防灾减灾服务体系建设实施意见》，从加强自然灾害风险隐患和信息管理能力建设、加强自然灾害应急救援能力建设、加强城乡社区防灾减灾能力建设、加强救灾物资储备体系建设、加强防灾减灾科普宣传教育能力建设等方面对全市防灾减灾体系建设提出了具体目标、要求，并制定了切实有效的保障措施和支撑项目，对提高全市防灾减灾能力具有重要的意义和作用；二是及时通知全市民政部门认真学习贯彻《云南省自然灾害救助应急预案》、《云南省自然灾救助实施办法》、《民政部关于加强自然灾害救助评估工作的指导意见》，并针对当年的灾害特点，认真修订和完善各级救灾应急预案，使之更具有针对性和可操作性；三是修改完善《昆明市民政局抗旱救灾工作方案》等防灾减灾或与防灾减灾密切相关的政策法规，用于指导全市各级民政救灾工作和防灾减灾工作；四是进一步完善灾害信息统计通报制度，确保灾情信息快报及时、核报准确、评估科学、发布规范。加强对灾害信息的会商和评估，形成灾害信息共享平台。

（2）进一步建立健全防灾减灾组织网络。一是继续发挥昆明市减灾委员会综合协调职能，负责落实省、市政府的减灾工作安排部署，研究制定和组织实施全市减灾规划，协调开展全市重大防灾减灾活动，指导各部门开展防灾减灾工作，推进防灾减灾工作的交流与合作，同时要求各县（市）区建立健全相应的救灾应急综合协调机构，从而建立和完善了协调联动、灾情会商、信息共享、应急响应等规范有效的工作机制；二是调整昆明市民政局救灾应急处置领导小组，由局长任组长，分管救灾工作副局长为副组长，机关各处室负责人为成员，负责突发事件的应急管理和处置；三是加强灾害应急分队和信息员队伍建设，及时调整充实市局应急分队，由机关各处室人员组成应急分队，负责自然灾害及突发事件发生后的受灾群众转移和安置。要求各县（市）区继续加强救灾应急队伍建设，调整充实人员，加强应急救援装备的配置，同时继续加强对以乡镇为主导，以县区民政部门、乡镇（街道）、村为主体的灾害信息员队伍建设，鼓励信息员参加培训及资格认证，大幅提升全市灾害信息管理水平。

（3）抓好避难场所和应急安置点等应急救灾设施建设。把城市自然灾害应急避难场所建设纳入城市建设整体规划，按照“防火灾、防洪涝、防地震”的要求，协调有关部门整合社区、学校、广场等公共资源，积极抓好应急避难场所和应急安置点建设，年末全市已建成225个应急避难场所，并进行功能区划分，设置了明显标志，配备相应的应急生活救助设施，储备了棉衣、棉被、饮水袋、发电机、帐篷等各类应急物资，保证受灾群众有饭吃、有干净水喝、有住处。

3. 全面做好受灾群众生活救助工作，确保受灾群众基本生活。2013年昆明地区连续五年干旱，而且风雹、洪涝、泥石流、冷冻、地震等自然灾害多灾并发，造成严重损失。为保障人民群众生命财产安全和受灾群众生活，全市民政部门认真贯彻落实市委市政府的决策部署，第一时间赶赴灾区、第一时间统计上报灾情、第一时间启动救灾应急响应、第一时间调拨灾物资、第一时间组织社会捐助，全力以赴开展救灾工作，切实保证了受灾群众的吃、喝、穿、住、医。据统计，全市全年共启动救灾应急响应29次，投入救灾资金4673.96万元，购买粮食5373.4吨、棉被32530床、衣物33135套（件）等，救助受灾群众743567人次（其中口粮救助400377人、衣被救助100000人、饮水救助141984人、其他救助45206人），已重建住房129户299间，已维修住房8892户20561间，较好地方维护了灾区的正常生活秩序和社会稳定，使之得到恢复和发展。

全市各级民政部门严格贯彻落实救灾资金管理相关规定，不断加大监管力度，坚持专款专用，重点使用，防止截流、挪用和沉淀救灾资金等违规行为，确保了救灾物资和资金发放的公开、公平、公正。积极配合审计部门做好自然灾害生活救助资金和捐赠资金的审计工作，顺利通过了对各项资金的审计。

【抗旱救灾】 2013年是昆明地区自2009年以来连续干旱的第五年，北部各县区不仅1～5、6月份干旱，7～9、10月还发生了秋旱，农作物受灾严重，部分地区人畜饮水困难。市委、市政府对此高度重视，把抗旱保民生作为当前压倒一切的头等大事来抓，多次召开专题会议，对抗旱救灾工作进行安排部署，省委、省政府分管领导和市委、市政府主要领导多次深入受灾一线指导抗旱救灾工作。市民政局牢固树立“以人为本，为民解困，为民服务”的指导思想，及时调整完善了《昆明市民政局抗旱救灾工作方案》，成立了抗旱救灾工作领导小组，由局领导带队，定点联系，深入县区指导、督促抗旱工作，查看灾区受灾情况，摸清受灾群众缺粮情况，掌握缺粮人口信息，及时开展救助，不漏一户，不缺一人。全市共启动旱灾应响应13次，支出旱灾生活补助资金2285.9116万元，救助干旱受灾群众549037人次，其中口粮

救助317658人次、衣被救助63720人次、饮水救助136404人次、其他救助（含临时救助等）9270人次。救助人口接近12万的有宜良县，6至8万的有嵩明县、石林县、寻甸县，3万以上不足5万的有晋宁县、富民县、倘甸两区、禄劝县，1万以上至2万余的有东川区、盘龙区、其余不足1万人。

各级民政部门在重点抓好抗旱救灾的同时，坚持做好两个方面的工作：一是做好受灾群众生活排查，解决好冬春期间受灾群众口粮、衣被、取暖等方面困难，及时将生活困难的受灾群众纳入冬春临时生活救助范围，并根据经济社会发展水平，适时提高生活救助标准。2012年12月至2013年2月，全市共投入冬春受灾群众生活救助金3290.3万元，救助40.53万人次；二是做好日常生活救助工作，根据日常灾情发生情况，及时发放救灾物资，对受灾群众进行临时救助，同时将因灾造成长期生活困难并符合条件的受灾群众纳入最低生活保障，切实保障灾民基本生活。

【保障服务】 在全市旱情和人畜饮水形势严峻的情况下，昆明水文部门加强土壤墒情及枯季径流观测和分析预报工作，及时提供水文信息，为决策部门提供对策建议，向省防汛抗旱部门报送干旱信息，报送蒸发、降水、水位、流量、水库库容信息3620站次，并于汛前编写完成《2013年昆明市雨水情趋势预测》，编制16期旱情简报，向市政府和防汛办报送枯季每旬水情信息，为合理调度和防灾减灾提供了保障服务。

市气象部门加强气象科技能力建设，努力提高预报预测准确率，及时发布预警信息，并使之成为防灾、减灾中有效的“消息树”、“信号枪”。制定并于3月1日起正式实施《昆明市雷电灾害防御条例》，从3月25日启动干旱应急IV响应，6月份开展了气象灾害应急气象服务演练，积极提供安全保障服务。12月3日，省气象局与昆明市政府签署了《推进昆明率先实现气象现代化共建美好幸福新昆明气象服务保障体系合作协议》，充分发挥气象对昆明综合防灾减灾、生态建设等方面的基础性、先导性作用。

【抗旱增蓄】 水务部门建立了党政主要领导抓抗旱救灾工作制度，加强雨情、水情、墒情和旱情的科学监测预报，先后启动一般级（IV级）、重大级（Ⅱ级）抗旱救灾应急响应，多措并举增加库塘蓄水，合理调配水资源，强化节约用水和计划供水，继续制定“一城一策、一县一策、一镇一策、一村一策、一库一策”供水方案，实施清水海上游三个分散水源引水至板桥河水库应急工程，完成牛栏江应急备用水源补给工程；启动市级68件抗旱应急工程，增加蓄水104.41万立方米；组建抗旱服务队拉水、送水，发动群众抗灾自救，全市共投入抗旱人数28.95万人，投入抗旱设施机电井1165眼、泵站622处、机动抗旱设备1.51万台套、机动送水车11195辆，临时解决35.31万人、13.51万头大牲畜饮水困难。

【洪涝灾救助】 全市共启动洪涝灾害应急响应5次，支出洪涝灾害生活救助资金184.29万元，救助受灾群众19015人，其中口粮救助8930人、衣被救助7341人、其它救助2129人，重建房屋79户183间，维修住房114户258间。

2013年，虽然降水和强降水天气较常年偏少，但汛期因暴雨和强对流天气造成的洪涝灾害却很严重。特别7月18日至20日（尤其19日）主城的暴雨为超百年不遇。盘龙、五华、官渡、呈贡、阳宗海、禄劝等区县均遭受严重洪涝灾害，省委、省政府高度重视，秦光荣书记、李纪恒省长就抢险救灾作出重要指示，市委、市政府领导第一时间赶赴一线指挥抢险救灾。昆明市防汛抗旱指挥部立即启动《昆明市防汛抗旱应急预案》重大级应急响应，调集驻昆解放军、武警部队及全市各级各部门全力以赴开展抢险救灾工作。各级民政部门按照市委、市政府的部署和要求，第一时间赶赴灾区、第一时间核查上报灾情、第一时间救助受灾群众，全市共设置受灾群众临时安置点3个，紧急转移安置1121人，搭建救灾帐蓬147顶，发放衣服300件（套）、棉被925床、粮食3000千克、雨衣120件、雨鞋120双、彩布条150卷、应急灯153台、临时救助资金37000元。

“7·19”防汛抢险救灾，全市各级各部门共投入48817人次，其中部队官兵25572人次、地方人员12572人次、防汛机动抢险人员10673人次；投入抢险物资：编织袋15.72万条、编织布4.94万平方米、档水设施4330米、砂石料18.82万立方米、木材0.71万立方米、钢材117.08吨、救生衣1333件、抗灾用油69.52吨、抗灾用电18.48万度；投入抢险设备：抢险舟201舟次、运输设备8360班次、机械设备3169台班。7月21日，抢险工作基本完成，淹积水基本消退，同时调整充实了城市防汛指挥部，启动了昆明市城市（雨水）防涝规划、城市防洪总体规划修编等项工作。

【风雹灾救助】 全年共启动风雹灾害应急响应4次，支出风雹灾害生活补助资金315798元，救助受灾群众53430人，其中口粮救助39905人、衣被救助18523人、饮水救助5580人、其他救助2302人，已重建住房33户78间，已维修住房29户64间。遭受风雹灾害较多的是禄劝县、石林县、晋宁县，禄劝县发生损失在58～639万元风雹灾5次，石林县发生损失在74万到591万元的风雹灾4次，晋宁县发生损失在64万到150万元的风雹灾4次。其中禄劝县翠华等五乡镇8月15日、16日发生直接经济损失639.5万元的风雹灾后，县委、县政府立即启动自然灾害四级响应，成立县抗灾救灾工作领导小组，分管副县长任组长，民政等相关部门为成员，分赴各受灾乡镇指导抗灾救灾，抚慰受灾群众，县民政局及时调拨大米20吨分发受灾群众，积极协调烟草公司、保险公司开展理赔工作，并组织群众进行生产自救，保障了受灾群众基本生活。

【低温冷冻灾救助】 全年共启动冷冻灾害应急响应1次，投入冷冻灾害生活补助资金201.3698万元，救助受灾群众39309人次，其中口粮救助10676人次、衣被救助1061人、其它救助10744人次。其中东川12月中旬因持续低温降雨降雪等恶劣天气，灾情较严重，农业经济损失达1081.18万元，民政部门及时核查实情，先后发放救灾粮50吨、棉被500床、棉大衣100件、衣服150套，救助受灾群众3486人次，保障了受灾群众的基本生活。晋宁县1月8日遭受大范围低温冷冻，其中夕阳乡一字格村受灾较为严重，县委、县政府高度重视，及时安排民政等部门深入了解灾情，配合群众积极开展灾后自救，并发放价值2.5万元的228袋大米和228桶食用油，用于解决群众生活困难。

【雪灾救助】 12月14～16日，昆明地区普遍降雪，其中阳宗海管理区和晋宁、富民、宜良、西山、禄劝等县区不同程度受灾。全市共启动雪灾应急响应6次，支出雪灾生活补助金154.01万元，救助受灾群众64330人次，其中口粮救助12130人次、衣被救助1982人、其他救助20440人次。晋宁、富民、禄劝三县受灾较重。晋宁县相关部门深入灾区了解灾情，积极配合群众开展灾后自救，民政部门及时下拨棉被360床、棉衣260件，并结合冬春荒救助帮助群众解决生活困难。富民县委、县政府组成救灾工作组，分赴灾区指导救灾工作。民政部门及时深入各灾区实地调查灾情，及时统计上报，准确掌握受灾群众生活困难情况，紧急调运救灾粮160吨、棉衣500件、棉被500床，及时发放给受灾群众，共救助雪灾受灾群众9727人。禄劝县各级政府和相关部门深入受灾村组调查核实灾情，由乡镇（街道）组织受灾群众进行生产自救，民政部门根据冬令、春荒生活救助流程对受灾户进行生活救助，有效保障了受灾群众的基本生活。

【泥石流救助】 全年共发生具有一定规模的泥石流灾害4次，民政部门共投入泥石流灾害生活补助资金39.3411万元，救助受灾群众1040人，其中口粮救助649人、衣被救助289人、其他救助102人，已重建住房10户24间，已维修住房48户128间。各县区政府和民政部门及时进行了救助。

6月7日，倘甸两区雪山乡书姑槽子发生泥石流灾害后，整个村子成了乱石滩，雪山乡工作领导小组安排2名监测人员24小时轮流值班，民政部门在第一时间组织部分受灾群众撤离，转移到安全地带，设置临时安置点，搭建4个帐篷。社会事业局民政科分赴灾区调查核实灾情，调运大米300吨、棉被450床、帐篷50顶进行安置救助，确保受灾群众基本生活。

7月4日，禄劝县翠华镇新华村发生泥石流灾害，县政府和民政部门及时进行核查，共救助受灾群众402人，其中口粮救助300人、其他救助102人，已重建房屋8户24间，已维修住房3户6间。

6月23日，东川区汤丹镇姑庄村新店房发生较大泥石流后，区政府及时组织人员清理道路交通和涵洞，防止泥石流洪涝二次发生。民政部门搭建救灾帐篷4顶，紧急撤离受灾害严重影响的7户受灾群众，及时发放粮食2吨，救助受灾群众162人次，因组织到位，措施得当，未出现人员伤亡，群众情绪稳定。7月23日，汤丹镇同心村桂家小组及姑庄村新店房又发生泥石流灾害，造成严重损失，并给两村和下部黄水箐电站造成重大安全隐患。民政部门及时赶赴现场指挥救援，将受威胁群众全部撤离转移到安全地带。发放救灾粮2吨，搭建帐篷5顶，救助受灾群众87人次，保证了受灾群众的基本生活。

【山体崩塌救助】 东川区因民镇青龙山、富民县赤鹫镇永富村委会龙发村先后于5月2日、6月27日发生山体崩塌灾害后，民政部门及时核查灾情，共支出山体崩塌灾害生活救助资金6.3945万元，救助受灾群众132人，其中东川区救助20人，支出支活救助金2145元；富民县救助112人，支出生活救助金61800元，保障受灾群众基本生活。

【地震救灾】 东川区“11·16”4.5级地震发生后，民政部门第一时间赶赴灾区核查灾情，稳定受灾群众情绪。省委书记秦光荣同志就做好震后救灾工作做了重要批示，市委、市政府领导高度重视，市长李文荣、副市长李喜、秘书长胡炜彤率领市民政局负责人和救灾处同志及时赶赴灾区，指导抗震救灾工作。民政部门紧急转移安置受灾群众323人，共向灾区发放帐篷120顶、被子4195床、棉衣2160件、彩条布6卷、大米78吨，以及应急包等，安排市级救灾资金100万元，东川区财政还紧急拨款20万元，投入帐篷50顶、折叠床100张，确保了救灾工作的迅速开展。受“11·16”地震波及的倘甸两区雪山乡党委、政府及时成立了震后工作领导小组，制定了地震应急预案，组织救援小分队并进行了救援演练，统计了全乡范围的工程机械，为下一步抗震救灾做好准备，区社会事业局负责人带领民政科人员组织救灾工作组分赴灾区查灾、核灾、安抚受灾群众，并调运救灾大米400吨、棉被600床、食用油200桶，用于转移救助受灾群众。据统计，此次地震共支出生活补助资金91.9102万元，救助受灾群众17055人，其中口粮救助10200人、衣被救助6855人，已维修住房8163户19946间。

【森林防火】 2013年，全市森林火灾当日扑灭率达100%，火案查处9起，查处率达90%。森林火灾、过火面积、受害面积与近4年均值相比分别下降了65%、53%、70%，实现了“三个下降”和人员“零伤亡”的目标。武警森林支队努力推动部队全面建设上质量上台阶，高标准实现“两个确保”，全年累计出动兵力11700人次，完成60起林政执勤和50起灭火作战任务，被评为“全国森林防火工作先进单位”。经各级双拥办协调，驻昆部队出动官兵，积极参与扑救“2·28”“3·01”“3·30”“4·08”“4·09”等火灾，全年共参与扑灭森林火灾50多起，减少国家财产损失4000多万元。

【灾后救助】 一是做好受灾群众安置工作，做好受灾群众临时安排期间的各项生活保障工作，保证受灾群众有饭吃、有衣穿、有干净水喝、有临时住所、有病能及时得到救治。二是协调各方力量，逐年解决因地质灾害受灾群众的住房问题，按轻、重、缓、急的原则，做好地质灾害隐患搬迁安置工作，保证人民群众生命财产安全。三是加强灾后恢复重建工作，民政部门积极协调住建、国土资源等部门，本着因地制宜、科学规划、统筹兼顾、规避灾害、经济实用的原则，及时研究制定和认真组织实施灾后重建规划方案。认真落实农村受灾群众毁损房屋恢复重建补助政策，切实做好恢复重建工作。

【困难群体救助】 2013年入冬以来，全市民政部门加大对困难群众的救助力度，确保他们安全过冬。一是及时下拨救助资金，11月份以来共下拨城乡低保补助资金1.08亿元、医疗救助资金1000万元、临时救助资金800万元，保障了各类救助资金能及时发放到困难群众手中。二是组织民政等部门人员深入基层、深入现场及时帮助孤寡老人、残疾人、贫困人员等困难群众解决衣被、食品和燃料等生活必需品，保障困难群众的正常生活。三是加强面向老人、残疾人、孤儿、五保的福利服务设施和机构的安全管理，组织开展以防火、防冻、防煤气中毒为重点的安全隐患排查工作，做好电器电路的安全检修、易燃易爆物品清理、取暖设施检查等，严防各类事故发生。四是制定下发了《关于切实加强今冬明春流浪乞讨人员救助工作暨开展“寒冬送温暖”专项救助行动的通知》，各县（市）区民政部门组成工作组，加强与公安、城管、卫生部门的联动，由街道（乡镇）、社区进行全面巡查，共救助流浪乞讨人员337人次（含未成年人34人次，残疾人162人次），发放53600元的衣物食品。12月13－16日突然降温期间再次救助234人次（其中未成年人26人次，残疾人73人次），发放4万多元的防寒衣被及食品。对流浪乞讨人员中的危重病人及时送定点医院救治，切实保障了流浪乞讨人员的基本安全。

【社会捐助】 2013年，昆明市先后组织了“抗旱救灾捐赠”“四川芦山地震灾区捐款”等活动，共收到社会捐款39.3万元、价值110万元的帐篷、衣物等物资。募集的捐款、物资按捐赠意向使用，一是用于昆明市受灾群众和困难群众生活救助，一是捐赠给外地受灾群众。其中援助迪庆州香格里拉“8·31”地震灾区现金100万元、帐篷100顶、棉被200床；援助四川芦山地震灾区及其它地区受灾群众资金、物资等共计120多万元。

【林业有害生物防治】 林业有害生物防治检疫坚持“预防为主、科学治理、依法监管、强化责任”工作方针，不断提高森林病虫害防治能力，圆满完成防治任务。全市林业有害生物累计发生面积14346.6公顷，完成防治面积13960公顷，防治率98.7%；林业有害生物成灾面积706.6公顷，成灾率0.78‰，实现林业有害生物测报准确率95.4%，种苗产地检疫率达99%。

【防　汛】 水务部门认真落实防汛行政首长负责制、部门责任制、重点部位责任制和岗位责任制，编制完善防汛应急预案，城市防洪预案等、开展防汛排涝检查，严格调度运行管理，抓好抢险应急队伍建设和物资储备，落实总价值560万元的防汛应急物资，加强防汛应急值守，有效处置主城区淹积水及禄劝、寻甸等县区灾情。

【水利设施管理和建设】 2013年末，全市库塘蓄水10.18亿立方米，虽比历史同期14.42亿立方米少4.24亿立方米，但比2012年同期8.65亿立方米增加1.53亿立方米，有利于来年抗旱。编制完成昆明市小康水务规划，完成《昆明市“十二五”水务发展规划》中期评估，加快项目前期工作，新建1件中型、4件小（一）型水源工程；续建15件中小型水源工程，王家滩水库试蓄水，复兴水库基本完工，酸水塘水库主体工程收尾。牛栏江—滇池补水工程全线通水，寻甸清水海农灌水源替代工程全面启动，实施39件小（二）型病险水库除险加固。东川坝塘水库、禄劝双化水库、官渡宝象河2件中型病险水库除险加固工程通过验收。这些水利设施的建成和加固，将提升昆明地区的增蓄抗旱和防汛能力。此外，建成农村集中供水工程611处，解决22万农村人口和0.4861万农村学校人口饮水安全；建成“爱心水窖”8.09万个，增蓄175万立方米，解决和改善5.1万人饮水困难；通过修建灌溉设施和水渠，新增有效灌溉面积2733公顷，改善灌溉面积12313公顷。

【水文监测】 昆明水文水资源局管辖国家基本水文站22个、专用水文站19个、雨量站256个、蒸发站24个、泥沙监测站8个、水质监测站6个、土壤墒情监测站5个，负责20座大中型水库水文业务指导，同时承担213个站（含水文、雨量站）水情报汛任务，形成了覆盖全市江河湖库的水文资源监测网络和水情报汛网络。在2012年建设的基础上，继续推进中小河水文站网建设工作。2013年末已完成所有遥测雨量站的建设，水文、水位站点已处于竣工验收阶段。昆明市水文部门通过对辖区内水位、流量、降水量、泥沙、蒸发、地下水位及水质、墒情等水文要素的分析，对水资源的量、质及其时空变化规律的研究，以及对洪水和旱情的监测与预报，为昆明市国民经济建设、防汛抗旱、水资源的配置利用和保护提供了基本信息和科学数据。

【防震减灾】 防震减灾部门坚持震情监测24小时值班和交接班签字制度，认真填写震情值班登记簿，对出现的前兆异常和各项宏观异常进行及时会商和落实处理，局领导亲自带队及时深入现场进行调查和落实，根据不同情况请各类专家和技术人员共同调查研究，两次有效应对来自国内外少数专家的震情预报意见，共落实异常13次，使宏观异常及时得到排查，消除市民疑虑、确保了社会稳定。加强工程抗震设防要求的监督和管理，出台了《关于定期备案建设项目行政审批材料的通知》，加强行政审批下放后的监管和服务。全年收到建设工程抗震设防要求报件214件、建设工程防震选址报件243件及选址征求意见函12件，全部按时办结，无投诉。积极开展创建云南省、省地震局、昆明市地震安全示范区活动，共创建国家级、省级示范区各3个；省局示范区4个；市级示范区6个，提高了社会防震水平。市政府全年共投入近5千万元，依托部队，武警建立了2支300余人专业地震应急救援队伍、5支地震应急救援大队；依托森林消防组建了150人的工程机械大队；依托电力、水务、燃气公司组建了500人的水电气、化学危险爆炸品处置大队；依托昆明警备区组建了2750人的民兵预备役机动大队。同时加强各救援队分类指导，组织深造和培训，提高了应急救援综合能力和队员整体素质。七、八月份分三期组织东川等10县区300多名地震应急救援志愿者骨干队员进行防震减灾业务技能培训，形成中坚力量，起到带动和稳定志愿者队伍的作用。创建防震减灾科普示范学校45所，其中省级4所、市级41所（含幼儿园1所），培训防震减灾科普知识辅导员300余人。广泛开展防震减灾宣传，发放宣传资料11万份（册）。组织了“4·25平安昆明”地震救援综合演练和“8·27地震应急救援通信保障”演练，检验了《预案》，锻炼了队伍的协调配合和保障能力。

（曾　筹）

昭通市

概况

【地理环境】 昭通市位于云南省东北部、金沙江下游右岸，处于云贵川三省结合部，东南面与贵州省毕节市相接，西南面与曲靖会泽、昆明东川相连，西面、北面、东北面与四川凉山、宜宾、泸州毗邻，处于昆明、成都、贵阳、重庆四大中心城市辐射的交汇地带，素有“咽喉西蜀、锁钥南滇”、“云南北大门”之称。

昭通地形复杂，地势西南高、东北低，属典型的山地构造地形，山高谷深，市内平均海拔1685米，其中市政府驻地海拔1920米，最高海拔4040米（巧家县药山），最低海拔267米（水富县滚坎坝）。昭通属亚热带、暖温带共存的高原季风立体气候区域。

【历史资源】 古称“朱提”、“乌蒙”，是中原文化传入云南的重要通道，古“南丝绸之路”之要冲，早期云南文化的三大发祥地之一。1935年2月，中央工农红军长征途经这里，中共中央在威信召开了具有重大历史意义的“扎西会议”，为中国革命开启了新的篇章。

昭通素有“资源金三角”和“聚宝盆”的美誉。水能蕴藏量巨大，建设中的溪洛渡、向家坝、白鹤滩3座巨型水电站总装机超过3400万千瓦；到“十三五”中期，随着水电、火电、煤炭基地的全面建成，昭通将成为西部重要的能源基地。矿产资源丰富，已知矿种33种，煤、硫铁矿储量居全省首位。煤炭储量165.8亿吨，其中昭通坝区褐煤储量81.9亿吨，为我国南方最大的褐煤田。昭通是云烟的主产区之一，是全国山嵛菜、马铃薯、白魔芋种植最适宜生长和种植面积最大的区域，是我国南方优质苹果基地，全国品质最优的野生天麻的核心区域。

【人口经济】 全市辖10县1区，国土面积2.3万平方千米，现有人口592万人。2013年，全市完成生产总值634.7亿元，增长13.4%，增速居全省第4位。完成规模以上固定资产投资548.5亿元，增长30.04%，增速居全省第7位。完成地方公共财政预算收入47.47亿元、支出261.13亿元，分别增长20.3%和5.3%。实现城镇居民人均可支配收入18724元，增长14.2%，增速居全省第1位；实现农民人均纯收入4604元，增长18.1%，增速居全省第2位。完成社会消费品零售总额169.88亿元，增长13.6%。

2012年灾情

【气候概述】 2012年，昭通市天气气候异常，极端天气突出，先后经历了低温雨雪、冬春重旱、初夏高温、风雹、夏季冷害及秋季连阴雨灾害。年平均气温南部正常略高，北部、东部正常略低；年降水量北部正常略多，其余正常略少到偏少；年日照时数大部正常略少到偏少。雨季开始期正常到偏晚，汛期雨日偏多，雨量时空分布极其不均匀，单点性强对流天气偏多，暴雨洪涝及次生灾害偏重，6月出现低温冷害、8月下旬高海波地区出现“抽扬期低温”，9月中旬至10月上旬出现连阴雨。特别是“9·07”彝良地震之后的“9·11”区域性特大暴雨，为历史罕见。年内小春生长季内，受冬春干旱叠加影响，气象条件对小春作物的影响是弊大于利，小春气候年景属中等偏差年景；大春作物主要生长季的5～10月，全市平均热量资源和降水资源属正常年，光照资源属偏少年，大春气候年景属中等年景，综合评价2012年昭通气候年景属中等稍差年景。

【灾害概述】 2012年，全市重特大自然灾害突出。年初，遭受低温雨雪冰冻灾害。2月至5月，出现高温少雨天气，致使大部分地区出现严重干旱灾害。进入主汛期，先后发生了“6·30”、“7·15”、“7·22”、“8·06”、“9·11”洪涝灾害，特别严重的是“9·07”地震灾害给灾区人民的生命财产造成了严重的损失。

全市因各种自然灾害造成受灾人口415.08万人，因灾死亡128人，失踪3人，受伤5592人，紧急转移安置人口24.21万人，饮水困难人58.99万人；饮水困难大牲畜28.38

万头（只），因灾死亡大牲畜2394头（只）；因灾倒塌房屋10739户40528间，严重损坏房屋43689户134397间，一般损坏146391户330651间；农作物受灾面积26.59万公顷，成灾19.76万公顷，绝收2.4万公顷。此外，电力、通讯、交通、水利、教育、卫生等设施不同程度受损。因灾造成直接经济损失82.59亿元，其中：农业直接经济损失12.92亿元。

【干旱灾害】 2012年2月至5月，由于降雨异常偏少，全市再次遭受严重干旱灾害。其中，昭阳、鲁甸、巧家、彝良、永善5县区均为特旱，大关为中旱，其余县为轻旱。干旱持续时间长、影响范围广、造成危害大。干旱造成昭阳、鲁甸、巧家、盐津、永善、彝良、大关、绥江、水富、威信、镇雄等11县区115个乡镇849个村12439个村民小组不同程度受灾。受灾人口39.95万户163.82万人，饮水困难人口68.57万人（其中：478所农村学校18.5万人饮水紧张）；饮水困难大牲畜28.33万头；农作物受灾面积16.37万公顷，成灾13.01万公顷，绝收1.59万公顷；林地受灾面积18.86万公顷，草场受灾面积0.73万公顷。因灾造成直接经济损失60314.77万元，其中，农业直接经济损失59675.99万元。

【昭阳区发生低温冷冻灾害】 3月，昭阳区遭受了低温倒春寒凌冻灾害侵袭，城区、坝区气温骤然下降到零度以下，坝区以永丰、北闸、太平、旧圃、洒渔、乐居、苏家院等7个乡镇的情况较为突出。樱桃、桃、梨等受冻脱落；烤烟苗、蔬菜苗等也不同程度受到影响。造成全区6443户20620人受灾。经济林果和早春特色蔬菜等经济作物受灾面积共计3058.8公顷。直接经济损失约596.5万元。

【彝良县发生风雹灾害】 5月10日19时，受强对流天气的影响，彝良县龙街、奎香、两河、树林、牛街5个乡镇遭受冰雹灾害。共有15个村180个村民小组7823户35921人不同程度受灾。农作物受灾2745.97公顷，成灾2285.71公顷，绝收860.1公顷；一般损坏民房256户475间。直接经济损失437.67万元，其中农业经济损失387.97万元。

【昭阳区发生风雹灾害】 5月11日18时，昭阳区洒渔乡遭受风雹灾害，共造成洒渔乡白鹤村6个村民小组420户1550人受灾。经济林果受灾面积156.67公顷。直接经济损失达840万元。

【彝良县发生风雹灾害】 5月19日19时40分，彝良县龙街乡发生风雹灾害，3个村16个村民小组354户1486人受灾，农作物受灾677.7公顷，成灾677.7公顷，绝收370.1公顷。直接经济损失246.6万元。

【大关县发生低温灾害】 6月，大关县持续阴雨低温寡照天气，造成全县18个村2583户12629人受灾，农作物受灾846公顷，成灾592公顷，绝收237公顷，直接经济损失266万元。

【巧家县发生洪涝灾害】 6月10日，巧家县洪涝发生灾害，造成16个乡镇91个村委会739个村民小组7804户37528人受灾，农作物受灾1709公顷，成灾1025公顷，绝收304公顷。民房倒损222户416间，药山镇1人被掩埋，直接经济损失3060万元，其中农业经济损失1530万元。

【盐津县发生4.4级地震】 6月12日21时40分39秒，盐津县发生4.4级地震，震中位于北纬28°06′，东经104°17′。地震造成震中牛寨乡、兴隆乡房屋倒塌、房屋拉裂、岩石垮塌、大量危石滚落现象。盐津县城、牛寨乡、兴隆乡震感强烈。全县10个乡镇21个村居177个村居民小组5850户21085人不同程度受灾，轻伤6人，倒塌房屋28户63间，严重受损162户308间，一般受损1281户2151间，校舍损毁2100平方米，经济损失929.92万元。

【镇雄县发生洪涝灾害】 6月28日，镇雄县境内普降暴雨，15个乡镇61个村487个村民小组40421户173810人不同程度遭受洪涝灾害。农作物受灾面积8508.67公顷，成灾7068.4公顷，毁坏公路2000米；直接经济损失2650万元。

【彝良等5县发生洪涝灾害】 6月29日，彝良、鲁甸、镇雄、威信、盐津等5县境内持续普降大到暴雨，最大降雨量达75.8毫米，造成5县45个乡镇219村1883个村民小组75520户304926人受灾，紧急转移安置52户221人。农作物受灾13722.25公顷，成灾10588.66公顷，绝收4993.72公顷；房屋倒塌28户48间，严重受损68户169间，一般损坏102户287间。电力、交通、水利等基础设施受损严重。直接经济损失约7416.92万元，其中：农业经济损失4735.79万元。

【昭阳区发生洪涝灾害】 6月30日，昭阳区苏家院、乐居、永丰等乡镇遭受暴雨洪灾袭击，共造成20乡镇、办事处54个村277个村民小组20385户75425人受灾，被洪水围困人口7995人，紧急转移4332人，2人受伤。倒塌房屋212户249间。农作物受灾4961.74公顷，成灾4306.27公顷，绝收655.47公顷；基础设施损毁严重。造成直接经济损失8167.57万元。

【昭阳区发生山体滑坡】 7月11日21时，昭阳区洒渔乡大桥村小桥边自然村公路边山体出现滑坡，半边道路被土方阻塞。全乡共有6个行政村4100户14350余人受灾，造成农作物受灾414.67公顷、成灾296.67公顷、绝收118公顷，2间房屋垮塌、30余家房屋进水、造成6家人的房屋变成危房，3处公路交通受阻，损毁水闸1座、损坏灌溉设施11处，造成直接经济损失504万元。

【盐津县发生洪涝灾害】 7月15日20时，盐津县范围内普降暴雨，局部地区最高降雨量达142.7毫米。共造成牛寨、盐井、庙坝、落雁、普洱、滩头、兴隆7个乡镇23个村（社区）465个村（居）民小组5509户19647人受灾。倒塌房屋

7户11间，严重损坏210户315间，一般损坏627户752间。农作物受灾581.7公顷，成灾423.7公顷，绝收141.2公顷。基础设施不同程度损坏。直接经济损失5137.9万元。

【昭阳区发生洪涝灾害】 7月15日晚，昭阳区境内遭受暴雨袭击，最高短时降雨量达到180毫米，共造成苏甲、洒渔、苏家院、靖安、大寨子等12个乡镇113个村234个村民小组21353户79006人受灾，紧急转移人口245户953人，因灾造成1人死亡，9人受伤。房屋倒塌92户105间，1040户1099间房屋进水成危房。农作物受灾1581.26公顷，成灾1408.26公顷，绝收173公顷。交通、电力、水利等基础设施毁坏严重。造成直接经济损失3539.16万元。

【威信县发生滑坡】 7月17日，威信县麟凤镇金竹村莱家湾村民小组山体滑坡，造成31户138人受灾。59间房屋损坏，43间被土淹埋，农作物受灾0.3公顷，成灾0.3公顷，绝收0.3公顷；毁坏耕地0.3公顷。因灾造成直接经济损失320万元，其中：农业直接经济损失110万元。

【彝良县发生山体滑坡】 7月18日上午9时15分，彝良县角奎镇发界村营盘、堰沟两村民小组发生滑坡灾害。共造成23户54人受灾。房屋倒塌8户23间，严重损坏15户46间。8户村民家里的电器及家具部分受损。造成直接经济损失221万元

【威信县发生洪涝灾害】 7月21日15时，受强对流天气影响，扎西、水田、双河、高田、罗布、旧城等10个乡镇普降大到暴雨，降雨量达143.4毫米。共造成10乡镇76个村787个村民小组21628户97328人受灾。房屋倒塌15户55间，严重损坏115户402间，一般损坏243户1253间。农作物受灾4543.3公顷，成灾2494公顷，绝收919公顷。基础设施不同程度受损。直接经济损失2996.1万元，其中：农业经济损失1722.4万元。

【盐津县发生洪涝灾害】 7月21日20时，盐津县普降暴雨，引发洪涝、滑坡、泥石流、岩石崩塌等自然灾害。10个乡镇32个村84个村民小组2110户7388人受灾。2人死亡，轻伤1人。房屋倒塌18户36间，一般损坏13户34间。农作物受灾486公顷，成灾191.3公顷，绝收178公顷。直接经济损失517万元。

【镇雄县发生洪涝灾害】 7月21日，镇雄县受暴雨袭击，死亡3人。农作物受灾7645公顷，成灾3727.33公顷，绝收502公顷。发生滑坡泥石流19处。造成经济损失5000万元。

【彝良县发生洪涝灾害】 7月22日零时31分，彝良县遭受洪涝灾害，全县15个乡镇124个村1627个村民小组30194户121953人受灾，农作物受灾5875.78公顷，成灾3798.93公顷，绝收978.92公顷。房屋受损552户1146间。直接经济损失7068.03万元。

【水富县发生洪涝灾害】 7月22日，水富县连续6个小时遭受大到暴雨袭击。受持续强降雨影响，县境内金沙江水位上涨超过警戒线，洪水冲入县城临江路，冲毁沿路围栏200多米。洪涝灾害造成全县13713人受灾，直接经济损失达5345.21万元，其中农业经济损失385万元。

【彝良县发生风雹灾害】 7月28日12时至17时和31日15时左右，彝良县遭受风雹灾害，共造成11个乡镇48个村692个村民小组14710户64497人不同程度受灾，因灾死亡1人（雷击身亡）。紧急转移安置20户77人。房屋倒塌23户42间，严重损坏65户109间，一般损坏21户39间。农作物受灾4076.25公顷，成灾2088.9公顷，绝收513.14公顷。电力、交通、水利等基础设施不同程度受损。造成直接经济损失4091.07万元。

【盐津县发生洪涝灾害】 7月30日22时，盐津县暴雨引发洪水、滑坡、泥石流等自然灾害。6个乡（镇）33个村（居）委会265个村（居）民小组3902户13479人受灾，失踪1人，紧急转移安置31户104人。房屋倒塌37户52间。农作物受灾734.9公顷，成灾269.6公顷，绝收227.3公顷。直接经济损失909.9万元。

【彝良县发生洪涝灾害】 8月5日16时21分，彝良县发生洪涝灾害，造成7个乡34个村251个村民小组5910户25720人受灾。农户住房不同程度受损65户102间。农作物受灾381.04公顷，成灾235.54公顷，绝收33.69公顷。基础设施不同程度受损。直接经济损失约545.37万元，其中：农业经济损失209.22万元。

【盐津县发生洪涝灾害】 8月6日07时，盐津县境内普降暴雨，局部地区3小时内降雨量达63毫米，引发洪水、滑坡、泥石流等自然灾害。7个乡（镇）25个村（居）委会283个村（居）民小组2717户10476人受灾，紧急转移安置17户74人。农作物受灾431.9公顷，成灾246.2公顷，绝收99.5公顷。房屋倒塌17户31间。直接经济损失650.905万元。

【镇雄县发生洪涝灾害】 8月6日，镇雄县暴雨引发滑坡、泥石流、风雹等自然灾害，11个乡镇28村196个村民小组13579户58393人受灾，农作物受灾面积690公顷，成灾594公顷，绝收8公顷；烤烟受灾105公顷、成灾86公顷、绝收2.66公顷；公路中断144处，出现泥石流滑坡54处，面积12.3公顷，沟渠垮塌800米。共造成直接经济损失4066万元。

【水富县发生特大洪涝灾害】 8月6日凌晨5时20分，水富县遭受持续特大暴雨袭击，降雨量达到123.8毫米，雨量之大、持续时间之长在水富建县30多年以来尚属首次。水富县境内多处山体滑坡、库塘溃坝、民房倒塌、公路阻断、良田被毁，水果、蔬菜、渔业生产损毁，大量粮食、牲畜被冲走；

内昆铁路水富火车站严重积水，铁路紧急停运；渝昆高速公路（G85）水富境内塌方，大量车辆滞留；水绥公路、盐水公路和县乡村组公路全部中断；县城街道严重积水，供水、供电、供气中断。洪涝造成全县受灾人口22300人，因灾死亡3人，重伤6人，轻伤25人。房屋倒塌185户352间，严重损坏388户756间。紧急转移受灾群众310户1085人。全县因灾造成直接经济损失14280.235万元，其中农业畜牧业损失3788万元。

【盐津县发生洪涝灾害】 8月13日，盐津县发生洪涝灾害，局部地区降雨量达50毫米。造成7个乡镇27个村居委会202个村居民小组5044户20028人受灾，紧急转移安置7户23人，房屋倒塌8户18间，严重损坏119户165间，一般损坏942户2064间，山林受损0.67公顷，树木倒损17900株，农作物受灾671.7公顷，成灾329.9公顷，绝收104.8公顷。乡村公路损坏21.3千米。直接经济损失718.4万元。

【盐津县发生山体崩塌】 8月29日12时，盐津县盐井镇老街社区杨柳湾处发生山体崩塌砸坏微型客运车一辆，造成车内当场死亡2人，重伤2人，轻伤2人。

【彝良县发生5.7级地震】 9月7日11时19分40秒，彝良县（北纬27.5°，东经104.0°）发生5.7级地震；12时16分29秒，彝良县（北纬27.6°，东经104.0°）再次发生5.6级地震。宏观震中洛泽河镇的毛坪村至老洛泽河村一带，极震区烈度Ⅷ度。地震造成彝良、昭阳、大关、镇雄等县区18.3万户74.4万人不同程度受灾；因灾死亡81人；因灾受伤1012人。地震造成全市民房倒塌7138户3.06万间，严重损坏3.75万户12.17万间，一般损坏13.38万户30.82万间，紧急转移安置受灾群众20.1万人。

地震造成全市公路中断96条，塌方484万立方米，挡墙受损31万立方米，涵洞损坏761道，桥梁受损43座，路面受损83.6万平方米，路基损坏248.8千米；输电线路受损118千米，损坏变电站11个、变压器159个，电杆倒折2696棵；通信光缆杆受损2306棵，线路受损1186.7千米，基站受损486座，机房受损58个；水库受损21座，损坏水池、水窖和塘坝1.3万个，毁坏管道沟渠249.2千米、河堤319.5千米。

地震造成全市733所学校不同程度受损，其中86所学校校舍倒塌1.6万平方米，337所学校校舍严重受损10万平方米，损坏课桌凳4000套、教辅设施231件套；造成125个卫生院（室）的50间业务用房倒塌、340间业务用房受损；218个村级活动场所、14个社会福利院及部分市政公共设施、机关单位办公用房、企业生产经营用房等不同程度损毁。与此同时，农业和工矿企业受灾情况也比较严重。因灾造成直接经济损失430390万元。

【彝良等6县区遭受洪涝灾害】 9月10日20时~9月11日7时，受强对流天气影响，昭通境内出现大到暴雨引发洪涝灾害，彝良、昭阳、盐津、永善、威信、大关6县区不同程度受灾。其中，彝良县城多处被淹，大桥漫水，沿江房屋部分进水，县城出境3条通道一度被全部阻断，县城等地通信持续中断，电力设施受损，县城主输水管道和备用水管被毁，供水供电受到影响，多处地段发生滑坡、泥石流等灾害。全市受灾人口7.59万户31.12万人，因灾死亡1人，失踪1人，受伤13人，紧急转移安置2.6万人。倒塌房屋2719户5983间，严重损坏4902户11057间，一般损坏9027户14574间。农作物受灾面积2765.54公顷，成灾2069.33公顷，绝收1472.16公顷，冲毁耕地1.47公顷。交通、电力、通讯、水利等基础设施受损严重。造成直接经济损失16.47亿元。

【彝良县龙海乡发生滑坡】 10月4日8时10分，彝良县龙海乡镇河村油房村民小组发生山体滑坡灾害。经地质专家组评估，本次灾害是由于持续降雨引发的大型高陡松散岩土体滑坡灾害，滑坡体堵塞油房河，形成小型堰塞湖，堰塞湖回水最长300米，壅水最高10米，壅水量约1万立方米。该滑坡体方量4.5万立方米，油房河被阻断形成河面约宽15米、水深约7米堰塞湖。灾害造成820余人受灾，19人死亡，重伤1人。田头小学教学楼全部被掩埋，农房受损6户15间，其中全部被掩埋3户9间。基础设施不同程度受损。直接经济损失221.31万元。

2013年灾情

【气候概述】 2013年，全市年平均气温偏高1.1℃，年总降水量和年总日照时数均偏多20%。年气温有8县区突破有气象记录以来最高，年降水量彝良和永善突破有气象记录以来最多，昭阳为近30年最多年；年日照时数东北部4县突破有气象记录以来最多。年内冬春干旱明显，但光热气象条件偏好，气象条件对小春作物的影响是利弊兼有；汛期5~10月，全市平均热量资源、降水资源和光照资源属偏多年。全市春雨偏早，无明显倒春寒和8月低温冷害天气，也无大范围的初夏干旱和伏旱天气，大春大田期雨热同季，大部时段光热水匹配协调，保证了大春的正常生长及产量形成，大春粮经作物田间长势好；秋收关键期9~10月，低温连阴雨天气对秋收秋种的影响属中等偏轻年。总体看，今年春旱的影响仅是春播前期，汛期大雨暴雨站次偏多，局部洪涝风雹灾害偏重发生，但气象灾害对工农业安全生产影响总体属中等偏轻。综合分析评价2013年昭通气候年景属偏好年景。

【灾害概述】 2013年，昭通市自然灾害频繁发生。年初，发生了镇雄“1·11”山体滑坡、“1·28”山体崩塌灾害。2月至5月，出现高温少雨天气，致使大部分地区出现严重干旱灾害。6月份进入主汛期以后，相继遭受严重洪涝、风雹、滑坡、泥石流等灾害，给灾区人民的生命财产和生产生活造成了严重损失和影响。

全市因各种自然灾害造成受灾人口261.09万人，因灾死亡81人，失踪2人，受伤66人，紧急转移安置人口2441户9522人，饮水困难人口43.24万人；饮水困难大牲畜19.87

万头（只），因灾死亡大牲畜489头（只），因灾死亡羊179头；因灾倒塌房屋897户2046间，严重损坏房屋3740户10110间，一般损坏13010户33828间；农作物受灾面积13.52万公顷，成灾7.39万公顷，绝收1.45万公顷；草场受灾面积0.73万公顷。此外，电力、通讯、交通、水利、教育、卫生等设施不同程度受损。因灾造成直接经济损失23.07亿元，其中：农业直接经济损失11.25亿元。

【鲁甸等6县遭受干旱灾害】 2012年11月至2013年3月，鲁甸、镇雄、彝良、绥江、盐津、威信等6县气温持续偏高，降雨较少，水源枯竭，造成72个乡镇459个村7351个村民小组22.08万户89.13万人不同程度遭受冬春连旱。因旱造成38.49万人、14.13万头大牲畜饮水困难。农作物受灾57752公顷，成灾32105公顷，绝收6324公顷。直接经济损失30315万元。

【镇雄县果珠乡发生滑坡】 1月11日上午8点20分，镇雄县果珠乡高坡村赵家沟村民组发生山体滑坡灾害。灾害造成46人死亡，2人受伤。摧毁住房63间、圈舍31间；因灾死亡牛5头、猪59头、家禽69只，掩埋粮食8万斤；毁损农作物300余亩，掩埋耕地500余亩（不可恢复耕地300余亩）；损毁公路1千米、电杆4颗、低压输电线路1千米、各种材质供水管8千米、水池2个。因灾造成直接经济损失4550万元。

【巧家县发生4.9级地震】 2月19日10时46分59秒，昭通市巧家县与四川省凉山州宁南县交界发生一次4.9级地震，微观震中为北纬27.1°，东经103°，震源深度6千米。地震共造成10人受伤（其中6人轻微伤、2人轻伤、2人重伤），房屋倒塌67户139间、严重损坏375户1067间、一般损坏1628户3169间，校舍受损2800平方米，卫生用房倒塌476平方米，电力设施中断5户、受损7处，通讯设施受损7处，公路受损0.52千米、沟渠受损7千米，水窖受损361个，沼气池受损975口，烤房受损115座，蚕房受损171间，厩舍倒塌102间、受损650间，直接经济损失2918万元。

【鲁甸县发生冰雹灾害】 4月8日晚23时30分，鲁甸县文屏镇、小寨镇、桃源乡和茨院乡龙树镇遭受冰雹灾害袭击，造成21个村2158个小组58130人不同程度受灾。农作物受灾408.9公顷，成灾408.9公顷。损坏地膜1120公顷。直接经济损失损失1100.98万元。

【鲁甸县发生风雹灾害】 4月28日14时30分，鲁甸县的龙树镇和新街镇遭受冰雹灾害袭击。造成6村（社区）31个村民小组5560人不同程度受灾。农作物受灾816.93公顷，成灾718.55公顷，直接经济损失344.34万元。

【鲁甸县发生风雹灾害】 5月9日凌晨2时40分，鲁甸县水磨镇和茨院乡遭受冰雹袭击，造成6个村37个村民小组6437人不同程度受灾。农作物受灾428.5公顷，成灾320.5公顷。直接经济损失380.31万元。

【鲁甸县发生风雹灾害】 5月22日17点30分，鲁甸县文屏镇和茨院乡等五个乡镇遭受冰雹袭击，造成13个村68个村民小组13658人不同程度受灾。农作物受灾1841.8公顷，成灾1289公顷。直接经济损失1355.1万元。

【彝良县发生风雹灾害】 5月22日晚19时40分左右，彝良县角奎、龙街两乡镇遭遇风雹灾害，冰雹持续时间在5分钟左右。造成角奎、龙街两乡镇8个村65小组2455户10296人不同程度受灾，农作物受灾931.78公顷，成灾716.28公顷。直接经济损失约105万元。

【昭阳区遭受低温冷冻灾害】 6月10日晚，昭阳区境内连降霜露，造成大山包、靖安、苏甲、大寨子、小龙洞、盘河、北闸、洒渔等8个乡镇受灾。灾害造成8个乡镇16个村7172户24654人受灾。农作物受灾4275.93公顷，成灾2710.1公顷，绝收1565.83公顷。直接经济损失6980万元。

【镇雄、威信遭受干旱灾害】 6月中下旬，镇雄县、威信县部分乡镇出现持续气象干旱天气。旱灾造成2县12乡镇98个村1783个村民小组7.9万户34.48万人不同程度受灾。4.69万人、2024头大牲畜出现不同程度饮水困难。农作物受灾5961公顷，成灾3046公顷，绝收749.1公顷。

因灾造成直接经济损失5902万元。

【彝良县发生洪涝灾害】 6月18日，受强对流气候影响，彝良县角奎、龙街、海子等9个乡镇49个村598个村民小组19681户82476人遭遇风雹灾害，因灾死亡1人，轻伤1人。农作物受灾3303.48公顷，成灾1794.12公顷，绝收370.88公顷；基础设施不同程度受损。直接经济损失1615.18万元，其中：农业经济损失1210.18万元。

【昭阳区发生风雹灾害】 6月20日，昭阳区境内遭受暴雨、大风、冰雹袭击，造成苏家院镇、永丰镇、旧圃镇、靖安镇、洒渔镇、盘河镇、凤凰办事处等7个乡镇（办事处）12村（社区）207个村民小组8607户30026人受灾，民房严重损坏9户10间，一般损坏36户51间，农作物受灾面积90.79公顷，成灾38.4公顷，绝收12.32公顷；基础设施不同程度受损。直接经济损失2192.28万元。

【鲁甸县发生风雹灾害】 6月21日，鲁甸县文屏、桃源、小寨3乡镇遭受风雹袭击，其中小寨镇降雨量达72.7毫米。灾害造成13个村74个村民小组35100人不同程度受灾。农作物受灾752.9公顷，成灾511公顷，绝收124.3公顷。直接经济损失1524.3万元。

【盐津县发生洪涝灾害】 6月21日22时，盐津县范围内普降暴雨，局部地区最高降雨量达154毫米。暴雨引发洪涝、滑坡、泥石流、山体崩塌等自然灾害。灾害共造成9个乡镇

55个村（社区）1194个村居民小组20503户93319人受灾；因灾死亡4人，重伤1人，轻伤1人，紧急安置转移84户477人，紧急疏散滞留人员1000余人。房屋倒塌19户57间，严重损坏104户352间，一般损坏750户1629间；农作物受灾2860.5公顷，成灾1880.4公顷，绝收547.4公顷。基础设施和工矿企业受灾严重。共造成直接经济损失12096.6万元。

【威信县发生洪涝灾害】 6月22凌晨6时，威信县受强对流天气的影响，部分地方普降中到大雨并伴有少量冰雹。长安、扎西、罗布三镇11个村委会1162个村民小组2854户11880人受灾，农作物受灾633公顷，绝收92公顷。直接经济损失389.6万元，其中农业经济损失269.1万元。

【鲁甸县发生风雹灾害】 6月24日，鲁甸县文屏镇、桃源乡和小寨镇遭受风雹袭击，降雨量达72.7毫米，造成13个村74个村民小组35100人不同程度受灾。农作物受灾752.9公顷，成灾511公顷，绝收124.3公顷。直接经济损失1530.5万元，其中农业经济损失1214万元。

【绥江县发生洪涝灾害】 7月4日，绥江县普降暴雨，局部大暴雨。全县农业及工矿企业生产造成了严重影响，民房、交通、水利、市政、通信等基础设施不同程度受损。全县5个乡镇31个村11个社区8.2万人受灾。直接经济损失3215.68万元。

【盐津县发生山体滑坡】 7月5日凌晨5时，盐津县境内普降暴雨，局部地区最高降雨量达132毫米。盐井镇高桥村黄葛社发生山体滑坡民房2户8间被山体滑坡掩埋。灾害共造成5人死亡，2人重伤，2人轻伤。直接经济损失30万元。

【水富县发生洪涝灾害】 7月7日18时，水富县境内遭遇暴雨，其中降雨量最大的两碗镇成凤村、太平镇复兴村分别达114毫米和108.6毫米，境内溪沟山洪暴发，受灾较为严重。灾害造成3镇1办8500人受灾，252处水利工程严重受损，直接经济损失987万元。

【绥江县发生洪涝灾害】 7月9日17时，绥江县出现强对流天气，绝大部分地方大到暴雨，中城镇磨刀溪降雨量为91.7毫米。全县5个镇31个村11个社区5.5万人不同程度受灾。因灾死亡4人，紧急转移安置326人；农作物受灾面积4070.67公顷，成灾1608.2公顷，绝收524.67公顷；倒塌房屋47户190间，严重损坏190户760间，一般损坏950户3798间；畜禽死亡1918只（头）。交通、水利、电力、通讯以及群众生命财产等造成了严重损害。直接经济损失18317.1万元，其中农业损失3120万元。

【大关县发生洪涝灾害】 7月12日20时，由于大关县境内强降雨不断，持续的强降雨导致县内大部分村组公路交通瘫痪，安全隐患突出。造成全县9个乡镇1.1万户4.89万人受灾，交通、水利、农业等基础设施受到严重损毁，直接经济损失达4350万元。

【鲁甸县发生风雹灾害】 7月14日15时，鲁甸县县梭山镇遭受风暴袭击，造成5个村48个村民小组8036人不同程度受灾。农作物受灾271.67公顷，成灾178.3公顷。直接经济损失186.05万元。

【彝良县发生洪涝灾害】 7月15日22时，彝良县局部乡镇出现大暴雨，部分乡镇遭受洪涝灾害。造成洛泽河、龙海2个乡镇8个村66个村民小组1552户5527人不同程度受灾，农作物受灾402.84公顷，成灾211.45公顷，绝收52.05公顷，基础设施不同程度受损。直接经济损失332.77万元。

【大关等7县区遭受洪涝灾害】 7月17~18日，昭阳区、大关县、盐津县、镇雄县、永善县、巧家县、绥江县普降暴雨，最大降雨量达179.8毫米，暴雨引发洪涝、滑坡、泥石流等自然灾害。灾害共造成7个县区51乡镇254个村（社区）2114个村民小组67188户33.96万人受灾，因灾造成2人死亡，19人受伤，1人失踪。紧急转移安置185户646人。房屋倒塌116户346间，严重损坏62户103间，一般损坏433户2121间。农作物受灾14954.55公顷，成灾5999.4公顷，绝收2911公顷。交通、电力、水利等基础设施损毁严重。直接经济损失3.54亿元。

【威信县发生风雹灾害】 7月23日15时30分，威信县受强对流天气影响，麟凤、长安、三桃、罗布4乡镇遭受严重风雹灾害侵袭。灾害造成4乡镇14个村210个村民小组9333户40132人受灾，农作物受灾1369公顷，成灾486公顷，绝收262公顷。直接经济损失1015.2万元，其中农业经济损失900万元。

【彝良县发生风雹灾害】 7月23日，彝良县受强对流天气影响，部分乡镇遭遇风雹灾害，造成两河、龙海、钟鸣、龙安、海子、柳溪6个乡镇20个村280个村民小组7899户31345人不同程度受灾，房屋倒塌2户3间，严重损坏12户19间，农作物受灾1396.36公顷，成灾867.3公顷，绝收340.52公顷。直接经济损失969万元。

【威信县发生风雹灾害】 7月27日17时，威信县受强对流天气的影响，部分地方普降中到大雨并伴有大风。三桃镇4个村委会56个村民小组1481户6665人受灾，直接经济损失197.4万元，其中农业经济损失174.9万元。

【盐津县发生洪涝灾害】 7月28日0时，盐津县10个乡镇普遍降雨，局部地区最高降雨量达64毫米。暴雨引发洪涝、滑坡、泥石流等自然灾害。房屋严重损坏19户26间，一般损坏137户157间，农作物受灾140.6公顷，成灾102.3公顷，绝收38.2公顷，直接经济损失452.3万元。

【昭阳等4县区遭受风雹灾害】 7月30日，受强对流天气

影响，昭阳区、鲁甸县、镇雄县、彝良县遭受风雹灾害，共造成27乡镇69个村692个村名小组28659户113257人受灾。1人因灾死亡。直接经济损失6445.6万元。

【大关县发生山体滑坡】 8月2日凌晨0点30分，大关县天星镇青杠村上坝村民小组陆家老屋基处发生山体滑坡，导致1人死亡，7户民房被滑坡体完全掩埋，1户受到威胁；内昆铁路和老彝岔线中断，内江至昭通、成都东至贵阳火车停运，无滞留旅客。此次地质灾害属中型浅层推移式土体滑坡，滑坡体长约1千米、宽约600米，体积约200万立方米。滑坡灾害造成直接经济损失510余万元。

【昭阳区发生洪涝灾害】 8月7日12时，昭阳区凤凰办事处、青岗岭乡遭遇强降雨侵袭，致使部分村民房屋、农作物等受灾。灾害共造成1个乡镇1个办事处8个村（社区）502户1982人受灾。灾害造成15户15间房屋倒塌，534间房屋进水；农作物受灾400.9公顷；柳树被风吹断650棵；被冲毁道路、河堤120米；道路受阻7千米，塌方90立方米。造成直接经济损失约156万元。

【水富县发生洪涝灾害】 8月7日晚，水富县境内遭遇大风暴雨，给群众生命财产安全、基础设施等造成损失。灾害造成全县受灾人口达2560人，紧急转移人口25人；基础设施、民房、农作物均受损严重。直接经济损失792万元。

【昭阳区发生风雹灾害】 8月8日18时，昭阳区守望乡先后遭受两次风雹灾害袭击，涉及水井湾1个社区4个村民委员会43个村民小组3542户12675人。此次灾害共造成烤烟、玉米、辣椒农作物不同程度受灾。经济损失共计2084.325万元。

【昭阳区发生雷击灾害】 8月8日晚19点，昭阳区青岗岭乡乐德古村民赵庆江在山上放羊遭雷击死亡。

【昭阳区发生雷击灾害】 8月11日16时30分，昭阳区苏甲乡布初村16组村民许先艳及妻子魏学红在山上挖洋芋时遭雷击，2人身亡。

【水富县发生洪涝灾害】 8月11日21时，受强对流天气影响，水富县出现强雷电、大风、局部强降水天气。全县受灾人口2.48万人，其中：1人受伤，紧急撤离群众28户66人。因灾造成直接经济损失987万元。

【昭阳区发生洪涝灾害】 8月18日早9时30分，昭阳区盘河镇发生强降雨，造成洪涝灾害。灾害造成盘河镇、凤凰办事处4个村17个村民小组1155户3785人受灾。强降雨引发河水暴涨，导致河堤挡墙受损345米；农作物受灾面积36.7公顷；房屋倒塌3户3间。直接经济损失约222.4万元。

【彝良县发生山体滑坡】 8月24日，彝良县境内普降暴雨，局部地区出现大暴雨，暴雨导致角奎镇遭受滑坡地质灾害，部分乡镇不同程度遭受洪灾。共造成11个乡镇62个村626个村民小组16330户66614人不同程度受灾，因灾受伤2人。直接经济损失2026.21万元。

【永善县发生山体滑坡】 8月24日20时，受“潭美”台风登陆减弱后的热带低压影响，永善县出现暴雨天气。团结乡出现山体滑坡。灾害共造成2人死亡5人受伤。损坏摩托车1辆、微型面包车2辆、越野车3辆。

【大关县发生洪涝灾害】 8月24日20时，大关县普降大雨局部暴雨，最大降雨量达133.9毫米。暴雨引发山洪、滑坡和泥石流等灾害，造成1人死亡、1人失踪，9个乡镇交通、电力、通讯、水利等设施不同程度受损；暴雨造成天星镇青杠村上坝村民小组陆家老屋基路段再次发生山体滑坡，内昆铁路再次中断。直接经济损失5696万余元。

【盐津县发生洪涝灾害】 8月24日17时，盐津县横江流域普降暴雨，局部地区最大降雨量达129毫米，加之受上游降雨影响，横江各干支流水位迅速上涨，相继迎来4次洪峰。造成农作物受损、房屋倒塌，基础设施、公益设施受损严重，直接经济损失达4506.12万元。

【昭阳区发生洪涝灾害】 8月25日8时，昭阳区遭遇强降雨侵袭，引发洪涝灾害，致使多个乡镇、办事处不同程度受灾，灾害共造成8个乡镇（办事处）22村（社区）173个村民小组4871户18811人受灾。房屋倒塌95户106间，严重损坏5户5间，546间房屋进水；农作物受灾1713.1公顷，成灾256.4公顷，绝收22公顷；冲毁农田1.1公顷，耕地近0.5公顷；河堤挡墙被洪水冲垮近500米，河堤挡墙基脚被水掏空近800米；道路塌方20余处，土方累计达6500多方；桥梁冲毁1座；辖区内因河水上涨溢出致使多处十字路口及路面低凹处被淹，出现内涝；多户商家仓库、门店、毛纺厂及南城小学被淹。造成直接经济损失约2616万元。

【威信县发生风雹灾害】 8月28日17时，威信县三桃乡遭受严重风雹灾害，鱼洞、三桃、菜坝3村1013人受灾，烤烟受灾157公顷，直接经济损失450万元。

【彝良县遭受雷击灾害】 9月18日下午19时50分，受强对流气候影响，彝良县出现雷暴天气。角奎镇发达村云落村民小组2人遭雷击身亡。

【永善县发生洪涝灾害】 9月19日，永善县桧溪镇、细沙乡、团结乡、马楠乡、莲峰镇遭受冰雹、暴雨袭击，导致桧溪镇、细沙乡发生洪涝灾害。灾害共造成5个乡镇30个村（居）委会244个村（居）民小组4472户15221人受灾，死亡2人，受伤5人。倒塌房屋86户173间，严重损坏127户254间，一般损坏237户713间。粮经作物受灾129公顷，成灾84公顷，绝收44公顷。被水冲走玉米3500余斤、洋芋

32000余斤。县乡村公路塌方400余处约83000余立方米，溪洛渡水电站对外专用二级公路多处塌方，桥梁受损5座。被水冲走猪53头、羊60只、鸡8只、马1匹、鱼2000余尾，被雷电击死羊19只。电力、水利、工矿设施不同程度受损。灾害造成直接经济损失9000万元。

2012年抗灾救灾

【概　述】　2012年，面对严重自然灾害，在党中央、国务院，省委、省政府的高度重视和大力关心支持下，市委、市政府带领全市人民，把做好抗灾救灾工作作为践行党的宗旨、全面落实科学发展观、构建社会主义和谐社会的重大举措，万众一心，众志诚城，化灾害为机遇，扎实做好抗冰救灾、抗旱救灾、抗震救灾、抗洪救灾等各类救灾救助工作，战胜了一次又一次的自然灾害，在灾害中促发展，有效确保了受灾群众基本权益和维护了灾区社会稳定。全年共安排受灾群众生活救助资金11.8353亿元，投入救灾帐篷3.1万顶、搭建活动板房1.3万平方米，棉被9.3万床、棉衣6.5万件、衣服4.2万套（件）、毛毯1.8万床、彩条布3.2万卷、折叠床2.4万张、床垫5178个、鞋子7210双、取暖炉3030个、大米337.43万斤、食用油13.87万斤、方便面87.44万桶、矿泉水230.63万瓶，确保受灾群众基本生活。

【抗旱救灾】　2012年2～5月，由于降雨异常偏少，昭通市再次遭受严重干旱灾害。面对严重旱情，市委、市政府从贯彻落实科学发展观的高度，认真贯彻党中央、国务院和省委、省政府领导同志重要指示批示精神，带领全市各级各部门积极应对，强化措施，狠抓落实，切实开展抗旱保供水保民生促春耕工作，最大限度地降低灾害损失，确保城乡供水安全，确保受灾群众基本生活。

1. 加强领导，落实责任。市委、市政府多次召开专题会议，对全市抗旱保供水保民生促春耕工作作出了一系列安排部署。成立了昭通市抗旱保供水保民生保春耕工作领导组和昭通市保民生保春耕供水安全工作推进工作督导组，深入开展抗旱救灾专项督查工作。全市启动防汛抗旱（Ⅱ级）应急响应，建立市级领导包县、市直部门包乡到村、县区包村包户的保供水保民生促春耕责任制。建立“三包五定”直接联系旱区群众制度，落实市级领导联系县区、县区领导联系乡镇、市县两级部门挂钩包村委，定领导、定部门、定责任、定任务、定时限包保责任制。

市县乡村建立抗旱救灾保供水服务队1368个、四群教育活动抗旱促春耕工作组689个、学雷锋送水队1834个，形成了纵向到底、横向到边、职责明确、任务落实、齐抓共管的工作格局，强势推进全市抗旱保供水保民生促春耕工作。

2. 多措并举，保障供水。全市共投入抗旱应急资金3亿元，有效采取“抓好水源抗旱设施建设、应急供水工程建设、灌满储满水池水窖、开展送水应急服务”等措施，积极应对严重旱情，确保用水安全。一是94件抗旱应急供水主体完成，临时解决34万人7.9万头牲畜饮水困难。26座小二型病险水库除险加固工作有序开展。642件小型水利工程建设、渠道整修等工作已实施完成。紧急修复水利工程1670多处、新建农村供水水源478处，新增干支渠道270余千米、田间渠道190多千米，新建水池水窖4800多个。二是发挥1539个用水户协会作用，组织近7.6万辆次车参与运水，发动40多万名干部群众，投入抗旱机具7.96万台套次、新增600多台套次，泵站724处、抗旱用电150万度、新增40万度，抗旱用油240吨，新增20吨，进行拦截、封堵、抽提、拉送等增补库唐、拉水入池、送水入窖工作。全市20口地下找水工程规划定点完成，已经出水6口，供水井总抽水量1860立方米/天。三是气象部门继续加强全市干旱天气预测预报，强化旱区雨情监测工作，实行旱情日报制度并抓住时机，开展了流动人工增雨作业。在3月下旬22～23日、26～27日、29～31日，4月下旬19～20日，联合实施人工增雨的作用下，大部地区雨日雨量增多，先后出现5～8天小雨天气，局部中雨，昭通水文分局建立了旱情监测周报制度。

3. 不等不靠，生产自救。通过合理调剂好水源，抓好农机抗旱和冬季农作物田间肥水管理，实施喷施保水剂、行间秸杆覆盖；抓好大春生产种植节令调整、集中育苗、水稻旱育稀植、玉米育苗移栽、推广抗旱品种、抗旱保水剂、水改旱、起垄保墒覆膜、应用控释肥等抗旱措施落实，积极开展生产自救。一是组织农业技术人员3.94万人次到生产第一线，指导帮助搞好抗旱保苗、抢栽抢种、补种改种工作；二是改被动为主动，推进种植业结构调整。实施水改旱6.67千公顷，扩大种植抗旱早熟品种200千公顷，推广地膜玉米、地膜马铃薯种植180千公顷，实施水稻旱育稀植20千公顷、水稻精确定量栽培6.67千公顷；三是努力实现小春损失大春补，确保大春粮食播种面积稳定在374.67千公顷。

4. 及早安排，确保民生。针对严峻旱情，民政部门切实做到早研究、早安排、早部署，妥善安排好受灾群众生活。及时组织群众生活调查组，深入灾区、深入农户，逐村逐户对受灾群众生活地进行了全面、拉网式的摸底调查，确保调查工作不留死角和盲点，准确掌握生活困难需政府救助群众数量，做到了底数清、对象准、情况明。共安排受灾群众生活救助资金6160万元，妥善解决了重灾群众的基本生活。

【抗洪救灾】　2012年进入汛期以后，昭通市大部地区雨日雨量增多，局部地区大雨暴雨多发。特别是“6·30”、“7·15”、“7·22”、“8·06”等4次单点暴雨，造成昭阳、水富、镇雄等县区遭受了特大洪涝、滑坡、泥石流等灾害，给灾区群众的生命财产安全及生产生活造成严重损失和影响。

灾害发生后，省委、省政府高度重视，省委书记秦光荣同志，省委副书记、省长李纪恒同志和其他省领导在第一时间分别就抗灾救灾工作作出重要指示和批示，要求全力以赴做好抗灾救灾工作，确保人民群众生命财产安全。昭通市委、市政府认真贯彻落实省委、省政府领导的指示和批示精神，团结带领全市各级各部门和广大干部群众紧急行动起来，全力以赴投入防汛抗洪救灾工作，降低了灾害造成的损失，最大限度地保护了人民群众的生命财产安全。

1. 高度重视，及时安排部署。针对严重的洪涝灾害形势，市委、市政府把防汛抗洪救灾工作作为当前的重中之重，认真部署和安排，实行市级领导分片负责，检查、指导、督促县区全面抓好防汛抗洪救灾工作。7月23日凌晨2点，市委副书记、市长刘建华主持召开了全市防汛抗洪救灾工作专题紧急会议，再次对全市防汛抗洪救灾工作作了紧急部署，立即启动了防汛抗灾二级应急响应及相关预案，迅速组织力量，投入抗灾救灾。

2. 靠前指挥，组织抢险救灾。市委书记夜礼斌，市委副书记、市长刘建华，市委副书记李勇等市领导在灾害发生的第一时间相继赶赴重灾区，查看灾情，看望慰问受灾群众，指导抗灾救灾工作。市委、市政府其他领导分片负责受灾县区，深入灾区一线，组织指挥抢险救灾工作。各县区和市直各单位按照市委、市政府的安排部署，各司其职、各负其责，第一时间到达灾害现场，第一时间了解上报灾情，第一时间安排救灾款物，第一时间转移救助受灾群众，全力以赴抓好防汛救灾工作。

受灾乡村认真落实防灾应急"三小"工程，强化防灾应急小型演习。应对突发灾害时，能有条不紊地组织灾区群众转移安置、抢险救灾，最大限度降低了人员伤亡和灾害损失。广大基层党员干部充分发挥战斗堡垒和先锋模范作用，始终冲在最前头，夜以继日奋战在灾区一线，涌现出了昭阳区苏甲乡新店子村三组组长任天华、水富县两碗乡副乡长郑堂学等为代表的不畏艰险、不怕牺牲的优秀基层干部，进一步检验和巩固了"三小"工程活动成果。

3. 以人为本，妥善安置受灾群众。把人民群众的生命安全放在抗灾救灾的第一位，采取投亲靠友、搭建帐篷、建设活动板房和简易棚舍等方式，对受灾群众进行妥善安置。及时安排下达救灾资金1000万元，搭建救灾帐篷782顶，发放棉被4645余床、棉衣400件、毛毯244床、捐赠衣物20万余件、大米2507吨，确保了受灾群众有房住、有饭吃、有衣穿、有干净水喝、有病可医，使灾区生产生活秩序正常。

民政、住建、国土等部门及时行动，提前部署，认真核实评审民房倒损情况，按照"安全、经济、适用、省地"的原则，科学选址，抓紧进行民房重建规划。

4. 突出重点，抓好监测排查。以主要河道、塘库和易发地质灾害地段为重点，加大查险力度，排除灾害隐患，努力做到塘库不垮坝，保证塘库安全度汛。对进水危房进行排查排危，确保群众安全。重点抓好灾情预警预报、地质灾害监测预报、重点区域和重点工程监测、交通和电力保障、学校学生安全、矿山和井下防汛抗洪、中小水电站安全度汛、群众安全饮水、救灾物资调运安排、灾区卫生防疫等具体工作，着力防范新的重大灾害发生，努力防止次生灾害造成更大损失。

5. 精心指导，搞好灾后自救。全力做好受损交通、通信、电力、水利等设施的应急抢修工作，以最快速度恢复受损的生命线工程，保持正常的生产生活秩序。及时组织农业技术干部深入到灾区第一线，加强技术指导，强化田间管理，积极搞好大春作物各类病虫害监测、预报，及时就位病虫害防治所需药械，加强病虫害防治工作。指导受灾群众全面疏通排水沟渠，保证水道畅通，努力降低地下水位和尽快排干田间渍水，防止烂根死苗。组织发动农民群众及时对倒伏农作物进行扶正。对受灾严重大春作物，力争大春损失晚秋补。

【"9·07彝良地震抗震救灾】 彝良"9·07"地震发生后，党中央、国务院和省委、省政府高度关心，胡锦涛总书记、温家宝总理等中央领导分别作出了重要批示，温家宝总理连夜赶赴灾区看望慰问受灾群众、指导抗震救灾工作。省委、省政府立即成立抗震救灾总指挥部，秦光荣书记、李纪恒省长等领导在第一时间赶赴灾区，亲自组织指挥抗震救灾工作。国家有关部委和省直有关部门领导亲自带队，紧急赶赴灾区投入抗震救灾工作。成都军区、云南省军区、武警云南总队、云南公安边防总队、云南公安消防总队迅速派出部队官兵和民兵预备役人员，快速抵达灾区抢险救援。市、县、乡三级及时启动应急预案，迅速调集机关干部职工、医疗救护人员、公安干警和乡村干部群众等各方力量，全力投入抢险救灾。有关地区、部门和社会各界积极捐款捐物，大力支持灾区，彰显了"一方有难、八方支援"的优良传统。各级各方按照中央和省的统一部署，在抗震救灾总指挥部的领导下，不畏艰险，全面动员，紧急行动，整个抗震救灾工作果断有力、紧张有序、扎实有效。

1. 迅速搜救被困群众。参加抢险救灾的解放军、武警官兵等各方救援力量火速驰援，与公安干警、医疗救护人员、机关干部职工和乡村干部群众一道，始终把搜救被困群众作为抗震救灾的第一要务，迅速组成联合搜救组，在通信和道路中断的情况下，冒着余震、滚石等危险，克服艰难险阻，以最快的速度，全力以赴开展搜救工作。地震发生后，累计出动了近万名部队官兵和民兵预备役人员，组织了由5000人组成的23支专业救援队伍，发动了23.4万人次的搜救力量，对所有受灾区域进行了地毯式、拉网式排查，不留死角、不留盲点，千方百计搜寻幸存群众、救治受伤人员。经过各级各方特别是解放军和武警官兵的日夜奋战，在地震后"黄金72小时"之内灾区搜救面实现了全覆盖，先后转移被困群众1.4万人，搜救伤员622人，最大限度地减少了因灾人员伤亡。

2. 及时救治伤病人员。为确保灾区伤病人员得到及时救治，国家和省、市卫生部门切实加强医护力量的统筹，紧急从各地调派了2074名医护人员，调集了大量的药品和医疗器械，组成了28支临床救治医疗队，与当地的943名医疗卫生专业技术人员一起，分赴灾区各医疗救治点，争分夺秒救治伤病人员。通过努力，累计收治灾区伤病员1528人。对部分特殊重症病人，除了增派医疗技术力量、加强医疗服务以外，还积极采取向上级医院、周边医院转院治疗等办法，有效加强了救治和护理，确保了重症病人转危为安。同时，妥善处理遇难者善后，按每名遇难者2万元的标准，向遇难者家庭发放了抚慰金。

3. 全力组织抢险保通。针对灾区基础设施受损严重、抢修保通难度很大的实际，迅速组织交通、电力、通讯、水利、住建等行业力量和部队官兵等救援队伍，集中力量攻坚，全力抢修保通生命线工程。在地震发生后最为关键的救人阶段，相关各方只用了不到22个小时的时间，就全线抢通了通往地震核心区的洛泽河公路，为救援队伍顺利进入灾区实施救援奠定了坚实基础。灾区绝大多数干线公路和乡村公路全部打通，通往地震核心区的洛泽河公路“通而不畅”的问题得到解决，昭通中心城市至彝良县城、彝良县城至牛街、彝良县城至岔河等重要交通线保持正常通行。同时，灾区电力、通信、供水等基础设施抢修进度全面加快，顺利修复了35千伏变电站8座、35千伏线路12条、通信基站677个、供水管网11.7千米，绝大部分地方电力、通讯、供水恢复正常。

4. 妥善安置受灾群众。积极采取搭建帐篷、自建临时抗震棚、转移到安全场所和投亲靠友等方式，妥善解决受灾群众临时安置问题，确保每位受灾群众都有安全的临时住所。在应急救援阶段，转移安置受灾群众20.1万人，其中采取投亲靠友等方式分散安置15.75万人，设立78个安置点集中安置4.35万人。安排灾区应急资金9000万元，用于抢险应急、转移受灾群众及临时生活救助等工作。

安排下达地震灾区受灾群众过渡期生活救助资金14299万元，按重建对象31775户、每户4人、每人每天补助12.5元（10元钱、1斤粮折款2.5元）、救助3个月的标准实施救助。安排下达受灾群众过冬御寒补助资金3456万元，重点对重建的特殊困难户进行救助，同时兼顾缺衣少被、保暖过冬困难家庭的救助。

搭建活动板房1.13万平方米，安排帐篷3.02万顶（棉帐篷9505顶）、棉被9.15万床、棉衣6.1万件、衣服4.07万套（件）、毛毯1.8万床、彩条布3.2万卷、折叠床2.4万张、床垫5178个、鞋子7210双、取暖炉3030个、大米337.43万斤、食用油13.87万斤、燃煤3180吨，确保受灾群众基本生活。

5. 抓好灾区卫生防疫。坚持把卫生防疫作为一项重要任务来落实，严格执行“关口前移、重心下沉、科学规范、高效统一、全面覆盖”的工作要求，及时组织500余名专业防疫人员深入灾区，集中对安置点、治疗点、临时住所、集贸市场等场所开展全方位卫生防疫工作，投放防疫药品2.55万公斤，环境防疫消杀面积超过641万平方米，对集中就餐点、水源点、帐篷、畜圈、厕所、垃圾等重点部位和关键环节进行了反复消杀，发放防疫宣传资料30多万份。针对可能出现的传染病流行风险，进一步强化灾区群众病症监测和饮用水监测等工作，及时启动了甲肝和麻腮风等疫苗预防接种工作，确保了灾区传染病疫情、食物中毒事件、水源性公共卫生事件的“三个零发生”。

6. 严密防范次生灾害。在全力做好地震监测和余震防范的同时，重点加强了地质灾害隐患点和因灾受损基础设施、受损民房的排危除险工作。对受损民房，及时组织乡村干部逐家逐户进行实地摸排，严格按照“一手抓工程除险，一手抓转移避险”的要求，动员和帮助群众消除安全隐患，规避安全风险。积极运用先进技术手段，排查出地质灾害隐患点425个，采取措施进行治理和监测，并向有关方面提供了应急航空遥感拍摄的影像资料，进一步提高了应对和处置地质灾害的针对性和实效性。对滑坡、泥石流隐患点特别是公路沿线、村庄附近的危险地段，及时设立警示标牌，切实加强预警提示，有效保障了灾区群众的生命财产安全。

7. 及时启动民房重建工作。市县两级相关部门迅速组织人员深入灾区一线，实地开展调查研究，配合省直有关部门及时做好灾害调查评估、恢复重建规划编制等相关工作。市委、市政府成立了灾后恢复重建工作指挥部，下设综合协调、民房和基础设施恢复重建等7个工作组，明确了责任人员，落实了具体任务。

8. 强化灾区社会维稳。注重发挥舆论宣传的正面引导作用，先后组织召开了12场新闻发布会，统筹引导前往灾区的104家媒体535名记者采访报道，采写刊播各类稿件3.8万余篇，构建起“点、线、面、网”互融互动的多角度、立体式宣传格局，有效营造了良好的舆论氛围和社会环境，切实增强了战胜自然灾害、夺取抗震救灾胜利的信心和勇气。紧紧围绕不发生刑事治安案件、不发生群体性事件、不发生集体上访事件、不发生重大公共安全事件的“四个不发生”目标，在受灾群众集中安置点推行社区管理模式，成立了临时党支部，层层建立责任体系，落实职责任务，全面强化灾区社会管理工作。结合灾区实际，及时组建了95支特别服务队进村入户，负责组织和参与群众心理疏导安抚、交通秩序维护、救灾物资发放监督、矛盾纠纷排查化解等工作，进一步维护了灾区正常有序、和谐稳定的大局。

【彝良县龙海乡滑坡处置】 10月4日，彝良县龙海乡滑坡灾害，造成重大人员伤亡。党中央、国务院，省委、省政府高度重视。国务院总理温家宝作出重要指示并亲临现场查看灾情，看望慰问遇难学生家属和村民家属，向每名遇难者的家属发放抚慰金3000元。国务院副总理李克强、回良玉和国务委员马凯等党和国家领导人作出重要指示，对相关工作提出了明确要求。省委秦光荣书记、省政府李纪恒省长等领导亲自批示，李纪恒省长第一时间带领省直相关部门组成省政府工作组，赶赴现场研究部署指导抢险救援工作。昭通市、彝良县第一时间组织救援力量赶赴现场，开展抢险救援工作。

1. 全力搜救失踪人员。把救人作为第一要务，紧急组织县乡村组干部群众和公安民警、武警、消防官兵等救援力量2800余人，迅速就近调集装载机、挖机等工程机械和消防车16台（辆）、保通机械10余台，紧张有序冒雨开展搜救和排危除险等工作。搜救出遇难者遗体19具。救治伤员1名。

2. 紧急转移安置受灾群众。紧急安排了应急资金542万元救灾资金，调运帐篷33顶、彩条布10卷、棉被500床、棉衣100件、雨衣330件、雨伞230把、电筒450把、水鞋230双、矿泉水1060件、方便面180件、发电机2台、电源导线8圈和柴油2000升等应急救援物资，妥善安置受灾群众，保障抢险救援工作顺利进行。紧急组织安全转移了堰塞湖下游受威胁的800余名群众。

3. 全力防范次生灾害。一是紧急开展堰塞湖爆破疏浚作业，先后多次拓宽加深泄水道，目前堰塞湖约蓄水量1000立方米，险情基本排除。二是进一步强化了地质灾害巡查排查、监测预警、群测群防和转移避让等防范工作，对各类地质灾害隐患点特别是公路沿线、村庄附近的危险地段，设立警示标识，落实专人监测预警。三是对地震和雨水双重影响所造

成的各种受损设施，进一步加大安全隐患排查整治力度，尽最大努力保证安全运行。四是组织开展卫生防疫工作，严防疫情疫病的发生。

4. 全力抢修保通生命线。组织电力抢险队员60余人，确保地质灾害点供电正常。通过深挖沟渠抢通堰塞湖淹没公路，县乡村干部及武警官兵80余人在各交通要道保障交通道路畅通；加大对现场交通等秩序的管制，确保抢险救援工作的正常有序顺利进行。调运通信应急车驻扎地质灾害点，确保通信畅通。

5. 全力做好群众安抚工作。县委政府成立群众工作组，落实县乡村组干部“包保”责任，负责对遇难者家属和受灾群众开展一对一的思想稳定、安抚安置、善后处置等工作，发放抚慰金共43.7万元、大米3800斤、5升装食用油76桶。安葬遇难学生15名。同时向受伤人员家庭发放大米100斤，5升装食用油2桶。

【抗震救灾捐赠】 2012年“9·07“地震灾害发生后，社会各界纷纷伸出援助之手，捐赠款物支援灾区。全市共接收救灾捐赠资金13012.2943万元。接收救灾捐赠帐篷4563顶，棉被19569床，棉衣9527件、毛毯16734床、彩条布21978卷、折叠床372床、活动板房11374平方米、大米251.77万斤、面粉2.5万斤、面条1.7万斤、矿泉水208.58万瓶、方便面57.43万桶、食用油10.66万斤以及牛奶、面包、蔬菜、猪肉等其他物资。

【防灾减灾宣传】 2012年防灾减灾宣传活动周期间，紧紧围绕“弘扬防灾减灾文化、提高防灾减灾意识”宣传活动主题和组织倡导公众开展“五个一”活动，全市上下开展了形式多样、声势浩大的宣传活动。共开展现场集中宣传活动18场次，开展了28场防灾减灾科普知识讲座和避险经验交流，组织开展社区风险隐患排查治理工作35次；开展防灾应急演习15次。悬挂横幅标语251条，展出宣传展版836块、挂图（画报）11000张，发放宣传手册、宣传单315000份、防灾减灾科普读物9200册，防灾减灾知识光盘1000余张，发送防灾减灾公益短信（宣传短语）433万条次。

【社区减灾】 2012年，昭通市巧家县白鹤滩镇玉屏社区被国家减灾委、民政部评选为“全国综合减灾示范社区”。

【地质灾害监测】 全年共排查发现地质灾害隐患点2912处，2012年新增567个。2643个地质灾害隐患点纳入了监测，共有检（监）测人员2818人，其中重点监测隐患点749个，重点隐患点监测人员833人，全市共投入地灾监测经费442万元，应急演练38次，出动应急专家3390人，出动应急救援队伍33317人次，印发地质灾害宣传资料109140份。全年成功预报地质灾害8起，紧急转移人员349人，避免人员伤亡242人，避免经济损失972.2万元。

【水利工程隐患排查】 对在建水源工程、中小河流重要河段治理、病险水库除险加固、农村水电站工程项目进行全面检查。建立度汛预警点168个，成立度汛互助组369个。全市批准水电站度汛方案78个，要求修编各类镇、村、组度汛方案58个，修编抢险应急预案49个。

【气象服务】 气象部门坚持“一年四季不放松，每次过程不放过”的原则，精心组织，周密部署，严格管理，措施得力，创新服务方式，做到预报准确、气象情报传递及时、服务积极主动。一是抗旱气象服务扎实有效；二是汛期气象服务积极主动；三是抗震救灾气象服务准确。在抗旱救灾、防汛抗洪、抗震救灾等工作中发挥了重要作用，取得了明显的经济和社会效益。

【地震部门抗震救灾】 彝良“9·07”地震灾害发生后，市防震减灾局干部职工迅速到位，立即启动应急预案，成立了前、后方工作组。震后10分钟完成地震三要素测定和《地震灾害初步评估报告》。前方工作组积极配合省地震局参与地震现场监测、地震灾害评估及协调等工作。后方工作组负责24小时震情值班、维持仪器运行、跟踪分析震情前兆、向市委市政府汇报工作情况等工作。

【国土部门抗灾救灾】 一是实施抗旱救灾地下找水工程。在我全市布置了三批共20口水文地质供水井，位于旱情严重的昭阳区、鲁甸县、永善县、威信县、镇雄县。共施工探采井工程20口，出水井14口，日出水量达4430立方米。二是彝良“9·7”地震后，组织42名专家组成9个应急调查组赶赴灾区对地震诱发的次生地质灾害开展排查、调查、核实、监测预警等防范工作。共排查灾区7度区范围内的地质灾害隐患点425个，踏勘调查125处危岩崩塌隐患点，对60个临时和永久安置点进行了踏勘及地质安全评价，成功排查6处危石险情。三是彝良县“10·4”灾害发生后，国土部门组织甲级地质灾害防治甲级资质单位（云南7个、四川1个）150余人对地震影响烈度Ⅵ以上的彝良、昭阳、大关、镇雄等4县区36个乡镇342个村委会开展地质灾害隐患排查核查。共排查核查地质灾害隐患点555个，其中崩塌149个，滑坡202个，泥石流57条，不稳定边坡132个，地面塌陷6处，地面沉降2处，地裂缝7条，排查区域面积5725平方千米，36个调查单元完成调查路线6553千米，排查学校704所。

【住建部门抗灾救灾】 彝良“9·07”地震灾害发生后，住建系统及时启动应急预案，在第一时间赶赴灾区展开以市政基础设施、公共用房为主的排危除险和灾损评估鉴定工作。累计评估鉴定单体建筑个数33192栋，2706278平方米（其中基本完好或轻微破坏8927栋，1783607平方米；中等破坏6243栋，274415平方米；严重破坏或倒塌18022栋，648256平方米）。当日评估鉴定单体建筑个数196栋，172668平方米（其中基本完好或轻微破坏136栋，126344平方米；中等破坏38栋，25858平方米；严重破坏或倒塌22栋，20466平方米）。各房屋鉴定专家组根据鉴定结论，对鉴定为“严重损害”和“中等破坏”的房屋分别做出“限制使用”和“暂停使用”的明显标志，防止次生灾害的发生。

在地震和洪涝灾害中，净水厂源水供水管多处损毁，备用水源点被洪水淹没，专用抽水电动机损坏，供水管道断裂，供水中断。经住建系统全力抢修，供水迅速全面恢复。

【卫生部门抗灾救灾】 2012年彝良"9·07"地震发生后，卫生部门迅速启动卫生应急响应，紧急投入抗震救灾，开展伤员救治和灾后卫生防疫工作。国家、部队、云南省以及四川、贵州，纷纷派出医疗队和防疫队到昭通支援。不完全统计，投入抗震救灾的医疗卫生人员有2074人，累计因伤收治1528人，其中入院治疗615人。

按照"依法、科学、规范、统一"的总体要求和"关口前移、重心下沉"的原则，有力、有序、有效、有度地全面开展灾后卫生防疫工作。对灾情较重的4个乡镇52个行政村实行分片包干、责任到人，实行网格化管理，横向到边、纵向到底，并对责任人、监督人、监督电话等进行公示。灾后卫生防病工作人员出动10696人次；出动车辆1094车次；环境消毒3276807平方米；消毒水源点43103个次；消杀集中就餐点1474个次；杀虫喷洒房间（帐篷）88266个次。发放宣传材料231776份。

【公安部门抗灾救灾】 2012年，全市公安机关在抗灾救灾工作中，出动警力16040人次，车辆2920辆次，转移群众74367人，解救被困群众880人，排除险情2070处，疏散滞留车辆31600辆次，为群众送水3000余吨。

【消防部门抗灾救灾】 彝良"9·07"地震灾害发生后，全市消防部队在第一时间启动重大地震灾害事故应急救援预案，第一时间调集警力，第一时间赶赴灾区，第一时间展开救援，第一时间做好灾区火灾防控、第一时间进行灾区抗洪抢险，圆满完成了各项抗震救灾任务。全市消防部队先后抢救被困人员57人，搜寻遇难者遗体20具，转移伤员24名，转移疏散受灾群众2000余人及贵重物资500余件，抢救贵重物资价值180余万元，帮助安置受灾群众360人，搬运救灾物资200吨，清理危房47户，排危110处，打通乡村公路200米，帮助搭建帐篷300顶，在10个安置点配置灭火器500具，发放消防安全宣传资料25000份，为灾区群众送水2700吨，清洗街道3500米，清理淤泥37车150余吨。

【电信部门抗灾救灾】 在彝良"9·07"地震灾害和"9·11"洪涝灾害抗灾救灾工作中，中国电信昭通分公司启动防震减灾应急预案，紧急派出4个抢险队、60余人、18辆车分别从昭通、彝良和盐津奔赴受灾现场进行抢复。

10月4日，彝良县龙海乡镇河村油房村民小组发生山体滑坡后，电信救援组织第一时间抵达灾区，调通2台致富通电话提供给指挥中心作为应急电话。同时，为指挥中心、部队救援官兵、当地民众提供6部"中国电信免费报平安电话"，调通1台海事卫星电话作为政府指挥应急；提供应急发电油机2台供通信设备和救援照明用。

2013年抗灾救灾

【概　述】 2013年，昭通市自然灾害频繁发生。在市委、市政府的坚强领导下，各级各部门始终坚持以人为本、把受灾群众生命放在第一位，迅速组织开展抢险救援、灾害救助工作，及时、高效、有序应对了镇雄"1·11"山体滑坡、"8·25"严重洪涝等灾害，最大限度地降低灾害损失，有效确保了受灾群众基本权益和维护了灾区社会稳定。全年共安排救灾资金15687.89万元，发放救灾棉被2.5万床、大衣1.1万件、毛毯0.22万床、大米902.94万斤、食用油0.34万桶。救助受灾群众53.16万人次，基本解决受灾群众生活困难。

【镇雄"1·11"滑坡处置】 1月11日，镇雄县果珠乡高坡村赵家沟村民组发生山体滑坡灾害，造成重大人员伤亡。灾害发生后，党中央、国务院、省委、省政府非常关心，习近平总书记、温家宝总理、李克强副总理和省委秦光荣书记、省政府李纪恒省长等领导先后作了批示。李纪恒省长第一时间赶赴灾害现场，通过实地查看救灾工作后，立即主持召开了紧急会议，全面安排部署抢险救灾工作，提出了八点指示：一是确定重点搜救区域，全力搜救被埋人员；二是全面排查灾害隐患，及时转移受危害的群众；三是强化组织协调，全力做好保障工作；四是及时救治伤员，加强卫生防疫工作；五是科学救援，避免抢险救灾中造成新的人员伤亡；六是全力维护灾区秩序，确保社会稳定；七是加强宣传引导，为抢险救灾营造良好的舆论氛围；八是救灾工作开展的同时，及时开展山体滑坡情况的调查。

1月12日凌晨3时，国土资源部徐绍史部长率领汪民副部长、民政部姜力副部长、国务院应急办陈胜副主任和财政、发改、卫生、交通、国家防办等国家部委组成的国务院工作组赶到灾区现场，立即召开了事故情况汇报会，听取了相关工作汇报，并对下步抢险救援工作再次提出了6条要求：继续全力搜救失踪人员，扎实做好受灾群众安置工作，加强地质灾害排查和防治，加强相关后续工作，维护社会稳定，做好宣传舆论引导工作。

昭通市按照党中央、国务院、省委、省政府领导的指示和要求开展救援处置工作。

1. 迅速启动应急预案。昭通市立即启动《昭通市突发性地质灾害应急预案》，成立镇雄县"1·11"地质灾害现场救援指挥部及抢险救灾、医疗救治、生活保障、电力通信保障、宣传报道、治安稳定六个工作组，镇雄县也相应成立了"1·11"山体滑坡应急救援指挥部，下设现场抢险救援工作组、保通组、转移安置组、医疗救治防疫组、宣传组、善后处理组、维稳组、后勤保障组、地质灾害监测组、综合组和灾后恢复重建组11个工作组，分别负责现场抢险救援、保通、转移安置、医疗救治防疫、宣传、善后处理、维稳、后勤保障、地质灾害监测、综合服务、灾后恢复重建等工作。

2. 全力搜救伤亡人员。坚持把人员搜救作为第一任务，

以最快的速度组织市县乡干部、公安民警、武警、消防官兵、群众和民兵应急分队共1000余人，并就近调集果珠及周边尖山、赤水源、芒部、大湾、乌峰7个乡镇相关专业人员和挖掘机、装载机、铲车等工程机械20余台、救援铁锹200余把，全力开展挖掘工作，紧急搜救被掩埋群众。威信、水富、彝良3县相关领导也带队驰援，迅速赶赴镇雄县参加搜救。

3. 确保交通通信畅通。省、市、县各有关部门集中各方力量，在专家指导和确保安全的基础上，较快清除危险山体和交通障碍。同时，交警、电力、通讯等部门启动部门应急预案，迅速赶赴事故现场，采取应急措施，确保抢险救灾交通道路畅通、供电通讯正常，整个应急搜救紧张有序。

4. 有序转移受灾群众。坚持按照“不遗漏一户、不丢下一人”的原则，及时派送和发放生活物资，切实抓好受灾群众紧急转移安置和生活救助。转移安置群众178户635人。安排救灾应急资金1050万元，安排救灾帐篷305顶、棉被900床、棉大衣522件、外衣50套、保暖内衣253套、水鞋50双、大米650斤、方便面6000盒、面包1200个、矿泉水5520瓶、手电筒34支、取暖炉50套到灾区，及时救助受灾群众。

5. 规范信息报送和新闻发布。镇雄县委、县政府安排专门领导负责，成立信息报送工作组，及时向省市滚动报送灾情和应急救援工作进度。县委宣传部由1名领导负责，认真接待媒体采访，并及时、规范向媒体通报灾害和救援情况。镇雄县召开新闻发布会，向各级新闻媒体通报了镇雄县“1·11”山体滑坡应急救援工作情况。

6. 加强次生灾害监测和防范。对滑坡点边缘地带安排专门人员24小时巡查和监测。县、乡、村组织精干力量，进一步强化地质灾害巡查排查、监测预警、群测群防和转移避让等防范工作，对各类地质灾害隐患点特别是公路沿线、城镇、学校、医院、旅游景点、村庄、重大工程施工现场附近的危险地段，通过采取设立警示标识、撤离人员等措施，加强预警提示，有效防范滑坡、泥石流等灾害对群众生命财产安全产生的威胁。

7. 抓好灾区社会稳定。省、市、县领导深入灾害现场和医院，看望慰问伤者及遇难者、失踪人员家属，转达党中央、国务院和省委、省政府领导的关心、问候，稳定伤者及遇难者家属的情绪。

8. 及时启动恢复重建工作。安排民房重建资金5600.77万元，重建民房188套，配套建设社区活动中心和民族文化广场。

【“8·25”洪涝灾害抗洪救灾】 8月24～25日，昭通市普降大雨，局部暴雨。全市乡镇出现小雨20站，中雨11站，大雨44站，暴雨116站，大暴雨13站，横江流域内最大24小时降雨量超过100.0毫米站点。白水江洪峰水位542.94米，洪峰流量1600立方米/秒；洛泽河洪峰水位834.96米，洪峰流量574立方米/秒；关河洪峰水位471.01米，相应流量2950立方米/秒；盐津县城东风大桥最大洪峰为426.60米，相应流量3830立方米/秒。横江关河支流超警戒水位3.21米，超保证水位2.21米；横江白水江支流超警戒水位2.14米。全市5个县区53个乡镇（办事处）231个村约13万人受灾。昭阳、盐津两座县城进水。

灾害发生后，在市委、市政府的坚强领导下，全市各级各部门迅速行动，及时抗洪救灾，最大限度降低灾害损失，确保人民群众生命财产安全。

1. 强化会商，安排部署。8月24日，根据雨情暴雨预警，市防汛抗旱指挥部组织召开汛情会商分析会议，制定防汛减灾措施。一是采取上堵下泄工作思路，横江上游白水江、关河水库、水电站最大限度地吸纳洪水，横江撒渔沱以下电站8月25日全部空库，保证县城洪水畅通；二是横江流域各县区、各涉洪部门加强隐患排查、监测预防，第一时间做好群众转移安置工作；三是加强雨情、水情滚动预报，强化防汛信息反馈；四是强化防汛预警，最大程度减少群众生命财产损失。

2. 科学预报，强化调度。市级启动防汛应急Ⅲ级响应，紧急召开会议，研究安排抗洪工作。要求镇雄大水沟水库、威信黄水河水库最大限度拦蓄白水江洪水，白水江三级电站最大泄洪不得超过1000立方米/秒，洛泽河庙林电站下泄流量不得超过1000立方米/秒（实际为900立方/秒），洒渔河渔洞水库最大限度蓄水不得泄洪，下游高桥等梯级电站尽量蓄水，最末级油房沟电站下泄流量不得超过500立方/秒（实际为340立方/秒）。通过综合调度实行盐津县城洪水错峰，保证县城度汛安全。

3. 加强领导，转移群众。根据雨情、水情，相关县区高度重视，第一时间转移灾区群众。昭阳区启动防汛应急Ⅱ级响应，要求全区实行部门一把手负责制，立即分批深入洒渔河、利济河、秃尾河等灾区进行抢险救灾，转移受灾群众。昭阳区城市河道水位超警戒水位，瓦窖河至中沟河（老农贸市场段）等多处地段漫堤和溃堤，昭阳城区进水，部分房屋出现垮塌，洒渔镇三台村双胞闸小坝塘发生坝体塌方，塌方体长约18米、高1米，临时开挖溢洪道泄洪，紧急转移群众11000余人。盐津县启动防汛应急Ⅱ级响应，由消防、民兵应急分队、公安等组成6支强制转移工作组织427米高程以下群众安全转移避让洪水，全县紧急转移群众12000余人；彝良县启动防汛应急Ⅱ级响应。防汛抗旱指挥部专职副指挥长率领相关人员第一时间赶赴现场查看灾情，指导钟鸣水库下游群众安全转移1500人，进行抢险救灾。大关县天星镇吉利镇部分河道出现超警戒水位，吉利镇河堤垮塌近100米，各级各部门组织人员对天星绿南村和吉利集镇受河水威胁群众安全撤离共17000余人。

通过各级各部门的共同努力，白水江支流洪峰于8月25日19时提前通过盐津县城，关河的最大洪峰于8月25日23时30分到达盐津县城东风大桥断面，白水江与关河的洪峰错开4.5小时。由于措施得当，抢险有力，共紧急转移安置人4万余人，没有发生人员伤亡。抗洪抢险中，共科学调度4座水库、6个水电站进行错峰，防洪效益达2.4亿元。

【防灾减灾宣传】 强化宣传引导，大力推进防灾减灾知识进机关、进企业、进学校、进社区、进家庭。共开展集中宣传教育活动12场次，悬挂横幅标语236条，展出宣传展板756

块、挂图（画报）9100张，发放宣传手册、宣传单283935份、科普读物6010册，防灾减灾知识光盘700余张，现场解答群众疑问400余个。宣传教育群众50万人。

【社区减灾】 2013年，昭阳区凤凰街道西街社区、绥江县中城镇五福社区被国家减灾委、民政部评选为“全国综合减灾示范社区”。

【地质灾害防治工程】 争取立项治理地质灾害防治项目，把被动应对自然灾害转变为主动防灾减灾。争取到因受彝良“9·07”地震影响的地震影响区内地质灾害工程治理项目5个，投资概算总额14515万元，累计到位灾区地质灾害防治专项资金13980万元，其中，中央财政资金12080万元，省级资金1900万元。全年投入地质灾害监测经费945.65万元。

【气象服务】 2013年昭通前期干旱灾害突出，进入汛期后境内降雨时空分布极其不均，单点性大雨、暴雨突出，局部洪涝、地质灾害偏重，昭通气象部门顺利完成了“1·11”镇雄果珠高坡村山体滑坡、抗旱保民生、“6·05”区域性暴雨、“6·08”区域性大雨、盐津“6·22”大暴雨、盐津“7·05”大暴雨、绥江“7·10”暴雨、“7·18”中部北部暴雨、全市“8·24”暴雨等自然灾害气象服务工作。特别是“8·24”全市性暴雨、洪涝灾害的预报服务工作中，由于气象部门提前发布了暴雨天气消息和预警信号，全市共紧急转移安置四万余人，避免了巨大人员伤亡和财产损失。

【应急队伍建设】 组建了市、县区级地震应急救援队伍12支、救援队员2457名；组建了市直卫生系统专业应急队伍6支、应急人员118人；建立了1746人的市、县、乡、村四级民政灾害信息员队伍；建立了1366人的气象信息员队伍；全市有地质灾害群测群防监测人员3966人；住建系统依托市县区建筑工程质监、安监、设计、监理等单位专家，组建震损房屋应急鉴定评估专家队166人。依托城市供水、燃气、照明等市政单位的工程技术人员及装备，组建市政基础设施应急抢险队222人。依托市县施工企业的工程技术人员及装备，组建大型机械应急抢险救援队126人。三支队伍实行动态管理，及时进行补充和更新。有大型机械199台；气象、公安、消防、安监、电力、通信等部门也组建了相应的应急队伍。同时，强化应对处置培训演练，应急队伍救援水平有效提升，形成了以点带面、点面结合、上下联动、整体推进的的紧急救援网络。

【预案体系建设】 市级修订完善了《昭通市自然灾害救助应急预案》，确保了预案组织指挥体系更加健全，部门职责更加明确，响应措施更具有操作性。全市共制定了市级自然灾害救助应急预案1个、县级11个、乡级143个、村级1301个。编制了涵盖地震、地质、干旱、洪涝等灾害的专项预案，进一步完善了昭通市应急预案体系建设。纵向到底、横向到边的救灾应急预案体系初步形成。同时，组织制订了《昭通市深入推进预防和处置地震等自然灾害能力建设实施方案》和《昭通市贯彻落实〈云南省“十二五”综合防灾减灾规划〉实施意见》。

【地震部门抗灾救灾】 一是地震预警系统在昭通开始应用。由昭通市防震减灾局、昭通市教育局与成都高新减灾研究所合作开发的ICL地震预警信息系统在昭通市首次使用，并于9月9日在昭通学院等7所学校成功安装，试点使用。ICL地震预警信息系统可通过计算机网络、手机网络或者卫星通信传输给地震预警信息接收服务器，并通过校园广播站向全校发出地震预警警报。二是首次创建地震安全示范社区。7月24日，昭通市地震安全示范社区评审会首次召开，水富县云富街道办事处邵女坪社区等6个社区被评定为昭通市地震安全示范社区。同时，水富县云富街道办事处邵女坪社区、水富县云富街道办事处温泉社区、绥江县中城镇玉泉社区等3社区被认定为“云南省地震安全示范社区”和“国家地震安全示范社区”。三是创建云南省防震减灾科普示范学校。2013年，昭通市昭阳区一中、水富县博爱小学、水富太平乡中心小学等3所学校被授予“云南省防震减灾科普示范学校”。

【住建部门抗灾救灾】 一是抓好住建系统“三支队伍建设”。全市组建了住建系统震损房屋应急鉴定评估、市政设施抢险、大型机械应急抢险等三支应急抢险救援队伍，共有各类专业技术人员514人，机械设备199台。三支队伍均属社会化管理，按照要求参加培训和演练，地震发生时，按照统一调令参加地震应急救援。二是推广运用减隔震技术。加大减隔震技术的宣传培训力度，提高防震减灾意识。对全市住建局、教育局、卫生局、发改委、地震局、财政局、科技局、设计单位、施工企业、房地产企业等进行培训。减隔震技术的推广应用工作取得了阶段性的成绩。全市减隔震技术已经在23个项目中推广运用，建筑面积251167平方米。

【公安部门抗灾救灾】 2013年，全市公安机关在抗灾救灾工作中，出动警力5310人次，车辆2028辆次，转移群众6910人，疏散滞留车辆6866辆次。

【消防部门抗灾救灾】 1月11日镇雄县果珠乡高坡村赵家沟村民小组发生山体滑坡，全市消防部队在事故发生后第一时间启动重大地质灾害事故应急救援预案，调集支队全勤指挥部、特勤中队和镇雄、威信、盐津、大关4个大队共计18车112人赶往事故现场开展救援。经过约24小时的救援，参战消防官兵共搜寻挖掘出遇难者遗体16具，发挥消防部队应急救援的主力军和突击队作用。

【农业部门抗灾救灾】 为提高病虫监测的时效性和准确性，农业部门根据农作物布局及病虫发生种类，合理布局病虫监测点，坚持系统监测和宏观调查相结合，对主要病虫害进行监测，适时掌握病虫发生动态。共设置132个病虫监测点，监测涉及水稻、玉米、马铃薯、小麦等10种主要作物的稻瘟病、稻飞虱、玉米大小斑病、玉米叶斑病、粘虫、马铃薯晚疫病等20多种主要灾害性病虫害。同时，对次要灾害性病虫

和小长蝽等新生疑难灾病虫害进行监测，立项开展研究，掌握其发生规律和防治方法，做好新生疑难灾害性病虫防治技术贮备，一旦这些病虫暴发为害，做到预报得准，有办法防得住。系统监测点的科学设立，对重大病虫实行定点定期监测，及时掌握病虫发生动态、实现了对重大病虫害的及时、准确预报。

【电信部门抗灾救灾】 2013年7月5日，大关、盐津、绥江和水富等地遭受强降雨，造成山洪暴发，并引发泥石流自然灾害。灾害造成电信环路光缆中断，盐津、绥江和水富等地业务受阻。中国电信昭通分公司及时启动四级应急预案，大关、盐津、绥江和水富分公司共4支前沿抢险队第一时间赶赴各区域内受灾地点，抢复受损光缆，全力保障灾区通信的稳定及畅通。

恢复重建

【彝良县"9·07"地震灾后重建任务】 彝良"9·7"地震灾后恢复重建任务为八大工程323个子项目，概算总投资560200万元。①民房恢复重建的任务总数为68140户。其中，民房修复任务36365户，民房重建31775户。此外，彝良县地质灾害避让新增重建户1077户；②基础设施建设工程30项。其中，水利工程5项，交通工程7项，能源建设工程15项，通信工程3项；③社会事业工程158项。其中：教育事业发展工程65项，卫生44项，计生22项，文体广电15项，其他社会事业12项；④特色产业培育工程32项。其中，工业4项，农业20项，旅游业8项；⑤扶贫开发9项；⑥城镇建设工程41项。其中，市政基础设施建设工程24项，社会管理17项；⑦防灾减灾体系建设工程20项；⑧生态环保工程29项。其中，生态修复8项，环境整治工程9项，农村能源建设工程8项，土地整治复垦工程3项，水土流失综合治理工程1项。

【彝良县"9·7地震民房恢复重建】 灾害发生后，在党中央、国务院，省委、省政府的大力关心支持下，全市上下树立"化灾难为机遇、抓重建促发展"的思想，紧紧围绕把灾区建设成为生活安康、生产发展、生态良好幸福新家园的目标，始终把恢复重建作为全市压倒一切的工作来抓，层层明确目标任务，逐级落实责任措施，确保恢复重建工作扎实、有序、快速向前推进。

1. 精心部署，迅速启动民房重建工作。坚持高位推动、高效实施，确保恢复重建工作组织有力、推进有序。（1）加强组织领导。迅速组建了市级恢复重建领导机构、工作机构，统一负责全市恢复重建的组织领导工作，各相关县区也分别成立了相应机构，为整个恢复重建工作提供了有力的组织保障。（2）全面安排落实。及时召开全市恢复重建动员大会，对各项工作进行安排部署；随后又多次召开现场办公会、专题办公会，对恢复重建工作进行专题研究，对各项措施进行再细化、再安排、再部署、再落实；市恢复重建指挥部每月定期召开会议，不断总结成绩、分析形势、发现问题、解决困难、推进工作。（3）签订目标责任。市政府与恢复重建县区和市直相关部门签订了目标责任书，进一步明确了恢复重建的责任主体、工作主体和实施主体。（4）完善实施方案。在省级恢复重建规划的基础上，市委、市政府又出台了《昭通彝良"9·7"地震灾后恢复重建总体实施方案》和《昭通彝良"9·7"地震灾后民房恢复重建实施方案》，采取"统规统建、统规自建、分散自建"三种模式开展民房重建。

全市规划实施民房重建31775户，修复36365户，补助资金115308.4万元。民房重建每户补助3万元，其中：特殊困难户每户增加补助0.8万元；民房修复每户补助0.2万元。2013年春节前全面完成受损民房修复任务，2013年6月以前全面完成民房重建任务。

彝良县地质灾害避让新增重建户1077户，补助资金2154万元。

2. 健全机制，实行目标任务倒逼推进。坚持把机制建设作为恢复重建的重要前提，把责任落实作为推进工作的关键抓手，千方百计抓工期、抢进度，确保恢复重建横向落实到边、纵向落实到底。（1）建立挂钩联系机制。由市级领导挂钩联系重灾县区和重灾乡镇的恢复重建工作，市政府副市长挂钩联系分管行业的恢复重建工作，定期组织召开碰头会和协调会，及时研究解决恢复重建中遇到的困难和问题。（2）是严格落实包保责任。全面落实县级领导包乡镇、乡镇领导包村、县乡村干部包组包户的"一对一"包保责任制度，把包安置、包重建、包稳定的各项任务落实到个人。彝良县严格按照包群众思想工作、包受灾群众安置、包查灾核灾、包灾后恢复重建、包灾区稳定的"五包"责任制，要求包保干部每月驻村蹲点入户开展工作不得少于15天，建立了一对一的包保台账，编发《彝良"9·7"地震民房恢复重建政策宣传手册》5万多册，发放民情联系卡1万多张，真正使综合协调、技术指导、督促检查等工作一抓到底、落到实处。（3）完善督查督办机制。进一步整合全市督查力量，组织督查组定期或不定期对恢复重建工作进度、工程质量、资金使用以及市委、市政府、市恢复重建指挥部的安排部署落实情况，进行监督检查，确保恢复重建按时间节点有序推进。

3. 强化保障，全面加快项目实施进度。始终想灾区群众所想、急灾区群众所急，深入细致做好保障工作，切实帮助灾区群众解决实际困难。（1）加强建材供应保障。积极动员和协调相关企业加大钢材、水泥、砖瓦、砂石等建筑材料的保障与供应，在相对集中区域设立建材临时直销点，方便群众采购。把好建材质量关，杜绝不合格建材流入市场，进入到重建项目从而影响到重建质量。彝良县将全县12家砖厂生产的红砖对口分配销售到15个乡镇，与县外建材企业签订了建材供应保障意向书或厂价直销协议，建立钢筋、水泥等大宗建材直销点，保证市场供应，方便群众采购。同时，鼓励动员群众自制空心砖，切实缓解红砖供应紧张的问题。（2）加强水电油运保障。组织相关部门抓好灾区水、电、路的保通工作，实现灾区水电的正常供应和道路畅通，降低企业的流通成本和群众建设成本，保障了恢复重建的快速有序推进。

(3) 加强灾区物价监管。加强价格监测和市场监管，启动灾区临时价格干预措施，组织开展对建材、成品油等价格的专项检查，严厉打击囤积居奇、哄抬物价、串通涨价等行为，保障灾区物价总体保持稳定。彝良县成立了县建材价格管理和保供特控办公室，各乡镇相应成立特控办，负责建材生产供应和稳定，强化价格干预措施，对县内生产厂家派专人驻厂监督控制价格。

4. 多措并举，促进重建资金及时到位。多方协调和筹措资金，确保不因资金问题影响到恢复重建进程。(1) 加强资金整合。除中央和省已经明确的专项资金外，还合理地整合了农村危房改造资金。安排民房恢复重建补助资金 115308.4 万元，其中：中央专项资金 55757 万元，省级专项资金 7288 万元，救灾捐赠资金 20488.4 万元，整合农村危房改造资金 31775 万元；安排地质灾害避让新增重建户补助资金 2154 万元（慈善接收捐赠资金）。(2) 协调银行支持。积极协调金融机构支持灾区建设，主动争取信贷支持，并采取财政适当贴息的方式，帮助群众缓解了资金压力。彝良县对受灾重建农户给予不高于 4 万元的贷款，政府贴息 1 至 3 年，贴息资金列入财政预算支出。对地震前已经贷过款、因灾不能按时偿还的受灾户，延长 3 年还款期限，在 3 年内不催收催缴、不罚息，不作为不良记录，不影响其继续获得民房恢复重建信贷支持。(3) 加强资金监管。坚持恢复重建资金专款专用，建立专户、明细台账，公开透明使用，并按照项目建设进度要求及时足额下达和拨付资金。补助资金按照 3:3:3:1 的比例通过“一本通”分期拨付，即：完成基础工程，拨付 30%；完成 1/2 主体工程，拨付 30%；全面完成主体工程，拨付 30%；组织竣工验收合格，拨付 10%。民房修复户待修复完工经验收合格后，一次性拨付。同时，加强对资金流向、使用情况和投资效益的跟踪审计，确保恢复重建资金安全。

5. 加强监管，确保工程建设质量安全。始终坚守质量和安全这两条“生命线”，建立工程建设监督管理制度，全面落实监管责任，确保民房重建进度快、质量好、安全有保障。(1) 严格重建项目选址。把地质灾害评估作为恢复重建项目建设必备审批要件，成立机构，落实人员，按照村民代表认可、乡镇政府审核、县区政府审定、市恢复重建指挥部备案的要求，认真抓好民房重建科学选址工作，切实避让地质灾害区，确保重建选址更加科学、更加合理、更加安全。(2) 加强质量技术培训指导。全方位、多层次、多形式地对包保干部和建筑工匠进行民房建设质量技术培训，派驻专业工程技术人员对民房恢复重建任务最重的彝良县实行驻点指导，对其他县区实行巡查指导。市恢复重建办工程质量安全小组派出 3 名骨干技术人员，并从市内建筑施工企业调派了 21 名工程技术管理人员组成技术指导组奔赴彝良灾区 12 个重灾乡（镇）、村组，长驻重灾区彝良县开展技术指导工作。(3) 建立质量安全监管体系。按照“乡主体、县监管、市指导”的原则，健全了市、县区、乡镇分级负责的民房恢复重建质量安全监管体系，组织质量安全监管小组驻村入户，严格按照七度设防的要求，全过程抓好民房修复加固和恢复重建质量安全监管，真正把民房建成放心工程、安全工程。

6. 注重宣传，广泛发动各方参与重建。认真开展政策宣传和群众教育引导工作，大力营造恢复重建良好氛围。(1) 加强政策宣传。通过广播、电视、报刊、宣传小册子、入户宣传等多种有效形式，将住房建设补助、银行贷款优惠等政策原原本本交给群众，消除群众疑虑，争取群众的理解和支持。(2) 开展感恩教育。在灾区深入开展了以“国家关心、八方支援、生产自救、重建家园”为主题的感恩教育活动，大力宣传各级党委、政府和社会各界的关心关怀，让灾区广大群众增强感恩意识，识大体、顾大局，自力更生、不等不靠、重建家园。(3) 争取社会支持。积极鼓励和引导社会各界捐资捐物，帮助灾区人民恢复生产、重建家园。(4) 注重舆论引导。以恢复重建进度、典型事迹和先进人物为重点，切实加强正面宣传和正确引导，努力把干部群众的思想和行动统一到恢复重建的各项安排部署上来，把心思和力量凝聚到抓重建、促发展上来，着力营造全社会关心、支持、参与恢复重建的浓厚氛围。

7. 关注民生，保障受灾群众基本生活。坚持一手抓恢复重建、一手抓过渡安置，全力保障受灾群众吃饭、穿衣、喝水、住所、上学、就医等基本需求。(1) 认真核实救助对象。组织受灾群众生活调查组，对受灾群众生活认真进行全面的、拉网式的摸底排查，把调查工作做细做实，通过“户报、村评、乡审、县定”，扎实做好救助对象核定确认工作，保证救助对象不漏一户、不掉一人。(2) 妥善安置受灾群众。采取投亲靠友、返回安全住所、租用安全房屋、搭建棉帐篷等方式，切实让受灾群众转移安置到安全可靠的御寒住所，确保受灾群众安全过冬、温暖过冬。(3) 科学实施分类救助。科学制定救助方案，实施分类救助，做到不遗漏、分类别、保重点。把重灾户、低保户、五保户、优抚对象、因病因残困难家庭等困难群体作为救助重点，给予特殊关照。对地震灾区重灾户及高寒、偏远山区受灾群众，采取送钱、送粮到户的救助方式，让他们感受到党和政府的关怀和温暖。(4) 积极投入确保需求。安排下达地震灾区受灾群众过渡期生活救助资金 14299 万元，按重建对象 31775 户、每户 4 人、每人每天补助 12.5 元（10 元钱、1 斤粮折款 2.5 元）、救助 3 个月的标准实施救助。安排下达受灾群众过冬御寒补助资金 3456 万元，重点对重建的特殊困难户进行救助，同时兼顾缺衣少被、保暖过冬困难家庭的救助。积极投入过冬物资，确保受灾群众安全过冬。(5) 切实做好五个结合。切实将地震受灾群众过渡期生活救助与民房恢复重建督促检查、受灾群众过渡期生活补助金发放与冬春群众缺粮排查、受灾群众生活安排与救灾帐篷的管理使用、受灾群众生活安排与城乡困难群众救助、受灾群众生活安排与“阳光作业”和“感恩教育”相结合，做到统筹兼顾，合理安排，整体推进。

（姜仕钦　罗　松　王先波　申长畅　贺莉晶　蔡昌彬）

曲靖市

概　况

【地理面积】　曲靖市位于云贵高原中部，云南省东隅，东与贵州六盘水市、兴义市和广西隆林县接壤，西与昆明市嵩明县、寻甸自治县、东川区接界，南连文山州丘北县、红河州泸西县及昆明市石林县、宜良县，北与昭通市巧家县、鲁甸县及贵州省威宁县毗邻。市境在东经103°03′~104°50′，北纬24°19′~27°03′之间，是内地进出云南的门户，素有“入滇锁钥”之称，中国第三大河流—珠江发源于距市区70千米的马雄山麓。市委、市人民政府驻麒麟区，距省会昆明市130千米。全市幅员2.89万平方千米，占云南省面积的13.63%，市境东西最大横距103千米，南北最大纵距302千米。

【区划人口】　曲靖市辖1市（宣威市）2区（经济技术开发区、麒麟区）7县（沾益、马龙、富源、罗平、师宗、陆良、会泽）共133个乡（乡、镇、街道办事处），其中：镇50个、乡41个（8个民族乡）、街道办事处42个。全市户籍总人口达641.89万人，其中农业人口达518.8万人，少数民族人口数达49.04万人，占总人口的7.6%。全市常住人口达597.4万人，人口密度为每平方千米222人。

【环境资源】　曲靖市最高点在会泽县大海梁子牯牛寨，海拔4017.3米，系乌蒙山脉主峰；最低点在会泽县小江与金沙江的交汇处，海拔695米，相对高差3322.3米。市政府所在地海拔1881米。市境地貌以高原山地为主，间有高原盆地，高山、中山、低山、河槽和湖盆多种地貌并存，地势西北高东南低，陆良坝子和曲沾坝子分别为全省第一、第四大坝子。流域面积100平方千米以上的河流有80多条，以南盘江、北盘江、牛栏江、黄泥河、以礼河、块择河、小江等为主要干流，分属长江和珠江两大水系。具有南亚热带到北温带6种气候类型，主要为亚热带高原季风气候。一般具有冬春光照条件较好，春暖不稳，风高物燥，降水不均；夏雨集中，涝旱兼有；秋温低，阴雨多；冬干冬暖，常有霜雪；日照多，分布不均；积温高，夏季高温不足的气候特点，具有“一山分四季，十里不同天”的立体气候。多年平均气温14.5℃。共有14个土类，35个亚类，85个土属，273个土种，红壤占61.07%。全市水能资源理论储量406.28万千瓦。植物资源以亚热带植被为主，典型植被有常绿阔叶林、针叶林。有树蕨、野山茶、木兰、辣子树、银杏、红豆杉等30多种国家和省级保护植物。有大灵猫、猕猴、水獭、金猫、斑羚等30多种珍稀保护动物。已发现47种矿产资源，探明29种矿产225处矿产地，总储量354.7亿吨，潜在经济价值1.29万亿元。其中煤、锗、磷、铅、锌、锰、硫铁、水泥用石灰岩、铁、锑等资源探明储量居全省前十位。

【产业基础】　曲靖市是云南省第二大城市，是云南省重要的能源、汽车、化工、建材和工业原料基地，主要农产品粮食、油料、蚕桑、畜牧生产基地，也是全国的烟草工业和优质烤烟生产基地。农业素有“滇东粮仓”之称，罗平、陆良是全省油菜优质产品生产基地，陆良、麒麟、沾益、师宗是全省蚕茧生产基地县（区），宣威、富源、陆良、会泽、麒麟是全省生猪生产基地县（市）区。曲靖市是全国最大的烟草产区，烤烟产量占云南的1/3，占全国的1/10。曲靖有工业行业的35个门类，已初步形成烟草、煤炭、电力、机械、化工、冶金、纺织、建材、造纸、皮革、粮油加工为主的较为完善的工业化体系。

【防震评估】　曲靖地处小江断裂带边缘、曲靖—昭通、弥勒—富源、寻甸—来宾等多个断裂带在市内交叉纵横，历史上曾发生过多次破坏性地震，是云南省地震灾害比较严重的地区之一。全市75%的国土面积地震基本烈度在7度以上，部分地区地震基本烈度达9度。

2012年灾情

【综　述】　2012年以来，曲靖市气候异常，先后遭受了干旱、洪涝、风雹、山体滑坡、民房火灾等自然灾害，造成民房倒损、人畜伤亡、田地冲毁、农田被淹，城市交通、通信和电力中断，给灾区群众生产生活带来了较大困难。经统计：全市共有443.7万人受灾，因灾死亡9人，因灾死亡大牲畜9899头（只），因灾倒塌房屋414户784间，损坏房屋5999间，其中一般损坏4617间，严重损坏1382间，农作物受灾面积28.7万公顷，成灾面积18.3万公顷，绝收面积6.02万公顷。因灾造成直接经济损失23.8亿元，其中农业直接经济损失20.6亿元。

【干　旱】　受2011年入秋以来持续干旱灾害的影响，全市降水异常偏少，气温偏高，出现了自1961年有完整气象记录以来范围最广、程度最深、损失最大、影响最远的特大干旱灾害，造成小春作物大面积绝收，粮食严重减产，农产品价格不断上涨。据统计：

1. 受灾人口。全市受灾人口292.7万人，其中：麒麟区12.8万人、沾益县25.2万人、马龙县16.2万人、宣威市61.9万人、富源县54.3万人、罗平县19.6万人、师宗县22万人、陆良县28.1万人、会泽县52.6万人。

2. 需救助人口。全市因灾需救助人口达87.9万人，其中：麒麟区7.6万人、沾益县3万人、马龙县4.1万人、宣威市14.6万人、富源县10万人、罗平县5.7万人、师宗县6.2万人、陆良县22.1万人、会泽县14.6万人。

3. 饮水困难人口。全市110万人饮水困难，其中：麒麟区5.2万人、沾益县11.4万人、马龙县8.5万人、宣威市31.3万人、富源县9.8万人、罗平县4万人、师宗县2.6万人、陆良县16万人、会泽县21.2万人。

4. 饮水困难大牲畜。全市58.8万头大牲畜饮水困难，其中：麒麟区1.5万头、沾益县5.6万头、马龙县4.5万头、宣威市7.7万头、富源县11.8万头、罗平县1.5万头、师宗县1.8万头、陆良县4万头、会泽县20.4万头。

5. 农作物受灾。全市农作物受灾面积17.6万公顷，成灾面积10.6万公顷，绝收面积3.6万公顷。其中：麒麟区农作物受灾面积1.5万公顷，成灾面积1.1万公顷，绝收面积0.2万公顷；沾益县农作物受灾面积3.1万公顷，成灾面积1.4万公顷，绝收面积0.7万公顷；马龙县农作物受灾面积1.3万公顷，成灾面积1万公顷，绝收面积0.8万公顷；宣威市农作物受灾面积4.2万公顷，成灾面积2.7万公顷，绝收面积1.1万公顷；富源县农作物受灾面积0.6万公顷，成灾面积0.4万公顷，绝收面积0.2万公顷；罗平县农作物受灾面积1.9万公顷，成灾面积0.9万公顷，绝收面积0.2万公顷；师宗县农作物受灾面积2.5万公顷，成灾面积2.1万公顷，绝收面积0.1万公顷；陆良县农作物受灾面积0.2万公顷，成灾面积0.2万公顷，绝收面积0.1万公顷；会泽县农作物受灾面积2.4万公顷，成灾面积0.9万公顷，绝收面积0.2万公顷。

6、经济损失。旱灾共造成全市直接经济损失11亿元，其中农业直接经济损失10.7亿元。

【汛　情】　2012年入汛以来，全市境内先后出现大范围强降雨天气，部分县（市）区降了中到大雨，局部地方降了大暴雨，单点暴雨突出，狂风夹杂冰雹，形成洪涝，引发泥石流、滑坡等地质灾害，造成人畜伤亡、房屋倒损、土地冲毁、农田被淹、交通中断、农作物严重受灾，道路、桥梁、河堤、沟渠、坝塘、电力和通信等基础设施受损。全市共有132万人受灾，因灾死亡9人，因灾死亡大牲畜9899头（只），因灾倒塌房屋780间，损坏房屋5977间，农作物受灾面积9.3万公顷，成灾面积6.4万公顷，绝收面积2.1万公顷。因灾造成直接经济损失11.7亿元，其中农业直接经济损失8.9亿元。

【会泽县“3·27”风雹灾】　3月27日晚9时左右，会泽县境内遭受较严重的冰雹灾害，导致金钟、鲁纳、老厂、五星、火红、雨碌、新街等7个乡镇53个村委会426个村民小组1.85万户4.92万人受灾，农作物受灾面积1647公顷，成灾面积1153公顷，绝收面积347公顷，直接经济损失达3898万元。

【宣威市“5·11”风雹灾】　5月11日下午，受冷暖空气活动影响，宣威市境内6个乡镇出现雷雨、大风、冰雹等强对流极端天气现象，形成严重综合性风雹灾害，此次灾害持续时间长、范围广、密度大、破坏力强，风雹持续时间长达30余分钟，单粒冰雹直径最大超过4厘米。此次灾害共造成112690人受灾，因灾伤病人口2人，农作物受灾面积10289公顷，成灾面积7135公顷，绝收面积2045公顷，损坏房屋85间，直接经济损失4520万元，其中农业损失4450万元。

【富源县“5·20”风雹灾】　5月20日，富源县中安、营上、大河、竹园、十八连山镇发生风雹灾害，受灾人口16991人，农作物受灾面积459公顷，成灾面积415公顷，因灾倒损房屋84间，直接经济损失1069.7万元，农业直接经济损失804.3万元。

【师宗县“5·21”风雹灾】　5月21日晚，师宗县境内部分乡镇出现强对流天气，遭受洪涝风雹袭击，丹凤镇、雄壁镇、葵山镇3个镇受灾较为严重。据统计，受灾人口23000人，因灾死亡2人（雷击致死）。农作物受灾面积1784公顷，成灾面积1413.33公顷，绝收面积690.66公顷。房屋严重损坏18户36间，一般损坏53间。直接经济损失1278万元，农业经济损失1233万元。

【罗平县“6·18”洪涝灾】　6月18日20时至19日11时，罗平县境内出现大范围降雨，罗雄镇、大水井乡、旧屋基乡、板桥镇、钟山乡、九龙镇、富乐镇7个乡镇32304人受灾；农作物受灾面积1134.98公顷，成灾面积791.07公顷，绝收面积244.09公顷；倒塌房屋19间，严重损坏房屋3间，一般损坏房屋18间；直接经济损失2434.68万元，其中农业损失1750.08万元。

【沾益县“6·22”洪涝灾】　6月21日至6月23日，沾益县菱角、白水、大坡、西平4个乡镇遭受洪涝自然灾害，共

造成17204人受灾，农作物受灾面积1875公顷，成灾面积1572公顷，绝收543公顷；倒塌房屋13间，一般损坏房屋8间；直接经济损失1644.5万元。

【麒麟区“6·22”洪涝灾】 6月22日23时，麒麟区西城街道、珠街乡、白石江街道、建宁街道、沿江乡境内连降大雨，局部遭受严重洪涝灾害，共造成13551人受灾，紧急转移安置627人；农作物受灾面积619.2公顷，绝收面积33.33公顷；倒塌房屋35间，严重损坏房屋72间，一般损坏房屋4间；直接经济损失817.56万元。

【马龙县“6·24”洪涝灾】 6月23日至6月24日凌晨，马龙县马过河镇等8个乡（镇）普降大到暴雨，并夹杂冰雹，最大降雨量（马过河镇）为124.50毫米，平均降雨量为70.66毫米，灾害造成部分房屋受损、农作物受灾。受灾人口5.2万人，紧急转移安置77人；农作物受灾面积7840公顷，成灾面积3998公顷，绝收面积1480公顷；倒塌房屋49间，严重损坏房屋240间。造成直接经济损失6100万元，其中农业经济损失5806万元。

【陆良县“6·24”洪涝灾】 6月24日，陆良县境内出现强降雨并引发洪涝灾害。此次灾害造成召夸镇、大莫古镇、芳华镇、小百户镇、活水乡、龙海镇、中枢镇、板桥镇、三岔河镇、马街镇10个乡镇34652人受灾，紧急转移安置352人；农作物受灾面积4063公顷，成灾面积1303公顷，绝收面积618公顷；倒塌房屋5间，严重损坏房屋14间，一般损坏房屋143间；直接经济损失3725.7万元。

【富源县“6·26”洪涝灾】 6月26日，富源县境内普降大到暴雨，大部分乡（镇）降雨量超过70毫米，特别是6月26日19时至6月27日8时，后所镇降雨量超过80毫米，大河镇最高达149.5毫米，全县除墨红镇外其余10个乡（镇）不同程度遭受洪涝灾害。此次灾害共造成164173人受灾，紧急转移安置人口905人，农作物受灾面积3328.23公顷，成灾面积1710.63公顷，绝收面积249.63公顷；房屋倒塌43间，一般损坏258间；公路损毁1052米，沟渠损毁857米，河堤倒塌3100米，塘坝损毁2个，大河镇保利万头乌猪养殖基地和睿智养殖基地受到严重洪灾，全镇被淹损失大河乌猪9889头，冲走鸡1721只，圈舍毁损2400间。直接经济损失达5966.26万元，其中农业经济损失1552.1万元，基础设施损失282.24万元，家庭财产损失4131.92万元。

【沾益县“6·30”洪涝灾】 6月30日0时10分至2时左右，沾益县德泽乡遭遇罕见暴雨，降雨量达103.7毫米，暴雨导致山洪暴发，德泽、左水冲、热水、老官营4个村委会26个村民小组6000人受灾，房屋严重受损51间，冲毁路面30余千米，损毁路基5千米，冲毁、堵塞排水沟渠20余千米，边坡塌方32处，山体塌方12处，受灾企业（含个体户）19家，直接经济损失4000余万元。

【宣威市“7·13”洪涝灾】 7月12日21时30分至7月13日11时，宣威市大部分乡（镇）普降大到暴雨，局部地区降大暴雨，其中羊场镇降雨量达169毫米，为宣威有气象记录以来最大值。这次降雨过程强度大、持续时间长，引发了洪涝灾害，造成了较大的灾害损失。据统计，截止7月14日12时，来宾镇、格宜镇、田坝镇、羊场镇、板桥镇、倘塘镇、落水镇、海岱镇、龙场镇、东山镇、热水镇、西泽乡、乐丰乡13个乡（镇、街道）不同程度受灾，受灾人口达18.85万人，紧急转移安置人口618人。全市农作物受灾10533公顷，成灾7626公顷，绝收2506公顷。民房倒塌30间，一般损坏530间，全市因灾造成直接经济损失2.29亿元，其中，农业损失1.05亿元、工矿企业损失0.78亿元、基础设施损失0.41亿元、家庭财产损失0.05亿元。

【陆良县“8·04”风雹灾】 8月4日，陆良县境内芳华镇、小百户镇、活水乡、龙海乡遭受冰雹袭击，共造成10699人受灾；农作物受灾面积1614公顷，成灾面积775.5公顷，绝收面积727.5公顷；房屋损坏28间；直接经济损失4216万元，其中农业损失4191万元。

【麒麟区“8·05”风雹灾】 8月4日下午至8月5日下午5时30分，麒麟区东山镇、寥廓街道办事处、珠街乡、越州镇、茨营乡部分村（居）委会遭到风雹灾害袭击，共造成14606人受灾，农作物受灾面积1698.27公顷，绝收面积454.33公顷，直接经济损失2617.44万元。

【沾益县“8·05”风雹灾】 8月5日晚，沾益县普降暴雨，大雨夹杂冰雹致使全县除西平镇外其他乡镇遭受洪涝灾害袭击，共造成42015人受灾，农作物受灾面积2604公顷，成灾面积1655公顷，绝收面积466公顷；一般损坏房屋18间；直接经济损失2894万元。

【马龙县“8·05”风雹灾】 8月5日，马龙县马鸣乡、旧县镇、马过河镇、王家庄镇、月望乡、纳章镇、大庄乡发生风雹灾害，共造成27000人受灾，农作物受灾面积1557公顷，成灾面积1402公顷，绝收面积1245公顷；直接经济损失4354万元。

【罗平县“8·05”风雹灾】 8月5日12时，罗平县遭受风雹袭击，造成罗雄镇、板桥镇、马街镇、富乐镇、老厂乡5个乡镇6100人受灾，农作物受灾面积2554公顷，成灾面积2128公顷，绝收面积299公顷；直接经济损失1194万元。

【宣威市“8·29”滑坡】 8月28日至29日，宣威市境内普遍降雨，局部地区出现单点暴雨，其中双河乡新寨村降雨持续8个小时，降雨量达到186.5毫米，由于土壤水分饱和，导致新寨村委会宫家山自然村坐落山体发生滑坡，致3户8人被埋，成功救出3人，其余5人遇难。紧急转移安置42人，4户10间房屋倒塌，严重损坏房屋18间，经济损失192万元，其中家庭财产损失42万元。

【师宗县"9·12"洪涝灾】 9月12晚18时，师宗县葵山镇普降中到大雨，最大降雨量超过100毫米，造成葵山镇10个村委会600户2300人受灾，农作物受灾面积173.33公顷，成灾面积173.33公顷，绝收面积100公顷，直接经济损失313万元，其中农业经济损失313万元。

【富源县火灾】 2012年，富源县发生民房火灾49起，其中火灾53起，110户442人受灾，造成3人死亡，1人受伤，损坏民房218间，直接经济损失375.1万元。民政部门救助现金22万元，大米2310千克，棉被220床，衣服442套。

【马龙县火灾】 2012年，马龙县共发生房屋失火6起，烧毁大房子31间，造成18户67人受灾，转移安置受灾群众67人，预计造成直接经济损失56万元。

【麒麟区火灾】 2012年，麒麟区共发生民房火灾22起，烧毁民房53间，损坏民房6间，受灾农户59户206人，直接经济损失106.6万元。

2013年灾情

【综　述】 2013年，曲靖市气候异常各种灾害频发，先后遭受了雪灾、干旱、低温冷冻、洪涝、风雹、山体滑坡、地震等自然灾害，造成人员伤亡、民房倒损、城市交通、通信、电力中断，小春粮食作物、经济作物、经济林木受损，给灾区群众生产、生活带来较大困难。据统计，全市受灾人口达480.4万人，全市因灾紧急转移安置497人，全市因灾死亡13人。农作物受灾面积29.2万公顷，成灾面积18.5万公顷，绝收面积2.9万公顷。因灾倒塌房屋81户191间，严重损坏房屋264间，一般损坏房屋5301间，直接经济损失17.9亿元，其中农业经济损失16.7亿元。

【低温冷冻】 1月以来，受强冷空气影响，全市9县（市）区气温大幅下降，北部会泽县部分乡（镇）最低气温降至-10.6^0C，造成全市69个乡（镇）不同程度遭受低温冷冻灾害，给小春作物生长带来了一定影响，给人民群众的生产生活造成了一定困难。此次灾害共造成全市9个县（市）区69个乡镇不同程度受灾，受灾人口达49.65万人。农作物受灾面积60127公顷，成灾面积31799公顷，绝收面积5790公顷。其中：小麦受灾21714公顷，油菜受灾10256公顷，蚕豆受灾9650公顷，豌豆受灾1176公顷，蔬菜受灾10115公顷，其他农作物受灾7306公顷。其中宣威市、会泽县、师宗县、罗平县、陆良县5个县（市）灾情相对较重。损坏供水管道96360米，水表12153只，水龙头6250个，供水阀门2000只。全市经济林木冻死32.7万株，其中：会泽县冻死11.7万株，马龙县冻死21万株。全市冻死大牲畜516头（只）。其中：会泽县冻死大牲畜256头（只），马龙县冻死大牲畜260头（只）。直接经济损失1.73亿元，其中农业直接经济损失1.51亿元。

【干　旱】 1月以来，全市降水异常偏少、气温异常偏高，继2009年秋至2010年初夏百年不遇特大干旱、2011年至2012年特大夏秋冬春连旱后，再次遭遇严重干旱。截止2013年5月，全市平均降水量仅18毫米，为1961年以来同期最少值，较历年同期平均值（99毫米）偏少81毫米，偏少82%；平均气温10.7℃，为1961年以来同期最高值，较历年同期平均值（8.7℃）偏高2.0℃。导致小春农作物受灾严重，局部地区人畜饮水较为困难，形成较为严重的干旱灾害，给人民群众的生产生活带来严重影响。

1. 受灾人口。全市受灾人口207.24万人，其中：麒麟区16.7万人、沾益县18.84万人、马龙县7.87万人、宣威市64.9万人、富源县11万人、罗平县24.5万人、师宗县18.3万人、陆良县9.79万人、会泽县35.34万人。

2. 饮水困难人口。全市38.95万人饮水困难，其中：麒麟区3.02万人、沾益县1.97万人、马龙县2.6万人、宣威市24.44万人、富源县8.9万人、罗平县1.65万人、师宗县8.14万人、陆良县2.6万人、会泽县4.72万人。

3. 饮水困难大牲畜。12.25万头大牲畜饮水困难，其中：麒麟区0.46万头、沾益县0.06万头、马龙县0.09万头、宣威市3.5万头、富源县0.43万头、罗平县0.92万头、师宗县0.37万头、陆良县0.83万头、会泽县5.59万头。

4. 农作物受灾。农作物受灾面积119799公顷，成灾面积62452.47公顷，绝收面积5382.7公顷。其中：麒麟区农作物受灾面积5471公顷，成灾面积1927公顷，绝收面积215.8公顷；沾益县农作物受灾面积19564公顷，成灾面积6898公顷，绝收面积878.5公顷；马龙县农作物受灾面积7325公顷，成灾面积3685公顷，绝收面积873.7公顷；宣威市农作物受灾面积23876公顷，成灾面积12252.5公顷，绝收面积742.9公顷；富源县农作物受灾面积11754公顷，成灾面积5971公顷，绝收面积224.1公顷；罗平县农作物受灾面积21050公顷，成灾面积15759公顷，绝收面积1642.5公顷；师宗县农作物受灾面积13591公顷，成灾面积9154公顷，绝收面积292.8公顷；陆良县农作物受灾面积5285公顷，成灾面积3702公顷，绝收面积89.5公顷；会泽县农作物受灾面积11883公顷，成灾面积3103.97公顷，绝收面积422.9公顷。

5. 需救助人口。因灾需救助人口达34.33万人，其中：麒麟区4.08万人、沾益县2.1万人、马龙县3万人、宣威市5.8万人、富源县2.2万人、罗平县3.4万人、师宗县1.2万人、陆良县7万人、会泽县5.5万人。

6. 林业受灾。全市林业受灾面积13.88千公顷，其中：宣威市种苗受灾51.53公顷，经济林受灾3.65千公顷，未成林受灾3.72千公顷；富源县种苗受灾12公顷，经济林受灾1.33千公顷，未成林受灾1千公顷；师宗县0.95千公顷经济林受灾；直接经济损失4077.2万元。

7. 经济损失。灾害共造成全市直接经济损失8.04亿元，农业直接经济损失7.97亿元。

【富源县“1·10”低温冷冻灾】 1月10日上午，富源县普降大雪，导致10个乡镇5.6万人不同程度受灾，农作物受灾面积1235公顷，成灾面积1235公顷，直接经济损失910万元。

【马龙县“1·14”低温冷冻灾】 1月以来，马龙县受强冷空气影响，全县8个乡（镇）不同程度受灾。据统计：全县受灾人口46000人，饮水困难人口31000人，小春农作物受灾面积2760公顷，绝收面积910公顷，人饮管道30千米、沟渠2千米、水池12座，部分林木冻死，部分输电及通信线路断裂，共造成全县直接经济损失1626万元，其中农业直接经济损失520万元。

【宣威市“5·07”风雹灾】 5月7日下午，宣威市境内普遍降雨，普立乡、宝山镇、乐丰乡、格宜镇4个乡镇局部地区遭受冰雹袭击，造成19967人受灾，农作物受灾面积1998.7公顷，成灾面积1862公顷，绝收面积355.3公顷，经济损失306万元，其中农业经济损失306万元。

【曲靖市“5·22”风雹灾】 5月22～24日，富源县、麒麟区、陆良县、罗平县相继出现了强雷电、冰雹、短时暴雨等强对流极端天气现象，并形成严重综合性洪涝风雹灾害，造成人员伤亡、房屋倒损、农作物受灾。其中富源县的十八连镇、富村镇、老厂镇20个村委会167个自然村受灾较为严重。十八连山镇1小时内总降雨量达51.8毫米，狂风夹杂冰雹，雹粒密集，持续时间约20分钟，冰雹直径约3厘米左右，形成了有气象记录以来罕见的单点大暴雨和冰雹灾害。全市受灾人口8.95万人。其中：富源县4.5万人，麒麟区0.44万人，罗平县1.8万人，陆良县2.21万人。陆良县紧急转移安置受灾人口5人。因灾死亡1人（麒麟区越州镇薛旗村委会黑宝村村民王来发因雷击造成死亡）。农作物受灾面积9368公顷，成灾面积9336公顷，绝收面积2369公顷。其中：富源县受灾面积4369公顷，成灾面积4369公顷，绝收面积2369公顷；麒麟区受灾面积180公顷，成灾面积180公顷；罗平县受灾面积3444公顷，成灾面积3444公顷；陆良县受灾面积1375公顷，成灾面积1343公顷。倒塌房屋11间，严重损坏房屋21间，一般损坏房屋1467间。其中：富源县一般损坏房屋1170间；麒麟区倒塌房屋2间；罗平县一般损坏房屋254间；陆良县倒塌房屋9间，严重损坏房屋21间，一般损坏房屋43间。全市直接经济损失2822万元，其中农业经济损失2591万元，家庭财产损失117万元。

【麒麟区“5·27”风雹灾】 5月27日19时50分，麒麟区东山镇遭受风雹灾，导致东山镇撒马依村委会、法色村委会、石头寨村委会、转长河4个村委会受灾严重，农作物受灾733.33公顷，成灾733公顷，受灾农户2600户10200人，直接经济损失820万元。

【师宗县“5·28”风雹灾】 5月28日凌晨，师宗县葵山镇峰龙潭、马厂村委会，雄壁镇雄壁、天生桥和长冲3个村委会遭受到暴雨和冰雹的袭击，大部分农作物受到严重损毁，受灾面积970.67公顷，其中，玉米450公顷，洋芋172公顷，烤烟375.33公顷，成灾面积300公顷，受灾人口1100余户3850余人，造成直接经济损失350余万元。

【陆良县“5·29”洪涝灾】 5月29日18时30分～30日9时，陆良县龙海乡普降暴雨局部大暴雨，造成龙海乡双箐口、树搭棚、再邑、大新、雨古5个村委会和马街镇前所村委会钱家房子、前丰村委会双坝塘2个自然村以及芳华镇雨补村委会红石岩自然村还遭受严重的风雹灾害，此次洪灾共造成龙海乡、马街镇6935人受灾。农作物受灾2070.67公顷，成灾面积1866公顷，绝收面积24公顷。因灾损坏房屋7户11间（其中居民住房7户9间，受灾18人）。灾害共造成直接经济损失1524万元，其中，农业直接经济损失1495万元。

【麒麟区“6·06”洪涝灾】 6月6日晚，麒麟区普降大雨，导致全区10个乡镇（街道办事处）不同程度受灾，造成7874户22857人受灾，农作物受灾面积1364.33公顷，成灾面积1364.33公顷，民房进水1496间，损坏7间，倒塌房屋12间，直接经济损失1354万元。

【会泽县“6·20”风雹灾】 6月20～24日，会泽县乐业镇连续遭受冰雹和暴雨灾害，导致团坡、乐业、鲁贝、大麦冲、科作落、马厂6个村3540户12400人受灾，农作物受灾总面积735.53公顷，成灾面积575.87公顷，绝收面积363.33公顷。部分河堤和三面光沟渠出水口被冲垮，村组公路多出现塌方，共造成直接经济损失1100万元，其中农业经济损失965万元。

【罗平县“6·26”洪涝灾】 6月26日19时40分，罗平县普降大雨和单点暴雨，引发洪涝灾害，造成3人死亡（阿岗镇乐作村委会大树倒塌压毁房屋导致2人死亡、马街镇铁厂村委会野猫洞村挡墙倒塌导致1人死亡），紧急转移安置10人，2100人受灾，倒塌房屋15间，农作物受灾面积670公顷，成灾面积600公顷，直接经济损失404万元，其中农业经济损失379万元。

【师宗县“6·27”洪涝灾】 6月27日6时左右，师宗县持续大雨，局部暴雨，平均降雨量114毫米，致使丹凤镇、彩云镇、竹基镇、雄壁镇4个乡镇的烤烟、玉米、水稻等农作物不同程度受灾，受灾面积达1626公顷，其中：烤烟500公顷、玉米570公顷、水稻480公顷，马铃薯50公顷，蔬菜26公顷；17户农户45间房屋受损，14户重灾危房户紧急转移安置，冲毁河堤300米，受灾人口24000人，无人员伤亡，直接经济损失2195万元，其中农业经济损失2100万元。

【富源县“7·02”洪涝灾】 7月2日，富源县墨红镇、竹园镇、大河镇、营上镇持续暴雨，暴雨导致4604户15150人受灾，倒塌房屋13间，损坏房屋75间。因灾死亡6人（欣欣煤矿职工宿舍倒塌致死），农作物受灾面积721.65公顷，成灾面积527.43公顷，绝收面积156.53公顷。树木倒塌毁坏电线50米，道路被毁120米，冲毁鱼塘2公顷，受损4.67公顷，羊死亡850头，鸡死亡600只，原煤被冲570余吨。直接经济损失1541.6万元，其中农业经济损失1400万元。

【会泽县“7·07”洪涝灾】 7月7～8日，会泽县金钟等8个乡镇遭受了较为严重的暴雨灾害，共造成31个村296个村民小组4100户14300人的农作物不同程度受灾，农作物受灾面积1058公顷，成灾面积729公顷，绝收面积332.87公顷，村组公路损毁64千米，水利设施沟渠损毁1200米，涵洞冲毁20余个，此次灾害共造成直接经济损失2227.6万元，其中农业经济损失1906.6万元。

【师宗县“7·25”风雹灾】 7月25日22时左右，师宗县丹凤镇、彩云镇、竹基镇、雄壁镇、葵山镇、龙庆乡、五龙乡骤降暴雨并夹冰雹，致使7个乡镇的烤烟、玉米等农作物不同程度受灾，受灾面积1500公顷，成灾面积1500公顷，绝收面积1200公顷。直接经济损失2025万元，其中农业经济损失2000万元。

【马龙县“8·05”风雹灾】 8月5日19时左右，马龙县马过河镇、大庄乡、马鸣乡、旧县镇、王家庄镇、月望乡、纳章镇7个乡（镇）遭受暴雨及冰雹灾袭击，造成27000人受灾，农作物受灾面积1557公顷，成灾面积1402公顷，绝收面积1245公顷，直接经济损失4354万元。

【沾益县“8·15”风雹灾】 8月15日，菱角、德泽、盘江等6个乡（镇）遭受风雹灾害的侵袭。据统计，此次灾情致使农作物烤烟、玉米、万寿菊等农作物受灾严重。受灾人口23320人。农作物受灾面积1511.2公顷。灾害共造成直接经济损失2983.5万元。其中农业经济损失100万元。

【会泽县“8·15”风雹灾】 8月15日傍晚，会泽县大井、大海、雨碌、五星等4个乡镇遭受严重的暴雨、冰雹、大风灾害，导致10个村委会46个村民小组1760户6160人的农作物不同程度受灾，农作物受灾面积750.67公顷，成灾面积553.33公顷，绝收面积270.67公顷，直接经济损失达1207.5万元。

【陆良县“8·16”风雹灾】 8月16日17时10分～17时25分，陆良县小百户镇罗贡、普罗、炒铁，活水乡黑木等两个乡镇4个村委会遭受了强风雹袭击，灾害共造成9116人受灾。农作物受灾615.33公顷，成灾597公顷，绝收185.33公顷。其中：烤烟受灾306公顷，成灾298公顷，绝收185.33公顷；玉米受灾289.33公顷，成灾279公顷；水稻受灾20公顷，成灾20公顷。大风损坏居民住房15户18间，受灾42人，紧急转移安置9人，（其中：雷击损坏居民住房1户1间，受灾5人），雷击导致人员伤亡2人。灾害共造成直接经济损失1312万元，其中农业直接经济损失1265万元。

【会泽县“8·28”风雹灾】 8月28日，会泽县大井、五星、迤车、老厂4个乡镇遭受较为严重的暴雨、冰雹、大风灾害，导致14个村委会160个村民小组1560户5460人的农作物不同程度受灾，农作物受灾面积392.87公顷，成灾面积392.87公顷，绝收面积209.33公顷，山羊被雷击死16只，村组公路23处受损达115平方米。此次灾害共造成直接经济损失达784.7万元，其中农业经济损失668万元。

【会泽县“11·16”地震】 11月16日23时36分，会泽县、昆明市东川区、四川省凉山州会东交界处（东经103度02分，北纬26度21分）发生4.5级地震，震源深度为13.1千米。会泽县娜姑、大海、金钟、大桥、五星、老厂、纸厂、迤车、者海震感明显，其余乡（镇）均有震感。地震造成会泽县1178户4061人受灾，3316间房屋受损，938口水窖受损。其中：大海乡726户2486人受灾，2112间房屋受损，680口水窖受损。其中：受灾严重的小江村大石坪小组3户5间房屋倒塌，7户15间房屋严重受损，33户108间石垒房变形，小江村乡村公路路基边坡坍塌4处3600余立方米。娜姑镇166户506人受灾，490间房屋受损，80口水窖受损。金钟镇123户460人受灾，394间房屋、110口水窖受损。大桥乡64户239人受灾，120间房屋受损，18口水窖受损。五星乡46户178人受灾，91间房屋受损，22口水窖受损。老厂乡53户192人受灾，109间房屋受损，28口水窖受损。小江公路在建工程发生路基边坡，塌方10480余立方米，边坡外原浆砌水沟拉裂1段115米。此次灾害共造成直接经济损失1100余万元。

【陆良县“12·14”低温冷冻灾】 12月14～20日，陆良县受强冷空气影响，全县11个乡（镇、场）遭遇了自1983年以来最强低温雨雪冰冻天气，全县普降中到大雪，积雪深度均在10毫米以上，县城积雪深度达12毫米，最低气温降至－7.3℃。恶劣天气对交通运输，通信、电力传输、供水、农业及人民群众生活造成严重影响和损失。此次灾害共造成97455人受灾。损坏居民住房6户11间，受灾23人，转移安置7人。农作物受灾6916.67公顷，成灾6778公顷。其中：蚕豆受灾5383.33公顷、成灾5327.33公顷；豌豆受灾896.67公顷，成灾865.33公顷；蔬菜受灾636.67公顷、成灾585.33公顷。龙海、活水等两个乡镇道路封冻56千米，损坏供水水管17680米。灾害共造成直接经济损失3492万元，其中农业直接经济损失3413万元。

【曲靖市“12·15”低温冷冻灾】 受强冷空气和西南暖湿气流共同影响，曲靖市自北向南出现了低温雨雪天气，2013年12月15日8时至12月16日8时，曲靖市有97个乡镇最低气温降至零度以下，会泽县新街乡最低气温降至零下11.4℃。15日至16日麒麟区、沾益县、马龙县、宣威市、富源县、师宗县、陆良县、会泽县8县（市、区）普降中到大雪，局部暴雪，最大降雪量厚度达10厘米。17日至20日，受高空冷平流和晴空辐射降温共同影响，全市又遭受了低温霜冻灾害，造成小春作物受灾，民房受损，部分城乡供水管

道冻坏，经济林木冻死冻伤，嵩待、会昭、会宣、曲胜、宣天等公路封闭，给灾区部分群众生产生活带来很大困难。

1. 人口受灾。此次灾害造成全市8个县（市、区）86个乡镇134.3万人不同程度受灾，陆良县因雪灾房屋倒塌紧急转移安置受灾群众7人。其中：麒麟区35587人受灾，沾益县121258人受灾，马龙县34000人受灾，宣威市800300人受灾，富源县52800人受灾，师宗县48600人受灾，陆良县97445人受灾，会泽县152600人受灾。

2. 农作物受灾。农作物受灾面积10605公顷，成灾面积9743公顷，绝收面积142公顷。麒麟区农作物受灾140公顷，成灾521.5公顷。沾益县农作物受灾6726.2公顷，成灾3619公顷，绝收521.5公顷。马龙县农作物受灾1247公顷，成灾1247公顷，绝收142公顷。宣威市农作物受灾42333公顷，成灾28933公顷，绝收400公顷。富源县农作物受灾1200公顷，成灾1100公顷，绝收800公顷。师宗县农作物受灾3460公顷，成灾3460公顷，绝收1167公顷。陆良县农作物受灾6917公顷，成灾6778公顷。会泽县农作物受灾1578公顷，成灾1578公顷。

3. 民房倒塌。此次灾害造成陆良县11间房屋受损。

4. 基础设施受灾。沾益县城市供水管道被冻坏29355米，水龙头损坏8888个，水表损坏10028块。马龙县城市供水管道被冻坏1100米，陆良县城市供水管道被冻坏17680米，师宗县城市供水管道被冻坏1700米，水龙头损坏1625个。陆良县城市供水管道被冻坏17680米。

5. 林业及果树受损。马龙县经济林木（桉树等）冻死冻伤85万余株；干果苗木（核桃、板栗等）冻死冻伤15万余株；云南松、冬瓜树等天然林损失120余立方米。

6. 经济损失。据初步统计，此次灾害共造成直接经济损失2.53亿元，其中农业经济损失2.46亿元。

【师宗县“12·15”低温冷冻灾】 12月15日，师宗县气温骤降，阴冷的小雨在低温的作用下开始结冰下凌，造成城区部份水管爆裂，水表冻坏，部分小区停水近半个月，造成丹凤镇、竹基乡等6个乡镇23个村委会9720户48600人受灾，灾害造成农作物损失严重，农作物受灾面积345.93公顷，成灾面积345.93公顷。城区水表冻坏2100只，水管冻裂6300余米，造成直接经济损失1655万元，其中农业经济损失1580万元。

【罗平县“12·17”低温冷冻灾】 2013年12月17日开始，罗平县出现低温天气，最低气温零下8.6度，出现了霜冻灾害，持续的低温天气导致罗雄镇、板桥镇、富乐镇、阿岗镇、旧屋基乡5个乡镇农作物受灾8346.67公顷，成灾8346.67公顷，农业经济损失1174.5万元，共造成5.4万人受灾。

【宣威市“12·19”低温冷冻灾】 12月19日~23日，受低温冷冻影响，宣威市26个乡、镇（街道）不同程度受灾，受灾人口65万人，农作物受灾面积25.33公顷，其中成灾11.25公顷，绝收3.112公顷。直接经济损失6425万元。

【富源县民房事故】 2013年，富源县发生民房事故63起，其中火灾61起，140户526人受灾，造成9人死亡，4人受伤，损毁民房191间，直接经济损失481.05万元。民政部门救助现金65.4万元，大米4200千克，棉被280床，衣服526套。

【马龙县火灾】 2013年，马龙县共发生房屋失火18起，烧毁住房61间，损坏10间，共计71间，死亡4人，造成37户、154人受灾，转移安置受灾群众154人，预计造成直接经济损失240万元。

【会泽县民房火灾】 2013年，会泽县共发生火灾126起，致使204户714人受灾，烧死猪、羊等牲畜64头（只），家电、粮食等财产被烧毁，因火灾死亡5人，烧毁房屋412间，损坏21间，共造成经济损失639万元（民政局已为火灾户临时救助66.35万元）。

【麒麟区民房火灾】 2013年，麒麟区共发生民房火灾31起，烧毁民房97间，损毁民房17间，烧毁粮食81.59吨，受灾农户106户418人，火灾导致直接经济损失292.5万元。

【马龙县粉蠹虫灾害】 2013年入夏以来，马龙县8个乡（镇）部分农村住房木材遭受粉蠹虫侵蚀，致使房屋倒塌37间，损坏17间，预计造成直接经济损失72万元。

2012年抗灾救灾

【领导视察灾情】 3月30日，国家减灾委、民政部工作组到曲靖市马龙县、陆良县、沾益县查看灾情，指导抗旱救灾工作。民政部救灾司救灾专员柳永法、国家减灾中心灾害评估应急部副主任吴建安在省民政厅副厅长姚国华、副巡视员邱常林、市政府副市长饶卫、市民政局局长吕寒松等领导陪同下，先后到马龙、陆良、沾益县查看水库蓄水、农作物受灾、人畜饮水和当地开展抗旱救灾情况。通过实地检查和听取汇报，工作组认为各级党委、政府高度重视抗旱救灾工作，积极组织发动群众自力更生，开展生产自救工作，对取得的成绩给予了充分的肯定，并对下步工作提出了要求：一是各级干部要深入农户统计灾情，详细掌握受灾群众缺水缺粮的具体情况；二是要特别关注旱灾带来的滞后效应，持续解决群众人畜饮水问题；三是要发动群众生产自救，提供各种抗旱救灾指导服务；四是要把困难逐级上报，争取各级各部门一起来解决群众吃饭、饮水等问题，一起抗旱渡难关；五是要关注贫困群众的生产生活，及时发放救灾款物和口粮。

【安排灾区群众生活】 2012年发生的灾情给灾区群众生产生活带来了较大困难，全市各级党委、政府切实加强领导，各职能部门认识履行职责，把受灾群众生产生活安排作为抗灾救灾工作的重要内容狠抓落实。一是积极筹集并及时下拨救灾资金，截至2012年12月30日，全市共筹集救灾资金6232.99万元，其中：中央、省级救灾补助资金4490万元（含省厅下拨定向捐款2100万元）；市级粮差价补贴款152万元；市级共接收社会救灾捐款634.81万元；县级筹集资金956.18万元。二是及时下拨救灾资金救助受灾群众。截至2012年12月30日，全市共下拨救灾资金5276.81万元。其中：下拨中央、省级救灾资金4490万元（含省厅下拨定向捐款2100万元）；市级粮差价补贴款152万元；市级接收社会救灾捐款634.81万元（含向昭通彝良9.7地震灾区捐款4.81万元）。市级共接收发放社会救灾捐赠物资价值43万元。其中：矿泉水800件（价值3万元），大米80吨（价值40万元）。三是及时救助受灾群众。截至2012年12月30日，全市共发放大米3475.6吨，玉米2132.5吨，衣服68704套，被子33760床，毛毯2232床，帐篷120顶，救助受灾群众和困难群众44.6万人。

【防灾减灾宣传教育】 5月12日是全国第四个“防灾减灾日”。一是认真研究，及时安排布置全市宣传周系列活动，明确活动的指导思想，工作原则及目标要求，并以曲府办明电〔2012〕75号文件下发各县（市）区，市直各委办、局贯彻落实；二是明确各级各部门工作职责及工作内容，使整个“防灾减灾日”宣传活动各项工作有条不紊的开展。活动由市减灾委办公室牵头，会同市卫生局、安监局、公安局、气象局、农业局、国土局、水务局等17家成员单位以及市政府新闻办、麒麟区政府办、曲靖市视界广告公司等有关部门和单位共同开展，各职能部门结合行业特点，开展了形式多样的宣传活动。5月7日至13日在麒麟城区主要街道、珠江源广场悬挂防灾减灾宣传布标，营造“防灾减灾日”宣传氛围。5月12日市综合救援支队组成单位18支综合救援大队在珠江源广场集中展出防灾减灾宣传展板86块，发放宣传资料66700本（份），发放防灾减灾无纺布袋300个，并进行防灾减灾知识技能现场咨询。在全市范围内发布“防灾减灾日”公益短信，在珠江源广场电视大屏幕播放防灾减灾专题片。在5月7日至13日的宣传周期间，全市各级、各有关部门共开展防灾应急避险小型演练2800余次，共发放各类防灾减灾知识宣传资料近20万份，现场解答市民咨询1万多人次，悬挂宣传横幅2163幅、粘贴宣传标语2489条、应急避险和防灾减灾宣传图片6880张、组织各类紧急疏散演练近2800余次、召开防灾减灾主题班会1488次，邀请法制、地震、气象、防汛、卫生、消防等部门到校开展防灾减灾和科普知识讲座2157场次，展出防灾减灾知识板报2421块，组织防灾减灾知识竞赛196次，观看防灾减灾教育片、灾害题材影视片1340场，参与民众达30多万人，开展紧急救护专业和普及培训分别为912人次和2663人次，得到了市民的普遍好评，社会反响良好。

【捐赠工作】 一是抓好旱灾接收捐赠工作。旱灾期间全市共接收抗旱捐赠资金合计959.75万元，捐赠物资价值63万元。其中：市级接收浙江中烟工业有限责任公司、湖北中烟工业有限责任公司、上海浦东发展银行曲靖支行等单位捐赠抗旱救灾资金630.2万元，接收香港乐施会、中信银行曲靖支行捐赠抗旱救灾物资价值43万元，大米80吨（价值40万元），矿泉水800件（价值3万元），县（市）区接收捐赠资金329.55万元，物资价值20万元。为帮助全市灾后及时救助受灾群众发挥了积极作用。二是抓好昭通彝良“9·7”地震接收捐赠工作。2012年9月7日昭通市彝良县发生5.7级、5.6级地震，地震给灾区人民群众生命财产造成重大损失，给灾区群众的生产生活带来严重影响，为帮助灾区做好灾后恢复重建工作，帮助灾区群众解决实际困难，充分发扬“一方有难，八方支援”的优良传统，及时向各县（市）区转发《云南省民政厅关于做好昭通彝良“9·7”地震捐赠工作的通知》。及时向社会公布接收捐赠信息，积极为灾区募捐救灾款物。全市共接收捐赠资金合计68.433万元，捐赠物资价值43万元。其中：市级接收救灾捐赠资金合计48161.3元，县级接收捐赠资金63.62万元，捐赠物资价值43万元，以上捐赠资金、物资已及时汇缴彝良县指定捐赠账户和受灾地，用于支援地震灾区恢复重建和救助受灾群众。

【慈善工作】 2012年，全市共募集接收社会捐赠及上级划拨经费2682.9万元，接收了价值2000万元的物资，共支出经费3190.2万元，中华慈善总会“慈善医疗阳光救助工程”项目得到全面落实。慈善救助活动在赈灾救难、扶贫济困、助孤安老、助学助医等方面惠及人民群众达到200余万人。一是抓好慈善医疗济困行动捐赠项目。2012年中华慈善总会“慈善医疗阳光救助工程”1.64亿元项目全面落实，“慈善医疗阳光救助工程”的实施使全市受赠乡镇医疗条件和医疗水平全面提升，群众看病难问题得到有效缓解。二是抓好慈善抗旱救灾工作。2012年下拨抗旱救灾经费620万元，专项用于解决灾区群众人畜饮水和口粮救助；支持灾区恢复重建资金560万元，帮助灾区群众解决行路难和民房恢复重建；定向宣威市文兴乡太平村、马龙县大庄乡厚甜村、马过河镇木龙、象山2个苗族村人畜饮水工程建设资金110万元，帮助1022户4797人（其中苗族群众107户519人）解决了人畜饮水困难。三是抓好慈善助学助困活动。2012年划拨助学款1264.7万元，用于抗旱保教、少数民族教育、贫困生补助、购置教育教学设备和提供贫困生免费义务教育教科书；拨付校安工程善款601万元；积极开展“送温暖、献爱心”活动，支出助学、助困、助医等慰问金34.5万元，慰问孤寡老人、困难群众、贫困学生460户（人）。

【防灾应急“三小工程”】 曲靖市减灾委员会办公室自2011年成立以来，深入推进防灾应急“三小工程”建设活动，为全市每个家庭发放1本防灾应急知识小册子、1个小应急包，每个社区（街道）每年至少开展1至2次小型演练。截至2012年年底，曲靖市减灾委员会已为全市182万个家庭每个家庭发放了一本防灾应急知识小册子，在全市各县（市）区开展了小型演习活动2900余次，提升了广大市民的防灾减灾意识。

【民政救灾】 2012年救灾工作在曲靖市民政局党组的正确

领导下，在省民政厅救灾处的指导下，坚持以应对突发性自然灾害为重点，紧紧围绕局党组中心工作，按照年初工作计划，采取有效措施，认真组织开展群众生活调查，抓实冬春群众生活救助；开展抗旱救灾社会接收捐赠，增加救灾投入；开展5·12国家“防灾减灾日”宣传活动，提高广大公民的防灾意识和自救互救能力；认真组织市减灾委有关成员单位撰写2010～2011年云南减灾年鉴曲靖篇目的编撰工作，为全市防灾减灾救灾工作积累丰富的经验和宝贵资料，为维护灾区社会稳定，促进全市经济社会又好又快发展作出了积极贡献。特大灾害发生后，市民政局认真贯彻落实市委、市政府、省民政厅关于抗旱防汛救灾工作的重大决策和部署，切实加强领导，精心组织，周密安排，动员一切力量，把抗旱防汛救灾工作作为最紧迫、最重大的政治任务和中心工作来抓，积极采取有效措施，千方百计安排好受灾群众基本生活。

1. 加强领导，落实责任，抗灾救灾工作领导有力。按照市委、市政府“抗大旱、保民生、保春耕、促发展”的抗旱救灾工作总体要求，市民政局强化领导责任，明确职责，细化任务，扎实有力地开展抗旱防汛救灾工作。一是及时成立了以局党组书记、局长吕寒松为组长的抗旱防汛救灾工作领导小组，下设办公室在救灾救济科，负责协调、指导全市民政部门的抗旱防汛救灾工作。二是在市政府宣布启动抗旱救灾三级响应的基础上迅速启动市民政局《应对突发性自然灾害工作规程》，实行领导带班、工作人员值班和日报告三项制度，及时跟踪掌握灾情动态。三是建立了包保督查责任制。建立了领导班子成员包县开展督查的包保责任制，分四个督查组深入9个县（市）区分片包干督查指导，直至灾情解除。各县（市）区民政局、乡镇民政也分别建立了领导班子包乡、科（室）包行政村、民政干部包户到人的包保责任制，确保救助工作不漏一户、不掉一人。

2. 全面核查统计上报灾情，救灾工作得到有效落实。一是全市各级民政部门领导班子成员带队靠前指挥，深入各乡（镇）进村入户，对受灾户、五保户、优抚对象、留守老人、留守儿童进行全面排查，把“三无”人员（小春无收成人员、无经济收入来源人员、当前无基本生活口粮人员）作为重点对象，建立了县、乡、村受灾群众缺水、缺粮三级台账，做到情况清、底子明。二是配合相关部门，迅速开展因灾影响社会稳定的矛盾纠纷排查工作，建立重大矛盾纠纷排查机制，认真化解矛盾纠纷，确保灾区社会稳定。三是及时上报各类灾情信息。为各级党委政府科学、快速决策提供了有力依据，也为争取上级资金支持打牢了坚实基础。2012年，各类灾情上报工作得到了省厅的表扬和肯定。

3. 广泛筹集救灾款物，群众生活得到有效救助。（一）积极筹集救灾款物。截至2012年12月31日，全市共筹集救灾资金10129.99万元。争取中央、省级救灾补助资金8090万元（含省厅下拨定向捐款2100万元）；（二）加大救灾资金投入。一是市本级安排救灾资金449万元（粮差补贴款152万元，自然灾害救济补助经费297万元）；二是县级筹集资金956.18万元；三是市本级共接收社会救灾捐赠资金634.81万元（含向昭通彝良9.7地震灾区捐款4.81万元）。四是市本级接收并发放社会救灾捐赠物资价值43万元。其中：矿泉水800件（价值3万元），大米80吨（价值40万元）。（三）及时救助受灾群众。截至2012年12月31日，全市共发放大米3723.4吨，玉米2152.5吨，衣服69576套，被子36411床，毛毯2253床，帐篷120顶，救助受灾群众和困难群众46.1万人。

4. 加大物资储备力度，快速处置能力不断提高。针对2012年全市各种自然灾害的发生，各级民政部门积极储备救灾物资，不断提高抗灾救灾快速处置能力。截至2012年12月31日，全市现有救灾储备物资衣服15757套，被子24356床，毛毯135床，帐篷249顶，大米1714.5吨，玉米617.6吨。

5. 加强救灾款物监管，救灾款物得到安全运行。严格执行曲靖市人民政府办公室《关于印发曲靖市救灾资金管理办法的通知》（曲政办发〔2008〕47号）和《曲靖市抗旱救灾资金管理办法》（曲政办发〔2010〕25号）有关规定，加强对救灾资金的监管，始终坚持“专户专账、专款专用、重点使用”的原则。一是切实做好捐赠资金的接收、登记和管理，做到专账管理，专人负责，账款相符，账目清楚；二是建立捐赠款物统计报告制度。三是包保联系领导负责监督县、乡（镇）、村按照公开、公平、公正、登记造册、张榜公布的原则和程序，及时将救灾物资发放到受灾群众手中，确保受灾群众得到及时救助。

6. 加强协调配合，应急防范工作不断深化。积极加强与农业、林业、水务、畜牧、国土、气象等相关部门的协调与配合，密切关注天气变化，监控灾情动态，进一步加强对汛期雨情、灾情的分析和预警，不断提高应急防范工作。

7. 夯实抗灾救灾基础，基层抗灾救灾能力不断加强。2012年争取了省级补助资金390万元，县级配套156.54万元，为麒麟区、沾益县、马龙县、会泽县、陆良县、师宗县、罗平县7个县（区）的78个乡镇配备救灾专用车辆。

【气象减灾】 1. 加强监测能力。2012年曲靖市气象局已在全市建设完成了4部数字化雷达，宣威、陆良100厘米深共8个层次的自动土壤水分观测站，覆盖全市所有乡镇的117个区域自动气象站及安装在山洪灾害易发地区的153个山洪自动气象站。建成市级气象信息收集处理中心和各县分中心，实现了市与县、县与县之间的资料共享，有效提升了曲靖市气象灾害监测能力。2012年曲靖市气象局申请的曲靖市新一代（多普勒）天气雷达系统建设项目已获中国气象局和曲靖市政府批准，总投资3100万元，计划于2015年建成。

2. 提升预报水平。曲靖市气象局认真贯彻执行气象防灾减灾各项规章制度，严格遵守岗位职责，始终坚持领导带班，24小时值班制度，职责明确，责任到人。把中期、短期、短时和临近天气预报预警和跟踪服务相结合，准确预报了雨季开始期、八月低温、入汛以来的主要降水和入冬以来的冷空气等重要天气过程，成功预报和服务了2012年6月22日、6月28日、7月13日、7月23日、8月12日，2013年6月1日、6月6日、6月8到9日、6月26日、7月6日、9月2日的全市性大雨或暴雨天气过程，以及2012年12月22至23日，29至31日寒潮、2013年12月15日至19日低温雨雪和霜冻天气过程。2012至2013年，曲靖市气象台共发布气象灾害预警24次，分别通过电视、电台、政府网站、手机短信、“12121”、气象电子显示屏、微博等手段及时向公众发布。2013年，曲靖市气象台还对曲靖市所有手机用户进行了2次全网发布。曲靖市气象台共发布气象灾害预警24次，分别通过电视、电台、政府网站、手机短信、“12121”、气象电子显示屏、微博等手段及时向公众发布。2013年，曲靖市气象台还对曲靖市所有手机用户进行了2次全网发布。

3. 科学人工增雨防雹。为确保曲靖工农业生产目标的顺利实现，曲靖市气象局全体职工和作业民兵按照“安全、科学、有效”的工作要求，24小时坚守岗位，围绕优质烤烟连片种植基地、农经作物种植集中区、重点水库（源）区、冰雹多发区和冰雹主要路径区域精心规划、合理布局，全力以赴地开展增雨抗旱作业，积极主动防御和减轻冰雹灾害。2012全市累计实施增雨抗旱作业547次，发射各种炮弹2799发，影响区均不同程度地增加了降水，对增加空气湿度、降低森林火险等级，缓解旱情起到了积极作用。累计实施防雹减灾作业3727次，发射各种炮弹55586发，最大限度地降低了冰雹对防护区内260万亩农经作物（其中烤烟近80万亩）的危害。

【地质灾害防治】 1. 概况。曲靖市是云南地质灾害多发、易发区。经排查，2012年全市有地质灾害隐患点1472处，其中新增隐患点92处。涉及105个乡（镇）、774个村委会、1249个村民小组。其中滑坡1085处、崩塌42处、泥石流86处、地面塌陷147处、地裂缝3处、不稳定斜坡109处。威胁人口19万余人、威胁财产20亿元。

2. 灾情。2012年全市共发生地质灾害灾情26起，造成直接经济损失1252.2万元，造成5人死亡。发生地质灾害险情37起，威胁人员4621人，威胁财产7027.2万元。属地质灾害偏多的年份。各地质灾害灾情、险情点都已采取疏散、监测、临时避让和地质灾害应急专家迅速介入等相应措施，使灾情和险情得到有效监测和控制。

3. 监测预报。一是高度重视，落实责任。年初，市人民政府就印发了《曲靖市年度地质灾害防治方案》，认真分析了本年度地质灾害防治工作面临的形势，提出了防治措施及相关工作要求，对地质灾害防治工作进行了全面的安排和部署。市、县、乡均成立了地质灾害防治工作领导小组，负责辖区内的地质灾害防治工作，各级政府的主要领导为第一责任人。在国土资源目标管理体系中，设立了地质环境保护和地质灾害防治考核指标，市政府与县（市）区政府、县（市）区政府与乡（镇）政府分别签订了责任制。全年，各县（市）区国土资源局和1708名地质灾害隐患点监测人签订了监测责任书。二是汛期认真开展“三查”，即排查、巡查、核查。通过“三查”随时掌握每一处灾害点的变化情况，做到心中有数，逐点落实了防灾措施。在排查的基础上全市发放《地质灾害防灾工作明白卡》1714份，《地质灾害防灾避险明白卡》23849份。全市共有1个市级、9个县级、104个乡（镇）级地质灾害应急预案，危急情况下可立即按照预案组织群众转移避灾。三是开展了预警预报，主动加强与气象部门沟通、会商，密切关注气象预警信息，做到科学预测、及时预报、主动预警，及时通过气象信息平台、手机短信、终端电子气象显示屏发布预警预报信息；四是加强应急队伍建设。为确保地质灾害应急反应及时、到位、高效，市国土资源局成立了地质灾害应急管理工作领导小组和办公室，各县（市）区国土局结合各自实际，也相应成立了地质灾害应急管理办公室。同时，从驻曲地勘单位中挑选具有水文、地质等专业知识和地质灾害防治工作经验的专业技术人员，组成曲靖市地质灾害应急调查组。确保了全市地质灾害应急工作有队伍、有机构、有技术支撑，2012年共下派26余人（次）地灾专家对40个地灾隐患点进行应急调查。五是应急准备，快速反应。积极开展应急演练，2012年市级组织应急演练1次，县级组织开展应急演练10余次。通过演练，有效地提高了县级地质灾害应急指挥和抢险保障等反应能力，检验了各部门的职责分工落实、应急队伍的协调能力，提高了广大干部应对突发事故的快速反应能力及受灾群众的防灾自救意识，也为全市做好地质灾害应急救援工作起到了很好的示范作用。同时，做好各种应急准备工作，要求各级地质灾害防治工作人员保持手机24小时畅通，时刻待命，储备应急工具设备，保证应急车辆，一旦发现险情、灾情，确保第一时间赶赴现场，联合多部门抢险救灾；六是强化值守，及时报送。汛期实行由领导带班、工作人员和技术人员24小时值班，及时处理突发地质灾害险情。遇到险情时，立即查明情况，按速报制度要求，及时上报。在强降雨期间，实行零报告制度，确保及时掌握情况，迅速处理突发问题；七是严肃纪律，令行禁止。全市各级各责任单位都严格按照预案分工，通力合作，密切配合，严密防范，确保人民群众生命安全，努力将灾害造成的损失降到最低限度。对不坚守岗位，险情、灾情发现、处理不及时，迟报、瞒报或工作不力而造成损失的，严肃追究有关人员的责任。

4. 加大治理资金。曲靖市于2011年出台《曲靖市人民政府贯彻落实省人民政府关于加强地质灾害防治工作意见的的实施意见》（曲政〔2011〕52号），明确市政府每年安排2000万元作为市级地质灾害防治专项资金，专项用于地质灾害隐患治理、因灾搬迁避让、群测群防、应急救援等工作。2012年共筹集地质灾害防治资金1690.5万元，实施了4个工程治理项目和5个搬迁避让项目。这些经费的投人，有效清除了部分隐患，切实保障了受威胁群众的生命财产安全。

5. 工程防治项目。2012年实施了麒麟茨营乡蔡家村滑坡治理等4个工程治理项目和宣威双河乡宫家山滑坡避灾搬迁等5个避险搬迁项目，总投资1310.5万元；同时，积极向省国土资源厅争取了罗平县长底布依族乡滑坡大型治理项目，投资金额为1242.19万元。

6. 征收矿山生态环境恢复治理保证金。按照曲靖市人民政府18号公告《曲靖市矿山生态环境恢复治理保证金征缴及使用管理办法（试行）》，2012年共征收矿山生态环境恢复治理保证金8132.63万元，累计征收56365.07万元。

7. 危险性评估。2012年开展建设项目地质灾害危险性评估70个。

8. 科普知识宣传。按照“地质灾害防灾减灾意识进一步

提高，地质灾害防灾减灾知识进一步增长，地质灾害防灾减灾能力进一步增强，地质灾害防灾减灾体系进一步完善”的要求，曲靖市多层次、多渠道开展地质环境保护和地质灾害防治知识的普及，使地质灾害威胁区干部、群众、学生能够正确进行简易监测、预警预报，明白撤离路线，掌握临灾自救方法，提高防灾自救能力。

【抗旱救灾】 1. 快速行动、周密部署，扎实开展好抗旱救灾各项工作。一是健全机构，落实责任。全市33名市级领导包9个县（市）区、289名县级领导包115个乡（镇、街道），159个市直单位、910个县直单位分别与全市1607个行政村（社区）结成挂钩帮扶对子，形成了党政主导、农口负责、部门协作、社会参与的抗旱救灾工作格局。二是及早部署，强势推进。2012年市、县、乡直部门已安排7740人驻村28700余天，帮助灾区协调项目、筹集抗旱资金物资5580余万元，帮助基层解决实际问题5290余个、排查矛盾纠纷1520个。2012年，市政府又先后多次召开会议，对全市抗旱救灾工作进行进一步安排部署。

2. 多方筹资、强力投入，确保抗旱救灾保障有力。采取向上级争取、市县财政筹措、发动党员干部职工捐资、动员群众自筹等方式，多渠道、全方位筹集资金，为抗旱救灾工作提供必要的资金保障。各级财政累计投入抗旱资金50048万元，其中：2012年以来投入29931.4万元；投入抗旱人数92.81万人，投入泵站268处、机动抗旱设备3.3万台（套），投入抗旱用电1101.5万度、抗旱用油853.3吨，抗旱浇灌面积107.45千公顷次；

3. 广泛动员，多措并举，最大限度增加可用水量。一是多措并举增加蓄水。通过采取机械及人工作业等方式，对境内所有有水的河流、水沟分段拦截，筑拦河坝150个，拦蓄水71万立方米；通过发动技术人员和有经验的群众寻找新水源，把高处的水引下来，把低处的水抽上来，引水276万立方米，提水1000多万立方米，其中陆良县麦子河水库从南盘江提水500多万立方米。二是突出抓好水库蓄水和小水窖、小水池蓄水。截止10月25日，全市库塘蓄水81733万立方米，占计划蓄水的83.4%。其中市管大中型水库蓄水合计22493万立方米，占计划蓄水的78.3%。三是着力抓好岩溶地下水应急水源地勘查开发工作。认真抓好打井取水工作，争取省国土资源厅安排了100口机井，全部开钻，实际成井出水36口，日涌水量9969余立方米，惠及10万余人；市财政筹资打人工井3000口以上。四是全力推进抗旱应急增蓄重点项目建设。全力推进总投资2.71亿元的27件省列抗旱应急增蓄重点项目，3月底所有工程全部通水投入使用，解决了79万人、20.06万头大牲畜的饮水问题和1.22万亩农田的灌溉问题。针对麒麟中心城区水源点供水紧张的实际，在启用2010年建成的水城水库调水临时性工程的基础上，投资6500余万元，仅用两个月的时间就建成了水城水库至中心城区的永久性调水工程，每天调水6.6万余立方米。

4. 分类施策，科学调度，管好用好现有水资源。制定了2011年9月1日至2012年6月30日的城镇供用水方案，对所有城镇实行分片、定时、限量供水，限制直至停止高耗水行业用水。实行阶梯式水价，麒麟中心城区居民用水计划由人均每天120升削减为80升、私人用户阶梯式水价标准由每户每月15吨下调为10吨；

5. 民生优先、及时救助，全力解决群众生活困难。一是着力解决群众饮水困难。距水源点5千米以内的，组织群众人背马驮、互助自救；距水源点5千米以外的，由当地党委、政府负责组织力量无条件送水；对偏远山区，鼓励群众采取外出务工、外出经商等多种方式解决饮水问题；对无力购买运水工具的贫困群众，由当地党委、政府负责组织配发；对五保户、老弱病残等特殊群体和学校、医院等单位，由当地党委、政府组织力量及时送水。目前，通过各种措施累计解决了131.82万人、84.60万头大牲畜饮水困难，其中长期解决了74.25万人、47.44万头大牲畜的饮水困难，临时解决了57.57万人、37.16万头大牲畜的饮水困难。二是着力解决特殊群体的生活困难。全市没有1户人家断水缺粮。2012年下拨救灾资金29931.4万元，发放粮食3830.29吨、发放现金597.92万元，救助困难群众84.67万人。投入抢险人数3.66万人次。三是扎实防洪救灾工作。2012年共投入动力1051台班，投入编织袋7.11万条，编织布2.51万平方米，沙石料1.884万立方米，木材6万立方米，抗灾用油26.7吨，用电12.5万度，总物资消耗折算资金2662.5万元。投入防汛抢险资金5189.02万元，其中中央170万元，省级以下43万元，其他经费4976.02万元，减灾经济效益5184.36万元。

【防汛抗洪】 1. 全面落实以行政首长负责制为核心的防汛安全责任制。按照水库管理权限和分级负责的原则，市防汛抗旱指挥部下发了《关于明确2012年全市重点江河、水库防汛责任人的通知》（曲防指〔2012〕4号），对全市主要江河及小（二）型以上水库落实了防汛行政责任人、技术责任人和岗位责任人，并于5月2日在《曲靖日报》进行了公示，接受社会监督；三是5月14日在全市防汛抗旱工作电视电话会议上市防汛抗旱指挥部与24家成员单位签订了《曲靖市2012年防洪度汛工作目标责任书》，进一步明确了各成员单位的职责；各县（市、区）也分别制定了防汛目标管理责任制，责任到人。通过以上措施的落实，充分保证汛期各防汛责任人上岗到位，各司其职，各负其责，真正做到防汛工作有人抓，有人管，确保各类水利工程安全度汛。

2. 开展汛前安全大检查及重要部门重点行业防汛检查。为确保汛期人民生命财产安全，维护社会稳定，促进全市经济持续快速健康发展，按照“谁主管、谁负责”的原则，根据防汛抗旱指挥部各成员单位的职责要求及各自行业主管的特点，市防汛抗旱指挥部以曲防指〔2011〕3号文下发了《关于组织开展2012年全市重要设施防汛检查工作的通知》，督促水务局、发改委、工信委、交通局、住建局、国土资源局、教育局等成员单位做好江河水库、在建电站、已建电站、交通、城市防洪和山洪灾害等防汛检查各项工作，由行业行政主管部门检查督促相关单位落实防汛责任制、防汛抢险应急预案编制、度汛计划编制及审批、防汛物资储备等情况，要求汛前完成检查工作，发现问题必须限期整改，对确实不能在汛前处理好的防汛安全隐患，要制定有效的应急措施，确保安全度汛。进入汛期，市防汛抗旱指挥部将视情况派出督查组，对各县（市）区及重要部门重点行业的防汛检查工作进行全面督察。

3. 抓好水库度汛计划、防洪预案修订完善工作。度汛计划与防洪预案对于防洪调度、抢险救灾有较强的指导性和针对性。全市的度汛计划按照分级管理的原则，全市24座大中型水库中，独木、潇湘、花山、莲花田、水城、跃进6座中型水库的度汛计划已报省防办审批，在建中型水库的度汛计划由市水务局工程建管站负责报省厅建管处审批，其余中型水库的度汛计划由市防办审批，小型水库、塘坝由各县（市、区）负责审批，并报市防办备案。为进一步提高全市水库汛期防汛应急能力，各县（市、区）及水库管理单位根据工程运行情况及今年的气候预报情况，对各水库防洪应急抢险预案和汛期调度运行计划重新进行修订、补充、完善，用于指导今年的防洪度汛工作。

4. 抓好水毁工程修复。2012年，全市在冬春农田水利建设中，认真抓好水毁工程修复，各地抓工期、抢进度、重质量，目前共完成堤防282处58.59千米、护岸33处13.65千米、坝垛7座、涵闸17座、河道清障310处229.60千米、小（二）型水库8座的水毁修复工作，累计完成土方100.326万立方米、石方12.415万立方米、砼方2.06万立方米，完成工程投资3328.87万元，为全市2012年的工程度汛安全打下了坚实的基础。

5. 抓好防汛物资储备及抢险队伍建设。2012年的防汛物资储备将在2011年的基础上根据物资的消耗情况，继续增加防汛物资的储备。所有防汛物资必须于汛前落实、足额储备到位，以确保用时之需，做到宁可备而不用、也不能用而不备。全市2011年共储备价值约863.50万元的防汛物资，其中草袋0.3万条，麻袋27.2万条，编织袋76.16万条，无纺布1.5万平方米，铅丝31.6吨，桩木1342.7方，块石2.56万立方米，砂石料1.27万立方米，橡皮舟30只，冲锋舟10艘、机动救生船29艘，救生衣1217件，救生圈270只，以及备用发电机、抽水机、油料等防汛物资。

组建了全市综合应急救援队伍，市级成立综合应急救援支队，县（市）区成立综合应急救援大队，街道、乡（镇）成立综合应急救援中队，形成一专多能、一队多用、专兼结合的应急救援力量，确保“召之即来、来之能战、战之能胜”，切实发挥综合应急救援队伍及时、高效处置各类突发公共事件的支撑作用。市防汛抗旱指挥部各成员单位按照防汛工作要求和实际情况，结合各自职责，认真准备抢险队伍和防汛物资，做到人员、车辆、物资“三到位”。

6. 抓好汛期防汛值班。市防汛抗旱指挥部办公室将在汛期建立24小时值班制度，明确带班领导、值班负责人、值班技术人员、值班人员，实行值班签到、交接班制度，制定、完善值班人员职责，确保汛期水情、雨情、险情、灾情及时准确上报，为领导决策提供依据。

【农业救灾】 1. 高温少雨。全市大部地区出现了从2011年8月开始延续至2012年6月中旬的特大干旱，其影响范围、持续时间、严重程度是自1961年有完整气象记录以来最为严重的干旱。据气象记载，温度：2012年全市年平均气温为15.2℃，较历年平均值偏高0.9℃，较上年偏高1.1℃。为1961年以来第二高值。2012年的冬季和春季各月气温与历年同期相比：12月偏低1.2℃、1月偏高0.3℃、2月偏高1.4℃、3月偏低0.2℃、4月偏高1.5℃、5月偏高1.4℃。降雨量：2012年冬季（2011年12月~2012年2月）全市平均降水量与历年同期相比，偏少40%。2012年（3月~5月）春季全市平均降水量与历年同期相比偏少17%。季内各月降水量与历年同期相比：3月偏多44%；4月偏少50%；5月偏少20%。

2. 灾情。据统计，2012年全市夏粮播种面积161.92千公顷，其中：小麦播种36.32千公顷、大麦播种47.98千公顷、荞麦35.38千公顷，经济作物油菜播种75.77千公顷。据农业部门统计，2012年夏收粮食作物受灾109.01千公顷，成灾70.6千公顷，绝收29.63千公顷（其中：小麦绝收7.73千公顷、大麦绝收13.62千公顷、豆类绝收3.44千公顷、马铃薯绝收1.07千公顷、其它粮食作物绝收3.76千公顷）；经济作物受灾85.43千公顷、成灾49.98千公顷、绝收3.76千公顷（其中：油菜绝收4.45千公顷、蔬菜绝收3.57千公顷、其它经济作物绝收6.53千公顷）。直接经济损失达10.41亿元。

3. 救灾有力。全市上下统一思想，高度重视，精心组织，真抓实干，措施得力，紧紧依靠科技进步，大力实施粮油作物高产创建活动、粮油作物间套种技术的推广以及地膜覆盖推广等科技增粮措施，力保大旱之年粮食不减产、农民不减收。由于科技增粮项目的辐射带动，经过全市上下干部群众的共同努力，曲靖市2012年夏粮生产大灾之年实现全面丰收，据统计，全市夏粮总产达夏粮总产39538.2万千克，比计划增2.6%。全市油菜籽产量20015万千克，比计划增6.1%。

采取的主要措施：一是实施小春粮油作物高产创建22片16.35千公顷，示范带动76.67千公顷大（小）麦、冬马铃薯和油菜实现高产栽培，实现粮油增产7894.86万千克；二是狠抓粮食作物间套种技术推广，全市建设间套种核心示范区71个3.28千公顷、中心示范片128片15.07千公顷，带动面积77.7千公顷，增产粮食13311万千克；三是把地膜覆盖主要科技减灾措施来抓，全市完成小春粮油作物地膜覆盖栽培25.67千公顷（其中：冬早玉米2.6千公顷、冬早马铃薯20.07千公顷、其它作物3千公顷），确保了夏粮的丰产丰收。

【森林防火】 2012年，森林防火工作经受了连续4年持续干旱的严峻考验。全市各级党委、政府高度重视，加强领导，社会各部门大力支持，积极参与；林业部门紧紧围绕“力争不发生重大森林火灾，确保不发生群体性伤亡事故”的工作目标，在安排部署、检查督促、宣传教育、火源管理、经费保障、队伍培训、安全扑救、火案查处等方面做了大量艰苦细致的工作，森林防火工作取得了显著成绩。2012年共发生森林火灾19次，其中，一般森林火灾5次，较大森林火灾14次，火场总面积543.8公顷，受害森林面积164.87公顷，森林受害率0.15‰，火案查处率100%，森林火灾当日扑灭率

100%。国家和省通报卫星热点27个。全市共签订森林防火责任状4555份，联防协议266份；投入防火资金3536万元；发放户主责任书130万份，《云南省省长令》1.2万份，《林农防灭森林火灾安全手册》1.2万本；森林防火五彩旗7100套；广播、电视宣传6.4万次，书写防火标语3.8万条；刷新、新建固定警示牌5200块；出动宣传车辆1.8万台（次）。新设防火检查站350个，新增护林员780人，巡山护林46.7万人次，登记入山人员24万人次，收缴火种1.8万具，查处野外违规用火117人次，收缴押金32.88万元。开展岗位培训111期11800人，组建各类扑火队伍1982支50715人。储备风力灭火机768台，二号工具7.3万把，阻燃服5100套，油锯400台，发电机26台，对讲机1270只，望远镜167台。

【防震减灾】 1. 灾情。2012年曲靖市数字化测震网共记录到曲靖及邻区685次≥1.0级地震（其中1～1.9级533次、2～2.9级92次、3～3.9级53次、4～4.9级5次、5～5.9级2次），做好地震基本参数进行快速、准确测定和目录的及时入库工作。

2. 地震监测预报。一是在组建1934名地震群测群防人员和落实每人每月100元补助的基础上，年初制定了《曲靖市地震宏观异常现象调查与上报制度》，实行地震宏观异常现象零异常报告和调查落实不过夜规定，举办了212人参加的全市地震群测群防骨干业务培训班。二是投入50万元完成全省市县地震数据共享与信息服务平台建设工作。三是投入10万元完成曲靖测震台网传输设备的升级改造工作。四是争取省地震局支持价值35万元的仪器设备，市局投资15万元在陆良县大莫古实施钻孔应变观测项目，项目实施后将填补全市应力、应变学科观测空白，有效提高曲靖市地震监测能力。五是投入6.8万元购买37组电瓶更换原有监测电源，保证了全市10个测震台、6个前兆观测站、6个强震动观测台设备运转正常，通讯联络畅通。六是完成国家地震局安排在全市的15个台站项目的维护工作，保证台站的安全、卫生及供电工作。

3. 震灾预防。认真贯彻执行抗震设防管理的有关规定，切实抓好重要建设工程、生命线工程场地的抗震设防要求和监督管理及地震安全性评价监督管理。2012年完成市内103项重要建设工程项目的抗震设防管理审批。

4. 应急救援。一是完成地震应急数据库的收集整理工作。二是制定《2012年地震应急准备工作方案》和《曲靖市高考期间地震应急工作方案》、《震后趋势快速判定工作方案》和《地震应急工作程序》。三是9月14日，地震、消防和教育部门组织全市各级各类学校开展“安全读秒”演练活动，全市2000多所学校开展了地震应急疏散演练活动。四是在曲靖主持召开滇东地震应急协作联动区工作会议。会议通报和讨论了当前地震情形势，组织开展地震应急桌面推演。五是组织学习修订后的全国地震应急预案，修订完成地震系统应急预案，并对曲靖市地震应急预案提出修改意见。六是配置移动电台、应急包、帐篷和卫星电话等应急设备。

5. 科普宣传。一是以科普大篷车和科普宣传长廊为载体，深入县、乡发放地震知识丛书和防震减灾科普挂历12000份，展出防震减灾科普知识展板16块。二是组织开展“5·12防灾减灾日”集中宣传活动，在珠江源广场展出防震减灾知识展板19块，发放《地震应急自救互救手册》、地震知识挂图等3600份。三是科技周活动期间，制作更新地震科普知识、防震避震、自救互救、城市和农村房屋抗震设防等防震减灾科普展板和宣传栏22块，把30000份防震减灾科普知识宣传单、画册、手册、书籍、挂图、展板和影视资料发放到各县市区。四是利用“11·6云南省防震减灾日”组织开展防震减灾宣传活动。共发放《防震避震常识》读本、卡片和小报共计9600份，悬挂宣传布标8条，展出展板22块，接受现场咨询百余人次。五是以防震减灾知识进机关、进学校、进企业、进社区、进农村、进家庭的“六进”方式普及防震减灾知识。六是开创性的组织开展市级地震安全示范社区创建工作。2011年在麒麟瑞东社区试点的基础上，在全省率先开展地震安全社区创建活动。通过召开曲靖市地震安全示范社区创建推进现场会，动员各地按照《曲靖市地震局关于在全市开展创建市级地震安全示范社区的通知》精神，按照“十个有”标准开展创建工作，经检查验收共有8个社区成功创建市级地震安全示范社区；保山、德宏、玉溪等地先后组织人员到全市参观学习创建经验，瑞东社区申报省级、国家级地震安全社区。七是深入开展市级防震减灾科普示范学校创建工作。自2011年市地震局与市教育局联合在全市中小学校开展防震减灾科普示范学校创建活动以来，全市各中小学校积极开展创建工作，2012年又有19所学校成功创建市级防震减灾科普示范学校，市第二中学和富源胜境中学成功创建省级防震减灾科普示范学校，目前共有市级防震减灾科普示范学校37所、省级示范学校6所。师范学院组织120名学生到市地震局参观学习，通过学习培训成为地震志愿服务者。九是5月24日上午，市地震局与市委宣传部在曲靖电信宾馆电视电话会议室设立分会场组织市抗震救灾指挥部成员单位、新闻媒体、各县（市）区委宣传部、地震局领导共80余人收看全国防震减灾宣传电视电话会议。十是以“五个一”阵地为基础，编辑出版《曲靖防震减灾》4期共24000多份；制作地震宣传橱窗4期；在曲靖防震减灾网站发布信息418条，在省防震减灾网站刊登信息389条、在市政府信息网、门户网刊登信息39条、被中国地震信息网采用刊登89条。十一是利用地震短信息平台，及时向全市副处以上领导通报震情信息30000多条。十二是深入开展防震减灾科普知识农村入户工程，2011年投入经费50万元制作防震减灾宣传挂历开展入户宣传工程，投入50万元继续开展防震减灾科普知识入户工程，计划用5年时间实现防震减灾知识农村家庭全覆盖。

【领导视察查看灾情】 7月12日21时30分～7月13日11时，宣威市大部分乡（镇）普降大到暴雨，局部地区降大暴雨，其中羊场镇降雨量达169毫米，为宣威有气象记录以来最大极值。这次降雨过程强度大、持续时间长，引发了洪涝灾害，造成了较大的灾害损失。据统计，截至7月14日12时，来宾镇、格宜镇、田坝镇、羊场镇、板桥镇、倘塘镇、落水镇、海岱镇、龙场镇、东山镇、热水镇、西泽乡、乐丰乡13个乡（镇）不同程度受灾，受灾人口达18.85万人，紧急转移、安置人口618人。全市农作物受灾10533公顷，成灾7626公顷，绝收2506公顷。民房倒塌30间，一般损坏530间，全市因灾造成直接经济损失2.29亿元，其中，农业损失1.05亿元、工矿企业损失0.78亿元、基础设施损失0.41亿元、家庭财产损失0.05亿元。

"7·13"洪涝灾害发生后，孔垂柱副省长一行亲临现场查看灾情、指导抗灾救灾工作。宣威市市委、市政府高度重视，采取有效措施，积极组织抗灾救灾工作。13日晚，宣威市市委、市政府组织受灾乡镇和市直有关部门主要负责人，召开"7·13"洪涝灾害抗灾救灾工作紧急会议，全面部署防汛救灾工作。根据受灾程度，市减灾委和民政局启动防汛减灾Ⅱ级响应。成立由市长任组长，分管农业、民政工作的副市长任副组长，农业、民政、水务、交通、财政等有关部门主要负责人为成员的"7·13"抗灾救灾工作领导小组，下设受灾群众转移安置、灾情核查、宣传报道、防灾减灾、灾后恢复重建5个工作组，下设办公室在市民政局。各小组和办公室按照职责分工，及时开展工作。设置集中安置点2个，搭建帐篷25顶，紧急转移安置受灾群众618人，发放大米5吨、棉被514床、衣服500套。多渠道筹措资金，调拨救灾物资和设施设备，市财政从预备费中安排100万元，专项用于应急抗洪救灾，妥善解决受灾群众生产生活中遇到的困难和问题，使受灾群众尽快恢复正常的生产生活秩序。针对不同农作物的受灾情况，积极开展生产自救，及时做好清淤、排水工作，科学指导群众抗灾救灾，努力把灾害损失降到最低。

2013年抗灾救灾

【救灾装备建设】 为强化乡镇救灾装备能力建设，充分发挥基层乡镇在救灾工作中的职能作用，曲靖市积极争取各级资金支持，为曲靖市115个乡镇配备性价比高、安全适用的专用救灾车辆。在2010年为宣威市、富源县配备37辆救灾专用车的基础上，2013年5月又为麒麟、沾益、马龙、罗平、师宗、陆良、会泽7县（区）78个乡镇配备了55辆普通型桑塔纳救灾专用车和23辆猎豹新奇兵救灾车辆。全市乡镇抗灾救灾、防灾减灾能力得到不断加强。

【防灾减灾宣传教育】 5月12日是全国第五个"防灾减灾日"，主题是"识别灾害风险，掌握减灾技能"。5月6日至12日为防灾减灾宣传周。曲靖市各级、各有关部门利用多种形式开展了一系列宣传教育活动，收到了较好效果。据统计，"防灾减灾日"宣传活动期间，曲靖市共发放各类防灾减灾知识宣传资料近22.88万份，现场解答市民咨询0.7万人次，悬挂宣传横幅2163幅、粘贴宣传标语5584条、应急避险和防灾减灾宣传图片6880张、组织各类紧急疏散演练近2800次、召开防灾减灾主题班会1488次，邀请法制、地震、气象、防汛、卫生、消防等部门到校开展防灾减灾和科普知识讲座2157场次，出防灾减灾知识板报2421块，组织防灾减灾知识竞赛196次，观看防灾减灾教育片、灾害题材影视片1340场，参与民众达42多万人，开展紧急救护专业和普及培训分别为912人次和2663人次。发送手机短信200万余条。重点排查了62所中小学校和幼儿园、32所医院、86家企事业单位、77家娱乐服务场所，及时发现并督促整改灾害隐患12起、煤矿风险隐患51条、非煤矿山风险隐患45条、防洪防涝隐患15条、道路交通风险隐患17条、消防防火隐患6条、学校风险隐患5条、电路风险隐患46条、地质灾害隐患16条，切实将隐患消除在萌芽状态。

【应急救援队伍组建设】 为进一步加强突发公共事件应急管理工作，切实提高民政应急救援能力，2013年5月24日曲靖市民政局组建了由20人组成的民政救灾应急救援大队。6月28日，民政救灾应急救援大队组织所有队员进行了以曲靖市减灾委员会工作职责、救灾工作职责、《曲靖市民政局应对突发性自然灾害工作规程》和《自然灾害救助条例》为主要内容的业务培训。6月29日，采取走出去的方式，邀请预备役炮兵团的官兵对民政救灾应急救援大队进行了以队列训练为主要内容的专业训练，并现场观摩了预备役炮兵团官兵组织开展的地震应急救援部分项目（高空救援和狭小空间救援）的演练，民政救灾应急救援能力逐步增强。

【"维稳救援"演练】 9月22～26日，曲靖市民政局组织民政救援大队参加了由中共曲靖市委、市政府和曲靖军分区主办、市政法委承办的"维稳救援—2013"紧急拉动演习和联合演练，演练围绕紧急拉动、装备动态展示、业务技能表演、实兵实装演练、装备静态展示和勤务保障等六个方面内容展开。通过演练，提升了民政救援大队对突发事件的快速反应能力、组织指挥能力、现场处置能力、应急救援能力和协同救援能力。

【捐赠工作】 认真贯彻落实中华人民共和国公益事业捐赠法，积极宣传引导社会各界爱心人士，弘扬爱国爱乡，发扬一方有难，八方支援的优良传统，积极开展接收捐赠工作，为及时帮助解决贫困地区、灾区部分群众的实际困难，促进党风和社会风气的进一步好转，推动社会主义精神文明建设做出了积极贡献。2013年共接收抗旱、抗震救灾捐赠资金307.9万元，价值11万元的捐赠衣物1191件。

【慈善工作】 全年共募集接收社会捐赠善款1588.4万元，支出经费1586.8万元。一是抓好慈善抗旱救灾及项目建设工作。2013年下拨宣威、麒麟、沾益项目建设定向款198万元，抗旱救灾经费60万元，划拨市教育局校舍安全工程建设款500万元。二是抓好慈善助学助困活动。2013年划拨助学款801.6万元，用于抗旱保教、少数民族教育、贫困生补助、购置教育教学设备、校舍建设和提供贫困生免费义务教育教科书。三是抓好慈善"送温暖、献爱心"活动。2013年开展春节、中秋节走访慰问活动，支出助孤、助困、助医等慰问金27.2万元，棉被200床，慰问孤寡老人、困难群众、贫困学生339户（人）。为敬老院和五保老人送去10万元慰问金及

价值1.7万元的棉被、月饼等慰问品，慰问金主要用于修缮敬老院厨房、购置活动室设备等，改善老年人的生活条件。

【民政救灾】 曲靖市着力加强组织领导，不断加大资金投入，以保障人民群众生命财产安全和基本生活权益为出发点和落脚点，以提高救灾应急能力为核心，坚持应急救灾与常态减灾相结合，救灾减灾并重，广泛动员社会各界参与抗灾救灾工作，全面提高了应对自然灾害的综合防范和应急处置能力，切实保障了人民群众生命财产安全。

1. 扎实抓好抗灾救灾。面对2013年发生的各种自然灾害，全市各级各部门高度重视，主动应对，民政部门积极采取有效措施抗灾救灾，千方百计安排好受灾群众基本生活。一是严格落实责任制度。市民政局成立了以局党组副书记、局长任组长，局党组书记、副局长任副组长、相关科室人员为成员的抗灾救灾工作领导小组，负责协调、指导全市民政部门的抗灾救灾工作；建立了领导带班、工作人员值班和零报告三项制度。二是及时核查统计上报灾情。全市各级民政部门积极组织相关人员，及时赶赴灾区实地查看灾情，掌握灾情发展变化，切实做到第一时间掌握上报灾情。市民政局党组高度重视抗灾救灾工作，局领导多次带领救灾科及相关工作人员前往9县（市）区，深入受灾乡镇查灾核灾、检查指导抗灾救灾工作。三是及时下拨救灾资金救助受灾群众。2013年以来，共下拨各级救助资金5963万元（其中：中央资金5200万元，省级资金253万元，市级资金250万元，意向捐赠资金260万元）用于帮助解决受灾群众口粮、衣被、取暖等基本生活困难。全市各级民政部门共发放大衣4587件，衣服61045件（套），被子41927床，毛毯2342床，大米4123.4吨，玉米1150吨，救助困难群众44.08万人。四是不断强化物资储备力度。各级民政部门积极储备救灾物资，不断提高抗灾救灾快速处置能力。截止2013年底，全市各级民政部门共储备大衣7945件，衣服18197套，被子28902床，毛毯561床，帐篷308顶，彩条布277件，大米1765.4吨，玉米107.6吨；代省厅储备大衣4263件，衣服3990套，被子4966床，折叠床1000张，床垫1000床，雨衣620件，折叠桌凳10套，应急灯1862个，帐篷803顶，彩条布900件。五是加强救灾资金监管使用。严格执行曲靖市人民政府办公室《关于印发曲靖市救灾资金管理办法的通知》（曲政办发〔2008〕47号）和《曲靖市抗旱救灾资金管理办法》（曲政办发〔2010〕25号）有关规定，始终坚持“专户专账、专款专用、重点使用”，加强对救灾资金的监管使用。六是加强与各部门的协调配合。加强与农业、林业、水务、气象等部门的沟通联系，及时掌握当前灾情信息及气象情况，有针对性地开展抗灾救灾工作。

2. 抓好乡镇救灾专用车配备。为强化乡镇救灾装备能力建设，充分发挥基层乡镇在救灾工作中的职能作用，积极争取省级资金支持，为全市115个乡镇配备性价比高、安全适用的救灾专用车辆，全市乡镇抗灾救灾、防灾减灾能力得到不断加强。

3. 抓好防灾减灾宣传。2013年5月12日是全国第五个“防灾减灾日”，曲靖市各级、各有关部门充分利用5月12日“防灾减灾日”开展形式多样的宣传教育活动，扎实推进曲靖市防灾减灾宣传教育工作，增强了广大市民防灾减灾的意识，夯实了市民自身防护知识和技能，提高了全社会抗风险隐患的能力。自2009年以来，全市共有6个社区被国家减灾委员会和民政部表彰为全国防灾减灾示范社区。

4. 抓实自然灾害救助评估。根据《云南省民政厅关于转发情况加强自然灾害救助评估工作指导意见的通知》（云民救〔2012〕42号）文件精神，及时撰写并上报了《曲靖市民政局2012年度自然灾害救助综合评估报告》、《曲靖市民政局2013年度自然灾害救助准备评估工作报告》、《曲靖市民政局2013年度冬春救灾救助绩效评估报告》和《2013～2014年曲靖市受灾群众冬春生活困难状况评估报告》。汇总农业、林业、地震、国土、交通、运输、气象、水务等部门相关资料后，编撰并上报了《曲靖市2012年度自然灾害应对工作总结评估报告》，自然灾害救助评估工作水平不断提高。

【地质灾害防治】 1. 概况。曲靖市是云南地质灾害多发、易发区。经排查，2013年全市有地质灾害隐患点1475处，涉及105个乡（镇）、774个村委会、1249个村民小组。按照隐患规模分，有特大型12个、大型59个、中型362个、小型1042个；按照隐患类型分，有滑坡1135处、崩塌38处、泥石流85处、地面塌陷214处、地裂缝3处。威胁人口2万余人、威胁财产22亿元。

2. 灾情。曲靖市在遭受了百年不遇的三年连续特大干旱后，大部分地区土体干裂，稳定性较低，加之，由于全市境内地质环境比较脆弱，地质结构较差，致使地质灾害频发。2013年，全市共发生地质灾害10起，造成8人死亡3人受伤，经济损失475.2万元；发生险情21起，威胁人口4949人，威胁财产757万元。

3. 监测预报。一是高度重视，落实责任。2013年1月曲靖市人民政府就印发了《曲靖市年度地质灾害防治方案》，认真分析了本年度地质灾害防治工作面临的形势，提出了防治措施及相关工作要求，对地质灾害防治工作进行了全面的安排和部署。市、县、乡均成立了地质灾害防治工作领导小组，负责辖区内的地质灾害防治工作，各级政府的主要领导为第一责任人。在国土资源目标管理体系中，设立了地质环境保护和地质灾害防治考核指标，市政府与县（市）区政府、县（市）区政府与乡（镇）政府分别签订了责任制。2013年，各县（市）区国土资源局和1708名地质灾害隐患点监测人签订了监测责任书。二是汛期认真开展“三查”，即排查、巡查、核查。通过“三查”随时掌握每一处灾害点的变化情况，做到心中有数，逐点落实了防灾措施。在排查的基础上全市发放《地质灾害防灾工作明白卡》2471份，《地质灾害防灾避险明白卡》26412份。编制应急预案1459个，危急情况下可立即按照预案组织群众转移避灾。三是开展了预警预报，主动加强与气象部门沟通、会商，密切关注气象预警信息，做到科学预测、及时预报、主动预警，及时通过气象信息平台、手机短信、终端电子气象显示屏发布预警预报信息；四是加强应急队伍建设。为确保地质灾害应急反应及时、到位、高效，市国土资源局成立了地质灾害应急管理工作领导小组和办公室，各县（市）区国土局结合各自实际，也相应成立了地质灾害应急管理办公室。同时，从驻曲地勘单位中挑选具有水文、地质等专业知识和地质灾害防治工作经验的专业技术人员，组成曲靖市地质灾害应急调查组。确保了全市地质灾害应急工作有队伍、有机构、有技术支撑，2013年共下派34余人（次）地灾专家对97个地灾隐患点进行应急调查。五是应急准备，快速反应。积极开展应急演练，2013年全市开展应急演练15次，共4074人参加。通过演练，有效地提高了县级地质灾害应急指挥和抢险保障等反应能力，检验了各部门的职责分工落实、应急队伍的协调能力，提高了广大干部应对突发事故的快速反应能力及受灾群众的防灾自救意识，也为全市做好地质灾害应急救援工作起到了很好的示范作用。同时，做好各种应急准备工作，要求各级地质灾害防治工作人员保持手机24小时畅通，时刻待命，储备应急工具设备，保证应急车辆，一旦发现险情、灾情，确保第一时间赶赴现场，联合多部门抢险救灾；六是强化值守，及时报送。汛期实行由领导带班、工作人员和技术人员24小时值班，及时处理突发地质灾害险情。遇到险情时，立即查明情况，按速报制度要求，及时上报。在强降雨期间，实行零报告制度，确保及时掌握情况，迅速处理突发问题；七是严肃纪律，令行禁止。全市各级各责任单位都严格按照预案分工，通力合作，密切配合，严密防范，确保人民群众生命安全，努力将灾害造成的损失降到最低限度。对不坚守岗位，险情、灾情发现、处理不及时，迟报、瞒报或工作不力而造成损失的，严肃追究有关人员的责任。

4. 加大治理资金。2013年共筹集地质灾害防治资金6939.4万元。资金来源分别是：省级补助2904.19万元（其中切块曲靖市资金1252万元，切块宣威市资金284万元，群测群防补助经费126万元，罗平县长底滑坡治理项目资金1242.19万元）；市级财政共统筹安排3081.41万元专项经费（其中6月份下拨市国土资源局防治工作经费55万元，下拨各县（市）区地质灾害防治群测群防补助经费730万元，其余经费也全部安排实施工程治理及避险搬迁项目）；各县（市）区自筹经费953.8万元。这些经费的投入，有效清除了部分隐患，切实保障了受威胁群众的生命财产安全。

5. 工程防治项目。2013年实施了会泽县火红乡田湾村泥石流等10个工程治理和富源县富村镇大田边村滑坡等9个避险搬迁项目。同时，积极向省国土资源厅申报了会泽待补汤得康家村泥石流、麒麟沿江鸡街滑坡、罗平鲁布革民族中学滑坡、宣威东山格木村滑坡、宣威文兴支留滑坡5个省级大型地质灾害治理项目。

6. 征收矿山生态环境恢复治理保证金。按照曲靖市人民政府18号公告《曲靖市矿山生态环境恢复治理保证金征缴及使用管理办法（试行）》，2013年共征收矿山生态环境恢复治理保证金8574.7万元，累计征收66493.98万元。

7. 地质灾害危险性评估。2013年开展建设项目地质灾害危险性评估61个。

8. 科普知识宣传。按照“地质灾害防灾减灾意识进一步提高，地质灾害防灾减灾知识进一步增长，地质灾害防灾减灾能力进一步增强，地质灾害防灾减灾体系进一步完善”的要求，曲靖市多层次、多渠道开展地质环境保护和地质灾害防治知识的普及，使地质灾害威胁区干部、群众、学生能够正确进行简易监测、预警预报，明白撤离路线，掌握临灾自救方法，提高防灾自救能力。

【抗旱救灾】 1. 及早研究、及早部署，扎实开展抗旱救灾工作。旱情初露端倪，市委、市政府就快速反应、及时行动，多次安排部署抗旱救灾工作，动员干部群众全力以赴抗旱救灾、生产自救。市委、市政府主要领导亲自听取汇报、亲自安排部署，分管领导召开专题会议作出具体安排；针对旱情不断加重的实际，市政府四届一次全会、曲靖市农村工作会议对抗旱救灾工作再动员、再部署。组织挂钩领导和干部动员、帮助群众抗灾救灾，切实解决生产生活困难。

2. 多方筹资、强力投入，确保抗旱救灾保障有力。采取向上级争取、市县财政安排、动员群众自筹等方式，多渠道、全方位筹集资金，为抗旱救灾工作提供必要的资金保障。争取到中央、省资金8060万，市、县、乡财政投入抗旱资金8140万元。投入抗旱人数34.03万人，投入泵站262处、机动抗旱设备1.3万台（套）、机动运水车辆2.1万辆次，投入抗旱用电163万度、抗旱用油264.4吨，抗旱浇灌面积22.55千公顷，临时解决了24.28万人、14.51万头大牲畜的饮水困难。挽回粮食19.15万吨，挽回经济作物损失1.36亿元，抗旱减灾效益达2.81亿元。

3. 统筹安排、厉行节约，切实加强水资源调度管理。树立忧患意识，作最坏打算，全力确保城乡供水安全。一是科学调度水资源。全面摸清现有水资源状况，认真分析用水需求，一库一策、一村一案，按照“先生活、后生产，先节水、后调水，先地表、后地下”的原则制定供用水计划和应急预案，加强水资源的统一管理和调度，统筹安排好各类用水，优先确保人畜饮水安全，尽力保障春耕生产等用水。二是节约用水。推行中水回用等循环用水措施。加强供水管网维护管理，减少跑、冒、滴、漏。三是千方百计增加可用水量。动员群众因地制宜采取拦、蓄、引、提、拉、打等措施，充分利用河道、沟渠、地下水资源，最大限度增加可用水量，尽量灌满小水窖、小水池。

4. 民生优先、科学应对，全力解决群众饮水等生活困难。抗旱工作坚持以人为本，把解决人畜饮水困难放在突出位置，采取一切有效措施解决饮水困难等问题。组织力量进村入户对受灾户、五保户、优抚对象、留守老人、留守儿童等特殊人群进行全面排查，建立了县、乡、村、组受灾群众缺水、缺粮四级台账，做到了情况清、底子明，及时开展救助。全市没有一户人家断水缺粮、没有一头大牲畜渴死。

5. 依法管理、积极协调，严防发生重大水事纠纷。严格依法加强水事管理，维护水事秩序，协调处理好上游和下游、生活用水和生产用水等各方面的关系，认真做好群众思想工作，特别严防缺水严重地区发生重大水事纠纷，影响社会稳定。积极主动做好供水矛盾协调工作，及早排查、提前介入、主动协调，确保把水事纠纷隐患消灭在萌芽状态、解决在基层，维持当地生活生产的正常秩序，维护社会安定稳定。

6. 多种形式、广泛宣传，全面做好节约用水和计划用水

工作。各级水务部门充分利用各种宣传形式，让用水单位和用水户了解当前的供用水情况，倡导人人节约用水，珍惜水资源，杜绝浪费水资源的行为，全面提高人民群众的节约用水意识。按照节水型社会的要求，全面做好节约用水工作，供水较困难的实行定时定量计划供水，对重要水源实行专人管理，计划用水，严防过度取水加剧用水紧张。面向社会、面向群众，加强抗旱减灾工作的宣传教育，努力提高全民抗旱意识和节水意识。坚持及时准确、主动引导的原则和正面宣传为主的方针，为抗旱工作营造良好的舆论氛围。

【防汛抗洪】 1. 全面落实以行政首长负责制为核心的各项防汛责任制。按照“分级负责、谁主管、谁负责”的原则，全市逐级落实了以防汛行政首长负责制为核心的各项防汛责任制，确保防汛工作有人抓，有人管。汛前督促发改委和工信委分别落实了在建电站、已建电站防汛责任人；按照水库管理权限和分级负责的原则，落实了全市主要江河、大中型水库及重点小（一）型水库的防汛行政责任人、技术责任人和岗位责任人，并在4月27日的《曲靖日报》上进行了公示，接受社会监督。市防汛抗旱指挥部与23家成员单位签订了2013年防洪度汛工作目标责任书，并实行风险抵押金制度。各县（市、区）也分别制定了防汛目标管理责任制，各相关责任人认真落实各项防汛措施，做到职责到位、思想到位、指挥到位、措施到位，使防汛抗旱的每一项工作都有人负责，有人抓，有人管。

2. 深入细致开展防汛安全大检查。按照“谁主管、谁负责”的原则，市防汛抗旱指挥部下发了《关于组织开展2013年全市重要设施防汛检查工作的通知》（曲防指〔2013〕2号），督促水务局、发改委、工信委、交通局、住建局、国土资源局、教育局、气象局等成员单位，对水库、江河、电站、交通、城市防洪、地质灾害、尾矿库、学校、医院等重要部门、重点行业和重要防洪设施，开展安全度汛检查，由行业主管部门检查督促相关单位做好防汛责任制落实、防汛抢险应急预案编制、度汛计划编制及审批、防汛物资储备等工作。针对水务部门管理的江河、水库，市防汛抗旱指挥部办公室下发了《关于开展2013年汛前检查的通知》（曲防办〔2013〕4号），对全市小（二）型以上水库、坝塘、河道开展了一次全面、深入、细致的汛前安全大检查。进入汛期，全市组织各级防汛部门和水库管理单位在4月份汛前检查的基础上，再次全面开展了防汛安全大检查，重点对辖区内的小（二）型以上水库及坝塘开展全面深入的防汛安全大检查。包括是否落实防汛责任制、签订责任状，度汛计划和防洪应急预案是否编制完成，防汛物资是否落实到位，通讯设施是否工作正常等，通过检查，对发现的问题及时、限期整改，真正做到发现问题及时解决问题，切实把各项安全度汛措施落到实处。

3. 及时修订完善水库度汛计划和防洪预案。按照分级管理的原则，根据工程运行情况及汛期降雨量预报情况，对水库汛期调度运行计划和防洪应急抢险预案进行修订、补充、完善，提高水库汛期防汛应急能力。全市24座大中型水库中，独木、花山、水城、跃进4座中型水库的度汛计划已报省防办审批；在建中型水库的度汛计划由省水利厅审批；其余中型水库的度汛计划由市防办审批；小型水库、塘坝由各县（市、区）负责审批，并报市防办备案。

4. 认真抓好水库安全度汛工作。水库安全度汛一直是全市防汛工作的重点。全市各级各部门高度重视水库的安全度汛，尤其是抓好病险水库和在建水库的安全度汛工作，确保万无一失。各地在主汛期到来之前，在汛前检查的基础上，对各类水库再次开展了全面的安全专项检查，抓紧消除一切不安全的隐患；各水库严格按照批准的汛限水位运行，各级防汛指挥部按分级管理的原则，切实担负起监督职责；各地高度重视库区超标准强降雨的安全防范工作，做到出现超标准强降雨能按预案果断处置；对于缺乏通信保障的水库，落实好报汛措施，使水库汛期的汛情能及时报出；对存在病险的水库降低运行水位，对安全没有保障或因蓄水威胁到大坝安全及下游人民群众生命财产安全的水库，采取一切措施坚决杜绝垮坝事故发生。

5. 扎实开展水毁工程修复。2012年冬至2013年春，全市在冬春农田水利建设中，认真抓好水毁工程修复，各地抓工期、抢进度、重质量，共完成堤防387处66.54千米、护岸36处17.63千米、坝垛10座、涵闸16座、河道清障343处197.42千米、小（二）型水库7座的水毁修复工作，累计完成土方104.52万立方米、石方16.30万立方米、砼方3.17万立方米，完成投资7500.3万元，为全市2013年的工程度汛安全打下了坚实的基础。进入汛期以来，针对汛期单点暴雨突出、水利工程水毁严重的情况，各级积极争取，多方筹集资金，积极开展水毁修复工作，确保部分决口堤防和重要险工险段得以及时修复。

6. 强化防汛物资储备及抢险队伍建设。2013年全市共储备价值约793.6万元的防汛物资，其中草袋0.3万条、麻袋27.2万条、编织袋85.9万条、无纺布2万平方米、铅丝28.1吨、桩木1120.7方、块石3.27万立方米、砂石料2.46万立方米、橡皮舟21只、冲锋舟3艘、机动救生船4艘、救生衣1022件、救生圈120只，以及备用发电机、抽水机、油料等防汛物资。所有防汛物资于汛前落实、足额储备到位，做到宁可备而不用、也不能用而不备。同时着力加强防汛应急队伍体系建设，以公安消防部队应急救援队伍为依托，整合各相关部门和企事业单位的应急救援资源，组建了全市综合应急救援队伍，市级成立综合应急救援支队，县（市）区成立综合应急救援大队，街道、乡（镇）成立综合应急救援中队，形成一专多能、一队多用、专兼结合的应急救援力量，及时、高效处置洪涝等灾害。

7. 全力抓好库塘安全蓄水工作。全市各地高度重视库塘安全蓄水工作，在总结多年库塘安全蓄水工作的基础上，立足科学调度，实行一库一策的蓄水措施，逐库制定蓄水计划，及时抓住有利时机积极采取各种有效措施，在确保库塘安全的前提下，千方百计抓好安全蓄水工作。截止12月31日，全市库塘蓄水量8.5421亿立方米，完成计划蓄水的89%，比2012年同期偏少6519万立方米。已完成8.5亿立方米的目标任务。

8. 认真抓好河道管理和中小河流治理。各地按照“分级管理、分级负责”原则，加强河道管理，确保行洪畅通和度汛安全。对阻碍河道行洪的各类违章设障，按照“谁设障、谁清除”的原则，依法责令限期清除。同时加大工作力度，加快中小河流治理进度，全市共实施重点地区中小河流治理工程8件，其中陆良县板桥河治理项目已完成初验，沾益县西河治理项目已完成单位工程验收，罗平县九龙河治理项目、会泽县以礼河治理项目、师宗县子午河治理项目、宣威市倘塘河治理项目、宣威市革香河治理项目和师宗县甸溪河治理项目主体工程已完工，工程扫尾及竣工资料的整编工作也在有序开展。

9. 认真抓好山洪灾害防御工作。全市山洪灾害分布范围广、突发性强、防御难度大，2013年全市进一步加大工作力度，坚持以避为主，防抢结合，力争做到不死人、少伤人，坚决避免群死群伤事件的发生。全市9个县（市）区均列入国家山洪灾害防治县级非工程措施建设实施县，其中2010年项目的马龙、富源、会泽三个县和2011年项目的师宗、宣威二个县（市）已完成建设任务，正在抓紧进行群测群防体系建立完善、开展培训演练以及有关资料整编等验收前的准备；2012年项目的沾益、陆良、罗平三县和作为增补项目的麒麟区2013年内先后开工建设，沾益、陆良、罗平三县已基本完成建设任务并投入试运行。麒麟区已完成监测系统和预警系统站点建设任务，正抓进进行县级平台建设及其他扫尾工作。

10. 认真抓好灾情处置工作。面对严重的洪涝灾害，全市各级党委、政府高度重视，及时采取各种抗灾救灾措施，力争把灾害造成的损失减少到最低程度。各级水行政主管部门也高度重视，组成工作组深入灾区指挥抗灾救灾工作，灾区群众在各级党委、政府的统一指挥下奋起抗灾，积极开展生产自救。据统计，全市共出动抢险人数1747人次，投入防汛抢险资金391万元，投入编织袋6750条、纺织布609平方米、木材3.9万立方米，抗灾用油6.5吨、抗灾用电6.4万度。减淹耕地0.13公顷，避免粮食减收2700吨，减少受灾人口1.2万人，转移人口530人，减灾经济效益1710万元。

11. 切实做好汛期防汛值班和汛情报告工作。一是从5月1日开始，全市各级防汛部门严格执行24小时值班制度，明确带班领导和值班人员，实行值班签到、交接班制度、雨情水情日报、险情灾情报告、水库遇险必问必查等防汛值班信息报送制度，落实值班人员职责，确保汛期水情、雨情、险情、灾情及时准确上报，为防汛抗洪抢险救灾和领导决策提供依据。市防汛抗旱指挥部办公室明确市级代班领导并抽调水务局中层干部、中职以上工程技术人员参加值班，切实增强对防汛突发事件的快速反应处置能力。同时不定期对各县（市）区值班情况进行抽查，切实督促其加强值班，严格防汛值班纪律，确保了有关信息指令的及时传递。二是建立水库安全事故报告制度。明确各类事故的报告主体、程序和时限，说明水库基本情况、发生事故的时间、地点、原因、发展趋势、危害程度、威胁对象和采取的措施及落实情况。三是建立汛情报告制度，密切注意灾情，发现险情、灾情及时向相关部门上报，果断处理。

【农业救灾】 1. 高温少雨。2013年曲靖市的农业灾害主要表现为春旱严重，据气象记载，2013年“光温条件好，降水偏少；冬春旱情重，雨季来得早，汛期雨水匀”，全市平均气温为14.8℃，较常年偏高0.5℃，其中，冬季全市平均气温为9.8℃，较历年同期偏高2.0℃，较2012年偏高1.8℃，为1961年以来同期第二高值；2013年春季全市平均气温为16.8℃，较历年同期偏高1.1℃，较2012年偏高0.2℃。季内各月气温与历年同期相比：3月偏高2.1℃，为1961年以来第二高值。全市年平均降水量为878毫米，较常年偏少15%；年内降水严重偏少时段出现在1~4月，此期间，降水持续偏少，气温偏高。1~4月全市平均降水量为55毫米，较历年同期偏少47%。出现了较为严重的冬春连旱天气。

2. 灾情。据统计，2013年全市夏粮播种面积167.99千公顷，其中：小麦播种36.7千公顷、大麦播种47.2千公顷、蚕豆播种32.51千公顷、荞麦40.35千公顷，经济作物油菜播种82.11千公顷。据农业部门统计，2013年夏收粮食作物受灾127.05千公顷，成灾66.41千公顷，绝收8.05千公顷（其中：小麦绝收2.47千公顷、大麦绝收3.71千公顷、豆类绝收1.17千公顷、冬早马铃薯绝收0.28千公顷、其它粮食作物绝收0.42千公顷）；经济作物受灾147.42千公顷、成灾80.39千公顷、绝收0.42千公顷（其中：油菜绝收2.62千公顷、蔬菜绝收3.85千公顷、其它经济作物绝收0.65千公顷）。直接经济损失达2.51亿元。

3. 救灾有力。2013年曲靖市夏粮生产由于受到严重的冬春干旱影响而减产，据统计，全市夏粮总产39356.1万千克，比计划减6.3%。全市油菜籽产量16186万千克，比计划减19.1%。但是，在曲靖市委、市政府的领导下，本着“夏粮减产不减收，小春损失大春补”的发展思路，大力发展“短、特、快”的经济作物，如扩种蔬菜、特色经济作物、晚秋农作物，加大大春和晚秋农作物和经济作物的科技推广力度，举办粮食作物高产示范样板创建135片，推广集成配套测土配方施肥技术、马铃薯高墒栽培、玉米地膜覆盖技术、粮食作物间套种技术推广等，从而实现全年粮食增收和农业增效。据统计，2013年全市粮食播种面积为67.08千公顷，粮食总产318190.6万千克，较2012的增4.3%；全市农民人均纯收入为6861元，较2012年增15.3%。

【森林防火】 2013年，受连续5年干旱影响，森林火灾预防和处置工作异常艰难，面对严峻的森林防火形势，各地采取超常规手段，狠抓各项措施落实，共投入森林防火资金4128.97万元，发放户主责任书134.5万份，手机短信21万余条，广播、电视宣传8.5万次，书写防火标语5.5万条，出动宣传车辆2万台（次）。设立防火检查站1197个2947人，护林员9781人，巡山护林37.7万人次，登记入山人员8.6万人次。组建专业扑火队40支1403人，半专业扑火队292支9216人，义务扑火队1332支33378人，开展队伍扑火岗位培训145期16446人次，储备风力灭火机887台，二号工具10万把，阻燃服6408套，油锯412台，发电机28台，对讲机1300只，望远镜187台，科学高效有序地处置了森林火灾。2013年，曲靖市共发生较大森林火灾4次，过火面积112.59公顷，成灾面积93.55公顷，森林火灾受害率0.08‰，

国家和省通报林火卫星热点39个，无重特大森林火灾和人员伤亡事故发生，在云南省政府目标考核中评定为优秀。

【扶贫减灾】 1. 概况。2013年曲靖市共投入扶贫资金36.095亿元，其中各级财政专项扶贫资金7.755亿元（中央及省级投入5.83亿元，市、县级投入1.925亿元），扶贫信贷资金11.49亿元，整合部门项目资金7.22亿元，社会帮扶资金1.64亿元，群众自筹7.99亿元。

2. 片区区域发展与扶贫攻坚工作进展顺利。十年规划明确了两个连片特困地区区域发展与扶贫攻坚的总体要求、空间布局、重点任务和政策措施，通过实施基础设施建设、产业发展、环境改善、社会事业、农村人力资源开发、生态环境保护六大工程；五年实施规划将各项目标任务、工程项目、政策措施分解细化到有关县（市）和市直有关部门，细化到各年度，两个片区实施规划总资金1195亿元，其中：乌蒙山片区规划投资765亿，石漠化片区规划投资430亿。项目规划涵盖基础设施、产业发展、民生改善、公共服务、能力建设、生态环境等6类项目24类部门500余个子项目。

3. 山区连片综合扶贫开发扎实推进。全市山区连片综合扶贫开发试点，涉及9个县（市）区10个乡镇45个村委会456个自然村45517户174796人，项目实施期为2012年12月至2014年2月，规划总投资79776万元，其中：市级财政补助资金2000万元，县级配套财政专项资金5590万元（其中：宣威500万元，富源3340万元，其余每县250万元），部门整合项目资金25724万元，挂钩帮扶资金8651万元，群众自筹37811万元。

4. 整乡推进工作顺利完成。启动实施大水井乡开发整乡推进项目，项目实施期两年，规划总投资17869.99万元，其中：中央财政专项扶贫资金1000万元、曲靖市级财政补助资金250万元、罗平县级财政补助资金250万元、部门整合资金和政策统筹资金10798.99万元、其他扶贫资金200万元、群众自筹5371万元。建设内容涉及产业发展、基础设施建设、社会事业建设、生态能源建设、科技培训与推广、民生保障、农村基层组织建设等。2013年底，已完成投资14108.42万元，占规划总投资的78.95%，预计到2014年8月验收。宣威市阿都乡“整乡推进”全面完成。该项目共完成各级各类投资46611.3万元，其中：省级财政补助资金600万元，曲靖市级财政资金1400万元，宣威市级财政资金1400万元，部门整合资金16179.974万元，挂钩帮扶资金1746.052万元，乡本级自筹资金1070.5万元，群众自筹24211万元，总工程量完成规划数的112%，2012年8月份顺利通过曲靖市级验收，成效显著，亮点闪烁。

2013年组织实施扶贫开发整乡推进试点项目6个，每个乡镇扶持中央财政扶贫资金1000万元。项目乡（镇）为富源县墨红镇，师宗县五龙乡，会泽县大海乡、大井镇，宣威市文兴乡，罗平县富乐镇，覆盖6个乡（镇）的96个村委会1030个村民小组，受益72274户272950人。规划总投资13.52亿元。其中：中央和省级财政扶贫资金6000万元，部门整合资金9.43亿元，业主和群众自筹3.49亿元。

5. 面上扶贫开发进展顺利。（1）整村推进扶贫。全市共实施省级整村推进重点村858个，投入扶持资金27029万元。项目涉及9个县（市、区）共覆盖全市168个乡镇（2012年和2013年），619个行政村858个贫困自然村5.55万户21.88万人，有效改善了贫困村的基础设施和生产生活条件。

（2）行政村整村推进。实施省级行政村整村推进重点村48个（项目规划涉及316个自然村），每村补助财政扶贫资金100万元，项目规划总投入21887.96万元，其中，中央财政扶贫资金3850万元，省级财政扶贫资金950万元，县级财政扶贫资金500万元，整合部门资金10220.22万元，社会帮扶资金143万元，投入信贷有偿资金354万元，群众自筹5870.74万元。项目覆盖宣威、富源、罗平、师宗、会泽5个县（市）25个乡镇48个行政村407个自然村，受益30682户127490人。项目于11月底启动，目前正在实施。

（3）易地扶贫。2013年曲靖市易地扶贫项目共转移安置5800人，投入资金2880万元（2013年2300人，6000元/人）项目覆盖9个县（市）区。

（4）信贷扶贫。争取省级小额扶贫到户贷款7.8亿元，贴息3900万元；项目贴息贷款36933万元，扶持贴息资金1107.99万元，扶持奖补资金393万元。贷款主要扶持各地发展前景好的种、养、加项目，以及一乡一品、一村一业的特色优势产业，培育增收致富产业群，带动农民脱贫增收致富。

（5）农村劳动力转移培训。组织实施贫困地区劳动力转移培训26500人，扶持财政资金1796万元。

（6）革命老区。投入扶持资金3040.85万元，项目资金按照“突出重点、确保解决革命老区最薄弱、老区人民最期盼的问题”，“对革命贡献大的地方优先扶持，对贫困程度深的村寨给予优先照顾”的要求，主要解决特殊领域、特殊人群的特殊问题，使革命老区贫困问题得到根本缓解，切实改变革命老区的落后面貌。

（7）贫困村互助资金试点。投入资金800万元实施贫困村互助资金试点，建立扶贫资金与农民自主经营相结合的有效方式，引导发展支柱产业，增强贫困农户组织化程度和自我发展能力。

（8）产业扶贫。下达产业扶贫项目3100万元，项目带动各县（市）贫困地区建立一批增收增效、脱贫致富的地方优势产业，实现农民增收、企业增效，有效解决当地贫困群众就业难，为贫困群众实施稳定脱贫致富打下坚实的基础。

（9）严格按要求发放曹德旺曹晖善款。2010年全市遭遇百年不遇的特大旱灾，经积极争取，曲靖市争取到曹德旺、曹晖捐赠善款1746万元，占全省受捐资金的25%，按每户2000元的标准，共资助8730户贫困受灾农户，近3.5万人直接受益。此外，2010年12月下达中央财政救灾扶贫资金150万元，主要用于马龙县和宣威市受灾群众购买因灾受损的种畜、种苗补助和安居户、人畜饮水、“五小”水利等项目的恢复建设。

【会泽县地震恢复重建】 2013年11月16日，昆明市东川区、曲靖市会泽县、四川省凉山州会东交界处（东经103度02分，北纬26度21分）发生4.5级地震，地震造成会泽县大海乡小江村乡村公路路基边坡坍塌3600立方米、2112间房屋受损、680口水窖受损、726户2486人受灾，造成直接经济损失680余万元。结合实际，编制了《大海乡“11·16”地震恢复重建暨小江新村建设实施方案》。项目规划占地约110亩，其中安居房建设用地50亩，村级组织活动场所及文化广场用地10亩，道路、绿化等公共设施用地50亩，建设分两期进行：一期48户，对象为大石坪小组地震恢复重建整体搬迁农户；二期约150户，根据规划容量面积，采取政府引导与村民自愿相结合，重点为新村建设涉及用地群众和居住在地质灾害隐患区群众。具体分为四种标准：占地60平方米一层户型，占地80平方米一层半、二层半户型，占地100平方米二层半户型；建筑结构为砖混结构；建房按照统一规划、统一设计、统一风格、统一配套、统一管理的“五统一”要求进行。规划总投资4800万元，其中，房屋建设3200万元；水、电、路、绿化、市场、文化广场等公共设施建设1600万元。2013年，各类建设项目有序推进。

【宣威市旱灾扶贫】 为抗击旱灾，宣威市投入各级、各类救灾扶贫资金278.4734万元，其中：中央财政扶贫救灾资金200万元、部门整合资金70万元、群众自筹（含投工投劳折资）8.4734万元。共建设排水沟3519.9米，开挖土方2325.18方，支砌挡墙1069.1方，浇混凝土2652.6立方米，埋设DN800混凝土预制管36米。解决了羊场镇鸡场、普瓦村委会17个自然村1871名群众的洪涝排水问题，有效保障临近群众居住安全及耕地粮食生产安全。

【富源县旱灾扶贫】 富源县累计投入保电煤、保畅通等抗灾资金2258万元，其中，救灾救济资金201.3万元（火灾10万元、民房修复19.3万元、购买救济物资资金272万元）。对特殊困难的1.6万户城乡低保户、五保户、孤儿、重灾户均发放1包25千克大米和1床棉被。

【罗平县旱灾易地扶贫】 落实贫困农户实施扶贫安居工程310户，其中：因灾倒塌或损坏房屋79户，完成建砖混结构安居房214户25680平方米、砖木结构安居房96户8640平方米。易地搬迁马街镇支壁村委支壁村、大水井乡革来村委色克甲村和箐口村委会陡口子村、黑竹箐村92户400人的易地搬迁任务。项目完成平整地基41.4亩、建安居房92套11960平方米、建100立方米水池1个、30立方小水窖62口、硬化村庄道路3000米、架设220/380v线路7500米，11米电杆21棵，到户电表92套，实际完成投资343.4万元，其中：项目补助资金240万元、群众投工投劳和自筹103.4万元。小额到户贴息贷款7000万元，农村劳动力转移2100人。

【沾益县旱灾扶贫】 2013年，沾益县投入水利项目建设资金202.4万元，其中：省、市、县级财政补助扶贫资金50.9万元，部门整合资金10万元，挂钩帮扶资金3万元，群众自筹和投工投劳折资138.5万元。实施人畜饮水项目38件，修建三面光沟渠0.37千米，建抽水房1座，安装抽水机1台，安装引水管道37.6千米，建小水池1个200立方米。建小水窖120个3600立方米，建大水池1个250立方米。实施抗旱救灾扶贫项目4件，项目总投资57.8万元，其中：中央财政补助扶贫资金30万元，群众自筹和投工投劳折资27.8万元。分别安排在白水镇中心村委会第一村民小组，座朋村委会座朋、小德基村，大德村委会大德村民小组、大弯头村民小组，新排社区第一、二、三村民小组，小塘居委会小塘、大塘村民小组。实施项目：更换提水工程滤心泵1台；建蓄水池2个400立方米，建过滤沙池1个，架设或改造输水管12900米。有效解决1139户4919人及3500头（只）牲畜饮水困难。

【师宗县救灾扶贫】 2013年，共使用自然灾害生活补助资金515.01万元，其中：发放大米754吨，发放棉被1191床、毛毯380床，累计救助受灾群众3.77万人。完成因灾倒损19户56间民房的重建工作。

【麒麟区救灾扶贫】 麒麟区针对灾情共在受灾的82个村委会规划实施省、市、区整村推进重点村项目147个，总投资9303.39万元，其中各级财政投资1140万元；实施2个省级革命老区开发建设项目，省级财政资金60万元；实施3批产业扶贫项目，财政扶贫资金250万元。2013年在东山镇实施5个行政村山区连片综合扶贫开发项目，计划总投资11579万元，其中市级、区级财政扶贫资金各250万元，部门整合资金4758.2万元，挂钩帮扶资金2005万元，群众自筹资金4315.7万元。东山镇的山区连片综合扶贫开发建设年底已进入扫尾阶段。

【防震减灾】 1. 灾情。2013年曲靖市数字化测震网记录到曲靖及邻区438次≥1.0级地震，地震目录入库处理（其中1.0~1.9级地震336次，2.0~2.9级地震73次，3.0~3.9级地震23次，≥4.0级地震6次）。2013年应对和处置“2·19”巧家4.9级地震，“4·20”芦山7.0级地震。2013年11月16日在东川、会泽与会东交界（北纬26.4度，东经103.0度）发生4.5级地震。本次地震震中距会泽县最近边界8千米，会泽县娜姑、大海、大桥、五星、老厂、迤车、者海及县城有感，导致大海乡、娜姑镇、金钟镇群众部分财产损失；沾益县德泽乡、宣威市务德镇、热水镇等地有震感。

2. 抗灾救灾。（1）值班人员及时报告震情。地震发生后，市地震局迅速确定地震三要素，第一时间将地震三要素向市委、政府领导汇报，市委书记高劲松、市政府市长范华平、副市长张向明分别作出了重要批示。

（2）及时处置，适时发布地震速报和灾情速报。为让社会各界及时掌握了解地震灾情，避免不必要的人群恐慌和地震谣言，市地震局根据收集掌握的震情灾情信息，及时上报，并将有关震情情况、灾情发布在曲靖市防震减灾信息网站。

（3）及时召开紧急会商会。11月17日上午8时，局领导和监测预报科就震区历史地震活动特征、震区地质构造、近期前兆异常情况进行分析研究，形成会商意见，并上报云南省地震局滇东重点危险区震情跟踪工作组。

（4）赶赴灾区，了解灾情。11月17日，在市政府赵松副秘书长的率领下，市地震局党组书记、局长太月娥和市民

政局党组书记鲁天龙及相关科室负责人组成工作组及时赶到会泽县传达省、市领导重要批示精神，听取了县委、政府情况汇报，深入到受灾最重的大海乡小江村委会石坪子村民小组实地了解和查看灾情，看望受灾群众。

（5）认真总结，及时汇报。11月21日市地震局向市政府书面汇报了《关于11.16地震及抗震救灾情况的报告》，报告中对震情、灾情作了如实详细汇报。市政府向灾区拨付100万元，整合农村危房改造、扶贫等资金500万元用于抗震救灾和恢复重建。

2013年制定《曲靖市2013年度震情跟踪工作方案》。编写地震趋势会商报告并参加川滇、川藏协作区会商会，滇东预报协作区会议和2014年度全省地震趋势会商会，年度趋势会商报告在全省评比中获优秀奖。执行震情周、月定期会商和遇节假日震情紧急会商制度。编写每月的《震情跟踪工作月报》。组织召开全市半年和年度趋势会商会，集中进行会商研究，提出半年及年度趋势意见。2013年组织落实宏观现象5起。参与省局预报中心对云维水位、宣威水位异常现象的调查落实。对宏观异常现象进行上报。

3. 震灾预防。切实抓好重要建设工程、生命线工程场地的抗震设防要求监督管理，认真贯彻执行抗震设防管理的有关规定，切实抓好重要建设工程、生命线工程场地的地震安全性评价监督管理。

4. 应急救援。一是组织学习宣传新修订的《国家地震应急预案》，做好市级地震应急预案修订的准备工作。二是组织指导学校等人员密集场所开展地震应急疏散演练活动。三是对各县（市、区）应急准备及监测设备运行情况进行检查，对存在的问题进行了整改落实。四是参加9月26日全市“维稳救援—2013”联合演练活动。演练中及时报告震情、灾情，及时组织前方工作组赶赴地震灾区救援现场，以娴熟的技术进行地震仪器监测操作，密切关注震区的震情，并适时报告震情监测情况，演练中展示了地震监测设备，圆满完成了地震应急救援演练任务。

5. 减灾研究成果。曲靖市地震局、曲靖市教育局2011年联合发文“关于在全市中小学开展防震减灾科普教育暨创建评选防震减灾科普示范学校的通知”，制定了《曲靖市防震减灾科普示范学校评选管理办法》，到2013年已创建了47所市级、5所省级防震减灾科普示范学校。曲靖市地震局自2011年在全省率先开展地震安全示范社区创建工作，到2013年创建了9个市级、3个省级和3个国家级地震安全示范社区。

6. 科普宣传教育。2013年，一是参加市政府于1月21日在陆良县龙海乡举行的曲靖市2013年文化、科技、卫生“三下乡”集中示范活动，发放防震减灾科普宣传画册和影视资料6000余份。二是以防震减灾知识进机关、进学校、进企业、进社区、进农村、进家庭、进部队的方式普及防震减灾知识、指导防震避险应急疏散演练、培训等。三是管理曲靖市防震减灾信息中心网站，利用手机发放地震信息3万多条；编辑出版《曲靖防震减灾》小报3期共8000份；制作地震宣传橱窗2期；做客曲靖电视台《今晚有话说》访谈节目，在市教育局办的《曲靖教育》专刊上开设地震科普知识专栏；在省局防震减灾网站刊登信息362条、被中国地震信息网采用刊登50条。四是“5·12”防灾减灾日，组织开展防震减灾宣传活动，制作防震减灾知识展板13块；刻录《地震百科知识大全》光碟发放到相关单位；组织科普示范学校、地震安全示范社区对社会开放，宣讲防震避震知识和介绍工作经验；发放《防震避震常识》读本、卡片和小报共计8600份，悬挂宣传布标7条，展出展板22块，接受现场咨询百余人次，深入60余所学校指导开展地震疏散演练。五是以科普大篷车和科普宣传长廊为载体，到县、乡发放地震知识丛书和防震减灾科普图片12000份，展出防震减灾科普知识展板19块。与市教育局联合在全市中小学开展“防震减灾、你我同行”有奖征文活动，评选出180名优秀征文奖、10名优秀指导教师奖及9个优秀组织奖。

（夏　宇　吕文书　刘孝菊）

玉溪市

概　况

【位　置】　玉溪市位于云南省中部，介于东经 101°16′～103°9′、北纬 23°19′～24°53′之间。东北和北面接昆明市，东南和南面与红河州相邻，西南和西面连普洱市，西北靠楚雄彝族自治州。市委、市政府驻地红塔区州城距云南省省会昆明市 88 千米。区域最大横距 172 千米，最大纵距 163.5 千米。总面积 15285 平方千米，其中，红塔区、江川、澄江、通海 4 个县（区）是坝区县，面积共 3348 平方千米，占总面积的 21.9%；华宁、易门 2 个县是半山区县，面积共 2888 平方千米，占总面积的 18.9%；峨山、新平、元江 3 个县是山区县，面积共 9053 平方千米，占总面积的 59.2%。

【自然环境】　市内地势西北高，东南低，地形复杂。山地、峡谷、高原、盆地交错分布。西部哀牢山是一巨大屏障，山峦连绵，谷壑纵横，属滇西纵谷地带；哀牢山以东是云贵高原西缘，东部和北部有一些较大的断层陷落盆地，南部和西部地表因被河流切割得支离破碎，形成一系列向南弯凸的弧形山脉，失去高原本来面貌。元江河谷沿哀牢山脉东侧的元江断裂带切割较深，从江面到山顶高差达 2000 米以上，形成高山峡谷地带。哀牢山脉主峰大磨岩山海拔 3165.9 米，为市内最高点。小河底河与元江汇合处海拔 327 米，是市内最低点。全市除元江河谷外，大部分地区海拔 1500～1800 米。玉溪市政府驻地红塔区州城海拔 1630 米。

境内主要山峰中，哀牢山脉呈西北向东南走向，斜贯市内新平、元江两县西部。高鲁山位于玉溪盆地西侧，南北走向，主峰黑风洞山海拔 2614 米；梁王山从江川县谷堆山转向北东，直抵阳宗海西侧，最高海拔 2820 米；磨豆山沿抚仙湖东岸经江川、华宁县直达杞麓湖北岸，最高海拔 2663 米；大水井岩头山位于华宁县中部，自北向南，有红岩（海拔 2281 米）、大水井岩头（海拔 2623 米）、登楼山（海拔 2507 米）、羊槽（海拔 2229 米）等山峰；螺峰山位于通海县境内，是云南山字形构造的前弧地带，呈向南凸出的弧形，海拔 2241 米。境内还有众多的零散破碎山体，因高山峡谷交错，形成海拔在 2000 米以上的数十座孤立山峰。

市内河流分属珠江和红河两大水系。新平、易门、元江 3 个县和峨山县的一部分属红河水系，集水面积共 9981 平方千米。红塔区和通海、华宁、澄江、江川 4 个县及峨山县的一部分属珠江水系，集水面积 5044 平方千米。红河的上游元江，源头在区外巍山县与大理市之间的茅草哨，自北向南流，进入新平县，称戛洒江、漠沙江，流入元江县境后称元江，出境入红河县，流入越南后方称红河。元江在市内长度为 165 千米。其支流绿汁江由北向南流经禄丰、双柏、易门、峨山 4 个县，在新平县三江口汇入元江，在区内长度为 180 千米；小河底河发源于峨山县甸中，流经化念称化念河，再沿新平、元江两县与石屏县边界流向东南称撮科河、小河底河，在元江县洼垤乡注入元江干流，在市内全长 170 千米。珠江上游南盘江的一段，在市内长度为 90 千米，流经华宁县。其支流曲江，发源于红塔区小石桥，南流入江川县称董炳河，经红塔区南流入峨山县，称猊江（峨山大河），流入通海县称曲江（高大河），再流经建水县曲溪镇入华宁县称华溪河，在盘溪镇三江口注入南盘江。曲江全长 208 千米，集水面积 4103 平方千米。

市内有高原断陷湖泊抚仙湖、星云湖、杞麓湖和阳宗海。抚仙湖位于澄江、江川、华宁 3 个县之间。湖形似葫芦，北宽而深，南窄而浅，中间细长如颈，南北长 31.5 千米，东西最宽 11.5 千米，最窄处 3 千米，湖岸线长 90.6 千米，湖面水位海拔 1721 米，面积 212 平方千米，容量 205.5 亿立方米，最大水深 151.5 米，平均水深 87 米，是云南省最深的湖泊，也是中国第二深水湖，总蓄水量比滇池大 12 倍，比洱海大 6 倍。

【2012 年气候概述】　2012 年，玉溪市气候的主要特点是：全市气温偏高，季节分布为冬、春季偏高，夏季正常略高，秋季略高至偏高，出现较重春、夏连旱。大部分县（区）年降水量比常年偏少，其中红塔区创 1952 年以来最少记录。雨季开始期总体偏晚，分别于 5 月 18 日至 6 月初相继进入，大部分县（区）比常年偏晚 8～17 天；于 9 月 22 日至 10 月 7 日结束。日照时数在 2408 小时以上，与历年同期相比偏多。

年内，由于全市热量条件和光照条件丰厚而水分条件较差，干旱明显，其中冬春干旱及初夏干旱影响严重，洪涝灾害较常年偏轻，倒春寒低温冷害较常年偏轻，总体气候条件对工农业生产而言属中等偏差年景。

【2012 年重大气候事件及其影响】 干旱。由于2009 年以来降水持续偏少导致库塘蓄水严重不足，2012 年1 月下旬至5 月又遇长时间的持续晴热少雨天气，其中1 月15 日至3 月初，大部分县（区）出现连续48 天左右无降水天气，导致全市气象干旱迅速发展，各县（区）均有较重干旱发生，部分县（区）森林火灾频发。农业干旱主要出现在2 ~5 月。大风冰雹：6 ~8 月，全市由于冰雹天气造成各县（区）出现不同程度的冰雹灾害，烤烟受灾面积 51421.2 亩，其中成灾 36256.2 亩，绝收 13176.3 亩。大风灾害造成烤烟受灾 18999.8 亩，其中成灾 10916.2 亩，绝收 640.5 亩。低温冷害：1 月 15 ~ 17 日，全市出现强烈辐射降温，大部分县（区）出现霜冻影响，期间，最低气温易门、峨山县分别达 -1.0℃和 -1.1℃，其余 -0.9℃ ~6.1℃，部分农作物受灾。洪涝灾害：全市由于降水偏少，未发生大面积洪涝灾害，主要是单点暴雨、大暴雨引发的局部洪涝。全市年内共出现大雨42 站次，暴雨6 站次。据玉溪市防汛办统计，洪涝灾害造成全市5.56 万亩农作物受灾。气候对农、林、水以及交通、旅游的影响：2012 年，全市降水季节分布特点是冬季及春季偏少至特少，夏季略少至偏少，秋季偏少，雨季开始期偏晚，结束期偏早。气温季节分布为冬、春季偏高，夏季正常略高，秋季略高至偏高。年内，热量条件和光照条件丰厚而水分条件较差，气象干旱明显，其中冬春干旱及初夏干旱影响严重，洪涝灾害较常年偏轻，倒春寒低温冷害较常年偏轻。气候条件对小春生产不利，对烤烟及大春生产前期不利，后期有利。烤烟及大春作物育苗期间，全市气温偏高，光照充足，未出现“倒春寒”天气，对水稻和烤烟育苗有利。6 ~9 月，全市气温略高、光照充足，降水略少但总体能够满足烤烟及大春作物生长需要，暴雨洪涝灾害相对较轻，无夏季低温冷天气出现，总体对大春生产有利；烤烟成熟期降水偏少，气温适中，光照充足，无低温阴雨和严重洪涝灾害出现，对烤烟成熟和采烤有利。由于2009 年以来降水持续偏少导致库塘蓄水严重不足，2012 年又遇冬春及初夏连旱，土壤底墒差，旱情重，对小春作物生长发育不利。大部分县（区）雨季开始期偏晚，4 ~5 月降水偏少至特少，对大春作物栽种和烤烟移栽成活十分不利，山区、半山区影响尤为严重。大春作物生长季节内，5 ~10 月降水略少至偏少，对水利条件较差的山区、半山区大春作物生长有一定不利影响。9 月中、下旬，大部分县（区）出现5 ~11 天连阴雨天气，对大春作物收晒产生一定影响。

年内，全市平均年降水量仅660 毫米，为1952 年以来第二个少雨年，加之2009 年以来持续4 年降水偏少，累积效应导致库塘蓄水严重不足。由于冬春降水偏少至特少，干旱少雨、风高物燥，对森林防火工作十分不利，部分县（区）森林火灾频发。又因秋冬降水偏少，气温偏高，植被含水少，对冬春森林防火工作不利。夏秋季，除了在主汛期局地强降水引发山洪暴发造成部分道路堵塞、塌方外，基本没有大的影响，对交通、旅游有利。

【2013 年气候概述】 2013 年，玉溪市气候的主要特点是：全市气温略高至偏高，气温季节分布为冬季偏高至特高，春季略高至偏高，夏季正常略偏高，秋季正常略偏低。大部分县（区）年降水正常略偏少，其中，易门县偏少较多。雨季开始期总体偏早，大部分县（区）分别于5 月初相继进入，比常年偏早13 ~19 天；大部分县（区）于9 月21 日至25 日结束，比常年略偏早。日照时数在2151 ~2694 小时之间，与常年同期相比，9 月、10 月和12 月略偏少，2 月、6 月和11 月偏多。年内热量条件和光照条件较好，水分条件略差，冬春干旱影响严重，洪涝灾害较常年偏轻。气候条件对小春生产不利，对烤烟及大春生产有利。总体气候条件对工农业生产而言属中等偏上年景。

【2013 年重大气候事件及其影响】 干旱。2012 年12 月至2013 年4 月，全市冬春干旱严重，部分小春作物受灾。据统计，2013 年1 月至4 月，全市平均降水量为37 毫米，比常年同期偏少55 毫米，偏少幅度为59%，其中澄江县偏少近2 成，其余县（区）偏少4 ~8 成。全市各县（区）均出现严重旱灾，农业干旱主要出现在1 ~4 月。冰雹灾害。年内6 ~9 月，由于冰雹天气造成全市各县（区）出现不同程度的冰雹灾害，烤烟受灾达3.5 万亩。

低温雨雪霜冻。年内12 月15 ~16 日，受南支槽和地面强冷空气影响，全市经历一次强降温降水天气过程，其中15 ~16 日，全市出现中到大雨，红塔区、澄江、通海、华宁、易门、江川等县观测站出现雪或雨夹雪天气，峨山、新平、元江县出现高山积雪。17 ~20 日，受高空强冷平流和底层冷空气影响，全市天气转晴，夜间出现强烈辐射降温，期间元江县最低气温3.1℃，新平县零下1.8℃，其余县（区）-2.1℃ ~ -3.8℃。受此次寒潮天气影响，全市各县（区）先后出现雪灾和严重霜冻灾害。据不完全统计，全市农作物等受灾28559.9 公顷，造成经济损失32486 万元。洪涝灾害。全市大部分县（区）由于降水正常略偏少，未发生大面积洪涝灾害，主要是单点暴雨、大暴雨引发的局部洪涝。全市年内共出现大雨71 站次，暴雨8 站次，各县（区）均有不同程度洪涝灾害产生。气候对农、林、水以及交通、旅游的影响：年内冬春干旱偏重，雨季开始期偏早，无夏季低温天气影响，秋季9 月上旬和10 月中下旬降水偏多，出现两次连阴天气，冬季12 月低温霜冻灾害较重。全年热量条件和光照条件丰厚，水分条件略差，冬春干旱影响严重，洪涝灾害较常年偏轻。气候条件对小春生产不利，对烤烟及大春生产有利。烤烟及大春作物育苗期间，全市气温偏高，光照充足，未出现“倒春寒”天气，对水稻和烤烟育苗有利。年内6 ~9 月，全市气温基本正常、光照适中，降水略少至偏少，但总体能够满足烤烟及大春作物生长需要，暴雨洪涝灾害相对较轻，无夏季低温冷天气出现，总体对大春生产有利。气候条件对农业不利影响主要由于2009 年以来降水持续偏少导致库塘蓄水严重不足，又因年内1 ~4 月降水持续偏少至特少，土壤底墒差，冬春干旱严重，对小春作物生长发育不利。另外，9月上旬及10月18~24日出现两次连阴天气，对秋收秋种带来不利影响，12月中下旬出现低温霜冻灾害，农作物受灾较重。

年内，全市平均降水量817毫米，是2009年以来降水最多的一年，但仍比常年偏少8%左右。全年蓄水条件比上几年偏好，但比常年略差，易门县偏差较明显。年内冬春（2012年12月至2013年3月）降水偏少至特少，干旱少雨，风高物燥，给森林防火工作带来不利。到5月初，由于雨季偏早进入，加上秋冬降水日数较多，对森林防火工作有利。夏秋季，除了在主汛期局地强降水引发山洪暴发造成部分道路堵塞、塌方外，基本没有大的影响，对交通、外出旅游有利。

2012年灾情

【小春作物遭旱灾】 2012年，全市降雨偏少，尤其在小春作物播种和出苗的关键时期10月份，大部县（区）降雨量不足26毫米，比常年同期偏少6~8成，1月中旬至2月底近50天的时间全市未降滴雨，出现了土壤墒情不足等旱情，给小春作物造成了损失。据农业部门统计，全市干旱造成小春作物受灾面积107.73万亩、成灾73.58万亩、绝收30万亩，分别占播种面积的76.3%、52.1%和21.2%。其中：粮食作物受灾40.26万亩、成灾29.99万亩、绝收14.91万亩，分别占粮食播种面积的78%、58.1%和28.9%。

【洪涝灾害】 2012年，汛期较常年偏晚半个月左右，雨季开始于6月初。从整个汛期降雨情况来看，汛期气候异常，降雨时空分布不均，场次降雨历时短，间隔时间长，难以形成径流，极不利于库塘蓄水。入汛前的1月1日至4月30日，没有出现降雨，各县（区）发生了严重的干旱。降水过程主要集中在主汛期的5月、6月、7月，局部地方单点暴雨突出，导致部分县（区）在主汛期遭受洪涝灾害。5、7、10月份无洪涝灾害，出现雨季抗旱的罕见现象。全市因洪涝灾害有31个乡镇12.84万人受灾，房屋倒塌33间，造成直接经济总损失4453.69万元。农作物受灾面积5.56万亩，成灾面积2.95万亩，绝收面积0.95万亩，减收粮食0.15万吨，经济作物损失1221.88万元，直接经济损失3752.13万元。水利水电设施损失为损坏堤防5处，长0.97千米，损坏灌溉设施141处，损坏机电泵站1座，直接经济损失567.11万元。

【地震活动】 1月1日~12月31日，玉溪市八县一区境内共发生M≥1.0级地震456次。其中1.0~1.9级418次，2.0~2.4级30次，M≥2.5级8次。最大地震事件为2月22日20时36分46.7秒，发生在红塔区与峨山县交界处的3.1级地震，震源深度9千米。地震发生时，玉溪中心城区、红塔区大营街、研和、洛河一带及峨山县城、小街镇震感明显，江川县城、通海县城部分人有感。11月2日红塔区春和街道发生2.3级地震，震时春和、大营街、北城街道震感明显，中心城区部分人有感。2012年玉溪市的小震活动强度略高于上年，活动频次远远高于前3年的水平，而且2级以上地震明显偏多，主要集中在易门、元江两县。峨山小震活动较往年显著增多，境内小震密集排列，呈北东向或近北东向展布，曲江断裂上尤为明显，通海小震活动连续3年持续减弱。地震具体分布为：易门县285次，新平县38次，峨山县36次，元江县30次，澄江县22次，通海县19次，红塔区12次，江川县11次，华宁县3次。

【通海县遭遇暴雨灾害】 9月12~13日，通海县普降暴雨致全县9个乡镇、街道遭受较为严重的洪涝灾害。据统计，此次暴雨共造成全县农作物受灾31246亩，成灾11339亩，绝收7042亩；房屋进水632户807间，倒塌民房11户16间，损坏公路12千米，沟堤倒塌920米，道路塌方2000余立方米，此次灾害涉及受灾人口51847人，因灾发生意外交通事故1起，死亡2人；造成直接经济损失1920万元，其中农业直接经济损失1690万元。

【江川旱灾】 2011年，江川县降雨量仅为496.8毫米，比历年同期偏少352.0毫米，比2010年同期偏少191.0毫米，创江川县自1958年有气象记录以来的历史同期最少记录。加之自2011年入冬后，气温持续偏高，降雨持续偏少，至2月8日，全县水库坝塘蓄水量1458.38万立方米，蓄水量比上年同期1961.04万立方米减少502.66万立方米，减25.63%。全县已有27个村委会60个村组的26372人和1983头大牲畜出现饮水困难，小春农作物受旱面积达52188亩。

【元江县旱情严重】 自2011年下半年以来，元江县境内降雨量极少，连续数月没有一次有效降雨，持续高温干旱天气，致使土壤水分蒸发流失，农作物生长受到影响。小水窖、水池蓄水严重不足，群众生产生活用水得不到保障。截至2月10日，全县蓄水量仅为5697.61万立方米，比上年减少2145.2万立方米，仅占蓄水库容量的51.41%。全县10个乡镇（街道）均出现干旱灾害，因旱已造成12.9万亩农作物受灾（其中：粮食作物2.6万亩，经济作物10.3万亩），58个村民小组15312人、7878头大牲畜饮水困难，直接经济损失达2364.94万元。特别是甘庄街道甘坝社区6个村民小组、洼垤乡22个村民小组、龙潭乡13个村民小组自上年冬天以来开始出现人饮困难并靠车拉马驮解困。

【易门县干旱持续】 2月15日，因气温持续偏高，降雨持续偏少，易门县绿汁镇各类蓄水工程水位下降、干涸，蓄水只占应蓄水量160万方的76.125%。主要河流流量减少，水位下降，部分河流还出现断流现象。已造成该镇989户3643人、659头大牲畜不同程度出现饮水困难，28个村组开始实行限时供水，12个自然村水源地干涸，靠到其他水源地运水来维持基本用水。在全镇小春种植的24645亩小麦、豌豆、油菜、玉米等冬早蔬菜中，12972亩无抗旱条件，17677亩因旱成灾。同时，40个烤烟育苗点水源紧张，1176棚烤烟苗需要靠拉、抽或架设水管提供育苗用水，占育苗棚数的42.3%。此外，易门县绿汁镇龙格利、竹子、者拉三所山区小学的374

名师生面临严重的饮水困难。

【新平县平甸乡旱灾严重】 截至2月17日，新平县平甸乡因持续干旱已致97个水源点有13个枯竭。5个村委会、13个村民小组、2所学校共2500余人、1000多头牲畜出现了饮水困难和缺水现象。全乡10个村委会的农作物出现了不同程度的旱情，受灾面积达10273亩，接近该乡2万多亩耕地的一半。受灾农作物主要有甘蔗、小麦、油菜、洋芋等。其中，受灾面积最大的是油菜和甘蔗，受灾面积分别达到2616亩和2610亩。

【元江县洼垤乡饮水困难】 2月中旬，因持续干旱，元江县洼垤乡的62个坝塘仅有坡垤坝蓄水较多，其余基本干涸。全乡64个自然村中，自来水供应正常的只有22个，供应不正常的有16个，断水的有17个。全乡4000多口家庭小水窖蓄水较多的不足5%，蓄水四分之一的仅占20%，群众取水非常困难。全乡饮用水出现困难的有23个自然村，涉及998户3645人、9004头（只）牲畜。其中7个靠政府拉水供应。9辆拉水车每天在各水源点往返两趟才能确保供应，每天拉水经费达5000余元。

【玉溪市遭受旱灾】 2月20日，受持续干旱和上年降雨量偏少（上年全市平均降雨量为624.3毫米，比正常年景偏少259.9毫米，降幅达29.3%）的影响，全市库塘总蓄水量仅为2.64亿方，比上年同期少1.15亿方，比正常年景同期少2.3亿方，各县区普遍偏少4至6成。东风水库蓄水量仅为2079万方，飞井海水库仅为177万方，全市16座小型水库和149座小坝塘处于空库状态，13条常年流水河流断流，供用水形势十分严峻。“三湖”水位下降迅速，持续低水位运行，沿湖122座抽水站因湖水位过度下降无法正常提水，给湖泊生态和沿湖工农业生产造成严重影响，特别是抚仙湖已经降至法定最低运行水位以下。易门、澄江、江川、通海、华宁、红塔区、峨山为重旱，新平、元江为中旱。全市44个乡镇（街道办）、148个村居委会（社区）、456个村民小组的15.2万人、5.04万头大牲畜和17所中小学校3406名师生出现饮水困难，3万人依靠拉水解困。中心城区和通海、易门、华宁、江川、峨山5个县城，15个乡镇（街道办）政府所在地可供水量严重短缺，49.5万城乡居民生活用水受到严重威胁。全市已发生森林火情50余起，森林火灾5起，过火面积5790亩，受害面积210亩，与上年同期相比火灾次数上升了100%，过火面积上升100%。

【华宁县旱灾严重】 自上年入冬后，华宁县出现持续加重发展旱情，至2月20日，全县库塘蓄水量仅有1193.9万立方米，仅为年度蓄水目标任务的38%，与上年同期相比减少938.5万立方米。全县干枯坝塘41个、干枯水窖万余口。旱情尤为严重的宁州街道办黑青哨等9个村民小组和青龙镇秧草塘等7个村民小组从上年10月起，饮水完全靠车辆拉送，运输成本高达每立方米40至80元。已造成全县34个村（居）委会78个村民小组约1.9万人、0.78万头大牲畜饮水困难。全县农作物受害面积6.3万亩，导致农作物经济损失2291万元。

【澄江县遭受干旱】 2012年，澄江县受连续干旱和上年降雨量偏少（上年全县累计降雨量仅为757.9毫米，比正常年景少199.5毫米）以及近期40多天的高温少雨天气影响，全县出现了严重旱情。截至2月20日，全县水库坝塘蓄水量仅1651万方，同比减少134万方，占蓄水总量的57.4%；其中，可用水量仅为1208万方，农业生产缺水918万方，可用水资源严重不足，抗旱形势十分严峻。与此同时，持续的干旱导致全县各镇（街道）出现不同程度的旱情旱灾，龙街、右所、海口、九村四个镇（街道）集镇供水不足，27个村组、1.16万人和近6万畜禽饮水困难。全县农作物受旱面积11.89万亩，占小春种植面积的87.4%；其中，农作物绝收2.19万亩。预计全县经济损失达1.18亿元。

【新平县饮水困难】 2月20日，新平县降雨偏少，库坝蓄水6167.06万立方，较上年同期少蓄3538.66万立方，仅占总容量1.39亿立方的44.37%。农作物受旱面积57057亩，其中轻旱31708亩，重旱20715亩，干枯4634亩。农村人畜饮水工程水源枯竭49件，水量不足79件，因旱造成25583人、17277头大牲畜饮水困难。

【易门县饮水困难】 截至2月20日，易门县因降雨量偏少，干旱持续时间较长，江河来水量和水源点出流量减少，库坝蓄水量严重不足，成为玉溪市最干旱的县区和云南省较干旱的五个县区之一。持续干旱已造成全县7个乡镇（街道）、41个村委会、174个自然村人畜饮水困难。其中有6个乡镇（街道）、19个村委会、53个自然村的2219户7935人、2402头大牲畜因水源严重不足或枯竭需要拉水解决饮水困难。全县受灾最严重的是十街乡、浦贝乡和铜厂乡。在浦贝乡阿姑葛根地片区，6个水池、290口小水窖蓄水量明显不足，部分已经干涸，人畜饮水较为困难。

【易门县铜厂底尼村旱灾严重】 截至2月20日，易门铜厂底尼村自上年12月初有一场小雨外，已有近70天没有降过雨。全村27个小组目前只有两个水源点，其中一水源点仅够一个组的村民饮用，剩下25个组、3200人需要拉水喝。全村2400余亩农作物绝收，直接经济损失达200万余元。

【红塔区山区饮水告急】 截至3月10日，全区中小型水库蓄水量3520.65万方（含市级管理的东风水库蓄水量1869.4万方），与上年同期相比减少1306.639万方。全区水库、坝塘共干枯21座，干旱造成33513人、2888头大牲畜饮水困难，小春作物受灾面积已达到了108958.5亩，旱灾造成直接经济损失1490万元。

【元江县遭受干旱】 自上年12月，元江县旱情逐步发展加重，至3月12日，已导致全县10个乡镇（街道）131个村（居）民小组33485人和10851头大牲畜饮水困难，有25所学校10435名师生不同程度受旱灾影响。全县24854亩水田缺水、109414亩旱地缺墒，222161亩农作物受灾、成灾134080亩、绝收51060亩，直接经济损失12560.48万元。

【通海县里山乡旱情严重】 至3月上旬，因持续干旱，通海县里山乡15308亩农作物受旱，44个村民小组8323人、318头大牲畜严重缺水，其中饮水困难需组织送水的有1634人、244头大牲畜。

【玉溪市工业生产遭受干旱影响】 至3月底，受干旱直接和间接的影响，玉溪全市工业企业停产46户，合计影响工业产值超过18亿元，7户竣工项目推迟投产。

【玉溪市因旱损失严重】 1月1日~6月20日，全市平均降水量为216.1毫米，比常年同期偏少87.1毫米，比上年同期少30.2毫米。全市库塘蓄水仅有1.43亿立方，比上年同期少0.68亿立方，比正常年景同期少1.57亿立方，是近20年来最少的一年。抚仙湖、星云湖、杞麓湖长期处在低水位状态运行，抚仙湖水位已降至法定最低运行水位以下28厘米、杞麓湖水位已降至法定最低蓄水位以下82厘米，星云湖水位已降至法定最低蓄水位以下10厘米。全市小春作物受灾面积达131.4万亩，其中成灾51万亩、绝收32.5万亩，干旱已造成农作物经济损失7.32亿元。

【华宁县青龙镇遭受暴雨和冰雹袭击】 8月1日凌晨，青龙镇普降暴雨和冰雹，海关、青龙、大村、矣马白、红岩、海镜、紫马龙、海迤、落梅、城门硐、马鹿塘、大母公竜、禄丰、革勒等社区、村委会也遭受冰雹和暴雨袭击。其中，仅大村村委会降雨量就达94毫米。受此影响，全镇烤烟受灾2787亩，70%绝收；水稻绝收153亩，蔬菜25亩绝收，22亩柑橘小苗冲毁，玉米受灾683亩；同时，此次灾害还造成青龙镇境内部分河堤、公路损毁，干坝大桥、大麦地公路、斗居至城门硐公路、松园田大沟、猫猫箐公路水冲土埋、塌方道路中断，车辆无法通行；干龙潭、石灰窑水池被埋，抽水站冲毁，老营生产蓄水小坝塘被土填埋。

【新平县老乡厂乡烤烟遭冰雹袭击】 8月2日下午5时40分~7时许，一场冰雹突然袭击了新平县老厂乡，导致该乡7个村委会、43个村民小组已经成熟待采烤烟不同程度受灾。据统计，此次冰雹灾害共造成2651.8亩烤烟受损，绝收1350.4亩，产量损失16.97万千克，直接经济损失达356.28万元。

【红塔区部分乡镇遭受冰雹袭击】 8月5日，一场暴雨夹杂着冰雹袭击了红塔区北城、春和、研和、大营街和洛河5乡镇（街道办）的10个村委会23个村民小组529户烟农，致使2707亩烤烟受损。其中，2257亩不同程度受灾，450亩绝收，直接经济损失364万元。

【华宁县部分乡镇相继遭受暴风雨和冰雹袭击】 8月1~6日，受强对流天气影响，局地短时强降雨频发，华宁县青龙、华溪等3个乡镇（街道）、19个村（社区）、62个村（居）民小组的农作物和基础设施遭到不同程度暴风雨和冰雹袭击，造成直接经济损失1665.4万元。其中：烤烟受灾6142亩、稻谷受灾168亩、玉米受灾888亩、蔬菜受灾73亩、“三棵树”受灾22亩、公路损毁2.23千米及多处塌方、房屋倒塌（损毁）12间、沟渠等损毁多处。青龙镇遭遇狂风暴雨和冰雹袭击，共造成3234亩烤烟、1670亩玉米不同程度受损，大母公竜村委会3间房屋倒塌，三家村、土洞等多个村民小组交通中断，多处山体滑坡。

【玉溪市接连遭受风雹袭击】 8月13日05时10分，在澄江县境内的龙街街道办事处立昌社区发生风雹灾害，重点受灾3个村民小组（2、3、4村民小组）。据统计，全县总计受灾516户1652人，直经济损失231.7万元，其中：农作物受灾118公顷，成灾92公顷，绝收60公顷，损失230.7万元。经济作物类受灾112.7公顷，成灾86.7公顷，5.1~8成26.7公顷、8.1成以上的绝收面积60公顷，减产189吨，损失226.6万元；蔬菜类受灾5.3公顷，成灾5.3公顷，3~5成32公顷，减产32吨，损失4.2万元。损坏电杆1根、人畜饮水管24米，基础设施损失1万元。6时左右，江川县辖区内的江城镇、安化乡不同程度发生大风、风雹灾，17个村委会的烤烟、玉米、水稻受灾，其中江城镇的三百亩村委会有650亩烤烟全部绝收；7时许红塔区小石桥乡突降冰雹，烤烟、蔬菜等农作物不同程度受灾。8点左右，峨山县小街镇7个村委会不同程度遭受到风雹灾，受灾人口达4215人，受灾面积达308.7公顷，成灾面积达108.5公顷，农业经济损失达69.8万元。

【易门县2乡遭受狂风冰雹袭击】 8月13日下午3时许，易门县小街乡、铜厂乡遭受狂风冰雹袭击，多个村委会的烤烟等大春作物受到严重损害。造成小街乡4个村委会的5124亩烤烟、1480亩玉米受灾，铜厂乡碧多、铜厂两个村委会烤烟共受损972亩、玉米受灾2300亩。

【元江县洼垤乡遭受狂风冰雹袭击】 8月17日晚，洼垤乡境内遭遇了一场罕见的狂风大雨夹冰雹灾害，灾害共涉及老茶已、业白、洼垤等5个村委会（社区）32个村（居）民小组430户烟农。据统计，烤烟受灾面积2820亩，绝收面积达314亩，损失程度均达90%以上，预计灾害损失为654万元。

【新平县者竜乡遭受暴雨洪涝灾害】 6月15日0时~8时，新平县者竜乡持续降雨，降雨量达188.9毫米，致使全乡各村均不同程度出现洪涝灾情。单点性强降水致使乡域内河流、沟箐陡涨，道路多处塌方，烤烟和大春作物成灾严重。此次灾情共造成者竜乡公路损毁74条302千米，经济损失达137.11万元；沟渠、管网等水利设施损毁4043.6米，造成经济损失38.02万元；烤房损坏8座，造成经济损失0.5万元；农作物受灾面积4976.4亩，绝收面积547亩，造成经济损失216.35万元。其中，烤烟受灾面积1790.3亩，绝收134.9亩；稻田养殖受灾161亩，损失鱼苗1610千克，造成经济损

失 8.05 万元。造成直接经济损失 400.03 万元。

【通海县发生洪涝灾害】 9 月 12 日下午 16 时～13 日上午 8 时，通海县境内普降暴雨，平均降雨量达 102.7 毫米，其中：里山乡、九龙街道、高大乡平均降雨量分别达 163.6 毫米、116.9 毫米、111.9 毫米。全县 9 个乡镇（街道）因强降雨出现不同程度洪涝灾害。初步统计，全县农作物受灾面积 31246 亩，成灾 11339 亩，其中：蔬菜受灾面积 29956 亩，成灾 10957 亩；其它农作物成灾 382 亩。沟渠损坏 167 米，民房进水 533 户 384 间，倒塌房屋 5 间。高大乡发生意外事故 1 起，死亡人员 2 人。造成直接经济损失 1690 余万元。

2013 年灾情

【火灾和接处警】 2013 年，全市消防部队共接警出动 1157 起，抢救被困人员 389 人，疏散被困人员 2182 人，抢救财产价值 1989.9 万元。其中，发生火灾 505 起，死亡 6 人，直接财产损失 474 万元。玉溪继续保持了 18 年未发生重特大群死群伤火灾事故。

【小春作物受旱】 2013 年，全市降水持续偏少，尤其 2 月降水量属特少年份，与历年同期相比，各县、区偏少 96%～100%，出现了土壤墒情不足等旱情，给小春作物造成了极大损失。据农业部门统计，干旱造成全市小春作物受灾面积 102.27 万亩，占播种面积的 67.2%，成灾 68.15 万亩，占 44.8%，绝收 21.9 万亩，占 21%。其中：粮食作物受灾 40.64 万亩，占粮食播种面积的 75%，成灾 27.7 万亩，占 51.1%，绝收 15.3 万亩，占 28.2%。干旱造成小春粮食产量同比减少 0.73 万吨，减 8%。

【地震活动】 1 月 1 日～12 月 31 日，玉溪市八县一区境内共发生 $M_L \geq 1.0$ 级地震 328 次。其中 1.0～1.9 级 288 次，2.0～2.4 级 34 次，$M_L \geq 2.5$ 级 6 次。最大地震事件为 10 月 25 日峨山小街街道发生的 3.1 级地震，震源深度 14 千米，地震发生时震中附近震感较为强烈，峨山县城部分人有感。2 月 20 日普洱市墨江县发生 4.8 级地震时，元江、新平县部分人有震感；4 月 20 日四川省雅安市芦山县发生 7.0 级地震，震时玉溪红塔区 10 层以上高层住户少部分人有震感。2013 年，玉溪的小震活动强度偏低，活动频次偏少，地震活动水平总体不高。地震相对集中在易门、元江两县和通海、峨山交界处的曲江断裂上，新平县境内的杨武断裂北段东侧也有小震集中分布现象。地震具体分布为：易门县 147 次，新平县 65 次，元江县 48 次，通海县 18 次，峨山县 16 次，澄江县 15 次，江川县 8 次，红塔区 6 次，华宁县 5 次。

【玉溪市遭受干旱】 自 2012 年 10 月至 2013 年 2 月下旬，玉溪市降雨量异常偏少，总降水量与常年同期相比偏少 77%。特别是 1 至 2 月间，因无有效降水，土壤已呈现中度干旱，库塘蓄水严重不足，农作物受旱范围持续扩大，程度持续加重，损失持续增加，全市有 460 多个村子供水不正常，超过 10 万人口和大牲畜吃水成问题，平均每周有 10 个左右的村子断水。其中：通海县杞麓湖水位仅 1.52 米，较 2012 年同期下降了近 1 米，已近干涸。全县超过 4000 人和 600 头大牲畜出现饮水困难，农作物受旱面积达 8 万亩，超过 5000 亩绝收；新平县因干旱造成超过 5 万人和近 3 万头大牲畜饮水困难，超过 5 万亩农作物受灾，3000 亩绝收；易门县因干旱，库塘蓄水量比常年同期减少 40%，造成全县 209 个自然村超过 4 万人和 2 万头大牲畜饮水困难，超过 15 万亩小春作物受灾，超过 2 万人因旱缺粮；元江县 20 个村委会中的 56 个自然村，由于受干旱影响，造成超过万人和 8000 头大牲畜饮水困难，直接经济损失超过 4000 万元。

【峨山县遭受旱灾】 2012 年 11 月中旬至 2013 年 2 月中旬，峨山县大部分乡镇滴雨未下，库塘蓄水严重不足，旱情日益加重。全县农作物受旱 91135 亩，其中轻旱 49389 亩、重旱 33383 亩、干涸 8363 亩，8 个乡镇（街道）31 个村（居）委会 82 个自然村共 2.76 万人和 0.57 万头大牲畜出现饮水困难。

【澄江县七万余亩农作物遭受旱灾】 受连续干旱的影响，至 2 月末，澄江县农作物受灾面积达 7 万余亩，其中粮食作物 4 万余亩、经济作物 3 万余亩，粮食作物绝收 9300 亩、经济作物绝收 9600 亩，农业直接经济损失 2125 万元。

【玉溪小春作物遭受严重旱灾】 1～3 月初，全市各县区降水量仅为 1 到 20 毫米，降水量最多的是元江，达 20 毫米，但还是比常年少 20 毫米；降水量最少的是新平，仅 1 毫米，只有常年的 1%。旱情程度都在加重，华宁、元江为中旱，通海为重旱，其余县区为特旱。至 3 月 5 日，持续发展的旱情已导致全市小春农作物受灾面积达 91.79 万亩，绝收 23.6 万亩，造成近 3 亿元的直接经济损失。

【峨山县大龙潭乡遭受严重旱情】 3 月初，由于受持续干旱影响，大龙潭乡水库库塘蓄水严重不足，全部库塘蓄水总量 178.43 万立方米，仅为计划蓄水量的 43.4%。全乡共有小水窖 3670 口，可蓄水总量为 3.15 万立方米，实际蓄水总量才为 2.21 万立方米，缺水非常严重。干旱造成小春受灾面积达 14988 亩，重旱面积 5402 亩，绝收面积 375 亩。另有 33 个烤烟育苗点育苗用水困难，有 25 个点要靠拉水、抽水保证育苗用水。

【元江县洼垤乡旱情严重】 连续几年持续干旱，对元江县洼垤乡人畜饮水、农作物灌溉及生态建设带来巨大影响。截至 2013 年 3 月底，全乡 86 个库塘只有一个蓄水较多，大部分处于干涸半干涸状态。4000 多口家庭小水窖中，用于生产的多数干涸，三分之二的自然村供水不正常或断水。以豆类为主的小春作物受灾 12500 亩，绝收 11000 亩以上，造成农民经济损失达 2000 万元以上。22 个点 3335 个烤烟育苗小棚取水紧张，拉水保苗和适时移栽难度大。

【澄江县四千余亩烤烟遭受冰雹灾害】 5月1日下午22时许，由于受强对流天气的影响，澄江县境内九村镇、海口镇以及龙街街道遭受冰雹和单点暴雨袭击，其中九村、龙潭、七江等多个村委会、左所村委会和海口镇松元村委会的石龙、关地、海口河、草格村等村民小组受灾尤为严重，烤烟受灾面积达4310亩，成灾面积2920亩。

【红塔区北城等地遭受风雹袭击】 5月22日下午，红塔区北城街道两次降下单点暴雨及冰雹，造成北城街道王棋、高桥等多个社区的蔬菜、玉米、蓝莓等作物不同程度受灾，受灾面积2118亩，成灾1855亩，绝收322亩，预计经济损失达2396.81万元。其中，葡萄损失最大，受灾面积达1342亩，损失超过千万。受损严重的地块，农户每亩损失高达2万元。

【华宁县华溪宁州两地烤烟遭受冰雹袭击】 6月18日下午5点左右，一场突然来袭的冰雹袭击了华宁的烤烟主产区大新寨清水塘，岔纳村委会小白厂、小箐等5个小组，导致华宁县华溪镇大新寨、宁州街道办岔纳两个村委会的2300亩烤烟遭受冰雹袭击，成灾1887亩，绝收580亩，涉及农户324户。

【易门县部分乡镇遭受大风冰雹袭击】 2013年，受台风“尤特”外围偏东气流影响，易门县从8月15日下午就开始出现明显的强对流天气，局部地区出现极大风速达11.4米/秒、6级以上的强风和雷雨、冰雹等灾害性天气，致使铜厂、浦贝、绿汁等地的部分烤烟、苞谷等农作物受灾。截至16日下午，大风冰雹已造成全县5个乡镇（街道）13个村（居）委会66个村（居）民小组的11384亩农作物不同程度受灾，其中烤烟受灾面积达5055亩，受灾户达1499户。

【江川县安化等地遭受风雹暴雨袭击】 8月15日14时30分，江川县受局部强对流天气影响，安化乡光山村和新庄村、江城陈家湾村、前卫石河村、雄关乡雄关村等5个社区（村）遭遇大风冰雹灾害。8月16日7点，全县7个乡镇（街道）降中到大雨，局部暴雨，其中大街降街道办事处在6~12时降雨量达72.6毫米，降雨量级达大暴雨。据统计，暴雨造成大街街道、前卫镇、路居镇3个乡镇（街道）受灾。受灾人口8456人；农作物受灾面积1.43万亩，损坏堤防1处长60米，堤防掩埋600米。此次风雹、暴雨造成1.46万人受灾，1644.6公顷农作物受灾，350公顷绝收，直接经济损失5137.1万元，其中水利工程水毁直接经济损失40万元。

【江川县暴雨成灾】 5月23日凌晨3时，江川县受低空低涡切变线影响，全县普降大雨，局部暴雨，最大降雨量高达112毫米，致使境内路居、九溪、大街、前卫三镇一街道发生暴雨洪涝灾害，造成大量农田被淹，烤烟、蔬菜等经济作物严重受灾，部分民房淹水，房内生产生活物资被严重损坏。此次洪灾造成1.37万人受灾，389公顷农作物受灾，164公顷绝收，损坏房屋45间，直接经济损失1114.9万元。

【华宁县遭受强降雨袭击】 6月2日，华宁县普降大雨，局部大到暴雨。据初步统计，强降雨导致该县3个乡镇（街道）31个村委会（社区）241个村民小组受灾及部分基础设施损毁，受灾人口达2万余人，农作物受灾面积13159.5亩，经济损失2953万元。其中：烤烟受灾6954.5亩，水冲沙埋稻谷825亩，水淹玉米3681亩，水毁蔬菜1683亩，水淹沙埋经果林16亩。另外，房屋受损30间，公路损毁26.2千米，河堤损毁13.58千米，桥梁损毁7座。

【连续降雨致新平民房倒塌】 8月10日凌晨1点58分，受连续降雨影响，新平县水塘镇波村村委会瓦房小组村民李文昌家房屋后山挡墙垮塌，致使整栋房屋倒塌并造成屋内2人当场死亡、7人不同程度受伤。

【华宁县遭强降雨袭击】 8月15~16日，华宁县受强对流天气影响，出现局地性短时强降雨，造成全县经济损失833万元。此次强降雨导致全县宁州街道、华溪镇、通红甸乡3个乡镇（街道）7个村（居）委会27个村（居）民小组受灾及部分基础设施损毁，共造成经济损失833.8万元。其中：烤烟受灾4925亩，造成经济损失809.8万元。房屋损毁7间，涉及农户6户25人，造成经济损失24万元。

【通海县暴雨成灾】 8月16日上午8时~12时，通海县普降大雨，致全县部分乡镇、街道遭受了洪涝灾害。此次洪涝灾害共造成全县农作物受灾1752亩，成灾417亩，绝收110亩，房屋进水88户22所110间，受灾人口5037人，直接经济损失400万元，其中农业直接经济损失380万元。

【玉溪市遭受低温冷冻灾害】 2012年12月23日和30~31日，以及2013年1月3日和10~12日，玉溪市受强冷空气影响，全市阴冷，局部出现零星小雨，相继遭遇4次寒潮天气。其中12月30~31日为玉溪市入冬以来最强一次冷空气影响过程，30日的日最高气温下降12~16度，全市中部、东部出现零度以下最低气温。受此影响，华宁、通海等县的一些地方农作物遭受了低温冷冻灾害。据统计，全市受灾农作物7269公顷，其中绝收2963公顷，直接经济损失1.49亿元。华宁县是受这次寒潮天气影响最深的县，全县受灾农作物3864公顷，其中1802公顷绝收。

【华宁县青龙镇遭受霜冻灾害】 1月上旬，受寒潮影响，华宁县青龙镇连续遭受多次霜冻灾害。截至1月10日，共造成2.95万亩豌豆受灾，其中2.07万亩绝收，损失达5241.45万元。

【华宁县遭受霜雪袭击】 12月15~17日，华宁经历强降温、降雨、降雪天气，随后几天夜间连续出现低温霜冻，大面积霜雪灾害致使全县14.2万亩农作物不同程度受灾，其中成灾9.4万亩、绝收5万余亩，经济损失达1.6亿元。受灾作物以菜豌豆、小麦、蔬菜等为主。

【新平县遭受雨雪霜冻灾害】 12月16~17日，新平县普降

小到中雪，随后而来的是重霜冻天气，造成了小春农作物大面积受灾。全县12个乡镇（街道）农作物受灾面积达92690亩，成灾34665亩，绝收13432亩，其中：粮食作物受灾49983亩，成灾27454亩，绝收11043亩；经济作物受灾42707亩，成灾7211亩，绝收2389亩。受灾较重的作物有荞麦、青菜、豌豆、马铃薯、油菜等。

【玉溪市遭遇严重低温雨雪霜冻灾】 12月15～16日，受南支槽和地面强冷空气影响，玉溪市经历一次强降温降水天气过程，其中15～16日全市出现中到大雨，澄江、通海、红塔区、华宁、易门、江川测站出现雪或雨夹雪，峨山、新平、元江出现高山积雪。17～20日，受高空强冷平流和底层冷空气影响，玉溪市天气转晴，夜间出现强烈辐射降温，大部分县（区）出现严重霜冻。受此次寒潮天气影响，全市各县（区）先后出现雪灾和严重霜冻灾害，全市农作物等受灾2.86万公顷，造成经济损失3.25亿元。

2012年抗灾救灾

【概　述】 2012年，玉溪市相继遭受了干旱和局部性洪涝、风雹、低温冷冻等自然灾害，其中以旱灾为主。1至5月间，全市气温持续偏高、降雨持续偏少，出现了严重的冬、春、初夏连旱，是继2010年遭受百年大旱之后又一个重旱之年，5月中旬，全市有55座小型水库和698座小坝塘处于空库状态，54条河流断流，元江干流曾出现几乎断流的现象。进入雨季后，降水时空分布不均、总体偏少，除新平县的雨量与常年接近外，其余县区较正常年景偏少2～3成。同时，一些局部地方还发生了较严重的风雹、洪涝等自然灾害。发生在8月13日的风雹灾害和9月12日的洪涝灾害，是雨季受灾范围较广、受灾程度较重的两起自然灾害。8月13日，受强对流天气影响，红塔区的小石桥，江川县的江城、安化，澄江县的龙街，易门县的龙泉、小街和铜厂，峨山县的小街，新平县的古城等地在一天之内相继遭受了伴有短时强降雨的风雹袭击，给当地的烤烟、玉米、水稻、蔬菜等农经作物造成了大面积欠收或绝收。9月12日下午至次日上午，通海县普降暴雨至大暴雨，最大降雨量达163.6毫米，由此引发严重的洪涝灾害，造成兴蒙暴导大沟决堤、村庄进水积涝成灾，民房进水受淹受损，高大乡普从村六组两村民在行车途中遇洪水冲塌道路引发交通事故而身亡。

2012年，全市受灾人口98.49万人，其中，因灾死亡4人；农作物受灾9.99万公顷（绝收2.48万公顷）；有70个乡镇（街道）、499个村（居）委会、1372个村（居）民小组38.07万人、13.69万头大牲畜遭遇饮水困难（其中涉及80所中小学校2.46万名师生），其中有11.8万人依靠拉水解决饮水问题（含34所学校7860师生）；因灾倒塌民房231间、损坏1096间；全市共发生森林火灾25次，为控制指标75次的33%，其中：一般火灾4次、较大森林火灾21次，受害森林面积208.91公顷，受害率为0.26‰。全年因灾直接经济损失8.52亿元。

2012年，面对频繁发生的各类自然灾害，市、县（区）各级各有关部门在市委、市政府的领导下，认真贯彻落实《水法》、《防洪法》、《自然灾害救助条例》、《中华人民共和国抗旱条例》、《云南省防汛条例》、《云南省抗旱条例》等法律法规，按照以人为本的要求，及时组织开展抢险救援、灾害救助等工作，有力、有序、有效地应对了冬春夏连旱、风雹和通海暴雨洪涝等自然灾害，使受灾群众基本生活得到切实保障，灾区生产生活秩序得到尽快恢复，保障了社会和谐稳定，促进了经济社会又好又快发展。

2012年，各级民政部门高度重视受灾地区、特别是受旱灾影响严重地区困难群众生活救助工作，把受旱困难群众的生活救助安排工作作为关注民生、解决民困、构建和谐社会的大事、实事对待，加强领导，落实责任，深入灾区、调查研究，重点掌握受灾群众分时段缺粮、缺水等与生活直接相关的困难和问题，全面掌握受灾地区群众生产生活状况，在进一步组织生产自救和互助互济基础上，及时根据困难群众需求与资金安排拨付情况谋划布局，有的放矢地做好救灾口粮和救灾资金发放工作，有效地保障了受灾群众基本生活，有效地应对了三年连旱和突发性洪涝灾害给人民群众带来的影响和困难。全年先后接收并下拨中央和省级自然灾害生活补助资金1510万元，其中：中央补助冬春荒款200万元、中央补助旱灾生活救助资金900万元、省下拨国家烟草专卖局等定向捐赠玉溪市的抗旱救灾慈善款380万元；先后发放救灾粮3541吨，救助18.24万人；发放衣服2.21万套，救助2.02万人；发放被褥1.43万套，救助1.21万户；直接发放现金105万元，救助0.89万人。

【民兵分队抢险救灾】 2012年，玉溪市各县（区）人武部累计出动干部、民兵2500余人次，相继完成了“2·14”红塔区大营街、“3·18”易门县六街、“3·28”国家战略储油库等70余起森林火灾扑救任务；在“两会”、“6·4”等敏感时期、节假日及彝族火把节等重大活动期间，出动民兵1300余人次，协助地方维护社会治安60余次，维护了重要时期和重大活动期间的社会秩序稳定；结合辖区天候情况，出动民兵160人次开展防雹增雨行动50余次，支持了地方党委和政府的抗旱救灾行动。

【77216部队抢险救灾】 2012年，部队先后参加了1次抗旱救灾任务、3次森林扑火救灾任务、1次抗震救灾任务。在执行抢险救灾任务中，共出动官兵600余人，车辆120余台次，装备器材300余件，运送饮用水730余吨；累计扑灭明暗火点86处1000余个，巡查火线4000余米，开辟隔离带560米，清埋火场680余亩；拆除危房421间，修葺房屋20间，搭建帐篷249顶，医疗巡诊257人，抢救被埋牲畜20余头、物资16000余件、粮食13吨，转运并发放物资14吨，保护了灾区人民群众生命财产。

【预备役三团抢险救灾】 2012年，预备役三团按照“五个第一时间”要求组织官兵参加抢险救灾，共出动兵力848人次，动用车辆63台次，完成森林扑火、抗旱送水、抗震救灾等急难险重任务17次。其中，2月14日红塔区甸苴、2月16日通海县秀山、4月18日江川老尖山森林扑火出动兵力540人次、车辆38台次、扑火器材517件（套），扑打明火点600余处，清理火场750多亩，值守火场6处；抗旱送水出动兵力266人次、车辆21台次，送饮用水145吨，清理农田灌溉水渠2400米。

【“9·7”彝良抗震救灾】 9月7日，云南省彝良县、贵州省威宁彝族回族苗族自治县交界处连续发生地震，造成重大人员伤亡和财产损失。根据上级命令，预备役三团快速动员集结部队，出动兵力42人、车辆4台、救灾装备173件套，日夜兼程赶赴灾区一线，迅速投入救灾行动。执行任务的官兵冒着余震不断、山高路陡、山体滑坡等危险，全力救治伤员，转移安置群众，运送物资8.3吨，搭建帐篷57顶、活动板房23间，医疗救助63人，排除险情76处，拆除危房28间，转移牲畜15头、粮食5吨，新建饮水管道3千米，清理街道2千米，12人担负道路调整保通任务，受到军地党委、首长及灾区人民群众的肯定。

【扑灭森林火灾】 2012年，武警玉溪市支队完成“2·14”红塔区平坝村、“2·25”红塔区黄草坝、“3·10”红塔区黄草坝玉碗水村、“3·19”易门县六街镇、“3·28”北城镇刺桐关、“4·17”江川县小白坡村委会、“4·25”红塔区洛河村委会森林火灾扑救任务，累计出动兵力950人次，扑灭明火线32千米、明火点2290余处、暗火点近3790个，排查810余处余火隐患，开挖隔离带16千米，看守火场120亩。

【火灾救援】 2012年，全市消防部队共接警出动397起，出动车辆657辆，出动警力2985人，抢救被困人员195人，疏散被困人员781人，挽回财产价值2767.5万元，保持了玉溪17年未发生重特大群死群伤火灾事故。成功扑救和处置了“3·21”果木林场火炮厂爆炸、“3·28”晋宁森林火灾和“4·9”北城房屋倒塌等灾害事故，完成了通海“9·12”抗洪抢险任务，特别是在“9·7”昭通彝良地震中，支队成功营救2人、转移遇险群众120名，为灾区搭建帐篷、铺设水管、清理淤泥等为民服务行动300余次，展现了三乡消防铁军形象。

【火灾隐患监督】 2012年，全市共检查社会单位6.95万家，发现火灾隐患及违法行为65万余处，督促整改火灾隐患及违法行为6.5万处，下发临时查封决定书522份，责令“三停”300家，罚款474.54万元，拘留82人；全市三级政府挂牌督办重大火灾隐患838家，整改销案率达100%，全市2012年调整确定的消防安全重点单位排查率、全市非重点单位娱乐场所排查率、设有自动设施的消防控制室排查率均达100%。

【消防宣传培训】 2012年，支队举办了针对残疾弱势群体的特殊培训和“今天我是消防员”主题趣味消防运动会等活动。提请市政府于10月31日举行了第20个法定“119消防日”宣传活动启动仪式，贯彻《全民消防安全宣传教育纲要（2011～2015年）》，深化消防宣传“五进”工作，推行“家庭消防安全”和“社区平安使者”计划，指导各县、区建成消防科普教育基地，让更多的人关注消防、了解消防。年内，全市共发布中央级媒体稿件95条，省级媒体稿件510条，市、县级媒体1239余条，编写十八大消防安全保卫工作简报72期，被总队以上网站选用14期。支队在年初制订了全市社会化消防培训计划，按照时限组织社会单位开展消防培训，全市重点单位责任人、管理人培训1236人，培训率、复训率达到100%；各县（区）乡（镇）长、村“两委”负责人及派出所消防监督人员全部参加培训，全民消防安全意识广泛提高。

【消防工作】 2012年，全市共发生火灾44起，无人员伤亡，直接财产损失111.86万元。与上年同期相比，火灾起数下降了15.38%，亡人数、伤人数均净减2人，直接财产损失下降了22.47%。

【石漠化综合治理】 为加大石漠化治理力度，扩大治理规模，通过争取，红塔区、江川县、通海县、华宁县、澄江县被列为2012年全省新增30个岩溶地区石漠化综合治理重点县。五个县编制完成了《2012～2014年石漠化综合治理工程实施方案》，省发改委、林业厅、农业厅、水利厅批准实施，2012～2014年将治理石漠化面积224平方千米，工程总投资18279.75万元，中央补助15000.00万元，地方配套及群众自筹3279.75万元。项目实施后，可增加森林覆盖率和水分涵养率，减少水土流失，遏制土地石漠化。

【“三湖”保护】 2012年，玉溪市完成了抚仙湖、星云湖、杞麓湖“十二五”规划的编制和审批工作。市发改委向省发改委上报大鲫鱼河流域环境综合治理工程、星云湖南岸截污及湖滨带修复工程、抚仙湖梁王河流域主要河流水污染治理与清水产流机制修复工程、马料河流域主要河流水污染治理与清水产流机制修复工程、抚仙湖缓冲带生态建设工程等项目，推动了水污染治理项目的启动。“三湖”水污染综合防治“十二五”规划66个项目，已完成6项，在建29项，开展前期工作28项，未动工3项。批准投资62.1亿元，完成投资8.2亿元，到位资金9.9亿元，其中：中央资金3.0亿元，省级资金2.3亿元，市级以下配套4.6亿元。项目开工率53%，完工率9.1%。抚仙湖规划项目28项，已完成1项，在建10项，开展前期工作14项，未动工3项，开工率39.3%，完工率3.6%，项目规划总投资46.4亿元，完成投资3.3亿元，到位资金4.4亿元；星云湖规划项目17项，已完成1项，在建9项，开展前期工作7项，开工率58.8%，完工率5.9%，项目规划总投资6.2亿元，完成投资0.6亿元，到位资金1.1亿元；杞麓湖规划项目21项，已完成4项，在建10项，开展前期工作7项，开工率66.7%，完工率19%，项目规划总投资9.6亿元，完成投资4.7亿元，到位资金4.4亿元。

【“两污”建设工程】 按照《云南省城镇污水处理及再生利用设施、生活垃圾处理设施建设规划（2008～2012年）》，2012年，玉溪市22项两污项目完成目标21个，经请示省政府已同意延期到2013年年底建成运行的项目1个。全市22个治污项目批复总投资约11.9亿元。累计完成投资9.1亿元，占总投资的76.9%。到位资金7.8亿元，占项目总投资的65.7%。其中：中央资金2.6亿元，省级资金2.5亿元。2012年污水垃圾处理设施15项，批复投资90255万元，计划投资31779万元，完成投资17684万元，完成年度投资的55.6%，累计完成投资69654万元，占总投资的77.2%；2012年到位资金14202万元，其中：中央预算内资金7850万元，省级资金6352万元。加快“十二五”规划内两污项目的推进进度，启动了玉溪市第二水处理厂及配套管网工程、江川县九溪镇污水处理厂及配套管网工程、江川县九溪镇生活垃圾处理工程收运设施项目、澄江县禄充污水处理厂提标改造工程等项目前期工作，江川县九溪镇污水处理厂及配套管网工程、江川县九溪镇生活垃圾处理工程收运设施项目可行性研究报告已获省发改委审批正进行初步设计报批，其余项目正抓紧推进。

【地质灾害防治】 2012年，全市共巡排查3073个地质灾害（隐患）点，新发现地质灾害（隐患）点19个，已纳入群测群防体系。全市确定710个重点监测点和73个一般巡查点，涉及69个乡、镇（街道）335个村居委会605个村民小组。全市共发生小型地质灾害37起，造成直接经济损失96.6万元，未造成人员伤亡。

加大地质灾害分类治理力度。一是积极推进地质灾害工程治理与避让搬迁项目的实施。2012年完成红塔区小石桥乡小丫口村、通海县高大乡代办村、峨山县双江街道红石岩村、峨山县化念镇三湾村4个地质灾害避让搬迁项目。二是筹措资金，2012年安排地质灾害点搬迁、工程治理项目18个，共筹措投入地质灾害资金7416.82万元，其中：省财政873万元，市级配套财政资金1292万元，县乡安排1607.76万元，企业自筹3644.06万元。

【地质环境保护与治理恢复】 7月1日，在俄罗斯圣彼得堡举行的世界遗产委员会第36届会议上，认定中国“澄江化石地”是地球生命演化的杰出范例，符合世界自然遗产标准，正式列入世界自然遗产名录，成为中国第一个化石类世界遗产，填补了中国化石类自然遗产的空白。按照国土资源部、省国土资源厅的总体部署开展玉溪市“矿山复绿”行动。加快澄江县帽天山周边磷矿拱洞山、旧城大山片区矿山地质环境恢复治理工程，该项目进入收尾阶段。全年共投入矿山地质环境保护与恢复治理项目资金2767.325万元，收取矿山地质环境保护恢复治理保证金7674.36万元。

【抗旱保籽种】 根据市内连续四年干旱、抗旱水源严重不足的实际，市农业局提出了优先保良种繁育基地、保高产创建项目、保特色高效经济作物用水的抗旱思路。2012年，确保了易门县3000亩小麦、江川县和红塔区3500亩油菜良种繁育基地作物的生长发育，小麦良种繁育基地种子产量达100万千克、油菜良种繁育基地种子产量31.5万千克，为小春生产用种提供了一定种源。

【森林防火实现“双无”】 2012年，全市森林防火工作经受住了连续四年干旱和持续高森林火险天气的严峻考验，取得了无重大森林火灾、无人员伤亡事故的“双无”好成绩。全市发生森林火灾25次（一般火灾4次，较大森林火灾21次），为省控制指标75次的33%；受害森林面积208.91公顷，受害率0.26‰，比省控制指标低0.74个千分点；火案查处率为84%，比控制指标高4个百分点，圆满完成了省政府下达的各项目标任务，被省政府考评为2012年度森林防火目标管理责任状执行情况二等奖。

【森林防火通道建设项目】 2011年度全市森林防火通道建设项目自10月18日启动实施以来，易门县、峨山县、红塔区政府领导、林业局局长、分管防火的副局长积极协调项目实施乡镇（街道）和施工单位77208部队，按实施方案的设计和建设内容，认真组织开展施工作业，经共同努力，于2012年2月顺利完成了建设任务。项目总投资270万元（市级150万元，红塔区40万元、易门县39万元，峨山县41万元），参照林区四级公路要求，设计新建森林防火通道28.18千米，土石方工程量为54519立方米，实际完成33.4千米，土石方量60366立方米。

【《玉溪市森林防火行政问责暂行办法》出台】 2月21日，市政府出台了《玉溪市森林防火行政问责暂行办法》，对承担森林防火各项具体工作职责的责任单位或相关责任人在具体工作中发生过错的进行行政问责，以进一步强化森林防火工作责任，预防和减少森林火灾及损失。

【病险水库除险加固】 新平县黄草坝水库中型工程，总库容3460万立方米。工程于2011年10月8日开工建设，至2012年底已完成大坝砼防渗墙浇筑、大坝坝顶回填、草皮护坡铺设、大坝左、右岸排水洞、溢洪道控制段混凝土及陡槽段底板混凝土浇筑、输水隧洞出口段弧形闸拆除、进口段斜拉闸更换等批复建设内容，并于年内下闸蓄水。工程总投资2568万元，已完成投资2383万元，完成总投资的92%。

至2012年底，33座小（一）型病险水库除险加固工程全面完工。其中，2010年底开工建设9座：红塔区红旗水库、通海县甸苴坝水库、华宁县登楼山水库、易门县小河水库和沙衣水库、峨山县大麻栗树和新村水库、新平县猴进水库、元江县者嘎水库，现工程建设已全部完工；2011年3月底开工建设7座：江川县麦冲水库和矣文水库、易门县东山水库和丰收水库、峨山县镜湖水库和团山水库、元江县假莫代水库。16件工程总投资9468万元，累计完成投资9225万元，完成总投资的97.4%。2011年4月由省财政厅和省水利厅下达资金建设14座：澄江县西大河水库、峨山县小麻栗树水库、大西水库、小棚租水库、自然坝水库、大龙潭水库和亚尼水库、华宁县各纳甸水库、易门县米茂水库、元江县新村水库、通海县三岔河水库、江川县杨柳坝水库、大寨水库和捧寨水库，于8~9月陆续开工建设。14件工程批复概算投资7209.7万元，2012年完成投资6736.59万元，完成总投资的93.4%。2011年12月经省财政厅、省水利厅批准开工建设新增规划的最后3件小（一）型除险加固工程峨山舍朗水库、回龙水库和通海鸡脖子水库，批复概算投资1415.54万元，2012年完成投资1302.78万元，完成总投资的92%。

【化念水库除险加固工程竣工验收】 峨山县化念水库为中型水库，始建于1957年，水库总库容2381万立方米。2008年，省水利厅、省发改委批准建设化念水库除险加固工程，批复总投资为4283.79万元，分摊为中央预算内投资3427万元，省补助428万元，市配套343万元，县自筹85.79万元。除险加固工程于2009年1月开工建设，主要建设内容为对拦河坝工程采用塑性混凝土防渗墙处理，防渗墙顶长150米，坝顶高程1130.54米，最大墙深58.54米，墙厚60厘米，成墙面积6014.1平方米；扩建溢洪道工程，全长278.214米，设计泄流量为618立方米每秒；输水隧洞加固；新建倒虹吸，设计过流量1.2立方米每秒，全长169.26米；公路扩修；新建管理所，面积365.67平方米；水土保持；水情自动测报系统等。水库于2010年1月31日完成批复建设内容并下闸蓄水，年末，蓄水量达900万立方米。2012年7月1日，由省水利厅主持，组建化念水库除险加固工程竣工验收委员会，认为工程已按批准的设计内容全部完成，工程质量合格，同意竣工验收。

【红旗水库除险加固工程竣工验收】 红旗水库为小（一）型水库，除险加固工程由省水利厅、财政厅批准建设，审批概算总投资687.5万元（主体工程547万元），工程实际投资支出经审计审定为683.65万元，比批复的概算总投资节约3.85万元。工程于2011年1月开工，主要建设内容为对坝体上游进行浇筑C15埋石混凝土培厚和浇筑C25混凝土防渗面板，防渗面板下采用帷幕灌浆进行防渗；对底涵工作闸阀和检修闸阀、三涵、四涵闸阀进行更换。5月，险加固主体工程完成，具备了蓄水条件。5月12日，下闸蓄水。12月15日，最高蓄水位31.22米，蓄水量157.18万立方米，占水库兴利库容的26.4%，实现了当年施工当年发挥效益，对促进水库下游人民群众生产、生活和北城工业区经济发展发挥了重要作用，特别是在全市遭遇百年不遇重大干旱之际，水库除险加固工程提前完工和下闸蓄水，为2012年抗旱保民生、保生产赢得了时间，储备了水源。实施红旗水库除险加固，可恢复水库防洪、农业灌溉、城镇供水等作用和功能，其直接效益为灌溉、供水效益，达到设计总库容627.20万立方米，灌溉面积1.5万亩。2012年9月13日，由市水利局主持，组建竣工验收委员会，同意红塔区红旗水库除险加固工程竣工验收，交付管理单位管理使用。

【抗旱救灾】 始于2009年的旱灾，至2012年已是连续第四年，由于受持续干旱影响，造成全市的水资源严重短缺，工农业生产用水和城乡居民饮水安全受到严重影响。干旱使全市70个乡镇、499个村委会、1372个自然村的46.96万人、80所中小学校24600名师生及20.21万头大牲畜饮水困难，灾情范围之广、历时之长、程度之深、损失之重，为历史罕见，全市因旱直接经济损失已达10.2亿元。全市共投入抗旱人数55.86万人次、抗旱泵站235处、机动抗旱设备18674台套、机动运水车辆17569辆次；投入抗旱资金38025万元，其中，中央2186万元、省级5140万元、市级9875万元、县级5301万元、群众自筹15521万元；全市抗旱用电1336.8万度，抗旱用油1406.8吨。全市实现抗旱浇灌面积74.44万亩，临时解决46.96万人、20.21万头大牲畜饮水困难，挽回粮食4.1万吨，挽回经济损失12.27亿元。人饮安全得到有效保障，灾区群众的生活生产秩序井然，人心稳定，社会稳定。

【抗旱应急工程】 2012年，在重点实施完成引清水河水向中心城区应急供水工程建设的同时，水利部门积极争取上级支持，多方筹集资金1.56亿元，在全市范围先后建成215件抗旱应急工程，增加蓄水3994万立方米，解决了69.61万人、1.77万头大牲畜饮水困难和3.81万亩农田灌溉用水问题，效益极其显著。同时，进一步采取措施，加强对中心城区清水河水应急工程与东风水库、飞井海水库水资源联合调度管理工作，建立了月分析预测预报制度，千方百计确保中心城区供水安全。

【防汛救灾】 2012年，全市投入防汛抢险人力22628人次；投入防汛抢险资金60.45万元（统计不全），其中，群众自筹55.92万元；投入防汛抢险救灾物资柴油、汽油2.7吨，防洪袋3.53万条；投入机械设备15台班。全市避免粮食减收0.02万吨，防洪减灾经济效益178万元。

【山洪灾害非工程措施建设】 2012年，在易门、峨山、新平3个县已建成投入运行的基础上，全市争取到4个全国山洪灾害县级非工程措施建设县（澄江县、通海县、华宁县、元江县），到位的中央资金1609万元。4个项目年内已开工建设。

【中小河流治理】 2012年，全市批复立项的江河治理项目共3件，即元江干流元江县城段治理工程、元江县清水河元江县城段治理工程一期和易门县扒河河道治理二期工程，并完成总治理长度30.4千米的建设任务。工程总投资24449.24万元，到位资金9122万元，其中，元江干流元江县城段治理工程5834万元，清水河元江县城段治理工程一期到位中央资金1200万元，易门县扒河河道治理二期工程到位中央资金2088万元。年内，3件中小河流治理工程累计完成投资7288万元。

【水土保持生态环境治理】 2012年，全市完成水土流失综合治理面积195.5平方千米，占计划数190平方千米的102.9%，超额完成了年度目标任务，并完成总投资9910万元。其中，完成土石方534.4万立方米。群众投工67.3万个。

【“三湖”水污染综合防治】 2012年，市政府与沿湖4县政府签订了2012年湖泊水污染综合防治目标责任书，印发了年度目标责任考核办法，严格实行目标责任考核，全力推进工程与非工程措施。至年末，“三湖”水污染综合防治“十二五”规划的66个项目，已完成6项，在建29项，开展前期工作28项，未动工3项；规划或批准投资62.07亿元，完成投资8.18亿元，到位资金9.86亿元，其中，中央资金3.02亿元，省级资金2.28亿元，市级以下配套4.56亿元。项目开工率53%，完工率9.1%。抚仙湖保持一类水质，星云湖、杞麓湖水质恶化势头得到有效遏制。在湖泊水污染防治中，始终坚持“一湖一策”的治理保护原则，深入实施抚仙湖“退、调、保”战略，切实抓好抚仙湖作为全国首批水质良好试点湖泊4个试点项目的实施。同时，着力推进“三退三还”工程，一级保护区内完成退田还湖5632.14亩，拆除了沿湖2.9万平方米的建、构筑物，实施生态修复，构建湖泊保护生态屏障。杞麓湖水污染综合治理积极实施省政府现场办会议确定的15个项目，已完成5个项目，在建8个项目，2个项目在做前期工作。累计完成投资4.14亿元。市政府召开星云湖水污染综合治理调研汇报会进行部署，着力遏制面源污染，实施了测土配方施肥、在养殖小区内推广生物发酵床等工程；实施了紫根水葫芦净化水体示范工程、常态化除藻、林业生态建设等工程，开展了星云湖湖滨带建设和退田还湖、村落污水治理等项目的前期工作。市环保局坚持实施入湖河道管护责任制，强化各级管护责任；实施分片包干、责任到人的环境卫生管理机制；进一步加大宣传教育力度，提高群众环保意识和参与湖泊保护治理的自觉性；加强流域区建设项目审批管理，重点建设项目环境影响评价和“三同时”制度执行率达100%；切实加强对旅游景区和沿湖宾馆、饭店的监管，严肃查处污水直排入湖和偷排行为；积极组织开展“四清”（清洁河道、清洁湖滩、清洁村庄、清洁田园）活动和入湖河道保洁周活动，投入资金507万元，出动车辆1800多辆（次）、人员6.58万人（次），清理56条入湖河道及沿湖村庄、农田、湖滩、湿地环境卫生，清运淤泥垃圾14万立方米，改善了沿湖人居环境，有效削减了入湖污染负荷。9月，全省九大高原湖泊水污染综合防治领导小组会议在大理召开，会议明确了“十二五”期间抚仙湖保持Ⅰ类水质，消灭星云湖、杞麓湖劣Ⅴ类水质的目标。

【污染减排】 2012年，全市需完成的重点污染减排项目为59个，是实施污染减排工作以来项目最多的一年，任务繁重而艰巨。市政府对此项工作予以高度重视，在年初召开的环保工作会上，对污染减排工作进行部署，与各县（区）政府签订了重点减排项目目标责任书，实行目标管理，层层落实责任。之后，下发《玉溪市2012年污染减排工作实施方案》，在“方案”中明确载明各县（区）政府、市直相关部门及重点减排企业的工作任务和责、权以及任务完成的时间。5月，市政府召开专题会议，再次进行部署，对钢铁脱硫、水泥脱硝等重点项目实施的阶段任务和完成时限提出要求。8月，又召开了污染减排工作推进会，对水泥、钢铁等重点企业工程滞后的问题进行了研究与督办。市污染减排工作领导小组办公室多方采取措施推动项目实施，先后组织13户企业共计40多人（次）赴福建、江苏、山东等省、市考察，为钢铁烧结烟气脱硫等减排项目选择先进、成熟、有效的处理工艺。同时，下发了《关于加强玉溪市2012年污染减排制度建设工作的通知》，要求落实驻厂代表制度等6大减排制度，以严厉的措施推动减排目标的完成。全市环保部门派出27名督导员进驻重点减排企业，指导、督促企业开展污染减排工作。经过采取强有力的措施，9家钢铁厂烧结烟气脱硫工程有7家已开工建设，其余2家已关停拆除，20家规模化养殖场全部建设了废物处理设施，2个关停项目按期拆除，8个污水处理厂全部投入运行或保持正常运行，全市污染减排任务得到完成。

【环境监测与科研】 2012年，全市环境监测部门以“质量建站、科学监测”为宗旨，紧紧围绕全市环境保护与生态建设重点，切实做好环境监测工作。全年完成各类监测项目299项（环境现状监测项目32项，建设项目竣工环保验收监测项目48项，例行监测项目30项，比对监测项目35项，排污年检监测项目45项，委托监测项目30项，应急监测项目21项，重点污染源监督性监测项目55项，自送样分析项目3项），出具监测数据36743个，完成各类监测报告299份及建设项目竣工验收调查报告（表）51份，完成了“三湖一库”及入湖河流、元江、南盘江、绿汁江、曲江、星云湖——抚仙湖出流改道的月报监测，向国家环境监测总站上报抚仙湖孤山水质自动监测站水质周报52期、监测数据35040个，发布环境空气质量日报365期。同时，按时按质完成了环境质量简报、月报、季报、年报、公报等“七报”的编报工作。在环境科研方面，编制完成了《玉溪市研和纸板制品厂扩建年产35000吨箱板纸纸板生产线项目环境影响评价报告书（协作省环科院）》、《大理州怀宝经贸有限责任公司3000t/d新型干法水泥生产线技改及余热发电项目环境影响评价报告书》等8个建设项目的环境影响评价报告书；完成了《玉溪市环境保护“十二五”规划》、《杞麓湖流域水环境调查报告》、《东风水库预防蓝藻暴发应急控制方案》等8份科研报告及专项报告；开展了《玉溪市重金属污染综合防治“十二五”规划》等“规划”的修编工作。

【抗旱救灾资金】 2012年，按照全市抗大旱保民生保春耕暨森林防火工作紧急会议精神，市财政积极筹措抗旱救灾资金2160万元，并在第一时间拨付到抗旱救灾第一线。主要用于水利抗旱资金1440万元，农业抗旱资金320万元，森林防火资金400万元。

【抗旱防汛应急工程资金】 2012年，为进一步增强抗御洪旱灾害能力，全市多方筹集资金，积极抓好抗旱防汛工程建设，夯实抗御洪旱灾害能力，投资1.56亿元，在全市范围先后实施了215件抗旱应急工程建设。工程已全部完工投入运行，增水3994万立方米，解决了69.61万人、1.77万头大牲畜饮水困难和3.81万亩农田灌溉用水问题，确保了中心城区供水安全。

【地震监测预报】 根据2012年度全国、全省地震趋势会商结论，市防震减灾局作为省地震局指定的震情跟踪工作牵头单位，把工作重点放在滇南至滇西南地区的震情跟踪监视上，加强震情跟踪监视工作。做到确保信息畅通、数据快速传递和各类监测仪器正常运转，坚持每周震情会商、每月编印《震情动态》、《玉溪市震情跟踪工作月报》、季度编印《玉溪防震减灾信息》报当地党政领导、省地震局和有关部门，及时反映地震监测预报情况和防震减灾工作动态。在日常震情监视工作中，做好宏、微观异常跟踪落实，遇有突变异常和震情做到及时处理、及时上报。2012年先后对红塔区研和镇宋官小区11组菜园村、关箐河水库、玉溪钢铁厂突出宏观异常以及峨山高精度地温突升、通海刘家坝抽水站机井水发浑、华宁盘溪镇绿豆庄龙潭水发浑等8起宏观异常进行多次调查落实。根据《云南省2012年度震情跟踪工作方案》要求，结合玉溪震情形势和震情跟踪工作实际，制定了《玉溪市2012年度震情跟踪工作方案》和《玉溪市2012年度地震预测预报技术方案》。作为牵头单位，制定了《滇南至滇西南地震危险区2012年度震情跟踪预测工作方案》和《2012年滇南至滇西南重点危险区震情跟踪工作安排》。并严格按照《2012年度震情跟踪工作责任书》的要求，进一步明确职责和落实任务，使震情跟踪工作落到实处。为进一步加强红塔区的地震监测工作，市防震减灾局于7月在玉溪市防震减灾中心钻探了一口400米深的地震监测专用机井，并于11月19日进行了验收。

【震害防御】 5月12日，玉溪市防震减灾局在聂耳文化广场开展以"弘扬防灾减灾文化，提高防灾减灾意识"为主题的"5·12防灾减灾日"宣传教育活动。展出展板12块，接受群众咨询50余人次，发放《地震应急自救互救手册》、《防震避震常识》、单张彩色宣传资料及防震减灾科普扑克4000余份。11月6日是云南省防震减灾宣传日，市、区防震减灾局在高龙潭社区开展防震减灾宣传活动，向社区居民发放各种宣传材料1000余份。此外，市防震减灾局还积极开展防震减灾科普知识进校园、进社区、进机关、进企业、进部队、进乡村的"六进"活动，使社会公众了解地震发生时的应急避震知识，掌握必要的防护措施和方法，提高紧急避险和自救互救能力。做好建设工程抗震设防的监督管理工作。加强对玉溪建设工程的抗震设防管理，对建设工程的抗震设防要求进行确定。

【玉溪首个地震安全示范社区】 根据中国地震局制定的《地震安全示范社区管理暂行办法》要求，红塔区凤凰街道高龙潭社区从创建工作计划、制度、机构和开展防震避震应急演练等12个方面做了大量的工作，社区规模、硬件条件和软件建设等方面都符合地震安全示范社区的申报条件。2012年12月17日，通过市级地震安全示范社区验收。12月19日，参加全市防震减灾工作总结暨2013年度地震趋势会商会的市、县（区）防震减灾局领导及全体参会人员参加了在高龙潭社区举行的"玉溪市地震安全示范社区"授牌仪式。

【应急救援体系建设】 2012年，制定了《玉溪市地震应急准备工作方案》，做到组织机构健全，责任落实，岗位到人，确保一旦发生地震灾害，能够高效有序地开展地震应急工作。

为进一步加强玉溪应急避难场所建设项目管理，确保工程建设按时按质按要求完成，保证资金合理、有效使用。根据2011年省政府下拨玉溪的应急避难场所专项建设补助资金的使用情况，制定了应急避难场所建设任务书，并与市住建局、高新区管委会、红塔区和通海县防震减灾局签订建设任务书，保证应急避难场所建设能够在规定时间内完成。

【突出地震事件的应急处置】 2月22日20时36分，红塔区发生3.1级有感地震，震源深度9千米，震中为研和镇，距中心城区13千米。地震发生后，市防震减灾局全体人员立即到岗开展应急工作，编写《震情报告》报送市委、市政府及分管领导。根据震情的发展和历史地震情况，完成了对红塔区3.1级地震震情分析。

11月2日零时10分，红塔区发生2.3级有感地震，震中位于普渡河断裂带附近的红塔区春和街道，震源深度5千米。震时，春和、大营街震感明显，中心城区部分人有感。市防震减灾局值班人员耐心回答来电询问震情的市民，并及时向市委、市政府电话报告震情。与此同时，市防震减灾局组织人员对此次地震进行分析研判后，编写《震情报告》报送市委、市政府。

【防震减灾中心和部分县重点项目建设】 玉溪市防震减灾中心（包括业务综合楼、科普馆、地震综合观测站）建设项目批准建设规模为：征地10.9亩，总建筑面积6462平方米，总投资2900万元，建设资金已全部到位。2012年采用减隔震技术的业务综合楼和科普馆主体工程已竣工。场地硬化及门卫值班室、观测机井房等附属工程已设计完毕，通过市防震减灾局的协调，省政府补助华宁县新建、江川县改扩建的业务办公用房项目资金及时到位，并于2012年上半年竣工投入使用。通海县选址新建防震减灾中心方案已获县政府批准，正在办理土地征用等手续，市防震减灾局协调补助资金80万元。

【气象监测预报服务】 2012年，玉溪气象局以改进完善监测预报业务流程，提高预报质量，提升服务效益为基点，开展系列业务练兵和技术竞赛，促进推动了预报业务和服务工作的发展。全年综合预报质量获评全省第一，三次受到省局表彰。市气象台预报员1人获"全国优秀值班预报员"、1人获省局"重大气象服务先进个人"荣誉称号。公益服务：市气象局在做好常规电视广播、电子显示屏天气预报、大气负氧离子信息发布外，在手机短信平台、"12121电话"、网站专栏、玉溪日报天气栏、"手机报气象预报服务"栏等发布气象综合信息、农村经济综合信息、科普、法律法规知识宣传等信息450余万条；发布干旱、大风、地质灾害等天气预警信息120余万条，发布转折性天气、降温降水天气等重要天气消息30期（次），为公众出行和安排生产生活提供及时信息；尤其春耕气象服务工作，准确预测春旱、初夏旱、秋冬

干旱，并及时发布信息，为全市民众投入抗大旱保民生保春耕工作起到积极作用。专项专业服务：市气象局根据全市17个烤烟自动气象站观测统计出的数据，按月、旬定期制作烤烟气候条件分析和烤烟生产建议服务材料，以“烤烟气候预测”、“烤烟气候影响评价”和“烤烟气象旬报”等专题材料42期；制作小春产量预报、农气旬报、病虫害预报、关键农事季节和作物生育期气象服务、农业气象灾害监测及评估预警等服务54期；制作完成财产保险、电力气象、地质灾害、森林火险、农业气候专题等气象服务材料60期，及时放入网络服务平台供各专业用户适时调取决策安排指导工作，取得较好服务效益。决策服务：市气象局针对年内冬春干旱持续影响和市委、市政府“抗旱保民生、保春耕”工作部署，采取密切监视旱情发展，加强天气监测会商，做好气候预测和适时开展人工增雨等措施为抗旱蓄水促生产服务，各项服务工作卓有成效。年内，发布高温、暴雨、雷电、大风、大雾、霜冻预警信号26次、扑救森林火灾气象决策服务材料50期，强降水天气消息25次，雨情通报45期；发布手机预警预报决策服务信息300多万条（次）。多期服务材料引起政府领导关注和重视，指示各相关部门依据气象信息正确决策部署抗旱蓄水和灭火工作。

【人工影响天气】 2012年，玉溪市人工影响天气中心制定出台“人影作业空域申请制度”、“人影作业火器管理办法”、“人影安全事故处理预案”等7个制度；全市新建成15个标准化人影作业点，新平县气象局建成新平磨盘山X波段中频相参多普勒天气雷达一部，使人影工作软、硬件建设进一步加强。在人工增雨、人工防雹作业实施前和进行中，开展人影安全检查并举办市、县两级人影指挥、作业人员培训，保证和促进人工增雨、防雹作业工作的规范、安全和有效开展。人工增雨。市人工影响天气中心针对全市旱情和水库塘坝及湖泊蓄水不足情况，组织红塔区和通海、峨山、元江等县12个作业点在1～5月份抓住19个有利增雨作业天气过程实施人工增雨作业199点次。6～9月，针对全市各地降水时空分布不均并结合全市天气过程特点、湖泊水库分布、防雹作业点布局、增雨作业影响区和湖泊水库径流区等因素，利用作业点点多面广及雨季云水优势，在认真做好防雹减灾工作的同时，加大增雨工作力度，抓住38个有利增雨作业天气过程，组织36个作业点实施人工增雨作业288点次。10～12月，元江等县继续抓住有利天气条件实施增雨作业41点次。全市全年共43个增雨作业点实施人工增雨作业528点次，发射增雨箭弹1039枚。经评估，增雨作业约增加降水15%，为缓解旱情、增加蓄水起到积极作用。人工防雹。全市进入主汛期后冰雹云发展旺盛，累计降雹日数达19日。市人工影响天气中心根据往年经验和当年夏季强对流天气频发、雹云生成突发性强等气候特点，于6月1日组织各县（区）101个防雹点上阵实施防雹作业，市、县（区）300多名人影指挥、作业人员24小时值班坚守岗位，时刻关注天气变化，严防死守4个月，实施防雹作业1159点次，发射各种类型防雹箭弹8948枚，保护烤烟52.4万亩，其他农作物39万亩。经评估，人工防雹减少烤烟直接经济损失2.9亿元，其他农作物1.7亿元，投入产出比为1∶49，产生经济效益4.6亿元。

【防雷减灾】 2012年，闪电定位仪监测到全市雷闪52019次，其中，强度在20～50千安的有29743次，50～100千安有4224次。据不完全统计，强雷闪造成全市发生雷击灾害6起，因雷击致死1人、伤2人，建（构）筑物受损2起，单位电子设备雷击事故10起，13套办公电子设备受损，全年雷灾直接经济损失19.7万元。年内，全市雷闪次数比上年有所增多，雷灾事故比上年多3起，雷灾经济损失较上年大有减轻。市雷电中心在雷雨季节前抓紧对易燃易爆场所、烟草、红塔集团等防雷重点单位的防雷装置安全检测，对全市8000余幢（组、套）防雷装置进行了安全技术年度检测，对检测后发现的雷击事故隐患，及时提出意见和督促整改；对42项建设项目开展防雷设计技术审核、分段检测等工作。防雷设计图纸、防雷装置竣工验收许可率达100%；易燃易爆场所检测面达100%；督促防雷隐患整改检测面达40%。汛期雷电观测稳定运行率≥99%；闪电定位资料传输到报率达96%以上。雷电科研、闪电定位监测技术服务为玉溪卷烟厂等重点防雷企业加强防范，减少雷灾起到积极作用。玉溪虹云防雷工程公司为全市127家单位设计安装避雷针、塔、防雷器79基；线路、设备避雷器（SPD）571余组；进行防雷隐患整改维护工程58项。

【地质灾害气象预警预报试验区建设】 2012年，玉溪气象局按照上级加强气象防灾减灾工作部署要求，与玉溪市国土资源局合作在新平县实施“精细化地质灾害气象预警预报试验区建设”。项目建设内容主要为：调查和收集资料，建立玉溪市地质灾害信息库，完成新平县风险区划；开展玉溪市地质灾害致灾临界雨量指标研究；建立数据库和信息共享机制；建立玉溪市精细化地质灾害气象预警服务集成系统。主要由“玉溪市地质灾害资料查询”、“地质灾害监测预警”、“精细化降雨预报和强降雨短时临近预报”、“精细化地质灾害气象预警预报”四个子系统组成；地质灾害气象预警预报信息发布和服务；编写应急预案，开展应急演练和培训等六个部分。建设目标为：通过精细化地质灾害试验，总结出一套完善的地质灾害监测、预警预报、信息发布平台系统。

【元江县开展抗旱工作】 1月1日～10月10日，元江县总降水量仅为470.9毫米，比上年同期值偏少171.2毫米，比历年同期值偏少206.4毫米。全县小坝塘干涸104座，基本干涸25座；小（一）型水库干涸1座，小（二）型水库干涸9座，基本干涸4座。全县因干旱导致10个乡（镇、街道）、51个村（居）委会、167个村（居）民小组42126人和17458头大牲畜饮水困难。面对持续严重的干旱灾害，县委、县政府组织广大群众开展扎实有效的抗旱救灾、生产自救等工作。截至5月30日，全县共投入抗旱救灾资金1601.53万元，抗旱用电4.91万度，机动抗旱设备249台套，保障了城乡供水和各项抗旱保民生工作的顺利开展，确保了全县灾区群众生产生活秩序井然，人心安定，农村社会稳定。

2013年抗灾救灾

【概　况】　2013年，全市遭受严重干旱第5年，加之连续几年干旱叠加效应凸现，全市旱情十分严峻，工农业生产和城乡供水、人畜饮水、生态安全受到严重影响。全市因旱造成27.44万人、8.15万头大牲畜饮水困难，因旱总损失9.34亿元。全市累计投入抗旱人数28.32万人次，投入抗旱资金19006.6万元，其中，中央6620万元，省级1298万元，市级2272万元，县级2224万元，群众自筹6592.6万元。临时解决27.44万人、8.15万头大牲畜饮水困难。

【扑灭森林火灾】　2013年，武警玉溪市支队圆满完成“4·04”通海县九街镇、“4·19”红塔区研和镇、“4·20”红塔区大营街镇森林火灾扑救任务，累计出动兵力300余名，车辆23台次，砍挖防火隔离带10500余米，扑灭明火点81处，清理暗火点170余处，扑灭火线17500余米，火线值守长度7000余米，运水40余吨。

【救援队伍建设】　2013年，全市消防部队组建专业队6个，灭火救援攻坚组41个，重点强化攻坚组培训和专业化训练。推进铁军中队达标创建活动，特勤、红塔、大营街、峨山、江川等5个中队通过一、二星级铁军中队验收，部队战斗力明显提升。完成玉溪中秋国庆灯展消防安保任务，成功处置峨山“4·20”森林火灾、江川“5·23”抗洪抢险、红塔区“9·10”煤气泄漏事故等急难险重任务。年内，抓好执勤中队作战编成规范化工作，以特勤、红塔、大营街中队为试点，科学整合战斗编成。实施全员培训，先后组织大队、中队两级指挥员培训1期、铁军攻坚组、执勤中队长助理及专职队骨干队员培训2期，培训各级指战员80余人次。组织视频战例研讨培训2期，参训官兵400余人次。重视实战练兵，支队组织各类实战演练和装备测试23次，各大中队开展演练400余场次。组织8车、55人参加总队滇南协作区跨区域地震救援实战拉动演练。通过铁军集中比武、拉动演练，营造了比学赶帮、全员练兵的良好氛围，提升了队伍实战能力。年内，新建15支政府专职队，总数达到45支，拥有消防车35辆，队员226名，消防力量覆盖全市重点乡（镇）。完成9个编制不足30人的执勤中队增配合同制队员任务，队伍应急救援实力增强。

【整治火灾隐患】　2013年，支队针对城镇化进程中遗留的大量先天性火灾隐患，以密集行动和高压态势攻坚治理。政府领导挂帅，成立专门机构，职能部门联合执法，先后开展“平安云岭”系列，除火患、保平安，消防安全大排查大整治等6个专项检查行动，自主开展平安玉溪、拆临拆违、“两化”行业等5个专项治理行动，出动人员8000余人次，检查单位1.4万家，整改火灾隐患2.1万处，查封、取缔、责令“三停”单位73家，罚款224万元，行政拘留、警告21人。7月30日，消防局局长陈伟明在玉溪督导消防安全大排查大整治工作时，对玉溪取得的工作成绩给予肯定。在全省大排查大整治最后综合评定中，玉溪支队被评为优秀支队。推进“网格化”管理，以居民小区、楼院和社会单位、场所为单元，分别划分出大网格616个、中网格1462个、小网格3588个，75个乡（镇、街道）“网格化”管理达标。

【消防宣传】　2013年，支队先后推动市政府和相关部门出台《消防宣传教育规定》、《全民消防安全宣传教育纲要实施方案》，举办《纲要》宣传周、119消防宣传月等大型活动。支队制作的17部消防微电影和公益广告网络展播获好评，其中6部作品进入全省排行榜前10名。召开驻玉媒体座谈会，建立与媒体消防宣传合作机制，开设玉溪日报消防宣传专版，拓展“玉溪消防在线”微博品牌，设立“高古楼论坛”消防板块，在通海、新平、峨山、元江等县成立民族消防宣传队，举办消防宣传员培训班，发挥玉溪消防科普教育馆作用，开展“百名村官进红门”、“生命通道体验活动”。推动消防宣传“五进”，建立完善顶层抓地方党政领导、基层抓单位和社会群众、自上而下抓部门系统的立体化培训格局。全年共举办各类培训班35期，培训各类人员4万多人，支队完成中国消防在线稿件454篇、中央级新闻媒体35篇，在省级以上主流媒体刊播稿件1700余篇（条），举办各类宣传、咨询活动80余场次，播放户外视频520条（次），悬挂横幅680条，发送手机短信30万余条，派发宣传资料15万份，全民消防安全素质提升。玉溪“父子消防队”创始人肖家福继2011年被公安部授予“热心消防公益事业先进个人”称号后，2013年又被公安部评选为“首届全国119消防奖先进个人”。

【“三湖”生态保护水资源配置应急工程项目】　7月31日，市发改委下发《关于玉溪市东片区暨“三湖”生态保护水资源配置应急工程核准的批复》，同意实施玉溪市东片区暨“三湖”生态保护水资源配置应急工程。工程估算总投资198963万元，采取总承包加BT模式筹建。工程建成后引水流量可达2.5立方米每秒，年引水量为7013万立方米，可以缓解华宁县城、通海县城、江川县城和玉溪中心城区用水问题，杜绝“三湖”周边区域从抚仙湖取水，有效解决玉溪市东片区暨“三湖”周边地区出现的缺水问题。

【地质灾害防治】　2013年，全市辖区内通过巡查排查落实了612个重点地质灾害隐患监测点，配备了1024名监测员。市政府安排了群测群防工作经费234.5万元，组织开展了612个重点监测点地质灾害避灾演练。编印地质灾害防治宣传画张贴到全市612个重点地质灾害隐患监测点群众家中，增强了群众防灾避灾意识。年内，实施大型地质灾害防治项目4个，投资3085万元；实施中型地质灾害防治项目7个，投资1200万元；实施地质灾害搬迁项目2个，投资380万元；向省国土资源厅争取到大型以上地质灾害治理项目5个，总投资匡算8233万元。争取到省级地质灾害防治切块专项资金规模1354万元，华宁县宁州街道办王马社区小河小组地质灾害整村搬迁项目省级补助专项资金45万元，年内，争取到省级地质灾害防治工作经费15万元、群测群防工作经费60万元。玉溪市被确定为省级地质灾害防治信息化建设三个试点之一。

【地质灾害“十有县”创建】 1月4日，国土资源部公布了全国第四批地质灾害群测群防“十有县”名单，玉溪市的华宁县、易门县名列其中。至此，玉溪市八县一区全部荣登全国地质灾害群测群防“十有县”。自2009年国土资源部开展地质灾害群测群防“十有县”（有组织、有经费、有规划、有预案、有制度、有宣传、有预报、有监测、有手段）创建活动以来，玉溪市市、县（区）两级政府和国土资源部门把地质灾害防治作为关注民生的一项重点工作来抓，不断健全各级群测群防网络和预警预报系统建设，加大灾害隐患的治理力度，地质灾害防治工作取得了明显成效。新平县2009年底第一批进入，红塔区2011年1月进入，澄江县、江川县、通海县、峨山县、元江县2012年1月进入。

【地质灾害防治规划听证会】 1月25日，玉溪市国土资源局组织召开《云南省玉溪市地质灾害防治规划（2011～2020年）》听证会，听取社会各方面对规划修改完善建议。依据国家、省关于地质灾害防治工作规划编制要求，玉溪市从2011年底开始启动《云南省玉溪市地质灾害防治规划（2011～2020年）》编制工作，该规划成果于2012年12月26日通过了市级评审。

【森林防火】 2013年，全市发生森林火灾12次，为省控制指标75次的16%，其中，一般火灾3次，较大火灾9次，过火面积407.57公顷，受害面积73.49公顷，受害率0.09‰，低于省控制指标0.91个千分点；当日扑灭率100%，高于省控制指标2个百分点；火案查处11起，查处率92%，高于省控制指标12个百分点，圆满完成省政府下达的各项目标任务，被省政府考评为年度森林防火目标管理责任状执行情况一等奖。

【市级森林防火通道建设项目】 2013年，市财政安排130万元、县（区）配套130万元，分别在易门县、红塔区、通海县实施防火通道建设，新建防火通道49千米。

【国家重点森林火险区综合治理二期工程项目】 全市于2009年启动的国家重点火险区综合治理二期项目，涉及易门县、峨山县、新平县和红塔区，经过市、县（区）建设单位的共同努力，已全部完成建设任务。项目工程建设计划总投资717.77万元，其中，中央556.29万元，地方配套161.48万元，实际完成项目建设资金741.38万元；完成建设内容为新建瞭望台7座、瞭望台配套设施水窖15个、太阳能供电系统5套，新修防火公路10千米，新建生物防火隔离带10千米，新建防火检查站19个，购置了通信设备、防扑火装备、办公设备，完成物资储备库建设、专业队营房建设，购置运兵车8辆，建永久性宣传碑12块等。其中，为使森林火灾能得到及时、高效、安全处置，市政府、市森林防火指挥部同意组建60人的市级专业扑火队和建设市级森林防火物资储备库。市林业局积极协调、整合国家、市级资金，投入资金120万元，建成物资储备库721平方米、专业队营房989平方米。

【森林火灾保险】 2013年，全市森林火灾保险投保总面积1468.25万亩，其中，公益林826.70万亩、商品林641.55万亩，保费总计587.30万元。全市审核获取理赔案件11起，理赔金额44.52万元，获赔农户计61户。

【黄草坝水库除险加固工程竣工】 2011年10月8日，新平县黄草坝水库除险加固工程开工建设，至2013年7月2日按批准建设内容完成。11月13日，由省水利厅主持，在新平县举行黄草坝水库除险加固工程竣工验收会议。黄草坝水库位于新平县境内哀牢山脉中段、挖窖河流域上游，海拔1795米，距县城135千米。工程通过对水库各枢纽部位的除险加固，达到减少坝体渗漏，增加水库运行的稳定性和安全的目的。黄草坝水库除险加固工程初步设计由省水利厅、省发改委批复，批准概算总投资2568.12万元。资金来源为中央补助1514万元，省级配套541万元，市、县级配套216.05万元。至竣工验收时，该工程实际到位资金2249.98万元，其中，中央资金1514万元，省级补助541万元，市、县级配套194.98万元。经审定，该工程实际完成投资2434.34万元，形成交付使用资产2434.34万元，完成投资与批复概算相比，节约投资133.78万元。新平县黄草坝水库除险加固工程已按批准的设计内容建设完成，工程质量合格。工程试运行期间运行正常。验收委员会同意新平县黄草坝水库除险加固工程竣工验收，交付运行管理单位管理使用。

【防汛救灾】 2013年，全市八县一区38个乡镇21.87万人受灾，房屋倒塌70间，死亡1人，造成直接经济总损失1.33亿元。全市投入防汛抢险人力62998人次，防汛抢险资金96.49万元，防洪减灾经济效益1182万元。

【水土保持生态环境治理】 2013年，全市完成水土流失综合治理面积195.8平方千米，占计划数190平方千米的103%，超额完成了年度目标任务；完成总投资15298.31万元，完成土石方686.33万立方米，完成群众投工31.5万个。

【“三湖”水污染综合防治】 2013年，全市继续将湖泊水污染综合防治作为重中之重来抓，市政府先后组织召开了湖泊水污染综合防治专题会、现场会、督查推进会等一系列会议，研究部署湖泊水污染防治工作；与沿湖4县政府及市直有关部门签订了“十二五”及2013年湖泊水污染综合防治目标责任书，落实湖泊水污染综合防治目标责任。经过一年来的真抓实干，“三湖”流域水污染综合防治“十二五”规划项目按计划顺利推进。至年末，“三湖”水污染综合防治“十二五”规划项目66项，中期评估后，抚仙湖项目调减2项、调增1项，实为65个项目，规划总投资61.2亿元。年底完工23项，在建30项，开展前期工作12项，开工率81.5%，完工率35.4%，完成投资13.76亿元。抚仙湖继续保持Ⅰ类水质。市、县政府和环保等有关部门认真落实省政府杞麓湖水污染综合治理现场办公会精神，积极实施会议确定的16个项目（其中，杞麓湖补水工程项目被取消），开展前期工作1项，在建2项，完工12项，开工率93.3%，完工率80%，计划投资6.42亿元，完成投资5.09亿元。主要入湖河道综合整治攻坚战全面打响，并强化非工程措施。针对连年干旱导致抚仙湖、星云湖、杞麓湖水位下降可能带来的水质污染风险，市政府下发了《关于进一步加强抚仙湖水生态环境保护和水资源管理的紧急通知》和《关于进一步加强三湖水生态环境保护的紧急通知》，市三湖办下发了《关于进一步加强星云湖杞麓湖水污染防治防范水污染风险发生的通知》。各级各部门认真分析排查"三湖"水位下降面临的水生态环境风险，制订防范风险发生的应急预案和工作方案，采取切实措施，严防"三湖"水污染风险。沿湖4县广泛动员干部群众开展"清洁河道、清洁湖滩、清洁村庄、清洁田园""四清"保洁活动，市级对工作开展情况进行了督促检查，确保保洁工作取得实效。针对绝大部分污染负荷都是入湖河道带入湖泊的实际，坚持把河道治理作为重要环节来组织实施。市委、市政府下发《关于进一步完善三湖主要入湖河道河长责任制的通知》，制定了考核办法，在沿湖4县对"三湖"64条主要入湖河道实行河段长责任制的基础上，筛选污染严重的31条主要河流，由市委书记等市级领导亲自担任河长，进一步强化入湖河道河长责任制，高位推进综合整治工作。各条主要入湖河道的河长纷纷到实地调查研究，编制完善综合整治方案，千方百计争取资金投入，逐步推进综合整治项目。

【污染减排】 2013年，省政府下达全市的年度污染减排任务为化学需氧量和氨氮排放总量分别控制在33500吨、2844吨以内，比上年的34010吨、2888吨分别减少1.50%；二氧化硫和氮氧化物排放总量控制在29389吨、33617吨以内，比上年的30873吨、34042吨分别减少4.81%、1.25%；需完成重点减排项目为96个，其中，工程减排69个，管理减排14个，结构减排13个。为确保减排任务顺利完成，全市上下高度重视，层层签订目标责任书，将责任分解落实到各有关部门、企业和乡（镇），并要求严格按照目标责任书的要求，采取多种措施，积极推进减排工作。至年末，全市96个重点减排项目全部完成，完成率为100%；投入资金约1.97亿元，新建7套烧结烟气脱硫设施、5套水泥窑脱硝设施并全部投入运行，关停拆除7户造纸厂、2户钢铁厂、3户水泥厂。全市的污水厂及配套管网项目全部建成投运，扣除新增排放量后，4项指标的排放量均控制在责任书要求的指标范围内。

【环境监测与科研】 2013年，市环境监测部门开展了"三湖一库"及入湖河流、玉溪大河、元江、南盘江、绿汁江、曲江等月报监测和中心城区环境空气质量监测工作和地级城市、县级城镇集中式生活饮用水源地水质监测工作，实施了国控、省控重点污染源以及重点减排项目的监督性监测，以及上级下达的各种指令性监测任务，完成各类监测报告312份，出具监测数据39178个，发布中心城区环境空气质量日报365期，向国家环境监测总站上报抚仙湖孤山水质自动站水质周报52期，监测数据50856个；同时，开展环境空气质量监测工作，按旬公布全市县（区）空气质量状况报告27期。自4月初开始，八县一区均开展了PM2.5的监测工作。中心城区环境空气质量监测指标日平均值均符合《环境空气质量标准》二级标准，全年空气质量均达到优良。此外，还完成了抚仙湖、星云湖、杞麓湖2012年度水质分析报告和2013年水质分析报告；完成了"环境与健康"预调查土壤环境质量现状监测分析工作；协助中国环境规划院完成《抚仙湖生态环境保护规划（2011～2025年）》，编制完成《2013年星云湖流域环境综合整治方案》、《玉溪市中心城区集中式饮用水源地东风水库水污染综合整治工作方案》、《玉溪市中心城区集中式饮用水源地东风水库水污染综合整治项目可行性研究报告》等；与省环科院合作完成了抚仙湖、星云湖、杞麓湖水污染综合防治"十二五"规划中期执行情况评估报告编制工作，并完成了星云湖、杞麓湖生态安全调查及评估技术大纲编制工作；组织开展了《抚仙湖不明漂浮物成因调查研究》、《星云湖蓝藻"除藻船"除藻控藻效果研究》课题现场监测与调查工作；开展编制《星云湖水污染综合治理实施方案（2013～2015年）》、《杞麓湖水污染综合治理实施方案（2013～2015年）》等项目。

【"爱心水窖"建设】 2013年，全市建设"爱心水窖"任务数为16000口，截至12月20日，16000口"爱心水窖"建设工作已全部完成；收到省级补助资金2400万元，其中，省级财政补助资金1200万元，第一批捐赠资金592万元，第二批捐赠资金608万元。省级财政补助资金1200万元已下达，捐赠资金1200万元已由省水利厅"爱心水窖"捐赠资金专用账户下达市水利局专户。项目完成后新增蓄水容积40万立方米，进一步改善了山区"靠天吃饭、靠雨种田"的被动局面，解决了44918人的饮水困难，有效改善了山区、半山区群众生活生产条件。

【灾民救助】 2013年，玉溪市因干旱、洪涝、风雹、滑坡、冰雪冷冻等自然灾害造成113.1万人次受灾，其中，因灾死亡2人，紧急转移安置506人；因灾倒塌民房222间，严重损坏1652间，一般损坏1383间；农作物受灾面积12.6万公顷，成灾面积8.7万公顷，其中3.52万公顷绝收，直接经济损失14亿元。各级民政部门严格执行各项防灾减灾救灾工作政策，建立救助人口台账，共投入救灾救济资金2862万元，先后发放救灾粮食2880吨，救助13.48万人；发放衣被4.26万件（套），救助2.13万户；投入228.47万元资金用于解决群众饮水困难和其他因灾临时生活困难，受益人口7.76万人次，投入226.14万元，对725户倒损民房实施恢复重建。

【防灾备灾工作】 2013年，市民政局通过建应急避难场所、完善救灾设施、畅通信息通道等措施，进一步提升全市预防和处置自然灾害的能力。在红塔区、江川县等七个县区共投入280万元资金实施应急避难场所建设；为全市75个乡镇（街道）各配备了一辆民政救灾车；在694个村（社区）各配备一名民政信息员，保证信息渠道畅通无阻。制定完善自然灾害应急预案，与相关部门密切配合实施联动应急，确保灾后24小时内救灾人员、救灾资金、救灾物资和各项救灾措施全部落实到位。全年发放救灾粮2880吨，救助13.48万人；发放衣被4.76万套，救助2.13万人。红塔区北苑社区、高龙潭社区、新兴社区，易门县龙泉街道西环路社区和新平县桂山街道青龙社区等5个社区被国家减灾委、民政部授予"全国综合减灾示范社区"。

【地震监测预报】 根据2013年度全国、全省地震趋势会商结论，市防震减灾局作为省地震局指定的震情跟踪工作牵头单位，把工作重点放在滇南至滇西南地区的震情跟踪监视上，加强震情跟踪监视工作。做到确保信息畅通、数据快速传递和各类监测仪器正常运转，坚持每周震情会商、每月编印《震情动态》、《玉溪市震情跟踪工作月报》、季度编印《玉溪防震减灾信息》报当地党政领导、省地震局和有关部门，及时反映地震监测预报情况和防震减灾工作动态。在日常震情监视工作中，做好宏观、微观异常跟踪落实，遇有突变异常和震情做到及时处理、及时上报。2013年核实处理红塔区和通海、江川、新平等县水库、井水发浑、机井水位上升、水温突升等宏观异常9起。根据《云南省2013年度震情跟踪工作方案》要求，结合玉溪震情形势和震情跟踪工作实际，制定了《玉溪市2013年度震情跟踪工作方案》和《玉溪市地震应对工作方案》。作为牵头单位，制定了《滇南至滇西南地震危险区2013年度震情跟踪预测工作方案》和《2013年滇南至滇西南重点危险区震情跟踪工作安排》。并严格按照《2013年度震情跟踪工作责任书》的要求，进一步明确职责和落实任务，使震情跟踪工作落到实处。

【震害防御】 2013年，按照市委、市政府提出的加强软环境建设、简化审批程序、压缩审批环节和时限、提高办事效率的要求。市防震减灾局及时制定了《玉溪市防震减灾局行政审批服务实施细则》，简化了市防震减灾局承担的"建设工程抗震设防要求确定"审批程序，压缩了审批时限，向社会公开了服务承诺。加强对玉溪建设工程抗震设防管理工作。加大对晋红、晋江高速公路及玉溪"三湖"生态保护水资源配置应急工程的协调力度，按照市政府的要求，完成了地震安全性评价工作任务。先后对玉溪玉山城岚园、玉溪城南交通枢纽中心（汽车客运站）等24个建设工程项目提出了抗震设防意见。参与农村民居抗震设防指导及校安工程的督促检查工作。市防震减灾局充分利用每年的科普日、地震纪念日以及科技三下乡等活动，深入各县区乡镇开展农村民居抗震设防咨询服务，并有针对性地编印了有关农村民居建设的宣传册子。积极配合有关部门对实施工作进行指导和对竣工项目的验收。按照市政府的分工安排，市防震减灾局具体负责峨山县校安工程的督促检查工作。

【防震减灾科普宣传】 为增强全民的防震减灾意识，市防震减灾局按照"主动、慎重、科学、有效"的原则，采取多种宣传渠道和形式，在全社会大力开展防震减灾知识的普及和教育。5月12日，开展以"识别灾害风险，掌握减灾技能"为主题的防灾减灾宣传教育活动，在红塔区春和街道和聂耳文化广场展出展板20块，接受群众咨询150余人次，发放《地震应急自救互救手册》、《防震避震常识》、单张彩色宣传资料及防震减灾科普扑克5000余份。此外，市防震减灾局还积极开展防震减灾科普知识进校园、进社区、进机关、进企业、进部队、进乡村的"六进"活动。先后到市第二幼儿园、老干活动中心、玉溪臣戈有限责任公司等单位讲授地震科普知识，指导地震应急疏散演练。协助市人力资源和社会保障局，在全市事业单位1500余名工作人员初聘培训中，讲授地震基本知识和应急避震知识。市防震减灾局金志林局长为民政局975名基层民政工作人员作《防震减灾　你我同行》专题报告。坚持以《玉溪防震减灾》报、防震减灾宣传网进行宣传，2013年编印《玉溪防震减灾》报6期，每期2.55万份，随《玉溪日报》免费发放，扩大防震减灾宣传面。

【高龙潭社区获"地震安全示范社区"称号】 红塔区凤凰街道高龙潭社区于2012年12月获"玉溪市地震安全示范社区"称号，在此基础上，高龙潭社区不断健全完善制度、机构和软硬件建设，2013年11月，向云南省地震局申报并获"云南省地震安全示范社区"称号，同年12月，由云南省地震局向中国地震局推荐并获"国家地震安全示范社区"称号。

【修订《玉溪市地震应急预案》】 2013年，市防震减灾局起草的《玉溪市地震应急预案》，经征求省地震局和市抗震救灾指挥部各成员单位的意见后，形成上报市政府的审订稿。9月13日，市政府办公室以《玉溪市人民政府办公室关于印发玉溪市地震应急预案的通知》文件印发各县区人民政府、市直各单位、中央省属驻玉单位和军警部队组织实施。

【地震应急疏散演练】 11月6日9时30分~11时30分，玉溪市人民政府在高新科技大楼和高龙潭社区举行地震应急疏散演练活动。市人民政府副市长解仕清宣布演练开始。随后，市人防办的指挥车拉响灾害警报，整个高新科技大楼内的全体工作人员和高龙潭社区居民共700余人开始应急避震和疏散撤离。应急疏散演练结束后，解副市长对此次演练活动进行了点评，之后，全体参演人员参观了由市民政局、卫生局、住建局、防震减灾局、供电局、移动公司、电信公司和消防支队展示的应急救援装备和物资展示，并参观了高龙潭省级地震安全示范社区。

【人工影响天气】 2013年，玉溪市、县两级人工影响天气中心在汛期前对XDR雷达、无线通信网、计算机宽带网、区域自动站网进行了全面维护维修；对高炮、火箭发射装备进行了性能检测、检查、检修；完成4个标准化人影作业点建设和通海、峨山、澄江三县人影指挥平台建设，使人影工作软、硬件建设进一步加强。在人影作业实施前和进行中，派人参加了省级人影指挥培训并举办了市、县两级人影作业点点长、作业人员培训，开展人影安全检查，保证和促进人影工作的科学、安全和有效开展。人工增雨。市人工影响天气中心在1~5月结合非汛期工作实际，遇到有利人影作业天气过程及时启动24小时人工增雨值班，抓住22个天气过程组织通海、峨山、元江县10个人影作业点实施地面人工增雨作业121点次。6月进入主汛期后，充分利用人影作业点多面广及雨季云水优势，在认真做好防雹减灾工作的同时，加大人工增雨工作力度，抓住51个天气过程组织32个作业点实施地面人工增雨作业293点次。同时，全省启用2架飞机开展常态化飞机人工增雨作业，于3月8日首次实施增雨作业取得成功。进入6月后，省人工影响天气中心又实施了以玉溪为重点的飞机增雨作业20多架次，使玉溪降雨量多次得到增加。据评估测算，实施增雨作业后约使全市增加降水18%，为缓解旱情、增加蓄水起到了积极作用。人工防雹。全市进入主汛期后，市人工影响天气中心根据往年经验和针对该年夏季强对流天气频发、雹云生成突发性强等气候特点，于6月1日开始组织各县（区）102个防雹点上阵实施防雹作业，市、县（区）400多名人影指挥、作业人员24小时值班坚守岗位，时刻关注天气变化，严防死守4个月，有91个防雹点实施防雹作业599点次，发射各种类型防雹箭弹4825枚，保护烤烟种植面积47.2万亩，其他农作物种植面积35万亩。经统计，防雹期间设防区内烤烟受灾仅为2.03%，而防区外受灾达10.65%。

【防雷减灾】 2013年，玉溪市闪电定位仪监测到全市雷闪38883次，其中，强度在20～50千安的有24162次，50～100千安有3244次，100千安以上的有448次。据不完全统计，强雷闪造成全市发生雷击灾害5起，因雷击致死1人、伤1人，建（构）筑物受损2起，单位电子设备雷击事故3起，多套办公电子、监控设备受损，全年雷灾直接经济损失达10多万元，雷灾事故和雷灾经济损失均比上年大有减少和减轻。市雷电中心遵循开展防雷装置安全技术检测是找出雷击事故隐患最有效手段的工作原则，在雷雨季节前抓紧进行易燃易爆场所、烟草、红塔集团等防雷重点单位的防雷装置安全检测，对全市10000余幢（组、套）防雷装置进行了安全技术年度检测。对检测后发现的雷击事故隐患，及时提出意见和督促整改。对55项建设项目开展防雷设计技术审核、分段检测等工作。防雷设计图纸、防雷装置竣工验收许可率达100%；易燃易爆场所检测面达100%；督促防雷隐患整改检测面达40%。为玉溪相关建设项目防雷设计和施工提供依据，进行雷击风险评估项目56个。利用已建立的闪电定位仪、大气电场仪等雷电监测资料，研究开发雷电科研及技术服务项目15套，为红塔集团玉溪卷烟厂的雷电预警服务和向外州、市、县的推广应用中显示了较好社会效益。

【山洪地质灾害防治气象项目建设】 2013年，玉溪市气象局按照中国气象局“山洪地质灾害防治气象业务系统”项目建设要求，实施了“玉溪中小河流防汛预报预警业务系统”、“山洪地质灾害防治综合气象业务平台”、“区域自动气象站及雷达数据共享分发系统”项目的研发和实施方案的拟定，于4月上旬完成，并通过评审，启动玉溪山洪地质灾害防治气象业务系统项目建设。通过年内项目建设，初步实现了玉溪各中小河流和水库的气象资料自动采集、统一数据存储、精细化强降水预警预报产品分析处理、集约化综合信息制作发布等功能的增大增强，并建立起层次分明、功能全面、技术先进、快速高效的气象灾害监测预警和风险评估服务体系，实现对灾害防治区突发性强降水及其引发的中小河流洪水、山洪、地质灾害等的气象监测、预警和风险评估，气象防灾减灾水平和效益得到有效提升。

（刘仕荣　李晓媛　蒋任发）

保山市

概　况

【区划人口】　保山市地处云贵高原西南部，跨北纬24°08′～25°51′，东经90°05′～100°02′之间。东与大理州、临沧市接壤，北与怒江州、西与德宏州毗邻，西北、正南同缅甸交界，国境线长167.78千米。全市辖隆阳区、施甸县、腾冲县、龙陵县、昌宁县1区4县。全市共有72个乡镇（其中：30个镇、2个街道办事处），50个城市社区、861个村委会。2013年末总人口256.92万人，其中农业人口209.38万人，少数民族人口27.61万人。世居少数民族主要有彝族、傣族、白族、傈僳族、苗族、布朗族、回族、德昂族等14种。

【地理气候】　保山市地处太平洋板块和印度洋板块结合带，为低纬高原山地，海拔高差悬殊大，地形条件复杂，境内地势为西北高、东南低走势，最高点为高黎贡山大脑子，海拔3780.2米；最低点为龙陵县万马河口，海拔535米，海拔高差悬殊2345.2米。全市属西南季风区域，多受孟加拉湾风暴、印度洋和南海热带暖湿气流影响，构成了错综复杂的天气气候，地质地貌及气候类型丰富多样，地理环境立体气候十分明显，故而频频出现异常天气和复杂天气极端变化。形成气象灾害种类多，发生频率高，经常发生影响较大的气象灾害有干旱、低温冷害、冰雹、大风、雷雨等。

【地震构造】　保山市地处横断山脉南段，属青、藏、滇、缅巨型“歹”字型构造体系中段与经向构造的复合部位。是云南省6个地震重点地区之一，市内断裂构造十分复杂，分布有腾冲火山断裂、怒江断裂、龙陵—瑞丽—施甸断裂、大盈江断裂等，这些主干断裂与其他次级断裂纵横交错、相互交汇，构成了市内十分复杂、破碎的地质结构，地中海—喜马拉雅山地震带，怒江、澜沧江两大深大断裂带和腾冲—耿马断裂带经过此间，属于地震多发的地区，地震灾害较为突出，其基本特征是，频率高强度大，次生灾害种类俱全。仅1900年以来，市内就发生5.0级以上地震47次，其中6.0～6.9级地震9次，7.0级以上地震2次。

【2012年气候概述】　气候要素。1. 气温。全市2012年平均气温为16.5℃，较多年平均值偏高0.7℃，比2011年平均值偏高0.4℃。2012年各县区年平均气温为15.2～18.3℃，大部分县区比多年偏高0.2～0.9℃，比2011年偏高0.0～0.7℃，属于正常略偏高年份。2. 降水。2012年全市平均年降水量为1210.4毫米，比多年平均值偏少163.3毫米，比2011年平均值偏多35.0毫米。2012年各县区年降水总量为772.3～1896.5毫米，大部分县区比多年平均值偏少178.0～230.0毫米。3. 日照时数。2012年各县区日照时数为2282.8～2505.6小时，比多年平均值偏多63.5～309.9小时。与2011年相比，腾冲偏少47.8小时，其它县区偏多9.8～181.4小时。

气候特点。2012年全市降水总量略偏少，各关键期光、温、水条件匹配一般，自然灾害偏轻，气象条件对工农业生产而言属于中等年景。主要的天气气候特点是：1. 冬季降水特少，气象干旱明显；2. 春季（3～4月）降水基本正常，但时空分布不均，出现阶段性春季干旱；3. 雨季开始期偏晚，初夏干旱明显；4. 阶段性阴雨寡照天气突出；5. 汛期单点性大雨、暴雨突出；6. 大风、冰雹、雷电等局地强对流性灾害性天气频发；7. 秋季降水偏少，雨季结束期正常，秋冬干旱突出。

【2013年气候概述】　气候要素。1. 气温。全市年平均气温为16.5℃，较多年平均值偏高0.7℃，比2012年偏高0.1℃，并连续第16年高于多年平均值。各县区年平均气温为15.3～18.3℃，大部分县区比多年年平均值偏高0.5～1.2℃，属于正常略偏高年份，大部分县区比2012年偏高0.1℃。2. 降水。全市平均年降水量为1258.4毫米，比多年平均值偏少115.5毫米，比2012年平均值偏多48.1毫米。3. 日照时数。各县区日照时数为2354.6～2594.1小时，与多年平均值相比，隆阳偏少27小时，其它县区偏多236.7～502.1小时。

气候特点。2013年全市降水总量略偏少，各关键期光、温、水条件匹配一般，自然灾害较常年偏轻，气象条件对工农业生产而言属于中等年景。主要的天气气候特点是：1. 冬春降水稀少，气象干旱严重。2. 雨季开始偏早。3. 入汛以后降水偏少，且降水时空分布不均，夏季插花性干旱明显。4. 主汛期（7月下旬~8月中旬）降水集中，单点性、区域性大雨、暴雨突出。5. 秋季出现连阴雨。6. 雨季结束正常偏早。7. 秋冬降水稀少，气象干旱明显。8. 冬季出现持续低温霜冻天气。

2012 年灾情

【综 述】 2012 年，全市先后遭受了低温冷冻、干旱、地震、风雹、洪涝、滑坡、泥石流和施甸“9.11”地震等自然灾害，造成 72 个乡镇、街道不同程度受灾，受灾人口 1591118 人次，因灾伤病 7061 人，因灾死亡 4 人，因灾需紧急转移安置人口 2871 人；农作物受灾面积 150700.1 公顷，绝收面积 14074.4 公顷；倒塌民房 506 间，民房受损 21995 间，直接经济损失 11.71 亿元。

【森林火灾】 全市共发生森林火灾 22 起，全部于当日扑灭，火场总面积 366.01 公顷，受害森林面积 165.35 公顷，森林受害率 0.13‰；查处火灾案件 19 起，查处率为 86%，处理有关责任人 19 人，核查国家、省林火监测中心通报卫星热点 38 个。

【农业灾害】 全市粮食作物总播种面积 125.89 万亩，其中受灾面积 69.7 万亩，占总播种面积的 55.4%；成灾面积 35.72 万亩，占总播种面积的 28.4%；绝收面积 6.68 万亩，占总面积的 5.3%。损失产量 3.46 万吨，经济损失 0.89 亿元。受灾主要表现在大、小春粮食作物上，受灾作物是大、小春，冬玉米、蚕豆、豌豆、大豆、薯类和其他杂粮。

全市经济作物总播种面积 262.8 万亩，其中受灾面积 109.8 万亩，占总播种面积的 41.8%；成灾面积 60.96 万亩，占总播种面积的 23.2%；绝收面积 7.79 万亩，占总播种面积的 2.9%。损失产量 28.47 万吨，经济损失 5.78 亿元。受灾主要表现在油菜、蔬菜、甘蔗、茶叶、蚕桑、咖啡、水果、香料烟、药材和其他经济作物上，导致产量和收入降低。

全市重金属污染区 44 个，其中工矿企业周边区 35 个，污水灌溉区 8 个，大中城市郊区 1 个。区域总面积 91.49 万亩，其中耕地面积 30.64 万亩，其他面积 60.85 万亩。

全市农业植物病虫草鼠害发生面积 572.02 万亩次，其中：粮食作物发生面积 400.41 万亩次，占总发生面积的 70%；经济作物发生面积 171.61 万亩次，占总发生面积的 30%。

薇甘菊发生点 205 个，涉及面积 0.82 万亩。奇异藕草发生面积 28.8 万亩，涉及隆阳、施甸、腾冲三县区 27 个乡镇。

【地质灾害】 全年因降雨诱发地质灾害 45 起，无人为地质灾害发生。其中：发生小型滑坡 31 起、泥石流 3 起、崩塌 8 起、地面沉降 2 起、地裂缝 1 起，直接经济损失 425.75 万元；成功预报滑坡 3 起，避免人员伤亡 92 人、经济损失 18.5 万元。因防范得当，无人员伤亡。全市汛期地质灾害防治工作进展顺利，未发生地质灾害责任事故。

排查出地质灾害隐患点 1427 个。其中滑坡 1155 个、崩塌 39 个、泥石流 98 条、不稳定斜坡 106 个、地面塌陷 10 处、地裂缝 15 条、地面沉降 4 处，共安排监测责任人 1477 人。

【林业有害生物灾害】 全市发生本土林业有害生物面积 6.5047 万亩。按病虫种类分：病害 0.2897 万亩（油茶病害 0.0500 万亩、其他病害 0.2397 万亩）；虫害 6.0650 万亩（金龟子 1.1000 万亩、杞木叶甲 0.7000 万亩、华山松木蠹象 1.6000 万亩、纵坑切梢小蠹 0.0300 万亩、黄刺蛾 0.1800 万亩、云南松毛虫 1.5750 万亩、松叶蜂 0.2000 万亩、祥云新松叶蜂 0.5500 万亩、其他虫害 0.1300 万亩）；鼠害 0.1500 万亩。按危害程度分：轻度 4.9547 万亩、中度 1.4850 万亩、重度 0.0650 万亩。防治面积 4.8547 万亩（其中：仿生制剂防治 2.8600 万亩、化学防治 0.2897 万亩、人工防治 1.6950 万亩、其他方法防治 0.0100 万亩）。无公害防治率 98.46%。成灾面积 0.7400 万亩，成灾率 0.38‰。投入防治费用 76.3 万元。

【水库防洪】 全市投入防汛运行的水库 251 座（大中型水库 14 座、小型水库 237 座），汛期拦蓄洪水总量 3.6264 亿立方米，减免农田受淹面积 11.545 万亩，减免受灾人口 31.9 万人，减免城市进水 5 座，减免重要设施受淹 37 座，减免直接经济损失 183.37 亿元。完成修复水毁水利工程项目 592 件（处），其中：堤防 111 处，长 38.53 千米；护岸 9 处，长 1.8 千米；坝埭 108 座；闸涵 17 座；河道清淤除障 346 处，长 180.1 千米；小型水库除险加固 1 座。完成工程量：土方 72.1 万立方米；石方 22.82 万立方米；砼 0.6253 万立方米。

【教育系统受灾】 全市受灾学校 150 所，倒塌校舍 21 间 352 平方米，形成危房 285 间 59134.3 平方米，毁坏围墙 10282.4 平方米、运动场 7903 平方米，毁坏教学仪器 6 台件套，直接经济损失 5880.1 万元。

【农业灾害】 全市农业系统投入抗旱资金 8907 万元，派出科技人员 3.99 万人次，投入抗旱机械 1.32 万台套，防治病虫害面积 203.75 万亩次，改种补种面积 2.34 万亩，浇灌受灾面积 62.74 万亩，实施地膜覆盖 9.82 万亩，秸秆覆盖 6.05 万亩，使用抗旱剂 0.5 万亩，挽回粮食作物产量 5.44 万吨，挽回经济损失 2.78 亿元。

投资 2000 万元实施千亿斤增粮工程 4.44 万亩，投资 1791 万元实施基本口粮田建设 1.59 万亩，投资 2000 万元实施油稻料基地建设 0.5 万亩，投资 3710 万元实施农村户用沼气池建设 5500 口，投资 650 万元实施发展现代农业建设项目等，有效提升了农业生产综合能力，推进了高原特色农业跨越发展。

【公共卫生事件】 发生突发公共卫生事件3起，与2011年（1起）相比增加2起，累计报告发病85人，死亡1人。其中：传染病疫情事件1起，发病5人；中毒事件2起，中毒80人，死亡1人。

【环境排污】 纳入省政府年度减排责任书的36个重点减排项目基本按期完成。与2011年相比，全市化学需氧量和氨氮排放量分别削减4.44%、7.06%，二氧化硫和氮氧化物排放量分别增长13.39%、8.39%。16家国控、省控企业自动监测数据有效性审核合格率达到75.0%。对280余个重点污染源、涉重涉危企业进行环境风险排查、评估，全年共出动1600余人次实施了现场监察和督查。全市出动检查人员250人次，开展辐射环境安全检查专项行动，检查放射源使用单位21家、射线装置使用单位84家。全市已建成2个国家级生态乡镇、31个省级生态乡镇、93个市级生态村。《保山市农村环境污染防治规划（2011—2020）》经市政府批准实施。完成施甸县姚关镇摆马村、龙陵县龙江乡弄福村、隆阳区河图镇打渔村3个国家和省农村环境综合整治项目，总投资311.78万元。隆阳区河图镇等4个多村连片整治项目实施方案已通过省级审查。争取到国家级、省级环保专项资金1515万元。

保山中心城市环境空气质量处于良好水平。

2013年灾情

【综　述】 2013年，全市低温冷冻、干旱、风雹、洪涝、滑坡、泥石流和雪灾等自然灾害均有不同程度发生，造成受灾人口151.2419万人次，因灾伤病6687人，因灾死亡6人，饮水困难人口21.1761万人次，因灾需紧急转移安置人口1265人；农作物受灾面积175605公顷，绝收面积17820公顷，饮水困难大牲畜13.27万头；民房倒塌190间，民房受损3356间；直接经济损失11.35亿元。

【森林火灾】 全市共发生森林火灾22起，全部于当日扑灭，火场总面积591.7公顷，森林受害面积328.12公顷，森林受害率达0.26‰；查处火灾案件18起，查处率为82%，分别对20名行政人员和15名护林员进行了行政问责，处罚火灾肇事者21人，核查卫星热点40个。

【地质灾害】 全市因降雨诱发地质灾害24起，因灾死亡1人、受伤1人，直接经济损失763.17万元，成功预报泥石流灾害1起，避免人员伤亡27人，无人为地质灾害发生。

发现地质灾害点1719个，其中滑坡1437个、崩塌38个、泥石流85条、地面塌陷9处、地裂缝48条、地面沉降102处，威胁人口156851人，威胁资产225974万元，安排监测点2091个、监测人员3301人。所有隐患点，全部纳入监测预警范围。

【农业受灾】 全年粮食作物和经济作物种植面积415.34万亩，因各种灾害造成农经作物受灾面积226.58万亩，占总种植面积的54.6%；成灾面积125.74万亩，占总种植面积的30.3%；绝收面积30.44万亩，占总种植面积的7.3%。因灾损失产量49.52万吨，经济损失6.31亿元。在粮食作物中，当年种植面积132.14万亩，其中：受灾面积84.36万亩，占总种植面积的63.8%；成灾面积45.09万亩，占总种植面积的34.1%；绝收面积16.48万亩，占总种植面积的12.5%。因灾损失产量5.51万吨，经济损失1.44亿元。在经济作物中，当年播种面积283.2万亩，其中：受灾面积142.22万亩，占总种植面积的50.2%；成灾面积80.65万亩，占总种植面积的28.5%；绝收面积13.96万亩，占总种植面积的4.9%。因灾损失产量4.4万吨，经济损失4.86亿元。

2013年农作物和经济作物病虫草鼠害发生面积526.46万亩次，其中：农作物发生面积342.19万亩次，占总发生面积的65%；经济作物发生面积184.27万亩次，占总发生面积的35%。在病虫草鼠害总发生面积中，病害发生面积87.31万亩次，占总面积的16.6%；虫害发生面积224.55万亩次，占总面积的42.7%；草害发生面积160万亩次，占总面积的30.4%；鼠害发生面积54.6万亩次，占总发生面积10.3%。南方水稻黑条矮缩病发生面积2.54万亩次，是重点病害防控对象。

农产品产地重金属污染有可疑污染区32个，区域总面积113.57万亩，其中：耕地面积12.14万亩，占10.7%。可疑污染区涉及污染企业或者污染源53个。农业外来入侵生物微甘菊发生点27个，发生面积232.5亩，分布在施甸、腾冲、昌宁3个县。奇异藕草发生面积28.8万亩，涉及3县27个乡镇，造成经济损失600万元。

【林业有害生物灾害】 全市发生本土林业有害生物面积6.5105万亩。按病虫种类分：病害0.1200万亩（核桃病害0.0800万亩、油茶病害0.0400万亩）；虫害6.1855万亩（金龟子0.9100万亩、杞木叶甲1.8400万亩、华山松木蠹象1.1500万亩、纵坑切梢小蠹0.1880万亩、松针斑蛾0.0420万亩、松尽蠖0.0500万亩、云南松毛虫1.4700万亩、德昌松毛虫0.1700万亩、铁刀木粉蝶0.1400万亩，祥云新松叶蜂0.0400万亩、其他害虫0.1855万亩）；鼠害0.2050万亩。防治面积5.1450万亩（其中：仿生制剂防治3.800万亩、化学防治0.3400万亩、人工防治0.9850万亩、其他方法防治0.0200万亩）。防治率97.39%。防治作业面积6.7455万亩，无公害防治面积6.7205万亩，无公害防治率99.63%。成灾面积0.1710万亩，成灾率0.09‰，发生率0.33%。各级共投入防治费用63.62万元。

【公路受灾】 全年水毁路基276143立方414.95千米，其中，沥青路面232639平方267.38千米，砂石路面1564478平方1811.38千米，水泥路面66950平方69.95千米，桥梁246延米13座，驳岸挡墙54740.48立方米360处，坍塌方2017118立方6435处，公路中断104条，直接经济损失2771.19万元。

【水库防洪】 全市投入防汛运行的水库228座，其中：大（一）型水库1座；中型水库13座；小型水库214座。汛期拦蓄洪水总量4.288亿立方米，防洪保护农田面积25.545万亩，防洪保护人口82.19万人，防洪保护城市5座，防洪保护重要基础设施57座，减免直接经济损失2336.77亿元。修复堤防426处，长83.9千米，修复护岸22处，长13.5千米，修复坝垛107处，修复闸涵29座，河道清淤除障327处，长260千米。完成土方117.98万方，完成石方29.6万方，完成混凝土1.43万方。

【教育系统受灾】 全市倒塌校舍7间410平方米，形成危房151间8226平方米，毁坏围墙6087平方米、运动场6786平方米，毁坏教学仪器34台件套，直接经济损失2532.8万元。

【农业灾害】 全市农业系统共计投入抗旱资金730万元，派出农业科技人员下乡指导3.13万人次，投入抗旱机械6871万台套，改种补种3.03万亩，防治病虫害面积311.47万亩，浇灌受灾面积51.65万亩次，实施地膜覆盖面积9.02万亩，秸秆覆盖1.43万亩，使用抗旱剂0.51万亩。

投资2400万元实施千亿斤增粮工程4.44万亩，投资1791万元实施基本口粮田建设1.59万亩，投资1000万元实施中低产田地改造1万亩，投资940万元实施农作物高产创建51.29万亩，投资789.5万元实施农作物“一喷三防”保障措施，投资295万元实施测土配方施肥技术等农业基础设施建设，增强了防灾减灾能力，为保障粮油安全、农产品有效供给和农民增收奠定了基础。

实施蔬菜、水果样品1.21万个快速检测，合格率达98.7%；开展产地种子检疫30.8万千克，农产品调运检疫63批次216.2万千克；完成土壤样品化验分析2500个，落实救灾备荒种子专项资金221.8万元，储备种子5.7万千克；利用农业信息平台发布信息4.76万条，出动执法人员4095人次和车辆1170辆次检查农资企业2794户以及整顿农资市场567个次，查处假劣农资1270.9千克，发放宣传资料13.04万份，挽回农民经济损失47.45万元。

【公共卫生事件】 发生突发公共卫生事件7起，与2012年（3起）相比增加4起。其中：传染病疫情6起（5起为新发传染病疫情事件），食物中毒1起。较大（Ⅲ级）事件1起，一般（Ⅳ级）事件6起。累计报告发病51例，比2012年（85例）减少34例；死亡3例，比2012年（1例）增加2例。

【环境排污】 保山中心城市环境空气质量良好，全年365天自动监测，SO_2 年日平均值 0.020mg/m^3，NO_2 年日均值 0.019mg/m^3，可吸入颗粒物（PM_{10}）年日均值 0.066mg/m^3，均符合《环境空气质量标准》（GB3095-1996）二级标准限值；降尘、硫酸盐化速率全年设监测点2个，每月监测一次，年平均值分别为16.4吨/平方千米·月、0.17mg/100厘米^2；降水PH值范围在6.36~7.89之间，未出现酸雨。

保山市中心城区区域环境噪声监测，以450m×450m的正方形网络布点104个。全城昼间平均等效声级值为58.5dB，全城夜间平均等效声级值为48.6dB。

腾越镇、芒宽乡获得国家级生态乡镇命名，9个省级生态乡镇通过省政府命名，建成市级生态村126个；完成1个国家级生态乡镇、13个省级生态乡镇市级审查申报。完成隆阳区河图镇、腾冲县腾越镇、施甸河流域等8个多村连片农村环境综合整治项目实施方案，经省级审查录入国家项目库；100座农村生活垃圾焚烧炉建成并相继投入使用。全市共出动1835人次，对36家国控企业环保设施运行情况和57个省级减排项目进展情况，按季度进行监察监督，出具现场监察记录191份。

典型灾害及抗灾救灾

【施甸“9·11”地震】 2012年9月11日11时20分、21分，施甸县发生4.5级、4.9级地震，震源深度分别为8千米和10千米，此次地震造成施甸县甸阳、姚关等9个乡镇不同程度受灾，灾情较重的是甸阳、姚关、万兴、木老元4个乡镇，给灾区群众的生产生活带来一定影响。地震共造成受灾人口92217人，需紧急转移安置人口1586人，因灾伤病5人；大牲畜伤亡13头；民房受损7436户17245间，其中：民房倒塌34户204间，严重损坏790户2370间，一般损坏房屋6612户14671间，造成经济损失约6264万元；圈舍损坏1588户4751间，造成经济损失232万元；道路交通设施损失约56万元；电力、通讯设施受损，造成经济损失202万元；水利基础设施受损造成经济损失约1338万元；教育设施受损造成经济损失约1912万元；卫生设施受损造成经济损失约594万元；村委会受损1个，造成经济损失5万元；烤房倒塌30座、受损1863座，造成经济损失595万元；其它损失61万元。造成直接经济损失11260万元。

1. 灾情发生后，市、县两级党委政府高度重视，迅速启动救灾应急响应预案。市委、市政府派出市委副书记李雄、副市长丁昌吉带领市、县两级地震、国土、民政、建设、卫生等部门第一时间赶赴受灾较重的乡镇村组查看灾情，现场传达省市领导批示，指挥部署救灾工作。

2. 在昆明开会的市委书记李正阳、市长吴松立即返回保山，携市级相关领导亲临灾区现场指导抢险救灾工作，对抗震救灾工作提出了要求。李正阳书记、吴松市长到达受灾较为严重的施甸县姚关镇大乌邑村、甸阳镇袁家村、五福村视察灾情，了解灾区群众生产生活情况和亟待解决的困难和问题。同时，还到医院看望了因灾受伤群众。

3. 地震发生后，施甸县委书记李元标率县级相关领导和相关部门负责人深入灾区，指导开展抗震救灾工作。

4. 灾情发生后，驻军部队及时投入抢险救灾工作。保山军分区、保山公安边防支队、保山公安消防支队、保山预备役团、武警保山医院及时赶赴一线转移灾民、抢救伤员、搭建帐篷，开展救灾工作。

5. 省、市、县共下拨救灾资金451万元，发放并搭建救

灾账蓬416顶，龙陵县安排救灾救济口粮15吨。

【2012年旱灾】 1. 干旱灾害。2011年入秋以后，全市降雨量比历年同期减少，旱情开始显现。特别是2012年初至5月30日止，全市各地降雨量偏少，气温持续增高，造成全市各地先后发生不同程度的旱灾。特别是干热河谷地区、大部分山区，以及水利设施薄弱的地方，农作物受旱严重，人畜饮水发生困难，全市大部地方的旱情达到中等强度以上气象干旱标准。

2012年，全市旱情较重的时段，出现在3月底至4月上旬期间，有51个乡镇、233个村委会、704个自然村、65座学校均不同程度受到旱灾的影响。

2. 抗旱行动。（1）2012年，市委市政府对旱情发展高度重视，行动快、早部署、早安排，对抓好抗旱救灾工作提出了明确要求。

（2）市委李正阳书记要求各单位要认真落实市委、市政府各项抗旱救灾部署，在人力、财力、物力等方面，服从市委市政府的统一安排和调度。

（3）市政府吴松市长和刘刚副市长分别对抗旱工作做了安排和布置，要求各级干部要深入到村社和田间，帮助群众解决好在抗旱打井、抗旱物资供应、抗旱用电和抗旱引水等抗旱过程中遇到的实际问题和困难。市烟草公司筹措800万元，按每一座小水窖蓄满后发放80元的运水补助费，兑现给农户。

（4）要求市直及驻保单位及时组织工作组，定点挂钩134个重旱村，全力帮助受灾群众抗旱救灾，解决抗旱过程中的实际问题。市委、市政府还要求全市各级各部门结合“四群”教育，开展“干群手拉手抗旱先锋行动”，全力以赴做好抗旱救灾工作，进村入户，积极投入抗旱救灾工作。

（5）水利部门采取了五项应对措施。一是加强全市库塘蓄水管理工作，千方百计采取库塘增蓄水措施，增加库塘蓄水量。二是要求用水户及相关单位节约用水。同时要求各蓄水工程管理单位，按照节约用水的原则，制订供水计划。三是积极做好抗旱应急准备，及时储备实用的抗旱物资。同时向各乡镇发放“旱地龙”抗旱剂7.5吨，用于农作物抗旱保苗。四是市水利局与五县区水务局签订了《保障城乡供水安全责任书》，完善城乡供水安全责任制，确保城乡居民饮水安全。五是县区水务局认真分析现有水资源条件和用水需求，细化供水计划，制定应急预案和应对措施，加强水资源统一管理和调度，精心调配水利设施投入抗旱，全方位满足抗旱要求。六是严格按照《国家旱情统计制度》的要求，密切关注我市旱情动态，及时收集、上报旱情信息。

3. 抗旱投入。（1）2012年，全市投入抗旱人力18.21万人次，投入抗旱机动设备1830台套（装机1.614万千瓦），投入抽水机53台套，投入机动车辆1239辆（拖拉机、摩托车）。设立人工降雨作业点24个，发射人工降雨弹1532枚。抗旱用电61.4万度，抗旱用油225.3吨，民政部门下拨旱灾救济粮食1564吨。全市投入抗旱资金10649.38万元，其中：中央180万元；省级500万元；市级财政100万元；县级财1815万元；市直各部门5694.58万元；市直各部门定点挂钩村投入224.4万元；县级部门定点挂钩村投入1036.4万元；群众自筹1099万元。（2）2011年10月至2012年4月，全市共完成水毁水利工程修复项目592（处）件。（3）落实应急措施，解决好群众的饮水困难问题，实现了省委省政府提出的“决不发生1人无水喝”的庄严承诺。全市临时解决22.89万人和6.76万头大牲畜饮水困难。（4）充分发挥抗旱服务组织的作用。推广抗旱新科技，提高抗旱效益。推广使用“旱地龙”抗旱剂7吨，实施农作物面积共计0.21万亩。（5）全市共完成烤烟抗旱浇灌面积50万亩次，完成其他经济作物抗旱浇灌面积9.09万亩次。抗旱挽回经济损失0.7706亿元，抗旱挽回小春粮食1.46万吨。

【2013年旱灾】 2013年保山市旱情的特点。一是持续时间长；二是受旱范围广；三是旱灾损失大。原因一是降雨稀少。1月1日至4月30日全市平均降雨仅74.82毫米；二是山区抗旱水源不足。由于缺乏有效的降雨补充，全市山区80%以上的小水塘、小水井水量严重不足，山泉、小溪断流。

1. 早安排、早部署、早准备。一是2012年12月市防汛抗旱指挥部办公室就对全市供用水情况进行了平衡分析，做到心中有数；二是市防汛抗旱指挥部及时下发通知要求全市各级各部门迅速做好抗旱准备工作，确保城乡供水安全，最大限度地减轻旱灾损失和影响；三是市委、市政府领导率相关部门深入一线视察旱情，开展抗旱调研工作；四是市水利局先后派出由局领导带队，相关科室人员组成的三个抗旱工作组，深入到县区检查指导抗旱工作；五是市政府下发了紧急通知，对今年抗旱减灾和森林防火作了全面的安排和布置；六是水利、农业、烟草、民政等部门提前做了抗旱减灾的各项应急准备工作。

2. 提高认识，加强领导。市委、市政府要求各级各部门把当前抗旱减灾保民生促生产工作，作为当前的头等大事和重要任务来抓。各级各部门转变工作作风，加强对抗旱工作的领导，落实责任，主要领导要亲自抓，分管领导具体抓，各级领导靠前指挥。另外，广泛组织动员群众开展抗旱减灾自救工作，确保灾区群众有水喝、有饭吃，春耕备耕有序开展，促进农业持续增产、农民稳步增收。全市上下实行以行政首长为核心的抗旱工作责任制，一级抓一级，层层抓落实，确保各项抗旱措施落实到位，全力以赴打赢这场硬仗，建立健全旱情监控反馈机制，组织动员各界力量开展帮扶工作。加大督促检查力度，派出抗旱工作督查指导组，到县区对抗旱减灾、春耕生产等工作进行督促检查。

3. 完善供水应急方案，保障供水。全市水利部门对辖区范围内的可供水源、用水需求进行全面摸排，按县城、集镇、广大农村三个层次，对供需水情况进行平衡分析，落实供水方案。农业部门加强农作物的中耕管理，提前谋划大春粮食生产布局，积极推广节水农业和耕作新技术，调整农业种植结构，对缺水地区实施水改旱等措施，帮助农村解决抗旱工作中的实际困难和问题。

4. 军民联手，抗旱送水。整合抗旱服务力量，组织消防、城市绿化、民兵、村民自治组织等力量，建立送水解困服务机制。对缺水特别严重的地方，组织公安消防部队、武警部队、农村摩托车队等为群众拉水、送水，保障受灾群众日常生活用水及大牲畜的饮水。水利部门充分发挥抗旱服务队的作用，主动上门检修抗旱机具，强化技术指导和服务。

5. 强化宣传，做好舆论引导。加强对抗旱减灾工作的宣传报道工作，坚持正确的舆论导向，让全社会和人民群众了解总体情况，知晓所采取的有力措施和取得的明显成效，理解和支持各项抗旱工作，避免不必要的恐慌。大力宣传抗旱减灾工作涌现出来的先进事迹，激励灾区人民树立抗旱减灾、夺取胜利的决心和意志。

6. 加强灾情信息收集工作。加强旱情、灾情信息的收集和抗旱减灾工作的统计上报工作。加强横向联系，提高统计数据的准确性，各部门收集的灾情由部门负责把关，由市防汛抗旱指挥部办公室统一向外报出，做到各种数据准确统一，客观反映旱情及旱灾损失和抗旱减灾工作成效。

7. 加大投入，抗旱效果显著。各级各部门积极加大抗旱投入，千方百计解决农村人畜饮水困难和解决工农业生产用水。全市投入抗旱人数 21.36 万人，投入机动抗旱设备 9829 台（套），投入运水车辆 1398 辆（含摩托车），投入抗旱用电 75.1 万度，投入抗旱用油 126.8 吨。投入抗旱资金 3465.3 万元，其中：中央 400 万元；省级 600 万元；市县 1672.3 万元；群众 793 万元。抗旱浇灌面积 63.12 万亩，临时解决 14.62 万人及 6.37 万头大牲畜的饮水困难。充分发挥水利部门抗旱专业服务队的作用，组织 280 多名技术人员，深入旱区帮助群众开展送水 1000 吨、投入使用抗旱设备 228 台（套）、维修抗旱设备 89 台（套）、推广使用抗旱剂 7 吨。累计抗旱浇地 0.13 万亩，帮助群众挽回经济损失 379 万元。

【隆阳区“9·23”特大洪涝灾害】 2013 年 9 月 23 日凌晨 3 时，隆阳区瓦窑镇发生特大洪涝灾害，民房、农作物、道路受到不同程度的损坏，给受灾群众生产生活带来严重影响。据调查核实统计，受灾人口 2620 人，紧急转移安置人口 86 人；民房受损 22 户 132 间，其中 13 户 56 人 78 间住房存在安全隐患，9 户 54 住房严重损坏；玉米、水稻受灾 138 公顷，绝收 54 公顷；村组道路冲毁 39.73 千米，永保桥至下麦庄村坡脚段发生 10 余处塌方，塌方土石量 6 万立方米，桥梁冲毁 1 座，羊被冲走 68 只。灾害共造成直接经济损失 685 万元。灾害过程中，下麦庄村阿克山小组出现地质滑坡迹象，有 13 户农户生命财产受到严重威胁。

灾情发生后，市、区、乡党委政府及时组织人员赶赴灾区指挥抗灾救灾工作，安抚受灾群众，组织疏通塌方道路，积极组织受灾群众进行生产自救；市、区民政、国土等相关部门人员及时赶赴受灾现场，对抗灾救灾工作作出安排部署，乡、村、组各级领导干部在接到灾情的第一时间就及时赶到受灾现场对受威胁的农户进行紧急转移安置，安排专人 24 小时对地质灾害点进行监测，并认真做好灾情统计上报工作。区民政局及时下拨转移安置经费 34040 元，调运彩条布 24 捆、衣被等救灾物资，帮助灾区乡镇做好灾民转移。由于各项抗灾救灾应急抢险措施及时到位，在各级各部门的共同努力和协助配合下，成功监控和排除了瓦窑镇麦庄村阿克山组地质灾害的重大安全隐患，未造成人员伤亡，并将灾害损失减少到最低程度。

【2012 年防汛抗洪】 1. 洪涝灾情。2012 年 5 月 28 日进入汛期以来至 10 月上旬止，全市各地区域性连续大雨、单点性暴雨、局部大暴雨场次突出。全市共出现大雨 290 站次，暴雨 63 站次。因局部暴雨和大暴雨，导致全市发生洪涝灾害 31 场次，造成五县区，72 个乡镇，10.6266 万人受灾。农作物受灾面积 23.874 万亩（粮食作物 14.289 万亩，经济作物 9.585 万亩），其中：成灾面积 20.244 万亩（粮食作物 12.403 万亩，经济作物 7.841 万亩））；绝收面积 3.63 万亩（粮食作物 1.886 万亩，经济作物 1.744 万亩））。因灾减产粮食 0.8 万吨，经济作物损失 5939 万元，养鱼池塘损失 20 亩，损失成鱼 20 吨。企业停产 11 家，公路中断 176 条次，供电中断 17 条次。堤防损坏 254 处，长 10.65 千米，堤防决口 23 处，灌溉设施被损坏 384 处。房屋倒塌 387 间，因房屋坍塌，导致 3 人遇难。洪涝灾害造成直接经济损失 1.2854 亿元，其中：房屋直接经济损失 0.0774 亿元；农业直接经济损失 0.9139 亿元；工业交通业直接经济损失 0.1469 亿元；水利设施直接经济损失 0.1472 亿元。

2. 抢险救灾。灾情发生后，各级党委政府、防汛部门及时组织开展抢险救灾工作，共投入抢险救灾人力 1.8551 万人次，投入运输设备 161 班次，投入机械设备 149 台班。使用编织袋 10.682 万条、沙石料 6.52 万立方米、木材 590 立方米，抗灾用油 45.9 吨。投入抢险物资总价值 196.5 万元，其他消耗价值 43.3 万元。投入防汛抢险资金 463.29 万元，其中：中央资金 100 万元；省级以下资金 178.5 万元；群众投劳折资 184.79 万元。减淹耕地面积 0.834 万亩；避免粮食减收 0.32 万吨；解救被洪水围困群众 136 人；安全紧急转移群众 2472 人；减少受灾人口 1.2176 万人；避免人员伤亡 64 起，涉及 1817 人；实现减灾经济效益 3856 万元。

【2013 年防汛抗洪】 1. 洪涝灾情。2013 年 5 月 1 日至 10 月 31 日止（10 月无洪涝灾情），全市各地区域性连续大雨、单点性暴雨、局部大暴雨场次较多。因局部暴雨和大暴雨，导致全市发生洪涝灾害 23 场次，造成五县区，72 个乡镇，11.8138 万人受灾。农作物受灾面积 15.65 万亩（粮食作物 12.378 万亩，经济作物 3.272 万亩），其中：成灾面积 13.077 万亩（粮食作物 10.765 万亩，经济作物 2.312 万亩））；绝收面积 2.573 万亩（粮食作物 1.613 万亩，经济作物 0.96 万亩））。因洪涝灾害造成粮食减产 0.71 万吨，经济作物损失 4391.96 万元，大牲畜死亡 10 头。企业停产 21 家，公路中断 56 条次，供电中断 7 条次。堤防被损坏 1275 处，长 22.75 千米，堤防决口 195 处，长 2.33 千米，灌溉设施被损坏 257 处。房屋倒塌 48 间，因山体滑坡，导致 1 人遇难。洪涝灾害造成直接经济损失 11576.57 万元，其中：房屋直接经济损失 180.5 万元；农业直接经济损失 7083.9 元；工业交通业直接经济损失 2246 万元；水利设施直接经济损失 2066.17 万元。

2. 抢险救灾。灾情发生后，各级党委政府、防汛部门及时组织开展抢险救灾工作。省水利厅派出防汛检查工作组 4 个，市级派出防汛检查工作组 25 个，县级派出防汛检查工作

组75个。省防汛办公室下拨橡皮冲锋舟及玻璃钢冲锋舟各1艘，价值8万元，市县两级使用防汛抢险物资价值180万元，市县两级共计开展防洪抢险演练6次。

一是早安排早布置。各级政府、各部门对防汛工作早安排早布置，及早明确防汛责任人，汛前就已经上岗到位。二是认真开展水毁工程修复为防洪减灾奠定基础。三是强化领导，层层落实责任制，认真开展防汛工作大检查，确保各项防汛措施落到实处，取得成效。四是加强监测预警预报工作。气象、水文部门密切关注汛期天气和水情的变化，加强监测力量，加密监测频次，加强会商协调。国土部门加强了对滑坡、泥石流灾害易发区的监测预报工作，对可能发生灾害的时间、程度和范围进行分析，及时发布预警信息。水利部门抓紧完成“山洪灾害防治县级非工程措施”建设任务，发布避险转移信息。五是水利部门狠抓水库安全度汛和库塘蓄水工作，抓好水库设施的检修和维护工作，确保设施运行正常。落实了水库防汛物资和抢险队伍，保证应急处置之需。加强水库的洪水调度管理，充分发挥水库的调洪作用，减缓暴雨洪水对下游的威胁，坚决杜绝水库垮坝事故。六是狠抓防汛物资储备和抢险队伍的落实。七是加大防汛抗灾投入。2013年投入防汛抗灾资金565.75万元，投入防汛抗灾物资编织袋5.091万只，沙石料0.828万立方米，抗灾用油33.9吨，消耗抗灾物资价值180万元。投入防汛抗灾人力12549人次，其中：部队官兵140人次；地方人员11889人次；防汛抢险队员520人次。投入抢险运输设备144辆次，投入抢险机械设备124台（班）。

【施甸县娲女温泉整治】 施甸县何元乡娲女温泉区距施甸县城35千米，地处“V”型山谷底部，两岸山高坡陡、地形狭窄，地质构造复杂，地质环境脆弱，陡坡垦殖严重，是集滑坡、崩塌、泥石流为一体的特大型地质灾害危险区。灾害隐患区面积0.84平方千米，影响区域面积约3平方千米，涉及三个村民委员会、7个村民小组、2100多人口，影响附近旱地1800多亩、水田200多亩，同时还严重威胁着到温泉区洗浴、疗养流动人员的生命财产安全。鉴于娲女温泉区地质条件特殊、灾害隐患突出、洗浴疗养人员较多的实际，省、市领导组织地质专家对该区域地质灾害隐患进行了多次论证。为此，保山市及施甸县党委政府以确保群众生命财产安全为首要任务，抽调300多名干部于7月份全面开展工作，经过三个多月的艰苦努力，在未发生任何冲突、未采取任何强制措施的情况下，累计组织自愿拆除房屋752户，拆除房屋2513间，建筑面积37972.12平方米，土地使用面积41301.84平方米。其中，在职人员159户，房屋398间；离退休人员168户，房屋421间；群众425户，房屋1692间。

【昌宁县地质灾害治理】 昌宁县柯街镇橄榄河、玉地里地质灾害点位于柯街镇境内，地处“V”型山谷底部，两岸山高坡陡，地质构造复杂，土壤沙质化明显，每年都因降雨引发不同规模的洪涝、山体滑坡和泥石流等灾害。鉴于橄榄河、玉地里地质灾害点地质条件特殊、灾害隐患突出的实际，为确保人民群众生命财产安全，市、县国土部门邀请专家多次现场勘察鉴定后建议实行拆除避让。2013年6月份，保山市根据地质专家提出的关于“拆除避让”的专项治理意见以及《地质灾害防治条例》、《国务院关于加强地质灾害防治工作的决定》和《云南省人民政府关于加强地质灾害防治工作的意见》等有关规定，决定对橄榄河、玉地里地质灾害点所有建筑物、构筑物实行整体拆除避让。整个专项治理工作从2013年8月17日开始，由于思想统一，部署周密，措施有力，推进有序，截至2013年10月25日全面完成1133户、1848间房屋的拆除避让工作，实现了无一人上访、无一户阻止、无一格强拆，大限度地消除了地质灾害隐患。

【腾冲县野生菌食物中毒事件】 2012年7月1日，腾冲县清水乡驼峰村犁柴坝社发生一起家庭食用“麻栗菌”（野生菌）中毒事件，中毒6人，死亡1人，其余5名患者康复出院，定级为较大突发公共卫生事件（Ⅲ级）。

调查与结论：2012年6月30日，腾冲县清水乡驼峰村犁柴坝社村民尹加廷夫妇上山劳动归来途中采摘当地称“麻栗菌”的野生菌约1市斤，中午15时全家6人在家中用猪肉青椒炒“麻栗菌”食用，7月1日凌晨4时，2人开始出现腹泻、呕吐症状，送清水乡卫生院治疗，凌晨6时，另外2人出现腹泻、呕吐症状后送清水乡卫生院治疗。4人经治疗后于7月1日19时要求返家，回家后食用“毛桃子”（民间偏方）解毒。7月2日早晨，2人病情加重出现昏迷，11时许送腾冲县人民医院儿科抢救，尹陈南（女、8岁）因抢救无效死亡。应家属要求有3人（尹书南、尹永春、余丹）于当日20：00转省级医院进一步治疗，其余2人（尹加廷、王右华）继续在腾冲县人民医院住院治疗。经现场比对，所采集食用的野生菌与腾冲县当地传统食用“麻栗菌”类似，并将图片资料提供国家职业中毒所鉴定，实际为秋生盔孢伞属。根据流行病学调查，临床症状，菌子鉴别情况，认定此次事件为一起家庭误食有毒野生蕈引起的食物中毒。

【施甸县里嘎小学发生B型流感暴发疫情】 2013年11月1日，施甸县旧城乡里嘎小学发生一起学生B型流感（普通流感）暴发疫情事件，疫情得到了及时有效的处置和控制，发病39例，已全部治愈。定级为一般级别（Ⅳ）。

调查与结论：2013年11月1日，施甸县旧城乡里嘎小学部分学生出现发热、头痛、咽痛、咳嗽、全身酸痛、流鼻涕等症状。截至11月18日17时，累计发病39例，其中发热病例37例，最高体温40.5℃，≥38℃病例34例，其余病例以低热、咳嗽、鼻塞、流涕等临床症状为主。对24名学生进行了个案调查，首例病例陈永国，男，12岁，五年级学生，10月26日开始出现发热、头疼、流涕等症状。采集了腋下体温≥38℃伴咳嗽、咽痛等流感样症状的10例患者咽、鼻拭子10份，送市疾控中心流感检测实验室检验7份标本B型流感核酸阳性。根据患者的临床表现，结合流行病学史及实验室检测结果，此事件确定为B型流感（普通流感）暴发疫情。

应急处置措施：一是积极组织救治患病学生，严防并发症和死亡的发生。二是会同教育等部门及时召开流感疫情防控现场工作会，强化防控和治疗措施。三是学校认真落实晨检、因病缺课登记报告制度，加强病例监测报告。四是开展学校环境卫生清扫和环境消毒等爱国卫生措施，开展学校传染病防控知识宣教，提高学生及家长的自我防病意识。五是及时开展流感疫苗应急接种，保护易感人群，控制流感疫情的进一步蔓延。

【灾害特点】（一）灾害种类多。2012、2013 年全市灾害发生种类多，以干旱、地震、洪涝、山体滑坡和泥石流、病虫害对全市危害最大，严重影响了经济社会的快速发展；（二）灾害分布广。2012、2013 年持续高温旱灾，使全市 72 个乡镇大面积受灾，受灾人口达 189 万人次，48.32 万人饮水困难；（三）灾害发生频率高。2012、2013 年全市大面积长时间持续高温干旱。入夏以来，全市雨量明显增多，部分地区不同程度受洪涝、风雹、山体滑坡和泥石流、病虫害灾害；（四）灾害强度大，受灾人口多。据统计，全市 2013 年有 151 万人遭受各种自然灾害，造成经济损失 11.35 亿元；（五）抗灾救灾难度大。由于自然灾害多发生在山区、少数民族聚居区和贫困地区，经济社会发展水平低、地方政府和群众自救能力差，抵御自然灾害的能力十分脆弱，加之道路通达状况差，通信装备落后，开展救灾工作难度大。

【测震台网优化改造】2012 年 3 月 12 日和 3 月 28 日，龙陵邦腊掌地震综合观测站和昌宁湾甸流体观测站建设工程完工并于通过验收。完成了施甸、龙陵、腾冲和隆阳区模拟水氡观测仪器的升级更新工作及隆阳区地震局隆阳井井房改造。完成了我市 16 个地震科学台阵的建设并全部通过验收。

【建设工程抗震设防监管】2012 年，地震部门共对 13 项建设项目实施了依法管理，共出具抗震设防要求审核意见书 13 份。市、县（区）地震局配合相关部门实施了保山第一中学新建校区、永昌传媒中学、昌宁县中医院建设工程的地震安全性评价工作，并对上述 3 个重要建设项目进行了跟踪监管。各级地震部门的领导和相关人员参与了部分新建、改建、扩建建设工程初步设计的审核和竣工验收工作。

【完善地震应急预案】认真贯彻落实《保山市地震应急预案管理暂行办法》（保政办发〔2008〕97 号），在原制定有《地震应急预案》的基础上，重新修改制定了《保山市地震局地震应急预案》，制定下发了《保山市地震局地震应急出队方案》，对各县（区）人民政府进行了预案制定完善情况的检查，督促各县（区）人民政府进一步完善各级、各类地震应急预案。各县（区）按照要求，认真清理并制定了各级、各部门的地震应急预案，全市地震应急预案体系更加完备。

【震情跟踪监视】制定下发了《保山市 2013 年度震情跟踪工作方案》，与各县（区）地震局签订了震情跟踪责任书。始终坚持周、月、年中、年度会商、加密会商、紧急会商和异常调查核实制度，2013 年来共组织召开全市地震趋势会商会 2 次，局会商会 50 余次，与各县区及协作区电话会商 20 余次，参加重点监视区、协作区会商会 6 次，接到报送的宏观现象 8 起，市局根据实际深入实地调查核实 4 次，向市委、市政府和省局上报月震情分析意见 16 份，为各级党委政府科学部署防震减灾工作提供了决策依据。

【地震应急演练】2013 年，各县（区）、各部门组织不同规模的应急演练 356 场次。施甸县在防震减灾联席会上开展了地震应急桌面演练，腾冲县举行了“2013 年地质灾害应急演练及桌面推演”，龙陵县组织召开 2013 年自然灾害应急演练暨观摩会，昌宁县投入 40 万资金开展了建县以来规模最大的地震应急综合实战演练。

【地质灾害防治】编制了《云南省保山市地质灾害防治规划（2011～2020 年）》，对全市 213 处重大地质灾害隐患点进行项目储备和申报立项工作。2012 年，全市投入地质灾害防治经费 4369.3 万元，其中 2157 万元用于施甸县娲女温泉区因地质灾害搬迁避让、保山中医专科学校滑坡、施甸县旧城乡政府驻地芒埂河泥石流、腾冲县清水乡黄瓜菁滑坡—泥石流、腾冲县马站打云滑坡、龙陵县龙山镇芒旦流域滑坡泥石流、昌宁县耈街乡金马村滑坡治理及施甸县娲女温泉区搬迁避让特大型、大型项目的实施，有效减轻和消除了所在地面临的滑坡、泥石流等地质灾害隐患，改善了当地群众的生产、生活环境，取得了较好的社会、经济和环境效益。

【重大地质灾害防治研究项目】2013 年，保山市国土资源局严格按照《云南省人民政府关于加强地质灾害防治工作的意见》确定的地质灾害防治十项重大措施的要求，超前安排部署，严格科学预防管理，积极应对各类突发性地质灾害，做到了未雨绸缪、防患于未然。全年投入地质灾害防治经费 10390.63 万元，其中 5015 万元用于隆阳区白纸坊洼子泥石流、施甸县旧城乡双龙沟村泥石流、腾冲县新华乡龙塘村村委会所在地滑坡、龙陵县镇安镇邦别村滑坡、昌宁县更戛乡大沙坝滑坡等特大型、大型项目的治理。全年共实施地质灾害治理项目 41 个，搬迁避让 1921 户 8688 人，消除了 79 个地质灾害隐患点。

【地震恢复重建】2012 年 9 月 11 日，施甸县发生 4.5 级、4.9 级地震，灾情稳定后，及时启动了灾后恢复重建工作，异地搬迁 18 户，原址拆除重建 209 户，修复加固 2967 户。

【灾民生活救济】2012 年，市民政局下拨各类抗旱资金 1170 万元，接收香港乐施会旱灾捐助大米 60 吨，下拨冬春救助资金 6500 万元，发放粮食 1279 吨、棉被 3400 床、衣服 4250 套。冬春期间投入救助资金 1141.26 万元，救助 20.2188 万人次，其中：口粮救助 12.877 万人次，发放救助粮 1279 吨；衣被救助 0.765 万人次，发放衣被 7695 件；现金救助 6.5768 万人次，发放现金 344.5 万元。

2013 年，市民政局下拨各类抗旱资金 610 万元，接收香港乐施会旱灾捐助大米 30 吨，下拨 2012～2013 年冬春救助资金 2500 万元，发放粮食 515 吨、棉被 3530 床、衣服 3000 套。冬春期间共投入救助资金 2146.8 万元，救助受灾困难群

众25.9553万人次，其中：口粮救助6.4475万人次，发放救助粮515吨；衣被救助0.653万人次，发放棉被3530床、衣服3000套；现金救助18.8548万人次，发放现金1621.5万元。

2012～2013年，“爱心水窖”捐赠活动共接收单位、个人捐款211万元。

【农房灾害保险】 2012、2013年，为全市522211户农村民房进行自然灾害保险。2012年全市共受理624件，768户受灾群众得到保险公司的理赔，理赔金额达298.79万元。2013年全市共受理640件，640户受灾群众得到保险公司的理赔，理赔金额达229.585万元，为受灾群众尽快重建家园提供了保证。

【防灾减灾宣传教育】 2012、2013年，在防灾减灾日、国际减灾日、防震减灾宣传活动周期间，市、县（区）有关部门紧紧围绕各自的减灾工作职责，着力开展防灾减灾宣传活动。一是制作宣传展板1672块，悬挂宣传布标356幅；二是发放宣传手册和读本800000多册（本），发放宣传单244600份；三是组稿在保山新闻网、保山日报社、保山电视台等宣传媒体进行广泛宣传；四是开展“三小”防灾应急演练427次，参加演练人员达260000人次，出动宣传车辆186辆（次）；五是设置咨询台91个，开展防灾减灾知识培训讲座182场（次），群众受教育416000人次。

（赵明宽　邹宏吉　翟　勇）

楚雄彝族自治州

概　况

【人口区划】　楚雄彝族自治州地处滇中北部，东邻昆明市，南连普洱市、玉溪市，西接大理白族自治州，北靠四川省凉山彝族自治州、攀枝花市，西北与丽江地区隔金沙江相望。辖楚雄市、双柏、牟定、南华、姚安、大姚、永仁、元谋、武定、禄丰1市9县，103个乡（镇），1004个村委会，98个社区。总面积29258平方千米，山区面积占总面积的90%以上，其中耕地面积241.8万亩，总人口269.54万人，其中农业人口203.16万人。

【地理环境】　境内山高谷深，沟壑纵横，地形复杂，地势由西北向东南倾斜，形成“三山鼎立，二水环绕”的地形特征。最高海拔3656.6米，最低海拔556米，呈现出较为明显的立体气候特点。由于地理环境、地质构造、气候特点等因素，楚雄州是一个水、旱、雹、霜、雷、火灾、地震、低温、病虫、滑坡、泥石流多灾地区。灾种繁多，灾害连年交替发生，呈逐年上升趋势。在上述繁多的灾害中，以洪涝、干旱、地震、泥石流、滑坡等自然灾害特别突出、雨量多集中于6～9月。由于地处滇中干旱区，加之植被减少和生态恶化，灾害频繁交替出现，素有“无灾不成年”之称。

【2012年气候特征】　2012年总体气候评价是：气温偏高，降水偏少，光照充足，对秋季粮经作物的生产较为有利。春、夏、秋干旱对小春生长不利，导致库塘蓄水严重不足，灌溉用水紧张，城乡供水压力不断加大。

1. 气温。全州10县市年平均气温17.6℃，比上年年平均气温偏高1.0℃，与历年年平均气温相比偏高1.4℃。春温偏高，年末冷空气活动次数少。

2. 降雨。全州年平均降雨量649毫米，与历年年平均降雨量相比偏少214毫米，与上年年平均降雨量相比偏多35毫米，5月29日雨季开始，10月上旬雨季结束。

3. 日照。全州10县市平均年日照时数2548小时，比历年年平均值偏多234小时，年日照时数最多值出现在南华，为2811小时，年日照时数最少值出现在双柏，为2270小时，比历年平均值偏少20小时。

4. 干旱。楚雄州持续了自2009年以来的干旱，除9月份全州平均雨量偏多外，其余月份均不同程度偏少，降水偏少导致库塘蓄水严重不足，土壤墒情较差，部分地区人畜饮水困难。春季雨量偏少，春温偏高，旱象严重，加之前期干旱的持续影响，春旱导致小春作物严重缺水，对其正常生长的抑制作用明显。2012年主汛期由于多阵性降水，对大春作物的生长有利。

5. 高温。5月各县（市）极端最高气温逼近历史极值或超过近30年历史最高值，高温持续时间较长；高温天气导致生活舒适度降低，但对刺激制冷家电消费有利。

6. 暴雨。主汛期单点性暴雨突出，主要表现为暴雨天气过程时间短、强度较强、落区面积小，对局部农作物产生不利影响。2012年全州共出现暴雨157站次，大暴雨3站次，9月28日永仁县猛虎乡24小时降雨量123毫米，为年内全州最大降雨量。另两次大暴雨天气过程为：6月2日大姚县龙街乡24小时降雨量101毫米；6月15日南华县兔街乡24小时降雨量109毫米。

7. 三秋连阴雨。9月底楚雄州大部出现5～7天的秋季连阴雨天气，其中禄丰持续11天，双柏、永仁、元谋持续8～10天，此次秋季连阴雨天气强度为中等，对农作物没有产生明显的影响。

【2013年气候特征】　2013年异常气候事件主要表现为：春季的严重干旱、夏季的插花性干旱，局部大风、冰雹、雷电和强降水天气，7月阴天少雨寡照，年末12月14～19日出现了继1999年以来最严重的低温、雨雪、霜冻天气。

1. 气温。全州平均气温17.1℃，较2012偏低0.4℃，较历年偏高0.7℃。南华、禄丰两县分别较历年偏高1℃和1.2℃，其余县市偏高0.5℃左右。

2. 降雨。2009～2013年全州5年降水持续偏少，2013年冬春干旱严重。全州10县（市）年平均降水量673毫米，与2012年相比偏多24毫米，比历年偏少189毫米，其中双柏县降水偏少最突出，比历年偏少331毫米。降水分布呈西北多

东南少的特点，南部的楚雄、双柏、牟定、南华及东部的武定、禄丰，6个县均较历年偏少210毫米以上，偏少幅度超过20%，西北的姚安、大姚、元谋偏少100毫米以内，偏少11%。12月14~19日出现了继1999年以来最严重的低温、雨雪、霜冻天气。

3. 日照。2013年楚雄州10县市年平均日照时数2395小时，较2012年偏少153小时，较历年偏多81小时，偏多幅度为3%。

4. 干旱。2013年是楚雄州自2009年以来的第五个持续干旱年，严重的秋冬春连旱，共造成全州137.1万人饮水困难；2013年1月至汛期开始前的4月全州降水仅14毫米，时段降水量仅为楚雄州1至4月历年平均降水量的四分之一。在雨季开始前，全州范围内降水偏少造成严重的气象干旱，因干旱导致全州较大面积的人畜饮水困难，在田农作物受旱。雨季开始后由于降水分布不均匀，7月中旬前对大范围干旱的缓解程度有限，加之近5年来降水量持续偏少的累积影响，全州江河径流量较常年明显下降，库塘蓄水形势严峻，对人民生产生活和工农业用水造成困难。依据州民政局提供资料，2013年全州103个乡镇有旱灾，受灾人口达137.1万人，因旱饮水困难33.1万人，在田作物受灾9.11万公顷，绝收面积2.34万公顷。

5. 洪涝。2013年入汛后，总体降水偏少，但单点性强降水天气突出，暴雨大暴雨局部洪涝时有发生。2013年6月23日，武定县白路乡境内毕家、岔河、小井三个村委会发生单点性暴雨天气，造成局地洪涝灾害，毕家村委会2人被洪水冲走死亡，因灾造成3532亩烤烟、697亩玉米、450亩豆类作物受损。

6. 寒潮低温、霜冻。2013年1至3月全州气温高于历史同期水平，未出现明显倒春寒天气。12月14~19日受南支槽和强冷锋影响，楚雄州出现了强寒潮霜冻灾害天气，全州十县市均观测到降雨雪天气。其中大姚县城积雪深度达到7厘米。受这次南支槽和强寒潮天气的共同影响，全州平均降雨雪量达9.9毫米，日平均气温下降了9.1℃。其中16日夜间全州最低气温（136站平均）下降至-3.6℃、17日夜间降至-3.9℃，部分高海拔地区观测到最低气温达到-10℃或者更低。全州农作物和部分大牲畜均遭受到不同程度的低温冻害。此次低温冷冻灾害共造成元谋、禄丰、南华、武定4个县26个乡镇203个村委会879个村民小组67564人不同程度受灾，农作物受灾面积8456.89公顷，成灾5743.42公顷，绝收2171.53公顷。

7. 大风、冰雹、雷电。2013年主汛期全州出现多次雷雨、大风、冰雹等强对流性天气灾害，全年洪涝灾害造成全州24个乡镇，7.4万人受灾，死亡1人，房屋受损147间，倒塌5间，农作物受灾面积4207公顷，绝收619公顷。9月2日元谋县受强对流天气影响，出现雷雨大风天气，30分钟雨量达11.3毫米，农作物受灾46.2公顷，直接经济损779万元，因雷击死亡1人。

防震减灾

【2012年概况】 2012年，楚雄州地震局牢固树立“震情第一”观念，扎实做好地震应急准备，强化震情跟踪监视，切实加强能力建设，建立健全防震减灾工作体系，紧紧围绕“云南省人民政府加强预防和处置地震灾害能力建设十项重大措施”目标和任务，认真做好“十二五”防震减灾规划项目的实施，防震减灾各项工作取得了新的进展。在2012年评比的2011年度项目中，州地震局荣获全国信息网络综合评比第一名，全省防震减灾综合评比优秀奖和地震应急单项奖，2012年度监测预报工作被评为全省先进单位第三名，震情跟踪工作责任制考核为“较好”，地震趋势研究报告获全省评比第三名，州地震局胡壮志被评为监测预报先进个人，姚安县地震局获优秀集体被通报表扬。

【地震观测台网建设】 继续加强已建成台项的地震监测台网管理，确保测震、地下流体、电磁等台项正常运转，按规定和要求按时报送、传送观测记录数据和资料。加强观测人员培训，确保新装备和方法发挥最大的效益。3月8日开工建设的禄丰县地震局罗茨水化站观测井扫洗井工程已完工投人使用。牟定县极低频电磁观测台站选址及建设方案初步设计已完成进人施工；武定县地下流体观测井初步方案已落实，并得到县委、县政府的支持，投入的58万元打井经费已落实到位；南华数字化地震台站建设已纳入设计和台址选择，积极争取由成都高新减灾研究所投资集地震预警、地震烈度速报为一体的MH-100地震烈度仪58套试验项目，已在我州10县（市）相关乡（镇）架设完成并投人使用。“十二五”规划建设州地震局、南华、姚安、大姚、元谋、双柏、牟定、武定强震台网已建设完成。

【完善震情跟踪方案】 按照云南省地震局对2012年度震情跟踪工作的部署和要求，根据全国、全省和我州2012年度地震趋势会商意见及震情形势，及时组织制订《楚雄州2012年度震情跟踪工作方案》，成立领导机构，明确工作组及成员工作职责，于2月8日印发各县地震局、州局各科室。要求各单位要认真组织制订本单位的震情跟踪工作方案，在一年来的震情跟踪监视中，各单位按方案明确措施认真做好震情短监跟踪工作，切实加强分析判定，对年度会商提出的重点监视地区和重要异常依据要密切跟踪研究，取得了一定的成效。

【地震信息网络建设】 州地震局在省局业务培训的基础上，全部完成州、县地震局地震科学数据共享服务软件安装和现场培训工作。为每个使用单位进行了服务器端和客户端软件的安装、配置和调试，并现场进行了管理、维护和使用的业务培训。加强信息网络管理维护与制度建设，参加全国信息网络评比获第一名。为加强应急通信设备的掌握应用，多次演练，测试车载单边带短波电台。通过测试，信号及异频转换正常，联络通畅，达到了预期目的，为地震应急提供了备用通讯通道。

【震情短临跟踪】 在日常开展地震预测预报和震情短临跟踪分析中，州地震局始终严格执行震情周、月会商制度，并及时向省地震局和州委、州政府报送震情信息。州地震局全年共组织召开年中会商1次、月会商12次、周会商25次。会商会后及时将会商意见以《震情分析》形式报送州委、州政府相关领导和省地震局及相邻州市地震部门。

【地震群测群防队伍建设】 全州地震部门继续加强地震宏观联络员的培训与管理。在培训中，各县（市）都对各部门、各乡（镇）提出了工作要求，主要内容为：一是要把防震减灾工作列入年度计划；二是要认真修订完善地震应急预案；三是每年组织两次以上的防震减灾知识宣传教育活动和应急演练活动；四是各乡（镇）地震宏观联络员要做好辖区内水库管理人员兼地震宏观联络员的管理，注意收集宏观异常情况并及时报告；五是各县中、小（一）型以上定点水库管理所负责人每月向当地县地震局报告一次水库观测情况，并做好跟踪观测记录备查，确保宏观联络员在群测群防中发挥重要作用。

【防震减灾宣传】 2012年5月12日、11月6日，在“全国防灾减灾日”、“全省防震减灾宣传日”，州地震局开展了内容丰富、形式多样的防震减灾科普宣传活动。一是制定《“5·12”全国防灾减灾日、“11·6”全省防震减灾宣传日活动实施方案》，及时做好宣传展板和资料准备和宣传场地的布置。局领导亲临科普活动宣传现场指导防震减灾宣传工作。二是积极与楚雄日报社和楚雄电视台进行沟通协调，安排资金在《楚雄日报》刊载了《居安思危，未雨绸缪，切实加强防震减灾能力建设》、《地震逃生十大法则》、《避震知识》、《遇到地震怎么办》等防震减灾知识宣传文章，要求全州地震系统干部职工及相关部门职工收看防灾动画电影《今天·明天》，央视12频道《平安365》播出的《震动的大地》专题片；三是在楚雄市“桃源湖”畔开展宣传活动，紧紧围绕“防灾减灾，关爱生命”这个主题，设立咨询台，接受群众咨询200余人次，每次展出内容丰富且浅显易懂的展板10块，悬挂宣传布标2条，发放《防震避震常识》、《地震知识100问》、《地震应急自救互救手册》和防震减灾知识折页近9000册（份）。通过多渠道、多形式、灵活多样的宣传，较好地宣传了楚雄州防震减灾工作，提高了地震部门的社会显示度，对促进州防震减灾各项工作的开展起到了积极的作用。

【建成地震应急数据库】 为做好地震应急准备，一旦破坏性地震发生，快速进行震害损失评估等工作，按省地震局的要求，州地震局抽调相关人员组成工作机构，制作发放相关表格，从2012年3月至6月，开展了地震应急基础数据库收集、录入、汇编工作，州局专门到各县局进行检查、指导和督察。该数据库涵盖全州9县一市交通、住建、教育、卫生、水务、民政、军事等部门和各乡镇、村委会的基础设施等数据，在全州地震系统的密切配合和团结协作下，圆满完成了数据库的建设，提升了全州地震系统地震应急能力。

【地震应急准备】 根据震情形势的发展和云南省地震局部署，州地震局适时由局领导带队对全州各县（市）进行地震应急检查。完成按照《地震应急工作检查管理实施办法》明确的应急救援准备工作原则、主要工作内容、应急基础能力建设和应充分注意的问题及通报震情为主要内容的应急检查，与此同时州地震局领导在不同时间分别带相关科室，赴州内重点县通报震情趋势意见，落实震情跟踪措施，指导震情跟踪工作，检查地震应急准备情况，为做好地震应急工作打下坚实的基础。2012年2月3日牟定3.6级地震发生后，州地震局及时报告震情，适时会商，胡智文局长陪同任锦云副州长在第一时间赶到牟定与县委、县政府研究了应急准备工作。2012年10月15日禄丰一平浪发生4.4级地震，州地震局按照地震应急工作程序，向州委、州政府报告震情后，由胡智文局长分别陪同州委书记张太原、州长李红民、常务副州长杨亚林、州委副书记邱江、州委常委秘书长赵克义、分管副州长邓斯云等领导到震区查看灾情，与指导工作，带领本局相关人员在震区完成后续震情跟踪监视，查看和落实灾情，指导县地震局完成应急相关工作。

【防震减灾规划】 按照《楚雄州防震减灾“十二五”规划》，州地震局努力争取，防震减灾规划项目有序推进。完成了地震应急信息和全州地震观测台网“十二五”期间向省申报建设项目，州地震局、南华、姚安、大姚、元谋、武定、牟定、双柏8个强震动地震台网已经建成，牟定极低频地震预测分系统项目已经中国地震局和云南省地震局批准建设，其他一些地方性建设项目也先后启动。

【2013年概况】 2013年，楚雄州地震局在州委、州政府和省地震局的领导下，紧紧围绕贯彻落实国务院、省、州政府防震减灾联席会议精神和云南省州（市）县防震减灾工作综合目标，牢固树立“震情第一”观念，以最大限度地减轻地震灾害损失为根本宗旨，认真抓好防震减灾法制建设、监测预报、震灾预防、应急救援、社会动员等各项工作，不断提升社会管理能力和公共服务水平，促进了全州防震减灾事业可持续发展。

【防震减灾法制建设】 进一步规范执行《防震减灾法》，明确了政府在防震减灾工作中的主导地位，在州委领导下，主动接受州人大的监督，突出防震减灾法律地位，逐步形成政府依法领导、主管部门大力推动、防震减灾相关部门积极配合的工作格局。加强了地震行政执法队伍建设和法制监督检查工作。

【地震监测预报】 一是继续加强现有台项的地震监测台网管理，州、县地震局制订地震前兆观测管理制度和操作规程，落实主管领导和责任人，经常性地做好仪器及辅助设施的检查、维护、保养，确保测震、地下流体、电磁等观测台项正

常运行。按规定和要求按时报送、传送观测记录数据和资料。及时做好监测仪器耗材的订购、下发，确保各台项观测仪器的正常运行。二是积极协调和争取观测项目建设。完成了禄丰县地震局罗茨水化站观测井扫洗井和观测业务用房工程建设，改善了地下流体观测条件和地电观测环境。投资37.5万元新建牟定极低频地磁观测台前期土建工程、光纤通信已架设完成，仪器安装调试待省地震局统一安排。10月下旬，武定县政府投入56万元，400米深钻井及观测井房工程竣工并通过验收。三是推进“楚参1井”石油勘探井作为地震前兆观测井工作取得突破性进展。由中国石化勘探南方公司于1992年成井的石油勘探“楚参1井”，位于我州牟定县境内，井深5286米，闲置至今，经州地震局多方考察调研，向州政府、省地震局多次汇报争取支持，2013年10月，州县地震局工作组赶赴成都中石化勘探南方公司，查阅“楚参1井”区域地质、成井成果资料、图件、勘探结论，并取得部分资料。经协商，中国石化勘探南方公司已同意将“楚参1井”提供我局作为地震观测井使用。

【震情跟踪】 2013年，州地震局主要领导及分管领导带相关技术人员深入各县，对辖区内的地震观测台项、地震烈度与预警台网、强震台等进行维护维修和巡检，对震情跟踪工作进行督查和指导。要求全州地震部门牢固树立震情第一的意识，认真做好震情跟踪监视工作，加强监测和落实好台网管理的各项规章制度，不断优化监测台网运行管理，把各项措施落到实处，确保我州地震监测台网（站）稳定运行和观测资料连续可靠并及时上报。适时进行资料分析研究和异常落实，强化地震监测预报的力度，做好本州及其周边发生强震可能的应对预案。

【震情会商】 在日常开展地震预测预报和震情短临跟踪分析中，始终严格执行震情周、月会商制度，定期组织召开年度、年中和月、周会商40余次，及时将会商意见以《震情分析》形式报送州委、州政府相关领导和省地震局及相邻州市地震部门。州地震局组织会商会的同时，要求各县地震局上报定期会商分析意见，共收到各县地震局周、月会商报告近300余份，通过强化震情会商跟踪监视和管理，促进了对震情跟踪工作的制度化。

【震灾预防】 完成了建设工程抗震设防审批，对楚南公路、双新公路建设等多项重点生命线工程、重大建设工程进行了地震安全性评价，确保新建重大工程、生命线工程的抗震设防能力。继续推进中小学校舍安全工程和农村危房改造工程，增强了民众防震抗震意识。由州政府发文，住建部门实施的橡胶减隔震技术与材料，在地震重点监视防御区的人员密集场所、救灾物资储备库、党政机关等重要单位，通信、电力、交通枢纽等重点区域，新建工程全面推广使用。

【召开防震减灾工作会议】 2013年4月26日，州人民政府召开了2013年防震减灾联席会议。副州长、州抗震救灾指挥部副指挥长邓斯云出席会议，部分州抗震救灾指挥部成员单位领导参加会议。会议传达了州委、州人民政府主要领导的指示，听取州地震局《未来地震趋势预测意见和进一步加强防震减灾工作的建议》报告，组织学习《楚雄州地震应急预案》和《楚雄州抗震救灾工作实施方案》。5月21日，州人民政府召开了全州防震减灾工作会议，传达了全省防震减灾备灾有关情况汇报会议精神，听取了州地震局震情趋势报告和加强防震减灾工作的建议，对做好防震减灾工作作了安排部署。

【强震台网运行和管理】 2013年6月7日，由省地震局防灾研究所主办，州地震局承办的楚雄州强震台网管理及应用技术培训班在楚雄举办，州县地震局管理及运维人员40余人参加了培训，省地震局防灾所的专家从强震台网数据采集、应用、维护、管理等方面进行了综合培训，确保了强震动台网安全、连续、可靠运行。

【地震应急能力建设】 在州人民政府的统一领导下，建成了一支规模适度、反应迅速、突击力强的地震灾害专业紧急救援队伍。同时加强灾民自救互救能力，在南华、姚安、大姚和禄丰4县按户发放价值857万元的342830个含有电筒、绷带、压缩饼干、口哨、矿泉水、创伤药等物品的小应急包。民政、交通、水利、商务等部门，进一步加强救灾物资储备体系建设，增加救灾储备物资品种和数量，基本能满足应急救灾工作需要，无特殊情况一般性灾害24小时能安置灾民，保证受灾群众的衣、食、住。民政部门救灾仓库储备有救灾帐篷、毛毯、大衣、衣服、棉被、床单、彩条布、折叠床、床垫、折叠桌凳、雨衣、应急灯等11种80829件（套）救灾物资，折价约600万元。规范了政府投入与社会捐赠相结合的多渠道灾后恢复重建与救助机制。

【地震应急演练】 2013年8月8日，楚雄州抗震救灾指挥部2013地震应急演练在州地震局举行。州委、州人大、州人民政府、州政协、军分区主要领导、州抗震救灾指挥部成员单位负责人共80余人参加了演练。演练模拟以楚雄市行政辖区内发生了一次“7.0级地震灾害事件”为情景，按“应急响应和应急处置”不同阶段的工作内容、任务，围绕地震应急救援工作的目标，进行了震情处理、预案启动、应急实施、应急结束等科目演练。指挥长李红民州长强调，楚雄州是地震灾害较为严重的地区之一，要始终保持常备不懈的震情观念。地震应急预案是做好地震应急工作的重要保障，通过演练，要认真总结，查找不足，进一步完善预案体系。省地震局陈勤副局长作了点评。

【群测群防网络建设】 继续抓好地震宏观测报网、地震知识宣传网、地震灾情速报网及防震减灾联络员队伍，建立了“三网一员”群测群防体系，由乡镇分管防震减灾工作的领导、综合办主任、民政所助理员、科技助理员、小（一）型以上水库管理所负责人，以及抗震救灾指挥部成员单位办公室主任和各村委会主任组成。全州建立了137个骨干观测点，形成县、乡、村三级地震宏观联络员共1288人。为保证工作的连续性，州、县地震部门适时进行动态落实和培训管理，确保此项工作换人不换岗，延续不断地发展，保证地震宏观收集上报、地震科普知识宣传和地震灾情上报工作的渠道畅通。

【防震减灾宣传】 防震减灾知识宣传已纳入学校教育内容，在全州中小学中每学期有两小时的防震减灾知识课成为常态化，《楚雄日报》社、楚雄电视台、楚雄广播电台等新闻媒体在“5·12”全国防灾减灾日、“11·6”全省防震减灾日宣传活动中，长时间刊载和播出防震减灾专题内容，参加“科技三下乡”、“科普宣传周”等活动，利用各种会议、民族节日等有利时机，采取印发宣传材料、讲座等多种形式，深入开展防震减灾法律法规和地震科普知识宣传教育工作，初步形成全民防震减灾宣传教育网络，提高全社会防震减灾知识受教育程度。2013 年，州地震局投资 33 万余元，编印地震常识、避震要诀、地震宏观异常现象、地震谣言的识别、农村民居抗震知识等为主要内容防震减灾知识折页 500000 册、彝文版《防震减灾知识读本》10000 本，制作 2 万份宣传品下发各县。广大群众的防震减灾意识逐步提高。

【地震信息预警】 2012 年以来，州地震局引入地震灾害预警技术，与成都高新减灾研究所合作，在全州范围内架设价值 232 万元的 58 个子台地震烈度速报与 6 套预警仪试验台网，安装 6 套学校地震预警广播系统，可望在地震前向用户发出预警信号，震后快速获取灾区信息。

地质灾害

【2012 年综述】 2012 年共发生地质灾害灾情险情 13 起，其中滑坡 11 起，地面塌陷 1 起，地裂缝 1 起。地质灾害未造成人员伤亡。针对连续旱情，开展了抗旱救灾地下找水工作。2012 年，共争取省级财政资金 1790.96 万元实施了 72 口深井的打井工作，现累计进尺 11842.68 米，其中出水（成井）68 口，干孔 4 口，累计涌水量 10348.88 方/日，可缓解 104696 人的饮水困难问题。

【监测应急】 完善应急体系，进一步增强地质灾害处置能力；健全群测群防网络，切实做好汛期地质灾害预防工作。2012 年将已查明的 1063 个地质灾害隐患点列入监测范围，同时对部分不适应工作的监测人员进行了调整，共落实地质灾害隐患点监测人员 1065 人，从汛期开始对地质灾害隐患点进行监测、预警和预报等工作；2012 年落实地质灾害防治工作经费 1597.67 万元，确保了地质灾害防治工作正常开展；认真组织编制州、县两级（2011 年～2020 年）地质灾害防治规划；加强宣传、强化应急演练，共组织 194 次应急演练，参与演练人员共计 15249 人，使当地群众熟悉并掌握防灾避灾的预警信号、避险路线及避险地点等常识，确保灾情发生时，群众能迅速有序转移避险，最大限度地防止人员伤亡；开展地质灾害气象预警，有效指导地质灾害监测预警预报工作，通过电视台、160 块电子显示屏、2000 余部手机、传真、网络等多种渠道及时发布“楚雄州地质灾害气象预警”信息，为基层组织做好地质灾害预防工作提供了有利条件。

【专项防治】 认真组织地质灾害治理和搬迁避让工作，2012 年组织实施的武定县东坡乡政府驻地泥石流治理项目、元谋县城大箐河泥石流治理项目和姚安县大河口乡政府、中学滑坡治理项目等 3 个中央投资特大型治理项目已完成招投标工作；组织实施永仁县方山旅游区山大门及火塘铺地质灾害应急治理项目、武定县田心乡利米村委会上火山村滑坡治理项目、南华县一街乡田房村委会办公场地滑坡治理等 3 个中小型治理项目，项目总投资 412.33 万元。2012 年共下达搬迁避让资金 696 万元，对 348 户受地质灾害威胁的群众实施搬迁避让工作；严格管理，切实加强地质环境保护工作，2012 年全州共有 51 个矿山交存矿山地质环境恢复治理保证金 1142.72 万元（州级 35 个矿山 1123.16 万元、县级 16 个矿山 19.56 万元），全州矿山企业保证金交存达 95%，保证金交存工作为矿山地质环境恢复治理打下了坚实的基础；完成地质灾害危险性评估报告和矿山地质环境保护与恢复治理方案审查备案 67 件，并督促建设单位或采矿权人在项目建设的同时实施地质灾害防治工程，从源头上防止地质灾害发生，减轻地质环境遭受工程建设的破坏，努力推进地质环境保护工作。

【2013 年综述】 2013 年共发生地质灾害险情 13 起，其中滑坡 8 起，泥石流 1 起，地裂缝 1 起，崩塌 3 起，地质灾害未造成人员伤亡。2013 省级下达楚雄州 47 口深井指标，落实了 3 家施工队伍，实施 45 口深井，累计进尺 9305.6 米，累计涌水量 10265.32 方/日，惠及人口 27764 人。

【监测应急】 2013 年，全州纳入群测群防的地质灾害隐患点共有 965 个（按类型分滑坡 863 个、泥石流 43 个、崩塌 31 个、地面塌陷 7 处、地裂缝 19 条、地面沉降 2 处，按规模分特大型 13 个、大型 30 个、中型 221 个、小型 701 个），落实了监测人员 1925 人，为每名监测员发放补助经费 1500 元；完善应急体系，进一步增强地质灾害处置能力，制定了《楚雄州 2013 年度地质灾害防治方案》。修改完善了《楚雄州国土资源局汛期地质灾害值班实施细则》和制定了《楚雄州国土资源局 2013 年度汛期地质灾害防治值班人员名单》；加强领导，构建地质灾害防治共同责任机制；开展地质灾害气象预警，有效指导地质灾害监测预警预报工作。加强宣传、强化应急演练，开展地质灾害应急演练 494 次，参与人数 32988 人。印制了《地质灾害避险明白卡》40000 份、《地质灾害防灾工作明白卡》3000 份，地质灾害警示标语 2540 份。

【专项防治】 积极筹措争取地质灾害防治经费，共争取上级地质灾害防治工作资金 7173 万元，确保了地质灾害防治工作的有效开展；认真组织开展地质灾害治理和搬迁避让工作，共组织实施 3 个特大型治理项目和 3 个中小型治理项目，总投资 4774.52 万元。共投入资金 2488 万元，对 352 户受地质

灾害威胁的群众实施了搬迁避让；开展矿山地质环境保护工作，共有51个矿山交存矿山地质环境恢复治理保证金338.66万元（省州发证11个矿山289.66万元、县级发证40个矿山49万元），组织完成各类地质灾害危险性评估报告和矿山地质环境保护与恢复治理方案审查备案86件；开展地质遗迹保护工作。2013年4月26日公布施行了《云南省楚雄彝族自治州恐龙化石保护条例》，这是楚雄州第一部全面规范恐龙化石保护的地方性法规，标志着楚雄州恐龙化石保护工作从此步入法治化轨道。申报了古生物化石收藏单位定级单位4家，其中，申报甲级单位2家，乙级单位2家。禄丰县向国土资源部申报了国家级重点保护古生物化石集中产地项目，已通过省级组织专家审查；组织编制县市级、州级地质灾害避灾搬迁、治理项目实施方案；开展地质灾害重点隐患点再排查及临灾避险处置工作。通过排查，共涉及603户2664人，57个需采取临灾避险处置措施的地质灾害隐患点均按要求和时限完成了处置措施的落实。

防 洪 抗 旱

【2012年旱灾】　2012年，楚雄州出现了冬春连旱、夏旱，境内大部分河流断流，库塘蓄水严重不足，旱情给楚雄州工农业生产和群众生活特别是城乡供用水造成了重大影响，据统计，旱情最严重时全州有162座水库干涸，161条河流断流，农作物受旱面积120万亩（轻旱62.2万亩，重旱46.9万亩，干枯11.1万亩）。受旱面积占实际播种面积278万亩的43.1%；有66.5万人、25.7万头大牲畜发生饮水困难。

【2012年洪涝灾情】　2012年发生了局部洪涝灾害，共造成全州5个县19个乡镇受灾，全州受灾人口0.611万人，倒塌房屋16间，农作物受灾面积0.75万亩，成灾面积0.505万亩，绝收面积0.107万亩，减产粮食0.08万吨，经济作物损失107.78万元；公路中断15条次，损坏堤防1处0.06千米，损坏灌溉设施26处。因洪涝灾害造成的直接经济损失264.792万元，其中：农业直接经济损失199.992万元，工业交通业直接经济损失18.4万元、水利工程水毁直接经济损失40.8万元。

【李国英检查指导抗旱救灾】　2012年3月26日，水利部副部长李国英在省水利厅厅长周运龙、副厅长王仕宗等领导陪同下，深入楚雄州元谋、牟定等县检查指导抗旱救灾工作。

【实行领导分片包干制度】　围绕“人人有水喝、农业不减产、农民能增收”的目标，州委、州政府高度重视，把抗旱救灾保民生作为各项工作的首要任务，实行领导分片包干、工作组包县市制度，明确各级行政首长为抗旱救灾工作的第一责任人，建立分片区、分区域和包县市、包乡镇、包村组、包农户责任制，将各项抗旱保饮水安全任务落实到县市、乡镇、村组和农户。

【抗旱应急供水工程建设】　2012年，全州实施了19件抗旱应急工程，改善和解决了30.8万人、9.94万头大牲畜饮水困难。如楚雄市团山水库增蓄工程、双柏县白竹山引水工程完工等，极大地缓解了几个县城及集镇供水。2013年，全州实施了24件应急工程，工程批复总投资1.46亿元，建成后可解决14万人、4.97万头大牲畜饮水困难，共争取上级投入资金3135万元。抗旱应急工程的实施，极大的提高县城、部分集镇的供水保障能力，今年10个县城、部分重点集镇群众基本生活用水和重点工业企业用水需求有保障也得益于这批工程。

【2012年抗旱救灾】　全州共投入抗旱救灾资金1.3亿元（中央财政投入1280万元，省级6990万元，州、县2390万元，群众自筹2366.72万元），投入抗旱人数84.7万人次，机电井986眼，泵站673处，机动抗旱设备3.63万台套，机动运水车辆11900辆次。投入抗旱用电357.74万度，抗旱用油846.63吨，抗旱浇灌面积94.05万亩，临时解决了62.35万人、22.7万头大牲畜的饮水困难。

【非工程措施项目专项稽查】　2012年4月10～15日，水利部以稽查特派员房玲娣为组长的稽查组对楚雄州禄丰县山洪灾害防治县级非工程措施项目建设进行了专项稽查，稽查组通过听取汇报、现场稽查相结合的方式，对项目审批，资金安排、到位和使用情况，项目建设、管理情况，存在问题及原因等进行稽查，并提出了稽查意见。有力地促进了楚雄州山洪灾害防治县级非工程措施建设。

【非工程措施信息共享】　2012年5月30日以来，在省水利厅、省防办、省水文水资源局的指导下。楚雄州抓紧抓好山洪灾害防治水雨情信息共享建设。经各方主动协调、精心组织、紧密配合、共同努力，楚雄州山洪监测水雨情与水文、气象部门信息实现共享。

【2012年防洪抢险】　全州共减淹耕地面积0.938万亩，避免粮食减收0.0968万吨，减少受灾人口0.11万人，减灾经济效益97.54万元。在抗御洪涝灾害中，全州共投入抢险人数0.248万人次；投入运输设备5班次；投入编织袋0.01万条，抗灾用油0.7吨、总物资消耗折算资金0.892万元。

【举办防汛抗旱暨水利建设培训班】　2012年7月2～4日，全州防汛抗旱暨水利建设管理培训班在州委党校举办。州防汛抗旱指挥部成员、10县市水务局分管防汛抗旱、水利建设工作领导，防汛抗旱办公室主任，已建中型水库管理单位负责人，在建大中型、小（一）型、小（二）型水库工程管理局（处）局长、技术负责人，各乡镇分管水利工作副乡镇长、水管站站长和州水务局科级以上干部共386人参加了培训。培训班对防汛抗旱、水利工程建设、资金管理工作存在的问题，组织水利工程专家对防汛抢险知识、水利工程基本建设程序及招投标相关程序规定、水利工程质量与安全监督方面做了专题讲座。

【荣获“全省抗旱减灾先进集体荣誉称号”】 2009年入秋以来，楚雄州遭遇了百年一遇的特大旱灾，到2012年的持续4年干旱，给全州经济社会发展造成重大损失。面对严重的旱灾，楚雄州党委、政府高度重视严峻的旱情，多次召开抗旱工作专题会议，研究部署抗旱救灾工作，群策群力，采取强有力措施，抓实抓细抗旱救灾工作，积极深入旱灾区，帮助灾区群众解决抗旱救灾困难，为全州抗旱救灾的最后胜利作出了卓越的贡献。被云南省委、省政府授予2012年度“云南省抗旱减灾先进集体”荣誉称号。

【2013年旱灾】 2013年，由于前期晴热少雨，蒸发强烈，土壤失墒快，旱情迅速蔓延，楚雄州遭遇连续4年干旱。因旱最高时造成102个乡镇的13个乡集镇所在地、728个村委会2270个自然村共40.78万人、18.37万头大牲畜饮水困难，农作物受旱面积130.8万亩，受灾面积75.6万亩，其中成灾38.4万亩，绝收13.3万亩。

【2013年洪涝灾情】 2013年，全州虽无大范围强降雨，但小流域和局部性暴雨时有发生，在部分地区引发山洪灾害。全州洪涝灾害受灾人口5.4244万人，紧急转移1192人；倒塌房屋96间，因灾死亡3人；农作物受灾面积14.922万亩，成灾面积6.246万亩，绝收面积1.396万亩，减产粮食0.62万吨，经济作物损失4217.426万元；公路中断12次，经济损失440万元；毁坏堤防12处17.96米千米，毁坏护岸32处，灌溉设施56处，经济损失884.44万元。因洪涝灾害造成的直接经济损失8156万元。

【国家防总检查旱情及抗旱工作】 2013年2月26日，国家防办督察专员张旭一行到楚雄州检查指导抗旱工作。3月31日至4月1日，水利部规计司副巡视员陈群香率国家防总抗旱工作组到楚雄州检查旱情及抗旱工作。工作组一行先后深入楚雄市苍岭镇西云村委会、苍岭村委会、尹家嘴水库，牟定县新桥镇马厂、羊肝石村委会实地察看了人畜饮水、集镇供水、农作物受旱、水库蓄水及供水等情况。

【国家防办检查非工程措施建设】 2013年11月17日，国家防办督察专员梁家志、防汛一处副处长黄先龙一行在省防汛抗旱指挥部专职副指挥长陈明、防汛办主任熊执中的陪同下到楚雄州检查山洪灾害防治县级非工程措施项目建设情况。

【库增蓄水成效显著】 一是建立了包库蓄水责任制。全州小（二）型以上水库库塘蓄水全部建立包库蓄水责任制，每座水库都有责任人负责蓄水工作。二是编制增蓄方案，实施增蓄工程。水务部门于6月下旬组织编制了《楚雄州2013年7月至12月库塘增蓄方案》，并以增蓄方案为指导开展增蓄工作。截至2013年12月28日，全州利用现有工程设施采取引、提、修、建、拉、运等措施，从库区外引水、提水入库0.85亿立方米，占水库净增蓄水量19%，其中，引水0.7亿立方米。共新建引水（洪）沟渠54条，长19.4千米；修复、清淤引水（洪）沟渠275条，长27.2千米；新建提水站13座，装机1793千瓦。三是不等不靠、多措并举开展工作。全州共投入资金2823万元清淤库塘382座，清淤库容185万立方米。同时州人民政府专门安排400万元按各县市引提蓄水量给予补助。2013年全州库塘蓄水7.1亿立方米，比去年同期多1.01亿立方米，较历年同期少0.72亿立方米，是近3年来同期蓄水较好的一年。库塘蓄水从6月9日最低的2.4亿立方米增加到7.1亿立方米，净增4.7亿立方米。全州34.25万个水池（窖）蓄满做到满蓄满灌。2013年全州最高时饮水困难人口（40.78万人）仅为2010年、2012年同期一半，充分表明抗旱应急供水工程在抗旱保饮水的重要作用。

【2013年抗旱救灾】 全州共投入抗旱救灾资金1.27亿元（中央财政投入4130万元，省级4130万元，州、县2466.89万元，群众自筹1932.24万元），投入抗旱人数67.48万人次，机电井3900眼，泵站572处，机动抗旱设备4.31万台套，机动运水车辆12800辆次。投入抗旱用电203.16万度，抗旱用油826.59吨，抗旱浇灌面积100.5万亩，临时解决了40.8万人、18.4万头大牲畜的饮水困难。

【中小河流治理专项稽查】 2013年4月17～21日，水利部水利工程建设稽查办公室稽查组对楚雄州禄丰县星宿江金山段河道治理工程一期建设情况进行了稽查，稽查组通过听取汇报、现场稽查相结合的方式，对项目审批，资金安排、到位和使用情况，项目建设、管理情况，存在问题及原因等进行稽查，并提出了稽查意见。

【非工程措施发挥效益】 2013年入汛以来，全州单点暴雨突出，共发生88站次单点暴雨，暴雨导致牟定、南华、姚安、武定4个县8个乡镇不同程度受灾。如6月9日牟定新桥24小时降雨量达167.5毫米。双柏、南华、姚安、武定县利用山洪灾害监测预警系统进行了预警，发挥了很好的预警作用，为群众提前转移、避让和防范提供了宝贵时间。州级及10县市共发布预警585次，发布预警短信1.8万余条，发布预警涉及相关防汛责任人1893人，启动预警广播站32次，转移人员27人，充分发挥了防汛减灾作用。

【2013年防洪抢险】 全州共投入防汛抢险0.0872万人次；投入机械设备1558台班；抗灾用油54.9吨，用电2.6万度，投入资金740万元（其中省级以下60.3万元，总物资消耗折算资金145.088万元），减淹面积4.77万亩，避免粮食减收0.28万吨，减少受灾人口1.07万人，转移人员0.1192万人，减灾经济效益1719.53万元。

农业灾害

【2012年灾情】 2012年，楚雄州各类农业自然灾害频繁发生，以干旱、冻害、风雹较重，洪涝和生物灾害相对较轻，呈冬春干旱、冻害，夏秋洪涝、风雹的基本格局。突出特点

可以概括为冬季灾害点多面广，夏秋局部重灾、重复受灾。全州全年农作物受灾面积累计184.67万亩，成灾面积110.19万亩，绝收面积20.04万亩，分别占全年大小春农作物总播种面积661.34万亩的30.21%、18.02%和3.28%。其中：干旱受灾156.78万亩，成灾92.96万亩，绝收17.16万亩，分别占总灾面积的84.9%、50.34%和9.29%；洪涝受灾3.73万亩，成灾1.94万亩，绝收0.26万亩，分别占总灾面积的2.02%、1.05%和0.14%；风雹受灾13.32万亩，成灾8.97万亩，绝收2.2万亩，分别占总灾面积的7.21%、4.86%和1.19%；冻害受灾10.84万亩，成灾6.32万亩，绝收0.42万亩，分别占总灾面积的5.87%、3.42%和0.23%。

【农作物病虫害发生及防治】 全州全年累计发生各种农作物病、虫、草、鼠害1381.84万亩次，防治1995.44万亩次，挽回损失粮食12.52万吨，油料1.1万吨，果实0.73万吨，蔬菜7.6万吨，病虫危害损失率为3.35%。在抓好大面积病虫害防治的同时，及时组织扑灭元谋县姜驿乡玉米粘虫突发灾情。

【灾害损失】 从危害程度看，全州因灾害造成产量损失分别为：粮食作物2.6万吨、蔬菜11.7万吨、油料1.1万吨。干旱、冻害、风雹、洪涝等直接造成农业经济损失49285万元，分别为干旱37124万元、冻害3430万元、风雹7562万元、洪涝1170万元。总体而言，旱灾是危害楚雄州农业生产最严重的灾害。

【救灾备荒种子贮备】 2012年，共储备救灾备荒种子45.52万千克（杂交玉米21.26万千克，豆类10.66万千克，荞子5.4万千克，麦类8.2万千克），其中：州级落实储备救灾备荒种子12万千克，确保了全州大灾之年农业生产用种需求和安全。

【种植保险】 2012年，全州参保面积达108.49万亩，其中水稻承保面积38.21万亩，玉米承保面积57.28万亩，油菜承保面积13万亩。险种为洪涝、风雹、干旱、病虫害等。各级财政投入保费1850.86万元，农户承担保费18.7万元，承保公司理赔649.4万元（玉米509.4万元，水稻140万元）。

【2013年灾情】 2013年，全州全年农作物受灾面积累计204.99万亩，成灾面积135.34万亩，绝收面积46.2万亩，分别占全年大小春农作物总播种面积595.43万亩的34.42%、22.73%和7.76%。其中：干旱受灾182.08万亩，成灾123.12万亩，绝收44.5万亩，分别占总灾面积的88.82%、90.97%和96.32%；洪涝受灾4.53万亩，成灾3.14万亩，绝收0.38万亩，分别占总灾面积的2.2%、2.3%和0.8%；风雹受灾12.34万亩，成灾7.06万亩，绝收0.35万亩，分别占总灾面积的6%、5.2%和0.8%；冻害受灾6.05万亩，成灾2.02万亩，绝收0.97万亩，分别占总灾面积的2.95%、1.49%和2.1%。

【农作物病虫害发生及防治】 全年共发生各种农作物病虫草鼠害1130.52万亩次，综合防治面积达1735.65万亩次，挽回粮食损失15.53万吨，粮食作物病虫危害损失率达3.3%，全面完成了省州下达的各项目标任务。

【“12·16”严重低温霜冻灾】 2013年12月14~16日，全州出现了强降温降雪天气过程，导致楚雄州以元谋为代表的低热河谷区发生“12·16”严重低温霜冻灾害，对全州农业造成严重影响。受此次降雪降温引起的低温冻害造成农作物受灾43.53万亩，成灾22.68万亩，绝收5.08万亩，经济损失30003.15万元。其中：1、经济作物蔬菜受灾25万亩，成灾15.28万亩，绝收4.61万亩，受灾较为严重的元谋县受灾4.84万亩，成灾4.26万亩，绝收2.49万亩；早青蚕豆受灾5.97万亩，成灾3.83万亩，绝收0.6万亩；油菜受灾4.78万亩，成灾2.52万亩，绝收0.26万亩；其它经济作物（主要是早青豌豆）受灾5.28万亩，成灾2.43万亩，绝收0.88万亩。2、粮食作物小麦受灾6.12万亩，成灾2.36万亩，绝收0.33万亩；蚕豆受灾5.83万亩，成灾2.9万亩，绝收0.23万亩；大麦受灾2.07万亩，成灾0.67万亩；马铃薯受灾0.74万亩，成灾0.27万亩，绝收0.11万亩；其它粮食作物受灾1.57万亩，成灾0.43万亩，绝收0.01万亩。3、水果受灾2.18万亩，成灾0.77万亩，绝收0.12万亩。

【救灾备荒种子贮备】 楚雄州从2008年起建立救灾备荒种子贮备制度，贮备资金列入财政预算。针对楚雄州三年连旱的实际，2013年农业部门把救灾备荒种子的储备管理工作作为一项重要工作来抓。经过认真组织落实，全州2013年共储备救灾备荒种子8万千克，确保了全州大灾之年农业生产用种需求和安全。

【种植保险】 2013年，全州参保面积达156.82万亩，其中水稻承保面积60.31万亩，玉米承保面积77.31万亩，油菜承保面积19.2万亩。险种为洪涝、风雹、干旱、病虫害等。各级财政投入保费2716.62万元，农户承担保费271.66万元。

重大灾害事件

【2012年灾情综述】 2012年，全州主要遭受干旱、风雹、洪涝、地震等灾害，尤其是连续4年严重旱灾，给居民生产生活带来了严重影响，给工农业生产造成了较大损失，干旱叠加效应突显。一年来，灾害已造成全州10县市110.58万人受灾，饮水困难人口51.18万人，大牲畜19.84万头，农作物受灾75.77千公顷，成灾49.69千公顷，绝收11.77千公顷，倒损民房135户312间，其中：倒塌29户63间，严重损坏17户61间，一般损坏89户188间，直接经济损失65467.28万元，其中农业经济损失56370.33万元。

【“4·21”元谋县风雹灾】 2012年4月21日21时10分，

元谋县老城乡突降冰雹，造成3个村委会12个村民小组684户2736人受灾。部分农户葡萄、小枣等农作物受灾146.78公顷，成灾146.78公顷，绝收26.13公顷，直接经济损失2790万元。

【10县市出现旱灾】 2012年，连续干旱叠加效应突显。截至2012年6月1日，旱灾已造成全州10县市128.9万人受灾，饮水困难人口49.34万人，饮水困难大牲畜22.04万头（匹），农作物受灾73668.64公顷，成灾45659.79公顷，绝收11148.07公顷，直接经济损失49092.63万元。旱灾主要特点：一是持续时间长，自2009年9月入秋以来，旱情就持续发展，为历史罕见，百年一遇。二是受灾范围广，重复受灾。据统计，三年持续旱灾共造成全州10县市103个乡镇432.66万人次不同程度受灾。三是由于2011年降雨偏少导致全州库塘蓄水严重不足，加之气温持续偏高，地表水急剧减少，水源枯竭，部分地区人畜饮水十分困难。四是农作物受灾严重，损失较大，需政府在饮水、粮食方面救助人数大幅增加。

【“6·30”大姚、武定县风雹灾】 2012年6月30日，大姚、武定县境内遭遇风雹和单点性强降水，灾害造成5个乡镇16个村委会3183人受灾，农作物受灾253.9公顷，成灾141.4公顷，绝收36.2公顷，直接经济损失234.61万元。

【“7·31”大姚、禄丰县风雹、洪涝灾】 2012年7月31日，大姚、禄丰县境内普降暴雨，14个乡镇36415人不同程度遭遇洪涝、风雹灾害。农作物受灾2550.26公顷，成灾1578.36公顷，绝收535.6公顷，民房倒塌10户19间，损坏7户15间，直接经济损失2878.98万元。

【“8·06”禄丰县风雹灾】 2012年8月6日，禄丰县境内的仁兴、广通、彩云、中村、碧城、高峰、勤丰、一平浪等8个乡镇发生强降雨及风雹灾害。致使8个乡镇20个村委会56个村小组2487户11979人受灾。农作物受灾1014.4公顷，成灾1002.63公顷，绝收450.4公顷，直接经济损失3756.59万元；倒塌住房2户8间，损坏住房2户9间，直接经济损失3.93万元；损毁河道挡墙60余米，冲毁河道混凝土底板102立方米，直接经济损失3万元。合计经济损失3763.52万元。

【“8·09”禄丰县风雹、洪涝灾】 2012年8月9日，禄丰县境内部分乡镇普降大雨，并伴随狂风夹杂着冰雹，勤丰、中村、碧城、黑井等4个乡镇不同程度遭遇洪涝、风雹灾害。灾害共造成4个乡镇12个村委会9556人受灾，农作物受灾368.4公顷，成灾293.8公顷，绝收101.33公顷；倒塌住房7间，损坏房屋1间，涉及4户19人；共造成直接经济损失792.728万元，其中：农业经济损失789.028万元，家庭财产损失3.7万元。

【“8·15”姚安、武定县风雹灾】 2012年8月15日，姚安、武定县发生风雹灾，造成4个乡镇12个村委会的11912人受灾，农作物受灾337.4公顷，成灾219.1公顷，绝收137.7公顷，直接经济损失419.6万元。

【“8·18”南华县风雹灾】 2012年8月18日，南华县受热带风暴的影响，3个乡镇4个村民小组2365人遭受风雹灾害，农作物受灾142公顷，成灾104公顷，绝收17公顷，倒塌住房2户7间，严重损坏3户12间，损坏房屋2户5间，直接经济损失131万元，其中：农业损失113万元，家庭财产损失18万元。

【“9·19”禄丰县风雹、洪涝、滑坡】 2012年9月19日，禄丰县境内连续降雨，和平、中村、高峰、恐龙山、妥安、广通、一平浪、黑井等8个乡镇不同程度遭遇洪涝、风雹、滑坡等灾害。灾害共涉及8个乡镇30个村委会4808人受灾，农作物受灾659.01公顷，成灾534.34公顷，绝收75.85公顷，倒塌住房11间，损坏房屋26间，涉及19户80人，直接经济损失262.31万元，其中：农业经济损失233.89万元，家庭财产损失28.42万元。

【禄丰县4.4级地震】 2012年10月15日7时07分59秒，禄丰县一平浪镇直冲村发生里氏4.4级地震。震源深度10千米，震中距禄丰县城直线距离约18.9千米，地震发生时，禄丰县行政区域内震感强烈。截至10月16日，灾害共造成10个乡镇42个村委会123个村民小组1112户3873人受灾，民房倒塌1户1间、严重损坏5户16间，中度损坏10户18间，轻度损坏60户140间；民政福利设施损坏3个；村委会受损5个；学校房屋损坏491间，10696平方米；医院、卫生院（所、室）、医务室损坏28所34幢9975平方米；公路损坏7条4千米，公路塌方3250平方米，桥涵损坏2座；小（二）型水库损坏1座，小坝塘损坏22座。直接经济损失8285万元。

【2013年灾情综述】 2013年，全州主要遭受干旱、洪涝、风雹、低温冷冻等自然灾害，尤其是连续5年严重旱灾，叠加效应突显，给灾区城乡居民生产生活带来了严重影响，给工农业生产造成了较大损失。截至12月31日，自然灾害共造成全州10县市103个乡镇162.41万人次受灾，因灾死亡4人，紧急转移安置29人，死亡羊26只、大牲畜1头，饮水困难人口40.42万人，饮水困难大牲畜18.25万头，67条河流断流，55座水库干涸，农作物受灾111.18千公顷，成灾65.34千公顷，绝收27.45千公顷，倒塌民房20户68间，严重损坏19户58间，一般损坏124户270间。直接经济损失84626.52万元，其中农业经济损失82150.92万元。

【10县市遭受干旱】 2012年10月1日至2013年5月19日，楚雄州降水特少，全州平均降水量为62毫米，比上年同期偏少42毫米，比历年同期偏少152毫米，偏少了72%。气温偏高，蒸发量大，2012年10月1日至2013年5月19日，全州平均气温为14.3℃，比历年同期偏高1.6℃。截至2013年5月20日，旱灾已造成全州10个县市103个乡镇1064个村委会13013个村民小组140.48万人受灾，农作物受灾92639.75

公顷，成灾55025.14公顷，绝收2405.11公顷，饮水困难人口40.42万人，饮水困难大牲畜18.25万头，67条河流断流，55座水库干涸，181眼机电井出水不足，直接经济损失52162.1万元，其中农业经济损失50082.43万元。

【"6·09"牟定县洪涝灾】 2013年6月9～10日，楚雄州境内普降大雨。其中，牟定县共和、新桥两镇6月9日晚8点至6月10日上午10点连降暴雨，降雨量最高达167.5毫米。降雨导致部分区域内山洪暴发、河水骤涨，农户房屋、农田及道路、坝塘等不同程度受损。截至6月10日16时，灾害共造成牟定县新桥、共和2个镇18个村委会（社区）2300多人受灾，倒塌民房5户9间，受损民房18户36间。初步统计，农作物受灾面积335.9公顷，成灾80公顷，直接经济损失约228.2万元。

【"6·23"武定县洪涝灾】 2013年6月23日下午5时左右，武定县境内白路乡毕家、岔河、小井三个村委会普降暴雨并伴有冰雹，引发洪涝灾害造成2人死亡（武定县白路乡毕家村委会西拉村2人在地间找猪草时被洪水冲走，姓名：鲁洁，女，现年20岁；白秀英，女，傈僳族，现年86岁），1人轻伤，26只黑山羊被水冲走，3户农户住房被水淹受损18间。冰雹灾害还造成白路乡境内平地、洒布柞、岔河三个村委会农作物受灾4679亩，其中：烤烟受灾3532亩，玉米受灾697亩，豆类受灾450亩。灾害造成经济损失360万元。

【"6·25"禄丰县风雹灾】 2013年6月25日，禄丰县境内发生风雹灾害。据统计，灾害共造成禄丰县碧城、和平、一平浪3个乡镇11个村委会29个村小组3308户12777人受灾，损坏住房2户6间，农作物受灾825.4公顷，成灾794.4公顷，绝收50.33公顷，直接经济损失1042.65万元，其中农业经济损失1040.55万元。

【"7·29"双柏县洪涝灾】 2013年7月29日下午18时，双柏县大麦地镇蚕豆田村委会新村突降暴雨，蚕豆田河水上涨，村民李秀珍18时30分左右放牛返回途中过河时不慎被河水冲走，人找到，已死亡，同时冲走牛1头。遇难人员为：李秀珍，女，彝族，现年60岁，大麦地镇蚕豆田村委会新村人。

【"7·31"元谋县风雹灾】 2013年7月31日晚10时左右，元谋县4个乡镇遭受风暴灾害，灾害未造成人员伤亡，农作物、房屋遭受不同程度损失。灾害造成4个乡镇8620亩农作物受灾，经济损失3023.3万元。其中：青枣受灾面积4095亩，经济损失2432.5万元。

【"8·06"大姚县风雹灾】 2013年8月6日，大姚县不同程度遭受风暴灾害，11个乡镇26个村委会186个村民小组20110人受灾，损坏住房28户51间，农作物受灾741公顷，成灾570公顷，绝收114公顷，直接经济损失729.44万元，其中农业经济损失709.46万元。

【"8·07"永仁、元谋县风雹灾】 2013年8月7日，永仁、元谋县不同程度遭受风雹灾害，共造成3个乡镇6个村委会18个村民小组5554人受灾，农作物受灾326.47公顷，成灾246.2公顷，绝收67.27公顷，直接经济损失541.9万元，其中农业经济损失541.9万元。

【"8·12"姚安县洪涝灾】 2013年8月12日，姚安县官屯乡境内发生强降雨，降雨量112毫米，造成8个村委会15360人不同程度受灾，因灾倒塌房屋1户4间，农作物受灾106公顷，绝收68公顷，直接经济损失136万元。

【"8·08"禄丰县风雹灾】 2013年8月8日，禄丰县遭受风雹灾害，共造成2个乡镇3个村委会19个村民小组605户2510人受灾，农作物受灾104.06公顷，成灾77.93公顷，绝收36.67公顷，直接经济损失312万元，其中农业经济损失312万元。

【"8·12"南华县洪涝灾】 2013年8月12日，南华县境内发生强降雨，造成4个乡镇38个村委会61个村民小组725户3047人受灾，倒塌7户26间，严重损坏8户32间，一般损坏13户41间。农作物受灾177公顷，成灾149公顷，绝收28公顷，直接经济损失201万元，其中农业经济损失103万元。

【"8·14"元谋县风雹灾】 2013年8月14日下午14时40分左右，元谋县羊街镇已波龙村委会遭受风雹灾害，造成该村委会10个村民小组411户1672人受灾。农作物受灾161公顷，成灾121公顷，绝收48.67公顷，直接经济损失260.35万元。

【"8·15"牟定县风雹灾】 2013年8月15日16时30分许，牟定县共和镇、凤屯镇境内发生风雹、雷电、大雨等极端天气，造成共和镇6个村委会77个村民小组1323户5897人受灾，房屋受损4户8间，农作物受灾252.2公顷，成灾130.7公顷、绝收112.4公顷，直接经济损失约840万元，其中农业经济损失830万元。

【"8·18"牟定县风雹灾】 2013年8月18日12时10分许，牟定县戌街乡铁厂、伏龙基、白沙、左家4个村委会境内突降大雨，并伴随持续10～15分钟的冰雹和4～6级大风，最大降雨量30多毫米。造成4个村委会30个村民小组1008户4067人不同程度受灾。农作物受灾面积187.1公顷，成灾114.2公顷，绝收43.3公顷，直接经济损失约354.3万元，其中农业经济损失约353.3万元。

【"8·22"大姚县风雹灾】 2013年8月22日，大姚县湾碧、六苴、石羊镇突降大雨，并伴随冰雹和大风，发生风雹灾害。共造成3个镇31个村委会155个村民小组10275人不同程度受灾。农作物受灾面积653公顷，成灾86公顷，直接经济损失约180.59万元。

【"9·02"元谋县风雹灾】 2013年9月2日17时30分左右，元谋县元马镇清和社区遭受暴风雨袭击，造成2个村民小组10人不同程度受灾，因灾死亡1人（遇难人员为：康明元，男，汉族，63岁，清和社区康家村人，在酸角树下避雨被雷击身亡），农作物受灾面积46.2公顷，成灾46.2公顷，绝收46.2公顷，直接经济损失约779万元。

【祥云县4.6级地震】 2013年11月28日16时23分，大理州祥云县东南方向发生里氏4.6级地震（北纬25.4°，东经106°），震源深度10千米，震中距离楚雄州南华县边界29千米。楚雄市、南华县、姚安县、大姚县有明显震感。地震发生后，州防震减灾局王局长立即做出安排部署，及时做好做好应急准备工作，特别是做好人员、物资、车辆等准备工作，发现灾情及时调运。

【"12·14"元谋县雪灾】 2013年12月14～16日，受南支槽和冷锋切变影响，楚雄州出现了强降温降雪天气过程，特别是全州出现了雨夹雪或小雪局部中雪，这是2007年2月1日降雪天气过程后，6年来州内出现的首场降雪天气。其中，元谋县羊街镇境内降雪厚度达20厘米，造成元谋县羊街镇10个村委会104个村小组5406户18046人受灾，农作物受灾面积707.13公顷，成灾383.33公顷，直接经济损失471.55万元，其中：农业直接经济损失397.35万元；企业损失74.2万元（损坏钢架大棚57个，价值34.2万元；香菇、平菇、大球盖菇产品12万袋，价值40万元）。

【"12·19"低温霜冻灾害】 2013年12月14～16日，受南支槽和冷锋切变影响，全州出现了强降温降雪天气过程，特别是15～16日，全州10县市均出现了雨夹雪或小雪局部中雪天气。16日下午，受高空强劲西北气流控制，州内出现了严重的低温霜冻灾害，17日夜间全州平均最低气温只有－3.9℃。全州农作物、冬早蔬菜、经济林果遭受到不同程度的低温冻害，特别是种植热带作物的元谋县受灾较重，损失较大。截止19日16时，共造成元谋、禄丰、南华、武定4个县41个乡镇352个村委会2520个村民小组15.28万人不同程度受灾，农作物受灾14729.19公顷，成灾8657.12公顷，绝收3177.73公顷。造成直接经济损失27263.4万元，其中：农业直接经济损失26727.6万元；基础设施损失367.8万元；家庭财产损失168万元。

抗灾救灾

【成立楚雄州减灾委员会】 2012年7月3日，州政府下发《楚雄州人民政府关于成立减灾委员会的通知》（楚府明电〔2012〕193号），成立楚雄州减灾委员会。7月13日，楚雄州减灾委员会召开第一次全体会议，州减灾委成员单位负责人和专家组成员参加会议。州人民政府副州长、州减灾委主任杨静出席会议并作题为"强化措施、形成合力，全面做好防灾减灾各项工作"的重要讲话。会议讨论审议了《楚雄州自然灾害救助应急预案》；听取了州民政局、州地震局、州气象局、州国土资源局、州水务局防灾减灾工作情况汇报，对2012年度灾害趋势作了预测分析，并提出了积极应对的措施及对策建议。

【适时启动应急预案】 2012年，针对日期加重的旱情，及时召开灾情会商会，下发通知，密切关注旱情发展动态，加强与相关部门沟通和联系，及时调查了解旱情，及时统计上报灾情，并要求每10天上报一次，一年来，已通过国家灾情管理系统上报灾情30余期。适时启动应急预案，2月17日国家减灾委、民政部针对云南省旱情启动国家四级救灾应急响应，2月13日省减灾委启动（Ⅲ）级救灾应急响应，楚雄州于3月12将抗旱应急响应级别由（Ⅲ）级中度干旱提升至（Ⅱ）级严重干旱应急响应。派出工作组赶赴旱灾地区，查看旱情，指导开展救灾工作，尽最大努力降低旱灾带来的损失和影响。2012年6月20日，旱情得到缓解，将抗旱应急响应级别由严重（Ⅱ级）降至轻度（Ⅳ）级。

【禄丰县4.4级地震救助】 2012年10月15日07时07分58秒，根据省、州地震台网测定，禄丰县一平浪镇直冲村附近（北纬25°1′、东经101°9′）发生4.4级地震，震源深度10千米，震中距禄丰县县城直线距离约18.9千米，禄丰县行政区域内震感强烈。地震发生后，州县领导和有关部门迅速赶赴灾区指导抗震救灾工作，并迅速调集救灾物资和救援力量支援应急抢救。州财政、民政紧急安排救灾资金100万元；禄丰县财政安排救灾应急资金10万元，民政部门预备救灾帐篷700顶、棉被1000床随时送往地震灾区。紧紧围绕"六有两确保"（有安全临时的住所、有饭吃、有清洁水喝、有衣穿、有病能够得到及时救治、孩子能按时上学，确保不因次生灾害再发生新的伤亡、不因工作不到位而发生新的伤亡，确保灾区不发生传染病）的目标要求，迅速组织力量，全面排查核实人员伤亡、财产损失情况，逐家逐户进行登记，不留死角，不留盲点，特别是要排查边沿村组，努力做到无一疏漏，尽最大努力保障受灾群众生命安全。稳定了受灾群众的情绪，维护了灾区的社会稳定。

【积极筹措资金】 2012年，积极主动向省、州汇报灾情和存在的困难，争取上级最大限度的支持。一年来，共争取自然灾害补助救助资金8190.86万元（其中：中央资金3600万元，省级资金3500万元、州级配备资金1090.86万元）。一是专项用于冬春荒灾民生活救助资金2500万元；二是专项用于灾区群众生活救助资金5357.15万元（民政部门解决旱灾地区群众生活困难问题2807.15万元；水务部门解决旱灾地区人畜饮水困难问题2550万元）；三是专项用于采购救灾装备及救灾物资133.71万元（元谋县配备乡镇救灾专用车75万元、州局采购救灾物资50万元、州减灾委工作经费8.71万元）；四是专项用于禄丰县一平浪镇"10·15"地震应急抢险及恢复重建资金100万元；五是专项用于救灾储备库建设100万元（南华县50万元、武定县50万元）。以上资金已全

部下达，确保了楚雄州灾后救助工作的顺利开展。

【积极储备救灾物资】 2012年，为切实做好防灾备灾工作，加大救灾物资储备力度，确保救灾工作及时有效开展。楚雄州严格按照政府采购法、招投标法等程序，于5月31日在楚雄州公共资源交易中心公开开标，采购了救灾装具100套、衣服3000套、棉被1572床。据统计，全州民政部门现有救灾帐篷6400顶（旧帐篷，且多次使用），被子13350床，衣服10483套，大衣1080件，毛毯600床，彩条布27件。另外，楚雄、双柏、南华、永仁、元谋5个县市还代省厅储备有大衣5000件、衣服2500套、棉被5000床。

【及时调运救灾物资】 2012年6月24日15时59分，丽江市宁蒗彝族自治县与四川省凉山彝族自治州盐源县交界发生5.7级地震，震源深度11千米。楚雄州委、州人民政府高度关注灾情，深切牵挂受灾群众，及时向灾区发去慰问信，并向灾区捐款30万元。6月26日，根据省厅紧急调拨救灾物资的通知，州局及时组织装运12平方米救灾帐篷1000顶到宁蒗县永宁乡，全力支援灾区抗震救灾。9月7日11时19分，昭通市彝良县与贵州省毕节地区威宁彝族回族苗族自治县交界发生5.7级地震，12时16分彝良县再次发生5.6级地震。楚雄州委、州人民政府高度关注灾情，深切牵挂受灾群众，及时向灾区发去慰问信，向灾区捐款100万元，并向灾区紧急调运12平方米救灾帐篷650顶。

【救灾物资储备库建设】 2012年，为加快救灾物资储备库建设步伐，在省民政厅的关心支持下，为南华、武定争取了省级救灾储备库建设补助资金100万元，有效提高了应对自然灾害的能力。

【旱灾救助】 2012年，为精心制定救助方案，有效保障群众生活。据统计，全州共救济旱灾受灾群众45.69万人。其中：口粮救助29.46万人，衣被救助2.76万人，饮水困难人口救助13.15万人，其他救助0.32万人。把有限的救灾款物发放到最需要救助的人群手中，发挥了最大效益，确保了灾民的基本生活不出问题。

【冬春荒救助】 2012年，通过进村入户调查评估，切实保障灾区群众有饭吃、有衣穿、不受冻，确保救助工作不漏一户，不掉一人。根据调查情况，按照分类统计，登记造册，建立台账，分类施救的方式，制定受灾群众冬春生活救助实施方案，切实保障困难群众基本生活。全州共救助困难群33.65万人，其中：口粮救助28.48万人，发放粮食4817.64吨；发放衣被4.59万件，救助4.59万人；现金救助0.58万人。

【抗旱救灾捐赠接收】 截至2012年10月10日，楚雄州民政部门共接收社会各界爱心捐款1034.54万元（其中州局接收到707.15万元）。及时将社会各界的爱心和真情送往灾区，有效地保障了受灾群众的基本生活。同时，通过广播、电视、报纸、网络、简报等方式公告接收及使用情况，自觉接受社会各界监督，真正做到让捐赠者放心，让受赠者满意。

【彝良地震捐赠接收】 截至2012年10月24日，全州共接收到“昭通彝良地震”捐赠款556.0843万元（其中州局接收到184.7152万元）。根据《救灾捐赠管理办法》的规定和捐赠者意愿，经州人民政府同意，先后分两批将捐赠款556.0843万元汇往昭通地震灾区，全力支持灾区抗震救灾。

【防灾减灾日宣传】 2012年5月7～13日，组织开展了一系列内容丰富、形式多样的科普宣传活动，积极营造全社会关心和参与防灾减灾工作的良好氛围。据统计，全州参与防灾减灾宣传活动2万余人，发放相关宣传资料5.2万余份，《地震防护手册》等资料手册2万余册，悬挂“5·12防灾减灾”宣传标语5千余条，利用城区科普画廊张贴挂图、图片2万余张，展出展板3千余板，接受科普知识咨询20万余人，受益群众8万余人，广播、电视滚动播放相关知识，向公众发布“防灾减灾”公益短信近万条，实现了宣传活动预定目的，唤起了社会各界对防灾减灾工作的高度关注，增强了全社会灾害风险防范意识和突发事件中自我保护技能，有力地推进了普及灾害自救互救知识向纵深发展，为提高公众的自我防范能力和危险情况下的自救自助能力，取得了积极的宣传效果。

【防灾应急“三小工程”】 2012年，为南华、姚安、大姚、禄丰4个县配发34.28万个小应急包，各级民政部门高度重视，成立专门机构，明确专人负责，认真统计核实家庭户数，制定切实可行的工作方案，确保小册子、小应急包发放到每个家庭。全州各级国土资源部门共组织开展不同规模地质灾害应急演练177次，参加人数达14561人次。加强应急宣传教育，提高公众灾害防范意识和自救互救能力。

【预警信息发布】 2012年，气象部门发布气象灾害预警预报信息162次，预警信息发布能力显著增强。共投入作业火箭车10辆，固定点15个，开展作业85点次，作业区内普降中到大雨，局部暴雨，增雨作业为缓解全州旱象作出了积极的贡献。全州共出现25次全州性的冰雹天气过程，44个作业日，从6月10日开展防雹工作10月12号全部防雹点撤除，历时124天，全州共投入人工防雹指挥和作业人员350人，作业车辆10余辆，规范化作业点83个，及时有效地开展人工防雹807点（次）作业，有效地避免和减轻了防区内粮烟受冰雹灾害。据统计，2012年全州共栽种烤烟80万亩，处于防区内的48万余亩烤烟，受到冰雹灾害的只有1847亩，受灾率仅为0.38%，比去年降低0.71%，而防区外烤烟受灾36099.3亩，受灾率为4.5%，全州粮烟避免冰雹灾害带来的损失近1.5亿元。

【恢复重建】 2012年，共投入恢复重建资金100万元，完成倒房重建5户30间，中损修复10户60间，轻损修复52户312间，修复民政福利设施3所。民房恢复重建资金补助标准：倒塌和严重损坏拆除重建自建户，每户补助2万元，中损修复每户按2000元标准补助，轻损修复每户补助500元，民政福利设施每所补助11.8万元。

【积极筹措资金】 2013年，共争取下达自然灾害救助资金3870万元，其中：中央资金3550万元，省级资金90万元、州级资金230万元。一是专项用于冬春荒、旱灾受灾群众生活救助资金3840万元；二是专项用于州级储备救灾帐篷30万元。以上资金已在时限要求内，及时足额下达10县市，确保了楚雄州灾后救助工作的顺利开展。

【扎实储备救灾物资】 2013年，共投入救灾物资采购资金80万元。其中，采购衣被50万元，采购帐篷30万元。目前，全州民政部门储存有救灾帐篷3443顶，棉被28668床，衣服22158套，大衣3695件，毛毯3360床，床单1500条，彩条布35件。另外，州局和楚雄、双柏、南华、大姚、永仁、元谋、武定7个县市代省民政厅储备有大衣6500件、衣服4490套、棉被8000床、彩条布800件、折叠床500张、床垫500个、雨衣500件、应急灯1213个、折叠桌凳10套，确保应急之需。

【救灾物资储备库建设】 2013年，加大资金投入力度，加快救灾物资储备库建设步伐，切实提高楚雄州应急救援能力。共下达救灾物资储备库建设资金235万元，新建县级救灾物资储备库4个，有效提高了应对自然灾害的能力。

【灾民救助】 2013年，采取突出重点，分类施救的方式进行救助。一是以长保、短补、延伸救助为重点保障弱势群体。二是以一山两江流域为重点保障困难群体。通过发放粮食、衣被、饮水、现金救助等措施，确保受灾群众有安全住所、有衣穿、有被盖、有饭吃、有水喝、不受冻。确保了灾区社会稳定、人心安定。一年来，共救助受灾群众45.32万人次，其中：发放粮食5477.53吨，救助35.74万人；发放衣被3.01万件（套），救助3.01万人，饮水救助6.17万人，其他救助0.4万人。把有限的救灾款物发放到最需要救助的困难群众手中，发挥了最大效益，确保了灾民的基本生活不出问题。

【救灾捐赠接收】 2013年4月20日，四川省雅安市芦山县发生7.0级强烈地震，给灾区人民群众生命财产造成重大损失。为帮助灾区群众战胜灾害，渡过难关，州局及时开展了救灾捐赠接收工作。社会各界爱心人士踊跃捐款，慷慨解囊，截至2013年6月20日，州局共接收到1406人捐赠的善款54947元。根据国家《救灾捐赠管理办法》和云南省民政厅关于四川芦山“4.20”地震捐赠接收的有关要求，州局已于2013年6月20日将接收的善款54947元汇缴至云南省接收救灾捐赠办公室，由云南省接收救灾捐赠办公室统一汇往灾区。

【宣传及信息发布】 2013年5月12日，是我国第五个“防灾减灾日”，为进一步发挥“防灾减灾日”宣传教育功能，提高全社会防灾减灾意识和能力，推动突发事件应急管理工作深入开展，紧紧围绕“识别灾害风险，掌握减灾技能”这一主题，于5月6日至18日，组织开展了一系列内容丰富、形式多样的科普宣传活动，积极营造全社会关心和参与防灾减灾工作的良好氛围。全州参与防灾减灾宣传活动2万余人，发放相关宣传资料20万余份，《地震防护手册》等资料手册2万余册，悬挂“5·12防灾减灾”宣传标语5000余条，科普张贴挂图、图片、展板5000余板，接受科普知识咨询30余万人，组织演习、演练100余场次，广播、电视滚动播放相关知识，向公众发布“防灾减灾”公益短信近万条，开展地质灾害应急演练494次，参与人数32988人。印发了2013年度的《地质灾害避险明白卡》40000份、《地质灾害防灾工作明白卡》3000份，地质灾害警示标语2540份，实现了宣传活动预定目的，唤起了社会各界对防灾减灾工作的高度关注，增强了全社会灾害风险防范意识和突发事件中自我保护技能，有力地推进了普及灾害自救互救知识向纵深发展，为提高公众的自我防范能力和危险情况下的自救自助能力，取得了积极的宣传效果。

2013年，气象部门向州委、州政府和州级有关部门提供书面服务材料195期，发布灾害性天气预警信号193次，发布雨量实况107条61万人次，地质灾害手机短信雨情提醒266条80万人次，发布气象预报预警综合服务信息118万条次。全州共出现25次冰雹天气过程，63个作业日，从6月15日开展防雹工作10月17号全部防雹点撤除，历时123天，全州共投入人工防雹指挥和作业人员423人，作业车辆20余辆，规范化作业点86个，及时有效地开展人工防雹512点（次）作业，有效地避免和减轻了防区内粮烟受冰雹灾害。据统计，2013年全州共栽种烤烟82万亩，处于防区内的52万亩烤烟，受到冰雹灾害的只有4300亩，受灾率仅为0.52%，而防区外烤烟受灾88528亩，受灾率为10.7%，2013年防区内外烤烟受灾率相差20倍，全州粮烟避免冰雹灾害带来的损失近1.5亿元。人工防雹工作取得较好的经济和社会效益，为楚雄州粮烟丰收，财政增长、农民增收做出了积极的贡献。

（白子学 和建武 王光荣）

红河哈尼族彝族自治州

概　况

【行政区划】　红河哈尼族彝族自治州位于云南东南部，地处东经101°47′~104°16′，北纬22°26′~24°45′，南与越南社会主义共和国接壤，辖区面积32931平方千米，国境线长848千米，辖4市9县（蒙自市、个旧市、开远市、弥勒市、建水县、石屏县、泸西县、元阳县、红河县、绿春县、金平苗族瑶族傣族自治县、屏边苗族自治县、河口瑶族自治县），129个乡（镇），1181个村（居）民委员会，户籍总人口4469508人，有汉、哈尼、彝、苗、瑶、傣、壮、回、布衣、拉祜、布朗等11个世居民族，少数民族人口2673920人，占总人口的59.82%，常住人口达456.1万人。红河州州府设在蒙自市。

【地形地貌】　红河州境内地形错综复杂。地势西北高，东南低。地形以元江为界，分北部地区和南部地区，东面属于滇东高原区，西面为横断山纵谷的哀牢山区。哀牢山沿红河南岸蜿蜒伸展到越南境内，为州内主要山脉，山区面积占85%。全州海拔最高处为金平县西南部的西隆山3074.3米，海拔最低处在河口县红河与南溪河交汇处76.4米。由于海拔悬殊及纬度不同的影响，气候差异大，属于热带、亚热带立体气候，有“一山分四季，十里不同天”之称。复杂的地貌，多变的气候，导致境内低温冷冻、干旱、风雹、洪涝、滑坡泥石流等自然灾害频繁发生。

【2012年气候特点】　2012年降水偏少，气温略低，光照偏欠，是一个光温水匹配一般的中等年景。年内强降水较少，夏秋干旱明显，洪涝和地质灾害偏轻，是连续第四年干旱的年份。

降水：2012年红河州平均降水量1011毫米，比常年偏少17%，比2011年略多4%。中北部平均732毫米，比常年偏少18%，比2011年偏多16%；南部平均1335毫米，比常年偏少16%，比2011年略少3%。降水量最多的是金平县2068毫米，最少是建水县573毫米。全年降水量除1月、6月、7月和9月略多外，其余8个月均为略少到特少。冬季（2011年12月~2012年2月）降水量偏少，但1月降水偏多，冬旱较轻。春季（3~5月）降水量总体特少，3月特少，4月、5月偏少，春旱突出。夏季主汛期（6~8月）虽然大部地区雨季开始早，进入雨季后，降水基本正常，6、7月份连续降水略多，8月偏少，主汛期全州平均降水量583毫米，比常年略少7%，比2011年偏多25%，是近四年主汛期降水最多的一年。秋季（9~11月）降水偏少，雨季在9月下旬结束，为偏早年份。12月无强降水过程，降水量特少，气象干旱开始显现。

2012年全州共出现强降水132县次，其中大雨103县次，暴雨29县次。全年中有2月、3月和12月没有出现大雨，暴雨主要集中在5~9月，其中7月共出现大雨、暴雨38县次，占全年的28%。100毫米以上大暴雨4县次，金平大雨、暴雨日数共25天，占全年强降水总日数的18%。日最大降水量为河口9月12日154.8毫米。

气温：2012年全州气温偏高，平均气温19.8℃，比常年偏高1.0℃，比2011年偏高1.4℃，为历史第二高年份。年平均气温最高为元阳25.0℃，最低为泸西16.2℃。其中，中北部平均19.1℃，比常年偏高1.2℃，比2011年偏高1.5℃；南部平均20.6℃，比常年偏高0.7℃，比2011年偏高1.3℃。冬季（2011年12月~2012年2月）气温正常略高。1月气温特低，为历史第二低值。整个冬季强冷空气活动虽然不频繁，但西北气流强劲，冷平流在1月16日带来了强烈的降温。春季（3~5月）气温偏高，3~5月连续偏高。4月气温特高，为历史最高。高温从4月一直持续到5月中旬，加剧了旱情的发展。夏季主汛期（6~8月）气温总体偏高，6~8月连续3个月气温略偏高。汛期期间既无长时段高温天气也无持续低温阴雨天气，没有发生夏旱和大范围洪涝，对水稻抽穗扬花，早稻收晒，烤烟采烤都有利。秋季（9~11月）气温总体偏高，9月正常略低，10月偏高，11月特高，秋旱明显。入冬后，冷空气活动较少，12月气温偏高。12月全州平均气温14.2℃，比常年偏高1.7℃，排历史同期第三高。

日照：2012年全州平均日照时数2061小时，比常年偏多6%，比2011年偏多14%。日照时数最多的是蒙自2411小时，比常年偏多13%；最少的是河口1373小时，比常年偏少11%。

【2013年气候特点】 2013年降水正常略少，气温正常略高，光照偏多，是一个光温水匹配良好的上好年景。年内春季干旱明显，强降水较少，洪涝和地质灾害偏轻，是连续4年干旱后难得的平水年份。

降雨：2013年红河州平均降水量1159毫米，比常年略少4%，比2012年偏多15%，为近5年降水量最多的年份。中北部平均844毫米，比常年略少5%，比2012年偏多15%；南部平均1526毫米，比常年略少4%，比2012年偏多14%。2013年降水量最多的是金平县2248毫米，最少是弥勒市734毫米。2013年全州降水量明显比2012年偏多。全年除5月、8月、10月和12月降水量偏多外，其余8个月降水量为略少到特少。冬季（2012年12月~2013年2月）降水量偏少，连续3个月偏少，冬旱突出。春季（3~5月）降水量总体与常年持平，3月特少，4月略少，5月偏多。3~4月全州春旱明显。5月1日~5月21日陆续进入雨季。夏季主汛期（6~8月）降水基本正常，平均雨量594毫米，比常年略少5%，比去年偏多2%，是近5年主汛期雨量最多的一年。秋季（9~11月）降水偏少，但雨日较多，秋旱并不明显。10月16~24日，红河州出现持续9天的秋季连阴雨。12月13~17日红河州出现一次冬季罕见的持续性强降水过程，致使12月降水量特多。

2013年全州共出现强降水157县次，其中大雨114县次，暴雨43县次。全年中有1月、2月和11月没有大雨出现，暴雨主要集中在6月和12月，7月共出现大雨、暴雨34县次，占全年的21%。本年度城区没有出现过24小时降水量达100毫米以上的大暴雨。绿春大雨、暴雨日数共26天，占全年强降水总日数的17%，是2013年强降水最多的地方。

气温：2013年全州气温正常略高，平均气温19.3℃，比常年偏高0.5℃，比2012年偏低0.5℃。年平均气温最高为元阳24.5℃，最低为泸西15.8℃。其中，中北部平均18.4℃，比常年偏高0.6℃，比2012年偏低0.7℃；南部平均20.3℃，比常年略高0.3℃，比2012年偏低0.4℃。全年只有1月气温持平，10月偏低，12月特低，其余9个月均是正常略高至特高。冬季（2012年12月~2013年2月）气温偏高，整个冬季强冷空气活动虽然不频繁，但阶段性低温还是较突出。1月中旬泸西全境、弥勒东山出现降雪，中北部部分高海拔地区出现结冰。春季（3~5月）气温偏高，3~5月连续偏高。夏季主汛期（6~8月）气温总体偏高，6~8月连续3个月气温略高。汛期既无长时段高温天气也无持续低温阴雨天气，没有发生夏旱和大范围洪涝，对水稻抽穗扬花，早稻收晒，烤烟采烤都有利。秋季（9~11月）气温总体偏高，9月正常略高，10月偏低，11月偏高，无持续高温天气。入冬后，冷空气活动频繁，12月13~21日出现强寒潮天气，致使12月气温特低。

日照：2013年全州平均日照时数2007小时，比常年略多4%，比2012年略少3%。日照时数最多的是蒙自2303小时，比常年偏多8%；最少的是河口1585小时，比常年略多3%。

2012年灾情

【综　述】 2012年，红河州相继遭受干旱、洪涝、滑坡泥石流、风雹等自然灾害的袭击，造成农作物减产减收，给受灾群众生产生活带来严重影响。据统计，2012年全州受灾人口134.11万人，因灾死亡10人，失踪1人，伤5人，紧急转移安置2585人，因旱造成饮水困难人口56.26万人；农作物受灾面积138215公顷，其中成灾面积80503公顷、绝收面积28896公顷；倒塌农房419户978间，严重损坏农房474户728间，一般损坏农房1659户2808间，因灾死亡大牲畜50头；公路坍方泥石流118.66万立方米，水毁路基224.17千米、路面18.39万平方米、桥梁2座、涵洞50道、挡墙3.31万立方米，公路受灾点段达670多处，造成50多条道路多次不同程度中断。全州因灾造成直接经济损失7.98亿元。

【旱　灾】 1月~5月25日，红河州平均降雨量169毫米，比常年偏少45%，比2011年偏少38%；平均气温18.4℃，比常年偏高0.9℃，比2011年同期偏高2.3℃。由于降雨特少，气温又高，红河州出现了较严重的干旱灾害，给群众的生产生活带来严重影响，造成全州13县市106.29万人受灾，42.62万人和19.09万头大牲畜饮水困难；农作物受灾面积117926公顷，其中成灾68551公顷、绝收24173公顷；农业直接经济损失5.85亿元。

【弥勒等4市县遭受洪涝灾】 4月7~8日，受西南气流影响，红河州普降中到大雨，弥勒、开远、建水、个旧4县市局部降下单点性暴雨，造成6923人受灾，1人死亡；农作物受灾面积389.56公顷，其中成灾241.39公顷，绝收110.19公顷；倒塌民房6户13间，一般损坏86户211间；直接经济损失840万元。

【绿春县局地遭受风雹灾】 4月24日18时40分，绿春县境内突起狂风暴雨，暴雨中夹着冰雹，冰雹最大直径达4厘米，持续时间达20多分钟。致使牛孔、三猛、平河等3乡16个村委会134个自然村遭受冰雹袭击。造成36250人受灾，农作物受灾面积336.8公顷，其中绝收116.8公顷，一般损坏房屋680间，直接经济损失672万元。

【建水县因雷击死亡1人】 4月26日下午3时30分，建水县青龙镇业租村委会法依村村民白宝云在外出放羊时遭雷电击中头部当场死亡。

【弥勒、元阳、绿春县遭受洪涝灾】 6月1~4日，由于受西南气流影响，红河州部分地区持续连降大雨，导致弥勒、绿春、元阳局地遭受洪涝灾，造成5049人受灾，因灾死亡1人；农作物受灾面积425.19公顷，其中成灾181.16公顷、绝收14.76公顷；倒塌房屋7间，严重损坏房屋8间；直接经济损失 456 万元。

【建水等 4 县市遭受洪涝灾】 6 月 19～24 日，受切变线和暖湿气流共同影响，红河州出现明显降水天气过程，大部分地区普降中到大雨，部分地区出现暴雨并伴有雷电活动，致使建水、开远、弥勒、泸西 4 县市局部地域因短时雨水集中，出现洪涝灾害。造成 23023 人受灾，1 人死亡，紧急转移安置 11 人；农作物受灾面积 3352.4 公顷，其中成灾 1647.2 公顷、绝收 655.53 公顷；倒塌房屋 27 间，严重损坏房屋 90 间，一般损坏房屋 102 间；直接经济损失 4826 万元。

【屏边、弥勒、个旧等地遭受洪涝灾】 7 月 4 日，屏边、弥勒、个旧局部地区遭受洪涝，造成 6084 人受灾，紧急转移安置 7 人；农作物受灾面积 833.99 公顷，其中绝收 142.72 公顷；倒塌房屋 34 间，严重损坏房屋 5 间，一般损坏房屋 3 间；直接经济损失 1037 万元。

【金平等 6 县市发生洪涝灾】 7 月 13～30 日，受低压切变和台风“韦森特”影响，红河州一直持续强降雨天气过程，大部分普降中到大雨，部分地区有大到暴雨。强降雨导致金平、弥勒、红河、个旧、开远、绿春 6 县市局地发生不同程度的洪涝、滑坡灾害。造成 58608 人受灾，伤 4 人，紧急转移安置 302 人；农作物受灾面积 1914.4 公顷，其中成灾 1088.86 公顷、绝收 688.24 公顷；倒塌房屋 28 户 73 间，严重损坏 25 户 55 间，一般损坏 175 户 362 间；直接经济损失 5502 万元。

【建水县发生山体滑坡】 7 月 29 日下午 17 时 30 分，建水县利民乡暮阳村委会放竹居小组发生山体滑坡，造成 24 人受灾，1 人死亡，1 人受伤，倒塌房屋 5 户 19 间。

【建水等 5 县市遭受洪涝灾】 8 月 6～8 日，受切变影响，红河州普降中雨局部大到暴雨，并伴有雷电、短时强降雨等强对流天气。导致建水、屏边、个旧、石屏、开远 5 县市局地遭受洪涝灾，造成全州 24340 人受灾，死亡 1 人，紧急转移安置 36 人；农作物受灾 2178.78 公顷，其中成灾 1642.07 公顷、绝收 197.48 公顷；倒塌 11 户 14 间，严重损坏 23 户 51 间，一般损坏 31 户 91 间；直接经济损失 2040 万元。

【泸西等 4 县市遭受洪涝灾】 7 月 31 日～8 月 4 日，由于受局部强对流天气的影响，红河州局部出现暴雨、雷暴雨，致使泸西、弥勒、河口、开远 4 县市局地出现洪涝灾害，造成 42189 人受灾，死亡 1 人，严重损坏房屋 6 间，农作物受灾面积 2790.13 公顷，其中成灾 1332.01 公顷、绝收 171.19 公顷，造成直接经济损失 3053 万元。

【河口、弥勒县遭受风雹灾】 8 月 12 日 22 时 30 分、17 时 57 分，受低压辐合的影响，河口、弥勒 2 县市局部地区出现大风、强降雨天气，4 个村委会 24 个村民小组遭受暴风雨袭击，造成 6540 人受灾，严重损坏房屋 3 间，农作物受灾面积 3124.05 公顷，其中成灾 930.95 公顷、绝收 586.65 公顷，农业直接经济损失达 946 万元。

【建水等 4 县出现洪涝灾】 8 月 17～22 日，由于受强热带风暴“启德”的影响，红河州普降中到大雨，部分地区出现暴雨。连续降雨导致建水、元阳、红河、泸西 4 县局地出现洪涝灾害，造成 24032 人受灾，农作物受灾面积 547.56 公顷，其中成灾 389.26 公顷、绝收 188.66 公顷，倒塌民房 30 户 109 间，严重损坏 5 户 11 间，一般损坏 640 户 1325 间，直接经济损失 1102 万元。

【河口等 3 县遭受洪涝灾害】 9 月 12～14 日，受冷锋切变影响，红河州大部分地区普降大到暴雨，其中河口城区 12 日的降雨量达 154.6 毫米。强降雨导致河口、石屏、屏边 3 县遭受洪涝灾，造成 20024 人受灾，1 人失踪，紧急转移安置 1953 人；倒塌房屋 7 间，严重损坏房屋 2 间，一般损坏房屋 15 间；农作物受灾 643.3 公顷，其中成灾 485.13 公顷、绝收 173.17 公顷；直接经济损失 3574 万元。

【绿春县山体坍塌致 1 人死亡】 9 月 12 日下午 15 时，绿春县大水沟乡宋壁村委会各马合天村因连降暴雨发生山体坍塌，致 1 人被埋当场死亡。

【森林火灾】 2012 年，共发生火情 216 起，20 起火情形成火灾，其中一般火灾 6 起、较大森林火灾 14 起。火场总面积 406.95 公顷，受害森林面积 148.41 公顷，森林受害率为 0.13‰。全州实现连续 18 年无重大、特别重大森林火灾目标。

【有害生物】 2012 年，红河州突发林业有害生物种类有 4 种，其中：国家检疫性林业有害生物 1 种即椰心叶甲，外来危险性有害生物 3 种即桉树枝瘿姬小蜂、褐纹甘蔗象、水椰八角铁甲。发生面积 30820 亩，其中：椰心叶甲 700 亩，分布于河口、金平；褐纹甘蔗象 3220 亩，分布于蒙自、建水、金平；水椰八角铁甲 20600 亩，分布于红河、元阳；桉树枝瘿姬小蜂 6300 亩，分布于蒙自、个旧、开远、弥勒、建水、红河。直接经济损失 924 万元。

2013 年灾情

【综　述】 2013 年，红河州相继遭受干旱、风雹、洪涝、滑坡泥石流、低温冷冻、雪灾等自然灾害的袭击，大部分地区多灾并发，部分地区重复受灾，造成大量农作物减产减收，民房受损，给受灾群众生产生活带来严重影响。据统计，全州受灾人口 153.96 万人，因灾死亡 18 人，失踪 2 人，伤 12 人，紧急转移安置 1593 人，饮水困难人口 20.32 万人；农作物受灾面积 128064 公顷，其中成灾 66614 公顷、绝收 20406 公顷；农房倒塌 384 户 1542 间，严重损坏 828 户 1794 间，一般损坏 7584 户 11910 间，死亡大牲畜 141 头、羊 347 只；公路坍方35.52万立方米；水毁路面9047平方米、桥梁1座、挡墙1717.4立方米。全州因自然灾害造成直接经济损失16.17亿元。

【旱　灾】　1月~4月27日，红河州平均降雨量107毫米，比常年偏少19%，比2012年偏多11%。其中，中北部平均52毫米，比常年偏少45%，比2012年偏少21%；南部平均171毫米，比常年偏少2%，比2012年同期偏多30%；平均气温17.7℃，比常年偏高1.5℃，比2012年同期偏高0.7℃。由于降水偏少，气温持续偏高，导致红河州部分地区旱情严重，中北部泸西、弥勒、开远、蒙自、个旧、建水、石屏出现重旱；南部县市旱情较轻。据统计，旱灾共造成655209人受灾，203156人和89878头大牲畜饮水困难；农作物受灾面积28324.3公顷，其中成灾8867公顷、绝收933.3公顷；直接经济损失24814万元。

【河口、屏边县遭受风雹灾】　3月26日晚22时20分~27日凌晨1时、上午9时30分、下午15时、晚23时左右，由于受强对流天气影响，河口、屏边大部分地区先后遭受不同程度的特大暴风雨、冰雹袭击，冰雹最大直径约为15厘米，致使河口县5乡镇1农场1难管区和屏边县5乡镇不同程度地遭受大风和冰雹灾害。此次灾害突发性强、受害面大、损失严重，共造成21518人受灾，伤3人，紧急转移安置24人；农作物受灾面积5173.66公顷，其中成灾3753.7公顷、绝收2173.27公顷；损坏民房2504户4248间；直接经济损失14025万元。

【个旧、屏边县市遭受风雹灾】　4月16日下午~17日凌晨，红河州大部分地区有明显的雷电活动，局部出现大风冰雹和短时强降雨，导致个旧市蔓耗镇和屏边新现、白河3个乡镇的5个村委会9个自然村遭受风雹灾。此次风雹灾最大风力达10级，造成6421人受灾，农房严重受损410户525间，农作物受灾503.1公顷，其中成灾431公顷；直接经济损失858万元。

【屏边等7县市遭受风雹灾】　4月24~27日，受西南气流天气影响，红河州部分地区先后出现大风、雷阵雨天气，导致屏边、河口、红河、石屏、开远、元阳、个旧7县市41个乡镇局部地区遭受风雹灾袭击，造成19140人受灾，伤3人，农作物受灾面积958.92公顷，其中成灾509.19公顷、绝收139.33公顷，民房倒损1063户1278间，直接经济损失1565万元。

【元阳县因风雹灾2人死亡】　4月27日17时45分，元阳县新街镇2人因风雹灾致死，其中一人受大风吹倒的大树砸死，另外一人被大风从楼顶吹下致死。

【屏边等8县市遭受风雹灾】　4月30日~5月4日，受切变线和西南气流影响，红河州普遍出现降水过程，局地出现雷电、雷雨、大风、冰雹和短时强降水等强对流天气，致使屏边、泸西、绿春、金平、河口、开远、个旧、建水8县市局地遭受风雹灾。造成78124人受灾，伤2人；倒塌房屋3间，严重损坏房屋217间，一般损坏房屋1649间；农作物受灾面积4498公顷，其中成灾2586公顷、绝收826公顷，毁坏耕地261.5公顷；直接经济损失4870万元。

【元阳县遭受泥石流】　5月4日凌晨3时，元阳县普降单点暴雨，导致逢春岭河一级电站电机房旁饮水沟渠塌方近30米，山体泥石流下滑导致下段逢春岭河二级电站沟渠旁工棚中一对夫妇被泥石流掩埋，造成30人受灾，2人死亡，冲毁农作物3公顷，直接经济损失8万元。

【金平县遭受风雹灾】　5月10日凌晨2时许，受冷锋切变影响，金平县普降中雨，局部大雨，并伴有雷暴、大风、冰雹、短时强降雨等强对流天气，导致勐桥等6个乡镇30个村委会遭受风雹灾袭击，造成2689人受灾，民房受损258户389间，死亡耕牛4头，农作受灾面积72公顷，其中成灾65公顷、绝收26公顷，直接经济损失299万元。

【泸西、河口县遭受风雹灾】　5月22~23日，泸西县金马镇山口、太平、新坝3个村委会11个村民小组和河口县河口镇城郊村委会2个村民小组不同程度遭受风雹灾袭击。河口县城区降雨量50.3毫米，风速达11.7米每秒，造成17062人受灾，农作物受灾面积843.57公顷，其中绝收25.49公顷；农房严重受损17间，一般受损187间；直接经济损失680万元。

【金平县遭受风雹灾】　5月29日凌晨3时40分，受偏西气流影响，金平县普降中雨，局部大雨，并伴有雷暴、大风、强降雨等强对流天气，导致金河镇、金水河、勐拉乡局地遭受风雹灾害袭击。造成1751人受灾，紧急转移安置102人；农作物受灾面积34.1公顷，其中绝收7.0公顷；损坏房屋190间，死亡大牲畜3头、生猪11头、家禽92只，损失存粮2200千克；直接经济损失172万元。

【建水县遭受洪涝灾】　6月9~10日，受冷锋切变影响，建水县大部分乡镇降暴雨，局部降大暴雨，全县平均降水量为62.6毫米，李浩寨乡降水量为143.3毫米，造成1193人受灾；农作物受灾面积352.14公顷，其中绝收91公顷；部分房屋倒塌和损坏，直接经济损失417万元。

【开远市遭遇大风】　6月14日凌晨，受偏东气流影响，开远市大庄乡局部地区遭遇大风天气，造成受灾人口1270人，农作物受灾面积76公顷，其中成灾26公顷，房屋一般损坏16户39间，直接经济损失93万元。

【绿春县遭受滑坡泥石流】　7月3~4日，受西南气流影响，绿春县三猛、骑马坝、大兴镇由于持续出现大雨、特大暴雨，导致局部山体滑坡泥石流。绿春主干道绿骑公路共塌方17处，通往托河、夫哈、东龙、杯倮等村的44条公路塌方187

处，冲毁吊桥一座。造成4214人受灾，死亡1人，紧急转移安置31人；农作物受灾面积191.32公顷，其中成灾126.1公顷、绝收65.22公顷；倒损农房68间；直接经济损失1011万元。

【绿春县遭受山洪】 7月20日，绿春县由于持续遭受强降雨、暴雨，导致骑马坝、大黑山局地山洪暴发，河水骤涨，造成2乡21个村委会53个村民小组10350人受灾，失踪1人，紧急转移安置336人；倒塌房屋41间；农作物受灾面积231.9公顷，其中绝收62.7公顷，毁坏耕地50公顷；冲毁河堤30处，断裂灌溉水渠9000多米，损坏村民自来水管4500米，省道边坡塌方掩埋8处，受损2千米；直接经济损失878万元。

【金平县发生滑坡泥石流】 7月21日，受辐合区影响，金平县普降大雨，局部暴雨，因持续强降雨，导致铜厂、大寨局地发生滑坡泥石流灾害，造成535人受灾，死亡1人；受损民房12户22间，死亡大牲畜2头，损失存粮850千克；农作物受灾面积16.8公顷，其中成灾15.8公顷、绝收14.7公顷；直接经济损失104万元。

【弥勒、泸西县遭受风雹灾】 7月25日17时左右，受偏南气流影响，弥勒、泸西县强对流天气频繁发生，导致西一镇、西三镇、金马镇、白水镇的局部地区遭受风雹灾害，造成8336人受灾，农作物受灾面积726.3公顷，其中绝收171公顷，农业直接经济损失793万元。

【元阳等4县市遭受洪涝灾】 7月27日~8月8日，受低压外围和第9号热带风暴“飞燕”减弱后的低压影响，红河州普降中到大雨，导致元阳、个旧、红河、屏边4县市局地出现洪涝灾害，造成9861人受灾，紧急转移安置70人；农作物受灾面积606.34公顷，其中成灾409.7公顷、绝收150公顷；倒塌民房40户122间，严重损坏37户87间，一般损坏33户60间；直接经济损失434万元。

【全州局地遭受洪涝灾】 8月15~31日，受“尤特”、“潭美”等台风外围云系影响，红河州大部分地区发生强对流天气，出现雷电、大风、冰雹和短时强降水，导致全州13个县市局部地区遭受洪涝、风雹、滑坡泥石流灾害，造成72588人受灾，因灾死亡11人，失踪1人，伤3人，紧急转移安置673人；倒塌房屋57户162间，严重损坏41户90间，一般损坏91户177间，农作物受灾6712公顷，其中成灾4771公顷、绝收915公顷。个元公路K+16千米处16日17时55分有2辆车被冲走失踪（造成4人死亡，1人受伤），新个冷公路、个温公路、贾普公路、保和公路多处路段坍塌或掩埋损坏；屏边县金厂河二级电站取水坝处出现山体滑坡（造成电站工作人员1死1伤）。造成直接经济损失12348万元。

【绿春县因滑坡1人死亡】 10月28日晚6时，绿春县大水沟乡腊迷村民小组由于长期下雨局部地区发生滑坡，造成3人受灾，1人死亡。

【全州遭受低温冷冻和雪灾】 12月13~16日，受南支槽和冷锋切变的共同影响，红河州出现冬季罕见的持续性强降水寒潮天气过程，13县市均有降雪，17~20日，红河州又出现不同程度的霜冻。此次强寒潮天气过程的降水量之大，持续时间之长，暴雨范围之广，为冬季红河州自有气象记录以来之最。致使全州遭受到低温雨雪霜冻灾害，受灾程度为近10年来最重，全州13县市561289人受灾，紧急转移安置252人；农房倒塌42户75间，严重损坏9户29间，一般损坏265户336间，死亡大牲畜104头、羊315只；农作物受灾面积达54250公顷，其中成灾33028公顷，绝收10198公顷；直接经济损失达7.74亿元。

【森林火灾】 2013年，红河州共发生火情136起，4起火情形成火灾，其中一般火灾2起、较大森林火灾2起。火场总面积83.03公顷，受害森林面积4.45公顷，森林受害率为0.0035‰。实现了连续19年无重特大森林火灾的目标。

3月23日14时27分，石屏县采伐林场车畔山林区白石岩对面发生森林火灾，火场过火面积1196.1亩，全部为用材林。火灾发生后，在红河州森林防火指挥部的指挥下，当地党委、政府迅速调集各方力量，于23日18时27分时扑灭。此起火灾是近几年红河州较大的一次火灾。

2012年抗灾救灾

【抗旱救灾】 面对严重旱情，红河州委、州人民政府高度重视，多次召开抗旱救灾和防灾减灾专题会，深入细致地研究安排抗旱救灾工作，制定下发《关于进一步做好抗旱工作确保人畜饮水安全的紧急通知》、《关于进一步做好当前抗旱救灾工作的紧急通知》等文件。各县市相继成立了抗旱救灾工作领导机构，民政、农业、水利、气象、林业等各相关部门，积极应对，采取有效措施组织开展抗旱救灾工作。

1. 民政部门。及时启动自然灾害救助应急预案Ⅲ级响应，全面应对抗旱救灾，开展灾民生活救助工作。一是加强领导，明确责任。实行层层分片挂钩责任制，州民政局领导挂钩县市，市县民政局领导分片负责乡镇，重点对救灾资金、灾民生活救助进行全面监管、指导，做到救助工作不漏1户，不掉1人。二是确保通讯畅通。救灾人员实行24小时值班制，旱情实行10日报送制度。三是加强核查，及时救助。各级民政部门派出工作组深入灾区调查了解灾情，摸清受灾群众分时段缺粮、缺水情况，并及时分类救助，对五保户、低保户、优抚对象、农村特困户、因病、因残无力自救的特困家庭，给予特殊关照。截至5月30日，全州民政系统已对37.0287万人实施了旱灾生活救助，支出各类救灾资金1635.2万元。其中救助饮水困难人口25.13万人，投入资金791.108万元；购买粮食1874.63吨，投入资金844.09万元，发放救助粮949.73吨，救助8987万人，确保了灾区困难群众的基本生活。四是及时下拨救灾资金。截至6月10日，共接收中央、省级救灾资金共计2200万元，全部下拨13县市救灾专户。五是紧急组织开展向灾区献爱心捐款。为了解决救灾资金严重不足的困难，红河州积极采取应急措施，紧急动员全州机关、事业单位、部队、社会团体等单位干部职工向灾区捐款，截至6月10日，全州共接收社会各界捐款3760.1万元。

2. 农业部门。广大干部职工深入农业生产一线，通过覆膜栽培、水改旱、高产创建、间套种等一系列切实可行的措施，保证了种植面积的完成，最大限度地降低旱灾损失。全年投入抗旱救灾资金14837.62万元，其中政府投入抗旱资金2830.85万元，群众投入抗旱资金12006.77万元。组织超过72.4万人次的干部职工和科技人员深入生产一线，指导协助抗灾减灾，投入抗旱器械47.83万台次，挖机井1.43万口（眼），抗旱用油1.81万吨，抗旱用电240.7万度，抗旱灌溉浇水51.59万亩，改种补种8.88万亩。通过一系列措施的实施，2012年小春挽回3.55万吨，为2012年粮食继续增产奠定了基础。

3. 水利部门。把抗旱保人畜饮水安全放在首位，一是加大投入，强化服务。至5月底，全州累计投入抗旱资金1.9亿元，同时，针对山区、半山区持续干旱情况，州级财政投入1.56亿元，新建3.7万件“五小水利”工程，极大缓解了山区、半山区旱情，投入抗旱人力56.53万人（次），出动机动运水车辆4.35万辆、抗旱机电设备7.99万台（套），抗旱用油2166吨、用电844.5万度，实现抗旱浇灌面积59.71万亩次。二是多措并举，增加蓄水。采取蓄、引、抽、提、拉、截流和人工增雨等多种措施，千方百计提高库塘和城镇的抗旱蓄水及供水能力。省级补助红河州的13件增蓄应急重点项目，经过半年的建设于2012年3月全部完工，总投资5036.71万元，增加库塘蓄水356.33万立方米，确保了31.43万人生活用水和3.19万头大牲畜饮水，解决7.68万亩农田旱地灌溉。三是突出重点，加强调度。州县水利部门制定《2012年上半年供用水方案》，指导各县市、各相关部门做好供用水调度工作，严格管理水库蓄水。

4. 林业部门。扎实做好护林防火应急处置，全州共筹集3884.08万元防火经费，共聘请8286名护林人员，对重点防范部位、重点林区实行24小时值班制，对发生的20起森林火灾进行了查处，先后给予9人肇事者刑事处罚、10人林业行政处罚。

5. 气象部门。积极主动做好抗旱气象服务工作。州气象局为气象干旱监测先行筹资15万元购置一批便携自动土壤水分观测仪，下发干旱较重的10个县局，组织应用培训，3月9日全州正式启动土壤墒情应急观测。自干旱发生以来，由州气象台根据监测结果，每5天制作一次抗旱决策服务材料，还加强与农、水、林等部门的协作，每7天制作一次抗旱进展汇报材料。

【气象服务】 2012年，红河州州、县两级共发布预警信息231次，预警信号88次，汛期制作决策气象服务及各种相关气象服务材料共217期。各县市气象局都建立了企信通短信平台，及时向当地党委政府和决策部门发布决策气象服务短信。同时有针对性地开展气象为农业生产服务，5～9月开展每个月农业气象评价，分析气象条件对农业生产利弊，提出农业生产建议和措施。2012年汛期，红河州气象局共发布应急响应命令2次。一次是7月23日由于第8号强热带风暴“韦森特”将影响，启动重大气象灾害Ⅲ级应急响应；另一次是8月17日强热带风暴“启德”即将影响，红河州气象局启动重大气象灾害Ⅳ级应急响应，两次强热带风暴由于预警发布及时，政府及时采取了应对措施，暴雨过程未产生严重灾害。

【地质灾害防治】 红河州委、州人民政府对地质灾害防治立足早安排早部署。一是进一步健全和完善州、县、乡、村四级地质灾害防治管理体系和各项防灾工作制度。二是认真组织编制红河州2012年地质灾害防治方案，做好重点地质灾害隐患点的监测防治工作。对新增地质灾害隐患点，建立隐患档案，帮助村镇制定防灾减灾预案。同时，帮助完善群测群防体系，全州有1333个地质灾害隐患点纳入群测群防，发放“地质灾害防灾工作明白卡”1842份、“地质灾害防灾避险明白卡”25528份。三是强化预警监测和应急演练，进一步提高避让成功率。2012年全州共发生地质灾害2起，造成直接经济损失1600多万元，没有造成人员伤亡。发生地质灾害险情10起，紧急避让安置群众320人。四是加强汛前巡查，汛中核查，动态巡查，切实抓好汛期地质灾害的防治工作。全州共有3541人参与排查，出动排查车辆887台次。五是切实加强汛期值班和突发地质灾害应急处置，7月17日弥勒县新哨镇甸溪河山体滑坡灾害和9月8日绿春县半坡乡牛托洛河村后山发生滑坡险情，由于现场应急处置得当，有效控制了灾害损失。六是加大资金投入，做好地质环境整治和地质灾害避灾搬迁工作。全州各级政府到位地质灾害防治经费21214万元，拨付省级地质灾害防治专项资金5297万元，安排42个避灾搬迁工程项目，搬迁受地质灾害威胁人员12690人。

【弥勒县滑坡险情排除】 7月17日凌晨5时许，弥勒县新哨镇朗才村委会宿丫小组坡地发生山体滑坡，倾泻而下的泥土瞬间填埋了山下甸溪河道，在山兴村小组与宿丫交界的甸溪河道中形成了一个高约20米、长约300米、宽约100米的山丘，滑坡土方约60万立方米，将滑坡点东西两端的山体连为一体，将河水阻塞，形成一个堰塞湖。截至7月18日15时，一座提水泵站淹没，朗才村委会宿丫村小组11户村民35间住房基础已被大水浸泡，并严重威胁下游近26000人的生命财产安全。险情发生后，各级政府领导高度重视，国家防办和珠江委组成的工作组于19日到达灾害现场，州防汛抗旱指挥部指挥长海文达亲临现场抢险救灾。在国家防总专家组和省州领导、专家的现场指导下，19日21时堰塞体上排水槽挖通，开始排泄堰塞湖积水，险情得到控制。截至7月30日16时，共投入抢险救灾人员1646人次，应急民兵250人次，机械手420人次，县政府紧急划拨抢险救灾工作经费10万元，支出生活费14万元；运送矿泉水100桶，风炉15个，蜂窝煤600个，从虹溪镇紧急调水120吨，保障村民生活用水用煤；安排宿丫村老协活动室、宿丫小学、宿丫煤管站、啥咩烟站4个临时安置点，除啥咩烟站有住房外，其余三个安置点共搭建31顶帐篷，转移安置灾民44户185人；民政下拨救灾紧急救助资金5万元，发放灾民搬迁安置费1.5万元，发放大米1500千克，救灾棉被120床，衣服100套，蚊香、电筒、雨衣等救灾用品共计1.3722万元。县卫生部门已累计派出工作人员200余人次开展卫生应急处置工作，投入使用消杀药品共338瓶，完成农户家庭环境卫生消杀43户，制作健康教育宣传标语6条，发放卫生防病知识宣传册200余册。至8月5日险情得到有效排除。

【自然灾害生活救助】　2012年，红河州共下拨自然灾害生活补助资金5285.64216万元（含捐赠资金），其中中央、省级4350万元、州级935.64216万元。为了帮助灾区群众解决生产生活的困难，全州共投入自然灾害生活补助资金5480.2195万元，其中：支出口粮救助款1820.8687万元、衣被救助款373.7255万元、饮水救助款1734.2875万元、维修住房款287.537万元、重建住房款305.401万元、其他980.1598万元。已救助68.0732万人，其中口粮救助21.8386万人、衣被救助7.0437万人、饮水救助35.8673万人、其他救助3.3583万人，已维修住房2113户3395间，重建住房478户1426间，确保了灾民基本生活有保障。

【防灾减灾宣传培训】　2012年，各相关部门广泛开展防灾减灾相关法律、法规和科普宣传活动。民政部门结合全省“三小”工程对全州所有城乡居民发放一本防灾应急小册子，和地震部门积极配合在全州开展防灾减灾小演练活动；林业部门向群众发放宣传资料10万余份，组织各类实战演练30余次，举办有害生物防治、森林防火等方面培训班共400余期，培训人员达3万人次；国土部门广泛开展地质灾害防灾知识宣传工作，举办培训班54次，参训人员1839人，发放宣传材料67508份，开展39次地质灾害应急演练，参演人数9144人；农业部门开展农业科技培训7498期，培训人员64.1万人次，印发技术资料30.4万份，出黑板报24903期，播放广播录像16.88万期次。

2013年抗灾救灾

【抗旱救灾】　面对4年连旱，红河州委、州政府高度重视，州级四套班子领导极为关注。州委书记杨洪波到红河州任职的第二天，就对做好抗旱工作作出批示，要求分管领导狠抓落实，迅速采取措施、作出安排部署；州长杨福生在州人代会和州政府常务会议上多次强调抓好抗旱工作；州人大主任普绍忠、州政协主席李保文等州级领导以各种形式，关心抗旱工作。各级各相关部门严格落实抗旱责任，进一步强化各项措施，确保抗旱救灾工作取得成效。

1. 民政部门。切实做好灾区困难群众的基本生活安排，确保救灾救济工作组织到位、行动到位、救助到位，做到“不漏一户，不掉一人”。截至5月16日止，全州民政系统已对受旱灾影响严重的19.2835万人实施了生活救助，支出各类自然灾害救助资金727.52万元，其中用于投入饮水困难救助207.53万元，救助11.23万人，投入口粮及其他救助资金519.99万元，救助人口达9.2554万人，确保灾区困难群众生活不出现非正常情况。

2. 农业部门。紧紧围绕“抢抓农时促春耕，战胜旱灾保发展”的要求，抓政策落实、调种植结构、推抗旱科技，多措并举抓好抗旱救灾工作：一是科技抗旱。带动全州完成小春粮食作物覆膜栽培34.5万亩，农作物间套种49.5万亩，测土配方施肥83.4万亩。二是加大投入。截至5月底旱情缓解为止，全州共组织62.7万人次投入抗旱救灾工作、其中科技干部1.3万人次，举办各类作物抗旱救灾现场会74场，投入抗旱资金8502.4万元，投入抗旱器械17.9万台次、抗旱机井2.43万个、抗旱用油895吨、用电360.46万千瓦时，完成抗旱灌溉面积79.5万亩。三是调整结构。减少麦类、豆类、瓜果类蔬菜等需水量较大、耐旱性较差的作物种植面积，增加冬马铃薯、冬玉米等耐旱、高产作物面积，同时做好水稻、玉米双重种子储备，因地制宜实施水改旱技术。四是抢收抢种。截至5月底，全州抢收小春粮食作物65.4万亩，抢收小春经济作物66.4万亩。抢种大春作物86.63万亩，春播春种进度比2012年同期大幅加快。

3. 水利部门。面对1月至4月持续干旱给春耕生产和人畜饮水带来的严重困难，积极组织抗旱，采取有力措施，建立健全对口“包保”责任制，大力宣传节约用水，科学调水。截至4月28日，全州已有23.1万人次投入抗旱救灾工作，投入抗旱资金16319万元，其中：中央1000万元，省级600万元，州县级3279万元，群众自筹11440万元。全州组织707眼机电井、446处泵站、4.04万台（套）机动设备投入提水抗旱，出动机动运水车辆1.97万辆（次），抗旱用电152万度，抗旱用油414吨，临时解决28.69万人、9.94万头大牲畜饮水困难，抗旱浇灌面积54.6万亩，挽回粮食2.1125万吨，挽回经济作物576.615万元。共启动了3次抗旱应急响应：其中3月20日启动一般级（Ⅳ）抗旱应急响应，4月7日启动重大级（Ⅱ）抗旱应急响应，启动13县市2013年的供用水方案，并细化到7月15日前。

4. 气象部门。积极主动做好抗旱保春耕气象服务工作，从3月4日开始，每旬逢4日、逢9日，组织旱情较重的县局开展土壤水分应急观测，州气象局除每5天制作一次抗旱决策服务材料外，还加强与农、水、林等部门的协作，每7天制作一次抗旱进展汇报材料。4月8日，由于各地旱情不断发展，气象局启动了重大气象灾害（干旱）Ⅱ级应急响应，5月13日将Ⅱ级应急响应降低为Ⅳ级应急响应，6月14日解除干旱应急响应。

【森林防火】　2013年，红河州、县两级全面修定《森林火灾应急预案》，各乡镇修订《森林火灾处置办法》。州长杨福生签发了《红河州2013年森林防火命令》，全州各县（市）长均签发了《高森林火险期森林防火公告》《森林防火戒严令》。各县市强化森林防火责任制落实，对723片重点林区、重点火险区进行挂钩负责，采取各种措施扎实做好森林防火工作：一是强化宣传教育，营造良好氛围。州森林防火指挥部制定了《红河州2013年度森林防火宣传实施方案》，以森林防火宣传月、宣传周活动为契机，通过公益广告、手机短信、案例警示等多种形式，强化森林防火宣传。二是多渠道筹集资金，保障工作需要。全州共筹集4436.78万元防火经费，其中省级财政180万元，州级财政238万元，县市级财政预算到位830万元，其它林业资金筹集3188.78万元。三是强化队伍培训，提高队伍素质，全州共开展培训355期，共培训40988人次。四是强化火源管理，抓好灾前防范。提前排查林区火灾安全隐患，对重点防范部位、重点林区实行严防死守。五是强化检查督促，确保落实到位。州森林防火指挥部下发了《关于贯彻落实省州森林防火会议精神组织开展森林防火工作大检查活动的通知》，春节前后，州林业局组成工作组，对各县（市）林场森林防火各项制度落实等情况进行了督促检查。六是依法查处火案，严格责任追究，对发生的4起森林火灾进行了查处，其中刑事处罚2人、林业行政处罚1人，森林火情火灾案件查处率为100%。七是加强防火物资储备工作。州、县防火物资储备分别达到50万元、30万元的标准，30%的乡镇、林场达到了5万元的储备。

【地质灾害防治】 2013年，红河州共发生地质灾害灾（险）情7起，紧急转移324人，成功避让3起，避免经济损失730万元。一是健全地质灾害防治管理制度，落实地质灾害防治责任，逐级签订目标责任书。二是加强重点地质灾害隐患点的监测预警防治。修订完善了《红河州国土资源局地震次生地质灾害应急预案》，共发放"地质灾害防灾工作明白卡"3242份和"地质灾害防灾避险明白卡"37182份。设群测群防监测点1720个，定岗定责落实监测员2447人，安装地质灾害裂缝报警器40个、裂缝伸缩仪10个、地质灾害综合无线报警仪4套，逐步形成了专业监测与群测群防相结合的监测预警体系。三是加强汛期检查、动态巡查和拉网式排查。全州共出动排查车辆882台次，3440人参与排查，共排查隐患点2731处，整改100余处。四是做好物资经费保障。州级下拨地质灾害防治专项经费100万元，各县投入地质灾害防治资金364万元。专项用于群测群防监测员补助经费86.3万元。五是开展地质灾害防治法规宣传培训和应急演练。全州共举办培训班284次，参训人员16134人次，发放宣传材料120812份，开展地质灾害应急演练15次，参加演练人员5803人。六是切实加强汛期值班和突发地质灾害应急处置。对5月4日元阳县逢春岭乡水电站山洪泥石流灾害、8月16日个冷公路山洪泥石流灾害进行成功处置。七是抓好地质灾害治理工程、避灾搬迁建设项目。完成元阳县牛角寨乡中学滑坡防治建设项目，总投资798万元。2013年度省财政厅下达的第三批省级地质灾害防治切块资金2592万元，安排12个县市26个避灾搬迁工程项目，8月底以前项目建设全部启动，进展顺利。八是扎实推进重点地质灾害治理工程项目。红河县城地质灾害综合防治工程，累计完成投资14031万元。绿春县城绿东新区"削峰填谷"工程项目，总投资93700万元，累计完成投资63500万元。

【气象服务】 2013年，红河州气象台汛期制作各种气象服务材料共179期，共发布4种30期预警信号，其中《暴雨蓝色预警信号》7期、《雷电黄色预警信号》19期、《高温橙色预警信号》3期、《大风蓝色预警信号》1期。发布农业专题预报102期，农用天气预报服务342期，重大农业气象灾害预警34期、评估12期，为农业生产单位合理安排农业生产活动做出了准确的指导预报。

【人工增雨防雹】 2013年，红河州继续将人工增雨防雹作为气象防灾减灾的重点。全州拥有85个作业点，累计在9个县市组织开展人工影响天气作业550次，开展飞机增雨作业4次，增雨影响面积440平方千米，增加降水4381万方，其中库塘蓄水2848万方，农作物受益面积56万亩；防雹作业区保护农作物面积达310.75万亩，其中烤烟为主的经济作物58.95万亩，仅烤烟一项，防区内受灾面积仅占种植面积的0.65%，而防区外受灾面积超过10%，为农业生产特别是烤烟生产抗灾夺丰收发挥了积极作用。

【自然灾害生活救助】 2013年，红河州共下拨自然灾害生活补助资金3935万元，其中中央、省级3190万元、州级300万元、县级445万元。全州共投入自然灾害生活补助资金3639.128万元，其中支出口粮救助款1395.4664万元、衣被救助款482.692万元、饮水救助款605.72万元、维修住房款551.4913万元、重建住房款177.09万元、其他426.6683万元。已救助50.9634万人，其中口粮救助24.8604万人、衣被救助7.1044万人、饮水救助11.7777万人、其他救助7.2209万人，已维修住房8212户14604间，重建住房272户919间，基本保证了灾民的正常生活。

（许 婧）

文山壮族苗族自治州

概　况

【行政区划】　文山壮族苗族自治州，位于云南省东南部。东与广西壮族自治区接壤；西与红河哈尼族彝族自治州毗连；北与曲靖市相望；南接越南。总面积31456平方千米。辖文山、砚山、丘北、西畴、马关、麻栗坡、广南、富宁8县（市），104个乡镇。2013年末总人口357.8万人。有汉、壮、苗、瑶、彝、回等十余种民族，其中少数民族人口206.5万人，占全州总人口的57.7%。东部的富宁县与南部的马关县、麻栗坡县与越南接壤，国境线长438千米。自治州首府所在地文山市开化镇。

【地形地貌】　文山州属滇东南岩溶高原喀斯特地貌，地势由西北向东南逐渐倾斜，最高点为西南部文山市境内的薄竹山，海拔2991米；最低点为南部的麻栗坡县船头，海拔107米。受山势阻隔与河流切割的影响，形成了山区、半山区、丘陵区、坝区、河谷区等多种地形地貌。其中山区、半山区占97%，其余为丘陵、坝区、河谷区。

【气候特点】　文山州气候均属低纬度高原季风气候。夏季主要受孟加拉湾及北部湾暖湿气流影响；冬季受西北部干冷气流影响，形成北热带、南亚热带、中亚热带、北亚热带、南温带、中温带6种气候类型。最冷为1月，平均气温6.5℃～13.5℃；最热月为7月，平均气温为17.0℃～28.5℃。年平均气温12.0℃～23.1℃。全年多为偏东南风。低海拔地区炎热；高海拔地区凉爽。由于海拔高低悬殊，故有“山高一丈，不大一样”和“十里不同天”的立体气候特征。由于气候多样性，自然灾害频繁。2012～2013年以风暴、洪涝、干旱等自然灾害较突出，造成直接经济损失40亿元。其中农业经济损失21.78亿元。

2012年灾情

【综　述】　全州自然条件差、战争遗留问题多，基础设施建设严重滞后，农村贫困面大、贫困程度深，科教文化落后、劳动者素质偏低，全州8县（市）都是国家重点扶持县（市），财困民穷，抵御自然灾害能力弱，是自然灾害频发的地区。1月～5月，全州不同程度遭受旱灾，6月以来，受热带风暴“韦森特”和第8号台风“启德”的影响，灾情形势由旱转涝，大范围遭受洪涝、风雹灾等自然灾害，灾情较为严重，损失较大。

1. 旱灾。至5月30日，旱灾涉及全州8县（市）92.48万人，共造成62.29万人和31.86万头（匹）大牲畜饮水困难；全州因旱灾造成缺粮人口29.19万，其中：原冬春救助人口因旱造成需延长救助时段人口17.25万，因旱新增缺粮人口11.94万。农作物受灾面积9.87万公顷，成灾面积5.20万公顷，绝收面积0.62万公顷。直接经济损失4.16亿元。

2. 洪灾。洪涝灾害涉及全州8县（市）75个乡镇434个村委会2858个村小组78.87万户244.1万人，因灾死亡16人，失踪4人，紧急转移安置4941人。农作物受灾18.21万公顷，农作物绝收2.04万公顷，造成粮食减产6084.8万千克；倒塌房屋995户3232间，涉及3688人，严重损坏房屋1145户4746间，涉及4186人，一般损坏房屋4350户17386间，涉及13560人。洪涝灾害共造成直接经济损失13.77亿元。

3. 风雹灾。风雹灾涉及全州8个县市，45个乡镇221个村委会1425个村小组204354人受灾，其他需紧急生活救助人口920人，紧急安置66人，农作物受灾面积11492公顷，绝收2972公顷，倒塌房屋283间，严重损坏房屋1336间，一般损坏房屋12559间，直接经济损失6571万元。

【丘北县旱灾】　2009年至2012年11月12日，全县12个乡（镇）99个村民委（社区）1263个自然村不同程度遭受干旱、洪涝等灾害，导致33.13万人、10.81万头大牲畜饮水困难，缺粮人口10.75万。农作物受灾23668.5公顷，成灾2288.9公顷，绝收2288.8公顷，倒塌房屋36间，严重损坏房屋77间，一般损坏房屋241间，共造成农林牧经济损失1.46亿元，直接农业经济损失1.1046亿元。

【砚山县旱灾】　到5月24日止，砚山县降雨总量为136.2毫米，加之从2009年秋季以来的4年连旱，导致全县库塘蓄水严重不足。截至5月29日，全县库塘蓄水总量仅为1665万立方，仅占全县水库总库容15306万立方的10.9%。全县共23座水库、115座小坝塘干涸，丰收、回龙坝、稼依三座中型水库干涸，大部分中小（一）型水库蓄水严重不足。6条河流断流3条。全县农作物受灾19.5万亩，成灾4.485万亩，绝收1.5万亩，造成粮食损失182.78万千克，经济损失18700.1万元。

【文山市旱灾】　1月~5月31日止，文山市的德厚、簿竹、喜古、坝心等15个乡镇不同程度发生干旱，灾害涉及137个村委会845个村民小组，受灾人口达18.31万人，农作物受灾面积10.003千公顷，成灾2.845千公顷。造成直接经济损失2291.7万元。其中：农业经济损失2291.7万元。因干旱造成13.11万人、2.2077万头（只）大牲畜饮水困难。

【富宁县旱灾】　2月~6月旱灾，富宁县有13个乡镇145个村（居）委会2128个小组2.6万户11.6万人受灾，因灾缺粮5773户25984人，7.3105万人、6.81万头匹大牲畜饮水困难，农作物受灾面积32280公顷，成灾25824公顷，绝收4000公顷，直接经济损失6433.3万元，其中农业损失5764.7万元。

【广南县旱灾】　1月~7月，广南县没有出现有效降雨天气，旱灾共造成18个乡镇（两个农场）174个村民委（社区）23.54万人受灾，其中：因旱人畜饮水困难7.15万人、3.38万头（匹）大牲畜。小春及冬农作物受灾面积22176.27公顷，成灾12941.53公顷、绝收364公顷；林业受灾6000公顷。旱灾造成全县直接经济损失达1581.7万元。其中农业经济损失1581.7万元。

【马关县旱灾】　2011年冬~2012年春以来，受持续气象干旱与气候干旱叠加天气影响，马关县境内出现严重干旱灾害，灾情涉及12个乡镇101个村委会589个村小组1个农场，共造成26279人受灾。因旱造成10075人、3547头大牲畜饮水困难。农作物受灾面积2765公顷，成灾1658公顷，绝收268公顷；因旱灾造成直接经济损失1667万元，其中农业经济损失1667万元。

【西畴县旱灾】　到4月16日止，旱灾涉及西畴县9个乡（镇）21个村委（社区）164个村小组4571户1.95万人，共造成5818人、1962头（匹）大牲畜饮水困难；农作物受灾269.8公顷，成灾216.8公顷，绝收20公顷，因灾减产粮食613.6吨。因灾造成直接经济损失717万元，其中农业直接经济损失270万元。

【马关县风雹灾】　6月12日，受中低层切变影响，马关县境内出现单点性阵雨天气，致使部份乡镇不同程度遭受暴雨大风灾害，涉及7个乡镇30个村委会105个村小组，共造成10943人受灾。因灾损坏房屋145间，倒塌148间。农作物受灾1222公顷，成灾584公顷，绝收190公顷。因灾造成直接经济损失126.8万元，其中农业经济损失117万元。

8月8日，受低压切变影响，马关县出现单点性阵雨天气，灾情涉及3个村小组，共造成523人受灾。因灾损坏房屋158间。农作物受灾1073公顷，成灾936公顷，绝收549公顷。因灾造成直接经济损失54.77万元，其中农业经济损失28.5万元。

【砚山县风雹灾】　2012年砚山县发生风雹灾2次（4月20日、8月13日），造成4个乡（镇）17个村民委、80个村小组、4420户25018人受灾。严重损坏房屋186户1116间，一般损坏房屋425户2547间；农作物受灾2.75万亩，成灾1.80万亩，绝收1.3万亩，风雹灾共造成经济损失约1135.74万元，其中农业经济损失750.64万元。

【丘北县洪涝、风雹灾】　7月20日以来，丘北县温浏乡境内持续降雨，部分村寨受暴风雨袭击，造成全乡部分村村公路中断、农作物不同程度受灾、部分居民住房倒塌、倒损。截至7月28日，全乡玉米受风灾面积达2810亩、成灾2080亩、绝收416亩，水稻受洪涝灾害面积达1667亩、成灾667亩、绝收210亩，滑坡打死猪4头，洪涝、滑坡造成群众住房倒损倒塌3户，损坏20户，紧急转移人口42人。119个自然村中有92个自然村的村村公路中断，累计造成经济损失261余万元。

8月5日16点10分至17点06分，丘北县境内突降暴雨，致使部分乡镇发生自然灾害，灾害共涉及树皮、腻脚、天星、锦屏、八道哨5乡（镇）12个村民委37893人，据初步统计，农作物受灾面积达31123亩，绝收16796.5亩。其中水稻1140.4亩、玉米18764亩、辣椒8100亩，烤烟5536.3亩、万寿菊530亩、三七77亩，蔬菜515.7亩；2间民房倒塌、3间受损，1头耕牛被雷击死亡，1农户（尹加金）猪圈及厕所墙体倒塌；树皮乡政府通向马恒衎政村道路多处被洪水冲毁。此次灾情共造成经济损失1698.8万元。

【广南县风雹灾】　4月22日，广南县辖区内的那洒、坝美、南屏、底圩4个乡（镇）遭受（大风）及冰雹的袭击，造成7个村委会39个小组769户4987人受灾。其中，民房受损118户292间，经济损失7.1万元；农作物和经济作物受灾172.3公顷，成灾41.2公顷，绝收34.6公顷，经济损失102.78万元。此次灾害造成直接经济损失109.88万元。其中农业经济损失102.78万元。

5月4日下午18时30分，黑支果乡受冰雹袭击，并伴有短时阵雨，冰雹大的如枣，小的如玉米粒，黑支果、牡宜、木浪、夷郎四个村委会35个村小组房屋、农作物严重受灾。

此次冰雹灾害造成全乡4个村委会35个村小组899户3743人不同程度受灾。其中，民房受损450户1328间，瓦片受损86.18万片，太阳能管道损坏200根，经济损失55万元；农作物受灾面积331公顷、其中成灾面积160公顷、绝收面积61公顷，经济损失65万元，此次灾害共造成直接经济损失120万元。其中，农业经济损失65万。

【麻栗坡县风雹灾】 8月5日17时左右，麻栗坡县境内突降暴雨，降雨过程夹带少量冰雹和大风，出现雷电、强降雨等强对流天气并持续了近一个小时，造成农作物大面积受灾，民房和基础设施不同程度受损，损失严重。据统计，截至8月8日16时，风雹灾害造成麻栗镇、大坪、董干、猛硐、八布、铁厂、马街等7个乡镇15个村委会52个村小组20.3万人次不同程度受灾，紧急转移安置33人；农作物受灾面积1571公顷，成灾面积1089.2公顷，绝收面积481.2公顷；因灾倒塌房屋15户32间，损坏房屋94户178间；沟渠被冲毁1处32米，3条县乡公路挡墙垮塌4处690立方米，4条乡村公路被冲毁和垮塌11处，2条村组砂石路被冲毁17千米。因灾造成经济损失3500万元。

【文山市风雹灾】 4月27日、8月14日，文山市德厚、马塘、柳井、喜古等4个乡镇境内发生风雹灾害，共涉及5个村委会8754人，紧急转移安置人口27人，农作物受灾560.3公顷，绝收40公顷。农房倒塌27户，倒塌房屋27间，因灾造成直接经济损失312万元，其中农业损失282万元，家庭财产损失30万元。

【西畴县冰雹灾】 4月20日晚21时40分左右，西畴县西洒、法斗等2个乡（镇）均不同程度地遭受冰雹袭击。据统计，受灾14个村（居）委会122个村民小组，受灾人口5260人，造成农作物受灾464.9公顷，成灾300公顷，因灾减产粮食56.25万千克；损坏公路8条（段）25千米；太阳能受损39台，损坏太阳能节能管199根、太阳能节能板21块，损坏自来水管50米；致使西洒镇瓦厂村委会坝达村一农户2000余条池鱼死亡；因灾损坏车辆32台；因灾损坏民房瓦片247户742间。共造成直接经济损失139.4万元，其中：农业直接经济损失108.5万元。

【富宁县冰雹灾】 4月20日下午19时~21日3时止，富宁县境内受强对流天气和冷空气的共同影响，局部地区遭受冰雹袭击，致使田蓬镇5个村委会87村小组2826户12472人受灾，农作物受灾面积968.67公顷，成灾面积474.47公顷，绝收60公顷；房屋倒损378间，涉及126户530人，其中：倒塌3间，涉及1户6人（转移安置）；损坏375间，涉及125户524人。直接经济损失达466万元，其中农业经济损失430.56万元，家庭财产损失35.44万元。

【文山市洪涝灾】 6月12日~8月22日，文山市马塘、小街、追栗街等15个乡镇发生洪涝灾害，造成6.17万人受灾，紧急转移安置人口94人，其中农作物受灾6331.7公顷，成灾3880.9公顷，绝收861.9公顷；因灾造成农房倒塌23户，倒塌房屋66间，严重损坏房屋178间，直接经济损失2959.1万元，其中农业经济损失2799.28万元，基础设施损失20万元，家庭财产损失139.8万元。

【砚山县洪涝灾】 2012年砚山县发生洪涝灾4次（6月23日、7月17日、7月29日、8月16日），洪涝灾造成全县8个乡镇32个村委会245个村小组11652户39643人受灾；农作物受灾3213.3公顷，成灾1540公顷，绝收413.3公顷；倒塌房屋13户51间，严重损坏房屋46户162间，一般损坏房屋16户35间，全县转移安置67户228人，全县因灾死亡1人，直接经济损失2935.84万元，其中农业经济损失2678.38万元。

【西畴县洪涝灾】 7月22日17时~30日8时，因受南海北部第8号热带风暴“韦森特”影响，西畴县遭受了长达8天的连续暴雨，形成特大洪涝灾，全县7乡2镇72个村委会（社区）1668个村民小组15.84万人受灾；农作物受灾面积14360公顷，成灾6240公顷，绝收1866.7公顷，因灾减产粮食13650吨；因灾倒塌民房37户220间，损坏民房341户1024间；因灾转移安置236人；因灾失踪1人，死亡1人；因灾受伤3人，因灾造成大牲畜死亡23头，致使公路损坏511条（段）45.4千米，水毁沟渠157处20.4千米，水池（窖）94件；公路中断9条（次）3.5千米；通讯中断60条（次）；诱发山洪地质灾害37处；水产养殖受损266亩。此次洪涝灾因灾造成直接经济损失共8302万元，其中农业直接经济损失5150.3万元。

【麻栗坡县洪涝灾】 7月17日以来，受西南低涡辐合切变线和第8号台风“韦森特”（Vicente）减弱西移低压系统影响，麻栗坡县境内出现持续性的中到大雨局部暴雨或大暴雨强降水天气过程，使全县抗洪抢险工作面临严峻考验。据统计，截至7月31日，洪涝灾害共造成全县11个乡镇93个村委会9个社区10.1万人次不同程度受灾，因灾死亡5人，失踪2人，受伤3人，紧急转移安置672人；农作物受灾3960.26公顷，成灾面积1329.66公顷，绝收面积580.26公顷；因灾死亡牲畜多头，公路、桥梁、河道、输电线等严重受损，全县因洪涝灾害造成直接经济损失达9925万元。

【马关县洪涝灾】 7月12日，受中低层切变影响，马关县境内出现单点性阵雨天气，致使部分乡镇不同程度遭受洪水雨涝灾害，灾情涉及12乡镇44个村委会136个村小组，共造成14451人受灾。因灾损坏房屋44间，倒塌10间。农作物受灾975公顷，成灾224公顷，绝收99公顷。因灾造成直接经济损失755.9万元，其中农业经济损失510.7万元。

7月26日，受8号热带风暴“韦森特”影响，马关县境内出现单点性持续强降雨天气，降雨持续时间长达60多个小时，全县各乡镇降雨量都在100~170毫米之间，持续的强降雨致使部分乡镇不同程度遭受暴雨洪涝、滑坡、泥石流灾害，灾情涉及13乡镇124个村委会（社区）1987个村小组和1个农场，共造成83642人受灾。因灾损坏房屋1038间，倒塌6

间；道路损毁416条2053处30.7万立方米；沟渠毁损119条62千米，涵洞阻塞169处；变电站损坏2个，致538户居民停电；引发泥石流、山体滑坡、地裂缝等地质灾害146处；农作物受灾4757.65公顷，成灾2693.59公顷，绝收926.6公顷。因灾造成直接经济损失8782.7万元，其中农业经济损失4691万元。

8月19日，受第13号强热带风暴“启德”影响，马关县境内遭受暴雨袭击，致使部分乡镇不同程度遭受洪涝灾害，灾情涉及5乡镇8个村委会49个村小组，共造成4146人受灾。因灾损坏房屋5间。农作物受灾313公顷，成灾214公顷，绝收110公顷。因灾造成直接经济损失578万元，其中农业经济损失576万元。

【丘北县洪涝灾】 4月7日晚9~11时，丘北县新店乡小江口村委会遭受单点暴雨袭击，降雨量为60.9毫米，降雨导致多条沟引发山洪泥石流，造成解放寨等10个村组共476户1856人严重受灾。累计造成直接经济损失600万元。

6月1日15时~6月2日7时，丘北县普降中到大雨，局部暴雨，大部分乡镇降雨超过70毫米，造成局部洪涝灾。这次洪涝灾共造成锦屏、八道哨、曰者、平寨等4个乡镇90多个村不同程度受灾。据统计，农作物受灾面积23920亩，成灾面积8415亩，绝收94亩，造成直接经济损失336.6万元。

6月21日17时以来，丘北县境内持续降雨造成洪涝灾害；截至6月26日，全县7个乡镇22个村民委7.9万余人受灾。农作物受灾面积2778.40公顷，成灾面积1138.66公顷，绝收605.64公顷，受灾农作物主要是：烤烟、辣椒、玉米、水稻、万寿菊、三七等；倒塌民房12间，损坏民房27间，64户192间民房不同程度进水，紧急转移安置33人；造成直接经济损失911.57万元，其中农业经济损失752.77万元。

【广南县洪涝灾】 6月19日，广南县因连续降大雨，造成那洒、八宝、杨柳井、珠琳4个乡镇13个村委会31个小组的3256户13018人受灾。此次灾害造成直接经济损失179.2万元。其中农业经济损失150万元。

6月22~24日，广南县连续降雨，造成17个乡镇111个村委会897个小组的25903户112910人受灾。此次灾害造成直接经济损失4239.05万元，其中农业经济损失3467.77万元。

7月23~29日，广南县因连续降雨，造成那洒等17个乡镇130个村委会1053个小组35665户168222人先后受灾。其中，民房倒塌31户72间，民房受损172户377间（其中严重受损43户90间），紧急转移136人，经济损失223.9万元；农作物受灾8450.1公顷，成灾2875.2公顷，绝收955.6公顷，经济损失4240.77万元。此次灾害造成直接经济损失4930.87万元。其中农业经济损失4240.77万元。

8月1日下午和2日上午，广南县突降暴雨，造成那洒等6个乡镇1个农场33个村委会158个小组3869户16266人受灾。农作物受灾872.9公顷，成灾478.4公顷，绝收156.7公顷，经济损失301.19万元（农作物受灾含茶叶、柑橘、三七、万寿菊）；此次灾害造成直接经济损失657.68万元。其中农业经济损失301.19万元。

【富宁县洪涝灾】 6月14日凌晨4时20分至5时10分，富宁县境内受低压切变影响，县内降雨量平均达108.4毫米。致使新华等10个乡镇75个村委会435个村小组11237户56608人受灾（饮水困难1100人），其中：死亡2人，伤1人，紧急转移安置93人；农作物受灾1709.9公顷（甘蔗732.2公顷），成灾586.2公顷（甘蔗300公顷），绝收315.3公顷（甘蔗140公顷、泥石流冲毁甘蔗6.7公顷、水毁耕地18.1公顷）；冲毁水沟14条2667米，房屋倒损143间，涉及61户248人，共造成直接经济损失1206万元，其中：农业经济损失431万元，家庭财产损失220万元，基础设施525万元，公益设施30万元。

6月22日晚10时起，富宁县境内受低压切变影响，强降倾盆大雨，局部地区降大暴雨，导致山洪、泥石流暴发。截止到26日上午11时，新华12个乡镇73个村委会912个村小组14976户53913人受灾，因灾伤亡3人，其中：死亡1人，重伤1人，轻伤1人；紧急转移安置53人；房屋倒损501间，涉及215户820人，其中：倒塌46间，涉及16户77人，损坏455间，涉及199户743人；住房被屋后土方塌方淹埋约1.5米，涉及30户147人；电线光缆杆倒损28棵（其中倒塌17棵，损坏11棵）；水毁耕地107.1公顷；冲毁农田灌溉水沟202条132100米；饮水管道损毁2322米；全县480条1040.25千米地方公路及6座桥梁中断，水毁坍方48000立方，路面沉陷88653.22平方，水沟堵塞289.62千米，水毁冲沟152.653千米，冲走电冰箱20台、电视机35台、电风扇57台、生猪186头；大牲畜被洪水冲走15头；农作物受灾3038公顷（甘蔗1138.1公顷），成灾1623.6公顷（甘蔗528.7公顷），绝收752.9公顷（甘蔗393.7公顷），共造成直接经济损失6105万元。其中：农业经济损失2199万元，家庭财产损失738万元，基础设施3168万元。

7月24日，富宁县境内受第8号热带风暴台风“韦森特”的影响，县内强降雨，局部降暴雨，最大降雨量达181.6毫米，后期灾情将加重，特别是山体滑坡、泥石流灾害，农村住房长期受雨水浸泡后会有大量倒塌。灾情的发生致使13个乡镇122个村委会888个村小组14158户56632人受灾。据统计，因灾房屋倒损1278间，涉及478户2071人（其中倒塌644间，涉及167户753人；损坏814间，涉及311户1318人），紧急转移安置478户2071人；农作物受灾4712.1公顷，成灾2114公顷，绝收696公顷；人畜饮水工程损坏123处6487米。暴雨共造成直接经济损失11648万元，其中：农业经济损失3019万元，家庭财产损失1344万元，基础设施7285万元（交通5100万元、水务2185万元）。

8月17日下午19时至20日上午11时，富宁县境内受第13号强热带风暴“启德”影响强降雨，致使新华9个乡镇62个村委会471个小组4286户19290人受灾。据统计，因灾房屋倒损251间，涉及98户447人（其中倒塌104间，涉及36户160人；损坏147间，涉及62户287人），紧急转移安置36户160人；人畜饮水工程损坏43处12.9千米，冲毁水沟40条9129米；毁坏乡村、村村公路145条549千米，塌方

1132处25410立方米；农作物受灾900公顷（甘蔗235公顷），成灾769.1公顷（甘蔗80.7公顷），绝收212.3公顷（甘蔗20.7公顷），水毁耕地70.7公顷。共造成直接经济损失1919万元，其中：农业经济损失751万元，基础设施损失869万元，家庭财产损失299万元。

【马关县滑坡】 7月24日，受热带风暴"韦森特"影响，马关县境内出现单点性持续阵强降雨天气，致使部分乡镇不同程度遭受泥石流滑坡地质灾害，灾情涉及马白镇8乡镇14个村委会23个村小组，共造成2200人受灾，因灾造成死亡2人，伤1人。因灾损坏房屋16间，倒塌11间。农作物受灾1073公顷，成灾936公顷，绝收549公顷。因灾造成直接经济损失830.6万元，其中农业经济损失714万元。

2013年灾情

【综 述】 2013年，全州先后遭受雪灾、风雹、洪涝灾、生物灾害等自然灾害，灾害特点是：上半年主要为旱灾，下半年受强台风"苏力"、"尤特"的影响，全州大部发生中到大雨、强降雨，灾情形势由旱转涝，多地发生洪涝、风雹灾等自然灾害，12月14日以来，又遭受30年一遇的雨雪冰冻灾，灾情较为严重，损失较大。灾害涉及全州8县（市）101个乡镇3个街道办事处868个村委会7178个村小组132300余户3745939人次，因灾死亡8人，失踪2人，紧急转移安置706人，饮水困难人口23.82万人，饮水困难大牲畜9.16万头（匹），农作物受灾面积201838公顷，绝收面积21634公顷，倒塌房屋794间，严重损坏3456间，一般损坏17861间。直接经济损失269106万元。

【文山市低温冷冻和雪灾】 1月3日，文山市平坝、小街、薄竹等5个乡镇发生低温冷冻灾害，造成6364人受灾，其中农作物受灾2.25276千公顷，因灾造成直接经济损失259.62万元。

12月15日，平坝等14个乡镇3个街道发生低温冷冻灾害，造成24.40万人受灾，其中农作物受灾13千公顷、成灾7.46千公顷、绝收0.266千公顷；死亡大牲畜4头；因灾造成直接经济损失39790.76万元，其中农业经济损失39768.27万元。

【砚山县低温冷冻和雪灾】 12月14日以来，由于受强冷空气和南支槽的共同影响，砚山县普降雨雪，气温直降8℃，最低气温达0.3℃，降雨量达75.3毫米，降雪量达80毫米，致使14个乡（镇）管理区105个村委会（社区）1033个村小组66735户341778人遭受低温雨雪灾害，倒塌户21户125间、一般损坏79户128间，共造成经济损失93902.7万元。具体受灾情况为：

（1）农业受灾。共造成农作物受灾13950.36公顷，成灾1462.36公顷，绝收61.33公顷（三七受灾4793.83公顷（新栽种984.586公顷），成灾527.9公顷；草场受灾3166.66公顷，其中人工草场2000公顷，自然草场1166.66公顷；农业经济损失78486.3万元（三七损失71089万元，农作物损失1663.9万元，畜牧业损失5733.4万元）。

（2）学校受灾。干河乡卡结小学教师宿舍（小木楼）垮塌，者腊、八嘎、阿舍、维摩、阿猛、蚌蛾、平远、盘龙等乡（镇）部分学校设施不同程度受损，均无师生伤亡，学生正常上课。经济损失552.9万元。

（3）企业受灾。砚山县鑫农鑫牧业有限责任公司蛋鸡养殖场的鸡舍、饲料加工房、有机肥加工厂等基础设施基本全部倒塌，经济损失达6282.75万元。云南金鼎纺织品有限公司、砚山滇常铁合金有限责任公司、同和辣椒有限公司、七合农业科技发展有限公司、永生膨润土加工厂等厂房受灾约12000平方米。经济损失7282.7万元。

（4）电力受灾。35千伏线路累计停运4条；10千伏线路累计停运40条；35千伏变电站累计停运5座。停电乡镇9个69944户。经济损失579万元。

（5）林木受灾。新造林地受灾面积35.25万亩；中幼林及有林地受灾面积28.29万亩；苗圃地受灾面积55亩，种苗受灾1256万株，林业基础设施受灾318159平方米（主要是油茶育苗大棚）。经济损失6809万元。

【西畴县低温冷冻和雪灾】 12月14～18日，受南支槽强盛的西南暖湿气流和中低层切变冷空气南下等因素的影响，西畴县境内普降大雨、大范围降雪，形成霜雪低温冷冻灾害，损失严重。灾害共造成西畴县9乡（镇）72个村委会1527个小组45268户20.45万人受灾，直接经济损失达22118.311万元。其中：农业直接经济损失2630.4万元。

【麻栗坡县低温冷冻和雪灾】 1月1日以来，受北方南下强冷空气和南支槽的影响，麻栗坡县境内气温持续降低，造成农作物大面积受冻。截至1月10日，低温冷冻灾害造成全县11个乡镇2个农场管委会85个村委会912个村小组3.32万人次不同程度受灾。农作物受灾面积3746.8公顷，成灾面积2683.06公顷，绝收面积925.06公顷，因灾死亡大牲畜13头。造成直接经济损失880.7万元。

【马关县低温冷冻和雪灾】 12月15日，受南支槽东移和冷空气影响，马关县遭受雨雪灾害袭击，灾情涉及马白镇13个乡镇124个村委会（社区）1327个村小组，共造成18.1万人受灾。因灾损坏房屋35间，倒塌房屋4间。因灾死亡牛9头、猪139头、羊35只、家禽541只；全县21条供电线路不同程度损毁，农作物受灾9266.6公顷，成灾3800公顷，绝收606.6公顷。因灾造成直接经济损失17035.8万元，其中农业经济损失13218万元。

【丘北县低温冷冻和雪灾】 1月以来，丘北县出现持续低温雨雪天气，部分高寒山区乡（镇）最低气温达-4℃。特别是1月12日02时起，全县范围普降小雪，舍得、腻脚等高寒山区乡镇积雪10～20厘米。造成全县农作物受灾31060亩，成灾6410亩，经济损失135万元；葡萄大棚倒塌23个20亩，经济损失50余万元；三七大棚倒塌330亩，经济损失150余万元，大牲畜死亡110头，猪死亡222头，羊435只，家禽500余只，畜牧业损失305余万元。

【广南县低温冷冻和雪灾】 1月7~9日，广南县气温偏低，多地出现霜冻、寒潮天气，造成莲城9个乡（镇）85个村委会933个小组16.5万人受灾。造成冬农作物受灾7596.27公顷，成灾2497.87公顷，绝收127.74公顷，经济损失1105万元。灾害造成直接经济损失1105万元。其中，农业经济损失1105万元。

1月10~21日，广南县气温偏低，多地出现霜冻、寒潮天气，造成全县18个乡（镇）150个村委会1542个村小组26.8万人受灾。灾害造成冬农作物受灾17626.8公顷，成灾7471.5公顷，此次灾害造成直接经济损失2702万元。其中农业经济损失2702万元。

【富宁县低温冷冻和雪灾】 12月15日中午14时，由于受较强冷空气影响，富宁县境内出现较大幅度低温天气，并降雨及鹅毛大雪，致使全县13个乡镇114个村委会1360个小组27809户11.9793万人受灾，因灾房屋倒损36间，牲畜及家禽死亡701头（只），公路损毁273.13千米、边坡垮塌28752立方米，行道树倒塌187棵，断落丫枝共253处。农作物受灾面积14880公顷，成灾面积7400公顷，绝收面积2197.7公顷，造成直接经济损失18691.202万元，其中：农业经济损失17428.242万元，家庭财产损失129.66万元，基础设施损失1133.3万元。

【文山市洪涝灾】 8月5日至9月5日，文山市开化等14个乡镇3个街道发生洪涝灾害，造成29363人受灾，其中农作物受灾2.71756千公顷；农房严重损坏房屋16户30间，一般损坏26户40间，因灾造成直接经济损失1782.84万元，其中农业经济损失1731.24万元。

【西畴县洪涝灾】 7月3日凌晨2点至7月5日，由于持续降雨，致使西畴县8个乡（镇）不同程度遭受洪涝灾。截至7月19日止，灾害涉及35个村委会（社区）538个村民小组，3.2万人受灾；农作物受灾面积30401亩，成灾12690亩，绝收2996亩，因灾减产粮食146.2万斤；损坏民房95户284间；因灾转移安置11户53人；因灾造成直接经济损失1884万元，其中农业直接经济损失1570.5万元。

【马关县洪涝灾】 8月25日，受偏南气流影响，马关县境内出现单点性强降雨天气，导致部分地区发生洪涝灾害，灾情涉及马白5个乡镇30个村委会110个村小组，共造成5946人受灾。农作物受灾488公顷。因灾造成直接经济损失760万元，其中农业经济损失376万元。

【麻栗坡县洪涝灾】 7月2日以来，受第6号强热带风暴“温比亚”（台风）西北移减弱后的低压系统影响，麻栗坡县境内自东向西出现中到大雨局部暴雨并伴有短时雷电大风等强对流降水天气过程，造成农作物大面积受灾，部分民房倒塌和损坏，部分乡村公路被洪水冲毁或塌方导致交通中断。据统计，此次洪涝灾害共涉及8个乡镇15个村委会39个村民小组5402人，失踪1人（天保镇八宋村委会岩脚村小组村民）；农作物受灾面积158.73公顷，洪涝灾害造成直接经济损失近4000万元。

8月4日以来，受第9号热带风暴（台风）“飞燕”减弱西北移低压系统影响，麻栗坡县境内自东南向西北出现了暴雨局部大暴雨强降水天气，造成农作物大面积受灾，民房严重倒损，基础设施受损，道路交通中断，给全县各族群众的生产生活和家庭财产造成了巨大损失。据统计，截至8月6日，洪涝灾害共造成全县11个乡镇1个农场管委会45个村委会367个村小组1.1万人次不同程度受灾；农作物受灾面积594.33公顷，造成直接经济损失1115.2万元。

【丘北县洪涝灾】 8月29日以来，丘北县境内局部地区发生单点性暴雨，部分乡（镇）不同程度遭受暴雨和冰雹袭击，并引发洪涝灾害，导致12个村民委1905户8572人受灾。据统计，农作物受灾面积达9912.2亩，其中水稻4280亩、玉米590亩、烤烟4672.2亩、葡萄370亩，绝收1807.3亩。45间民房因灾倒损，畜禽损失1969只（头），其中：家禽1941只，牲畜28头。灾情共造成直接经济损失1727.37万元。

【砚山县洪涝灾】 2013年砚山县发生洪涝灾3次（6月1日、7月3日、9月2日），造成全县5个乡镇21个村委会123个村小组4570户16509人受灾；农作物受灾807.6公顷，直接经济损失879.88万元，其中农业经济损失833.26万元。

【富宁县洪涝灾】 8月24日凌晨1时许，受西南季风和热带风暴“谭美”共同影响，富宁县境内强降暴雨，致使板仑等12个乡镇108个村委会735个小组7772户35857人受灾，因灾房屋倒损314间，损坏206间，猪圈倒塌压死生猪15头，农作物受灾面积697公顷，造成直接经济损失1400万元，其中：农业经济损失500万元，家庭财产损失250万元，基础设施损失650万元。

8月29日晚，富宁县境内连续降雨，共造成田蓬8个乡镇42个村委会272个小组2476户12125人，因灾房屋倒损150间。中断、毁坏乡村公路3条27000米、村村公路76条101500米；冲毁水沟69条1985米，农作物受灾305公顷，共造成经济损失991万元，其中农业经济损失266万元，家庭财产损失111万元，基础设施损失614万元。

【文山市风雹灾】 5月2日，文山市的马塘、秉烈等4个乡镇发生风雹灾害，涉及12个村委会24117人，农作物受灾1.12173千公顷，因灾造成直接经济损失870万元，其中农业经济损失841.9万元，家庭财产损失28.1万多元。

【砚山县风雹灾】 3月28日、4月25日、4月28日、5月1日、7月14日、8月29日砚山县发生6次风雹灾，造成10个

乡（镇）23个村民委93个村小组7237户33016人受灾。造成严重损坏房屋492户1392间，一般损坏房屋1010户2908间（含冰雹灾瓦片损失），因灾死亡1人，农作物受灾1978.62公顷，成灾1113.2公顷，绝收312.88公顷，共造成经济损失约3107.75万元，其中农业经济损失约2990.33万元。

【西畴县风雹灾】 6月20日17时30分，西畴县西洒、法斗、蚌谷等乡（镇）均不同程度地遭受冰雹袭击。全县9个乡（镇）66个村委（社区）479个村小组12894户4.9万人受灾，共造成9354人、5631头（匹）大牲畜饮水困难；农作物受灾3058.5公顷，因灾减产粮食1700吨；死亡大牲畜2头；损坏民房710户2130间。因灾造成直接经济损失1564.18万元，其中农业直接经济损失819.27万元。

【马关县风雹灾】 3月26日，受南支槽影响，马关县局部地区遭受冰雹袭击，灾情涉及八寨镇等6个乡镇15个村委会85个村小组和1个农场，共造成17320人受灾。因灾损坏房屋3008间，太阳能784台。农作物受灾4446公顷，成灾2943公顷，绝收1034公顷。因灾造成直接经济损失2800万元，其中农业经济损失2000万元。

4月24日，受冷空气和弱南支槽共同影响，马关县局部地区遭受暴风袭击，灾情涉及八寨镇等8个乡镇76个村委会159个村小组，共造成4792人受灾，因灾致伤2人。因灾损坏房屋2577间，农作物受灾137公顷，因灾造成直接经济损失554万元，其中农业经济损失154万元。

【丘北县风雹灾】 6月26～27日，丘北县双龙营镇亮山村民委木耳箐等村组出现洪涝冰雹大风灾害，灾害造成8641.5亩农作物受灾。其中：玉米受灾5100亩，成灾1100亩，绝收3550亩，预计经济损失353.5万元。烤烟受灾3341.5亩，成灾1504亩，绝收1771.5亩，经济损失5314.45万元。万寿菊等其他作物受灾150亩；经济损失共计5674.05万元。

8月15日17时，受强对流天气影响，腻脚乡鲁底、大铁村民委部分村组农作物遭受暴雨、大风、冰雹等自然灾害。灾害造成1021亩玉米、243亩辣子绝收，直接经济损失达166.15万元。8月15日15点20分，舍得乡舍得等3个村民委部分村寨农作物受到严重冰雹灾害及风灾，面积达2743亩，间接造成农民经济财产损失达360余万元。

【广南县风雹灾】 3月13日20时，广南县辖区内的者兔等6个乡（镇）遭受（大风）及冰雹的袭击，造成20个村委会130个小组4736户18638人受灾。其中，民房受损290户；农作物和经济作物受灾1708.73公顷，此次灾害造成直接经济损失548.41万元。其中农业经济损失461.05万元。

3月28日23时左右，广南县辖区内的那洒、曙光2个乡（镇）遭受（大风）及冰雹的袭击，造成7个村委会34个小组1339户5126人受灾。其中，民房受损268户；农作物和经济作物受灾508公顷，此次灾害造成直接经济损失105.87万元，其中农业经济损失58.64万元。

4月25日，广南县董堡等4乡（镇）遭受暴雨及冰雹袭击，造成14村委会103个村小组3251户13673人受灾，因灾民房受损504户1620间，造成经济损失共1120万元。

5月19日16时20分，广南县境内的篆角4个乡（镇）8个村委会33个村小组，遭受暴雨并带冰雹的袭击，突降的暴雨并带冰雹，造成474户2606人不同程度的受灾。民房受损102户（其中严重受损42户126间），灾害共造成经济损失133万元。

8月29日17时10分，广南县境内的珠琳、那洒2个乡（镇）的4个村委会18个村小组，遭受大风暴雨并带冰雹的袭击，持续时间约为40分钟，造成1001户4494人受灾。灾害共造成经济损失633余万元。

【富宁县风雹灾】 4月25日下午14时10分，富宁县境内强降雨及冰雹，致使归朝等6个乡镇27个村委会248个小组6897户31511人受灾，冰雹持续时间约20分钟，直径达5～8厘米，因灾伤病6人，其中重伤3人；农作物受灾499.3公顷，成灾358.7公顷，造成直接经济损失1129.7万元，其中：农业经济损失143万元，家庭财产损失950.7万元，基础设施损失36万元。

【西畴县病虫灾】 6月25日～7月3日，因受持续强降雨和日间温差及干湿度异常影响，西畴县兴街等4个乡（镇）突发大面积病虫灾害，共涉及37个村委会350个村民小组18571人受灾，农作物受灾面积16927亩，成灾面积4739亩，绝收面积736亩，因灾造成直接经济损失达151.7万元。

【富宁县病虫灾】 6月17日，由于高温降雨交替，富宁县境内出现零星粘虫灾害，新华10个乡镇71个村委会724个小组12815户农作物受灾2026.3公顷，成灾1391.5公顷，造成农业直接经济损失400万元。

【马关县病虫灾】 6月，受病虫害生长适宜温度和湿度因素影响，马关县境内局部地区粘虫病虫害生物灾害，灾情涉及马白镇13个乡镇35个村委会287个村小组，共造成25176人受灾。农作物受灾5057公顷，因灾造成直接经济损失401.5万元。

【文山市旱灾】 2月至6月7日止，文山市的德厚等14个乡镇3个街道110个村委会688个村小组21941户98737人受灾，28905人、9405头大牲畜饮水存在困难，其中，德厚镇亚拉冲村委会城子山、深凹塘2个村民小组饮水困难特别严重。因干旱造成农作物受灾面积达3.483千公顷。直接经济损失2270万元。

【砚山县旱灾】 2009年至2013年，砚山县遭受了连续4年的持续干旱，给全县工农业生产和人民群众生活造成了影响。据统计，阿舍乡等10个乡镇77个村民委（社区）608个村小组42140户177349人受灾，饮水困难人口42600人、大牲畜饮水困难74头。农作物受灾3483.38公顷。农业经济损失1241.2万元，粮食减产10.9万千克。

【西畴县旱灾】 1月以来，西畴县大部分地区气温高、风速大、湿度小、蒸发大、太阳辐射强，造成降水稀少，连续4年干旱，受灾面积广，受灾人口多。截至3月25日止，旱灾涉及全县9个乡（镇）48个村委（社区）331个村小组9954户4.28万人，共造成6882人、1482头（匹）大牲畜饮水困难；农作物受灾2527.8公顷，因灾减产粮食373.9吨。造成直接经济损失424.07万元。

【马关县旱灾】 受连续4年冬春连旱和副热带高压影响，入春以来缺乏有效降水，气温偏高，湿度小、蒸发大。导致马关县境内出现严重干旱灾害，灾情涉及马白镇13个乡镇124个村委会（社区）922个村小组，共造成28628人受灾。因旱造成11628人、3964头大牲畜饮水困难。农作物受灾面积2375公顷，1008.35公顷，绝收966公顷；旱灾造成直接经济损失1101.8万元。

【丘北县旱灾】 截至3月15日，旱灾共造成丘北县12个乡（镇）78个村民委（社区）518个自然村4.2万人1.1万头大牲畜饮水困难，农林直接经济损失9320万元。全县小春及冬农作物受灾48.46万亩，成灾38.77万亩，绝收14.54万亩，造成经济损失近6910万元。其中粮食作物受灾32.35万亩，成灾25.88万亩，绝收9.7万亩，产量损失1746万千克，经济损失约3500万元；油料作物受灾9.27万亩，成灾7.4万亩，绝收2.78万亩，经济损失1700万元；蔬菜作物受灾5.04万亩，成灾4.03万亩，绝收1.5万亩，经济损失1608万元；林业受灾面积14.88万亩，成灾面积5.95万亩，报废面积2.98万亩，造成直接经济损失1490万元。同时，由于持续高温干旱，给烤烟、辣椒、万寿菊等产业的种苗培育带来了严重影响，共需投入抗旱育苗资金1500万元。特别是烤烟育苗有155个点16954个标准池需调水5.19万立方米，抗旱育苗资金需168.89万元。

【广南县旱灾】 1月~6月7日，广南县没有出现有效降雨天气，旱灾已造成18个乡（镇）2个农场174个村委会（社区）27.41万人受灾，全县3.06万户13.4万人和3.56万头（匹）大牲畜受灾，其中有5.1万人和2.4万头（匹）大牲畜饮水困难；小春及冬农作物受灾27506公顷，成灾10002.6公顷，绝收1165.46公顷，经济损失2762.6万元；林地受灾面积21066.66公顷，成灾5466.66公顷，报废2733.33公顷，经济损失2460万元。因旱造成经济损失达5222.6万元。

【富宁县旱灾】 3~6月，富宁县境内部分地区发生较为严重的旱灾，致使13个乡镇104个村委会1196个村小组31803户134497人受灾，21041人、10560头（匹）大牲畜饮水困难，农作物受灾面积9509公顷，成灾2880公顷，绝收183.9公顷。造成直接经济损失2939.5万元，其中农业经济损失2828万元。

【广南县山体崩塌】 4月25日18时，广南县黑支果乡范围内普降大雨。20时许黑支果乡黑支果村委会瓦厂村王富祥家背后山上一块巨石滚落，并砸毁王富祥家一土木结构房屋（3间），造成房屋内王富祥、张登仙、陆声秀3人被巨石当场压死。

2012年抗灾救灾

【抗旱救灾】 一是党委、政府高度重视抗旱救灾工作。旱灾发生后，得到国家民政部、省委、省政府及省民政厅的高度关注和大力帮助，2月17日国家减灾委、民政部对云南旱灾启动Ⅳ级响应，省减灾委、省民政厅发出紧急通知，州委、州人民政府维持2011年的旱灾Ⅲ级响应，省委常委、州委书记李培对抗旱救灾作出重要批示，要求把抗旱救灾作为当前的中心工作来抓，州委、州人民政府召开专题会议安排部署抗旱救灾工作，4月1日，文山州召开规模空前的全州水利建设和抗旱减灾工作会议，州、县（市）、乡（镇）三级干部共600多人参加会议，省委常委、州委书记李培作重要讲话，会上有113家企业向灾区开展爱心捐赠活动，共捐赠善款2900多万元。州领导率有关部门经常深入灾区指导抗旱救灾工作。

二是民政部门全力以赴投入抗旱救灾工作，积极向上级有关部门汇报反映争取支持帮助。州民政局以抗旱救灾工作为主线，全力以赴投入抗旱救灾工作，并先后召开全州民政局长会议、全州民政工作会议专题安排部署抗旱救灾工作，及时发出《关于认真抓好抗旱救灾工作的紧急通知》。同时认真做好灾情调查核实报送工作，多次向省厅汇报反映文山州的灾情和困难，由于灾情较重，汇报反映及时，文山州灾情得到省民政厅的高度重视和支持，在救灾资金上给文山州较大倾斜，全年中央、省共下达救灾资金4550万元（其中，慈善款300万元，救灾仓库补助资金150万元）；从去年开始，州县（市）财政累计投入抗旱救灾资金4000多万元。

三是加强组织领导，采取有力措施，确保抗旱救灾工作有序有效开展。州、县（市）民政部门组成抗灾救灾工作组深入抗旱救灾一线，靠前指挥，检查指导抗灾救灾工作，动员灾区群众投入抗旱救灾和生产自救，确保在第一时间深入灾区检查指导抗灾救灾工作、第一时间上报灾情、第一时间运送救灾物资到达灾区，切实解决受灾群众和抗旱救灾工作中所面临的困难，有针对性地落实解决措施。州民政局、州慈善总会及时会同财政部门将上级下拨救灾资金分配到各县（市），用于解决受灾群众的生活救助，实现“两个确保，一个减少”的目标，即：确保灾区群众及牲畜饮水安全，确保不出现虚报浮夸相关数字的情况及救灾款物不到位和违规使用的情况，最大限度减少人民群众因旱灾造成的损失。在工作中，州县（市）民政部门结合实际，采取积极措施，确保灾民基本生活，如：州民政局从保民生、保稳定的高度，把抗旱救灾列为本部门压倒一切的中心工作来抓，坚持以抗旱救灾工作为主线，将抗旱救灾工作贯穿于整个民政工作的始终；文山市储备了救灾粮80万千克，并率先开展向灾区捐赠活动，募集捐赠款240多万元；砚山县继续在全县开通15部

"缺粮缺水热线电话",热线电话以县民政局救灾股、乡(镇)、区、农场办、民政管理所电话为主对外公示,并按救助程序实施救助;丘北县民政抗旱救灾救援分队迅速行动起来,设立缺水缺粮热线电话,对敬老院、五保户和低保户等特殊群体,组织分队成员结对帮扶,开展送水、送粮服务。广南县储备200万千克救灾粮。富宁县按照"先生活、后生产,先节水、后调水,先地表、后地下,先重点、后一般"的原则编制了《富宁县2012年抗旱保人饮供水方案》,把边境一线缺水山区、石山区、喀斯特地区、山瑶族聚居地区、农村中小学校、特困群众等群体作为抗旱保供水重点。西畴县为确保灾民和困难群众的基本生活,在各乡(镇)组织集中发放救灾粮工作,救灾粮统一由粮食部门加工、运送到各乡(镇),按照"先供应、后结算"的办法,迅速发放给灾区缺粮需救助群众。由于措施得力,对灾区群众及时实施有效救助,灾区群众情绪稳定,生产生活秩序井然有序,无非正常现象发生。

四是加强督促检查,确保各项措施落实到位。州委、州人民政府派出4个督察组,分赴各县市对抗旱救灾工作进行专项督查,州民政局及时成立抗旱救灾督查组,由主要领导和分管领导带队深入各县(市)全面检查、督促、指导各县(市)做好困难群众生活安排和救灾救济款物的管理使用工作,确保灾民特别是重灾户、低保对象、五保对象的基本生活不出问题。防止因落实抗旱救灾措施不力、工作不到位而使受灾群众生活未得到有效保障,救灾救济款物未及时兑现到灾民和贫困户手中。

五是执行24小时值班制度和10天一报制度。抓好系统报灾,认真统计、准确及时汇总上报灾情。加强与气象、农业、水务等部门的沟通联系,及时掌握抗旱救灾工作情况,认真分析旱情灾情发展态势。

【抗洪抢险】 一是党委、政府高度重视抗洪救灾工作。洪涝灾害发生后,认真贯彻落实省委书记、省人大常委会主任秦光荣作出的批示精神,州委书记纳杰对抗洪救灾及时作出重要批示,要求把抗洪救灾作为当前的重要工作来抓。州委、州人民政府召开专题会议安排部署抗洪救灾工作,7月31针对目前的灾情再次召开紧急电视电话会议,要求全力防汛降低灾害损失。州委、州人民政府领导先后率有关部门深入灾区指导抗洪救灾工作。

二是全州民政部门全力以赴投入抗洪救灾工作,积极向上级有关部门汇报反映争取支持帮助。州民政局全力以赴投入抗洪救灾工作,及时召开全州民政局长会议传达省、州领导的重要批示精神,先后两次发出紧急通知,安排部署全州的抗灾救灾工作。同时认真做好灾情调查核实报送工作,多次向省厅汇报反映文山州的灾情和困难,由于灾情较重,汇报反映及时,全州的灾情得到省民政厅的高度重视和支持,省厅在救灾物资上给予较大倾斜和支持,紧急调拨500顶救灾帐篷、2000床棉被、1000件棉大衣、200张折叠床到我州帮助抗灾救灾。

三是加强组织领导,采取有力措施,确保抗洪救灾工作有序有效开展。州、县(市)民政部门确保在第一时间深入灾区检查指导抗灾救灾工作、第一时间上报灾情、第一时间运送救灾物资到达灾区,切实解决受灾群众和抗洪救灾工作中所面临的困难,有针对性地落实解决措施。州、县向灾区紧急拨款575万元救灾款,向重灾地区发放救灾帐篷490顶、棉被2260床。截至11月5日,全州共实施口粮救助4.69万户17.56万人,发放口粮380万千克;临时解决62.02万人和31.86万头(匹)大牲畜饮水困难;实施衣被救助13.82万人23.2万件;实施伤病救助2.1万人480万元。

【开展防灾减灾日宣传】 一是高度重视,加强"防灾减灾"宣传周活动的组织领导。为进一步增强全州广大干部群众的防灾减灾意识,普及防灾减灾知识和技能,提高城乡防灾减灾能力,州县市减灾委组织减灾委各成员单位进行专题研究,要求各相关部门充分认识开展防灾减灾工作的重要意义,密切协作、积极配合,认真做好各项工作,确保"5·12"防灾减灾日宣传活动的顺利开展并取得实效。州减灾委办公室、州民政局及时将《云南省减灾委员会关于做好2012年防灾减灾日有关工作的通知》转发各县市及州减灾委成员单位,县市减灾委也先后印发了《关于做好2012年防灾减灾日有关工作的通知》,要求各乡(镇)、各有关部门认真按照活动通知,结合本地本部门宣传活动重点,精心筹划宣传载体、积极参与各项活动,确保宣传取得实效,按照安全有序的活动原则,周密组织、严格要求,切实加强安全教育和管理,确保活动安全有序。各县市各部门认真结合本部门宣传教育特点,制定针对性强、切实可行的宣传工作方案,细化了活动内容,形成了主要领导亲自抓、分管领导具体抓、责任人员具体落实的工作格局,为全州"5·12"防灾减灾日宣传活动的顺利开展提供了坚实的组织保障。如州住建局专门制订了《文山州住建系统2012年防灾减灾日活动实施方案》,州地震局制定了《文山州地震局关于在干部职工中开展法制宣传教育第六个五年规划实施方案》。

二是积极宣传,营造全民防灾减灾的良好氛围。按照州县市的要求,全州各级各部门紧紧围绕"弘扬防灾减灾文化、提高防灾减灾意识"主题,明确职责分工,加强协调配合,面向社区、学校、企业,广泛发动群众积极参与,组织开展了一系列丰富多彩、群众喜闻乐见、通俗易懂的防灾减灾宣传活动。一是充分利用悬挂横幅、张贴标语、宣传栏、出黑板报等多种形式加大宣传力度。5月7日至13日宣传周期间,州县(市)减灾委及有关部门积极开展相关宣传教育活动,通过散发资料、图片、张贴标语、设置宣传点等形式,先后集中开展《中华人民共和国防震减灾法》、《自然灾害救助条例》、《地质灾害条例》、《矿山地质环境保护规定》、《森林防灾条例》、《云南省防震减灾知识问答》、《地震知识100问》及消防安全常识、《城乡防灾减灾教育》、《中小学生防灾减灾教育》、《避灾自救》、《中华人民共和国道路交通安全法》、《云南省道路交通安全条例》及超员超速、酒后驾车、疲劳驾驶等严重交通违法行为的危害;气象、地质灾害、干旱、洪涝等知识宣传,在城区悬挂宣传标语180幅,防灾减灾宣传挂图2300多张,发放防灾减灾相关知识手册126000份。制作宣传展板460块,发放小册子35.1万册,张贴宣传标语3500条，黑板报246期，播放相关灾害录像30场（次），设立咨询点160处，接待咨询群众19.8万余人（次），出动宣传车辆120台（次），举办知识讲座130次。二是广泛开展防灾减灾知识进校园、进企业、进社区、进农村活动，通过印发宣传资料、制作标语板报、进村入户宣教等形式，广泛普及有关法律法规和安全生产、防灾减灾知识。三是开展“防灾减灾”志愿者服务活动。组织志愿者开展“弘扬防灾减灾文化、提高防灾减灾意识”主题服务周活动，充分利用黑板报、广播等形式开展防灾减灾、紧急救助知识宣传活动。四是在各级各类学校开展防灾减灾主题教育活动，通过校会、课堂、网络等形式宣传防灾减灾相关基本知识。五是各乡（镇）充分利用露天设立咨询点、张贴标语、召开群众会、广播、播放宣传教育片等形式开展防灾减灾知识的宣传，丰富了宣传活动的内容，提高人民群众的防灾减灾意识，增强人民群众防灾自救的技能。六是积极开展防灾应急演练。全州共开展小型防灾应急演练45次，参加人数47200人。

三是以“防灾减灾日”宣传活动为契机，结合实际，大力推进防灾备灾工作深入开展。在认真开展“防灾减灾日”各项宣传活动的同时，各级各有关部门结合当前抗旱保民生工作实际，进一步做好当前防灾备灾的各项工作，深入查找灾害风险隐患和防灾减灾薄弱环节，制订落实整改方案，完善相关政策措施，加强各种救灾物资储备，推动防灾备灾工作的深入开展。如州民政局针对当前要做好汛期准备工作的需要，及时发出关于做好汛期各项准备工作的紧急通知；州水务局切实抓好防汛责任制的落实；州住建局及时排查、消除施工现场的各项事故隐患；州公安局以防范交通违法行为、防火灭火、逃生自救等为主要内容，开展宣传教育活动；教育部门组织学校开展“五个一”活动；州交通运输局组织开展在建工程、公路运输、电站水库水运安全检查；广电部门在宣传周期间每天滚动播出防灾减灾公益信息广告，同时每期播出一则与防灾减灾内容有关的新闻，扩大舆论影响；州国土资源局举办地质灾害防治管理和矿山地质环境保护管理知识培训班，等等。

【开展元旦春节慰问】 2012年元旦春节期间，全州各级党委政府组织对困难群众进行走访慰问。全州共走访慰问34500户130332名困难群众，共发放救灾棉被8640床，发放衣物109600件（套），慰问金750万元，食用油2980桶，大米13.05万斤。参加走访慰问的厅级领导65人次，处级领导750人次，科级2550人次。

【救灾基础建设】 一是抓救灾物资的储备。2012年储备有救灾帐篷1469顶，救灾棉被15580床，棉衣98000件，外衣46334件（套），棉大衣1000件，折叠床200张。投资2100多万元的州级救灾指挥中心和救灾物资储备仓库已竣工投入使用，同时，及时抓县级救灾物资储备仓库的建设和项目申报工作。二是西畴、广南两县救灾物资储备仓库已建成入使用。三是向省厅申报、文山、马关、富宁等四县（市）救灾物资储备仓库建设项目。四是争取省厅的支持，在去年配备砚山等6县77个乡镇（农场）民政管理所救灾专用车辆的基础上，今年配备丘北、文山两县（市）27乡镇民政救灾专用车辆，实现全州覆盖。征订《中国减灾》杂志690份，超额完成省厅下达的任务340份的102.9%。

2013年抗灾救灾

【抗灾救灾】 灾情发生后，尤其是旱灾发生后，引起省州的高度关注，州防汛抗旱指挥部于3月1日启动三级应急响应，省减灾委3月26日启动三级响应，国家减灾委3月28日针对云南旱灾启动四级响应，并派出工作组深入砚山、丘北指导抗旱救灾工作。鉴于全省旱情的持续蔓延，省减灾委又于4月10日将响应级别提升到二级。州人民政府召开全州民政工作会议，重点安排部署抗灾救灾工作。州防汛抗旱指挥部及时启动二级应急响应。州民政局党组召开专题会议，具体研究部署抗灾救灾工作。民政部门一是第一时间深入灾区调查核实上报灾情，第一时间向省民政厅和州委州人民政府反映汇报灾情，省厅和州委政府能够在第一时间了解灾情；二是积极争取省民政厅支持和帮助。由于报灾迅速，汇报反映及时，文山州灾情及时引起省民政厅高度关注和重视，在救灾资金物资上上给予较大支持和倾斜，全年上级共下达全州救灾补助资金4260万元，争取省厅救灾物资总折价为585.64万元，争取的资金物资共计4845.64万元，共计这些资金和物资已及时发放往重灾区。全州购买粮食1543吨，已发放粮食1329吨，实施口粮救助4.69万户17.56万人。实施伤病救助2.1万人480万元；对12.14万人实施饮水救助。三是及时向重灾区紧急调运救灾帐篷570顶，救灾棉被460多床，发放砖瓦213.35万（片），水泥130吨。紧急转移安置694人；四是配合当地党委政府和有关部门组织发动灾区群众开展生产自救工作，开展灾后恢复重建工作。目前，灾区困难群众得到及时有效救助，做到救助不漏1户，不掉1人，灾区生产生活秩序正常，受灾群众思想情绪稳定。

在做好抗灾救灾工作的同时，向四川芦山地震灾区开展捐赠活动，全州目前共接收捐赠74000元。

【防灾备灾】 一是建立和完善预案。为保障灾害发生后，当地政府能够立即启动应急预案，及时开展抗灾救灾工作，全州从州到县（市）、乡（镇）、村（社区）和有关部门，均建立了相应的灾害应急预案。按照“横向到底，纵向到边”的要求，修订、补充和完善州、县（市）、乡（镇）四级预案，其中：州级预案1个，县（市）级预案8个，乡（镇）级预案102个，951个村级预案，实现救灾应急预案四级全覆盖。同时，建立和完善《城市防洪应急预案》、《防汛抗旱应急预案》、《地质灾害防灾减灾预案》等预案。

二是健全组织机构。调整充实州县（市）减灾委员会，州县（市）分别政府分管领导任主任，县民政、财政、国土资源、水务、农业、交通运输、地震、气象、公安、等部门为成员单位。办公室分别设在州县（市）民政局，由民政局长兼任办公室主任。减灾委员会的主要职责是：贯彻落实国

家减灾工作的方针、政策、规划和党委、政府的减灾工作部署，分别研究制定全州县（市）减灾规划，协调开展重大减灾活动，指导开展减灾工作。建立健全管理体系和工作机制，为自然灾害防范应对和救灾工作顺利开展提供了坚实的组织保障。

三是上级灾害预案执行情况。认真贯彻落实《自然灾害救助条例》、《云南省自然灾害救助规定》、《云南省自然灾害应急救助预案》、《云南省民政救灾专用车辆管理规定》等，从落实科学发展观、构建和谐社会的高度，充分认识贯彻落实灾害规定的重要性，切实增强学习、宣传、贯彻实施灾害规定的自觉性与责任感。组织好灾害条例、规定的宣传培训，全面理解和深刻领会精神实质，做到民政领导干部熟悉、救灾工作人员精通。一是组织救灾系统学习了解掌握相关条例、规定。在全州救灾信息QQ群发出通知要求认真组织学习，并上传到QQ群中，让救灾系统工作人员自行学习；二是以会代训。在全州民政局长会上组织学习《自然灾害救助条例》、《云南省自然灾害救助规定》、《云南省自然灾害应急救助预案》、《云南省民政救灾专用车辆管理规定》等相关条件、规定；三是借助主流新闻媒体开展宣传。发挥报刊、广播、电视等新闻媒体优势，切实将灾害规定宣传到社会的方方面面，提高公众对灾害规定的知晓率，为贯彻实施灾害规定营造良好的社会氛围；四是州、县（市）、乡镇、村委会修订完善各种自然灾害应急预案；五是严格执行民政救灾专用车辆管理。州民政局及时转发《云南省民政厅、云南省监察厅关于印发云南省民政救灾专用车辆管理工作的通知》（文民电〔2013〕23号）下发各县（市）贯彻执行。

四是救灾物资储备库和救灾物资储备情况。2013年储备有救灾帐篷3273顶，救灾棉被18108床（其中，代省厅储备7000床），大衣4000件，衣服11000余件（套），蚊帐70床，折叠床700张，床垫700床，采条布900件，雨衣500件，折叠桌凳10套，应急灯1072个。投资2100多万元的州级救灾指挥中心和救灾物资储备仓库已竣工投入使用，同时，及时抓县级救灾物资储备仓库的建设和项目申报工作。西畴、广南两县救灾物资储备仓库已建成入使用。同时争取省厅的支持，为乡镇配备救灾专用车辆。全州8县（市）、102个乡镇2个农场已全部配备救灾专用车辆。

五是应急避难场所情况。全州8县（市）政府所在地都有3个以上临时应急避难场所，101个乡镇和3个街道办事处所在地都有1至2个应急避难场所。

六是救灾资金和接收救灾捐赠情况。全年上级共下达全州救灾补助资金4260万元，争取省厅救灾物资总折价为585.64万元，争取的资金物资共计4845.64万元。州、县（市）接收救灾捐赠办公室共接收救灾捐赠35875.9元，捐物折价33600元，慈善会接收74000元。上级下达的救灾补助资金已及时下达各县（市）。同时，按救灾资金管理使用相关规定，切实加强资金和物资监管，做到救灾款物专款（物）专用，安全有效运行，对灾区困难群众的救助做到不漏1户，不掉1人，全州灾区生产生活秩序稳定，无非正常情况发生。捐赠的物资已发至省厅，捐赠资金统一汇缴款至省民政厅，专项用于支援四川芦山地震灾区。

七是开展防灾减灾宣传工作。今年5月12日是全国第五个“防灾减灾日”，主题是“识别灾害风险，掌握减灾技能”。文山州积极组织开展相关宣传活动，取得较好的效果。

【加强学习培训】　一是参加局党组组织的考察学习活动。为学习借鉴四川省汶川县都江堰市减灾救灾应急指挥体系建设、防灾减灾及救灾工作等方面的经验和做法，用于指导文山州减灾救灾应急指挥体系建设，更好地发挥民政在防灾减灾、减灾救灾应急中的牵头作用，切实加强全州防灾减灾能力建设，提升文山州减灾救灾水平，于9月28日至29日，随同州民政局考察团赴四川省汶川、都江堰两县市考察学习，并向局党组报送了调研报告。二是参加民政部救灾司组织的灾情业务培训。

（李　莉　王成文　彭　军）

普洱市

概　况

【区划人口】　普洱市位于云南省西南部，位于北纬22°02′～24°50′、东经99°09′～102°19′之间，北回归线横穿中部。东临红河、玉溪，南接西双版纳，西北连临沧，北靠大理、楚雄。东南与越南、老挝接壤，西南与缅甸毗邻，国境线长约486千米，其中：中越段长69千米、中老段长116千米、中缅段长303.29千米，是全省唯一的一市连三国的边境市。全市南北纵距208.5千米、东西横距北部55千米南部299千米，国土总面积45385平方千米，是云南省国土面积最大的州（市）。全市辖9个少数民族自治县和1个市辖区、103个乡镇（66个镇、37个乡）、42个居民委员会、995个村民委员会，其中澜沧是全国唯一的拉祜族自治县，墨江是全国唯一的哈尼族自治县，西盟是全国两个佤族自治县之一。2013年末，全市总人口258.4万人，居住着26种民族，其中主要民族有汉、哈尼、拉祜、彝、佤、傣等14种，少数民族人口155.13万人，占总人口的61.01%，农业人口165.63万人，占总人口64%。

【气候环境】　普洱地处云贵高原西南边缘，横断山脉南段，哀牢山、无量山及怒山（余脉）三大山脉由北向南纵贯全境，形成了北高南低的地势和北窄南宽的版图形状。海拔最高3307米，海拔最低317米，相对高差2990米。全市山区面积占98.29%，坝区面积占1.71%。澜沧江、李仙江、南卡江三大江由北向南纵贯全境。三江纵流形成帚状水系，印度洋和太平洋两股暖湿气流北上会集于此，气候主体为亚热带山地湿润季风气候。年均降雨量1600毫米左右，年均气温15.3～20.2℃。2013年，全市生产总值425.4亿元，全市完成地方财政预算总收入83.63亿元，完成地方公共财政预算收入53.72亿元，全年地方公共财政预算支出201.61亿元，全市人均地区生产总值（GDP）达到16491元（按年平均汇率折合2663美元），全年城镇居民人均可支配收入19170元，农民人均纯收入5873元，粮食种植面积345328公顷，粮食总产量达到114.0万吨。特殊的地质结构、气候类型，导致普洱是一个“无灾不成年”的地区。每年1～3月是低温霜冻时期，3～5月又是大风冰雹多发期，6～8月容易诱发生物病虫害，6～10月洪涝、泥石流、滑坡等地震灾害常常发生，12月至次年4月进入冬春干旱时期，并且普洱市地处亚洲板块与印度洋板块的怒江—澜沧江地震带，全市境内每年都会发生有感地震，周边国家和州市地震也会受波及影响。

2012年灾情及抗灾救灾

【综　述】　2012年普洱市10个县（区）、103乡（镇）、91.19万人受灾，因灾死亡24人，重伤3人，轻伤126人，紧急转移安置9131人，饮水困难30.46万人；倒损房屋3860户18904间，其中：倒塌房屋832间206户；农作物受灾14.89万公顷，成灾5.17万公顷，绝收1.19万公顷；直接经济损失102687万元，其中农业经济损失60961万元。

【干　旱】　2012年普洱市大部地区气温偏高，降水偏少，日照时数偏多。其中降水量为2009年以来连续第4年的持续偏少年，为1961年以来第六个偏少年。2012年普洱市主要异常气候事件以高温、干旱、单点性强降水和连阴雨天气为主。1～2月普洱市仅有江城和墨江两个站点分别出现14.3毫米和0.2毫米降水，全市气温偏高，日照偏多，空气干燥，高空风速增大，地表水及土壤水分蒸发加剧。3月份全市降水较历年同期少33%；4月份全市降水较历年同期略多5.3%；5月份全市降水较历年同期减少8%。由于年降水量连续三年少于常年平均值，连雨季降水量也持续偏少，导致地下水位下降、江河来水减少、库塘蓄水得不到有效补充，干旱不利的影响呈现累计增长的态势。至5月末，全市10县（区）80乡（镇）813村85.38万人因干旱受灾，河道断流9条，水库干涸2座。干旱共造成43.89万人受灾，饮水困难人口22.51万人，饮水困难大牲畜1.45万头，农作物受灾面积7.58万公顷，成灾面积2.55万公顷，绝收面积0.47万公顷；直接经济损失16075万元，其中农业经济损失14547万元。

全市共39.21万人参与抗旱救灾，投入抗旱资金7003.9万元，新建应急引水工程91处、应急调水工程2处、应急水源86处，出动送水车8000辆，投入抗旱泵站230处、机动抗旱设备9000台套，实现抗旱水浇面积1.51万公顷。临时解决饮水困难人口33.55万人、10.9万头大牲畜。

【洪涝灾害】 5月28日，普洱市全面进入汛期，6月和8月降水略微偏少，7月降水偏多，降水时空分布极不平衡，由于南下冷空气和西南暖湿气流交替影响，普洱多地出现了暴雨、大暴雨的强降雨天气过程。2012年普洱市10县（区）县城气象观测站共出现大雨124站（次），较历年偏少38站（次）；暴雨24站（次），较历年偏少9站（次）；出现大暴雨1次，较历年偏多1次。7月8日西盟县翁嘎科乡降雨112.3毫米、7月14日西盟县城降雨101.1毫米、7月31日景谷县正兴镇降雨135.4毫米、9月2日思茅降雨108.3毫米、墨江县坝溜乡骂尼村两小时降雨63.5毫米。由于频频的单点大雨、暴雨等强对流天气影响，全市各县（区）不同程度发生了大范围的洪涝、泥石流、滑坡等严重的自然灾害。

2012年普洱市暴雨洪涝灾害主要出现在5～9月，灾害共造成23.4127万人受灾，21人死亡（景谷县14人，墨江县5人，镇沅县1人，澜沧县1人），7459人紧急转移安置；一般损坏房屋9826间，严重受损2876间，倒塌634间；农作物受灾面积38.61千公顷，成灾面积20.01千公顷，绝收面积4.69千公顷；1座县城受淹、300间房屋倒塌、1.81万头大牲畜死亡、1家企业停产、195条公路中断、3处护岸损坏、8座水闸损坏、5419处灌溉设施损坏、131座塘坝（含取水坝）被冲毁。灾害共造成直接经济损失76154.98万元，其中农业经济损失39665.42万元。全市共投入抢险人数1.84万人次、机械276台班、编织袋0.75万条、油63.46吨、电12.01万度，总物资消耗折算资金774.36万元。

7月31日凌晨，景谷县突降单点暴雨强降雨，造成全县10个乡镇均不同程度受灾，威远镇暖里村、正兴镇小正兴村发生重大泥石流洪涝灾害，造成全县1.2万户3.72万人受灾，倒损民房517户2318间，其中倒塌36户108间，紧急转移安置群众1778户7113人。有13人死亡，1人失踪，3人重伤，84人轻伤，造成经济损失46598万元。

9月2日下午17～19时，墨江县坝溜乡短时强降雨天气导致坝溜乡骂尼村巴哈果大箐水流突然暴涨，骂尼村老普寨组的5位村民在外出生产回家途中，途经巴哈果大箐时不慎被突发洪水卷走死亡。

【风雹灾害】 2012年，普洱市的局地风雹灾害造成4.5211万人受灾，房屋受损27间，倒塌19间；农作物受灾面积3.601千公顷，成灾面积1.6966千公顷，绝收面积0.2920千公顷；共发生雷击灾害7起，雷击造成1人死亡，4人受伤，3头黄牛死亡，移动基站损坏1座。风雹灾害共造成直接经济损失3850.51万元，其中农业经济损失2680.9万元。全年风雹灾害造成经济损失最大的是墨江县和镇沅县，分别造成直接经济损失1982万元和1063万元，其中农业经济损失1050万元和963万元。

【地质灾害】 2012年普洱市发生地质灾害16起，其中滑坡11起、泥石流5起，造成18人受伤，0.7093万人受灾，紧急转移安置人口0.0428万人，饮水困难人口0.0500万人；一般损坏房屋895间，严重损坏199间，倒塌29间；农作物受灾面积0.7523千公顷，成灾面积0.2443千公顷，绝收面积0.1665千公顷。灾害共造成直接经济损失1600.55万元，其中农业经济损失289.6万元。

2012年普洱市因山体崩塌灾害共造成10人受灾，严重损坏房屋10间。直接经济损失160万元；因泥石流灾害共造成伤病人口18人，紧急转移安置人口15人；一般损坏房屋46间，严重损坏17间，倒塌60间。灾害共造成直接经济损失398万元，其中农业经济损失84万元。

针对地质灾害预测和灾情，普洱市国土资源局切实加强地质灾害预防，组织专家对10县（区）重要隐患点进行巡查、排查、再排查及核查，发放地质灾害防治工作明白卡2576份，发放避险明白卡36064份。组织专家应急调查43次，提交政府应急调查报告43份。开展10县（区）地质灾害“五到位”培训，即评估、巡查、预案、宣传、人员五到位。对县防汛抗旱指挥部成员单位领导、103个乡（镇）政府分管国土副乡（镇）长、国土管理所人员、重要地质灾害隐患点的村、组长和企业单位负责人等1121人进行了集中培训。

【地震灾害】 7月30日凌晨，宁洱县勐先乡发生了4.2级地震，9月18日7时28分景谷县永平镇发生4.2级地震，周边地区有明显震感。两次地震共造成6975人受灾，1242户3827间民房不同程度出现瓦片滑落、墙体开裂、地基下沉、房屋倾斜，其中：严重损坏60户，273间；轻度损坏1182户3554间，直接经济损失1968.36万元。部分校舍和水利基础设施发生开裂、渗漏等现象，地震还给地质环境造成危害，多数滑坡体滑坡隐患更显突出，危及到居住的安全。

【农业病虫害】 2012年，普洱市各种农作物病虫草鼠害合计发生107.17万公顷，较2011年略偏少，年防治13.07万公顷，较2011年略偏多。其中，1. 病害：发生18.11万公顷，实际损失7873.13吨。2. 虫害：发生39万公顷，实际损失9376.71吨。3. 草害：发生38.498万公顷，实际损失21273吨。4. 农田鼠害：发生10.98万公顷，实际损失2007.08吨。2012年普洱市完成防治面130.7万公顷，其中完成专业化统防统治54.64万公顷，完成绿色防控8.26万公顷。挽回粮食损失18.43万吨，挽回经济作物损失12.74万吨，实际损失为3.51万吨，危害损失率为3.23%。

【低温冷冻灾害】 2012年，普洱市仅孟连县出现低温冷害、霜冻灾害。1月15日孟连县出现低温冷害霜冻天气，农作物及橡胶、咖啡、甘蔗等热带经济作物受灾。灾害共造成0.5520万人受灾，农作物受灾面积0.2110千公顷，成灾面积0.1600千公顷，绝收面积0.0410千公顷。灾害共造成直接经济损失344.8万元，其中农业经济损失344.8万元。

【森林火灾】 2012年，普洱市共发生森林火灾次数55起，比省政府下达控制指标200起低145起，其中一般森林火灾11起，较大森林火灾44起，无重大、特大森林火灾发生；森林火灾火场总面积为1352.448公顷，其中受害森林面积为492.893公顷。

【林业有害生物】 2012年，全市林业有害生物发生面积达4.76万公顷，发生率1.7%。松毛虫、小蠹虫是主要的森林病虫害。林业有害生物防治面积4.72万公顷，防治率为87.3%，投入防治经费661.314万元

【基础设施受灾】 2012年，全市灾害损失涉及农业、交通、水利、电力、通讯、教育等多个领域，损失巨大。水毁农田651公顷，水毁堤防12处0.91千米，水毁坝塘77座，损坏护岸204处，损坏水闸8座，水毁灌溉设施4546处。公路中断144条次，毁坏桥涵38座，毁坏路面726处、114千米、14.3万平方米。受灾学校37所，形成危房42间1.79万平方米，毁坏围墙5795米、挡墙2490立方米、水管3.77千米。供电线路因倒杆断线停运31条（次）；电信电杆受损389棵，受损光缆51.34千米；移动光缆受损26千米，基站11座；联通受损光缆22千米；广电受损电杆61棵，光缆12.8千米。

【灾后应急救助】 针对严重的自然灾害，市民政、气象、农业、国土资源、交通运输、防汛抗旱、森林防火指挥部灾害应急响应16次。县（区、市）为紧急应对自然灾害，启动县级救灾应急响应18次。市委市政府2012年共向灾区派出6个救灾应急响应工作组，市民政全年共向灾区派出9个救灾应急响应工作组。2012年，市县民政系统共报送的各种灾害信息207条（次），向省民政厅上报灾情信息173条（次）。在景谷县“7·31”重大洪涝灾害中，市县民政局在国家自然灾害灾情管理系统上创纪录的上报灾情快报14条（次），仅灾害发生当天就上报灾情快报5条（次）。市委、市政府领导在第一时间迅速赶往灾区第一线，指导灾区政府迅速组织人力物力，转移、安置、救助、安抚受灾群众，尽快恢复灾区社会生产生活稳定。景谷、墨江、镇沅县先后组织动员3000多名部队官兵和干部群众对失踪人员进行搜救。交通部门紧急调集11台推土机、装载机对洪水、泥石流进行多点分流，减轻对群众生命财产的威胁。组织动员各种力量，及时将受到洪水、地质灾害威胁的群众转移到安全地点，共紧急转移安置群众1980户7326人，确保了受灾群众的生命财产安全。景谷县“7·31”特大洪涝泥石流灾害应急救助资金300万元。普洱市救灾物资储备中心紧急调运702顶救灾帐篷，解决近4000人次临时住所需求；调拨2010套衣服、5613床棉被，解决7000余人保暖问题。市、县（区）两级投入自然灾害生活救助资金650万元，占资金投入总量的30%。景谷县、镇沅县购买200床毛毯、钢丝床173床，大米10.4吨、衣服960套（件）、方便面90件、矿泉水120件、食用油120桶、水果20件，生活用具160只、花油布50卷、石棉瓦5360片、雨伞40把、电筒100只、蜡烛8件、卷筒纸30提，临时灾民集中安置点6个，集中安置458人。支出自然灾害救济费39.8万元，其中生活救济费21.8万元，因灾死亡人员家属抚慰金18万元。

【灾后卫生防疫】 7月31日，景谷县振兴镇发生特大泥石流洪涝灾害，普洱市卫生局派出市疾控中心专家赶赴灾区指导，县人民医院、县中医院、县卫生监督所、县疾控中心、正兴镇卫生院组成的卫生医疗救治队伍，开展灾区卫生防病知识宣传、环境消杀、饮用水消毒、心理干预等灾后卫生防疫工作。至8月7日，共派出290名人员，出动车辆72车次，累计共为灾区群众诊治848人，提供医疗服务药品价值2.64万元，喷洒消杀面积4.42万平方米，在全县范围内发放10万份汛期防病宣传单，印制3000份《洪涝泥石流灾害卫生防病基本知识》，实现大灾之后无疾病暴发流行或食物中毒事件的卫生救灾工作任务。

【农村民房恢复重建】 2012年，普洱市因灾倒损房屋3860户18904间，其中：倒塌房屋832间206户，严重损坏3890间884户。民政部门把灾后重建家园摆到突出位置，安排民房修复重建资金207.49万元，并积极引导灾民生产自救，已有1412户灾民修复加固民房4290间。需重建民房188户655间，需修复民房2260户9148间，其中：景谷县民房恢复重建118户，集中安置重建92户、分散重建26户。

【农村危房改造及地震安居工程】 2012年，普洱市住房和城乡建设局认真抓好农村危房改造及地震安居工程各项工作的落实，省下达普洱市农村危房改造及地震安居工程任务30390户，全年共实施完成了21182户农村危房改造及地震安居工程（拆除重建19161户，修缮加固2021户），完成投资13.4亿元。其中：完成2010年项目555户；完成2011年项目14320户（拆除重建12923户，修缮加固1397户），完成2012年项目6307户（拆除重建5683户，修缮加固624户）。

【灾民生活救助】 2012年，普洱市共支出救灾资金1522万元，其中：安排口粮救济款1052.29万元，购买救济粮2403.5吨，17.65万人得到了口粮救济；安排民房修复重建资金207.49万元，并积极引导灾民生产自救，已有1412户灾民修复重建民房4290间；安排衣被救济款215万元，发放衣被6.6万件（床），10.05万人得到了衣被救济；安排治病救济款47.22万元，3166人得到了伤病救济。

【救灾捐赠】 7月31日，景谷县发生“7·31”特大泥石流洪涝灾害，景谷县各行政事业单位，及社会各界爱心捐赠32.71万元。普洱市红十字会启动应急预案，第一时间启运救灾物资棉被250床、毛毯200床、衣服200件、饮料584箱，价值14万元救助物资，及时运送到灾区人民手中。普洱市财政救灾捐赠100万元，分别捐赠保山市施甸县和昭通市彝良县抗震救灾各50万元。普洱市红十字会共募集到爱心款60万元，全部用于支持彝良灾区灾后恢复重建。

2010年以来，普洱市连续3年干旱，普洱市红十字会协调争取到抗旱项目资金34万元，修建蓄水池、购置抗旱设

备，援助灾区抗旱保春耕促生产。对旱情特别严重的宁洱县同心乡同心村鱼坝凹子组、孟连县富岩乡信岗村、墨江县文武乡埋桑坝3个县3个村组援建小型饮水工程（蓄水池、架设引水管）3个，每个蓄水池30立方米，架设引水管约15千米，投入援建资金30万元。普洱市红十字会用4万元购买了800只抗旱水桶，用于援助江城县良马河村抗旱保春耕促生产。通过援建项目的实施，从根本上长期解决4个县4个村组792户、2375余人和1584头大牲畜的饮水困难问题和春苗受灾问题。

【防灾减灾工作】 依托国家“防灾减灾日”、“全国综合减灾示范社区”活动，组织开展灾害多发区、防灾减灾重点人群以及社区、村民委员会，利用形式多样的宣传途径，广泛宣传防灾减灾知识，组织开展专项应急灾害处置演练，培养危机意识，提高防灾减灾技能。全市申报两个“全国综合减灾示范社区”，思茅区、宁洱县、墨江县共向群众发放防灾应急包25.37万个。全市已建成使用澜沧、西盟、墨江、景谷、镇沅5个县级储备点。同时，为墨江县、江城县、景东县争取新建3个县级救灾物资储备库建设项目，落实专项补助资金150万元。各县级储备库建成后和市级中心救灾物资储备仓库一道为灾后24小时向灾民提供紧急救助，创造基本物质保障和工作条件。11月18~20日，普洱市首次举办乡镇灾害信息员培训及职业资格认证班，全市基层民政128名灾害信息员参加了培训。

普洱市拥有人工增雨防雹流动作业点79个、固定作业点1个，人工增雨防雹火箭发射架82套、三七高炮4门，人工影响天气已初步建立以较先进的雷达探测、指挥为先导，以覆盖全市的人工影响天气作业体系为助推的工作机制。2012年景谷县一中学、西盟县一中两所学校被评为省级防震减灾科普教育示范学校。

【防灾减灾体系】 2012年，实施好山洪灾害防治气象保障工程项目，综合气象观测系统建设稳步推进。组织景东、景谷、镇沅、宁洱、西盟、江城、澜沧、孟连8个县实施山洪灾害防治气象保障工程第一批建设项目，配备1套市级移动计量校准系统，完成98个自动雨量站和3个六要素监测站、9个县级数据处理中心、1个市级数据处理中心、2个县级预报业务平台和平面升级改造建设任务。山洪灾害县级非工程项目气象建设资金404.82万元，占总投资10%，共建六要素自动站32个，移动气象站7个，争取市级平台建设项目资金30万元。顺利完成地面气象观测业务切换。景东哀牢山自动站建成，景东政府筹资建设天气雷达站。目前全市区域自动气象观测站共282个。组建了信息网络中心，加强通讯质量控制管理工作。2012年，普洱市全面推进基层台站防灾减灾基础设施建设。完成宁洱县气象局搬迁建设。镇沅县气象局业务用房主体工程竣工。澜沧县气象局综合业务用房建设项目在省局立项。全市气象事业经费共2821.144万元，其中地方经费996.994万元。

2012年7月，普洱市地震局完成了澜沧、镇沅、景东三县模拟高精度水温的数字化升级改造。中国背景场探测项目在镇沅、景谷、孟连、西盟4个县分项目实施，完成了镇沅县测震台建设和仪器安装，孟连重力台观测山洞扩建和仪器安装，景谷、西盟地磁观测台建设和仪器安装。督促重点建设工程西盟永不落水库、孟连医院等建设工程开展地震安全性评价。

【灾害预警预报】 2012年，普洱市103个乡镇有农村气象信息员1083名、乡镇气象服务工作站55个。全市共建农村气象综合信息服务电子屏809块，农村预警大喇叭69个。建成了覆盖100%的乡镇、57%行政村和0.6%自然村的809个农村气象综合信息服务系统（电子屏）和66个农村气象灾害预警大喇叭、531座农村防雷塔以及西盟农村防雷示范工程。2012年，普洱市气象台晴雨预报正确率为82.22%；最高气温预报正确率为68.64%；最低气温预报正确率82.03%；温度趋势预报正确率为84%；降水预报正确率为54%；雨季开始期预测本地100%，区域73%；雨季结束期预测本地100%，区域68%。2012年普洱市发布手机气象预警短信4948次，累计受益827497人；组织启动应急处置工作4次，启动应急预案5次，为各级政府及部门提供决策气象服务材料12814次（期），各级领导批示27次，气象服务效益事例34例，援助灾区建设自动气象站1个，取得明显的社会经济效益。

2012年普洱市有害生物灾害预测预报，实施监测面积4205万亩，发布预报25次151份。

【人工影响天气】 2012年，普洱市制定了《普洱市人工增雨防雹无线通信系统建设方案》，启动了全市人影无线通信系统建设。争取省局60万元人影经费投入全市人工影响天气基础设施建设。新、改建墨江小龙凯、景坝人工防雹标准化作业点。全市地方人影经费投入280.3万元，有力保障了人工影响天气工作的持续发展。全年开展人工增雨作业227点（次），约560万亩农田经济作物、60万公顷林地受益；开展人工烤烟防雹作业18点（次），防御区内无冰雹灾害发生。

【建筑工程抗震设防管理】 普洱市住房和城乡建设局根据《普洱市建筑工程抗震设防专项审查实施办法》，做好建筑工程抗震设防专项审查工作，普洱市将其纳入建筑工程基本建设程序，在工程招标投标及施工许可证发放期间，对符合审查范围的建筑工程，都认真对抗震设防进行专项审查。在抗震设防专项审查中严格执行有关标准规范，对违反国家规范和强制性条文的建筑工程，审查中不予通过。每年在质量安全检查中，对专项审查的项目在施工阶段进行回访监督，通过回访监督使建筑工程审查意见得到了落实，建筑工程抗震设防有关规范得到了执行。2012年共计审查464项，建筑面积169.3万平方米。

【建筑抗震科技应用】 普洱市住房和城乡建设局高度重视防震减灾工作，切实做好抗震设防工作。减隔震技术在全市进入了推广应用阶段，使全市公共建筑物的抗震设防能力得到了全面提高。2012年采用隔震垫减隔震技术项目4项，共计

11栋，建筑面积3.66万平方米。

【防灾减灾科研成果】 2012年，普洱市气象局有3个科研项目在省局立项，1个项目在地方立项，5个项目在市局立项；4个项目通过省局验收；2个项目获市政府2010—2011年度普洱市科技进步奖二等奖、三等奖（“滇南中小尺度天气系统的多普勒统计特征”、“李仙江流域汛期强降水预报技术方法研究”），5篇论文获市科协优秀论文奖，1篇论文在核心期刊上发表。

2012年市地震局与市气象局开展项目合作，对大寨观测站的气象观测进行了升级改造，气象观测要素增加到了七项。市地震局与中国地震局地壳研究中心和国土资源部地质力学研究所合作，开展测震、地磁、体应变、分量应变、地倾斜、孔隙压力、高精度地温等集15个分量为一体的中深井综合地球物理监测实验与资料解析测项观测。

公安消防抢险救灾

【普洱市抗旱救灾】 2012年初，普洱市出现大面积旱情，普洱市各级公安消防部门积极行动，投入抗旱救灾。2月26日，宁洱县公安消防大队为宁洱镇般海村曼垛村民小组150多户村民送水16吨，缓解了村民日常饮水困难；2月27日孟连县公安消防大队接到群众求助后，及时派出车辆，驱车40余千米，先后3次为孟连县勐马镇东扩送去饮用水，及时解决了饮水困难的问题；3月3日，景谷县公安消防大队根据群众求助，为威远镇江东村片区新平村群众送水20余吨；3月6日，墨江县公安消防大队及时为联珠镇露水村委会大树村露水烤烟工厂化育苗基地送水3车24吨，有效缓解了露水烤烟工厂化育苗基地用水问题；3月9日，澜沧县公安消防大队深入澜沧县勐朗镇罗八村为村民送水抗旱，共送水20余吨，解决了该村500余名群众的燃眉之急；3月15日以来，景东县公安消防大队先后为旱灾造成人畜饮水发生困难的大街乡树林村、黄草岭村、景东银生中学送去生活用水100吨，为锦屏镇40余亩育苗基田进行了充分浇灌；5月9日，镇沅县公安消防大队为恩乐镇民江村送水16吨，有效解决了全村200余人的饮水问题。

【江城县抗旱救灾】 2012年入春以来，江城县各地遭受了不同程度的干旱灾害，群众生产生活用水困难。3月12日9时20分，江城县公安消防大队接到勐烈镇石头寨村民求助电话称，勐烈镇石头寨10余户村民生活用水紧缺。接警后，江城县公安消防大队立即组织官兵为群众送水共计12余吨，有效地缓解了石头寨10余户父老乡亲的生活用水问题。

【江城县“4·24”山火救援】 4月24日14时，江城县康平乡中平村裕康山坡上突发大火，火借风势迅速蔓延，危急到裕康28户168人的生命安全。接警后，江城县公安局康平边防派出所立即组织5名官兵赶赴火场救援，会同其他救援力量经过4个多小时的战斗，成功将山火扑灭。此次山火过火面积达到140余亩，造成损失约30万元，未造成人员伤亡。

【西盟县狂犬病疫情处置】 6月2日，西盟县勐卡镇莫美村发生狂犬病疫情，造成1人死亡，严重威胁师生及村民人身安全。根据县委、县政府要求，西盟县公安局组织4名射击技能过硬民警携带枪支前往灾区对疫情区域内犬只进行捕杀。行动中，公安民警共捕杀犬只128只、猫6只，并对捕杀现场进行消毒，对捕杀的狗、猫尸体进行了无害化深埋处理，彻底消除了疫情隐患。

【墨江县石油气槽车泄漏救灾】 7月6日，元磨高速公路老苍坡一号隧道下行线处一辆载有液化石油气槽车抛锚在路边，同时槽车罐体有泄漏现象。接到报警后墨江县消防大队迅速出动1辆抢险救援车，1辆载有泡沫的水罐消防车和9名官兵第一时间赶赴现场进行救援处置。消防官兵立即设立了水枪阵地出水对槽车罐体和空气进行了全面冷却稀释。两名穿好防化服的堵漏队员迅速携带堵漏器材进入现场进行堵漏，成功把泄漏缝隙封住。消防指挥员开始命令大型吊车对偏位槽罐车进行扶正，经过20分钟左右，槽罐车最终被吊车扶正。确认现场安全后，大队官兵才撤离现场，救援工作圆满结束。

【墨江县洪涝救灾】 7月29日，墨江县突降暴雨，平均降雨量达39.42毫米，致使全县多处河水上涨。8时40分许，墨江县公安消防大队接到村民报警称：联珠镇桑田村新村社因暴雨导致5户村宅被淹，并有人员被困，接到报警后，大队迅速出动2车12人前往现场处置。救援官兵到达灾害现场，经侦查发现位于涟漪河边的5处民房因水位上涨被淹，连接住处一座钢丝桥被冲断，5人受困。10时20分救援行动圆满结束，救援官兵收拾器材后安全归队。此次救援共救出被困群众5人，疏散群众17人，抢救粮食200余千克，抢救家用电器10余件，价值共计21000余元。

【景谷县“7·31”泥石流洪涝灾害救援】 7月30～31日，景谷境内突降单点暴雨强降雨，引发泥石流洪涝灾害。灾情发生后，景谷公安局启动应急处置预案，抽调警力100余名、警车20余辆，成立了指挥协调组、抢险救援组、交通安全整治组，治安秩序维护组、机动处突组、通讯警务保障组和搜救组7个组，赶赴灾情最为严重的威远镇和正兴镇，全力抗洪抢险、维稳安保。期间，共出动警力1400余人次，车辆580余辆次，协助转移群众2600余人，抢救出生产、生活物资及生活用品总价值160余万元，排查次生灾害隐患1起，疏导保障各类车辆顺利通行46000余辆次，搜救疑似失踪人员遗体11具。确保了灾区未发生一起治安、刑事案件、交通事故和影响社会稳定的群体性事件，社会治安大局平稳。

【普洱市“9·2”磨思高速泥石流抢险】 9月2日20时许，普洱市公安局交通警察支队磨思高速公路交巡警大队执勤民警在巡逻过程中，发现到昆磨高速公路下行线（往景洪方向）

K410+500米（普洱服务区）路侧边坡因连日降雨出现了塌方，民警在现场摆放反光锥筒和标志标牌，并做好行车安全提示。随后塌方逐渐扩大，造成普洱北至普洱南路段交通中断，磨思高速公路巡警大队与磨思高速公路开发有限公司快速联勤联动，快速采取交通分流措施，各类施工工程车辆及时进入现场进行抢通，确保该路段在16小时后恢复通行。

【墨江县“9·2”洪灾救援】 9月2日，墨江县坝溜乡骂尼村巴哈果大箐突发洪水导致5名群众失踪。接报后，墨江县公安局在县委、县政府的领导下，组织60余名民警赶赴现场，协助县、乡工作组全力开展搜救等相关工作。

【镇沅县“9·12”洪涝灾害救援】 9月11日20时至12日8时，镇沅境内普降暴雨，全县9个乡（镇）不同程度受洪涝灾害影响，其中勐大镇、振太乡降水量分别达到21.8毫米、67.1毫米，造成了较大经济财产损失。灾情发生后，镇沅县公安局立即组织振太、勐大派出所民警40余人赶到现场开展现场处置工作，疏散受灾群众，安抚群众情绪，维持现场秩序。

【景谷县“9·18”地震救援】 9月18日7点28分，景谷县永平镇发生里氏4.2级地震，造成11个村受灾，民房受损1242户3802人86940平方米，经济损失2736.32万元。灾情发生后，景谷县公安局启动抗震救灾应急预案，紧急抽调精干警力32名、警车5辆，赶赴灾区，开展抢险救灾工作，解救转移受灾群众，依法严厉打击趁灾作案的各类违法犯罪活动，强化灾区社会面治安巡逻防控和重要部位、单位的治安保卫工作，维护灾区治安秩序，核查灾情，排查险情，共为群众搭建帐篷60顶，发放被褥240个，开展治安巡逻120余次。

【思茅区“10·26”特大交通事故救援】 10月26日15时30分，罗田学驾驶一辆牌号为云JC2662的“江淮”牌轻型仓栅式货车载13人，沿思江公路往江城县方向行驶，当车辆行驶至K695+850米处时，车辆与道路右侧防护墩相撞后冲出有效路面与右侧山体相撞，造成5人送医院抢救无效死亡，其余人员不同程度受伤的特大道路交通事故。事故发生后，思茅分局倚象派出所立即组织民警4人、协警6人赶赴现场开展救援工作，抢救伤员，设立警示标志，进行交通管制，在区委政府的统一领导下，抢救伤员13人，其中经抢救无效死亡5人。

【镇沅县“12·5”交通事故救援】 12月5日，卢某驾驶满载百货的云J26195重货车由昆明沿景大线驶往镇沅，在途经K209+550米处时，因道路湿滑，在采取制动措施后车辆往前滑移，与对面驶来满载竹片的云F41661重型货车正面相撞，造成两车驾驶室严重损坏，云F41661货车驾驶员谢某被困驾驶室内。镇沅县公安局交警大队者东中队接报后，会同和平派出所赶赴现场救援。在采取多种救援措施未果后，民警请求消防大队支援。消防官兵赶到现场，利用液压扩张器、撬棍等工具立即进行施救，对卡住谢某的方向盘进行破拆，经过3个多小时的救援，成功将谢某救出送往医院治疗。

【思茅区“12·23”特大交通事故救援】 12月23日14时许，王怀龙驾驶云J11859号中型自卸货车，搭乘3人沿思景线由景谷向思茅方向行驶至K40+750米左右处时，车辆驶离路面坠下山坡，造成2人死亡、2人受伤，车辆严重损坏交通事故。思茅分局云仙派出所接警后，及时组织赶赴事故现场救援，协助医疗救护人员将伤员送到云仙乡卫生院救治，组织群众下山崖进行搜救，为伤者赢得了宝贵的救治时间。

环境污染防治

【空气环境质量】 2012年思茅区城区以二氧化硫、二氧化氮及可吸入颗粒物的年平均浓度值评价，环境空气质量符合GB3096－1996《环境空气质量标准》中一级标准。2012年普洱市中心城区环境空气优良率保持在100%，全年环境空气优级天数达到282天，良级天数为84天。优级天数在全年所占比率达77%。2012年思茅区降水监测数值为pH年平均值为5.90，酸雨pH年平均值为5.41，酸雨出现频率为6.4%。降尘监测浓度年平均值为1.624吨/平方千米·月，均未超过标准。

2013年普洱市思茅区主城区环境空气污染指数（API）年平均值为33。环境空气质量以二氧化硫、二氧化氮、可吸入颗粒物的日平均浓度值评价，全年监测结果均符合GB3095－1996《环境空气质量标准》中二级标准，环境空气优良率为100%。全年共监测363天，环境空气优级天数320天，良级天数43天。优级天数在全年所占比率达88%。思茅区降水监测数值为pH年平均值为6.23，酸雨pH年平均值为5.15，出现频率为3.3%。降尘监测浓度年平均值为1.769吨/平方千米·月，均未超过标准。

【地面水环境质量】 2012～2013年市域内地表水环境质量及中心城区主要饮用水水源地水质继续保持稳定。地表水11个监测断面（10个省控监测断面和1个国控监测断面），水质达标率为100%，达到Ⅱ类的断面数为7个，达到Ⅲ类的断面数为3个，达到Ⅳ类的断面数为1个。普洱市16个城市主要集中式饮用水水源地监测点，水质类别达到Ⅱ类标准的有13个，占总断面数的81.2%；水质类别达到Ⅲ类标准的有3个，占总断面数的18.8%。

【城市声环境质量】 2012年功能区噪声监测点为3个，其中1类区1个、2类区1个、4类区1个。思茅区道路交通噪声监测平均等效声级值范围在52.0～72.0分贝之间，年平均值61.0分贝，超标率为1.7%。思茅区昼间区域声环境噪声平均等效声级值范围在38.4～56.9分贝之间，年平均值为48.7分贝。

2013年思茅区道路交通噪声监测平均等效声级年平均值

62.7分贝，超标率为1.7%。思茅区区域声环境噪声平均等效声级年平均值昼间为50.7分贝，夜间为42.9分贝，均达到GB3096－2008《声环境质量标准》中1类标准。

【污染物排放】 2012年，全市废水排放总量6521.8634万吨，其中工业废水排放量2047.7261万吨，生活污水排放量4461.511万吨。全市废气排放总量498.3824亿立方米。固体废弃物全市一般工业固体废物产生量为307.5674万吨，危险废物产生量为0.068万吨。一般工业固体废物综合利用量为121.9215万吨，处置量为155.8318万吨，贮存量为29.8141万吨。全市一般工业固体废物综合利用处置率为90.3%。

2013年，全市废水排放总量7663.21万吨，其中工业废水排放量2796.17万吨，生活污水排放量4854.42万吨。全市废气排放总量599.11亿立方米。固体废弃物全市一般工业固体废物产生量为325.22万吨，危险废物产生量为0.068万吨。一般工业固体废物综合利用量为138.20万吨，处置量为160.10万吨，贮存量为26.91万吨。全市一般工业固体废物综合利用处置率为91.7%。

【环境影响评价】 2012年，市级共审批建设项目48个，配合省评估中心审查普洱市建设项目30个，配合省厅审批普洱市建设项目27个。制定出台了《加快民营经济发展的实施意见》，全市共批准22个建设项目试生产，对15个建设项目进行了竣工环保验收。共对14个违法、违规的建设项目依法进行处理。其中，勒令停止生产1家，强制拆除违法设施1家，限期整改9家，共处罚金30.1万元。加强部门联动，提升工作效率。加强项目把关，提升审批质量。加快办事效率，项目审批再提速。

【生态创建】 2012年，完成了孟连县芒弄村、思茅区腊梅坡村、墨江县碧溪村、景谷县大芒费村、镇沅县丙竜田村及澜沧县勐本村6个农村环境综合整治示范项目。组织编制《普洱市生物多样性保护战略行动计划（2012—2021）》。成立了普洱市生物多样性保护基金会及黑冠长臂猿保护基金会。开展环境成效评估工作。编制完成了《普洱生态市建设规划》，通过生态市创建，发挥生态资源优势，提升普洱综合竞争能力，建设资源节约型和环境友好型社会，推动生态文明建设，从而实现可持续发展。

【污染减排】 2012年，普洱市省级重点减排项目共计34个，其中二氧化硫和氮氧化物减排项目3个，化学需氧量和氨氮减排项目31个。采取抓紧、抓牢、抓实工程减排项目，指导企业按照环保部认可的技术实施减排工作；积极推进农业源减排，指导15家规模化养殖场（小区）、养殖专业户按国家认可的治理模式实施减排工程并编制减排材料；进一步加大对污染减排工作的监管力度；建立和完善企业减排档案；召开由相关单位参加的主要污染物总量减排工作专题会议；多渠道筹措资金，加大减排投入力度。

【污染防治】 一是污染源自动监控系统管理工作有序推进。共有16家企业安装了17套污染源在线监控系统。对10家企业在线监控系统进行了自动监测数据有效性审核。二是积极推进环境监测监察执法能力建设。宁洱县环境监测监察执法能力建设项目已完成；普洱市、澜沧县、江城县、西盟县环境监测监察执法能力建设项目已开工建设。三是探索环境监测工作行政管理。印发了《普洱市2012年普洱市环境监测工作实施方案》。四是开展城市环境综合整治定量考核。全市2011年度城市环境综合整治定量考核工作通过省级验收，排名全省第四。公众对城市环境保护满意率在全省19个参与调查的城市中由2010年的第九名上升至第三名。五是排污许可证工作。完成原有排污许可证年检及换证工作，国控企业审核报送工作。六是集中式饮用水源地保护。编制了《普洱市集中式饮用水水源保护区划分报告》，通过了市政府审批。建立健全集中式饮用水水源地应急预案，在饮用水源地保护区范围内建立标志。组织编制普洱中心城区集中饮用水源地环境保护规划。七是开展重金属污染防治工作。组织编制《普洱市"十二五"重金属污染防治规划》。建立健全重金属污染数据库和信息管理系统。八是开展强制性清洁生产审核，对5家通过省环保厅强制性清洁生产审核评估的企业进行了验收。

【宣传教育】 一是在《普洱手机报》和思茅城区主要街道红绿灯显示屏上刊登思茅区空气环境质量日报及环保宣传标语。二是在《中国环境报》第四版刊登普洱市环保地方新闻。三是在"6·5"世界环境日开展了"为民服务创先争优维护群众环境权益"系列宣传活动；四是与市人大开展的环保世纪行活动相衔接，充分发挥社会监督和舆论监督的重要作用。五是组织申报了省级绿色学校4所、绿色社区1个，共评定出市级绿色学校21所，绿色社区4个。

【环境监察】 2012年，共出动环境执法人员2299人次，开展环境现场监察，其中，污染防治设施现场检查1882人次，建设项目现场监督检查194人次，限期治理项目现场监理96人次，生态环境等监察127人次。全面开展环保专项行动，以有色金属矿采选、冶炼为重点的重金属排放企业的排查整治，联合相关部门，出动562人次。危险废物产生利用处置企业大排查，结合环境安全百日大检查活动，出动178人次，对辖区内涉及危险化学品的34家企业进行全面排查。市、区环保部门开通"12369"、"96128"举报热线，24小时有专人接听。2012年全市共接到群众投诉670件，妥善处理回复666件，结案率为99.4%，群众满意率达100%。开展核技术利用，辐射安全综合检查。共出动580人次重点对152家核技术应用单位进行现场检查，填表152份。2012年全市共征收排污费891.4万元，完成省级下达排污费任务的148.62%，对12家企业环境违法行为进行处罚，罚款金额累计44.94万元。

【环境监测】 2012年，共获得有效数据2196个，并在普洱电视台、普洱日报等媒体发布环境空气质量日报；在梅子湖水库、市粮食局和环境监测站3个地点设置硫酸盐化速率及

降尘监测点位，全年获得有效数据72个。全年报出地表水六期、饮用水十二期监测报表，获得监测数据6936个。在市政府和环境监测站设置2个降水酸度监测点位，对pH值、电导率、氟离子、氯离子、硝酸盐和硫酸盐等6个项目进行了监测，共获得有效数据1008个。组织编制了《西盟县环境质量年报》、《镇沅县环境质量年报》及2011年《普洱市环境质量报告书》等专题报告。全年环境质量监测共获得成果数据13629个。开展市域内新（改）（扩）建设项目的环境影响评价咨询工作。2012年共承接轻工类、社会区域类、房地产类和农林水利类项目总计60个，编制完成环境影响评价报告，并得到各级环保部门的批复。市环境监测站整体搬迁进展顺利。市财政共安排资金850万元，业务办公楼的主体工程已完成封顶。宁洱县环境监测监察执法业务用房建成投入使用，澜沧县主体工程已基本完工，江城县、西盟县已开工建设。

2013年灾情及抗灾救灾

【综　述】 2013年，普洱市因自然灾害共有10个县（区）、103乡（镇）、782个村民委员会、5677个村民小组、149.05万人受灾，其中：因灾死亡4人，紧急转移安置2367人，饮水困难30.29万人，需过渡性救助人口8.66万人；饮水困难大牲畜13.36万头，大牲畜因灾死亡551头，因灾死亡羊539只；农作物受灾20.13万公顷，成灾7.72万公顷，绝收1.39万公顷；因灾造成民房倒塌57户285间，严重受损1388户4607间，一般受损7042户30022间。灾害造成的直接经济损失151983.68万元，其中农业经济损失123515.26万元。

【干　旱】 据气象部门观测统计分析，2012年11月至2013年3月5日全市平均降水量为88毫米，较历年同期偏少32毫米，较去年同期偏少18%；2012年12月全市10县（区）县城气象观测站月平均降水量仅为3.1毫米，分别较历年和去年同期偏少87%和84%；2013年1月全市平均降水量为19毫米，较去年同期偏少24%；2月全市平均降水量为6毫米，较历年同期偏少14%；均为降水量特少年景。2月初，全市大部出现不同程度的气象干旱，其中景东、镇沅、景谷、宁洱、墨江和澜沧气象干旱严重，已达重旱到特旱标准，思茅、西盟和孟连为气象中旱标准。至5月底，旱灾致使普洱市10县（区）103乡（镇）782村5677村民小组57.28万人因干旱受灾，饮水困难30.36万人，饮水困难大牲畜13.36万头，受灾面积3.71万公顷，成灾面积1.78万公顷，顷绝收面积0.1969万公顷，河道断流2条，旱灾新增需救助人口19.89万人，旱灾造成直接经济损失34356.57万元。

2013年，普洱市投入抗旱人数共计37.41万人，投入抗旱资金共计4076万元，其中中央资金856万元，地方财政1077万元，群众自筹2063万元，抗旱浇灌面积0.63万公顷，临时解决27.78万人、10.56万头大牲畜饮水问题。挽回经济损失1.55亿元，其中：挽回粮食总量1.37万吨、1.02亿元，挽回经济作物0.53亿元。

【地震灾害】 2013年，普洱市地震灾害接连发生，普洱市进入新一轮地震活跃期。2月20日墨江县发生4.8级地震、3月19日宁洱县发生4.2级地震、10月15日墨江县发生4.2级地震、10月30日景谷县发生4.0级地震。4次地震共造成7.01万人受灾，紧急转移1077人，倒损民房4423户24650间，其中：倒塌13户69间，严重损坏580户，1926间，一般损坏3830户22655间，直接经济损失10779.22万元。普洱市地处欧亚板块和印度洋板块中的怒江—澜沧江断裂带、阿墨江断裂带、把边江断裂带、无量山断裂带等多个地震断裂带，在不到一年的时间内普洱市连续发生4级以上的地震，数次地震灾害的波及和影响，加之震区一带山高坡陡，沟壑纵横，地质条件复杂而脆弱，使得震中及周边地区地表出现众多裂痕，加剧了地震破坏程度，呈现灾害叠加效应。

【洪涝灾害】 2013年，普洱市有74个乡（镇）、12.5万人遭受洪涝灾害，无人员伤亡，倒塌房屋39间，紧急转移人口238人，农作物受灾面积6.6182千公顷、成灾面积4.00266千公顷、绝收面积0.73663千公顷，死亡大牲畜20头，水产养殖损失26公顷，工业交通运输业工矿企业停产1个，公路中断197条次，供电中断11条次，通讯中断6条次，水利基础设施堤防决口20处，损坏护岸12处，损坏水利灌溉设施663处。灾害造成直接经济损失1.15亿元，其中：农林牧经济损失0.49亿元、工业交通经济损失0.17亿元、水利设施经济损失0.3亿元、其它经济损失0.2亿元。

2013年普洱市共投入抗洪抢险人数4386人次，投入动力113台班，投入编织袋0.4万条，沙石料0.04万立方米，抗灾用油23.8吨，物资消耗折款80.04万元，减淹面积0.09万亩，减少受灾人口1131人。

【风雹灾害】 2013年，普洱市出现的局地大风、冰雹、雷电灾害共造成9.69万人受灾，死亡1人，伤1人，一般损坏房屋3927间，严重受损1304间，倒塌47间；农作物受灾6.2千公顷，成灾2.98千公顷，绝收1.33千公顷。灾害共造成直接经济损失9098.75万元，其中农业经济损失6431.38万元。全年风雹灾害造成经济损失最大的是墨江、江城和镇沅，分别造成直接经济损失3495.07万元、1563.73万元和1062万元，其中农业经济损失分别为2712万元、1404.49万元和982.28万元。

【地质灾害】 2013年，普洱市共发生地质灾害隐患119处，新增105处。地质灾害103起，其中滑坡83起、崩塌17起、泥石流2起，其他地质灾害1起。受普洱特殊的地质地貌及汛期降水集中的影响，6月中旬至10月下旬，全市各县（区）多处发生泥石流、滑坡灾害，1.90万元人受灾，8人受伤，135人紧急转移安置，585人饮水困难，0.23千公顷农作物受灾，0.14千公顷农作物成灾，0.05千公顷农作物绝收，8头大牲畜死亡，倒塌损坏房屋2395间，其中：118户683间民房倒塌，造成直接经济损失1103.99万元，其中：农业直接经济损失335.85万元。

普洱市国土资源局对各县（区）出现地质灾害险情，及时组织专家实施应急调查处置21次。针对普洱市地质灾害实际情况，出资90万元，安排云南省二勘院对墨江、镇沅、宁洱、景东、江城和景谷县30个重要地质灾害隐患点进行典型性调查，进一步明确灾种、级别、危险程度，排出治理或搬迁顺序，逐年依次治理或搬迁。此次典型性调查，确定特大型3处，大型6处，中型21处。在全市2536个灾害隐患点落实监测人员5072人，掌握灾害点的动态变化情况。

2013年，省级核定普洱市地质灾害防治专项资金规模为5654万元，省级实际补助资金6298万元，市级自筹配套500万元，县（区）配套资金430.1万元；中央专项防治资金4022万元。至年末普洱市分解下达了省级财政地质灾害配套资金6298万元，实施治理项目28个，投资3439万元；实施避险搬迁项目17个，投资1492万元；实施零星避险搬迁300户，投资600万元。中央财政特大型地质灾害治理项目4个，下达治理专项资金4022元（景东林街乡政府滑坡治理798万元、镇沅恩乐镇滑坡治理1308万元、墨江新抚镇政府驻地滑坡治理605万元、江城县城区西侧滑坡治理1311万元）。全市实施避险搬迁项目17个，其中：墨江县4个（138户581人），宁洱县2个（44户154人），澜沧县1个（98户397人），镇沅县5个（100户），景东县1个（200户821人），孟连县1个（29户123人），江城县2个（208户），西盟县1个（80户298人），投资1492万元；实施零星避险搬迁300户，投资600万元。实施省级财政拨款治理项目28个（墨江5个，澜沧县5个，镇沅县4个，景谷县1个，景东县8个，江城县1个，西盟县4个），投资3439万元。

【雪灾和低温冷冻灾害】 12月15日，受东移南支槽和强冷空气的共同影响，普洱市出现强降温、降水天气过程，高海拔地区降雪或雨夹雪，气温下降幅度达10～16℃。全市出现大暴雨1站次，暴雨共计10站次，大雨共计53站；降雪主要集中在墨江、澜沧、宁洱、景东、镇沅、景谷北部，其中澜沧县富东乡平均雪深约15厘米，最深20厘米。17～18日，全市118个气象测站中最低气温为－4.0℃，其中低于0℃的有66站、0～1℃的有71站、1～5℃的有86站。景东、镇沅、澜沧、墨江的大部分乡镇最低气温低于0℃，墨江县团田最低气温仅为－4.0℃，为全市所有测站中气温最低值；全市大部地区最低气温低于4℃，遭遇历史罕见的雨、雪、低温冷冻的多重侵袭。剧烈的降温、降雪和低温冷冻造成全市农作物大面积受灾，蔬菜、玉米、小麦、米荞、豆类等冬季作物，咖啡、橡胶、茶叶、甘蔗、核桃、草果、八角等经济林果严重受损。灾害造成普洱市87乡（镇）、531个村民委员会、4816个村民小组、63.98万人受灾，大牲畜因灾死亡543头，因灾死亡羊只532只；农作物受灾29.17万公顷，成灾8.89万公顷，绝收1.63万公顷，因灾造成民房严重损坏10户10间，民房一般受损116户859间；造成直接经济损失83964.46万元，其中农业经济损失80886.65万元。

面对突如其来的雪灾和低温冷冻灾害，普洱市委、市政府下拨应急资金200万元，市、县民政部门积极向灾区调运5680床棉被、3545套衣服、458件棉大衣；县（区）政府投入356.6万元用于紧急救助灾民。各级、各部门迅速行动，民政部门向粮食部门采购、赊销救济口粮485吨，紧急调运、采购衣棉、鞋、袜、手套等御寒物资，优先发放五保户、特困低保户和困难乡村中小学生，积极有效地开展减灾救灾工作。

【森林火灾】 2013年，普洱市共发生森林火灾次数60起，其中一般森林火灾13起，较大森林火灾47起，无重大、特别重大森林火灾发生；森林火灾火场总面积为1718.151公顷，受害森林面积为562.028公顷。

【林业有害生物】 2013年，普洱市林业有害生物成灾面积5.02万公顷，成灾率1.79%。松毛虫、小蠹虫仍然是主要的森林病虫害。实施林业有害生物防治面积4.39万公顷，防治率为87.37%，投入防治经费765.347万元。

【农业病虫害】 2013年，普洱市各种作物病虫草鼠害合计发生109.12万公顷，较2012年略偏多，年防治135.99万公顷，较2012年偏多。完成专业化统防统治56.93万公顷，完成绿色防控12.77万公顷。挽回粮食损失19.77万吨，挽回经济作物损失11.75万吨，实际损失为4.01万吨，危害损失率为3.47%。

【农村危房改造及地震安居工程】 2013年，普洱市住房和城乡建设局认真抓好农村危房改造及地震安居工程各项工作的落实，完成省下达普洱市20050户农村危房改造任务。全年共实施完成了32460户农村危房改造及地震安居工程（拆除重建28842户，修缮加固3618户），完成投资18亿元。其中：完成2011年项目1124户（拆除重建974户，修缮加固150户）；完成2012年项目27976户（拆除重建24730户，修缮加固3246户）；完成2013年项目3360户（拆除重建3138户，修缮加固222户）。

【灾民生活救助】 2013年，普洱市共支出灾民生活救助救助资金4162.01万元，救助灾民36.6万人次。其中：安排口粮救济款1823.67万元，购买救济粮8655吨，20.48万人得到了口粮救济；安排衣被救济款498.46万元，发放衣被6.6万件（床），7.13万人得到了衣被救济；安排饮水救助资金236.61万元，6.21万人得到饮水救助；安排恢复重建资金797.17万元，已恢复重建民房446户，1613间，已修复民房2773户，7987间；安排其他救助资金806.1万元，1.33万人得到了救助，灾区群众的生产和生活困难得到了基本的保障。

【救灾捐赠】 4月20日，四川省雅安市芦山县发生7.0级地震，普洱市红十字会迅速行动，第一时间发出募捐倡议，积极开展募捐活动，以实际行动支持灾区抗震救灾。共募集到爱心善款139.3675万元，并通过省红会将善款统一汇往灾区，支持灾区人民抗震救灾、恢复重建。

【防灾减灾工作】 2013年，普洱市各涉灾部门相互建立会商、联动合作机制。市气象局在重大节假日会商气象趋势，市民政局分别与市气象局、武警普洱边防支队建立了防灾减

灾工作合作备忘录和自然灾害应急救援联动保障合作协议；市国土资源局与市气象局签订地质灾害气象预警服务协议，每天通过手机等通讯渠道，向市、县（区）、乡（镇）相关工作人员以及隐患点监测人员发布气象预警信息。市地震局建立了震情发布机制，震后10分钟向各级领导和各相关部门发布震情信息。

2013年，普洱市在全国“防灾减灾日”期间共开展地震、火灾消防、泥石流滑坡、公共卫生安全、矿难安监等各种类型、各种规模、各种级别的应急演练358次。全市10县（区）共向过往的群众发放了防灾减灾环保袋4200余个、《防震避震和地震应急自救互救知识》7300本、《防震避震常识》11800本、各类防灾减灾法律法规读本14000余本、各类防灾减灾宣传单58000多份、《消防安全常识》6200份，在宣传现场循环播放《应对地震灾害》多次，展出防灾减灾知识展板280块，各种专题讲座163讲，热情接受群众咨询5万余人次。

2013年，推荐景东县民族小学和江城县整董中学申报“云南省防震减灾科普示范学校”的评选。与市教育局联合对2013年上报的12所中小学校进行了评审认定，授予思茅区六顺乡中学等12所学校“普洱市防震减灾科普示范学校”的称号。推荐思茅区南屏镇兰花社区和宁洱县宁洱镇东城社区参加云南省级地震安全示范社区的评定。思茅区南屏镇兰花社区获得国家地震安全示范社区的称号。

2013年，普洱市从中央自然灾害补助资金中安排100万元采购救灾衣服和棉被。年末全市共储备救灾物资大米334吨、棉被19640床、帐篷4940顶、大衣8410件、衣服9969套、彩条布2497卷、折叠床2497张、床垫2500张、应急灯1126个、石棉瓦2000片（含代省级储备物资）。其中市救灾物资储备库储备帐篷2105顶、彩布条495包、棉被5800床（其中：省级4100床、市级1600床）、棉大衣2962件、睡袋199条、折叠床5003床、救灾服4055套、迷彩服2137套（市级）、雨衣500件、棉垫2600床，其他捐赠衣物1271箱等16种救灾物资。

【防灾减灾体系】 2013年，普洱市建设高原特色农业防灾减灾观测站网。整合各类资源，建成景迈古茶园生态气候观测站、景东徐家坝和无量山高山自动气象观测站、宁洱夏玉米农田气候观测站，为开展高原特色农业科研和服务打下基础。高标准完成重点业务项目：山洪非工程项目。2013年山洪非工程项目气象建设资金按总项目10%落实到位，全市7个县（区）32个6要素自动站、14个乡镇气象信息服务站、7个移动气象站全部按气象设备相关技术参数配置建设。圆满完成2012年第一批、第二批山洪地质灾害防治气象保障工程（下称山洪气象保障工程）共121个自动雨量站、1个市级数据接收站、9个县级数据接收站、5个县级预报业务平台和预报业务平面改造、4个国家级新型自动站建设，多部门共建完成境内高速公路8个交通自动气象站建设。2011年第一期、第二期山洪气象保障工程项目通过验收。全市通过山洪气象保障工程项目和山洪非工程项目共建设220个山洪气象灾害监测站点。精心组织完成宁洱、墨江“三农”专项任务。完成景东、镇沅和墨江暴雨洪涝灾害风险普查。积极推进暴雨诱发中小河流洪水、山洪地质灾害气象风险预警服务。

2013年，普洱市及10个县（区）、42个乡（镇）政府出台气象灾害应急预案，市级和6个县政府出台气象灾害预警应急联席会议制度。市、县、乡（镇）政府出台38个文件加强气象灾害防御工作。全市挂牌成立了90个乡镇气象信息服务站，组建了由1083名基层村民组成的农村气象信息员队伍，建成了气象综合信息发布电子显示屏993块及518套气象灾害预警大喇叭。《普洱市雷电灾害防御管理办法》经市政府常务会审议通过。市政府在2014年预算中安排280万元资金建设气象防灾减灾指挥系统，安排10万元资金建设重大气象灾害预警信息移动手机用户全网发布系统。景东县政府安排专项经费建设熊洞山天气雷达站。在市县财政的支持下完成镇沅和平镇农村防雷工程建设。全市累计建成农村防雷塔595座。普洱市有3个县人民政府发文建设气象信息服务站，41个乡镇建起了气象信息服务站，建气象预警大喇叭66个、农村防雷塔531个、农村气象综合信息服务电子屏801块，有农村气象信息员1083名。

2013年，普洱市地震局审批了普洱一中、普洱市政务服务中心办公楼等9个项目的抗震设防要求审核意见。配合省地震局完成了“云南省地震安全工程——大震应对与处置能力强化建设国家川滇地震预报实验场重点监视防御区综合观测站建设项目”。普洱市地震监测仪器正常运行率达到99%，数传准确率达100%，信息网络保通率达到100%。2013年初完成了思茅、宁洱、景谷、江城、澜沧等12个强震动观测台防护网的更换和周边观测环境的整理。

2013年，普洱市有国家级森防标准站10个，有国家级中心测报点3个，省级监测点1个，市级测报点9个，县级预警中心1个，县级一般测报点126个。全市有专职测报人员45人，乡村兼职测报人员162人。定期发布病虫情预报，逐级上报各项统计表，县、市、省三级实现报表网络直报。普洱市已组建了集中食宿的地方专业扑火队48支955人；应急扑火队1289支19335人。市、县（区）、乡（镇）按市级50万元、县级30万元、重点乡镇5万元的要求做好防大火抗大灾的物资储备。

【灾害预警预报】 2013年，普洱市借助山洪地质灾害防治县级非工程项目和山洪灾害防治气象保障工程，共建设45个多要素自动气象监测站、181个两要素自动气象监测站。大范围灾害性天气监测率达到82.86%。全市通过农村气象综合信息系统发布气象信息32228条，通过特殊天气预警平台发布手机预警短信7137条，发布灾害性天气预警信号104次，其中暴雨预警信号78次、高温预警信号9次、雷电预警信号6次，干旱预警信号5次，大雾预警信号2次、寒潮预警信号7次，霜冻预警信号5次。

2013年，建设完成的水务系统山洪灾害防治县级非工程措施发挥了作用，成功预警411次、发布预警短信9106条、转移83人、避免43人人员伤亡，未因洪涝灾害出现人员死亡。

普洱市农业局设立了90个农作物病虫害监测点，建立了32个绿色防控示范区，并与全省各监测点实现信息互通，监测结果共享，农作物病虫害中长期预报准确率达到98%，重大病虫害的短期预报准确率达到100%。全市共开展重大病虫会商9次，发布病虫简报95期，其中电视预报28期，信息周报264期，手机短信12.14万条。

普洱市林业有害生物灾害预测预报2013年实施监测面积4265万亩，发布预报85次252份。

【人工影响天气】 2013年，全市开展人工增雨抗旱作业376点次，共发射炮弹1806枚，约38.8万公顷农田、经作和55万公顷林地受益。配合省人影中心在思茅实施飞机增雨作业18架次，增雨覆盖普洱、临沧、保山、大理、丽江、楚雄、红河、文山8个州市。墨江实施人工烤烟防雹作业90点次，防雹区域内无冰雹灾害发生。

【建筑工程抗震设防管理】 根据《普洱市建筑工程抗震设防专项审查实施办法》，做好建筑工程抗震设防专项审查工作，普洱市将其纳入建筑工程基本建设程序，在工程招标投标及施工许可证发放期间，对符合审查范围的建筑工程，都认真对抗震设防进行专项审查。在抗震设防专项审查中严格执行有关标准规范，对违反国家规范和强制性条文的建筑工程，审查中不予通过。每年在质量安全检查中，对专项审查的项目在施工阶段进行回访监督，通过回访监督使建筑工程审查意见得到了落实，建筑工程抗震设防有关规范得到了执行。2013年共计审查513项，建筑面积236.9万平方米。

【建筑抗震科技应用】 普洱市住房和城乡建设局高度重视地震防震减灾工作，切实做好抗震设防工作。减隔震技术在全市进入了推广应用阶段，使全市公共建筑物的抗震设防能力得到了全面提高。2013年采用隔震垫减隔震技术项目17项，共计77栋，建筑面积38.85万平方米。

【防灾减灾科研成果】 2013年，普洱市气象科研科普取得新成绩。组织申报科研项目8项，其中：中国局立项1项、市局立项6项，地方立项1项，获得支持资金12万元。有2个科研项目通过省局验收，1篇论文在核心期刊发表，4篇论文获省局2013年度气象科技论文奖。7篇论文分别获“三州市气象学术交流会”优秀论文二等奖（1篇）、三等奖（1篇）和优秀论文奖（5篇）。

2013年，普洱市地震局与国家地震局和武汉大学合作在大寨地震观测站建设了空间电离层监测项目。2013年按计划开展“中国地震局地震科技星火计划课题—大寨综合地球物理观测量的检验与评估”课题的研究工作。2013年配合中国地震局和云南省地震局有关单位完成了DRSW－I型地热水位综合观测仪、测氦仪及离子色谱仪的安装测试工作。

公安消防抢险救灾

【思茅区“1·21”交通事故救援】 1月21日18时许，思茅分局交警大队思江中队接110指挥中心指令称，在思江公路50千米路段处有一辆越野车驶出路面翻下箐沟，车上一名驾驶人伤势严重被困车内。接警后，思江中队全体民警、协警迅速驾车赶往现场进行救援。通过下场搜寻查找，民警在距路面垂直高度约为40米的地方找到坠落的车辆和受伤驾驶人，随后民警在陡坡上挖出一条简易，制作简易担架，在过往驾驶人的有力协助下，将被困驾驶人安全抬到了公路上，使伤员尽快送往医院得到及时救治。

【思茅区“1·23”交通事故救援】 1月23日10时25分，思茅区公安消防大队接到110指挥中心指令，磨思高速普洱收费站前2千米处，发生7车连环追尾事故，有3名人员被困，请消防大队立即前往处置。接到报警后，思茅区公安消防大队立即出动2车12人赶往现场处置。赶到现场，消防官兵利用液压破拆工具组、撬棍、顶杆等立即展开救援，经过30分钟救援，成功将3名被困群众救出。

【思茅区“1·31”油罐车泄漏事故救援】 1月31日7时14分，思茅区公安消防大队接110指挥中心指令，有一辆装满柴油的油罐车在思澜路30千米处侧翻，燃油发生泄漏。接警后，消防官兵立即赶赴现场进行救援。到达现场后，消防官兵立即设置水枪对罐体、油箱、轮胎进行冷却和稀释，降低油蒸汽浓度，利用泥土掩埋泄露的柴油，堵截顺着排水沟流下的柴油，并协助随后赶到的石油公司技术人员利用吊车将侧翻油罐车扶正和导罐，泄露事件得到成功处置。

【墨江县4.8级地震抗震救灾】 2月20日，墨江县发生4.8级地震，灾情发生后，普洱消防支队立即启动地震应急救援预案，立即调集墨江大队赶赴现场进行救援，墨江大队迅速出动1车6人，携带救援器材前往受灾最重的联珠镇曼嘎村曼处组进行救援。救援官兵到达现场后，救援队根据现场指挥部的统一部署，立即深入灾情最严重的曼处组执行搜救任务，经过全体救援官兵近两个小时的搜救，最终确定曼处组无人员被困。救援立即转战曼平村、曼嘎村展开搜救。面对震后危房随时有房屋倒塌、余震和高山落石的险情，冒着生命危险深入现场挨家挨户搜救群众。经过1天的昼夜奋战，救援官兵共疏散受灾群众283人，未发现人员被困，圆满完成此次搜救任务。2月21日早上，消防官兵协助工作人员搬运及分发救灾物资、搭建救灾帐篷。消防官兵先后在4个临时安置点搭建帐篷41顶，对10余处危房进行了拆除，及时排除了安全隐患。

【孟连县“2·16”山火救援】 2月16日15时许，孟连县孟勐公路61千米处县物资公司炸药储备仓库西侧山林因群众烧地时引燃杂草导致起火。接报后，孟连县公安局组织消防大队、娜允派出所和局机关民警60余人、车辆7辆赶赴现场开展扑救工作。参战民警和消防官兵会同娜允镇、林业局干部职工，采取手刨泥土覆盖、树枝扑打、砍火场周边灌木丛设置隔离带等方式，成功扑灭了火灾。

【孟连县“3·3”交通事故救援】 3月3日13时许，澜孟公路孟连县景信乡朗勒村路段发生一起道路交通事故，驾驶人胡为华驾驶云LQM788号轿车逆向行驶与对向停放的4辆普通二轮摩托及8名行人相撞，造成8人不同程度受伤，5车不同程度损坏的道路交通事故。事故发生后，孟连县公安局交警大队出动5名警力赶赴现场，协助县人民医院将受伤人员送往医院救治。

【宁洱县4.2级地震救援】 3月19日9时46分，宁洱县发生里氏4.2级地震，波及磨黑镇、同心乡、德化乡。至3月22日，4天内宁洱县连续发生6次有感地震，造成4万余人受灾，无人员伤亡。按照县委、县政府和市公安局的部署要求，宁洱县公安局立即启动破坏性地震应急预案，迅速组织警力投入抗震救灾工作，抽调各警种、各部门民警、消防官兵和协警人员组成抢险救援、应急处置、情报信息、治安巡逻、交通管制和消防安全等工作组，在县抗震救灾领导小组的统一组织领导下，全力开展抢险救援、信息收集和治安交通秩序维护等工作。并于3月22日、25日分别在宁洱县第一中学、磨黑中学开展了防震演练活动。

【景东县“4·14”重大交通事故救援】 4月14日19时40分，周忠明（男，持532724196703043333号“E”类驾驶证）驾驶云O8－27221号大中型拖拉机，行驶至景东县芹漫公路岔林街乡清河村核桃组便道K3＋500米处时车辆驶出路面，造成驾乘坐人员3死1伤，车辆损坏的重大道路交通事故。接到报警后，景东县公安局林街派出所、漫湾交警中队立即组织民警9人赶往现场进行救援处置，在做好现场保护的同时，积极配合卫生院医务人员抢救伤员、安抚死伤者家属等工作。

【普洱市“4·26”大火救援】 4月26日凌晨2时7分，思茅区五一路与物资巷街道交叉口一栋五层建筑发生火灾，火势迅速蔓延，严重威胁到周边商铺和居民安全。接警后，普洱市公安消防支队调集思茅区消防大队、特勤中队9车60人赶赴现场进行救援。在现场，消防官兵架设水枪阵地，从3个方向对火灾进行扑救，对卷帘门进行破拆，深入建筑物内搜救被困人员，搜索转移液化气罐，经过全体参战官兵的努力，大火被扑灭，转移液化气罐8个，营救被困人员7人，未造成人员伤亡。

【孟连县“10·4”火灾救援】 10月4日17时许，孟连县农贸市场内一个存放摩托车配件、润滑油、轮胎等易燃可燃物质的物资储存仓库发生火灾。接报后，孟连县公安局立即组织消防、娜允、局机关值班民警35人以及武警41师20名官兵赶赴现场救援、火场警戒。经过近4小时的紧张扑救，大火被完全扑灭，火灾过火面积为947平方米，烧毁了100余辆摩托车、2辆汽车和100余台电冰箱等物品，造成直接经济损失257万元。

【景东县雨雪霜冻救灾】 12月中下旬，景东县大朝山东镇遭受几十年不遇的雨、雪、霜、冰冻灾害，抗灾救灾任务极为繁重。12月21日，副县长、县公安局长许志刚带领纪检督察、警务保障室等14人，深入雨雪霜冻重灾区、县公安局挂钩扶贫点大朝山东镇黑蛇村、彭家村等乡村，仔细察看冬农作物受灾情况，看望慰问受灾群众和孤寡老人，与当地镇、村、组干部群众共同分析研究应对抗灾救灾工作措施，为两村提供1万元的救灾款，鼓励村民积极开展生产自救。

【澜沧县“12·16”雪灾救援】 12月16日，澜沧县辖区遭遇近二十年来的强降温降雪天气。澜沧县公安局木嘎边防派出所组织全体官兵投入到清冰雪行动之中，在坡路、弯路等险要路段设立明显警示标志，提醒过往车辆和行人注意安全，协调人员和车辆清运积雪，在结冰路段撒沙除险，确保群众能够安全出行。期间，共救助受困群众9人，被困车辆2台（次）。

【镇沅县“12·16”雪灾救援】 12月16日晨，因普降大雪，恩水线镇沅县和平辖区至新平路段道路湿滑，气温下降，导致有30多辆车无法通行，滞留旅客达100余人。接报后，镇沅县公安局者东交警中队、和平派出所立即组织警力前往下雪路段采取有效措施进行管控，在下雪路段两端布置警力和设置安全提示牌，根据路面积雪变化情况，适时采取交通管制措施，指挥、引导客运车辆及中型以上货车低速通过积雪路段，采取分段、单向通行的措施提升通行安全，并及时清理车道内较厚的积雪，保障道路通畅。期间，共投入警力35人次、警车9辆次，疏导、引导过境车辆371辆，疏散滞留旅客100余人，未发生一起道路交通事故，未造成车辆、旅客的长时间滞留。

环境污染防治

【环境影响评价】 2013年，市级共完成环境影响评价文件审批77个，其中报告书10个、报告表39个，登记表28个。配合省评估中心审查普洱市建设项目18个，配合省厅审批普洱市建设项目20个。批复试生产项目20，建设项目竣工环保验收项目16个，同意通过项目竣工环保验收的15个，限期整改项目1个。配合省厅完成2个项目竣工环境保护验收工作。开展全市2008年以来环评及“三同时”执行情况专项大检查和天然橡胶加工企业环保专项清查整治工作。制定并下发了《普洱市环保局重点企业和重点项目环评服务制度》和《关于建设项目环境影响评价文件内部审查审批程序暂行规定的通知》。组织开展《景东工业园区总体规划》和《江城工业园区总体规划》规划环评的审查工作。

【自然与生态保护】 全面开展生态市建设，编制完成《普洱市生态市建设规划》，并通过市人大常委会审议颁布实施。出台了《普洱市生态村建设管理办法（试行）》，并考核命名了67个市级生态村。加强生物多样性保护工作，编制完成

《云南省生物多样性保护战略行动计划普洱实施方案》，并经市人民政府批准实施。争取到省级生物多样性保护专项资金390万元，用于亚洲象、黑冠长臂猿保护等6个项目。推进农村环境综合整治工作。一是认真组织项目实施。完成了2012年普洱市中心城区水源地周边农村环境连片整治项目和孟连县娜允村、西盟县博航村和江城县曼滩村环境综合整治项目。二是积极争取项目。全市2013年共争取到6个农村环境综合整治项目，资金总额达765万元，其中：中央资金项目2个，资金为500万元；省级资金项目2个资金为115万元；省级切块资金项目2个，资金为150万元。三是积极开展农村环境连片综合整治项目储备工作。共编制了23个农村环境综合整治项目实施方案，涉及62个行政村，已有20个项目（55个行政村）实施方案通过省级专家审查。四是开展环境成效评估工作。对2011年度农村环境综合整治项目环境成效进行了现场考核评估，6个村庄村容整洁、污染防治设施运行良好，评估结果均为“优”。五是扎实开展农村环境保护培训工作。积极参加国家环保部和省环保厅组织的各项农村环保培训。举办全市农村环境综合整治工作培训班。

【污染减排】　2013年，根据市政府与省政府签订的《普洱市2013年度主要污染物总量减排目标责任书》要求，全市化学需氧量、氨氮、二氧化硫、氮氧化物总量比2012年分别减少1.54%、3.24%、6.21%、0.00%；完成省级重点减排项目共33个；截至2013年12月31日，省级重点减排项目33个、市级减排项目8个均已完成。11个污水处理厂项目均按管理减排相关要求运行正常；14个工程减排项目均已完成并投运；6个农业源减排项目已完成；2个机动车管理减排项目正常开展，机动车环保标志管理工作在规定时限内启动。

【污染防治】　一是加强环境监测管理工作，印发了《普洱市2013年普洱市环境监测工作实施方案》，对列入2013年度主要污染物总量减排监测体系建设工作考核名单的12家企业在线监控系统进行了自动监测数据有效性审核。加强环境监测站标准化建设工作，2013年，普洱市环境监测站、澜沧县环境监测顺利通过云南省环保厅的标准化验收。二是开展城市环境综合整治定量考核工作。普洱市2012年度城市环境综合整治定量考核工作已通过省级验收，排名全省第四。2012年公众对城市环境保护满意率81.6%，较上一年度提高9.91个百分点，在全省排名第三。三是排污许可证管理工作。对全市国控、省控、市级排污许可证持有单位开展排污许可证年检及换证工作。2013年共计完成12家省级年检企业、58家市级年检企业的排污许可证年检工作，新增核发6家企业的排污许可证。四是加强集中式饮用水源地保护，编制了市中心城区饮用水源地保护规划，开展了饮用水源地环境突发事件应急演练。组织开展全市12个县级及以上城市集中式饮用水水源地环境状况评估，评估结果显示满足集中式饮用水水源地水质要求。五是开展重金属污染防治工作。2013年全市共出动788人次，对辖区内34家涉重金属企业进行现场检查，对纳入全省重点监管企业的3家企业（云南澜沧铅矿铅冶炼厂、锌冶炼厂，澜沧县东朗乡双马铅锌采选厂），实施全程监管。六是开展强制性清洁生产审核，2013年将云南农垦集团孟连橡胶有限责任公司、云南农垦集团西盟橡胶有限责任公司、西盟昌裕糖业有限责任公司纳入第十批强制性清洁生产审核重点企业名单。对云南澜沧铅矿有限公司等4家通过省环保厅强制性清洁生产审核评估的企业进行了验收。

【环境宣传教育】　一是与主流媒体合作，利用报纸、电视、广播、杂志、互联网等多种载体开展环境教育宣传工作。在普洱市电视台、《普洱日报》、《普洱手机报》及思茅城区街道主要红绿灯显示屏、噪声监控宣示屏等媒体介质上刊登普洱主城区空气质量日报和环保宣传标语；二是在2013年10月15日《中国环境报》第七版整版刊登普洱市环保地方新闻。不断拓宽普洱市环保知名度。三是结合“6·5”世界环境日等宣传日开展形式多样，丰富多彩的环保法律法规、环保知识等宣传教育活动。四是指导普洱学院“绿色家园”协会在思茅区通商南路社区开展《小区有机垃圾变肥料》大学生社团环保项目实施。五是在党代会和“两会”期间，给每位党代表、人大代表和政协委员发放了《污染减排知识宣传手册》《生物多样性保护知识手册》及《生态普洱·我的家园》宣传册。六是组织申报了云南省第八批绿色学校第六批绿色社区及省级绿色创建优秀老师和先进个人、先进工作者。省级绿色学校4所：云南省普洱市思茅第一中学、普洱市墨江县通关镇小学、景谷县凤山镇中心学校、普洱市思茅镇幼儿园；省级绿色社区1家：普洱市景东县锦屏镇御笔社区。优秀教师4人，先进个人1人，先进工作者1人。

【环境监察】　2013年，全市全年共出动环境执法人员2706人次，对辖区内的排污企业进行监管。共对存在环境违法行为的9家企业进行处罚，罚款金额累计22.33万元。部门联动，全面开展环保专项行动，制定印发了《普洱市2013年整治违法排污企业保障群众健康环保专项行动工作方案》，联合查处群众反映强烈的大气污染和废水污染地下水的环境问题，全市共计出动执法人员1773人次，对辖区内637家企业进行了检查。深挖潜力，加大排污收费收缴力度，2013年，全市共征收排污费938.73万元，完成省厅下达的排污费征收任务144.42%。开展了重点县（区）的排污费征收管理情况、排污申报登记制度执行情况以及重点污染企业的排污费缴纳情况稽查工作。积极开展环境安全大检查，对金属非金属矿山尾矿库、危险化学品以及集中式饮用水水源地等领域环境进行了排查，制定下发了《普洱市“巩固成果、督促整改、消除隐患”辐射安全检查专项行动实施方案》，2013年，全市共计出动593人次，检查射线装置企业155家，共检查射线装置228台（套）。妥善处置，全力维护群众利益，全市多渠道开通投诉平台，畅通“12369”“96128”环保举报热线，24小时专人负责接听，2013年，全市共接到群众投诉775件，妥善处理回复765件，结案率为99%，群众满意率达100%。开展应急演练，有效应对突发环境事件。2013年3月，与普洱市公安消防支队召开应急联动联席会议，成立应急联动领导小组，签订了突发环境事件应急联动协议。普洱市环保局联合市政府应急办、市创卫办、市水务局等10部门40余人

在思茅区信房水库组织开展饮用水源地突发环境污染事件应急演练；2013 年 11 月，协同市公安消防支队、市医院、市气象局等部门开展油罐车交通事故应急演练。

【环境监测】 一是发挥监测职能，为环境管理、经济建设提供服务，全年环境质量监测数据共获得 12644 个。其中，空气环境质量有效数据 2190 个，水环境质量有效数据 6324 个，声环境质量有效数据 4130 个。全年完成 9 个国控企业每季度一次的污染源监测及比对监测，完成 16 个重点减排项目监测，75 家污染源监测。参加市、区各部门组织的环境污染事故应急演练 3 次，配合市、区（县）环境管理部门环境应急处理提供技术支持 4 次。二是积极开展环境咨询服务工作，完成建设项目“环评”本底监测、县城环境质量监测及其它委托服务性监测 80 家，完成建设项目环境保护竣工验收监测 41 家。完成糯扎渡电站库区水质富营养化专题监测。共承接轻工类、社会区域类、房地产类和农林水利类项目总计 53 个，并编制完成环境影响评价报告。组织编制了《宁洱县环境质量报告书》、《镇沅县环境质量报告书》及 2012 年《普洱市环境质量报告书》并上报。三是硬件能力建设情况，普洱市环境监测站于 2013 年 2 月组织完成三年一次的实验室资质认定。已得到省环保厅的同意通过的批复。稳步推进监测业务办公楼搬迁建设工作。截至 2013 年 12 月底，该工程已建成封顶，现已进入室内外装修阶段。

（李伊昆　毛卫栋　杨春勇　刘凌霞　阳　佳
王　飞　沐　凡　杨　伟　陈　卓）

西双版纳傣族自治州

概　况

西双版纳州地处云南西南边疆，东经 99°56′～101°50′，北纬 21°08′～22°36′，亚洲大陆向东南半岛过渡地带。地质上属澜沧江深断裂带，形成景洪断裂、勐海隆起、勐腊坳陷的地质特征。总体地貌呈马蹄形，有万亩以上坝子 23 个，北部、东北部有无量山、哀牢山，西南、东南临近孟加拉湾、北部湾，与缅甸、老挝山水相连，与泰国、越南相距较近。处腾冲—澜沧江地震带南段，地震活动较多，属构造地震。地貌类型可分为侵蚀堆积、构造侵蚀、构造溶蚀及冰川地貌四大类。年温差小、干湿两季分明、垂直变异与山地逆温并存；日照充足、年内分配较均匀，但地区分配相差较大。州境内太阳年总辐射值为 120～135 千卡/每平方厘米。冬季晴暖少寒冷，且普遍存在地形逆温，夏季丰雨不酷热；雨量充沛，降水较多。

2012 年灾情

【综　述】　2012 年，由于气候反常，西双版纳州持续高温少雨，部分乡镇出现了水库水位下降、水井干枯，造成部分村民饮水困难，农作物因缺水严重受损，辖区各县（市）、区均发生不同程度的干旱；进入汛期以来，全州辖区内普降大雨到暴雨，且持续时间长，导致洪涝、山体滑坡和泥石流等自然灾害发生频繁，特别是 7 月 26 日受第 8 号强热带风暴“韦森特”、8 月 18 日受第 13 号台风“启德”的影响，全州 31 个乡镇 1 个街道办、12 个农场均遭受不同程度的洪涝灾害，辖区内部分民房、道路、桥梁、水利等基础设施遭到严重破坏，大面积农作物被洪水淹没，给人民群众的生产生活带来较大的影响。2012 年全州共发生旱灾、风雹、洪涝、山体滑坡和泥石流等自然灾害 18 次。累计受灾人口 33.88 万人次，因灾死亡 2 人，紧急转移安置受灾群众 1365 人次，饮水困难人口 12 万人次，损坏房屋 3731 间，倒塌房屋 114 间，农作物累计受灾面积 59483 公顷（其中：成灾面积 40712 公顷、绝收面积 4608 公顷），部分交通、水利、电力等基础设施遭到严重损坏；造成直接经济损失 4.8 亿元，其中农业经济损失 2.8 亿元，基础设施损失 1.13 亿元，家庭财产损失 0.4 亿元，其他经济损失 0.47 亿元。

【旱　灾】　2～5 月，全州辖区内降雨偏少，气温持续偏高，大气干旱特征明显。景洪市、勐海县、勐腊县持续出现大面积旱情，共造成 19.8 万人受灾（其中：饮水困难人口 12 万人），饮水困难大牲畜 1.6 万头（只），农作物受灾面积 25508.17 公顷（其中：成灾面积 16250.17、绝收面积 2691.4 公顷）；造成直接经济损失 7625.24 万元，其中农业损失 7620.24 万元，家庭财产损失 5 万元。

【风雹灾害】　3 月 14 日，勐腊县辖区内突发大风天气、并降短时阵雨夹带冰雹，导致辖区内部分农作物、民房及公共设施遭受不同程度的风雹灾害。灾害共造成 1984 人受灾，农作物受灾面积 35 公顷（其中：绝收面积 25 公顷），损坏房屋 114 间；造成直接经济损失 524 万元，其中农业损失 516 万元，家庭财产损失 8 万元。

3 月 28 日，景洪市基诺乡、勐海县格朗和乡发生不同程度的风雹灾害，造成受灾人口 1564 人，农作物受灾面积 184 公顷（其中：成灾面积 184 公顷、绝收面积 29 公顷）；造成直接经济损失 835.79 万元，其中农业损失 835.79 万元。

5 月 1 日，景洪市街道办和勐养、基诺、景哈 3 个乡镇突发大风天气、并降阵雨夹带冰雹，造成辖区内农作物、民房及公共设施遭受不同程度的风雹灾害。共造成 3806 人受灾，损坏房屋 434 间，农作物受灾 129 公顷（其中：成灾面积 129 公顷、绝收面积 45 公顷）；造成直接经济损失 1145 万元，其中：农业损失 1075 万元、家庭财产损失 70 万元。

8 月 17 日，勐腊县象明乡曼庄、曼林、倚邦 3 个村委会遭大风袭击，持续时间较长，发生风雹灾害。道路旁大树被大风吹断导致交通中断，部分农作物、房屋受到损坏。造成受灾人口 1898 人，农作物受灾面积 92.4 公顷，损坏房屋 35 间；造成直接经济损失 205 万元，其中农业损失 200 万元，

家庭财产损失5万元。

9月5日，景洪市普文镇曼飞龙村委会遭大风袭击，发生风雹灾害。受灾人口769人，香蕉树被大风吹倒34375株，农作物受灾面积71公顷（其中：成灾面积25公顷）；造成直接经济损失742万元，其中农业损失742万元。

【洪涝灾害】 7月23日，由于连续几天的强降雨，造成景洪市普文、勐养、大渡岗、景哈、勐龙、嘎洒6个乡（镇）和勐养农场发生不同程度的洪涝灾害。受灾人口24894人，紧急转移安置308人，农作物受灾面积1534公顷（其中：成灾面积866.67公顷、绝收面积465公顷），损坏房屋350间；造成直接经济损失11357万元，其中农业损失2210万元，基础设施损失3080万元，家庭财产损失2836万元，其他经济损失3231万元。

7月25～28日，受第8号强热带风暴“韦森特”影响，景洪市、勐腊县、勐海县31个乡（镇）1个街道办、13个农场均遭受不同程度的洪涝灾害，辖区内部分民房、道路、基础设施遭到严重破坏。受灾人口76839人，因灾死亡1人，紧急转移安置1028人，农作物受灾面积28441.9公顷（其中：成灾面积22206.39公顷、绝收面积901.51公顷），因灾死亡大牲畜15头，损坏房屋943间，部分道路、桥梁、电力设施、水利设施遭到严重破坏；造成直接经济损失20825.79万元，其中：农业损失13079.48万元，工矿企业损失252万元，基础设施损失6816.07万元，家庭财产损失708.24万元。

8月18～20日，受台风“启德”的低压西移影响，西双版纳州辖区内普降大到暴雨，导致景洪市、勐海县、勐腊县部分乡镇遭受不同程度的洪涝灾害。受灾人口6085人，因灾死亡1人，紧急转移安置13人，农作物受灾面积1862公顷（其中：成灾面积773公顷、绝收面积243公顷），损坏房屋789间，倒塌房屋12间，死亡大牲畜4头；造成直接经济损失3744.3万元，其中农业损失2038万元，基础设施损失1212.3万元，家庭财产损失297万元。

8月24～27日，由于持续几天降雨，导致勐海县打洛、勐往、格朗和3个乡（镇）和黎明农场12个村委会54个村民小组受到不同程度的洪涝灾害。受灾人口10951人，水田、甘蔗、玉米、橡胶、云麻等农作物受灾面积385.87公顷（其中：成灾面积246.6公顷，绝收面积100.67公顷），损坏房屋51间，多处乡村道路及民房近处塌方，3座桥梁及桥墩冲毁，3条灌溉沟渠冲断；造成直接经济387.88万元，其中农业经济损失202.87万元，家庭财产损失28.21万元，基础设施损失156.8万元。

10月24～30日，景洪市勐罕镇，勐海县勐混镇、勐往乡发生洪涝灾害。受灾人口396人，农作物受灾面积27公顷（其中：成灾面积25公顷、绝收面积2公顷）；造成直接经济损失58万元，其中，农业损失58万元。

2013年灾情

【综　述】 2013年，全州年平均气温正常略高，年降雨量正常略多。年初1～2月气温偏高，尤其2月份月平均气温和平均最低温度创历史新高，辖区内呈现不同程度的旱情；3～5月大风天气为近5年来最多，风雹灾害发生频繁；进入汛期（5～10月）期间，景洪、勐腊雨量略多，勐海略少，汛期主要受两次台风低压影响，洪涝灾害较重，但比2012年稍轻，全州雨季于9月下旬结束，相比常年较早；12月中旬全州出现大暴雨天气，是当年最强的降雨过程，其中21日出现全州性大到暴雨天气过程，强降雨结束后又出现连续7天的低温天气。2013年全州辖区内共发生干旱、风雹、洪涝、低温冷冻等自然灾害37次，受灾人口24.86万人（饮水困难人口29813人），因灾死亡2人，因灾失踪1人，紧急转移安置26人，饮水困难大牲畜5764头，农作物受灾面积26655公顷（其中：成灾面积26.45万亩17633公顷、绝收面积2915公顷），倒塌房屋13间，损坏房屋4418间，部分道路、桥梁、水利、电力等基础设施遭到严重破坏，造成直接经济损失4.26亿元。

【旱　灾】 3～5月，全州受气候影响，降雨量偏少，气温持续偏高，景洪市、勐海县、勐腊县20个乡镇发生不同程度的旱情。干旱共造成全州75044人受灾，饮水困难人口33069人，饮水困难大牲畜5979头，农作物受灾面积4315.79公顷（其中：成灾面积2980.22公顷、绝收面积238.7公顷）；造成直接经济损失4965.2万元，其中农业损失4300.2万元，其他经济损失665万元。

【风雹灾害】 2月3日，景洪市辖区突降冰雹，造成大渡岗乡2个村委会19个村民小组2848人发生不同程度的风雹灾害，损坏房屋134间，经济作物石斛和茶叶受灾比较严重，农作物受灾面积892公顷（其中：成灾面积769公顷，绝收569公顷），造成直接经济损失2861万元。

3月3日，勐腊县辖区突降暴雨伴随大风天气，造成象明乡、勐仑镇4个村委会11个村小组1093人遭受不同程度的风雹灾害，部分农作物、房屋、橡胶树受到一定损坏。农作物受灾面积68公顷（其中：成灾面积49公顷，绝收面积33公顷），损坏房屋385间，造成直接经济损失436万元，其中农业损失419万元，家庭财产损失17万元。

3月31日，勐腊县勐腊镇、关累镇、瑶区乡6个村委会24个村小组2862人遭受风雹灾害，房屋损坏831间，农作物受灾面积165公顷（其中：成灾面积129公顷，绝收面积102公顷）；造成直接经济损失1902万元，其中农业损失1782万元，家庭财产损失120万元。

4月12～15日，景洪市勐罕、勐养、勐龙、嘎洒、勐旺5个乡（镇）和勐腊县勐腊、勐仑、勐捧、关累、易武5个乡（镇）突刮大风并降冰雹，发生不同程度的风雹灾害。受灾人口3752人，因灾死亡1人，农作物受灾面积187公顷（其中：成灾面积176公顷，绝收面积45公顷），损坏房屋902间；造成直接经济损失1582万元，其中农业损失1196万元，家庭财产损失386万元。

4月25日，景洪市景哈乡、勐罕镇、普文镇辖区部分村寨遭受大风袭击，发生不同程度的风雹灾害。受灾人口1246人，农作物受灾面积612公顷，损坏房屋26间，造成直接经济损失329万元。

5月2日，景洪市基诺乡和勐海县勐海、打洛、勐往、勐混、格朗和、勐满、西定7个乡（镇）的部分村寨村民房屋、橡胶树、茶园、家庭设施等遭受大风、暴雨袭击，发生不同程度的风雹灾害。受灾人口7124人，因灾受伤4人（轻微伤）；农作物受灾面积62.29公顷（其中：成灾面积18.19公顷，绝收面积7.74公顷），房屋损坏1028间；造成直接经济损失1295.81万元，其中农业损失164.14万元，家庭财产损失50.27万元，基础设施损失1.4万元，其它经济损失1080万元。

5月5～8日，勐海县西定乡、勐阿镇发生风雹灾害。受灾人口860人，房屋损坏156间，农作物受灾面积53.8公顷（其中：成灾面积53公顷，绝收面积53.8公顷）；直接经济损失251万元，其中农业损失230万元，家庭财产损失4.04万元。

8月20～22日，受强降雨和大风影响，勐海县勐宋乡和勐腊县勐仑镇发生风雹灾害，部分橡胶树、香蕉树被大风吹断。受灾人口682人，农作物受灾面积82.83公顷（其中：成灾面积54.23公顷、绝收面积40.6公顷），房屋损坏129间；造成直接经济损失204.7万元，其中农业损失199.7万元，家庭财产损失5万元。

【洪涝灾害】 6月24日，进入汛期以来，由于持续降雨，局部地区降大雨，造成勐海县、勐腊县、磨憨经济开发区部分乡（镇）、村寨遭受不同程度的洪涝灾害。受灾人口2488人，农作物受灾面积213.5公顷（其中：成灾面积106公顷、绝收面积84公顷），损坏房屋103间；造成直接经济损失675.88万元，其中农业损失296万元，基础设施损失352.88，家庭财产损失27万元。

8月4日，受热带风暴影响，西双版纳州辖区普降大雨，局部地区降暴雨，由于降雨时间较长，导致景洪市街道办事处、大渡岗、嘎洒、勐养、普文、景讷、勐旺、基诺8个乡镇，勐海县勐阿、勐宋、勐往3个乡镇，勐腊县勐仑、关累、象明、易武4个乡镇均遭受不同程度的洪涝灾害。受灾人口21083人，紧急转移安置20人，农作物受灾面积1383.3公顷（其中：成灾面积686公顷、绝收面积388.5公顷），倒塌房屋10间，损坏房屋136间，公路出现多处山体滑坡。造成直接经济损失4865万元；其中：农业损失3065万元，基层设施损失1781万元，家庭财产损失19万元。

8月20日，景洪市大渡岗乡、勐养镇发生洪涝灾害。受灾人口1921人，农作物受灾面积79公顷（其中：成灾面积43公顷、绝收面积13公顷）；造成直接经济损失448万元，其中农业损失448万元。

8月25日，景洪市街道办、景哈乡、嘎洒镇，勐海县勐满、西定、打洛、勐宋、勐阿5乡（镇）遭受不同程度的洪涝灾害。受灾人口5338人，农作物受灾面积333.9公顷（其中：成灾面积234公顷、绝收面积57.9公顷），损坏房屋129间；造成直接经济损失1165.8万元，其中农业损失514.35万元，基础设施损失22.68万元，家庭财产损628.76万元。

8月26日，受热带低压“潭美”西移形成降雨量过大的影响，勐海县打洛镇、勐遮镇、格朗和乡发生洪涝灾害。受灾人口2655人，农作物受灾面积83.58公顷（其中：成灾面积67.1公顷、绝收面积16.41公顷），损坏房屋25间；造成直接经济损失182.28万元，其中农业损失114.97万元，家庭财产损失9.17万元，基础设施经济损失58.14万元。

9月9日，勐海县勐海镇、西定乡由于持续降大雨，发生洪涝灾害。受灾人口765人，农作物受灾面积130.6公顷（其中：成灾面积26.1公顷），损坏房屋4间；造成直接经济损失79万元，其中农业损失29万元，基础设施损失18万元、家庭财产损失32万元。

12月15日，西双版纳州辖区内普降中雨，局部地区降大雨且持续时间较长，导致景洪市嘎洒镇、勐龙镇，勐腊县勐伴、勐腊、勐捧、勐满、尚勇、瑶区8个乡（镇）32个村委会遭受不同程度的洪涝灾害。受灾人口46341人，因灾死亡1人、失踪1人，农作物受灾面积4465公顷（其中：成灾面积3489公顷、绝收面积1218公顷），损坏房屋59间，部分沟渠被洪水冲毁；造成直接经济8323.46万元，其中农业损失6386万元，基础设施损失1912.46万元，家庭财产损失25万元）。

【低温冷冻】 12月18日，西双版纳州受极端暴雨和西北气流的影响，出现自1999年以来12月最低气温（其中：景洪城区5.3℃、勐海城区0.1℃和勐腊城区5.7℃），高海拔地区降至0℃，全州最低气温出现在勐海县勐宋乡，为零下1.2℃。低温天气导致景洪市、勐海县、勐腊县发生不同程度的低温冷冻灾害，受灾人口67936人，农作物受灾面积13295公顷（其中：成灾面积6141公顷、绝收面积40公顷），因灾死亡大牲畜47头；造成直接经济损失1.27亿元，其中农业损失1.10亿元，家庭财产损失0.17亿元。

抗灾救灾

【2012年】 一是严格执行灾情报送制度，确保抗灾救灾工作取得实效。灾情发生后，西双版纳州各级党委、政府高度重视，及时组织开展抗灾救灾工作。作为抗灾救灾综合协调部门，民政部门主动与防汛抗旱、农业、气象等部门沟通协调，全力做好抗灾救灾和灾情统计上报等工作。健全完善救灾工作分级负责，救灾经费分级负担，救灾应急警地联动，恢复重建多方参与的工作机制，形成了灾后第一时间启动预案、第一时间出动救援力量、第一时间核实上报灾情、第一时间救治伤员、第一时间救助受灾群众、第一时间转移安置

受灾群众的“六个第一”工作格局。把确保灾民基本生活作为抗灾救灾工作的第一要务，积极行动，全面投入到抗灾救灾工作中，灾区群众生产生活得到及时恢复，社会秩序安定。二是做好救灾物资储备工作。按照《云南省救灾物资管理办法》，对救灾物资发放进行严格登记管理，对各县（市）储存的省级救灾物资进行监管，定期和不定期跟踪检查救灾物资的使用和管理情况，全面提高灾害应急的反应能力。三是加强救灾资金的管理和使用。严格按照《云南省救灾资金管理办法》、云南省财政厅、云南省民政厅《自然灾害生活救助资金管理暂行办法文件的通知》及《关于印发云南省自然灾害生活救助资金管理实施的通知》对救灾专项资金的管理使用做到程序规范，手续完备。在救灾款的发放中，始终坚持“户报、村评、乡审、县定”和“以户计灾，以户救灾，民主公开”的原则。不论是发放现金还是实物，都将数额公开。同时，登记造册、张榜公布、公开发放、接受社会监督。2012年全州共安排各项救灾资金1226.8万元（其中：中央资金800万元，州级资金126.8万元，县、市级资金300万元），发放粮食143.5吨、口粮救助9580人次，发放棉被3301床、毛毯84床、衣服8160件，衣被救助10180人次，发放帐篷19顶，修复损坏房屋3044间，有效保障了灾区群众的衣、食、住、行、医等基本生活困难。

【2013年】　一是抗灾救灾工作不断取得实效。面对各种自然灾害频繁发生，西双版纳州各级党委、政府领导高度重视，在灾情发生后，各级民政部门工作人员及时赶到受灾点，查看、统计核实灾情，并组织灾区群众抗灾救灾、生产自救。对因灾不幸遇难者家属进行了安抚慰问，对损坏的房屋进行及时修复，抢修因洪灾毁坏的道路、水利等基础设施，抢收部分受灾农作物，最大限度降低灾害损失。针对出现的旱情，全州各级民政部门积极行动，派出工作组分赴旱情比较严重的地方，认真调查核实灾区群众缺粮缺水情况，确保一户不漏、一人不掉，千方百计保障灾区群众有饭吃、有水喝。抗旱救灾期间，全州共投入抗旱救灾应急资金140余万元，灾区群众的基本生活得到了有效保障。二是严格救灾资金和救灾物资管理使用。2013年全州共收到救灾资金1330.649万元（其中：中央资金1200万元、省级资金60万元、四川芦山捐赠资金70.649万元）。州民政局严格按照救灾资金管理规定及时足额将资金下拨到各县（市）、乡（镇），发放到灾区困难群众手中。全州各级民政部门共购买粮食923吨，发放923吨，救助人数30660人次，发放衣物2000余件、棉被6000床，食用油650斤，救助受灾困难群众39976人次，修复损坏房屋4418间。根据省民政厅转发民政部关于《高效有序做好支援四川芦山地震灾区抗震救灾工作文件的通知》精神，全州各级民政部门向社会发出倡议，弘扬“一方有难、八方支援”的精神，积极向四川芦山地震开展捐款活动，全州共收到向四川芦山地震捐赠款70.649万元，接收到的捐赠款按照文件通知要求，做到严格登记、账目清楚、手续合法完备，实行专户管理，及时统一汇缴到云南省民政厅。三是加强开展防灾备灾工作。州民政局严格按照“防大灾、备大灾、救大灾”的要求，提前谋划，周密部署，有序推进，认真做好自然灾害应急救助准备工作，确保救灾应急期间各项需求。全州已组织开展州级和县（市）级救灾储备物资全面清理工作，2013年州民政局购买救灾物资71.5万元，主要有棉被、毛毯、帐篷等，以确保救灾应急期间的物资需求，保证救灾工作的顺利开展。

大事记

2012年6月7日，在省民政厅统一安排下，救灾专用车已发放到全州31个乡镇和1个街道办事处，此项工作顺利完成。

2012年11月23日，西双版纳州民政局与西双版纳州公安边防支队、云南省公安边防总队水上支队、磨憨边防检查站、景洪港边防检查站、西双版纳边防检查站、打洛边防检查站分别签订了《西双版纳州自然灾害应急救援联动保障合作协议》（西民政发〔2012〕29号）。

2013年6月26日，西双版纳州民政局与西双版纳州气象局正式签订《关于加强防灾减灾工作合作备忘录》（西民政发〔2013〕20号）。

2013年修订出台《西双版纳州自然灾害救助应急预案》（西政办发〔2013〕80号）。

（刘云坤　贾　红　王志全　左　彬）

大理白族自治州

概　　况

【地理区划】　大理白族自治州地处云南省中部偏西，地理坐标为东经98°52′~101°03′，北纬24°41′~26°42′；辖1市11县（大理市、漾濞县、云龙县、永平县、洱源县、剑川县、鹤庆县、弥渡县、祥云县、宾川县、巍山县、南涧县），共110个乡（镇），总面积29459平方千米。

大理州地处横断山脉西南端，大部分为纵谷区。由于受低纬度高海拔地理条件的综合影响，形成了低纬高原季风气候特点。全州由于地形地貌复杂、海拔高差悬殊，立体气候明显。受这种特殊地形、地理和气候环境的影响，自然灾害呈现灾种多、分布广、频率高、强度大、灾情重和多灾并发及交替叠加等特点，是云南省多灾和重灾地区之一。

【2012年气候特征】　2012年，大理州雨量明显偏少，气温偏高，日照时数偏多，雨季开始期正常，雨季结束期偏早。年内出现了严重的冬、春、初夏连旱。各县市降雨量为425~863毫米，较历年偏少122~399毫米，偏少幅度为16%~40%，其中鹤庆县降雨量为598毫米，为鹤庆县有气象记录以来的最少值，巍山降雨量为540毫米，是巍山县仅次于1960年的次少值。春季和初夏雨量偏少到特少，春旱和初夏旱严重，使作物产量的形成及烤烟移栽受到较大影响。5月下旬末到6月上旬初全州进入雨季，汛期降雨量总体偏少，且分布不均。6月正常、7~10月偏少，9~10月偏少幅度大，出现明显秋旱，给全州库塘蓄水带来严重影响。汛期降水多以对流性降水为主，局地洪涝、滑坡、泥石流灾害较常年偏重发生。全州年平均气温为16.4℃，较常年偏高0.6℃，为1962年以来的第3高温年份。各县市年平均气温为13.1~19.7℃，其中宾川创历史最高值，祥云、大理与历史最高值持平。全州年平均日照时数2534小时，较常年偏多202小时。年内主要气象灾害是干旱、滑坡、泥石流、洪涝、大风、冰雹、雷电等，其中干旱最为严重。总体而言，2012年降雨量偏少明显，干旱严重，热量条件好，无明显低温冷害天气，对工农业生产属于中等气候年景。

【2013年气候特征】　2013年，大理州降水量明显偏少，气温偏高，日照时数偏多，雨季开始期大部地区正常，雨季结束期偏早。全州年平均降水量为693毫米，较历年平均值偏少143毫米，偏少幅度为17%，是1962年以来的第9少雨年份。各县市降水量为440~896毫米，除剑川县较常年偏多28毫米，其余县市偏少72~306毫米。1~6月全州降水量持续偏少到特少，冬、春、初夏连旱严重。大部地区于5月下旬至6月上旬末进入雨季，于9月下旬~10月上旬雨季结束。汛期7月降水量略多，5~8月出现滑坡、泥石流、大风、冰雹、暴雨、洪涝、雷击等灾害。8~10月降水量略少到偏少，9月、10月阴雨日数多，9月上旬、10月上旬全州出现了2次连阴雨天气，汛期局地洪涝、滑坡、泥石流等灾害接近常年。11月全州无降水，12月降水量偏多。全州年平均气温为16.3℃，较常年偏高0.5℃，为1962年以来的第6高温年份。各县市年平均气温13.1~19.3℃，洱源县较常年偏低0.1℃，南涧县与常年持平，其余地区偏高0.3~1.2℃，祥云县与历史最高记录持平。年内无明显的“倒春寒”和“抽扬期低温”天气。12月15~16日全州出现强寒潮天气，大理、鹤庆、剑川、洱源、祥云5县市出现大到暴雪，其余7县出现中到大雨。17日、18日州内出现了重霜冻，其中，17日大理、祥云最低气温突破有气象记录以来的历史极低值。全州年平均日照时数2446小时，较常年偏多115小时。各县市年日照时数2126~2790小时，永平较常年偏少5%，宾川、巍山与常年持平，其余地区较常年偏多1%~23%。年内出现了干旱、雷电、滑坡、泥石流、大风、冰雹、连阴雨、雪灾、霜冻等气象灾害，其中干旱灾害最为严重。冬、春、初夏连旱严重，对小春作物生长和大春栽种有一定影响。大春作物生长期降水、热量条件好，无明显低温冷害天气，对作物生长有利。汛期降水偏少，对蓄水不利。9月、10月出现的阴雨寡照天气对中北部地区作物生长发育和秋收秋种有影响。12月中旬出现强寒潮、重霜冻天气，对农经作物影响较大。总体来说，2013年降雨量偏少，温度条件较好，对工农业生产属于中等气候年景。

灾　情

【2012年灾情综述】　2012年上半年，旱灾致使全州小春农作物遭受严重损失。进入7月以来全州部分县市普降大到暴雨，由于降雨量大、持续时间长，导致洱源、云龙、漾濞、鹤庆、大理等县市不同程度遭受洪涝、泥石流、风雹等灾害，致使农田、民房、公路、电力、水利设施受损，并造成较大经济损失。

据统计，灾害共造成178.7万人受灾，因灾死亡4人，民房倒塌106户944间，严重损坏1573间，一般损坏3261间，紧急转移安置1384人；农作物受灾面积86181公顷，成灾面积60072公顷，绝收面积30696公顷；因灾造成饮水困难人口50.19万人，饮水困难大牲畜24.5头（匹）；农田水利、公路、电站及电力等基础设施均不同程度受损。直接经济损失103524万元，其中农业经济损失58209万元，工矿企业损失4994万元，基础设施经济损失15371万元，公益设施损失1812万元，家庭财产经济损失23138万元。

【2013年灾情综述】　2013年，大理州遭受四年连旱、泥石流、风雹、洪涝、地震、雪灾等自然灾害。前期旱情严重，入汛后全州不同程度遭受洪涝、泥石流、滑坡、风雹等自然灾害，特别是洱源"3·03"、"4·17"和祥云"11·28"三次地震，灾区房屋大量倒损，给人民群众的生命财产造成重大损失。

据统计，2013年自然灾害共造成200.8万人受灾，因灾死亡9人，失踪7人，受伤96人，紧急转移安置27943人；民房倒塌908户5259间、严重损坏5984户34353间，一般损坏33044户141480间；农作物受灾面积183766公顷，成灾面积54493公顷，绝收19696公顷。水利、交通、通信、电站及电力等基础设施均不同程度受损。直接经济损失23.99亿元，其中农业经济损失10.5亿元，基础设施经济损失3.79亿元，公益设施损失0.44亿元，工矿企业损失0.61亿元，群众家庭财产经济损失8.65亿元。

面对严重的灾情，大理州积极采取应对措施，切实把抗灾保民生作为2012年和2013年的首要任务来抓。据统计，两年共投入救灾资金31155.843万元；发放救灾粮5390.67吨、食用油6962桶，救助灾民85.365万人；动用救灾帐篷4407顶，发放救灾棉被18077床、衣服14200套。妥善解决了受灾群众的基本生活问题。

【2012年小春旱灾】　2012年1~5月，全州各地累计降雨量为394~1036毫米，平均降雨量为619毫米，较常年同期偏少206毫米，偏少35%，仅次于1982、1988年有气象记录以来第3少年份，连续三年干旱，旱情叠加，损失严重，灾害给群众的生产生活带来了一定的困难。灾情较重的是：祥云、巍山、弥渡等县。全州受灾人口达74.4万人，因灾造成饮水困难448933人，饮水困难大牲畜244989头（匹）；农作物受灾面积70006公顷，成灾面积43074公顷，绝收面积9450公顷；因灾需救济达31.79万人。共造成直接经济损失40775万元，其中农业经济损失40065万元。

【2013年小春旱灾】　2013年上半年，大理州各地降雨量较往年明显偏少。河道断流36条，水库干涸33座。由于连续四年干旱，旱情叠加，损失严重，灾害给群众的生产生活带来了较大困难，大理州部分县市人畜饮水及水源点出水量锐减甚至枯竭，部分灾区群众供水保障难度加大，只能采取车拉、人背马驮解决，从灾情来看，较重的是：祥云、巍山、弥渡、南涧、永平等县。全州受灾人口125.355万人，因灾饮水困难532600人，饮水困难大牲畜457500头（匹）；农作物受灾面积79137公顷，成灾面积42867公顷，绝收面积17534公顷；因灾需救济达36.41万人。共造成直接经济损失69036万元，其中农业经济损失60087万元。

【漾濞县漾江镇风雹灾】　2012年5月30日，漾濞县漾江镇发生风雹灾害。受灾人口2826人；因灾一般损坏民房1674间；农作物受灾面积72公顷，成灾面积54公顷；共造成直接经济损失360万元，其中农业经济损失233万元。

【剑川县甸南镇风雹灾】　2012年7月9日，剑川县甸南镇发生风雹灾害。受灾人口2502人；农作物受灾面积333.55公顷，成灾面积224.01公顷，绝收面积0.54公顷；共造成直接经济损失187.25万元，其中：农业经济损失187.25万元。

【鹤庆县西邑镇风雹灾】　2012年7月30日，鹤庆县西邑镇发生风雹灾害。受灾人口1008人；农作物受灾面积125公顷，成灾面积125公顷，绝收面积80公顷；共造成直接经济损失95万元，其中农业经济损失95万元。

【宾川等3县7乡镇风雹灾】　2012年8月4~6日，宾川县、剑川县、鹤庆县3个县7个乡镇遭受风雹灾害。据统计：受灾人口达18058人，因灾伤病2人；农作物受灾面积738.54公顷，成灾面积305.8公顷，绝收面积71.34公顷；因灾死亡大牲畜3头（鹤庆县六合乡在树下躲雨的3头黄牛不幸被雷击死）；因灾一般损坏民房56间；因灾造成直接经济损失1059.25万元，其中农业经济损失1034.3万元。

【鹤庆县2乡镇风雹灾】　2012年8月8日，鹤庆县六合乡、松桂镇遭受风雹灾害。受灾人口1912人；农作物受灾面积102公顷，成灾面积54公顷，绝收面积16公顷；共造成直接经济损失113万元，其中农业经济损失113万元。

【云龙、巍山2县4乡镇风雹灾】　2012年8月13日，云龙县、巍山县遭受风雹灾害。受灾人口4397人，紧急转移安置33人；因灾一般损坏民房29间；农作物受灾面积525.2公顷，成灾面积297.4公顷，绝收面积67.8公顷；共造成直接经济损失857.91万元，其中农业经济损失841.91万元。

【云龙、宾川2县7乡镇风雹灾】 2012年8月20～21日，云龙县漕涧镇、白石镇、关坪乡、长新乡、检槽乡、民建乡，宾川县钟英乡遭受风雹灾害。受灾人口8231人，紧急转移安置12人；因灾一般损坏民房8间；农作物受灾面积1037.9公顷，成灾面积684.1公顷，绝收面积204公顷；共造成直接经济损失439.61万元，其中农业经济损失423.61万元。

【云龙县民建乡风雹灾】 2012年8月28日，云龙县民建乡遭受风雹灾害。受灾人口4200人，紧急转移安置31人；因灾一般损坏民房33间；农作物受灾面积213公顷，成灾面积191公顷，绝收面积22公顷；共造成直接经济损失185万元，其中农业经济损失180万元。

【剑川县象图乡风雹灾】 2012年9月5日，剑川县象图乡遭受风雹灾害。受灾人口898人；农作物受灾面积67公顷，成灾面积49公顷，绝收面积13公顷；共造成直接经济损失60万元，其中农业经济损失60万元。

【鹤庆县3乡镇风雹灾】 2012年9月24日，鹤庆县辛屯乡、草海镇、六合乡遭受风雹灾害。受灾人口8544人；农作物受灾面积379.6公顷，成灾面积125.37公顷；共造成直接经济损失116万元，其中农业经济损失116万元。

【鹤庆、剑川2县3乡镇风雹灾】 2013年6月17日下午16时20分左右，剑川县、鹤庆县境内发生单点暴雨夹冰雹极端恶劣天气，造成剑川县沙溪镇沙坪、甸头等6个行政村，鹤庆县六合乡南坡村、草海镇安乐村等3个乡镇8个行政村不同程度受灾，剑川县沙溪镇受灾较为严重。据统计，灾害造成12149人受灾；农作物受灾面积1132.7公顷，成灾面积563.6公顷，绝收面积207.2公顷；因灾一般损坏民房863间；造成直接经济损失1790.3万元，其中农业经济损失1622.7万元。

【宾川县3乡镇风雹灾】 2013年6月18～20日，宾川县力角镇、钟英乡、平川镇先后遭受风雹灾害。受灾人口18389人，因灾饮水困难2000人；农作物受灾面积942.12公顷，成灾面积554.1公顷，绝收面积215.2公顷；因灾严重损坏民房142间，一般损坏民房300间；共造成直接经济损失7762.2万元，其中农业经济损失6653.25万元。

【宾川县2乡镇风雹灾】 2013年7月27～28日，宾川县鸡足山镇、钟英乡先后遭受风雹灾害。受灾人口6166人；农作物受灾面积410.7公顷，成灾面积258.7公顷，绝收面积24.7公顷；共造成直接经济损失1079.26万元，其中农业经济损失1053.26万元。

【宾川县2乡镇风雹灾】 2013年8月1～2日，宾川县平川镇、力角镇先后遭受风雹灾害。受灾人口5920人；农作物受灾面积630.6公顷，成灾面积311.3公顷，绝收面积131.3公顷；共造成直接经济损失1799.34万元，其中农业经济损失1722.08万元。

【云龙等3县5乡镇风雹灾】 2013年8月15～18日，云龙县团结乡、关坪乡，鹤庆县辛屯镇、黄坪镇，宾川县钟英乡先后遭受风雹灾害。受灾人口8116人；农作物受灾面积790.6公顷，成灾面积392.7公顷，绝收面积84.4公顷；共造成直接经济损失1127.5万元，其中农业经济损失1127.5万元。

【洱源县三营镇风雹灾】 2013年8月28日，洱源县三营镇遭受风雹灾害。受灾人口2156人；农作物受灾面积152公顷，成灾面积96公顷，绝收面积21公顷；共造成直接经济损失360万元，其中农业经济损失325万元。

【鹤庆县六合乡风雹灾】 2013年9月11日，鹤庆县六合乡遭受风雹灾害。受灾人口1270人；农作物受灾面积89.6公顷，成灾面积69.6公顷，绝收面积36.3公顷；共造成直接经济损失102万元，其中农业经济损失102万元。

【鹤庆县3乡镇风雹灾】 2013年10月3日，鹤庆县金墩、六合、草海3乡镇遭受风雹灾害。受灾人口4543人；农作物受灾面积562公顷，成灾面积380公顷；共造成直接经济损失226万元，其中农业经济损失226万元。

【大理、鹤庆2县（市）洪涝灾】 2012年6月15日，大理市、鹤庆县遭受洪涝灾害。受灾人口5210人，紧急转移安置人口7人，饮水困难3180人；农作物受灾面积210公顷，成灾面积130公顷，因灾造成直接经济损失623.2万元，其中农业经济损失176万元。

【鹤庆等4县（市）12乡镇洪涝灾】 2012年7月30～31日，鹤庆县、巍山县、大理市、永平县发生洪涝灾害。据统计：受灾人口34446人，紧急转移安置人口6人，饮水困难1210人；农作物受灾面积2581.21公顷，成灾面积1772.1公顷，绝收面积390.1公顷；因灾倒塌民房6户12间；因灾造成直接经济损失1886.9万元，其中农业经济损失1869.9万元。

【洱源县右所镇洪涝灾】 2012年8月18日下午17时40分，洱源县右所镇突降单点暴雨，造成腊坪村委会新家村和海塘村发生洪涝灾害。受灾人口860人；农作物受灾面积12公顷，因灾一般损坏民房21间；因灾造成直接经济损失52万元，其中农业经济损失46万元。

【大理、鹤庆2县（市）乡镇洪涝灾】 2012年9月2～3日，大理市大理镇、鹤庆县六合乡遭受洪涝灾害。受灾人口1906人，紧急转移安置人口30人；农作物受灾面积208.5公顷，成灾面积127.4公顷；因灾死亡大牲畜5头；因灾造成直接经济损失229.11万元，其中农业经济损失136.11万元。

【宾川县3乡镇洪涝灾】 2013年5月22日，宾川县平川镇、钟英乡、拉乌乡发生洪涝灾害。受灾人口6120人，紧急转移安置4人；农作物受灾面积556.28公顷，成灾面积426.27公顷，绝收面积93公顷；因灾死亡羊4只；严重损坏民房60间，一般损坏民房180间；因灾造成直接经济损失2474.78万元，其中农业经济损失2086.91万元。

【洱源县西山乡洪涝灾】 2013年6月19日，洱源县西山乡发生洪涝灾害。受灾人口1140人；农作物受灾面积89.23公顷，成灾面积62.46公顷，绝收面积16.67公顷；因灾造成直接经济损失222.85万元，其中农业经济损失92.85万元。

【永平县3乡镇洪涝灾】 2013年7月14日，永平县北斗乡、杉阳镇、厂街乡发生洪涝灾害。受灾人口1895人；农作物受灾面积477.7公顷，成灾面积241.5公顷，绝收面积111.4公顷；因灾造成直接经济损失167万元，其中农业经济损失107万元。

【云龙县2乡镇洪涝灾】 2013年7月18日，云龙县漕涧镇、民建乡发生洪涝灾害。受灾人口13774人，紧急转移安置16人；农作物受灾面积431公顷，成灾面积392公顷，绝收面积39公顷；因灾严重损坏民房23间；因灾造成直接经济损失272万元，其中农业经济损失268万元。

【洱源县邓川镇洪涝灾】 2013年7月20日，洱源县邓川镇发生洪涝灾害。受灾人口4450人；农作物受灾面积62.47公顷，成灾面积32.67公顷，因灾一般损坏民房198间；因灾造成直接经济损失110万元，其中农业经济损失75万元。

【剑川、漾濞2县6乡镇洪涝灾】 2013年7月25～26日，剑川县、漾濞县发生洪涝灾害。受灾人口7333人；农作物受灾面积271.2公顷，成灾面积186.6公顷，绝收面积32.6公顷；因灾一般损坏民房36间；因灾造成直接经济损失686.44万元，其中农业经济损失608.44万元。

【南涧、剑川2县9乡镇洪涝灾】 2013年7月28日，南涧县、剑川县发生洪涝灾害。受灾人口59616人，紧急转移安置37人；农作物受灾面积1627.18公顷，成灾面积1055.12公顷，绝收面积102.5公顷；因灾倒塌民房3户17间，严重损坏民房39间，一般损坏民房58间；因灾造成直接经济损失1301.24万元，其中农业经济损失870.24万元。

【云龙县长新乡洪涝灾】 2013年7月31日下午16时至18时，云龙县长新乡与洱源县交界处发生单点暴雨，格登河水暴涨，导致长新乡新松村格登、奇场、杉树根三个村民小组遭受洪涝灾害。受灾人口256人，因灾死亡1人，紧急转移安置9人；农作物受灾面积22公顷，成灾面积16公顷，因灾倒塌民房3户18间；因灾造成直接经济损失95万元，其中农业经济损失16万元。

【云龙县关坪乡洪涝灾】 2013年8月8日，云龙县关坪乡发生洪涝灾害。受灾人口1675人，紧急转移安置20人；因灾饮水困难人口857人，饮水困难大牲畜788头（只）；农作物受灾面积57.8公顷，成灾面积40.7公顷，绝收面积31.2公顷，毁坏耕地面积2.6公顷；因灾一般损坏民房30间；因灾造成直接经济损失76.2万元，其中农业经济损失57.2万元。

【巍山等3县14乡镇洪涝灾】 2013年8月12日，巍山县南诏镇、庙街镇、大仓镇、永建镇、巍宝山乡、马鞍山乡、紫金乡、五印乡、牛街乡、青华乡，宾川县金牛镇、钟英乡、拉乌乡，洱源县乔后镇发生洪涝灾害。受灾人口7405人；因灾饮水困难人口155人；农作物受灾面积780.5公顷，成灾面积551.36公顷，绝收面积29公顷，毁坏耕地面积115公顷；因灾死亡羊4只；因灾一般损坏民房260间；因灾造成直接经济损失1466.75万元，其中农业经济损失1024.45万元。

【永平县厂街乡洪涝灾】 2013年8月15日，永平县厂街乡发生洪涝灾害。受灾人口1534人；农作物受灾面积94.74公顷，成灾面积77.46公顷，绝收面积21.59公顷；因灾造成直接经济损失131.4万元，其中农业经济损失124.6万元。

【巍山县9乡镇洪涝灾】 2013年8月23日，巍山县庙街镇、大仓镇、永建镇、巍宝山乡、马鞍山乡、紫金乡、五印乡、牛街乡、青华乡发生洪涝灾害。受灾人口15285人；农作物受灾面积1096公顷，成灾面积826公顷，绝收面积52公顷；因灾一般损坏民房30间；因灾造成直接经济损失880万元，其中农业经济损失865万元。

【云龙县4乡镇洪涝灾】 2013年9月6日，云龙县漕涧镇、功果桥镇、诺邓镇、宝丰乡发生洪涝灾害。受灾人口2127人，紧急转移安置98人；农作物受灾面积189.6公顷，成灾面积153.3公顷，绝收面积28.3公顷，因灾死亡羊70只；因灾一般损坏民房55间；因灾造成直接经济损失220.5万元，其中农业经济损失121.3万元。

【云龙县5乡镇洪涝灾】 2013年9月8日，云龙县诺邓镇、宝丰乡、白石镇、漕涧镇、团结乡发生洪涝灾害。受灾人口4675人，紧急转移安置112人；因灾饮水困难人口258人；农作物受灾面积749.8公顷，成灾面积425.6公顷，绝收面积227公顷，毁坏耕地面积47.7公顷；一般损坏民房114间；因灾造成直接经济损失815.69万元，其中农业经济损失422万元。

【漾濞县9乡镇洪涝灾】 2013年9月11日，漾濞县苍山西镇、平坡镇、漾江镇、富恒乡、太平乡、顺濞乡、龙潭乡、瓦厂乡、鸡街乡发生洪涝灾害。受灾人口3250人；农作物受灾面积410公顷，成灾面积305公顷，绝收面积19公顷；因灾一般损坏民房31间；因灾造成直接经济损失492万元，其中：农业经济损失352万元。

【云龙县检槽乡泥石流】 2012年5月30日，云龙县检槽乡突降暴雨，引发泥石流灾害。受灾人口450人；农作物受灾面积57公顷，成灾面积21公顷，绝收3公顷；因灾一般损坏民房12间；因灾造成直接经济损失70万元，其中农业经济损失60万元。

【漾濞县苍山西镇泥石流】 2012年6月30日，漾濞县苍山西镇发生泥石流灾害。受灾人口1132人；农作物受灾面积56公顷，成灾面积30公顷，因灾饮水困难200人；因灾一般损坏民房560间；因灾造成直接经济损失1592万元，其中农业经济损失900万元。

【漾濞县2乡镇泥石流】 2012年7月22日，漾濞县苍山西镇、漾江镇发生泥石流灾害。受灾人口863人；农作物受灾面积69公顷，成灾面积35公顷，因灾死亡羊3只；因灾一般损坏民房12间；因灾造成直接经济损失65.3万元，其中农业经济损失33.3万元。

【洱源县8乡镇泥石流】 2012年8月6日凌晨5时左右，洱源县凤羽、炼铁、乔后、茈碧湖、邓川、三营、牛街、西山8个乡镇突降暴雨，引发特大型山洪泥石流自然灾害，导致凤羽镇铁甲村、炼铁乡新庄村及县内其它地区部分村庄房屋倒塌致危、人员伤亡失踪、牲畜死亡、农作物受灾及交通、电力、通讯等基础设施不同程度受损。据统计，灾害造成受灾人口12760人，因灾死亡2人（泥石流掩埋），因灾伤病40人，紧急转移安置1200人；农作物受灾面积386公顷，成灾面积173公顷，绝收面积100公顷；因灾死亡大牲畜788头（匹）；因灾倒塌民房86户332间，严重损坏民房1520间，一般损坏民房259间；因灾造成直接经济损失28900万元，其中农业经济损失2000万元。

【云龙县检槽乡泥石流】 2012年8月21日，云龙县检槽乡发生泥石流灾害。灾害造成受灾人口625人，紧急转移安置10人；农作物受灾面积80公顷，成灾面积65公顷，绝收50公顷，毁坏耕地20公顷；因灾造成直接经济损失521万元，其中农业直接经济损失485万元。

【云龙县2乡镇泥石流】 2012年8月26日，云龙县苗尾乡、宝丰乡，发生泥石流灾害。因灾造成受灾人口879人，因灾伤病1人，紧急转移安置29人，因灾饮水困难人口429人；农作物受灾面积44公顷，成灾面积30公顷，绝收14公顷；因灾死亡大牲畜50头（匹），因灾饮水困难大牲畜330头（匹）；严重损坏民房24间；因灾造成直接经济损失236万元，其中农业直接经济损失45万元。

【剑川县马登镇泥石流】 2012年8月29日，剑川县马登镇发生单点暴雨并形成泥石流，造成烤烟、水稻、稻、玉米等农作物不同程度受损。因灾造成受灾人口986人；农作物受灾面积73公顷，成灾面积33公顷，绝收21公顷；因灾造成直接经济损失120万元，其中农业直接经济损失120万元。

【云龙县4乡镇泥石流】 2013年6月3日凌晨3时40分左右，云龙县团结乡、关坪乡、宝丰乡、功果桥镇4个乡镇突降暴雨，持续时间约1个多小时，引发泥石流灾害。灾害造成农作物、民房、交通、电力、水利等设施不同程度受损。因灾造成受灾人口12051人，紧急转移安置人口101人；农作物受灾面积678公顷，成灾面积553公顷，绝收321公顷，因灾死亡大牲畜6头（只），因灾死亡羊158只；因灾倒塌民房2户12间，严重损坏民房138间；因灾造成直接经济损失1613.2万元，其中农业直接经济损失821.5万元。

【永平县3乡镇泥石流】 2013年6月6日中午13时30分左右，永平县博南镇、厂街乡、龙街镇境内突降单点暴雨，引发泥石流灾害，造成农田、水利、交通等设施不同程度受损。因灾造成受灾人口985人；农作物受灾面积93.8公顷，成灾面积54.5公顷，绝收33.38公顷；因灾倒塌民房2户12间；因灾造成直接经济损失183万元，其中农业直接经济损失80万元。

【宾川县拉乌乡泥石流】 2013年6月21日，宾川县拉乌乡普降暴雨引发泥石流。因灾造成农作物不同程度受灾、部分道路交通受阻，其中大厂、新田两个村委会尤为严重。因灾造成受灾人口1800人；农作物受灾面积63公顷，成灾面积5.3公顷；因灾一般损坏民房30间；因灾造成直接经济损失146.5万元，其中农业直接经济损失62.57万元。

【永平县博南镇泥石流】 2013年7月23日下午13~14时，永平县博南镇桃新村里海冲自然村遭受了单点暴雨袭击，引发泥石流。因灾造成受灾人口380人，因灾伤病2人，紧急转移安置人口58人；农作物受灾面积44.3公顷，成灾面积32.67公顷，绝收29.14公顷；因灾倒塌民房5户9间；因灾造成直接经济损失360万元，其中农业直接经济损失33万元。

【洱源县炼铁乡泥石流】 2013年7月26日，洱源县炼铁乡突降暴雨，引发泥石流灾害，造成农田、交通、水利、民房等不同程度受损。因灾造成受灾人口4096人；农作物受灾面积212公顷，成灾面积72公顷；因灾一般损坏民房132间；因灾造成直接经济损失322.7万元，其中农业直接经济损失148.5万元。

【云龙县苗尾乡泥石流】 2013年7月29日凌晨3~5时，云龙县苗尾乡境内多个点位遭受集中性单点暴雨，降雨量达55毫米，引发洪涝泥石流。因灾造成受灾人口9845人，因灾死亡1人，因灾失踪1人，因灾伤病4人，紧急转移安置人口45人；农作物受灾面积121.6公顷，成灾面积86公顷，绝收34公顷，毁坏耕地面积9公顷；因灾一般损坏民房68间；因灾造成直接经济损失600万元，其中农业直接经济损失81万元。

【云龙县民建乡泥石流】 2013年9月8日22时许，因连日

暴雨，山洪暴涨，云龙县民建乡发生泥石流灾害，造成交通、水利、电站严重受损。因灾造成受灾人口575人，因灾死亡4人，因灾失踪6人，因灾伤病28人；农作物受灾面积9公顷，成灾面积9公顷，绝收3公顷；因灾倒塌民房2户6间；因灾造成直接经济损失2086.1万元，其中农业直接经济损失76万元。

【云龙县3乡镇泥石流】 2013年9月12日，云龙县境内持续降雨，部分地区出现单点暴雨，宝丰乡、关坪乡、检槽乡遭受泥石流灾害。因灾造成受灾人口3498人，紧急转移安置人口112人；农作物受灾面积78.4公顷，成灾面积35.3公顷，绝收22.1公顷，因灾饮水困难人口975人，因灾饮水困难大牲畜1050头（只）；一般损坏民房152间；因灾造成直接经济损失109.9万元，其中农业直接经济损失39.7万元。

【云龙县漕涧镇“9·9”滑坡】 2013年9月9日10时左右，因连降大到暴雨，位于云龙县漕涧镇风水岭鸿信矿业公司遭受山体滑坡袭击，致使该公司3名务工人员居住的工棚被掩埋。因灾造成受灾人口2017人，因灾死亡人口1人，因灾伤病2人（1人重伤，1人轻伤，已及时送医院医治），紧急转移安置人口24人；农作物受灾面积152.8公顷，成灾面积145.6公顷，因灾造成直接经济损失193万元，其中农业直接经济损失180万元。

【云龙县漕涧镇“10·7”滑坡】 2013年10月7日6时左右，因连降暴雨的影响，云龙县漕涧镇仁山村发生山体滑坡灾害。因灾造成受灾人口113人，紧急转移安置人口113人；毁坏耕地面积5.4公顷；因灾严重损坏民房24间，一般损坏民房21间；因灾造成直接经济损失159万元，其中农业直接经济损失14万元。

【云龙县白石镇山体崩塌】 2013年7月30日中午13时左右，云龙县白石镇云顶村福寿坪村民小组发生山体崩塌，滚石砸中年仅6岁的赵辉云，致其当场死亡。

【大理州“12·15”雪灾】 2013年12月15～16日，大理州12县市出现了明显强降温雨雪天气。受降温降雪影响，部分道路积雪结冰，通行受阻；部分电力、通信、水利设施受损；全州热区水果、蔬菜等农经作物及畜禽养殖不同程度受灾。据统计，因灾造成受灾人口119980人；农作物受灾面积90620公顷，成灾面积6593公顷；因灾死亡大牲畜654头（只），因灾死亡羊2427只；因灾倒塌民房6户18间，一般损坏民房71间；因灾造成直接经济损失23771万元，其中农业直接经济损失19316万元。

【2012年大理州地震活动】 2012年，据云南省地震台网测定，大理州12县市境内共发生$M \geqslant 1.0$地震440次。其中1.0～1.9级440次，2.0～2.9级74次，3.0～3.9级13次，最大地震是7月27日漾濞平坡镇3.8级地震。全州地震活动主要分布在红河断裂、程海断裂、通甸—巍山断裂和无量山断裂上，地震活动与往年相比，强度和频度都明显下降。

【漾濞县3.8级地震】 2012年7月27日7时59分，漾濞县平坡镇向阳村木自腊发生3.8级地震。据统计，因灾受灾人口496人；因灾一般损坏民房595间；因灾造成直接经济损失203.5万元。

【2013年大理州地震活动】 2013年，据云南省地震台网测定，大理州12县市境内共发生$M \geqslant 1.0$地震1071次。其中1.0～1.9级874次，2.0～2.9级157次，3.0～3.9级36次，4.0～4.9级2次，5.0～5.9级2次。最大地震为3月3日发生在洱源县西山乡5.5级地震。显著地震事件还有4月17日发生在洱源县炼铁的5.0级地震及11月28日发生在祥云县沙龙镇的4.6级地震。全州因地震受伤57人，重伤2人，轻伤55人。

【洱源县5.5级地震】 2013年3月3日13时41分15秒，洱源县西山乡发生5.5级地震，微观震中位于北纬25.9°，东经99.7°，宏观震中位于炼铁乡前甸村委会新建村至江旁村委会一带，极震区烈度达Ⅶ度。震源深度9千米，全州12县市有强感。截止到2013年3月7日08时，洱源5.5级地震序列共发生129次地震，其中0.0～0.9级98次，1.0～1.9级25次，2.0～2.9级5次，5.0～5.9级地震1次。

本次地震灾区主要涉及洱源县、漾濞县及云龙县的12个乡镇、61个行政村（居委会）；灾区人口141588人，39311户。其中，洱源县30304户、109451人，漾濞县4423户、15532人，云龙县4584户、16605人。灾区总面积2081平方千米。据民政部门统计，本次地震造成30人受伤，其中重伤1人。

经云南省地震灾害损失评定委员会评定，洱源5.5级地震直接经济总损失70800万元。其中，洱源县55290万元，漾濞县6740万元，云龙县6760万元，剑川县1050万元，永平县960万元。民房经济损失48440万元。其中，洱源县39830万元、漾濞县4360万元、云龙县4250万元。教育系统直接经济损失1840万元。其中，洱源县1270万元，漾濞县360万元，云龙县210万元。卫生系统总经济损失1140万元。其中，洱源县870万元，漾濞县150万元，云龙县60万元。其它公用房屋经济损失860万元。其中，洱源县730万元，漾濞县80万元，云龙县50万元。此次地震中，电力系统、交通系统、通信系统和水利工程等基础设施也出现不同程度受损。电力系统直接经济损失为1110万元、交通系统直接经济损失8090万元、通信系统直接经济损失为570万元、水利工程结构直接经济损失为6740万元。

【洱源县5.0级地震】 2013年4月17日9时45分54秒，洱源县炼铁乡（北纬25.9°，东经99.8°）发生5.0级地震。宏观震中位于炼铁乡翠屏村委会凤鸣村至长邑村一带，极震区烈度达Ⅶ度。4月17日5.0级地震的微观震中位于3月3日5.5级地震微观震中东南方向4.6千米处，两次地震间隔45天。据民政部门统计，该次地震造成14人受伤，其中，洱源县12人，漾濞县2人。最大余震为4月18日11时46分的4.1级地震。地震的主要断裂为沿震中东北侧展布的北西向维西—乔后断裂的中段。2次地震综合灾区主要涉及洱源县、漾濞县、云龙县以及大理市的13个乡镇、71个行政村（居委会）；灾区人口164470人，45294户。其中，洱源县30304户、109451人，漾濞县7564户、26381人，云龙县5987户、21693人，大理市1439户，6945人。续发地震后灾区新增1个乡镇、10个行政村（居委会）；新增灾区人口22882人，5983户。永平县、云龙县、漾濞县的部分民房、校舍及生命线工程也遭受了不同程度的破坏。续发地震直接经济总损失20878万元。其中，洱源县7671万元，漾濞县6324万元，云龙县5067万元，大理市1616万元，永平县200万元。

【祥云县4.6级地震】 2013年11月28日16时23分，祥云县沙龙镇（北纬25.4°，东经100.6°）发生4.6级地震，震源深度10千米，祥云、弥渡、大理、漾濞、永平、巍山等县市有感。震区50千米范围内，历史上共发生过22次5级以上破坏性地震，其中7.0～7.9级2次，6.0～6.9级5次，5.0～5.9级15次，最近一次地震为2009年7月9日姚安6.0级地震。

地震造成祥云县受伤11人（其中重伤1人，轻伤10人），弥渡县轻伤2人。祥云县境内沙龙、祥城、云南驿等10个乡镇及弥渡县弥城、直力、寅街三乡镇一定程度的破坏。主要破坏现象为老旧土木（墙抬梁）结构房屋墙体开裂、老裂加宽、梭瓦、掉瓦、山墙局部倒塌，土墙变形倾斜，小水窖、个别小水库坝体和坝塘受损，牲畜被砸致死等。其中，祥云县有10个乡镇31597户95703人受灾，其中受灾最为严重的云南驿镇4833户26447人，沙龙镇7350户29450人，祥城镇13869户54546人。弥渡县3个乡（镇）5767户21715人受灾，房屋严重受损56户168间，一般损坏2595户7785间、坝塘受损9个，小水窖2200个。该次地震造成直接经济损失17800万元。

抗灾救灾与恢复建设

【2012年森林防火】 2012年全州共发生森林火灾26起，其中：一般森林火灾9起，较大森林火灾17起，受害森林面积219.93公顷，森林火灾次数和受害森林面积分别占省政府下达全州控制指标的19.26%和11.42%，森林受害率为0.11‰，火灾当日扑灭率为96.15%，火案查处率为85%，没有发生重特大森林火灾和人员伤亡事故。南涧、巍山、漾濞三县全年未发生森林火灾。为了扑灭森林火灾，共出动扑火车辆1621台次，其中汽车1303台次，出动扑火人员14351人次，支出扑火经费204.5万元。

【2012年林业有害生物防治】 建立州、县、乡、村四级林业有害生物预测预报网络。已设立森林鼠害和松纵坑切梢小蠹国家级中心测报点2个、州级中心测报站1个、县（市）测报防控站12个、110个乡（镇）和1097个村级测报点，全州兼职测报人员1387人。深入开展利剑“2012”森林植物检疫联合执法专项行动。每半年发布一次《林业有害生物发生趋势预测》。2012年监测覆盖面积2633.4万亩，测报准确率为91.5%；商品木材及主要林产品调运检疫率达99.8%；全年共防治有害生物61.84万亩，防治率达95.62%，无公害防治率达97.22%。

【2013年森林防火】 2013年，全州共发生森林火灾25起，其中：一般森林火灾4起，较大森林火灾21起，受害森林面积450.79公顷，森林火灾次数和受害森林面积分别占省政府下达大理州控制指标的17.78%和23.32%，森林受害率为0.22‰，火灾当日扑灭率为95.83%，火案查处率为83.33%，没有发生重特大森林火灾和人员伤亡事故。永平、巍山两县全年未发生森林火灾。为了扑灭森林火灾，共出动扑火车辆1830台次，其中汽车1615台次，出动扑火人员26298人次，支出扑火经费582.2万元。

【2013年林业有害生物防治】 2013年，进一步推进林业有害生物防治机制创新，重点抓好核桃有害生物防治、技术指导和培训工作。编印《大理州核桃主要有害生物防控技术手册》、《紫茎泽兰防治技术手册》等相关手册进行宣传、培训。深入开展利剑“2013”森林植物检疫联合执法专项行动。2013年全州应施调查监测面积2974.9万亩，有效监测率93.83%；商品木材及主要林产品调运检疫率为99%；全年共防治有害生物64.03万亩，防治率达96.04%，无公害防治率达100%。2013年核桃有害生物防治率达99%，提高了核桃产量，为核桃产业建设成果的巩固提供了保障。

【救灾捐赠】 2013年，大理州遭受洱源“3·03”地震灾害，全州精心组织，积极宣传，动员社会各界踊跃捐款捐物。在社会各界的踊跃捐赠下，共接收捐赠2985.858万元。2012年、2013年两年大理州民政局接收上海对口支援的15个火车皮的20.18万件衣物及时快速地分发到各县市群众手中，共救济贫困群众和灾民20余万人。

【恢复建设】 2013年，洱源“3·03”地震，党中央、国务院和省委、省政府十分关心，省级各有关部门给予了大力支持和帮助，地震灾后恢复重建规划项目资金到位7.91亿元，占重建项目规划资金11亿元的71.89%，其中：向国家部委争取资金到位3.44亿元、占规划的83.93%，中央和省级专项资金2亿元百分之百到位，省级部门预算内整合资金到位2.13亿元、占规划的72.2%，州、县、企业自筹资金到位0.34亿元。二是民房恢复重建基本完成。在民房恢复重建中，因洱源“3·03”地震后在相同区域又发生了“4·17”5级地震，增大了民房受损户数，民房修复加固比原规划下达数12032户增加2369户、达14401户；民房恢复重建比规划下达数4213户增加232户、达4445户。截至2013年底，修复加固14401户已全面完工，民房重建4445户已完工4170户、完工率94%，并通过了村、乡镇、县、州四级验收。三是基

础项目工程迅速推进。民房恢复重建以外的基础设施等7大类工程、222项恢复重建项目迅速推进，截至目前，已开工144个，正在做前期工作78个。其中基础设施工程规划项目44个，已开工26个，现已完工8个。社会事业工程规划项目85个，已开工52个，现已完工6个，其中：4所维修加固的受损学校已于2013年秋季开学投入使用，24所需重建的受损学校均已开工建设，2014年春季开学可投入使用。特色优势产业培育工程规划项目34个，所有项目都已开工，现已完工1个。扶贫开发工程规划项目11个，已开工9个，现已完工1个。城镇建设工程规划项目18个，已开工11个，现已完工2个。防灾减灾体系建设工程规划项目16个，已开工4个，现已完工1个。生态环保工程规划项目14个，已开工8个。

【农村危房和地震安居工程建设】　为了帮助和引导农民加快对农村D级和C级危房改造步伐，大理州积极争取中央和省的支持，从本级财政中增加投入，帮助农民对D级危房拆除重建，对C级危房进行修缮加固。2012年至2013年两年间，全州共对80667户农房进行了改造，其中，拆除重建44435户，修缮加固26232户，争取到中央和省补助资金53239.15万元，州本级投入2203.2万元。农户居住条件得到了很大改善，抗震和抵御自然灾害的能力得到很大提高。

【救灾物资储备库建设】　不断加快云南省滇西救灾储备中心凤仪库建设步伐。该项目总建筑面积11711.96平方米，其中A、B两栋仓库建筑面积7609.46平方米，综合楼3788.02平方米，附属用房748.12平方米，水泵房及公厕106.36平方米，总投资4600万元。2012年主要完成了围墙基础开掘、浇注挡墙、回填及“三通一平”等基础工作。2013年2月正式开工后，完成土建部分80%左右的工程量，A、B两栋仓库、综合楼、附属用房均已封顶，墙面砌筑、粉刷工作已经结束。建成后通过整合地震、气象、水务、农业等相关部门资源，形成大理州综合救灾应急指挥中心，将大大提升应对突发自然灾害的能力，具有辐射滇西8个州市的区位优势，受益人口达1500多万人。同时州民政局又规划了21个乡镇救灾仓库储备点，按先急后缓、先重后轻的原则，力争在2014年上半年完成建设任务。

【抗震设防】　为了确保建设工程质量，提高建设工程的抗震性能，大理州住建局从工程建设项目源头抓起，按照建设工程强制性标准和抗震设防规范要求，认真开展建设项目的初步设计和施工图的审查工作。2012年至2013年共开展初步设计审查168项115.4万平方米，对1330项430.3万平方米的工程施工图进行审查。在教育校舍和医疗卫生设施等生命线工程项目建设中全面推广减隔震技术的推广和应用，对生命线建设工程开展政策性和技术性审查，为建设工程质量安全和抗震能力的提高提供了有力保障。

【地震应急队伍建设】　大理州住建系统立足本职工作要求，依托自身队伍优势及建筑施工企业，切实加强了地震应急队伍的建设。一是依托建设系统的技术队伍组建了162人组成的12支地震应急评估专家组，二是依托城管、园林、供排水公司及自身技术力量组建了197人组成的12支地震应急市政基础设施抢修队，拥有57台机械设备；三是依托建筑施工管理的相应科、股室和各县市所辖建筑施工企业组建了由128人组成、配备了354台机械设备的地震应急救援队。在组建以上队伍的同时，明确了职能职责，建立了通讯联络信息，部分县市制定了相应的工作规则，组织开展了专业队伍抢险知识、技能的培训和针对性的应急演练，提高了队伍的实战能力和水平，为应急工作奠定了良好的基础。

（吕锡培　陈乙荣　赵　博　杨晓佳　李　滔　李　凡　周晓玲　张雄坤　周爱民　杨宏波　孔　暄）

德宏傣族景颇族自治州

概　况

【综　述】　德宏傣族景颇族自治州辖芒市、瑞丽两市和梁河、盈江、陇川三县，国土面积11526平方千米。德宏州山川秀丽，气候宜人，资源丰富。具有三个显著的特点：一是民族文化资源丰富多样。德宏州是一个多民族聚居的地区，州内居住着傣族（34.98万人）、景颇族（13.44万人）、阿昌族（3.04万人）、德昂族（1.44万人）、傈僳族（3.15万人）5个世居少数民族。二是绿色生活资源丰富多样。德宏州属典型的南亚热带季风气候，州内大多地方海拔800～1300米，年均气温18.4～20.3℃，年降雨量1436～1709毫米，年日照时间2281～2453小时，森林覆盖率67.1%，冬无严寒、夏无酷暑。三是地理区位独具优势。德宏州与缅甸接壤，国境线503.8千米，全州5个县市中有4个处在边境线上，是滇缅公路、史迪威公路、中印输油管的交汇点。是中国经济区、东南亚经济区、南亚经济区的交汇点，是中国面向西南开发桥头堡的黄金口岸和云南对外开放的前沿。

【2012年气候特点】　2012年，德宏州主要气象要素气温、降雨、日照时数及重大气候事件的气候影响表现为：（1）年平均气温瑞丽、梁河正常，芒市、陇川、盈江偏高。（2）年降雨量陇川特少，瑞丽、梁河偏少，芒市、盈江正常。（3）年日照时数芒市、瑞丽正常，陇川、盈江、梁河偏多。（4）2012年全州因气象灾害造成的直接经济损失为27143.96万元，其中农业损失为23954.2万元。（5）去冬今春森林火险等级偏高，全年全州共出现森林火灾27起，森林受害面积163.9公顷。2012年年平均气温全州正常至偏高；年降雨量全州正常至特少；年日照时数全州正常至偏多。即全州热量条件较好；降雨分布不均匀为平稍偏差年；光照条件较好。部分县市有不同程度的干旱、冰雹、大风、洪涝、泥石流滑坡、霜冻灾害，其中上半年干旱灾害较为严重。2012年气候对全州工农业生产的影响属中等年景。

【2013年气候特点】　2013年，德宏州主要气象要素气温、降雨、日照时数及重大气候事件的气候影响表现为：（1）年平均气温瑞丽、梁河正常，芒市、陇川、盈江偏高。（2）年降雨量瑞丽、陇川、梁河偏少，芒市、盈江正常。（3）年日照时数芒市、陇川、盈江、梁河正常，瑞丽偏多。（4）2013年全州因气象灾害造成的直接经济损失为26937.7万元，其中农业经济损失为2485.3万元。（5）去冬今春森林火险等级偏高，全年全州共出现森林火灾19起，森林受害面积122.1公顷。2013年年平均气温全州正常至偏高；年降雨量全州正常至偏少；年日照时数全州正常至偏多。即全州热量条件较好；降雨分布不均匀为平稍偏差年；光照条件较好。部分县市有不同程度的干旱、低温霜冻、冰雹、大风、洪涝、泥石流滑坡，其中上半年干旱及下半年的低温霜冻灾害较为严重。2013年气候对全州工农业生产的影响属中等稍差的年景。

2012年灾情

【概　述】　2012年，干旱、风雹、洪涝、滑坡泥石流等灾害造成全州5县（市）不同程度受灾，各种自然灾害造成全州30余万人受灾，因灾死亡4人，转移疏散1184人，农作物受灾面积44216公顷，成灾面积22875公顷，绝收面积1562公顷，房屋倒塌房屋损坏1073户3433间，造成直接经济损失27143.96万元，其中农业经济损失23954.2万元。2012年德宏州的自然灾害特点是：自然灾害发生频率高，多灾并发，点多面广，干旱灾害影响严重，部分地区重复、连续受灾。2011年底至2012年5月，州内持续气温高，降雨少，全州出现了不同程度的干旱灾害天气，各县市江河水量大幅度减少，旱灾造成人畜饮水困难，农作物普遍受灾，引发病虫灾害、森林火灾等，造成州内农场的橡胶树，林业部门营造林损失严重，尤其是苗圃、新造林和中幼林损失严重。6、7、8月份，芒市、盈江等县（市）连降大雨，发生了较为严重的洪涝滑坡泥石流灾害，造成一定人员伤亡和经济损失。2012年受灾范围较往年有所减小，灾害造成损失减轻。主要原因是抗灾救灾能力有所增强，防灾减灾工程和设施发挥效益，地

质灾害防治工作取得进展，预警预报和防灾减灾宣传开展有效。

【旱　灾】　2011年11月以来，因持续高温少雨，州内各水库蓄水量减少，各县出现了不同程度的干旱灾害天气，全州50个乡镇发生旱灾，造成农作物大面积受灾，人畜饮水出现困难，旱灾给灾区群众的生产生活带来严重影响，据统计，旱灾造成全州18.09万人受灾，65970人饮水困难，饮水困难大牲畜49516头；农作物受灾面积23738公顷，成灾面积13533公顷，绝收面积351公顷；直接经济损失12391.5万元，其中农业经济损失12029.9万元。

【芒市部分乡镇遭受风雹灾】　4月3～4日，芒市出现大风、冰雹天气，遮放镇、芒市镇、芒海镇、中山乡、江东乡、西山乡、轩岗乡、勐戛镇等8个乡镇遭受风雹、冰雹灾害，灾害造成19571人受灾；损坏房屋3户8间；农作物受灾面积1912.4公顷，成灾面积864.1公顷，绝收面积202.6公顷；造成直接经济损失2451.44万元，其中农业直接经济损失2451.04万元。

5月30日，芒市的芒市镇、中山乡、轩岗乡遭受到风雹灾害，灾害造成571人受灾，紧急转移安置人口6人；农作物受灾面积181.66公顷，成灾面积125.8公顷，绝收面积40.33公顷，损失粮食25600千克；损坏房屋9户23间；造成直接经济损94.835万元、其中农业直接经济损失71.5万元。

【瑞丽等3县市遭受风雹灾】　4月6～7日，瑞丽、陇川、梁河县（市）受雷雨、冰雹强对流天气影响，各县市不同程度受灾，灾害造成瑞丽市429人受灾，农作物受灾面积89.5公顷，直接经济损失140.12万元；陇川县农作物受灾213.3公顷，直接经济损失100万元；梁河县农作物受灾面积545.5公顷，成灾面积169.5公顷，绝收面积73.8公顷，直接经济损失869.73万元。

【盈江县弄璋镇风雹灾】　8月18日，受热带低压“启德”西移外围对流云团的影响，盈江县坝区17时48分开始出现短时强降雨天气，发生了8至9级大风及暴雨，灾害造成弄璋镇允冒村委会活动室突然倒塌，造成130人受灾，1人死亡，24人受伤；农作物受灾面积373公顷，成灾面积370公顷，绝收面积5公顷；直接经济损失172.5万元，其中农业经济损失166.7万元。

【盈江县3乡镇遭受洪涝灾】　6月8～15日，盈江县境内普降中到暴雨，累计降雨量突破120毫米，由于农田基础设施薄弱，水利设施不健全，导致太平镇、平原镇、弄璋镇发生较为严重的洪涝灾害，据统计，洪涝灾害造成盈江县11634人受灾，农作物受灾面积1158公顷，成灾面积769公顷；直接经济损失212万元，其中农业经济损失175.5万元。

【芒市4乡镇遭受洪涝灾】　5月底至6月30日，由于芒市普降暴雨，引发洪涝灾害。灾害造成芒市遮放等4个乡镇不同程度受灾，4107人受灾，因灾死亡1人；农作物受灾面积219公顷，成灾面积111.3公顷，绝收面积56.4公顷；房屋损坏19户58间；直接经济损失181.2万元，其中农业经济损失142.5万元。

【梁河县2乡镇遭受洪涝灾】　7月18～19日，梁河先境内连降暴雨，勐养镇、乡保乡发生洪涝灾害，给灾区群众农业生产、家庭财产造成了较大损失。灾害造成两个乡镇4579人受灾，转移疏散49人；房屋损坏18户52间；农作物受灾面积152.3公顷，成灾面积89.9公顷，绝收面积15.3公顷；直接经济损失610万元，其中农业经济损失525万元。

【盈江县3乡镇遭受洪涝灾】　7月18日，盈江县盏西镇、支那乡、新城乡连续发生洪涝灾害，造成部分群众民房进水，农田受灾，交通中断，给群众生产生活造成较大影响。截至18日18时造成1294户6742人受灾，民房进水85户，农作物受灾741公顷，其中：甘蔗受灾407公顷，水稻受灾284公顷，玉米受灾25公顷，薯类受灾19公顷，洪水冲毁支那乡芒海江堤塌方35米，塌方量27立方米，新城乡连接黑山、户扎村民小组涉及94户492人、大桥1座。造成直接经济损失987万元，其中农业经济损失769万元。

【芒市7乡镇遭受洪涝灾】　7月24日，芒市7个乡镇发生了较为严重的洪涝灾害，灾害造成全市25204人受灾，因灾紧急转移安置148人，房屋倒塌1户3间，损坏47户132间；农作物受灾面积980.2公顷，成灾面积413.6公顷，绝收面积57.3公顷；直接经济损失1398.2万元，其中农业经济损失1267.4万元。

【瑞丽市6乡镇遭受洪涝灾】　7月中下旬，瑞丽市持续降雨和短时暴雨造成6个乡镇部分群众受灾，洪涝灾害造成4891人受灾；农作物受灾面积511.5公顷，成灾面积109.4公顷，绝收面积80.2公顷；直接经济损失384万元，其中农业经济损失381万元。

【芒市5乡镇遭受洪涝灾】　8月19日，由于连日普降大雨，芒市5个乡镇遭受洪涝灾害。灾害造成3717人受灾；房屋损坏26户51间；农作物受灾面积213.7公顷，成灾面积103.9公顷，绝收面积50.1公顷；直接经济损失91.6万元，其中农业经济损失67.3万元。

【盈江县发生滑坡、泥石流】　6月23日，受西南暖湿气流影响盈江县出现了连续强降雨天气，西部和北部山区出现了暴雨天气，盈江县新城乡繁勐村发生的滑坡泥石流灾害，造成了新寨一社、二社及芒胆新寨、老寨等4个村民小组不同程度受灾。灾害造成1293人受灾，转移疏散750人；房屋损坏13户38间；农作物受灾面积22.5公顷，成灾面积22.5公顷，绝收面积10.8公顷；直接经济损198万元，其中农业经济损失102万元。

【芒市3乡镇遭受滑坡泥石流】 8月15日，由于连续降雨，芒市的芒市镇、芒海镇、中山乡发生滑坡泥石流灾害。灾害造成1671人受灾；房屋损坏39户113间；农作物受灾面积76.5公顷，成灾面积68.4公顷，绝收面积10.8公顷；直接经济损105.9万元，其中农业经济损失60.6万元。

【德宏州农场发生白粉病】 3月以来，由于气温持续偏高，降雨量偏少，全州5县（市）不同程度发生干旱灾害，致使全州5个农场橡胶树大面积遭受白粉病害和黄、红蜘蛛虫害。据统计：因灾干旱导致的病虫害灾害造成全州5个农场5953户胶农18001人受灾；天然橡胶树受灾面积3090.7公顷，成灾面积2093公顷，绝收面积779.8公顷；干胶损失1619吨；造成直接经济损失3522万元。

2013年灾情

【概　述】 2013年，德宏州先后发生了干旱、洪涝、滑坡泥石流、风雹、病虫害、低温冷冻等自然灾害，据统计，截止12月31日，各种灾害共造成全州50.68万余人受灾，因灾死亡3人，转移疏散受灾群众714人；农作物受灾面积58304.93公顷，成灾面积17717.6公顷，绝收面积2403.7公顷；房屋倒塌损坏1112户2264间，其中倒塌82户213间，房屋损坏1045户2143间；造成直接经济损失48784.7万元，其中农业直接经济损失27228.5万元。2013年德宏州的自然灾害特点是：自然灾害发生频率高，多灾并发，点多面广，干旱灾害影响严重，部分地区重复、连续受灾，气象灾害影响严重。2013年1月份以来，州内各县（市）由于持续降雨偏少，发生干旱灾害，造成林地和苗圃地有不同程度受灾，全州经济损失222万元，其中：苗圃地受灾面积为0.037万亩，经济损失30万元，林地受灾面积1.61万亩，经济损失192万元。2013年进入5月以来，受大风、冰雹天气影响，陇川、盈江、梁河、瑞丽等县市发生风雹灾害，灾害持续时间之长，农作物受灾面积之大，损失之重，在全州历史上罕见，灾害造成农作物受灾近1000公顷，其中450多公顷绝收。7、8月份，全州各县（市）普降大雨，发生了较为严重的洪涝，滑坡泥石流灾害，造成一定人员伤亡和经济损失。12月发生的低温冷冻灾害使农作物受灾严重，造成经济损失21886万元。2013年灾害损失较2012年有所增加，主要原因是遭受气象灾害影响较重，发生历史上罕见的风雹、低温冷冻等灾害。

【陇川县2乡镇发生低温冷冻灾】 1月以来，陇川县章凤镇、陇把镇发生较大的低温冷冻，特别是1月底，连续多日降温、降霜，使两镇种植的红土晒烟遭受严重霜冻灾害。灾害造成17060人受灾；农作物受灾面积1338.2公顷，成灾面积1321.3公顷；直接经济损失2657万元，其中农业经济损失2657万元。

【德宏州发生低温冷冻灾】 12月以来，州内出现了较低气温，最低气温达到-0.6℃，德宏州气象部门发布的霜冻黄色预警信号后，12月17日发生德宏州历史上罕见的低温冷冻灾害，造成了较为严重损失。灾害造成全州23个乡镇109821人受灾，需紧急救助24407人；农作物受灾面积18428.4公顷，成灾面积10351.1公顷；绝收面积128.9公顷；直接经济损失21886万元，其中农业经济损失21886万元。

【旱　灾】 2012年11月至2013年5月，州内几乎没有出现有效的降雨。发生了严重干旱灾害，据统计，州内盈江、陇川、瑞丽、梁河、芒市5县（市），50个乡镇不同程度遭受干旱灾害，因灾造成226763人受灾，105106人饮水困难，需救助人口94277人；农作物受灾面积38086.36公顷，成灾面积7290.36公顷，绝收面积512.66公顷；造成直接经济损失10661万元，其中农业直接经济损失9401.5万元。

【陇川县户撒乡遭受风雹灾】 3月12日凌晨，陇川县户撒乡突降冰雹，4个村委会350户村民农作物受灾。造成1470人受灾，农作物受灾面积120公顷，成灾面积53公顷；直接经济损失55万元，其中农业经济损失55万元。

【陇川县2乡镇遭受风雹灾】 3月31日，陇川县户撒乡、城子镇突降冰雹，灾害造成30860人受灾，农作物受灾面积778公顷，成灾面积5741公顷，绝收面积204公顷；造成直接经济损失5159万元，其中农业直接经济损失515万元。

【盈江县2乡镇遭受风雹灾】 3月12日凌晨3时，盈江县铜壁关乡、那邦镇遭遇雷雨大风天气的侵袭，造成农户坚果、胡椒、香蕉不同程度受灾。受灾人口1067人，受灾面积31.5公顷；经济损失达65万元。

【芒市多个乡镇遭受风雹灾】 3月19日凌晨，由于突降暴风雨，致使芒市的芒市镇、芒海镇、风平镇、三台山乡遭受到冰雹灾害，灾害造成3295人受灾；农作物受灾面积202.6公顷，成灾面积76.31公顷；造成直接经济损失563.9万元，其中农业直接经济损失562万元。

4月1日，芒市局部地区突降暴风雨，致使芒市镇河心场、下东、中东村，轩岗乡户弄、芹菜塘、平安寨村遭受到冰雹灾害，发生风雹灾害，灾害造成1198人受灾，农作物受灾面积56.5公顷，成灾面积55公顷，绝收52公顷；造成直接经济损85万元、其中农业直接经济损失83万元。

6月10日，芒市地区普降暴风雨，致使西山乡、遮放镇、江东乡、风平镇遭受到暴风雨灾害，灾害造成受灾人口646人、转移安置人口33人，农作物受灾面积64公顷、成灾面积35公顷，损坏房屋39户114间；造成直接经济损失62.47万元、其中农业直接经济损失11.6万元。

7月中旬以来，芒市地区普降暴雨，致使遮放镇弄坎村、弄丘村遭受到风雹灾害，灾害造成受灾人口4166人，农作物受灾面积360.79公顷，成灾面积258.9公顷，绝收面积195公顷；造成直接经济损失166万元，其中农业经济损失163.7万元。

【德宏州遭受风雹灾】 5月以来，强对流天气异常偏多，陇川、瑞丽、盈江、梁河等县（市）受到影响。先后出现冰雹、大风、雷电、降雨天气过程，全州4县（市）不同程度遭受风雹灾害，其中陇川、梁河两县出现5毫米冰雹，陇川县冰雹灾尤为严重，冰雹的持续时间之长，造成的农作物受灾面积之大，损失之重，为历史所罕见，冰雹灾造成农作物受灾近千公顷，其中450多公顷绝收；梁河、瑞丽两县（市）均达到10级狂风，盈江县达到8级大风。据统计，截止2013年5月10日，风雹灾共造成全州46789人受灾，因灾死亡1人，伤病2人，紧急转移安置196人；农作物受灾面积1168.7公顷，其中成灾面积678.9，绝收面积555.9公顷；农房倒塌损坏1045户1262间，其中农房倒塌208户231间，损坏837户849间；造成直接经济损失8443.6万元，其中农业经济损失7919.3万元。

【梁河县勐养镇遭受风雹灾】 4月1日中午15时20分，梁河县勐养镇受风雹灾害，大部分烟地、西瓜、玉米等经济作物受到严重损害，给农民生产生活带来了很大影响。灾害造成4144人受灾；农作物受灾面积334.8公顷，成灾面积334.8公顷；造成直接经济损失890万元，其中农业直接经济损失889万元。

【芒市3乡镇发生滑坡泥石流】 7月25日，芒市普降暴雨，致使芒市镇、江东乡、遮放镇遭受到泥石流滑坡灾害，灾害造成受灾人口507人、转移安置人口39人，农作物受灾面积15.6公顷，成灾面积10公顷，绝收面积2.2公顷，损坏房屋6户14间；造成直接经济损失127.7万元，其中农业直接经济损失100.6万元。

【盈江县15乡镇发生洪涝灾】 7月7～8日，受低层切变云系的影响，盈江县出现强降雨天气，最高降雨量达183.4毫米，全县部分乡镇发生洪涝灾害。9日20时～10日20时，全县最高降雨量达103.8毫米，10日08时50分继续发布暴雨黄色预警。全县有1个测站降雨量达100毫米（大暴雨）以上，11个测站降雨量达50毫米（暴雨）以上，10个测站降雨量达25毫米（大雨）以上。预计未来24小时盈江坝区阴有中到大雨，最低温度22度，最高温度27度；山区阴有大雨局部暴雨。地质灾害气象风险预警预报：1级（风险很高）。10日20时～11日16时，全县最高降雨量达56毫米。全县有1个监测站降雨量达50毫米（暴雨）以上，5个监测站降雨量达25毫米（大雨）以上，14个监测站降雨量低于25毫米。全县64500人受灾，紧急转移安置82人；农作物受灾面积4898.2公顷，成灾面积3986公顷，绝收面积1087公顷；房屋倒塌21户54间，损坏2379户7188间；造成直接经济损失15334万元，其中农业经济损失10216万元。

【陇川县10乡镇发生洪涝灾】 6月底以来，由于持续不断的降雨，陇川县户撒、护国、章凤等10个乡镇发生了较为严重的洪涝灾害。造成全县18312人受灾，紧急转移安置116人；农作物受灾面积3780公顷，成灾面积3406公顷，绝收面积80公顷；房屋倒塌27户81间；造成直接经济损失4600万元，其中农业经济损失3020万元。

【芒市3乡镇发生洪涝灾】 7月31日至8月1日，由于芒市出现强降雨天气，致使三台山乡、遮放镇、风平镇遭受到洪涝灾害，灾害造成受灾人口4268人，农作物受灾面积162.9公顷，成灾面积116.2公顷，绝收面积57.7公顷，损坏房屋13户32间；造成直接经济损失1684万元，其中农业直接经济损失129.5万元。

【芒市3乡镇发生洪涝灾】 9月8日，由于连续降雨，芒市风平镇、芒市镇、遮放镇遭受到洪涝灾害，灾害造成受灾人口15413人，紧急转移安置86人；农作物受灾面积1114.1公顷，成灾面积697.7公顷，绝收面积91.5公顷，损坏房屋39户144间；造成直接经济损失1479万元，其中农业直接经济损失1385万元。

【芒市2乡镇发生稻瘟病】 8月底以来，由于芒市连续降雨，连续的降雨致使风平镇、芒市镇遭受到稻瘟病灾害，灾害造成受灾人口4059人，水稻受灾面积204.2公顷，成灾面积196公顷；造成农业直接经济损失234.9万元，其中农业经济损失234.9万元。

2012年抗灾救灾

【概　述】 2012年，全州民政部门共下拨各类救灾资金2445万元，救助受灾群众193465人次，组织发放了大米887.3吨多，棉被18136床，确保了灾区群众的吃、饮水、穿、住等基本生活。2012年12月26日，盈江“3·10”地震灾后恢复重建工作圆满结束，并通过省级相关部门验收，全州民房拆除重建9572户，已全部竣工，竣工率达100%，受灾群众已完成入住；修复加固29462户，已全部完工并入住；民政部门根据民房恢复重建进度，及时向恢复重建户发放民房恢复重建补助资金29416.6万元。

【完善公共事件应急预案】 各部门高度重视突发事件应急管理工作，建立健全了应急管理机构，成立了由主要领导为组长，分管领导为副组长，各科室负责人为成员的处置突发性事件应急管理领导小组，做到责任落实到人，任务落实到岗，建立起了一套较为完善的应急管理责任机制。严格按照《中华人民共和国突发事件应对法》、《云南省突发公共事件总体应急预案》、《德宏州突发公共安全事件总体应急预案》的要求，结合各部门工作实际，根据新情况，新任务，不断完善部门《突发事件应急预案》，进一步明确工作职责，科学规范了应急管理组织机构，量化了各科室任务，细化了工作人员的职责，同时，指导县（市）、乡（镇）、村（社区）做好应急预案编制、修订工作，基本形成了内容较为完备的应急预案体系，应急预案覆盖率真正实现了从州到县（市）、乡镇、村寨（社区）四级的全面覆盖；坚持值班制度，要求各科室、直属单位值班人员在职在位，保证通讯畅通，一旦出现突发性事件，责任人做到方案清，任务明，有效应对，科学组织，有序开展工作。

【加强应急队伍建设】 在州、县、乡建立了灾害信息员制度，于2012年2月完成了全州51个乡（镇）、街道办70多名灾害信息员的培训工作，明确了灾情信息报告原则、报告内容、报告程序和报告时限等相关要求，规范了信息报送格式，理顺和畅通了信息报送程序和渠道，实现了应急信息报送规范化、标准化，确保灾情信息及时，有效上报；建立季节性专业扑火队4支124人，半专业队34支960人，义务扑火队332支9199人，实现了13年无重大森林火灾、无重大人员伤亡事故的好成绩；进一步完善了县、乡、村、组四级地质灾害群测群防体系建设，健全了以村干部和骨干群众为主体的群测群防队伍，落实了监测人员、报警人员，预警信号、撤离路线和安置地点。

【加强风险隐患排查和预警】 根据州政府工作要求，州直各相关部门和各县（市）积极开展不定期的排查、巡查工作，国土、民政、交通、水利、安监等部门组成多个联合工作组，重点对水库、山洪易发区、地质灾害隐患点、交通事故多发地段以及重要基础设施、重点企业、重点学校、工程施工现场和矿山采矿点等安全隐患进行了重点排查，如是较大灾险情，及时和滇西南片区地质灾害应急专家组联系，开展专业调查。2012年，全州共开展州级地质灾害督促检查工作8次，州级地质灾害隐患巡查18次，县级地质灾害隐患巡查65次，专家组巡查16次、调查了35个隐患点，形成应急调查报告14份。目前，全州共有地质灾害隐患点774个，其中严重隐患点338个。全州共建监测点793个，明确监测人员925人，发放防灾工作明白卡2574份，防灾避险明白卡19601份。同时，还加强了对重点时间、重点区域、重点部位的监测、监控和预测、预警，强化了信息研判和报送力度，使各类突发事件均得以快速、妥善处置，尽最大限度减轻了灾害损失，充分利用德宏州的自动雨量观测站，联合州气象局每天在德宏电视台、广播电台和州国土资源局网站上发布德宏州地质灾害气象预警预报，以提高成功避让率，积极组织开展地质灾害应急演练，以提高受威胁群众对预警信号、撤离路线和避险场所等的认知程度，确保一旦出现地质灾害险情和灾情时，能高效、有序、及时的做好突发性地质灾害的紧急避让和应急处置工作。每年的5月1日至10月31日，监测人员对地质灾害隐患点进行适时监测，一旦发现险情变化，就按规定向当地党委、政府报告，发出预警信号，通知群众转移避险，最大限度地减少地质灾害造成的人员伤亡和财产损失，同时用手机短信群发的方式将重要气象预警预报信息、强降雨信息发送给州、县、乡有关人员、所有地质灾害隐患点的防灾责任人及监测人员，为做好临灾避让工作提供有利条件。2012年，全州共发生地质灾害63起，成功预报1起，避免了8人伤亡。

【加大资金投入和物资保障】 2012年，州和各县市（区）政府将地质灾害防治经费列入本级财政预算，其中：州级20万元、芒市20万元、盈江县24万元、陇川县3万元、瑞丽市8万元、梁河县20万元、畹町2万元，共计97万元。同时，国土部门积极向上级主管部门申请，争取中央财政特大型地质灾害防治项目1个，资金950万元；省级地质灾害防治专项资金1388万元。林业部门投入林业有害生物防治检疫经费522.97万元，用于林业有害生物监测预报、检疫执法和综合防治工作，2012年全州没有发生重大疫情。

【做好地质灾害防治】 2012年，全州有中央财政特大型地质灾害治理项目10个，投资预算1.147亿元，现已到位治理资金10490万元。项目下达后，严格按照治理工程项目程序做好地质灾害治理项目的监管和组织实施工作，制定了项目管理制度、管理办法、管理流程、行为规范、岗位职责及施工进度计划，从制度上强化了管理，规范了管理行为，做到责任明确，责任到人，确保工程质量和项目资金安全。2012年，10个治理项目已顺利实施，其中：盈江县6个治理项目已全部完工，梁河县3个地质灾害治理项目施工、监理的招标工作于10月8日完成，2012年12月进场施工，现已完工1个，其余2个预计3月完工，中标单位已进场开始施工；陇川县1个地质灾害治理项目已完成工程量的99%，现正在实施受灾农户原址重建及修缮加固工作。盈江、陇川两县7个地质灾害应急治理工程项目实施后，有效防止了地质灾害隐患的进一步发展，保障了当地人民群众的生命财产安全。

【加强应急宣传和演练】 提高公众灾害防范意识和自救互救能力。通过开展“三小工程”工作，向全州30万居民发放防灾应急小手册、防灾应急包，进一步普及应急管理知识和防灾减灾、自救互救基本常识，提高全州各族群众应对突发事件的能力。还以“5·12”防灾减灾日为契机，在州政府统一安排下，应急办、民政、气象、林业、交通、水务、农业、消防、公安等10多个单位在芒市中心花园广场集中开展了防灾减灾知识和应急避险宣传活动，采取摆放宣传栏，发放宣传资料，播放宣传片，介绍应急救援器材如何使用等方式进行宣传教育，5月12日当天共发放风雹，地震、洪涝、雷电、森林防火、安全用电等防灾基本知识和防灾避险、自救互救基本技能宣传资料几万份，发放科普读物近万册，发放《防灾应急手册》1000余份。2012年，民政部门配合消防，教育，防震减灾等部门开展各种应急演练200余次，有10万人次以上参加各种演练，国土部门开展地质灾害应急演练38次，有27260人参加，通过各种应急演练活动，大力提高全州各族群众的应急避险能力。

【加强应急避难场所建设】 提升全社会应急保障能力。在州政府统一领导，各级各部门分级负责，日常办事和应急响应、专业抢险和群众自救、善后处理和恢复重建有机结合、整体运作的应急处置联动机制。同时，加强驻德宏部队的协调沟通，2012年11月州民政局与德宏边防支队签定德宏州应急救援联动保障合作协议，按照分工协作、优势互补、资源共享、

高效联动的原则，开展应急救助工作，进一步提高了应对和处置边境突发事件的快速反应能力，确保在第一时间各种救援物资保障到位。另一方面，为全州50个乡镇，1个街道办配备了救灾专用车，进一步提高基层的应急反应能力。同时，各级各部门相互配合，积极规划应急避难场所建设，以广场、绿地、单位空地、学校等场所为依托，全力推进应急避难场所建设，进一步打造全国减灾示范社区。

【德宏州减灾委成立】 2012年1月，为加强德宏州本行政区域的自然灾害应急救助工作的领导、组织、协调，成立了德宏州减灾委员会，减灾委员会主要职责是贯彻落实国家减灾工作的方针、政策、规划和州政府减灾工作部署，研究制定和组织实施全州减灾计划，协调开展重大减灾活动，指导各县市开展防灾减灾工作。减灾委员会主任由分管的副州长当任，州民政局局长任副主任，办公室设在德宏州民政局。

【加强救灾物资储备仓库建设】 德宏州民政部门在现有救灾物资储备库的基础上，按照民政部救灾物资储备库建设标准，正在新建4个功能齐全、标准较高的救灾物资储备库，其中1个州级库，3个县级库（分别是盈江、陇川、梁河），4个救灾物资储备库严格按照《民政部救灾物资储备库建设标准》的要求进行规划和设计。其中州级救灾物资储备库建筑面积要求在2900~4100平方米，县级救灾物资储备建筑面积要求在600平方米以上。2012年，3个县级建设完成并投入了使用，1个州级库正在紧张的建设当中，计划于2015年建成并投入使用。新的救灾物资储备仓库的建成和使用将大力提升全州应急救灾物资储运能力和应急救援水平及公共安全突发事件应对能力，州级救灾物资储备库不仅能够满足全州各县（市）救灾物资的应急需要，还将辐射周边邻国。

2013年抗灾救灾

【概　述】 2013年，民政部门共下拨各类救灾资金1822.6万元，救助受灾困难群众289863人次，冬春期间民政部门组织发放了大米1000多吨，棉被10000多床，确保了灾区群众的吃、饮水、穿、住等基本生活，在冬春困难群众生活救助补助资金的基础上，及时安排下拨抗旱救灾资金340万元，保证了旱灾受灾群众的基本生活。同时，下拨资金59.19万元，完成了全州222050户农户农房火灾商业保险。

【盈江县洪涝及地质灾害抗救】 盈江县“7·8”洪涝及地质灾害发生后，州政府州长龚敬政，副州长刀晓瑞率州第一时间率灾情视察暨抗洪抢险指导组到盏达河庄多坝、河边小区、姐相村民小组、太平镇掌西片区视察、指导抗洪抢险工作，要求一是要广泛动员，充分调动受灾群众开展生产自救，尽快恢复生产生活秩序。二是实事求是，认真核实灾情，及时做好统计上报工作。三是提高警惕，加大灾情巡查、监测和预警工作力度，切实做好次生灾害预防工作，特别是要更加注重对地质灾害导致的泥石流滑坡的防范，确保广大人民群众生命财产安全。根据州委、州政府的指示和要求，盈江县委、县政府高度重视，牢固树立“防大汛、抗大灾、抢大险”的思想，始终把人民群众的生命财产安全放在首要位置，采取有效措施积极做好抗洪救灾工作，力争将洪涝灾害损失降到最低。（一）领导高度重视，思想统一、步调一致。王明山书记深入旧城镇项撒村红星村民小组视察地质灾害隐患点，要求把群众生命安全放在首位，旧城镇和相关部门要立即组织撤离群众，同时要加强监测和排查工作，做好防范，防止次生灾害造成更大损失；各乡镇、农场要对各种隐患点再进行一次认真的排查，发现问题要及时处理并转移群众；要加强监测和预防工作，地质灾害监测员要在岗在位，做到有备无患。根据王明山书记、卫岗县长的要求部署，县处级领导再次深入受灾点察看、核实灾情，并组织开展抢险救灾工作。（二）积极组织落实救灾物资，切实做好受灾群众转移安置工作。对存在倒房塌房危险的群众坚决实施撤离，全力确保群众生命安全。共发放帐篷115顶、彩条布100件、大米15吨、食用油1800瓶、方便面130件、棉被1210床，发放转移安置人员生活补助54100元等。（三）加快基础设施恢复。优先修复事关群众生活、生产和安全的饮水、灌溉、防洪工程，确保行洪畅通、群众的生活饮水不受影响。按照“先通后畅”的原则，抓紧修复受损道路路面及附属设施，保证交通干线和通乡道路的畅通。紧急调度大型机械14个台班，抢险人工200余个，现仍有6台大型机械和40个人工清除塌方。抓紧恢复通讯、广电水毁设施，切实保障群众正常生活和生产救灾的需要。（四）加大隐患排查力度，认真落实防汛措施。各乡镇、农场及各相关单位加强对各种隐患点、受灾点的排查。县财政紧急划拨30万元工作经费用于地质灾害防治，全县406名地质灾害监测员实行24小时监测。目前，共排查出地质灾害隐患点11个，转移群众92户406人。（五）全面开展生产自救，努力恢复生产，力争将灾害损失降到最低。各乡镇、农场和农业部门广泛发动群众做好灾后农业生产恢复准备工作，尽力弥补灾害损失。有关部门对各受灾企业分类实施帮助，加快企业恢复生产进度。

【农场橡胶树有害生物抗救】 农场病虫害灾害发生后，德宏州民政局迅速组成工作组赶赴芒市遮放农场、瑞丽农场等重灾农场进行查灾、核灾，及时上报农场受灾情况，并通过民政部灾情信息管理系统向省民政厅报告受灾人数，橡胶数受灾面积，经济损失、需救助人数等，积极向上争取救灾资金和物资，民政部门在做好灾情上报的同时，及时安排救灾资金，向受灾群众发放救灾物资，确保农场受灾群众的基本生活，灾害发生以来，民政部门及时向农场下拨救灾资金44.5万元，发放大米60吨，同时对受灾群众的基本情况进行了登记造册，建立台账，根据实际情况分类实施救助。

（林家力）

丽江市

概　况

【行政区划】　丽江市位于青藏高原东南缘，滇西北高原，金沙江中游。地跨北纬25°23′~27°56′，东经99°23′~101°31′之间，东西最大横距212.5千米，南北最大纵距213.5千米。东接四川凉山彝族自治州和攀枝花市，南连大理白族自治州剑川、鹤庆、宾川三县及楚雄彝族自治州大姚、永仁两县，西、北分别与怒江傈僳族自治州兰坪县及迪庆藏族自治州维西县毗邻。全市总面积21219平方千米，其中山区占总面积的92.3%，高原坝区占7.7%。2013年末辖古城区，永胜、华坪2个县，玉龙、宁蒗2个自治县，共5个县级政区；下设7个街道办事处、23个镇、30个乡、15个民族乡，共65个乡级政区；领导49个居民委员会、414个村民委员会，共463个村（居）委会；下设1690个居民小组、3520个村民小组，共5210个村（居）民小组；全市常住人口为126.9万人。

【地形地貌】　丽江市地势西北高而东南低，最高点玉龙雪山主峰，海拔5596米，最低点华坪县石龙坝乡塘坝河口，海拔1015米，最大高差4581米。玉龙雪山以西为横断山脉切割山地峡谷区的高山峡谷亚区，山高谷深，山势陡峻挺拔，河流深切其间。玉龙雪山以东属滇东盆地山原区的滇西北中山山原亚区，海拔较高，山势也较浑厚。在主山脉两侧又广泛发育着东西向的沟谷，形成错综复杂的地块地貌景观，地势起伏，海拔悬殊极大。有111个大小坝子星罗棋布于山岭之间，海拔一般都在2000米以上，其中丽江坝最大，面积约200平方千米，平均海拔2466米。

【气候特征】　丽江市属低纬暖温带高原山地季风气候。由于海拔高差悬殊大，从南亚热带至高寒带气候均有分布，四季变化不大，干湿季节分明，气候的垂直差异明显，灾害性天气较多，年温差小而昼夜温差大，兼具有海洋性气候和大陆性气候特征。东南、西南的迎风斜面是多雨区，背风坡面是相对干燥的少雨区，金沙江河谷干燥少雨。全市年平均气温12.6~19.9°C之间，全年无霜期为191~310天；年均降雨量为910~1040毫米，雨季集中在6~9月；年日照时数在2321~2554小时。

【灾害特征】　丽江市境内因地貌类型、地质结构复杂，气候多样多变，是一个低温冷冻和雪灾、干旱、风雹、洪涝、山体滑坡和泥石流、地震等灾害多发地区，素有“无灾不成年”之称。

低温冷冻和雪灾：对农业生产影响最大自然灾害之一，主要发生时间段、亚灾种类型和频率为：1~5月份期间的冰雪低温冷冻灾害，每年均有发生，对小春作物和经济林果木影响较大；7~10月份期间的连续阴雨低温冷冻灾害，发生频率较低，一旦发生，对大春作物影响较大。

干旱：仅次于低温冷冻灾害的第二大自然灾害，是金沙江河谷及低热坝区的主要自然灾害。丽江地区因干湿季分明的气象特点，雨季6月中旬以后才开始，10月上旬结束，干季长达七个月以上，因而冬春干旱普遍存在，但雨季发生的伏旱频率较低。

风雹：发生频率最高的自然灾害。主要发生时间时间段为每年的2~6月份和9、10月份，亚灾种类型主要为大风、冰雹和雷暴灾害；从分布区域看：全市各地均有出现，其中山区多于坝区，降雹最多的地方是玉龙雪山雪线上下一带地方，而金沙江河谷区以大风灾害发生频率最高；雷暴灾害是造成人员伤亡的主要灾害之一，每年因雷击死亡的人数在2人以上。

洪涝：发生频率较高的自然灾害，每年各地均有发生，其中，永胜、华坪、宁蒗出现较多，丽江较少。一年中多发生在6~9月。其中：丽江多发生在7月；永胜、宁蒗、华坪多发生在8~9月。亚灾种类型主要为山洪、雨涝和暴雨洪涝灾害。其中因山洪暴发而造成人员伤亡的情况每年均有发生。

泥石流、山体滑坡：发生频率较高的自然灾害，每年各地均有发生，其中山区多于坝区，玉龙、永胜、华坪、宁蒗出现较多，古城区较少。主要发生时间段为每年8~10月份。是造成人员伤亡情况的自然灾害之一。

地震：丽江地处印度板块与欧亚板块碰撞带东侧，地质

构造复杂，构造运动强烈，地震活动具有强度大、频度高、灾害重、分布广的特点。是造成重大人员伤亡和财产损失的灾害之一。

【2012年气候概述】 2012年丽江市大部地区雨季开始期正常稍偏早，雨季结束期接近正常年；强降水次数偏少，年降水量仍然不足，但汛期降水时空分布比较均匀；年平均气温显著偏高；光照条件较好；年内影响较大的气象灾害主要有冬春季干旱和汛期风雹、山洪泥石流灾害，全年无明显低温冷害和病虫害。从各气象要素分析情况看，2012年气候条件属中等年景。

一、气温

2012年，丽江、永胜、华坪、宁蒗4个气候站平均气温为15.4℃；较上年和常年平均值均偏高0.7℃，与有记录以来最高的1988年和2010年持平。年内，永胜、华坪、宁蒗3站最高气温分别达32.0、41.3和31.7℃，均刷新了有记录以来的第二高温纪录，丽江站最高气温基本正常；各站最低气温基本正常。较正常年，全市平均气温2月和5月偏高最明显，其中5月份偏高达2.8℃；9月、10月接近正常年；其它月份偏高0.4~0.7℃。

冬季（2011年12月~2012年2月）气温偏高，出现一般性暖冬。2011年12月上旬末到中旬初，全市气温较低，其它时段气温偏高。2012年1月上旬中到中旬中，气温较低，其它时段气温偏高。2月份气温稳定回升，8日大部地区出现异常高温，月平均气温较常年同期偏高1.5℃。冬季丽江、永胜、华坪、宁蒗4个气候站平均气温9.0℃，较上年同期和常年同期均偏高1.0℃，为一般性暖冬。

春季（3~5月）气温偏高，未出现明显“倒春寒”。3月，全市分别在上旬中前期、中旬中和下旬中出现了3次降温过程，其它时段气温较高，月平均气温较常年同期稍偏高。4月上旬中后期和下旬中后期，出现了两次降温过程，其它时段受干暖气团控制，气温较高，月平均气温较常年同期稍偏高。5月1~25日，全市无明显冷空气影响，降水天气少，气温显著偏高，21日大部地区出现了异常高温，下旬中后期受冷空气和孟加拉湾风暴影响，气温明显下降，月平均气温较常年同期偏高达2.8℃。丽江、永胜、华坪、宁蒗4站春季（3~5月）平均气温17.4℃，较常年同期偏高1.3℃，较上年同期偏高1.5℃，均未出现明显低温霜冻或“倒春寒”灾害。

夏季（6~8月）热量条件较好。5月底到6月初，丽江市大部先后进入雨季。随着降水天气增多，气温有所回落，较常年同期，6月上旬和下旬气温偏高、中旬稍偏低。7、8月份气温相对平稳，无异常变化，各旬气温较常年同期正常略偏高。夏季，全市均未出现“抽扬”期冷害，丽江、永胜、华坪、宁蒗4站夏季（6~8月）平均气温20.7℃，比常年同期偏高0.6℃，较上年同期偏高0.4℃，热量条件较好。

秋季（9~11月）气温接近常年。9月上旬中和中旬中出现了两次较明显的降温过程，其它时段气温无明显变化，月平均气温较常年同期正常略偏高。10月中前期气温变化比较平缓，中后期雨季结束后，多晴朗天气，夜间辐射冷却强烈，气温明显下降，月平均气温接近常年。11月无明显雨雪天气，气温波动较小，大部分地区月平均气温较常年同期正常或偏高。丽江、永胜、华坪、宁蒗4站秋季（9~11月）平均气温14.8℃，较常年同期偏高0.2℃，比上年同期偏高0.1℃。

今冬（12月）气温基本正常。12月份，丽江市分别在上旬末到中旬初、下旬末出现了两次降温过程，丽江、永胜、华坪、宁蒗4站月平均气温较常年同期偏高0.1~0.7℃，丽江站偏高最明显。

二、霜期

2012年终霜时间：丽江站4月1日、永胜站4月2日、华坪站2月3日、宁蒗站5月5日，较常年丽江、华坪、宁蒗3站偏晚6~16天，永胜站接近常年；初霜时间丽江站10月22日、永胜站10月27日、华坪站12月3日、宁蒗站10月16日，较常年偏早7~15天。年内各站无霜期日数及其与常年相比分别为：丽江203天，偏少16天；永胜207天，偏少15天；华坪303天，接近常年；宁蒗163天，偏少30天。

三、降水

1. 基本情况。年降水量持续偏少。丽江市大部地区2011年11月中旬到2012年5月下旬初，降水持续偏少。进入雨季后，降水量仍然偏少，但时空分布比较均匀，干旱、洪涝和风雹灾害相对较轻。丽江、永胜、华坪、宁蒗4站平均年降水量仅749.7毫米，较上年偏多37.4毫米，较常年偏少239.0毫米（偏少24.2%），为有记录以来第4少的年份，仅比1960年、2011年和1967年稍偏多。其中，丽江站仅655.0毫米，较上年偏少152.9毫米，较常年偏少325.3毫米（偏少33.2%），为有记录以来第二少（仅比1983年略多）。自2008年以来，全市平均降水量已连续5年偏少。

强降水次数仍然偏少。年内，丽江、永胜、华坪、宁蒗4个气候站共出现大雨（日降水量在25.0~49.9毫米之间）26站次，较常年偏少5站次；暴雨及以上强降水（日降水量大于49.9毫米）3站次，较常年偏少5站次。自2008年开始，已连续5年偏少。年内全市各站最长降水持续日数（连续出现微量及以上降水的日数）分别为：丽江站16天，出现在8月14日~29日；永胜站21天，出现在8月13日~9月2日；华坪站11天，出现6月15~25日；宁蒗站14天，出现在8月12~26日。

2. 各时段降水分布情况。

干季（2011年11月~2012年4月）降水量异常偏少，气象干旱严重。2011年11月到2012年4月，各站总降水量分别为：丽江6.8毫米，较常年同期偏少88.5%，为有记录以来同期降水量最少的一年；永胜22.7毫米，较常年同期偏少57.3%；华坪30.9毫米，较常年同期偏少37.8%；宁蒗13.1毫米，较常年同期偏少75.0%。4站干季平均降水量18.4毫米，较常年同期偏少65.8%，较2011年偏少73.8%。其中12月份偏少100%，2~4月偏少八到九成，1月份偏少近七成，11月份偏少5%左右。全市大部出现了严重的冬春季气象干旱。

5月降水量偏少，气象干旱仍较严重。5月25日以前，全市持续受大陆性干燥气流控制，基本未出现有效降水，气温异常偏高，全市大部分地区气象干旱不断加重；25日以后，降水系统开始活跃，大部分地区先后降下2012年第一场透雨，气象干旱陆续得以缓解。各站月降水量分别为：丽江站16.4毫米，较常年同期偏少50.4毫米（偏少75.4%），较上年同期偏少90.8毫米；永胜站10.4毫米，较常年同期偏少46.1毫米（偏少81.6%），较上年同期偏少51.8毫米；华坪站19.1毫米，较常年同期偏少40.5毫米（偏少68.0%），较上年同期偏少61.4毫米；宁蒗站47.1毫米，较常年同期偏少10.0毫米（偏少17.5%），较上年同期偏少36.7毫米。以上4站平均23.3毫米，较常年同期偏少36.8毫米（偏少61.1%），较上年同期偏少60.2毫米（偏少72.1%）。

雨季开始期正常稍偏早。按雨季开始标准，2012年丽江市大部在5月下旬到6月上旬初期间先后进入雨季，较常年同期偏早一到两候，属正常。

主汛期（6～8月）降水量仍偏少，但较上年同期有所增多。进入雨季后，丽江市降水时空分布比较均匀，未出现明显的气象旱涝灾害。丽江、永胜、华坪、宁蒗4个气候站各月平均降水量分别为：6月份142.6毫米，较常年同期偏少12.0%；7月份211.2毫米，较常年同期偏少16.9%；8月份184.8毫米，较常年同期偏少17.9%（其中宁蒗站8月降水量98.9毫米，为有记录以来同期降水量第三少）。各站6～8月降水量分别为：丽江483.5毫米，比常年同期偏少22.7%，较上年同期偏多6.6%；永胜532.0毫米，比常年同期偏少13.0%，较上年同期偏多52.4%；华坪655.8毫米，比常年同期偏少7.2%，较上年同期偏多88.5%；宁蒗站483.1毫米，比常年同期偏少22.3%，较上年同期偏多17.9%。4站平均538.6毫米，比常年同期偏少102.8毫米（偏少16.0%），较上年同期偏多148.5毫米（偏多38.1%）。

主汛期以上4站共出现大雨20站次，较常年同期偏少3站次；暴雨1站次，较常年同期偏少5站次。各站分别为：丽江大雨4次，暴雨0次；永胜大雨5次，暴雨0次；华坪大雨7次，暴雨1次；宁蒗大雨4次、暴雨0次。

大部分地区雨季结束期正常，秋季（9～11月）降水量偏少。进入秋季后，全市仍持续降水量偏少的趋势，雨季于10月上、中旬期间先后结束，较常年基本正常。丽江、永胜、华坪、宁蒗4个气候站各月平均降水量分别为：9月份139.5毫米，较常年同期偏少16.0%；10月份43.7毫米，较常年同期偏少35.4%；11月份0.0毫米，较常年同期偏少100%。各站9～11月降水量分别为：丽江150.0毫米，比常年同期偏少38.0%，较上年同期偏少29.3%；永胜149.9毫米，比常年同期偏少38.6%，较上年同期偏少18.0%；华坪260.2毫米，比常年同期偏少9.9%，较上年同期偏少9.3%；宁蒗站172.5毫米，比常年同期偏少20.7%，较上年同期偏多42.7%。4站平均183.2毫米，比常年同期偏少64.9毫米（偏少26.2%），较上年同期偏少17.5毫米（偏少8.7%）

雨季持续时间较长。2012年各站雨季持续时间分别为：丽江站134天，较常年偏多13天；永胜站133天，较常年偏多8天；华坪站123天，较常年偏多3天；宁蒗站134天，较常年偏多16天。

今冬（12月）降水偏少。12月份虽然有两次较明显的冷空气影响过程，但无暖湿气流配合，我市均未出现大范围雨雪天气，以上4站均无降水。

四、光照

2012年，丽江市大部地区日照时数较常年同期1、4、6、7、9月偏少1%～25%，9月份偏少幅度最大（丽江站7月12～24日的连续13天内，日照时数仅为7.8小时）；其它月份分别偏多3%～25%，11月份偏多最明显。丽江、永胜、华坪、宁蒗4个气候站平均年总日照时数为2484.5小时，较正常年偏多95.5小时（偏多4.0%），比上年偏少18.7小时（偏少0.7%），光照条件较好。其中，丽江站2410.9小时，较常年平均偏少1.8小时（偏少0.1%），较上年偏少162.3小时（偏少6.3%）；永胜站2373.6小时，较常年平均偏多81.9小时（偏多3.6%），较上年偏多60.2小时（偏多2.6%）；华坪站2584.1小时，较常年平均偏多99.4小时（偏多4.0%），较上年偏少2.6小时（偏少0.1%）；宁蒗站2569.5小时，较常年平均偏多204.8小时（偏多8.7%），较上年偏多29.8小时（偏多1.2%）。

【2013年气候概述】 2013年，雨季开始期正常略偏早，雨季结束期正常略偏晚；丽江市大部地区冬春季降水稀少，年降水量略少，汛期强降水次数偏少、降水时空分布相对比较均匀；年平均气温偏高；光照条件较好；年内影响较大的气象灾害主要有冬春季干旱，6月“插花”旱，汛期局地性风雹、山洪泥石流和12月份的雪灾冻害。从各气象要素变化分析情况看，2013年气候条件属中等年景。

一、气温

1. 基本情况。2013年，丽江、永胜、华坪、宁蒗4个气候站平均气温为15.1℃；较2012年偏低0.3℃，较多年平均值偏高0.4℃。年内，丽江、永胜、华坪、宁蒗各站最高气温分别为28.9、30.0、38.4和31.3℃，基本正常；最低气温丽江、永胜、华坪3站分别为-6.7、-6.8和-0.6℃，为近30年来最低，宁蒗站-8.8℃，基本正常。较常年同期，全市平均气温2月、3月和6月偏高明显，其中2月份偏高达2.3℃；1月、10月、11月和12月偏低0.2～0.5℃；其它月份偏高0.1～0.6℃。

冬季（2012年12月～2013年2月）气温偏高，为一般性暖冬。2012年12月上旬末到中旬初、下旬末出现了两次降温过程，月平均气温较常年同期偏高0.4℃左右。2013年1月上旬末到中旬初，全市出现阴冷天气，其它时段气温波动较小，月平均气温较常年同期中西部地区正常略偏高，东部地区正常略偏低。2013年2月份分别在3日、9日和18日前后出现了3次降温天气过程，其它时段天气晴朗干燥，气温异常偏高，月平均气温较常年同期偏高2.3℃左右。冬季丽江、永胜、华坪、宁蒗4个气候站平均气温8.9℃，较2012年同期偏低0.1℃，较常年同期偏高0.9℃，为一般性暖冬。

春季（3～5月）气温偏高，未出现明显“倒春寒”。3月，全市分别在14日、18日、22日、26日和31日前后出现了5次弱的降温过程，其它时段气温偏高，月平均气温较常年同期偏高1.4℃左右。4月份，分别在6日和12日前后出现了两次降温过程，其它时段气温波动较小，月平均气温较常年同期偏高0.6℃左右。5月份，分别在3日、10日和24日前后出现了3次降温天气过程，26～28日出现了晴热高温天气，月平均气温较常年同期偏高0.1℃左右。丽江、永胜、华坪、宁蒗4站春季（3~5月）平均气温16.8℃，较常年同期偏高0.7℃，较2012年同期偏低0.6℃，均未出现明显低温霜冻或“倒春寒”灾害。

夏季（6~8月）热量条件较好，无“抽扬期”低温冷害。6月份，分别在10日、21日和27日前后出现了3次较明显的降温过程，大部地区在11日晨出现了异常低温；11~20日，我市持续晴热天气，部分地区出现了异常高温，月平均气温较常年同期偏高1.2℃左右。7月份，分别在5日、12日、19日和25日前后出现了4次降温过程，月平均气温较常年同期偏高0.5℃左右。8月份，全市分别在1日、11日、17日、26日和30日前后出现了5次降温过程，30日前后降温最明显，月平均气温较常年同期偏高0.3℃左右。丽江、永胜、华坪、宁蒗4站夏季平均气温20.8℃，比常年同期偏高0.7℃，较2012年同期偏高0.1℃，热量条件较好，全市均未出现“抽扬”期低温冷害。

秋季（9~11月）气温偏低。9月份，分别在上旬中和下旬中出现了两次明显的降温过程，月平均气温较常年同期偏高0.1℃左右。10月份，分别在上旬中、中旬中和下旬中后期出现了3次降温过程，月平均气温较常年同期偏低0.4℃左右。11月份，气温波动较小，月平均气温较常年同期偏低0.4℃左右。丽江、永胜、华坪、宁蒗4站秋季（9~11月）平均气温14.3℃，较常年同期偏低0.3℃，比2012年同期偏低0.5℃。

12月气温仍偏低。12月中旬中后期，全市出现了一次明显降温过程，大部地区17日最低气温创下了近30年来最低，中旬平均气温接近有记录以来的最低值，丽江、永胜、华坪、宁蒗4站月平均气温较常年同期偏低0.5℃。

二、霜期

2013年终霜时间丽江站3月8日、永胜站3月24日、华坪站2月5日、宁蒗站4月9日，较常年偏早4~18天。初霜时间丽江站10月11日，偏早21天；永胜站11月1日，偏早10天；华坪站12月11日，偏晚1天；宁蒗站11月1日，偏晚2天。年内各站无霜期日数及其与常年相比分别为：丽江216天，偏少3天；永胜221天，偏少1天；华坪308天，偏多5天；宁蒗205天，偏多12天。

三、降水

1. 基本情况。年降水量持续偏少。丽江市大部地区去冬今春（2012年12月~2013年4月）降水量持续偏少；5月降水量西部、南部地区偏多，东部、北部地区基本正常；夏季（6~8月）总降水量较常年同期略偏多；秋季降水偏少；12月降水量偏多。丽江、永胜、华坪、宁蒗4站平均年降水量为915.9毫米，较2012年偏多166.2毫米，较常年偏少72.8毫米（偏少7.4%）。雨季期间降水时空分布比较均匀，未发生大范围洪涝和风雹灾害。自2008年以来，全市平均降水量已连续6年少于正常值。

强降水次数偏少。年内，丽江、永胜、华坪、宁蒗4个气候站共出现大雨（日降水量在25.0~49.9毫米之间）33站次，较常年偏多2站次；暴雨及以上强降水（日降水量大于49.9毫米）4站次，较常年偏少4站次。2008年以来，以上4站强降水站次已连续6年偏少。

年内全市各站最长降水持续日数（连续出现微量及以上降水的日数）分别为：丽江站17天，出现在7月16日~8月2日；永胜站16天，出现在7月17日~8月2日；华坪站15天，出现在8月29日~9月12日；宁蒗站16天，出现在7月17日~8月2日。

2. 各时段降水分布情况。

干季（2012年11月~2013年4月）降水量异常偏少，气象干旱严重。2012年11月到2013年4月，各站总降水量分别为：丽江18.0毫米，较常年同期偏少69.3%；永胜13.7毫米，较常年同期偏少73.8%，为有记录以来同期降水量第三少，仅比1960年和2001年同期略多；华坪3.7毫米，较常年同期偏少92.4%，为有记录以来同期降水量第三少，仅比1960年和2010年同期略多；宁蒗15.3毫米，较常年同期偏少70.3%。4站平均降水量12.7毫米，较常年同期偏少76.0%，较2012年同期偏少5.7毫米，为有记录以来同期降水量第三少，仅比1960年和2010年同期略多。其中2012年11月、12月和2013年1月偏少100%，2~4月偏少三到六成。全市大部出现了严重气象干旱。

5月降水量正常略偏多，大部分地区雨水来得早。4月底开始，降水天气系统开始活跃，5月上旬初大部分地区先后降下第一场透雨，气象干旱陆续得以缓解。各站月降水量分别为：丽江站94.5毫米，较常年同期偏多27.7毫米（偏多41.5%），较2012年同期偏多78.1毫米；永胜站66.5毫米，较常年同期偏多10.0毫米（偏多17.9%），较2012年同期偏多56.1毫米；华坪站59.2毫米，接近常年同期平均值，较2012年同期偏多40.1毫米；宁蒗站54.2毫米，较常年同期偏少2.9毫米（偏少5.1%），较2012年同期偏多7.1毫米。以上4站平均68.6毫米，较常年同期偏多8.6毫米（偏多14.3%），较2012年同期偏多45.3毫米。

雨季开始期正常略偏早。2013年，全市雨水来得早。但按雨季开始期标准，大部地区在5月下旬到6月上旬先后进入雨季，较常年偏早一到两候。

主汛期（6~8月）降水量略偏多。进入雨季后，全市降水时空分布比较均匀，除6月中旬的“插花”旱外，未出现大范围明显的气象旱涝灾害。丽江、永胜、华坪、宁蒗4个气候站各月平均降水量分别为：6月份144.4毫米，较常年同期偏少10.9%，较去年同期偏多1.8毫米；7月份344.6毫米，较常年同期偏多35.5%，较去年同期偏多133.4毫米；8月份155.0毫米，较常年同期偏少31.1%，较去年同期偏少29.8毫米。各站夏季（6~8月）降水量分别为：丽江609.5毫米，比常年同期偏少2.5%，较2012年同期偏多126.0毫米；永胜576.5毫米，比常年同期偏少5.8%，较2012年同期偏多44.5毫米；华坪734.9毫米，比常年同期偏多4.0%，较2012年同期偏多79.1毫米；宁蒗站654.8毫米，比常年同期偏多5.4%，较2012年同期偏多171.7毫米。4站平均643.9毫米，比常年同期偏多2.6毫米（偏多0.4%），较2012年同期偏多105.3毫米。

主汛期以上4站共出现大雨28站次，较常年同期偏多5.5站（次），较去年同期偏多8站（次）；暴雨4站（次），较常年同期偏少2.5站（次），较去年同期偏多3站（次）。各站分别为：丽江大雨5次，暴雨0次；永胜大雨9次，暴雨0次；华坪大雨9次，暴雨3次；宁蒗大雨5次、暴雨1次。

秋季（9~11月）降水量偏少，大部分地区出现秋季连阴雨，雨季结束期偏晚。进入秋季后，全市降水量持续偏少。丽江、永胜、华坪、宁蒗4个气候站各月平均降水量分别为：9月份122.9毫米，较2012年同期偏多16.6毫米，较常年同期偏少26.0%；10月份63.3毫米，较2012年同期偏多19.6毫米，较常年同期偏少6.4%；11月份无降水。各站9~11月降水量分别为：丽江167.3毫米，较2012年同期偏多17.3毫米，比常年同期偏少30.9%；永胜207.6毫米，较2012年同期偏多57.7毫米，比常年同期偏少14.9%；华坪216.8毫米，较2012年同期偏少43.4毫米，比常年同期偏少24.9%；宁蒗站152.8毫米，较2012年同期偏少19.7毫米，比常年同期偏少29.7%。4站平均186.1毫米，较2012年同期偏多2.9毫米，比常年同期偏少62.0毫米（偏少25.0%）。

8月29日到9月12日，全市持续阴雨寡照，大部地区出现了秋季连阴雨天气，对高海拔地区大春作物的成熟和中低海拔地区大春作物的收割晾晒造成了不利影响。

各地雨季结束时间分别为：北部地区9月下旬，较常年偏早；西部地区10月上旬，接近常年；东部和南部地区10月下旬，较常年偏晚。

大部地区雨季持续时间较长。2013年各站雨季持续时间分别为：丽江站102天，较常年偏少19天；永胜站160天，较常年偏多35天；华坪站155天，较常年偏多35天；宁蒗站112天，较常年偏少6天。

今冬（12月）降水偏多。12月份全市分别在上旬初出现了局地性降水、中旬中出现了大范围雨雪天气过程。以上4站平均月降水量4.6毫米，较常年同期偏多1.2毫米（偏多37.3%）。

四、光照

2013年，丽江市大部地区日照时数较常年同期1~4月、6月、8月、11月偏多3%~22%，11月份偏多幅度最大；其它月份分别偏少2%~18%，7月份偏少最明显。丽江、永胜、华坪、宁蒗4个气候站平均年日照时数为2476.8小时，较正常年偏多87.7小时（偏多3.7%），比2012年偏少7.7小时，光照条件较好。其中，丽江站2526.9小时，较常年平均偏多113.9小时（偏多4.7%），较2012年偏多116.0小时；永胜站2359.8小时，较常年平均偏多68.3小时（偏多3.0%），较2012年偏少13.8小时；华坪站2590.1小时，较常年平均偏多103.2小时（偏多4.1%），较2012年偏多6.0小时；宁蒗站2430.2小时，较常年平均偏多65.5小时（偏多2.8%），较2012年偏少139.5小时。

2012年灾情

【综　述】　2012年，丽江市气候异常，自然灾害频繁而严重，相继发生了低温冷冻、风雹、洪涝、泥石流、山体滑坡、特大旱灾和地震等自然灾害，造成人员伤亡，民房受损，农作物大面积受灾，交通、水利、通讯、电力、农田等基础设施和居民设施遭到不同程度的破坏，给国家和人民的生命财产造成了巨大的损失，也给灾区群众的生产生活带来了很大的困难和影响。据统计，2012年，全市因自然灾害造成的受灾人口达63.772万人次，其中因灾死亡11人，失踪1人，因灾伤病397人，紧急转移安置22086人，饮水困难人口19.6499万人；农作物受面积62.29395千公顷，成灾35.56909千公顷，绝收16.7169千公顷；倒塌房屋23268间，其中倒塌民房2297户23261间，严重损坏房屋53088间，其中严重损坏民房4871户53026间，一般损坏房屋17708间，其中一般损坏民房1999户17452间；因灾死亡大牲畜1540头（只），死亡羊87只；因灾造成的直接经济的损失达10.2789亿元，其中农业经济损失4.9443亿元，基础设施损失1.0326亿元，公益设施损失0.6982亿元，家庭财产损失3.6035亿元。灾害损失程度为近年较重的一年，主要原因为持续几年的连续旱灾和宁蒗县“6·24”5.7级地震造成的损失较大。

【丽江市遭遇严重旱灾】　自2011年10月至2012年5月下旬期间，受高温少雨天气的影响，丽江市遭遇严重的冬春连旱。丽江市自2009年以来，连续4年遭受严重旱灾。旱灾造成大面积农作物受灾，局部地区出现人畜饮水困难，受灾群众的生产生活受到严重影响。据统计，旱灾造成36.3877万人受灾，其中饮水困难10.7243万人，12.7627万人需饮水和口粮救助；农作物受灾面积41.3723千公顷，其中成灾26.0884千公顷，绝收13.111千公顷；饮水困难大牲畜13.9513万头（只）；直接经济损失达3.0171亿元，其中农业经济损失3.0171亿元。

【玉龙、宁蒗县遭受大风袭击】　2月8日至10日期间，受强对流天气的影响，玉龙县大具乡甲子村、宝山乡果乐村三组、白沙乡玉湖村委会二组、三组、四组、六组、八组，宁蒗县拉伯、翠玉、红桥、金棉、西川5个乡部分地区遭受不同程度的大风袭击，造成大量民房受损。据统计，风灾共造成4297人受灾，房屋倒塌2户7间，严重损坏房屋250户1250间，一般损坏房屋476户2380间，部分电力设施受损；直接经济损失945.27万元，其中基础设施损失30万元，家庭财产损失915.27万元。

【宁蒗县3乡镇遭受大风袭击】　4月5日，宁蒗县金棉、西布河、翠玉3个乡部分地区遭受大风袭击，造成人员伤亡和民房受损。据统计，风灾造成650人受灾，其中1人因过桥时吹落河中溺水死亡。房屋76户380间，一般损坏54户270间；直接经济损失130万元，其中家庭财产损失130万元。

【古城区遭受大风袭击】　4月25日晚，古城区金山乡东江村委会遭受大风侵袭，造成樱桃、油桃等农作物大面积受灾，损失严重。据统计，风灾造成168人受灾，农作物受灾面积29.7公顷，其中成灾29.7公顷；直接经济损失126.2万元，其中农业经济损失126.2万元。

【玉龙县遭受冰雹袭击】　5月26日16时左右，受强对流天气的影响，玉龙县九河乡、太安乡的九河、吉子、海西、汝南、红麦等5个村委会遭受冰雹袭击，造成玉米、烤烟等农作物大面积受灾。据统计，灾害共造成3869人受灾，农作物受灾面积454公顷，其中成灾395公顷，绝收167公顷。直接经济损失337万元。

【宁蒗县遭受大风袭击】　2012年5月30日，宁蒗县拉伯乡托甸村委会嘎沙落村民小组遭受大风袭击，造成1人死亡，3间房屋严重受损。

【玉龙县遭受暴雨袭击】　5月30日晚20时，玉龙县鲁甸乡鲁甸、太平、杵峰等3个村委会境内出现强降水过程，据气象部门监测，短时降水量将近50毫米。暴雨引发山洪冲毁桥梁、道路等基础设施，河两岸的部分农作物受灾，民房受损。据统计，灾害共造成2964人受灾，紧急转移安置11人；农作物受灾面积60.7公顷，其中成灾26.7公顷，绝收17.7公顷；房屋严重损坏1户5间；毁坏耕地6.7公顷；直接经济损失411.61万元，其中基础设施损失291万元，农业经济损失115.61万元，家庭财产损失5万元。

【玉龙、宁蒗2县遭受暴雨袭击】　6月14日20时左右，玉龙县鸣音乡、宁蒗县金棉乡境内出现强降水过程，其中玉龙县鸣音乡境内短时降水量达69.5毫米，强降水导致太和村河水暴涨，阿海公路通往桥头一组桥梁被冲毁，沿岸农田被冲毁，农作物受灾。宁蒗县金棉乡局部地区也因暴雨引发山洪造成房屋受损，农作物受灾。据统计，此次暴雨共造成5471人受灾，其中6人死亡，1人失踪，1人重伤；农作物受灾面积1777公顷，成灾156.7公顷，绝收58.7公顷；严重损坏房屋11户66间，一般损坏房屋16户25间；折合经济损失22万元；牲畜死亡57头；冲垮2座桥梁，河堤500米，损坏村道3550米，冲毁1英寸引水管线8000米，5分钢管5050米，饮水池2个，共120立方米，水渠（三面光）1000米；冲毁输电线路及电杆34根。直接经济损失达521.2万元，其中农业经济损失305.5万元，基础设施损失169.4万元，家庭财产损失46.3万元。

【玉龙县2乡镇遭受洪涝灾害】　6月15日20时，玉龙县宝山、奉科2乡境内出现强降水，致使吾木、果乐、柳青等村委会发生不同程度的洪涝灾害。据统计，灾害共造成1963人受灾，农作物受灾面积248.5公顷，其中成灾100.5公顷，绝收21.4公顷；毁坏耕地1.3公顷；死亡大牲畜17头（只），死亡羊只76只；房屋严重损坏5户36间；冲垮桥梁1座，冲毁饮水设施200米，损坏村道3500米。直接经济损失279.42万元，其中农业经济损失169.02万元，基础设施损失58.4万元，家庭财产损失52万元。

【宁蒗县遭受洪涝灾害】　6月22日晚，宁蒗县境内出现大范围强降水天气，致使红桥、翠玉、永宁、宁利4个乡（镇）10个村委会25个村民小组遭受不同程度的洪涝灾害，造成部分房屋受损，农作物大面积受灾。据统计，灾害造成8600人受灾；房屋倒塌2户10间，一般损坏10户45间；农作物受灾面积670公顷，其中成灾450公倾，绝收120公顷，毁坏耕地10公顷。直接经济损失841万元，其中农业经济损失828万元，家庭财产损失13万元。

【宁蒗县发生5.7级地震】　6月24日15时59分，宁蒗县永宁乡发生里氏5.7级地震（震中位于北纬27.7°，东经100.7°），震源深度11千米，地震波及宁蒗县烂泥箐、新营盘、西川、红桥、大兴、拉伯、翠玉、宁利、金棉、永宁等10个乡（镇）和玉龙县东部地区的奉科、宝山、鸣音3个乡镇。地震造成人员伤亡，房屋倒损；道路、电力、通信等基础设施和学校、医院等公益设施遭到不同程度破坏。据统计，地震造成67908人受灾，其中因灾死亡3人，因灾伤病394人，紧急转移安置21860人；房屋倒塌1965户21615间，严重损坏4820户52935间，一般损坏192户3716间；因灾死亡大牲畜1200头（只）。直接经济损失50730万元，其中农业经济损失18万元，基础设施损失9191.2万元，公益设施损失6980万元，家庭财产损失34540.8万元。

【永胜县遭受大风、洪涝灾害】　6月30日，永胜县境内出现大风、强降雨天气，致使东风、涛源、大安、程海、松坪5个乡（镇）的局部地区发生不同程度的大风、洪涝灾害，造成农作物受灾、部分民房和基础设施受损。据统计，灾害共造成3139人受灾，其中紧急转移安置17人；农作物受灾面积442.1公顷，其中成灾329.4公顷，绝收211公顷；毁坏耕地100.66公顷；死亡大牲畜250头（只）；严重损坏房屋8户37间；一般损坏房屋71户101间。直接经济损失926.75万元，其中农业经济损失735.81万元，基础设施损失57.34万元，家庭财产损失133.6万元。

【玉龙县2乡镇遭受暴雨袭击】　7月2日17时左右，玉龙县塔城乡陇巴村委会、大具乡甲子村委会境内出现短时强降水天气并伴有冰雹，造成1890人受灾；农作物受灾面积99公顷，其中成灾66.2公顷，绝收5公顷；毁坏耕地1.1公顷；房屋倒塌1户3间，严重损坏2户16间；部分基础设施受损。直接经济损失51.6万元，其中农业经济损失33.1万元，基础设施损失10.5万元，家庭财产损失8万元。

【宁蒗县遭受病虫害】　7月以来，受前期干旱，后期雨水增多且高温等气候条件的影响，宁蒗县全境内发生了不同程度的粘虫、玉米螟病虫害，其中较为严重的有永宁乡、大兴镇、拉伯乡、西川乡等8个乡镇，灾害造成6.9万人受灾，农作物受灾面积7856公顷，其中成灾1571公顷，绝收79公顷，直接经济损失3277万元。

【玉龙县石头乡遭受洪涝、泥石流】　7月13日晚20时，玉龙县石头乡石头、四华2个村委会境内出现强降水天气，暴雨引山洪和泥石流淹没农田，冲毁桥梁和道路等基础设施。据统计，灾害造成1312人受灾；农作物受灾面积138.19公顷，其中成灾36.59公顷，绝收2.69公顷；毁坏耕地0.64公顷；冲毁自来水管道1700米，河堤挡墙受损1260米，桥梁2座；损坏山路2060米。直接经济损失369.96万元，其中农业经济损失174.96万元，基础设施损失195万元。

【玉龙县5乡镇遭受洪涝灾害】 7月24日，因金沙江上游及周边地区的强降水过程，致使金沙江江水和支流河水猛涨，造成玉龙县沿江、沿河的5个乡镇的部份民房和大面积农作物被淹，局部防洪堤和农田被损毁。据统计，灾害致使玉龙县石鼓、巨甸、塔城、龙蟠、黎明5个乡镇的19个村委91个村民小组不同程度受灾，受灾人口13171人，紧急转移安置46户189人，转移商铺44户；淹没房屋46户419间，商铺148间。农作物受灾面积675.63公顷，其中成灾517.86公顷，绝收433.33公顷；毁坏耕地8.4公顷；严重损坏房屋1户2间，一般损坏房屋567间；石鼓镇鲁瓦村委会车竹组大桥东侧桥墩完全下陷，桥面坍塌。直接经济损失1717.48万元，其中农业经济损失1629.38万元，基础设施损失28万元，家庭财产损失60.1万元。

【永胜县3乡镇遭受洪涝、冰雹灾害】 7月27日，永胜县片角、仁和、涛源等3个乡（镇）的9个村委会境内出现强降水天气并伴有短时冰雹，致使刚刚种植的玉米、烤烟和部分处于成熟期的经济作物受灾较重。据统计，灾害造成3223人受灾；农作物受灾面积275.7公顷，其中成灾156公顷，绝收147公顷；直接经济损失185.18万元。

【永胜县2乡镇遭受洪涝灾害】 7月28日，永胜县仁河、东山2个乡境内出现强降雨、大风天气，暴雨引发山洪淹没农田，民房进水，基础设施受损。据统计，暴雨致使其境内的13个村委会发生不同程度的受灾，造成2656人受灾；农作物受灾面积321.4公顷，其中成灾141.5公顷，绝收53.8公顷；严重损坏房屋2户3间，一般损坏房屋3户7间；直接经济损失181.08万元，其中农业经济损失141.35万元，基础设施损失36.63万元，家庭财产损失3.1万元。

【玉龙、永胜县遭受风雹、洪涝灾害】 7月31日至8月2日期间，受强对流天气的影响，玉龙县石鼓镇、塔城乡在不同时段遭受风雹袭击，造成其境内大新、鲁瓦、仁和、陇巴等4个村委会的17个村民小组不同程度受灾。永胜县顺州、东风、东山3个乡（镇）18个村委会因强降雨引发山洪和泥石流造成大面积农作物受灾，民房和基础设施受损。据统计，灾害共造成4795人受灾，其中676人饮水困难；严重损坏房屋1户3间，一般损坏房屋2户6间；农作物受灾面积466.5公顷，其中成灾198.3公顷，绝收75公顷，毁坏耕地1.7公顷；损毁公路19.11千米，损坏灌溉沟渠1500米，损毁人畜饮水工程4件。直接经济损失398.45万元，其中农业经济损失343.29万元，基础设施损失51.84万元，家庭财产损失3.3万元。

【丽江市遭受冰雹、洪涝灾害】 8月5~6日，受强对流天气的影响，丽江市出现大范围的冰雹、强降水天气，致使古城区七河、金安、大东3个乡镇，玉龙县九河、鸣音、石头3个乡的3个村委会8个村民小组，永胜县六德、仁和、东山、大安、顺州、片角、程海7个乡（镇）26个村委会，宁蒗县宁利、金棉、大兴、西川、蝉战河4个乡镇遭受不同程度的冰雹和暴雨引发的局地性洪涝灾害。烤烟、玉米等农作物受灾严重，部分民房和道路、水利等基础设施受损。据统计，灾害共造成19152人受灾；农作物受灾面积1656.89公顷，其中成灾1035.15公顷，绝收466.17公顷；严重损坏房屋7户40间，一般损坏房屋110户550间；死亡大牲畜66头只，羊只12只；损毁公路6.9千米，村道2050米，桥涵7座，水库坝塘2座，损坏灌溉沟渠2410米，人畜水管道5260米。直接经济损失1674.8万元，其中农业经济损失1450.69万元，基础设施损失134.2万元，家庭财产损失89.91万元。

【玉龙、宁蒗县遭受冰雹袭击】 8月10日，受强对流天气的影响，出现大范围的冰雹、强降水天气，致使玉龙县鲁甸、巨甸、黎明、九河、石头等5个乡镇的9个村委会61个村民小组，宁蒗县金棉、宁利、红桥3个乡遭受不同程度的冰雹灾害，农作物大面积受灾，民房受损。据统计，灾害共造成8841人受灾；农作物受灾面积1210.1公顷，其中成灾875.93公顷，绝收372.16公顷，一般损坏民房6户20间；直接经济损失2389.46万元，其中农业经济损失2384.76万元，家庭财产损失4.7万元。

【丽江市3县（区）遭受冰雹袭击】 8月13~14日，受强对流天气的影响，出现大范围的冰雹、强降水天气，致使古城区金山、大东2乡和束河街道的11个村委会（社区），永胜县六德、大安2个乡（镇），华坪县中心、新庄、永兴、兴泉等4个乡镇的7个村委会遭受不同程度的冰雹灾害。造成大面积农作物受灾，民房受损。据统计，灾害共造成17633人受灾；农作物受灾面积847.7公顷，其中成灾724.7公顷，绝收160.8公顷；严重损坏民房1户3间，一般损坏民房4户12间；直接经济损失871.19万元，其中农业经济损失866.99万元，家庭财产损失4.2万元。

【古城区、玉龙县遭受滑坡、风雹灾害】 8月21日，受强降水过程的影响，古城区金江乡金江村委会银黄公路部分路段垮塌，部分农田被冲毁。玉龙县九河乡金普、南高2个村委会的7个村小组遭受风雹袭击，造成玉米、芸豆、烤烟等农作物受灾。据统计，灾害共造成4364人受灾；农作物受灾面积68.3公顷，其中成灾54.7公顷，绝收1.3公顷，毁坏耕地0.05公顷；直接经济损失111.64万元，其中农业经济损失102.14万元，基础设施损失7万元，家庭财产损失2.5万元。

【永胜县遭受风雹、洪涝灾害】 8月25日，永胜县境内出现风雹、雷雨等极端天气，致使六德、期纳、大安、片角、永北5个乡（镇）的19个村委会遭受不同程度的风雹、洪涝等灾害，造成大面积农作物受灾，民房、公益和基础设施受

损。据统计，灾害共造成13930人受灾；农作物受灾面积541.2公顷，其中成灾396.6公顷，绝收149.7公顷；毁坏耕地7.1公顷；严重损坏房屋1户3间，一般损坏9户21间。直接经济损失431.35万元，其中农业经济损失395.48万元，基础设施损失25.72万元，公益设施损失2.2万元，家庭财产损失7.95万元。

【丽江市发生冰雹、洪涝灾害】 9月2～3日，丽江市出现大范围强降水天气，局部地区伴有冰雹，致使古城区大东乡3个村委会和束河街道开文社区，永胜县永北、顺州、期纳、涛源4个乡镇，宁蒗县大兴、红桥、永宁、新营盘、烂泥箐5个乡镇遭受不同程度的冰雹、洪涝灾害，造成水稻、玉米、烤烟等农作物大面积受灾。据统计，灾害共造成14313人受灾；农作物受灾面积1493.39公顷，其中成灾671.5公顷，绝收208公顷；牲畜死亡6头；冲毁9台小型水利发电机，2台水磨机。直接经济损失745.24万元，其中农业经济损失742.04，家庭财产损失3.2万元。

【玉龙县遭受冰雹袭击】 9月8日16时30分，玉龙县白沙乡新善、丰乐、向阳、玉龙等4个村委会的10个村民小组遭受冰雹袭击，造成玉米、黄豆、油菜、蔬菜等农作物不同程度受灾。据统计，灾害造成1911人受灾；农作物受灾面积313.2公顷，其中成灾286.3公顷。直接经济损失186万元，其中农业经济损失186万元。

【玉龙、永胜县遭受冰雹、洪涝灾害】 9月30日～10月1日，丽江市出现大范围强降雨天气，局部地区伴有冰雹，致使玉龙县拉市、太安2个乡镇4个村委会22个村民小组遭受冰雹灾害，即将成熟的雪桃、苹果等大面积受灾，损失严重。永胜县东风、期纳、东山3个乡（镇）6个村委会遭受洪涝灾害，造成农作物受灾，民房和部分基础设施受损。据统计，灾害共造成9909人受灾；农作物受灾面积1227.1公顷，其中成灾1044.5公顷，绝收752.1公顷；严重损坏房屋8户16间，一般损坏房屋4户12间；损毁乡村公路9千米，损坏灌溉沟渠50米。直接经济损失5112.61万元，其中农业经济损失5061.06万元，基础设施损失39.95万元，家庭财产损失11.6万元。

2013年灾情

【综　述】 2013年，丽江市自然灾害较为频繁而严重，相继发生了低温冷冻、干旱、风雹、地震、洪涝、泥石流、山体滑坡等自然灾害，造成人员伤亡，民房倒损，农作物大面积受灾，交通、水利、电力等基础设施和教育、卫生等公益设施以及工矿企业遭到不同程度的破坏，给国家和人民的生命财产造成了巨大的损失，也给灾区群众的生产生活带来了很大的困难和影响。据统计，2013年，丽江市因自然灾害造成的受灾人口达64.2296万人次，其中因灾死亡1人，因灾伤病3人，紧急转移安置人口2481人，饮水困难人口20.2158万人；农作物受灾面积62.0454千公顷，其中成灾33.8702千公顷，绝收8.4702千公顷；倒塌房屋51户183间，严重损坏房屋1233间，其中民房349户1199间，一般损坏房屋44434间，其中民房13046户44063间；因灾死亡大牲畜217头（只），死亡羊221只；因灾造成的直接经济的损失6.0028亿元，其中农业经济损失4.6624亿元，基础设施损失0.4940亿元，公益设施损失0.02711亿元，工矿企业损失0.01365亿元，家庭财产损失0.8057亿元。

【永胜县发生4.2级地震】 2月22日5时43分39.88秒，丽江市永胜县发生里氏4.2级地震，震中位于北纬26°44′，东经100°48′（永胜县羊坪乡），震源深度14千米，距永胜县城7.8千米，地震造成永胜县和宁蒗县部分乡镇受灾。民房、基础设施和公益设施遭到不同程度破坏。据统计，地震造成34350受灾，其中紧急转移安置116人，严重损坏房屋320间，其中民房74户286间，一般损坏房屋32002间，其中民房9028户31820间；直接经济损失5922.4万元，其中基础设施损失1217.1万元，公益设施损失56.7万元，家庭财产损失4648.55万元。

【丽江市遭遇严重旱灾】 自2012年10月至2013年5月下旬期间，受高温少雨天气的影响，丽江市遭遇严重的冬春连旱。丽江市自2009年以来，连续5年遭受严重冬春旱灾。旱灾造成大面积农作物受灾，局部地区出现人畜饮水困难，受灾群众的生产生活受到严重影响。据统计，旱灾造成42.6884万人受灾，其中饮水困难18.8543万人，需饮水和口粮救助人口5.5889万人；农作物受灾面积21.2097千公顷，其中成灾12.84376千公顷，绝收1560.37千公顷；饮水困难大牲畜8.2489万头（只）；直接经济损失达15719.54万元，其中农业经济损失15719.54万元。

【宁蒗县3乡镇遭受冰雹袭击】 4月30日晚20时13分，宁蒗县大兴镇、红桥乡、烂泥箐乡遭受冰雹袭击，冰雹持续了约14分钟，冰雹颗粒最大直径达3厘米，冰雹最高厚度达30厘米，公路路面冰雹厚度达14厘米。冰雹灾害造成大面积农作物受灾，损失严重。据统计，灾害造成27500人受灾；一般损坏民房2615户7845间；农作物受灾面积2623公顷，其中成灾1473公顷，绝收1096公顷；太阳能受损1166台。直接经济损失2330万元，其中农业经济损失2256万元，家庭财产损失74万元。

【宁蒗县7乡镇遭受冰雹袭击】 5月21日晚18时30分，宁蒗县境内出现大范围的冰雹天气，造成其境内金棉、新营盘、烂泥箐、西部河、蝉战河、西川、跑马坪7个乡镇遭受不同程度的冰雹灾害。据统计，灾害造成16412人受灾；农作物受灾面积1584公顷，其中成灾806公顷，绝收498公顷；直接经济损失589万元，其中农业经济损失589万元。

【华坪、宁蒗县遭受冰雹、洪涝灾害】 6月6日19时左右，华坪县、宁蒗县大部地区出现大风、雷电，强降水天气，局部伴有冰雹，其中宁蒗烂泥箐24小时累计降水达55.6毫米。强降水夹带冰雹致使2县14个乡镇遭受不同程度的冰雹、洪涝灾害，造成农作物大面积受灾，其中经济林果木受灾较为严重，部分房屋受损。据统计灾害造成39100人受灾，一般损坏房屋50户280间；农作物受灾面积3258公顷，其中成灾2042公顷，绝收837公顷；死亡大牲畜12头（只）；直接经济损失3075.5万元，其中农业经济损失3029.5万元，家庭财产损失46万元。

【玉龙县遭受低温冷冻灾害】 6月11日凌晨4时左右，受极端天气的影响，玉龙县黄山、太安、白沙等3个乡镇境内气温在短时内骤降9℃左右，最低温度只有3.6℃，致使境内的5个村委会25个村民小组遭受不同程度的低温冷冻灾害。6月12日凌晨6时左右，鲁甸乡境内气温也短时间内骤降17～18℃，最低温度只有5℃左右，造成安乐、鲁甸、杵峰3个村委会的8个村民小组遭受不同程度的低温冷冻灾害。据统计，灾害共造成5339人受灾，农作物受灾面积618.4公顷，其中成灾425.4公顷，绝收62.7公顷；直接经济损失853.8万元，其中农业经济损失853.8万元。

【玉龙、宁蒗县遭受冰雹袭击】 6月18日14时至18时20分左右，受分散性对流天气的影响，玉龙县大具、太安、拉市、黎明、九河、巨甸6个乡（镇）和宁蒗县宁利、西川、红桥3个乡的局部地区在不同时段遭受冰雹袭击，造成大面积农作物受灾，少量禽类被冰雹打死。据统计，灾害共造成5776人受灾，农作物受灾面积545.2公顷，其中成灾313.5公顷，绝收92公顷；直接经济损失410.15万元，其中农业经济损失409.86万元，基础设施损失0.15万元，家庭财产损失0.14万元。

【玉龙县遭受洪涝灾害】 6月24日晚，玉龙县白沙镇境内出现强降水过程，致使使文海村委会的4个村民小组遭受不同程度的内涝，农作物被淹。据统计，灾害造成394人受灾；农作物受灾面积32.9公顷，其中成灾22.5公顷；直接经济损失90.2万元，其中农业经济损失90.2万元。

【古城区七河镇遭受冰雹袭击】 6月24日下午18时45分，古城区七河镇境内出现冰雹天气，造成前山、后山2个村委会的大面积农作物受灾。据统计，灾害造成1277人受灾；农作物受灾面积200公顷；直接经济损失94万元。

【永胜、宁蒗县遭受冰雹、洪涝灾害】 6月26日凌晨起，丽江市永胜县、宁蒗县部分地区出现大风、强降雨天气，局部地区伴有冰雹。致使永胜县六德、仁和、东风、大安5个乡（镇）和宁蒗县大兴镇、烂泥箐、宁利、西川、金棉、跑马坪、蝉战河、西布河8个乡镇遭受不同程度的冰雹、洪涝灾害。造成民房受损，农作物大面积受灾，部分基础设施遭损。据统计，灾害共造成25576人受灾，其中因灾伤病1人，紧急转移安置1184人；一般损坏房屋1790间，其中民房464户1711间；农作物受灾面积2058.1公顷，成灾1165.5公顷，绝收438.1公顷；其中羊死亡13只；损毁公路19.2千米，损坏灌溉沟渠5990米。直接经济损失2004.06万元，其中农业经济损失1519.66万元，基础设施损失116.5万元，家庭财产损失367.9万元。

【永胜县遭受冰雹、洪涝、泥石流】 7月4～5日，永胜县程海、仁和、东山、松坪4个乡（镇）境内出现大风、强降水天气，局部伴有冰雹，致使7个村委会遭受局地性的冰雹、洪涝、泥石流灾害，造成大面积农作物受灾，民房被损，基础设施遭到不同程度破坏。据统计，灾害造成3333人受灾；民房倒塌3户12间，严重损坏房屋4户15间，一般损坏房屋8户29间；农作物受灾面积235.4公顷，其中成灾156.1公顷，绝收38.9公顷；损毁中断乡村公路11.17千米。直接经济损失198.14万元，其中农业经济损失139.54万元，基础设施损失23.6万元，家庭财产损失35万元。

【宁蒗县遭受洪涝灾害】 7月5日10时，受强对流天气影响，宁蒗县永宁乡、翠玉乡2个乡境内出现局地性强降水，局部暴雨，致使农作物不同程度遭受洪涝灾害。据核实统计，灾害造成897人受灾；农作物受灾面积298公顷，其中成灾126公顷，绝收67公顷。直接经济损失185.3万元，其中农业经济损失185.3万元。

【丽江市遭受洪涝、泥石流】 7月12～13日期间，由于受连续强降水天气的影响，丽江市古城区束河街道办事处的3个社区4个居民小组，玉龙县黄山镇、龙蟠2个乡的4个村（居）委会和宁蒗县永宁坪、战河2个乡境内发生不同程度的洪涝灾害。造成大面积农作物受淹和部分房屋进水。此外，玉龙县黎明乡黎明村委会的别独伍、路鲁习3个村民小组境内发生泥石流灾害，致使部分房屋被冲毁，6辆汽车、部分牲畜和大量家禽及物资被冲走、冲毁。加油站、电力、道路等设施遭到不同程度损坏。据统计，灾害共造成9281人受灾，其中紧急转移安置23人；倒塌民房4户21间，严重损坏民房9户34间，一般损坏民房253户799间；农作物受灾面积1822.47公顷，其中成灾1420.5公顷，绝收115.39公顷；冲走家畜（禽）等669头（只），冲毁乡村游路（硬化）5千米，冲倒电杆1根，损坏高压线100米，直接经济损失1573.12万元，其中农业经济损失1088.48万元，基础设施损失101万元，公益设施200万元，家庭财产损失183.64万元。

【玉龙、永胜县遭受风灾、洪涝和泥石流】 7月14日至15日，丽江市部分地区出现大风、强降雨天气，致使玉龙县黎明乡中兴、堆美、黎明3个的8个村民小组遭受不同程度的风灾，农作物受灾严重；永胜县羊坪、三川、期纳、松坪、东山5个乡（镇）14个村委会因强降水引发局域性洪涝、泥石流灾害，致使农作物受灾，民房和基础设施受损。据统计，灾害共造成7255人受灾，其中紧急转移安置10人；房屋倒塌3户3间，一般损坏房屋21户31间；农作物受灾面积560.3公顷，其中成灾445.3公顷，绝收172.6公顷；毁坏耕

地16.9公顷；损毁中断乡村公路25.8千米，损毁桥涵6座；中断线路200米，折断线杆5杆；损毁灌溉沟渠616米，损毁人畜管饮工程7件。直接经济损失634.74万元，其中农业经济损失366.54万元，基础设施损失255.9万元，家庭财产损失12.3万元。

【丽江市遭受风雹、洪涝和泥石流】 7月18~19日，受低压系统和弱冷空气影响，丽江市出现大范围强降水过程，部分地区伴有风雹，强降水致使永胜县6个乡（镇）23个村委会，华坪县5个乡镇，宁蒗县10个乡镇，古城区5个乡（镇）15村委会，玉龙县3个乡镇9个村委会遭受不同程度的洪涝、泥石流、山体滑坡和风雹灾害。灾害造成大面积农作物受灾，部分房屋倒损，道路等基础设施遭到不同程度破坏。据统计，灾害共造成52183人受灾，其中因灾伤病2人，紧急转移安置1130人，饮水困难210人；倒塌房屋37户138间，严重损坏房屋259户855间，一般损坏房屋493户1524间；农作物受灾面积3144.31公顷，其中成灾1973.26公顷，绝收570.93公顷；毁坏耕地48.13公顷；死亡大牲畜201头（只）；损坏公共建筑物28间，其中学校卫生院8间；永胜县撒坝子、浪水桥、岩头朱福3所电站受损；松坪通乡油路19.5千米受损（其中路基垮塌、拉空4.5千米，塌方4.5千米），中断乡村公路247.4千米，损毁人马桥涵22座，损毁人马驿道29.8千米；中断线路22千米，倒折线杆41杆；冲毁河坝2.8千米，损毁涵闸2座，灌溉沟渠90.88千米，人畜饮水工程172件，人畜饮水管道54千米。直接经济损失7054.92万元，其中农业经济损失2620.56万元，工矿企业损失136.5万元，基础设施损失3149.98万元，公益设施损失8.4万元，家庭财产损失1139.48万元。

【玉龙、永胜县遭受风雹灾害】 7月27日至8月4日，受强对流天气的影响，玉龙县、永胜县部分乡镇出现局域性的冰雹、强降水天气，致使玉龙县石头、鲁甸、太安、龙蟠4个乡，永胜县片角乡遭受冰雹袭击，造成大面积农作物受灾。据统计，灾害共造成4485人受灾；农作物受灾面积609.3公顷，其中成灾476.4公顷，绝收112.33公顷，玉龙县石头乡兰香村委会的电力设施和部分农户的家用电器遭雷击受到不同程度损坏。直接经济损失471.55万元，其中农业经济损失465.03万元，基础设施损失1.2万元，家庭财产损失5.32万元。

【玉龙县遭受风雹灾害】 8月7~27日期间，受强对流天气的影响，玉龙县境内小局域性冰雹天气频繁出现，致使拉市、龙蟠、九河、太安、巨甸、鲁甸、黎明、塔城8个乡镇在不同时段遭受冰雹灾害，造成4640人受灾；农作物受灾面积458公顷，其中成灾304公顷，绝收93.3公顷；一般损坏房屋6户27间；直接经济损失799万元，其中农业经济损失791万元，家庭财产损失7.7万元。

【永胜县遭受冰雹、洪涝灾害】 8月27日凌晨，永胜县局部地区出现强降雨天气并伴有短时冰雹，致使永北、三川、期纳、东山、东风、涛源6个乡镇28个村委会遭受洪涝、风雹灾害，造成9336人受灾，其中紧急转移安置6人；倒塌民房4户9间，严重损坏民房2户3间，一般损坏民房7户26间；农作物受灾面积668.8公顷，其中成灾442.6公顷，绝收61.9公顷；损毁公路6千米，损坏灌溉沟渠55米。直接经济损失341.17万元，其中农业经济损失310.39万元，基础设施损失15.88万元，家庭财产损失14.9万元。

【华坪县遭受洪涝灾害】 9月3日凌晨1时左右，华坪县兴泉镇境内出现强降水天气，暴雨引发山洪致使正在回家途中的松竹村委会12小组村民连人带摩托车被山洪冲走，造成死亡。

【玉龙、宁蒗县遭受冰雹、洪涝灾害】 9月12日，玉龙县塔城乡，宁蒗县永宁坪、西布河2个乡境内出现大风、冰雹天气，致使玉米、烤烟等农作物大面积受灾。据统计，灾害共造成3356人受灾；农作物受灾面积386.4公顷，其中成灾269.4公顷，绝收100公顷。直接经济损失341万元。

【丽江市遭受低温冷冻灾害】 12月15日起，受南支西风带高槽和强冷空气影响，丽江市出现大范围雨雪天气，部分地区降中到大雪，大部地区降温幅度超过10℃。致使部分地区发生了不同程度的雪灾和低温冷冻灾害，造成大面积农作物不同程度受灾，大小牲畜冻死，饮水管道、太阳能热水器等被冻裂。据统计，灾害波及丽江市古城、玉龙、永胜、宁蒗1区3县的22个乡镇，造成105038人受灾，其中紧急转移安置10人；严重损坏房屋1户6间；农作物受灾面积5814.48公顷，其中成灾3270.85公顷，绝收702.0公顷；死亡大牲畜4头（只），死亡羊54只；损坏电力通讯设施1件，人饮工程5件；直接经济损失3678.07万元，其中农业经济损失2686.77万元，基础设施损失55万元，家庭财产损失936.3万元。

2012年抗灾救灾

【综　述】 2012年，丽江市共到位救灾资金224090万元，其中，中央和省级资金22500万元，省慈善总会捐赠资金170万元，市级资金1080万元，县级配套资金340万元。安排到各区县的资金情况是：古城区320万元，玉龙县1282万元，永胜县750万元，华坪县440万元（其中上级资金400万元，县级配套40万元），宁蒗县21188万元（其中上级资金20888万元，县级配套300万元），市级110万元（其中100万元用于购买20000套中小学生御寒衣服和救灾应急经费10万元）。

2012年，丽江市共救助因灾生活困难群众28.0947万人，其中口粮救助11.4145万人，衣被救助2.442万人，饮水困难救助10.4774万人，其他救助3.7607万元；其中2011年12月至2012年5月期间的冬春救助工作中，丽江市救助因灾生活困难人数达10.83万人，其中口粮救助人数7.9039万人，衣被需救助人数2.7083万人，伤病救助人数83人，取暖救助人数100人，饮水困难救助人数200人。

2012年，丽江市全面完成因灾需恢复重建民房7210户76167间，需维修民房1918户17335间的任务。

【宁蒗县5.7级地震救灾】 6月24日15时59分，宁蒗县永宁乡发生里氏5.7级地震，造成人员伤亡，大量民房倒损，道路、电力、通信等基础设施和学校、医院等公益设施遭到不同程度破坏。灾情发生后，民政部、省民政厅高度关注，丽江市委、市政府沉着应对，市政府立即启动抗震救灾应急预案，启动了二级响应。市民政局紧急行动，局长何金林结合民政职责，在第一时间对抗震救灾应急阶段工作进行了全面安排部署，并亲率工作组迅速赶赴灾区一线，协助宁蒗县委、县政府进行抢险救灾。抗震救灾期间，丽江市市、县、乡三级民政干部职工忘我工作，全力以赴奋战在抗震救灾第一线，尽心尽力解灾民所难，切实解决受灾困难群众基本生活保障问题。通过采取强有力的应对措施，确保了灾民有帐篷住、有饭吃、有干净水喝。目前灾区人心稳定、社会稳定，抗震救灾工作取得了阶段性的胜利。各项救灾具体开展情况为：1. 各项抗灾救灾工作得到了民政部、省民政厅的高度关注和全力支持。2. 市民政局工作组扎根在灾区第一线，深入到受灾最严重的村社，指导当地干部群众搞好抗震救灾工作。深入救灾款物接收和发放点，检查、督促当地切实做好相关接收和发放工作；全力保障受灾困难群众基本生活不出问题，坚决避免出现热点、难点问题的发生。3. 认真查核灾情，及时做好灾情的收集、汇总、上报工作。4. 切实做好受灾群众紧急转移安置工作。建立了75个临时安置点，紧急转移安置受灾群众4228户，21860人，受伤群众得到全力救治。5. 积极组织调运救灾物资。在灾情发生后的第一时间里，丽江市紧急从丽江市救灾物资管理储备仓库调运了800顶帐篷、2500床棉被，1500件大衣，并当晚就已最快速度抵达灾区。截止2012年7月5日，宁蒗县地震灾区接收和发放救灾物资情况为：接收大米278800斤，发放275450斤；面粉10000斤，发放10000斤；帐篷4458顶，发放4314顶，搭建帐篷4212顶；棉被8618床，发放8044床；棉衣4678件，发放4678件；衣服10479件，发放10479件；彩条布1534件，发放1476件；香油5268斤，发放5034斤；矿泉水5848件，发放5360件；方便面5675件，发放5269件；家庭包2000件，发放2000件；净水器、桶64件，发放10件；消毒灵100件、发放100件；兽用器材15件。6. 切实加强救灾款物的接收和发放管理监督工作。7. 走村入户看望慰问灾区弱势群体。8. 着手开展民房恢复重建的前期准备工作。

【特大旱灾抗救】 面对严重的旱情，丽江市民政部门共筹措救灾资金1910万元，其中冬令救助款900万元，春荒救助款200万元，自然灾害生活补助资金710万元，慈善会定向捐赠资金100万元。救助因旱灾造成生活困难的受灾群众情况为：救助缺粮人口4.0321万人，其中“三无人员”0.7971万人（以发放粮食的方式救助3.5821万人，其中“三无人员”0.5851万人，共计发放粮食914吨。以发放现金的方式救助0.45万人，其中“三无人员”0.212万人，共计发放现金65万元）；救助饮水困难群众2.82万人，投入资金118万元。

【举行民政救灾车辆发放仪式】 2012年5月8日，丽江市举行民政救灾车辆发放仪式，为全市63个乡镇配发了统一标识的民政救灾专用车辆，车型为大众桑塔纳和猎豹越野车。至此，丽江市市、县、乡三级均配备了统一标识的民政救灾专用车辆。为民政及时应对突发性自然灾害，提升民政查灾、核灾和组织开展救灾工作效率提供了坚强的物质保障。

【完成防灾减灾人才信息采集】 2012年11月，为深入贯彻落实云南省、丽江市人才工作会议精神和《丽江市中长期人才发展规划（2010—2020）》、《丽江市人才发展十二五规划（2011—2015）》，全面掌握丽江市防灾减灾人才资源情况，丽江市民政部门对全市防灾减灾人才信息进行了采集统计工作。总计有26名民政、地震、气象、国土、水利、农业等领域的科技、管理人员纳入了丽江市防灾减灾人才信息库。

2013年抗灾救灾

【综　述】 2013年，丽江市共投入救灾资金3032万元，其中中央及省级资金2962万元，市级资金70万元，区县配套资金206万元。救灾资金安排情况：古城区200万元，玉龙县809万元（其中上级安排703万元，县级配套106万元），永胜县758万元，华坪县455万元（其中上级安排355万元，县级配套100万元），宁蒗县848万元。

2013年，丽江市共救助因灾生活困难人口14.717万人，其中口粮救助5.1724万人，衣被救助0.3845万人，饮水困难救助8.3845万人，其他救助0.7688万人。

2011年，丽江市完成重建民房116户371间、恢复民房6108户18767间的民房恢复重建任务。

【加强信息化工作】 2013年7月，丽江市完成全市应急避难场所的调查统计工作和电脑系统录入工作。据调查统计，丽江市共有应急避难场所168个，累计面积约239万平方米，可容纳避难人员约74万人。

2013年8月，丽江市完成市、县、乡、村4级灾害信息员的重新核定调查统计工作。据核定，丽江市共有灾害信息员621名。此外，通过与气象部门的合作，民政的灾害信息员同时也作为气象部门的气象预警信息接收人员。成为了丽江市灾前宣传普及防灾减灾知识，灾中及时发出灾情预警，保障群众生命财产安全，灾后及时报送灾情数据等防灾减灾工作中不可或缺的人才力量。

2013年，丽江市通过逐级分批的方式，对市、县、乡、村4级灾害信息员进行了一次全面职业技能培训。通过培训，使灾害信息员熟悉了灾害基本知识，掌握了职业的业务性质、工作范围、职责要求、工作程序、法律依据和办事原则。有力提升了丽江市防灾减灾能力。

【举行应急演练】 2013年5月10日，为进一步熟悉和掌握《丽江市地震应急预案》（修订），明确各部门的地震应急工作职责，由丽江市减灾委主办，市公安消防支队、市民政局承办的防灾减灾应急综合演练在玉龙县白沙乡举行。演练通过设定2013年5月10日下午14时55分在丽江市某乡镇发生6.9级地震，根据《丽江市地震应急预案》，丽江市人民政府启动二级地震应急响应，各部门依据自身职能职责，调派各自救援队火速赶赴现场开展工作。按照《预案》模拟开展了地震监测、地震灾害调查、人员搜救、排危除险、扑灭火灾、灾民安置及救灾物资发放、医疗救治和卫生防疫、交通设施保通等演练。

演练检验了各部门应对突发地震的快速反应能力，进一步使各部门熟悉、掌握了地震应急工作流程，明确了各部门在地震应急工作中的职责，提升了部门综合协同能力和应急救援效能。

【印发实施《丽江市地震应急预案》】 2013年4月23日，丽江市印发实施了《丽江市地震应急预案》（政办发〔2013〕40号）。《预案》在强化统一领导、军地联动、分级负责、属地为主、资源共享、快速反应等部分均进行了明确的规定。《预案》由总则、组织体系、响应机制、监测报告、应急响应、指挥协调、恢复重建、保障措施、其他应急以及附则组成，共10个条块。《预案》的制定和发布实施，将有力维护丽江市非常态下应急处置的秩序，做到临危不乱和地震应急处置有序、有力、有效。

【支援迪庆州5.9级地震】 2013年8月31日8时04分，位于滇川交界的云南省迪庆州香格里拉县尼西乡发生5.9级地震。为支持地震灾区的抗震救援工作，按照丽江市委、市政府的安排部署，丽江市紧急调拨了丽江市本级救灾储备物资军用被5000床、军大衣5000床、彩条布1000捆（12000平方米）支援地震灾区，折合价值200万元。同时，调拨了省级储备救灾物资棉被3000床、床垫1000床、大衣2000件、折叠床1000张。这些救援物资于地震当晚全部运抵灾区，有力支持了地震灾区的抗灾救灾工作。

（何金林　和琪　段文新）

怒江傈僳族自治州

气象减灾

【2012年气候概况】 2012年1～11月，全州降水在400～3400毫米之间，其中北部800～3400毫米（最多独龙江3421.6毫米，最少匹河885.6毫米），南部、东部400～1900毫米（最多片马1910.8毫米，最少兔峨445.4毫米）。全州大部降水比2010年同期偏少，但比2011年偏多。相对多年平均，1～11月全州降水兰坪偏少，福贡、泸水正常略少，贡山正常略多。全年除1月、4月、6月全州大部降水偏多至特多外，2～3月、5月、9～11月全州降水偏少至特少。春汛期（2～4月）兰坪降水特少，泸水、福贡偏少，贡山正常略少；5月兰坪正常略少，泸水偏少，福贡、贡山特少；主汛期（6～8月）泸水偏多，福贡、贡山、兰坪正常；9～10月贡山偏多，福贡正常，泸水偏少，兰坪特少；11～12月全州偏少至特少。2012年由于降水偏少，局部大雨、暴雨、强对流天气偏少，全年除年初出现雨雪低温天气、冬春、初夏南部、东部地区出现干旱、汛期气象灾害相对往年偏轻，人员伤亡和经济损失偏小。总的来看，2012年全州除泸水、兰坪冬春、初夏干旱偏重，全年降水正常至偏少，气象灾害总体偏轻，对工、农业生产、居民生活影响较为有利的中上年景。

【冬春干旱】 2012年冬、春连续高温少雨造成了全州大部出现干旱，高森林火险。1月全州降水偏多，旱情有所缓解，2～3月降水持续偏少，旱情发展，4月降水偏多，旱情缓解，5月全州降水稀少，气温持续偏高，旱情加重，直至5月底全州雨季开始，旱情解除。

【雪 灾】 3月1日，贡山县丙中洛乡、独龙江乡境内普降大雪。降雪导致独龙江乡献九当、迪政当、巴坡、马库4个村的通讯中断；献九当至迪政当、马库至钦郎当公路中断；孔目、献九当的草果受灾面积达18000亩，马铃薯受灾700亩，由于通讯中断，其他村寨灾情不明。丙中洛乡境内大批庄稼被雪掩埋，小春作物受灾面积达8700亩。电力中断近2小时。大雪还引发了独龙江公路改建工程隧道一合同段发生特大雪崩。雪崩造成油料库、炸药库被埋，19间民工住房被毁，5间民工住房不同程度受损，现场施工人员6人受伤。

【暴 雨】 3月26日晚18时15分许，泸水县片马镇遭受暴雨、冰雹、大风袭击，造成30多间民房受损，部分农作物、经济林木遭受损失，14个村寨523户受灾。8月1日福贡县马吉乡出现大雨天气，多条河流河水暴涨，沿河田地连片被淹，导致大春作物、经济作物、农户房屋、基础设施等严重受灾。8月14日21时左右，泸水县鲁掌镇辖区出现强降水（三河，15日60.4毫米，1小时最大降水38.7毫米），8户农户房屋受损；粮食作物受灾面积1202亩，其中：水稻受灾302亩，玉米受灾900亩；水稻成灾面积200亩；玉米绝收面积404亩；导致登埂村丫口至山岔河入组公路塌方5000立方，路基塌陷1000米；农户挡墙塌方500立方，饮水管线受损1000米，大小牲畜被泥石流冲走80头（只）。

【高 温】 5月8～11日、15～16日、18～29日全州出现高温天气，其中泸水、福贡沿江一线出现最高气温超过37℃持续高温天气，部分乡镇极端最高气温超过40℃（26日上江、29日古登、架科底）。25日六库日最高气温39.9℃，突破1977年建站以来最高历史记录（39.8℃，1979年5月30日）。5月全州气温异常偏高，泸水较多年平均偏高3.4℃，福贡、贡山、兰坪较多年平均偏高1.0～1.5℃。

【人工影响天气效果显著】 自5月以来，全州降水偏少，气温偏高，特别是怒江南部、东部出现初夏干旱。面对严重的旱情，怒江州气象局提前谋划、及早部署人工增雨抗旱工作。5月29日21时至5月30日3时，怒江州气象局、泸水县气象局、兰坪县气象局、福贡县气象局抓住有利天气条件，分别在鲁掌、上江、知子罗、丰坪等作业点开展大规模、多点次人工增雨实弹作业，共发射人工增雨火箭弹136枚。作业后，六库、鲁掌、大兴地、上江、金顶、中排等地降大雨，其他乡（镇）降小到中雨。此次人工增雨效果非常显著，持续已久的泸水、兰坪的干旱基本得到解除。

【2013 年气候概况】 2013 年，1~11 月全州降水在 400~1900 多毫米之间，其中北部 600~1900 多毫米（最多独龙江 1992.9 毫米，最少架科底 676.2 毫米），南部、东部 400~1200 多毫米（最多片马 1226.3 毫米，最少兔峨 410.7 毫米）。北部地区降水比 2012 年、2011 年偏少，南部、东部降水接近 2012 年、2011 年同期降水，但均比 2010 年同期偏少。相对多年平均，1~11 月全州降水福贡特少（较多年平均偏少 32.7%），贡山偏少（较多年平均偏少 17.7%），泸水、兰坪正常略多（分别偏多 3.3%、6.4%）。全年除 7 月、9 月全州大部降水偏多至特多外，1~3 月、6 月、10~12 月全州降水偏少至特少。春汛期（2~4 月）全州降水偏少；5 月贡山特少，泸水、兰坪、福贡略多；主汛期（6~8 月）福贡、贡山偏少，泸水、兰坪正常；9~10 月泸水特多，贡山、兰坪偏多，福贡偏少；11~12 月全州偏少至特少。2013 年由于降水偏少，局部大雨、暴雨、强对流天气偏少，全年除冬春全州干旱、初夏南部、东部地区出现干旱、6 月中旬高温、9 月上旬持续强降水及汛期局部出现山洪泥石流灾害外，气象灾害相对往年偏轻，人员伤亡和经济损失偏小。总的来看，2013 年全州除泸水、兰坪冬春、初夏干旱偏重，全州年降水正常至偏少，气象灾害总体偏轻，对工、农业生产、居民生活影响较为有利的中上年景。

【冬春干旱】 1~3 月、6 月全州降水持续偏少至特少，持续高温少雨天气造成了全州大部出现严重冬春干旱，高森林火险等级。从 2012 年 11 月至 2013 年 2 月中上旬全州大部持续无降水，境内出现几起林火，防火形势异常严峻，2 月 17~19 日北部出现强降水天气过程，北部旱情得到有效缓解，南部、东部旱情持续。3 月中旬、4 月中旬、5 月上、中旬几次降水天气过程对南部、东部旱情起到缓解作用，6 月下旬开始全州雨水增多，全州旱情完全解除。

【暴　雨】 8 月 1 日，福贡县石月亮乡旺基独高山地区出现强降水，发生泥石流，造成基础设施、农户、农作物部分受灾；9 月 3 日架科底新开挖公路塌方，5 日石月亮乡出现泥石流，造成鹿马登至石月亮乡交通公路中断数小时。19 日福贡县石月亮乡知洛村因强降水再次引发泥石流灾害，24 日兰坪县因大雨引发洪涝、泥石流、滑坡等灾害。

【风灾、雷电】 3 月 16 日，因受局地强对流天气影响，福贡部分乡（镇）出现风灾，18 日匹河出现风灾。6 月 25 日兰坪县通甸德胜 13 头牛死于雷电天气。9 月 1 日福贡县马吉乡部分村遭受风灾。

【高　温】 6 月 11~20 日，全州大部乡镇出现最高气温超过 35℃持续 5~10 天晴热高温天气，上帕、架科底、子里甲等乡镇极端最高气温超过 40℃。6 月 16 日福贡 40.3℃、贡山 36.9℃突破历史极值。6 月全州气温偏高至特高，泸水较多年平均偏高 2.1℃，福贡、贡山、兰坪较多年平均偏高 0.9~1.7℃。

（和余燕）

地　质　灾　害

【2012 年地质灾害概况】 2012 年，怒江州共发生达到统计标准以上的地质灾害 7 起，其中，滑坡灾害 2 起，泥石流灾害 4 起，崩塌 1 起；大型 1 起，中型 1 起。地质灾害造成 3 人死亡，10 人受伤，直接经济损失 1177 万元，属灾害较轻年份。受灾严重地区主要是贡山县。

【2013 年地质灾害概况】 2013 年，怒江州共发生达到统计标准以上的地质灾害 16 起，其中，滑坡灾害 7 起，泥石流灾害 9 起。地质灾害造直接经济损失 468 万元，没有人员伤亡。属灾害较轻年份。

【2012 年灾情】 2012 年 3 月 3 日 6 时 50 分，贡山县茨开镇（县城）阿朵底（瓦—贡公路 K337+800 米处）公路上边坡发生滑坡，滑坡压埋公路边洗车场工棚，造成 3 名洗车工死亡，2 人受伤。

2012 年 7 月 25 日 22 时至 26 日凌晨 3 时 10 分左右，贡山县城至捧当乡一带普降大—暴雨，受暴雨激发，积娃河发生泥石流灾害。造成直接经济损失 980 多万元。紧急疏散撤离 53 人。

【2013 年灾情】 2013 年 8 月 10 日 5 时 10 分，贡山县普拉底乡腊早村森林公安警务站北沟受强降雨激发，暴发泥石流灾害，造成直接经济损失达 100 万元。紧急疏散撤离 5 人。

【监测预报】 2012 年成功预报地质灾害 2 起，转移群众 76 人，避免伤亡 18 人，经济损失 12 万元。

2013 年成功预报地质灾害 1 起，转移群众 5 人，避免伤亡 5 人。

（杨东华）

农业生物灾害及防治

【综　述】 2012~2013 年，怒江州农作物病虫草鼠害属于偏重发生年，发生面积总计 209.76 万亩次。全州范围内小麦锈病、稻瘟病、玉米地下害虫、玉米大、小斑病、玉米灰斑病偏重发生，2012 年粘虫在兰坪县暴发成灾，2012~2013 年农作物病虫草鼠害处于持续加重危害期，发生面积和程度均高于前两年。2012 年发生面积 110.39 万亩次，2013 年发生面积 99.37 万亩次，两年共计造成粮食损失 6663.04 吨。2012~2013 年小麦锈病发生面积 1.82 万亩次；稻瘟病发生面积 1.82 万亩次；玉米地下害虫发生面积 7.42 万亩次；玉米大、小斑病发生面积 7.94 万亩次；玉米灰斑病发生面积 2.42 万亩次。

2012年稻飞虱在泸水县偏重发生，发生面积2.44万亩次，经及时开展防治，未发生绝收情况。2012年粘虫在兰坪县暴发成灾，发生面积4.31万亩次，经组织大面积防治，未出现绝收田块。农田鼠害、农田杂草危害有所减轻，发生程度中等。

【稻飞虱】 2012年，稻飞虱在泸水县偏重发生，发生面积2.44万亩，重发区虫口密度高达1700～6850头/百丛。面对灾情，各级政府和农业主管部门高度重视，制定措施组织开展大面积防治工作，拨出专款购买防治药剂免费发放给重灾区农民防治稻飞虱。全州共完成防治面积2.44万亩次，挽回产量损失976吨，控制了稻飞虱的危害。

【粘　虫】 2012年，全州大春作物粘虫发生面积5.05万亩次，在兰坪县暴发成灾，该县发生面积4.31万亩次，危害水稻、玉米、豆类等多种作物，平均虫口密度达52头/平方米。面对严峻的粘虫危害状况，各级党委、政府高度重视，加强防治工作领导。各级农业部门迅速行动起来，组织开展大面积统防统治工作，在重灾区兰坪县，拨出专款购买防治药剂免费发放给重灾区农民防治粘虫，调动了农民防虫减灾的积极性。通过及时有效地开展防治工作，控制了粘虫危害，未出现绝收田块，全州共完成粘虫防治面积6.06万亩次，挽回产量损失1179吨。

【玉米地下害虫】 2012～2013年，全州发生面积7.42万亩次，发生程度中偏重发生。经组织开展药剂防治等措施，玉米地下害虫危害基本得到有效控制，共完成防治面积9.2万亩次，挽回损失1946吨。

【玉米大小斑病】 2012～2013年，在怒江州半山高海拔地区仍然流行危害，发生面积7.94万亩次，发生程度中偏重发生。经组织开展药剂防治等措施，玉米大、小斑病危害基本得到有效控制，共完成防治面积8.69万亩次，挽回损失2523.5吨。

【玉米灰斑病】 2012～2013年，在怒江州泸水县、兰坪县半山高海拔地区仍然流行危害，发生面积2.42万亩次，发生程度中偏重发生。经组织开展药剂防治等措施，玉米灰斑病危害基本得到有效控制，共完成防治面积2.85万亩次，挽回损失2523.5吨。

【监测、预报与防治】 贯彻“预防为主，综合防治”的植保方针，树立“公共植保、绿色植保”理念，加强病虫害预测预报，综合防治、新农药试验示范、植物检疫、农药药政管理工作，保障全州农业安全生产。2012～2013年全州各级农业植保部门努力开展好病虫草鼠害监测工作，及时发布预报指导大面积防治，共发布《病虫简报》38期1412份，为及时、有效开展防治工作发挥了重要作用。对重大病虫草鼠害控制，以监测为依据，以农业防治为基础，综合使用生物防治、物理防治、化学防治等措施，控制重大病虫草鼠害发生和危害。2012～2013年全州实施病虫草鼠害防治面积228.8万亩次，挽回农作物产量损失46704.4吨，为抗灾夺丰收取得了明显成效。

（范正宽）

防震减灾

【概　况】 怒江州在大地构造上属滇藏地槽褶皱区的碧江—六库断裂和泸水—腾冲褶皱带。新构造运动使得该区域剧烈抬升，怒江、澜沧江等江河的深切作用形成了巍峨险峻，举世闻名的高山峡谷地形。东部断裂密集，保存不甚完好的褶皱平行产出，呈南北向展布，并显示明显的线型构造特征，高黎贡山以西地区，断裂较东部地区减弱，显示出面型构造特征。自上世纪20年代末以来怒江州境内共发生$M_S \geq 4.8$地震9次。怒江地震活动以5级地震为主，最大地震为5.5级。

【灾　情】 2012年，怒江州境内无2.0级以上地震发生。2013年度，怒江州境无5.0级以上地震发生，最大地震为7月19日7时45分和56分发生在六库南8.8千米的新寨村的瓦多洛组的3.5和4.0级地震，震源深度分别为9千米和8千米，泸水地区震感较强。根据工作组和受灾乡镇灾情初步统计，地震共造成六库镇、上江镇11个村委会44个村民小组422户民房不同程度受灾，出现房屋开裂、瓦片掉落现象。因震级偏小，此次地震未造成人员伤亡和较大经济损失。

【监测预报】 一是强化监测台站的规范化管理，确保前兆仪器的正常运转。进一步修订完善了《地震前兆观测人员岗位职责》及其他的一系列规章制度基础上，进一步加强了用制度管人的力度，从根本上杜绝了因人为因素而引起的误时、停测、断数等责任事故，从而基本上保证了怒江州各监测台站前兆观测仪器的正常运转，为怒江州地震预报及震情短临跟踪监视工作提供了及时可靠的依据。

二是加强基础能力建设。2012年底，泸水县地震局业务用房已顺利竣工并投入运行；2013年底，贡山县地震局业务用房主体工程已经完工。这将有效改善怒江州、县地震部门基础设施条件、业务用房及公共服务的工作基础，将从总体上大大提高全州防震减灾能力，为地震预测预报的实践、有效减轻地震灾害奠定更加扎实的基础。

三是切实加强信息交换系统建设。地震前兆观测数据传输工作是地震监测预报的一项基础工作。它能实现观测资料快速交换、共享。2012至2013年，严格管理，加强信息网络系统的管理与维护，指派监测预报科科长专人负责信息节点的维护和管理，确保信息网络的畅通和资料上报、交换、及时处理以及异常的核实，保证监测预报和震情跟踪工作的顺利进行。

四是建立健全会商制度，完善短临预报方案，认真进行震情跟踪监视，坚持24小时值班制度。2012年，共出《震情分析》12期，2013年，共出《震情分析》12期，对全州及

临近地区的地震趋势作出了基本正确的分析判断。同时根据上级业务部门的要求于5月和10月认真准备和按时完成年中、年度《地震趋势研究报告》上报省局和参加全省会商，对震情进行严密的跟踪监视。同时，结合全省震情，健全和完善了《怒江州地震局年度震情跟踪工作方案》，确定了地震短临跟踪监视区域，提出了短临预报决策技术方案和跟踪工作措施，做到震情跟踪工作组织到位、人员到位、保障到位。

五是重视群测群防网络建设。2012、2013年，全州加强了以乡（镇）民政助理员为骨干的防震减灾助理员队伍建设，要求他们严格执行《怒江州人民政府办公室关于乡镇民政助理员兼任防震减灾助理员有关问题的通知》（怒政办发〔2005〕167号文）的要求，认真履行职责，认真做好防震减灾科普知识的宣传普及工作和每周按时收集上报宏观异常现象，一旦地震灾害发生后，负责协助收集上报地震灾情。同时每周二州地震局都把各县收集上报宏观异常现象整理后及时上报省局，充分发挥群测群防队伍在防震减灾工作中的重要作用和在震情短临跟踪中的优势作用。

【震灾预防】 一是认真贯彻落实《怒江州人民政府关于进一步加强防震减灾工作的实施意见》（怒政发〔2011〕44号），牢固树立"防大震、救大灾"的思想，把全面推进10项重大措施作为加强防震减灾工作的首要任务，在工作思路上坚持监测、预防、救援并举，在工作机制上坚持政府、部队、社会密切协作，在工作措施上坚持法律、行政、经济手段并用，认真抓好科技攻关，全面开展科普宣传，坚决保护人民群众生命财产安全。

二是稳步推进怒江州防震减灾应急指挥中心建设项目的前期工作。根据云南第十一届省政府86次常务会讨论通过的《云南省继续深入推进预防和处置地震灾害能力建设10项重点工程实施方案》（2013—2017），云南省地震局已将怒江州防震减灾应急指挥中心项目建设纳入了云南防震减灾"十二五"规划。按照省局的要求，该项目的前期准备工作稳步推进。

三是积极应对泸水"7·19"3.5和4.0级地震。据云南地震台网测定，2013年7月19日7时45分和56分，六库南8.8千米的新寨村的瓦多洛组分别发生3.5和4.0级地震，震源深度分别为9千米和8千米，怒江州六库、上江等地区震感较强。地震发生后，州地震局立即启动局应急预案：（1）第一时间把地震三要素报告州委州政府；（2）认真解答来访的电视台、报社、边防支队等有关单位的问题及人民群众的来电。（3）加强震情值班，认真做好地震趋势判定工作。组织业务人员对最近一段时期的地震活动性和前兆资料进行认真分析研究，对地震趋势进行判定，明确提出近期在本州不会发生5.0级以上破坏性地震的可能，同时积极、稳妥、有效地开展了地震辟谣工作，安抚群众情绪，稳定了社会秩序。（4）及时通过电话与群测群防人员联系，了解地震影响情况并及时向州委州政府汇报，（5）州地震局和泸水县地震局组成地震现场工作队奔赴上江丙奉小坪子组等灾区农户家中走访、调查地震影响情况。

四是认真开展防震减灾科普宣传活动。为了普及《中华人民共和国防震减灾法》、《地震监测管理条例》、《云南省建设工程抗震设防管理条例》、《云南省防震减灾条例》等法律法规，提高群众的防震减灾意识，州、县地震部门利用"科技三下乡"、"全国科普宣传日"、"防灾减灾日"和"11·6""7·28"和等一些特定时日，与科协、司法、法制、建设、卫生、社区和乡镇等有关部门联合，深入县、乡镇开展了以防震减灾科普宣传活动。宣传活动期间，设立宣传咨询点，对群众提出的问题，认真的作了解答。据统计宣传活动期间共展出宣传展板20场次，发放各种宣传资料20000余份，接受群众现场咨询300余人次，还将《中华人民共和国防震减灾法》、《防震避震》、《地震知识100问》及科普DVD磁带等各种宣传材料25000多份发放到州县中、小学校、乡镇，扩大了宣传面。在防灾减灾日宣传周期间，分别为怒江消防支队、怒江电网公司、南方电网怒江供电局等相关单位举办了防震减灾科普知识讲座。

五是将抗震设防管理工作纳入了基本建设管理程序。根据《云南省防震减灾条例》和《怒江州人民政府关于进一步加强防震减灾工作的实施意见》（怒政发〔2011〕44号）等法律法规的要求，为了切实加强抗震设防管理工作，经过多次努力和协调，最终以州地震局、州发改委和州住建局联发文的方式出台了《关于将建设工程抗震设防要求和工程场地地震安全性评价工作纳入基本建设管理程序的通知》，正式将建设工程抗震设防要求和工程场地地震安全性评价工作纳入怒江州基本建设管理程序。

六是认真做好农村民居抗震设防工作。稳步推进全州农村民居地震安全工程。一是对2012、2013年度全州农村民居地震安全工程建设情况进行检查验收。二是协助相关部门做好2014年农村民居工程的任务。

七是在全州开展创建评选防震减灾科普示范学校活动。为了深入开展学校防震减灾科普教育活动，增强广大师生的公共安全意识，达到"教育一个孩子，影响一个家庭，带动整个社会，确保一方平安"的目的，切实提高地震灾害防御和自救互救能力，构建平安校园，经与州教育局协商达成共识，决定从2013年3月份起在全州中小学校开展防震减灾科普教育暨评选防震减灾科普示范学校活动。并于2013年3月15日，以联发文的方式印发了《怒江州地震局怒江州教育局关于在全州中小学校开展防震减灾科普教育暨创建评选防震减灾科普示范学校的通知》（怒震发〔2013〕14号）。根据该通知要求，截止2013年11月底，已初步认定了7所学校为怒江州防震减灾科普示范学校，同时，推荐了4所参加省级科普示范学校申报工作，对州级7所示范学校的授牌表彰工作计划于2014年进行。

八是做好新寨机场的相关工作，根据州政府的安排，认真编写了怒江民用机场新寨场址区域地质构造与地震活动情况报告（怒震发〔2013〕17号）上报州机场办。

【应急救援】 一是启动《破坏性地震应急预案》的修订工作。依据国务院《破坏性地震应急条例》和《云南省地震应急反应预案》要求，各县都制定了相应的《地震应急预案》。州属各有关单位、驻军、大型企业及商场、超市、学校等人员密集的场所均制定了预案。目前，正式启动新一轮《破坏性地震应急预案》的修定工作。

二是建立应急救援联络机制。建立了应急救援联络机制。怒江州成立了“防震减灾领导小组”，分管副州长任组长，怒江军分区司令、州人民政府副秘书长任副组长，各相关单位领导为成员。其中，领导小组办公室设在州地震局，州地震局领导任办公室主任。

三是震后趋势快速判定及相关决策方案的制定。建立、健全和完善了《怒江州地震局震情跟踪工作方案》、《怒江州地震局紧急会商制度》、《怒江州地震局应对不同震级地震的地震趋势判定工作方案》、《怒江州地震局应对地震谣传和震时地震信息保障制度》及《怒江州地震局重大异常处置制度》。确定了地震短临跟踪监视区域，提出了短临预报决策技术方案和跟踪工作措施，做到震情跟踪工作组织到位、人员到位、保障到位。

四是应急救援设备的落实。地震应急装备是实施地震应急救援的必要条件，多年来，怒江州地震部门高度重视，在地方财政困难的情况下，积极争取各级政府的支持，不断加强了应急救援通讯、设备、交通等应急条件的落实，目前，州局、贡山、兰坪、泸水和福贡县地震局都配备了应急车辆；各县地震局都配备了电台通讯设备、数码照相机、电脑、一体机等设备。确保了一旦发生破坏性地震后，应急保障工作能立即启动。

五是加强应急救援队伍建设。2008 年，怒江州组建了由紧急救援队（220 人）、地震灾害现场工作队（60 人）和医疗救援队（40 人）3 支队伍构成的怒江州地震灾害紧急救援队。2010 年，又依托全州消防部队组建了怒江州应急救援支队，并由相关单位牵头组建了包括地震灾害专业应急救援队在内的 13 支专业应急救援队。兰坪、泸水、福贡和贡山四县都依托消防组建了消防大队综合应急救援大队。同时，2011 年 9 月怒江州地震系统也成立了由州县地震局业务人员 13 人组成的怒江州地震灾害现场工作队，为地震灾害现场工作队配备了应急装备，重点加强了对地震灾害现场工作队的业务培训。

六是制定了《应急工作方案》。一是为全面贯彻落全省、全州防震减灾工作会议精神，结合怒江实际情况，制定了《怒江州 2012、2013 年度地震应急准备工作方案》。二是制定了高考期间地震应急工作方案。为切实加强怒江州高考期间地震应急工作，确保高考能够有序、安全地进行，结合怒江实际，制定了《怒江州地震局 2012、2013 年高考期间地震应急工作方案》。

七是参加滇西地震应急联动联席会议。2012 年 6 月 15 ~ 16 日，赴德宏参加滇西地震应急联动联席会议，滇西应急联动区组织了地震应急桌面演练；2013 年 5 月 20 ~ 23 日，赴丽江参加滇西地震应急联动联席会议。该次滇西片区联动联席会议，建立了区域联动联席会议制度，为多震和少震区域搭建了相互交流和学习的平台。一旦破坏性地震发生时，在省地震局的统一指挥下，能够迅速响应，从灾情速报、后勤物资与保障上给予地震发生地区支援。

八是印制了《怒江州地震应急手册》。为切实提高地震应急能力，2013 年，怒江州地震局精心策划，认真编写印制了《怒江州地震应急手册》8000 册，分发到社区、学校、乡镇、村委会和群测群防工作人员手中，大大夯实了基层社会公众防震减灾意识和应急能力。

（高维祥）

林业有害生物灾害

【2012 灾情概况】 2012 年，全州发生各种林业有害生物面积为 9.55 万亩（轻：8.96 万亩，中：0.59 万亩）。其中核桃枝干病变（暂无具体病名）发生面积 2.21 万亩，核桃褐斑病发生面积 1.91 万亩，中华松针蚧发生 1.41 万亩，白蛾蜡蝉发生 1.12 万亩，拟木蠹蛾发生面积 1.50 万亩，云斑天牛发生 0.76 万亩，松毒蛾发生 0.38 万亩，其它林业有害生物发生 0.26 万亩。

【林业有害生物防治】 2012 年，全州共防治林业有害生物 8.02 万亩，其中人工防治 2.63 万亩，化学防治 5.39 万亩，防治率为 83.78%。

【森林植物检疫】 2012 年，全州森林植物产地检疫苗木 1385.9 亩；调运检疫木材（边贸材）15.98 万立方米，苗木 106.76 万株，药材 650.83 吨，果品 323.5 吨；复检苗木 51.5 万株。2012 年全州森林植物检疫率 100%。

【2013 灾情概况】 2013 年，全州发生各种林业有害生物面积为 4.79 万亩（轻：4.30 万亩，中：0.38 万亩，重：0.11 万亩）。其中拟木蠹蛾发生面积 2.02 万亩，核桃病害发生 1.26 万亩，模毒蛾发生 0.65 万亩，云南松毛虫发生 0.4 万亩，蚧科发生 0.14 万亩，苗圃病害发生 0.045 万亩，其它 0.28 万亩。

【林业有害生物防治】 2013 年，全州共防治林业有害生物 3.75 万亩，其中人工防治 2.62 万亩，化学防治 1.07 万亩，防治率为 89.75%。

【森林植物检疫】 2013 年，全州森林植物产地检疫苗木 1376.0 亩；调运检疫木材（边贸材）8.34 万立方米，苗木 68.33 万株，药材 837.8 吨，果品 171.0 吨；复检苗木 39.82 万株。2013 年 1 ~ 10 月，全州森林植物检疫率 100%。

【监测预报】 2012 ~ 2013 年，按照“预防为主，科学防控，依法治理，促进健康”的方针，首先抓好主要和危险性森林病虫害的虫情调查和监测预报工作，切实把森防工作的重点真正转移到预防为主的方针上来。其次，针对历年全州境内森林病虫发生发展和危害情况，在全州 29 个乡（镇）辖区的林区内，分设了具有代表性的测报点，森防人员严格按照相

关技术规程对各点进行调查监测。森管人员一旦发现林业有害生物情况，及时报告乡镇林业站，由乡镇林业站汇总报县森防站，最后由州、县森防部门对所报告内容进行专题调查。这些报告制度的建立，不同程度地提高了报测水平。2012～2013年，全州年度监测面积1574.47万亩，监测覆盖率达到89.07%。

【森林火灾扑救】 2012～2013年，森林防火工作在怒江州委、州人民政府的高度重视和正确领导，上级主管部门的大力支持下，深入贯彻落实科学发展观，认真执行"预防为主、积极消灭"的森林防火方针，狠抓防扑火各项措施落实，树立"抗大旱、抗长旱、救大灾"的观念，高位推动，强势推进，全力以赴备战森林防火攻坚战，取得了大旱之年无重特大森林火灾的良好成绩。

2012年，全州共接收28个卫星火点，发生森林火灾7起，过火面积228公顷，受害面积97.3公顷，受害率0.01‰，当日扑灭率98%，出动扑火工1472工日，出动车辆139台次，投入防火经费316万元。森林防火工作的各项指标均控制在省政府下达控制之内，取得了无重特大森林火灾、无人员伤亡事故的较好成效，福贡、贡山两县实现无森林火灾县。

2013年，全州共接收150个卫星火点，发生一般森林火灾6起，较大森林火灾3起，共9起，查处8起，过火面积229公顷，受害面积75.25公顷，受害率0.08‰，查处率88.9%，当日扑灭率98%，出动扑火工2538工日，出动车辆140台次，投入防火经费404.74万元。森林防火工作的各项指标均控制在省政府下达控制之内，取得了无重特大森林火灾、无人员伤亡事故的较好成效，贡山实现无森林火灾县。

（余建春）

民政抗灾救灾

【2012年综述】 2012年，怒江州遭受了严重的干旱、泥石流、风雹、滑坡、病虫害等自然灾害。据统计：全州受灾人口16.0389万人，其中：因灾死亡3人，因灾伤病8人，因灾饮水困难1.927万人；农作物受灾面积11.9296千公顷，其中成灾面积8.2259千公顷，绝收面积3.90176千公顷；因灾倒塌房屋182间；因灾死亡大小牲畜150头（只）。因灾直接经济损失9630.16万元，其中农业直接经济损失8183.35万元。

面对严重的自然灾害，各级党委政府极为重视，党委政府领导亲临救灾前线，指导抗灾救灾工作，州、县民政部门认真贯彻党和国家的救灾救济工作方针政策，发动群众开展生产自救，采取有力措施，切实保障了灾民和贫困户的基本生活。2012年共下拨中央、省级补助资金1750万元：其中：下拨泸水县救灾资金460万元，福贡县救灾资金390万元，贡山县救灾资金180万元，兰坪县救灾资金420万元。共救助受灾群众6.5487万人，其中：衣被救助1.4463万人，发放衣被1.5063万床（套），购买衣被271.2万元；口粮救助4.4426万人，购买粮食339.2万元，发放粮食693.755吨；现金救助0.6598万人，现金发放160.6万元。

【灾害信息员队伍建设】 根据省厅转发《民政部关于加强灾害信息员队伍建设工作的通知》要求，结合全州实际，积极开展灾害信息员队伍建设工作。目前全州已建立了州县乡村四级灾害信息员队伍340人，其中：州级2人，县级8人，乡镇级66人，村级264人。灾害信息员队伍的建设确保全州救灾工作和信息报送工作的顺利开展。

【2013年综述】 2013年，怒江州遭受了严重的干旱、洪涝、风雹、泥石流、地震等自然灾害。据统计：受灾人口20.4688万人，农作物受灾面积25487公顷，成灾面积12970公顷，绝收面积3642.9公顷；因灾倒塌民房98间，损坏民房1659间；因灾直接经济损失12341.8万元，其中农业经济损失10929.54万元。

为及时解决受灾群众生活困难，州、县民政部门及时组织工作组，深入灾区、贫困地区对困难群众需救助情况进行调查。2013年共下拨中央、省级补助资金1840万元：其中：下拨泸水县救灾资金575万元，福贡县救灾资金440万元，贡山县救灾资金195万元，兰坪县救灾资金600万元。全州共救助受灾群众4.4966万人，其中：衣被救助1.4463万人，口粮救助2.3905万人。

【兰坪县"12·2"特大火灾】 2013年12月2日18时30分左右，兰坪县营盘镇拉古村委会三、四村民小组发生一起火灾，由于当地少雨天干，致使火势迅速蔓延，火势得不到及时扑灭，给受灾农户的财产造成巨大的损失。因灾受损农户102户，379人；烧毁房屋397间，因灾死亡大牲畜617头（只），无人员伤亡；因灾直接经济损失974万元，其中：农业损失190万元，家庭财产损失784万元。

（张 武 和 锐）

公安抗灾救灾

【综 述】 2012～2013年，怒江州各级公安机关和公安现役部队，在各级党委、政府和上级公安机关的领导下，雷厉风行，英勇顽强，连续奋战在抗灾救灾第一线，充分发挥了抗灾救灾中的主力军作用，在防灾减灾和抗灾救灾中做出了突出贡献，据不完全统计，两年来全州各级公安机关和公安现役部队在抗灾救灾中，投入警力9700余人次，出动车辆2300余辆次，参与处置各类大小灾害事故120余次，参加救助群众3500余人次，排除各类安全隐患和险情1670余处。

【泸水县"1·02"交通事故救助】 2012年1月2日，兰坪县通甸镇麻栗坪村驾驶人徐某某驾驶怒江州交通运输集团公司云Q09826东风牌中型普通客车（车载8人，含驾驶员）从泸水县驶往福贡县，17时37分，当车行驶至丙瑞线K251+289米处时，与对向行驶而来由泸水县六库镇排路坝村排路坝一组驾驶人杨某某驾驶的云Q16465长安牌小型普通客车（车载4人，含驾驶员）发生侧面刮擦后，中型普通客车跑偏驶离道路东面路基，坠入距公路35.5米的怒江中，造成车上4名乘客当场死亡、1人失踪。事故发生后，县委、政府高度重视，立即启动应急预案，相关领导及时带领公安、消防、交警、安监、交通、民政、卫生等部门和称杆乡、大兴地乡党委、政府领导赶赴事故现场开展救援处置工作。

【福贡县"1·25"交通事故救助】 2012年1月25日，福贡县子里甲乡亚谷村普白组驾驶人开某某驾驶云Q10071小型普通客车（车载6人，含驾驶人），从福贡县城驶往亚谷村，11时57分，当车行驶至丙瑞线K169+242米处时，车辆驶离路面翻下39米长的陡坡后坠入怒江，造成3人死亡、3人受伤、车辆部分受损的较大交通事故。事故发生后，县委、政府高度重视，县委副书记、县长娜阿塔立即带领公安、安监、卫生、民政等部门领导及工作人员赶赴现场指导救援处置工作。

【泸水县"1·28"交通事故救助】 2012年1月28日，驾驶人鲁某某驾驶云Q00677三轮汽车（车载7人，含驾驶人）从泸水县称杆乡拉姑瓦底桥江东桥头驶往阿赤依堵村四排拉曲组，凌晨2时许，当车行驶至阿赤依堵村附近（瓦啊乡村道路）K17+200米处时，车辆驶离路面翻下52.3米的深沟，造成3人死亡、4人受伤、三轮汽车严重受损的较大交通事故。县公安局立即成立副县长、县公安局局长倪家荣为组长的事故调查组开展救援处置工作。州公安局副局长、交警支队支队长董治基立即指派副支队长申晓柳带领工作组赶赴现场指导救援处置工作。事故发生后，县委、政府高度重视，县委常委、常务副县长杨智泉迅速带领安监、交通、民政、卫生等部门及称杆乡党委、政府工作人员赶赴现场指导救援处置工作。

【兰坪县"2·09"火灾事故救助】 2012年2月9日15时41分，兰坪县公安局营盘派出所黄登警务室接到黄登油库工作人员报称："黄登水电站油库下方山坡发生火灾，请快速救援。"警务站民警立即赶赴现场救援处置。火灾现场位于黄登油库下方的山坡上，火线沿着山坡长达200余米，油库存有柴油500吨、97#汽油12吨、93#汽油7吨，总价值380余万元，旁边是项目部、仓库等人员聚集区，情况十分危急。到达火灾现场后，警务室民警迅速组织水电八局、油库工作人员及附近施工人员灭火救援，动用洒水车和油库灭火器材进行灭火，截至下午17时，山火被全部扑灭。

【泸水县冰雪灾害救助】 2012年3月1日起，由于气温下降，泸水县境内遭受冰雪灾害，导致跃片线K39至K73之间道路交通中断。为确保道路安全畅通，保证群众安全出行，3月1日至6日，泸水县公安局交警大队每天派出10名警力，分别在鲁掌、姚家坪、片马丫口、片马镇设立临时交通安全服务站，对过往车辆驾驶人进行安全提示，给被困人员送去食物及饮用水，劝导疏散滞留车辆及群众，检查车辆防滑链安装情况，联合公路养护部门加大瓦片线的道路隐患排查力度，及时清除道路上的积雪和落石。通过交警大队和有关部门的艰苦努力，六库至片马道路交通于6日15时恢复通行。期间，交警大队出动警力120人次、警车24辆次，发放交通安全宣传单900余份，引导车辆安全通行260余辆次，帮助受困群众21人次，解救受困车辆2辆。

【贡山县"3·03"塌方救助】 2012年3月3日6时57分，贡山县公安局城区派出所接到报警称："贡山县南方电网对面吉丽洗车场发生塌方，3名工人被埋，其它情况不明，请公安机关及时救助。"县公安局迅速启动应急预案，副县长、县公安局局长侯新荣，县公安局政委张忠华立即组织公安民警和边防、消防、武警官兵赶到现场参与救助，截至8时40分，找到被掩埋的3名遇难工人遗体。

【泸水县"3·16"交通事故救助】 2012年3月16日20时30分，泸水县公安局交警大队接到县公安局110指挥中心指令："上江乡加油站附近有人被车撞了，上江边防派出所民警已到达现场，请出警处置。"交警大队事故处理民警立即赶赴现场，初步勘查事故为交通肇事逃逸案件。交警大队迅速启动交通肇事逃逸查缉预案，成立副局长、交警大队大队长张七斤为组长的专案组开展侦查工作。经过尸体检验，死者胡红生。通过走访调查，锁定云Q16915轻型普通货车为肇事车辆，车主为刘某某。

【兰坪县"5·23"交通事故救助】 2012年5月23日，胡某某驾驶云Q19779轻型普通货车（车载4人，含驾驶人）从石登街驶往来登村，14时20分，当车辆行驶至来登通村公路K6+500米处时，翻下道路边坡，造成3名乘车人当场死亡、驾驶人胡某某受伤、车辆部分受损的较大交通事故。事故发生后，县委、政府高度重视，立即启动较大交通事故处置应急预案，副县长杨吉文，副县长、县公安局局长和向东迅速带领公安民警及相关部门工作人员赶赴现场组织开展救援处置工作。石登乡党委、政府也及时组织派出所、医疗部门赶到现场救援处置。

【公安民警向地震灾区捐款】 2012年9月7日11时19分，昭通市彝良县和贵州省毕节地区威宁县交界发生5.7级地震。12时16分，昭通市彝良县发生5.6级地震。9月12日，怒江州公安局组织民警开展向彝良地震灾区捐款献爱心活动，广大民警、职工和辅警人员积极响应，慷慨解囊，表达爱心，捐款21630元。9月14日，泸水县公安局组织民警捐款34400元。

【兰坪县公安机关扑灭山林火灾】 2013年3月4日，兰坪县金顶镇雪邦山、新生桥国有林场等处相继发生山林火灾。兰坪县公安局迅速启动应急预案，组织公安民警与林业部门工作人员及当地群众投全力入扑灭山林火灾。全县公安机关出

动警力200余人次、车辆20辆次，开挖隔离带2千多米，清理着火点100余处。

【泸水县“4·06”交通事故救助】 2013年4月6日15时53分，泸水县公安局交警大队接到县公安局110指挥中心指令：“瓦拉亚窟不到100米处，一辆皮卡车翻下路面，请速去救援处置。”副县长、县公安局局长倪家荣，州公安局交警支队副支队长申晓柳立即带领民警赶到现场救援处置。经查：4月6日14时，驾驶人陈某某驾驶云Q21207轻型普通货车（载客4人，含驾驶人），从泸水县六库镇驶往福贡县，15时45分，当车行驶至丙瑞线K253+995米处时，车辆驶离路面翻入怒江，造成3人死亡、1人受伤、车辆坠江失踪的较大交通事故。事故发生后，县委、政府高度重视，立即启动交通事故应急预案，及时成立抢险救援、医疗保障、善后处置、事故调查等工作组全面开展救援处置工作。

【兰坪县公安局举行抗旱捐款仪式】 2013年5月24日，兰坪县公安局举行“节水抗旱·奉献爱心”捐款活动。县公安局党委成员带头捐款，全局民警踊跃捐款，交警大队和各乡镇派出所也将捐款上交到县公安局，共筹集捐款14600元。

【福贡县“7·18”交通事故救助】 2013年7月18日，驾驶人木某某驾驶云Q27969小型普通客车（核载8人，实载10人，含驾驶人）从架科底乡街道驶往子里甲乡俄科罗村，16时30分，当车行驶至俄科罗通村公路K3+400米处时，车辆向左跑偏驶离路面翻下道路西侧250米的陡坡，造成4人死亡、4人受伤、车辆部分受损的较大交通事故。事故发生后，县委、政府高度重视，立即启动交通事故应急预案，及时成立事故调查处理组、伤员抢救组、善后处理和安抚组，全面开展事故原因调查、遗体处理、善后及家属心理抚慰等工作。

【兰坪县“8·24”交通事故救助】 2013年8月24日，兰坪县啦井镇桃树村的和某某无证驾驶未按时检验的云Q20916轻型普通货车（核载5人，实载30人，含驾驶人）从桃树村驶往金顶镇，8时10分，当车行驶至挂登公路K26+400米处时，车辆驶离路面翻下西侧边坡26.5米，造成2人死亡、27人受伤、车辆受损的交通事故。事故发生后，县委、政府高度重视，县委常委、副县长和陆山，副县长李翼鸿亲临现场组织指挥救援处置工作。120急救中心调配6辆救护车及20名医务人员赶到现场抢救伤员。

【兰坪县“11·14”交通事故救助】 2013年11月14日，驾驶人甘某某驾驶云Q16991解放牌轻型仓栅式货车从石登街驶往石中坪村（车载10人，含驾驶人），17时20分，当车行驶至德泸线K300+500米施工通道处弯道上超车时驶离道路西侧路肩翻下250米深的边坡，造成驾驶人甘某某及乘客共4人当场死亡、1人送往石登乡卫生院途中死亡、5人受伤、车辆解体报废的较大交通事故。事故发生后，县委、政府高度重视，立即启动重特大道路交通事故处置应急预案，县委常委、副县长和陆山，副县长、县公安局局长欧正荣，副县长李翼鸿等领导立即带领公安、消防、安监、卫生、民政、交通、交警等部门工作人员及石登乡党委、政府领导赶赴现场开展救援处置工作。州公安局副局长、交警支队支队长董治基迅速带领工作组赶赴现场指导救援处置工作。

【贡山县“12·10”交通事故救助】 2013年12月10日，驾驶人姜某某驾驶云Q1950轻型普通货车沿丙瑞线由北向南行驶，14时35分，当车行驶至丙瑞线K21+38米处时，车辆向东跑偏后驶离路面，坠入距离路面42米高的怒江中，造成驾驶人姜某某当场死亡，乘车人宋某某、周某某坠江失踪，王某某受轻微伤，车辆严重受损的较大交通事故。事故发生后，县委、政府高度重视，立即启动重特大交通事故应急预案，副县长、县公安局局长侯新荣，副县长郭建华立即带领公安、消防、安监、交通、民政、卫生等部门负责人赶赴现场开展救援处置工作。州公安局副局长、交警支队支队长董治基也及时带领民警赶赴现场指导救援处置工作。

【云龙县“9·08”山洪泥石流救助】 2013年9月8日22时，因连日暴雨，山洪暴涨，导致大理州云龙县民建乡志嘎村新寨河口（瓦片公路K62+650米处）路基冲毁、100多米长的桥梁垮塌，造成途经该桥梁的云Q02845客车和云Q32678微型车相继随垮塌桥梁坠入河中，造成4人死亡、27人受伤、7人失踪。由于山洪泥石流灾害事故地点距离怒江较近，为了第一时间抢救伤员，怒江州人民政府副州长、州公安局局长汤跃宏，州公安局常务副局长张文，州公安局副局长、交警支队支队长董治基，泸水县人民政府副县长、县公安局局长倪家荣等领导立即组织州、县公安民警、交警、消防官兵配合大理州、云龙县公安机关及有关部门处置救援。

【怒江公安消防部队抗灾救灾】 2012至2013年，怒江州公安消防支队努力提升消防工作保障能力、应急救援综合能力和社会火灾防控能力。两年来，全州公安消防部队接警381次，出动消防官兵2094人次，出动消防车483辆次，抢救被困人员67人，疏散群众836人，抢救财产价值384万元。修定了《怒江州消防支队地震救援灾害事故处置预案》、《怒江州公安消防部队跨区域地震救援预案》。成立了消防支队战勤保障大队，建立了专业应急救援队伍——怒江消防支队特勤中队，组建了一支30人的轻型应急搜救队，购置了救援装备，配备了2条搜救犬。积极参加了2012年贡山“3·03”、“7·26”泥石流灾害抢险救援和2013年云龙“9·08”山洪泥石流灾害抢险救援。

【泸水县上江镇森林火灾】 2013年3月4日，泸水县上江镇大练地村辖区保护带发生森林火灾，起火地点距离大练地村委会约30千米，过火面积约3000余亩，火灾未造成人员伤亡。获悉火情后，上江镇人民政府、上江镇林业站和大练地村委会紧急成立灭火工作领导小组，并在上江镇付坝村羊支茂小组成立前线指挥所，组织村民进行扑火。上江边防派出所民警及时与镇党委政府和大练地村委会加强联系，密切关注灾情发展情况，并组织警力紧急备勤，担任扑救预备队。

【孙足河交通事故处置】 2013年9月8日21时许，云南省大理州、怒江州交界处，云龙县漕涧镇孙足河瓦片线K62+650米处一座长100多米的桥梁路基被山体垮塌土石方冲毁，行驶至该路段的2辆车先后滑入孙足河中，事故造成4人死亡、7人失踪、27人受伤。事故发生后，怒江边防支队在地方党委政府、公安机关的统一组织指挥下，迅速派出了由上江边防派出所、蛮云边境检查站官兵组建的15人应急分队，全力开展人员搜救、运送伤员、维护现场秩序等工作，共协助转运救助伤员27人。

（杨 统 和艳梅）

安 全 生 产

【2012年综述】 2012年，全州共发生各类生产安全事故33起，死亡22人，受伤35人，直接经济损失576.918万元；同比事故起数下降16起、下降33%，死亡人数减少14人、减少39%，受伤人数上升3人、上升9%，直接经济损失下降166.3712万元，下降22%。

【指标控制】 2012年，全州各类生产安全事故死亡22人，低于全年控制指标15人。其中：工矿商贸事故死亡8人，低于全年控制指标2人；道路交通事故死亡13人，低于全年控制指标12人；农业机械事故死亡1人，低于全年控制指标1人；较大事故4起，与全年控制指标持平。

【组织领导】 2012年，全州的安全生产工作可以用三个前所未有来形容。一是州委政府前所未有的重视。年初，召开了全州安全生产工作会议，在会上兑现了2011年度安全生产奖惩，签订了2012年度安全生产目标责任状，以州人民政府一号文件提出了《怒江州人民政府关于加强安全生产工作的意见》，充分证明了州党委政府对安全生产工作的重视、关心和支持，也体现了怒江州各级部门对安全生产工作重要性、必要性的认识。二是安全生产监管机构编制前所未有得到加强。年内，先后增设了安全生产执法支队，职业健康监督管理科，并增加了4名编制。机构、人员编制及安全监管能力建设都得到全面加强。三是安全投入前所未有的增多。州人民政府在年初的经费预算、工作经费安排中对安监部门予以重点倾斜，年内州安监局安全生产工作经费从30万元增加到50万元，追加专项经费10万元。为开展安全生产日常工作提供了资金保障。

【监督保障】 2012年，州人大、政协对安全监管工作加大了督促力度。对安全生产“打非治违”专项行动给予高度关注和大力支持，多次深入生产一线、基层安监部门进行实地调研指导工作，并对各级各职能部门开展“打非治违”专项行动以来所取得的阶段性成绩给予了充分肯定。同时提出了两点要求：一是“打非治违”专项行动是年内安全生产工作最重要的内容，各级各部门要依法依规开展工作，既要严厉打击、严肃纠正非法违法行为，达到有效防范和坚决遏制重特大事故的目的；又要讲方法、讲政策，严格依法依规进行。二是将查处非法违法行为与统筹解决相关善后问题结合起来，稳妥处理事关人民群众切身利益的具体问题，切实维护社会稳定。各职能部门要积极配合，确保“打非治违”各阶段工作顺利有效开展。

【部门配合】 2012年，各级各部门联动联打联治，积极配合安全生产各项专项行动。安监、公安、水务、教育、住建、交运、国土、质监、工商等部门既按照职责分工、各负其责，又加强联系、沟通、协作，建立健全联合执法机制，形成监管合力，着力推进源头治理，特别是对近三年来发生的事故的生产经营企业，加大隐患排查治理力度，深入分析研究，切实提高整治成效。2012年，全州共排查一般事故隐患709项，整改治理686项，整改率达97%。有效遏制了生产安全重特大事故的发生。

【落实主体责任】 2012年，安委会组织相关成员单位共开展安全检查4次，深入企业就安全主体责任的落实进行检查。以“三个弄清三个增强”为工作目标，以安全生产行政许可为关口，以组织检查、培训、讲座等为抓手，加大安全生产主体责任制度的宣传教育力度，全面督促企业落实安全生产责任制度，有效提高了企业安全生产责任意识、主体意识。

【“打非治违”行动】 2012年，州人民政府成立了以州人民政府常务副州长为组长，相关部门主要领导为成员的专项行动领导小组，明确了各职能部门的责任。制定下发了《怒江州人民政府办公室关于集中开展安全生产领域“打非治违”执法专项行动的实施意见》（怒政办发〔2012〕63号，以下简称《实施意见》），《实施意见》细化了工作方案，确定了重点领域和重点县。按照《实施意见》的要求，出台了《“打非治违”执法专项行动办公室工作方案》（怒安办〔2012〕7号），进一步明确了专项行动各阶段工作重点和工作步骤。各级各部门和企业按照《实施意见》的要求，也相应成立了组织机构、制定了具体的实施方案，为“打非治违”各阶段工作有序推进打下了坚实基础。

2012年，全州共组织检查组715个，参与检查人员3209人/次，检查企业1600户，打击非法违法、治理纠正违规违章行为49564起；无证、证照不全或过期、超许可范围从事生产经营建设，以及倒卖、出租、出借或以其他形式非法转让安全生产许可证的3385起；查处违反安全生产法律、法规、规章的生产经营建设行为45743起；非法用工、无证上岗的203起；责令改正、限期整改、停止违法行为的483起；责令停产、停业、停止建设的58家；关闭非法、违法企业15家；经济处罚3.3万元。在各级各部门和企业的共同努力下，全州“打非治违”执法专项行动完成了各阶段的工作任务，基本达到了预期的效果。

【标准化建设】 2012年，全面推进非煤矿山、烟花爆竹、

冶金、危险化学品领域安全生产标准化建设工作和地下矿山安全避险六大系统建设。全州非煤矿山安全标准化创建工作，已启动22家，达标3座；已建成井下通信联络系统的8家，已建成压风自救系统的15家，供水施救系统15个，全面完成“六大系统”2座（全州只有4座生产矿山，其中停产2座），达到完成50%的目标。尾矿库在线检测系统完成1座。危化品生产企业二级达标1户，三级达标1户，完成率为66.7%；经营单位完成三级达标18户，完成率为50%；烟花爆竹批发企业完成3级达标2户。

【应急管理】 按照《云南省2012年安全生产应急管理重点工作安排》的文件要求，贯彻《安全生产应急管理“十二五”规划》。一是加强机构、人员编制建设，增设了安全生产应急救援办公室。二是不断完善综合应急管理工作。依托公安消防和具备条件的企业，组建了两支应急救援队伍。同时，还与保山矿山救援队签订协议，依托保山矿山救援队的资源达到矿山救援资源共享的目的，确保了全州境内的矿山事故能够得到及时有效的救援。三是不断加强信息报送和应急值守制度。利用现有的通信资源和信息系统，认真贯彻“日调度、周分析、月通报、季发布、年考核”制度，及时、准确上报安全生产信息，加强应急预测预警、信息报送，全天24小时值守，为领导决策部署工作提供了科学依据。

【宣传教育】 认真开展“安全生产月”活动和加强安全业务学习培训，制定方案，组织企业结合工作实际，广泛开展形式多样、内容丰富的安全宣传教育活动。截止2012年12月，相关部门和企业共悬挂大型横幅1000余条、张贴标语2000余条、宣传画1400张，为群众解答生产安全问题4000余人次；共组织安全业务培训8次，培训生产经营单位主要负责人及管理人员、特种作业人员700余人。通过宣传和培训，提高了群众和企业员工的安全意识和安全技能，增加了安全生产法律法规知识，有效预防了安全事故的发生。

【2013年综述】 2013年，全州共发生工矿商贸、道路交通、消防各类事故83起，死亡33人，受伤33人，直接经济损失1525.9686万元。与去年同期相比，事故起数上升159%，死亡人数上升57%，受伤人数上升6%，直接经济损失上升165%。

【指标控制】 2013年，全州各类生产安全事故死亡14人，低于全年控制指标5人。其中：工矿商贸事故死亡8人，低于行业控制指标1人；生产性道路交通事故死亡5人，低于行业控制指标3人；农业机械事故死亡1人，低于行业控制指标1人。

【组织领导】 一是坚持高位推动。严格按照云政发〔2011〕229号规定，由州长亲自担任州安委会主任，常务副州长分管安全生产工作，建立了安全生产重点监管行业领域，政府领导职责分工制度，其他副州长按分工负责分管行业的安全生产工作。二是加强工作部署。州政府常务会议先后2次研究安全生产工作，州长多次听取安全生产工作情况汇报；常务副州长先后召开5次专题会议，就学习贯彻习近平总书记和李克强总理的重要讲话精神、全年安全生产工作任务安排部署、非煤矿山关闭、“打非治违”专项行动、安全生产大检查等重点工作进行专题研究部署，其他副职坚持定期听取和研究分管范围的安全生产工作，及时研究解决安全生产工作面临的困难和问题。三是强化责任落实。进一步完善了政府安全生产目标责任、部门安全生产监管责任、企业安全生产主体责任、领导干部“一岗双责”四大责任体系，州政府分别与4县政府、10个州直部门、9个重点监控企业签订了安全生产目标责任状，并实行严格的考核和奖惩制度，形成了一级抓一级、层层抓落实，横向到边、纵向到底的安全生产工作格局。四是加大工作支持力度。在保证日常工作经费的基础上，2013年州财政专门安排63万元，用于安全生产大检查、网络监控平台等建设；针对长期以来道路交通领域安全事故频发多发的情况，州公路养护段争取和安排7694万元用于道路交通隐患的治理工程，州交警部门安排30万元用于道路交通安全法律法规知识宣传；着力加大执法装备、执法机构、执法人员配备力度，州安监局从建局3个科室10个编制增加到7个科室21个编制，执法支队、应急办、职业健康监管科等内设机构设置齐全。

【执法打非】 一是加大督查力度。为确保全州大检查工作迅速开展、落实有力，6月27日至7月4日，常务副州长亲自带队，深入全州四县厂矿企业、乡村公路、中小学校、工程施工现场一线督导。大检查活动开展以来，全州累计组织141个督查组开展了151次督查，累计督查33个县乡政府、53个州县部门、452户企业。二是开展联合执法。州安委会抽调部门业务骨干20人，组成3个联合排查组，全州范围开展了为期12天的拉网式排查，共检查17个重点企业、27个生产系统，查出隐患和问题100条，下发《现场检查记录》13份、《限期整改指令》14份。三是强化企业自查。全州共排查安全生产相关企业452户，企业自查率达100%，并按照企业分布和近年来发生各类伤亡事故特点，建立了企业目录化管理，认真搜集整理各部门、各督查组上报的大检查相关材料、数据，建立了企业大检查档案。四是促进隐患整改。大检查活动开展以来，全州共排查重点行业领域和部门及相关企业3150个，查出6726条隐患，已整改6690条，整改率为99.5%。其中，现场整改2957条，取缔关闭企业10户，限期整改8户，州安委办挂牌督办34条，州消防部门挂牌督办2条。五是深入开展“打非治违”行动。结合安全大检查工作，继续深入开展打非治违执法专项行动，全州共打击非法违法、治理纠正违规违章行为为1774起；无证、证照不全或过期、超许可范围从事生产经营建设，以及倒卖、出租、出借或以其他形式非法转让安全生产许可证的1299起；作业规程不完善，缺乏针对性和可操作性，以及现场管理混乱、违章操作、违章指挥和违反劳动纪律的214起；劳动防护用品配备不符合规定要求的86起；隐患排查治理制度不健全、责任不明确、措施不落实、整改不到位的38起；应急救援队伍、装备不健全，应急预案制定修订演练不及时，以及自救装备配备不足、使用培训不够的27起；打击非法用工、无证上岗24起；查处违反安全生产法律、法规、规章的生产经营建设行为159起。

【监管整顿】 一是加强应急救援能力建设。认真组织开展各类应急处置演练活动，由交警部门牵头、安监、交警、卫生、消防等部门联合开展了交通事故应急救援预案演练。

由贡山县安委办牵头，组织贡山玉金铁矿开发有限公司开展了矿山事故应急演练。二是推进金属非金属矿山整顿关闭工作。今年省里下达本州取缔关闭金属非金属矿山任务为14座，全州各县政府公告关闭25座，现已关闭矿山15座（金属矿山3座、非金属矿山12座），注销采矿许可证1座，注销安全生产许可证1座，炸封井口326个，拆除工棚112间，拆除设施设备25台，目前正在关闭的矿山有10座，停产整顿的有6座，限期整改的有72座。三是开展安全生产标准化体系建设。全州非煤矿山安全标准化创建工作达标13家，累计达标28家（其中二级4家）；危化品生产企业二级达标1户，三级达标1户；经营单位完成三级达标28户，完成率为96%；烟花爆竹批发企业完成3级达标2户。地下矿山已建成井下通信联络系统14家，已建成压风自救系统16家，供水施救系统16个，全面完成“五大系统”5座；尾矿库在线监测系统完成1座。四是强化职业卫生监督管理。认真组织开展职业病危害项目申报工作，督促用人单位规范职业健康监护管理，强化职业病防治各项制度有效落实，开展了冶金、矿山开采、建材制造等粉尘、高毒物质职业病危害严重行业领域专项治理，对全州存在职业危害的企业全面开展职工健康档案建档工作，并由具备资质的职业卫生技术服务机构进行职业病调查。

【宣传培训】 一是组织专题宣传。“安全生产月”期间，安监、消防、交警等单位先后进村入企悬挂宣传条幅36条，粘贴宣传标语600多条，发放宣传资料1万多份；在大检查期间，全州组织开展大检查宣传活动940次，参加8343人次，开展警示教育62次；州安委办在怒江报开辟了专版，对安全生产法律法规、安全大检查工作进行义务宣传，州交警支队、电网公司等单位在各大广告屏、出租车广告屏滚动播出安全生产标语字幕。二是组织开展专题培训。对全州工矿商贸领域安全管理人员980多人、安全生产执法人员99人进行了分批次培训。

（和丽双）

环 境 保 护

【概　况】 怒江州环境保护局是负责全州环境保护行政管理工作的州政府工作部门。主要职责是：建立健全环境保护基本制度；负责重大环境问题的统筹协调和监督管理；承担从源头上预防、控制环境污染和环境破坏的责任；负责环境污染防治的监督管理；负责环境统计、监测和信息发布等事项。2012年11月2日，怒江州发生1起尾矿泄漏的环境污染事故。

【兰坪恒信矿业尾矿渗漏事件】 2012年11月2日下午5时40分，兰坪县恒信矿业发生尾矿库溢流管渗漏事故，约70立方米的尾矿流入沘江。怒江州环境保护局在接到兰坪县环保局报告后，立即派出由副局长带队，环境监察支队、污控科、环境监测站共同组成事故调查小组连夜赶赴现场，开展了环境应急调查处理工作。第一时间对泄露点进行堵漏，并在选厂交汇口下游100米及金鸡桥两个断面对沘江水质每隔3个小时采一次样进行连续监测，监测项目有铅、镉、砷、锌等9项，由于本次泄露量不大，堵漏及时，通过监测11月2日13时23分两个断面铅、铜、锌、镉均超标，随后浓度值逐渐回落，到11月3日10时水质基本恢复正常，未有超标项目。根据调查，事故发生的原因是恒信公司擅自恢复生产，加之该公司停产时间太久，对尾矿库的日常维护和巡查力度不足，未发现尾矿库下建的泄水暗管水泥预制板连接处铺设的土工膜老化破裂的隐患，从而导致渗漏。通过相关部门10天的努力，沘江水质基本恢复正常，解除了应急状态。怒江州环境保护局对恒信矿业的环境违法行为处以8万元的行政处罚。

【环境应急演练】 怒江州已逐步完善了内外联动的环境应急机制，编制了《怒江州环境污染事故应急预案》和《怒江州州级应急联动工作方案》。全州境内的企业按照国家及本州突发环境事件应急预案的要求，有2家已编制适合自身运用的突发环境事件应急预案，并报州环保局备案。

2013年，怒江州在全州范围内加强应急演练，在模拟实战中进一步探索适合州情、企业实际的应急方案。但全州环境应急能力建设有待加强。环境应急指挥通信系统、运输保障系统、应急监测装备、应急防护器材、应急处置物资等均有待进一步健全完善。

2013年6月4日，怒江环境保护局与兰坪金鼎锌业有限公司在温庄尾矿库模拟了一场环境应急演练。此次演练是怒江州首次环境突发应急演习，应急组由州环保局副局长指挥。应急组由环境监测应急小组、环境监察应急调查小组和宣传报道小组共同组成。通过演练，发现怒江州环境监测人员不足、经费不足、应急监测能力严重不足、“环境应急专家库”匮乏等问题已严重制约演练的开展。

【集中式饮用水水源地排查】 2012～2013年，怒江州环境保护局对集中式引用水源地进行了全面摸底调查，全州四县共排查湖库型集中引用水源地14个，其中，除4个县城饮用水水源地通过区划批复外，其他10个饮用水源地没有明确区划范围。经排查，县城水源地没有违法建筑物、工业建设项目及排污口情况，但存在部分饮用水水源地有矿山开采、未设置保护栏及放牧等可能影响水源安全的因素。

（李　燕）

迪庆藏族自治州

概况

【地理位置】 迪庆藏族自治州位于滇、川、藏三省区交界的横断山脉三江并流自然奇观标志性腹心地带。地处青藏高原南延部份，是云南省海拔最高的地方，位于东经98°20′~100°19′，北纬26°52′~29°16′之间。东与四川木里县、丽江市宁蒗县接壤；南界丽江县及怒江州的兰坪、福贡县；西与西藏自治区的左贡、察隅县及怒江州的贡山县毗邻；北与西藏自治区的芒康县及四川省甘孜州的巴塘、德荣、乡城县交错接壤。

【区划人口】 迪庆州国土面积23186平方千米，辖香格里拉县、德钦县和维西傈僳族自治县3个县，20个乡9个镇，188个村民委员会（办事处）。2013年末，全州常住人口为40.6万人，其中：户籍管理人口362751人。在户籍总人口中，农业人口293352人，非农业人口69399人。少数民族人口321321人，占总人口的88.6%。其中：藏族人口129977人，占总人口的35.8%；傈僳族人口109253人，占总人口的30.1%。千人以上的少数民族人口分别为：彝族15461人，白族14889人，苗族1431人，回族1135人，纳西族46270人，普米族2085人。全年出生人口3972人，人口出生率10.56‰，死亡人口2211人，人口死亡率5.88‰，人口自然增长率4.68‰。

【气候水文】 迪庆属温带和寒温带季风气候（河谷地区属北亚热带季风气候），年平均气温4.7~16.5℃，最热月平均气温11.7~24.1℃，最冷月平均气温-3.3~7.7℃，绝对最低温度-27℃，年日照时数为1742.9~2186.6小时，太阳辐射118.3~133.7千卡/平方厘米，降水量268~945毫米。雨季（5~10月）降水量占全年的62.3~94.4%，无霜期为129~197天。境内有澜沧江、金沙江自北而南贯穿全境，金沙江流经迪庆境内430千米，流域面积16810.8平方千米，澜沧江在州境内流程320千米，流域面积7059.2平方千米，全州共有大小支流221条，沿两江干流四射分布，形成典型的羽状水系。全州水资源总量为119.73亿立方米，可利用量95.7亿立方米，境内两江一级河流硕多岗河、吉仁河、阿东全州水资源总量为119.73亿立方米，可利用量95.7亿立方米，境内两江一级河流硕多岗河、吉仁河、阿东河等可开发利用率较高，全州可开发利用水能资源在1370万千瓦以上。

【地形地貌】 迪庆地形近似肺状，地质构造复杂，地势北高南低，地貌形态以山地、古高原面和岭峰为主，境内地理为“三山挟两江”。三山为梅里雪山、云岭雪山山脉、中甸雪山山脉，自西向东依次排列。州内最高海拔为梅里雪山卡瓦格博峰6740米，最低海拔为维西县碧玉河入澜沧江口处1486米。迪庆全境由于受地势、地貌及气候因素的影响，形成了垂直分布的三种生态环境，即：高寒地区，海拔在2800~6740米；山区，海拔在2200~2800米；河谷地区，海拔在1486~2200米。

2012年灾情及抗灾救灾

【综　述】 2012年，迪庆州自然灾害频繁，遭受了旱灾、雪灾、风雹灾、洪涝、泥石流、及山体滑坡等各种灾害，致使农作物和民房遭受严重损失，给人民群众的生产生活带来严重困难。全州农作物受灾面积23758.6公顷，其中旱灾12713公顷，洪涝灾2413公顷，风雹灾195公顷，低温冷冻及雪灾2288.8公顷，滑坡泥石流灾2256公顷，病虫灾3892.8公顷；绝收面积4733.1公顷，其中旱灾2712公顷，洪涝灾477.1公顷，风雹灾52公顷，低温冷冻及雪灾640公顷，滑坡泥石流灾852公顷。全州民房倒塌1922间，损坏民房1322间，死亡大小牲畜8086头（只）；造成直接经济损失21135万元，其中农业直接经济损失15940万元。全州受灾人口283648人，紧急转移安置人口981人。饮水困难人口21299人；因灾死亡9人。

【重大灾害事件】 1月4~12日，迪庆州境内受强降雪影响，造成全州3个县、29个乡镇不同程度受灾，受灾人口135860人，其中转移安置灾民389人，农作物受灾面积2288公顷，绝收面积640公顷，倒塌民房396间，损坏民房142间；直接经济损失2366万元。

3月17日，维西县发生山体滑坡，受灾人口9人，因灾死亡8人，因灾伤病1人，造成直接经济损失700万元。

7月4日，维西县发生生物灾害，受灾人口80000人，农作物受灾面积3892.8公顷，造成直接经济损失2750万元。

6月26~7月22日，由于德钦县普降大雨，发生泥石流、滑坡等灾害，受灾人口28850人，紧急转移安置灾民6人，因灾死亡1人，农作物受灾面积1846公顷，倒塌民房1270间，损坏民房1180间，造成直接经济损失1310万元。

7月份，香格里拉县各乡镇普降大雨，发生泥石流、洪涝等灾害，受灾人口68835人，紧急安置转移灾民586人，农作物受灾面积1302公顷，倒塌民房256间，损坏民房125间，造成直接经济3885万元。

8月26日，香格里拉县发生风雹灾，受灾人口8570人，农作物受灾面积195公顷，绝收面积52公顷，造成直接经济损失185万元。

【抗灾救灾】 灾情发生后，迪庆州各级党委、政府高度重视，把抗灾救灾工作作为头等大事来抓，各级党委政府组织相关部门深入灾区，指导抗灾救灾工作，并发动灾区群众开展生产自救工作，把灾后损失减少到最低程度。云南省省委、省政府和省民政厅对迪庆给予关心、支持和帮助，2012年安排给迪庆州各类救灾资金1900万元，迪庆州各级民政部门根据云南省财政厅、民政厅的文件要求及时下拨各类救灾资金1900万元，及时发放到灾民手中，解决灾区群众的吃、穿、住等各种困难。

2013年灾情及抗灾救灾

【综　述】 2013年，迪庆州自然灾害频繁，遭受了旱灾、地震、洪涝、泥石流等灾害，尤为严重的是旱灾和地震。年内先后遭受长达半年之久的旱灾、洪涝灾。境内又于2013年8月28日4时44分、8月31日8时04分先后发生里氏5.1级、5.9级地震。地震灾害导致农业生产全面受灾，基础设施受损严重，部分居民住房严重损毁，造成的损失极为严重。全年全州农作物受灾面积25726.7公顷，其中旱灾23938.7公顷，洪涝灾196公顷，滑坡泥石流灾1180公顷，地震灾412公顷；绝收面积4728.33公顷，其中旱灾4203.33公顷，洪涝灾90公顷，泥石流灾435公顷。全州民房倒塌375户6106间，损坏民房15490户220446间（一般损坏12350户165189间，严重损坏3140户55257间）；死亡大小牲畜，1923头（只）；造成直接经济损失165873.1万元，其中农业直接经济损失20481万元。全州受灾人口31.38万人，因灾死亡3人，紧急转移安置24532人。

【重大灾害事件】 1月2日，维西县民房发生火灾，138人受灾，造成直接经济损失265.14万元。

2月~5月中下旬，境内降雨减少，5月高温少雨，农业、林业全面受灾，旱情极为严重，局部地区出现人畜饮水困难。干旱造成213210人受灾，农作物受灾面积23938.7公顷，绝收面积4203.33公顷；造成直接经济损失16361万元。

7月15日，德钦县发生泥石流灾害，造成18500人受灾，农作物受灾面积1120公顷，绝收面积420公顷，倒塌民房73户、1420间，损坏民房223户、2453间；造成农业直接经济损失660万元。

7月20日，香格里拉县发生泥石流灾害，造成4960人受灾，农作物受灾面积60公顷，绝收面积15公顷；造成直接经济损失760万元。

7月31日维西县发生洪涝灾害，造成30000人受灾，农作物受灾面积196公顷，绝收面积90公顷，倒塌民房40户、121间，损坏民房60户、155间；造成经济损失2000万元。

9月12日，维西县发生地震次生灾害泥石流，造成48人受灾，转移安置受灾群众20人，民房倒塌4户20间，造成直接经济损失120万元。

【迪庆州发生5.1、5.9级地震】 8月28日4时44分、8月31日8时04分，迪庆州香格里拉县、德钦县与四川省甘孜州得荣县交界（北纬28.22°，东经99.35°；北纬28.22°，东经99.40°）先后发生5.1、5.9级地震。本次地震主要涉及香格里拉县与德钦县的12个乡镇、43个行政村（居委会）；灾区人口114051人，22483户。其中，香格里拉县15460户、81837人，德钦县7023户、32214人。地震造成3人死亡，7人重伤，42人轻伤。

本次地震造成房屋建筑不同程度的破坏，少数房屋倒塌或局部倒塌，部分墙体倾斜、变形，多数房屋墙体开裂，给灾区群众的生活造成很大影响。地震还造成不同程度的工程结构损坏，电力系统直接经济损失3350万元；交通系统直接经济损失17940万元；通信系统直接经济损失4450万元；供排水系统及其他市政设施直接经济损失800万元；水利工程结构直接经济损失11580万元。此外，地震还对灾区农、牧、林业，工矿企业、旅游文化设施和宗教活动场所造成了不同程度的损害。据统计，此次地震造成直接经济损失145500万元。其中，香格里拉县82030万元，德钦县61670万元，维西县1800万元。

【迪庆州5.1、5.9级地震抗震救灾】 “8·28”、“8·31”地震发生后，省委、省政府给予高度重视，多次派出工作组实地查看灾情，指导抗震救灾、慰问受灾群众；州委、州政府及时成立抗震救灾工作组，启动地震应急预案，主要领导亲临一线指挥抗灾救灾，协调组织公安、消防、武警、迪庆军分区调动上千名官兵赶赴灾区抗震救灾，保障灾区群众的生命财产安全，力争将因灾损失降到最低。组织交通、电力、通信、民政、住建、国土、教育、卫生等部门开展灾情核查、基础设施设备抢修、灾民安置、救助伤员等工作。此外，还加强了抗震救灾宣传报道工作，及时正面引导舆论，组织省

内外媒体和州内媒体报道灾情和抗震救灾工作开展情况，做好防震减灾知识宣传。鉴于受灾地区基本是以藏族为主的乡镇，地震发生后网络上已有达赖集团借机渗透的信息，为维护藏区稳定，相关部门及时密切关注动态，加强监控力度。加强了香格里拉县、德钦县城区和重点乡镇、救灾现场的社会治安管控。州县乡（镇）三级党委政府及州级各相关部门组织强有力的工作组，全面引导群众开展生产自救及群众安抚工作，确保社会和谐稳定。

灾情发生后，民政部门会同其他相关部门及时发放受灾群众基本生活补助、取暖补助和临时简易房补助，积极接收物资、资金捐赠，及时妥善地安置灾民。截至2013年12月31日，全州共下拨各类救灾资金30385.6万元，共向灾区安排下拨救灾帐篷7486顶、棉被12300床、大衣9500件、衣服2000套、折叠床9228张、床垫5468床等物资，用于保障受灾群众基本生活，地震后的恢复重建工作正有序地展开。

【迪庆州5.1、5.9级地震社会捐赠】 1. 接收捐赠资金：2013年共接收到“8·28、8·31”地震爱心捐款17368564.4元，其中州级11028564.4元，香格里拉县3440000元，德钦县2900000元；经州委、政府领导批示，捐赠给昌都地区左贡与芒康两县地震灾区慰问金300000元。

2. 接收捐赠物资：接收丽江捐赠棉被5000床；捐赠大衣5000件、彩布条1000包；洛桑吉参捐赠发电机10台，矿泉水255件，方便面100件，火腿肠50箱，被子200床，被套100床；昆明傲远管业有限公司捐赠胶管267捆50000米；长江商学院捐赠大米30吨，食用油12吨；中华孟子协会捐赠面粉20吨，被子2000床；香格里拉县经济开发区绿林尼西鸡开发有限公司捐赠鸡蛋200件。

3. 捐赠物资分配情况：棉被5200床（香格里拉县1860床、德钦县3340床）；大衣5000件（香格里拉县4630件、德钦县370件），彩布条1000包（香格里拉县127包、德钦县873包），发电机10台（香格里拉县4台、德钦县6台），矿泉水255件（香格里拉县100件、德钦县155件），方便面100件（香格里拉县100件），火腿肠50箱（香格里拉县50箱），被套100床（香格里拉县100床）；昆明傲远管业有限公司胶管267捆50000米（香格里拉县100捆、德钦县100捆、维西县67捆）。德钦县大米10吨，食用油4吨，香格里拉县大米10吨，食用油4吨，公路总段大米10吨，食用油4吨。中华孟子协会面粉20吨（香格里拉县20吨），被子2000床（香格里拉县1000床，德钦县1000床）。香格里拉县经济开发区绿林尼西鸡开发有限公司鸡蛋200件（香格里拉县尼西小学50件，德钦县二小150件）。

（李宁 和淇）

临沧市

概　况

【区划人口】　临沧市位于云南省西南部，因濒临澜沧江而得名“临沧”，地处澜沧江、怒江之间的临沧市，素有“秘境”之称，是云南沿边开放的重要窗口，是中国西南—东南亚—南亚区域合作的核心地区之一，在云南省边境经济合作区中占有重要地位，在中国西南对外开放战略中具有独特的区位优势。随着“桥头堡”建设上升为国家战略，国家西部大开发战略及“兴边富民”工程的实施，澜沧江—湄公河次区域经济合作的推进，为临沧实现从改革开放的末端转变为面向西南开发的前沿窗口提供了重要的战略机遇。全市土地总面积24469平方千米。辖临翔区、凤庆县、云县、永德县、镇康县、双江拉祜族佤族布朗族傣族自治县、耿马傣族佤族自治县、沧源佤族自治县1区4县3自治县。2013年末，全市总人口247.9万人，其中少数民族人口96.29万人，有佤、傣、拉祜、布朗、彝族、德昂、回、苗等23个民族，有11个世居少数民族，少数民族人口占全市总人口的38.8%。

【地理环境】　临沧地处北回归线附近，四季如春，年平均气温17.2℃，森林覆盖率达60.5%，有亚洲恒温城之美称；境内有老别山、邦马山两大山脉，属横断山系怒山山脉的南延部分，河流分属澜沧江、怒江两大水系，主要支流有罗闸河、小黑江、南汀河、南滚河和永康河，地势中间高，四周低，并由东北向西南逐渐倾斜，最高海拔3504米，最低海拔为南汀河出境处，海拔450米，形成两江环抱大雪山的格局；临沧市东邻普洱市，北连大理白族自治州，西接保山市，西南与缅甸交界。国境线长290.8千米。临沧与缅甸山水相连，沧源、耿马、镇康三县与缅甸接壤，国境线长290.79千米，有3个国家级口岸，目前边贸通道共有19条，5条为通缅公路。

【资源文化】　境内澜沧江上建有小湾、漫湾、大朝山3座百万千瓦级电站，是我国“西电东送”、云电外送的重要基地，临沧是世界茶树生长优生地，其茶叶种植面积、产量均居云南省首位，1937年就研制出了“滇红”茶，开创了中国红茶进入国际市场的新局面，在国内外享有盛誉，被称为“滇红之乡”，具有悠久的茶马古道和精彩纷呈的民族茶礼、茶俗、茶艺、茶道等文化；24.5万佤族人口，占全国佤族人口60%，3000多年前遗留下来的神奇美丽的岩画，保存非常完整的原始村落，异彩纷呈的佤族歌舞，“世界佤乡·秘境临沧”已成为临沧市的靓丽名片。独特的地理区位，丰富的自然资源，多样的民族文化，造就了临沧“边城”、“绿城”、“水城”、“茶城”、“佤乡”的美誉。

2012年灾情及抗灾救灾

【灾情综述】　2012年，全市先后发生了低温冷冻灾、旱灾、风雹灾、洪涝、滑坡、地震、病虫害等自然灾害。特别是连续三年遭受严重冬春连旱，部分地区旱情发展发迅速，夏播农作物播种、出苗和春播作物生长受到严重影响，尤其是对烤烟种植损失较大，入汛后，旱情虽有所缓解，7至8月，受热带风暴“韦森特”、“天启”影响，洪灾频繁发生，灾害与去年相比呈现出前旱后涝、连续受灾的特点，其中春旱较为严重，给群众的生产、生活带来较大影响。2012年，全市因各类自然灾害造成70.29万人受灾，因灾死亡7人；紧急转移安置人口1428人；因灾造成饮水困难人口15.5万人，因灾损毁房屋4090户，8073间（其中：倒塌房屋392户，539间，严重损坏1080户，3362间，一般损坏2618户，4172间）；农作物受灾82220公顷，其中：成灾39410公顷，绝收5650公顷；全市因灾共造成直接经济损失3.5亿元，其中农业损失2.73亿元。

【旱灾突出】　2012年，全市降水总量正常略少，年平均气温正常略高，特别是进入2月以来，因气温逐步上升，地表水蒸发量随之加大，农田地土壤蓄水量明显不足，全市8县（区）不同程度遭受旱灾。截至4月15日，全市8个县区77个乡镇（街道办事处）不同程度遭受旱灾，受灾人口387123

人，农作物受灾面积59243.2公顷，成灾25119.76公顷，绝收3229.9公顷，因灾饮水困难人口154752人，饮水困难大牲畜120159头。直接经济损失11562.92万元。

【临沧市“4·09”风雹灾】 4月3～9日，受偏西气流影响和南支低槽影响，凤庆、永德、镇康、双江、沧源5县31个乡镇（农场）发生风雹灾害，据气象部门测报，最大风速达12.4米/秒，致使部分民房受损、狂风、冰雹，使大量幼果打落，甘蔗、冬苞谷和橡胶树被吹断，受灾人口13278人，因灾伤病人口5人，紧急转移人口124人，民房受损1770间，农作物受灾面积1812.08公顷，成灾576.1公顷，绝收88公顷。造成直接经济损失976.57万元，其中，农业经济损失569.34万元，家庭财产损失382.23万元，工矿经济损失25万元。

【云县“4·28”交通事故】 4月28日，临沧市交通运输集团公司云S08156中型客车，从临翔区开往耿马县，当车辆行驶至羊耿线K25+30米下坡右转弯路段时，向左驶出路面翻下山坡，造成11人死亡、9人受伤的重大道路交通事故。17时07分，云县公安局交通警察大队幸福中队、云县公安局110指挥中心分别接到该事故相关情况的电话报警，云县人民政府及时启动应急预案，县公安、交通运输、安全监管、卫生、消防等部门的人员赶赴现场，会同幸福镇党委、政府领导迅速组织抢救受伤人员，对现场进行及时有效的处置。临沧市委、市政府主要领导分别就事故的处置、伤员救治、善后处理等工作作出重要批示。市委副书记、市长锁飞，市委常委、常务副市长郭惠云，副市长、公安局局长杨增明，市检察院检察长杨永华等领导率市公安、交通运输、安全监管、卫生等部门的负责人及工作人员赶赴现场，组织救援处置工作。省安全监管局段丽元局长及时调度事故情况，向省政府领导汇报，派出白光福副局长和有关人员赶赴事故现场组织指导事故处理工作。省委、省政府高度重视事故处理工作，省委书记秦光荣，省长李纪恒，省政协主席、省委常委、常务副省长罗正富，省委常委、省政法委书记孟苏铁，省委常委、省委秘书长、副省长曹建方等领导分别对“4·28”重大道路交通事故作出重要批示，并由省政府蒋兆岗副秘书长率省监察、公安、交通运输、安全监管、卫生、检察院、中国保监会云南保监局等部门领导，赶赴云县，察看事故现场，在云县召开事故处置工作会，专题研究部署事故处理、善后处置及事故预防等工作。省卫生厅派出专家到云县指导伤员救治工作。事故现场处置、伤员救治、善后工作及时有效。4月29日，公安部、国家安全监管总局，也派员赶赴事故现场指导事故处理工作。

【云县、凤庆县“7·01”洪灾】 7月1日16时19分至18时34分，受强对流天气影响，云县、凤庆县境内普降大雨，降雨量为30毫米，局部地区暴雨，暴雨伴有雷电大风，并引发山洪，发生了洪涝灾害，灾害造成114608人受灾，因灾死亡人口3人，紧急转移安置人口191人，农作物受灾面积5162公顷，其中，成灾1968公顷，绝收142.4公顷，倒塌房屋80间，损坏房屋622间，因灾死亡大牲畜350头，部分水利、电力、通信等基础设施受损。灾害造成直接经济损失达4791.7万元。其中：农业经济损失3597.78万元，家庭财产损失663.5万元，基础设施经济损失530.4万元。

【耿马县孟定“7·25”洪灾】 受第8号强热带风暴“韦森特”影响，7月23日晚至24日凌晨，耿马县持续降雨，局部地区发生连降单点暴雨，降雨量达到53毫米，孟定城区内的南汀河支流南滚河、南袜河水位暴涨，导致孟定镇南滚河洪水漫堤后三处河道决堤并发生洪灾。致使孟定镇10村46个小组遭受洪灾，因灾受灾农户1151户4868人，因灾损房108间，紧急转移安置农户25户136人；农作物受灾811.3公顷，成灾211.5公顷；滑坡受损橡胶870棵，洪涝灾害造成农户房屋、家电、农产品等被洪水浸泡损失。造成直接经济损失778.3万元，其中：农业经济损失763.6万元，家庭财产损失14.7万元。

【防汛救灾】 2012年入汛后，从7月17日以来，临沧市先后出现了持续降雨和局部暴雨的极端天气，全市8县（区）77个乡（镇）不同程度地遭受泥石流、风雹灾、洪涝灾害，仅在“7·25”洪灾抢险救灾过程中，县、镇党政一把手亲临现场，市、县工作组第一时间赶赴现场了解灾情，启动应急预案，指挥干部群众抢险救灾、巡查河堤、抢险加固险段、排查地质灾害，做好次生灾害的防范。共投入干部群众和军警360人、竹木桩400棵、编织袋6.8万只、橡皮艇1艘、救生衣175件、挖机6台，应急资金200多万元（不包括疏浚河道占地补偿金600多万元），完成清理加宽加固南滚河重点段2.5千米，转移受灾群众25户136人，实现减淹面积0.6万亩，减少受灾131人，实现减灾效益150万元。2012年全市共投入抗洪抢险救灾18830人次（部队官兵155人次、地方人员14961人次、机动抢险队员3714人次）、资金1531万元（中央250万元、省级145万元、省级以下847.5万元、群众投劳折资288.6万元）、运输设备156班次、机械设备100台班、编织袋16.85万条、沙石料1.81万立方米、木材0.53万立方米、抗灾用油58.2吨、用电3.2万度，总物资消耗折算资金298.67万元。实现减淹耕地1.72万亩，避免粮食减收0.15万吨，减少受灾人口20221人，解救洪水围困群众131人，避免人员伤亡21起、362人，转移人员572人（山洪），减灾经济效益2012万元。

【暴雨三级应急响应】 7月，受台风“韦森特”登陆减弱后的低压外围云系影响，7月25日14时至27日14时，临沧市西部和南部的镇康、永德、耿马、沧源、双江出现中到大雨局部暴雨，其余地方为小到中雨。全市累计雨量大于100毫米2站，50～99毫米15站，25～49毫米21站，最大雨量在沧源芒回114毫米。26～27日全市平均雨量33.2毫米，与历年同期相比偏多14.7毫米。全市气象部门加强对此次强降雨过程的监测、预报预警及服务工作，24小时专人值班，领导在岗带班，于7月23日18时启动全市重大气象灾害（暴雨）Ⅲ级应急响应，市政府副市长李华松立即作出重要指示，暴雨Ⅲ级应急响应命令下达到各县（区）、市气象灾害应急指挥部成员单位。7月25日，市委书记杨洪波审阅专题气象服务材料后作出重要批示，临沧市委办公室立即发电《关于印发市委主要领导重要批示的通知》到各县（区）、市级各有关部门。此次强降雨过程预报预警准确、及时，为抗洪救灾工作提供决策依据，市委、市政府及早采取应对措施，使灾害损失降到最低限度。

【暴雨四级应急响应】　受台风"启德"登陆减弱后的低压外围云系影响，8月17日20时至20日16时，全市大部地方出现中到大雨局部暴雨，全市累计雨量大于100毫米2站，50～99毫米21站，25～49毫米40站，最大雨量在耿马福荣134毫米。18～20日全市平均雨量44毫米，与历年同期相比偏多20毫米。临沧市气象局于8月17日19时启动全市重大气象灾害（暴雨）Ⅳ级应急响应，各县局也相继启动了暴雨Ⅳ级应急响应，20日16时解除暴雨Ⅳ级应急响应。及时向市委、市政府和相关部门发布预警信息以及报送决策服务材料，不定时向地方党政和相关部门领导通过手机短信通报雨情。市长锁飞、副市长李华松先后作出重要批示。

【抗旱救灾】　面对严重的灾情，市委、市政府高度重视，把抗灾救灾工作放在第一位，认真贯彻落实省委、省政府主要领导重要指示，按照市委、市政府的统一决策部署，密切联系协调气象、国土、水利等部门，根据灾情发展的态势，科学地研判，制定工作措施，狠抓落实，全面、扎实、有效开展抗灾救灾工作。水务部门密切关注旱情态势，以保人饮、保农灌、保重点行业供水为首要任务，先后投入抗旱27.34万人、泵站14处、机电井25眼、机动抗旱设备678台套、机动运水车辆4299辆、用电25.5万度、用油167.9吨，投入抗旱资金5584.1万元（中央拨款730万元，省级拨款755万元，市县财政拨款2874.1万元，群众自筹1225万元），实现抗旱浇灌面积16.27万亩（35.96万亩次），挽回粮食5381.79吨，减少损失2078万元，挽回经济作物损失6704万元，临时解决了27.20万人、12.30万头大牲畜的饮水困难。民政部门从2月10日起，严格执行24小时值班制度和民政部《自然灾害情况统计制度》，及时上报灾情。仅民政部门2012年共下拨旱灾群众生活补助资金1800万元。其中：3月29日下拨中央自然灾害生活补助资金1300万元（含春荒300万元）；5月16日下拨省级抗旱救灾意向捐赠资金500万元；主要用于帮助解决旱灾地区受灾群众口粮和饮水困难等基本生活保障问题。

【赈灾捐赠】　2月24日，耿马傣族佤族自治县勐撒镇丙令村发生"2·24"滑坡灾害，造成424人受灾，直接经济损失375万元；灾情发生后，市政府高度重视，及时组织相关部门负责人前往灾区进行查灾，帮助指导救灾工作，市政府下拨70万元资金专项用于灾民滑坡搬迁补助；2013年4月20日，四川雅安市芦山县"4·20"地震，灾情牵动着临沧市委、市政府，为帮助灾区群众战胜灾害，渡过难关，市委、市政府伸出援助之手，集聚关爱力量，第一时间捐赠20万元，并于4月24日将汇至云南省慈善总会统一汇往四川省雅安市地震灾区；2013年8月31日8时04分，云南迪庆州香格里拉县、德钦县，四川省甘孜州得荣县交界处又发生了5.9级地震。为帮助灾区群众战胜灾害，渡过难关，市政府捐助20万元，于9月1日汇往迪庆州民政局，专项用于迪庆地震灾区灾后恢复重建工作，2013年10月，韩国依恋集团向我市捐赠价值300多万元的急救包3000个，每个急救包含有衣物、鞋子、常用医疗器件等28样物品，此批急救包将用于我市突发灾害应急。2013年6月，由韩国依恋集团提供90万元，在我市永德县一中开展实施"衣恋阳光班"助学活动项目，计划在永德县范围内招收100名品学兼优、家庭特困、无经济能力完成高中学业的2013年应届初中毕业生，资助其完成高中学业。被录取的困难学生在校期间，由"慈善机构"提供每人每年3000元助学金，学校可视情况给予减免学费完成高中学业，考取一本以上大学的，还可按录取学校的情况向慈善机构申请一次性助学金。

2013年灾情及抗灾救灾

【灾情综述】　2013年入春以来，干旱、风雹、洪涝灾害和雪灾、低温冷冻灾害连续不断，据统计，全市因旱灾、洪涝、雪灾和低温冷冻灾害共造成140.63万人受灾，受灾面积95590公顷，其中：成灾42616公顷，绝收9575公顷，直接经济损失16.95亿元。其中：旱灾共造成74个乡镇受灾，77.86万人受灾，19.2万人饮水困难，受灾面积61090公顷，（其中：成灾面积25800公顷，绝收2490公顷），直接经济损失13.42亿元；洪涝灾害造成20.17万人受灾，因灾死亡5人，紧急转移人口793人，受灾面积17400公顷，（其中：成灾8359公顷，绝收1940公顷），倒塌房屋393间，直接经济损失1.1657亿元，其中：农业8029万元，工矿企业154万元，基础设施1045.7万元，公益设施36万元，家庭财产2392万元；而"12·16"雪灾和低温冷冻灾害共造成全市42.6万人受灾，受灾总面积17100公顷，（其中：成灾8457公顷，绝收5145公顷），受灾作物重点是豆类、甘蔗、咖啡，直接经济损失2.37亿元。

【旱情突出】　2013年入春以来，全市8县（区）77个乡（镇）、街道办事处不同程度地遭受四年连旱，截至5月30日止，因旱灾造成受灾人口77.9万人；旱灾造成饮水困难人口19.4万人；大牲畜19.3万头；农作物受灾面积6.1万公顷，其中：成灾面积1.8万公顷；绝收面积0.25万公顷；造成直接农业经济损失13.4亿元。

【凤庆县"8·25"风雹灾】　8月25日，受西移的热带风暴"潭美"影响，凤庆县境内出现大雨局部暴雨天气过程，局地伴有雷电、大风、冰雹等灾害性天气，发生了风雹灾。风雹灾共造成全县13个乡镇受灾，其中受灾最为严重的是新华乡、鲁史镇、雪山镇。据统计，全县农作物受灾37008.9亩，

其中：成灾26744.6亩，绝收4789.5亩，经济损失1593.4万元；受灾人口达21843人，民房倒塌29户29幢100间，受损128户129幢267间，公路等基础设施受损，经济损失达1652万元。

【临沧市“12·16”雪灾】 12月15日，受南支槽和冷空气影响，从15日夜间开始，本市临翔区、凤庆、云县、永德、耿马、镇康、双江、沧源8个县（区）的高山、高海拔地区出现降雪天气。降雪范围覆盖临翔区、凤庆、云县、永德、耿马、镇康、双江7县（区）58个乡镇。凤庆县凤山镇、勐佑镇和大寺乡3个乡镇交界处的桂花树最低温度为-2.4℃，全市海拔1650米以上出现降雪天气，1600米的地方路面平均降雪深度达8厘米，海拔2200米以上达50至60厘米，道路交通受阻。据8县区民政局核实统计，截止12月17日16:30分，此次雪灾共造成8个县区58个乡镇受灾，受灾人口299085人，因灾死亡大牲畜和家畜97只（头），农作物受灾22374.4公顷，成灾14239.9公顷，绝收1160公顷；民房受损212间；103台变压器受损无法供电。灾害共造成直接经济损失9398.7万元。其中，农业经济损失9092.4万元，家庭财产经济损失68.6万元，基础设施经济损失237.5万元。

【临沧市“12·17”低温冷冻灾】 继“12·16”雪灾之后，17~19日全市大部地区最低温度低于2℃，部分低于0℃，期间，凤庆城区最低温度持续3天低于0℃，临翔城区最低温度持续2天低于0℃。特别是在17日，凤庆城区最低温度达-1.8℃、永德城区最低温度达-0.5℃，突破了有气象记录以来的历史极端最低值。此次降温，是继1999年之后的又一次强低温过程，造成全市大范围霜冻天气。强降温导致全市8县（区）66个乡镇（街道办事处）受灾，据8县区民政局12月20日统计上报，低温冷冻灾共造成42万人受灾，农作物和经济作物受灾面积17098.2公顷，成灾面积8457公顷，绝收面积5145公顷，造成直接经济损失2.3亿元。

【地质灾害】 2013年，全市共有地质灾害隐患点1541个，其中滑坡1289处、泥石流120条、崩塌65处、地面塌陷13处、不稳定斜坡53处、地裂缝1条，受威胁人口281506人，威胁资产628690元。2013年全市发生地质灾害25起，其中，较重为2013年分别于6月12日和6月24日，在耿马县四排山乡东坡村的东坡组、永德县帮卡乡帮卡村大米山组发生了滑坡，灾害造成106人受灾，紧急转移72人，严重损坏房屋12间，直接经济损失87万元，其中：农业损失25万元，家庭财产损失62万元，无人员伤亡。共计经济损失347.2万元。

【云县“9·01”生物灾害】 9月1~16日，云县12个乡镇遭受生物灾害，农作物受灾面积0.0175万公顷，其中成灾0.0006万公顷，造成9873人受灾，直接经济损失606.4万元。

【地震灾害】 据云南省地震台网测定：2013年度临沧市共发生$M\geq1.0$地震211次，其中1.0~1.9级174次，2.0~2.9级27次，3.0~3.9级10次，无4.0级以上地震发生。本年度最大地震为5月29日02时31分14.3秒发生在临沧市临翔区蚂蚁堆乡遮奈村的$M3.2$（$M_L3.8$）级有感地震（N24°00′，E99°57′），地震活动范围较为广泛，全市8县区均有分布，但年内全市未发生$M5.0$以上破坏性地震。

【森林防火】 2013年，全市核查处置卫星热点89个，与去年同期相比，卫星热点减少68个；处置森林火情90起，火情次数与去年同期相比减少26起，其中森林火灾15起（一般森林火灾1起，较大森林火灾14起），占省下达控制指标16.6%，火灾次数与去年同期相比减少2起；受害森林面积1627.65亩，占省下达控制指标7.17%，森林受害率0.08‰，比省下达指标1‰低0.92个千分点；损失林木蓄积1309.55立方米，损失幼林13.82万株，与去年同期相比，受害森林面积减少940.8亩，森林蓄积和幼林损失分别减少4197.53立方米和9.86万株。15起森林火灾都在24小时内扑灭，当日扑灭率为100%。查处森林火灾13起，火案查处率86.6%，处罚火灾肇事者13人（其中：刑事处罚火灾肇事者9人，林政处罚4人）。全市森林防火工作取得了连续20多年无重、特大森林火灾发生和无扑火人员伤亡的好成绩，全市森林火灾保险工作稳步推进，投保面积2224.65万亩，收缴保费807.43万元，增强了林业抵抗风险能力，全年应对突发公共事件共投入资金1310万元，其中防火投入1110万元，林业有害生物防治检疫投入100万元，野生动物疫情监测防控投入100万元。在严重干旱的形势下，取得了较好的成绩。

【防汛抗旱】 2013年，根据市委、市政府和省防汛抗旱指挥部的总体部署，市防汛抗旱指挥部认真分析全市的防汛抗旱形势，及早要求各县（区）立足于防大汛、抢大险、救大灾，按照“确保主要河流、中型水库、重要小（一）型水库、重点城市和重要设施的防洪安全，确保小（二）型及其以上水库在设计标准洪水内不垮一库一坝，努力把洪旱灾害对人民生命财产造成的损失减少到最低”的工作总目标，切实抓好各项措施的落实，做到认识到位、责任到位、措施到位、工作到位，全力以赴做好2013年的防汛抗旱工作。2013年，全市累计投入4456.30万元、17.44万人次全面进行抗旱救灾，累计临时解决22.17万人、11.78万头大牲畜饮水困难，全市未出现一人因旱喝不上水的现象，实现抗旱浇灌面积12.08万亩，确保了城乡供水安全，保证了全市工农业生产用水需求，挽回经济损失1.19亿元。投入防汛资金355.78万元，2.89万人次投入防汛救灾，减少受灾人口2.03万人，避免人员伤亡12起232人，紧急转移557人，防洪减灾效益达5294.5万元。

【赈灾捐赠】 4月20日，四川省雅安市芦山县发生7.0级地震，临沧市慈善会向全市各级、社会各界发出倡议书，呼吁临沧社会各界单位和人士向地震灾区紧急捐助，全市积极响应。截至5月28日止，共接收社会各界捐款40.19401万元，并于5月29日全部汇至云南省慈善总会集中汇往四川省雅安市地震灾区。临沧市红十字会向全市各级机关、企事业单位、人民团体和社会各界发出了倡议书，各级各部门、各企事业单位、各人民团体、社会各界积极响应，共募集社会捐款1189187.4元，统一汇往省红十字会。2013年8月31日8时04分，云南迪庆州香格里拉县、德钦县，四川省甘孜州得荣县交界处又发生了5.9级地震。灾情牵动着临沧各级党政领导干部和社会各界的心。灾害无情人有情，为帮助灾区群众战胜灾害，渡过难关，临沧市红十字会向全市各级机关、企事业单位、人民团体和社会各界发出了《临沧市红十字会迪庆地震救灾募捐倡议书》，各级各部门、各企事业单位、各人民团体、社会各界积极响应，纷纷开展为灾区人民捐款献爱心活动，截至2013年10月31日止，共接收迪庆地震捐款146317.4元，并于11月11日将捐款汇往迪庆州红十字会，专项用于迪庆地震灾区灾后恢复重建工作。

【主要措施】 一是提高认识，切实加强领导。2013年5月22日，市委、政府召开了防灾减灾工作专题会议，市委书记李小平在专题会议上作了题为“保障人民群众生命财产安全，促进经济社会健康可持续发展”讲话，他强调指出：充分认识我市防灾减灾工作面临的形势，着力加强预案管理，构筑社会安全防范体系，切实增强防灾减灾的针对性和实效性，扎实做好当前和今后一段时期的防灾减灾工作，强化工作责任，确保防灾减灾工作取得实效。在“12·16”雪灾和低温冷冻抗灾中，根据省政府的安排部署，12月15日，市政府办公室下发了《关于切实做好降雨降雪天气自然灾害防治工作的紧急通知》，12月16日，市政府办公室转发了省政府办公厅《关于做好降温降雪防范应对工作文件的紧急通知》，要求各级各部门高度重视，充分认识灾害可能造成的严重影响，克服麻痹情绪，在抓好当前各项农业生产的同时，加强气象、民政、农业、保险等部门联系，共同应对灾害。二是强化措施，降低损失。民政、水利、农业、气象等相关部门及时会商灾情，及时、准确、全面上报，各部门加强24小时应急值守，落实灾情日报制度，农业部门组织调动、供应防寒防洪冻物资，指导咖农开展剪除冻死枝、施肥、松土、喷施防冻剂和速效肥料等有力措施，挽救受冻咖啡，采取灌水、熏烟等措施，防护甘蔗冻害，全市制糖企业均采取了提前开榨等措施减灾，对受冻灾绝收的秋冬玉米等粮食作物，迅速采取翻种改种蔬菜、冬马铃薯等措施减轻灾害损失，努力把灾害损失降到最低，同时，加强中耕管理，切实抓好夏粮生产和冬季农业开发。三是及时下拨资金，做好救灾工作。灾害发生后，市人民政府高度重视，主要领导多次作出重要批示，要求各级各部门立即开展抗灾救灾工作，市、县各有关部门迅速行动起来，组成工作组，由局领导带队，深入灾区查灾核灾，指导抗灾救灾工作，为切实做好受灾群众救助工作，民政部门及时成立了救灾工作领导小组，制定受灾群众生活救助工作方案，针对灾害的特点，突出重点，妥善安排好灾区群众生活，保障灾区群众基本生活。在做好灾情信息报送和管理工作的同时，按照《临沧市自然灾害救助方案》经核实审批后，及时下拨了冬令（雪灾、低温冷冻灾）救助资金1900万元，专项用于群众生活救助，确保受灾群众有饭吃、有衣穿。气象部门加强观测，紧密跟踪灾害性天气，预报服务人员24小时应急值班，认真做好灾害性天气预报，及时发布预警信息。农业部门调集防寒防冻物资320吨，指导开展农业生产自救，及时召集农技、植保专家会商，制定了快速生产自救意见，并组织技术人员分派到各受灾的村，入户现场指导受灾农户开展自救。

【综合能力建设】 1～11月，全市平均雨量1220毫米，较历年同期偏少60毫米（偏少5%），属降水正常略少年份，其中凤庆偏少明显，偏少27%。1～11月全市平均气温19.9℃，较历年同期偏高0.8℃，属气温正常略高年份，无明显的倒春寒和抽扬期低温冷害天气出现。1～4月全市平均雨量57毫米，较历年同期偏少62毫米，偏少52%；气温较历年同期偏高1.6℃；冬春降雨持续偏少，干旱严重。全市雨季开始期和结束期偏早，5月上旬相继进入雨季，9月下旬雨季结束。汛期（5～9月）全市平均雨量1011毫米，较历年同期偏多35毫米，其中永德、凤庆偏少116～149毫米，其余偏多12～190毫米；平均气温22.5℃，较历年同期偏高0.3℃；局地洪涝、滑坡、泥石流、雷电等灾害严重。雨季结束后全市出现秋季连阴雨天气。12月中旬出现自1986年之后最强降雪、自1999年之后最强低温霜冻天气。灾害连绵不断，其特点呈现出：一是旱灾强度大，损失重。二是连续受灾，持续时间长。三是一地多灾，重复受灾。面对严重的灾情，在市委、市政府的领导下，各有关部门积极投入抗灾救灾，积极推动灾害预防预警和应急处置工作，强化了工作责任，提高了灾害预防预警和应急处置能力。一是组织领导体系方面。市委、市政府高度重视自然灾害的预防和处置工作。根据5月22日专题会议精神，市人民政府将防灾减灾工作纳入对各县（区）及有关部门的绩效管理，加强督办和监督。灾害发生后，市、县（区）有关部门积极投入救灾工作，各受灾镇（街道）人民政府立即成立救灾工作领导小组，组织实施受灾群众的救助和重建。二是应急准备方面。应急队伍建设情况。各有关部门根据各部门预案的要求，结合本部门的业务特点，相继成立了专业应急队伍；物资准备情况。2013年，全市增加和丰富救灾物资仓储，储蓄一定数量的衣服、棉被等救灾物资。三是预防预警方面。在市政府总体应急预案的基础上，初步形成了多层次、广覆盖、相互衔接，具有一定针对性和可操作性的减灾防灾预案体系。民政部门修订完善了《临沧市自然灾害应急救助预案》，经2013年12月12日第二届市人民政府第五十六次常务会议讨论通过，并发布实行。水务部门针对辖区内的实际情况，制定有实用性、可操作性的各种防汛抗旱预案，确保抢险救灾有章可循。农业部门有害生物预警监测网络日趋完善；国土部门建立有地质灾害群测群防网络和防灾减灾预案，为今后建立全市地质灾害群测群防体系工作奠定了基础。气象部门加强观测，紧密跟踪灾害性天气，建立了临沧、耿马土壤湿度自动观测站，建设5要素烤烟服务自动站3个，完成144个雨量站安装；1部闪电定位仪安装等工作。预报服务人员24小时应急值班，密切监视每一小时的天气变化，对自动站、区域自动站数据进行采集、分析，适时发布灾害落区预报。同时，完善了由

电视、互联网、手机短信、广播、报刊、电子显示屏等传播手段，及时、准确做好灾害性天气预报，及时发布预警信息。各县（区）及民政、水务、农业、气象、交通、国土、林业、防震减灾等部门继续完善灾害信息系统以及应急指挥平台，建立健全24小时灾情监测系统和灾情会商制度；确保自然灾害工作信息畅通。四是抗灾救灾效果。水务、民政、农业等部门从2月开始，根据旱情发展的态势，全面贯彻落实省民政厅《关于认真做好抗旱救灾工作的通知》和市人民政府《关于进一步做好抗旱保民生和防灾减灾工作的通知》，把解决受旱灾地区人畜饮水问题作为抗旱救灾工作的重中之重，市、县（区）两级从2月10日起，实行24小时值班制度，随时关注旱情，组织和安排好值班人员，值班人员坚守工作岗位，主要领导要带头研究，深入基层一线，亲自协调解决做好抗旱救灾保民生和防灾减灾工作中遇到的困难和问题，分管领导和救灾人员做好抗灾救灾工作的具体措施，民政部门两次派出旱灾核查核报和灾民救助情况进行督查。实行灾情、救助情况和专项督查一周一报制度。全年下拨救灾资金3320万元（春荒、旱灾、雪灾和低温冷冻灾害），已救助灾民45.626万人次，其中：春荒口粮救助14.1万人，旱灾饮水困难人口17.1万人，冬令口粮救助（截止2014年1月20日），10.8万人，衣、被救助2.72万人，2014年春节期间，走访慰问受灾困难群众9060人，支出147万元，保障受灾群众渡过一个温暖的冬天祥和的春节。五是多部门联动，提高综合防灾减灾能力。入汛后，水务部门突出重点工程，保证安全度汛，按照"预防为主、抗防结合，安全度汛"的要求，建立健全汛期组织机构，成立汛期救灾应急工作指挥部，组织有关部门开展地质灾害调查评价、监测预警和应急体系建设以及防洪度汛、救灾预案、制度建设、险口险段进行防汛安全检查，确保安全度汛。各县（区）组织落实了抢险抗灾队伍人员及负责人，全市共落实了225支33442人的防汛抢险救灾队伍。地震部门坚持地震预测预警，及时将地震对我市影响情况、震情发展动态等有关信息上报市委、市政府，及时通报相关部门。在国土、气象部门出台《应急预案》基础上，2013年，民政部门修订出台了《临沧市自然灾害救助应急预案》，充分发挥民政、气象灾害信息员合二为一后的管理和已建立的军警自然灾害应急救援联动保障机制，全市应急救灾体系建设进一步加强，"三小工程"演练常态化，2013年，近10万名中小学生参加了地震应急避险演练，取得较好的社会效果。在云县、凤庆、永德、镇康四个县城人中相对集中区域，建成首批28个应急避难场所，设立了标识牌和撤离路线指示牌，全市城镇应急避难场所建设有序推进。救灾物资储备增加，有效提高了救灾应急保障能力。国土部门每年开展地质灾害巡查排查和应急调查，促进地质灾害防治，切实加强地质灾害预警预报。气象部门精细化的气象灾害监测预报能力明显提升我市目前共建成乡镇区域自动站100个，初步建立了监测和预报到乡镇的农村气象灾害监测预报体系，乡镇级气象监测能力得到提升，天气预报的水平得到提高，在气象灾害防御中发挥了重要作用。财保部门在发生灾害后，及时派出人员核实灾情，民房、农业保险理赔。

（彭孟琦）

减 灾 机 构

主要减灾机构

云南省减灾委员会
主　任：尹建业
副主任：段丽元　皇甫岗　王喜良　陈秋生　和自兴
　　　　罗应光　张笑春　杨　斌　董家禄　崔　毅
　　　　赵金松　胡学霖

云南省抗震救灾指挥部
指 挥 长：尹建业
副指挥长：段丽元　皇甫岗　王喜良　陈秋生　和自兴
　　　　　罗应光　张笑春　杨　斌　董家禄　崔　毅
　　　　　赵金松　胡学霖

云南省防汛抗旱指挥部
指　　挥　　长：刘　平
常务副指挥长：陈　坚
副　指　挥　长：普建辉　赵金松　崔　毅
专职副指挥长：陈　明

云南省森林防火指挥部
指　　挥　　长：刘　平
常务副指挥长：侯新华
副　指　挥　长：普建辉　赵金松　崔　毅　王春太
专职副指挥长：杜　勇

云南省人民政府办公厅
秘 书 长：卯稳国
副秘书长：李邑飞　赵海鹰　黄立新　杨　杰　董保同
　　　　　李极明　罗昭斌　杨　斌　李石松　普建辉
　　　　　赵壮天

云南省发展和改革委员会
主　任：王喜良
副主任：李文冰　马晓佳　李承宗　董继理　于明祥
　　　　海文达　饶　卫　陈朝良　李金泽　鞠云昆

云南省工业和信息化委员会
主　任：岳跃生
副主任：宋嘉林　许　云　张建明　周睦邻　周　赤
　　　　杨金莹　王　祥

云南省财政厅
厅　长：陈建国
副厅长：刘德强　周　宗　张云松　杨利邦　计毅彪
　　　　王卫昆　唐新民　杨　昆　陈继谷　王建新
　　　　赵晓静

云南省民政厅
厅　长：段丽元
副厅长：卢振义　周潮明　王建新　胥廷义　李国材
　　　　熊　梅

云南省住房和城乡建设厅
厅　长：罗应光
副厅长：郭五代　李春华　赵志勇　范汝坤　周　鸿
　　　　王云昌　褚中志

云南省水利厅
厅　长：陈　坚
副厅长：杨立华　谢雁崎　王仕宗　刘加喜　李苦峰
　　　　胡朝碧　莫崇海　巫明强　陈　明

云南省农业厅
厅　长：张玉明
副厅长：孙海清　寸　强　孙文忠　魏　民　晏　淼
　　　　毛平华

云南省林业厅

厅　长：侯新华

副厅长：冷　华　刘一丹　夏留常　万　勇　李　华

　　　　沈光善　牛喜富　杜　勇

云南省交通厅

厅　长：杨光成

副厅长：刘一平　张长生　杨廷仁　张诚安　杨　延

　　　　王彩春　陈学刚　黄玉峰　郭大进　李云山

云南省卫生厅

厅　长：张笑春

副厅长：杜克琳　付新安　周天让　郑　进　张宽寿

　　　　徐和平

云南省国土资源厅

厅　长：和自兴

副厅长：杜筑华　李连举　林耕埜　李　刚　索建平

　　　　陈　刚　展　翀

云南省环境保护厅

厅　长：姚国华

副厅长：左伯俊　高正文　杨志强　兰　骏　冯胜瑜

　　　　张志华

云南省地震局

局　长：皇甫岗

副局长：陈　勤　王　彬　毛玉平　解　辉　吴国华

云南省气象局

局　长：程建刚

副局长：郑建国　杨　明　方　虹　尹晓毅

云南省安全生产监督管理局

局　长：杨亚林

副局长：白光福　汤忠明　张胜震　白　良　蔡继发

云南省灾害防御协会

名誉会长：曹建方

会　　长：赵　钰

副 会 长：蒋兆岗　皇甫岗（常务）　李国材　杨利邦

　　　　　程建刚　汤忠明　王　彬　文满成

秘 书 长：杨子汉

云南省红十字会

名 誉 会 长：秦光荣

名誉副会长：陈立英　陈勋儒

会　　　长：高　峰

副　会　长：段　鸿（常务）　何云葵　牛有媛

秘　书　长：梁先平

主要减灾部门

云南省人民政府办公厅应急办公室

主　　任：卯稳国

副 主 任：陈建华　张建民　龙　榆

联系电话：63619773

地　　址：昆明市五华山省政府办公厅

邮　　编：650221

云南省减灾委办公室

主　　任：尹建业

副 主 任：段丽元

联系电话：65731920

地　　址：昆明市白云路538号省民政厅局内

邮　　编：650224

云南省防震应急办公室

主　　任：陈　勤

联系电话：65747034

地　　址：昆明市北市区北辰大道省地震局内

邮　　编：650224

云南省抗震防震（恢复重建）办公室

主　　任：张　明

副 主 任：曾党珠　钟学峰

联系电话：64322267

地　　址：昆明市红塔东路3号省住房和城乡建设厅内

邮　　编：650228

云南省防汛抗旱指挥部办公室

主　　任：熊执中

副 主 任：文良泉　周　剑

联系电话：63636340、63618083

地　　址：昆明市五华山省水利厅内

邮　　编：650021

云南省森林防火指挥部办公室

副 主 任：刘家富　张家胜　陈玉桥

联系电话：65011345

地　　址：昆明市沣源路18号省林业厅内

邮　　编：650224

云南省救灾物资储备中心

主　　任：高绍堂

副 主 任：付永新　葛茅林

联系电话：65731920

地　　址：昆明市白云路538号省民政厅内

邮　　编：650224

云南省接收救灾捐赠办公室
主　　任：高绍堂
副 主 任：付永新　葛茅林
联系电话：65731920
地　　址：昆明市白云路538号省民政厅内
邮　　编：650224

云南省民政厅救灾处
处　　长：白　涌
副 处 长：陈湘宏　肖丽明
联系电话：65731920
地　　址：昆明市白云路538号省民政厅内
邮　　编：650224

云南省住房和城乡建设厅抗震设防处
处　　长：张　明
副 处 长：胡向京
联系电话：64320792、64322046
地　　址：昆明市红塔东路3号
邮　　编：650228

云南省地震局震害防御处
处　　长：张俊伟
联系电话：65747076、65747086
地　　址：昆明市北市区北辰大道
邮　　编：650224

云南省水文水资源局
局　　长：李苦峰
副 局 长：此里能布　杨翠元
联系电话：68318121、68318010
地　　址：昆明市科医路196号
邮　　编：650106

云南省气象台
台　　长：杞明辉
副 台 长：李华宏　张秀年
联系电话：64189517
地　　址：昆明市西昌路77号
邮　　编：650034

云南省人工降雨防雹办公室
主　　任：陈清祥
副 主 任：张腾飞　刘春文
联系电话：64189210、64189206
地　　址：昆明市西昌路77号
邮　　编：650034

云南省地质环境监测院
院　　长：王　宇
副 主 任：武　军　杨艳华
联系电话：68899518
地　　址：昆明市人民东路王大桥
邮　　编：650216

云南省林业有害生物防治检疫局
局　　长：路　斌
副 局 长：卢　南
联系电话：65199399、65196417
地　　址：昆明市小菜园288号
邮　　编：650051

云南省植保植检站
副 站 长：李永川　王德海　罗　萍
联系电话：64141435
地　　址：昆明市永兴路19号
邮　　编：650034

高原山地灾害与环境研究中心
主　　任：谈树成
联系电话：65033736
地　　址：昆明市翠湖北路2号
邮　　编：650091

云南省灾害防御协会秘书处
秘 书 长：杨子汉
联系电话：65747056、65747057
地　　址：昆明市北辰大道省地震局内

云南省红十字会救灾中心
主　　任：刘建永
副 主 任：李未名　蒋继杨
联系电话：68326244、68326344
地　　址：昆明市科泰路36号
邮　　编：650106

（杨子汉　姚姜森）

附　　录

云南省减灾委员会关于印发云南省2012年度主要自然灾害趋势预测和防灾减灾对策建议的通知

各州、市人民政府，省减灾委员会各成员单位：

省灾害防御协会牵头组织有关部门研究提出的《云南省2012年度主要自然灾害趋势预测和防灾减灾对策建议》已经省人民政府同意，现印发给你们，请结合实际，认真抓好贯彻落实。

云南省减灾委员会

2012年2月2日

云南省2012年度主要自然灾害趋势预测及防灾减灾对策建议

一、2011年主要自然灾害灾情

据统计，2011年各类自然灾害共造成全省1881.49万人不同程度受灾，因灾死亡105人，失踪2人，紧急转移安置18.08万人，饮水困难人口296.75万人，大牲畜160.16万头；民房倒塌9.02万间，损坏37.56万间；农作物受灾2023.18千公顷，绝收303.57千公顷。灾害造成直接经济损失196.3亿元。

二、2012年度主要自然灾害趋势预测

2012年度，全省主要自然灾害总体趋势为：存在发生6～7级地震的危险；全省大部地区年降雨量为正常偏少，年平均气温偏高；突发性地质灾害频度及危害程度属正常年份，但较2011年偏重；全省各主要江河来水属平水偏枯年份；农作物病虫害为中等偏重发生，发生面积1.1亿亩次；森林火险等级较常年偏高；林业有害生物发生面积500万亩；矿产开采、加工过程中排放的废物潜在着环境污染的风险。

（一）*地震灾害趋势预测*

2012年度，云南存在发生6～7级地震的危险：小江断裂中北段寻甸—东川—会泽—巧家—永善及川滇交界一带地区可能发生6～7级地震；滇西大理—保山—施甸—腾冲一带可能发生6级左右地震；滇南至滇西南石屏—建水—江城—宁洱—思茅—勐腊一带可能发生6级左右地震。

（二）*气候趋势和气象灾害预测*

1. 降水量：全省大部地区为正常偏少0%～10%，1～4月总降水量为正常偏多0%～20%；5月降水量滇东及滇南边缘局部地区偏少0%～20%，其余大部地区偏多0%～20%；6～8月全省大部地区降水较常年同期偏少0%～10%；9～10月降水量为正常偏少0%～10%。

2. 雨季：全省大部地区雨季开始期为正常至偏早，将在5月中旬前后相继开始，雨季开始前有一段时期的初夏干旱；雨季结束全省大部地区为正常至偏早，在10月中旬前后结束。

3. 气温：年平均气温偏高0～1.0℃。其中，1～4月的平均气温滇中以东、以北地区偏低0～1.0℃，其余地区偏高0～10℃；5月全省大部地区偏低0～1.0℃；6～8月偏高0～

1.0℃，9~10月偏高0~1.0℃。

4. 主要气象灾害预测：今冬影响云南的冷空气偏强，全省冷暖变化幅度较大，阶段性强降温过程明显，有可能出现区域性低温，滇东北和滇西北会出现雪灾，霜冻灾害明显。2月下旬到4月上旬，滇中及以北以东地区会出现偏重的倒春寒天气。由于云南连续三年降水量偏少，库塘蓄水严重不足，冬、春季降水无法弥补前期库塘蓄水的亏空，预计2012年滇中以东地区春旱及初夏干旱仍较常年偏重。主汛期6~8月局部地区有可能出现明显的暴雨洪涝灾害，滇东北、滇南和滇西部分地区的暴雨、洪涝灾害偏重发生，全省洪涝及衍生灾害影响程度较2011年偏重。

（三）突发性地质灾害预测

2012年度，全省地质灾害频度及危害程度属正常年份，但较2011年偏重，高发期为6~10月。重点防范区域有：贡山—福贡—泸水—保山隆阳滑坡、泥石流高易发区；德钦—维西—兰坪滑坡、泥石流高易发区；巍山—南涧—云县—景东—临沧—镇沅滑坡、泥石流高易发区；宁蒗—永胜滑坡、泥石流高易发区；永善—水富—盐津—镇雄—威信崩塌滑坡、泥石流高易发区；巧家—东川—寻甸泥石流、滑坡高易发区；盈江—梁河—龙陵—陇川滑坡、泥石流高易发区；新平—元江—红河—绿春—金平滑坡、泥石流高易发区。重点防范县（市、区）有：贡山、泸水、德钦、维西、盐津、绥江、大关、永善、绿春、金平、镇沅、红河、元江、元谋、云龙、永平、洱源、梁河、巧家、寻甸、东川、禄劝等。

（四）水情趋势预测

2012年度，全省各主要江河来水属平水偏枯年份，发生流域性较大洪水的几率不大，河道水情总体平稳。金沙江流域硕多岗河年平均流量属平水年份，五郎河年平均流量较常年偏少2~4成，龙川江年平均流量偏少2~5成，牛栏江年平均流量偏少2~4成，关河年平均流量偏少1~3成，白水江年平均流量偏多1~4成；珠江流域干流上段年平均流量偏少1~2成，中上段属平水年份，下段偏少1~4成，其他主要支流偏少1~3成；红河流域干流上段、下段年平均流量偏少1~4成，支流李仙江偏少1~2成，盘龙河偏少1~4成，其他主要支流偏少1~3成。澜沧江流域干流上段年平均流量偏少1成以内，下段及支流补远江偏少2成以内；怒江流域干流上段、下段年平均流量均属平水年份，支流南汀河偏少1~2成；伊洛瓦底江流域瑞丽江、大盈江年平均流量均偏少1~2成。

（五）农业有害生物预测

2012年度，农作物病虫害为中等偏重发生，预计发生面积1.1亿亩次。主要病虫发生如下：小麦病虫害中等偏重发生，发生面积870万亩次，其中，条锈病中等偏重发生，发生面积300万亩次；白粉病中等发生，发生面积210万亩次；蚜虫中等偏重发生，发生面积250万亩次。水稻病虫害中等偏重发生，发生面积1800万亩次，其中，稻瘟病中等偏重发生，发生面积210万亩次；南方水稻黑条矮缩病中等发生，发生面积100万亩次；稻飞虱中等偏重发生，发生面积800万亩次；稻纵卷叶螟中等发生，发生面积100万亩次；稻螟虫中等发生，发生面积240万亩次。玉米病虫害中等发生，发生面积1700万亩次，其中，大小斑病中等偏重发生，发生面积490万亩次；玉米锈病中等发生，发生面积280万亩次；玉米灰斑病中等发生，发生面积310万亩次；玉米螟中等偏重发生，发生面积250万亩次；玉米蚜虫中等发生，发生面积250万亩次；玉米地下害虫中等偏重发生，发生面积210万亩次。油菜病虫害中等发生，发生面积250万亩次，其中，油菜蚜虫中等偏重发生，发生面积210万亩次；油菜菌核病中等偏轻发生，发生面积35万亩次。马铃薯病虫害中等发生，发生面积350万亩次，其中，马铃薯晚疫病中等偏重发生，发生面积250万亩次；地下害虫中等发生，发生面积50万亩次。果树病虫害中等发生，发生面积350万亩次。蔬菜病虫害中等偏重发生，发生面积870万亩次。农田鼠害中等发生，发生面积1500万亩次。农田草害中等偏重发生，发生面积3400万亩次。

（六）森林灾害预测

森林火灾：2012年森林火险等级较常年偏高，3~4月将出现森林高火险期，极易诱发森林火灾，滇中、滇南和滇西及以北仍为森林火灾多发区。

林业有害生物：预测林业有害生物发生面积500万亩，其中病害75万亩，虫害416万亩，鼠害9万亩。主要病虫害有：有害植物8万亩，较2011年大幅上升；松树类病害发生面积12万亩；杉木病害发生2万亩；核桃板栗等主要经济林病害比2011年呈上升趋势，发生面积30万亩；松纵坑切梢小蠹虫发生120万亩；松毛虫发生100万亩；松叶蜂发生15万亩；扁叶蜂发生10万亩；云南木蠹象发生25万亩；金龟子发生25万亩；天牛12万亩；蚧壳虫发生10万亩；叶甲类10万亩。主要危害种类为松树病害、五针松疱锈病、杉木病害、经济林病害、核桃病害、松纵坑切梢小蠹、松毛虫、木蠹象、松叶蜂、扁叶蜂、金龟子、蚧壳虫、天牛、叶甲、有害植物等。林业有害生物发生面积大，危害较为严重的州（市）有昆明市、昭通市、曲靖市、普洱市、玉溪市、红河州、文山州、大理州、丽江市、临沧市等。

（七）环境污染致灾预测

2012年度潜在的环境污染主要有：危险废物、矿山开发、重金属排放以及危险化学品生产、运输和使用潜在的环境污染风险增大；饮用水源地和地下的水资源受污染风险增大。

三、防灾减灾对策建议

（一）着力强化防灾减灾综合体系建设。各地、各部门要以党的十七届六中全会和省第九次党代会精神为指导，深入贯彻落实中央和省委、省政府关于新时期加强防灾减灾工作的重大决策部署，以地震、地质、气象和生物灾害防治为重点，构筑应急救灾与常态防灾相结合、救灾减灾并重、城镇农村统筹、治标治本兼顾的科学防灾减灾体系，切实提高灾害应对能力，有效保障人民群众生命财产安全，为促进我省科学发展、和谐发展、跨越发展创造良好的环境。

（二）着力强化防汛抗旱工作措施。据综合分析，2012年全省大部分地区年降雨量为正常偏少，各主要江河来水属平水偏枯年份，春旱及初夏干旱仍较常年偏重。各级政府要进一步提高抗旱意识，采取有效措施应对可能发生的旱灾，并适时采取工程和非工程措施，抓住有利时机尽可能多蓄水，

科学安排利用水资源，为工农业生产用水和城乡供水创造有利条件。同时，要进一步健全完善单点暴雨、大暴雨频发地区、洪灾易发高风险区的洪涝灾害预防预案和抗洪措施。

（三）着力强化防震减灾综合能力。根据地震部门研究，云南地区已进入新一轮强震活跃期。面对严峻的形势，各地、各部门要认真贯彻落实《云南省防震减灾条例》，扎实推进防灾应急“三小”工程建设，继续深入实施《全面加强预防和处置地震灾害能力建设十项重大措施》，努力提高防震减灾综合能力，最大限度减轻地震灾害造成的损失。

（四）着力强化地质灾害防治措施落实。据国土部门预测，2012 年地质灾害较 2011 年危害严重。各地、各部门要严格执行《云南省人民政府关于加强地质灾害防治工作的意见》，切实抓好地质灾害防治十项重大措施的组织实施，认真按照“政府领导、部门联动、分级负责、群防群治”的原则，积极推进地质灾害综合防灾体系建设，保护人民群众生命财产安全。

（五）着力强化森林防火责任落实。据森林火险趋势分析，2012 年森林火险等级较常年偏高，森林防火形势严峻。各地、各部门要进一步健全完善森林防火责任体系建设，层层签订并严格执行森林防火目标管理责任书，真正把政府、林业部门、指挥部成员单位和群防群治、联防联控的责任落实到位。同时，进一步加强基础设施和装备建设，最大限度防止森林火灾事故的发生。

（六）着力强化农林有害生物防治工作。近年来，我省农林有害生物呈偏重发生趋势。各地、各部门要切实加强农作物重大病虫害监测预警工作，主动做好农作物病虫害防控预案及物资准备，努力提高专业化防治服务水平，全面推广绿色防控技术，着力加强农药管理和残留检测工作。完善林业有害生物监测网络体系和队伍建设，加强危害性病虫防治，办好网络森林医院，提高林业有害生物检疫力度和执法水平。

（七）着力强化环境保护工作。2011 年“6·12”陆良铬渣非法倾倒重大环境污染事件给我们敲响了警钟。各级政府务必高度重视环境保护工作，实行经济发展与环境保护综合决策，严格环保执法，加大对环境污染事件的打击力度，努力控制和减少环境突发事件和环境污染事故的发生。

云南省减灾委员会关于印发云南省 2013 年度主要自然灾害趋势预测及防灾减灾对策建议的通知

各州、市人民政府，省减灾委员会成员单位：

根据省减灾委员会安排，省灾害防御协会牵头组织有关部门研究提出的《云南省 2013 年度自然灾害趋势预测及防灾减灾对策建议》经由省人民政府审定，现印发给你们，请结合实际，认真研究切实做好防灾减灾备灾工作。

云南省减灾委员会

2013 年 3 月 11 日

云南省 2013 年度主要自然灾害趋势预测及防灾减灾对策建议

一、2012 年主要自然灾害灾情

据省民政厅统计，2012 年全省因各种自然灾害共造成 2306.35 万人次不同程度受灾，因灾死亡 232 人、失踪 10 人，紧急转移安置 29.71 万人，饮水困难人口 602.54 万人，民房倒塌 10.47 万间、损坏 64.23 万间，农作物受灾 1783.37 千公顷、绝收 274.82 千公顷，灾害造成直接经济损失 201.7 亿元。

二、2013 年度主要自然灾害趋势预测

2013 年度全省主要自然灾害的总趋势是：存在发生 6～7 级地震的危险；全省大部地区年降雨量较常年略少，年平均气温正常略高；突发性地质灾害频度及危害程度属正常偏重年份；全省各主要江河来水属略枯至偏枯年份；农作物病虫草鼠害为中等偏重发生，发生面积 1.3 亿亩次；森林火险等级较常年略高或偏高；林业有害生物发生面积 480 万亩；重金属、危险废物及矿山开发、危险品运输潜在着环境污染的风险。

（一）地震灾害趋势预测。2013 年度云南地区存在发生 6～7 级地震的危险。危险区及强度判定如下：滇东北寻甸—东川—会泽—巧家—永善及川滇交界一带可能发生 6～7 级地

震；滇西中甸—大理—永平—施甸—腾冲一带可能发生6.5级左右地震；滇南至滇西南石屏—建水—墨江—宁洱—江城一带可能发生6级左右地震。

（二）气候趋势和气象灾害预测。

1. 降水量：年降水总量全省大部地区为正常略少。其中1～4月雨量西双版纳州、普洱市、临沧市、红河州南部略多，其它地区为正常略少。5月雨量昭通市、曲靖市、文山州、红河州、昆明市、楚雄州、大理州、丽江市、保山市正常至偏少，其它地区为略多至偏多。6～8月降水总量全省大部地区为正常略多。9～10月降水总量全省大部地区为正常略少。

2. 气温：年平均气温与多年平均值相比正常略高。其中1～4月的平均气温滇中以东、以北地区和西北部边缘地区为正常略低，其余地区为略高至偏高；5月全省大部地区气温为正常略高；6～8月全省大部地区气温为正常略高；9～10月全省大部地区气温为正常略高。

3. 雨季：雨季开始期除西双版纳州、普洱市、临沧市、德宏州于5月中旬相继开始，为略早至偏早，其它地区的雨季将于5月下旬至6月上旬相继开始，为正常至偏晚。雨季结束期全省大部地区为正常偏早，在10月中旬前后结束。

4. 主要气象灾害预测：预计今年2月前我省北部和东部大部分地区有可能出现区域性低温和阶段性强降温天气，滇东北和滇西北会出现雪灾和霜冻灾害。2月下旬到4月上旬，滇中以北以东地区会出现中等以上强度的倒春寒天气。雨季开始前我省大部地区会出现较严重的春旱和初夏干旱，工农业生产及城乡生活用水形势依然严峻。1～4月我省森林火险等级接近常年或偏高；主汛期6～8月局部地区可能出现明显的暴雨洪涝及衍生灾害，滇东北、滇南和滇西部分地区的暴雨、洪涝、滑坡泥石流灾害偏重发生，全省洪涝及衍生灾害影响程度较常年偏重。

（三）突发性地质灾害预测。2013年地质灾害频度及危害程度属正常偏重年份，灾害高发期为6月上旬至10月上旬。根据气象预测，今年滇东北和滇西北会出现雪灾和霜冻灾害，因此，滇东北3～4月冻融期也可能是灾害高易发期。重点防范地理区域有：贡山—福贡—泸水崩塌、滑坡、泥石流高易发区；德钦—维西—兰坪以及巍山—南涧—云县—景东—临沧—镇沅滑坡、泥石流高易发区；宁蒗—永胜滑坡、泥石流高易发区；永善—水富—盐津—彝良—大关—镇雄—威信崩塌、滑坡、泥石流高易发区；巧家—东川—寻甸泥石流、滑坡高易发区；盈江—梁河—龙陵—陇川滑坡、泥石流高易发区；新平—元江—红河—绿春—金平滑坡、泥石流高易发区。重点防范县（市、区）有：贡山、福贡、泸水、德钦、宁蒗、维西、腾冲、梁河、盈江、陇川、龙陵、昌宁、云龙、永平、洱源、盐津、绥江、大关、镇雄、威信、永善、彝良、鲁甸、巧家、屏边、绿春、元阳、金平、河口、麻栗坡、景东、南涧、镇沅、红河、新平、元江、武定、寻甸、东川、禄劝等。

（四）水情趋势预测。2013年全省各主要江河来水量总体属略枯至偏枯年份，主要干支流洪水多为5年一遇以下小洪水，发生流域性较大洪水的概率不大，河道水情整体平稳。金沙江流域硕多岗河年平均流量较常年偏少0～20%，平水—偏枯；五郎河、关河年平均流量偏少5%～15%，平水；龙川江年平均流量偏少0～25%，平水—偏枯；牛栏江年平均流量偏少5%～25%，平水—偏枯；白水江年平均流量距平在－15%～5%，平水。珠江流域干流上段年平均流量较常年偏少10%～25%，平水—偏枯；干流中上段年平均流量距平在－15%～5%，平水；干流中下段年平均流量偏少0～15%，平水；干流下段年平均流量偏少0～20%，平水—偏枯；其他主要支流属平水年份。红河流域干流上段、下段年平均流量较常年偏少0～15%，平水；支流李仙江年平均流量距平在－10%～10%，平水；盘龙河年平均流量偏少0～20%，平水—偏枯。澜沧江流域干流上段年平均流量距平在－5%～20%，平水—偏丰；下段及支流补远江年平均流量距平在－10%～10%，平水；其它主要支流属平水年份。怒江流域干流上段年平均流量距平在－15%～5%，平水；下段及支流南汀河年平均流量距平在－10%～10%，平水。伊洛瓦底江流域瑞丽江年平均流量距平在－10%～10%，平水；大盈江年平均流量距平在－5%～15%，平水。

（五）农业有害生物预测。2013年农作物重大病虫草鼠害为中等偏重发生，预计发生面积1.3亿亩次左右。其中全省稻飞虱、玉米大小斑病、马铃薯晚疫病、小春作物蚜虫偏重发生，局部地区小麦条锈病、南方水稻黑条矮缩病、稻瘟病、稻纵卷叶螟、螟虫、粘虫、玉米灰斑病重发生。主要病虫草鼠害发生如下：小春作物病虫害中等偏重发生，预计发生面积4200万亩次。其中小麦条锈病发生180万亩，小麦白粉病发生190万亩，小麦蚜虫发生250万亩；油菜蚜虫发生260万亩，油菜菌核病发生40万亩；冬春马铃薯晚疫病发生85万亩；冬春蔬菜斑潜蝇发生210万亩，冬春蔬菜蚜虫发生190万亩。大春作物病虫草鼠害呈中等偏重发生，预计发生面积9000万亩次。其中稻飞虱发生600万亩次，稻纵卷叶螟发生120万亩次，水稻螟虫发生260万亩次，稻瘟病发生250万亩次，南方水稻黑条矮缩病发生100万亩次，水稻纹枯病发生150万亩次，稻曲病发生200万亩次，水稻细菌性病害发生200万亩次；玉米大小斑病发生350万亩次，玉米锈病发生250万亩次；玉米灰斑病发生250万亩次，玉米螟发生250万亩次，玉米地下害虫发生200万亩次，二代粘虫发生200万亩次；马铃薯晚疫病发生210万亩次；甘蔗病虫害发生500万亩次；果树病虫害发生350万亩次；蔬菜病虫害发生870万亩次；农田鼠害发生950万亩次；农田草害发生2100万亩次；花卉病虫害发生40万亩次；茶树病虫害发生380万亩次；其它经济作物发生80万亩次。

（六）森林灾害预测。森林火灾：2013年森林火险等级较常年略高或偏高，3～4月将出现森林高火险期，极易诱发森林火灾，滇中、滇西及以北和滇南仍为森林火灾多发区。

林业有害生物：预测2013年林业有害生物发生与2012年基本持平，发生面积480万亩。其中病害66万亩，虫害410万亩，鼠害4万亩。主要病虫害有：松树类病害预计发生面积12万亩，杉木病害发生2万亩，核桃等主要经济林病害预计发生面积20万亩，松纵坑切梢小蠹虫发生120万亩，松毛虫发生100万亩，松叶蜂发生18万亩，扁叶蜂发生6万亩，木蠹象发生15万亩，金龟子发生25万亩，天牛发生15万亩，

蚧壳虫发生10万亩，叶甲发生8万亩。主要危害种类为松树病害、五针松疱锈病、杉木病害、经济林病害、核桃病害、松纵坑切梢小蠹、松毛虫、木蠹象、松叶蜂、扁叶蜂、金龟子、蚧壳虫、天牛、叶甲、微甘菊等。主要危害的地区有：普洱市、大理州、玉溪市、临沧市、文山州、曲靖市、昭通市、红河州、昆明市、丽江市等。

（七）环境污染致灾预测。云南省是国家重金属污染防治的重点省份，重金属、危险废物及矿山开采潜在的环境污染风险在昆明、红河、曲靖、文山、保山、玉溪、怒江等州市；危险品运输也潜在着环境污染的风险。

三、防灾减灾对策建议

（一）进一步加强防灾减灾体系建设。各地、各部门要以党的十八大精神为指导，认真贯彻落实中央和省委省政府对防灾减灾工作的重要部署，努力提高气象、地震、地质灾害和生物灾害防御防治能力，构筑应急救灾与常态防灾相结合、救灾减灾并重、城镇农村统筹、治标治本兼顾的科学防灾减灾体系，有效提高灾害应对能力，为我省经济社会可持续发展服务。

（二）进一步加强防汛抗旱工作。据气象水文部门预测，2013年全省大部地区降水总量较常年略少，各主要江河来水属略枯—偏枯年份。雨季开始前，我省大部分地区会出现较严重的春旱和初夏干旱，而主汛期大部地区降水总量为正常略多，全省暴雨洪涝及衍生灾害影响程度较常年偏重。各级政府要高度重视防汛抗旱工作，加强组织领导，落实领导责任，完善应急预案，增强城乡防洪抗旱排涝能力，采取有效措施应对可能发生的灾害。同时抓好库塘蓄水工作，采取工程和非工程措施，抓住降水时机尽可能多蓄水，为工农业生产用水和城乡供水创造有利条件。

（三）进一步加强防震减灾工作。据地震部门研究，2013年云南地区存在发生6~7级地震的危险，地震形势依然严峻。地震部门要加强对重点监视防御区地震监测和分析会商，努力提高监测预报水平，为政府提供防震减灾科学依据。各地、各部门要认真贯彻落实《云南省防震减灾条例》，深入实施《全面加强预防和处置地震灾害能力建设十项重大措施》，努力提高防震减灾综合能力，最大限度地减轻地震灾害损失。

（四）进一步加强地质灾害防治工作。据国土及气象部门预测，2013年我省地质灾害属正常偏重年份，主汛期滇东北、滇南和滇西部份地区暴雨、洪涝、滑坡泥石流灾害偏重发生。尤其是彝良“9·7”地震灾区，震后斜坡岩土体结构松散，降雨、冻融等诱发崩塌、滑坡、泥石流发生可能性增大。各地、各部门要高度重视地质灾害防治工作，密切关注降水和可能引发地质灾害的因素，积极排查巡查，严密监视，落实预警机制，主动避让地质灾害。按照政府领导、部门联动、分级负责、群防群治的原则，抓好地质灾害防治十项重大措施的贯彻落实，积极推进地质灾害综合防治体系建设，最大程度降低地质灾害造成的人民群众生命财产损失。

（五）进一步加强森林防火工作。据分析，2013年我省森林火险等级较常年略高或偏高，加之汛前大部地区降水偏少，植被及地表含水率极低，森林防火形势严峻。各地、各部门要认真落实省委、省政府的决策部署，层层签订和严格执行森林防火目标管理责任制，把政府、林业部门、指挥部成员单位和群防群治、联防联控的责任落实到位，贯彻落实《云南省森林防火条例》，最大限度防止森林火灾的发生。

（六）进一步加强环境保护工作。各级政府务必高度重视环境保护工作，实行经济发展与环境保护综合决策，健全生态环境保护责任追究制度和环境损害赔偿制度，严格环保执法，努力控制和减少环境突发事件和环境污染事故的发生。

二〇一二年云南省防灾简讯

云南省灾害防御协会秘书处

第一期（总第245期）

二〇一二年一月十五日

2011年全国自然灾害致4.3亿人次受灾1126人死亡

近日，民政部、国家减灾委办公室会同工业和信息化部、国土资源部、交通运输部、铁道部、水利部、农业部、卫生部、统计局、林业局、地震局、气象局、保监会、海洋局、中国红十字会总会等部门对2011年全国自然灾害情况进行了会商分析。

2011年，各类自然灾害造成全国4.3亿人次受灾，1126人死亡（含失踪112人），939.4万人次紧急转移安置；农作物受灾面积3247.1万公顷，其中绝收289.2万公顷；房屋倒塌93.5万间，损坏331.1万间；直接经济损失3096.4亿元。

2011年，中国相继发生南方低温雨雪冰冻灾害、云南盈江5.8级地震、长江中下游地区春夏连旱、南方暴雨洪涝灾害、沿海地区台风灾害、华西秋雨灾害、西藏亚东地震灾害等重特大自然灾害，给经济社会发展和人民生命财产安全带来较大影响。综合判断，2011年我国自然灾害灾情较常年偏轻，但局部地区受灾严重。其中，四川、陕西、湖南、云南、贵州、湖北等省灾情较重。灾情主要呈现以下特点：一是灾害多发频发，南方损失较重。二是水灾旱灾并重，旱涝交织影响。三是台风损失偏轻，地震外强内弱。四是灾贫效应叠加，城市灾害突出。

（省灾协秘书处摘）

我省召开森林防火工作电视电话会议

12月5日，我省森林防火工作电视电话会议在昆明召开。会议要求，进一步加强火险预警监测，加大火灾处置力度，实现火患早排除、火险早预报、火情早发现、火灾早处置，力争森林火灾受害率控制在1‰以内，防止重大森林火灾和重大人员伤亡事故发生。

副省长、省森林防火指挥部指挥长孔垂柱出席会议并讲话。他说，在连续3年大旱的影响下，我省森林火险等级偏高，森林防火形势十分严峻。全省上下要认清形势，明确责任，采取扎实有效措施，坚决打好今冬明春森林防火攻坚战。

孔垂柱强调，各有关部门要按照今冬明春全省森林防火工作的总体要求，着力抓好以下工作：一是要严格落实行政首长负责制，将森林防火工作摆在更加突出的位置，提高组织保障能力，抓好责任落实；二是要以野外火源管理为中心，加大执法力度，及时消除火灾隐患，把握防火主动权；三是要抓好森林消防队伍建设和物资储备，提高救灾保障能力；四是要发挥卫星监测、航空巡护、地面巡护、瞭望监测的立体监测作用，抓好预警监测，提高应急处突能力，努力把火灾消灭在萌芽状态；五是要抓好现场指挥，提高安全扑救能力，做到扑得灭、清得净、守得住、不复燃；六是要抓好保险试点，尽快建立健全基层森林火灾保险服务体系，切实提高保险服务质量，增强风险共担能力；七是要抓好宣传培训，营造以人为本、预防为主、积极消灭、安全扑火的浓厚氛围，保护好森林资源和人民生命财产安全。

（省灾协秘书处摘）

《云南减灾年鉴》（2010—2011）卷编撰工作正式启动

经省政府批准同意，为保持减灾年鉴的连续性和完整性，省灾协将继续组织编撰《云南减灾年鉴》（2010—2011）卷，为进一步提高减灾年鉴质量，使其更好地发挥减灾作用，为我省经济社会发展，构建和谐社会服务，省灾协在2011年底启动了减灾年鉴编撰工作。2011年1月初，省灾协向全省34个省直单位、驻滇部队和16个州市政府发出通知，提出编写方案和编写篇目（云灾协〔2012〕2号），要求各单位高度重视并于2012年5月31日前完成编写任务并交稿。目前各单位已陆续上报编撰人员名单，分类编写任务全面启动，编撰工作正有序开展。

《云南减灾年鉴》（2010—2011）卷编撰工作是灾协今年工作的重中之重，我会将攻艰克难，高质量高标准完成编撰任务，力争今年年底正式出版发行。

（省灾协秘书处）

我省召开2012年度重大自然灾害趋势预测会商会

为做好今年我省防灾减灾工作，根据省政府要求，省灾协、省抗灾救灾综合协调办公室、省人保公司联合牵头组织开展了2012年度全省重大自然灾害趋势预测及防灾减灾对策研究工作。1月10日，在各单位研究基础上，牵头单位组织召开了“云南省2012年度重大自然灾害趋势预测会商会”。省民政厅、省人保公司、省农业厅、省水利厅、省林业厅、省国土资源厅、省环保厅、省地震局、省气象局、省防火办等单位共20余位领导和专家参加了会议。省灾协会长赵钰、省灾协秘书长杨子汉，省地震局震防处处长谷一山，省民政厅救灾处副处长陈湘宏，省人保公司理赔部副总经理刘畅等有关领导参加了会议。

会议由省灾协赵钰会长主持，省民政厅救灾处通报了2011年全省灾情及抗灾救灾工作情况；各主要灾种预测部门负责人分别报告了研究的预测结果和主要依据，并提出防灾减灾对策建议；会议对今年的灾情趋势进行了广泛研讨和论证，并达成共识，在此基础上，将由省灾协汇总、并分析研究形成《云南省2012年度重大自然灾害趋势预测及防灾减灾对策建议》报告，拟上报省政府审批转发，为各级政府制定减灾对策，做好防灾减灾工作提供科学依据，会议取得预期效果。

（省灾协秘书处）

我省2011年主要自然灾害灾情

据省民政厅统计，2011年全省因各种自然灾害共造成1881.49万人不同程度受灾，因灾死亡105人，失踪2人，紧急转移安置18.08万人，饮水困难人口296.75万人，大牲畜160.16万头；民房倒塌9.02万间，损坏37.56万间；农作物受灾2023.18千公顷，绝收303.57千公顷；灾害造成直接经济损失196.3亿元。

（据省民政厅）

2011年云南省灾害防御协会工作总结

2011年云南省灾害防御协会认真学习和贯彻党的十七届六中全会精神，在省政府的领导下，在挂靠单位省地震局、监督管理单位省民政厅的领导和支持下，依靠会员单位和理事，根据年度工作计划，积极推进各项防灾减灾工作，在提供政府决策、加强社会管理、普及减灾知识、搭建信息平台等方面圆满完成了各项工作任务，发挥了社团的桥梁和纽带作用，为促进我省防灾减灾事业，保障云南经济社会可持续发展做出了积极贡献。

一、2011年开展的主要工作

1. 坚持开展全省年度重大自然灾害趋势预测及减灾对策研究工作，为各级政府提供防灾减灾科学依据。1月份，在各单位研究基础上，我会会同省抗灾救灾综合协调办公室、省财产保险股份有限公司组织召开了云南省2011年重大自然灾害趋势预测及减灾对策会商会，形成《2011年度全省重大自然灾害趋势预测及防灾减灾对策建议》报告上报省政府；经省政府批准，2月份，省减灾委以云减〔2011〕1号文转发至省直有关单位和十六个州市人民政府，作为我省各级政府及各部门指导今年防灾减灾工作的重要参考；6月份，又组织有关单位对下半年的灾害趋势进行跟踪预测和分析研讨，形成研究报告上报省政府，提供了短期预测意见和对策建议；同时部署了2012年全省气象、地震、滑坡泥石流、洪旱、农业有害生物、环保、森林火灾和林业有害生物等重大自然灾害的趋势预测及减灾对策研究工作。该项工作为政府减灾决策提供科学依据，对保障我省经济和社会可持续发展、提升云南综合减灾能力具有积极的作用。

2. 完成《云南减灾年鉴》（2008—2009）卷发行工作并启动（2010—2011）卷编撰工作，为搭建云南减灾信息平台服务，为我省文化大繁荣、大发展作贡献。《云南减灾年鉴》（2008—2009）卷出版后，为发挥该书在防灾减灾工作中的作用，服务我省经济社会发展，今年初，我会组织力量完成了对省委、省人大、省政府、省政协，国家减灾委，中国灾协和全国各省区减灾机构以及省直各有关单位、驻滇部队和16个州市政府的赠送、寄送工作，圆满完成出版发行任务：6月份，根据省新闻出版局通知精神，我会积极申报有关材料，参加云南省第九届年鉴评奖活动，经评审，本卷减灾年鉴获得综合一等奖。为保持该套减灾资料的连续性和系统性，明年我会将继续组织编撰《云南减灾年鉴》（2010—2011）卷；11月份，我会行文向省政府报告，就编撰工作相关问题提出请示意见，经省政府批准，2012年初我会将向参加编撰的省直有关单位、驻滇部队以及16个州市政府发出通知，提出编写方案和编写篇目，正式启动编撰工作。

3. 坚持开展防灾减灾重大宣传系列活动。今年坚持编辑出版发行4期《云南省防灾简讯》；根据地震应急需要，分别于3月10日、3月24日参加了盈江、缅甸两次地震现场科普宣传活动，充分利用社会资源和力量，发放宣传材料并现场讲解防震避震、自救互救知识，为提高灾民应急救援能力，稳定灾区社会秩序作出了积极贡献，盈江地震现场宣传工作得到了省地震局党组的充分肯定和灾区民众的一致好评；5月12日，是国家第三个“防灾减灾日”，我会与省减灾委办公室联合向全省公众发送防灾减灾公益宣传短信900多万条，并参加了省减灾委在昆明市五华区政府广场组织开展的系列宣传活动，协会领导出席启动仪式并观摩应急演习；7月28日，我会领导率队参加了省地震局和太平洋寿险云南分公司举办的“纪念唐山大地震35周年”宣传活动；10月12日，我会与省地震局联合开展了“国际减灾日”宣传活动；11月6日，是我省首个“防震减灾 宣传日”，主题为“防震减灾关爱生命”，我会积极参加了在昆明市南屏街世纪广场举行的宣传活动。开展这一系列宣传活动，对普及防灾减灾知识，提高广大干部群众的风险防范意识和危机应对能力起到了积极的促进作用。

4. 积极开展减灾交流与合作，努力提升减灾工作能力。5月份，我会邀请省减灾委、省财政厅、省防震减灾信息中心等单位的领导和专家召开研讨会，就加强和提升省灾害防御协会工作进行了深入的讨论，领导作了重要指示，专家们提出了许多宝贵的意见和建议，我们在工作中逐一地进行了落实；7月份，我会接待安徽省灾协赴滇考察团并进行工作交流，双方介绍了各自开展的工作，并就共同关心的防灾减灾问题进行了深入探讨；8~9月，我会领导率队先后考察了省救灾物资储备中心和昆明长水国际机场减隔震装置；10月份，参加中国灾协举办的2011年全国灾协系统工作交流会并作交流；此外，多次参加省直有关单位减灾方面会议；形成共识，明确目标，提升工作能力。

5. 做好2011年社会团体“小金库"专项治理工作。根据省民政厅要求，在省地震局领导下，按照《云南省2011年社会团体“小金库”专项治理工作实施方案》，我会认真开展了专项治理各阶段工作，圆满完成了专项治理工作任务。

6. 圆满完成各项日常工作。完成省政府办公厅、省地震局及有关部门交办的各项工作，完成社团年度财务审计和省民政厅、省质量技术监督局年检工作。

二、2012年工作要点

1. 继续组织开展年度重大自然灾害趋势预测及防灾减灾对策研究工作，不断提升灾害预测预报水平，为保障云南经济社会可持续发展服务。

2. 组织完成《云南减灾年鉴》（2010—2011）卷编撰出版工作。这是我会明年的重点工作，编辑部将精心组织协调，力争出色完成编撰出版任务，着力打造年鉴精品。

3. 继续组织开展防灾减灾宣传活动。充分利用各种媒介开展形式多样的防灾减灾宣传活动，进一步提升公众防灾减灾意识和危机应对能力。

4. 参加全国灾协系统和各省、市、区减灾机构减灾合作与交流。

5. 完成省政府办公厅、省地震局及有关单位交办的工作任务。

（省灾害防御协会）

第二期（总第246期）

二〇一二年二月二十日

加强农业防灾减灾能力建设成未来重点任务之一

2月13日，国务院印发《全国现代农业发展规划(2011—2015年)》(以下简称《规划》)。加强农业防灾减灾能力建设，加快构建监测预警、应变防灾、灾后恢复等防灾减灾体系等成为“十二五"期间我国现代农业发展的重点任务之一。

《规划》指出，“十二五”期间，我国将从加快转变农业发展方式的关键环节入手，重点加强农业防灾减灾能力建设、农业资源和生态环境保护及强化农业科技和人才支撑等事关现代农业发展全局、影响长远的八方面建设。

在农业防灾减灾能力建设方面，我国将加快构建监测预警、应变防灾、灾后恢复等防灾减灾体系。建设一批规模合理、标准适度的防洪和抗旱应急水源工程，提高防汛抗旱减灾能力。开展应对与适应气候变化、气候资源高效利用等重大技术研发应用，强化气象灾害、草原火灾监测预警预报和信息发布系统建设，加快国家人工影响天气综合基地和重点地区人工增雨抗旱防雹工程建设。同时，加强种子、饲草料等应急救灾物资储备调运条件建设，推广相应的生产技术和防灾减灾措施，提高应对自然灾害和重大突发事件能力。

(省灾协秘书处摘编)

省委书记秦光荣要求打好森林防火攻坚战

2月9日，省委书记秦光荣在省市领导张田欣、曹建方、孔垂柱以及省林业厅厅长陈玉侯等陪同下，看望慰问了金殿林区森林防火监控点巡护人员和森林消防官兵，到省森林防火指挥中心了解火险监测情况，并在林业厅召开森林防火调研座谈会。

秦光荣指出，当前和今后一段时期，云南省森林防火工作面临的形势依然十分严峻。云南省已连续3年干旱；去年雨季局部地区降雨量少，造成库塘蓄水不足；今年进入旱季后，部分地区持续高温大风天气，旱情日趋严重，火险等级持续偏高，防火任务更加艰巨，火灾隐患更加突出，扑救安全更难控制。全省上下务必高度重视、清醒认识当前全省森林防火工作面临的严峻形势，把做好森林防火工作作为贯彻落实省第九次党代会精神的具体行动，切实做到思想不松懈、领导不松手、工作不松劲、措施不松动，坚决打好森林防火攻坚战。

秦光荣对当前的森林防火工作提出了六项要求：一要进一步提高思想认识。各级各部门一定要从政治和全局的高度，充分认识做好当前森林防火工作的重大意义。二要进一步严管野外火源。提前发布云南省2012年森林防火命令。牢牢把住野外火源和可燃物管理这两个关键环节，有效防止和减少森林火灾的发生。三要进一步强化宣传教育。各级各有关部门特别是新闻宣传和教育部门要紧急行动起来，在全省上下组织开展一轮声势浩大的全民防火宣传教育活动，形成强有力的森林防火群防群治格局。四要进一步提高应急处置能力。加大火情巡查监测的范围和力度，做到火情早发现、早报告、早处置，努力把火灾消灭在萌芽状态。五要进一步落实森林防火责任制。各级政府必须加强本行政区域内森林防火工作的统一领导、统一组织和统一指挥，落实各项责任。六要进一步加强组织领导。各级各部门要切实把森林防火工作摆在更加突出的位置，进一步将防火责任、经费、人员、物资、措施落到实处。

(省灾协秘书处摘编)

2012年中国减灾救灾工作六大措施

全国减灾救灾工作会议2月14日在福建厦门召开，民政部副部长罗平飞在讲话中指出，今年减灾救灾工作重点有以下六方面：

一是继续做好冬春救助工作，尽快下拨冬春救助资金，努力加大地方投入，确保受灾群众基本生活；二是抓紧推进综合防灾减灾工作，加快落实《国家综合防灾减灾规划(2011—2015年)》；三是深入开展政策创制工作，进一步提高减灾救灾工作的标准化、规范化程度；四是扎实做好灾害救助工作，妥善做好受灾群众紧急救助、过渡性生活救助和倒损住房恢复重建等工作；五是加快全国救灾物资储备体系建设，抓紧实施中央储备库的新建和改扩建工程，论证出台“十二五”时期救灾物资储备体系规划；六是加快减灾救灾人才队伍建设，统筹做好岗位设置、培训鉴定、待遇保障和职能发挥等方面的工作。

罗平飞强调，在当前的减灾和救灾工作中，应重点强化四方面的能力：一是统筹协调能力，要坚持统筹兼顾，注重内部衔接，强化内外整合；二是应急管理能力，要完善预警监测机制和应急预案体系，加强基层力量；三是社会动员能力，要尊重人民群众主体地位，把握和引导好舆论宣传，搭建资源整合平台；四是科技运用能力，要树立现代思维方式，加强救灾减灾科技支撑体系研究，强化高新技术转化应用。

(省灾协秘书处摘编)

省减灾委员会印发《云南省2012年度主要自然灾害趋势预测和防灾减灾对策建议》

由省灾协、省抗灾救灾综合协调办公室、中国人民财产保险股份有限公司云南省分公司联合牵头组织省级有关部门研究提出的《云南省2012年度主要自然灾害趋势预测和防灾减灾对策建议》经省政府领导同意，于2月6日由云南省减灾委员会以云减〔2012〕1号文印发至各州、市人民政府，省减灾委各成员单位，要求结合实际，认真做好防灾减灾工作。

《云南省2012年度主要自然灾害趋势预测和防灾减灾对策建议》包括三个方面的内容：一、2011年主要自然灾害灾情；二、2012年度主要自然灾害趋势预测（其中包括2012年度全省主要自然灾害总趋势、地震灾害趋势预测、气候趋势及气象灾害预测、突发性地质灾害预测、水情趋势预测、农业有害生物预测、森林灾害预测、环境污染致灾预测等内容）；三、防灾减灾对策建议。这是省级有关部门经过一年精心研究的成果，它将为我省各级政府分析研究自然灾害趋势，及时采取对策措施，做好今年我省的各项防灾减灾工作提供科学依据。

（省灾协秘书处）

我省旱情突出　库塘蓄水同比严重减少

2012年初，我省部分地区降雨持续偏少，随着气温不断升高，库塘蓄水持续下降，多地旱情加剧。仍在持续发展的干旱已造成全省235万亩农作物受灾，144.1万人、82.7万头大牲畜饮水困难。截至2月10日，全省库塘蓄水总量44.6亿立方米，其中曲靖、昆明、楚雄、昭通、大理、红河、玉溪、文山、丽江9个旱情突出的州市比去年同期少蓄水17.9亿立方米。截至2月8日全省共有90站出现不同程度气象干旱，其中特旱3站、重旱21站、中旱35站、轻旱31站；农作物受旱200.9万亩，152.5万人、85.2万头大牲畜饮水困难，主要分布在昆明、曲靖、楚雄、大理、丽江等地。

（省灾协秘书处摘编）

我省2012年度主要自然灾害趋势预测

2012年度，全省主要自然灾害总体趋势为：全省大部地区年降雨量为正常偏少，年平均气温偏高；突发性地质灾害频度及危害程度属正常年份，但较2011年偏重；全省各主要江河来水属平水偏枯年份；农作物病虫害为中等偏重发生，发生面积1.1亿亩次；森林火险等级较常年偏高；林业有害生物发生面积500万亩；矿产开采、加工过程中排放的废物潜在着环境污染。

（省灾协秘书处）

我省2012年防灾减灾对策建议

1. 着力强化防灾减灾综合体系建设。各地、各部门要以党的十七届六中全会和省第九次党代会精神为指导，深入贯彻落实中央和省委、省政府关于新时期加强防灾减灾工作的重大决策部署，以地震、地质、气象和生物灾害防治为重点，构筑应急救灾与常态防灾相结合、救灾减灾并重、城镇农村统筹、治标治本兼顾的科学防灾减灾体系，切实提高灾害应对能力，有效保障人民群众生命财产安全，为促进我省科学发展、和谐发展、跨越发展创造良好的环境。

2. 着力强化防汛抗旱工作措施。据综合分析，2012年全省大部地区年降雨量为正常偏少，各主要江河来水属平水偏枯年份，春旱及初夏干旱仍较常年偏重。各级政府要进一步提高抗旱意识，采取有效措施应对可能发生的旱灾，并适时采取工程和非工程措施，抓住有利时机尽可能多蓄水，科学安排利用水资源，为工农业生产用水和城乡供水创造有利条件。同时，要进一步健全单点暴雨、大暴雨频发地区、洪灾易发高风险区的洪涝灾害预防预案和抗洪措施。

3. 着力强化防震减灾综合能力。各级政府、各级地震部门要认真贯彻落实《云南省防震减灾条例》，切实推进防灾应急“三小”工程建设，继续深入实施《全面加强预防和处置地震灾害能力建设十项重大措施》，努力提高防震减灾综合能力，最大限度减轻地震灾害造成的损失。

4. 着力强化地质灾害防治措施落实。据国土部门预测，2012年地质灾害较2011年危害严重，各地、各部门要严格执行《云南省人民政府关于加强地质灾害防治工作的意见》，切实抓好地质灾害防治十项重大措施的组织实施，认真按照“政府领导、部门联动、分级负责、群防群治”的原则，积极推进地质灾害综合防灾体系建设，保护人民群众生命财产安全。

5. 着力强化森林防火责任制落实。据森林火险趋势分析，2012年森林火险等级较常年偏高，森林防火形势严峻。各地、各部门要进一步健全完善森林防火责任体系建设，层层签订并严格执行森林防火目标管理责任书，真正把政府、林业部门、指挥部成员单位和群防群治、联防联控的责任落实到位，同时，进一步加强基础设施和装备建设，最大限度防止森林火灾事故的发生。

6. 着力强化农林有害生物防治工作。近年来，我省农林有害生物呈偏重发生趋势。各地、各部门要加强农作物重大病虫害监测预警工作，主动做好农作物病虫害防控预案及物资准备，努力提高专业化防治服务水平，全面推广绿色防控技术，着力加强农药管理和残留检测工作。完善林业有害生物监测网络体系和队伍建设，加强危害性病虫防治，办好网络森林医院，提高林业有害生物检疫力度和执法水平。

7. 着力强化环境保护工作。2011年“6·12”陆良铬渣非法倾倒重大环境污染事件给我们敲响了警钟，各级政府务必高度重视环境保护工作，实行经济发展与环境保护综合决策，严格环保执法，加大对环境污染事件的打击力度，努力控制和减少环境突发事件和环境污染事故的发生。

（省灾害防御协会）

2011年10～11月气象灾害综述

10月份，云南省发生暴雨洪涝、干旱、冰雹、雷电等气象灾害。文山、保山、德宏、临沧、思茅、红河6个州（市）的6个县（市）次发生了暴雨洪涝灾害；腾冲、沾益2县（市）发生了冰雹灾害；昆明、曲靖、红河3个州（市）4个县（市）发生了干旱灾害；镇康县发生了雷电灾害。灾害共造成83793.5人受灾，3人死亡，1人受伤，10624人饮水困难；房屋受损305间，倒塌37间；农作物受灾面积60597.6公顷，成灾面积30945.6公顷，绝收面积10151.9公顷。直接经济损失2.6亿元，其中农业经济损失0.29亿元。

11月份，云南省发生山洪、泥石流、大风、冰雹、雷电、干旱等气象灾害。楚雄州双柏县发生暴雨洪涝灾害，临沧市耿马县发生大风灾害，文山州文山县发生冰雹灾害，昆明市晋宁县发生了干旱灾害，普洱市孟连县发生了雷电灾害。灾害共造成26936人受灾，2人死亡，1人失踪，3人受伤，10428人、2011头大牲畜饮水困难；房屋倒塌3间；农作物受灾面积1146.2公顷，成灾面积362.4公顷，绝收面积27公顷。直接经济损失982.55万元，其中农业经济损失965.05万元。

（据省气象台）

第三期（总第247期）

二〇一二年八月二十日

2012上半年各类自然灾害共造成全国465人死亡

经核定，2012年上半年，各类自然灾害共造成全国11336.1万人次受灾，465人死亡，97人失踪，需应急救助1150.4万人次，其中147.3万人次紧急转移安置；农作物受灾面积11732.8千公顷，其中绝收988.5千公顷；18.6万间房屋倒塌，37.8万间严重损坏，80.8万间一般损坏；直接经济损失773.8亿元（不含港澳台地区数据）。

上半年，中国自然灾害以洪涝（含山体滑坡泥石流）、风雹为主，干旱、地震、低温冷冻、雪灾和台风等灾害也均有不同程度发生，灾情较近年同期偏轻。主要呈现以下特点：

一是雹洪灾害为主，总体损失偏轻；二是重复受灾严重，损失集中中西部；三是山洪伤亡突出，局地灾情异常；四是区域旱灾显著，西部雪灾低温突出；五是风雹点多面广，沙尘影响偏晚；六是台风损失轻微，中强震集中西部。

（省灾协秘书处摘编）

《云南减灾年鉴》（2008—2009）卷获云南省第九届年鉴评比综合一等奖

根据云南省委宣传部云宣复〔2012〕22号，省新闻出版局云新出复〔2012〕15号文件通知精神，云南省第九届年鉴系列暨第六届云南省地方志优秀成果（年鉴类）颁奖大会于3月27～29日在昆明安宁召开。经专家审读、评委会评定，全省2009～2010年共有115卷年鉴获奖，《云南减灾年鉴》（2008—2009卷）获综合一等奖。

省人大原副主任、云南年鉴研究会总顾问吴光范出席会议并作重要讲话，省政府研究室、省新闻出版局、省地方志办公室、云南年鉴研究会等单位领导出席会议并向获奖年鉴颁奖，全省近90位代表参加了会议。会议同时进行了年鉴学术交流活动，省灾协秘书长、《云南减灾年鉴》常务副主编杨子汉出席颁奖大会。会上，省灾协作了题为“服务防灾减灾，着力编好减灾年鉴”的交流报告，系统地介绍了减灾年鉴的编撰历程、经验、存在问题及发展规划等，旨在促进与同行业单位之间的交流与合作。

（省灾协秘书处）

省灾协参加“5·12”防灾减灾日宣传活动

根据《云南省减灾委员会关于做好2012年防灾减灾日有关工作的通知》（云减电（2012）1号）相关要求，5月12日全国第四个“防灾减灾日”当天，由省减灾委联合昆明市政府在西山区政府广场开展防灾应急“三小”工程建设活动。省灾协充分发挥防灾减灾公共服务职能，积极配合省减灾委、省地震局等单位，紧紧围绕今年“防灾减灾日”主题，编发防灾减灾科普宣传材料着力宣传我国传统防灾减灾文化，大力推进防灾减灾知识和技能普及工作，努力营造全民参与防灾减灾的文化氛围。

活动于5月12日上午10时正式启动，省减灾委办公室副主任、省民政厅副厅长姚国华主持启动仪式，省政府副秘书长蒋兆岗、昆明市副市长李喜分别作了重要讲话。省灾协赵钰会长出席了启动仪式并现场观摩民政、地震、卫生、武警等单位的应急救援装备展示和救援演练等。活动现场有各相关单位发放防灾减灾宣传资料、如《省灾害防御协会“5·12”防灾减灾日科普宣传》、《防灾应急小手册》、《防灾减灾自救常识》、《防震避震常识》、《消防常识》、《小学生安全救护手册》等，涉及方方面面的防灾、避灾、减灾、救灾知识。

（省灾协秘书处）

《云南减灾年鉴》（2010—2011）卷分类编撰工作基本完成

经省政府批准，为保持减灾年鉴的连续性和完整性，省灾协继续组织编撰《云南减灾年鉴》（2010—2011）卷。2012年1月中旬，省灾协向全省34个省直单位、驻滇部队和16个州市政府发出通知，提出编写方案和编写篇目，要求各单位高度重视并于2012年5月31日前完成分类编写任务并交稿。半年多来，经各编写单位积极努力，灾协全力协商，协调，至7月10日，34个省直单位、驻滇部队和16个州市政府已基本完成分类编写任务，并经灾协工作人员紧张精心的初审遴选，各单位分类编撰工作已基本完成。下半年将重点完成统编、三校及总审等工作。

《云南减灾年鉴》（2010—2011）卷编撰工作是灾协今年的重要工作，灾协将倾全力高质量高标准完成编撰任务，力争今年年底正式出版发行。

（省灾协秘书处）

省灾协召开下半年主要自然灾害趋势预测会商会

2012年6月26日，省灾协组织召开我省下半年主要自然灾害趋势预测会商会。会议主要内容是：总结上半年实际发生的灾情；提出下半年各灾种灾害趋势预测意见；提出减灾对策措施和建议；部署2013年灾害趋势预测及减灾对策研究工作。省灾协、省民政厅、省人保财险股份有限公司、省农业厅、省水利厅、省林业厅、省国土厅、省环保厅、省地震局、省气象局、省防火办等单位共20余位领导和专家参加了会议。会议由省灾协会长赵钰主持，民政厅救灾处副调研员杨家毕、省人保财险股份有限公司理赔部副总经理刘畅、省防火办副主任张家胜参加了会议。

会上，省民政厅通报了我省上半年灾情及抗灾救灾情况；气象、地震、地质、洪旱、农业生物灾害、环境污染致灾、森林火灾、林业有害生物等灾害预测部门作了下半年灾害趋势预测及减灾对策报告。会议经广泛研讨并结合提交的文字材料，最后形成《云南省2012年下半年主要自然灾害趋势预测及防灾减灾对策建议》，上报省政府并报送各有关厅局，供下半年防灾减灾工作参考。

（省灾协）

2012年上半年主要自然灾害灾情

2012年上半年，我省遭受干旱、地震、洪涝、风雹、滑坡泥石流、病虫害等自然灾害，给人民群众生命财产造成了重大损失。据省民政厅统计，截至6月19日，灾害共造成全省719.9万人不同程度受灾，因灾死亡21人，失踪7人，伤病25人，饮水困难337.41万人，紧急转移安置654人；民房倒塌760间，严重损坏3055间；农作物受灾714.72千公顷，绝收128.8千公顷，死亡大牲畜142头（匹）；灾害造成直接经济损失47.89亿元。

（省灾协）

2012年下半年主要自然灾害趋势预测

2012年下半年全省主要自然灾害的总趋势是：7、8月降水滇西和滇西北正常略多，其余大部地区正常略少，气温为正常略高，9、10月降水大部地区为正常略少；地质灾害频度及危害程度属正常年份；全省各主要江河来水量属平水偏枯年份，发生流域性较大洪水的机率不大；大春作物病、虫、草、鼠害将呈中等偏重以上发生态势，发生面积将达8250万亩次；林业有害生物发生面积500万亩；有潜在的环境污染灾害。

（省灾协）

省灾协召开《云南减灾年鉴》（2010—2011）卷编审工作会议

根据《云南减灾年鉴》（2010~2011）卷编撰出版工作安排，经云南减灾年鉴编辑部组织协调，截止7月底，全省参加本卷编写的50个单位均已完成分类编撰任务交稿，编撰工作进入统编出版阶段。为切实做好此项工作，7月24~26日，省灾协组织召开了本卷减灾年鉴编审工作会议。省民政厅、省公安厅、省地震局、省气象局、省灾协等单位共十位领导和专家应邀参加会议。省灾协会长赵钰主持会议，省地震局副局长陈勤到会看望与会代表，省灾协秘书长杨子汉主持编审工作。

会议对半年多来的分类编撰工作进行了总结，并在编辑部一审基础上，根据本卷编写方案和编写篇目的要求，对50个编写单位的稿件进行了全面细致的审查和统编，圆满完成了此次编审工作任务，同时对下一步工作进行了具体安排部署。

（省灾协秘书处）

2012年1~7月气象灾害综述

1月份，云南省发生干旱、森林火灾、雪灾、霜冻等气象及其衍生灾害。去年秋季至今年1月上旬，鹤庆县发生干旱灾害；1月下旬末，玉龙县发生森林火灾；上旬初维西县发生雪灾；中下旬，玉溪、红河、保山、普洱等州市的6个县发生霜冻灾害。灾害共造成49663人受灾，32430人饮水困难；房屋受损34间，倒塌34间；农作物受灾面积5385.0公顷，成灾面积1840.8公顷，绝收面积196.4公顷；森林受灾面积7公顷。直接经济损失1788.3万元，其中农业经济损失1663.3万元。

2月份，云南省发生干旱、森林火灾、霜冻等气象及其衍生灾害。去年秋季至今年2月上旬，我省大部分州市发生严重干旱灾害；2月，迪庆州、丽江市和玉溪市的6个县发生森林火灾；上旬，耿马县四排山乡发生霜冻灾害。灾害共造成2683595人受灾，1398758人饮水困难；农作物受灾面积588637.5公顷，成灾面积292732.5公顷，绝收面积63059.2公顷：森林受灾面积29.8公顷。直接经济损失8.01亿元，其中农业经济损失5.56亿元。

3月份，云南省发生干旱、森林火灾、霜冻等气象及其衍生灾害。去年夏季至今年3月，我省大部分州市发生严重干旱灾害；3月，昆明市、迪庆州和玉溪市的8个县发生森林火灾，中旬，勐腊县大风灾害，下旬泸水发生洪涝灾害。灾害共造成347.0万人受灾，237.5万人饮水困难；农作物受灾面积595191.9公顷，成灾面积319313.6公顷，绝收面积69266.5公顷。直接经济损失11.2亿元，其中农业经济损失7.7亿元。

4月份，云南省发生干旱、大风、冰雹、暴雨洪涝、雷电、低温冷害、森林火灾等气象及其衍生灾害。去年夏季至今年4月，我省大部分州市发生严重干旱灾害；4月份，多个地州发生大风、冰雹灾害；玉溪市发生3次森林火灾；4月初，泸西县出现低温冷害；上、中旬红河州、怒江州3县出现暴雨洪涝；下旬，建水县、凤庆县发生雷电灾害。灾害共造成414.6万人受灾，3人死亡，10人受伤，198.2万人饮水困难；房屋倒塌611间，房屋受损550间；农作物受灾面积39.3万公顷，成灾面积30.7万公顷，绝收面积9.3万公顷。直接经济损失23.2亿元，其中农业经济损失17.2亿元。

5月份，云南省发生干旱、森林火灾、大风、冰雹、雷电、暴雨洪涝、地质灾害等气象及其衍生灾害。去年夏秋季的干旱持续至今年5月，丽江、大理、楚雄、昭通等州市干旱灾害严重；丽江、玉溪、红河等州市的4个县区发生森林火灾5起；丽江、大理、楚雄、昭通、曲靖、玉溪、红河等州市的21个县发生局地大风、冰雹灾害；中、下旬迪庆、丽江、大理、保山、临沧、昭通、曲靖等州市的12个县发生暴雨洪涝灾害；上、下旬发生在沾益县、通海县的2次雷电灾害造成2人死亡。灾害共造成187.5万人受灾，2人死亡，5人受伤，123.5万人饮水困难；房屋倒塌11间，房屋受损3245间；农作物受灾面积798.5千公顷，成灾面积179.9千公顷，绝收面积39.8千公顷。直接经济损失13.0亿元，其中农业经济损失9.6亿元。

6月份，云南省发生干旱、大风、冰雹、雷电、暴雨洪涝、连阴雨、地质灾害等气象及其衍生灾害。6月暴雨洪涝灾害突出，除迪庆、楚雄和西双版纳外，全省大部分州市均有不同程度的暴雨洪涝灾害；巧家县、玉龙县、大理市和禄劝县发生泥石流灾害，导致3人死亡、9人失踪；昆明、曲靖、玉溪、文山、红河等州市的10个县发生局地大风、冰雹灾害；丽江、昭通、保山、德宏、红河和玉溪等州市去年夏秋季的干旱持续至今年6月；上、中旬发生在沾益县、景洪市县的雷电灾害造成2人死亡。灾害共造成144.7万人受灾，13人死亡，9人失踪，5人受伤，31.0万人饮水困难，转移安置791人；房屋倒塌1021间，房屋受损3218间；农作物受灾面积190.7千公顷，成灾面积78.6千公顷，绝收面积30.4千公顷。直接经济损失10.2亿元，其中农业经济损失5.5亿元。

7月份，云南省发生暴雨洪涝、地质灾害、大风、冰雹、雷电等气象及其衍生灾害。7月暴雨洪涝灾害十分突出，全省大部分州市均有不同程度的暴雨洪涝灾害。昭通、文山、保山等地洪涝灾害共造成25人死亡、5人失踪、30人受伤。曲靖、文山、红河发生滑坡泥石流灾害，导致7人死亡、2人受伤；曲靖、玉溪、昭通、临沧、大理、昆明等州、市的13个县发生局地大风、冰雹灾害；会泽县的雷电灾害造成1人死亡；昭通的鲁甸县、彝良县发生作物病虫害。7月气象及其衍生灾害共造成234.3万人受灾，33人死亡，6人失踪，34人受伤，432人饮水困难，转移安置14411人；房屋倒塌5541间，房屋受损16112间；农作物受灾面积293.4千公顷，成灾面积140.4千公顷，绝收面积18.4千公顷。直接经济损失20.9亿元，其中农业经济损失6.8亿元。

（据省气象台）

第四期（总第248期）

二〇一二年十二月一日

十八大关于防灾减灾工作论述

党的十八大报告第八部分“大力推进生态文明建设”第三点“加大自然生态系统和环境保护力度”中指出：“良好的生态环境是人和社会持续发展的根本基础。要实施重大生态修复工程，增强生态产品生产能力，推进荒漠化、石漠化、水土流失综合治理，扩大森林、湖泊、湿地面积，保护生物多样性。加快水利建设，增强城乡防洪抗旱排涝能力。加强防灾减灾体系建设，提高气象、地质、地震灾害防御能力。坚持预防为主、综合治理，以解决损害群众健康突出环境问题为重点，强化水、大气、土壤等污染防治。坚持共同但有区别的责任原则、公平原则、各自能力原则，同国际社会一道积极应对全球气候变化。”

（省灾协秘书处）

温家宝总理到云南彝良山体滑坡现场慰问受灾群众部署灾后重建工作

2012年10月5日，国务院总理温家宝赶赴云南省彝良县山体滑坡现场，察看抢险处置情况，慰问遇难人员家属，考察受灾群众安置点，对抢险救灾和灾后重建工作作出部署。

9月7日，云南彝良连续发生5.6级、5.7级地震，9月10日至11日，震区又遭受特大暴雨。受连续阴雨天气影响，10月4日8时10分，彝良县龙海乡镇河村油房村民小组发生重大山体滑坡，约5万立方米滑坡体倾泻而下，顷刻间淹没了山脚下的田头小学，18名学生和1名村民遇难。滑坡体阻断了村边的油房河，形成宽约15米、深约7米的堰塞湖。灾害发生后，温家宝当即作出批示，要求全力抢救被压埋的学生和村民，防止发生次生灾害。

10月5日，温家宝总理从北京乘飞机赶赴彝良，他仔细察看了灾害现场，听取了地质专家关于灾害原因和滑坡抢险处置情况汇报，看望了正在参加抢险救灾的解放军、武警、公安民警和消防官兵。在从盐津到彝良的火车上，温家宝主持召开会议，听取了我省抢险救灾情况汇报，对进一步做好次生灾害防范、群众安置以及灾后恢复重建工作作出部署。他说，经过广大干部群众的努力，前一阶段抗震救灾工作卓有成效。当前，彝良抗震救灾工作重点转到过渡安置和恢复重建阶段，难度大、任务重、要求高，必须付出更加艰苦的努力，抓好几件大事：一要严密防范次生灾害。二要抓紧推进灾后恢复重建。三要妥善安排群众生活。四要尽快制定支持恢复重建的政策措施。五要深入细致做好群众工作，切实帮助群众解决实际问题。

（省灾协摘）

云南省人民政府与中国地震局在京签署合作协议

2012年10月19日上午，云南省人民政府与中国地震局在北京签署《推进云南桥头堡建设防震减灾合作协议》。中国地震局局长陈建民、云南省省长李纪恒出席签字仪式并共同签署协议。中国地震局副局长修济刚主持签字仪式。中国地震局副局长刘玉辰、云南省副省长刘慧晏分别致辞。

签字仪式前，陈建民局长与李纪恒省长进行了亲切会谈。

按照《协议》，双方将根据云南地震频度高、强度大、灾害重、范围广的特点，重点在以下5个方面继续加强合作：一是进一步支持滇中城市经济圈、重要沿边开放经济带和经济走廊所涉及的地震重点监视防御区内地震监测预报、震灾预防、应急救援和地震科技等防震减灾工作体系建设；二是共同建设云南地震烈度速报与预警系统，开展相关技术研发，为重大基础设施和生命线工程提供地震安全服务，全面提升云南地震灾情速报与预警能力；三是共同建设云南大震应急处置平台，建立地震灾害信息获取、处理和服务的快速共享技术系统，完善应急响应联动机制，提升地震应急处置和紧急救援能力；四是共同在云南建立国家地震预报试验场，建成国际地震科技合作交流平台；五是加强云南防震新材料新技术研发和应用，建设减隔震技术实验室，成为中国地震局重点实验室。双方还将建立联席会议制度，研究解决合作协议推进过程中遇到的问题，高效应对、处置地震灾害，服务云南桥头堡建设。

（省灾协秘书处摘编）

省委常委、省委秘书长曹建方为《云南减灾年鉴》（2010—2011）卷作序

《云南减灾年鉴》（2010—2011）卷自2011年10月份启动编撰工作以来。始终得到了省委、省政府领导的高度重视和支持，近日，省委常委、省委秘书长曹建方亲自为本卷减灾年鉴作序。

曹建方指出：云南作为全国遭受自然灾害最为严重的省份之一，防灾减灾任务十分艰巨和繁重。近年来，我省干旱、地震、洪涝、滑坡、泥石流灾害突出，尤其是2009年至2011年间，全省大部地区遭受有气象记录以来持续时间最长，影响面最广，危害程度最深的特大旱灾，加上盈江、腾冲等地震和巧家、贡山等特大滑坡泥石流灾害，使我省工农业生产和人民群众生命财产遭受重大损失。在严峻的灾害面前，省委、省政府始终把保护人民群众生命财产安全放在首要位置，坚持“预防为主，防抗救结合”的工作方针，加强组织领导，加大资金投入，认真落实各项防灾减灾工作措施，最大限度地降低了灾害损失。

曹建方指出：省灾害防御协会经过多年坚持不懈的辛勤工作，至今已编撰出版了九卷减灾年鉴，完整系统地记录了我省1991～2011年二十年防灾减灾工作的珍贵史料，加上云南省1950～1990年四十年主要灾害调查，构建了我省防灾减灾信息平台，为今后灾害预防、研究、管理奠定了重要基础，必将对我省防灾减灾事业发展起到十分重要的推动作用。希望从事减灾工作的各级政府领导、广大干部和社会各界充分利用减灾年鉴历史资料，认识灾害，研究自然，与自然和谐共处，制定更加切实有效的对策措施，坚持不懈，扎实工作，使全省防灾减灾工作再上新台阶。

（省灾协秘书处）

2012年全国灾协工作交流会议在山西太原召开

2012年9月22～26日，全国灾协工作交流会议在山西省太原市召开。会议旨在总结2012年的工作情况，研讨灾协今后工作。来自全国有关省市区灾协负责人、有关省地震局领导近30位代表参加了会议，中国灾协有关领导和专家张辉、陈洪飞等出席会议，张辉秘书长主持会议。省灾协赵钰会长带队，省灾协秘书长杨子汉、省防震减灾信息中心副主任李钢等领导和部分工作人员参加了会议。

会上，中国人民财产保险股份有限公司灾害研究中心总经理刘宁作了题为“灾害与保险”的专题报告。报告从我国

的灾害概况、灾害与保险、政府和市场协同的灾害风险转移机制三个方面作了系统全面的介绍，参会代表就灾害预测、重大灾害防治项目研究、编撰减灾年鉴、减灾合作与宣传等问题进行了交流和探讨。

（省灾协秘书处）

云南省召开今冬明春森林火险趋势分析会

为做好今冬明春森林防火工作，10月25日，云南省森林防火指挥部邀请省灾害防御协会、省气象局气候中心、省防汛抗旱办、省民政厅救灾处、西南航空护林总站、武警云南省森林总队、西南林业大学、省林业职业技术学院、昆明市防火办的领导和专家召开了今冬明春森林火险趋势分析会。与会专家结合气候特征及林区可燃物、野外火源、林情社情等方面对全省今冬明春森林火险趋势进行了认真分析和会商，基本判断是：今冬明春，全省大部森林火险等级为正常至略高或偏高，森林防火形势严峻。

会议建议：各级政府和森林防火部门要始终保持高度的政治责任感和强烈的忧患意识，充分认识今冬明春森林防火形势的严峻性，坚持以科学发展观为指导，超前谋划部署，扎实做好各项准备工作，为全面夺取云南省今冬明春森林防火工作的新胜利作出更大贡献。

（据省林业厅）

省灾协参加“11·6”我省防震减灾宣传日活动

2012年11月6日上午10时，“‘11·6’云南省防震减灾宣传日活动”在昆明市南屏街世纪广场隆重举行。

活动由云南省地震局、昆明市防震减灾局主办，昆明市五华区人民政府协办，中国移动通信集团云南分公司承办。省委外宣办、省政府新闻办田虎青副主任，省地震局王彬副局长，中国移动通信集团云南分公司黄振旺副总经理等领导出席活动。省地震局科学技术处、昆明市防震减灾局、省灾害防御协会、省地震学会等相关领导及专家参加了活动。省灾协积极参予此次活动，派出人员参与活动的组织筹备工作，活动日当天在现场悬挂布标、发放宣传材料。

新华社云南分社、中央人民广播电台云南记者站、云南日报、云南电视台等19家主流媒体分别对本次活动进行了报道。

（省灾协秘书处）

省灾协参加宁蒗—盐源5.7级、彝良5.7、5.6级地震现场应急宣传工作

6月24日15时59分，云南省宁蒗县、四川省盐源县交界（北纬27.7°，东经100.7°）发生5.7级地震，震源深度11千米；9月7日11时19分40秒、12时16分29秒，云南省昭通市彝良县（北纬27.5°，东经104.0°）分别发生5.7和5.6级地震，震源深度14千米。震后，省灾协派出人员随陈勤副局长带队组成的第一批地震现场工作队赶赴灾区，开展地震现场应急宣传工作。

根据《预案》要求，宣传组从现场应急工作摄制报道、地震系统现场指挥部工作动态报道、科普宣教三个方面开展工作。宣传组完成宁蒗—盐源5.7级地震现场工作包括指挥部召开的四次现场工作会议在内的宣传报道22篇，摄制采集图片数百张，有利于后方和公众及时有效了解前方工作；在市县地震系统的大力支持协助下，分三个小组奔赴受灾较严重的永宁中学、永宁乡政府、永宁完小、高明村、黑瓦落村、泥鳅沟村等受灾点开展科普宣传活动。共发放防震避震常识挂图800套（6400张），防震减灾法挂图400套，防震避震常识小册子3600本，自救互救知识手册2800本、防震减灾光盘1500张。宣传组完成彝良5.7、5.6级地震现场领导视察、指挥部工作动态及灾情考察、震后心理疏导、典型事迹宣传报道等稿件45篇。在昭通市防震减灾局、彝良县防震减灾局的大力支持配合下，在罗炳辉广场成功举办了科普宣传活动，发放防震避震常识小册子、自救互救知识手册、防震减灾知识问答等宣传资料12000余份、接待专家咨询问答1000余人次，发动近100名志愿者参与活动，现场摆放30余块科普宣传展板、架设数字地震终端显示设备，让市民可以现场观看余震监视情况。这一系列科普宣传活动的开展，为稳定灾区社会秩序、普及防震避震知识、自救互救技能和保障抗震救灾工作起到了促进作用。

（省灾协秘书处）

2012年8～10月气象灾害综述

8月份，云南省发生暴雨洪涝、地质灾害、大风、冰雹、连阴雨、雷电等气象及其衍生灾害。8月暴雨洪涝灾害较为严重，全省除楚雄州外其余15州、市均有不同程度的暴雨洪涝灾害。普洱、昭通、西双版纳、保山等地暴雨洪涝灾害共造成22人死亡、5人失踪、124人受伤。昭通、曲靖、丽江、德宏、迪庆、大理发生滑坡泥石流灾害，导致7人死亡；昭通、丽江、曲靖、玉溪、红河、文山、楚雄、大理、昆明、普洱、德宏等11州、市发生局地大风、冰雹灾害；迪庆州维西县出现连阴雨灾害；西双版纳、红河州发生雷电灾害，但未造成人员伤亡。8月份气象及其衍生灾害共造成82.5万人受灾，31人死亡，5人失踪，150人受伤。转移安置4809人；房屋倒塌4809间；房屋受损11317间；农作物受灾面积6.7万公顷，成灾面积3.4万公顷，绝收面积1.5万公顷。直接经济损失14.79亿元，其中农业经济损失8.5亿元。

9月份，云南省发生暴雨洪涝、大风、冰雹、雷电等气象及其衍生灾害。9月暴雨洪涝灾害较为严重，省内有9个州市发生暴雨洪涝灾害，昭通、丽江、普洱、红河等地暴雨洪涝灾害共造成8人死亡、1人失踪、1人受伤，直接经济损失8.88亿元；丽江、大理、昆明、楚雄4州、市发生局地大风、冰雹灾害；丽江、昆明发生雷电灾害，造成1人死亡，4人受

伤。9月份气象及其衍生灾害共造成28.7万人受灾，9人死亡，1人失踪，5人受伤，转移安置2.7万人；房屋倒塌8608间，房屋受损27003间；农作物受灾面积1.84万公顷、成灾面积1.0万公顷、绝收面积0.22万公顷。9月因灾直接经济损失8.91亿元，其中农业经济损失1.26亿元。

10月上旬，云南省发生暴雨洪涝、地质灾害、冰雹等气象及其衍生灾害。10月1日，普洱市镇沅县、丽江市永胜县发生暴雨洪涝灾害；10月4日，昭通市彝良县发生滑坡灾害，造成19人死亡，1人受伤；9月30日晚，丽江市玉龙县发生冰雹灾害。10月份气象及其衍生灾害共造成14617人受灾，19人死亡，1人受伤，转移安置820人；房屋倒塌13间，房屋受损130间；农作物受灾面积1225.0公顷、绝收面积772.1公顷。10月因灾直接经济损失5764.5万元，其中农业经济损失5184.6万元。

（据省气象台）

二〇一三年云南省防灾简讯

云南省灾害防御协会秘书处

第一期（总第249期）

二〇一三年二月一日

国家减灾办发布“2012年全国十大自然灾害事件”

日前，国家减灾委员会办公室会同民政部、工业和信息化部、国土资源部、交通运输部、铁道部、水利部、农业部、卫生部、统计局、林业局、地震局、气象局、保监会、海洋局、总参谋部、中国红十字会总会等部门，综合考虑因灾人员伤亡、直接经济损失和经济社会影响等指标，评选出2012年全国十大自然灾害事件。具体如下：（1）7月下旬华北地区洪涝风雹灾害；（2）“9·7”云南彝良5.7、5.6级地震；（3）“5·10”甘肃岷县特大冰雹山洪泥石流灾害；（4）8月上旬“苏拉”、“达维”双台风；（5）6月下旬南方洪涝风雹灾害；（6）2011～2012年度云南冬春连旱；（7）7月初四川盆地至黄淮地区洪涝灾害；（8）8月末川渝暴雨洪涝灾害；（9）7月中旬南方洪涝灾害；（10）6月初湖南暴雨洪涝灾害。

（省灾协秘书处摘）

2012年全国自然灾害主要呈现六大特点

据民政部网站消息，近日，民政部、国家减灾委员会办公室等多部门对2012年全国自然灾害情况进行了会商分析。经核定，2012年，全国各类自然灾害共造成2.9亿人次受灾，1338人死亡（包含森林火灾死亡13人），192人失踪，1109.6万人次紧急转移安置；农作物受灾面积2496.2万公顷，其中绝收182.6万公顷；房屋倒塌90.6万间，严重损坏145.5万间，一般损坏282.4万间；直接经济损失4185.5亿元。

总体上，2012年我国自然灾害以洪涝、地质灾害、台风、风雹为主，干旱、地震、低温冷冻、雪灾、沙尘暴、森林火灾等灾害也均有不同程度发生，灾情较常年偏轻，但局部地区受灾严重。其中，四川、云南、甘肃、河北、湖南等省灾情较为突出。全年相继发生“5·10”甘肃岷县特大冰雹山洪泥石流灾害、6月下旬南方洪涝风雹灾害、7月下旬华北地区洪涝风雹灾害、8月上旬“苏拉”、“达维”双台风灾害、“9·7”云南彝良5.7、5.6级地震等重特大自然灾害，给当地经济社会发展和人民生命财产安全带来较大影响。2012年我国自然灾害主要呈现以下特点：

一是灾害分布点多面广，局部地区受灾严重；二是南方春汛夏汛明显，北方洪涝异常偏重；三是台风频繁密集登陆，影响范围跨度较大；四是风雹灾害局地较重，干旱灾情明显偏轻；五是西部地震频繁发生，低温雪灾连袭北方；六是贫困地区灾频灾重，灾贫叠加效应显著。

（省灾协秘书处摘编）

《云南减灾年鉴》（2010—2011）卷出版发行

经省政府批准，《云南减灾年鉴》（2010—2011）卷继续由省灾协组织编撰。在编委会领导下，经一年多的辛苦努力，目前已由云南科技出版社正式出版发行。省委常委、省委秘书长曹建方作序；省政府副省长刘慧晏任编委会主任，赵钰、姚国华、皇甫岗、杨利邦、汤忠明、王彬、程建刚、文满成、杨子汉任副主任；赵钰、皇甫岗、李国材、陈勤、方虹任主编；杨子汉任常务副主编；刘福、白涌、袁国书、石静芳、周桂华任副主编。

这是我省第九卷减灾年鉴，历经分类编撰、审稿、充实、总审和三校，涉及50个单位近180位作者；全书设置54个部类，计143万字，50幅图片；为减灾年鉴系列资料的连续性和完整性添加了新的一页。

（省灾协秘书处）

我省召开2013年度重大自然灾害趋势预测会商会

为做好今年我省防灾减灾工作，根据省政府要求，省灾害防御协会、省减灾委办公室、省财产保险公司联合牵头组织开展了2013年度全省重大自然灾害趋势预测及防灾减灾对策研究工作。在各单位研究基础上，1月9日，组织单位召开了“云南省2013年度重大自然灾害趋势预测会商会”。省政府办公厅三处、省民政厅、省财产保险公司、省农业厅、省水利厅、省林业厅、省国土资源厅、省环保厅、省地震局、省气象局、省防火办等单位共19位领导和专家参加了会议。省灾协会长赵钰、秘书长杨子汉、省民政厅救灾处副处长陈湘宏、省财产保险公司理赔部调研员刘光思等有关领导参加了会议。

会议由省灾协会长赵钰主持，省民政厅救灾处通报了2012年全省灾情及抗灾救灾工作情况；各主要灾种预测部门负责人分别报告了预测结果和主要依据，并提出防灾减灾对策建议；会议对今年的灾情趋势进行了深入研讨和论证，并达成共识，在此基础上，将由省灾协汇总、并分析研究形成《云南省2013年度重大自然灾害趋势预测及防灾减灾对策建议》报告，上报省政府审批转发，为各级政府制定减灾对策，做好防灾减灾工作提供科学依据，会议取得预期效果。

（省灾协秘书处）

2012年主要自然灾害灾情

据省民政厅统计，2012年全省因各种自然灾害共造成2306.35万人次不同程度受灾，因灾死亡232人、失踪10人，紧急转移安置29.71万人，饮水困难人口602.54万人，民房倒塌10.47万间、损坏64.23万间，农作物受灾1783.37千公顷、绝收274.82千公顷，灾害造成直接经济损失201.7亿元。

（据省民政厅）

2013年度主要自然灾害趋势预测

2013年度全省主要自然灾害的总趋势是：全省大部地区年降雨量较常年略少，年平均气温正常略高；突发性地质灾害频度及危害程度属正常偏重年份；全省各主要江河来水属略枯至偏枯年份；农作物病虫草鼠害为中等偏重发生，发生面积1.3亿亩次；森林火险等级较常年略高或偏高；林业有害生物发生面积480万亩；重金属、危险废物及矿山开发、危险品运输潜在着环境污染的风险。

（省灾害防御协会）

2012年云南省灾害防御协会工作总结

2012年，云南省灾害防御协会认真学习党的十八大精神，深入贯彻落实科学发展观，在省政府的关心支持下，在省减灾委、省地震局、省民政厅的领导和监督管理下，充分发挥社团作用，组织协调有关减灾部门、会员单位和理事，积极推进防灾减灾工作，为促进我省防灾减灾事业发展，保障云南经济社会可持续发展做出了积极贡献。

1. 认真学习贯彻党的十八大精神，努力推进防灾减灾事业发展。十八大把“生态文明建设”提升到新的战略高度，中国特色社会主义事业由经济建设、政治建设、文化建设、社会建设拓展为包括生态文明建设在内的“五位一体”的总体布局；十八大报告把加强防灾减灾体系建设作为生态文明建设的重要内容，这是贯彻落实科学发展观的新举措，是党对防灾减灾工作的重要部署。我会认真学习，深刻领会，结合工作实际认真贯彻落实。我会积极拓宽工作思路，创新工作方法，当好政府的参谋和助手，努力推进我省防灾减灾事业科学发展，为全面建成小康社会贡献力量。

2. 坚持开展全省年度重大自然灾害趋势预测及减灾对策研究工作，为各级政府防灾减灾工作提供科学依据。在各单位研究的基础上，1月份，我会会同省减灾委办公室、省财产保险股份有限公司组织召开了“云南省2012年重大自然灾害趋势预测及减灾对策会商会”，形成《2012年度全省重大自然灾害趋势预测及防灾减灾对策建议》报告上报省政府，经省政府批准，2月份，省减灾委以云减〔2012〕1号文转发至省直各有关单位和十六个州市人民政府，作为我省各级政府及各部门指导今年防灾减灾工作的重要参考；6月份，根据灾情发展趋势，又组织有关单位对下半年的灾害趋势进行跟踪预测和分析研讨，形成研究报告上报省政府，提供了短期预测意见和对策建议；同时安排了2013年全省气象、地震、滑坡泥石流、洪旱、农业有害生物、环保、森林火灾和林业有害生物等主要自然灾害的趋势预测及减灾对策研究工作。该项工作为政府减灾决策提供科学依据，是增强减灾实效，加强防灾减灾综合能力建设的重要内容。

3. 组织编撰《云南减灾年鉴》（2010—2011）卷，努力构建防灾减灾信息平台，为我省生态文明建设服务。这是我会今年的重点工作任务。为进一步提高减灾年鉴质量，协会领导高度重视，精心策划，周密部署，大力协调，组织力量认真撰稿、审稿，扎扎实实抓好编辑出版每个环节的工作任务，着力打造年鉴精品。经省政府批准，编撰工作于去年12月启动。1月份，灾协印发了年鉴编写方案和编写篇目及有关问题的通知；2～6月，编辑部全力协调落实了省直单位、驻滇部队、州市政府共50个编写单位的撰稿工作，并对各单位的稿件进行了认真细致的初审、修改、充实和规范，6月底

基本完成分类编撰任务；7～8月，组织有关专家召开统编工作会议，对所有部类的稿件进行了编审和修改，高质量地完成了统编工作；9～11月，编辑部按规定组织力量进行了总审和三次校稿，圆满完成编撰任务。本卷减灾年鉴编撰工作持续一年多，历经全书总体构架、篇目设计、分类编撰、统编、总审以及三次校稿等过程，年底由云南科技出版社出版发行。

省委常委、省委秘书长曹建方亲自为本卷作序；副省长刘慧晏担任编委会主任，体现了省委省政府对本卷减灾年鉴编撰工作的高度重视和支持。《云南减灾年鉴》（2010—2011）卷出版发行，为减灾年鉴系列资料又添精彩篇章。本卷减灾年鉴承前启后，为我省"十一五"防灾减灾工作划上了圆满句号，也为"十二五"防灾减灾事业书写新的篇章。全书共计145万字，大16开精装本，详实记载了2010～2011年度云南灾害发生的情况和防灾减灾工作取得的成绩，具有连续性、文献性和权威性。该系列资料构建了我省防灾减灾信息平台，是我省灾害预防、研究和管理的重要基础资料，对我省防灾减灾事业发展起到了十分重要的推动作用。

4. 开展防灾减灾宣传教育，努力提高公众防灾意识和应急减灾能力。坚持编辑出版发行4期《云南省防灾简讯》，并充分利用云南省防震减灾网站，及时宣传报道防灾减灾工作动态。根据地震应急需要，参加了宁蒗—盐源6.1级地震和彝良5.7、5.6级地震现场应急宣传工作，及时宣传报道抗震救灾工作，发放宣传材料并现场讲解防震避震、自救互救知识，为提高灾民应急救援能力，稳定灾区社会秩序做出了积极贡献。3月4日，参加云南省暨昆明市学雷锋志愿服务集中活动宣传防灾减灾知识；5月12日，参加省减灾委举办的"防灾减灾日"系列宣传活动，现场发放我会编制的防灾减灾科普宣传材料2000份；5月23日，参加昆明市东华社区"防震减灾进社区"科普宣传活动；11月16日，参加省地震局和中国移动云南公司主办的"防震减灾宣传日"大型宣传活动。这一系列宣传教育活动，对普及防灾减灾知识，提高广大干部群众的风险防范意识和危机应对能力起到了积极的促进作用。

5. 开展减灾交流活动，提升减灾工作能力。协会领导率队参加中国灾协举办的2012年全国灾协系统工作交流会议，派员参加中国人民大学举办的《全国地方志与年鉴编纂实务培训班》，并多次参加省直有关单位举办的防灾减灾工作会议，交流工作经验，拓宽工作思路，提升工作能力。

6. 参加云南省第九届年鉴系列暨第六届云南省地方志优秀成果颁奖大会。经专家审读、评委会评定，《云南减灾年鉴》（2008—2009卷）获综合一等奖，协会领导参会领奖并作学术交流。

7. 圆满完成日常工作任务。完成省政府办公厅、省地震局及有关部门交办的各项工作；配合省民政厅、省质量技术监督局完成对我会的年检工作；配合审计部门完成对我会的年度财务审计工作；完成省防震减灾信息中心安排的各项工作。

（省灾害防御协会）

第二期（总第250期）

二〇一三年七月四日

2012年国际十大自然灾害事件

2012年，自然灾害一直如影随形。民政部国家减灾中心国际合作部根据因灾死亡人口等指标整理出"2012年国际十大自然灾害事件"，具体如下：（1）当地时间2012年2月26日，马达加斯加"伊莉娜（Irina）"热带风暴；（2）当地时间2012年7月中旬，尼日尔洪水；（3）2012年7～10月尼日利亚洪水；（4）2012年4月中旬至5月中旬肯尼亚洪水；（5）当地时间2012年11月7日10时35分15秒，危地马拉西南部海域发生7.4级地震；（6）美国东部时间2012年10月29日晚8时，飓风"桑迪"在美国新泽西州海岸陆；（7）2012年7月下旬，中国华北地区洪涝风雹灾害；（8）2012年7月18～24日，朝鲜洪水；（9）2012年2月6日3时49分，菲律宾发生里氏6.8级地震；（10）2012年9月7日11时19分40秒，云南彝良发生5.7级地震。

（据国家减灾中心）

省灾协召开下半年主要自然灾害趋势预测会商会

2013年6月25日，省灾协组织召开我省下半年主要自然灾害趋势预测会商会。会议总结了上半年实际发生的灾情；提出了下半年各灾种灾害趋势预测意见；并提出减灾对策措施和建议；部署了2014年灾害趋势预测及减灾对策研究工作。省灾协、省民政厅、省人保财险股份有限公司、省农业厅、省水利厅、省林业厅、省国土厅、省环保厅、省地震局、省气象局、省防火办等单位共20余位领导和专家参加了会议。会议由省灾协会长赵钰主持，省地震局副局长陈勤、省灾协秘书长杨子汉、省民政厅救灾处副处长陈湘宏、省财产保险公司财产险部杨萍出席了会议。

省民政厅救灾处通报了2013年上半年全省灾情及抗灾救灾工作情况；各主要灾种预测部门负责人分别报告了预测结果和主要依据，并提出防灾减灾对策建议。会议对2013年下半年灾情趋势进行了深入研讨和论证。

陈勤副局长充分肯定了省灾协在防灾减灾工作中取得的

成绩。他表示，省地震局将进一步加强地震监测预报工作，做好科学防灾、有效减灾工作，为云南地震安全做好服务保障。

会后，根据会议成果并结合提交的文字材料，由省灾协组织编写《云南省2013年下半年主要自然灾害趋势预测及防灾减灾对策建议》报告，上报省政府并报送各有关厅局，供下半年防灾减灾工作参考。

（省灾协）

《云南省自然灾害救助规定》3月起正式施行

《云南省自然灾害救助规定》2012年12月7日在云南省人民政府第90次常务会议上讨论通过，2012年12月28日以政府令公布，于2013年3月1日起正式施行。这也是全国首个与《自然灾害救助条例》相配套的地方法规。《规定》对我省自然灾害救助工作体制、保障机制、物资储备体系建设、应急避难场所建设、灾害信息员队伍建设、应急救助、灾后救助、救灾款物使用范围和监督管理等作了详细规定。

《规定》主要明确了以下内容：全省各级自然灾害救助综合协调机构的工作职能，减灾委相关成员单位在自然灾害救助和民房恢复重建中的具体职责；县级以上人民政府将自然灾害救助资金和工作经费纳入财政预算，为救灾物资储备库建设提供资金保障，推进应急避难场所建设；加强由政府部门、企业、社会组织和志愿者共同组成的自然灾害救助工作队伍建设，健全自然灾害信息员队伍；明确了自然灾害救助款物和捐赠款物的使用范围，规定了民政部门在救灾款物分配、拨付（调拨）、发放、管理、使用过程中的职能作用；明确了自然灾害生活救助涵盖范围，规范了受灾人员灾后救助、民房恢复重建救助和冬春荒救助工作程序；同时，《规定》还提出，建立健全自然灾害信息共享平台和自然灾害救助物资储备信息系统，我省交通运输主管部门对自然灾害应急救助物资及捐赠物资优先运输并免收车辆通行费。

《规定》的施行，将进一步规范云南省自然灾害救助工作，最大限度保障好受灾人员的基本生活。

（省灾协秘书处摘）

2013年上半年我省主要自然灾害灾情

今年上半年，我省先后遭受了连续第四年干旱、镇雄"1·11"、"1·31"山体滑坡和洱源"3·03"、"4·17"地震等严重自然灾害，给人民群众生命财产造成了重大损失。据省民政厅统计，截至6月20日，灾害共造成全省1555.81万次人不同程度受灾，因灾死亡66人，失踪1人，需救助275.99万人，紧急转移安置3.96万人，饮水困难人口359.64万人，民房倒塌0.54万间，损坏25.3万间，灾害造成直接经济损失85.36亿元。

（据省民政厅）

2013年下半年主要自然灾害趋势预测

2013年下半年全省主要自然灾害的总趋势是：7～8月降水西南部和西部地区正常至偏多，其它大部地区正常略少，气温为正常偏高，9～10月降水全省大部地区为正常至偏少；地质灾害频度及危害程度属正常偏重年份；全省各主要江河来水量属正常偏少年份，主要干支流洪水多为5年一遇及以下小洪水；农作物重大病虫草鼠害呈中等偏重发生态势，发生面积0.9亿亩次左右；林业有害生物发生面积500万亩；重金属、危险废物及矿山开发、危险品运输潜在着环境污染的风险。

（省灾协）

省灾协参加洱源5.5级、洱源—漾濞5.0级地震现场应急宣传工作

2013年3月3日13时41分在我省大理州洱源县（北纬25.9度，东经99.7度）发生5.5级地震，震源深度9千米；4月17日9时45分在我省大理州洱源县、漾濞彝族自治县交界（北纬25.9度，东经99.8度）发生5.0级地震，震源深度11千米。震后，省灾协派出人员随陈勤副局长带队组成的第一批地震现场工作队赶赴灾区，开展地震现场应急宣传工作。

根据《预案》要求，宣传组从现场应急工作摄制报道、地震系统现场指挥部工作动态报道、科普宣教三个方面开展工作。宣传组完成洱源5.5级地震现场工作包括指挥部召开的四次现场工作会议在内的宣传报道23篇，摄制采集图片近300张，有利于后方和公众及时有效了解前方工作；在市县地震系统和当地党、工、团、妇联的大力支持协助下，在洱源县中心广场开展了科普宣传活动。共发放防震避震常识挂图、防震避震常识小册子、自救互救知识手册等10000余份；现场架设数字地震终端显示设备、摆放展板18块；在新闻发布会上通报了地震参数、影响范围以及处置措施等；为洱源一中300多名师生举办了题为"防震减灾关爱生命"的防震减灾科普讲座。洱源—漾濞5.0级地震现场应急宣传工作完成领导视察、指挥部工作动态及灾情考察、震后心理疏导、典型事迹宣传报道等稿件19篇。在当地地震系统的大力支持配合下，深入大理州漾濞县普坪村委会开展地震应急科普宣传活动，在漾濞县委宣传部、漾江镇政府的大力支持下，300多名村民在普坪村委会集中听取了一位副指挥长对本次地震基本情况及地震部门在现场开展的工作介绍，并为灾民讲解了防震避震、自救互救、民居安全等基础知识，针对部分灾民的恐慌情绪，从地震科学层面进行了疏导和安抚，对灾民关心和感兴趣的问题作了解答，现场布设防震减灾科普知识展板8块，发放"防震避震常识"、"自救互救知识手册"、"防震避震"知识挂图等宣传资料2000余份。现场宣传人员就展板和宣传资料内容向灾民作了讲解，活动注重实效、互动明显、很好地向灾区民众普及了防震减灾知识，为减轻灾民恐

慌心理、稳定灾区社会生活秩序、推进抗震救灾工作发挥了积极作用。

（省灾协秘书处）

地空作业结合实际　缓解云南旱情

去年入冬以来，我省大部地区气温偏高，降水偏少，森林火险气象持续偏高，加之4年连旱的影响，城乡生产生活用水矛盾突出，抗旱和防火形势严峻。面对旱情，云南省人影部门时刻关注天气情况，抓住一切有利天气形势，积极协调各部门开展人工增雨工作。1月1日~5月16日，实施地面人工增雨作业33架次，累计影响面积82.6万平方千米。地空结合作业，有效增加了降雨，对当前云南旱情起到一定缓解作用。

（据省人影办）

2013年1~5月气象灾害综述

1月份，云南省发生干旱、雪灾、霜冻、低温冷害、山体滑坡等气象及其衍生灾害。由于去年秋季以来降水偏少，保山市、楚雄州发生了大范围干旱灾害；1月中旬弥勒县发生雪灾；陆良、河口和开远3个县市发生低温冷害；镇雄县发生大型山体滑坡灾害；下旬，陇川县和广南县发生霜冻灾害。1月份的灾害共造成500160人受灾。46人死亡，2人受伤；房屋倒塌94间；农作物受灾面积63166.4公顷，成灾面积18266.0公顷，绝收面积430.6公顷；直接经济损失17901.96万元，其中农业经济损失13426.96万元。

2月份，云南省发生了干旱、森林火灾、大风、冰雹、霜冻和山体滑坡等气象及其衍生灾害。由于去年秋季以来降水偏少，省内有13个地区发生了大范围干旱灾害；干旱导致森林火险等级高，丽江、大理、昆明、玉溪等地发生了森林火灾；彝良、元阳2个县市发生了大风灾害。西双版纳的景洪、勐腊发生冰雹灾害；镇雄县发生山体滑坡灾害；梁河县发生霜冻灾害。2月份的灾害共造成1023708人受灾；房屋倒塌133间，受损1529间；农作物受灾面积381320.5公顷，成灾面积143124公顷，绝收面积39684.5公顷；直接经济损失66940.24万元，其中农业经济损失63021.86万元。

3月份，云南省发生了干旱、森林火灾、大风、冰雹等气象及其衍生灾害。由于去年秋季以来降水偏少，省内有13个地区发生了大范围干旱灾害；迪庆、丽江、昆明、玉溪等地发生森林火灾；怒江、大理、保山、临沧、西双版纳、文山、红河等州市的11个县市相继发生大风、冰雹灾害。3月份的灾害共造成325.3万人受灾，3人受伤；房屋倒塌527间，受损5196间；农作物受灾面积736.4千公顷，绝收面积69.2千公顷；直接经济损失25.8亿元，其中农业经济损失21.1亿元。

4月份，云南省发生了干旱、森林火灾、大风、冰雹和地质灾害等气象及其衍生灾害。由于去年秋季以来降水偏少，省内有12个地区仍存在大范围干旱灾害；红河州、西双版纳州、保山市、曲靖市、文山州、德宏州、玉溪市和昆明市的28个县市相继发生大风、冰雹灾害；玉溪市发生森林火灾；广南县发生滑坡地质灾害。4月份的灾害共造成236.7万人受灾，3人死亡，12人受伤；房屋倒塌1245间，受损4543间；农作物受灾面积382.8千公顷，绝收面积27.1千公顷；直接经济损失17.3亿元，其中农业经济损失15.5亿元。

5月份，云南省发生了暴雨洪涝、干旱、大风、冰雹、雷电、雪灾、渍涝和地质灾害等气象及其衍生灾害。5月初和下旬我省中部、东部地区有13县（市）遭受暴雨洪涝灾害，但当前省内仍有15县（市）存在干旱灾害；5月全省有13个州市的35个县（市）相继发生大风、冰雹灾害；中、下旬蒙自县和施甸县发生雷电灾害；上旬末昭阳区发生雪灾，腾冲县出现渍涝；大关县、元阳县和宜良县发生滑坡地质灾害。5月份的灾害共造成143.2万人受灾，5人死亡，11人受伤；房屋倒塌631间，受损6522间；农作物受灾面积300.1千公顷，绝收面积23.4千公顷；直接经济损失12.6亿元，其中农业经济损失8.1亿元。

（据省气象台）

第三期（总第251期）

二〇一三年十月十一日

2013年国际减灾日主题：面临灾害风险的残疾人士

今年10月13日是第24个国际减灾日，联合国国际减灾战略秘书处确定今年国际减灾日主题是“面临灾害风险的残疾人士”。

我国是世界上遭受自然灾害影响最严重的国家之一，灾害种类多，分布地域广，发生频率高，造成损失重；同时，我国也是世界上残疾人数量最多的国家，已达8500万人，涉及近1/5的家庭。自然灾害尤其是地震灾害造成的房屋倒塌，是灾区群众致残的重要因素之一，例如2008年发生的“5·12”汶川特大地震共导致四川省5000多人致残。残疾人是典型的社会弱势群体，也是减灾救灾工作的重点关注对象。残疾不仅影响到残疾人自身的脆弱性，而且会降低残疾人所在家庭、社区乃至全社会的抗灾能力。鉴于残疾人的特殊性，各地区、各有关部门在制定减灾救灾政策、编制应急预案、落实救助措施时，要充分考虑到残疾人的特殊需求，统筹做好自然灾害致残的残疾人的生活、医疗、康复、教育、就业等保障工作，使他们早日康复并重返社会。在组织社区应急演练、防灾减灾培训、现场观摩体验等活动时，要积极吸纳残疾人及其监护人参与，提高他们的防灾减灾意识和自救互救技能，从而促进全社会抗灾能力的整体提高。

（省灾协）

省减灾委、省灾协联合发布国际减灾日主题公益短信

根据《国家减灾委员会关于做好2013年国际减灾日主题宣传的通知》（国减发〔2013〕3号）相关要求，省减灾委、省灾协定于2013年10月13日国际减灾日当天，联合向全省移动、联通、电信手机用户发送减灾日主题公益短信，旨在提升广大民众对残疾人的关爱意识，重视残疾人减灾救灾工作、不断完善残疾人灾害救助措施，着力提高残疾人灾害防御能力。

（省灾协）

我省农村危房改造及地震安居工程建设现场推进会召开

8月29日，全省农村危房改造及地震安居工程建设现场推进会在沧源佤族自治县召开。会议安排部署今年全省50万户农村危房改造及地震安居工程建设任务，要求今年9月底前全部开工，明年春节前全面完成建设任务。

会议总结了全省农村危房改造及地震安居工程建设取得的成绩，要求各地认真总结近年来实施农村危房改造试点的经验，准确把握政策要求，抓住重点，落实责任，确保今年农村危房改造及地震安居工程建设任务全面完成。

副省长丁绍祥出席会议并讲话。他要求，一要明确工作任务。各州市、县（市、区）要按照年初政府工作报告提出的农村危房改造及地震安居工程50万户的建设任务，确保9月底前全部开工建设，春节前全面完成。二要准确认定农村危房改造对象，切实做到底数清楚、公示制度健全、考核制度完善。三要严格按政策办事，合理选择改造方式，严格执行建设标准，强化规划设计，强化质量安全管理。四要规范资金使用管理。各地要采取有力措施，切实加强资金监管，把农村危房改造办成满意工程、廉洁工程。

丁绍祥指出，完成50万户农村危房改造及地震安居工程建设任务，是省委、省政府对全省人民的庄严承诺。各地要统一思想认识、加强组织领导、落实工作责任，努力做到强化组织领导、强化协调服务、强化督查检查、强化舆论宣传，高质量、高效率完成任务，向全省人民交出一份满意答卷。

（省灾协摘编）

我省用能和排污计量监督管理办法开始施行

《云南省用能和排污计量监督管理办法》10月1日起施行，从用能和排污单位的排污计量器具、在线监测、数据审查等方面进行了详细规定。这标志着我省将逐步全面实现对重点用能和排污企业数据的实时监控。

据介绍，《办法》明确了用能和排污计量管理职责，加强了用能和排污计量器具及计量活动的管理，确立了用能和排污计量在线监测制度，加强了对计量服务单位的管理，以获得准确、可靠的计量数据，为政府和企业管理者决策提供准确的信息。

《办法》的颁布施行，将进一步推动国家城市能源计量中心（云南）数据平台建设，并通过对采集到的数据进行技术分析和挖掘，指导我省各行业开展设备改造和工艺升级，促进企业节能减排，提升企业核心竞争力。同时，对于加强我省用能和排污计量监督管理，促进节能减排，实现经济社会可持续发展及减少能源消耗、保护环境、降低成本、增加效益等方面都具有十分重要的意义。

（省灾协摘编）

云南建成辐射全省的救灾物资储备网络

近年来，我省采取积极措施不断增加救灾仓库数量、优化救灾仓库布局、加大救灾物资储备，提高自然灾害救助应急反应能力，截至2013年7月底，省级先后投入储备库建设补助资金近2亿元，云南省已初步形成以省级救灾物资储备库为中心、滇中、滇东、滇南、滇西和滇西南5个省属分库为基础、州市所在地救灾物资储备库和县级库为支撑、乡镇储备库（点）为补充布局，合理、点面结合、辐射全省的救灾物资储备网络。

云南省救灾物资储备中心建设项目占地108.76亩，总建筑面积26126.94平方米，有5个库房、办公兼附属用房、生产辅助用房、晾晒场、配电房、停机坪、室外道路、管网及消防系统、安防系统等配套功能设施，可存储包括单帐篷、棉帐篷、活动板房、衣服、棉被、救生衣、应急包、睡袋、折叠床和移动厕所等物资，最大储存物资量可满足紧急转移安置70万人的物资需求。为保证在特殊情况下救灾人员及物资的紧急运送，还设计建造了占地4800平方米的直升机停机坪，可同时停放两架大型运输直升机。该项目建设规模大、建设标准高、功能设计完善，各项设计建设标准已达到中央级救灾物资储备库大型库标准，为目前全国已建成规模最大的救灾物资储备库，民政部已批准将其列为中央救灾物资昆明储备库管理。

（省灾协摘编）

云南彝良灾后恢复重建累计完成投资23亿余元

彝良大力推进灾后恢复重建步伐，截至8月5日，涉及

的183个项目已累计完成投资23亿余元。

彝良"9·7"地震灾后恢复重建共实施"八大工程"，涉及183个项目，其中原规划175个项目概算总投资362789万元，新增8项概算投资尚待确定，截至目前累计完成投资238752.97万元。具体而言，彝良灾后恢复重建共分三期进行实施，一期项目含"9·7"地震受损民房修复和乡村气象灾害预警信息发布系统共14项已完工，累计完成投资6050.62万元；二期项目含"9·7"地震倒塌民房恢复重建、"9·11"震后洪灾倒塌民房恢复重建和农村危房改造共72项，已动工52项，动工率72.22%，累计完成投资174641.13万元；三期项目97项，已动工38项，动工率39.17%，完工2项，完工率2.06%，累计完成投资58061.22万元。

另根据项目完成情况，彝良及时按程序组织或申报验收，现一期项目完工14项已验收13项，二、三期项目169项完工2项已验收1项。

（省灾协摘编）

今年云南全省蓄水为历史同期最好

截至9月12日，我省今年的平均降水量为813.7毫米，接近历史同期，是近5年来最多的一年；汛情灾情总体偏少偏轻，蓄水是连旱5年来最好的一年，达到历史同期蓄水最好水平。

今年入汛以来，我省降水呈现出3个特点：一是进入雨季早。全省80%的县市进入雨季的时间较常年偏早，为近5年最早。二是全省平均降水量为近5年最多。截至9月12日，我省今年的平均降水量为813.7毫米，是近5年同期降水量最多的年份。三是全省平均降雨日数为近5年最多。5月以来，全省平均降雨日数为82天，较历史同期多2天，明显多于前4年。此外，全省今年的水情呈现出地表径流减少，地下渗透增加，河道来水偏少的特点。今年1月至8月，我省河道平均来水量较多年同期偏少37%，与前5年同期相比偏少6%。原因是今年的降雨强度总体不大，降雨以小到中雨居多，加之连年干旱，土壤严重缺水、缺墒，汲水量大，形成的地表径流少，导致我省河道来水少。

由于降水较好，增蓄措施得力，今年是连续干旱的5年中蓄水最好的一年，达到了历史同期蓄水最好水平。截至目前，全省库塘蓄水58.8亿立方米，完成蓄水计划的77%，比多年同期平均多蓄9.3亿立方米，比去年同期多蓄9.4亿立方米，大部分州市蓄水比去年同期增加。根据今年前期蓄水趋势和去年蓄水增加情况综合分析，如果降雨正常，年末预计能达到省政府要求的75亿立方米的蓄水目标。

（省灾协摘编）

2013年上半年全国灾情

经核定，上半年，我国自然灾害以地震灾害为主，干旱、洪涝、风雹、低温冷冻、雪灾、山体崩塌、滑坡、沙尘暴、森林草原火灾、风暴潮等灾害也均有不同程度发生，灾情较去年同期偏重。各类自然灾害共造成全国15247.4万人次受灾，782人死亡，67人失踪，245.1万人次紧急转移安置；17.7万间房屋倒塌，330.6万间不同程度损坏；农作物受灾面积14199.7千公顷，其中绝收871千公顷；直接经济损失1730.2亿元。总体看，上半年自然灾害呈现如下特点：1. 灾害覆盖广频次高，损失集中西南地区。2. 地震灾害损失重大，地质灾害伤亡严重。3. 水旱灾害总体偏轻，局地损失较为突出。4. 南方风雹灾害频发，低温雪灾损失突出。5. 雾霾影响中东部地区，海洋灾害影响北方沿海。6. 林业生物灾情同比持平，森林火灾偏轻发生。

（省灾协摘编）

云南德钦、香格里拉—四川得荣交界发生5.1、5.9级地震

8月28日04时44分、31日8时04分，我省迪庆藏族自治州德钦县、香格里拉县、四川省甘孜藏族自治州得荣县交界地区发生5.1、5.9级地震。截止9月2日14时整，"8·28"、"8·31"地震共造成香格里拉县、德钦县19个乡镇122705人受灾，房屋倒塌596户，房屋损坏14359户，道路受损870.74千米，直接经济损失14.68亿元。

（省灾协摘编）

我省6州市遭受风雹泥石流灾害

截至8月20日9时，8月16日以来发生的风雹灾害造成我省曲靖、红河、怒江、文山、大理、昆明6州（市）9个县（市）3.9万人受灾，5人死亡；200余间房屋损坏；农作物受灾面积2.4千公顷，其中绝收近600公顷；直接经济损失4100余万元。

此外，8月16日以来，我省发生的泥石流灾害造成普洱市镇沅彝族哈尼族拉祜族自治县、红河哈尼族彝族自治州个旧市2人死亡，3人失踪。

（省灾协摘编）

第四期（总第 252 期）

二〇一三年十二月十一日

秦光荣：昂首阔步迈向生态文明新时代

11 月 3 日，省委书记秦光荣应邀出席 21 世纪理事会北京会议，发表题为“建设美丽中国—云南在行动”的主旨演讲。“云南是一个美丽的边疆民族省份，是上天赐予的绿色家园。”秦光荣说，我们认真贯彻执行中央政府关于生态文明建设的部署，把落实中央政府加快推进生态文明建设决策过程作为统一全省各族人民思想的过程，在全省上下牢固树立“生态立省、环境优先”等理念，坚持把生态环境作为重要生产力，努力以最小的环境代价实现最大的经济社会效益，在保护中开发、在开发中保护，宁可牺牲一点发展速度也要守住良好的生态环境，运用多种手段保护环境，努力走出一条“生产发展、生活富裕、生态文明”的新型发展路子；我们把落实中央政府加快推进生态文明建设决策过程作为实现全省各族人民意志的过程，启动了七彩云南保护行动计划，建立健全生态文明建设的综合评价体系，严格实行环境影响评价制度，严格执行环境准入制度，建立国土空间开发保护制度，积极推进建立健全生态补偿机制，探索建立环保责任追究制度和环境损害赔偿制度，大力构建生态文明建设机制；我们把落实中央政府加快推进生态文明建设决策过程作为动员全省各族人民共同参与的过程，动员全省上下着力推进了“森林云南”、生物多样性保护、滇池等九大高原湖泊保护和治理、大江大河流域综合治理、县级以上城镇污水和生活垃圾处理设施全覆盖、节能减排、陡坡地生态治理、石漠化生态治理、城乡绿化、生态建设保障“十大”建设，不断提高生态文明建设成效。

（省灾协摘编）

省政府召开全省森林防火工作电视电话会议

12 月 5 日，省政府召开全省森林防火工作电视电话会议，分析当前森林防火工作面临的新形势，提出进一步细化灾前防范措施，着力提高应急处置能力，确保不发生重大森林火灾，为保护森林资源、建设“森林云南”作出积极贡献。副省长沈培平出席会议并讲话。

会议指出，一要加强组织领导，严格责任落实。切实强化森林防火“三线责任制”和“四个责任人”制度，把森林防火责任落实到经营单位、到户、到人、到山头地块。二要加强宣传教育，扎实开展培训。森林防火宣传要做到农村、社区、学校、涉林景区等防火重点单位和人群全覆盖，分类分级开展森林防火专职人员培训。三要加强火源管控，严格依法治火。重点部位和时段要实行封山管理，保证看住山、防住火。四要夯实基础，加强能力建设。加快森林防火信息指挥系统建设，建成省、州市、县（市、区）三级森林火灾应急指挥平台，构建数字化、可视化、高效运转的森林防火应急指挥系统。五要强化应急处置，科学安全扑救。各地要全面落实防范和处置森林火灾的各项准备工作，保证各类森林防火资金、物资、人员、应急通信等提前到位，一旦发生火情，能迅速集结，主动出击，努力实现火灾当日扑灭。六要加强监督指导，抓好火灾保险。提高保险服务质量，严格查勘定损，加强监督管理，严防骗保案发生；加大火案查处力度，严惩故意纵火犯罪，全力做好今冬明春森林防火工作。

（省灾协摘编）

青岛市防震减灾协会到省地震局调研

12 月 4 日，青岛市防震减灾协会一行 5 人到云南省地震局就减隔震技术和协会工作开展情况进行调研，受到省灾协热情接待。

省地震局副局长陈勤对我局“3 + 1”体系及防震减灾工作取得的成果及经验，市、县工作基本情况作了介绍；青岛市防震减灾协会会长、原青岛市防震减灾局局长李振谆对青岛市防震减灾工作情况作了介绍交流；省灾协秘书长杨子汉从灾协体制、主要开展的工作做了介绍交流；省地震工程研究院院长安晓文作了题为《昆明新机场抗震技术研究与应用有关问题》及推广应用专题报告。会后，调研组一行前往黑龙潭减隔震技术实验基地实地参观了解减隔震技术研究工作。

（省灾协秘书处）

省灾协参加“11·6”云南省防震减灾日系列宣传活动

1. 地震科普知识进学校。2013 年 11 月 6 日，云南省地震局、省地震学会、省灾害防御协会、昆明市防震减灾局、嵩明县防震减灾局在嵩明县嵩阳二小开展了地震科普知识进学校活动。

活动得到嵩明县人民政府领导的大力支持，昆明市防震减灾局蒋静蓉副局长主持会议，嵩明县嵩阳二小先莉虹校长汇报了创建防震减灾科普示范学校的情况，省地震局科技处李春光副处长作了讲话并提出了希望，数百名学生在学校礼堂听取了李道贵高级工程师的科普讲座，活动现场还发放光碟和科普资料 1000 余册。

2. 地震科普贴近山区孩子。2013 年 11 月 12 日，云南省地震局、省地震学会、省灾害防御协会与伊利集团、春城晚报联合在昆明市禄劝彝族苗族自治县茂山中心学校开展地震科普宣传活动，进行校园安全应急演练。

禄劝县曾经在1995年10月24日经历过武定6.5级地震的考验，安全演练和培训是目前“伊利方舟工程”每年必做的重点项目。省地震局科技处李道贵高级工程师为该校师生做了题为《防震减灾　关爱生命》的防震减灾科普讲座；师生们进行了防震避震、安全疏散和自救互救演练；北京奥运主题曲《我和你》的原创歌手常石磊在赶往学校途中即兴创作了“儿童安全三字经”，用音乐与孩子们分享自己的“安全心得”；省肿瘤医院吴晓闽护师在现场为师生们做了紧急止血、包扎、心肺复苏等急救技能的讲解和演示。

（省灾协秘书处）

2013年省灾害防御协会工作总结

一、2013年开展的主要工作

1. 全省年度重大自然灾害趋势预测及减灾对策研究工作，为各级政府提供防灾减灾科学依据。1月份，在各单位研究基础上，会同省抗灾救灾综合协调办公室、省财产保险股份有限公司组织召开了云南省2013年主要自然灾害趋势预测及减灾对策会商会，形成《2013年度全省主要自然灾害趋势预测及防灾减灾对策建议》报告上报省政府；经省政府批准，3月份，省减灾委以云减〔2013〕1号文转发至省直各有关单位和十六个州市人民政府，作为我省各级政府及各部门指导今年防灾减灾工作的重要参考；6月份，根据灾情发展趋势，又组织有关单位对下半年的灾害趋势进行跟踪预测和分析研讨，形成研究报告上报省政府，提供短期预测意见和对策建议。

2. 完成《云南减灾年鉴》（2010—2011）卷发行工作。《云南减灾年鉴》（2010—2011）卷2012年底由云南科技出版社正式出版，为发挥该书在防灾减灾工作中的作用，服务我省经济社会发展，1~2月份防灾部根据省灾协领导的安排部署，完成了对省委、省人大、省政府、省政协，国家减灾委，中国灾协和全国各省区减灾机构以及省直各有关单位、驻滇部队和16个州市政府的赠送、寄送工作，圆满完成发行工作；5月份，根据省新闻出版局通知精神，我会积极准备本卷年鉴有关材料，报送省年鉴研究会参加云南省第十届年鉴评奖活动。

3. 坚持开展防灾减灾宣传活动。编发《云南省防灾简讯》4期：派出人员参加洱源“3·3”和“4·17”地震现场应急宣传工作：参加“5·12”防震减灾宣传活动，负责活动现场宣传手册讲解，参与组织完成宣传资料发放工作；完成信息中心文化建设宣传展板制作部分工作；参加“11·6”地震科普宣传系列活动；防震减灾网省局动态专栏发布减灾工作信息8篇。

4. 完成《云南减灾年鉴》编撰质量提升征求调研及其系列资料管理、归档建制工作。为不断提升《云南减灾年鉴》编撰质量，保证减灾年鉴系列资料的完整性，使其更好地服务于我省的防灾减灾工作和经济社会发展，下发了“关于《云南减灾年鉴》编撰质量征求意见的通知”，收集、整理和吸纳各有关单位反馈的意见和建议，为进一步提高减灾年鉴编撰质量做好基础工作；建立并规范了减灾年鉴系列资料的赠送、借阅及查阅制度。

5. 完成省政府办公厅、省地震局、省防震减灾信息中心及有关部门交办的各项工作。参加云南省地震系统群众路线教育实践活动宣传工作，开展调研活动3次，编制部分宣传展板，编发手机报65期。

6. 学术科研工作。参加云南省地震局第五届青年地震工作者学术交流会，在灾害领域核心期刊发表论文3篇。

7. 圆满完成各项日常工作。完成社团年度财务审计工作，完成省民政厅、省质量技术监督局年检工作；完成社团法人登记证换证工作；完成2014年度省灾协经费编制预算工作。

二、2014年工作要点

1. 继续组织开展年度重大自然灾害趋势预测及防灾减灾对策研究工作，不断提升灾害预测预报水平，为保障云南经济社会可持续发展服务。

2. 组织完成《云南减灾年鉴》（2012—2013）卷编撰出版工作。这是我会明年的重点工作，编辑部将精心组织协调，力争出色完成编撰出版任务，着力打造年鉴精品。

3. 继续组织开展防灾减灾宣传活动。充分利用各种媒介开展形式多样的防灾减灾宣传活动，进一步提升公众防灾减灾意识和危机应对能力。

4. 参加全国灾协系统和各省市区减灾机构减灾合作与交流。

5. 完成省政府办公厅、省地震局及有关单位交办的工作任务。

（省灾协）

2013年6~10月气象灾害综述

6月份，云南省发生了暴雨洪涝、干旱、大风、冰雹、雷电、霜冻、低温冷冻和地质灾害等气象及其衍生灾害。6月我省暴雨洪涝灾害较为突出，省内有11个州（市）的40个县（市）次遭受暴雨洪涝灾害，致使8人死亡，1人失踪；次多发的是冰雹、大风灾害，共有14县（市）发生冰雹灾害，10县（市）发生大风灾害；仍有8县（市）存在干旱灾害；4县（市）发生雷电灾害，因灾死亡4人；6月中旬，泸西县发生霜冻灾害，昭阳区、玉龙县发生低温冷害；红塔区发生泥石流灾害。6月份的灾害共造成100.73万人受灾，12人死亡，1人失踪。8374人受伤；房屋倒塌2389间，受损6239间，农作物受灾面积126.6千公顷，成灾面积68.7千公顷，绝收面积21.4千公顷；直接经济损失10.87亿元，其中农业经济损失6.3亿元。

7月份，云南省发生了暴雨洪涝、干旱、大风、冰雹、雷电、气象地质灾害和作物病虫害等气象及其衍生灾害。7月我省局地暴雨洪涝灾害较为突出，15个州（市）发生暴雨洪涝灾害94县（市）次，致使9人死亡，3人失踪；强降水引发的地质灾害造成滇东、滇西15人死亡，1人失踪；滇中以东地区冰雹、大风灾害频繁，共发生冰雹、大风灾害47县次；下旬2县（市）发生雷电灾害，因灾死亡1人；滇东北的2个县发生夏季干旱灾害；7月上旬初屏边县发生农作物病虫害。灾害共造成106.7万人受灾，25人死亡，4人失踪，34人受伤；房屋倒塌1129间，受损19615间；农作物受灾面积61.2千公顷，成灾面积36.4千公顷，绝收面积9.3千公顷；直接经济损失9.8亿元，其中农业经济损失3.0亿元。

8月份，云南省发生了暴雨洪涝、干旱、大风、冰雹、雷电和气象地质灾害等气象及其衍生灾害。8月我省局地暴雨洪涝灾害较为突出，14个州（市）发生暴雨洪涝灾害73县（市）次，致使3人死亡，2人失踪；强降水引发的地质灾害造成昭通和红河5人死亡，3人失踪；滇东和滇东南地区冰雹、大风灾害频繁，共发生冰雹、大风灾害49县次；7县（市）发生雷电灾害，因灾死亡6人；滇东北的镇雄县发生夏季干旱灾害。8月气象灾害共造成73.6万人受灾，16人死亡，5人失踪，115人受伤：房屋倒塌1599间，受损6960间；农作物受灾面积55.3千公顷，成灾面积25.9千公顷，绝收面积6.5千公顷；直接经济损失7.4亿元，其中农业经济损失3.5亿元。

9月份，云南省发生了暴雨洪涝、大风、冰雹、雷电、病虫害和气象地质灾害等气象及其衍生灾害。9月我省有29县（市）次发生暴雨洪涝灾害，灾害导致5人死亡，1人失踪；强降水引发的地质灾害造成昭通、红河、大理、德宏、昆明5个州（市）2人死亡，4人受伤；全月仅有4县（市）发生冰雹、大风灾害；彝良县发生雷电灾害，因灾死亡2人；云县发生病虫害。9月气象灾害共造成12.1万人受灾，10人死亡，1人失踪，15人受伤；房屋倒塌11114间，受损628间；农作物受灾面积6601.9公顷，成灾面积3236.1公顷，绝收面积655.8公顷；直接经济损失1.9亿元，其中农业经济损失4870.2万元。

10月份，云南省发生了暴雨洪涝、冰雹和气象地质灾害等气象及其衍生灾害。共造成8351人受灾，1人死亡；房屋倒塌7间，受损7间；农作物受灾面积671.9公顷，成灾面积515.9公顷，绝收面积8.7公顷；直接经济损失859.5万元，其中农业经济损失178.6万元。

（据省气象台）

2012年国际十大自然灾害事件

一、马达加斯加热带风暴

当地时间2012年2月26日，热带风暴“伊莉娜（Irina）”侵袭了马达加斯加北部，并缓慢扫过该国西部地区，在向南行进的过程中，还擦过了莫桑比克的南部和南非的东部地区，共造成480人死亡，8.5万余人无家可归。

二、尼日尔洪水

持续数周的强降雨于尼日尔2012年7月中旬引发大洪水，并持续到10月中旬。

尼日尔全境遭受洪水袭击，受灾比较严重的是该国西南部的首都尼亚美、多索和蒂拉贝里地区，暴雨导致大量农田、学校、医疗部、公路桥梁等基础设施受损。洪水导致306人死亡，48.5万人受灾，经济损失约130万美元。

三、尼日利亚洪水

2012年7月份以来，受西非地区普遍发生的强降雨影响，尼日利亚23个州遭洪水袭击。

截至10月底，洪水共造成252人死亡，134万余人无家可归。其中尼日利亚东部的阿达马瓦和南部的科吉州受损最为严重。这场洪水为尼日利亚40年来的最大洪灾。

四、肯尼亚洪水

2012年4月中旬至5月中旬以来，肯尼亚西部、中部和东南部的绝大部分地区由于持续降雨引发洪水，共造成171人死亡，28万余人受灾，经济损失达1.3亿美元。

五、危地马拉地震

当地时间2012年11月7日10时35分50秒，危地马拉西南部海域发生7.4级地震，并在24小时内发生70多次余震。震中位于首都危地马拉城西南大约160千米的太平洋海域，震源深度近42千米。地震导致西部部分公路和附近的山丘出现裂缝，并波及邻国墨西哥和萨尔瓦多。地震共造成148人死亡，125万余人受灾。这是近40年来在危地马拉发生的最强烈的地震灾难。

六、美国“桑迪”飓风

美国东部时间2012年10月29日晚8时，飓风“桑迪”在美国新泽西州海岸登陆。“桑迪”裹挟着狂风骤雨重创了美国东海岸，也给部分地区带来了大雪天气。弗吉尼亚、马里兰、宾夕法尼亚、新泽西州以及首都华盛顿等多地受灾严重。“桑迪”飓风共造成135人死亡，5000万人受灾，造成经济损失约200亿美元。

七、中国华北地区洪涝风雹灾害

2012年7月下旬，中国华北地区接连出现大范围强降雨过程，受其影响，京津冀晋等地损失严重。造成北京、天津、河北、山西、内蒙古5省（区）129人死亡，303.1万人受灾，直接经济损失301.1亿人民币。

八、朝鲜洪水

2012年7月18～24日，朝鲜部分地区遭受台风与强降雨袭击引发洪水，洪水导致全国共112人死亡，21万余人受灾。

全国至少65280公顷农田被洪水冲毁或淹没，1400多栋教育、医疗与工厂等建筑坍塌或被洪水淹没。

九、菲律宾地震

当地时间2012年2月6日3时49分，菲律宾发生里氏6.8级地震，共造成110人死亡，32万余人受灾，经济损失约890万美元。

十、中国云南彝良地震

2012年9月7日11时19分，云南省昭通市彝良县发生5.7级地震，震源深度15千米，12时16分，彝良县再次发生5.6级地震，震源深度106千米。地震造成云南和贵州两省81人死亡，88.4万人受灾，直接经济损失48.4亿人民币。

（据国家减灾中心）

2012年中国十大自然灾害事件

2012年年底，国家减灾委员会办公室会同民政部、工业和信息化部、国土资源部、交通运输部、铁道部、水利部、农业部、卫生部、统计局、林业局、地震局、气象局、保监会、海洋局、总参谋部、中国红十字会总会等部门，综合考虑因灾人员伤亡、直接经济损失和经济社会影响等指标，评选出2012年全国十大自然灾害事件。

一、7月下旬华北地区洪涝风雹灾害

二、“9·7”云南彝良5.7、5.6级地震

三、“5·10”甘肃岷县特大冰雹山洪泥石流灾害

四、8月上旬“苏拉”、“达维”双台风

五、6月下旬南方洪涝风雹灾害

六、2011~2012年度云南冬春连旱

七、7月初四川盆地至黄淮地区洪涝灾害

八、8月末川渝暴雨洪涝灾害

九、7月中旬南方洪涝灾害

十、6月初湖南暴雨洪涝灾害

（据国家减灾中心）

2013年国际十大自然灾害事件

一、菲律宾“海燕”台风灾害

2013年11月8日，超强台风“海燕”在菲律宾中部萨马省登陆，“海燕”造成的死亡人数超过6000人，失踪人数1800人，受伤人数超过2.7万人，受灾害影响总人数1410万人，超过360万人紧急转移安置。

二、印度洪涝灾害

2013年6月12~27日，印度北部连降暴雨，导致洪水泛滥、山体滑坡，数百个村庄受灾。北阿肯德邦首席部长维贾伊·巴胡古纳表示，印度军方展开了最大规模的救援行动，有大量的受灾民众滞留在丛林和偏远的上游地区，共造成约5000人死亡，直接经济损失达11亿美元。

三、印度热浪灾害

2013年4~5月，印度东部奥里萨邦遭遇热浪袭击，最高温度达40℃左右，其中，伯朗吉尔等3个地区的最高温度达43℃，桑尔布尔地区的温度接近45℃，因热浪而死亡的总人数达531人。

四、中国四川盆地及西北华北地区洪涝灾害

2013年7月上中旬，中国四川盆地、西北地区东部、华北南部及黄淮北部出现强降雨过程，累计雨量普遍有100~250毫米，是7月暴雨天气过程影响范围最大的一次。强降雨引发洪涝、山体滑坡，造成319人死亡失踪，1590.7万人受灾，直接经济损失527.6亿元。

五、巴基斯坦洪水灾害

巴基斯坦官方称，2013年8月上旬，强烈的季风降雨诱发了从巴基斯坦北部到南部城市卡拉奇的骤发洪水。截至2013年8月21日，洪水导致234人死亡，共计1497725人受灾，经济损失19亿美元。

六、中国东北地区洪涝风雹灾害

2013年8月，中国东北地区降水过程频繁，持续阴雨天气导致内古、辽宁、吉林、黑龙江4省（自治区）发生洪涝

风雹灾害，造成219人死亡或失踪，687.9万人受灾，73.1万人紧急转移安置；倒塌房屋7.7万间，严重损坏房屋13.4万间，一般损坏房屋20.3万间；直接经济损失447.1亿元。

七、中国四川芦山地震灾害

2013年4月20日08时02分，中国四川省雅安市芦山县发生7.0级地震，震源深度13千米。地震造成四川雅安、成都、眉山等地196人死亡，大量房屋倒塌或严重损坏，灾区交通、通信、水利、电力等基础设施遭受严重破坏。

八、津巴布韦洪涝灾害

2013年1月7日，津巴布韦遭受雨季强降雨，导致洪水暴发。洪水造成125人死亡，8490人受灾，其中4615人需要人道主义救助；导致农作物受灾严重。

九、尼泊尔洪涝灾害

2013年7月，尼泊尔因季风性暴雨导致洪水泛滥，南部平原农业社区以及西部山区受到巨大冲击，导致118人遇难，50031人受灾，共计7000人转移离开灾区。800所房屋完全遭到损毁，1500所遭到部分损坏。

十、莫桑比克洪涝灾害

2013年1月，连日的暴雨导致莫桑比克南部的林波波河决堤，淹没了两岸的房屋和农田，其中受灾最严重的地区是位于林波波河一个河曲西边的绍奎市。

洪水导致117人丧生，240827人流离失所，经济损失达3000万美元。此外，洪水对津巴布韦、博茨瓦纳和南非等其他非洲国家造成了一定影响。

（据国家减灾中心）

2013年中国十大自然灾害事件

一、四川芦山"4·20"7.0级强烈地震灾害

2013年4月20日08时02分，四川省雅安市芦山县发生7.0级强烈地震，震源深度13千米。地震造成196人死亡，大量房屋倒塌或严重损坏，灾区交通、通信、水利、电力等基础设施严重受损。

二、8月份东北地区洪涝风雹灾害

2013年8月份，东北地区降水过程频繁，大部地区降水量较常年同期偏多，松花江流域发生1998年以来最大流域性洪水。受本地降雨及境外客水叠加影响，黑龙江下游同江至抚远江段发生超百年一遇特大洪水，辽宁浑河、寇河发生超历史纪录洪水，吉林全省多地出现河水暴涨、出槽、漫堤、决口等险情。据统计，此次暴雨洪涝风雹灾害共造成内蒙古、辽宁、吉林、黑龙江4省（自治区）687.9万人受灾，219人死亡或失踪（其中辽宁因灾死亡或失踪164人），73.1万人紧急转移安置；倒塌房屋7.7万间，严重损坏房屋13.4万间，一般损坏房屋20.3万间；直接经济损失447.1亿元。

三、7月上中旬四川盆地及西北华北地区洪涝灾害

2013年7月8～15日，四川盆地、西北地区东部、华北南部及黄淮北部出现强降雨过程，累计雨量普遍达到100～250毫米，100毫米以上地区有35.3万平方千米，并伴有雷电、大风、冰雹等强对流天气。强降雨引发洪涝、山体滑坡等地质灾害，共造成河北、山西、内蒙古、吉林、山东、河南、四川、陕西、甘肃、青海、宁夏11省（自治区）1590.7万人受灾，319人死亡失踪，101.3万人紧急转移安置；倒塌房屋14.5万间，严重损坏房屋22.6万间，一般损坏房屋53.1万间；农作物受灾面积1078.9千公顷，其中绝收149.4千公顷；直接经济损失527.6亿元。其中，四川、山西、陕西、甘肃灾情较为严重。

四、甘肃岷县漳县"7·22"6.6级地震灾害

2013年7月22日07时45分，甘肃省定西市岷县、漳县交界发生6.6级地震，震源深度20千米。地震造成甘肃定西、陇南、临夏等6市（自治州）38个县（区）176.9万人受灾，95人死亡，39.7万人紧急转移安置；倒塌房屋15.7万间，严重损坏房屋38.4万间，一般损坏房屋45.3万间；农作物受灾面积5.6千公顷，其中绝收400余公顷；直接经济损失244.2亿元。

五、7月初至8月中旬南方地区高温干旱灾害

2013年7月初至8月中旬，江南、西南地区东部、江淮、江汉等地先后出现大范围、持续性高温少雨天气，湖南、贵州、江西、湖北、重庆、安徽、浙江、福建、广西、江苏等省（自治区、直辖市）旱情较为严重，其中，江西、湖北、湖南、贵州灾情突出。据统计，旱灾共造成上述10省（自治区、直辖市）8590.3万人受灾，农作物受灾面积7957.7千公顷，其中绝收1089.1千公顷，直接经济损失590.4亿元。

六、"尤特"台风灾害

2013年第11号强台风"尤特"8月14日15时50分左右在广东省阳江市阳西县沿海登陆，登陆时中心附近最大风力有14级。受"尤特"和西南季风的共同影响，8月14～20日，广东大部、广西中东部、湖南局地、海南大部出现暴雨或大暴雨、局地特大暴雨，导致广东、广西、湖南、海南4省（自治区）遭受台风、洪涝灾害。此次灾害过程共造成上述4省（自治区）1176万人受灾，86人死亡，9人失踪，152.4万人紧急转移：5.3万间房屋倒塌，7.3万间房屋不同程度损坏；农作物受灾面积571.6千公顷，其中绝收68.1千公顷；直接经济损失215亿元。其中，广东、广西灾情较为严重。

七、"3·29"西藏墨竹工卡县山体滑坡灾害

2013年3月29日6时左右，西藏拉萨市墨竹工卡县扎西岗乡斯布村普朗沟泽日山发生山体滑坡，塌方长3千米，塌方量约200余万立方米。滑坡造成66人死亡、17人失踪；倒塌和严重损坏房屋263间，一般损坏房屋149间；直接经济损失2046万元。

八、"菲特"台风灾害

2013年第23号台风"菲特"10月7日凌晨01时15分左右在福建省福鼎市沙埕镇沿海登陆，登陆时中心最大风力有14级。"菲特"登陆后于7日9时在福建建瓯境内迅速减弱为热带低压。受"菲特"和冷空气共同影响，江南东部、江淮东部普降大到暴雨，其中浙江余姚陆埠水库过程最大点雨量达682毫米，引发严重台风洪涝灾害，造成浙江、福建、江苏、上海4省（直辖市）1216万人受灾，11人死亡，1人失踪，140.8万人紧急转移；6000余间房屋倒塌，12.2万间房屋不同程度损坏；农作物受灾面积647千公顷，其中绝收81.7千公顷；直接经济损失631.4亿元。

九、6月底至7月初四川盆地及江淮江汉地区洪涝风雹灾害

2013年6月29日至7月7日，西南地区至江淮、江汉一带出现强降雨过程，并伴有雷电、大风、冰雹等强对流天气。强降雨导致安徽、湖北、重庆、四川等省（直辖市）遭受洪涝、风雹、山体滑坡等灾害，造成上述4省（直辖市）1319.8万人受灾，67人死亡或失踪，75.7万人紧急转移安置；倒塌房屋4.7万间，严重损坏房屋7万间，一般损坏房屋17.6万间；农作物受灾面积718.4千公顷，其中绝收91.2千公顷；直接经济损失168.4亿元。

十、吉林松原市地震灾害

2013年10月31日11时03分、11时10分，吉林省松原市前郭尔罗斯蒙古族自治县相继发生5.5级、5.0级地震，震源深度分别为8千米和6千米。11月22日16时18分、11月23日06时04分和06时32分，震中附近又相继发生5.3级、5.8级和5.0级地震，震源深度分别为8千米、9千米和8千米。连续中强地震灾害共造成25.9万人受灾，6.8万人紧急转移安置；5.9万间房屋倒塌或严重损坏，14.7万间房屋一般损坏；直接经济损失20.2亿元。

（据国家减灾中心）

历年国际减灾日主题

1991年10月9日是国际减灾日，主题是"减灾、发展、环境——为了一个目标"。

1992年10月14日是国际减灾日，主题是"减轻自然灾害与持续发展"。

1993年10月6日是国际减灾日，主题是"减轻自然灾害的损失，要特别注意学校和医院"（Stop Disasters; Focus on Schools and Hospitals）。

1994年10月12日是国际减灾日，主题是"确定受灾害威胁的地区和易受灾害损失的地区——为了更加安全的21世纪"（Protection of Vulnerable Communicities from the Effects of Natural Disasters）。

1995年10月11日是国际减灾日，主题是"妇女和儿童——预防的关键"（Women and Children - the Key to Prevention），活动的重点是：召开妇女和儿童如何能在预防灾害工作中发挥关键作用的各种会议；出版妇女和儿童如何在预防灾害中发挥作用的研究专集，安排一些项目对妇女和儿童在防灾中的作用作出专题调查报告等。

1996年10月9日是国际减灾日，主题是"城市化与灾害"（Cities at Risk）。

1997年10月8日是国际减灾日，主题是"水：太多、太少——都会造成自然灾害"（Water: Too Much... Too Little... The Main Cause of Natural Disasters）。

1998年10月14日是国际减灾日，主题是"防灾与媒体——防灾从信息开始"（Natural Disaster Prevention and the Media）。

1999年10月13日是国际减灾日，主题是"减灾的效益——科学技术在灾害防御中保护了生命和财产安全"（Prevention Pays）。

2000年10月11日是国际减灾日，主题是"防灾、教育和青年－－特别关注森林火灾"（Disaster Prevention, Education and Youth, with special focus on forest fires）。

2001年10月10日是国际减灾日，主题是"抵御灾害，减轻易损性"（Countering Disasters; Targeting Vuherability）。

2002年10月9日是国际减灾日，主题是"山区减灾与可持续发展"（Disaster Reduction for Sustainable Mountain Development）。

2005年的主题是"利用小额信贷和安全网络，提高抗灾能力"。设立这一主题的目的，一是增强金融行业和有关机构在减灾事业中发挥潜在作用的使命感；二是提高灾害管理部门充分利用金融工具和安全网络减轻易灾人群灾害脆弱性的意识。

2006年的主题是"减少灾害从学校抓起"。

2007年的主题是"减灾始于学校"。

2008年的主题是"减少灾害风险，确保医院安全"。

2009 年的主题为“让灾害远离医院”。

2010 年的主题是“建设具有抗灾能力的城市：让我们做好准备”。

2011 年的主题是“让儿童和青年成为减少灾害风险的合作伙伴”。

2012 年的主题是“女性——抵御灾害的无形力量”。

2013 年的主题是“识别灾害风险，掌握减灾技能”。

2014 年的主题是“残疾人与灾害。”

（省灾协秘书处摘）

历年中国防灾减灾日主题

2009 年 5 月 12 日是国家首个“防灾减灾日”，主题是：积极防御地震灾害、构建安全和谐社会

2010 年 5 月 12 日是全国第二个“防灾减灾日”，主题是“减灾从社区做起。”

2011 年 5 月 12 日是全国第三个“防灾减灾日”，主题是“防灾减灾从我做起。”

2012 年 5 月 12 日是全国第四个“防灾减灾日”，主题是“弘扬防灾减灾文化，提高防灾减灾意识。”

2013 年 5 月 12 日是全国第五个“防灾减灾日”，主题是“识别灾害风险，掌握减灾技能。”

2014 年 5 月 12 日是全国第六个“防灾减灾日”，主题是“城镇化与减灾。”

（省灾协秘书处摘）

编　后　记

《云南减灾年鉴》(2012—2013) 卷自2013年12月启动编撰工作至今已基本完成，即将出版与读者见面。编撰该卷减灾年鉴，始终得到了省委、省政府领导的高度重视，省政府副省长张祖林为本卷减灾年鉴作“序”，使大家倍受鼓舞。编撰本卷减灾年鉴，得到了省级各有关单位、人民解放军驻滇部队、省军区、武警云南省总队、武警云南省森林总队和全省16个州市政府领导及编委们的大力支持，以及广大作者的积极配合和共同努力，确保了编撰工作的顺利开展和如期完成。谨此，对各级政府，各有关单位的领导、编委、编辑和作者以及协助本卷减灾年鉴编辑出版的所有人员，致以衷心的感谢和深深的敬意。

编撰本卷《云南减灾年鉴》，历经一年多的时间，编辑部全体人员全力以赴，从策划、协调到组稿、充实、三审、三校和终审，兢兢业业、尽职尽责，克服困难，不敢有丝毫的懈怠与马虎，但由于编辑部人员少、水平有限，编写内容涉及范围广，不确定因素多，特别是每个单位分类撰稿人员不固定，变动较大，参差不齐，难免有疏漏之处，请各级政府和社会各界给予批评指正。

地址：昆明市北市区北辰大道云南省地震局转省灾协秘书处

电话：0871—65747056、65747057 (Fax)

邮箱：ynzaixie@ 163. com

《云南减灾年鉴》编辑部

2014年11月

图书在版编目（CIP）数据

云南减灾年鉴．2012～2013/《云南减灾年鉴》编委会编．—昆明：云南科技出版社，2014.10
ISBN 978－7－5416－8541－5

Ⅰ．①云…　Ⅱ．①云…　Ⅲ．①自然灾害—灾害防治—云南省—2012～2013—年鉴　Ⅳ．①X432.74－54

中国版本图书馆 CIP 数据核字（2014）第 244502 号

责任编辑：赵　敏
责任校对：叶水金
责任印制：翟　苑
封面设计：晓　晴

云南出版集团公司
云南科技出版社出版发行
（昆明市环城西路 609 号云南新闻出版大楼　邮政编码：650034）
云南国浩印刷有限公司印刷　全国新华书店经销
开本：889×1194mm　1/16　印张：35.875　字数：1500 千字
2014 年 10 月第 1 版　2014 年 10 月第 1 次印刷
印数：1～1000 册　定价：528.00 元